최신 표준시방서 KCS(2021년 개정), 구조설계기준 KDS(2021년 개정) 및 KS기준 적용

제3판 핵심과 문제로 이해하는

건축시공

강병두 편저

BUILDING CONSTRUCTION

도서출판 구미서관

제3판 머리말

제3판을 내면서

건축의 기본 교과목 중 하나인 건축시공은 최저공비로 최단기간 내에 건축물을 완성시켜야 하는 공학기술이다. 건축시공은 건축공학 또는 건축학에서 기본적인 교과목에 해당된다.

핵심과 문제로 이해하는 건축시공은 건축기사, 산업기사 및 공무원 시험 대비를 위한 대학생들을 위해 제작되었다. 또한 국가건설기술센터(KCSC)의 KCS 10 00 00 : 2018 공통공사, KCS 11 00 00 : 2020 지반공사, KCS 14 00 00 : 2021 구조재료공사, KCS 21 00 00 : 2020 가설공사 및 KCS 41 00 00 : 2018 건축공사를 기본으로 하여, KDS 14 00 00 : 2021 구조설계기준, KDS 41 00 00 : 2019 건축구조기준 및 KDS 14 31 00 : 2017 강구조설계(하중저항계수설계법) 등의 각종 시방서, 설계기준 및 KS 기준 등의 내용을 반영하였다.

건축시공의 이론적인 내용은 제4판 건축시공학(강병두 저, 구미서관)을 참고하여 정리하였고, 문제는 건축기사, 산업기사, 건축사 및 공무원 시험에서 출제된 문제들을 중심으로 하였다. 또한 문제들은 다소 반복적으로 나타날 수 있으나, 이는 중요 내용임을 강조하기 위함이다. 그리고 경향에 있어서도 기본 출제의 의도를 살려 원문을 유지하려 하였다. 핵심과 문제로 이해하는 건축시공은 내용을 간단명료하게 정리하고, 이를 바탕으로 간단히 내용을 정리할 수 있는 문제를 수록하였다.

분량은 학부생의 1년 강의에 맞게 나누었으며, 내용은 전체 33장에 걸쳐 건축시공의 전반을 다루었다.

끝으로 본 교재가 가능하도록 도와주신 구미서관 관계자 분들에게 진심으로 감사를 드립니다.

2022년 1월

저자

차례

PART Ⅰ 총 론

PART Ⅱ 가설공사

PART III 토공사

PART IV 지정 및 기초공사

PART V 철근콘크리트공사

PART VI 강구조공사

PART VII 조적공사

PART VIII 목공사

PART IX 지붕, 홈통 및 방수공사

PART X 미장 및 타일공사

PART XI 창호 및 유리공사

PART XII PC공사 및 커튼월공사

PART XIII 마감 및 기타공사

BUILDING CONSTRUCTION

PART I

총 론

제1장

건축시공의 개론 및 공사관리

1 건축시공의 개론

1. 건축시공의 정의 및 특수성

1) 건축시공의 정의

건축시공이란 구조, 기능, 미의 3요소를 갖춘 건축물을 최저공비로 최단기간 내에 완성시키는 건축술로 건축생산이라고도 한다.

2) 건축생산의 특수성

① 건축공업은 상시필수공업이다.
② 건축공업은 미적, 예술적 풍모를 지녀야 한다.
③ 건축공업은 보편 종합적 공업이다.
④ 건축공업의 생산물은 일정하지 않다.
⑤ 구성, 공사비, 공사기일 등의 제약을 받는다.
⑥ 생산된 건축물은 소모가 극히 완만하다.

3) 건축공사에서 커뮤니케이션을 좋게 하는 방법

① 현장작업을 줄인다.
② 작업을 반복적으로 한다.
③ 작업을 표준화한다.
④ 작업을 문서화한다.
⑤ 작업을 코드화한다.

4) 건축시공의 근대화 조건

① 건축부품의 3S 시스템화
② 건축시공의 기계화
③ 건축 재료의 건식화
④ 도급기술의 근대화
⑤ 시공기술의 개발
⑥ 건설의 공업화

주1 3S 시스템은 단순화(Simplification), 규격화(Standardization), 전문화(Specialization) 등이다.

5) 건축시공의 성력화

(1) 정의

건축시공의 성력화(Labor Saving)는 건축공사에 투입되는 자원 전체를 검토하여 생산 과정에서 불필요한 요소를 제거하거나 단순화, 기계화를 통해 생산성을 높이는 것이다. 노무절감이라고도 한다.

(2) 필요성

① 건축공사의 대형화, 고층화

② 건설현장의 기능인력 부족 및 고임금화

③ 건설산업의 기계화, 자동화, 로봇화 시공의 요구

④ 건설생산품의 고품질화 요구

2. 용어의 정의 1) 2) 3)

용어	정의
건설산업	건설업과 건설용역업을 말한다.
건설업	건설공사를 하는 업(業)을 말한다.
건설용역업	건설공사에 관한 조사, 설계, 감리, 사업관리, 유지관리 등 건설공사와 관련된 용역(이하 "건설용역"이라 한다)을 하는 업(業)을 말한다.
건설공사	토목공사, 건축공사, 산업설비공사, 조경공사, 환경시설공사, 그 밖에 명칭과 관계없이 시설물을 설치 · 유지 · 보수하는 공사 및 기계설비나 그 밖의 구조물의 설치 및 해체공사 등을 말한다.
발주자	건설공사를 건설사업자에게 도급하는 자를 말한다.
도급	원도급, 하도급, 위탁 등 명칭과 관계없이 건설공사를 완성할 것을 약정하고, 상대방이 그 공사의 결과에 대하여 대가를 지급할 것을 약정하는 계약을 말한다.
수급인	발주자로부터 건설공사를 도급받은 건설사업자를 말하고, 하도급의 경우 하도급 하는 건설사업자를 포함한다.
하수급인	수급인으로부터 건설공사를 하도급 받은 자를 말한다.
현장대리인	공사현장대리인으로서, 현장에서 전반적인 공사 업무와 관리를 책임 있게 시행할 수 있는 권한을 가진 건설 기술자를 말한다.
공사감독자 (공가감독관)	규정된 임무를 수행하기 위하여 정부가 임명한 기술담당공무원 또는 그의 대리인을 말한다.
공사현장대리인	건설산업기본법 시행령 제35조 [별표 5] 등 공사 관련 법령에 따른 기술자 배치기준에 적합한 자를 말한다.
설계서	공사시방서, 설계도면, 현장설명서, 공사기간의 산정근거 및 공종별 목적물 물량내역서를 말한다.

1) 건설산업기본법 제2조(정의), 2021.

2) 공사계약일반조건 제2조(정의), 2020.

3) KCS 10 10 05 공사일반(1.3), 국토교통부, 한국건설기술연구원, 2018.

공사시방서	공사에 쓰이는 재료, 설비, 시공체계, 시공기준 및 시공기술에 대한 기술설명서와 이에 적용되는 행정명세서로써, 설계도면에 대한 설명 또는 설계도면에 기재하기 어려운 기술적인 사항을 표시해 놓은 도서를 말한다.
실계도먼	시공될 공사의 성격과 번위를 표시하고 설계지의 의사를 일징한 약속에 근거하여 그림으로 표현한 도서로써 공사목적물의 내용을 구체적인 그림으로 표시해 놓은 도서를 말한다.
현장설명서	현장설명 시 교부하는 도서로써 시공에 필요한 현장상태 등에 관한 정보 또는 단가에 관한 설명서 등을 포함한 입찰가격 결정에 필요한 사항을 제공하는 도서를 말한다.
물량내역서	공종별 목적물을 구성하는 품목 또는 비목과 동 품목 또는 비목의 규격 · 수량 · 단위 등이 표시된 다음 각 목의 내역서를 말한다.
산출내역서	입찰금액 또는 계약금액을 구성하는 물량, 규격, 단위, 단가 등을 기재한 다음 각 목의 내역서를 말한다.
검사	공사계약문서에 기재된 시공단계 또는 납품된 공사재료 등의 품질 확보를 위해 기성부분 또는 완성품의 품질, 규격, 수량 등을 확인하는 것을 말한다.
승인	수급인이 제출, 신고 등의 방법으로 요청한 사항에 대해 공사감독자가 권한범위 내에서 서면으로 동의하는 것을 말한디.
지시	공사감독자가 권한 범위 내에서 필요한 사항을 수급인에게 실시하도록 지시하는 것을 말한다.
확인	계약문서대로 공사를 실시하고 있는지, 또는 지시, 조정, 승인, 검사 이후에 원래 의도와 규정대로 시행되었는지를 공사감독자가 확인하는 것을 말한다.
건설사업관리	건설공사에 관한 기획, 타당성 조사, 분석, 설계, 조달, 계약, 시공관리, 감리, 평가 또는 사후관리 등에 관한 관리를 수행하는 것을 말한다.
시공책임형 건설사업관리 (CM at Risk)	종합공사를 시공하는 업종을 등록한 건설사업자가 건설공사에 대하여 시공 이전 단계에서 건설사업관리 업무를 수행하고 아울러 시공단계에서 발주자와 시공 및 건설사업관리에 대한 별도의 계약을 통하여 종합적인 계획, 관리 및 조정을 하면서 미리 정한 공사 금액과 공사기간 내에 시설물을 시공하는 것을 말한다.

3. 건축관계자

1) 개요

건축관계자는 설계자, 발주자(건축주), 수급인(시공자) 및 공사감리사 등이다. 건축관계자를 공사관계자 또는 건축생산조직이라 한다.

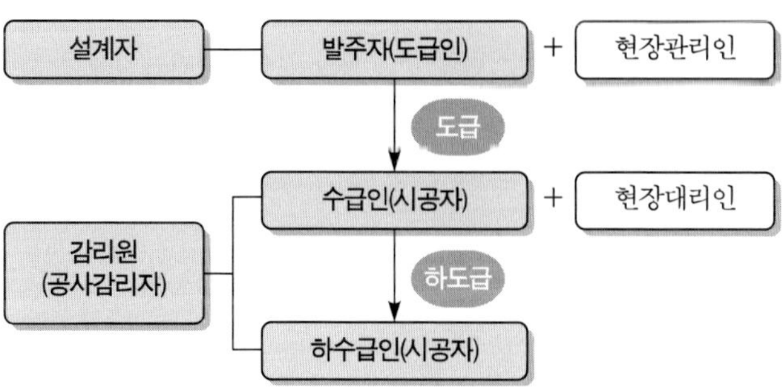

건축관계자

2) 설계자 [4]

① 설계자(Designer)는 자기의 책임으로 설계도서를 작성하고 그 설계도서에서 의도하는 바를 해설하며, 지도하고 자문에 응하는 자를 말한다. (건축법, 제2조)

② 일반적으로 설계자는 발주자의 요구를 파악하여 수급인(시공자)의 선정, 계약, 소요 자재구입, 시공방법지도 등을 하는 일정한 자격이 있는 건축사이다.

3) 발주자 [5) 6) 7) 8) 9)]

① 발주자(Employer or Owner)는 수급인에게 건설공사를 도급 주는 자를 말한다. 다만, 발주자에게 건설공사를 도급받은 자로서 도급받은 건설공사를 하도급 주는 자는 제외한다. (KCS 41 10 00 : 2016)

② 발주자를 도급인, 건축주, 기업주, 시행주, 발주청이라고도 한다.

③ 도급인(Contractor)은 수급인이 건축물을 완성하면 그 일의 결과에 대하여 약정한 보수를 지급하기로 한 사람이다.

④ 건축주는 건축물의 건축, 대수선, 용도변경, 건축설비의 설치 또는 공작물의 축조에 관한 공사를 발주하거나 현장관리인을 두어 스스로 그 공사를 하는 자를 말한다. (건축법 제2조)

⑤ 발주자는 건축물의 신축, 개축 등을 기획하고 발주하는 주체로서 국가, 지방자치단체, 공단, 민간기업 및 개인이다.

주1 도급(Contract, 都給)은 원도급, 하도급, 위탁 등 명칭과 관계없이 건설공사를 완성할 것을 약정하고, 상대방이 그 공사의 결과에 대하여 대가를 지급할 것을 약정하는 계약을 말한다. (건설산업기본법 제2조)

주2 계약(Agreement, 契約)은 관련되는 사람이나 조직체 사이에 서로 지켜야 할 권리와 의무에 대하여 글이나 말로 정하여 둔 것이나 그런 약속이다.

주3 현장관리인

① 현장관리인은 건축주로부터 위임 등을 받아 건설산업기본법에 적용되지 아니하는 소규모 건축물의 공사를 관리하는 자를 말한다. (건축공사 감리세부기준 1.3)

---

4) 건축법 제2조(정의), 2021.
5) KCS 41 10 00 건축공사 일반사항(1.4), 국토교통부, 대한건축학회, 2016.
6) 건축법 제24조(건축시공), 2021.
7) 건설산업기본법 제2조(정의), 2021.
8) 건축공사 감리세부기준 1.3(용어의 정의), 2020.
9) 산업안전보건법 제2조(정의), 2021.

② 건축주가 공사를 발주하지 않고 직접 시공하는 소규모 건축물의 경우, 건축물의 건축주는 공사현장의 공정 및 안전을 관리하기 위하여 같은 건설기술인 1명을 현장관리인으로 지정하여야 한다. 이 경우 현장관리인은 건축주의 승낙을 받지 아니하고는 정당한 사유 없이 그 공사현장을 이탈하여서는 아니 된다. (건축법 제24조)

③ 건설기술인이란 관계 법령에 따라 건설공사에 관한 기술이나 기능을 가졌다고 인정된 사람을 말한다. (건설산업기본법 제2조)

주4 발주청은 건설공사 등을 발주(發注)하는 국가, 지방자치단체, 공기업, 준정부기관, 지방공사, 지방공단 등을 말한다.

주5 도급인과 건설공사발주자의 차이 (산업안전보건법 제2조)

① 도급인은 물건의 제조, 건설, 수리 또는 서비스의 제공, 그 밖의 업무를 도급하는 사업주를 말한다. 다만, 건설공사발주자는 제외한다.

② 건설공사발주자는 건설공사를 도급하는 자로서 건설공사의 시공을 주도하여 총괄, 관리하지 아니하는 자를 말한다. 다만, 도급받은 건설공사를 다시 도급하는 자는 제외한다.

③ 따라서 산업안전보건법에서의 도급인과 건설공사발주자의 차이는 건설공사의 시공을 주도하여 총괄, 관리하는지 여부이다.

주6 도급자는 어떤 일을 완성하고 그 일의 결과에 대하여 보수를 받는 일을 하는 사람이다. 사전적 의미로는 도급자는 수급인을 의미하고 도급인은 발주자를 의미하는 것이다. 국립국어원에서는 도급자와 도급인이 해당 분야에서 그와 같이 의미가 구별되어 쓰여 옴에 따라 각각 전문어로써 자리를 잡은 것으로 판단하고 있다. 따라서 도급자와 도급인은 주의하여 용어를 사용해야 할 것이며, 도급자를 법률 용어인 수급인으로 사용하는 것이 혼돈을 피할 수 있을 것이다.

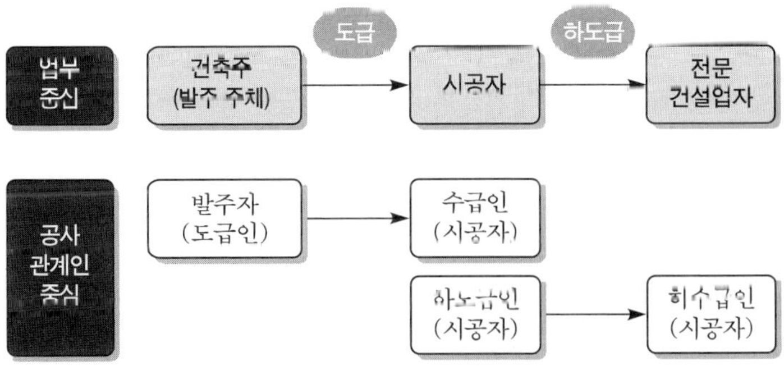

도급인과 수급인

4) 수급인 10) 11) 12)

① 수급인(Contractee)은 발주자로부터 건설공사를 도급받은 건설사업자를 말하고, 하도급의 경우 하도급 하는 건설사업자를 포함한다. (건설산업기본법 제2조)

② 수급인은 시공자, 공사시공자라고도 한다.

③ 시공자는 건설사업자 및 주택건설사업에 등록한 자로서 발주자로부터 건설공사를 도급받은 건설업자를 말하며, 하도급 받은 시공업자를 포함한다. (KCS 41 10 00 : 2016 1.4)

④ 공사시공자는 건설공사를 하는 자를 말한다. (건축법 제2조)

⑤ 수급인은 공사계약문석 및 설계도서에 따라 시공한다.

⑥ 수급인은 시공관리에 필요한 능력, 자격을 갖춘 관리자(현장대리인)를 선정하여 담당원에게 보고한다. (KCS 41 10 00 : 2016 1.2.4)

⑦ 특정 공사를 하도급 하는 경우에는 해당 건설업종에 등록된 건설업체 중 그 시공에 적절한 기술, 능력이 있는 하수급인을 선정한다. (KCS 41 10 00 : 2016 1.2.4)

주1 건설사업자는 법률에 따라 등록 등을 하고 건설업을 하는 자이다. (건설산업기본법 제2조)

주2 수급인이 담당원에게 신속히 보고하고 그 처리방법에 대하여 조정하여 결정해야 할 경우(KCS 41 10 00 : 2016 1.2.1)

① 설계도서의 내용이 명확하지 않은 경우

② 설계도서의 내용에 의문이 생긴 경우

③ 설계도서와 현장의 사정이 일치하지 않은 경우

④ 설계도서에 제시한 조건을 만족시킬 수 없는 경우

주3 현장대리인은 수급인이 관련 법령에 의거 공사현장에 임명, 배치한 자로서 이 공사에 대한 전반적인 공사관리 업무를 책임 있게 시행할 수 있는 권한을 가진 건설기술자를 말한다. (KCS 41 10 00 : 2016 1.4)

주4 하수급인은 수급인으로부터 건설공사를 하도급 받은 자를 말한다. (건설산업기본법 제2조)

10) 건설산업기본법 제2조 (정의), 제40조 (건설기술인의 배치), 2021.

11) KCS 41 10 00 건축공사 일반사항 (1.2, 1.4), 국토교통부, 대한건축학회, 2016.

12) 건축법 제2조 (정의), 2021.

5) 공사감리자 [13] [14] [15] [16]

① 공사감리자는 자기의 책임으로 건축물, 건축설비 또는 공작물이 설계도서의 내용대로 시공되는지를 확인하고, 품질관리, 공사관리, 안전관리 등에 대하여 지도・감독하는 자를 말한다. (건축법 제2조)

② 일반적으로 공사감리자는 발주자의 위탁을 받아 공사가 설계대로 시공되는지 여부를 확인, 지도・감독하는 자이다.

주1 감리는 건설공사가 관계 법령이나 기준, 설계도서 또는 그 밖의 관계 서류 등에 따라 적정하게 시행될 수 있도록 관리하거나 시공관리, 품질관리, 안전관리 등에 대한 기술지도를 하는 건설사업관리 업무이다. (건설기술진흥법 제2조)

주2 감독자는 감독 책임기술자로서 당해 공사의 공사관리 및 기술관리 등을 감독하는 자를 말한다. (KCS 41 10 00 : 2016 1.4)

주3 감리원은 다음 각목에 규정된 자를 말한다. (KCS 41 10 00 : 2016 1.4)
① 건축법규, 건축사법규, 주택법규의 규정에 의한 감리원 또는 공사감리자
② 건설기술진흥법규의 규정에 의한 감리원
③ 건설산업기본법규의 규정에 의한 감리원

주4 담당원은 다음 각목에 규정된 자를 말하며, 감독업무를 수행한다. (KCS 41 10 00 : 2016 1.4)
① 발주자가 지정한 감독자 및 감독보조원을 말한다.
② 건설기술진흥법 및 주택법의 규정에 따른 책임감리원을 말한다.

주5 담당원의 권한과 책임은 지시, 승인, 조정 및 검사이며, 담당원은 감리원이 공사감리업무를 원만히 수행할 수 있도록 협력한다.

주6 관리감독자는 산업안전보건법 관리감독자로서 현장조직에서 공사와 관련되는 업무와 그 소속 직원을 직접 지휘, 감독하는 부서의 장 또는 그 직위를 담당하는 자를 말한다. (KCS 41 10 00 : 2016) 관리감독자는 안전보건관리책임자의 지시에 따라 공사현장의 안전점검 및 확인을 실시한다. (KCS 41 10 00 . 2016) 사업주는 관리감독자에게 산업안전 및 보건에 관한 업무를 수행하도록 한다. (산업안전보건법 제16조)

---

13) 건축법 제2조 (정의), 2021.
14) 건설기술진흥법 제2조 (정의), 2021.
15) KCS 41 10 00 건축공사 일반사항 (1.4), 국토교통부, 대한건축학회, 2016.
16) 산업안전보건법 제16조 (관리감독자), 2021.

4. 건설노무자

1) 노무자

노무자(Worker)는 공사현장에서 주로 육체노동에 종사하여 그 보수(임금)를 받는 사람이다.

2) 고용형태에 따른 건설노무자

종 류	내 용
직용노무자	직용노무자는 수급인(시공자)에게 직접고용 되어 임금을 받는 노무자로서 잡역 등의 미숙련 노무자가 많다.
정용노무자	정용노무자는 직종별 전문건설업자 또는 하수급인에게 상시 종속되어 있는 기능노무자로서 출역일수에 따라 임금을 받는다.
임시고용노무자	임시고용노무자는 날품노무자로서 보조노무자이고 임금이 싸다.

주1 날품은 하루를 단위로 일하고 임금을 계산하는 노동을 말한다.

5. 감리제도

1) 정의 17) 18) 19) 20)

감리	감리는 건설공사가 관계 법령이나 기준, 설계도서 또는 그 밖의 관계 서류 등에 따라 적정하게 시행될 수 있도록 관리하거나 시공관리, 품질관리 및 안전관리 등에 대한 기술지도를 하는 건설사업관리 업무이다.
공사감리	① 공사감리는 자기 책임 아래 관련 법령이 정하는 바에 따라 건축물, 건축설비 또는 공작물이 설계도서의 내용대로 시공되는지 확인하고 품질관리, 공사관리 및 안전관리 등에 대하여 지도 · 감독하는 행위이다. ② 공사감리는 비상주감리, 상주감리, 책임상주감리로 구분한다. ③ 공사감리자는 공사감리를 하는 자를 말한다.
비상주감리	비상주감리는 공사감리자가 적정 시공 여부를 확인하고, 수시로 또는 필요할 때 시공과정에서 건축공사현장을 방문하여 시공의 적정여부를 확인하는 행위이다.
상주감리	상주감리는 공사감리자가 적정 시공 여부를 확인하고, 건축분야의 건축사보 한 명 이상을 전체 공사기간 동안 배치하여 건축공사의 품질관리, 공사관리 및 안전관리 등에 대한 기술지도를 하는 행위이다.
책임상주감리	책임상주감리는 공사감리자가 다중이용 건축물에 대하여 적정 시공 여부를 확인하고, 건설기술용역업자나 건축사를 전체 공사기간동안 배치하여 품질관리, 공사관리 및 안전관리 등에 대한 기술지도를 하며, 건축주의 권한을 대행하는 감독업무를 하는 행위이다.
책임감리	책임감리는 시공감리와 관계 법령에 따라 발주청으로서의 감독권한을 대행하는 것이다.

17) 건설기술진흥법 제2조(정의), 2021.
18) 건축사법 제2조(정의), 2021.
19) 건축공사 세부감리기준 1.3(용어의 정의), 2020.
20) 건설기술관리법 제2조(정의), 2013.

2) 감리 관련자의 기본 책무 21)

구분	내용
건축주의 기본 책무	① 공사감리에 필요한 설계도면, 문서 등의 제공 ② 공사감리 계약 이행에 필요한 시공자의 문서, 도면, 자재 등에 대한 자료제출 및 조사 보장 ③ 공사감리자가 보고한 설계변경, 기타 현장실정 보고 등 방침요구사항에 대하여 감리업무수행에 지장이 없도록 의사를 결정하여 통보
공사감리자의 기본 책무	① 건축주와 체결된 공사감리 계약 내용에 따라 공사감리자는 공사가 설계도서 및 기타 관계서류의 내용대로 시공되는지의 여부를 확인하고 품질관리, 공정관리 및 안전관리 등에 대하여 지도ㆍ감독한다. ② 공사감리자는 공사감리체크리스트에 따라 설계도서에서 정한 규격 및 치수 등에 대하여 시설물의 각 공종마다 도서를 검토ㆍ확인하고, 육안검사ㆍ입회ㆍ시험 등의 방법으로 공사감리업무를 수행하여야 한다. ③ 공사감리자는 당해 건축물을 설계하는 설계자의 설계의도 구현을 위하여 설계자의 적정한 참여가 이루어질 수 있도록 협조하여야 한다.
시공자의 기본 책무	① 시공자는 공사계약문서에서 정하는 바에 따라 현장작업, 시공방법에 대하여 책임을 지고 신의와 성실의 원칙에 입각하여 시공하고 정해진 기간 내에 완성하여야 한다. ② 시공자는 착공계를 제출하기 전에 건축물의 품질관리, 공사관리 및 안전관리 등의 내용을 포함한 공사계획서를 작성하여 건축주에게 제출하여한다. ③ 건축주는 공사계획서를 공사감리자로 하여금 검토하도록 한다. ④ 시공자는 공사감리자의 업무에 적극 협조하여야 한다. ⑤ 공사시공자는 설계자의 설계의도 구현을 위하여 설계자의 적정한 참여가 이루어질 수 있도록 협조하여야 한다.
설계자의 기본 책무	① 건축물의 설계자는 설계의도가 구현될 수 있도록 건축주, 시공자 및 감리자 등에게 설계의도 구현을 위한 다음 사항을 제안할 수 있다. ㉠ 설계도서의 해석 및 자문 ㉡ 현장여건 변화 및 업체선정에 따른 자재와 장비의 치수, 위치, 재질, 질감 및 색상 등의 선정 및 변경에 대한 검토, 보완 ② 설계자는 시공과정 중에서 발생되는 설계변경 사항 등을 검토하고, 이에 대한 동의서를 건축주에게 제출한다.

3) 일반적인 책임감리의 업무범위 22)

① 시공계획의 검토

② 공정표의 검토

③ 건설업자 또는 주택건설등록업자가 작성한 시공상세도면의 검토ㆍ확인

④ 시공이 설계도면 및 시방서의 내용에 적합하게 행하여지고 있는지에 대한 확인

⑤ 구조물규격에 관한 검토ㆍ확인

⑥ 사용자재의 적합성 검토ㆍ확인

⑦ 건설업자 또는 주택건설등록업자가 수립한 품질관리계획에 대한 확인, 품질관리계획의

21) 건축공사 세부감리기준 1.4 (건축주ㆍ공사감라자ㆍ설계자ㆍ시공자의 기본 책무 등), 2020.
22) 건설기술관리법 시행령, 제105조 (감리원의 업무범위 및 배치기준 등), 2014.

지도, 품질시험 및 검사성과에 관한 검토·확인

⑧ 재해예방대책·안전관리 및 환경관리의 확인

⑨ 설계변경에 관한 사항의 검토·확인

⑩ 공사진척부분에 대한 조사 및 검사

⑪ 완공도면의 검토 및 준공검사

⑫ 하도급에 대한 타당성 검토

⑬ 설계내용의 현장조건 부합 및 실제 시공가능여부 등의 사전검토

6. 도급

1) 정의

도급(Contract)은 원도급, 하도급, 위탁 등 명칭과 관계없이 건설공사를 완성할 것을 약정하고, 상대방이 그 공사의 결과에 대하여 대가를 지급할 것을 약정하는 계약을 말한다.

2) 원도급

① 원도급(General Contract)은 발주자(건축주)가 수급인에게 직접 일을 맡기는 것이다.

② 수급인은 발주자로부터 건설공사를 도급받은 건설사업자이다. 수급인은 원도급을 맡은 시공자이다.

3) 재도급

재도급(Recontract)은 수급인이 공사의 경비와 이윤을 떼고, 도급공사의 전부를 발주자(건축주)와 관계없이 제3자인 다른 수급인에게 일을 맡기는 것이다.

4) 하도급

① 하도급(Subcontract)은 수급인이 공사를 부분적으로 분할하여 전문건설업자 등에게 일을 맡기는 것이다.

② 하수급인은 수급인으로부터 건설공사를 하도급 받은 자이다. 하수급인은 하도급을 맡은 시공자이다.

③ 건설사업자는 도급받은 건설공사의 전부 또는 주요 부분의 대부분을 다른 건설사업자에게 하도급 할 수 없다. 다만, 도급받은 공사를 전문공사를 시공하는 업종별로 분할하여 각각 해당 전문공사를 시공 할 수 있는 자격을 보유한 건설사업자에게 하도급 하는 경우 등에는 2인 이상에게 분할하여 하도급 할 수 있다. [23]

23) 건설산업기본법 제29조(건설공사의 하도급 제한), 2021.

5) 재하도급

① 재하도급(Re-Subcontract)은 하수급인이 공사의 경비와 이윤을 떼고, 하수급인이 맡았던 도급공사의 전부를 원래의 수급인과 관계없이 제3자인 다른 수급인에게 일을 맡기는 것이다.

② 하수급인은 하도급 받은 건설공사를 다른 사람에게 다시 하도급 할 수 없다.

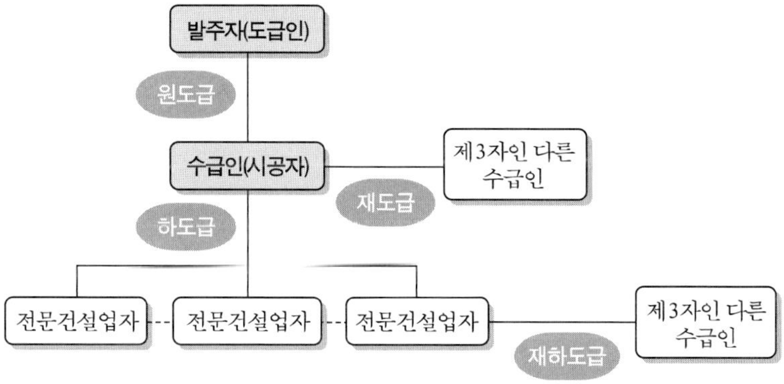

건설현장의 도급

7. 계약

1) 계약의 성립

계약(Contract)은 건축공사의 도급계약은 수급인(시공자)가 계약서, 설계도면, 시방서 등에 따라 공사를 완성할 것을 약속하고, 또한 발주자(건축주)가 공사비를 지불할 것을 약속하는 것이다. 계약은 계약 당사자 간이 계약서에 기명날인함으로써 성립된다. 계약서는 수급인(시공자)과 발주자(건축주) 간에 서로의 권리와 의무를 정한 문서이다.

주1 기명날인은 성명을 기재하고 인장을 찍는 일이다.

2) 발주자와 수급인의 권리와 의무

구 분	발주자(건축주)	수급인(시공자)
권 리	완성된 건축물을 인수할 권리	공사비를 청구할 권리
의 무	공사비를 지불할 의무	기간 내 건축물을 완성할 의무

3) 계약의 원칙 24)

① 계약은 서로 대등한 입장에서 당사자의 합의에 따라 체결한다.

24) 국가를 당사자로 하는 계약에 관한 법률, 제5조(계약의 원칙), 2021.

② 당사자는 계약의 내용을 신의성실의 원칙에 따라 이행한다.
③ 입찰의 경우 호혜의 원칙에 따른다.
④ 계약을 체결할 때 계약상대자의 계약상 이익을 부당하게 제한하는 특약 또는 조건을 정하지 않는다.

주1 호혜(互惠)는 서로 특별한 혜택을 주고받는 일이다.

2 건축생산조직

1. 정의

건축생산조직은 기업의 목표달성을 위해 구성원들을 협력시키기 위한 상호 체계적인 결합구이다.

2. 조직의 형태

1) 직계식조직

직계식조직은 건설사업의 전통적인 조직방식으로 지휘명령 계통이 완전히 하나가 되는 가장 단순한 조직형태이다.

2) 기능식조직

기능식조직은 업무를 기능중심으로 각각 분할하여 책임자를 만들고 각 책임자가 작업자에게 지시하는 조직형태이다.

3) 조합식조직

① 조합식조직은 직계식조직과 기능식조직의 장점을 조합한 것으로써 라인(직계)은 목적달성을 위한 직무와 권한을 갖고, 스태프(참모)는 그 목적 달성에 대한 권고와 조언을 한다.
② 공기단축을 목적으로 공정에 따라 부분적으로 완성된 도면만을 가지고 각 분야(전기, 기계, 건축, 토목 등)의 전문가들로 구성하여 패스트트랙(Fast Track) 공사를 진행하기에 적합한 조직구조이다.

4) 전담반조직

전담반조직(Task Force Organization)은 다양한 기능조직에서 일정기간 본 부서를 떠나 한시적으로 팀을 구성하여 주어진 임무를 완수한 후 다시 본래의 조직을 복귀하는 조직형태로써 긴급공사, 중요공사 및 일정기간에 완료해야 하는 공사 등에 유리하다.

5) 매트릭스조직

매트릭스조직은 전담반조직의 프로젝트팀 운영의 장점과 기능식조직의 직능적인 장점을 결합시킨 조직형태이며, 단일공사로 추진하기 어려운 지하철, 공항 및 발전소 공사 등의 대규모 복합사업에 적합하다.

3 건설생산 일반

1. 건설생산체계

1) 개요

건설생산체계는 건축프로젝트의 발굴에서부터 해체까지의 전 과정을 말한다.

2) 건설생산을 위한 시행절차

시행절차		내 용
기획 및 설계단계	타당성조사 (사업성 검토)	타당성조사는 제한된 자원의 효율성을 극대화하고 사업의 적정성을 판정하기 위하여 사업의 기술적, 경제적, 재무적 타당성 등을 조사, 분석하는 것이다.
조달단계	자재조달	자재조달은 건설공사에 필요한 자재를 적기에 경제적으로 필요한 장소에 공급할 수 있도록 계획한다.
	구매관리	구매관리는 우수한 품질의 자재를 값싸게 구입할 수 있도록 계획한다.
공사단계	공사계획 (시공계획)	공사계획은 건설공사를 품질, 공정, 경제성의 조건을 만족할 수 있는 방법으로 계획하는 것이다.
	공사 및 준공	공사 및 준공은 건설공사를 진행하고 준공하는 것이다.
시운전 및 유지관리단계	시운전	시운전은 완성된 결과물에 대해 설비시스템 등을 시험적으로 운전하는 것이다.
	유지관리	유지관리는 건물에 대한 성능저하를 방지하기 위해 유지 · 관리한다.
건물의 해체관리단계	건물의 해체관리	건축의 해체관리는 건물이 사용연한이 되었을 경우 철거하는 것이다.

3) 타당성조사

(1) 타당성조사의 효과

① 경제성 없는 사업의 억제
② 사업의 부실화 예방
③ 투자의 우선순위 선정
④ 미비한 사업계획에 대한 사전보완
⑤ 시행자에게 자료 제공 및 분석

(2) 타당성조사 평가방법

① 수요분석 및 예측
② 기술적 평가(기술적 타당성)
③ 경제적 평가(경제적 타당성)
④ 재무적 평가(재무적 타당성)
⑤ 조직 및 경영평가
⑥ 감도분석

2. 건축프로젝트

1) 정의

건축프로젝트란 건축물(목적물)을 한정된 기간 내에 제한된 자원을 이용하여 최소의 비용으로 완성하고자하는 과정의 집합이다.

2) 건설사업의 실행프로세스

① 기획단계 (Concept)
② 기본설계단계 (Planning)
③ 실시설계단계 (Design)
④ 공시단계 (Construction)

3) 실시설계에 필요한 주요도서

① 설계도면
② 공사시방서
③ 공사비산출내역서

3. 건축프로젝트의 식전(式典, 예식)

예 식	내 용
기공식	기공식은 착공식이며 공사착수 시에 행하는 의식이다.
정초식	정초식은 기초공사 완료 시에 행하는 의식(기초의 일부에 정초석 설치)이다.
상량식	상량식은 강구조, 목구조는 기둥을 세우고 지붕 마룻대 올리기 완료될 때 행하는 의식이고, 철근콘크리트구조에서는 철근콘크리트 지붕공사가 완료되었을 때 행하는 의식이다. 입주상량(立柱上樑)이라 한다.
낙성식	낙성식은 공사 완료 시에 행하는 의식이다.

4. 건설정보분류체계

1) 정의 및 목적

건설정보분류체계(Breakdown Structure)는 건설 분야에 발생되는 모든 정보항목들을 분류목적에 따라 체계적으로 분류하고 도식화하여 건설 분야의 정보관리의 표준적 기준으로 사용하기 위함이다.

2) 종류

구 분	내 용	
WBS(작업분류체계)	① Work Breakdown Structure	② 공사내용을 작업공종에 따라 분류한다.
OBS(조직분류체계)	① Organization Breakdown Structure	② 공사내용을 관리조직에 따라 분류한다.
CBS(원가분류체계)	① Cost Breakdown Structure	② 공사내용을 원가발생요인에 따라 분류한다.
BBS(업무분류체계)	① Business Breakdown Structure	② 공사내용을 업무내용에 따라 분류한다.

4 공사관리

1. 개요

1) 정의

공사관리란 여러 가지 관리목표에 따라 현장을 통제하는 기능을 가지며 품질관리, 공정관리, 원가관리, 안전관리, 노무관리, 장비관리, 구매관리 등이 포함된다. 공사관리의 최대 목적은 적절한 공기확보로 공사원가를 절감하는 것이다.

2) 공사관리의 목표 및 상관관계

공사의 요소	건축생산의 목표(내용)	공사관리의 목표	구 분
품 질	좋게 (소요의 품질확보 및 보증)	품질관리	① 3대 관리 : 품질관리, 공정관리, 원가관리 ② 4대 관리 : 3대 관리 + 안전관리 ③ 5대 관리 : 4대 관리 + 환경관리
공사기한	빨리 (지정공기의 준수 및 단축)	공정관리	
경 제 성	싸게 (비용 절감 및 이윤의 극대화)	원가관리	
안 전 성	안전하게 (작업의 안전성 확보 및 재해예방)	안전관리	
환 경	친환경 (친환경적인 건설공사)	환경관리	

3) 생산수단 및 생산목표

(1) 생산수단(시공관리기술의 6M)

① Man(인력 또는 노무) ② Machine(기계 또는 장비)
③ Material(재료 또는 자재) ④ Money(자금)
⑤ Method(시공법 또는 기술) ⑥ Memory(기억)

주1 품질관리의 4M : ①~④, 품질관리의 5M : ①~⑤, 품질관리의 6M : ①~⑥

(2) 생산목표

① Right Product(적정 생산물)
② Right Quality(적정 품질)
③ Right Quantity(적정 수량)
④ Right Time(적정 공기)
⑤ Right Price(적정 가격)

주1 공사관리의 생산수단을 6M이라 하며, 이 6M을 잘 이용하여야 5가지의 목표를 달성할 수 있다. 이 5가지 목표를 5R이라 한다.

2. 품질관리

① 품질관리란 수요자의 요구에 맞는 품질의 제품을 경제적으로 만들어내기 위한 모든 수단의 체계를 말한다.

② 수급인은 품질관리계획 또는 품질시험계획을 수립하여 공사감독자의 확인을 받아 건설공사를 착공하기 전에 발주자의 승인을 받아야 한다.

3. 공정관리

① 공정관리란 주어진 공사기간 내에 예산에 맞춰 보다 우수하고 안전하게 건축물을 생산하기 위한 관리 활동을 말한다.

② 수급인은 PERT/CPM 등에 의한 공정계획서를 제출하여야 한다.

4. 원가관리

원가관리란 주어진 예산과 일정에 대해 원만한 공사 진행과 예산집행이 이루어져 건축생산의 목표를 달성할 수 있도록 소요 비용을 효율적으로 관리하고 통제하는 것이다.

5. 안전관리

1) 정의

① 안전관리는 건설공사 과정에서 발생되는 결함으로 인한 사고의 예방을 위하여 이행되는 공사관리이다.

② 수급인은 안전관리계획을 수립하여 공사감독자의 확인을 받아야 하며, 건설공사를 착공하기 전에 발주자에게 제출하여 승인을 받아야 한다.

2) 산업재해의 기본원인 4M

산업재해의 4M	내 용	산업재해의 4M	내 용
인간 (Man)	인간이 실수를 일으키는 인간적 인자	매체 (Media)	사람과 기계를 연결하는 매체
기계 (Machine)	기계, 설비 등의 물적조건	관리 (Management)	관리상의 결함

3) 재해예방의 기본 원칙

기본 원칙	내 용
예방가능의 원칙	재해발생 전 · 후의 대책이 필요하다.
손실우연의 원칙	인적손실과 물적손실은 예측 불가능하며 우연에 의해 정해진다.
원인계기의 원칙	재해에는 인과관계가 필연적이다.
대책선정의 원칙 (3E)	기술적 대책(Engineering), 교육적 대책(Education), 규제적 대책(Enforcement)을 통해 재해를 예방한다.

6. 환경관리

1) 정의

환경관리란 건설공사 과정에서 발생되는 자연환경 및 생활환경 보전과 환경오염방지 등을 위한 모든 수단의 체계를 말한다.

2) 건설공사에서 환경관리 항목 [25]

① 대기질
② 수질
③ 소음 · 진동
④ 폐기물
⑤ 생태계 보전

3) 건설공사에서 환경관리 시설 [26]

① 비산먼지 방지시설
② 공사장 폐수처리시설
③ 토사유출 지감시설
④ 가설사무실 오수처리시설
⑤ 항타, 발파 시 소음 · 진동 방지시설
⑦ 공사장비 소음저감시설

25) KCS 10 10 30 가설공사 일반사항(1.4~1.9), 국토교통부, 한국건설기술연구원, 2016.
26) KCS 21 20 15 환경관리시설(1.1), 국토교통부, 한국가설협회, 2015.

5 VE

1. 개요

VE(Value Engineering, 가치공학)은 건축생산에 있어서 자재 및 관리기술의 대체로써 원가절감에 이용되는 기법으로 최소의 비용(Cost)으로 요구되는 기능(Function)을 확실히 달성하기 위한 조직적인 연구절차이다.

2. 기본공식

$$V = \frac{F}{C}$$

여기서, V : 가치(Value), F : 기능(Function), C : 비용(Cost)

3. VE의 필요성 및 사고방식

구 분	내 용	
VE의 필요성	VE 활동을 통한 이익의 확대는 타 기업과의 경쟁 없이 이루어지며, 적은 투자로 큰 성과를 얻을 수 있다.	
VE의 효과	① 원가절감 ③ 기업의 경쟁력 제고 ⑤ 조직의 활성화	② 기업의 체질개선 ④ 기술력 향상 및 축적 ⑥ 아이디어 창출을 통한 자기혁신
VE의 사고방식	① 고정관념의 제거(아이디어 존중) ③ 기능 중심의 접근 ⑤ 가치의 제고(V=F/C를 향상시키기 위한 가치향상 및 비용절감)	② 사용자 중심의 사고(고객본위) ④ 조직적 노력

4. VE의 수행단계

① 정보수집 및 기능분석 단계
② 아이디어(개선안) 창출 단계
③ 대체안의 평가 및 개발 단계
④ 제안 및 실시 단계

5. 기능분석시스템방법도

① 기능분석시스템방법도[FAST(Function Analysis System Technique) Diagram]는 사상의 본질을 보다 정확하게 파악하기 위해 "왜", "어떻게"라고 하는 관점에서 본질을 추구하는 사고방식이다.

② VE를 수행할 때 기능분석 시 활용되는 대표적인 기법이다.

6 LCC

1. 정의

① 건축물의 기획, 설계, 시공에서부터 완공된 후의 유지관리 및 해체까지 이어지는 일련의 과정을 건물의 생애(Life Cycle)라 한다. 이러한 건물의 생애기간동안 소요되는 초기투자비 및 유지관리비 등의 총비용을 LCC(Life Cycle Cost, 생애비용)라 한다.

② 건물을 건설시점에서 저가격을 추구하는 것보다 초기건설비용과 유지관리비용의 전체비용으로 경제성을 평가하는 기법이다.

2. 원리

조기투자비가 많으면 성능이 좋아지면서 유지관리비가 적어진다.

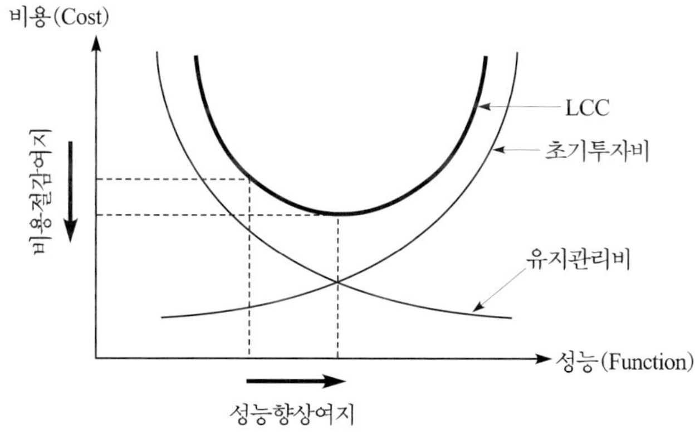

LCC = 초기투자비 + 유지관리비

3. LCC에 영향을 미치는 인자

① 초기투자비(Initial Cost)
② 유지관리비(Running Cost)
③ 이자율
④ 건축물의 내용연수
⑤ 물가상승률(인플레이션 계수)
⑥ 폐기처분비(잔존가치 처분비)

7 건축생산 합리화 기법

1. CIC

CIC(Computer Integrated Construction)는 모든 건설 단계에서 발생되는 각기 다른 형태의 정보들을 상호 연결시켜 건설생산 과정에 참여하는 참가자들이 모든 과정에 걸쳐 정보를 공유하고, 상호협조 하여 하나의 팀으로 구성하는 건설정보의 통합화이다.

2. CALS

CALS(Continuous Acquisition & Life Cycle Support, Computer Aided Logistic Support)는 건 건설사업자원 통합전산망으로 기획, 계약, 설계, 시공, 유지관리 등 건설활동 전 과정의 정보를 발주자 및 건설관련자가 전산망을 통하여 신속히 교환, 공유토록 함으로써 건설산업을 지원하는 통합정보시스템이다.

3. PMIS

PMIS(Project Management Information System, 프로젝트 관리 정보시스템 또는 건설산업 관리시스템)는 건설사업과 관련된 발주자, 사업관리자, 사업자 간에 발생하는 각종 정보를 체계화, 종합화시킴으로써 최고 품질의 건축물을 건설하도록 지원하는 전산시스템이다.

필수 연습문제

제1장 건축시공의 개론 및 공사관리

1. 건축생산을 효율적으로 하기 위한 팀워크의 장애요인은 주로 커뮤니케이션에 있다. 커뮤니케이션을 좋게 하는 방법으로 가장 부적당한 것은?

㉮ 현장작업을 가능한 줄인다.
㉯ 작업의 반복을 가능한 적게 한다.
㉰ 작업을 표준화한다.
㉱ 작업을 문서화한다.

1. ㉯
건축생산을 효율적으로 하고 팀워크의 커뮤니케이션을 좋게 하기 위해서는 자업의 반복을 가능한 많게 한다.

2. 다음 중 시공의 근대화와 가장 관계가 없는 것은?

㉮ 관리의 체계화
㉯ 건설의 공업화
㉰ 시공의 건식화
㉱ 시공의 기계화

2. ㉮
• 건축시공의 근대화(현대화) 조건
① 건축부품의 3S 시스템화
② 건축시공의 기계화
③ 건축 재료의 건식화
④ 도급기술의 근대화
⑤ 시공기술의 개발
⑥ 건설의 공업화

3. 건축생산에 있어서 근대화와 그 전망과 관계가 먼 것은?

㉮ 가설 구조물의 강제화
㉯ 시공의 기계화
㉰ 조인트벤처
㉱ 프리패브화 및 시스템화

3. ㉰
조인트벤처(Joint Venture)는 공동도급이다.

4. 건설공사의 일반적인 특징으로 옳은 것은?

㉮ 공사비, 공사기일 등의 제약을 받지 않는다.
㉯ 주로 도급식 또는 직영식으로 이루어진다.
㉰ 육체노동이 주가 되므로 대량생산이 가능하다.
㉱ 건설 생산물의 품질이 일정하다.

4. ㉯
① 건설공사는 공사비, 공사기일 등의 제약을 받는다.
② 건축시공의 기계화 되어가고 있고 대량생산은 어렵다.
③ 건축 생산물의 품질은 일정하지 않다.

5. 발주자에 의한 현장관리로 볼 수 없는 것은?

㉮ 착공신고
㉯ 하도급계약
㉰ 현장회의 운영
㉱ 클레임 관리

6. 공사감리자 업무 중 관계가 적은 것은?

㉮ 건축물의 설계와 공사관리에 관한 업무를 행한다.
㉯ 건축물의 조사 또는 감정에 관한 사항을 지도한다.
㉰ 설계도면 및 시방서에 따른 공사가 진행되도록 지도·감독한다.
㉱ 시공업자의 공사관리 시정 업무를 행한다.

7. 건설현장에서 공사감리자로 근무하고 있는 A씨가 하는 업무로 옳지 않은 것은?

㉮ 상세시공도면의 작성
㉯ 공사시공자가 사용하는 건축자재가 관계법령에 의한 기준에 적합한 건축자재인지 여부의 확인
㉰ 공사현장에서의 안전관리지도
㉱ 품질시험의 실시여부 및 시험성과의 검토, 확인

8. 다음 중 공사감리업무와 가장 거리가 먼 항목은?

㉮ 설계도서의 적정성 검토
㉯ 시공 상의 안전관리지도
㉰ 공사 실행예산의 편성
㉱ 사용자재와 설계도서와의 일치여부 검토

9. 건축사가 공사감리를 수행하는데 있어서 가장 바람직한 태도는 어느 것인가?

㉮ 설계보다 더 좋은 공사가 되도록 시공자를 독려한다.
㉯ 설계도 및 계약서대로 공사가 행해지도록 시공자를 지도·감독한다.
㉰ 건축주를 위해서 공사비가 절감되도록 감독한다.
㉱ 주로 재해방지에 대한 주의가 태만하지 않도록 감독한다.

5. ㉯

① 발주자는 수급인에게 건설공사를 도급 주는 자를 말한다.
② 하도급계약은 시공사와 전문건설업체 간에 이루어진다.

6. ㉯

건축물의 조사 또는 감정에 관한 사항을 지도하는 것은 감정원, 은행원 등의 해당 관계자가 한다.

7. ㉮

공사감리자는 자기의 책임으로 건축물, 건축설비 또는 공작물이 설계도서의 내용대로 시공되는지를 확인하고, 품질관리, 공사관리, 안전관리 등에 대하여 지도·감독하는 자를 말한다.

8. ㉰

공사감리자는 자기의 책임으로 건축물, 건축설비 또는 공작물이 설계도서의 내용대로 시공되는지를 확인하고, 품질관리, 공사관리, 안전관리 등에 대하여 지도·감독하는 자를 말한다.

9. ㉯

공사감리자는 건축주의 위탁을 받아 공사가 설계대로 시공되는지 여부를 확인, 지도·감독하는 자이다.

10. 다음 건축공사관계자에 관한 용어설명 중 옳지 않은 것은?

㉮ 감독자라 함은 공사시공에 있어 설계도서대로 실시되는지의 여부를 확인하고 시공방법을 지도 조언하는 자를 말한다.
㉯ 현장대리인이라 함은 건설공사 도급계약 조건에 따라 공사관리 및 기술관리 기타공사 업무를 시행하는 현장원을 말한다.
㉰ 시공기사라 함은 현장대리인 또는 그가 고용하여 현장 시공을 담당하는 현장원을 말한다.
㉱ 건축주라 함은 도급공사의 주문자 또는 직영공사의 시행주 자체이고 개인, 법인, 공공단체 또는 정부기관 등이다.

10. ㉮
공사시공에 있어 설계도서대로 실시되는지의 여부를 확인하고 시공방법을 지도하는 것은 공사감리자이다.

11. 다음 중 감리자의 역할과 가장 거리가 먼 것은?

㉮ 시공확인 및 검측업무
㉯ 상세 공정표 작성
㉰ 안전관리 결과보고서 작성
㉱ 준공도면의 검토

11. ㉯
공정표의 작성은 시공자의 업무이고 감리자는 공정표의 검토가 업무이다.

12. 건설공사 일반 감리업무로써 가장 기본적인 것은?

㉮ 설계도서의 요구 수준보다 좋은 품질의 공사가 될 수 있도록 관계자를 지휘한다.
㉯ 예산을 절감하기 위한 VE 활동을 적극적으로 한다.
㉰ 건설재해 방지를 최우선적으로 고려한다.
㉱ 설계도서대로 시공되는지의 여부를 검토·확인하고 기술적인 지도를 수행한다.

12. ㉱
공사감리자는 건축주의 위탁을 받아 공사가 설계대로 시공되는지 여부를 확인, 지도·감독하는 자이다.

13. 공사감리자 업무 중에서 가장 관계가 적은 것은 어느 것인가?

㉮ 공정표를 검토한다.
㉯ 건축물의 조사 또는 감정에 관한 사항을 지도한다.
㉰ 공사현장에서 안전관리를 지도한다.
㉱ 설계변경의 적정여부를 검토·확인한다.

13. ㉯
건설기술관리법에 의한 감리제도에서는 설계감리, 검측감리, 시공감리, 책임감리 등으로 범위를 한정하고 있다.

14. 건설기술관리법에 의한 현행 책임감리제도에서 규정하고 있는 감리원의 업무범위로써 가장 부적당한 것은?

㉮ 설계내용의 현장조건 부합 및 실제 시공 가능성 여부 등의 사전검토
㉯ 건설업체가 작성한 시공상세도면의 검토 · 확인
㉰ 공기만회 대책의 검토 및 수립
㉱ 하도급에 대한 타당성 검토

14. ㉰
공기만회에 대한 대책은 시공자의 업무이다.

15. 건설공사 책임감리제도에서 감리원의 업무범위로 가장 적당한 것은 다음 중 어느 것인가?

㉮ 시공이 설계도면 및 시방서의 내용에 적합하게 행하여지고 있는지에 대한 계획
㉯ 사용자재의 적합성의 조사
㉰ 하도급에 대한 타당성의 확인
㉱ 공사진척 부분에 대한 조사 및 검사

15. ㉱
① 시공이 설계도면 및 시방서의 내용에 적합하게 행하여지고 있는지에 대한 검토 · 확인
② 사용자재의 적합성 검토 · 확인
③ 하도급에 대한 타당성 검토

16. 건축공사현장의 관리자로서 기능공 및 노무자를 사용하는데 가장 필요한 법률은 다음 중 어느 것인가 ?

㉮ 도시계획법 ㉯ 건축법
㉰ 근로기준법 ㉱ 건설업법

16. ㉰
건축공사현장의 관리자로서 기능공 및 노무자를 사용하는데 가장 필요한 법률은 근로기준법이다.

17. 건설공사의 노무형태 중 원도급자에게 직접 고용되어 잡역 등의 미숙련 노무로 임금을 받는 고용형태를 무엇이라 하는가?

㉮ 직용노무자 ㉯ 정용노무자
㉰ 임시고용노무자 ㉱ 날품노무자

17. ㉮
직용노무자는 수급인(시공자)에게 직접고용 되어 임금을 받는 노무자로서 잡역 등의 미숙련 노무자가 많다.

18. 직종별 전문건설업자 또는 하수급인에게 고용되어 있고, 직종 장에게 고용되는 전문기능노무자로서 출역일수에 따라 임금을 받는 노무자는?

㉮ 직용노무자 ㉯ 정용노무자
㉰ 임시고용노무자 ㉱ 날품노무자

18. ㉯
정용노무자 직종별 전문건설업자 또는 하수급인에 상시 종속되어 있는 기능노무자로서 출역일수에 따라 임금을 받는다.

19. 공사 수급인이 그 의무를 완료한 시기를 적은 것이다. 다음 중 옳은 것은?

㉮ 수급인이 건축주로부터 공사대금을 다 받았을 때
㉯ 준공검사증을 건축주가 받았을 때
㉰ 수급인과 건축주 사이에 건물의 인수인계를 끝내고 그 증서를 받았을 때
㉱ 감독 책임자로부터 준공검사를 받았을 때

20. 공기단축을 목적으로 공정에 따라 부분적으로 완성된 도면만을 가지고 각 분야(전기, 기계, 건축, 토목 등)의 전문가들로 구성하여 패스트트랙(Fast Track) 공사를 진행하기에 적합한 조직구조는?

㉮ 기능식조직(Functional Organization)
㉯ 매트릭스조직(Matrix Organization)
㉰ 태스크포스조직(Task Force Organization)
㉱ 라인스태프조직(Line & Staff Organization)

21. 프로젝트 전담조직(Project Task Force Organization)의 장점이 아닌 것은?

㉮ 전체업무에 대한 높은 수준의 이해도
㉯ 조직 내 인원의 사내에서의 안정적인 위치확보
㉰ 새로운 아이디어나 공법 등에 대응이 용이
㉱ 밀접한 인간관계 형성

22. 건설사업에서 타당성분석이 이루어져야 하는 단계는 다음 중 어느 것인가?

㉮ 시공 ㉯ 유지관리
㉰ 시운전 ㉱ 기획

19. ㉰

공사 수급인(시공자)의 의무가 완료되는 시기는 수급인(시공장)과 발주자(건축주)가 기간 내에 건축물을 완성한 후 건물의 인수인계를 끝내고 그 증서를 받았을 때이다.

20. ㉱

• 조합식조직 (라인스태프조직)
① 직계식조직과 기능식조직의 장점을 조합한 것으로써 라인(직계)이란 목적달성을 위한 직무와 권한을 갖고, 스태프(참모)란 그 목적 달성에 대한 권고와 조언을 한다.
② 공기단축을 목적으로 공정에 따라 부분적으로 완성된 도면만을 가지고 각 분야(전기, 기계, 건축, 토목 등)의 전문가들로 구성하여 패스트트랙(Fast Track) 공사를 진행하기에 적합한 조직구조이다.

21. ㉯

프로제트 전담반조직은 안정성이 빈약하다.

22. ㉱

타당성분석은 기획단계에서 이루어진다.

23. 건설공사의 타당성조사 단계에 포함되는 것으로써 가장 부적당한 것은?

㉮ 공사가 실시될 현지의 측량, 토질 및 지질, 시장 등에 대한 조사 분석
㉯ 설계와 시공에 요구되는 기술적인 사항검토와 요소견적
㉰ 공종 분류에 따른 공종별 수량과 비용집계를 통한 공사비 산정
㉱ 사업의 수명기간에 걸쳐 예상되는 비용과 편익을 산정하여 수익성 판단

24. 공사관리에 관한 기술 중 가장 적당한 것은 어느 것인가?

㉮ 공기가 길어지면 품질은 좋아진다.
㉯ 품질과 공기는 정비례한다.
㉰ 품질과 원가는 반비례한다.
㉱ 적합원가가 되도록 공기를 조절한다.

25. 공사일지 기재사항이 아닌 것은?

㉮ 천후, 기온
㉯ 재료검수, 반입량
㉰ 지불임금 명세
㉱ 공종별 출역 인원

26. 현장일지 기재할 때 필요치 않는 것은?

㉮ 기후·온도
㉯ 반출입 재료 종류 및 수량
㉰ 내방자의 성명 및 용건
㉱ 지불임금의 명세

27. 공사내용을 작업의 공종별로 분류한 분할체계로써 가장 타당한 것은?

㉮ CP(Critical Path)
㉯ WBS(Work Breakdown Structure)
㉰ OBS(Object Breakdown Structure)
㉱ CBS(Cost Breakdown Structure)

23. ㉰

① 타당성조사 평가방법으로는 수요분석 및 예측, 기술적 평가(기술적 타당성), 경제적 평가(경제적 타당성), 재무적 평가(재무적 타당성), 조직, 경영평가, 감도분석 등이 있다.
② 공종 분류에 따른 공종별 수량과 비용집계를 통한 공사비 산정은 실시설계단계에서 행한다.

24. ㉱

공사관리의 최대 목적은 적절한 공기확보로 공사원가를 절감하는 것이다. 이를 위해서는 시공성, 경제성, 시공속도 등을 고려하여야 한다. 따라서 경제속도에 맞는 품질이 확보되어야 하고 적합원가가 되도록 공기를 조절해야 한다.

25. ㉰

공사일지에 지불임금의 명세는 기재사항이 아니다.

26. ㉱

공사일지에 지불임금의 명세는 기재사항이 아니다.

27. ㉯

건설정보분류체계에서 WBS는 공사내용을 작업공종에 따라 분류하는 것이다.

28. 다음 중 건축시공관리 중 시공의 5대 관리가 아닌 것은?

㉮ 노무관리
㉯ 품질관리
㉰ 원가관리
㉱ 환경관리

29. 건축공사 시공관리기술의 5M으로 옳지 않은 것은?

㉮ 기계(Machine)
㉯ 고용(Mercenary)
㉰ 노무자(Man)
㉱ 시공법(Method)

30. 작업계획의 목표로 가장 부적당한 것은?

㉮ 품질확보
㉯ 이윤추구
㉰ 공기준수
㉱ 작업의 안전성 확보와 제3자 재해방지

31. 안전관리에서 재해경과에 대한 연쇄관계를 검토하는 요소로 4M에 해당하지 않는 것은?

㉮ 방법(Method) ㉯ 인간(Man)
㉰ 기계(Machine) ㉱ 매체(Media)

32. 공사현상의 사고방지(안전관리)를 위한 세 가지 기본적 대책(3E)에 해당되지 않는 것은?

㉮ 기술적 대책 ㉯ 교육적 대책
㉰ 계획적 대책 ㉱ 규제적 대책

28. ㉮
• 시공의 5대 관리
① 품질관리 ② 공정관리
③ 원가관리 ④ 안전관리
⑤ 환경관리

29. ㉯
• 시공관리기술의 5M
① Man(인력 또는 노무)
② Machine(기계 또는 장비)
③ Material(재료 또는 자재)
④ Money(자금)
⑤ Method(시공법 또는 기술)

30. ㉯
• 작업계획의 목표
① 품질확보
② 공기준수
③ 작업의 안전성 확보와 제3자 재해방지
• 작업계획은 작업(공사)를 완성시키기 위해 어떤 인력으로 공구를 분할하여 어떤 일정계획에 따를 것인가이다.

31. ㉮
안전관리에서 재해경과에 대한 연쇄관계를 검토하는 4M은 인간(Man), 기계(Machine), 매체(Media), 관리(Management)이다.

32. ㉰
• 재해예방의 대책선정의 원칙 3E
① 기술적(Engineering) 대책
② 교육적(Education) 대책
③ 규제적(Enforcement) 대책

33. 제품의 자체기능(F)을 위하여 필요한 최저 기능과 제품의 생산에 소요되는 총비용(C)의 비로 표현되는 건설공사 원가절감 방안으로 가장 타당한 것은?

㉮ VE(Value Engineering)
㉯ SE(System Engineering)
㉰ IE(Industrial Engineering)
㉱ CS(Computer Science)

33. ㉮

• VE(가치공학)
① 기본공식은 V=F/C이다.
② VE(가치공학)는 건축생산에 있어서 자재 및 관리기술의 대체로써 원가절감에 이용되는 기법으로 최소의 비용(Cost)으로 요구되는 기능(Function)을 확실히 달성하기 위한 조직적인 연구절차이다.

34. 여러 대안에 대한 기능과 원가를 분석하여 최적 안을 선정하는 기법은 다음 중 어느 것인가?

㉮ VE(Value Engineering)
㉯ JIT(Just In Time)
㉰ QC(Quality Control)
㉱ TQM(Total Quality Management)

34. ㉮

35. 공사현장에서 원가절감 기법으로 많이 채용되는 것은?

㉮ 가치공학(Value Engineering) 기법
㉯ LOB(Line of Balance) 기법
㉰ Tact 기법
㉱ QFD(Quality Function Deployment) 기법

35. ㉮

VE는 건축생산에 있어서 자재 및 관리기술의 대체로써 원가절감에 이용되는 기법이다.

36. 건설 VE(Value Engineering) 기법에 관한 설명으로 옳은 것은?

㉮ 기업 전략의 일환으로 수행되는 VE 활동은 최고 경영자에서 생산현장에 이르기까지 폭 넓게 전개될 필요는 없다.
㉯ VE 활동을 위한 이익의 확대는 타 기업의 경쟁 없이 이루어지며, 적은 투자로 큰 성과를 얻을 수 있다.
㉰ 생산설비 자제는 VE의 대상이 될 수 없다.
㉱ 설계단계에서 대부분의 공사비가 결정되는 건설공사의 특성에 따라 빠른 시점에서의 VE 적용은 필요 없다.

36. ㉯

VE 활동을 통한 이익의 확대는 타 기업과의 경쟁 없이 이루어지며, 적은 투자로 큰 성과를 얻을 수 있다.

37. 원가절감기법으로 많이 쓰이는 VE(Value Engineering)의 적용대상 중 적합하지 않은 것은?

㉮ 원가절감 효과가 큰 것
㉯ 수량은 적으나 반복효과가 큰 것
㉰ 공사의 개선효과가 큰 것
㉱ 하자가 빈번한 것

38. VE(Value Engineering)의 사고방식과 가장 거리가 먼 것은?

㉮ 제도, 법규 위주의 사고
㉯ 비용절감
㉰ 발주자, 사용자 중심의 사고
㉱ 기능 중심의 사고

39. 원가절감을 위한 VE(Value Engineering) 추진절차로 가장 타당한 것은?

㉮ 정보수집 → 기능분석 → 개선안 창출 → 실시 및 사후관리
㉯ 정보수집 → 개선안 창출 → 기능분석 → 실시 및 사후관리
㉰ 정보수집 → 기능분석 → 실시 및 사후관리 → 개선안 창출
㉱ 정보수집 → 실시 및 사후관리 → 기능분석 → 개선안 창출

40. VE(Value Engineering)를 수행할 때 기능분석 시 활용되는 대표적인 기법은?

㉮ Pareto Diagram
㉯ FAST(Function Analysis System Technique)
㉰ Brainstorming
㉱ Checklist

37. ㉯

• VE의 적용대상
① 원가절감효과가 큰 것
② 수량이 많거나 반복효과가 큰 것
③ 공사의 개선효과가 큰 것
④ 하자가 빈번한 것

38. ㉮

• VE의 사고방식
① 고정관념의 제거(아이디어 존중)
② 사용자 중심의 사고(고객 본위)
③ 기능 중심의 접근
④ 조직적 노력
⑤ 가치의 제고(V=F/C를 향상시키기 위한 가치향상 및 비용절감)

39. ㉮

• VE의 수행단계
① 정보수집 및 기능분석 단계
② 아이디어(개선안) 창출 단계
③ 대체안의 평가 및 개발 단계
④ 제안 및 실시 단계

40. ㉯

기능분석시스템방법도(FAST Diagram)는 사상의 본질을 보다 정확하게 파악하기 위해 "왜", "어떻게"라고 하는 관섬에서 본질을 추구하는 사고방식으로 VE를 수행할 때 기능분석 시 활용되는 대표적인 기법이다.

41. 가치공학(Value Engineering)기법에서 어떤 개선 활동이나 계획을 세울 때 적용하는 것은?

㉮ 기능설계
㉯ 원가절감
㉰ 브레인스토밍
㉱ 공기단축기법

41. ㉰
브레인스토밍은 일종의 토의 형식으로 5~8명이 한 팀이 되어 약 1시간가량 자유롭게 의사를 개진하고 다른 사람의 의견도 들어보는 것이다.

42. 건축물의 생애주기비용(LCC, Life Cycle Cost)에 영향을 미치는 인자로 가장 부적당한 것은?

㉮ 이자율
㉯ 주광률
㉰ 물가상승률
㉱ 건축물의 내용연수

42. ㉯
• LCC에 영향을 미치는 인자
① 초기투자비
② 유지관리비
③ 이자율
④ 건축물의 내용연수
⑤ 물가상승률(인플레이션계수)
⑥ 폐기처분비(잔존가치처분비)

43. CIC(Computer Integrated Construction)의 설명으로 옳은 것은?

㉮ 컴퓨터, 정보통신 및 자동화 생산, 조립기술 등을 토대로 건설행위를 수행하는데 필요한 기능들과 인력들을 유기적으로 연계하여 각 건설업체의 업무를 각사의 특성에 맞게 최적화 하는 것
㉯ 재무, 인사관리 등의 요소들을 대상으로 건설업체의 업무수행을 전산화 처리하여 업무를 신속하게 수행토록 하는 것
㉰ 건축시공 시에 컴퓨터를 활용하여 시공량의 점검, 시공부위 확인 등을 수행토록 하는 것
㉱ 컴퓨터를 활용하여 건설의 입찰 및 계약업무를 전산화 하여 업무를 신속하고 정확하게 처리토록 하는 것

43. ㉮
CIC는 건축생산 전반에 걸친 모든 정보를 컴퓨터・정보통신 등을 이용하여 통합관리하는 기법이다.

44. 건설 프로세스의 효율적인 운영을 위해 형성된 개념으로 건설생산에 초점을 맞추고 이에 관련된 계획, 관리, 엔지니어링, 설계, 구매, 계약, 시공, 유지 및 보수 등의 요소들을 주요 대상으로 하는 것은?

㉮ CIC(Computer Integrated Construction)
㉯ MIS(Management Information System)
㉰ CIM(Computer Integrated Manufacturing)
㉱ CAM(Computer Aided Manufacturing)

44. ㉮
CIC는 모든 건설 단계에서 발생되는 각기 다른 형태의 정보들을 상호 연결시켜 건설생산 과정에 참여하는 참가자들이 모든 과정에 걸쳐 정보를 공유하고, 상호협조하여 하나의 팀으로 구성하는 건설정보의 통합화이다.

45. 건설사업자원 통합전산망으로 건설 생산활동 전 과정에서 건설 관련 주체가 전산망을 통해 신속히 교환 · 공유할 수 있도록 지원하는 통합 정보시스템을 지칭하는 용어는?

㉮ 건설 CIC(Computer Integrated Construction)
㉯ 건설 CALS(Continuous Acquisition & Life Cycle Support)
㉰ 건설 EC(Engineering Construction)
㉱ 건설 EVMS(Earned Value Management System)

46. 다음 내용이 설명하고 있는 것으로 가장 적당한 것은?

> 1980년대 초반 미국 국방부가 컴퓨터에 의한 물사구매 및 병참지원 목적으로 개발한 통합 물류생산시스템을 건설사업에 응용하여 기획 · 설계 · 시공 · 유지관리 각 단계에서 발생하는 각종 정보의 전산화와 관련자간의 효율적이 정보교환을 목적으로 하는 건설정보 통합전산망

㉮ BPR ㉯ CALS
㉰ IT ㉱ FM

47. 건설공사 기획부터 설계, 입찰 및 구매, 시공, 유지관리의 전 단계에 있어 업무절차의 전자화를 추구하는 종합건설정보망체계를 의미하는 것은?

㉮ CALS ㉯ BIM
㉯ SCM ㉱ B2B

48. 건설사업과 관련된 발주자, 사업관리자, 사업자간에 발생하는 각종 정보를 체계화, 종합화시킴으로써 최고 품질의 사업목적물을 건설하도록 지원하는 전산시스템으로써 가장 타당한 것은?

㉮ 가상현실(Virtual Reality)기법
㉯ 주문 시스템(Order Entry System)
㉰ HA(Home Automation System)
㉱ PMIS(Project Management Information System)

45. ㉮

46. ㉯
CALS는 건설사업자원 통합전산망으로 기획, 계약, 설계, 시공, 유지관리 등 건설활동 전 과정의 정보를 발주자 및 건설관련자가 전산망을 통하여 신속히 교환, 공유토록 함으로써 건설산업을 지원하는 통합정보시스템이다.

47. ㉮
CALS는 건건설사업자원 통합전산망으로 기획, 계약, 설계, 시공, 유지관리 등 건설활동 전 과정의 정보를 발주자 및 건설관련자가 전산망을 통하여 신속히 교환, 공유토록 함으로써 건설산업을 지원하는 통합정보시스템이다.

48. ㉱
PMIS(건설사업관리시스템)은 건설사업과 관련된 발주자, 사업관리자, 사업자 간에 발생하는 각종 정보를 체계화, 종합화시킴으로써 최고 품질의 건축물을 건설하도록 지원하는 전산시스템이다.

49. PMIS(프로젝트관리정보시스템)의 특징에 관한 설명으로 옳지 않은 것은?

㉮ 합리적인 의사결정을 위한 프로젝트용 정보관리시스템이다.
㉯ 협업관리체계를 지원하며 정보의 공유와 축적을 지원한다.
㉰ 공정 진척도는 구체적으로 측정할 수 없으므로 별도 관리한다.
㉱ 조직 및 월간업무 현황 등을 등록하고 관리한다.

50. 종래의 단순한 시공업과 비교하여 건설사업의 발굴 및 기획, 설계, 시공, 유지관리에 이르기까지 사업전반에 관한 것을 종합, 기획, 관리하는 업무영역의 확대를 무엇이라고 하는가?

㉮ EC　　㉯ LCC
㉰ CALS　　㉱ JIT

51. 건설업의 종합건설업제도(EC화, Engineering Construction)에 관한 정의로 옳은 것은?

㉮ 종래의 단순한 시공업과 비교하여 건설사업의 발굴 및 기획, 설계, 시공, 유지관리에 이르기까지 사업 전반에 관한 것을 종합, 기획, 관리하는 업무영역의 확대를 말한다.
㉯ 각 공사별로 나누어져 있는 토목, 건축, 전기, 설비, 강구조, 포장 등의 공사를 1개 회사에서 시공하도록 하는 종합건설 면허제도이다.
㉰ 설계업을 하는 회사를 공사시공까지 할 수 있도록 업무 영역을 확대한 면허제도를 말한다.
㉱ 시공업체가 설계업까지 할 수 있게 하는 면허제도이다.

52. 다음은 구법과 공법을 설명한 것이다. 틀린 것은?

㉮ 구법의 목적은 요구 성능의 실현이고, 공법의 목적은 구법의 실현이다.
㉯ 구법의 계약 조건은 생산 조건이고, 공법의 조건은 품질 조건이다.
㉰ 구법의 요구는 건축 재료 및 부품이고, 공법의 요구는 인간 및 기계이다.
㉱ 설계단계에서 고려하는 것이 구법이고, 시공단계에서 고려하는 것이 공법이다.

49. ㉰

PMIS(건설산업관리시스템)는 건설사업과 관련된 발주자, 사업관리자, 사업자 간에 발생하는 각종 정보를 체계화, 종합화시킴으로써 최고 품질의 건축물을 건설하도록 지원하는 전산시스템이다.

50. ㉮

종합건설업제도(EC화)는 건설사업의 발굴 및 기획, 설계, 시공, 유지관리에 이르기까지 사업 전반에 관한 것을 종합, 기획, 관리하는 업무영역의 확대를 말한다.

51. ㉮

종합건설업제도(EC화, Engineering Construction)는 건설사업의 발굴 및 기획, 설계, 시공, 유지관리에 이르기까지 사업 전반에 관한 것을 종합, 기획, 관리하는 업무영역의 확대를 말한다.

52. ㉯

① 구법은 건축의 구성방법이며 재료, 구성부품에 의하여 구성되는 건물의 실체이다.
② 공법은 건축물의 축조, 조립, 꾸밈, 시공 등의 방법이며 넓은 의미로는 구법을 포함한다.
③ 구법과 공법은 모두 생산조건이다.

53. 건설공사의 조사, 설계, 감리, 기술관리 등에 관한 기본적인 사항과 건설업의 등록 및 건설공사의 도급 등에 필요한 사항을 정한 법은?

㉮ 건설산업기본법
㉯ 산업안전보건법
㉰ 엔지니어링산업진흥법
㉱ 국가기술자격법

53. ㉮

건설산업기본법은 건설공사의 조사, 설계, 시공, 감리, 유지관리, 기술관리 등에 관한 기본적인 사항과 건설업의 등록 및 건설공사의 도급 등에 필요한 사항을 정함으로써 건설공사의 적정한 시공과 건설산업의 건전한 발전을 도모함을 목적으로 정한 법이다.

54. 린건설(Lean Construction)에서의 관리방법으로 옳지 않은 것은?

㉮ 변이관리 ㉯ 당김생산
㉰ 흐름생산 ㉱ 대량생산

54. ㉱

① 린건설은 운반, 대기, 처리, 검사 등의 작업 단계에서 가치창출 과정을 제외한 비가치창출 과정을 최소화하여 작업 간 대기시간, 재고낭비 등을 최소화하고, 질적인 생산의 효율성을 증진하는 건설생산방식이다.
② 린건설의 변이관리는 건설 프로젝트에 내재 또는 외재하는 불확실성에 의해 투입이 변환되어 결과물로 생성될 때, 예상 결과와는 상이하게 나타나는 것을 제어하는 것을 말한다.
③ 린건설의 기본원리
㉠ 가치의 명확화
㉡ 가치의 흐름
㉢ 흐름생산
㉣ 당김생산
㉤ 완성의 추구

제2장

공사계약제도

1 전통적인 계약방식

1. 종류

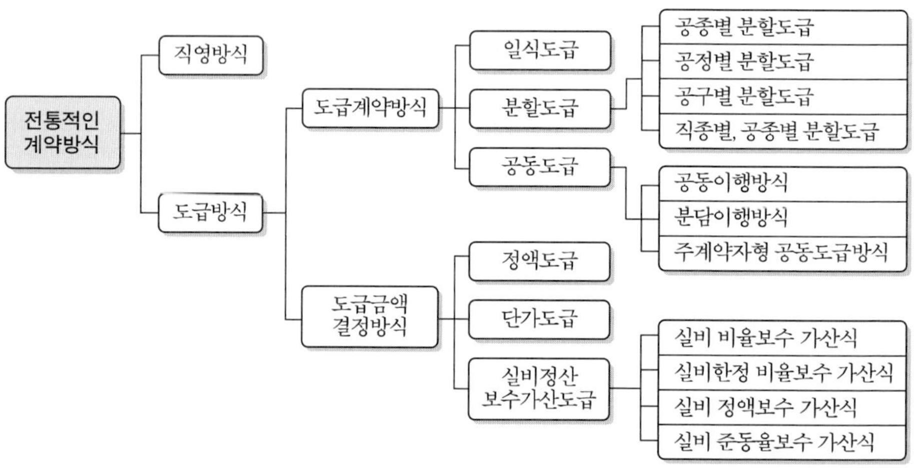

2. 직영방식

① 직영방식은 건축주 자신이 직접 공사 계획을 세워 재료구입, 노무자 고용, 시공기계 및 가설재를 마련하고 자기의 책임 하에 직접 공사를 지휘, 감독하는 제도이다.

② 도급공사에 비해 확실한 공사가 가능하고 발주 계약 등의 수속 절감이 있고 임기응변 처리가 가능하나, 공사비가 증대되고 시공능력 부족으로 공사기간이 연장될 수 있다.

3. 일식도급

1) 정의

일식도급은 공사 전체를 한 수급인(시공자)에게 맡겨 시공업무 일체를 일괄하여 시행시키는 방법으로 총도급 또는 일괄도급이라고도 한다.

2) 장 · 단점

장 점	단 점
① 공사비가 확정되고 공사관리가 용이하다. ② 가설재의 중복이 없다. ③ 계약, 감독이 간단하다. ④ 책임한도가 명확하다. ⑤ 전체 공사의 진척이 원활하다.	① 건축주의 의향이나 설계도서의 취지기 충분히 이행되지 못한다. ② 수급인(시공자)의 이윤 가산으로 인한 공사비 증대가 우려된다. ③ 말단노무자에 대한 지불금의 과소로 인해 부실 공사가 우려된다.

4. 분할도급

1) 정의

분할도급은 공사를 유형별로 분류하여 각각 전문건설업자에게 분할하는 방식이다.

2) 종류

종 류	내 용
공종별 분할도급	공종별 분할도급은 설비공사를 건축공사(주체공사)와 분리하여 전문건설업자와 계약하는 방식이다.
공정별 분할도급	공정별 분할도급은 정지, 구체, 마무리공사 등 시공 과정별로 도급을 주는 방식이다.
공구별 분할도급	공구별 분할도급은 대규모 공사에서 지역별로 발주하는 방식이다.
직종별, 공종별 분할도급	직종별, 공종별 분할도급은 전문직별 또는 각 공종별로 분할하여 도급을 주는 방식이다.

5. 공동도급

1) 정의

공동도급(Joint Venture Contract)은 대규모 공사의 시공에 있어서 시공자의 기술, 자본 및 위험 등의 부담을 분산, 감소시킬 목적으로 여러 개의 건설회사가 공동출자하여 임시적으로 한 회사의 입장에서 공사를 도급하는 방식이다.

2) 특징

① 손익부담의 공동계산

② 단일 목적성

③ 일시성

3) 장 · 단점

장 점	단 점
① 융자력이 증대된다. ② 위험이 분산된다. ③ 시공이 확실하다. ④ 상호기술이 확충된다. ⑤ 공사 도급경쟁의 완화수단이다.	① 수급인(시공자) 상호 간의 이해 충돌이 발생된다. ② 경영방식의 차이에서 오는 능률저하가 발생된다. ③ 단일 회사의 도급공사보다 공사비가 증대된다. ④ 현장 및 사무관리에 혼란이 우려된다. ⑤ 책임소재가 불분명하다.

4) 페이퍼조인트

페이퍼조인트(Paper Joint)는 서류상(명목상)으로는 공동도급의 형태를 취하지만, 실질적으로는 한 회사가 공사전체를 진행하고 나머지 회사는 하도급의 형태 또는 단순 이익배당 형태로 참여하는 서류상의 공동도급이다.

6. 정액도급

1) 정의

정액도급은 공사비 총액을 확정하고 계약하는 방식으로 공사발주와 동시에 공사비가 확정되어 관리업무가 간편하다.

2) 장 · 단점

장 점	단 점
① 경쟁입찰로 공사비가 저하된다. ② 공사관리 업무가 간편하다. ③ 총액이 확정되어 건축주의 자금계획이 편리하다.	① 설계도서가 완성되어야 하므로 입찰 전까지 상당한 시일 소요된다. ② 공사변경에 따른 도급액의 증감이 곤란하다. ③ 이윤관계로 공사가 조잡해질 우려가 있다.

7. 단가도급

1) 정의

단가도급은 공사금액을 구성하는 물공량 또는 단위 공사부분에 대한 단가만을 계약하고 공사 완료 후 실시수량의 확정에 따라 청산하는 방식이다(전체공사를 도급시킬 수 없다).

2) 장 · 단점

장 점	단 점
① 공사의 신속한 착공이 가능하다. ② 수량불명 시 간단히 계약할 수 있다. ③ 설계변경에 의한 수량 증감이 용이하다.	① 총공사비 예측이 어렵다. ② 자재, 노무비 절감노력이 결여된다. ③ 공사비가 상승한다.

8. 실비정산보수가산도급

1) 정의

실비정산보수가산도급은 공사의 실비를 발주자(건축주)와 시공자(수급인)가 확인, 정산하고 건축주는 미리 정한 보수율에 따라 시공자(수급인)에게 그 보수액을 지불하는 방식이다.

2) 장 · 난점

장 점	단 점
① 양심시공이 기대된다. ② 양질공사가 기대된다.	① 공사비 절감노력이 결여된다. ② 공사기간 연장이 우려된다.

3) 종류 및 특징

종 류	총 공사비	특 징
실비 비율보수 가산식	A+Af	공사의 진척에 따라 정해진 시기에 실비(A)와 이 실비에 미리 계약된 비율을 곱한 금액(Af)을 보수로써 시공자에게 지불하는 방식이다.
실비한정 비율보수 가산식	A'+A'f	공사의 실비(A')에 한정을 두고 시공자는 이 실비 내에서 공사를 완성시키는 방식이다.
실비 정액보수 가산식	A+F	실비여하를 막론하고 미리 계약된 일정액의 보수(F)만을 지불하는 방식이다.
실비 준동율보수 가산시	A+A×variable f A+(F−A×variable f)	실비를 미리 여러 단계로 분할하여 공사비가 각 단계의 금액보다 증가된 때는 비율보수 또는 정액보수를 체감하는 방식이다.

여기서, A=공사실비, A'=한정된 실비, f=비율, Af=비율보수, F=정액보수

2 업무범위에 따른 계약방식

1. 종류

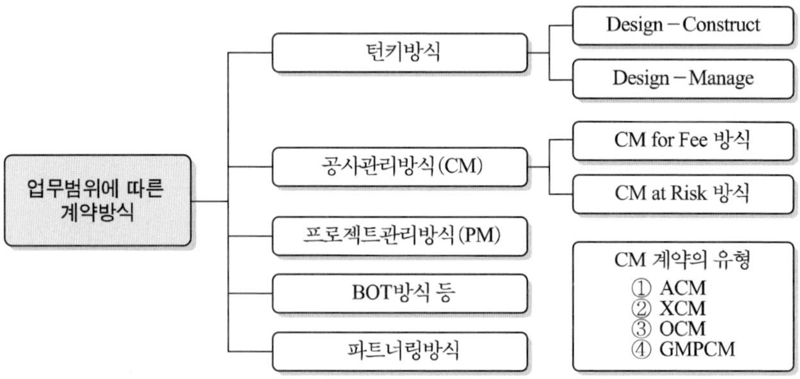

주1 업무범위에 따른 계약방식을 공사수행방식이라고도 한다.

2. 턴키방식

1) 정의

턴키방식(Turn-Key Contract)은 수급인(시공자)이 대상계획의 기업, 금융, 토지조달, 설계, 시공, 기계·기구설치, 시운전 및 조업지도까지 발주자(건축주)가 필요로 하는 모든 것을 조달하여 발주자(건축주)에게 인도하는 방식이다. 설계·시공일괄계약방식이라고도 한다.

2) 장·단점

구 분	장 점	단 점
발주자 측면 (건축주 측면)	① 책임한계가 명확(일괄책임 회피) ② 최적대안의 선정 ③ 관리업무의 최소화 ④ 공기단축	① 사업내용의 불확실 ② 품질확보의 한계 ③ 사업관리의 한계 ④ 발주절차의 복잡성
수급인 측면 (시공자 측면)	① 사업수행의 효율성 제고 ② 신기술 개발유도 ③ 위험관리 기회증진 ④ 전문화의 촉진	① 사업내용의 불확실 ② 입찰부담의 가중 ③ 중소기업의 참여기회 제한

3) 종류

종 류	내 용
Design-Construct (설계 · 시공방식)	시공회사가 일반적인 시공자로서 모든 하도급을 지휘, 통제한다.
Design-Manage (설계 · 관리방식)	시공은 여러 독립적인 시공회사에 의해서 수행되고 이들의 지휘 통제는 설계회사에서 한다.

3. 공사관리방식

1) 개요

① 공사관리방식(CM, Construction Management)은 발주자(건축주)의 이익확보의 측면에서 발주자의 대리인으로 실시설계단계에서부터 시공단계인 건설의 전 과정에 걸쳐 필요한 기술과 경험을 개인 또는 조직이 발주자에게 제공하는 설계와 시공의 통합관리 시스템이다. 이것은 발주자를 대신하여 공사전반에 걸쳐 공정관리, 원가관리, 노무관리, 자재관리, 진도관리 및 장비관리 등의 업무전반을 대행해 주고 전문성을 보완해 주는 역할을 한다. 건설사업관리방식이라고도 한다.

② CMr(Construction Manager)은 발주자로부터 건설사업관리를 위탁받아 수행하는 자이다. 일반적으로 설계, 시공단계에서 사업을 수행할 수 있도록 설계자와 동시에 선정된 일정자격을 갖춘 종합건설회사(General Contractor)이다. 건설사업관리자라고도 한다.

2) 특징

① 프로젝트의 기획 및 조정능력의 향상으로 공기단축과 공사비 절감이 가능하다.
② 사업관리자의 리더십으로 프로젝트 수행 조직 간의 이해가 상충되는 경우가 적다.
③ 책임감리 대상공사에서 건설사업관리자는 책임감리자의 역할을 겸할 수 있다.
④ 건설사업관리자는 발주자와의 협의를 통해 설계와 시공업무를 직접 감당할 수 있다.
⑤ 건설사업관리는 패스트트랙(Fast Track)기법 등을 활용해 공사목표 달성에 최대한 노력을 기울여야 한다.
⑥ 설계 · 시공분리방식에 비해 설계단계에서부터 가치공학(VE) 활동이 늘어난다.
⑦ 대규모 공사에 적합하다.

3) CMr이 수행해야 할 업무

① 사업관리 일반　　② 계약관리
③ 사업비관리　　④ 공정관리

⑤ 품질관리　　　　　　　　　　⑥ 안전관리

⑦ 사업정보관리

4) 단계별 업무내용

단 계	업무내용
Pre-Design 단계(기획단계)	사업의 타당성 검토 및 사업수행의 구체적 계획수립
Design 단계(설계단계)	비용의 분석 및 VE기법의 도입, 대안공법의 검토
Pre-Construction 단계(입찰 · 발주단계)	전문공종별 입찰자 선정 및 계약
Construction 단계(시공단계)	설계도면, 시방서에 따른 공사 진행 검사 및 검토
Post-Construction 단계(유지관리단계)	사용계획 및 최종 인허가 및 유지관리

5) CM의 기본형태 (계약방식)

CM for Fee 방식 (대리인형 CM방식)	CM at Risk 방식 (시공자형 CM방식)
발주자와 시공자가 직접 계약을 하고 CM은 설계 및 시공에 직접 관여하지 않고 건설사업 수행에 관한 발주자에 대한 대리인(Agent) 및 조정자(Coordinator)의 역할만을 하는 방식이다.	발주자와 CM이 계약을 하고 발주자와 합의된 계약 조건 하에서 CM이 시공자 역할까지 하면서 하수급인을 선정하고 이윤을 추구할 수 있도록 하는 방식이다.
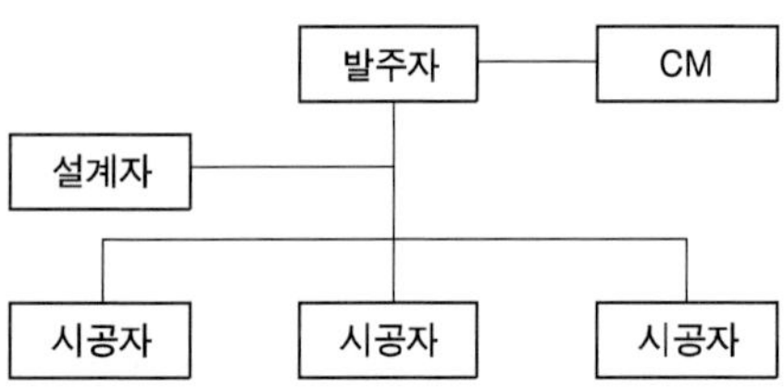	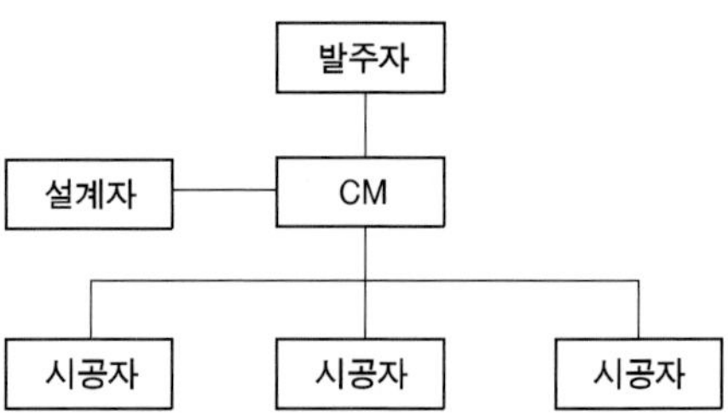

4. 프로젝트관리방식

① 프로젝트관리방식(PM, Project Management)은 주로 초대형 공사에서 발주자가 최고 경영자가 되고, CM회사의 전문인력과 A/E(Architect/Engineer) 또는 다른 컨설턴트를 이용하여 발주자가 통합된 프로젝트를 관리하는 방식이다. 프로그램관리방식이라고도 한다.

② PM은 건설 프로젝트의 기획단계에서부터 완공 및 시운전까지 발주자의 요구조건과 공사비, 공사기간 및 품질보장을 발주자에게 제공하는 종합적이고 포괄적인 관리기법이다.

③ 그러나, CM은 건설 프로젝트의 시공단계에 국한하여 공사비, 공사기간 및 품질보장을 발주자에게 제공하는 관리기법이다.

5. SOC시설에 대한 민간투자사업의 사업방식

1) 개요

SOC시설에 대한 민간투자사업의 사업방식은 사회간접시설[SOC시설(Social Overhead Capital, 사회간접자본), 사회기반시설]에 대한 민간의 투자를 촉진하여 창의적이고 효율적인 사회기반시설의 확충 및 운영을 도모하여 국민경제의 발전에 이바지하기 위한 방식이다.

2) 민간투자사업의 사업방식의 종류

구 분	내 용
BOT (Build-Operate-Transfer)	민간이 자금조달과 시설준공(Build) → 민간이 투자비 회수를 위해 일정기간 운영(Operate) → 소유권을 정부에 이전(Transfer)
BTO (Build-Transfer-Operate)	민간이 자금조달과 시설준공(Build) → 소유권을 정부에 이전(Transfer) → 민간이 투자비 회수를 위해 일정기간 운영(Operate)
BLT (Build-Lease-Transfer)	민간이 자금조달과 시설준공(Build) → 민간이 투자비 회수를 위해 정부와 약정기간 동안 운영업자에게 리스로 임대(Lease) → 리스기간 종료 후에 소유권을 정부에 이전(Transfer)
BTL (Build-Transfer-Lease)	민간이 자금조달과 시설준공(Build) → 소유권을 정부에 이전(Transfer) → 민간이 투자비 회수를 위해 정부와 약정기간 동안 운영업자에게 리스로 임대(Lease) 주1 최종 수요자에게 사용료를 부과해 투자비 회수가 어려운 시설을 짓는 데 주로 적용한다.

6. 파트너링방식

① 파트너링방식(Partnering)은 발주자, 시공자 및 프로젝트 관련자들이 상호신뢰를 바탕으로 하나의 팀을 만들어 프로젝트의 성공과 상호이익을 목표로 프로젝트를 공동으로 집행, 관리하는 방식이다.

② 프로젝트의 목표를 달성하기 위해 참여주체들의 사원의 효과를 극대화하기 위함이다.

필수 연습문제

제2장 공사계약제도

1. 건축공사 도급계약방법에서 공사실시 방식에 의한 계약제도와 관계가 없는 것은?
   ㉮ 일식도급계약제도
   ㉯ 단가도급계약제도
   ㉰ 분할도급계약제도
   ㉱ 공동도급계약제도

2. 공사금액의 결정방법에 따른 도급방식이 아닌 것은?
   ㉮ 정액도급
   ㉯ 공종별도급
   ㉰ 단가도급
   ㉱ 실비정산보수가산도급

3. 발주자가 시공자에게 공사를 발주하는 경우 계약방식에 의한 시공방식으로 옳지 않은 것은?
   ㉮ 보증방식
   ㉯ 직영방식
   ㉰ 실비정산방식
   ㉱ 단가도급방식

4. 건축시공 계약제도 중 직영제도에 관한 사항 중 틀린 것은?
   ㉮ 공사내용 및 시공과정이 단순할 때 많이 채용된다.
   ㉯ 확실성 있는 공사를 할 수 있다.
   ㉰ 입찰 및 계약의 번잡한 수속을 피할 수 있다.
   ㉱ 공사비의 절감과 공기 단축이 용이한 제도이다.

1. ㉯
① 도급계약방법에 따른 도급방식은 일식도급, 분할도급, 공동도급 등이 있다.
② 단가도급은 도급금액결정방식 중의 하나이다.

2. ㉯
① 도급금액결정방식에 따른 도급방식은 정액도급, 단가도급, 실비정산보수가산도급 등이 있다.
② 공종별도급은 공종별 분할도급을 말하며 이는 도급계약방식 중의 하나이다.

3. ㉮
건설보증제도는 공공 및 민간 건설공사의 원활한 수행을 담보하기 위하여 체결한 발주자(건축주)와 수급인(시공자) 및 보증기관(건설공제조합)의 3자 간에 채권, 채무 관계를 보증하는 것이다.

4. ㉱
직영제도의 단점으로는 공사비 증대, 재료 낭비, 잉여 가설재 및 시공기계의 비경제성, 시공관리 능력부족으로 공사기간 연장 등이 있다.

5. 공사계약제도에 관한 설명으로 옳지 않은 것은?

㉮ 직영제도 : 공사의 전체를 단 한사람에게 도급 주는 제도
㉯ 분할도급 : 전문적인 공사는 분리하여 선문선설업자에게 수는 제도
㉰ 단가도급 : 단가를 정하고 공사 수량에 따라 도급금액을 산출하는 제도
㉱ 정액도급 : 도급전액을 일정액으로 정하여 계약하는 제도

5. ㉮

① 직영방식은 건축주 자신이 직접 공사 계획을 세워 재료구입, 노무자 고용, 시공기계 및 가설재를 마련하고 자기의 책임 하에 직접 공사를 지휘, 감독하는 제도이다.
② 일식도급은 공사 전체를 한 수급인(시공자)에게 맡겨 시공업무 일체를 일괄하여 시행시키는 방법으로 총도급 또는 일괄도급이라고도 한다.

6. 다음은 건설공사의 일식도급 계약방식을 설명한 내용이다. 적당하지 않은 사항은?

㉮ 입찰 전에 도면, 시방서, 견적서 등이 완비되어야 한다.
㉯ 발주사와 시공사 사이에 설계변경으로 인한 공사비 증감이나 공사의 질에 대한 의견차이로 인해 분쟁이 발생되기도 한다.
㉰ 긴급공사일 때 유리한 계약방식이다.
㉱ 발주자는 공사완공 시까지의 총공사비를 계약과 동시에 예측할 수 있다.

6. ㉰

일식도급은 공사 전체를 한 수급인(시공자)에게 맡겨 시공업무 일체를 일괄하여 시행시키는 방법으로 공사비가 확정되어 계약해야 하므로 긴급공사일 때는 불리하다.

7. 일반적인 일식도급계약제도를 건축주의 입장에서 볼 때 그 장점과 거리가 먼 것은?

㉮ 재도급 된 금액이 원도급 금액보다 고가(高價)가 되므로 공사비가 상승한다.
㉯ 계약 및 감독이 비교적 간단하다.
㉰ 공사시작 전 공사비를 정할 수 있으며 합리적으로 자금계획을 수립할 수 있다.
㉱ 공사전체의 진척이 원활하다.

7. ㉮

도급된 금액이 원도급 금액보다 저가(低價)가 되므로 공사비가 하락한다.

8. 도급계약제도에 대한 다음 사항 중 옳지 않은 것은?

㉮ 일식도급 – 현장관리가 아주 힘들다.
㉯ 지명입찰 – 기술능력이 거의 동등한 업자를 선정하는 것이 좋다.
㉰ 공개경쟁입찰 – 공사가 조잡해질 염려가 있다.
㉱ 특명입찰 – 공사비가 약간 높아진다.

8. ㉮

일식도급은 계약이 간단하고 현장의 감독이 쉽다.

9. 도급계약제도에 관한 설명으로 옳지 않은 것은?

㉮ 일식도급 – 공사전체를 다수의 업체에게 발주하는 방식
㉯ 지명경쟁입찰 – 특정업체를 지명하여 입찰경쟁에 참여 시키는 방식
㉰ 공개경쟁입찰 – 모든 업체에게 공고하여 공개적으로 경쟁입찰하는 방식
㉱ 특명입찰 – 특정의 단일 업체를 선정하여 발주하는 방식

10. 분할도급계약제도에 관한 설명으로 적합한 것은?

㉮ 기술, 자본력(資本力) 등이 우수한 업자를 선정한다.
㉯ 현장관리가 비교적 용이하다.
㉰ 위생, 급수, 난방과 같은 부대설비공사를 전문공사업자에게 도급시킨다.
㉱ 공사가 조잡해질 위험이 있다.

11. 분할도급의 종류에 대한 설명 중 옳지 않은 것은?

㉮ 전문공종별 분할도급은 기업주와 시공자와의 의사소통이 잘 되나 공사 전체 관리가 곤란하다.
㉯ 공정별 분할도급은 정지, 구체, 마무리 공사 등 과정별로 나누어 도급을 주는 방식이다.
㉰ 공구별 분할도급은 설계완료분만 발주하거나 예산 배정상 구분될 때 편리하다.
㉱ 직종별, 공종별 분할도급은 직영제도에 가까운 것으로써 총괄도급의 하도급에 많이 적용된다.

12. 분할도급의 종류에 해당하지 않는 것은?

㉮ 단가도급 ㉯ 전문공종별 도급
㉰ 공구별 도급 ㉱ 공정별 도급

13. 대규모 공사에서 지역별로 발주 시에 사용되며 업자 상호 간 경쟁으로 공기단축과 시공기술 향상을 기대 할 수 있는 도급방식은?

㉮ 전문공종별 분할도급 ㉯ 공정별 분할도급
㉰ 공구별 분할도급 ㉱ 직종별, 공종별 분할도급

9. ㉮

일식도급은 공사 전체를 한 수급인(시공자)에게 맡겨 시공업무 일체를 일괄하여 시행시키는 방법으로 총도급 또는 일괄도급이라고도 한다.

10. ㉰

분할도급은 공사를 유형별로 분류하여 각각 전문건설업자에게 분할하는 방식이다.

11. ㉰

공구별 분할도급은 대규모 공사에서 지역별로 발주하는 방식으로 도급업자에게 균등한 기회를 주며 공기단축, 시공기술 향상 및 공사의 높은 성과를 기대할 수 있다.

12. ㉮

분할도급의 종류로는 다음과 같다.
① 공종별 분할도급
② 공정별 분할도급
③ 공구별 분할도급
④ 직종별, 공종별 분할도급

13. ㉰

공구별 분할도급은 대규모 공사에서 지역별로 발주 시에 사용되며 업자 상호 간 경쟁으로 공기단축과 시공기술 향상을 기대할 수 있다.

14. 건축공사에서 정지 · 골조 · 마무리공사 등의 과정별로 나누어 도급 주는 방식에 대한 다음 내용 중 가장 적당한 것은?

㉮ 전문공종별 분할도급
㉯ 공정별 분할도급
㉰ 공구별 분할도급
㉱ 직종별·공종별 분할도급

15. 단독도급과 비교하여 공동도급(Joint Venture)방식의 특징으로 거리가 먼 것은?

㉮ 둘 이상의 업자가 공동으로 도급함으로써 자금 부담이 경감된다.
㉯ 대규모 공사를 단독으로 도급하는 것 보다 적자 등의 위험 부담이 분담된다.
㉰ 공동도급으로 구성된 상호 간의 이해충돌이 없고 현장 관리가 용이하다.
㉱ 각 구성원이 공사에 대해서 연대책임을 지므로, 단독도급에 비해 발주자는 더 큰 안정성을 기대할 수 있다.

16. 공동도급(Joint Venture)에 관한 설명으로 옳은 것은?

㉮ 2명 이상의 수급자가 어느 특정 공사에 대하여 협동으로 공사계약을 체결하는 방식이다.
㉯ 발주자, 설계자, 공사관리자의 세 전문 집단에 의하여 공사를 수행하는 방식이다.
㉰ 발주자와 수급자가 상호신뢰를 바탕으로 팀을 구성하여 공동으로 공사를 수행하는 방식이다.
㉱ 공사수행방식에 따라 설계/시공(D/B)방식과 설계/관리(D/M)방식으로 구분한다.

17. 공동도급(Joint Venture)의 특성이 아닌 것은?

㉮ 위험의 분산　　　㉯ 융자력의 증대
㉰ 기술력 확충　　　㉱ 공사시공의 불확실성

18. 공동도급의 장점이 아닌 것은?

㉮ 기술, 자본의 증대　　　㉯ 위험부담 분산
㉰ 이윤증대　　　㉱ 공사시공의 확실성

14 ㉯

공정별 분할도급은 정지, 구체, 마무리공사 등 시공 과정별로 도급을 주는 방식이다.

15. ㉰

공동도급은 수급인(시공자) 상호 간의 이해 충돌이 있고 현장 및 사무관리에 혼란의 우려가 있다.

16. ㉮

공동도급은 대규모 공사의 시공에 있어서 시공자의 기술, 자본 및 위험 등의 부담을 분산, 감소시킬 목적으로 여러 개의 건설회사가 공동 출자하여 일시적으로 한 회사의 입장에서 공사를 도급하는 방식이다.

17. ㉱

• 공동도급의 장점
① 융자력 증대
② 위험의 분산
③ 시공의 확실성
④ 상호기술의 확충
⑤ 공사 도급경쟁 완화수단

18. ㉰

공동도급의 장점 중에서 이윤의 증대는 관련 없다.

19. 공동도급(Joint Venture)의 장점 중 가장 부적당한 것은?

㉮ 확실한 시공을 기대할 수 있다.
㉯ 기술과 자본 등에 있어서 위험을 분산시킬 수 있다.
㉰ 경영방식에 있어서 효율 극대화를 얻을 수 있다.
㉱ 공사도급경쟁의 완화 수단이 될 수 있다.

19. ㉰
공동도급은 경영방식의 차이로 인해 능률이 저하된다.

20. 공동도급의 장점이 아닌 것은 어느 것인가?

㉮ 기술의 확충 및 강화
㉯ 위험의 분산
㉰ 자금동원능력 증대
㉱ 의사결정의 신속성

20. ㉱
공동도급에서 의사결정은 오히려 느려진다.

21. 다음 중 공동도급에 대한 설명으로 옳지 않은 것은?

㉮ 이견 조율이 용이하다.
㉯ 회사 간 상호기술을 보완한다.
㉰ 조인트벤처(Joint Venture)라고도 한다.
㉱ 위험을 분산 부담하게 된다.

21. ㉮
공동도급은 수급인(시공자) 상호 간의 이해 충돌과 경영방식의 차이에서 오는 능률저하가 발행할 수 있다.

22. 공동도급의 특징으로 옳지 않은 것은?

㉮ 기술력 확충
㉯ 신용도의 증대
㉰ 공사계획 이행의 불확실
㉱ 융자력 증대

22. ㉰
공동도급의 장점 중 하나로는 시공의 확실성이다. 따라서 공사계획 이행은 확실하다.

23. 건설공사 공동도급의 특징이 아닌 것은?

㉮ 손익분담의 공동계산
㉯ 단일 목적성
㉰ 위험의 증가
㉱ 융자력 증대

23. ㉰
공동도급의 특징으로는 손익부담의 공동계산, 단일 목적성, 일시성 등이다.

24. 공동도급에 대한 설명으로 옳지 않은 것은?

㉮ 기술자본 및 위험부담을 분산 감소한다.
㉯ 공사 도급의 경쟁을 완화한다.
㉰ 공사이윤은 각 회사의 출자 비율로 배당한다.
㉱ 한 회사가 일괄 도급하는 것보다 경비가 감소한다.

24. ㉱
공동도급은 단일 회사의 도급공사보다 경비는 증대된다.

25. 공동도급(Joint Venture Contract)에 대한 설명으로 옳은 것은?

㉮ 2명 이상의 수급인이 어느 특정 공사에 대하여 협동으로 공사를 체결하는 방식이나.
㉯ 발주자, 설계자, 공사관리자의 세 전문 집단에 의하여 공사를 수행하는 방식이다.
㉰ 발주자와 수급인이 상호신뢰를 바탕으로 팀을 구성하여 공동으로 공사를 수행하는 방식이다.
㉱ 공사수행방식에 따라 설계/시공(D/B)방식과 설계/관리(D/M)방식으로 구분된다.

26. 공동도급(Joint Venture)의 장점에 관한 설명으로 옳지 않은 것은?

㉮ 2명 이상의 업자가 공동으로 도급하므로 자금부담이 경감된다.
㉯ 대규모 공사를 단독으로 도급하는 것보다 적자 등 위험부담의 분산이 가능하다.
㉰ 공동도급 구성원 상호 간의 이해충돌이 없고 현장관리가 용이하다.
㉱ 각 구성원이 공사에 대하여 연대책임을 지므로, 단독도급에 비해 발주자는 더 큰 안정성을 기대 할 수 있다.

27. 계약제도의 하나로써 독립된 회사의 연합으로 법인을 설립하지 않으며 공사의 책임과 공사 클레임 등을 각각 독립된 회사의 계약 당사자가 책임을 지는 방식은?

㉮ 공동도급(Joint Venture)
㉯ 파트너링(Partnering)
㉰ 컨소시엄(Consortium)
㉱ 분할도급(Partial Contract)

28. 공동도급(Joint Venture)에 관한 설명으로 옳지 않은 것은?

㉮ 복수의 참가자가 독립의 공동체를 구성한다.
㉯ 참기자는 출자와 관리를 공동으로 한다.
㉰ 특정한 공사를 목적으로 한다.
㉱ 실행예산 제도의 일종이다.

25. ㉮

① 공동도급은 대규모 공사의 시공에 있어서 시공자의 기술, 자본 및 위험 등의 부담을 분산, 감소시킬 목적으로 여러 개의 건설회사가 공동출자하여 일시적으로 한 회사의 입장에서 공사를 도급하는 방식이다.
② 발주자, 설계자, 공사관리자의 세 전문 집단에 의하여 공사를 수행하는 방식은 파트너링방식이다.
③ 설계/시공(D/B)방식과 설계/관리(D/M)방식으로 구분되는 것은 턴키방식(설계·시공일괄계약방식)의 종류이다.

26. ㉰

공동도급의 단점으로는 수급인(시공자) 상호 간의 이해 충돌이 발생할 수 있으며 현장 및 사무관리에 혼란의 우려가 있다.

27. ㉰

① 컨소시엄은 공동도급의 한 종류이며, 분남이행방식이라 한다.
② 분담이행방식(컨소시엄)은 전체 공사를 각 회사가 분담(분할)하여 시공하는 방식이다.

28. ㉱

공동도급은 실행예산 제도와는 관련이 없다.

29. 입찰 및 계약제도에 관한 설명으로 옳은 것은?

㉮ 공동도급은 자본력, 기술력 등 시공능력이 증진된다.
㉯ 실비정산식 시공계약제도는 설계가 불명확하여 양질의 공사를 기대하기 어려울 때 채택한다.
㉰ 로우어리미트(Lower Limit)는 최저가로 응찰한 업자의 입찰을 무효로 하는 것이다.
㉱ 특명입찰이란 공사수행에 적정한 수개의 업자를 지명하여 경쟁 입찰시키는 방식이다.

29. ㉮

① 공동도급은 자본력, 기술력 등 시공능력이 증진된다.
② 낙찰하한선(Lower Limit)은 최저가낙찰제의 담합 등의 단점을 보완하기 위해 입찰 가격의 하한선을 정한 후 하한선 이하의 가격으로 입찰한 입찰자는 탈락시키는 하는 것이다.

30. 각종 도급방식의 설명 중 옳지 않은 것은?

㉮ 정액도급은 처음 총공사비만 결정한 후 경쟁입찰 후 최저입찰자와 계약을 체결하는 제도이다.
㉯ 실비정산식도급은 건축주, 감독자, 시공자 3자가 입회하여 공사에 필요한 실비와 보수를 협의하여 정하고 시공자에게 지급하는 방법이다.
㉰ 턴키도급은 건설업자가 금융, 시공, 시운전까지 주문자가 필요로 하는 것을 인도하는 방법이나 건축주의 의도가 반영되지 못하는 단점이 있다.
㉱ 공동도급은 기술, 자본 그리고 위험을 분산시킬 수 있으며, 경비도 줄어들 가능성이 있다.

30. ㉱

공동도급방식은 기술, 자본 그리고 위험을 분담시킬 수 있으나, 단일 회사의 도급공사보다 경비는 증대된다.

31. 공사금액을 공사시작 직전에 결정하고 계약하는 제도는?

㉮ 정액도급
㉯ 분할도급
㉰ 실비정사식도급
㉱ 공동도급

31. ㉮

정액도급(총액계약)은 공사 착수 전에 공사비 총액을 확정하고 계약하는 방식으로 공사발주와 동시에 공사비가 확정되어 관리업무가 간편하다.

32. 건축공사 도급방식에서 정액도급의 단점이 아닌 것은?

㉮ 공사 중 설계변경을 할 경우 분쟁이 일어나기 쉽다.
㉯ 입찰 전에 도면, 시방서 작성에 시간이 걸린다.
㉰ 발주자와 수급자 사이에 공사의 질에 대한 이해가 서로 일치하지 않을 수 있다.
㉱ 공사완공까지의 총공사비를 예측하기 어렵다.

32. ㉱

정액도급은 총액이 확정되어 건축주의 자금계획이 편리하다.

33. 정액도급(Lump Sum Contract)의 특성으로 가장 부적당한 것은?

㉮ 총공사비를 일정액으로 결정하여 계약하는 방식으로 정액일식도급계약방식이 많이 적용된다.
㉯ 총공사비가 계약과 동시에 결정되므로 공사품질에 대한 발주자와 수급인 간의 분쟁관계를 최소화할 수 있다.
㉰ 경쟁입찰을 적용하면 공사비 절감 이득을 얻을 수 있다.
㉱ 총공사비가 계약과 동시에 결정되므로 발주자는 공사자금 계획을 세우기 쉽다.

34. 다음 중 단가도급에 관한 기술로 옳은 것은?

㉮ 공사비의 총액을 확정계약하며, 공사발주와 동시에 공사비가 확정된다.
㉯ 공사의 실비 등 건축주와 수급인(시공자)이 확인정산하고 정한 보수율을 수급인(시공자)에게 지불하는 방법이다.
㉰ 길이, 면적 등 어느 하나 단위에 단가를 정하고 도급하는 방법이다.
㉱ 건축주가 제시한 기본요건에 맞게 수급인(시공자)이 제시한 시공방법이다.

35. 다음 도급방식 중 가장 빨리 착공이 가능할 수 있는 것은?

㉮ 정액도급　　㉯ 단가도급
㉰ 공동도급　　㉱ 일식도급

36. 긴급공사나 설계변경으로 수량 변동아 심할 경우에 많이 채택되는 도급방식은?

㉮ 정액도급　　㉯ 단가도급
㉰ 실비정산보수가산도급　　㉱ 분할도급

37. 건설도급계약제도 중에서 단가도급에 관한 설명으로 옳지 않은 것은?

㉮ 공사금액을 구성하는 물량에 따라 정산하는 방식이다.
㉯ 긴급공사 시 적용되는 방식이다.
㉰ 공사완공 시까지의 총공사비를 예측하기 어렵다.
㉱ 설계변경에 의한 수량의 증감이 어렵다.

33. ㉯
정액도급은 이윤관계로 공사가 조잡해질 우려가 있고 분쟁의 소지가 있다.

34. ㉰
㉮는 정액도급
㉯는 실비정산보수가산도급
㉰는 단가도급

35. ㉯
단가도급은 공사금액을 구성하는 물공량 또는 단위 공사부분에 대한 단가만을 계약하고 공사 완료 후 실시수량의 확정에 따라 청산하는 방식으로 공사의 신속한 착공이 장점이다.

36. ㉮
단가도급의 장점으로는 공사의 신속한 착공, 수량불명 시 간단히 계약, 설계변경에 의한 수량 증감용이 등이다.

37. ㉱
단가도급의 장점으로는 공사의 신속한 착공, 수량불명 시 간단히 계약, 설계변경에 의한 수량 증감이 용이하다.

38. 계약방식 중 단가계약제도에 관한 설명으로 옳지 않은 것은?

㉮ 실시수량의 확정에 따라서 차후 정산하는 방식이다.
㉯ 긴급공사 시 또는 수량이 불명확할 때 간단히 계약할 수 있다.
㉰ 설계변경에 의한 수량의 증감이 용이하다.
㉱ 공사비를 절감할 수 있으며, 복잡한 공사에 적용하는 것이 좋다.

38. ㉱

단가도급은 복잡한 공사에 적용하기 좋으나, 총공사비 예측이 어렵고 자재, 노무비 절감노력 결여되며 공사비가 상승할 수 있다.

39. 다음 중 공사수행방식에 따른 계약에 해당되지 않는 것은?

㉮ 설계・시공분리계약
㉯ 단가도급계약
㉰ 설계・시공일괄계약
㉱ 턴키계약

39. ㉯

단가도급은 도급금액결정방식 중의 하나이다.

40. 각종 도급방식에 관한 설명 중 가장 부적당한 것은?

㉮ 단가도급(Unit Price Contract)은 설계변경에 의한 수량의 증감이 불가능하고, 공사 완공 시까지의 총공사비 예측이 용이하다.
㉯ 실비정산식 시공계약제도는 건축주, 감독자, 시공자 3자가 입회하여 공사에 필요한 실비와 보수를 협의하여 정하고 시공자에게 지급하는 방법이다.
㉰ 턴키도급(Turn-Key Contract)은 건설업자가 금융, 시공, 시운전까지 주문자가 필요로 하는 것을 인도하는 방법이나 건축주의 의도가 반영되지 못하는 단점이 있다.
㉱ 공동도급방식은 기술, 자본 그리고 위험을 분담시킬 수 있으나, 경비가 상승될 가능성이 있다.

40. ㉮

단가도급은 설계변경에 의한 수량 증감이 용이하고 총공사비 예측이 어렵다.

41. 건축공사의 시공방식에 의한 특성을 기술한 내용 중 가장 부적합한 것은?

㉮ 직영공사는 사무가 절감되고 확실성 있는 공사를 할 수 있고 임기응변의 처리가 가능하다.
㉯ 일식도급은 공사비가 증대되고 말단노무자의 지불금이 적게 되어 조잡한 공사가 되는 경향이 있다.
㉰ 단가도급은 공사완성까지 소요되는 총공사비의 예측이 간단하여 공사비가 쉽게 확정된다.
㉱ 정액도급은 공사변경에 따른 도급금액의 증감이 곤란하여 건축주와 수급인(시공자) 사이에 분쟁이 일어나기 쉽다.

41. ㉰

단가도급은 총공사비 예측과 공사비의 확정이 어렵다.

42. 부실공사, 폭리 등 수급인(시공자)이나 발주자(건축주) 입장에서 불이익 없이 가장 정확하고 양심적으로 건축공사를 충실히 수행하는 즉, 사회 정의상 이론적으로 가장 이상적인 도급계약형태는?

㉮ 정액도급
㉯ 공동도급
㉰ 턴키(Turn-Key)도급
㉱ 실비정산보수가산도급

43. 다음 중 실비정산보수가산계약제도의 특징이 아닌 것은?

㉮ 설계와 시공의 중첩이 가능한 단계별 시공이 가능하다.
㉯ 복잡한 변경이 예산되거나 신급을 요하는 공사에 적합하다.
㉰ 계약체결 시 공사비용의 최댓값을 정하는 최대 보증한도 실비정산보수가산계약이 일반적으로 사용된다.
㉱ 공사금액을 구성하는 물량 또는 단위공사 부분에 대한 단가만을 확정하고 공사 완료 시 실시수량의 확정에 따라 정산하는 방식이다.

44. 다음 공사계약방식 중 공사수행방식에 따른 분류에 해당하지 않는 것은?

㉮ 실비정산보수가산계약
㉯ 설계・시공분리계약
㉰ 설계・시공일괄계약
㉱ 턴키계약

45. 공사계약 방식에는 전통적인 계약방식과 업무범위에 따른 계약방식이 있는데 다음 중 업무범위에 따른 계약방식의 종류가 아닌 것은?

㉮ 공동도급계약방식(Joint Venture Contract)
㉯ 턴키계약방식(Turn-Key Contract)
㉰ 공사관리계약방식(Construction Management)
㉱ 프로젝트관리계약방식(Program Management or Project Management Contract)

42. ㉱

실비정산보수가산도급은 공사의 실비를 건축주와 수급인(시공자)가 확인, 정산하고 발주자(건축주)는 미리 정한 보수율에 따라 수급인(시공자)에게 그 보수액을 지불하는 방식이며, 양심적인 공사를 기대할 수 있으나, 공사비 절감 노력이 적어지고 공사기일이 연체되는 경향이 있다.

43. ㉱

① 실비정산보수가산도급은 공사의 실비를 발주자(건축주)와 시공자(수급인)가 확인, 정산하고 건축주는 미리 정한 보수율에 따라 시공자(수급인)에게 그 보수액을 지불하는 방식이다.
② 단가도급은 공사금액을 구성하는 물공량 또는 단위 공사부분에 대한 단가만을 계약하고 공사 완료 후 실시수량의 확정에 따라 청산하는 방식이다.

44. ㉮

실비정산보수가산계약은 도급금액결정방식 중의 하나이다.

45. ㉮

① 업무범위에 따른 계약방식은 턴키방식, 공사관리방식(CM), 프로젝트관리방식(PM), Partnering 방식, BOT방식 등이 있다.
② 공동도급은 전통적인 계약방식 중 도급계약방식의 하나이다.

46. 다음의 건설계약방법 중 업무범위에 따른 계약방식의 분류가 아닌 것은?

㉮ 설계 · 시공일괄계약(Turn-Key Contract)
㉯ 공동도급계약(Joint Venture Contract)
㉰ BOT계약(Build-Operate-Transfer Contract)
㉱ 실비정산보수가산계약(Cost Plus Fee Contract)

46. ㉱
실비정산보수가산도급은 도급금액결정방식에 따른 분류이다.

47. 공사의 수급인(시공자)이 설계 · 시공을 일괄적으로 계약하는 방식은?

㉮ 총액계약방식
㉯ 공동도급방식
㉰ 턴키계약방식
㉱ 실비정산보수가산방식

47. ㉰
턴키방식은 수급인(발주자)이 대상계획의 기업, 금융, 토지조달, 설계, 시공, 기계 · 기구설치, 시운전 및 조업지도까지 주문자가 필요로 하는 모든 것을 조달하여 주문자에게 인도하는 방식이다.

48. 턴키계약방식에 대한 설명으로 옳은 것은?

㉮ 설계와 시공이 동일 조직에 의해 수행됨으로써 공사기간 중 신공법, 신기술의 적용이 가능하다.
㉯ 발주자와 수급자가 상호 신뢰를 바탕으로 팀을 구성해서 공동으로 프로젝트를 집행, 관리하는 방식이다.
㉰ 2명 이상의 도급업자가 특정한 공사에 관하여 체결한 협정서를 바탕으로 공동 기업체를 만들어 협동하여 공사를 시행하는 방법이다.
㉱ 전문적인 공사를 일반 도급공사에 포함시키지 않고 분할하여 직접 전문건설업자에게 도급을 주는 방식이다.

48. ㉮
턴키방식(설계 · 시공일괄계약방식)은 수급인(시공자)이 대상계획의 기업, 금융, 토지조달, 설계, 시공, 기계 · 기구설치, 시운전 및 조업지도까지 발주자(건축주)가 필요로 하는 모든 것을 조달하여 발주자(건축주)에게 인도하는 방식이다.

49. 턴키방식에 대한 기술 중 옳지 않은 것은?

㉮ 대규모 회사에 유리하고 중소건설업체 육성을 저해한다.
㉯ 최저낙찰자로 품질저하가 우려된다.
㉰ 총공사비 사전파악 및 산정이 용이하다.
㉱ 우수한 설계의도 반영이 어렵다.

49. ㉰
턴키방식에서 발주자 측면의 단점으로는 사업내용의 불확실, 품질확보의 한계, 사업관리의 한계, 발주절차의 복잡성 등이 있다. 따라서 건축주의 의도가 잘 반영되기가 쉽지 않고 총공사비를 사전에 파악하고 산정하기가 어렵다.

50. 일괄입찰(Turn-Key)계약방식에 대한 설명으로 가장 부적당한 것은?

㉮ 책임시공으로 공기단축
㉯ 건축주 의도의 충분한 반영
㉰ 공사비의 절감
㉱ 경제성 있는 설계 유도

50. ㉯
턴키방식은 사업내용의 불확실과 사업관리의 한계로 인해 건축주 의도를 충분히 반영하기 어렵다.

51. 턴키도급(Turn-Key Based Contract) 방식의 특징으로 옳지 않은 것은?

㉮ 건축주의 기술능력이 부족할 때 채택
㉯ 공사비 및 공기 단축 가능
㉰ 과다경쟁으로 인한 덤핑의 우려 증가
㉱ 시공자의 손실위험 완화 및 적정 이윤 보장

51. ㉱
시공자 측면의 단점으로는 사업내용의 불확실, 입찰부담의 가중, 중소기업의 참여기회 제한 등이 있다. 따라서 시공자의 손실위험이 있고 적정 이윤을 보장하기 쉽지 않다.

52. 턴키도급방식에 대한 설명으로 가장 부적당한 것은?

㉮ 건축주의 의도가 가장 잘 반영되는 제도로 이상적인 시공방식이다.
㉯ 창의적인 설계를 유도 할 수 있다.
㉰ 시공자와 설계자가 동일하여 책임소재에 대한 문제가 발생할 소지가 적다.
㉱ 중소기업에게는 불리한 방식이다.

52. ㉮
턴키방식에서 발주자 측면의 단점으로는 사업내용의 불확실, 품질확보의 한계, 사업관리의 한계, 발주절차의 복잡성 등이 있다. 따라서 건축주의 의도가 잘 반영되기가 쉽지 않다.

53. 발주자를 대신하여 설계 및 시공에 필요한 기술과 경험을 바탕으로 발주자의 의도에 적합하게 완성물을 인도하기 위하여 발주자(건축주), 설계자, 시공자 조정을 목적으로 하는 방식은?

㉮ 턴키(Turn-Key)
㉯ 공동도급(Joint Venture)
㉰ CM(Construction Management)
㉱ 파트너링(Partnering)

53. ㉰
공사관리방식(CM)은 발주자(건축주)의 이익확보의 측면에서 발주자의 대리인으로 실시설계단계에서부터 시공단계인 건설의 전 과정에 걸쳐 필요한 기술과 경험을 개인 또는 조직이 발주자에게 제공하는 설계와 시공이 통합관리 시스템이다.

54. 기획, 설계, 시공/감시의 전 과정에 대하여 건설 산업을 보다 효율적이고 경제적으로 수행하기 위해서 각 부문의 전문가들로 구성된 집단의 통합된 관리기술을 건축주에게 서비스하는 계약 방식은?

㉮ 턴키계약방식　　㉯ CM방식
㉰ 프로젝트관리방식　　㉱ BOT방식

54. ㉯

55. CM(Construction Management)에 대한 설명으로 옳은 것은?

㉮ 설계단계에서 시공법까지는 결정하지 않고 요구 성능만을 시공자에게 제시하여 시공자가 자유로이 재료나 시공방법을 선택할 수 있는 방식이다.

㉯ 시공주를 대신하여 전문가가 설계자 및 시공자를 관리하는 독립된 조직으로 시공주, 설계자, 시공자의 조정을 목적으로 한다.

㉰ 설계 및 시공을 동일회사에서 해결하는 방식을 말한다.

㉱ 2개 이상의 건설회사가 공동으로 공사를 도급하는 방식을 말한다.

55. ㉯

56. 건설공사 발주자의 위탁을 받은 대리인이 건설공사의 타당성 조사, 설계, 시공 등 전 과정에 참여하여 공기단축이나 공사비 절감을 위해 Project를 관리하는 계약방식을 무엇이라 하는가?

㉮ Turn-Key ㉯ Design-Build

㉰ Design-Manage ㉱ Construction Management

56. ㉱

CM은 발주자의 이익확보의 측면에서 발주자의 대리인으로 실시설계단계에서부터 시공단계에 걸쳐 필요한 기술과 경험을 개인 또는 조직이 발주자에게 제공하는 설계와 시공의 통합관리 시스템이다.

57. CM(Construction Management)에 대한 설명으로 옳은 것은?

㉮ 설계단계에서 시공법까지는 결정하지 않고 요구 성능만을 시공자에게 제시하여 시공자가 자유로이 재료나 시공방법을 선택할 수 있는 방식이다.

㉯ 시공주를 대신하여 전문가가 설계자 및 시공자를 관리하는 독립된 조직으로 시공주, 설계자, 시공자의 조종을 목적으로 한다.

㉰ 설계 및 시공을 동일회사에서 해결하는 방식을 말한다.

㉱ 2개 이상의 건설회사가 공동으로 도급하는 방식을 말한다.

57. ㉯

㉮는 성능발주방식
㉯는 공사관리방식(CM)
㉰는 턴키방식
㉱는 공동도급

58. 공사관리방법 중 CM계약방식에 대한 설명으로 옳지 않은 것은?

㉮ 프로젝트의 성공여부는 발주자와 설계자의 능력에 크게 의존한다.

㉯ 프로젝트의 전 과정에 걸쳐 공사비, 공비 및 시공성에 대한 종합적인 평가 및 설계변경에 대한 효율적인 평가가 가능하여 발주자의 의사결정에 도움이 된다.

㉰ 설계과정에서 성계가 시공에 미치는 영향을 예측할 수 있어 설계도서의 현실성을 향상시킬 수 있다.

㉱ 단계별 시공을 적용할 수 있어 설계 및 시공 시간을 크게 단축시킬 수 있다.

58. ㉮

프로젝트의 성공여부는 CMr(건설사업관리자)의 능력에 크게 의존한다.

59. CM(Construction Management)의 주요업무가 아닌 것은?

㉮ 부동산 관리업무 및 설계부터 공사관리까지 전반적인 지도, 조언, 관리업무
㉯ 입찰 및 계약 관리업무와 원가관리업무
㉰ 현장 조직관리업무와 공정관리업무
㉱ 자재조달업무와 시공도 작성업무

60. 다음 중 건설사업관리(CM)의 주요업무로 옳지 않은 것은?

㉮ 입찰 및 계약관리 업무
㉯ 건축물의 조사 또는 감정 업무
㉰ 제네콘(Genecon) 관리 업무
㉱ 현장조직 관리 업무

61. 건설사업관리의 업무영역이 아닌 것은?

㉮ 프로젝트의 계획
㉯ 입찰서류 및 계약관리 업무
㉰ 공정관리 업무
㉱ 시설물 유지관리 업무

62. CM(Construction Management)의 주요업무가 아닌 것은?

㉮ 설계부터 공사관리까지 전반적인 지도, 조언, 관리업무
㉯ 입찰 및 계약 관리업무와 원가관리업무
㉰ 현장조직 관리업무와 공정관리업무
㉱ 자재 조달업무와 시공도 작업업무

63. 건설사업관리(CM) 계약에 대한 설명으로 가장 부적당한 것은?

㉮ 프로젝트의 기획 및 조정능력의 향상으로 공기단축과 공사비 절감이 가능하다.
㉯ 설계·시공분리방식에 비해 설계단계에서 가치공학 활동을 줄일 수 있다.
㉰ CM for Fee 계약시 CM업체는 일반적으로 최종 공사비 및 품질에 대한 법적 책임은 지지 않는다.
㉱ CM at Risk 계약시 CM업체가 자신의 이익추구와 함께 사업적 위험을 부담한다.

---

59. ㉱

- CMr이 수행해야 할 주요업무(건설기술관리법에 의한 건설사업관리의 업무내용)
  ① 계약관리
  ② 사업비관리
  ③ 공정관리
  ④ 품질관리
  ⑤ 안전관리
  ⑥ 사업정보관리

60. ㉯

건축물의 조사 또는 감정 업무는 건설사업관리(CM)의 주요업무가 아니다.

61. ㉱

시설물 유지관리 업무는 건설사업관리(CM)의 주요업무가 아니다.

62. ㉱

자재 조달업무와 시공도 작업업무는 건설사업관리(CM)의 주요업무가 아니다.

63. ㉯

설계·시공분리방식에 비해 설계단계에서부터 가치공학(VE) 활동이 늘어난다.

64. 공사계약제도 중 공사관리방식(CM)의 단계별 업무내용 중 비용의 분석 및 VE 기법의 도입, 대안공법의 검토를 하는 단계는?

㉮ Pre-Design 단계(기획단계)
㉯ Design 단계(설계단계)
㉰ Pre-Construction 단계(입찰 · 발주단계)
㉱ Construction 단계(시공단계)

65. 다음 중 건설사업관리(Construction Management)의 설계단계업무와 가장 거리가 먼 것은?

㉮ 공사발주계획의 수립
㉯ 시공자 선정업무 지원
㉰ 지급자재 조달 및 관리계획의 수립
㉱ 공정, 공사비 통합관리 계획서 검토, 성과분석 및 대책 수립

66. 공사계약 및 공사관리 등의 용어에 대한 설명으로 부적합한 것은?

㉮ CM(Construction Management)은 건축주를 대신하여 설계자 및 시공자를 관리하는 방식이다.
㉯ Joint Venture는 대규모 공사에 대하여 다수의 건설회사가 공동출자 기업체를 조직하여 한 회사의 입장에서 공사를 발주하는 제도이다.
㉰ EC(Engineering Construction)는 단순시공으로부터 프로젝트 전반의 사항을 종합적으로 관리하는 방식이다.
㉱ PQ(Pre-Qualification)는 제한경쟁입찰에서 도입하는 사전자격 심사제이다.

67. 대규모 복합공사로써 공항, 고속철도, 댐, 발전소 또는 플랜트 공사의 관리를 위탁받은 자가 설계 또는 감리업무를 함께 수행할 수 있는 계약방식은 다음 중 어느 것인가?

㉮ 일식도급계약
㉯ 설계시공일괄계약
㉰ 실비정산식계약
㉱ 건설사업관리계약

64. ㉯

Design 단계(설계단계)에서는 비용의 분석 및 VE기법의 도입, 대안공법의 검토를 한다.

65. ㉯

전문공종별 입찰자 선정 및 계약은 Pre-Construction 단계(입찰·발주단계)에서의 업무이다.

66. ㉯

① 공동도급(Joint Venture Contract)은 대규모 공사의 시공에 있어서 시공자의 기술, 자본 및 위험 등의 부담을 분산, 감소시킬 목적으로 여러 개의 건설회사가 공동출자하여 일시적으로 한 회사의 입장에서 공사를 도급하는 방식이다.
② 공사를 발주하는 것이 아니라 도급하는 방식이다.

주1) 발주는 공사나 용역의 거래를 주문하는 것이다.
주2) 도급은 일정 기간 안에 끝내야 할 일을 한꺼번에 맡거나 맡기는 것이다.

67. ㉱

68. 공사관리방법 중 CM계약방식에 관한 설명으로 옳지 않은 것은?

㉮ 대리인형 CM(CM for Fee)인 경우 공사품질에 책임을 지며, 품질 문제 발생 시 책임소재가 명확하다.
㉯ 프로젝트의 전 과정에 걸쳐 공사비, 공기 및 시공성에 대한 종합적인 평가 및 설계변경에 대한 효율적인 평가가 가능하여 발주자의 의사결정에 도움이 된다.
㉰ 설계과정에서 설계가 시공에 미치는 영향을 예측할 수 있어 설계도서의 현실성을 향상시킬 수 있다.
㉱ 단계적 발주 및 시공의 적용이 가능하다.

69. 최근 학교, 군 시설 등에서 활용되는 민간투자산업의 계약방식으로 민간사업자가 자금조달 및 시설을 준공하여 소유권을 정부나 발주처에 이전하되, 정부나 발주처로부터 임대료를 지불받아 투자비를 회수할 수 있도록 한 것은?

㉮ BOT(Build-Operate-Transfer)
㉯ BTO(Build-Transfer-Operate)
㉰ BTL(Build-Transfer-Lease)
㉱ BLT(Build-Lease-Transfer)

68. ㉮

CM for Fee 방식(대리인형 CM방식)은 발주자와 시공자가 직접 계약을 하고 CM은 설계 및 시공에 직접 관여하지 않고 건설사업 수행에 관한 발주자에 대한 대리인 및 조정자의 역할만을 하는 방식이다. 따라서 대리인형 CM(CM for Fee)인 경우 공사품질에 책임을 지지 않으므로 품질 문제 발생 시 책임소재가 불명확하다.

69. ㉰

BTL은 민간이 자금조달과 시설을 준공하고(Build), 소유권을 정부에 이전하며(Transfer), 민간이 투자비 회수를 위해 정부와 약정기간 동안 운영업자에게 리스로 임대(Lease)하는 것이다.

제3장 입찰, 낙찰, 계약, 건설클레임과 분쟁, 시방서 및 준공 등

1 입찰

1. 개요 27)

입찰(Bid)은 공사 도급의 계약 체결에서 희망자에게 예정 가격을 써내게 하는 일이다.

2. 종류

1) 특명입찰

(1) 정의

특명입찰은 건축주 자신이 시공회사의 신용, 자산, 공사경력, 보유기자재, 기술 등을 고려하여 그 공사에 가장 적격한 한 명을 지명하여 입찰시키는 방법이다. 수의계약이라고도 한다. 또한, 경쟁입찰에서 최초 입찰에 대한 낙찰자가 없는 경우, 같은 장소에서 재입찰하며, 재입찰에서도 낙찰자가 없는 경우 수의계약을 하거나 설계변경 하여 새로운 입찰을 하여야 한다.

(2) 장 · 단점

장 점	단 점
① 공사기밀 유지 가능 ② 우량시공 기대 ③ 입찰수속 간단	① 공사금액 결정이 불명확 ② 불공평한 일이 내재 ③ 공사비 증대의 우려

(3) 특명입찰(수의계약)의 대상공사

① 특수한 공사
② 긴급한 공사
③ 소규모 공사
④ 국가의 기밀을 요하는 공사
⑤ 특정인의 기술, 용역 및 효율 등으로 인하여 경쟁을 할 수 없는 공사

27) 국가를 당사자로 하는 계약에 관한 법률, 시행령 및 시행규칙 등 참조

2) 공개경쟁입찰

(1) 정의

공개경쟁입찰은 입찰참가자를 공모(관보 또는 간행물에 게재)하여 모든 유자격자에게 참여할 수 있는 기회를 주는 방법이다. 일반경쟁입찰이라고도 한다.

(2) 장 · 단점

장 점	단 점
① 기회가 균등 ② 담합의 우려가 적음 ③ 경쟁으로 인한 공사비 절감	① 입찰사무가 복잡 ② 부적격자에게 낙찰될 우려 ③ 과다경쟁으로 부실공사 우려

주1 담합은 입찰 전에 입찰참가자들이 낙찰가와 낙찰자를 미리 협성한 후 입찰에 참가하는 것이다.

3) 지명경쟁입찰

(1) 정의

지명경쟁입찰은 발주자(건축주)가 해당 공사에 적격하다고 인정되는 3~7개 정도의 수급인(시공자)을 선정하여 입찰시키는 방법이다.

(2) 장 · 단점

장 점	단 점
① 전문건설업자의 시공에 따른 시공상 신뢰성 확보 ② 부적격자 제거 ③ 적정공사 기대	① 담합의 우려 ② 공사비가 공개경쟁입찰 보다 증가

4) 제한경쟁입찰

제한경쟁입찰은 공사의 목적 및 성질 등에 따라 입찰자의 도급한도액, 시공능력, 당해 공사와 같은 종류의 공사실적, 당해 공사에 필요한 기술의 보유상황 등을 제한하여 참가자격을 갖춘 입찰자에게만 입찰하도록 한 제도이다.

3. 입찰 순서 및 내용

1) 공개경쟁입찰 순서

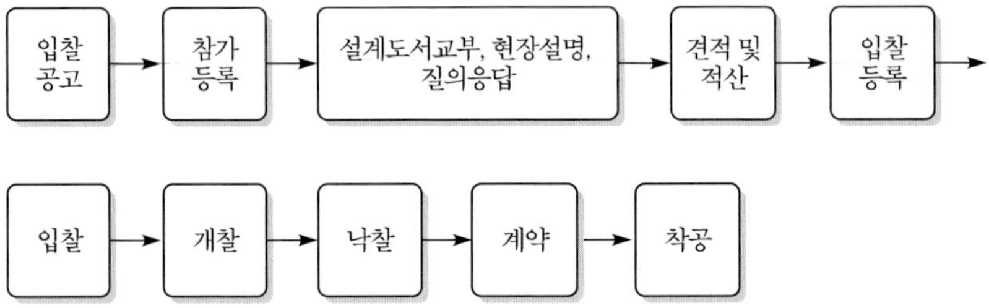

주1 지명경쟁입찰은 공개경쟁입찰 순서에서 입찰공고 대신 지명서 통지이며, 이후는 동일한 순서이다.

2) 내용

(1) 입찰공고의 내용

① 입찰에 부치는 사항

② 입찰 또는 개찰의 장소와 일시

③ 현장설명의 장소, 일시, 참가자격 및 참가의무여부

④ 입찰참가자의 자격

⑤ 입찰보증금

⑥ 낙찰자 결정방법

⑦ 계약의 착수일 및 완료일 등

(2) 설계도서

기 준	설계도서
건축법 (제2조)	① 공사용 도면 ② 구조계산서 ③ 시방서 ④ 그 밖에 국토교통부령으로 정하는 공사에 필요한 서류(건축설기계산 관계서류, 토질 및 지질 관계서류, 기타 공사에 필요한 서류)
국가건설기준 (KCS 21 10 00 : 2019) 건설기술진흥법 시행규칙 (제40조)	① 설계도면 ② 설계명세서 ③ 공사시방서 ④ 발주청이 특히 필요하다고 인정하여 요구한 부대도면과 그 밖의 관련 서류

(3) 현장설명 시 필요한 사항 [28)]

① 현장위치

② 공사개요(대지면적, 도로현황, 연면적, 건축면적, 건폐율, 용적률, 구조, 층수, 용도, 최고 높이, 주차대수, 조경면적 등)

③ 공사범위(건축공사, 토목공사, 조경공사 등과 관련한 공사범위)

④ 공사기간

⑤ 관급자재 현황(관급자재의 수량과 인도조건)

⑥ 사토장 또는 토취장 거리표

⑦ 개산계약, 사후원가 검토 조건부 계약, 잠정비용

⑧ 설계도서 열람 장소

4. 입찰제도 개선방안

1) PQ제

(1) 정의

PQ제(Pre-Qualification)는 건설업체의 공사수행능력을 기술적 능력, 재무능력, 조직 및 공사능력 등 비가격 요인을 검토하여 가장 효율적으로 공사를 수행할 수 있는 업체에 입찰참가 자격을 부여하는 제도이다. 사전자격심사제라고도 한다.

(2) 장 · 단점

장 점	단 점
① 부실시공방지 ② 부적격업체 사전배제 ③ 기업의 경쟁력 확보 ④ 입찰자 감소로 입찰 시 소요 시간과 비용 감소	① 자유경쟁원리에 위배 ② 평가의 공정성에 의문 ③ 대기업에 유리 ④ 신규 참여업체는 불리 ⑤ PQ 통과 후 담합의 우려

2) 부대입찰제

① 부대입찰제는 입찰자로 하여금 산출내역서에 입찰금액을 구성하는 공사 중 하도급 부분, 하도급 금액 및 하수급인 등 하도급에 관한 사항을 기재하여 제출토록 하는 제도이다.

② 부대입착제의 목적은 발주자(건축주)가 원수급인(시공자)에게 하도급 업체와 하도급 금액을 엄수하도록 유도하여 건설업계의 하도급 계열화와 전문화를 도모하기 위함이다.

28) 현장설명서(안), 조달청, 2015.

3) 대안입찰제

대안입찰제는 수급인(시공자)이 당초 작성한 설계서상의 공종 중에서 대체가 가능한 공종에 대하여 기본방침의 변동 없이 대체될 수 있는 동등 이상의 기능 및 효과를 가진 신공법, 신기술, 공기단축 등에 반영될 설계로써 당해 설계상의 가격이 당초 작성된 설계서상의 가격보다 낮고 공사기간이 당초 작성된 설계서상의 기간을 초과하지 아니하는 방법을 제시하여 입찰하는 방식이다.

4) 내역입찰제

① 내역입찰제는 입찰 시 총액을 기재한 입찰서에 입찰금액의 산출기준이 되는 산출내역서를 첨부하여 제출하는 방식이다.

② 총액과 단가를 동시에 제출하는 입찰의 의미로써 이전에는 총액단가입찰이라고도 하였다.

③ 내역서에 의한 계약은 발주자가 계약금액의 산출기준이 되는 품목, 수량, 규격 등을 기재한 물량내역서(공사내역서)를 시공자에게 배포하고, 시공자는 이 물량내역서에 기재된 내용에 따라 단가 및 금액만을 결정하고 기재하여(산출내역서) 체결하는 계약방식이다.

2 낙찰

1. 개요

낙찰(Successful Bid)은 입찰 결과, 수급인(시공자)이 결정되는 것이다.

2. 낙찰자 선정방법

1) 최저가낙찰제

최저가낙찰제는 입찰자 중 예정가격 범위 내에서 최저가격으로 입찰한 자를 선정하는 제도이다. 부적격자에게 낙찰되거나, 덤핑으로 인해 부실공사의 원인이 될 수 있다.

주1 예정가격은 입찰 또는 계약체결 전에 낙찰자 및 계약금액의 결정기준으로 삼기 위하여 미리 작성·비치하여 두는 가액이다.

주2 덤핑(Dumping)은 공사원가를 무시하고 싼 가격으로 공사를 도급 받는 일이다.

2) 저가심의제

저가심의제는 최저가낙찰제를 보완하기 위한 방법으로 공사 예정가격의 85 % 미만으로 입찰한 입찰자 중 당해 입찰가격으로 적정한 계약이행이 가능한지 여부를 세부 공종별로 심사하는 것이다.

3) 적격심사낙찰제

적격심사낙찰제는 정부 발주 공사에 대한 경쟁입찰에서, 최저 가격을 제시한 업체부터 기술능력과 입찰가격을 종합적으로 심사하여 일정 점수 이상을 얻으면 낙찰자로 결정하는 제도이다.

4) 제한적 평균가격낙찰제

제한적 평균가격낙찰제는 예정가격 이하로써 예정가격의 85 % 이상 입찰한 자의 평균금액을 기준으로 하여 그 금액 이하로 가장 근접한 입찰가로 응찰한 자를 낙찰자로 결정하는 제도이다. 부찰제라고도 한다.

5) TES

TES(Two Envelope System)는 공사 입찰 시에 기술능력이 우수한 업체에 우선권을 주기 위한 제도로써 입찰 시 사전자격심사제에 의해 입찰조건을 갖춘 업체 중에서 기술제안서의 점수가 우수한 3개 업체를 선정한 후, 이 점수가 우수한 업체 순으로 예정가격 내에서 입찰가를 협상하여 낙찰자를 결정하는 제도이다.

3 계약

1. 개요

계약(Contract)은 건축공사의 도급계약은 수급인(시공자)가 계약서, 설계도면, 시방서 등에 따라 공사를 완성할 것을 약속하고, 또한 발주자(건축주)가 공사비를 지불할 것을 약속하는 것이다. 계약은 계약 당사자 간이 계약서에 기명날인함으로써 성립된다. 계약서는 수급인(시공자)과 발주자(건축주) 간에 서로의 권리와 의무를 정한 문서이다.

2. 계약의 성립요건

① 상호동의(의사표시)
② 당사자(당사자 2인 이상 존재)
③ 합법성
④ 정당한 계약서식
⑤ 약정(상호합의사항 명시)

3. 도급계약서 기재내용 [29)]

① 공사명
② 공사장소
③ 공사기간(착공년월일과 준공예정연월일)
④ 계약금액
④ 계약보증금
⑥ 선금
⑦ 기성부분금
⑧ 지급자재의 품목 및 수량
⑨ 하자담보책임
⑩ 지체상금율
⑪ 대가지급 지연 이자율
⑫ 공사감독원
⑬ 현장대리인의 배치
⑭ 공사현장 근로자
⑮ 착공신고 및 공정보고
⑯ 안전관리 및 재해보상
⑰ 건설근로자의 보호
⑱ 공사기간의 연장
⑲ 부적합한 공사
⑳ 불가항력에 의한 손해
㉑ 공사의 변경·중지
㉒ 설계변경으로 인한 계약금액의 조정
㉓ 물가변동으로 인한 계약금액의 조정
㉔ 손해의 부담 등

4. 도급계약서 첨부서류

① 계약서
② 설계도면
③ 시방서
④ 현장설명서
⑤ 질의응답서
⑥ 물량내역서
⑦ 공정표
⑧ 지급재료 명세서 등

5. 계약변경(재계약) 사유

① 계약사항의 변경
② 설계도면과 시방서의 하자
③ 상이한 현장조건

29) 민간건설공사 표준도급계약서, 국토교통부, 2019.

6. 수급인이 발주자 또는 공사감독자에게 제출할 제출물 [30)]

① 착공신고서
② 공사공정예정표
③ 시공계획서
④ 시공상세도면
⑤ 자재 공급원 승인 요청서
⑥ 제품자료
⑦ 견본
⑧ 시공사진
⑨ 기성검사원

7. 공사비 지불 순서

지불 순서	내 용
착공금(전도금)	착공금은 발주자(건축주)와 수급인(시공자)의 신용에 따라 공사 착수와 동시에 도급액의 약 70% 이내에서 지급한다.
중간불(기성불)	중간불은 공사감리자의 승인에 따라 기성고에 대하여 공사 기성금액의 약 90% 이내에서 지급한다.
준공불(완공불)	준공불은 공사를 완성한 후에 전액을 지급한다.
하자보수보증금	하자보수보증금은 준공검사일로부터 1~3년 이하의 기간 동안 계약금액의 2~10%를 은행에 예치한다.

주1 기성고(Amount Of Work Completed, 旣成高)는 약정된 총공사비 중에서 공사한 부분만큼의 소요 공사비이다.

6. 건설사업의 공사시행방식

1) 순차적인방식

순차적인방식은 사업계획, 설계, 구매, 시공, 시운전 등의 일련의 선행과정이 완료된 후 후속과정을 착수하는 방법이다.

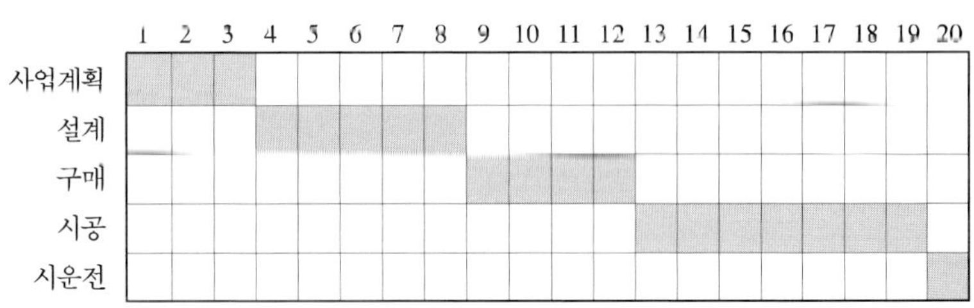

30) KCS 10 10 10 공무행정요건(1.6), 국토교통부, 한국건설기술연구원, 2021.

2) 설계 · 시공병행방식

설계 · 시공병행방식(Fast Track Method)은 설계가 완벽하게 완료되지 않은 상태에서 부분적으로 완성된 설계도서를 바탕으로 시공하며, 시공과정 중에 나머지 설계부분을 완성하는 방법이다.

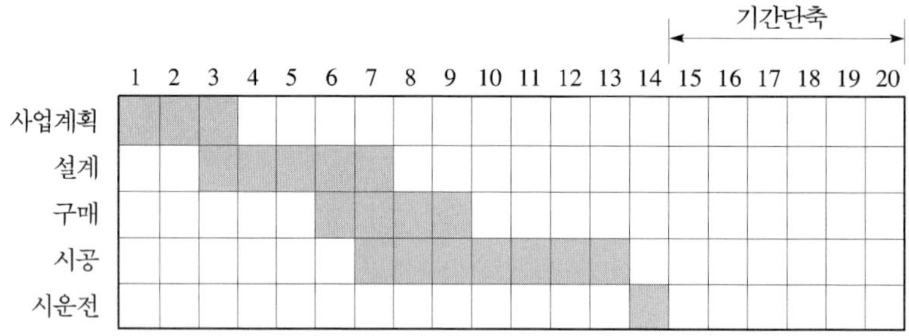

4 시공계획과 현장일지

1. 시공계획

1) 건설기술인의 배치 [31)]

① 수급인은 현장에 건설기술인을 1명 이상 배치하여야 한다.

② 배치된 건설기술인은 현장에 상주하는 것이 원칙이다.

주1 건설기술인은 국가기술자격법 등 관계 법률에 따른 건설공사 또는 건설기술용역에 관한 자격, 학력 또는 경력을 가진 사람이다.

2) 시공계획의 정의

시공계획은 원활한 공사 수행을 위한 공사 착공단계에서의 현장 시공계획 및 공종별 시공계획이다. 시공계획을 공사계획이라고도 한다.

3) 시공계획의 원칙

① 작업량을 최소화 한다.

② 각 작업 또는 설비는 가능한 균일한 작업량이 되도록 한다.

③ 기계설비에 다소 비용을 요해도 인건비를 절감하는 방안을 모색한다.

---

31) KCS 21 10 00 가설공사 일반사항(1.4), 국토교통부, 한국가설협회, 2019.

④ 설비의 공비시간(空費時間)을 적게 한다.
⑤ 중요한 작업 또는 고가의 설비능력은 충분히 발휘하게 하며, 다른 소공사를 시간적으로 가감한다.

4) 착공단계에서의 시공계획의 순서

① 현장원의 편성 (가장 우선)
② 공정표의 작성
③ 실행예산편성과 조정
④ 하수급인의 선정
⑤ 가설준비물 결정
⑥ 재료선정
⑦ 재해예방

주1 실행예산은 공사목적물을 계약된 공기 내에 완성하기 위하여 공사 손익을 사전에 예지하고 이익계획을 명확히 하여 경제적인 현장운영 및 공사수행을 도모하도록 사전에 작성하는 예산이다.

5) 공종별 시공계획 순서

순 서	내 용
준비기간	준비시간은 공사계약일로부터 지하공사 착수 전까지의 기간이다.
지하공사	지하공사는 규준틀 설치, 토공사 및 기초공사 등이다.
골조공사	골조공사는 구조물의 골조공사로 구체(구조체)공사라고도 한다.
마감공사	마감공사는 방수, 미장, 타일 및 도장(Painting) 등의 공사와 설비공사 등이다.

6) 일정계획에 영향을 주는 주요 요인

① 건축물의 규모
② 거푸집의 존치기간 및 전용횟수
③ 동절기의 외기온도
④ 강우, 강설, 바람 등의 기후조건

7) 공기를 지배하는 요소

구 분	요 소
1차적 지배요소	건물의 구조, 규모, 용도
2차적 지배요소	수급인(시공자)의 능력, 기후조건, 자금능력
3차적 지배요소	건축주의 요구조건, 설계의 타당성, 감리 능력

2. 현장일지

1) 정의

현장일지는 공사현장에서 발생되는 여러 정보들을 매일 정확하게 기록한 문서이다. 이것은 분쟁 등이 발생될 경우 증거자료로 활용된다. 공사작업일지 또는 공사일지라고도 한다.

2) 기재사항

① 공사명
② 날짜
③ 천후, 기온
④ 공사추진상황(공종별 출역 인원)
⑤ 장비투입상황
⑥ 인력투입상황
⑦ 주요작업 참여자 명단
⑧ 재료검수 및 반입량
⑨ 내방자의 성명 및 용건

5 건설클레임과 분쟁

1. 정의[32)]

① 클레임(Claim)은 계약 당사자가 그 계약상의 조건에 대하여 계약서의 조정 또는 해석이나, 금액의 지급, 공기의 연장 또는 계약서와 관계되는 기타의 구제를 권리로써 요구하는 것으로 분쟁의 이전 단계를 말한다.

② 분쟁은 발주자와 계약자의 상호 이견 발생 시, 상호협의에 의해 해결하지 못하고 제3자의 조정이나 중재, 소송의 개념으로 진행되는 것이다.

2. 클레임의 유형

유 형	내 용
공기지연 클레임	공기지연 클레임은 시공자가 계획한 시간 내에 작업을 완료할 수 없을 경우 발생한다.
공사범위 클레임	공사범위 클레임은 프로젝트 전반에 관계되며 주관적인 판단에 의해 공사범위의 책임문제에 대한 모호성으로 인해 발생한다.
공기촉진 클레임	공기촉진 클레임은 발주자가 계획공기보다 단축작업을 요구하거나 생산촉진을 위해 추가 자원을 요구할 때 발생한다.
현장조건변경 클레임	현장조건변경 클레임은 현장의 요구조건 또는 운반거리 등의 변경과 현장의 작업조건이 상이할 경우 예측치 못한 비용과 시간이 요구될 때 발생한다.

32) 김문한 외 공저, 건설경영공학, 기문당, 1999, p.484.

3. 건설분쟁(클레임)의 해결방법

방 법	내 용
협상(상호협의) (Negotiation)	협상은 가장 간단하며 최소의 경비로 처리할 수 있는 방법이다.
조정 (Mediation)	조정은 제3자의 도움에 의해 당사자들이 결정할 수 있도록 하는 것으로 법적 구속력은 없다.
중재 (Arbitration)	중재는 분쟁 발생 시 법원이 아닌 제3자(중재인)에게 그 해결을 위임하고 내려진 판정에 복종하여 분쟁을 해결하는 방법으로 법적 구속력이 있다.
소송 (Litigation)	소송은 위의 방법들로 해결되지 않을 경우, 법정 소송을 통해 분쟁을 해결하는 방법이다.

주1 조정은 2001년 이후, 회계예규 공사계약일반조건 제51조에서 삭제되었다.

6 위험도관리

1. 정의

위험도관리는 프로젝트의 전 기간에 걸쳐 발생할 수 있는 손실, 손상, 불이익, 파괴 등의 위험도를 확인, 측정, 제어하여 최소의 비용으로 위험도의 불이익 영향을 최소화하는 것이다.

2. 위험도관리 대응전략 33)

1) 보증

보증은 건설업은 위험도가 매우 높은 산업이며 재정적 안전성이 항상 변할 수 있다. 프로젝트가 완성되기 전에 시공자의 도산이나 계약상의 의무위반으로부터 발주자의 손해를 보호하기 위해 보증을 통해 이행해야 할 채무를 타인(보증인)이 부담하게 하는 것이다.

2) 보험

보험은 위험도를 관리하기 위해 가장 많이 사용되는 대응관리 전략이다.

3) 위험도회피

위험도회피는 위험도에 대한 노출 자체를 회피함으로써 발생될 수 있는 잠재적 손실을 모면하는 것이다.

33) 대한건축학회 편, 건축시공, 기문당, 1997, pp.196~211.

7 건설보증제도

1. 개요

① 건설보증제도는 공공 및 민간 건설공사의 원활한 수행을 담보하기 위하여 체결한 발주자(건축주)와 수급인(시공자) 및 보증기관(건설공제조합)의 3자 간에 채권, 채무 관계를 보증하는 것으로 보증채권자(발주자)에 대한 주채무자(시공자)의 채무를 제3자의 보증인(보증기관)이 채무보증을 하는 것이다.

② 건설회사의 능력을 전문적 평가 능력이 있는 보증회사에서 평가하여 건설회사의 능력에 따라 차등 대우한다. 따라서 건설보증 수수료는 건설회사의 신용등급에 따라 차등 적용한다.

2. 보증의 종류 [34)]

① 입찰보증
② 계약보증
③ 공사이행보증
④ 손해배상보증
⑤ 하자보수보증
⑥ 선급금보증
⑦ 하도급보증

8 시방서

1. 개요

1) 정의

① 시방서(Specification)는 건축물의 설계 시, 설계도면에 표현할 수 없는 재료의 품질이나 성능, 공사시공에 필요한 기술자의 자격과 능력, 공법 등 공사의 전반적인 사항을 공사지침이 되도록 정하는 것이다.

② 설계자가 건축물의 용도나 목적에 맞게 작성하는 설계도서의 일부이면서 도급계약서 첨부서류이다.

34) 건설산업기본법(제56조), 2021.

2) 기재내용

① 사용 재료 ② 공법, 공사 순서
③ 시공기계, 기구 ④ 양생, 청소관리
⑤ 시공의 주의사항

주1 시방서에 기재하지 않는 내용 ① 공사비는 기재하지 않는다. (공사비산출내역서)
② 하수급인을 지정하지 않는다.
③ 재료의 메이커를 지정하지 않는다.

3) 작성 시 주의사항

① 시공 순서에 맞게 기재하며 빠짐없이 작성한다.
② 중복되지 않게 간단명료하게 작성한다.
③ 재료, 공법은 정확하게 작성한다.
④ 시행되지 못할 일은 기재하지 않는다.
⑤ 오자, 오기가 없어야 한다.

2. 종류 및 우선순위

1) 종류 35)

종 류	내 용
표준시방서 (공통시방서)	① 표준시방서는 모든 공사의 공통적인 사항을 건설교통부가 제정한 시방서이다. ② 시설물의 안전 및 공사 시행의 적정성과 품질확보 등을 위하여 시설물별로 정한 표준적인 시공기준이 되는 시방서이다. ③ 표준시방서는 전문시방서 작성 또는 설계 등의 용역자가 공사시방서를 작성하는 경우에 활용하기 위한 시공기준이 되는 시방서이다.
전문시방서 (특기시방서)	① 전문시방서는 시설물별 표준시방서를 기본으로 모든 공종을 대상으로 하여 특정한 공사의 시공 또는 공사시방서의 작성에 활용하기 위한 종합적인 시공기준이 되는 시방서이다. ② 표준시방서에 기재하지 않는 특별한 사항을 기재한 시방서이다.
공사시방서	① 공사시방서는 표준시방서 및 전문시방서를 기본으로 하여 작성한 시방서이다. ② 공사의 특수성, 지역여건 및 공사방법 등을 고려하여 기본설계 및 실시설계도면에 구체적으로 표시할 수 없는 내용과 공사수행을 위한 시공방법, 자재의 성능·규격 및 공법, 품질시험 및 검사 등 품질관리, 안전관리, 환경관리 등에 관한 사항을 기술한 시공기준이 되는 시방서이다. ③ 특정 공사별로 건설공사시공에 필요한 사항을 규정한 시방서이다.

35) KCS 21 10 00 가설공사 일반사항(1.3), 국토교통부, 한국가설협회, 2019.

2) 설계도면과 시방서의 내용이 상이할 경우

건설현상에서 설계도면과 시방서의 내용이 상이할 경우 먼저, 감독관 또는 감리자에게 신고한다.

3) 설계도서 간의 상호모순이 있을 경우 우선순위 36)

① 계약서
② 공사계약 일반조건 및 특수 조건
③ 공사시방서
④ 설계도면
⑤ 표준시방서 및 전문시방서
⑥ 입찰내역서

4) 설계도서 해석의 우선순위 37)

설계도서·법령해석·감리자의 지시 등이 서로 일치하지 아니하는 경우에 있어 계약으로 그 적용의 우선순위를 정하지 아니한 때에는 다음의 순서를 원칙으로 한다.

① 공사시방서
② 설계도면
③ 전문시방서
④ 표준시방서
⑤ 산출내역서
⑥ 승인된 상세시공도면
⑦ 관계법령의 유권해석
⑧ 감리자의 지시사항

9 준공, 시운전 및 인계와 인수

1. 준공 38)

준공(Completion)은 건설의 전체 공사 과정이 완료 또는 완성되는 것이다. 완공이라고도 한다.

주1 기공은 공사시공자가 공사에 착수 또는 시작하는 것으로 건축에서는 일반적으로 터파기공사에 착수하는 것을 말한다. 착공라고도 한다.

2. 시운전

수급인은 시운전이 필요한 경우 시운전을 위한 일정, 시운전 대상 등을 미리 발주자 또는

36) KCS 11 10 05 지반공사 일반사항(1.1), 국토교통부, 한국지반공학회, 2016.
37) 건축물의 설계도서 작성기준 제9조, 2016.
38) KCS 10 10 35 시공 및 준공요건(1.11), 국토교통부, 한국건설기술연구원, 2016.

공사감독자와 협의하고, 제작자의 지침서에 따라 해당 제작자와 공사감독자의 입회하에 수급인의 감독하에서 실시하여야 한다.

3. 인계와 인수

① 수급인은 당해 공사의 예비 준공검사를 실시한 후 시설물의 인계·인수를 위한 계획을 수립하여 발주자 또는 공사감독자에게 제출하여야 한다.

② 수급인이 준공시설물을 인계하기 위하여 제출한 인계·인수서는 발주자 또는 공사감독자가 이를 검토하고, 확인하여야 한다.

10 입지환경조사

1. 개요 39)

입지환경조사는 건설에 영향을 미치거나 건설로 영향을 받을 수 있는 사항에 대한 조사이다.

2. 사전조사

① 수급인은 공사 착수 전에 현장 여건, 지반 여건, 지장물 등 본 공사와 관련된 제반사항을 확인하여야 한다.

② 설계내용과 현장상황이 상이할 경우에는 이를 발주자에게 보고하여 설계에 반영되도록 하여야 한다.

주1 지장물(支障物)은 공공사업 시행 지구에 속한 토지에 설치한 물건, 시설물, 창고, 농작물, 수목 등에서 당해 공공사업 시행에 직접 필요하지 않거나 방해가 되는 물건을 말한다.

3. 입지환경조사의 내용

① 지형조사 ② 환경조사
③ 지장물조사 ④ 사토장조사
⑤ 공사용 설비조사 ⑥ 보상조사 등

39) KCS 10 20 05 입지환경조사(1.5, 1.6), 국토교통부, 한국건설기술연구원, 2016.

필수 연습문제

〉〉〉 제3장 입찰, 낙찰, 계약, 건설클레임과 분쟁, 시방서 및 준공 등

1. 계약제도에서 입찰방식이 아닌 것은?

㉮ 공개경쟁입찰　　㉯ 계약경쟁입찰
㉰ 제한경쟁입찰　　㉱ 지명경쟁입찰

1. ㉯
입찰의 종류로는 특명입찰, 공개경쟁입찰, 지명경쟁입찰, 제한경쟁입찰 등이 있다.

2. 건축주가 시공회사의 신용, 자산, 공사경력, 보유기자재 등을 고려하여 그 공사에 적격한 하나의 업체를 지명하여 입찰시키는 방법은?

㉮ 공개경쟁입찰　　㉯ 제한경쟁입찰
㉰ 지명경쟁입찰　　㉱ 특명입찰

2. ㉱
특명입찰은 건축주 자신이 시공회사의 신용, 자산, 공사경력, 보유기자재, 기술 등을 고려하여 그 공사에 가장 적격한 한 명을 지명하여 입찰시키는 방법이다.

3. 건축주 자신이 특정의 단일 상대를 선정하여 발주하는 방식으로써, 특수공사나 기밀보장이 필요한 경우, 또 긴급을 요하는 공사에서 주로 채택되는 것은?

㉮ 공개경쟁입찰　　㉯ 제한경쟁입찰
㉰ 지명경쟁입찰　　㉱ 특명입찰

3. ㉱
특명입찰은 건축주 자신이 시공회사의 신용, 자산, 공사경력, 보유기자재, 기술 등을 고려하여 그 공사에 가장 적격한 한 명을 지명하여 입찰시키는 방법이다.

4. 최초 입찰 후 그리고 재입찰을 한 경우에도 낙찰자가 없는 경우 최저 입찰자와 의논하여 계약을 체결하는 도급계약 방식은?

㉮ 공개입찰　　㉯ 지명입찰
㉰ 재입찰　　㉱ 특명입찰

4. ㉱
경쟁입찰에서 최초 입찰에 대한 낙찰자가 없는 경우, 같은 장소에서 재입찰하며, 재입찰에서도 낙찰자가 없는 경우 수의계약을 하거나 새로운 입찰을 하여야 한다.

5. 공공공사를 발주하는 경우 수의계약의 대상공사로 가장 부적당한 것은?

㉮ 턴키공사 ㉯ 특수한 공사
㉰ 긴급한 공사 ㉱ 소규모 공사

6. 입찰에 관한 설명 중 옳은 것은?

㉮ 일반공개입찰은 입찰자가 많으므로 담합의 우려가 많다.
㉯ 지명경쟁입찰은 입찰자가 한정되므로 부적격자에게 우려가 많다.
㉰ 특명입찰은 수의계약이라고도 하며 공사비가 증가될 우려가 있다.
㉱ 현장설명은 보통 응찰과 동시에 이루어진다.

7. 당해 공사수행에 필요한 최소한의 자격요건을 갖춘 불특정 다수 업체를 대상으로 자유시장의 경제 원리에 가장 적합한 입찰방식은?

㉮ 일반경쟁입찰 ㉯ 제한경쟁입찰
㉰ 지명경쟁입찰 ㉱ 수의계약

8. 경쟁입찰에 의한 정액도급 계약제도의 장점은?

㉮ 설계 변경으로 인한 수량 증감이 용이하다.
㉯ 시급한 공사일 때 유리하다.
㉰ 공사 감독이 비교적 용이하다.
㉱ 공사비를 절약할 수 있다.

9. 공개경쟁입찰의 장점이 아닌 것은?

㉮ 균등한 입찰참가의 기회부여
㉯ 공사의 시공정밀도 확보
㉰ 공정하고 자유로운 경쟁
㉱ 공사비 서덤

10. 일반경쟁입찰에 관한 설명 중 틀린 것은?

㉮ 공사의 시공정밀도 확보가 곤란하다.
㉯ 균등한 입찰참가의 기회가 부여된다.
㉰ 공정하고 자유로운 경쟁이 가능하다.
㉱ 공사비가 다소 비싸질 우려가 있다.

5. ㉮

• 수의계약의 대상공사
① 특수한 공사
② 긴급한 공사
③ 소규모 공사
④ 국가의 기밀을 요하는 공사

6. ㉰

① 일반공개입찰은 입찰자가 많으므로 담합의 우려가 적다.
② 지명경쟁입찰은 입찰자가 한정되므로 부적격자에게 낙찰될 우려가 적다.
③ 현장설명은 입찰공고 및 참가등록 후 이루어진다.

7. ㉮

공개경쟁입찰(일반경쟁입찰)은 입찰참가자를 공모(관보 또는 간행물에 게재)하여 모든 유자격자에게 참여할 수 있는 기회를 주는 방법이다.

8. ㉱

• 경쟁입찰의 장점
① 기회가 균등
② 담합이 우려가 적음
③ 경쟁으로 인한 공사비 절감

9 ㉯

공개경쟁입찰(일반경쟁입찰)은 부적격자에게 낙찰될 우려가 있어 시공정밀도가 낮을 수 있다.

10. ㉱

일반경쟁입찰은 경쟁으로 인해 공사비가 절감된다.

11. 지명경쟁입찰을 선택하는 가장 중요한 이유는?

㉮ 양질의 시공결과 기대
㉯ 공사비의 절감
㉰ 준공기일의 단축
㉱ 공사감리의 편리

12. 지명경쟁입찰을 선택하는 가장 중요한 이유는?

㉮ 양질의 시공결과 기대
㉯ 공사비 절감
㉰ 긴급을 요하는 공사 추진
㉱ 담합 방지

13. 건설계약에서 지명경쟁입찰을 택하는 가장 큰 이유는?

㉮ 건축공사비를 절감하기 위해서
㉯ 공사 준공기일을 빠르게 하기 위해서
㉰ 양질의 시공결과를 얻기 위해서
㉱ 공사감리를 편하게 하기 위해서

14. 다음 입찰과 계약에 관한 사항 중 옳지 않은 것은?

㉮ 공개경쟁입찰은 공사가 조잡해질 염려가 있다.
㉯ 지명경쟁입찰은 시공상 신뢰성이 적다.
㉰ 수의계약은 건축주와 시공자가 공사금액을 협의하여 결정한다.
㉱ 특명입찰은 공사비가 약간 높아진다.

15. 건설공사에서 입찰과 계약에 관한 사항으로 옳지 않은 것은?

㉮ 공개경쟁 입찰은 공사가 조약해질 염려가 있다.
㉯ 지명입찰은 시공상 신뢰성이 적다.
㉰ 지명입찰은 낙찰자가 소수로 한정되어 담합과 같은 폐해가 발생하기 쉽다.
㉱ 특명입찰은 단일 수급자를 선정하여 발주하는 것을 말한다.

11. ㉮

지명경쟁입찰을 선택하는 가장 중요한 이유는 전문건설업자의 시공에 따른 시공상 신뢰성 확보를 통해 양질의 시공결과를 기대하기 위해서이다.

12. ㉮

지명경쟁입찰을 선택하는 가장 중요한 이유는 전문건설업자의 시공에 따른 시공상 신뢰성 확보를 통해 양질의 시공결과를 기대하기 위해서이다.

13. ㉰

지명경쟁입찰을 선택하는 가장 중요한 이유는 전문건설업자의 시공에 따른 시공상 신뢰성 확보를 통해 양질의 시공결과를 기대하기 위해서이다.

14. ㉯

지명경쟁입찰을 선택하는 가장 중요한 이유는 전문건설업자의 시공에 따른 시공상 신뢰성 확보를 통해 양질의 시공결과를 기대하는 것이다.

15. ㉯

지명경쟁입찰을 선택하는 가장 중요한 이유는 전문건설업자의 시공에 따른 시공상 신뢰성 확보를 통해 양질의 시공결과를 기대하는 것이다.

16. 입찰제도 중 지명경쟁입찰의 특징에 대한 설명 중 가장 부적당한 것은?

㉮ 시공의 질 향상 도모
㉯ 부적격업체의 사전 배제
㉰ 입찰사무의 복잡
㉱ 소수업체 입찰로 담합 우려

16. ㉰
공개경쟁입찰보다 입찰사무가 단순하다.

17. 지명경쟁입찰에서 감안하지 않는 사항은?

㉮ 도급회사의 자본금
㉯ 과거실직
㉰ 보유기자재
㉱ 노무자의 동원능력

17. ㉱
지명경쟁입찰에서 노무자의 동원능력은 고려할 사항이 아니다.

18. 입찰절차로써 옳은 것은?

㉮ 입찰공고 → 입찰 → 현장설명 → 개찰 → 낙찰 → 계약체결
㉯ 입찰공고 → 현장설명 → 입찰 → 개찰 → 낙찰 → 계약체결
㉰ 입찰공고 → 현장설명 → 입찰 → 낙찰 → 개찰 → 계약체결
㉱ 입찰공고 → 입찰 → 현장설명 → 낙찰 → 개찰 → 계약체결

18. ㉯
입찰공고 → 현장설명 → 입찰 → 개찰 → 낙찰 → 계약

19. 다음 중 입찰 순서로 맞는 것은?

① 입찰통지	② 입찰	③ 낙찰
④ 계약	⑤ 현장설명	⑥ 개찰

㉮ ①→④→③→②→⑤→⑥
㉯ ①→②→⑤→⑥→③→④
㉰ ①→⑤→②→⑥→③→④
㉱ ①→④→③→⑥→⑤→②

19. ㉰
입찰통지 → 현장설명 → 입찰 → 개찰 → 낙찰 → 계약

20. 일반경쟁입찰의 업무 순서에 따라 보기의 항목을 옳게 나열한 것은?

① 입찰공고	② 입찰등록	③ 견적
④ 참가등록	⑤ 입찰	⑥ 현장설명
⑦ 개찰 및 낙찰	⑧ 계약	

㉮ ①→②→⑥→④→③→⑤→⑦→⑧
㉯ ①→④→⑥→③→②→⑤→⑦→⑧
㉰ ①→②→③→⑥→④→⑦→⑤→⑧
㉱ ①→⑤→③→⑥→⑤→⑦→②→⑧

21. 건설 계약제도에서 입찰 순서로써 옳은 것은?

㉮ 현장설명→입찰→입찰공고→개찰→낙찰→계약 체결
㉯ 입찰공고→현장설명→입찰→개찰→낙찰→계약 체결
㉰ 입찰공고→현장설명→입찰→낙찰→개찰→계약 체결
㉱ 현장설명→입찰공고→입찰→낙찰→개찰→계약 체결

22. 공개경쟁입찰인 경우 입찰조건을 설명할 때 설명할 필요가 없는 것은 어느 것인가?

㉮ 공사기간
㉯ 공사개요
㉰ 자재의 수량 및 공사금액
㉱ 공사범위

23. 민간인의 입찰과정에서 수명의 업자를 지정하고 건축주와 설계자만으로 개찰하여 투찰금액을 조사하여 적당한 가격의 입찰자에게 낙찰을 시켰다면 어느 두 입찰방식을 병용한 것인가?

㉮ 공개와 특명입찰
㉯ 공개와 대한입찰
㉰ 지명과 특명입찰
㉱ 대안과 지명입찰

20. ㉯

입찰공고 → 참가등록 → 현장설명 → 견적 → 입찰등록 → 입찰 → 개찰 및 낙찰 → 계약

21. ㉯

입찰공고 → 현장설명 → 입찰 → 개찰 → 낙찰 → 계약 체결

22. ㉰

• 현장설명 사항
① 현장위치
② 공사개요(대지면적, 도로 현황, 연면적, 건축면적, 건폐율, 용적률, 구조, 층수, 용도, 최고 높이, 주차대수, 조경면적 등)
③ 공사범위(건축공사, 토목공사, 조경공사 등과 관련한 공사범위)
④ 공사기간
⑤ 관급자재 현황(관급자재의 수량과 인도조건)
⑥ 사토장 또는 토취장 거리표
⑦ 개산계약, 사후원가 검토 조건부 계약, 잠정비용
⑧ 설계도서 열람 장소

23. ㉰

입찰과정에서 수명의 업자를 지정하여 입찰에 참가시켰으므로 지명경쟁입찰이며, 투찰금액을 조사하여 적당한 가격의 입찰자에게 낙찰시켰으므로 특명입찰(수의계약)이다.

24. 입찰 전에 현장설명을 하고자 한다. 설명할 필요가 없는 것은?

㉮ 재료의 품질 및 수량
㉯ 현장위치
㉰ 공사범위
㉱ 공사기간

24. ㉮

현장설명 시에 재료의 품질 및 수량은 설명할 필요가 없다.

25. 입찰참가 사전자격심사(Pre-Qualification)에 관한 설명으로 옳지 않은 것은?

㉮ 공사입찰 시 참가자의 기술능력, 관리 및 경영상태 등을 종합 평가한다.
㉯ 공사입찰 시 입찰자로 하여금 산출내역서를 제출하도록 한 입찰제도이다.
㉰ 댐, 지하철, 고속도로 등의 토목 대형 공사에 주로 적용된다.
㉱ 부실공사를 방지하기 위한 수단이다.

25. ㉯

PQ제(사전자격심사제)는 건설업체의 공사수행능력을 기술적 능력, 재무능력, 조직 및 공사능력 등 비가격 요인을 검토하여 가장 효율적으로 공사를 수행할 수 있는 업체에 입찰참가 자격을 부여하는 제도이다.

26. PQ제도에 관한 설명으로 옳지 않은 것은?

㉮ 업체 간의 효과적 경쟁을 유발시킨다.
㉯ 수주에서 관리까지 종합적 평가가 가능하다.
㉰ 평가의 공정성으로 신규업체 참여가 가능하다.
㉱ 매 프로젝트마다 공사규모, 특성에 맞는 심사기준을 정하여 입찰 전에 응찰자에게 통보하여 실적을 제출하도록 한다.

26. ㉰

PQ제도의 단점으로는 신규 참여업체는 불리하다.

27. PQ제도란 공사 입찰 시 참가자의 기술능력, 관리 및 경영상태 등을 종합평가하여 공사의 특성에 따라 입찰참가자격을 사전에 심사하고 적격자만 입찰에 참가토록 하는 계약제도이다. PQ제도의 기대효과로 가장 부적당한 것은?

㉮ 부실공사의 방지
㉯ 양호한 공사품질의 기대
㉰ 입찰 과당경쟁의 배제
㉱ 기술·자본·위험부담의 분산 및 감소

27. ㉱

기술·자본·위험부담의 분산 및 감소는 공동도급과 관련된 내용이다.

28. 발주자가 입찰자로 하여금 입찰내역서 상에 동 입찰금액을 구성하는 공사 중 하도급 할 공종, 하도급 금액, 하수급 예정자 등 하도급에 관한 사항을 기재하여 입찰서와 함께 제출하도록 하는 제도는?

㉮ 부대입찰제 ㉯ 대안입찰제
㉰ 내역입찰제 ㉱ 사전자격심사제(PQ)

28 ㉮

부대입찰제는 입찰자로 하여금 산출내역서에 입찰금액을 구성하는 공사 중 하도급 부분, 하도급 금액 및 하수급인 등 하도급에 관한 사항을 기재하여 제출토록 하는 제도이다.

29. 건설공사 입찰에 있어 불공정 하도급 거래를 예방하고, 하도급 계열화를 촉진하기 위한 목적으로 시행하는 제도는?

㉮ 사전자격심사제
㉯ 부대입찰제
㉰ 대안입찰제
㉱ 내역입찰제

30. 대안입찰제도의 특징에 관한 설명으로 옳지 않은 것은?

㉮ 공사비를 절감할 수 있다.
㉯ 설계상 문제점의 보완이 가능하다.
㉰ 신기술의 개발 및 축적이 기대할 수 있다.
㉱ 입찰기간이 단축된다.

31. 기술제안입찰제도의 특징에 관한 설명으로 옳지 않은 것은?

㉮ 공사비 절감방안의 제안은 불가하다.
㉯ 기술제안서 작성에 추가비용이 발생된다.
㉰ 제안된 기술의 지적재산권 인정이 미흡하다.
㉱ 원안 설계에 대한 공법, 품질 확보 등이 핵심 제안 요소이다.

32. 입찰에 의한 공사계약이 완전히 성립되었다고 볼 수 있는 시기는?

㉮ 개찰하여 낙찰자가 결정되었을 때
㉯ 낙찰자가 건축주에게 계약서를 제출하였을 때
㉰ 쌍방이 계약서에 서명, 날인하였을 때
㉱ 건축주와 낙찰자 간에 문자로서 통지하였을 때

29. ㉯

부대입찰제의 목적은 발주자가 원수급인에게 하도급 업체와 하도급 금액을 엄수하도록 유도하여 건설업계의 하도급 계열화와 전문화를 도모하기 위함이다.

30. ㉱

대안입찰제는 수급인(시공자)이 당초 작성한 설계서상의 공종 중에서 대체가 가능한 공종에 대하여 기본방침의 변동 없이 대체될 수 있는 동등 이상의 기능 및 효과를 가진 신공법, 신기술, 공기단축 등에 반영될 설계로써 당해 설계상의 가격이 당초 작성된 설계서상의 가격보다 낮고 공사기간이 당초 작성된 설계서상의 기간을 초과하지 아니하는 방법을 제시하여 입찰하는 방식이다. 따라서 입찰기간은 늘어나게 된다.

31. ㉮

기술제안입찰제도는 당해 설계상의 가격이 당초 작성된 설계서상의 가격보다 낮고 공사기간이 당초 작성된 설계서상의 기간을 초과하지 아니하는 방법을 제시한다.

32. ㉰

계약은 계약당사자 간이 계약서에 서명날인 함으로써 성립된다.

33. 건축공사계약의 성립요건으로 가장 부적당한 것은?

㉮ 당사자 ㉯ 성실성
㉰ 상호동의 ㉱ 약정

34. 공사계약서에 포함되어야 하는 다음 내용 중 부적절한 것은 어느 것인가?

㉮ 공사금액
㉯ 설계변경절차 및 기성금액 지불방법
㉰ 시방서 작성방법
㉱ 분쟁의 해결방법

35. 건설공사의 도급계약서에 기재될 사항으로 가장 부적당한 것은 다음 중 어느 것인가?

㉮ 공사담당자의 인적사항
㉯ 계약에 관한 분쟁의 해결방법
㉰ 공사의 착수 및 준공시기
㉱ 불가항력 및 천재지변에 따른 손해의 부담에 관한 사항

36. 건설공사의 도급계약에 명시하여야 할 사항과 거리가 먼 것은?

㉮ 공사내용
㉯ 공사착수의 시기와 공사완성의 시기
㉰ 하자담보책임기간 및 담보방법
㉱ 대지형황에 따른 설계도면 작성방법

37. 건축공사의 도급계약서 내용에 기재라지 않아도 되는 항목은?

㉮ 계약에 관한 분쟁 해결방법
㉯ 공사의 착수시기
㉰ 천재 및 그 외의 불가항력에 의한 손해 부담
㉱ 재료의 시험에 관한 내용

33. ㉯

(1) 일반적으로 당사자 간의 합의가 법률상 구속력을 가지고 계약이 성립하기 위한 요건은 다음과 같다.
① 상호동의(의사표시)
② 당사자(당사자 2인 이상 존재)
③ 합법성
④ 정당한 계약서식
⑤ 약정(상호합의사항 명시)

(2) 계약 당사자가 계약을 이행하기는 위해서 신의와 성실의 원칙에 입각하여야 한다.

34. ㉰

공사계약서에 시방서는 포함되어야 하나 시방서 작성방법은 관련이 없다.

35. ㉮

공사담당자의 인적사항은 도급계약서의 기재내용이 아니다.

36. ㉱

대지형황에 따른 설계도면 작성방법은 도급계약서의 기재내용이 아니다.

37. ㉱

재료의 시험에 관한 내용은 도급계약서의 기재내용이 아니다.

38. 다음 중 공사계약 일반조건이 아닌 것은?

㉮ 공사대금 지급방법　㉯ 설계변경 방법
㉰ 공사물량 산출근거　㉱ 보증 및 보험

38. ㉰
공사물량 산출근거는 입찰 시에 필요하다.

39. 도급계약서에 포함되지 않는 서류로 가장 적당한 것은?

㉮ 도급계약 약관　㉯ 설계도
㉰ 시방서　㉱ 견적서

39. ㉱
견적서는 도급계약 이전의 단계에서 필요한 서류이다.

40. 건설공사에서 도급계약 서류에 포함되어야 할 서류가 아닌 것은?

㉮ 공사계약서　㉯ 시방서
㉰ 설계도　㉱ 실행내역서

40. ㉱
도급계약서 첨부서류로는 실행내역서가 아닌 물량내역서가 포함된다.

41. 공사 도급계약을 할 때 필히 첨부하지 않아도 되는 서류는?

㉮ 구조계산서　㉯ 시방서
㉰ 도급계약서　㉱ 설계도

41. ㉮
구조계산서는 입찰 등에서 필요한 첨부서류이다.

42. 계약 체결 후 일반적인 건축공사의 진행 순서로 옳은 것은?

㉮ 공사 착공준비 → 가설공사 → 토공사 → 기초공사
㉯ 가설공사 → 공사 착공준비 → 토공사 → 기초공사
㉰ 공사 착공준비 → 토공사 → 기초공사 → 가설공사
㉱ 토공사 → 가설공사 → 공사 착공준비 → 기초공사

42. ㉮
• 계약 체결 후 일반적인 건축공사의 진행 순서
공사 착공준비 → 가설공사 → 토공사 → 기초공사

43. 공사계획에서 취급하지 아니하여도 무방한 것은 다음 중 어느 것인가?

㉮ 공정표 작성　㉯ 가설물 계획
㉰ 재해방지 대책　㉱ 설계조사

43. ㉱
설계조사는 공사계획 이전에 해야 한다.

44. 건축공사는 시공 전에 수립하는 시공계획이 공사의 성패를 좌우한다 할 수 있다. 다음 중 시공계획의 원칙이라 할 수 없는 항목은?

㉮ 작업량을 최소화 한다.
㉯ 각 작업 또는 설비는 가능한 한 장기간 균일한 작업량을 할 수 있게 한다.
㉰ 기계설비에 다소 비용을 요해도 인건비를 절감하는 방안을 모색한다.
㉱ 설비의 공비시간(公費時間)을 크게 한다.

44. ㉱
시공계획의 원칙에서 설비의 공비시간을 작게 해야 한다.

45. 시공계획을 수립할 때 조사연구하고 계획해야 할 주요사항과 가장 거리가 먼 것은?

㉮ 품질관리계획　　㉯ 공사시기
㉰ 물가변동의 예측　　㉱ 실행예산의 산정

45. ㉰
물가변동의 예측은 견적산출 시의 고려사항이므로 입찰 전에 조사 연구되어야 한다.

46. 시공계획을 위한 사전조사 시 유의할 사항으로 가장 부적당한 것은?

㉮ 시공 중에 중대한 영향을 미칠 수 있는 항목에 대하여 사전조사를 중점적으로 실시한다.
㉯ 민원예방이 가장 중요하므로 현지 유력 인사와 공조체제를 구축한다.
㉰ 현지에서 수행된 유사 공사에 대한 실적자료와 문헌을 조사한다.
㉱ 당해 공사와 관련되는 전문가의 의견을 청취한다.

46. ㉯
시공계획 시 민원예방이 중요한 사항이며, 현장에서 민원이 발생되지 않도록 전문가들로부터 의견을 수렴하여 미리 예방한다.

47. 지하공사 시공계획 시 조사할 사항으로써 별로 중요하지 않은 것은 어느 것인가?

㉮ 기초의 설계조건　　㉯ 지반조사
㉰ 현장의 입지조건　　㉱ 건물의 규모조건

47. ㉱
지하공사는 지하시설물의 설치공법, 배수공법, 토질성격, 지하구성물, 지반안정도 등을 고려한다. 건물의 규모는 지하공사 시공계획 이전에 결정된다.

48. 시공계획 수립 시 검토해야 할 사항으로 부적당한 것은 어느 것인가?

㉮ 입찰방식의 선정
㉯ 설계도서 및 계약조건 파악
㉰ 공종별 소요 수량 산출
㉱ 공사비와 공기의 비교검토

48. ㉮
시공계획(공사계획)은 원활한 공사의 수행을 위해 공사 착공단계에서의 현장 시공계획 및 공종별 시공계획이다. 입찰방식의 선정은 시공계획 이전에 결정된다.

49. 시공계획을 수립할 때 우선 필요치 않은 것은 어느 것인가?

㉮ 공정표의 작성
㉯ 실행예산의 작성
㉰ 지질조사
㉱ 현치도의 작성

49. ㉱

현치도(원척도)의 작성은 현장작업 시 필요한 것이고 시공계획단계에서는 필요하지 않다.

50. 건축시공계획을 수립할 때 우선 사항과 거리가 가장 먼 것은?

㉮ 공정표의 작성 및 계약조건의 파악
㉯ 사용기계, 기구의 선정 및 그 설치위치의 계획
㉰ 동력, 용수끌기의 계획 및 가설물의 계획
㉱ 현치도의 제작

50. ㉱

현치도(원척도)의 작성은 현장작업 시 필요한 것이고 시공계획단계에서는 필요하지 않다.

51. 통상의 공사를 착공하기 위하여 시공계획을 세울 때 주의하여야 할 사항 중 특히 급할 필요가 없는 것은 다음 중 어느 것인가?

㉮ 공사의 내용을 설계도서에 의해 연구할 것
㉯ 골조공사의 공법에 대하여 검토할 것
㉰ 마감공사에 대하여 원척도를 작성할 것
㉱ 주요재료의 납기에 관한 조사를 행할 것

51. ㉰

시공계획(공사계획)은 원활한 공사의 수행을 위해 공사 착공단계에서의 현장 시공계획 및 공종별 시공계획이므로 시공계획 단계에서 마감공사에 대한 원척도를 작성할 필요는 없다.

52. 시공계획의 순서로써 가장 적당한 것은?

㉮ 계약조건 확인 → 설계도서 파악 → 현지조사 → 주요수량 파악 → 시공계획 입안
㉯ 설계도서 파악 → 계약서 확인 → 설계자 및 발주자 면담 → 시공계획 입안 → 주요수량 파악
㉰ 설계자 및 발주자 면담 → 계약조건 확인 → 설계도서 파악 → 현지조사 → 시공계획 입안
㉱ 시공계획 입안 → 관공서 → 신청서 제출 → 계약조건 확인 → 설계도서 파악 → 현지조사

52. ㉮

• 시공계획의 순서
① 계약조건 확인
② 설계도서 파악
③ 현지조사
④ 주요수량 파악
⑤ 시공계획 입안

53. 다음 중 시공계획에 속하지 않는 것은?

㉮ 공정계획
㉯ 가설물의 계획
㉰ 재해방지계획
㉱ 노임지불계획

53. ㉱

노임지불계획은 시공계획과 관계가 없다.

54. 시공계획 시 우선 고려하지 않아도 되는 것은?

㉮ 가설사무실의 위치선정, 공사용 장비의 배치등 가설계획의 수립
㉯ 현장 직원의 조작편성 계획수립
㉰ 자재, 노무, 장비 등의 투입계획 수립
㉱ 시공도(Shop Drawing)의 작성

54. ㉱

시공도의 작성은 시공계획(공사계획)과 관계가 없다.

55. 착공을 위한 공사계획 시 우선 고려하지 않아도 되는 것은?

㉮ 가설물의 설치계획 수립
㉯ 현장 직원의 조직편성계획 수립
㉰ 예정 공정표의 작성
㉱ 시공도(Shop Drawing)의 작성

55. ㉱

시공도의 작성은 공사계획(시공계획)과 관계가 없다.

56. 공사도급계약 체결 후 공사 순서로 옳은 것은?

㉮ 기초공사 → 구체공사 → 지붕공사 → 방수공사 → 토공사 → 방습공사
㉯ 가설공사 → 기초공사 → 구체공사 → 방수공사 → 지붕공사 → 내부 마무리공사
㉰ 기초공사 → 가설공사 → 지붕공사 → 구체공사 → 방수공사 → 토공사
㉱ 가설공사 → 기초공사 → 구체공사 → 지붕공사 → 방수공사 → 내부 마무리공사

56. ㉯

• 도급계약 체결 후 시공 순서
① 가설공사
② 토공사
③ 지정 및 기초공사
④ 구체공사
⑤ 방수 및 방습공사
⑥ 지붕 및 홈통공사
⑦ 외벽 마무리공사
⑧ 창호공사
⑨ 내부 마무리공사

57. 시공계획에 있어서 가장 먼저 고려해야 할 것은?

㉮ 공정표 작성 ㉯ 하수급인 선정
㉰ 현장원 편성 ㉱ 실행예산 편성

57. ㉰

시공계획(공사계획) 중 가장 우선해야 할 것은 현장원의 편성이다.

58. 공사계획에 대한 다음 항목 중 가장 먼저 실시되어야 하는 것은 어느 것인가?

㉮ 하수급인의 선정
㉯ 실행예산의 편성
㉰ 관리조직의 편성
㉱ 공정계획의 작성

58. ㉰

공사계획 중 가장 우선해야 하는 것은 현장원(관리조직)의 편성이다.

59. 다음 중 실시설계단계에서 완성되는 도서와 가장 거리가 먼 것은?

㉮ 공사비산출내역서
㉯ 구조 및 수리계산서
㉰ 시공계획서
㉱ 공사시방서

60. 공사일지 기재사항이 아닌 것은?

㉮ 천후, 기온
㉯ 재료검수, 반입량
㉰ 지불임금 명세
㉱ 공종별 출역 인원

61. 건축공사 감리자의 승인에 의하여 공사 기성금액의 90 % 한도 내에서 지불하는 공사비 지급금의 명칭은?

㉮ 착공금
㉯ 중간불
㉰ 준공불
㉱ 하자보증금

62. 도급자가 공사를 착공하기 전에 공사내용과 공기를 가장 효과적으로 달성하면서 집행 가능한 최소의 투자를 전제하여 시공계획과 손익의 목표를 합리적으로 표현한 금액적 계획서를 일반적으로 무엇이라고 하는가?

㉮ 목표예산
㉯ 소요예산
㉰ 도급예산
㉱ 실행예산

63. 다음 기술 중 클레임(Claim)의 유형으로 가장 부적합한 것은?

㉮ 계약당시 수행키로 한 범위 이외의 작업 수행요구
㉯ 자재 및 인력조달지연, 과다한 설계변경
㉰ 발주자측 대리인의 예상외의 철저한 감독 및 지시
㉱ 일방적인 계약파기 및 공사비 지불지연

59. ㉰

① 실시설계에 필요한 주요 도서는 설계도면, 공사시방서, 공사비산출내역서 등이고, 부속도서는 실시설계보고서, 지질 및 토질조사서, 구조 및 수리계산서, 측량성과자료, 공사수량계산서 등이다.
② 시공계획서는 도급계약체결 후 발주자에게 제출하는 것으로 실시설계단계 후인 공사단계에서 완성되는 서류이다.

60. ㉰

공사일지에 지불임금의 명세는 기재사항이 아니다.

61. ㉯

중간불(기성불) : 공사감리자의 승인에 따라 기성고에 대하여 공사 기성금액의 약 90 % 이내에서 지급

62. ㉱

실행예산은 공사목적물을 계약된 공기 내에 완성하기 위하여 공사 손익을 사전에 예지하고 이익계획을 명확히 하여 경제적인 현장운영 및 공사수행을 도모하도록 사전에 작성하는 예산이다.

63. ㉰

㉮는 공사범위 클레임이다.
㉯는 현장조건변경 클레임이다.
㉱는 공기지연 클레임이다.

64. 건설클레임과 분쟁에 대한 설명으로 옳지 않은 것은?

㉮ 클레임의 예방대책으로는 프로젝트의 모든 단계에서 시공의 기술과 경험을 이용한 시공성검토를 하여야 한다.
㉯ 공기촉진클레임은 시공자가 스스로 계획공기보다 단축작업을 하거나 생산촉진을 위해 추가 자원을 필요로 할 때 발생한다.
㉰ 분쟁은 발주자와 계약자의 상호 이견 발생 시 조정, 중재, 소송의 개념으로 진행되는 것이다.
㉱ 클레임의 접근절차는 사전평가단계, 근거자료확보단계, 자료분석단계, 문서작성단계, 청구금액산출단계, 문서제출단계 등으로 진행된다.

64. ㉯

공기촉진 클레임은 발주자가 계획공기보다 단축작업을 요구하거나 생산촉진을 위해 추가자원을 요구할 때 발생한다.

65. 건설클레임과 분쟁에 관한 설명으로 옳지 않은 것은?

㉮ 클레임의 예방대책으로는 프로젝트의 모든 단계에서 시공의 기술과 경험을 이용한 시공성 검토가 있다.
㉯ 작업범위 관련 클레임은 주로 예상치 못했던 지하구조물의 출현이나 지반 형태로 인해 시공자가 작업 수행을 위해 입찰 시 책정된 예정가격을 초과 부담해야 할 경우에 발생한다.
㉰ 분쟁은 발주자와 계약자의 상호 이견 발생 시 조정, 중재, 소송의 개념으로 진행되는 것이다.
㉱ 클레임의 접근절차는 사전평가단계, 근거자료확보단계, 자료분석단계, 문서작성단계, 청구금액산출단계, 문서제출단계 등으로 진행된다.

65. ㉯

① 공사범위 클레임은 프로젝트 전반에 관계되며 주관적인 판단에 의해 공사범위의 책임문제에 대한 모호성으로 인해 발생한다.
② 현장조건변경 클레임은 현장의 요구조건 또는 운반거리 등의 변경과 현장의 작업조건이 상이할 경우 예측치 못한 비용과 시간이 요구될 때 발생한다.

66. 계약분쟁의 해결방법 중 가장 부적당한 것은?

㉮ 상호합의에 의한 해결 ㉯ 조정 및 중재에 의한 해결
㉰ 법정 판결에 의한 해결 ㉱ 계약파기

66. ㉱

계약분쟁(건설분쟁, 클레임)의 해결방법은 협상(상호협의 및 합의), 조정, 중재, 소송 등이 있다.

67. 건설보증제도에 대한 다음 설명 중 부적절한 것은 어느 것인가?

㉮ 건설회사의 능력을 전문적 평가 능력이 있는 보증회사에서 건설회사의 능력에 따라 차등 대우한다.
㉯ 건설보증에는 입찰보증, 계약보증, 공사이행보증, 손해배상보증, 하자보수보증, 선급금보증, 하도급보증 등이 있다.
㉰ 건설보증제도의 시행은 발주자로 하여금 규정된 품질의 완성물을 확보할 수 있게 한다.
㉱ 건설보증 수수료는 모든 건설회사에 대해서 동일하게 책정하여야만 모든 회사에 동일한 경쟁력을 부여하게 된다.

67. ㉱

건설보증 수수료는 건설회사의 신용등급에 따라 차등 적용한다.

68. 응찰자가 낙찰되어도 계약을 체결할 의사가 없는 자의 입찰참가를 방지하기 위한 제도로 낙찰되지 않은 자에게는 개찰 후에 반환하여 주고 낙찰자에게는 계약체결 후에 반환하여 주는 보증은?

㉮ 입찰보증
㉯ 계약보증
㉰ 하자보증
㉱ 공사이행보증

참고

① 계약보증금은 계약체결 후 계약이행을 보증하기 위한 보증금 및 연대보증인 제도로 계약체결 후 계약을 이행하지 않았을 경우에 대비한 위약금 성격이다.
② 하자보수보증금은 시설물의 완성인 준공검사 후 발생되는 결함인 하자를 시공자가 보증하기 위한 금액이다.
③ 공사이행보증금은 계약이행보증금이라고도 하며, 해외건설의 실행을 확보하기 위하여 적립되는 보증금이다.

68. ㉮

입찰보증금은 입찰자의 낙찰 후 계약체결을 담보하기 위한 보증금 제도로 입찰 후 낙찰되었으나 계약체결을 포기할 것에 대비한 위약금 성격이다. 입찰 직전에 입찰보증금을 납부하도록 하고 있다.

69. 건설공사의 위험도관리 체계에서 건설 주체들이 택할 수 있는 위험도에 대한 대응 전략으로 부적당한 것은 어느 것인가?

㉮ 보증　　㉯ 보험
㉰ 위험도회피　　㉱ 클레임

69. ㉱

위험도관리 대응전략은 보증, 보험, 위험도회피 등이 있다.

70. 건축공사 표준시방서 작성자가 알고 있어야 할 다음 사항 중 중요도가 가장 낮은 것은 어느 것인가?

㉮ 재료의 종류, 품질, 마감방법 등을 알고 있어야 한다.
㉯ 재료의 가격, 노무비, 사용할 시공기계 등을 알고 있어야 한다.
㉰ 신축할 건물의 구조와 시공법을 알고 있어야 한다.
㉱ 도면이 깨끗이 그려져 있는지를 알아야 한다.

70. ㉱

공사시방서는 설계도면에 표현할 수 없는 내용과 공사의 전반적인 사항을 공사지침이 되도록 설계자가 작성하는 설계도서의 일부이다.

71. 건축공사 표준시방서 기재사항이 아닌 것은?

㉮ 재료의 종류 및 품질
㉯ 시공방법의 정도 및 완성에 관한 사항
㉰ 재료에 필요한 시험
㉱ 건물인도의 시기

71. ㉱

건물인도의 시기는 계약서의 기재사항이다.

72. 건축공사 표준시방서에 관한 다음 기술 중 가장 적당한 것은 어느 것인가?

㉮ 시방서는 설계도서의 일부로써 계약서류에 포함되며, 재료메이커를 지정하지 않아도 좋다.
㉯ 시방서에는 시공방법의 지정을 할 수 없다.
㉰ 시방서는 계약서류에 포함되지 않는다.
㉱ 시방서는 설계도서의 일부로 취급할 수 없으며 공사에 관한 재료공법 등을 기재한다.

72. ㉮

시방서에는 재료의 메이커를 지정하지 않으며, 공사비를 기재하지 않고, 하수급인을 지정하지 않는다.

73. 건축공사 표준시방서에 기재하는 사항으로 부적당한 것은?

㉮ 공법에 관한 사항
㉯ 공정에 관한 사항
㉰ 재료에 관한 사항
㉱ 공사비에 관한 사항

73. ㉱

표준시방서는 공통시방서 또는 표준시방서라고 하며 모든 공사의 공통적인 사항을 건설교통부가 제정한 시방서이다. 시방서에서는 공사비는 기재하지 않으며 공사비는 공사비 산출 내역서에 기재한다.

74. 건축공사 표준시방서에 기재하는 사항에 해당되지 않는 것은?

㉮ 공법에 관한 사항
㉯ 검사 및 시험에 관한 사항
㉰ 재료에 관한 사항
㉱ 공사비에 관한 사항

74. ㉱

시방서에서는 공사비는 기재하지 않으며 공사비는 공사비 산출 내역서에 기재한다.

75. 다음 중 공사시방서에 기재하지 않아도 되는 사항은?

㉮ 건물 전체의 개요
㉯ 공사비 지급방법
㉰ 시공방법
㉱ 사용 재료

75. ㉯

시방서에서는 공사비 지급방법은 기재하지 않는다.

76. 다음 중 공사시방서의 내용에 포함되지 않은 것은?

㉮ 성능의 규정 및 지시
㉯ 시험 및 검사에 관한 사항
㉰ 현장설명에 관련된 사항
㉱ 공법, 공사 순서에 관한 사항

76. ㉰

시방서와 현장설명에 관련된 사항은 관계가 없다.

77. 시방서를 작성할 때 주의해야 할 사항 중 가장 중요한 것은?

㉮ 가급적이면 간단명료하게 기재한다.
㉯ 공사 순서에 따라 기재한다.
㉰ 공사의 전반에 걸쳐 빠짐없이 기재한다.
㉱ 되도록 쉬운 용어를 사용하여 기재한다.

77. ㉰

시방서를 작성할 때 주의사항 중 가장 중요한 것은 시공 순서에 맞게 기재하며 빠짐없이 작성하는 것이다.

78. 시방서 작성 시의 주의사항에 대한 다음 기술 중 가장 부적당한 것은 어느 것인가?

㉮ 중복되지 않고 간단명료하게 작성한다.
㉯ 시공 순서에 따라 빠짐없이 기재한다.
㉰ 재료에 대한 공사비의 내역을 정확하게 기재한다.
㉱ 공법 및 마무리 정도를 명확히 규정한다.

78. ㉰

시방서는 설계도면에 표현할 수 없는 내용과 공사의 전반적인 사항을 공사지침이 되도록 설계자가 작성하는 설계도서의 일부이므로 공사비와는 관계가 없다.

79. 시방서에 관한 설명으로 옳지 않은 것은?

㉮ 시방서는 계약서류에 포함된다.
㉯ 시방서 작성순서는 공사 진행의 순서와 일치하도록 하는 것이 좋다.
㉰ 시방서에는 공사비 지불조건이 필히 기재되어야 한다.
㉱ 시방서에는 시공방법 등을 기재한다.

79. ㉰

시방서에 공사비 지불조건이 기재하지 않는다.

80. 건설공사에 사용되는 시방서에 관한 설명으로 옳지 않은 것은?

㉮ 시방서는 도급계약 서류에 포함되지 않는다.
㉯ 시방서는 설계도서에 포함된다.
㉰ 시방서에는 공법의 일반사항, 유의사항 등이 기재된다.
㉱ 시방서에 재료 메이커를 지정하지 않아도 좋다.

80. ㉮

도급계약 서류에는 계약서, 설계도면, 시방서 등이 포함된다.

81. 특기시방서에 관한 기술로 옳지 않은 것은?

㉮ 시방서는 설계도서에 포함되지 않는다.
㉯ 시방서에는 재료 메이커를 지정하지 않는다.
㉰ 시방서에는 시공방법도 기입한다.
㉱ 시방서는 계약서류에 반드시 포함시킨다.

81. ㉮

설계도면, 시방서, 구조계산서 등은 설계도서이다.

82. 발주기관별 특성을 고려하여 작성된 시방서로 가장 타당한 것은?

㉮ 일반시방서 ㉯ 특기시방서
㉰ 공사시방서 ㉱ 안내시방서

82. ㉰

공사시방서는 특정 공사별로 건설공사시공에 필요한 사항을 규정한 시방서로써 발주기관의 특성과 해당공사의 특성을 고려하여 작성한 시방서이다.

83. 시공자와 관계없는 시방서는 다음 중 어느 것인가?

㉮ 기술시방서 ㉯ 일반시방서
㉰ 표준시방서 ㉱ 약술시방서

83. ㉱

약술시방서는 개략시방서로써 설계자가 초기 사업진행단계에서 설명용으로 작성되는 것이다.

84. 건축공사 표준시방서에 기재하는 사항으로 가장 거리가 먼 것은?

㉮ 사용 재료 ㉯ 공법, 공사 순서
㉰ 공사비 ㉱ 시공 기계・기구

84. ㉰

공사비는 표준시방서의 기재 사항이 아니다.

85. 건설공사에 사용되는 시방서에 관한 설명으로 옳지 않은 것은?

㉮ 시방서는 계약서류에 포함되지 않는다.
㉯ 시방서는 설계도서에 포함된다.
㉰ 시방서에는 공법의 일반사항, 유의사항 등이 기재된다.
㉱ 시방서에 재료 메이커를 지정하지 않아도 좋다.

85. ㉮

시방서는 도급계약서 첨부서류에 포함된다.

86. 공사계약을 맺은 다음 설계도서에 현저하게 빠진 부분이 있음을 발견했을 때 그 조치로써 시공업자가 해야 할 일은?

㉮ 공사비의 범위 내에서 시공해야 한다.
㉯ 공사를 감리하는 건축사에게 신고해야 한다.
㉰ 직접 건축주에게 신고해야 한다.
㉱ 건설업자의 부담으로 시공해야 한다.

86. ㉯

공사계약 후 설계도서와 현저하게 상이할 경우 공사를 감리하는 건축사에게 신고하여 협의 한다.

87. 건설현장에서 설계도면과 시방서의 내용이 서로 다를 경우 시공자가 취해야 할 조치로써 가장 적합한 것은?

㉮ 설계도면대로 시공한다.
㉯ 시방서대로 시공한다.
㉰ 먼저 감독관 또는 감리자에게 신고하여 그의 지시에 따라 시공한다.
㉱ 내역명세서를 참고하여 스스로 판단한 결과대로 시공한다.

87. ㉰

건설현상에서 설계도면과 시방서의 내용이 상이할 경우 먼저, 감독관 또는 감리자에게 신고한다.

88. 공사도서 검토원칙으로 가장 부적당한 것은?

㉮ 설계도면과 공사시방서가 다를 경우 도면이 우선한다.
㉯ 도면상 축척(Scale)으로 잰 것과 도면에 기재된 수치가 다를 경우 도면에 기재된 수치가 우선한다.
㉰ 기본도면과 상세도면이 다를 경우 상세도면이 우선한다.
㉱ 공사도서의 불합리하거나 누락된 내용은 설계자 또는 발주자의 확인을 받는다.

88. ㉮

설계도면과 공사시방서가 다를 경우 공사시방서가 우선한다.

BUILDING CONSTRUCTION

PART II

가설공사

제4장 가설공사의 개요, 가설건물 및 규준틀

1 가설공사의 개요

1. 정의

가설공사(Temporary Work)는 본 공사를 실시하기 위해 건축공사 기간 중에 임시로 설치하는 제반시설 및 수단으로 본 공사 완료 시 해체, 철거, 정리한다.

2. 구분

분 류	공통가설공사	직접가설공사
정 의	① 공사장 내에서 공통으로 사용되는 가설물 ② 각종 공사에서 공통으로 사용되는 가설물	① 본 공사의 구조물을 위하여 설치하는 가설물 ② 각종 공사마다 설치되는 가설물
역 할	간접적 역할	직접적 역할
항 목	① 대지측량과 정리 ② 가설건물 : 현장사무소, 가설숙소, 기자재 창고, 공작소, 변전소, 화장실, 세면장 등 ③ 공사시설 : 가설울타리, 가설도로, 통신시설 ④ 양중 · 하역설비 ⑤ 운반설비 ⑥ 공사용 동력(전기)설비 ⑦ 용수설비 ⑧ 급배수설비 ⑨ 가스 및 냉난방설비 등 ⑩ 환경안전 : 안전대책, 안전교육 및 교통정리 등의 시실 ⑪ 운반시설 : 전반적인 운반, 연락자동차 등 ⑫ 건축물의 현장정리	① 규준틀 : 수평규준틀, 세로규준틀, 귀규준틀 등 ② 먹매김 ③ 비계 ④ 양생(보양)설비 ⑤ 안전설비(시설) : 방호철망, 방호선반, 방호시트 등

3. 가설공사에 요구되는 요건

① 해체성
② 안전성
③ 효율성
④ 전용성(반복성)
⑤ 경제성

4. 대지상황 조사

공사실시 전에 대지 및 주변 환경을 면밀히 조사하고, 현장실정을 정확히 파악하여 인접 대지 및 인접 건축물에서 분쟁이 될 수 있는 요인을 사전에 방지하기 위해 대지, 도로 및 인접 건축물에 관한 사항을 조사한다.

5. 측량의 종류

1) 대지측량

대지측량은 공사 착공 전에 인접 대지 및 도로와의 경계부 등을 측량하며, 경계측량과 현황측량이 있다.

구분	경계측량	현황측량
내용	경계측량은 인접지 및 도로와의 경계를 측량하는 것으로 감독관, 인접지 소유자, 기타 관계기관의 입회하에 측량한다. 측량결과에 따라 경계말뚝을 견고히 설치하여 준공 시까지 보호 감시 관리하여야 한다.	현황측량은 지상구조물 또는 지형 및 지물이 점유하는 위치현황을 측량하는 것으로 공사대지와 인접대지 또는 도로와의 경계부분 등의 고저를 표시하고, 대지 내에 있는 지상구조물, 수목, 상하수도, 통신 및 전력케이블, 가스라인 등의 위치, 규격 등을 표시되어야 한다.

주1 측량은 지구 표면에 있는 모든 점의 관계위치를 결정하고 어떤 부분의 높이, 면적 등을 재거나 그리는 일이다.

2) 평판측량

평판측량은 평판을 써서 거리, 각도, 수평 등의 측정을 하고, 동시에 현장에서 작도하는 것이다.

3) 고저측량

고저측량은 지구상의 필요한 각 점의 고저차를 측량하는 것이다. 수준측량이라고도 한다.

4) 각도측량

각도측량은 트랜싯을 이용하여 수평면상의 각도측량(수평각 측정), 수직각 측정, 수직선의 연장, 수직보기, 다각측량 및 수준측량 등을 위한 것이다. 트랜싯측량이라고도 한다.

2 가설건물

1. 현장사무소

1) 규모

현장사무소는 공사감리자와 수급인(시공자)이 사무를 보는 곳으로 1인당 3.3 m^2 기준이나 보통은 6~12 m^2가 적당하다.

2) 구대

구대(Over Bridge)는 대지가 협소할 경우 적법한 절차에 따라 인근 보도의 상부에 설치하게 되는 현장사무소 등의 구조물이다.

2. 시멘트창고

1) 관리방법

① 지붕 및 외벽은 방수 및 방습구조로 한다.

② 주위에 배수로를 두어 침수를 방지한다.

③ 바닥은 지반에서 300 mm 이상의 높이로 한다.

④ 필요한 출입구 및 채광창을 제외한 통풍창은 두지 않는다.

⑤ 반입구와 반출구는 구분하여 반입 순서로 반출한다.

⑥ 3개월 이상 경과한 시멘트는 재시험 후 사용한다.

⑦ 상부 시멘트의 질량으로 하부 시멘트가 고결할 염려가 있으므로 쌓기 높이는 13포대 이하로 한다(장기저장 시 7포대 이하).

⑧ 시멘트창고가 아닌 사일로에 저장할 경우 사일로의 용량은 1일 평균 사용량의 3배 이상 되는 것이 좋다.

⑨ 시멘트의 온도는 50 ℃ 이하를 사용한다.

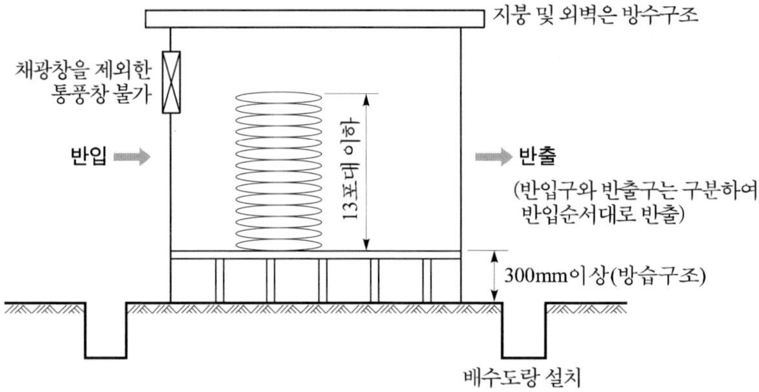

2) 시멘트창고의 면적

정산식에 따른 바닥면적 (m^2)	600포대 이하	600~1,800포대	1,800포대 이상
	$A = 0.4 \times \frac{N}{n}$	$A = 0.4 \times \frac{600}{n}$	$A = 0.4 \times \frac{N}{n}\left(\frac{1}{3}\right)$
약산식에 따른 쌓기 포대수	① 통로를 두지 않을 경우 : 50 포/m^2 ② 통로를 두는 경우 : 30~35 포/m^2		

여기서, A : 시멘트창고의 면적(m^2)
N : 저장할 시멘트 포대수
n : 쌓기 단수(단기저장은 13포대, 장기저장은 7포대)

3. 동력소 및 변전소

1) 동력소 및 변전소 면적

$$A = 3.3\sqrt{W}\ (m^2)$$

여기서, A : 동력소 및 변전소 면적(m^2)
W : 전력용량(kwh)

주1 1HP는 0.746 kwh이다.

2) 변전소 설치 시 주의사항

① 변전소의 지붕, 벽, 바닥은 누수 되지 않도록 시공한다.

② 변전소의 실내는 감전되지 않도록 통로를 충분히 넓게 한다.

③ 변전소는 현장사무실 가까이에 배치한다.
④ 접근방지 울타리를 설치하며 위험물 표시를 한다.
⑤ 주변에 조명 설비를 설치하고 야간에 점등을 해둔다.

3 현장의 자재 및 재료관리

1. 일반사항

① 파손 오염의 염려가 있는 곳의 양생에 주의한다.
② 비계발판 등은 언제나 그 유지 및 안전에 주의한다.
③ 적당한 위치에 소화기구를 배치하고 정비하여야 한다.
④ 재료창고는 운반이 쉽고 사용이 용이한 곳에 설치한다.
⑤ 기계・기구 등은 관리하기 편한 곳에 보관한다.

2. 자재 및 재료관리

① 항상 배수와 통풍에 주의하고 습기 및 열기를 제거한다.
② 목재는 건조시키기 위해 개별로 세워둔다. 수평으로 쌓을 경우 침목을 이용하여 배수와 통풍을 양호하게 한다.
③ 시멘트는 가급적 통풍이 잘되지 않는 창고에 쌓는다.
④ 시멘트의 쌓기 높이는 13포대 이하로 한다.
⑤ 철근은 그 지름 및 길이별로 분류해 둔다.
⑥ 기와, 루핑 및 유리는 눕혀서 쌓지 않고(평적하지 않고) 세워둔다.
⑦ 콘크리트말뚝은 가능한 1단으로 쌓고 부득이 2단 쌓기를 할 시는 받침대를 설치한다.
⑧ 골슬레이트는 걸침목 위에 수평으로 쌓고 우수의 침입을 방지한다.
⑨ 도료는 내화구조의 독립건물에 직사광선을 피해 보관한다.
⑩ 도료를 보관하는 곳은 천장을 설치하지 않는다.
⑪ 유지 및 연료류는 정해진 장소 이외에는 두지 않는다.
⑫ 경량골재는 흡수성이 크므로 사용 2~3일 전에 24시간 흡수시킨 후 표면수를 제거한 표면건조내부포수상태로 사용한다.
⑬ 고장력볼트는 그 도입 인장력을 추정하는 토크계수치에 오차가 생기지 않도록 녹, 먼지 및 기타 부착물을 제거하여 보관한다.

⑭ 콘크리트블록은 직접 지상에 놓지 않도록 하고 시트 등으로 덮어 비에 맞지 않도록 보관한다.
⑮ 피복아크용접봉은 습기를 피하여 보관하고 만약 습기가 포함되었을 경우 건조 하여 사용한다.
⑯ 벽돌은 반입 트럭에서 수량을 확인하고 가급적 손부림 하는 것을 원칙으로 한다.
⑰ 담당원이 승인하는 바름벽에 쓰이는 것 외에는 덤프트럭에서 쏟아 내리지 않는다.

4 줄쳐보기, 규준틀 및 기준점

1. 줄쳐보기

줄쳐보기는 공사 착수에 있어서 설계도에 따라 대지에 건물 위치를 결정하고 도로, 인접 건물 등과의 관계를 확인하기 위한 것으로 건축물의 형태에 맞춰 줄을 띠우거나 석회로 선을 긋는다. 줄띠우기라고도 한다.

2. 규준틀

1) 개요

규준틀은 줄쳐보기 실시 후 건축물의 위치 및 높이의 기준을 표시하기 위해 건축물의 모서리 및 기타 요소에 설치하는 가설물이다.

2) 종류

(1) 수평규준틀

① 수평규준틀은 기초 흙파기와 기초공사 시 건물 각부의 위치, 높이, 기초 너비, 길이를 결정하기 위한 것으로써 평규준틀과 귀규준틀이 있다.
② 평규준틀은 모서리 이외의 부위에 설치하고, 귀규준틀은 모서리 부위 등에 설치한다.
③ 이동 및 변형이 없도록 견고히 설치한다.
④ 기입할 사항은 터파기폭, 잡석지정폭, 기초판폭, 주각폭 등이다.

(2) 세로규준틀

① 세로규준틀은 조적공사에서 고저 및 수직면의 기준으로 사용하기 위한 것이다.
② 세로규준틀은 휘거나 뒤틀릴 우려가 없는 재료를 사용하여 벽돌 및 블록의 쌓기 단수,

줄눈의 위치, 창문틀의 위치 및 치수, 매립철물(볼트 등)의 위치 및 테두리보 및 인방보의 위치 등을 기입한다.

③ 설치위치로는 건물의 모서리, 벽의 교차부(구석), 긴 벽의 중앙부, 기타 중요부분 등에 설치한다.

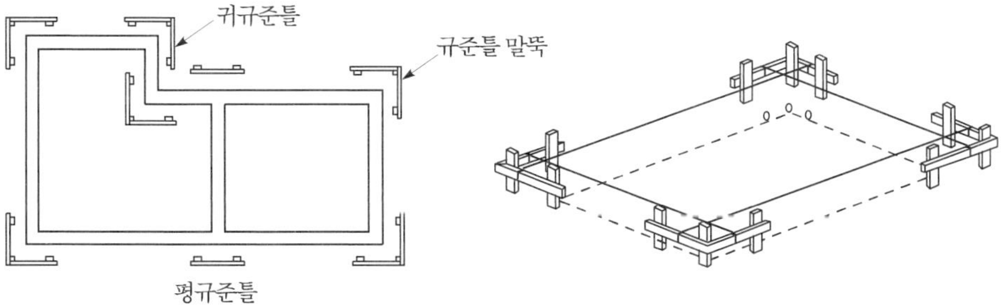

수평규준틀

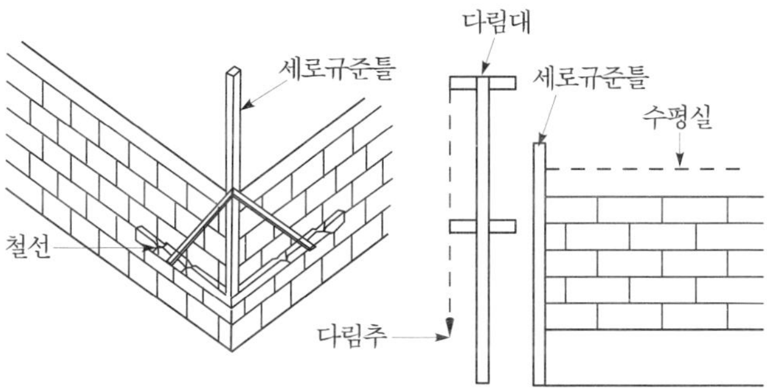

세로규준틀

3. 기준점

1) 정의

기준점(Bench Mark)은 건축공사 중 건축물의 고저에 기준이 되도록 건축물 인근에 설치하는 표시물이다.

2) 주의사항

① 이동의 염려가 없는 곳에 설치한다.

② 바라보기 좋고 공사에 지장이 없는 곳에 설치한다.

③ 최소 2개소 이상 설치한다.

④ 지면(GL)에서 0.5~1 m 위치에 설치한다.

필수 연습문제

제4장 가설공사의 개요, 가설건물 및 규준틀

1. 다음 공사 중 가설공사에 해당되지 않는 것은?

㉮ 비계 설치
㉯ 규준틀 설치
㉰ 현장사무소 설치
㉱ 거푸집 설치

2. 공통가설공사 항목이 아닌 것은?

㉮ 규준틀 ㉯ 가설울타리
㉰ 동력용수 설비 ㉱ 안전설비

3. 다음 가설공사 항목 중 공통가설비에 속하지 않는 것은?

㉮ 가설건물비 ㉯ 비계 및 발판
㉰ 가설울타리 ㉱ 실험연구비

4. 공통가설공사에 해당되지 않는 것은?

㉮ 비계 설치 ㉯ 수평규준틀 설치
㉰ 현장사무실 축조 ㉱ 터파기공사

5. 가설공사에서 공통가설공사에 해당되지 않는 가설물은?

㉮ 가설사무실 ㉯ 동바리
㉰ 가설울타리 ㉱ 각종 실험실

6. 다음 중 공통가설공사에 해당하지 않는 것은?

㉮ 가설울타리 ㉯ 현장사무소
㉰ 공사용수 ㉱ 비계

1. ㉱
거푸집 설치는 철근콘크리트 공사 항목이다.

2. ㉮
규준틀은 직접가설공사 항목이다.

3. ㉯
비계 및 발판은 직접가설공사 항목이다.

4. ㉱
터파기공사는 본 공사 중 하나이다.

5. ㉯
동바리공사는 본 공사 중 하나이다.

6. ㉱
비계는 직접가설공사 항목이다.

7. 건축공사의 원가계산에서 현장에서의 공사용수비(工事用水費)를 포함시키는 것은 다음 중 어느 것인가?

㉮ 재료비 ㉯ 외주비
㉰ 공통가설비 ㉱ 콘크리트공사비

7. ㉰
공사용수비는 공통가설비이다.

8. 다음 중 가설공사계획에 속하는 것은?

㉮ 인력동원계획 ㉯ 공사용수계획
㉰ 안전관리계획 ㉱ 품질관리계획

8. ㉯
공사용수계획은 가설계획 중에서 공통가설공사 항목이다.

9. 다음 중 직접가설비 항목에 속하지 않는 것은?

㉮ 규준틀 설치 ㉯ 양수 및 배수설비
㉰ 비계공사 ㉱ 건축물 현장정리

9. ㉯
양수 및 배수설비는 공통가설공사 항목이다.

10. 공사계획 중 가설계획 시에 고려되어야 할 사항 중 중요성이 가장 적은 것은?

㉮ 가설물, 가설자재의 운영
㉯ 도급금액과 공사 착공시기 및 공사 준공시기
㉰ 운반 및 교통사항
㉱ 공사의 규모, 시공정밀도 및 공사내용

10. ㉯
도급금액과 공사 착공시기 및 공사 준공시기는 가설계획과는 관계없다.

11. 가설계획의 입안에 있어서 자재, 기계, 시설의 선택 시 유의할 사항이 아닌 것은?

㉮ 가설시설의 설계 ㉯ 양생계획
㉰ 운반 및 양중 ㉱ 본 건물의 공정계획

11. ㉯
양생은 콘크리트공사에서 중요한 항목이며 가설공사와는 무관하다.

12. 인접지 및 도로경계와 부지면적, 건축물 위치를 확인할 수 있어 설계 시 건축물 배치에 활용하기 위하여 수행하는 측량으로 타당한 것은?

㉮ 경계측량(Boundary Survey)
㉯ 거리측량(Chain Survey)
㉰ 고저측량(Leveling Survey)
㉱ 각도측량(Transit Survey)

12. ㉮
① 대지측량은 공사 착공 전에 인접 대지 및 도로와의 경계부 등을 측량하며, 경계측량과 현황측량이 있다.
② 경계측량은 인접지 및 도로와의 경계를 측량하는 것으로 담당원, 인접지 소유자, 기타 관계관의 입회하에 측량한다.

13. 다음 측량 기구 중 평판측량에 쓰이는 기구가 아닌 것은?

㉮ 함자 ㉯ 평판
㉰ 엘리데이드 ㉱ 구심기

14. 레벨측량에 이용되지 않는 기구는?

㉮ 함척 ㉯ 삼각대
㉰ 줄자 ㉱ 엘리데이드

15. 가설공사 계획에 관한 다음 설명 중 부적절한 것은 어느 것인가?

㉮ 가설재는 경제적으로 하기 위해 가공성이 좋은 재료를 사용한다.
㉯ 조립해체가 용이하고 품이 적게 들도록 한다.
㉰ 가설재는 한 현장의 사용을 고려하여 초기 구입비용이 최소화되도록 한다.
㉱ 가설 설계는 안전확보와 공해방지를 위한 내용을 고려한다.

16. 시멘트창고의 구조요건이 아닌 것은?

㉮ 간단한 나무구조로 통풍이 잘 되게 한다.
㉯ 마루높이는 지면에서 300 mm 이상 높인다.
㉰ 지붕은 비가 새지 않는 구조로 한다.
㉱ 창고 주위에는 배수로를 두어 우수의 침입을 방지한다.

17. 현장에 시멘트창고를 설치할 경우 주의사항으로 옳지 않은 것은?

㉮ 지반은 바닥에서 300 mm 이상 높이며 주변은 배수로를 두어 빗물이 들어가지 않도록 한다.
㉯ 반입구와 반출구는 따로 두고 먼저 쌓은 것부터 사용하도록 한다.
㉰ 출입구 채광창 이외에 공기의 유통을 목적으로 환기창을 설치한다.
㉱ 시멘트의 쌓기 높이는 13포대를 한도로 하고 1 m^2에 약 50포대 적재하며, 보통 30~35포대가 적당하다.

13. ㉮

(1) 평판측량의 사용기구
① 평판
② 엘리데이드
③ 삼각
④ 구심기
⑤ 자침기
⑥ 다림추

(2) 함자는 고저측량 시 사용되는 눈금기준자이다.

14. ㉱

엘리데이드는 평판측량의 사용기구이다.

15. ㉰

(1) 가설공사에 요구되는 공사요건
① 해체성
② 안전성
③ 효율성
④ 전용성(반복성)
⑤ 경제성

(2) 가설재의 구입비용은 여러 현장에서 사용할 수 있게 반복성을 고려하여 초기 구입비용을 늘릴 것인지 그렇지 않고 한 현장에서만 사용하도록 소모적인 것으로 할 것인지를 구분하여 결정한다.

16. ㉮

시멘트창고는 통풍이 잘 되지 않도록 채광창을 제외한 통풍창은 두지 않는다.

17. ㉰

시멘트창고는 채광창을 제외한 통풍창은 두지 않는다.

18. 공사현장의 시멘트창고에 관한 기술 중 틀린 것은?

㉮ 지붕은 비가 새지 않도록 함석 이음을 한다.
㉯ 마루는 지면에서 300 mm 이상 높인다.
㉰ 통풍이 잘 되게 창을 내도록 한다.
㉱ 입구는 2개 이상 설치한다.

18. ㉰
시멘트창고는 채광창을 제외한 통풍창은 두지 않는다.

19. 가설건축물 중 시멘트창고에 관한 설명으로 옳지 않은 것은?

㉮ 바닥구조는 일반적으로 마룻널 깔기로 한다.
㉯ 창고의 크기는 시멘트 100포당 2~3 m^2로 하는 것이 바람직하다.
㉰ 공기의 유통이 잘 되도록 개구부를 가능한 한 크게 한다.
㉱ 벽은 널판붙임으로 하고 장기간 사용하는 것은 함석붙이기로 한다.

19. ㉰
시멘트창고는 채광창을 제외한 통풍창은 두지 않는다.

20. 가설건물 중 시멘트창고의 구조에 대한 설명 중 옳지 않은 것은?

㉮ 바닥구조는 마룻널 깔기가 보통이며 가능하면 그 위에 루핑을 깐다.
㉯ 주위에는 배수구를 설치하여 물 빠짐을 좋게 한다.
㉰ 통풍이 잘 되도록 가능한 한 개구부의 크기를 크게 한다.
㉱ 시멘트의 쌓기 높이는 13포대를 한도로 한다.

20. ㉰
시멘트창고는 채광창을 제외한 통풍창은 두지 않는다.

21. 시멘트 보관창고에 대한 설명으로 옳지 않은 것은?

㉮ 주위에 배수도랑을 두고 우수의 침투를 방지한다.
㉯ 바닥높이는 지면으로부터 300 mm 이상으로 한다.
㉰ 공기의 유통을 원활히 하기 위해 개구부를 크게 하는 것이 좋다.
㉱ 시멘트의 쌓기 높이는 13포대를 한도로 한다.

21. ㉰
시멘트창고는 채광창을 제외한 통풍창은 두지 않는다.

22. 공사현장에서 시멘트창고를 설치할 경우 주의사항으로 틀린 것은?

㉮ 바닥과 지면은 300 mm 정도의 거리를 두는 것이 좋다.
㉯ 먼저 쌓은 것부터 사용하도록 한다.
㉰ 출입구 채광창 이외에 공기의 유통을 목적으로 환기창을 설치한다.
㉱ 주위에 배수로를 두어 침수를 방지한다.

22. ㉰
시멘트창고는 채광창을 제외한 통풍창은 두지 않는다.

23. 공사현장에 설치하는 공사용 가설변전소에 관한 사항 중 틀리는 것은 다음 중 어느 것인가?

㉮ 변전소는 위험한 곳이므로 현장사무실에서 되도록 멀리 떨어진 곳에 설치한다.

㉯ 구대(Over Bridge) 위에 설치할 때는 그 구대를 특히 견고하게 한다.

㉰ 변전소의 지붕은 누수 되지 않도록 시공한다.

㉱ 변전소의 실내는 전기기기에 접촉되지 않도록 통로를 충분히 넓게 한다.

23. ㉮

변전소는 현장사무실 가까이에 배치해야 관리가 쉽다.

24. 공사현장의 가설건축물에 관한 설명으로 옳지 않은 것은?

㉮ 하도급자 사무실은 후속공정에 지장이 없는 현장사무실과 가까운 곳에 둔다.

㉯ 시멘트창고는 통풍이 되지 않도록 출입구 이외는 개구부 설치를 금하고, 벽, 천장, 바닥에는 방수, 방습처리 한다.

㉰ 변전소는 안전상 현장사무실에서 가능한 멀리 위치한다.

㉱ 인화성 재료저장소는 벽, 지붕, 천장의 재료를 방화구조 또는 불연구조로 하고 소화설비를 갖춘다.

24. ㉰

변전소는 현장사무실 가까이에 배치해야 관리가 쉽다.

25. 건축공사 시 가설건축물에 대한 설명으로 옳지 않은 것은?

㉮ 시멘트창고는 통풍이 되지 않도록 출입구 외에는 개구부설치를 금한다.

㉯ 화기위험물인 유류·도료 등의 인화성 재료저장소는 벽, 지붕, 천장의 재료를 방화구조 또는 불연구조로 하고 소화설비를 갖춘다.

㉰ 변전소의 위치는 안전을 고려하여 현장사무소에 최대한 멀리 떨어진 곳이 좋다.

㉱ 현장사무소의 경우 필요면적은 3.3 m²/인 정도로 계획한다.

25. ㉰

변전소는 현장사무실 가까이에 배치해야 관리가 쉽다.

26. 가설공사에서 설치하는 전력용량이 150 kwh인 동력소의 최소 필요면적 (m²)은?

㉮ 10 m² ㉯ 20 m²

㉰ 30 m² ㉱ 40 m²

26. ㉱

동력소 및 변전소 면적

$W = 150$ kwh

$A = 3.3\sqrt{W} = 3.3 \times \sqrt{150}$

$= 40.4\ \text{m}^2$

여기서,

A : 동력소 및 변전소 면적 (m²)

W : 전력용량(kwh)

27. 공사장 부지 경계선으로부터 50 m 이내에 주거 · 상가건물이 있는 경우에 공사현장 주위에 가설울타리는 최소 얼마 이상의 높이로 설치하여야 하는가?

㉮ 1.5 m ㉯ 1.8 m
㉰ 2.0 m ㉱ 3.0 m

28. 현장관리에 관한 기술 중 반드시 필요치 않은 것은?

㉮ 파손 오염의 염려가 있는 곳의 양생에 유의한다.
㉯ 비계발판 등은 언제나 그 유지 및 안전에 주의한다.
㉰ 적당한 위치에 소화기구를 배치 및 정비하여야 한다.
㉱ 재료창고는 반드시 계원사무실에 인접하여야 한다.

29. 건축 재료를 현장에 보관하는 방법 중 적당하지 않은 것은?

㉮ 합판 – 방습 및 통풍이 좋은 창고에 수평으로 적재한다.
㉯ 기와 – 세워서 쌓는다.
㉰ 루핑 – 옆으로 눕혀서 10단 정도로 보기 좋게 쌓는다.
㉱ 유리 – 상자에 넣은 채로 세워 둔다.

30. 현장관리 사항 중, 가장 부적당한 것은?

㉮ 목재는 건조시키기 위하여 개별로 세워둔다.
㉯ 시멘트는 가급적 통풍이 잘되지 않는 창고에 쌓는다.
㉰ 철근은 그 지름 및 길이별로 분류해 둔다
㉱ 기와는 눕혀서 쌓아둔다.

31. 재료관리에 관한 것 중 틀린 것은?

㉮ 골슬레이트는 수평이 되게 뉘어서 쌓아 보관한다.
㉯ 시멘트창고의 바닥은 방습으로부터 격리되어야 하며 시멘트는 13단 이하로 쌓는다.
㉰ 원심력철근콘크리트말뚝을 공사현장에서 사용하기 위해 적치할 때는 같은 종류의 것을 2점 지지로 하고 3단 쌓기로 한다.
㉱ 기와는 세워서 보관한다.

27. ㉱

가설울타리의 높이는 1.8 m 이상으로 하고, 야간에도 잘 보이도록 발광시설을 설치하여야 하며, 차량과 사람이 출입할 문을 두어 자물쇠를 채울 수 있게 한다. 다만, 공사장 부지 경계선으로부터 50 m 이내에 주거 · 상가건물이 있는 경우에는 높이 3 m 이상으로 설치하여야 한다.

28. ㉱

재료창고는 운반이 쉽고 사용이 용이한 곳에 설치한다.

29. ㉰

기와, 루핑 및 유리는 눕혀서 쌓지 않고(평적하지 않고) 세워둔다.

30. ㉱

기와, 루핑 및 유리는 눕혀서 쌓지 않고(평적하지 않고) 세워둔다

31. ㉰

콘크리트말뚝은 가능한 1단으로 쌓고 부득이 2단 쌓기를 할 시는 받침대를 설치한다.

32. 공사현장에서의 재료관리에 관한 설명 중 옳지 않은 것은?

㉮ 골슬레이트는 걸침목 위에 쌓고 빗길에 접하지 않도록 한다.
㉯ 고장력볼트는 그 도입장력을 추정하는 토크계수치에 오차가 생기지 않도록 녹, 먼지 및 기타 부착물이 생기지 않도록 보관한다.
㉰ 콘크리트블록은 직접 지상에 놓지 않도록 하고 시트 등으로 덮어 비에 맞지 않도록 보관한다.
㉱ 인공골재는 사용직전까지 건조된 상태로 보관한다.

32. ㉱
인공경량골재는 흡수성이 크므로 사용 2~3일 전에 24시간 흡수시킨 후 표면수를 제거한 표면건조내부포수상태로 사용한다.

33. 건축자재 관리에 관한 다음 기술 중 틀리는 것은 어느 것인가?

㉮ 고장력볼트는 그 도입인장력을 추정하는 토크계수치에 오차가 생기지 않도록 녹, 먼지 및 기타의 부착물이 붙지 않도록 보관한다.
㉯ 인공경량골재는 물의 양을 정확히 알 수 있도록 건조한 것을 사용해야 한다.
㉰ 철근은 직접 지면에 닿지 않도록 하고 장기간 보관할 때는 우로(雨露)를 피할 수 있도록 해야 한다.
㉱ 피복아크용접봉은 습기를 피하여 보관하고 만일 습기가 포함되었을 때는 건조 하여 사용한다.

33. ㉯
경량골재는 흡수성이 크므로 사용 2~3일 전에 24시간 흡수시킨 후 표면수를 제거한 표면건조내부포수상태로 사용한다.

34. 공사를 착수하기 위해 설계도서에 따라 대지 위에 건물 위치를 결정하기 위한 가설작업으로 가장 적당한 것은 다음 중 어느 것인가?

㉮ 줄쳐보기
㉯ 수평규준틀 설치
㉰ 세로규준틀 설치
㉱ 기준점 설정

34. ㉮
줄쳐보기는 공사 착수에 있어서 설계도에 따라 대지에 건물 위치를 결정하기 위한 것으로 건축물의 형태에 맞춰 줄을 띠우거나 석회로 선을 긋는다.

35. 공사 착공 전에 건축물의 형태에 맞춰 줄을 띠우거나 석회 등으로 선을 그어 건축물의 건설 위치를 표시하는 것으로 도로 및 인접 건축물과의 관계, 건축물의 건축으로 인한 재해 및 안전대책 점검과 관련 있는 것은?

㉮ 줄쳐보기
㉯ 벤치마크
㉰ 먹매김
㉱ 수평보기

35. ㉮
줄쳐보기는 공사 착수에 있어서 설계도에 따라 대지에 건물 위치를 결정하기 위한 것으로 건축물의 형태에 맞춰 줄을 띠우거나 석회로 선을 긋는다.

36. 가설공사에서 건물의 각부 위치, 기초의 너비 또는 길이 등을 정확히 결정하기 위한 것은?

㉮ 벤치마크 ㉯ 수평규준틀
㉰ 세로규준틀 ㉱ 현황측량

36. ㉯
수평규준틀은 기초 흙파기와 기초공사 시 건물 각부의 위치, 높이, 기초 너비, 길이를 결정하기 위한 것이다.

37. 가설공작물인 수평규준틀은 규준틀 말뚝과 규준대로 구성되는데 규준틀에 기입하는 사항은?

㉮ 비계다리 및 비계의 기둥간격 표시
㉯ 중심선, 기초 및 기둥 폭의 크기 표시
㉰ 나무벽돌, 볼트, 창문틀의 높이 표시
㉱ 벽돌, 블록의 수평이음 표시

37. ㉯
수평규준틀에 기입할 사항으로는 터파기폭, 잡석지정폭, 기초판폭, 주각폭 등이다.

38. 그림과 같은 수평보기 규준틀에서 A부재의 명칭은?

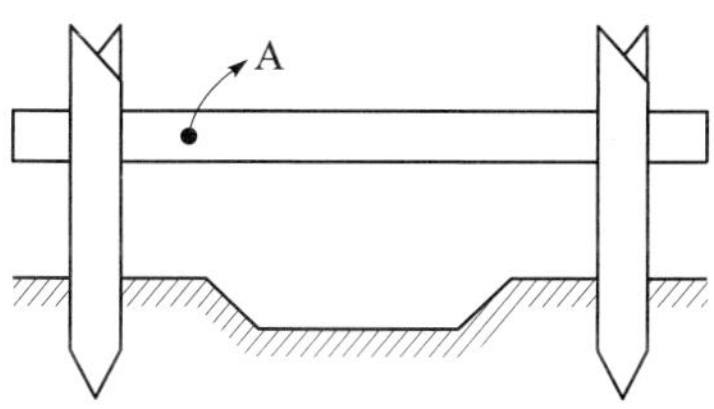

㉮ 띠장 ㉯ 규준대
㉰ 규준점 ㉱ 규준팔뚝

38. ㉯
A부재는 규준대이다.

39. 세로규준틀이 필요한 공사는 다음 중 어느 것인가?

㉮ 목공사 ㉯ 철근콘크리트공사
㉰ 철근공사 ㉱ 벽돌공사

39. ㉱
세로규준틀은 조적공사(벽돌공사, 블록공사, 석공사)에서 고저 및 수직면의 기준으로 사용하기 위한 것이다.

40. 가설공사에 대한 설명 중 옳지 못한 것은?

㉮ 세로규준틀은 터파기공사에 필요하다.
㉯ 강관비계기둥의 간격이 1.8 m일 때, 비계기둥 사이의 하중한도는 3,920 N (400 kg)으로 한다.
㉰ 방호 선반의 내민 길이는 비계발판의 외측에서 2 m 이상으로 하고 수평면과의 각도는 20~30°로 한다.
㉱ 시멘트창고는 풍화 방지상 필요한 출입구 이외에는 개구부를 두지 않는다.

40. ㉮
세로규준틀은 조적공사에서 고저 및 수직면의 기준으로 사용하기 위한 것이다.

41. 신축할 건축물이 높이의 기준이 되는 주요 가설물로 이동의 위험이 없는 인근 건물의 벽 또는 담장에 설치하는 것은?

㉮ 줄띠우기
㉯ 벤치마크
㉰ 규준틀
㉱ 수평보기

41. ㉯
기준점은 건축공사 중 건축물의 고저에 기준이 되도록 건축물 인근에 설치하는 표시물이다.

42. 가설공사에서 기준점(Bench Mark)에 대한 설명으로 틀린 것은?

㉮ 건물의 높이 및 위치의 기준이 되는 표식이다.
㉯ 이동하는데 있어서 편리하도록 설치한다.
㉰ 건물의 위치 결정에 편리하고 잘 보이는 곳에 설치한다.
㉱ 높이의 기준점은 건물 부근에 2개소 이상 설치한다.

42. ㉯
기준점은 이동의 염려가 없는 곳에 설치한다.

43. 기준점(Bench Mark)에 대한 설명으로 옳지 않은 것은?

㉮ 기준점은 공사에 지장이 없는 곳에 설정한다.
㉯ 기준점은 2개소 이상 설치한다.
㉰ 기준점은 GL에서 0.5~1.0 m 높이에 설치한다.
㉱ 기준점은 이동이 가능한 시설물에 설치한다.

43. ㉱
기준점은 이동의 염려가 없는 곳에 설치한다.

44. 가설공사에서 기준점(Bench Mark)의 설치장소로써 가장 부적절한 것은?

㉮ 건물 주변의 담
㉯ 인접 건물
㉰ 공사장 근처의 건물 외부
㉱ 시공하고 있는 건물의 기초부

44. ㉱
기준점은 이동의 염려가 없는 곳에 설치하고, 바라보기 좋고 공사에 지장이 없는 곳에 설치한다.

45. 기준점(Bench Mark)에 대한 설명으로 틀린 것은?

㉮ 바라보기 좋고 공사에 자장이 없는 곳에 설치한다.
㉯ 공사 착수 전에 설정되어야 한다.
㉰ 이동의 우려가 없는 곳에 설치한다.
㉱ 반드시 기준점은 1개만 설치한다.

45. ㉱
기준점은 최소 2개소 이상, 여러 곳에 설치한다.

46. 기준점(Bench Mark)에 관한 설명 중 틀린 것은?

㉮ 이동의 염려가 없어야 한다.
㉯ 하나의 대지에 2개 이상 설치하지 않아야 한다.
㉰ 공시 완료 시까지 존치되어야 한다.
㉱ 공사 착수 전에 설정되어야 한다.

46. ㉯
기준점은 최소 2개소 이상, 여러 곳에 설치한다.

47. 기준점(Bench Mark)에 대한 설명으로 옳지 않은 것은?

㉮ 바라보기 좋고 공사에 지장이 없는 곳에 설치한다.
㉯ 공사 착수전에 설정되어야 한다.
㉯ 이동의 우려가 없는 곳에 설치한다.
㉱ 기준점은 가장 중요한 장소에 1개만 설치한다.

47. ㉱
기준점은 최소 2개소 이상, 여러 곳에 설치한다.

48. 기준점 설치에 관한 사항 중 잘못된 것은?

㉮ 건물의 GL은 현지에서 지정되거나 입찰 전 현장설명 시에 지정된다.
㉯ 기준점은 바라보기 쉽고, 공사에 지장이 없는 곳에 설정한다.
㉰ 기준점은 측정의 오차를 줄이기 위하여 1개소에만 설치한다.
㉱ 기준점은 대개 지정 지반면에서 0.5~1.0 m 위에 둔다.

48. ㉰
기준점은 최소 2개소 이상, 여러 곳에 설치한다.

49. 기준점(Bench Mark)에 대한 설명 중 옳지 않은 것은?

㉮ 신축할 건축물 높이의 기준이 되는 주요 가설물이다.
㉯ 건물의 각부에서 헤아리기 좋은 1개소에 설치한다.
㉰ 바라보기 좋고 공사에 지장이 없는 곳에 설치한다.
㉱ 공사가 완료된 뒤라도 건축물이 침하, 경사 등을 확인하기 위하여 사용되는 수도 있다.

49. ㉯
기준점은 최소 2개소 이상, 여러 곳에 설치한다.

50. 가설공사 시 설치하는 벤치마크(Bench Mark)에 관한 설명으로 옳지 않은 것은?

㉮ 건물 높이 및 위치의 기준이 되는 표식이다.
㉯ 비, 바람 또는 공사 중의 지반 침하, 진동 등에 의해서 이동될 수 있는 곳은 피한다.
㉰ 건물이 완성된 후에도 쉽게 확인할 수 있는 곳을 선정한다.
㉱ 점검 작업의 번잡을 피하기 위하여 가급적 한 장소에 설치한다.

50. ㉱
기준점은 최소 2개소 이상, 여러 곳에 설치한다.

51. 벤치마크(Bench Mark)에 관한 설명 중 부적당한 것은?

㉮ 이동의 염려가 없어야 한다.
㉯ 통상 수평규준틀을 이용한다.
㉰ 공사 완료 시까지 존치되어야 한다.
㉱ 공사 착수 전에 설정되어야 한다.

52. 건축물 높낮이의 기준이 되는 벤치마크(Bench Mark)에 관한 설명으로 옳지 않은 것은?

㉮ 이동 또는 소멸우려가 없는 장소에 설치한다.
㉯ 수직규준틀이라고도 한다.
㉰ 이동 등 훼손될 것을 고려하여 2개소 이상 설치한다.
㉱ 공사가 완료된 뒤라도 건축물의 침하, 경사 등의 확인을 위해 사용되기도 한다.

51. ㉯

벤치마크는 기준점이며, 수평규준틀은 규준틀 중 하나로 서로 관계가 없다.

52. ㉯

벤치마크는 기준점이며, 수평규준틀은 규준틀 중 하나로 서로 관계가 없다.

제5장

비계 및 안전시설

1 비계

1. 개요

1) 정의

① 비계(Scaffolding)는 공사용 동로나 작업용 발판 설치를 위하여 구조물의 주위에 조립, 설치되는 가설구조물이다.

② 비계는 건물의 외벽, 내부 천장 등의 높은 곳에서 작업 공간의 확보와 현장의 안전을 유지하기 위해한 것이다.

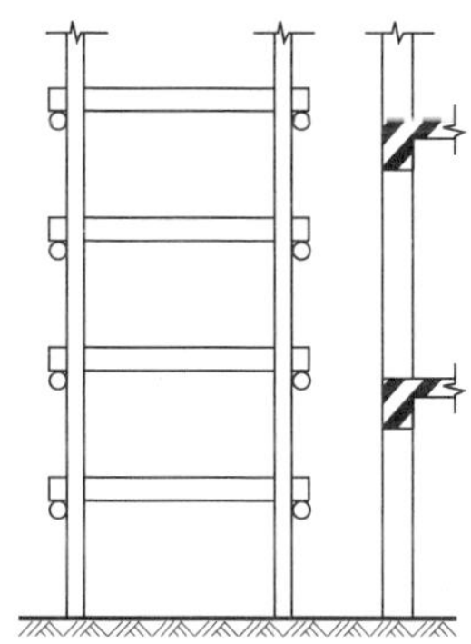

쌍줄비계

2) 외부비계의 설치기준

외부비계의 설치기준의 원칙은 다음과 같다.

① 위치는 구조체에서 0.3~0.45 m 떨어져 설치한다.

② 구조는 쌍줄비계로 한다.

③ 재료는 강관비계로 한다.

2. 강관비계와 강관틀비계

1) 개요

① 강관비계(Steel Pipe Scaffolding)는 강관파이프를 클램프로 조립한 비계이다.

② 강관틀비계(Prefabricated Scaffolding, B/T비계, Build-Up Type Scaffolding))는 강관 등으로 미리 제작한 틀을 현장에서 조립하여 세우는 형태의 비계이다.

③ 높이 31 m 이상인 비계구조물에 대해서는 시공 전 수급인은 관계전문가로부터 구조적 안전성을 확인받아야 한다.

주1 클램프(Clamp)는 비계용 강관 또는 동바리 등을 조립, 설치하기 위해 강관과 강관, 강관과 형강의 체결에 사용되는 조임 철물이다.

2) 각 비계의 비교

구 분	강관비계(강관파이프비계)	강관틀비계
재 료	강 관	강 관
설치 순서	소요 자재 현장반입 → 바닥면 고르기 및 다지기 → 베이스플레이트 설치 → 비계기둥 설치 → 띠장 → 가새 및 버팀대 → 장선 → 발판	-
비계기둥 간격	① 장선(보)방향 : 1.5 m 이하 ② 띠장(도리)방향 : 1.5~1.8 m	틀의 높이가 20 m를 초과하거나 중량작업의 경우 틀의 간격은 1.8 m 이하, 틀의 높이는 2 m 이하
하부고정	베이스플레이트(밑받침 철물) 설치	베이스플레이트(밑받침 철물) 설치
비계기둥 사이 하중한도	비계기둥의 간격이 1.8 m일 때, 비계기둥 사이의 하중한도는 4.0 kN(400 kgf)	틀의 간격이 1.8 m일 때, 틀 사이의 하중한도는 4.0 kN(400 kgf)
비계기둥 1개당 하중한도	작업 중 바닥의 층수가 3층 이상일 때, 비계기둥 1개당 하중한도는 7.0 kN(700 kgf)	틀의 기둥 1개당 수직하중한도는 틀을 두꺼운 콘크리트 등의 견고한 기초 위에 설치할 때 24.5 kN(2,500 kgf)
띠장 간격	① 제1띠장은 지상에서 2 m 이하 ② 그 윗부분은 1.5 m 이하	-
장선 간격	① 간격 1.5 m 이하 ② 비계장선은 비계기둥과 띠장의 교차부에서는 비계기둥에 결속하고 그 중간부분에서는 띠장에 결속	-
가새 및 수평재	① 비계의 외면으로 수평면에 대해 40~60° 방향으로 설치 ② 비계기둥과 결속 ③ 가새의 배치간격은 약 10 m마다 교차 ④ 가새와 비계기둥과의 교차부는 회전형 클램프로 결속	① 띠장(도리)방향으로 각각의 세로틀 사이에 가새 설치 ② 최상층 및 5층 이내마다 띠장틀 등의 수평재 설치
구조체와 연결	수직 및 수평방향은 5 m 이하의 간격으로 구조체에 견고히 연결	세로틀은 수직방향 6 m 이하, 수평방향 8 m 이하의 간격으로 구조체에 견고히 연결
결속재 및 이음철물	① 수평연결부 : 이음관(커플링, Coupling) ② 수직 및 경사연결부 : 고정형클램프, 회전형(자재형)클램프, 이형클램프, 직교형클램프	틀비계의 연결부 : 핀(Pin) 또는 나사못

주1 KS F 8013 기준에 의한 클램프(조임철물)는 용도와 체결 방식에 따라 강관용 클램프와 강구조용 클램프로 구분된다.

주2 강관용 클램프는 고정형과 회전형이 있다.

주3 강구조용 클램프는 직교형, 평행형, 겸용형이 있다.

주4 강관비계를 강관파이프비계, 단관비계 또는 단관파이프비계라고 한다.

주5 띠장은 벽면에서 일정 간격의 비계기둥을 수평방향으로 연결하는 가로부재이다.

주6 장선은 벽면에서 띠장과 벽면을 직각방향으로 연결하는 부재이다.

주7 도리방향(띠장방향)은 구조물의 정면방향이다. 강관비계의 도리방향 기둥의 간격은 연속되는 비계의 수평방향 간격이다.

주8 보방향(장선방향)은 구조물의 측면방향이다. 강관비계의 보방향 기둥의 간격은 쌍줄비계의 벽면으로부터의 수평방향 간격이다.

강관비계

강관틀비계

고정형클램프(Fixed Type)

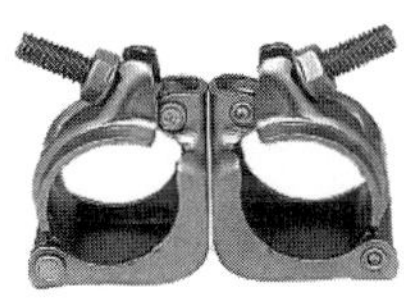
회전형클램프(Swivel Type)

이음관(Joint Pin, Coupling)

이형클램프(Different Type)

직교형클램프(Cross Type)

받침판(Base Plate)

강관비계용 부속철물

3) 각 비계의 기타사항

(1) 강관비계의 기둥보강

기둥 높이가 31 m를 초과하면 기둥의 최고부에서 하단 쪽으로 31 m 높이까지는 강관 1개로 기둥을 설치하고, 31 m 이하의 부분은 좌굴을 고려하여 강관 2개를 묶어 기둥을 설치한다.

(2) 비계기둥과 구조물 사이의 간격

비계기둥과 구조물 사이의 간격은 추락 방지를 위하여 300 mm 이내로 한다.

(3) 강관틀비계의 높이 40)

강관틀비계의 높이는 원칙적으로 40 m를 초과할 수 없다. 높이 20 m를 초과할 경우 또는 중량작업을 할 경우에는 내력상 중요한 틀의 높이는 2 m 이하로 하고, 틀의 간격을 1.8 m 이내로 한다.

3. 시스템비계

1) 개요 41)

시스템비계는 수직재, 수평재, 가새재 등 각각의 부재를 공장에서 제작하고 현장에서 조립하여 사용하는 조립형 비계로 고소작업에서 작업자가 작업 장소에 접근하여 작업할 수 있도록 설치하는 작업대를 지지하는 가설구조물이다.

시스템비계 42)

2) 시스템비계의 구성

① 수직재
② 수평재
② 가새
④ 벽이음재
⑤ 안전발판

40) KCS 21 60 10 비계 (3.4), 국토교통부, 한국건설기술연구원, 한국가설협회, 2020.
41) KCS 21 60 05 비계공사 일반사항 (1.3), 국토교통부, 한국가설협회, 2019.
42) www.shinyoungsteel.com, 신영스틸, 2021.

3) 일체형작업발판(안전발판)의 장점

① 조립식 구조로 견고하며 비틀림이나 이탈이 없다.
② 설치 및 해체 작업의 안정성이 확보된다.
③ 고층 설치와 큰 하중에도 비계는 구조적으로 안전하다.
④ 조립식 구조로 시공속도가 빠르다.
⑤ 넓은 작업 공간이 확보 가능하다.
⑥ 현장 사용 여건에 따라 설치 폭의 조절이 가능하다.

4. 달비계

① 달비계는 상부에서 와이어로프 등으로 매달린 형태의 비계이다.
② 달비계는 외부공사마감, 수리, 외벽청소를 위해 곤돌라(Gondola) 형식의 상자모양의 비계이다.

5. 외부비계용 브래킷

외부비계용 브래킷(Bracket)은 구조물의 돌출부위 등으로 인해 작업 공간을 별도로 설치하여야 할 필요가 있을 때 또는 외줄비계의 경우 비계기둥에 부착하여 작업발판을 설치할 목적으로 사용되는 브래킷 형식의 외부비계이다. 까치발이라고도 한다. 외부비계용 브래킷은 벽, 슬래브, 발코니 및 파라펫 등에서 강재를 받침대로 이용하여 설치한다.

6. 말비계

말비계는 주로 건축물의 천장과 벽면의 실내 내장 마무리 등을 위해 바닥에서 일정높이의 발판을 설치하여 사용하는 비계이다. 말비계는 층고 3.6 m 이하의 내부공사에 사용함을 원칙으로 한다.

달비계(곤돌라)

외부비계용 브래킷(까치발)

말비계

7. 비계다리 43)

① 비계다리의 경사로 지지기둥은 3 m 이내마다 설치한다.

② 경사로의 너비는 900 mm 이상으로 한다.

③ 인접 발판간의 틈새는 30 mm 이내가 되도록 한다.

④ 경사로 보는 비계기둥 또는 장선에 클램프로 연결한다.

⑤ 발판을 지지하는 장선은 1.8 m 이하의 간격으로 발판에 3점 이상 지지하도록 하여 경사로 보에 연결한다.

⑥ 발판의 끝단 돌출길이(내민길이)는 장선으로부터 200 mm 이하로 한다.

⑦ 발판은 장선에 2곳 이상 고정하고, 이음은 겹임이음은 피하고 맞대어야 한다.

⑨ 발판널에는 단면 15×30 mm 정도의 미끄럼막이를 300 mm 내외의 간격으로 고정시킨다.

⑩ 경사각은 30° 이하이고, 보통 17°(표준 경사는 4/10)로 한다.

⑪ 경사각이 15°미만이고 발판에 미끄럼 방지장치가 있는 경우에는 미끄럼막이를 설치하지 않을 수 있다.

⑫ 높이 7 m 이내마다와 계단의 꺾임 부분에는 계단참을 설치하고, 여기에서 각 층으로 출입할 수 있도록 연결한다.

⑬ 추락 방지를 위한 안전난간을 설치하여야 한다.

⑭ 설치개소는 1,600 m^2에 1개소 설치를 표준으로 한다.

⑮ 난간손스침은 750 mm 이상으로 한다.

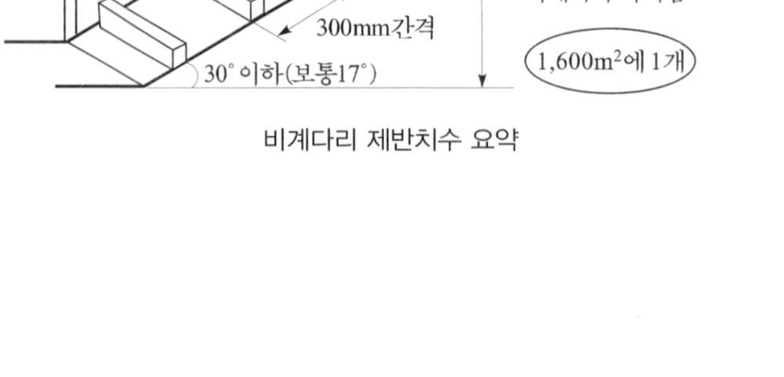

비계다리 제반치수 요약

43) KCS 21 60 10 비계(3.3), 국토교통부, 한국건설기술연구원, 한국가설협회, 2020.

8. 작업발판 44)

① 작업발판은 높이가 2 m 이상인 장소에서 작업함에 있어서 근로자의 추락 방지를 위해 설치한다. 비계발판이라고도 한다.

② 작업발판은 비계의 장선 등에 견고히 고정한다.

③ 작업발판의 전체 폭은 0.4 m 이상이고, 재료를 저장할 때는 폭이 최소한 0.6 m 이상이다. 최대 폭은 1.5 m 이내로 한다.

④ 작업발판은 이탈되거나 탈락하지 않도록 2개 이상의 지지물에 고정되어야 한다.

⑤ 작업발판을 붙여서 사용할 경우, 발판 사이의 틈 간격은 30 mm 이내로 한다.

⑥ 작업발판을 겹쳐서 사용할 경우 연결은 장선 위에서 하고, 겹침길이는 200 mm 이상으로 한다.

⑦ 작업발판의 재료가 널재인 경우, 두께 40 mm 이상, 길이 2.5~3.5 m 내외로 하고 내미는 길이는 장선에서 200 mm 이하로 한다.

⑧ 발판의 끝단 돌출길이(내민길이)는 장선으로부터 200 mm 이하로 한다.

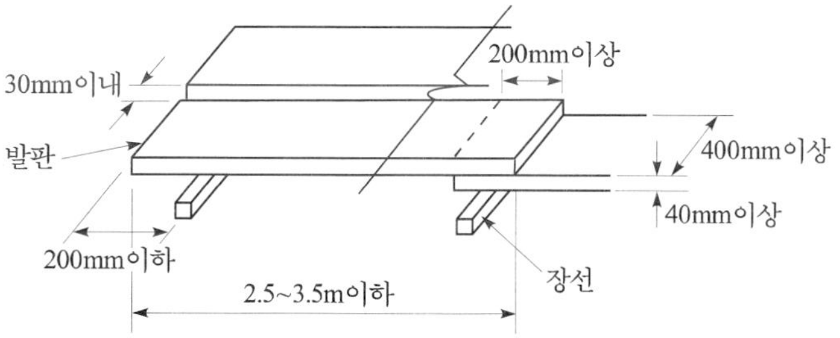

9. 안전난간 45)

① 비계에서 추락의 위험이 있는 곳에는 높이가 0.9 m 이상인 안전난간을 설치한다.

② 높이가 1.2 m를 초과하는 경우에는 수평 난간대 간의 간격이 0.6 m 이하가 되도록 중간 난간대를 추가로 설치한다.

③ 안전난간의 설치가 곤란한 곳에서는 추락 방호망을 설치한다.

④ 안전난간은 예상되는 수평하중 및 충격하중에 대하여 저항할 수 있도록 설치한다.

44) KCS 21 60 10 비계(3.1), 국토교통부, 한국건설기술연구원, 한국가설협회, 2020.
45) KCS 21 60 05 비계공사 일반사항(3.4), 국토교통부, 한국가설협회, 2019.

2 안전시설 46) 47) 48) 49)

구 분	내 용	비 고
안전난간	① 안전난간은 추락의 우려가 있는 통로, 작업발판의 가장자리, 개구부 주변 등의 장소에 임시로 조립하여 설치하는 안전시설이다. ② 추락의 위험이 있을 경우, 공사 완료 시까지 상부 난간대, 중간 난간대, 발끝막이판 및 난간기둥으로 구성된 안전난간을 설치한다.	근로자의 추락 방지
안전대 및 부착설비 (안전대걸이)	안전대 및 부착설비는 추락할 위험이 있는 높이 2 m 이상의 장소에서 근로자의 안전대를 안전하게 걸어 사용할 수 있는 추락 방지용 부착설비이다.	
작업발판	작업발판은 높이 2 m 이상인 장소(작업발판의 끝, 개구부 등 제외)에서 작업함에 있어서 추락에 의하여 근로자에게 위험을 미칠 우려가 있을 때에 설치하는 판재이다.	
개구부 수평보호덮개	개구부 수평보호덮개는 근로자 또는 장비 등이 바닥 등에 뚫린 부분으로 떨어지는 것을 방지하기 위하여 설치하는 판재 또는 철판망이다.	
낙하물방지망	① 낙하물방지망은 작업도중 자재, 공구 등의 낙하로 인한 피해를 방지하기 위하여 개구부 및 비계 외부에 수평방향으로 설치하는 망이다. ② 낙하물방지망의 내민길이는 비계 또는 구조체의 외측에서 수평거리 2 m 이상이다. ③ 낙하물방지망의 수평면과 방지망의 각도는 20~30°이다. ④ 낙하물방지망의 설치 높이는 10 m 이내 또는 3개 층마다 설치한다. ⑤ 낙하물방지망과 비계 또는 구조체와의 간격은 250 mm 이하이다. ⑥ 외부비계와 벽체사이에 틈이 없도록 안전망을 설치한다. ⑦ 낙하물방지망의 이음은 겹침이음으로 하고 이음길이는 150 mm 이상이다.	낙하물의 낙하 비래 방지
방호선반	① 방호선반은 상부에서 작업도중 자재나 공구 등의 낙하로 인한 재해를 방지하기 위하여 개구부 및 비계 외부 안전 통로 출입구 상부에 설치하는 낙하물방지망 대신 설치하는 목재 또는 금속 판재이다. ② 주로 낙하물에 의한 위험요소가 있는 주출입구 및 리프트 상부 등에 설치한다. ③ 방호선반의 설치 높이는 지상으로부터 10 m 이내이다. ④ 방호선반의 내민길이는 구조체의 최외측에서 수평거리 2 m 이상으로 하고, 수평면과의 경사각도는 20~30°로 한다.	
수직형 추락방망 (수직보호망)	① 수직형추락방망은 건설현장에서 근로자가 위험장소에 접근하지 못하도록 수직으로 설치하여 추락의 위험을 방지하는 방망(Safety Net, 防網)이다. ② 작업 장소에서 외부로 물체가 낙하 또는 비래하는 것을 방지하기 위하여 설치하는 보호망이다.	
낙하물 투하설비	낙하물투하설비는 높이 3 m 이상인 장소에서 낙하물을 안전하게 던져 아래로 떨어뜨리기 위해 설치되는 설비이다.	

46) KCS 21 70 05 안전시설공사 일반사항 (1.3), 국토교통부, 한국가설협회, 2019.
47) KCS 21 70 10 추락재해 방지시설 (2, 3.2~3.8), 국토교통부, 한국가설협회, 2019.
48) KCS 21 70 15 낙하물재해 방지시설 (3.1~3.2), 국토교통부, 한국가설협회, 2019.
49) KCS 41 10 00 건축공사 일반사항 (1.2), 국토교통부, 대한건축학회, 2016.

구 분	내 용	비 고
접근방지책	접근방지책은 출입통제가 필요한 장소에 수평방향 0.45 m, 0.9 m 위치, 수직방향 1.8 m 이내의 간격으로 강관 등을 사용하여 설치한다.	접근 방지
안전방망 (추락방호망)	① 안전방망은 고소작업 중 근로자의 추락 및 물체의 낙하를 방지하기 위하여 수평으로 설치하는 보호망이다. ② 엘리베이터 홀 내부 및 구조체 내 · 외부, 강구조물 하부 등과 같이 작업 중 추락의 위험이 있는 곳에 설치한다.	추락 보호

주1 발끝막이판은 근로자의 발이 미끄러짐이나, 작업 시 발생하는 잔재, 공구 등이 떨어지는 것을 방지하기 위하여 작업발판이나 통로의 가장자리에 설치하는 판재이다.

주2 비래는 날아오는 물건, 떨어지는 물건이 주체가 되어서 사람에게 부딪혔을 경우를 말한다.

낙하물방지망

방호선반

안전방망

필수 연습문제

제5장 비계 및 안전시설

1. 고층 건물공사 시 많은 자재를 올려놓고 작업하여야 할 외장공사용 비계로써 적합한 것은?

㉮ 겹비계
㉯ 외줄비계
㉰ 쌍줄비계
㉱ 달비계

2. 건물의 외부수리 등에 사용되는 비계 중 적당한 것은?

㉮ 겹비계
㉯ 쌍줄비계
㉰ 외줄비계
㉱ 달비계

3. 강관비계 설치에 대한 설명 중 옳지 않은 것은?

㉮ 비계기둥의 간격은 띠장방향 1.5~1.8 m, 장선방향 1.5 m 이하로 한다.
㉯ 띠장의 간격은 1.8 m 이내로 한다.
㉰ 지상 제1띠장은 지상에서 2 m 이하의 위치에 설치한다.
㉱ 비계장선의 간격은 1.5 m 이내로 한다.

4. 가설공사에서 강관비계 시공에 대한 내용으로 옳지 않은 것은?

㉮ 가새는 수평면에 대하여 40~60°로 설치한다.
㉯ 강관비계의 기둥간격은 띠장 방향 1.5~1.8 m를 기준으로 한다.
㉰ 띠장의 수직간격은 2.5 m 이내로 한다.
㉱ 수직 및 수평방향 5 m 이내의 간격으로 구조체에 연결한다.

1. ㉰

• 외부비계(외장공사용 비계)의 설치기준은 다음과 같다.
① 위치 : 구조체에서 0.3~0.45 m 떨어져 설치한다.
② 구조 : 쌍줄비계로 한다.
③ 재료 : 강관비계로 한다.

2. ㉯

건물의 외부수리 등에 사용되는 비계형태는 쌍줄비계이다.

3. ㉯

강관비계에서 띠장 및 장선의 간격은 모두 1.5 m 이내이다.

4. ㉰

강관비계에서 띠장 및 장선의 간격은 모두 1.5 m 이내이다.

5. 강관비계에 관한 기술 중 옳지 않은 것은?

㉮ 구조체와의 연결 시 수직 및 수평 방향은 5.0 m 정도의 간격으로 구조체에 견고하게 연결한다.
㉯ 지상 제1띠장 높이는 2 m 이하이다.
㉰ 비계기둥의 간격이 1.8 m일 때 기둥간의 적재 하중은 7,840N을 한도로 한다.
㉱ 수평간격 약 14 m 내외마다 45°로 교차하는 가새를 설치한다.

6. 가설공사에 기술 중 틀린 것은?

㉮ 비계 및 발판은 직접가설공사에 속한다.
㉯ 비계 다리참의 높이는 7 m 미다 설치한다.
㉰ 파이프 비계에서 비계기둥간 적재하중은 6,860 N (700 kg) 이하로 한다.
㉱ 낙하물방지망은 수평에 대하여 45° 정도로 하고, 높이는 지상 2층 바닥부분부터 시작한다.

7. 다음 파이프비계에 관한 기술 중 틀린 것은?

㉮ 장선의 간격은 1.5 m 정도이다.
㉯ 틀비계의 높이는 45 m 이하로 한다.
㉰ 비계기둥간의 적재하중은 6,860 N (700 kg) 이하로 한다.
㉱ 비계의 이음은 커플러(Coupler)를 사용한다.

8. 건축 본 공사의 준비기간 중에 하여야 할 사항 중 부적당한 것은?

㉮ 시반소사
㉯ 현상 난낭자의 설성
㉰ 관계 관공서에의 수속
㉱ 현장사무소, 창고 등 가설물 건설

9. 강관비계의 비계기둥 사이(1스팬당)의 적재하중의 한도는?

㉮ 1,960 N
㉯ 3,920 N
㉰ 5,880 N
㉱ 7,840 N

5. ㉰
강관비계에서 비계기둥의 간격이 1.8 m일 때 비계기둥간의 적재하중은 3,920 N (400 kgf)이다.

6. ㉰
강관비계에서 비계기둥의 간격이 1.8 m일 때 비계기둥간의 적재하중은 3,920 N (400 kgf)이다.

7. ㉰
강관비계에서 비계기둥의 간격이 1.8 m일 때 비계기둥간의 적재하중은 3,920 N (400 kgf)이다.

8. ㉮
시반조사는 건축물의 기초구조 설계, 토공사 및 기초공사의 시공에 필요한 자료를 얻기 위하여 실시하는 조사로써 건축 본 공사 중의 하나이다.

9. ㉯
강관비계의 비계기둥 사이의 적재하중의 한도는 3,920 N (400 kgf)이다.

10. 건물의 외부수리 등에 사용되는 비계로 가장 적당한 것은?

㉮ 겹비계　　　　㉯ 쌍줄비계
㉰ 외줄비계　　　㉱ 달비계

11. 가설공사에 관한 다음 기술 중 부적합한 것은 어느 것인가?

㉮ 강관비계에서 비계기둥의 간격이 1.8 m일 때 그 사이의 적재하중은 3,920 N (400 kgf)을 한도로 한다.
㉯ 강관비계의 벽연결은 수직 및 수평으로 5 m이내마다 연결한다.
㉰ 비계다리의 물매는 4/10를 표준으로 하고 300 mm마다 미끄럼막이를 설치한다.
㉱ 강관틀의 전체높이는 30 m를 초과할 수 없다.

12. 가설공사에 관한 기술로써 가장 적당치 않은 것은?

㉮ 비계기둥의 배치간격은 1.5 m 내외로 한다.
㉯ 비계띠장의 간격은 1.5 m 정도로 배치한다.
㉰ 비계다리의 경사는 30°이내 보통 17°로 한다.
㉱ 비계다리의 되돌음 또는 참은 높이 9 m 이내마다 한다.

13. 건축공사의 비계다리는 건축면적 몇 m^2마다 1개소의 설치를 표준으로 하는가? (단, 1동의 경우임)

㉮ 900 m^2
㉯ 1,200 m^2
㉰ 1,600 m^2
㉱ 1,900 m^2

14. 가설공사에 대한 설명 중 틀린 것은?

㉮ 강관틀비계의 높이는 원칙적으로 40 m를 초과할 수 없다.
㉯ 강관비계의 안전을 유지하기 위하여 종횡 5 m 이내로 벽에 연결 또는 버팀대를 설치한다.
㉰ 오름판은 대체로 1,600 m^2 마다 1개소로 한다. 또, 경사면에는 미끄럼막이를 한다.
㉱ 높이 2 m 이상의 작업바닥은 작업상 지장이 없는 부분을 제외하고 높이 550 mm 이상의 튼튼한 손스침을 한다.

10. ㉱
달비계는 상부에서 와이어로프 등으로 매달린 형태의 비계이며, 외부공사마감, 수리, 외벽청소를 위해 곤돌라 형식의 상자모양의 비계이다.

11. ㉱
강관틀비계의 높이는 원칙적으로 45 m를 초과할 수 없다. 높이 20 m를 초과할 경우 또는 중량작업을 할 경우에는 내력상 중요한 틀의 높이는 2 m 이하로 하고, 틀의 간격을 1.8 m 이내로 한다.

12. ㉱
비계다리에서 각 층마다(층의 구분이 없을 때는 7 m 이내마다) 되돌음 또는 다리참을 둔다.

13. ㉰
비계다리의 설치개소는 1,600 m^2에 1개소를 표준으로 한다.

14. ㉱
난간 손스침은 750 mm 이상으로 한다.

15. 가설공사에 관한 다음 기술 중 표준시방서(KCS)에 정한 내용에 비추어 가장 부적당한 것은 어느 것인가?

㉮ 강관비계의 비계기둥의 간격은 띠장(도리)방향은 1.5~1.8 m, 장선(보)방향은 1.5 m 이하로 하고 비계기둥의 최고부에서부터 측정하여 31 m까지의 밑부분은 2본의 강관으로 묶어세운다.

㉯ 강관틀비계는 높이 20 m를 초과할 경우 또는 중량작업을 할 경우에는 내력상 중요한 틀의 높이는 2 m 이하로 하고, 틀의 간격을 1.8 m 이내로 한다.

㉰ 높이가 2 m 이상인 장소에서 작업함에 있어서 근로자의 추락방지를 위해 작업발판(비계발판)을 설치한다.

㉱ 비계다리의 너비는 900 mm 이상, 물매는 4/10를 표준으로 한다. 또한 발판널은 내밀지 않도록 하고 이음부분은 될 수 있는 한 겹침이음을 피한다.

15. ㉮

강관비계의 비계기둥의 간격은 띠장(도리)방향 1.5~1.8 m, 장선(보)방향은 1.5 m 이하로 하고, 기둥 높이가 31 m를 초과하면 기둥의 최고부에서 하단 쪽으로 31 m 높이까지는 강관 1개로 기둥을 설치하고, 31 m 이하의 부분은 좌굴을 고려하여 강관 2개를 묶어 기둥을 설치한다.

16. 비계에 관한 다음 기술 중 가장 부적당한 것은 어느 것인가?

㉮ 비계에서 추락의 위험이 있는 곳에는 높이가 0.9 m 이상인 안전난간을 설치한다.

㉯ 높이가 1.2 m를 초과하는 경우에는 수평 난간대 간의 간격이 0.6 m 이하가 되도록 중간 난간대를 추가로 설치한다.

㉰ 강관비계의 가새는 수평간격 약 20 m 내외, 각도 45°로 걸쳐대고 비계기둥 및 띠장에 결속한다.

㉱ 강관비계의 구조체와의 연결은 수직 및 수평방향은 5 m 내외의 간격으로 견고하게 연결하거나 이에 대신하는 견고한 부속기둥을 설치한다.

16. ㉰

강관비계의 가새의 배치간격은 약 10 m마다 40~60° 방향으로 설치하여 비계기둥과에 결속한다.

17. 낙하물방지망에 관한 기술 중 틀린 것은?

㉮ 낙하물방지망에는 수직형과 수평형이 있다.

㉯ 수평낙하물방지망은 지상2층 바닥부분에 설치한다.

㉰ 공사기간과 공사내용에 따라 방지망은 아연도금철망, 합판 등을 쓰고 비계에 견고히 맨다.

㉱ 낙하물방지망은 눈, 바람 등에 유지되어야하며 미관과는 무관하다.

17. ㉱

낙하물방지망은 안전시설의 하나이므로 안전이 가장 중요하나 어느 정도의 미관유지도 필요하다.

18. 건설공사현장에서 재해방지를 위한 사항 중 가장 부적당한 것은 다음 중 어느 것인가?

㉮ 불완전한 가설물이 있는지 특히 비계발판의 안전을 점검한다.
㉯ 동력용 기계 및 시공기계설비는 정비가 잘되어 있는지 또 작업과정에서 위험사항이 없는지를 점검한다.
㉰ 야간작업을 할 때 또는 어두운 곳에서 작업할 때의 채광 및 조명 설비는 물건을 식별할 수 있는 정도로 한다.
㉱ 과격노동에 의해 심히 피로한 노무자는 휴식을 취하게 하여 피로가 회복된 후 작업을 시킨다.

19. 노동자의 추락 등에 의한 위험방지 때문에 작업 바닥을 설치해야 할 높이는 노동안전위생법상 몇 m인가?

㉮ 2 m　　㉯ 3 m
㉰ 4 m　　㉱ 5 m

18. ㉰
야간작업 또는 어두운 곳에서 작업을 할 때 채광 및 조명은 충분히 밝을 정도로 한다.

17. ㉮
'산업안전기준에 관한 규칙'에서는 비계(달비계·달대비계 및 말비계를 제외한다)의 높이가 2 m 이상인 작업 장소에는 기준에 적합한 작업발판을 설치하도록 하고 있다.

BUILDING CONSTRUCTION

PART III

토공사

제6장

토공사 계획, 흙의 분류 및 흙의 성질

1 토공사 계획

1. 개요

토공사는 자연지형에 구조물 또는 시설물 건설을 위해 흙을 대상으로 하는 지반 형성 작업이다. 주로 건물의 기초나 지하실을 만들기 위한 것으로 그 내용은 터파기, 되메우기, 다지기, 흙쌓기, 흙깎기 및 잔토처리 등의 작업이다.

2. 토공사와 관련된 기본 용어

① 땅깎기(Cutting)는 절토(切土), 터깎기 또는 흙깎기라 하며, 평지를 만들기 위해 흙을 깎아내는 것이다.

② 터파기(Excavation)는 흙파기 또는 굴토(掘土)라 하며, 건축물의 기초공사를 하기 위해 적당한 깊이로 지면을 파는 것이다.

③ 흙쌓기(Banking, Filling)는 성토(盛土) 또는 터돋우기라 하며, 흙을 쌓는 것이다.

④ 터고르기(Grading)는 정지(整地)라 하며, 흙을 고르게 만드는 것이다.

⑤ 되메우기(Backfilling)는 매토(埋土)라 하며, 공사 완료 후 기초파기 한 부분에 흙을 다시 메우는 것이다.

⑥ 배토(Ridging, 排土)는 흙을 밀어붙여 제거하는 작업이다.

⑦ 다지기(Tamping, Compaction)는 흙이나 잡석, 콘크리트 등을 다져서 밀실하게 만드는 것이다.

⑧ 사토(Waste, 捨土)는 터파기하여 흙쌓기 할 때 남거나 흙쌓기 또는 되메우기 재료로 부적당하기 때문에 버려지는 흙이다.

⑨ 잔토(Spoil Surplus Earth, 殘土)는 땅깎기와 터파기로 생긴 흙 중에서 흙쌓기 또는 되메우기 등에 사용하고 남은 흙이다.

3. 토공사 조사사항

구분	조사항목	내 용
부지 내 조사	부지의 상황	부지 경계선 및 지반의 고저를 조사한다.
	매설물	지하 매설물의 위치, 형상, 치수 등을 조사한다.
	공작물	우물, 옥외등, 수목 등의 위치를 조사한다.
부지 주변 조사	교통상황	부지 주변 도로의 폭, 교통량, 높이제한 등을 조사한다.
	매설물	지하 매설물의 위치, 형상, 치수 등을 조사한다.
	공작물	부지 주변의 전신주, 전화박스, 가로등, 가로수 등의 위치를 조사한다.
	인접 구조물	인접 구조물의 기초형식, 구조형식 등을 조사한다.
지반상태의 조사	지반구조	지층의 구성 순서와 두께를 조사한다.
	지층의 토질성상	지층의 물리적, 역학적, 수리학적 성상을 조사한다.
	지하수의 상태	지하수위, 수량 및 피압수를 조사한다.

2 흙의 분류

1. 개요

흙은 암반, 돌, 모래, 실트, 점토, 롬 등으로 구성되며, 흙의 성질에 따라 크게 모래질 지반(사질토지반)과 진흙질 지반(점성토지반)으로 구분한다.

주1 롬(Loam)은 모래(Sand), 실트(Silt), 점토(Clay)의 혼합물이다.

2. 흙의 구성에 따른 분류

1) 사질토

사질토는 모래 및 자갈 등으로 주로 모래 성분이 많고 점착력이 아주 적은 흙이다.

2) 점성토

점성토는 점성을 가진 흙으로 진흙 성분이 많고 내부마찰각이 아주 적은 흙이다.

3. 사질토와 점성토의 비교

구 분	사질토	점성토
투수계수	크 다	작 다
압밀성	작 다	크 다
압밀기간	단기압밀침하	장기압밀침하

구 분	사질토	점성토
압밀속도	빠르다	느리다
가소성	없 다	있 다
점착력	없 다	있 다
불교란시료	채집하기 곤란	비교적 채집용이
건조수축	수축하기 어렵다	수축하기 쉽다
내부마찰각	있 다	없 다

3 흙의 성질

1. 지반의 종류와 지내력도

지반종류의 지내력 (kN/m^2)

지 반		장기응력에 대한 허용지내력		단기응력에 대한 허용지내력
경암반	화강암, 내연암, 편마암, 안산암	4,000		각각 장기응력에 대한 허용지내력 값의 1.5배로 한다.
연암반	편암, 판암의 수성암	2,000		
	혈암, 표반암	1,000		
자 갈		300	600*	
자갈 + 모래		200	500*	
모 래		100	400*	
모래 + 점토 또는 롬토		150	300*	
점 토		100	250*	

* 표는 밀실 할 때의 지내력이다.

주1 롬토는 모래(Sand), 실트(Silt), 점토(Clay)의 혼합물이다.

2. 전단강도

1) 정의

전단강도는 흙에 관한 역학적 성질이며, 전단강도시험으로 기초의 극한 지지력을 알 수 있다.

2) 전단강도 공식 (쿨롱의 법칙)

$$전단강도(\tau) = c + \sigma \tan\phi = 점착력 + 마찰력$$

여기서, c : 점착력　　tanϕ : 마찰계수　　ϕ : 내부마찰각　　σ : 파괴면에 수직인 힘

3) 사질토와 점성토의 전단강도

구 분			비 고
전단강도	사질토	$\tau \fallingdotseq \sigma \tan\phi$ = 마찰력	① 사질토의 점착력 c는 0이다. ② 사질토에서 불교란시료는 채취하기가 곤란하므로 사질토의 내부마찰각 ϕ는 표준관입시험에 의한다.
	점성토	$\tau \fallingdotseq c$ = 점착력	① 점성토의 내부마찰각 ϕ는 0이다. ② 점성토의 점착력 c는 샘플링에 의한 토질시험이나 베인테스트에 의한다.

3. 투수성

1) 개요

① 투수성은 흙 입자의 간격을 통해 물이 자유롭게 흐를 수 있는 성질이다.

② 투수성을 이용한 대표적인 공법으로 샌드드레인공법과 웰포인트공법이 있다.

③ 다시(Darcy)의 법칙을 이용하여 투수계수를 확인한다.

2) 투수계수의 성질

① 투수계수가 클수록 침투량이 크며, 사질토가 점성토보다 크다.

② 투수계수는 모래의 평균 알지름의 제곱에 비례하고, 간극비는 제곱에 거의 비례한다.

4. 간극비, 간극률, 함수비, 함수율 및 포화도

구 분	계산식
간극비	$\dfrac{\text{간극(물+공기)의 부피}}{\text{흙입자의 부피}} = \dfrac{V_v}{V_s}$
간극률	$\dfrac{\text{간극의 부피}}{\text{흙의 전체 부피}} \times 100(\%) = \dfrac{V_v}{V} \times 100(\%)$
함수비	$\dfrac{\text{물의 질량}}{\text{흙입자의 질량}} \times 100(\%) = \dfrac{M_w}{M_s} \times 100(\%)$
함수율	$\dfrac{\text{물의 질량}}{\text{흙의 전체 질량}} \times 100(\%) = \dfrac{M_w}{M} \times 100(\%)$
포화도	$\dfrac{\text{물의 부피}}{\text{간극부분의 부피}} \times 100(\%) = \dfrac{V_w}{V_v} \times 100(\%)$

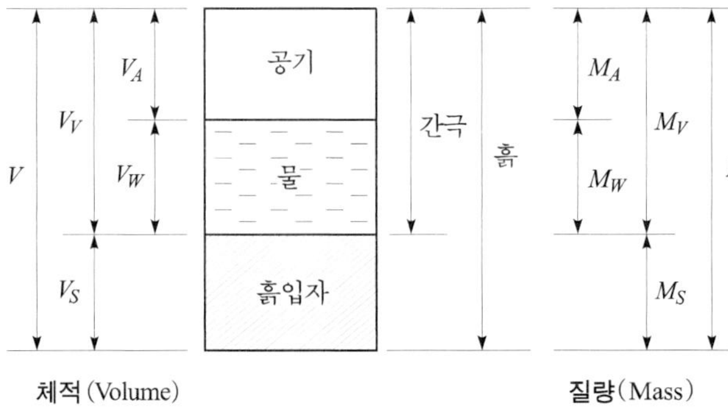

5. 흙의 압밀과 다지기

1) 압밀과 압밀침하

(1) 정의

압밀은 점성토지반에서 재하(Loading, 在荷)에 의해 간극수가 제거되어 침하되는 현상이다. 압밀침하는 압밀 작용에 의해 침하되는 것이다.

(2) 특징

① 압밀은 주로 점성토에서 발생된다.

② 점성토 중의 간극수가 제거되어 침하된다.

③ 점성토의 압밀침하는 투수성이 나쁘므로 장기압밀침하 한다.

④ 침하량이 비교적 크고 소성변형을 발생시킨다.

⑤ 점성토지반의 인공적인 압밀 촉진방법은 샌드드레인공법이다.

2) 다지기

(1) 정의

흙의 다지기는 사질토지반에서 재하(Loading)에 의해 공기가 제거되어 침하되는 현상이다.

(2) 특징

① 침하는 주로 사질토에서 발생된다.

② 사질토 중의 공기가 제거되어 침하된다.

③ 사질토의 다지기에 의한 침하는 단기침하 한다.

④ 다지기에 의한 침하는 흙의 역학적, 물리적 성질을 개선한다.

⑤ 탄성변형을 발생시킨다.

6. 예민비

$$예민비 = \frac{자연시료의\ 강도}{이긴시료의\ 강도}$$

① 예민비는 흙의 이김에 의해서 약해지는 정도를 표시하는 것이다.

② 사질토의 예민비는 거의 1이며, 점성토의 예민비는 1보다 크다.

③ 예민비가 4 이상인 것을 예민비가 크다고 한다.

7. 흙의 연경도시험

1) 함수량에 따른 흙의 변화

흙의 함수량 변화에 따라 성질이 변화하는데 그 때의 함수비를 수축한계, 소성한계, 액성한계라 한다.

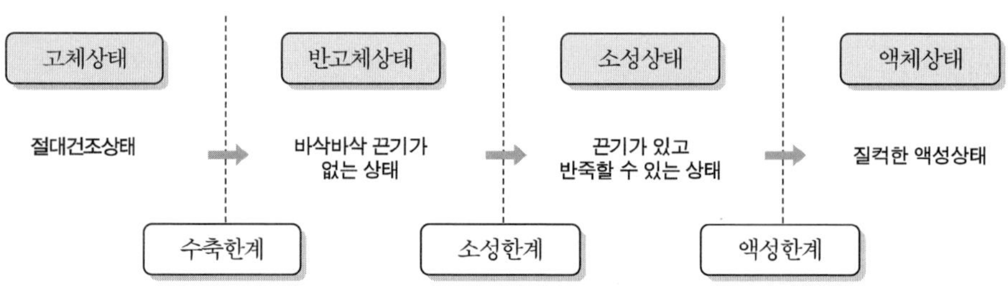

2) 수축한계, 소성한계 및 액성한계

구 분	계산식
수축한계	수축한계는 고체상태와 반고체상태의 경계 함수비로 함수비가 수축한계 이하가 되어도 부피 감소가 없이 일정하게 되는 최대 함수비이다.
소성한계	소성한계는 반고체상태와 소성상태의 경계 함수비로 흙의 소성을 나타내는 최소의 함수비이다.
액성한계	액성한계는 소성상태와 액성상태의 경계 함수비로 흙의 자중으로 인하여 유동할 때의 최소의 함수비이다.

8. 기타

1) 피압수

피압수는 지형과 지반의 상태에 따라 정수압에 비해 높은 압력을 가진 지하수이다.

2) 간극수압

① 간극수압은 지중 토립자 중의 상향수압으로 공극압 또는 공극수압이라고도 한다.

② 웰포인트공법, 샌드드레인공법과 관련 있으며, 피에조미터(Piezometer)로 측정한다.

3) 액상화현상

① 액상화현상은 사질토지반이 진동 및 지진 등의 급속 하중에 의해 전단 저항력을 상실하고 마치 액체와 같이 거동하는 현상이다.

② 액상화현상이 발생하면 부동침하(不同沈下), 지반이동, 소규모 건축물의 부상 등이 발생된다.

4) 샌드벌킹

샌드벌킹은 사질토지반의 모래에 물이 흡수되어 체적이 팽창하는 현상이다.

필수 연습문제

제6장 토공사 계획, 흙의 분류 및 흙의 성질

1. 건축공사에서 시공계획의 수립이나 공사 준비가 완료되면 가장 먼저 착수하는 본 공사는?

㉮ 수장공사 ㉯ 기초공사
㉰ 강구조공사 ㉱ 토공사

1. ㉱
시공계획의 수립이나 공사 준비가 완료되면 토공사를 가장 먼저 착수한다.

2. 점성토지반과 사질토지반을 비교한 것 중 옳은 것은?

㉮ 투수계수는 점성토가 크고 사질토는 작다.
㉯ 가소성은 점성토가 없고 사질토는 크다.
㉰ 압밀속도는 점성토는 느리고 사질토는 빠르다.
㉱ 내부마찰각은 점성토는 크고 사질토는 작다.

2. ㉰
① 투수계수는 점성토가 작고 사질토가 크다.
② 가소성은 점성토는 있고 사질토는 없다.
③ 내부마찰각은 점성토는 작고 사질토는 크다.

3. 모래층의 특성으로써 옳지 않은 것은?

㉮ 투수성이 좋고 압축성이 좋다.
㉯ 물에 의한 붕괴가 용이하다.
㉰ 물로 다질 수는 있어도 진동으로는 안 된다.
㉱ 불교란시료는 채취가 힘들다.

3. ㉰
사질토지반에 대해 진동과 물다짐을 이용하면 효과적이다.

4. 사질토와 점성토를 비교한 내용으로 옳은 것은?

㉮ 점성토는 투수계수가 작다.
㉯ 사질토의 압밀속도는 느리다.
㉰ 사질토는 불교란시료 채집이 용이하다.
㉱ 점성토의 내부마찰각은 크다.

4. ㉮
① 사질토는 압밀속도가 빠르다.
② 사질토는 불교란시료의 채집이 곤란하다.
③ 점성토는 내부마찰각이 작다.

5. 사질토 및 점성토지반에 관한 다음 기술 중 가장 부적당한 것은 어느 것인가?

㉮ 내부마찰각은 점성토층보다 모래층이 크다.
㉯ 일반적으로 투수성은 점성토층보다 모래층이 좋다.
㉰ 모래층은 입도와 밀도에 따라 유동화현상을 일으킬 가능성이 크다.
㉱ 압밀침하량은 점성토층보다 사질토층이 크다.

5. ㉱
사질토지반은 압밀성이 작고 단기압밀침하를 하며, 점성토지반은 압밀성이 크고 장기압밀침하를 한다.

6. 지반의 특성에 관한 기술 중 틀린 것은 다음 중 어느 것인가?

㉮ 사질토는 압밀이 적다.
㉯ 점성토는 빨리 수축하여 침하된다.
㉰ 사질토는 허트러지지 않는 시료를 채취하기 어렵다.
㉱ 사질토의 예민비는 적다.

7. 토질의 암의 분류에서 다음 설명에 해당하는 것은?

> 혈암, 사암 등으로 균열이 10~30 cm 정도로 굴삭 또는 절취에는 화약을 사용해야 하나 석축용으로는 부적합한 암질

㉮ 풍화암 ㉯ 연암
㉰ 경암 ㉱ 보통암

8. 지반의 지내력 값이 큰 것부터 작은 순으로 옳게 나타낸 것은?

㉮ 연암반 – 자갈 – 모래섞인 점토 – 점토
㉯ 연암반 – 자갈 – 점토 – 모래섞인 점토
㉰ 자갈 – 연암반 – 점토 – 모래섞인 점토
㉱ 자갈 – 연암반 – 모래섞인 점토 – 점토

9. 지반 지내력도 값이 큰 것부터의 순서로 옳은 것은?

㉮ 연암반 – 자갈 – 모래 – 점토 – 진흙
㉯ 연암반 – 자갈 – 점토 – 모래 – 진흙
㉰ 암반 – 자갈 – 점토 – 진흙 – 모래
㉱ 자갈 – 연암반 – 모래 – 점토 – 진흙

6. ㉯

점성토는 장기압밀침하를 한다.

7. ㉯

① 풍화암은 암질이 부식되고 균열이 1~10 cm 정도로 굴삭 또는 절취에는 약간의 화약을 사용해야 할 암질로써 일부는 곡괭이를 사용할 수 있는 암질이다.
② 연암은 혈암, 사암 등으로 균열이 10~30 cm 정도로 굴삭 또는 절취에는 화약을 사용해야 하나 석축용으로는 부적합한 암질이다.
③ 보통암은 풍화상태를 엿볼 수 없으나 굴삭 또는 절취에는 화약을 사용해야 하며 균열이 30~50 cm 정도의 암질이다.
④ 경암은 화강암, 안산암 등으로 굴착에는 화약을 사용해야 하며 균열이 1 m 이내로써 석축용으로 사용할 수 있는 암질이다.

8. ㉮

- 지반종류의 지내력(kN/m^2)
  연암반(2,000)
  → 자갈(300~600)
  → 모래+점토(150~300)
  → 점토(100~250)

9. ㉮

- 지반종류의 지내력(kN/m^2)
  연암반(2,000)
  → 자갈(300~600)
  → 모래(100~400)
  → 점토(100~250)

10. 지반의 투수성에 관한 설명으로 틀린 것은?

㉮ 투수계수가 큰 것은 투수량이 크다.
㉯ 모래의 투수계수는 평균 알지름의 제곱에 비례한다.
㉰ 모래의 투수계수는 간극비의 제곱에 반비례한다.
㉱ 모래는 진흙보다 투수계수가 크다.

10. ㉰

모래의 투수계수는 평균 알지름의 제곱에 비례한다.

11. 흙의 함수비에 관한 설명 중 옳지 않은 것은?

㉮ 함수비를 감소시키기 위해서는 샌드드레인(Sand Drain)공법이 사용된다.
㉯ 함수비가 크면 전단강도가 적어진다.
㉰ 사질토지반에서 함수비가 크면 내부마찰력이 감소된다.
㉱ 점성토지반에서 함수비가 크면 점착력이 증가한다.

11. ㉱

① 함수비

$$= \frac{\text{물의 질량}}{\text{흙입자의 질량}} \times 100(\%)$$

② 함수비가 증가하면 물의 양이 증대되며, 점성토지반에서는 점착력이 감소되고 사질토지반에서는 내부마찰력이 감소한다.

12. 흙의 함수비에 관한 설명으로 옳지 않은 것은?

㉮ 연약 점성토지반의 함수비를 감소시키기 위해서 샌드드레인공법을 사용할 수 있다.
㉯ 함수비가 크면 흙의 전단강도가 작아진다.
㉰ 사질토지반에서 함수비가 크면 내부마찰력이 감소된다.
㉱ 점성토지반에서 함수비가 크면 접착력이 증가한다.

12. ㉱

함수비가 증가하면 물의 양이 증대되며, 점성토지반에서는 점착력이 감소되고 사질토지반에서는 내부마찰력이 감소한다.

13. 흙의 성질을 나타내는 식이 잘못된 것은?

㉮ 간극비 $= \frac{\text{간극의 용적}}{\text{토립자의 용적}}$

㉯ 함수비 $= \frac{\text{물의 질량}}{\text{흙입자의 질량}}$

㉰ 예민비 $= \frac{\text{교란시료의 강도}}{\text{자연시료의 강도}}$

㉱ 포화도 $= \frac{\text{물의 용적}}{\text{간극의 용적}}$

13. ㉰

예민비

$$= \frac{\text{자연시료의 강도}}{\text{이긴시료(교란시료)의 강도}}$$

14. 흙의 성질을 나타낸 내용 중 옳지 않은 것은?

㉮ 외력에 의하여 간극내의 물이 밖으로 유출하여 입자의 간격이 좁아지며 침하하는 것을 압밀침하라 한다.
㉯ 함수량은 흙속에 포함되어 있는 물의 양을 나타낸 것으로 일반적으로 함수비로 표시한다.
㉰ 투수량이 큰 것일수록 침투량이 크며, 모래는 투수계수가 크다.
㉱ 자연시료에 대한 이긴시료의 강도비를 포아송비라 한다.

14. ㉱

이긴시료에 대한 자연시료의 강도비는 예민비이다.

15. 다음 설명 중 가장 부적당한 것은?

㉮ 간극비는 토립자의 용적 중에서 간극이 차지하는 용적비를 말한다.

㉯ 압밀침하는 간극의 물이 밖으로 유출하여 입자의 간격이 줄어드는 것을 말한다.

㉰ 흙의 수축한계는 흙을 건조시켜도 더 이상 용적감소가 일어나지 않는 때를 말한다.

㉱ 흙의 액성한계는 흙이 질컥한 액성상태에서의 함수비를 말한다.

16. 각종 시험 및 측정에 관한 기술로써 틀린 것은 어느 것인가?

㉮ 양수시험은 양수량 및 투수계수를 알기 위하여 실시한다.

㉯ 간극수압은 압밀침하, 웰포인트공법, 샌드드레인공법에 관계가 없다.

㉰ 간극수압은 피에조미터로 측정한다.

㉱ 토압은 토압계로 측정한다.

15. ㉱

① 수축한계는 흙이 고체상태에서 반고체상태로 변화하는 그 때의 함수비이다.
② 소성한계는 흙이 반고체상태에서 소성상태로 변화하는 그 때의 함수비이다.
③ 액성한계는 흙이 소성상태에서 액성상태로 변화하는 그 때의 함수비이다.

16. ㉯

간극수압은 압밀침하, 웰포인트공법, 샌드드레인공법과 관련 있으며, 피에조미터로 측정한다.

제7장 지반조사 및 연약지반개량공법

1 지반조사

1. 개요

① 지반조사는 건축물의 기초구조물의 설계, 토공사 및 기초공사에 필요한 자료를 얻기 위하여 실시하는 조사로써 지반을 구성하는 지층이나 토층의 층서(層序), 지하수의 상태, 각층이 강도나 변형 특성 및 물리적 성질 등을 파악할 수 있다.

② 지반조사를 통해 터파기 방법과 기초의 형식과 크기를 결정하고 지하수위 등을 파악할 수 있다.

2. 지반조사 순서

순 서	내 용
사전조사	사전조사는 문헌조사, 현지답사, 기존 건물조사 등을 통해 지반상태를 개략적으로 추정한다.
예비조사	예비조사는 사전조사 결과를 바탕으로 건물의 배치계획, 지반 지지층과 기초구조의 형식을 대강 결정할 수 있는 자료를 건물 설계자에게 제공한다.
본 조 사	본조사는 예비조사를 근거로 지지층과 기초구조의 형식이 결정되면, 본격적인 필요조사 사항을 정하며 또한 조사법의 결정 및 선택을 한다.
추가조사	추가조사는 기초형식 또는 추정 지지층이 부적당할 경우, 재조사를 하거나 본조사 결과의 보충조사를 한다.

3. 지반조사 항목

항 목	종 류		
지하탐사법	① 터파보기	② 짚어보기	③ 물리적 지하탐사
사운딩 (관입시험)	① 표준관입시험 ③ 화란식 관입시험	② 스웨덴식 관입시험 ④ 베인테스트	
보 링	① 오거보링 ③ 충격식보링	② 수세식보링 ④ 회전식보링	
샘플링 (시료채취)	① 교란시료채취	② 불교란시료채취	

항 목	종 류	
토질시험	① 흙의 물리적 시험	② 흙의 역학적 시험
지내력시험	① 평판재하시험	② 말뚝재하시험

4. 현장답사 50)

(1) 현장답사는 현장을 직접 방문하여 지형이나 지반상태를 확인하거나 지역 주민들의 청문을 통하여 과거의 지형변화 등에 대한 정보를 입수하는 것이다.

(2) 현장답사 시 조사하여야 할 주요 내용

① 지형변화 ② 지표수 및 지하수
③ 인근 구조물 유지상태 ④ 지하 매설물
⑤ 수송로

5. 원위치시험

원위치시험은 현장에서 흙의 성질을 직접 측정하는 시험이다. 분류로는 사운딩, 보링, 지내력시험, 지하수 조사, 투수시험, 물리적 탐사 및 현장계측(토압계, 침하계, 경사계, 변위계, 간극수압계) 등이 있다.

6. 지하탐사법

1) 터파보기

터파보기(시험파기)는 굳은 층이 극히 얕거나 중량이 적은 소규모 건물의 경우, 대지의 일부분에 대해 수직으로 깊이 2 m 내외의 구덩이를 시험파기 하여 그 지층의 상태를 살펴보고 내력을 추정한다.

2) 짚어보기(탐사간)

① 짚어보기(탐사간)는 지름 9 mm 정도 철봉을 땅속에 수개소를 박아보아 저항, 울림 및 침하력에 의한 손짐작으로 지반의 단단함과 지층의 깊이를 추정한다.

② 상부층이 무르고 굳은 층이 얕을 경우 적용되고, 숙련된 기술자의 경우 상당한 정확도를 가진다.

---

50) KCS 10 20 20 지반조사(3.1, 3.2), 국토교통부, 한국건설기술연구원, 2016.

3) 물리적 지하탐사

① 물리적 지하탐사는 광대한 대지의 지하구성 층의 개략적 탐사를 통해 조사한다.
② 종류로는 전기저항식, 탄성파식, 강제진동식, 지하레이더식이 있다.
③ 전기저항식 지하탐사는 굴착한 구멍 안에 전극을 삽입하여 지표와의 사이에 전류를 흘려 전기 저항을 측정하여 지반을 조사하는 방법이다.
④ 탄성파식 지하탐사는 낙하추 또는 화학 등의 폭발물 등의 진동으로 지반을 조사하는 방법이다.
⑤ 강제진동식 지하탐사는 일정 간격의 지점에 진동계를 설치한 후, 지상에서 지속적으로 수직 진동 발생장치를 이용해 강제로 지반진동을 발생시켜 진동파의 전파속도를 알아내어 지반을 조사하는 방법이다.
⑥ 지하레이더식(GPR, Ground Penetrating Radar) 지하탐사는 전자파를 지반에 방사시킨 후 반사체에서 되돌아온 반사파를 이용하여 지반을 조사하는 방법이다.

7. 사운딩

1) 정의

사운딩은 로드에 붙인 저항체를 지중에 넣고 관입, 회전, 인발 등의 저항으로부터 토층의 성상을 탐사하는 시험이다. 관입시험이라고도 한다.

2) 종류

① 표준관입시험
② 스웨덴식 관입시험
③ 화란식 관입시험
④ 베인테스트

3) 표준관입시험 [51)]

① 표준관입시험(Standard Penetration Test)은 주로 사질토지반의 밀도(지내력)를 측정하거나 선단의 샘플러로부터 시료를 조사하여 토질주상도를 작성하기 위한 시험이다.
② 사질토지반 및 점성토지반의 연약지반부터 단단한 지반까지 적용범위가 넓고 가장 일반적으로 사용된다.
③ 모래는 불교란시료의 채취가 곤란하므로 현장의 지반 내에서 직접 밀도를 측정한다.
④ 로드 선단에 샘플러(Sampler, Split Spoon Sampler)를 부착하여 로드 상단에서 질량 63.5 kg의 드라이브 해머를 760 mm 높이에서 자유낙하시켜 300 mm 관입시킬 때의

51) KS F 2307, 표준관입시험, 산업표준심의회, 2017.

타격횟수 N을 구하고 동시에 샘플러로 시료를 채취한다.

⑤ N값은 질량 63.5 kg의 드라이브 해머를 760 mm 자유낙하시켜 로드 선단의 샘플러를 지반에 300 mm 박아 넣는 데 필요한 타격횟수이다. N값이 클수록 밀실한 지반이다.

⑥ 관입불능은 예비박기 및 본박기에서 50회의 타격에 대하여 누계 관입량이 10 mm 미만인 경우이다.

⑦ 표준관입시험의 사질토지반과 점성토지반에 대한 N값과 흙의 상대밀도는 다음 표와 같다.

사질토지반		점성토지반	
N값	상대밀도	N값	상대밀도
0~4	매우 느슨(Very Loose)	0~2	매우 연약(Very Soft)
4~10	느슨(Loose)	2~4	연약(Soft)
10~30	보통(Medium)	4~8	보통(Medium)
30~50	조밀(Dense)	8~15	단단(Stiff)
50 이상	매우 조밀(Very Dense)	15~30	매우 단단(Very Stiff)
-	-	30 이상	경질(Hard)

4) 베인테스트 52)

① 베인테스트(Vane Test)는 점성토의 점착력을 판별하기 위한 시험이다.

② 보링 구멍을 이용하여 +자형 날개의 베인전단시험기(베인테스터)를 지반에 때려 박고, 회전시킬 때의 회전력으로 점성토의 점착력을 판별한다.

③ 10 m 이내의 극히 연약한 점성토지반의 조사에 사용된다.

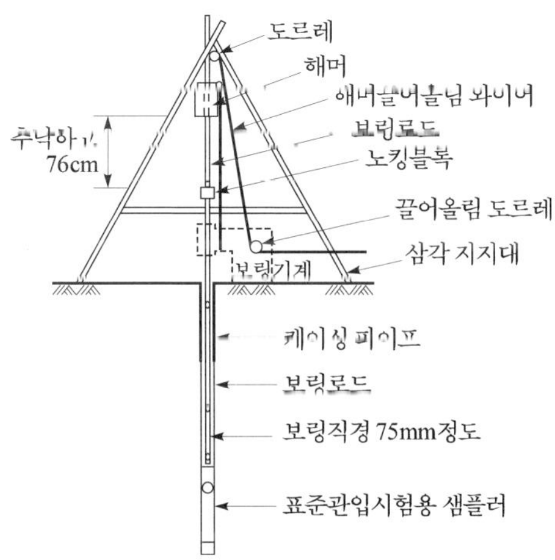

표준관입시험

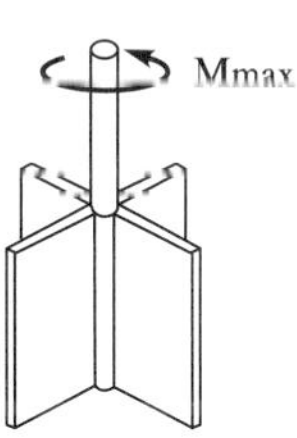

베인전단시험기

52) KS F 2342 점성토의 현장 베인전단시험방법, 산업표준심의회, 2016.

8. 보링

1) 정의

① 보링(Boring)은 지중에 철관을 꽂아 천공한 후 토질의 시료를 채취하여 지층의 상황을 판단하는 토질조사법이다.

② 토질조사에서 가장 중요하며, 주로 점성토지반에서 시험한다.

2) 목적

① 토질의 분포파악

② 토층의 구성파악

③ 토질주상도 작성

④ 지하수위 조사

⑤ 토질시험을 위한 교란시료 및 불교란시료채취

⑥ 보링 구멍 내에 표준관입시험 등의 원위치시험

보링 장면

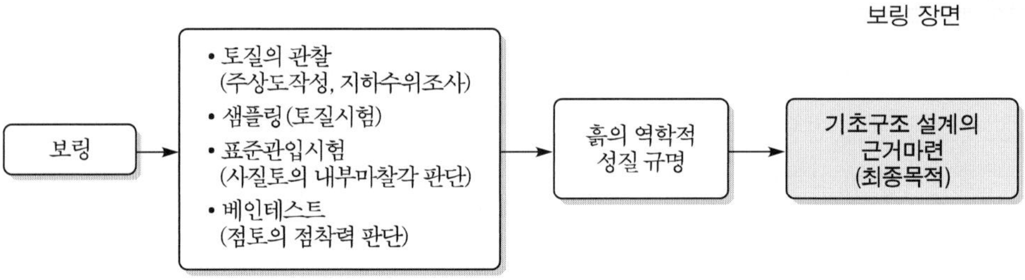

3) 보링의 구성기구

① 로드(Rod, 막대기)

② 비트(Bit, 충격날, 굴착날)

③ 케이싱(Casing, 외관)

④ 코어튜브(Core Tube)

⑤ 오거(Auger, 송곳)

⑥ 와이어로프(Wire Rope)

4) 종류

(1) 오거보링

오거보링은 주로 깊이 10 m 이내에 사용되며, 점성토지반에 적합하다.

(2) 수세식보링

① 수세식보링은 비교적 연약한 토사에 수압을 이용하여 탐사하는 방식이다.

② 내관 끝에 충격을 주면서 물을 뿜어내어 파진 흙과 물을 지상의 침전통에 침전시켜 지

층 토질을 판별한다.

(3) 충격식보링

① 충격식보링은 경질층을 깊이 파는데 이용되는 방식이다.

② 지반에 철관을 박고 속에 비트를 달아 600~700 mm 정도 상하동(上下動)하여 구멍 밑에 충격을 주어 토사와 암석을 파쇄하여 베일러(Bailer)로 퍼낸다.

③ 공벽토사의 붕괴방지를 위한 목적으로 이수 또는 케이싱을 사용한다.

(4) 회전식보링

① 회전식보링은 지층의 변화를 연속적으로 비교적 정확히 알고자 할 때 사용하는 방식이다.

② 드릴로드의 선단에 비트(Bit)를 달고 회전시켜 천공하는 방법이다.

9. 샘플링

1) 개요

① 샘플링(Sampling)은 지반의 토질을 판별하기 위해 시료를 채취하는 것이다. 시료채취라고도 한다.

② 샘플링으로부터 토질주상도의 자료, 토층의 성상 판별, 지내력 추정이 가능하다.

2) 교란시료와 불교란시료

(1) 교란시료

교란시료는 자연상태에서 흐트러진 상태의 시료를 채취하여 토질의 물리적 특성을 파악하는 것으로 표준관입시험의 샘플러로부터 얻는 방법이 대표적이다.

(2) 불교란시료

불교란시료는 자연상태에서 흐트러지지 않은 상태의 시료를 채취하여 토질의 역학적 특성을 파악하는 것으로 보링과 병행하며, 점성토의 시료채취에 적당하다.

3) 종류

(1) 딘월샘플링

딘월샘플링은 시료채취기의 튜브가 얇은 살로 된 것으로 연약 점성토의 시료채취에 적당하다.

(2) 콤포짓샘플링

콤포짓샘플링은 샘플링 튜브 살두께가 두꺼운 것으로 다소 굳은 점성토 및 다소 다져진 모래채취에 적당하다.

(3) 덴션샘플링

덴션샘플링은 경질점성토의 채취에 적당하다.

(4) 포일샘플링

포일샘플링은 연약지반의 전 길이에 걸쳐 완전히 연결된 시료를 채취하기에 적당하다. 거의 완전한 토질시험이 가능하다.

10. 토질시험

토질시험 중에서 현장품질 관리를 위한 수급인의 자체검사 및 시험은 다음과 같다.[53]

① 설계 및 시공에 적용되는 토질정수는 실내시험을 통하여 얻는 것을 원칙으로 하며, 최소한 다음과 같은 물리시험 및 역학시험을 실시하여야 한다.

구 분	종 류		
흙의 물리시험	① 흙의 입도시험 ④ 흙의 함수비시험	② 흙의 액성한계시험 ⑤ 흙의 밀도시험	③ 흙의 소성한계시험
흙의 역학시험	① 흙의 다짐시험 ④ 노상토 지지력비(CBR)시험 ⑥ 압밀 배수 조건 아래서 흙의 직접전단시험 ⑦ 삼축압축시험에서 점성토의 비압밀, 비배수 강도시험	② 흙의 일축압축시험 ⑤ 흙의 투수시험	③ 흙의 압밀시험

② 현지상황 등에 의하여 실내시험을 할 수 없는 경우나 개략적인 검토를 할 경우 표준관입시험 등의 지반조사결과를 이용하여 간접적인 방법으로 토질정수를 산정할 수도 있다.

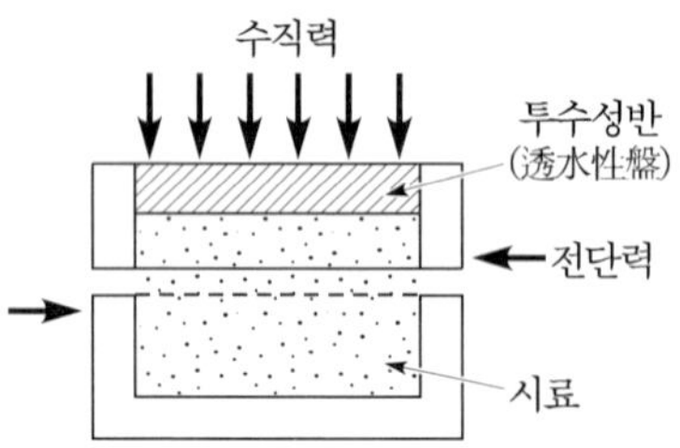

전단시험

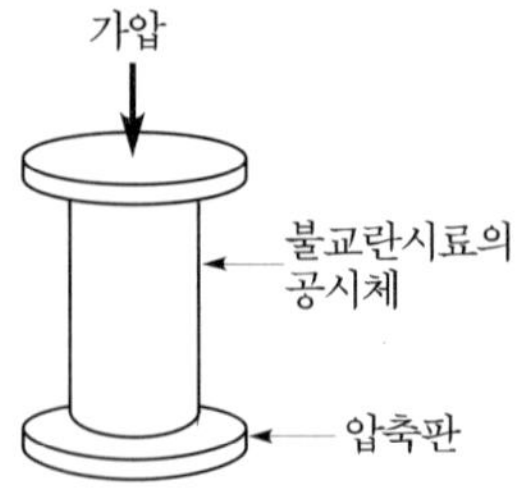

일축압축시험

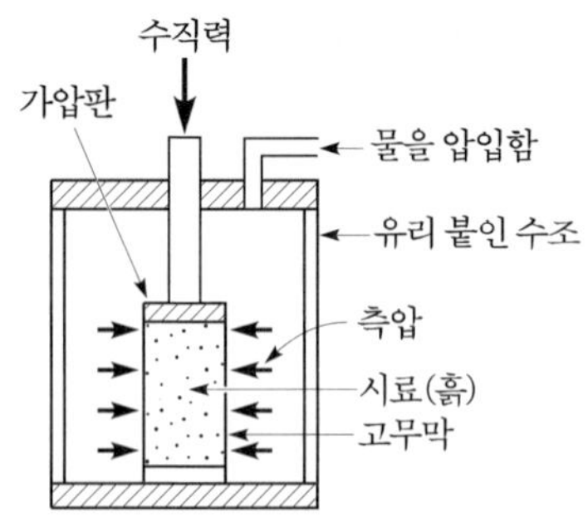

삼축압축시험

53) 건축공사 표준시방서(03010), 국토교통부, 대한건축학회, 2016.

11. 지내력시험

1) 개요

지내력시험(Loading Test, 재하시험)은 예정 기초 바닥면 위에 재하판을 놓고 하중을 가하여 침하량을 측정한 후 하중침하량 곡선에서 허용지내력을 산정하는 시험이다.

2) 종류

① 평판재하시험 ② 말뚝재하시험

3) 평판재하시험

(1) 개요

평판재하시험(Plate Bearing Test)은 예정 기초 바닥면 위에 재하판을 놓고 오일잭 등으로 하중을 가하여 매회 발생되는 침하량을 다이얼게이지로 측정한 후 허용지내력을 산정하는 시험이다.

주1 다이얼게이지는 지내력시험 등에서 종방향의 미세한 변형량을 시계형으로 확대시켜 정확한 침하량을 측정하는 기구이다.

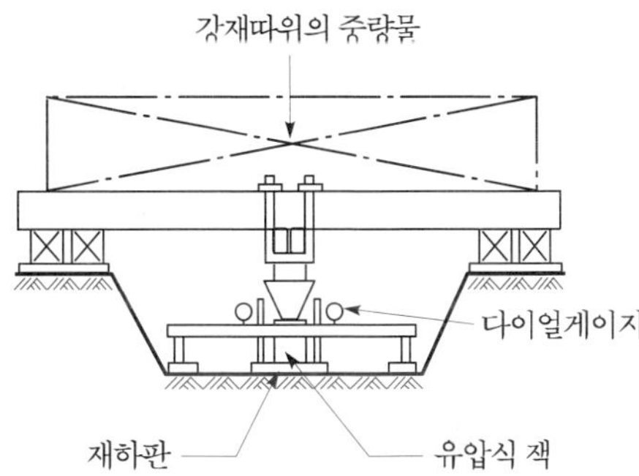

(2) 일반사항 54)

① 시험 기구

㉠ 유압잭은 용량이 490 kN 이상으로 최대 예상하중의 1.5배이다.

㉡ 재하판은 두께 25 mm 이상, 지름이 300 mm, 400 mm, 750 mm인 강재 원반을 표준으로 하고 등치 면적의 정사각형 철판으로 해도 된다.

㉢ 변위계는 길이가 50 mm 이상이고, 0.01 mm의 정밀도를 가진 다이얼게이지나 LVDT(Linear Variable Differential Transformor)이고, 좌우 2개의 변위계로 침하량을 측정하여 평균치를 사용한다.

주1 KBC 2016에서는 재하판의 지름은 300 mm(면적 0.0706 m^2)를 표준으로 하고 있다.

주2 이전에는 2,000 cm^2 (0.2 m^2) 이상의 원형, 각형을 표준으로 하였고, 보통 45×45 cm (45 cm 각, 2,025 cm^2)의 재하판을 사용하였다.

54) KS F 2444, 얕은 기초의 평판재하시험 방법, 산업표준심의회, 2019.

② 시험 방법

㉠ 시험은 예정 기초 바닥면에서 행한다.

㉡ 예정 기초 저면을 평평하게 고른 후 표준모래를 깔고 수준기로 수평을 조정한다.

㉢ 재하판은 35 kN/m^{2}의 초기 접지압을 가한 상태로 안정시킨다.

㉣ 하중 증가는 계획된 시험 목표하중의 8단계로 나누고 누계적으로 동일 하중을 흙에 가한다.

㉤ 재하 시간 간격은 각 단계별 하중을 증가한 후, 최소 15분 이상 하중을 유지해야 하며, 침하가 정지하거나 침하 비율이 일정하게 될 때까지 하중을 유지하도록 한다. 이후 단계에서 동일하게 하중 유지시간이 적용되어야 한다.

㉥ 정밀도 0.01 mm의 다이얼게이지 또는 LVDT로 침하량을 측정하며, 침하량 측정은 하중 재하가 된 시점에서 그리고 하중이 일정하게 유지되는 동안 15분까지는 1, 2, 3, 5, 10, 15분에 각각 침하를 측정하고 이후에는 동일 시간 간격으로 측정한다.

㉦ 침하정지는 15분까지 침하량을 측정한 이후에 10분당 침하량이 0.05 mm/min 미만이거나 15분간 침하량이 0.01 mm 이하이거나 1분간의 침하량이 그 하중 강도에 의한 그 단계에서의 누적 침하량의 1 % 이하인 경우이다.

㉧ 시험 종료는 시험하중이 허용하중(장기설계하중)의 3배 이상이거나 누적 침하량이 재하판 지름의 10 %를 초과하는 경우에 시험을 멈춘다.

㉨ 단기허용지내력은 다음 중, 작은 값이다.

ⓐ 항복하중

ⓑ 극한하중(파괴하중)의 2/3

ⓒ 상부구조물에 따라 정한 허용침하량에 상당하는 하중

㉩ 장기허용지내력=단기허용지내력의 1/2 [55)]

ⓐ 항복하중의 1/2

ⓑ 극한하중(파괴하중)의 1/3

ⓒ 상부구조물에 따라 정한 허용침하량에 상당하는 하중의 1/2

주1 일반적인 허용지내력은 장기허용지내력을 의미한다.

(3) 지내력시험 순서

① 시험면 터파기　② 재하판 설치

③ 하중틀 설치　④ 재하 및 침하량 측정

55) KDS 41 20 00(4.4) 건축물 기초구조 설계기준, 국토교통부, 대한건축학회, 2019.

⑤ 단기하중에 대한 허용지내력 산출(kN/m^2)
⑥ 장기하중에 대한 허용지내력 산출(kN/m^2)

4) 말뚝재하시험

① 말뚝재하시험은 기성말뚝(강관말뚝 및 콘크리트말뚝)과 현장타설콘크리트말뚝을 주 대상으로 하며, 사용 예정인 말뚝의 안정성 검토를 위해 실제와 가까운 상태에서 하중을 가하여 지내력을 확인하는 시험이다.
② 재하 방법에 따라 압축정재하시험, 양방향재하시험, 동재하시험, 인발재하시험, 횡방향재하시험으로 분류한다.
③ 최대 하중은 말뚝의 극한지내력 또는 예상되는 장기설계하중의 3배로 한다.

12. 말뚝박기시험

1) 개요

① 말뚝박기시험은 말뚝공사에서 말뚝을 박을 때 그 관입량을 측정하여 말뚝의 지내력을 산정하는 시험이다.
② 공사착수 전에 지지지반이나 시공법의 확인을 위해 사용되는 말뚝, 내력을 확인하는 말뚝 및 재하시험용의 말뚝 등이 있다.
③ 간접 지내력시험방법으로 시항타 또는 말뚝시험이라고도 한다.
④ 말뚝을 박는 종류로는 낙하법과 타격법이 있다.

2) 방법

① 시험말뚝은 실제 말뚝과 같은 조건이어야 한다.
② 연속적으로 박되 휴식시간을 두지 말아야 한다.
③ 타입말뚝의 경우 소정의 침하량에 도달하면 무리하게 박지 않는다.
④ 타입말뚝은 수직으로 정확하게 박는다.
⑤ 타입말뚝의 최종 관입량은 5~10회 타격한 평균값을 사용한다.
⑥ 타격회수 5회의 총관입량이 6 mm 이하인 경우 거부현상으로 본다.
⑦ 기초면적 1,500 m^{2}까지는 2개, 3,000 m^{2}까지는 3개의 시험말뚝을 설치한다.
⑧ 시험말뚝의 말뚝길이는 소요 길이보다 2 m 이상 긴 말뚝으로 시공한다.
⑨ 시험말뚝은 구조물 기초마다 1개 이상(전체말뚝수의 1 % 기준) 본 공사와 동일한 조건에서 시험시공을 한다.
⑩ 타입말뚝의 시험시공 시, 설계심도까지 타격하면서 동재하시험을 실시한다.

주1 동재하시험은 말뚝머리 부분에 가속도계와 변형률계를 부착하고 타격력을 가하여 말뚝 -지반의 상호작용을 파악하고 말뚝의 지지력 및 건전도를 측정하는 동적 시험법이다.

13. 지중 응력의 분포도

구분	점성토	사질토	가상흙
지중 응력 분포	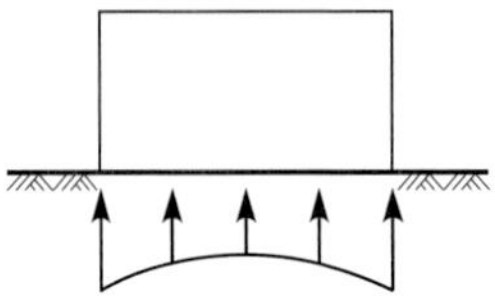	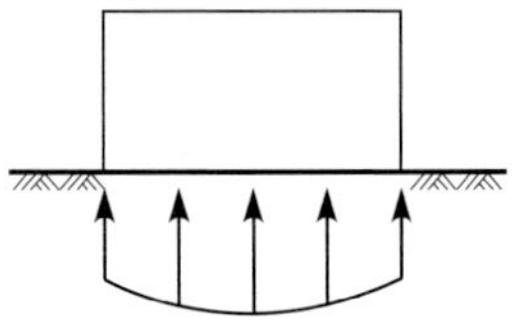	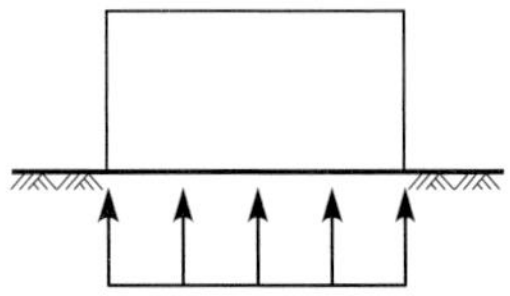

2 연약지반개량공사

1. 개요

1) 정의

연약지반개량공사는 상부구조물을 지지할 수 없는 상태의 연약지반에 건설될 구조물의 지지력과 침하 등의 안정성 확보를 위해 시행되는 지반의 보강이나 개량 등의 공사이다. 연약지반공사 중 연약지반개량공법은 연약지반에 대해 지반의 지지력 증대와 기초의 부동침하 방지를 위해 흙의 성질을 인위적으로 개량하는 방법이다.

2) 연약지반개량공법의 구분

구 분	종 류	
점성토지반의 개량공법	① 선행재하법 ③ 탈수법 ⑤ 전기화학고결법	② 치환법 ④ 동결법
사질토지반의 개량공법	① 다짐법 ③ 웰포인트공법	② 고결법

2. 종류

1) 선행재하법

선행재하법은 연약지반 표면에 계획 구조물의 하중보다 크거나 또는 동등한 하중을 미리 재하시켜 연약지반의 침하를 유도하는 공법이다. 강제압밀법이라고도 한다. 선행재하공법의 종류로는 프리로딩공법(Preloading Method)과 과재하공법(Surcharge Method) 등이 있다.

2) 치환법

(1) 정의

치환법은 연약한 지반의 흙을 일부 또는 전체를 제거하고 양질의 흙으로 바꾸어 지반을 개량하는 공법이다. 치환공법이라고도 한다.

(2) 종류[56]

① 굴착치환공법은 지표면 가까이에 위치한 연약층을 굴착하여 제거하고 그 부분에 양질의 토사로 되메우는 방법이다.

② 강제치환공법은 쌓기 재료의 자중 또는 폭파에 의해 연약층을 밀어내고 양질의 재료로 치환하는 공법이다.

3) 탈수법

(1) 정의

탈수법은 주로 연약지반에서 간극수를 탈수하여 지내력을 증가시키는 공법이다.

(2) 종류

① 웰포인트공법　　② 샌드드레인공법

③ 페이퍼드레인공법　　④ 생석회공법

주1 웰포인트공법은 물을 고이게 하여 밖으로 퍼내는 배수이지만 탈수에서와 같이 물(물기)를 빼내는 것이 유사하여 탈수법의 하나로 보기도 한다.

(3) 웰포인트공법

① 웰포인트공법(Well Point Method)은 연약 사질토지반의 대표적인 연약지반개량공법이다.

② 웰포인트공법은 강관의 선단에 웰포인트를 부착한 지름 약 200 mm의 득수파이프를 상호 2 m 내외의 간격으로 관입하여 모래를 투입하고 진동다지기 한 후 펌프에 의해 지하수를 강제 배수시키는 공법이다. 일종의 배수공법이다.

주1 배수는 사질토지반 안에 고여 있는 물을 밖으로 퍼내거나 다른 곳으로 내보내는 것이다.

주2 연약지반의 지하수위저하공법은 심정공법과 웰포인트공법이 있다. 심정공법은 지반을 굴착하여

56) KCS 11 30 10 치환공 (1.2), 국토교통부, 한국지반공학회, 2016.

지중에 우물을 설치하고 중력에 의하여 지반 내의 지하수가 우물 내부로 흘러 들어오면 이를 양수기로 양수함으로써 지하수위를 목표지점까지 저하시켜 압밀침하를 촉진시키는 공법으로, 투수계수가 비교적 큰 사질토지반에 적용하여야 한다. 57)

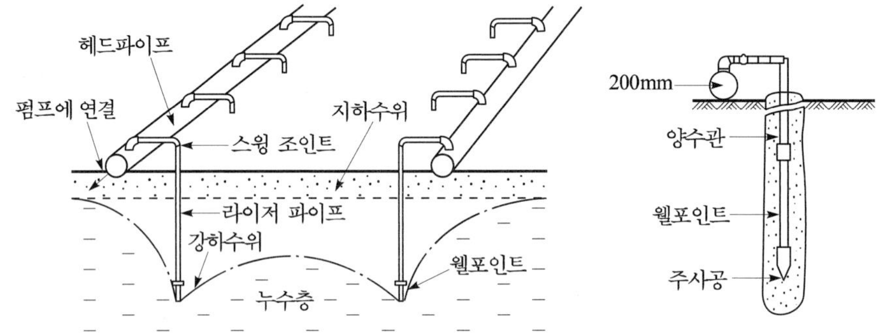

웰포인트공법

(4) 샌드드레인공법

① 샌드드레인공법은 연약 점성토지반의 대표적인 연약지반개량공법이다.

② 샌드드레인공법은 지반에 지름 400~600 mm 구멍을 뚫고 모래를 넣은 후, 성토 및 기타 하중을 가하여 점성토지반을 압밀함으로써 지하수를 탈수시키는 공법이다.

주1 탈수는 점성토지반 안에 있는 지중 수분(간극수)을 모래 기둥 등에 흡수시켜 빼내는 것이다.

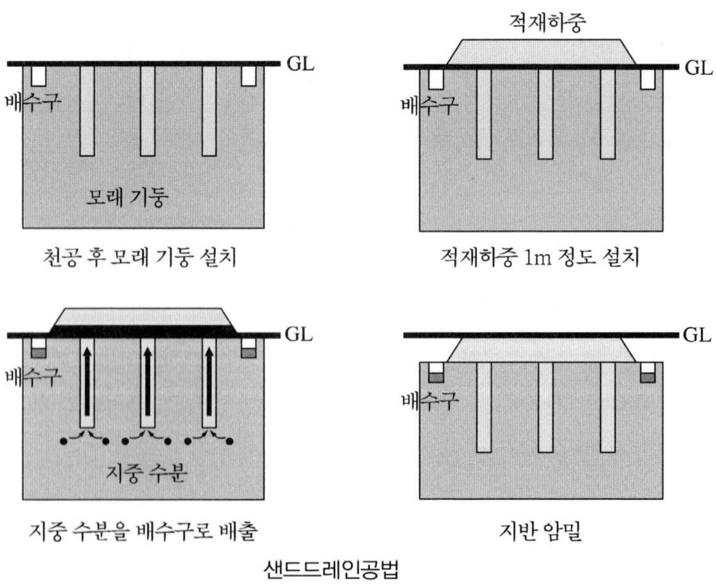

샌드드레인공법

57) KCS 11 30 25 지하수위 저하공 (3.1), 국토교통부, 한국지반공학회, 2016.

(5) 페이퍼드레인공법

페이퍼드레인공법은 점성토지반에서 모래 기둥 대신 흡수지를 삽입하여 지하수를 탈수시키는 공법이다.

(6) 생석회공법

① 생석회공법은 점성토지반에서 모래 기둥 대신 산화칼슘(생석회)을 채워 넣어 지하수를 탈수시키는 공법이다.

② 케미코파일공법이라고도 한다.

4) 다짐법

(1) 정의

다짐법은 주로 사질토지반을 기계적으로 다지기 하여 지내력을 증대시키는 공법이다.

(2) 종류

① 바이브로플로테이션공법 ② 바이브로컴포저공법

③ 샌드컴팩션파일공법

(3) 바이브로플로테이션공법

① 바이브로플로테이션공법은 사질토지반에 대해 진동과 물다짐을 이용한 공법이다.

② 사질토지반에 진동 등의 충격적인 외력을 가함으로써 입자골격을 파괴하여 재배열을 일으키게 하는 방법이다.

(4) 바이브로컴포저공법

① 바이브로컴포저공법은 바이브로플로테이션공법과 원리는 비슷하나 성능이 우수하다.

② 특수 파이프를 관입하여 모래를 투입하고 이것을 진동하여 다지면서 파이프를 빼내어 컴포우저파일을 구성하는 공법이다.

③ 간극수가 배수되어 압밀이 촉진되며 굴착 깊이는 바이브로플로테이션공법의 2배 이상까지 모래를 넣어 다지기 할 수 있다

(5) 샌드컴팩션파일공법

① 샌드컴팩션파일공법은 연약한 사질토지반 중에 단단하게 압축된 모래말뚝을 형성하는 방법이다.

② 밀도를 증대시킴으로써 모래입자의 맞물림을 강하게 하고 점성토의 입자 간의 힘을 강하게 작용시키는 공법이다.

5) 고결법

① 고결법은 연약지반 내에 약액의 주입, 혼합처리, 안정처리 하여 응결, 경화 및 고결시켜 지반을 개량하는 공법이다. 응결법 또는 약액주입법이라고도 한다.

② 첨가제로는 시멘트, 석회 등이 있다.

③ 약액대신 모르타르를 사용하면 시멘트그라우팅공법이 된다.

6) 동결법

동결법은 지반에 파이프를 박고 액체질소나 프레온가스를 주입하여 지하수를 동결시켜 차단하는 공법이다.

필수 연습문제

제7장 지반조사 및 연약지반개량공법

1. 다음 중 지반조사 결과로부터 파악할 수 있는 내용이 아닌 것은?

   ㉮ 기초파기 방법　　㉯ 기초의 크기

   ㉰ 지하수위　　㉱ 대지의 형상 및 고저차

2. 지반조사에 관한 기술 중 옳지 않은 것은?

   ㉮ 과거 또는 현재의 지층표면의 변천사항을 조사한다.

   ㉯ 상수면의 위치와 지하 유수방향을 조사한다.

   ㉰ 지하 매설물 유무와 위치를 파악한다.

   ㉱ 각종 지반조사를 먼저 실시한 후 기왕의 조사 자료와 대조하여 본다.

3. 지반조사 방법으로 옳은 것은?

   ㉮ 지하탐사법 – 관입시험

   ㉯ 보링 – 터파보기

   ㉰ 토질시험 – 불교란시료채취

   ㉱ 지내력시험 – 철관 박아 넣기

4. 다음 지반조사의 방법 중 서로 관계가 틀린 것은?

   ㉮ 지하탐사법 – 관입시험

   ㉯ 보링 – 베인테스트

   ㉰ 토질시험 – 함수량시험

   ㉱ 지내력시험 – 하중시험

5. 다음 중 지반조사와 관계없는 것은?

   ㉮ 슬럼프시험　　㉯ 짚어보기

   ㉰ 보링　　㉱ 표준관입시험

---

1. ㉱

지반조사는 대지의 형상 및 고저차는 관련이 없다.

2. ㉱

민저 문헌조사, 현시납사, 기존 건물조사 등을 통해 지반상태를 개략적으로 추정한 후 지반조사를 실시한다.

3. ㉰

① 지하탐사법 : 터파보기, 짚어보기, 물리적 지하탐사
② 사운딩(관입시험) : 표준관입시험, 베인테스트 등
③ 토질시험 : 교란시료 및 불료란시료의 샘플링(시료채취)을 통해서 토질시험을 하게 된다.
④ 지내력시험 : 평판재하시험, 말뚝재하시험
⑤ 철관 박아 넣기는 보링과 관계가 있다.

4. ㉮

① 지하탐사법은 터파보기, 짚어보기, 물리적 지하탐사 등이 있다.
② 관입시험은 표준관입시험, 베인테스트 등이 있다.

5. ㉮

슬럼프시험은 콘크리트 시험이다.

6. 다음 용어 중 지반조사와 관계없는 것은?

㉮ 표준관입시험
㉯ 보링
㉰ 골재의 표면적시험
㉱ 지내력시험

7. 지반조사 항목 및 종류로 옳은 것은?

㉮ 지하탐사법에는 짚어보기, 물리적 탐사법 등이 있다.
㉯ 사운딩시험에는 표준관입시험, 워시 보링 등이 있다.
㉰ 샘플링에는 흙의 물리적 시험과 흙의 역학적 시험이 있다.
㉱ 토질시험에는 평판재하시험과 시험말뚝박기가 있다.

8. 지반의 구성 층을 파악하기 위하여 낙하추 또는 화약의 폭발로 지반을 조사하는 방법은?

㉮ 충격식보링 지하탐사
㉯ 전기저항식 지하탐사
㉰ 가스관 꽂음에 의한 지하탐사
㉱ 탄성파식 지하탐사

9. 다음 중 사운딩(Sounding)시험에 속하지 않는 시험법은?

㉮ 표준관입시험　　㉯ 콘 관입시험
㉰ 베인전단시험　　㉱ 평판재하시험

10. 주로 사질토지반에서 지반의 경도, 다지기 상태의 상대치를 정량적으로 알기 위해 N값을 구하는 시험은?

㉮ 터파보기(Test Pit Digging)
㉯ 오거보링(Auger Boring)
㉰ 표준관입시험(Standard Penetration Test)
㉱ 평판재하시험(Loading Test)

6. ㉰

골재의 표면적시험은 지반조사와 관계없다.

7. ㉮

① 사운딩시험에는 표준관입시험, 스웨덴식 관입시험, 화란식 관입시험, 베인테스트 등이 있다.
② 샘플링에는 교란시료채취, 불교란시료채취 등이 있다.
③ 토질시험에는 흙의 물리적 시험, 흙의 역학적 시험 등이 있다.
④ 지내력시험에는 평판재하시험, 말뚝재하시험 등이 있다.

9. ㉱

사운딩시험에는 표준관입시험, 스웨덴식 관입시험, 화란식 관입시험, 베인테스트 등이 있다.

10. ㉰

표준관입시험은 주로 사질토지반의 밀도(지내력)를 측정하거나 선단의 샘플러로부터 시료를 조사하여 토질주상도를 작성한다.

11. 사질토의 상대밀도를 측정하는 방법으로 가장 적합한 것은?

㉮ 표준관입시험(Standard Penetration Test)
㉯ 베인테스트(Vane Test)
㉰ 깊은우물공법(Deep Well Method)
㉱ 아일랜드공법

> 11. ㉮
> 표준관입시험은 주로 사질토지반의 밀도(지내력)를 측정하거나 선단의 샘플러로부터 시료를 조사하여 토질주상도를 작성한다.

12. 모래의 전단력을 측정하는 가장 유효한 지반조사 방법은?

㉮ 보링　　㉯ 베인테스트
㉰ 표준관입시험　　㉱ 재하시험

> 12. ㉰
> 표준관입시험은 주로 사질토지반의 밀도(지내력)를 측정하거나 선단의 샘플러로부터 시료를 조사하여 토질주상도를 작성한다.

13. 표준관입시험에 대한 기술 중에서 가장 부적당한 것은?

㉮ 흙의 성질·강도를 판정하는 토질시험의 일종이다.
㉯ 표준샘플러(Sampler)를 지중에 30 cm 관입시킬 때의 타격수 N을 측정한다.
㉰ 추의 질량은 63.5 kg으로 한다.
㉱ 점성토지반의 다지기 상태를 파악에 가장 적합하다.

> 13. ㉱
> 표준관입시험은 주로 사질토지반의 밀도(지내력)를 측정하거나 선단의 샘플러로부터 시료를 조사하여 토질주상도를 작성한다.

14. 지반조사 방법에 관한 설명으로 옳지 않은 것은?

㉮ 수세식보링은 사질 층에 적당하며 끝에서 물을 뿜어내어 지층의 토질을 조사한다.
㉯ 짚어보기 방법은 얕은 지층을 파악하는데 이용된다.
㉰ 표준관입시험은 사질토지반보다 점성토지반에 가장 유효한 방법이다.
㉱ 지내력시험의 재하판은 보통 45 cm각의 것을 이용한다.

> 14. ㉰
> 표준관입시험은 주로 사질토지반의 밀도(지내력)를 측정하거나 선단의 샘플러로부터 시료를 조사하여 토질주상도를 작성한다.

15. 표준관입시험의 기술 중에서 틀린 것은 어느 것인가?

㉮ 흙의 성질, 강도를 판정하는 토질(土質)시험의 일종이다.
㉯ 스프릿스푼채취관(Split Spoon Sampler)을 지중(地中)에 50 cm 관입시킬 때의 타격수 N을 측정한다.
㉰ 추의 질량은 63.5 kg로 한다.
㉱ 추의 낙하고는 760 mm로 한다.

> 15. ㉯
> 표준관입시험은 로드 선단에 샘플러를 부착하여 로드 상단에서 질량 63.5 kg의 추를 760 mm 높이에서 자유낙하시켜 300 mm 관입시킬 때의 타격횟수 N을 구하고 동시에 샘플러로 시료를 채취한다.

16. 표준관입시험에 관한 설명으로 옳지 않은 것은?

㉮ 사질토지반에 적합하다.
㉯ 사운딩시험의 일종이다.
㉰ N값이 클수록 흙의 상태는 느슨하다고 볼 수 있다.
㉱ 낙하시키는 추의 질량은 63.5 kg이다.

16. ㉰
N의 값이 클수록 지내력이 큰 지반이다.

17. 표준관입시험에 관한 내용 중 옳지 않은 것은?

㉮ 추의 질량은 63.5 kg이다.
㉯ 지반의 단단한 정도와 다지기 정도 등을 판정하기 위한 토질 시험의 일종이다.
㉰ 추의 낙하 높이는 130 cm이다.
㉱ N의 값이 클수록 지내력이 큰 지반이다.

17. ㉰
추의 낙하 높이는 760 mm이다.

18. 표준관입시험에 관한 내용으로 옳지 않은 것은?

㉮ N의 값은 샘플러가 300 mm 관입하는데 요하는 타격횟수이다.
㉯ 추의 질량은 63.5 kg이다.
㉰ N값이 클수록 밀실한 토질이다
㉱ 추의 낙하 높이는 1 m 정도이다.

18. ㉱
추의 낙하 높이는 760 mm이다.

19. 표준관입시험에서 로드의 머리부에 자유낙하 시키는 해머의 적정 높이로 옳은 것은? (단, 높이는 로드의 머리부로부터 해머까지의 거리임)

㉮ 300 mm ㉯ 520 mm
㉰ 635 mm ㉱ 760 mm

19. ㉱
추의 낙하 높이는 760 mm이다.

20. 질량 63.5 kg의 추를 760 mm 높이에서 자유낙하시켜 300 mm 관입하는데 필요한 타격횟수를 구하는 시험은?

㉮ 전기탐사법
㉯ 베인테스트(Vane Test)
㉰ 표준관입시험(Standard Penetration Test)
㉱ 딘월샘플링(Thin Wall Sampling)

20. ㉰
표준관입시험은 로드 선단에 샘플러를 부착하여 로드 상단에서 질량 63.5 kg의 추를 760 mm 높이에서 자유낙하시켜 300 mm 관입시킬 때의 타격횟수 N을 구하고 동시에 샘플러로 시료를 채취한다.

21. 다음 중 표준관입시험(SPT)의 설명으로 옳은 것은?

㉮ 점성토지반에서는 표준관입시험을 행할 수 없다.
㉯ 추의 낙하높이는 1,000 mm이다.
㉰ 지반의 전단강도를 측정하는 방법이다.
㉱ N값은 표준샘플러를 300 mm 관입하는 데 소요되는 타격횟수이다.

21. ㉱

㉮ 점성토지반에서도 표준관입시험을 행할 수 있다.
㉯ 추의 낙하높이는 760 mm이다.
㉰ 지반의 밀도(지내력)를 측정하는 방법이다.

22. 표준관입시험(Standard Penetration Test)은 로드(Rod) 상단에서 질량 63.5 kg의 추를 760 mm 높이에서 자유낙하시켜 ( ) 관입시킬 때의 타격횟수 N을 구하고 샘플러를 채취하는 시험법이다. ( )에 가장 적당한 것은 어느 것인가?

㉮ 300 mm ㉯ 350 mm
㉰ 400 mm ㉱ 450 mm

22. ㉮

표준관입시험은 로드 선단에 샘플러를 부착하여 로드 상단에서 질량 63.5 kg의 추를 760 mm 높이에서 자유낙하시켜 300 mm 관입시킬 때의 타격횟수 N을 구하고 동시에 샘플러로 시료를 채취한다.

23. 지반조사에 관한 다음 기술 중 틀리는 것은 어느 것인가?

㉮ 보링조사의 깊이는 일반적인 건물에서는 건물폭(너비)의 1.5~2배를 표준으로 한다.
㉯ 흙막이 계획을 할 때는 흙의 전단강도, 단위 용적질량, 물의 침투성 등을 조사할 필요가 있다.
㉰ 기초설계 시에 검토할 필요가 있는 흙의 주요한 역학적 성질은 전단강도와 압축성(壓縮性)에 관한 것이다.
㉱ 지반의 성질을 추정할 때, 점성토지반일 때나 사질토지반일 때나 N치가 같으면 지반내력은 같은 것으로 본다.

23. ㉱

표준관입시험에서 지반의 종류에 따라 N값이 같더라도 지반내력은 다르다.

24. 표준관입시험에서 상대밀도의 정도가 중간(Medium)에 해당될 때의 사질토지반의 N값으로 옳은 것은?

㉮ 0~4 ㉯ 4~10
㉰ 10~30 ㉱ 30~50

24. ㉰

• 사질토지반에서 표준관입시험의 N값과 흙의 상대밀도
① 0~4 : 매우 느슨
② 4~10 : 느슨
③ 10~30 : 보통
④ 30~50 : 조밀
⑤ 50 이상 : 매우 조밀

25. 사질기반에서 표준관입시험의 타격회수 N값이 20인 지반에 대한 평가로 적합한 것은 다음 중 어느 것인가?

㉮ 몹시 느슨하다. ㉯ 느슨하다.
㉰ 보통이다. ㉱ 밀실하다.

25. ㉰

사질토지반에서 표준관입시험의 타격회수 N값이 20이면 상대밀도가 보통인 지반이다.

26. 사질토의 경우 표준관입시험의 타격회수 N이 50이면 이 지반의 상태(모래의 상대밀도)는?

㉮ 몹시 느슨하다. ㉯ 느슨하다.
㉰ 보통이다. ㉱ 다진 상태이다.

27. 지질조사를 통한 주상도에서 나타나는 정보가 아닌 것은?

㉮ N치 ㉯ 투수계수
㉰ 토층별 두께 ㉱ 토층의 구성

28. 로드의 선단에 붙은 스크루 포인트(Screw Point)를 회전시키며 압입하여 흙의 관입저항을 측정하고, 흙의 경도나 다짐상태를 판정하는 시험은?

㉮ 베인시험(Vane Test)
㉯ 딘월샘플링(Thin Wall Sampling)
㉰ 표준관입시험(Penetration Test)
㉱ 스웨덴식 사운딩시험(Swedish Sounding Test)

29. 점성토지반에 불교란시료를 채취해서 시험하는 현장시험 방법은?

㉮ 베인테스트 ㉯ N값 테스트
㉰ 압축시험 ㉱ 지내력시험

30. 베인테스트(Vane Test)는 무엇을 알아보기 위한 시험인가?

㉮ 흙의 함수량시험 ㉯ 모래의 밀도측정
㉰ 토립자의 비중시험 ㉱ 점토의 점착력시험

31. 연질 점성토지반에서 흙의 점착력을 판별하는 토질시험은?

㉮ 표준관입시험(Penetration Test)
㉯ 딘월샘플링(Thin Wall Sampling)
㉰ 웰포인트시험(Well Point Test)
㉱ 베인시험(Vane Test)

26. ㉱

사질토지반에서 표준관입시험의 타격회수 N이 50이면, 사질토지반의 상대밀도는 매우 조밀에 해당한다.

27. ㉯

토질주상도는 지질 조사를 하는 지역의 지층 순서를 결정하는데 이용하는 단면도이다. 토질주상도는 그 지역의 층서, 지층의 두께, 화성암의 관입 여부 등을 종합적으로 표시한 것이다. 토질주상도는 표준관입시험을 통해 이루어지며, 투수계수와는 관련이 없다.

28. ㉱

스웨덴식 관입시험은 스웨덴식 시험기를 사용하여 질량을 5, 15, 20, 50, 75, 100 kg로 점차 증가시켜 그 관입량을 계측한다.

29. ㉮

베인테스트는 점성토의 점착력을 판별하기 위한 시험이다.

30. ㉱

베인테스트는 점성토(진흙)의 점착력을 판별하기 위한 시험이다.

31. ㉱

베인테스트는 점성토의 점착력을 판별하기 위한 시험이다.

32. 연약 점성토지반의 점착력을 측정하기 위한 가장 적합한 토질시험은?

㉮ 전기적탐사 ㉯ 표준관입시험
㉰ 베인테스트 ㉱ 삼축압축시험

33. 연약 점성토의 점착력을 판정하기 위한 지반조사 방법으로 가장 알맞은 것은?

㉮ 표준관입시험 ㉯ 베인테스트
㉰ 샘플링 ㉱ 탄성파탐사법

34. 베인테스트(Vane Test)에 대한 설명으로 옳은 것은?

㉮ 흙의 함수량 시험 ㉯ 모래의 밀도 측정
㉰ 토립자의 비중시험 ㉱ 진흙의 점착력 시험

35. 토질시험에 관한 기술로써 가장 부적당한 것은 다음 중 어느 것인가?

㉮ 표준관입시험은 주로 토질의 밀도 및 강도를 조사하는 현장시험법이다.
㉯ 베인테스트는 길이 10 m 이하의 경암질의 지내력시험 방법이다.
㉰ 재하판 지내력시험은 기초저면의 판 자리에서 재하하여 허용지지력을 구하는 시험방법이다.
㉱ 말뚝박기 시험은 시험말뚝을 박을 때 침하량을 측정하여 공식으로부터 허용지지력을 측정하는 토질시험이다.

36. 토질조사에 있어 중요한 것으로 지중 토질의 분포, 토층의 구성 등을 알 수 있고 주상도를 그릴 수 있는 정보를 제공할 수 있는 방법은 무엇인가?

㉮ 터파보기 ㉯ 물리적 지하탐사법
㉯ 베인테스트 ㉱ 보링

32. ㉰
베인테스트는 점성토의 점착력을 판별하기 위한 시험이다.

33. ㉯
베인테스트는 점성토의 점착력을 판별하기 위한 시험이다.

34. ㉱
베인테스트는 점성토(진흙)의 점착력을 판별하기 위한 시험이다.

35. ㉯
베인테스트는 10 m 이내의 극히 연약한 점성토지반의 조사에 사용된다.

36. ㉱
• 보링의 목적
① 토질의 분포파악
② 토층의 구성파악
③ 토질주상도 작성
④ 지하수위 조사
⑤ 토질시험을 위한 교란시료 및 불교란시료채취
⑥ 보링 공내(空內)에 표준관입시험 등의 원위치시험

37. 지반조사 방법 중 하나인 보링(Boring)에 대한 설명 중 가장 부적당한 것은?

㉮ 지중을 천공하여 토사채취가 가능하다.
㉯ 지중 토질의 분포, 흙의 층상 및 구성을 알 수 있다.
㉰ 기초의 허용지내력을 구할 수 있다.
㉱ 토질주상도를 그릴 수 있다.

38. 지반조사의 방법에서 보링의 종류가 아닌 것은?

㉮ 탐사식 보링　　㉯ 충격식보링
㉰ 회전식보링　　㉱ 수세식보링

39. 지반조사 중 보링에 관한 설명으로 옳지 않은 것은?

㉮ 보링의 깊이는 일반적인 건물의 경우 대략 지지 지층 이상으로 한다.
㉯ 채취시료는 충분히 햇빛에 건조시키는 것이 좋다.
㉰ 부지 내에서 3개소 이상 행하는 것이 바람직하다.
㉱ 보링 구멍은 수직으로 파는 것이 중요하다.

40. 일반적으로 보링(Boring)과 병행하여 실시하지 않는 조사, 시험은 다음 중 어느 것인가?

㉮ 지하수위의 조사　　㉯ 지내력시험
㉰ 표준관입시험　　㉱ 베인테스트

41. 다음 중 기계와 공사의 연결이 잘못된 것은?

㉮ 토공사 – 파워쇼벨(Power Shovel)
㉯ 지정공사 – 래머(Rammer)
㉰ 강구조공사 – 가이데릭(Guy Derrick)
㉱ 콘크리트공사 – 오거(Auger Machine)

42. 시공용 기계, 기구와 그 용도에 관한 조합으로써 부적당한 것은?

㉮ 다이얼게이지 – 지내력시험
㉯ 디젤햄머 – 말뚝박기공사
㉰ 핸드오거 – 콘크리트시험
㉱ 드리프트핀 – 강구조공사

37. ㉰

보링은 지중에 철관을 꽂아 천공한 후 토질의 시료를 채취하여 지층의 상황을 판단하는 토질 조사법이다. 직접 기초의 허용지내력을 구할 수는 없으나, 표준관입시험 등을 통해서 허용지내력을 산정할 수 있다.

38. ㉮

보링의 종류로는 오거보링, 수세식보링, 충격식보링, 회전식보링 등이 있다.

39. ㉯

채취시료는 지중 속의 상태 그대로를 보존한다.

40. ㉯

① 보링은 지중에 철관을 꽂아 천공한 후 토질의 시료를 채취하여 지층의 상황을 판단하는 토질 조사법이다.
② 보링과 병행하여 토질주상도작성, 지하수위조사, 샘플링, 표준관입시험, 베인테스트 등을 할 수 있다.

41. ㉱

오거는 보링 등과 관계있다.

42. ㉰

핸드오거는 오거보링에서 사용된다.

43. 토질시험과 관계가 없는 시험 항목은 어느 것인가?

㉮ 조립률 ㉯ 입도시험
㉰ 투수시험 ㉱ 소성한계시험

44. 지반조사의 토질시험과 관계가 없는 시험 항목은?

㉮ 체가름시험 ㉯ 흙의 밀도시험
㉰ 투수시험 ㉱ 소성한계시험

45. 지내력시험을 행하는 가장 중요한 이유는?

㉮ 가장 적합한 기초구조를 정하기 위하여
㉯ 말뚝의 종류를 정하기 위하여
㉰ 건물의 부동침하를 막기 위하여
㉱ 지반의 상태를 측정하기 위하여

46. 지내력시험의 종류에 해당하지 않는 것은?

㉮ 평판재하시험 ㉯ 동재하시험
㉰ 일축압축시험 ㉱ 정재하시험

47. 지반의 지내력을 알기 위한 시험이 아닌 것은?

㉮ 평판재하시험 ㉯ 말뚝재하시험
㉰ 말뚝박기시험 ㉱ 삼축압축시험

48. 다음 토질시험에 관련된 사항 중 그 실행과 일치하지 않는 것은?

㉮ 불교란시료 : 토질이 자연상태로 흩어지지 않게 채취된 것을 말한다.
㉯ 표준관입시험 : 표준 샘플러가 300 mm 관입할 때까지의 타격 횟수 N값을 구하는 것이다.
㉰ 베인테스트 : 전단시험기(베인테스터)를 지반 속에서 회전시켜 그 회전력에 의하여 점성토의 점착력을 판별한다.
㉱ 지내력시험 : 시험의 종료는 시험하중이 허용하중(장기설계하중)의 2배 이상일 때이다.

43. ㉮
조립률은 골재의 체가름시험을 통해 골재가 콘크리트 공사용으로 적당한가의 여부를 판단하기 위한 것으로 토질시험과는 관계가 없다.

44. ㉮
골재의 체가름시험은 골재가 콘크리트공사용으로 적당한가의 여부를 판단하기 위한 것으로 토질시험과는 관계가 없다.

45. ㉮
지내력시험을 행하는 가장 중요한 이유는 기초 지반의 지지력을 산정하여 가장 적합한 기초구조를 정하기 위함이다.

46. ㉰
일축압축시험은 토질시험이다.

47. ㉱
삼축압축시험은 토질시험이다.

48. ㉱
지내력시험(평판재하시험)의 종료는 시험하중이 허용하중(장기설계하중)의 3배 이상이거나 재하판 지름의 10 %를 초과하는 경우 그리고 전체 침하량이 25 mm에 도달하거나 또는 현장에서 항복점을 넘는 경우이다.

49. 지반조사의 시험에 관계되는 것을 연결한 것 중 옳은 것은?

㉮ 진흙의 점착력 – 베인테스트
㉯ 지내력 – 정량분석시험
㉰ 연한 점성토 – 표준관입시험
㉱ 염분 – 딘월샘플링(Thin Wall Sampling)

50. 실제의 건물을 지지하는 지반면에 재하판을 설치한 후 하중을 단계적으로 가하여 지반반력계수와 지반의 지지력 등을 구하는 시험은?

㉮ 직접 전단시험 ㉯ 일축압축시험
㉰ 평판재하시험 ㉱ 삼축압축시험

51. 말뚝의 지지력을 확인하는데 가장 신뢰성이 있는 시험방법은?

㉮ 표준관입시험 ㉯ 정량분석시험
㉰ 평판재하시험 ㉱ 소성한계시험

52. 지반조사 시 실시하는 평판재하시험에 관한 설명으로 옳지 않은 것은?

㉮ 시험은 예정 기초 면보다 높은 위치에서 실시해야 하기 때문에 일부 성토작업이 필요하다.
㉯ 시험 재하판은 실제 구조물의 기초면적에 비해 매우 작으므로 재하판 크기의 영향 즉, 스케일이펙트(Scale Effect)를 고려한다.
㉰ 하중시험용 재하판은 정방형 또는 원형의 판을 사용한다.
㉱ 침하량을 측정하기 위해 다이얼게이지 지지대를 고정하고 좌우측에 2개의 다이얼게이지 설치한다.

53. 지내력 시험의 평판재하판으로 사용되는 규격은?

㉮ 45 cm각이 보통 사용된다.
㉯ 40 cm각이 보통 사용된다.
㉰ 35 cm각이 보통 사용된다.
㉱ 30 cm각이 보통 사용된다.

49. ㉮

① 지내력시험은 평판재하시험, 말뚝재하시험 등이 있다.
② 베인테스트는 점성토의 점착력을 판별하기 위한 시험이다.
③ 표준관입시험은 주로 사질토지반의 밀도(지내력)를 측정하는 시험이다.
④ 딘월샘플링은 샘플링(시료채취)의 한 종류이다.

50. ㉰

평판재하시험은 예정 기초 바닥면 위에 재하판을 놓고 오일잭 등으로 하중을 가하여 매회 발생되는 침하량을 다이얼게이지로 측정한 후 허용지내력을 산정하는 시험이다.

51. ㉰

평판재하시험은 직접하중을 가하여 지반의 허용지지력을 산정하는 시험으로 가장 정확하다.

52. ㉮

시험은 예정 기초 바닥면에서 행한다.

53. ㉮

보통 45×45 cm (45 cm각, 2,025 cm^2)의 재하판을 사용한다.

54. 평판재하시험에 관한 설명으로 옳지 옳은 것은?

㉮ 재하판의 크기는 보통 45 cm각을 사용한다.
㉯ 침하정지는 15분까지 침하량을 측정한 이후에 10분당 침하량이 0.05 mm/min 미만이거나 15분간 침하량이 0.01 mm 이하이거나 1분간의 침하량이 그 하중 강도에 의한 그 단계에서의 누적 침하량의 1 % 이하인 경우이다.
㉰ 시험할 장소에서의 즉시침하를 방지하기 위하여 곧바로 시험을 시작한다.
㉱ 지반의 허용지지력을 구하는 것이 목적이다.

54. ㉰

재하판은 35 kN/m^{2}의 초기 접지압을 가한 상태로 안정시킨다.

55. 지내력시험에 관한 기술로써 틀린 것은?

㉮ 하중시험용 재하판은 두께 25 mm 이상, 지름이 300 mm, 400 mm, 750 mm인 강재 원판을 표준으로 하고 등치 면적의 정사각형 철판으로 해도 된다.
㉯ 침하정지는 15분까지 침하량을 측정한 이후에 10분당 침하량이 0.05 mm/min 미만이거나 15분간 침하량이 0.01 mm 이하이거나 1분간의 침하량이 그 하중 강도에 의한 그 단계에서의 누적 침하량의 1 % 이하인 경우이다.
㉰ 장기허용지내력은 단기허용지내력의 1/2이다.
㉱ 하중 증가는 계획된 시험 목표하중의 4단계로 나누고 누계적으로 동일 하중을 흙에 가한다.

55. ㉱

하중 증가는 계획된 시험 목표하중의 8단계로 나누고 누계적으로 동일 하중을 흙에 가한다.

56. 지내력시험에서의 단기허용지내력이 아닌 것은?

㉮ 항복하중
㉯ 전체 침하량 30 mm
㉰ 극한하중(파괴하중)의 2/3
㉱ 상부구조물에 따라 정한 허용침하량에 상당하는 하중

56. ㉯

• 지내력시험에서 단기허용지내력은 다음 값 중 작은 값이다.
① 항복하중
② 극한하중(파괴하중)의 2/3
③ 상부구조물에 따라 정한 허용침하량에 상당하는 하중

57. 지반조사에서 지내력시험에 관한 다음 기술 중 부적당한 것은 어느 것인가?

㉮ 시험은 예정 기초 바닥면에서 실시한다.
㉯ 하중시험용 재하판은 정방형 또는 원형을 사용한다.
㉰ 하중 증가는 계획된 시험 목표하중의 8단계로 나누고 누계적으로 동일 하중을 흙에 가한다.
㉱ 시험 종료는 시험하중이 허용하중(장기설계하중)의 2배 이상이거나 누적 침하량이 재하판 지름의 20 %를 초과하는 경우에 시험을 멈춘다.

57. ㉱

시험 종료는 시험하중이 허용하중(장기설계하중)의 3배 이상이거나 누적 침하량이 재하판 지름의 10 %를 초과하는 경우에 시험을 멈춘다.

58. 지내력시험에 관한 설명으로 가장 부적당한 것은?

㉮ 지내력시험은 원칙적으로 기초 밑면에서 행한다.
㉯ 장기허용지내력은 단기허용지내력의 1/2이다.
㉰ 침하정지는 15분까지 침하량을 측정한 이후에 10분당 침하량이 0.05 mm/min 미만이거나 15분간 침하량이 0.01 mm 이하이거나 1분간의 침하량이 그 하중 강도에 의한 그 단계에서의 누적 침하량의 1 % 이하인 경우이다.
㉱ 하중시험용 재하판은 면적 $0.5\ m^2$의 직사각형의 철판재를 표준으로 한다.

58. ㉱
재하판은 두께 25 mm 이상, 지름이 300 mm, 400 mm, 750 mm인 강재 원판을 표준으로 하고 등치 면적의 정사각형 철판으로 해도 된다.

59. 간접 지내력(말뚝지지력)시험에서 주의해야 할 사항 중 옳지 않은 것은?

㉮ 시험말뚝은 사용말뚝과 똑같은 조건으로 한다.
㉯ 최종 관입량은 5회 또는 10회 타격한 평균값으로 쓸 것.
㉰ 휴식시간을 두지 말고 연속적으로 박을 것.
㉱ 말뚝은 침하하지 않을 때까지 박을 것.

59. ㉱
간접 지내력시험(말뚝박기시험)은 소정의 침하량에 도달하면 무리하게 박지 않는다.

60. 말뚝박기시험에 관한 기술 중 틀린 것은?

㉮ 말뚝은 수직으로 정확하게 박는다.
㉯ 말뚝은 연속적으로 박되 휴식시간을 두지 말아야 한다.
㉰ 최종 침하량은 최후 타격 시의 침하량을 말한다.
㉱ 시험말뚝은 사용말뚝과 똑같은 조건으로 한다.

60. ㉰
말뚝박기시험의 최종 관입량은 5~10회 타격한 평균값을 사용한다.

61. 기성콘크리트말뚝 지정공사에 관한 설명으로 적합하지 않은 것은 다음 중 어느 것인가?

㉮ 기성콘크리트말뚝은 콘크리트를 부은 후 14일 이상 양생기일이 경과하지 않은 것은 이동하여서는 안 된다.
㉯ 기성콘크리트말뚝은 재령 28일 이상의 것을 사용한다.
㉰ 시험말뚝은 실제 말뚝과 같은 무게와 단면을 가진 것으로 한다.
㉱ 시험말뚝은 타격회수 10회에 총 관입량이 6 mm 이하인 경우, 말뚝이 박히는데 거부 현상을 일으키는 것으로 본다.

61. ㉱
타격회수 5회의 총관입량이 6 mm 이하인 경우 거부현상으로 본다.

62. 기성말뚝공사시공 전 시험말뚝박기에 관한 설명으로 옳지 않은 것은?

㉮ 시험말뚝박기를 실시하는 목적 중 하나는 설계내용과 실제 지반조건의 부합여부를 확인하는 것이다.
㉯ 설계상의 말뚝길이보다 1~2 m 짧은 것을 사용한다.
㉰ 항타작업 전반의 적합성 여부를 확인하기 위해 동재하시험을 실시한다.
㉱ 시험말뚝의 시공결과 말뚝길이, 시공방법 또는 기초형식을 변경할 필요가 생긴 경우는 변경검토서를 공사감독자에게 제출하여 승인받은 후 시공에 임하여야 한다.

62. ㉯

시험말뚝의 말뚝길이는 소요 길이보다 2 m 이상 긴 말뚝으로 시공한다.

63. 말뚝박기시험에서 말뚝을 박을 때에 허용지지력 산출에 별로 영향을 주지 않는 것은?

㉮ 추의 낙하높이　　㉯ 말뚝의 최종 관입량
㉰ 말뚝의 길이　　㉱ 추의 무게

63. ㉰

말뚝박기시험의 장기허용지지력 산정식에 말뚝의 길이는 영향을 주지 않는다.

64. 지반의 접지압은 보통 등분포로 가정하나 모래의 실제 접지압은?

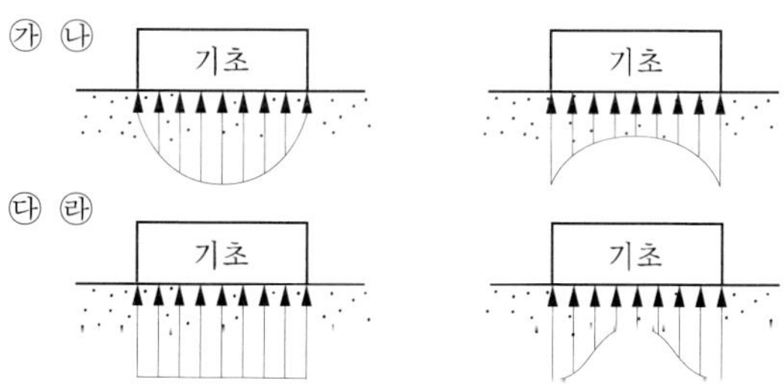

64. ㉮

㉮는 사질토의 지중 응력의 분포도이다.
㉯는 점성토의 지중 응력의 분포도이다.
㉰는 가상흙의 지중 응력의 분포도이다.
㉱는 사질토와 점성토의 혼합토의 지중 응력의 분포도이다.

65. 연약지반개량공법이 아닌 것은?

㉮ 치환공법
㉯ 다지기공법
㉰ 가동매립공법
㉱ 탈수공법

65. ㉰

가동매립공법은 강구조공사에서 앵커볼트의 매립공법(베이스플레이드의 지지공법)의 하나이다.

66. 다음 중 지반개량공법이 아닌 것은?

㉮ 샌드컴팩션파일 공법
㉯ 바이브로플로테이션공법
㉰ 페이퍼드레인 공법
㉱ 트렌치컷공법

66. ㉱
트렌치컷공법은 터파기공법이다.

67. 다음 설명에서 의미하는 공법은?

> 구조물 하중보다 더 큰 하중을 연약지반(점성토) 표면에 프리로딩 하여 압밀침하를 촉진시킨 뒤 하중을 제거하여 지반의 전단강도를 증대하는 공법

㉮ 고결안정공법 ㉯ 치환공법
㉰ 재하공법 ㉱ 탈수공법

67. ㉰
선행재하법은 연약지반 표면에 계획 구조물의 하중보다 크거나 또는 동등한 하중을 미리 재하시켜 연약지반의 침하를 유도하는 공법이다.

68. 지하수가 많은 지반을 탈수(脫水)하여 지내력을 갖춘 지반으로 만들기 위한 공법이 아닌 것은?

㉮ 샌드드레인공법 ㉯ 웰포인트공법
㉰ 페이퍼드레인공법 ㉱ 베노토공법

68. ㉱
베노토공법은 현장타설콘크리트말뚝공법이다.

69. 점성토 연약지반의 탈수공법으로 적합하지 않은 것은?

㉮ 샌드드레인(Sand Drain)공법
㉯ 생석회말뚝(Chemico Pile)공법
㉰ 페이퍼드레인(Paper Drain)공법
㉱ 웰포인트(Well Point)공법

69. ㉱
웰포인트공법은 사질토지반의 대표적인 연약지반개량공법이다.

70. 다음 연약지반개량공법 중 흡수량이 많고 깊은 터파기에 있어서 사질토층의 지반에 가장 효율이 좋은 것은?

㉮ 웰포인트공법
㉯ 샌드드레인공법
㉰ 생석회공법
㉱ 동결공법

70. ㉮
웰포인트공법은 사질토지반의 대표적인 연약지반개량공법이다.

71. 웰포인트공법에 관한 내용으로 옳지 않는 것은?

㉮ 출수가 많고 깊은 터파기에 있어서의 지하수 배수공법의 일종이다.

㉯ 흙막이공사가 간단히 된다.

㉰ 수분이 많은 점성토지반에 적당한 공법이다.

㉱ 지내력이 증가한다.

71. ㉰

웰포인트공법은 사질토지반의 대표적인 연약지반개량공법이다.

72. 웰포인트공법에 관한 설명 중에서 틀린 것은?

㉮ 흙막이의 토압이 줄어든다.

㉯ 웰포인트공법은 비교적 지하수위가 얕은 사질토지반의 배수에 유리하다.

㉰ 인접 지반에 침하를 야기시키기 쉽다.

㉱ 사질토지반 보다 점성토지반에서 탈수효과가 크다.

72. ㉱

웰포인트공법은 사질토지반의 대표적인 연약지반개량공법이다.

73. 웰포인트공법에 관한 설명으로 옳지 않은 것은?

㉮ 흙파기 밑면의 토질 약화를 예방한다.

㉯ 진공펌프를 사용하여 토중의 지하수를 강제적으로 집수한다.

㉰ 지하수 저하에 따른 인접 지반과 공동매설물 침하에 주의가 필요하다.

㉱ 사질토지반보다 점성토지반에서 효과적이다.

73. ㉱

웰포인트공법은 사질토지반의 대표적인 연약지반개량공법이다.

74. 웰포인트공법에 관한 다음 기술 중 틀린 것은?

㉮ 지하수의 배수공법의 일종이다.

㉯ 지하수위를 저하시키는 공법이다.

㉰ 기초파기면을 건조상태로 만들어 작업을 용이하도록 한다.

㉱ 점성토의 투수성이 나쁜 지질에 적합하다.

74. ㉱

웰포인트공법은 사질토지반의 대표적인 연약지반개량공법이다.

75. 웰포인트공법에 관한 설명 중 옳지 않은 것은?

㉮ 지하수 배수공법의 일종이다.

㉯ 지하수위를 저하시키는 공법이다.

㉰ 지하수 저하에 따른 인접 지반과 공동매설물 침하에 주의가 필요한 공법이다.

㉱ 점성토의 투수성이 나쁜 지질에 적합하다.

75. ㉱

웰포인트공법은 사질토지반의 대표적인 연약지반개량공법이다.

76. 배수공법 중 웰포인트공법에 관한 내용으로 옳지 않은 것은?

㉮ 비교적 용수량이 많은 지반에 활용된다.
㉯ 강제배수공법의 일종이다.
㉰ 수분이 많은 점성토지반에 적당한 공법이다.
㉱ 지하수 저하에 따른 인접 지반과 공동매설물 침하에 주의가 필요하다.

77. 지하수위가 터파기저면 보다 높은 곳에 있을 때 사용하는 공법으로 가장 적당한 것은 다음 중 어느 것인가?

㉮ 아일랜드공법 ㉯ 웰포인트공법
㉰ 트렌치컷공법 ㉱ 개방잠함공법

78. 웰포인트(Well Point)공법에 관한 설명 중 틀린 것은?

㉮ 인접 대지에서 지하수위 저하로 우물 고갈의 우려가 있다.
㉯ 투수성이 비교적 낮은 사질실트층까지도 강제배수가 가능하다.
㉰ 압밀침하가 발생하지 않아 주변 대지, 도로 등의 균열발생 위험이 없다.
㉱ 흙의 안전성을 대폭 향상시킨다.

79. 다음 중 사질토지반의 개량공법으로 가장 부적당한 것은?

㉮ 웰포인트(Well Point)공법
㉯ 시멘트주입(Grouting)공법
㉰ 샌드드레인(Sand Drain)공법
㉱ 바이브로플로테이션(Vibro Flotation)공법

80. 연약한 점성토 또는 실트질의 토질일 때 지반의 수분을 탈수하기 위한 연약지반개량공법 중 옳지 않은 것은?

㉮ 웰포인트공법
㉯ 샌드드레인공법
㉰ 생석회공법
㉱ 페이퍼드레인공법

76. ㉰

웰포인트공법은 사질토지반의 대표적인 연약지반개량공법이다.

77. ㉯

웰포인트공법은 사질토지반의 대표적인 연약지반개량공법으로써 지하수위가 터파기 저면보다 높은 곳에 사용되며 주변대지의 압밀침하의 우려가 있다.

78. ㉰

웰포인트공법은 지하수위를 저하시켜 압밀침하를 촉진시키는 공법이며 투수계수가 비교적 큰 사질토지반에 대표적인 연약지반개량공법이다.

79. ㉰

샌드드레인공법은 점성토지반의 연약지반개량공법이다.

80. ㉮

(1) 점성토지반의 개량공법
① 치환법
② 선행재하법
③ 탈수법(샌드드레인공법, 페이퍼드레인공법, 생석회공법)
④ 동결법
⑤ 전기화학고결법

(2) 사질토지반의 개량공법
① 다짐법(바이브로플로테이션공법, 바이브로컴포저공법, 샌드컴팩션파일공법)
② 주입법
③ 웰포인트공법

81. 연약한 점성토지반에 주상의 투수층인 모래말뚝을 다수 설치하여 그 토층 속의 수분을 배수하여 지반의 압밀 강화를 도모하는 공법은?

㉮ 샌드드레인공법
㉯ 웰포인트공법
㉰ 바이브로 콤포저 공법
㉱ 시멘트주입공법

81. ㉮
샌드드레인공법은 점성토지반의 연약지반개량공법이다.

82. 연약지반개량공법에 관한 기술 중 틀리는 것은 어느 것인가?

㉮ Well Point 공법은 지하수위를 저하시키는 압밀촉진 공법의 일종이다.
㉯ Vibro Flotation 공법은 사질토지반에 적당한 공법이다.
㉰ Sand Drain 공법은 사질토지반에 적당한 공법이다.
㉱ Paper Drain 공법은 연약한 점성토지반에 적당한 공법으로 시공속도가 빠르다.

82. ㉰
샌드드레인공법은 연약 점성토지반의 탈수를 이용해 지반을 개량하기 위한 공법이다.

83. 지반개량에 사용하는 탈수공법은?

㉮ 샌드컴팩션파일공법
㉯ 바이브로플로테이션공법
㉰ 샌드드레인공법
㉱ 그라우트공법

83. ㉰
탈수법의 종류로는 샌드드레인공법, 페이퍼드레인공법, 생석회공법 등이 있다.

84. 투수성이 나쁜 점성토 연약지반에 적합하지 않은 탈수공법은?

㉮ 샌드드레인(Sand Drain)공법
㉯ 생석회말뚝(Chemico Pile)공법
㉰ 페이퍼드레인(Paper Drain)공법
㉱ 웰포인트(Well Point)공법

84. ㉱
웰포인트공법은 사질토지반의 대표적인 연약지반개량공법이다.

85. 지반개량공법 중 다짐법이 아닌 것은?

㉮ 바이브로플로테이션공법
㉯ 바이브로컴포저공법
㉰ 샌드드레인공법
㉱ 샌드컴팩션파일공법

85. ㉰
샌드드레인공법은 탈수법이다.

86. 지하수가 많은 지반을 탈수하여 건조한 지반으로 만드는 공법 중 거리가 먼 것은?

㉮ Sand Drain 공법
㉯ Vibro Flotation 공법
㉰ 생석회공법
㉱ Paper Drain 공법

86. ㉯
바이브로플로테이션공법은 사질토지반에 대해 진동과 물다짐을 이용한 다짐법이다.

87. 연약지반개량공법에 관한 기술 중에서 틀린 것은?

㉮ 연약한 점성토지반에는 샌드파일(Sand Pile) 공법이 많이 쓰인다.
㉯ 바이브로플로테이션공법은 부드러운 사질토지반다지기에 효과가 적다.
㉰ 실트지반, 점성토지반, 물이 많은 점성토지반에는 벤토나이트 공법을 적용할 수 있다.
㉱ 그라우트공법은 점성토의 지반에서는 투수성이 적으므로 효과가 거의 없다.

87. ㉯
바이브로플로테이션공법은 사질토지반에 대해 진동과 물다짐을 이용한 공법이므로 사질토지반다지기에 효과가 크다.

88. 타격에 의한 말뚝박기공법을 대체하는 저소음, 저진동의 말뚝공법에 해당되지 않는 것은?

㉮ 압입공법
㉯ 사수(Water Jetting)공법
㉰ 프리보링공법
㉱ 바이브로컴포저공법

88. ㉱
바이브로컴포저공법은 바이브로플로테이션공법과 원리는 비슷하나 성능이 우수한 것으로 사질토지반에 대해 진동과 물다짐을 이용한 공법이다.

89. 다음 설명에서 의미하는 공법은?

> 주로 시멘트 등의 고화체를 슬러리 상태로 연약지반에 혼합하거나 시멘트, 약액을 가는 관을 통하여 지반 속에 압력으로 주입, 흙 입자 사이의 결합력을 증대시키고 지수성 및 강도를 증대시키는 공법

㉮ 고결안정공법　　㉯ 치환공법
㉰ 재하공법　　㉱ 탈수공법

89. ㉮
고결법(응결법, 약액주입법)은 연약지반 내에 약액의 주입, 혼합처리, 안정처리하여 응결, 경화 및 고결시켜 지반을 개량하는 공법이다.

90. 지하수위를 저하시킬 수 있는 배수공법에 해당되지 않는 것은?

㉮ 디프웰공법
㉯ 웰포인트공법
㉰ 집수정공법
㉱ 베노토공법

91. 다음 배수공법 중 중력배수공법에 해당하는 것은?

㉮ 웰포인트공법
㉯ 진공압밀공법
㉰ 전기삼투공법
㉱ 집수정공법

92. 배수공업 중 강제배수 방법이 아닌 것은?

㉮ Well Point 공법
㉯ 전기삼투공법
㉰ 진공 Deep Well 공법
㉱ 집수정공법

90. ㉱

지하수위처리공법 중 배수공법은 중력식공법과 강제식공법으로 나뉜다. 중력식공법의 종류로는 집수정공법, 깊은우물공법 등이 있고, 강제식공법의 종류로는 웰포인트공법, 진공깊은우물공법 등이 있다.

91. ㉱

집수정공법은 배수공법 중 중력식공법이며, 공사에 지상이 없는 위치에 십수통을 설치하고 지하수가 모이면 수중펌프를 사용하여 외부로 배출한다.

92. ㉱

집수정공법은 배수공법 중 중력식공법이며, 공사에 지장이 없는 위치에 집수통을 설치하고 지하수가 모이면 수중펌프를 사용하여 외부로 배출한다.

제8장

터파기 및 흙막이벽

1 터파기

1. 개요

터파기는 건축물의 기초공사를 하기 위해 적당한 깊이로 기면을 파는 것이다. 기초파기 또는 흙파기라고 한다.

2. 흙의 부피증가율과 휴식각

1) 굴착에 의한 흙의 부피증가율

종 류	부피증가율 (%)	종 류	부피증가율 (%)
경 암	70~90	점 토	20~45
연 암	30~60	점토 + 자갈	35
모래 또는 자갈	15	보통 흙 (점토 + 모래 + 자갈)	30

2) 흙의 휴식각과 터파기 일반사항

① 흙의 휴식각은 흙 입자의 부착력, 응집력을 무시할 때, 즉 마찰력만으로 중력에 대하여 정지하는 흙의 사면각도이다.

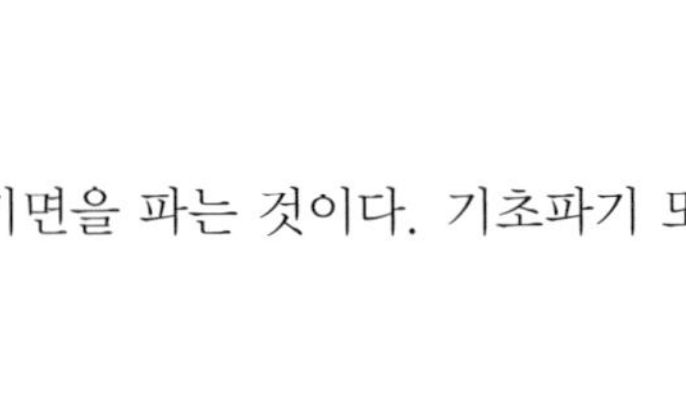

흙의 휴식각

② 터파기 경사각은 터파기에 있어 경사면을 해결하는 파기의 경사를 말하며, 경사각은 휴식각의 2배이다.

③ 휴식각이 없는 경우의 터파기 윗면 너비는 '밑면 너비+0.6h'이다. 여기서, h는 터파기 수직 깊이이다.

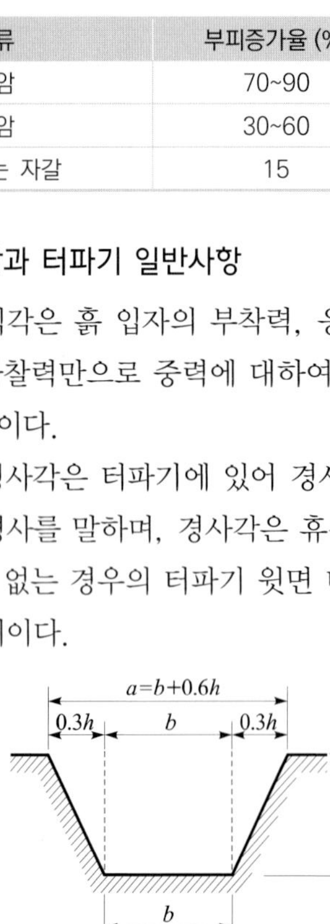

터파기 윗면 너비

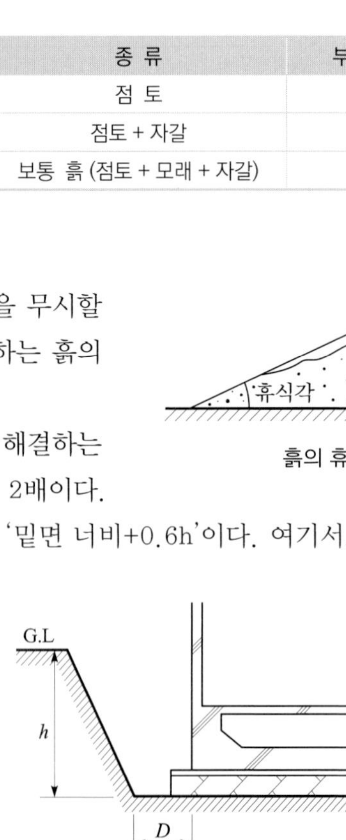

터파기 여유(D)

3) 되메우기

① 되메우기는 공사 완료 후 기초파기 한 부분에 흙을 다시 메우는 것이다.

② 되메우기 재료는 모래 또는 양질의 저압축성 토사를 사용한다.

③ 모래로 되메우기 할 경우 충분한 물다짐을 실시한다.

④ 일반 흙으로 되메우기를 할 경우에는 300 mm마다 적당한 기구로 다짐밀도 95 % 이상을 확보한다.

⑤ 벽돌, 벽체 등의 조적구조의 기초벽이 완성된 후 7일 이상 경과시킨 후 되메우기를 한다.

3. 흙파기 모양에 의한 분류

분 류	내 용
구덩이파기	구덩이파기는 독립기초를 위해 국부적으로 파는 기초이다.
줄 파 기	줄파기는 줄기초, 지중보, 조적구조 등을 위해 도랑모양으로 파는 기초이다.
온통파기	온통파기는 온통기초나 지하실 등을 위해 전체적으로 파는 기초이다.

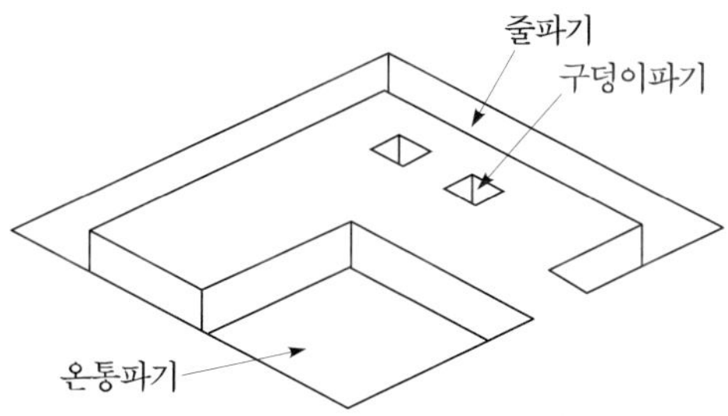

4. 흙파기 형식에 의한 분류(공법)

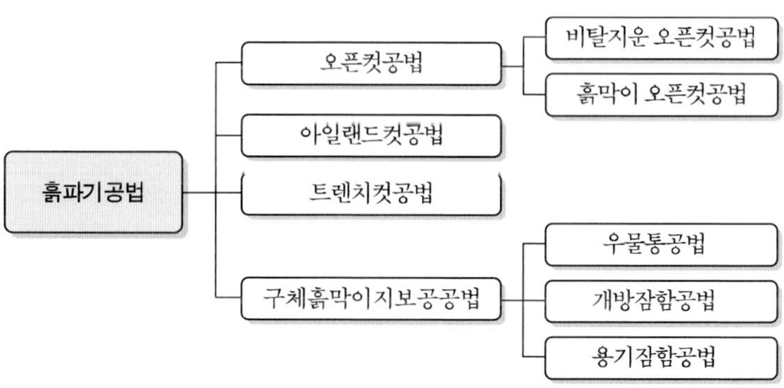

5. 오픈컷공법

1) 비탈지운 오픈컷공법

비탈지운 오픈컷공법은 흙막이 버팀대(지보공) 없이 굴착단면을 경사면으로 유지하면서 굴착하는 공법이다.

주1 버팀대는 흙막이벽에 작용하는 수평력을 지지하기 위하여 경사 또는 수평으로 설치하는 부재이다.

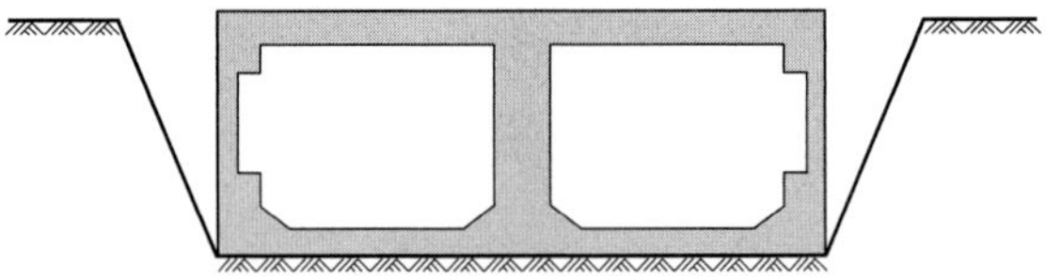

비탈지운 오픈컷공법

2) 흙막이 오픈컷공법

(1) 자립공법

자립공법은 버팀대(지보공) 없이 흙막이벽만으로 토압을 지지하면서 굴착하는 공법이다.

(2) 버팀대공법

버팀대공법은 흙막이벽의 토압을 버팀대(지보공)로 지지하면서 굴착하는 공법이다.

(3) 어스앵커공법

구 분	내 용
개 요	① 어스앵커공법(Earth Anchor Method)은 버팀대 대신 흙막이벽의 배면을 천공하고 인장재와 시멘트모르타르를 주입하여 앵커체를 만들어 경화시킨 후 인장력에 의해 토압을 지지하는 공법이다. ② 고강도강재의 앵커재를 보링 구멍 내에 삽입하고 앵커 그라우팅을 실시하여 앵커체를 배면 흙 속에 정착시켜 인장하중을 부담시키는 방법이다. ③ 타이백공법(Tie Back Method) 또는 지반정착공법이라고도 한다. ④ 주위 지반의 여유가 있거나 지하 매설물의 장애가 없을 때 유리하다.
장 점	① 지보공(버팀대) 등의 가설재가 불필요하다. ② 지보공이 없어 넓은 작업 공간의 확보가 가능하다. ③ 굴착 작업 공간이 넓어 기계화 시공이 가능하다. ④ 기계화 시공으로 인해 공기단축이 가능하다. ⑤ 추정 지반 조건의 변화에 대해 설계변경이 용이하다. ⑥ 부분굴착이 가능하고 공구분할이 용이하다. ⑦ 대지가 부정형일 때 유리하다.
단 점	① 주변 대지 사용에 대한 민원 동의가 필요하다. ② 앵커의 정착길이 부위의 토질이 불확실할 경우는 위험하다. ③ 지하수위가 높을 경우 시공 중 지하수위의 저하가 우려된다. ④ 인접 건물의 기초나 지하에 매설물이 있을 경우 곤란하다.

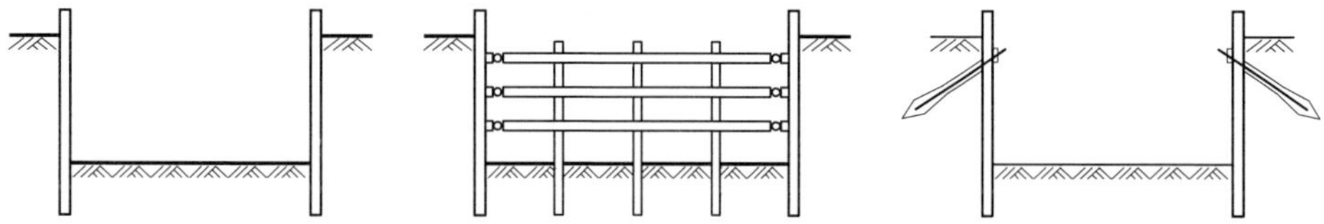

6. 아일랜드컷공법

1) 정의

아일랜드컷공법(Island Cut Method)은 터파기공사 시 중앙부분을 먼저 파고 기초를 축조한 다음 버팀대로 지지하여 주변 흙을 파내고 지하구조물을 완성하는 터파기 공법이다.

2) 시공 순서

① 흙막이 설치　② 중앙부 굴착
③ 중앙부 기초구조물 축조　④ 버팀대 설치
⑤ 주변 흙 굴착　⑥ 지하구조물 완성

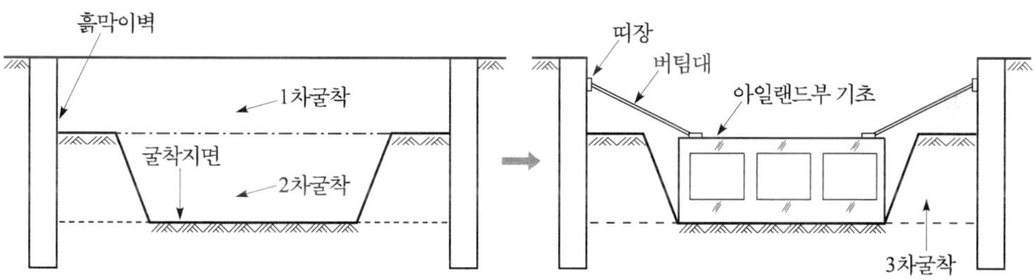

아일랜드컷공법

7. 트렌치컷공법

1) 정의

트렌치컷공법(Trench Cut Method)은 건축물의 주변부에 해당되는 부분을 따라 2중 널말뚝을 박은 다음 굴착하고 주변부의 기초구조부를 완성한다. 그 후 중앙부 흙을 굴착한 후 중앙부의 기초구조부를 완성하는 공법이다. 아일랜드컷공법과는 역순이다.

2) 시공 순서

① 흙막이 설치　② 주변 흙 굴착
③ 주변부 기초구조물 축조　④ 버팀대 설치
⑤ 중앙부 굴착　⑥ 지하구조물 완성

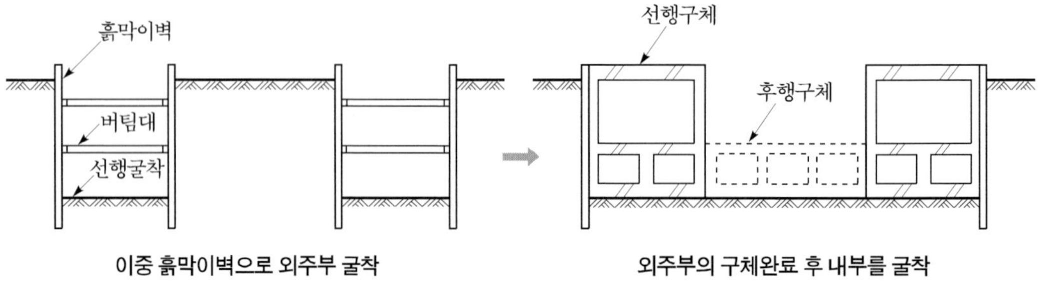

트렌치컷공법

8. 구체흙막이지보공공법

1) 개요

구체흙막이지보공공법은 가설 흙막이벽의 역할과 더불어 구조체 역할, 지보공 역할을 함께 하는 공법이다.

2) 종류

(1) 우물통공법

우물통공법은 표토를 제거하고 건물의 기둥 위치에 3.0~3.5 m 지름의 심초우물을 파고 기초를 축조한다. 그 기초 상부에 강구조 기둥을 세우고 1층 바닥부터 콘크리트를 친 후 지하를 향해 공사해 나가는 공법이다. 케이슨공법(Caisson Method) 또는 심초공법이라고도 한다.

(2) 개방잠함공법

개방잠함공법은 토압, 수압이 적은 지반에서 사용되는 공법으로 지하구조체를 지상에서 구축하여 바깥벽 밑에 끝날을 붙이고 하부 중앙흙을 파면서 구조체의 자중으로 침하시키는 공법이다.

(3) 용기잠함공법

용기잠함공법은 토압, 수압이 대단히 크고 지층을 깊이 굴착할 때 사용되는 공법으로 최하부 작업실을 밀폐시키고 압축공기를 채워 물과 토사의 유입을 방지하면서 굴착한 후 잠함을 침하시키는 특수 침하공법이다.

2 흙막이벽

1. 개요

흙막이벽은 건물의 기초와 지하구조물 시공을 위한 지하굴착 시에 주변 지반의 붕괴, 침하 및 이동을 방지할 목적으로 설치하는 벽이다.

2. 흙막이의 안전성

1) 흙막이 및 지반의 안전(흙막이 붕괴 원인)

(1) 히빙파괴

정의	히빙파괴(Heaving Failure)는 연약 점성투지반에서 흙의 중량과 지표 적재하중으로 인해 흙이 안으로 밀려 불룩하게 되는 현상이다.
대책	① 흙막이를 경질지반까지 도달 ② 지반개량(샌드드레인공법, 페이퍼드레인공법, 생석회공법) ③ 지반 위의 하중제거

(2) 보일링

정의	보일링(Boiling, Quick Sand)은 사질토지반에서 지하수와 피압수로 인해 밑면에 있는 사질토지반의 지지력이 상실되는 현상이다.
대책	① 흙막이를 경질지반까지 도달 ② 웰포인트공법으로 지하수위 저하 ③ 약액주입 등으로 굴착지면의 지수

(3) 파이핑현상

정의	파이핑현상(Piping)은 흙막이벽의 부실공사로 인해 흙막이벽에 뚫린 구멍 또는 이음새를 통하여 물이 공사장 내부바닥으로 새어나와 파이프 작용을 하는 현상이다.
대책	① 흙막이의 수밀 시공 ② 지하수위 저하 ③ 지반고결

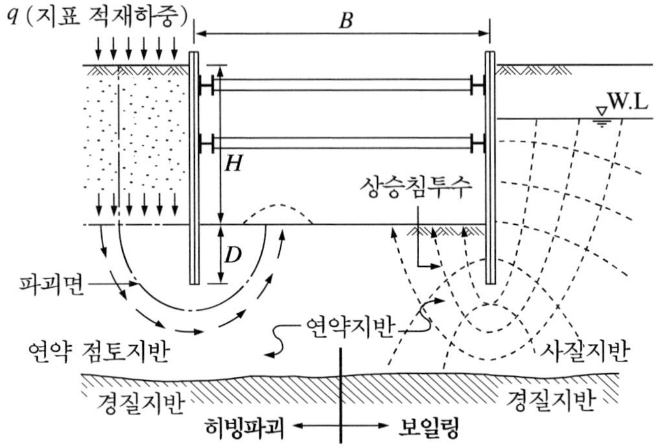

히빙파괴와 보일링

2) 측압의 분포와 안전조건

> 띠장(버팀대) 반력(R) + 수동토압(P_B) ≥ 주동토압(P_A)

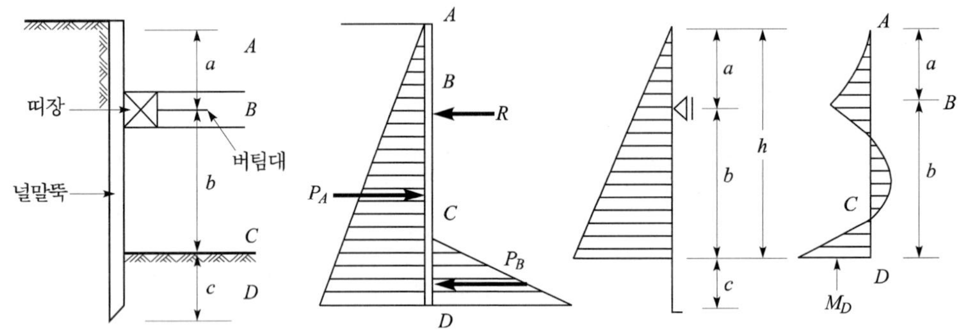

P_A : 주동토압 P_B : 수동토압 R : 띠장에 생기는 반력

3. 흙막이의 종류

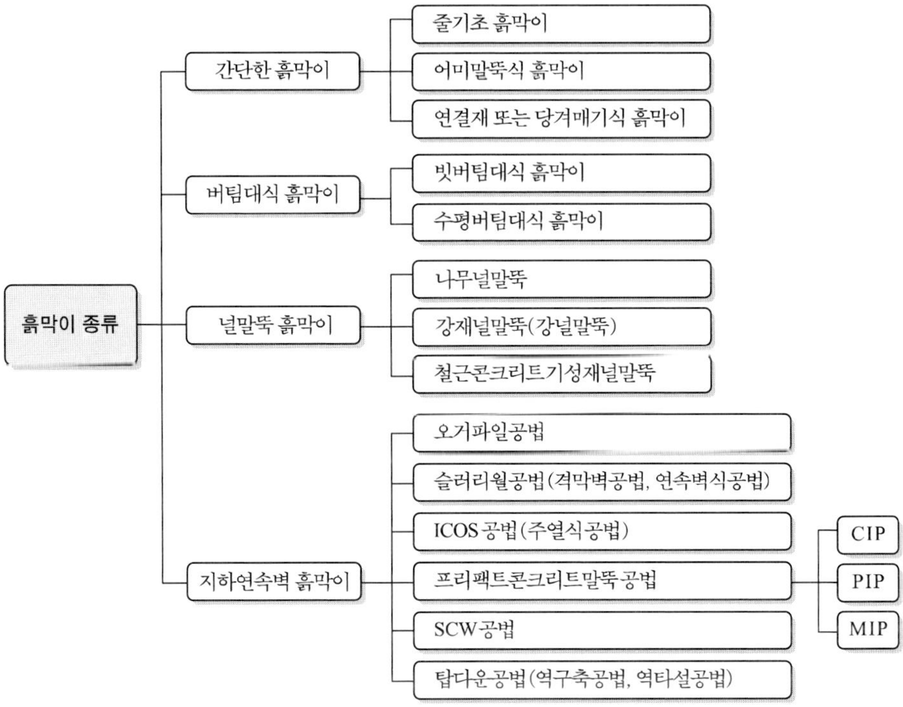

주1 가설흙막이 벽체 형식에 따른 분류[58]

① 어미말뚝(엄지말뚝)+흙막이판벽체
② 강널말뚝벽체(Steel Sheet Pile Wall)
③ 소일시멘트벽체(Soil Cement Wall)
④ CIP(Cast In Placed Pile)
⑤ 지하연속벽체

4. 간단한 흙막이

1) 줄기초 흙막이

줄기초 흙막이는 깊이 1.5 m, 너비 1 m 정도를 팔 때 옆벽이 무너질 것을 고려하여 널판, 띠장, 버팀대를 사용한 간단한 흙막이이다.

2) 어미말뚝식 흙막이

어미말뚝식 흙막이는 흙막이널말뚝 대신에 어미말뚝을 사용한 흙막이로 통나무 각재, 기성 콘크리트말뚝, H 및 I형강 등을 박고 그 사이 또는 뒷면에 널을 가로 대거나 띠장을 대고 널

58) KCS 21 30 00 가설흙막이공사(1.1), 국토교통부, 한국가설협회, 한국지반공학회, 2019.

을 세로대기 등으로 하는 흙막이이다.

주1 어미말뚝은 땅파기를 실시할 경계면에 1~2 m 간격으로 수직으로 설치되는 H 또는 I형강 말뚝으로써 흙막이판과 더불어 흙막이벽을 이루어 배면의 토압 및 수압을 직접 지지하는 수직 휨부재이다. 엄지말뚝이라고도 한다.

3) 연결재 또는 당겨매기식 흙막이

연결재 또는 당겨매기식 흙막이는 지반이 연약하여 버팀대로 지지하기 곤란한 넓은 대지에 사용하는 흙막이로 흙막이 말뚝과 널말뚝 상부에 ㄱ자 형강 또는 각재를 연결 또는 로프로 끌어당기는 흙막이이다.

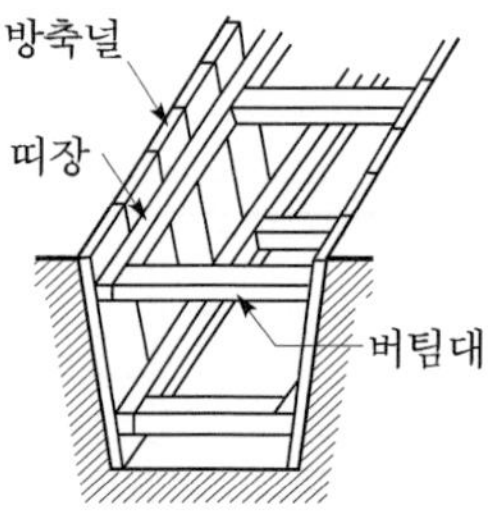

줄기초 흙막이

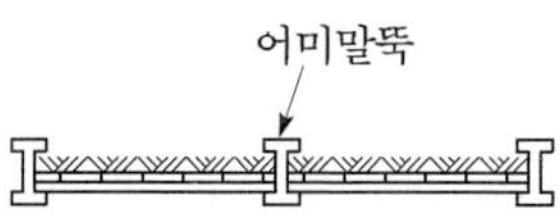

어미말뚝식 흙막이

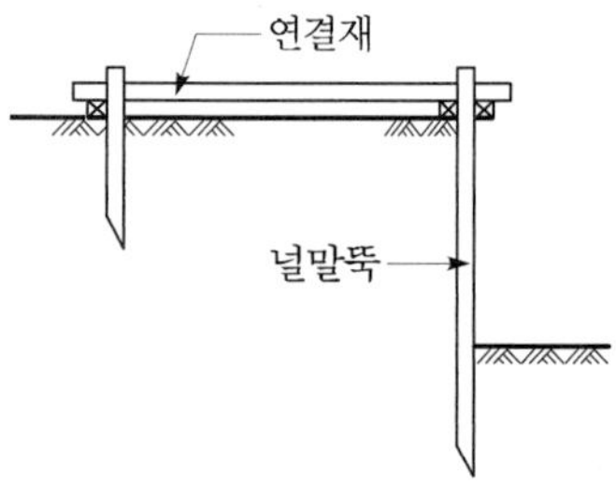

연결재 또는 당겨매기식 흙막이

5. 버팀대식 흙막이

1) 빗버팀대식 흙막이

(1) 개요

빗버팀대식 흙막이는 규준대를 설치한 후 그 사이로 널말뚝을 박고 띠장을 댈 부분까지 흙의 휴식각을 고려한 경사로 중앙부 흙을 온통파기한 후, 띠장과 빗버팀대를 대어 주변부 흙을 파내고 기초 밑창고르기를 한다.

주1 빗버팀대는 기둥이나 벽을 고임하기 위해 상하 경사로 일측 단부를 지반에 지지되도록 설치하는 부재이다.[59] 경사버팀대라고도 한다.

주2 띠장은 흙막이 벽에 작용하는 토압에 의한 휨모멘트와 전단력에 저항하도록 설치하는 휨부재로 흙막이 벽체에 가해지는 토압을 버팀대에 전달하기 위해 벽면에 직접 수평 또는 경사형태로 부착하는 부재이다.

59) KCS 21 30 00 가설흙막이공사(1.3), 국토교통부, 한국가설협회, 한국지반공학회, 2019.

(2) 시공 순서

① 줄파기
② 규준대 대기
③ 널말뚝 박기
④ 중앙부 흙파기
⑤ 띠장 대기
⑥ 버팀말뚝 및 버팀대 대기
⑦ 주변부 흙파기

2) 수평버팀대식 흙막이

(1) 개요

수평버팀대식 흙막이는 규준대를 설치한 후 그 사이로 널말뚝을 박고 띠장을 댈 부분까지 온통파기를 하고 받침기둥을 박은 후, 띠장과 수평버팀대를 대어 흙의 휴식각을 고려한 경사로 나머지 중앙부 흙을 판 후 주변부 흙을 파내고 기초 밑창고르기를 하는 흙막이이다.

(2) 시공 순서

① 줄파기
② 규준대 대기
③ 널말뚝 박기
④ 흙파기
⑤ 받침기둥 박기
⑥ 띠장 대기
⑦ 버팀대 대기
⑧ 중앙부 흙파기
⑨ 주변부 흙파기

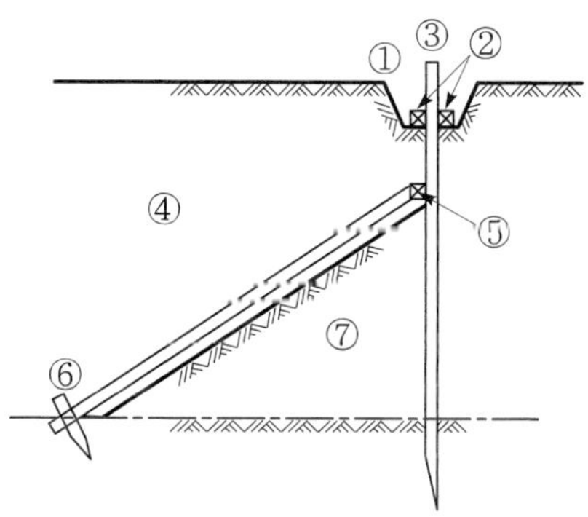

빗버팀대식 흙막이

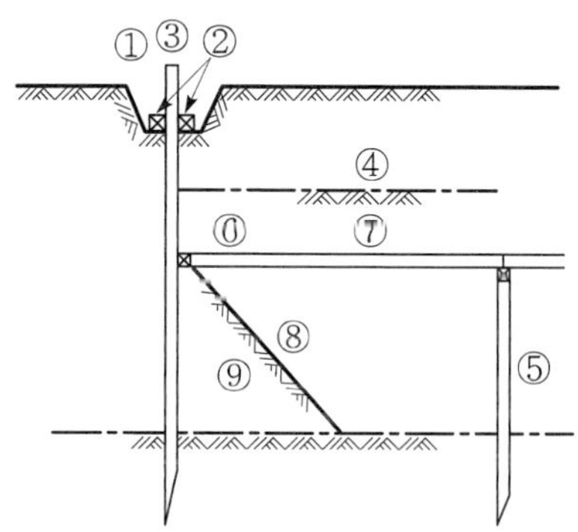

수평버팀대식 흙막이

6. 널말뚝 흙막이

1) 개요

널말뚝 흙막이는 지상에서부터의 삽입으로 흙막이벽(토류벽)을 형성하기 위한 것으로 나무(목재) 널말뚝과 강재(철재) 널말뚝 등이 있다.

2) 종류

(1) 나무널말뚝

① 나무널말뚝(목재널말뚝)의 재료는 낙엽송, 소나무 등의 생나무를 사용한다.

② 흙막이 깊이는 4 m 정도까지 사용하고, 그 이상일 때는 강널말뚝을 사용한다.

③ 널말뚝의 두께는 길이의 1/60 이상 또는 50 mm 이상이다.

④ 널말뚝의 너비는 두께의 3배 이하 또는 250 mm 이하이다.

⑤ 나무널말뚝은 일반적으로 오늬쪽매, 반턱쪽매, 제혀쪽매 등으로 한다.

⑥ 나무널말뚝 끝은 철선으로 보강하며, 말뚝머리는 막을 때 깨어지지 않게 쇠가락지 또는 #8 철선으로 감아서 보강한다.

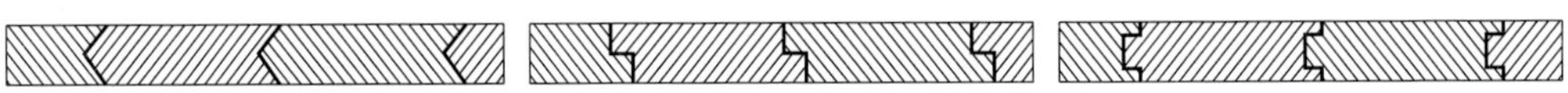

오늬쪽매 반턱쪽매 제혀쪽매

(2) 강널말뚝

구 분	내 용	
개 요	강널말뚝(Steel Sheet Pile)은 조인트 부분을 강제(强制)로 맞물리게 하여 지중에 박아 넣은 흙막이이다. 강재널말뚝이라고도 한다.	
특 징	① 용수가 많고, 토압이 크며, 기초의 깊이가 깊을 때 사용한다. ② 20회 이상 반복사용이 가능하다. ③ 지수성이 높다. ④ 시공 완료 후 철거 시 주변 지반 침하에 주의한다.	
강널말뚝의 종류	① 테라루즈식(Terres Rouges) ③ 심플렉스식(Simplex) ⑤ 유에스스틸식(U.S. Steel) ⑦ 라크완느식(Lackwanna)	② 유니버셜 조인트식(Universal Joint) ④ 라르센식(Larsen) ⑥ 랜섬식(Ransom)

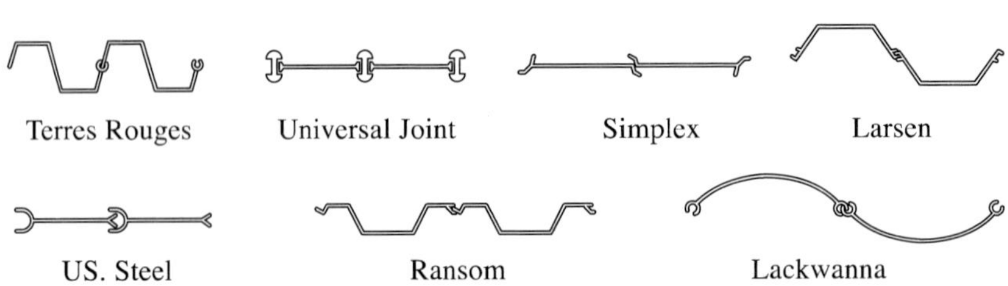

(3) 철근콘크리트기성재널말뚝

① 철근콘크리트기성재널말뚝(기성콘크리트말뚝)은 프리캐스트콘크리트를 널말뚝으로 사용한다.

② 길이는 3~7 m, 너비는 400~500 mm, 두께는 50~150 mm 정도이다.

필수 연습문제

제8장 터파기 및 흙막이벽

1. 흙을 파낸 후 토량의 부피 변화가 가장 큰 것은?

㉮ 모래　　㉯ 보통 흙
㉰ 점토　　㉱ 자갈

2. 터파기공사 시 지반의 종류별 터파기 후의 부피증가율로 옳지 않은 것은?

㉮ 모래 – 15 % 정도
㉯ 흙 – 10 % 정도
㉰ 연암반 – 30~60 % 정도
㉱ 경암 – 70~90 % 정도

3. 흙의 휴식각과 연관한 터파기 경사각도로 옳은 것은?

㉮ 휴식각의 1/2로 한다.
㉯ 휴식각과 같게 한다.
㉰ 휴식각의 2배로 한다.
㉱ 휴식각의 3배로 한다.

4. 토공사에서 되메우기에 관한 설명으로 옳지 않은 것은?

㉮ 되메우기 흙은 300 mm 두께마다 적당한 기구로 다짐밀도 95 % 이상이 되게 충분히 다진다.
㉯ 지하층 외벽과 흙막이벽 사이의 공간에는 입도가 좋은 양질의 토사로 충다짐 하여 침하요인을 배제한다.
㉰ 되메우기 간격이 1 m 이내이면 사질토로 물다짐 하는 것을 피하는 것이 좋다.
㉱ 성토 후 다짐 상태는 현장 밀도시험을 실시하여 적합성을 판정한다.

1. ㉰

• 굴착에 의한 흙의 부피증가율

종류	부피증가율
경암	70~90 %
연암	30~60 %
모래 또는 자갈	15 %
점토	20~45 %
점토+자갈	35 %
보통 흙 (점토+모래+자갈)	30 %

2. ㉯

굴착에 의한 흙의 부피증가율에서 보통 흙은 30 %이다.

3. ㉰

터파기 경사각은 휴식각의 2배이다.

4. ㉰

모래로 되메우기 할 경우 충분한 물다짐을 실시한다.

5. 흙막이 오픈컷(Open Cut) 공법이 아닌 것은?

㉮ 자립공법
㉯ 버팀대공법
㉰ 어스앵커공법
㉱ 트렌치컷(Trench Cut)공법

6. 앵커식 흙막이공법에 관한 기술 중 맞는 것은?

㉮ 굴착 단면을 토질의 안정 구배에 따른 사면으로 실시하는 공법
㉯ 굴착 외주에 흙막이벽을 설치하고 토압을 흙막이벽의 버팀대에 부담하고 굴착하는 공법
㉰ 흙막이벽의 배면 흙속에 고강도강재를 사용하여 보링공 내에 모르타르와 함께 시공하는 공법
㉱ 통나무를 1.5~2 m 간격으로 박고 그 사이에 널을 대고 흙막이를 하는 공법

7. 어스앵커공법에 관한 설명으로 옳지 않은 것은?

㉮ 버팀대가 없어 굴착공간을 넓게 활용할 수 있다.
㉯ 인접한 구조물의 기초나 매설물이 있는 경우 효과가 크다.
㉰ 대형 기계의 반입이 용이하다.
㉱ 시공 후 검사가 어렵다.

8. 지반정착공법(Earth Anchor Method)에 관한 기술 중 옳은 것은?

㉮ 이 공법은 내부 작업 공간이 협소하게 되어 내부시공이 어렵다.
㉯ 주위 지반의 여유가 없거나 지하 매설물이 없을 때 유리한 방법이다.
㉰ 공사 중의 건물이 부상하는 것을 방지하기 위해 건물을 지반에 고정하는 방법으로 쓰인다.
㉱ PS 강재의 녹막이처리를 위해 뿌리부분까지 시멘트풀(시멘트 페이스트)을 주입한다.

5. ㉱

① 오픈컷공법에는 비탈지운 오픈컷공법과 흙막이 오픈컷공법이 있다.
② 흙막이 오픈컷공법은 자립공법, 버팀대공법, 어스앵커공법 등이 있다.

6. ㉰

㉮는 비탈지운 오픈컷공법이다.
㉯는 흙막이 오픈컷공법 중에서 버팀대공법이다.
㉱는 간단한 흙막이 중에서 줄기초 흙막이이다.

7. ㉯

어스앵커공법은 버팀대 대신 흙막이벽의 바깥쪽에 어스앵커를 설치하여 토압을 지지하면서 굴착하는 공법으로, 인접 건물의 기초나 지하에 매설물이 있을 경우 적용하기가 곤란하다.

8. ㉰

① 어스앵커공법은 지보공이 없어 넓은 작업 공간의 확보가 가능하다.
② 주위 지반의 여유가 있거나 지하 매설물의 장애가 없을 때 유리하다.
③ 인접 건물의 기초나 지하에 매설물이 있을 경우 곤란하다.
④ 이 공법은 또한 공사 중의 건물이 부상하는 것을 방지하기 위해 건물을 지반에 고정하는 방법으로 쓰인다.
⑤ PS 강재의 녹막이처리를 위해 뿌리부분을 제외한 나머지 부분(중간부와 마감부)에도 시멘트풀(시멘트페이스트)을 주입한다.

9. 중앙부의 흙을 먼저 파내고 중앙부의 구조물을 구축한 후 주위 부분의 흙을 파내는 흙막이공법은?

㉮ 아일랜드컷공법
㉯ 트랜치컷공법
㉰ 심초공법
㉱ 개방잠함공법

9. ㉮

아일랜드컷공법은 터파기공사 시 중앙부분을 먼저 파고 기초를 축조한 다음 버팀대로 지지하여 주변 흙을 파내고 지하구조물을 완성하는 터파기 공법이다.

10. 대지 주위의 흙파기면에 따라 널말뚝을 박은 다음 널말뚝 주변부의 흙을 남겨가면서 중앙부의 흙을 파고, 그 부분에 기초 또는 지하구조체를 축조한 나음 이를 지점으로 흙막이 버팀대를 경사지게 설치하여 널말뚝 주변부의 흙을 파내는 흙막이공법은?

㉮ 오픈컷공법
㉯ 트렌치컷공법
㉰ 어스앵커공법
㉱ 아일랜드컷공법

10. ㉱

11. 좁은 대지 내에서 대지 중앙부에 기초구조물을 먼저 축조하는 공법은?

㉮ 오픈컷공법
㉯ 트렌치컷공법
㉰ 우물통식공법
㉱ 아일랜드컷공법

11. ㉱

12. 터파기공사 시 중앙부분을 먼저 파내고, 기초를 축조한 다음, 버팀대로 지지하여 주변 흙을 파내고, 지하구조물을 완성하는 터파기 공법명은?

㉮ 오픈컷(Open Cut)공법
㉯ 아일랜드컷(Island Cut)공법
㉰ 트래치컷(Trench Cut)공법
㉱ 케이슨(Caisson)공법

12. ㉯

13. 아일랜드컷공법의 시공 순서와 역순으로 흙파기를 하는 공법은?

㉮ 케이슨공법
㉯ 타이로드공법
㉰ 트랜치컷공법
㉱ 오픈컷공법

13. ㉰

트렌치컷공법은 주변부 굴착 후 기초구조부를 완성하고, 중앙부 굴착 후 나머지 기초구조부를 완성하는 공법으로 아일랜드컷공법과는 역순이다.

14. 구조물 위치 전체를 동시에 파내지 않고 측벽이나 주열선 부분만을 먼저 파내고 그 부분의 기초와 지하구조체를 축조한 다음 중앙부의 나머지 부분을 파내어 지하구조물을 완성하는 굴착공법은?

㉮ 오픈컷공법(Open Cut Method)
㉯ 트렌치컷공법(Trench Cut Method)
㉰ 우물통식공법(Well Method)
㉱ 아일랜드컷공법(Island Cut Method)

14. ㉯
트렌치컷공법은 주변부 굴착 후 기초구조부를 완성하고, 중앙부 굴착 후 나머지 기초구조부를 완성하는 공법으로 아일랜드컷공법과는 역순이다.

15. 건물의 중앙부만 남겨두고, 주위부분에 먼저 흙막이를 설치하고 굴착하여 기초부와 주위 벽체, 바닥판 등을 구축하고 난 다음 중앙부를 시공하는 터파기 공법은?

㉮ 복수공법 ㉯ 지멘스웰공법
㉰ 트렌치컷공법 ㉱ 아일랜드컷공법

15. ㉰
트렌치컷공법은 주변부 굴착 후 기초구조부를 완성하고, 중앙부 굴착 후 나머지 기초구조부를 완성하는 공법으로 아일랜드컷공법과는 역순이다.

16. 흙파기공법 중 지반이 극히 연약하여 온통파기를 할 수 없을 때에 측벽이나 주열선 부분만을 먼저 파내고 그곳에 기초와 지하구조물을 축조한 다음 나머지 중앙부분을 파내고 나머지 구조물을 완성하는 흙파기 공법은?

㉮ 트랜치컷(Trench Cut)공법
㉯ 아일랜드(Island Method)공법
㉰ 뉴매틱웰케이슨(Pneumatic Wall Caisson)공법
㉱ 지하연속벽공법

16. ㉮
트렌치컷공법은 주변부 굴착 후 기초구조부를 완성하고, 중앙부 굴착 후 나머지 기초구조부를 완성하는 공법으로 아일랜드컷공법과는 역순이다.

17. 다음 제자리말뚝공법 중에서 기계굴착공법이 아닌 것은?

㉮ 리버스서큘레이션공법 ㉯ 관입공법
㉰ 베노토공법 ㉱ 심초공법

17. ㉱
심초공법은 우물통공법이며, 인력굴착을 하므로 지하수위가 높은 곳, 용수량이 많은 곳, 유해가스의 우려가 있는 곳 등에서는 시공이 곤란하다.

18. 다음 중 토공사를 할 경우 주의해야 할 현상으로 가장 거리가 먼 것은?

㉮ 파이핑현상(Piping)
㉯ 보일링(Boiling)
㉰ 히빙파괴(Heaving Failure)
㉱ 그라우팅(Grouting)

18. ㉱
흙막이 및 지반의 안전(널말뚝 산정 시 고려사항)은 히빙파괴, 보일링, 파이핑현상 등이 관계된다.

19. 흙막이공사 시 지표 재하 하중의 중량에 못 견디어 저면 흙이 붕괴되어 바깥에 있는 흙이 안으로 밀려 불룩하게 되어 파괴되는 현상을 무엇이라 하는가? (단, 점성토지반일 경우)

㉮ 히빙(Heaving)파괴
㉯ 보일링(Boiling)
㉰ 수동토압(Passive Earth Pressure)파괴
㉱ 전단(Shearing)파괴

19. ㉮
히빙파괴는 연약 점성토지반에서 흙의 중량과 지표적재하중으로 인해 흙이 안으로 밀려 불룩하게 되는 현상이다.

20. 지표 재하 하중으로 흙막이 저면 흙이 붕괴되고 바깥에 있는 흙이 안으로 밀려 볼록하게 되어 파괴되는 현상은?

㉮ 히빙(Heaving)파괴
㉯ 보일링(Boiling)
㉰ 수동토압(Passive Earth Pressure)파괴
㉱ 전단(Shearing)파괴

20. ㉮
히빙파괴는 연약 점성토지반에서 흙의 중량과 지표적재하중으로 인해 흙이 안으로 밀려 불룩하게 되는 현상이다.

21. 연약 점성토지반에서 흙막이 바깥의 흙의 중량과 적재하중에 견디지 못하고 흙파기 저면의 흙이 붕괴되고 흙막이 배면의 흙이 안으로 밀려 불룩하게 되는 현상을 무엇이라 하는가?

㉮ 보일링(Boiling) ㉯ 파이핑(Piping)
㉰ 압밀침하 ㉱ 히빙(Heaving)

21. ㉱
히빙파괴는 연약 점성토지반에서 흙의 중량과 지표적재하중으로 인해 흙이 안으로 밀려 불룩하게 되는 현상이다.

22. 연약 점성토지반에서 굴착에 의한 흙막이 바깥에 있는 흙과 굴착저면 흙의 중량차이로 인해 굴착저면이 불룩하게 되는 현상은?

㉮ 히빙 ㉯ 보일링
㉰ 파이핑 ㉱ 보링

22. ㉮
히빙파괴는 연약 점성토지반에서 흙의 중량과 지표적재하중으로 인해 흙이 안으로 밀려 불룩하게 되는 현상이다.

23. 연약 점성토지반에서 흙막이 바깥의 흙의 중량과 적재하중에 견디지 못하고 흙파기 저면의 흙이 붕괴되고, 흙막이 밖의 흙이 안으로 밀려 불룩하게 되는 현상을 무엇이라 하는가?

㉮ 보일링(Boiling)
㉯ 파이핑현상(Piping)
㉰ 압밀침하
㉱ 히빙파괴(Heaving Failure)

23. ㉱
히빙파괴는 연약 점성토지반에서 흙의 중량과 지표적재하중으로 인해 흙이 안으로 밀려 불룩하게 되는 현상이다.

24. 히빙파괴(Heaving Failure)에 관한 기술로 옳은 것은?

㉮ 히빙파괴는 투수성이 좋은 사질토지반에서 발생한다.
㉯ 히빙파괴는 저면 지반을 개량공법으로 방지할 수 있다.
㉰ 히빙파괴는 흙막이의 국부적인 파괴를 일으킬 수 있다.
㉱ 히빙파괴는 깊은 우물파기로 방지할 수 있다.

24. ㉯
히빙파괴는 샌드드레인공법, 페이퍼드레인공법, 생석회공법 등을 이용하여 저면 지반을 개량하여 방지할 수 있다.

25. 건축물의 터파기 시에 발생되는 보일링의 설명으로 옳은 것은?

㉮ 연질의 점성토지반에서 굴착 시 흙막이 바깥에 있는 흙의 중량과 지표 위의 적재중량을 못 견디어 저면의 흙이 흙막이 안으로 밀려 불룩하게 올라오는 현상
㉯ 지하수위가 얕은 사질토지반에서 지수성 있는 흙막이벽을 사용해 굴착 시 지하수위와 흙막이벽 저면과의 수위차에 의해 물과 함께 모래가 부풀러 올라오는 현상
㉰ 시공된 흙막이에 대한 수밀성이 불량하여 널말뚝의 틈새로 물과 토사가 흘러들어 기초저면의 사질토지반을 들어올리는 현상
㉱ 연질의 점성토지반에서 굴착 시 흙막이 바깥에 있는 모래의 중량과 지표 위의 적재중량을 못견디어 저면의 흙과 물이 흙막이 안으로 밀려 불룩하게 올라오는 현상

25. ㉯
보일링은 사질토지반에서 지하수와 피압수로 인해 저면 사질토지반의 지지력이 상실되는 현상이다.

26. 사질토지반 굴착 시 벽체 배면의 토사가 흙막이 틈새 또는 구멍으로 누수가 되어 흙막이벽 배면에 공극이 발생하여 물의 흐름이 점차로 커져 결국에는 주변 지반을 함몰시키는 현상은?

㉮ 보일링 ㉯ 히빙파괴
㉰ 액상화현상 ㉱ 파이핑현상

26. ㉱
파이핑현상은 흙막이벽의 부실공사로 인해 흙막이벽에 뚫린 구멍 또는 이음새를 통하여 물이 공사장 내부바닥으로 새어나와 파이프 작용을 하는 현상이다.

27. 시공한 흙막이에 대한 수밀성이 불량하여 널말뚝의 틈새로 물과 미립토사가 유실되면서 지반 내에 파이프 모양의 수로가 형성되어 지반이 점차 파괴되는 현상은?

㉮ 보일링 ㉯ 히빙
㉰ 보링 ㉱ 파이핑현상

27. ㉱
파이핑현상은 흙막이벽의 부실공사로 인해 흙막이벽에 뚫린 구멍 또는 이음새를 통하여 물이 공사장 내부바닥으로 새어나와 파이프 작용을 하는 현상이다.

28. 흙막이공법의 종류에 해당되지 않는 것은?

㉮ 지하연속벽공법
㉯ H-말뚝 토류판 공법
㉰ 시트파일 공법
㉱ 생석회말뚝공법

28. ㉱

생석회말뚝공법은 연약지반 개량공법 중 하나인 생석회 공법이며, 생석회공법은 점성토지반에서 모래 기둥 대신 산화칼슘(생석회)을 채워 넣어 탈수시키는 공법이다.

29. 흙막이공법 중 수평버팀대의 설치작업 순서가 올바른 것은?

㉠ 흙파기	㉡ 띠장 및 버팀대 대기
㉢ 받침기둥 박기	㉣ 규준대 대기
㉤ 중앙부 흙파기	

㉮ ㉠→㉣→㉡→㉢→㉤
㉯ ㉠→㉣→㉢→㉡→㉤
㉰ ㉣→㉠→㉤→㉢→㉡
㉱ ㉣→㉠→㉢→㉡→㉤

29. ㉱

규준대 대기→흙파기→받침기둥 박기→띠장 및 버팀대 대기→중앙부 흙파기

30. 다음 설명 중 잘못된 것은?

㉮ 흙막이 버팀대는 수평하게 하나 중앙에서 다소 내리는 것이 좋다.
㉯ 말뚝은 연속적으로 박되 휴식시간을 두지 말아야 한다.
㉰ Sheet Pile은 건물의 기초 말뚝의 한 종류이다.
㉱ 지하연속벽은 강성이 커서 주변 지반이 변형이 작은 편이다.

30. ㉰

강널말뚝은 기초말뚝의 한 종류가 아니라 흙막이의 한 종류로 지수성이 높다.

31. 아래 그림의 형태를 가진 흙막이의 명칭은?

㉮ H-말뚝 토류판
㉯ 슬러리월
㉰ 소일콘크리트말뚝
㉱ 시트파일

31. ㉱

강널말뚝은 흙막이공사에서 토압에 저항하고, 동시에 차수 목적으로 조인트 부분에서 강제(强制)로 서로 맞물림 효과가 있는 수직 타입의 강재널말뚝이다. 강재널말뚝이라고도 한다.

제9장 지하연속벽 흙막이, 탑다운공법, 토공장비 및 계측관리

1 지하연속벽 흙막이

1. 개요

1) 정의

지하연속벽 흙막이는 벤토나이트용액(안정액)을 사용하여 지반을 굴착하고 철근망을 삽입한 후 콘크리트를 타설하여 지중에 완성된 철근콘크리트 연속벽체의 흙막이이다.

주1 안정액(Slurry)은 굴착안정액이라고도 하며, 액성한계 이상의 수분을 함유한 흙을 대상으로 공벽을 굴착할 경우 공벽의 붕괴 방지를 목적으로 사용하는 벤토나이트, 점토 등의 현탁액이다. 안정액은 굴착구의 붕괴 방지는 물론 안정액의 순환 시 굴착토사를 굴착공 바닥으로부터 굴착구 외부로 배출하기 위해 사용된다.

2) 종류

① 슬러리월공법(Slurry Wall Method, 격막벽공법, 지하연속벽공법)
② ICOS공법(주열식공법)
③ 프리팩트콘크리트말뚝공법 : CIP, PIP, MIP
④ SCW공법

2. 슬러리월공법

1) 정의

슬러리월공법(Slurry Wall Method)은 벤토나이트용액을 이용하여 지반을 굴착하고 철근망을 삽입한 후 콘크리트를 타설하여 지중에 철근콘크리트 연속 흙막이벽체를 구성하는 공법이다. 격막벽공법 또는 지하연속벽공법이라고도 한다.

2) 특징

장 점	단 점
① 저소음, 저진동이다. ② 도심 근접 시공에 유리하다. ③ 흙막이, 구조체, 옹벽, 차수벽 역할을 한다. ④ 강성, 차수성이 우수하다. ⑤ 자유로운 형상 및 치수가 가능하다. ⑥ 깊은 심도까지 가능하다.	① 공사비가 고가이다. ② 콘크리트의 품질관리에 유의한다. ③ 수평방향의 연속성이 결여된다. ④ 고도의 경험과 기술이 필요하다. ⑤ 연결부의 구조적 처리가 미흡하다.

3) 시공 순서

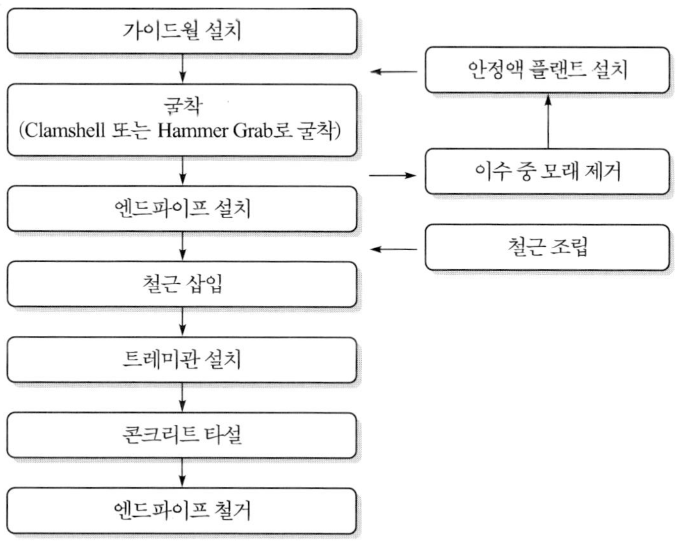

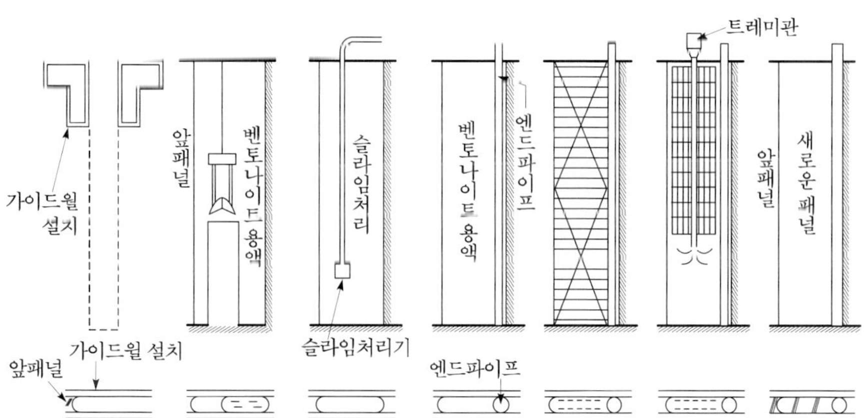

4) 지하연속벽 및 프리팩트콘크리트말뚝 등의 자재 60) 61)

(1) 타설되는 콘크리트는 다음을 따른다.

① 시멘트는 KS L 5201에 적합한 포틀랜드시멘트이어야 한다.

② 골재 치수는 13~25 mm를 표준으로 한다.

③ 공기 함유율은 4.5±1.5 %를 표준으로 한다.

④ 단위 시멘트량은 350 kg/m^3 이상이다.

⑤ 물시멘트비는 50 % 이하로 한다.

⑥ 슬럼프값은 180~210 mm를 표준으로 한다.

⑦ 배합강도는 설계기준압축강도의 125 % 이상으로 한다.

주1 슬럼프(Slump)는 아직 굳지 않는 콘크리트의 반죽질기를 나타내는 지표이다.

주2 물시멘트비(W/C)는 모르타르 또는 콘크리트에 포함된 시멘트풀 중의 시멘트에 대한 물의 질량비이다.

(2) 철근은 KS D 3504에 적합한 이형철근이어야 한다.

(3) 슬러리는 천연산의 분말 벤토나이트로써 입도는 90 %가 0.850 mm보다 가늘고, 0.075 mm보다 가는 것은 10 % 미만이어야 한다.

(4) 물에 혼합된 벤토나이트 슬러리는 분말 벤토나이트가 안정된 부유 상태에 있어야 하고, 이 때 비중은 1.04~1.36 범위이어야 한다.

5) 기타사항

(1) 가이드월

가이드월(Guide Wall)은 지하연속벽 시공 시 굴착작업에 앞서 굴착구 양측에 설치하는 가설벽이다. 안내벽이라고도 한다.

(2) 엔드파이프

엔드파이프(End Pipe, Inter Locking Pipe 또는 Stop End Tube)는 지수, 차수의 역할을 하며, 벽체 상호 간이 물려있게 한다.

(3) 벤토나이트용액

① 벤토나이트용액(Bentonite)은 비중이 큰 점토광물질로 팽창성을 가지고 있어 굴착면의 붕괴방지와 지하수의 침수를 방지한다. 안정액, 이수 또는 현탁액이라고도 한다.

---

60) KCS 11 50 30 특수기초(2), 국토교통부, 한국지반공학회, 2021.

61) KCS 21 30 00 가설흙막이공사(2.4), 국토교통부, 한국가설협회, 한국지반공학회, 2019.

② 안정액의 순환 시 굴착토사를 굴착공 바닥으로부터 굴착구 외부로 배출하기 위해 사용한다.

(4) 트레미관

트레미관(Tremie Pipe)은 물이나 이수 중에 콘크리트를 타설할 때, 보통 안지름 250 mm 이상이고 관 선단이 항상 콘크리트 속에 2 m 이상 묻히도록 하여 수중콘크리트의 타설을 용이하게 하기 위한 관이다.

3. ICOS공법

ICOS공법은 지중에 구멍을 케이싱관 없이 하나 거름으로 뚫고 벤토나이트용액으로 그 주위의 흙을 응결시켜 굴착한 후, 콘크리트를 타설하고 다시 그 사이를 뚫어 콘크리트를 타설하여 지하연속벽을 만드는 흙막이공법이다. 주열식공법이라고도 한다.

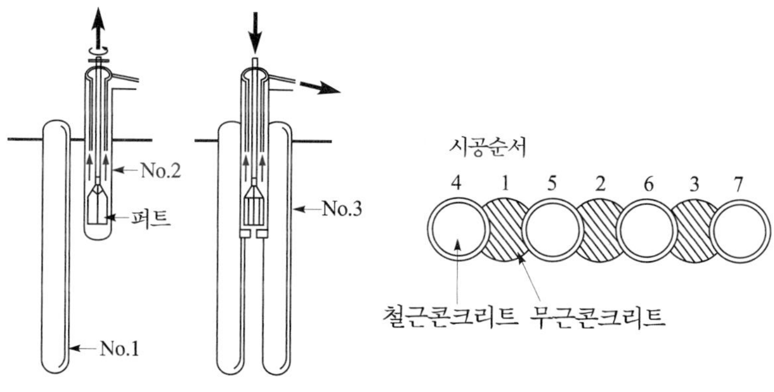

ICOS공법 시공 순서

4. 프리팩트콘크리트말뚝공법

1) 개요

프리팩트콘크리트말뚝공법(Prepacked Concrete Pile Method)은 지중에 관을 박고 그 속에 자갈을 채운 후 주입관을 이용하여 유동성이 좋은 모르타르를 압입하여 제자리콘크리트 말뚝을 구성하는 흙막이공법이다.

2) 종류

(1) CIP공법

CIP공법(Cast in Place Pile Method)은 보링기로 지반을 천공한 후 조립된 철근 및 조골재를 공내에 채우고 모르타르를 주입하여 현장에서 말뚝을 조성하는 흙막이공법이다.

(2) PIP공법

PIP공법(Packed in Place Pile Method)은 스크루오거(Screw Auger)로 지반을 천공하고 흙과 오거를 끌어올리면서 오거 선단을 통하여 모르타르를 주입하여 현장에서 말뚝을 조성하는 흙막이공법이다.

(3) MIP공법

① MIP공법(Mixed in Place Pile Method)은 굴착한 구멍 및 주위의 자연토질과 시멘트 경화제를 오거 등으로 혼합하여 소일시멘트화(Soil Cement) 하고 그 속에 H형강 등을 삽입하여 현장에서 말뚝을 조성하는 흙막이공법이다.

② 흙과 모르타르를 혼합하여 소일콘크리트말뚝(Soil Concrete Pile)을 형성하는 공법이다.

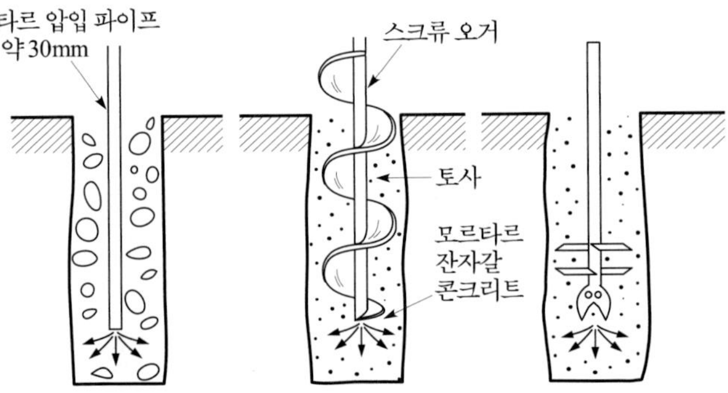

3) 시공 62)

① 나선철근 및 띠철근과 주철근의 교차점은 결속선으로 고정시키고 주철근의 길이 1 m 이내마다 점용접을 한다.

② 굵은골재를 투입할 때나 모르타르를 주입할 때에 흙과 모래가 혼입되지 않도록 하며 필요에 따라서는 케이싱 등을 사용한다.

③ 굴착 후 철근 또는 철골을 삽입한 다음에는 모르타르 주입관을 넣고 그 사이에 자갈을 채운다.

④ 모르타르 주입관의 이음은 방수를 하고, 관의 끝부분은 항상 주입 모르타르의 표면 이하에 두고 관내에 물이 침입하지 않도록 배려한다.

⑤ 구멍 안에 자갈을 채운 후 주입관을 이용하여 밑에서부터 모르타르를 주입하는데, 모르타르 주입 전에 자갈에 물기가 없을 경우에는 물을 부어 자갈이 물에 잠기도록 하고,

62) KCS 11 50 30 특수기초(3.2), 국토교통부, 한국지반공학회, 2021.

모르타르 주입 완료 시에는 말뚝머리 부분에 굵은골재를 두께 500 mm 이상 여분으로 넣은 뒤 철판으로 누르고 그 후에 모르타르가 굳으면 떼어낸다.

⑥ 말뚝 매 1개의 모르타르 주입작업은 중단하지 않고 완료하여야 한다.

⑦ 모르타르를 주입할 때의 채움 상승속도는 매분 1 m 이하로 한다.

5. 소일시멘트벽체공법

① 소일시멘트벽체공법(Soil Cement Wall Method)은 오거 형태의 굴착과 함께 원지반에 시멘트계 결합재를 혼합, 교반시키고 필요시에 H형강 등의 응력분담재를 삽입하여 조성하는 주열식 현장 벽체를 조성하는 흙막이공법이다.

② 일종의 MIP공법이며, SCW공법이라고 한다.

2 탑다운공법

1. 개요

① 탑다운공법(Top Down Method)은 지하연속벽(Slurry Wall)에 의해 지하층 외부의 옹벽과 지하층 기둥을 토공사에 앞서 시공한 후 1층의 슬래브를 시공한다. 완성된 1층의 슬래브를 버팀대로 이용하여 지하구조물의 시공 순서를 지상에서부터 시작하여 점차 깊은 지하로 진행하여 완성하면서 동시에 지하층도 완성해가는 공법이다.

② 탑다운공법을 역구축공법 또는 역타설공법이라고도 한다.

2. 시공 순서(완전역구축공법)

순 서	내 용
1단계	① 지하연속벽 완성 ② 강관 케이싱을 설치하여 크램쉘 등을 이용하여 굴착 후 강구조 기둥을 설치 ③ 지상에서 기초철근을 조립하여 설치한 후 콘크리트 타설 ④ 지상 1층 슬래브 콘크리트 타설
2단계	① 지하 1층 굴착 및 작업완료 ② 타워크레인 설치 및 지상구조물 작업준비
3단계	① 지하 2, 3층 슬래브 작업완료 후 지하 4층 굴착작업　② 지상 5층 작업완료
4단계	① 지하 작업완료　② 지상 작업완료

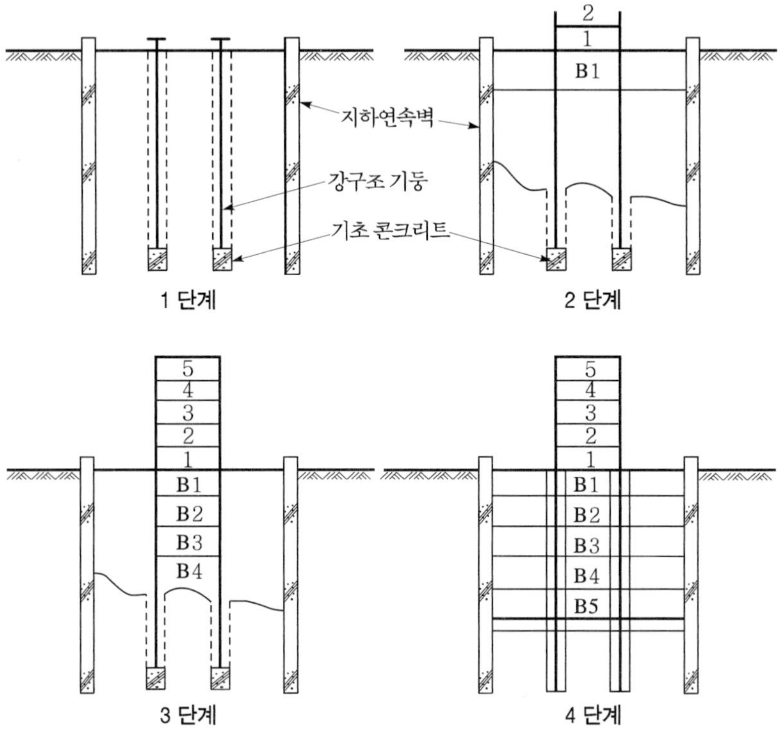

3. 특징

장 점	단 점
① 지상과 지하의 동시작업으로 공기단축이 가능하다. ② 전천후 시공이 가능하다. ③ 1층의 슬래브를 선시공함으로써 작업 공간으로 활용 가능하다. ④ 인접 건물에 악영향이 적다. ⑤ 굴착소음을 방지한다. ⑥ 분진을 방지한다. ⑦ 흙막이의 우수한 안전성이 확보된다.	① 지하층 밑에서 작업하므로 작업능률이 저하된다. ② 정밀한 시공계획이 필요하다. ③ 공사비 증대가 우려된다. ④ 지하공사 시 환기 및 전기시설이 필수적이다.

3 SPS공법

① SPS공법(Strut as Permanent System Method)은 지하연속벽에 의해 지하층 외부의 옹벽과 지하층 기둥을 토공사에 앞서 완료하고 1층의 강구조 보를 시공한 후 이를 스트럿(Strut, 버팀대)으로 활용하여 스트럿(버팀대)의 해체 없이 영구적인 강구조 지하구조물을 완료하는 동시에 지하층 및 지상층 공사를 병행하는 공법이다. 63)

② 탑다운공법과의 차이는 탑다운공법은 1층의 슬래브를 완성시킨 후 이를 버팀대로 활용하여 지상층과 지하층을 동시에 완성하는 반면, SPS공법은 1층의 보는 완성시키고 1층의 슬래브는 부분적으로 완성시킨 후 1층의 보를 버팀대로 활용하여 지하층을 완성시킨 이후 지상층을 완성시킨다.

4 건설지원장비

1. 기계화 시공

1) 건설지원장비의 개요 및 목적

(1) 개요 64)

① 건설기계란 건설공사에 사용되는 모든 기계를 말하며 공사의 효율성을 위해 공사규모, 시공방법, 작업능률, 공사기간, 현장조건 등을 조사하여 기계를 선정해야 한다.

② 건설장비는 건설현장에서 사용하는 동력을 활용하는 기계중 양중장비, 토공장비, 하역운반장비, 콘크리트 및 아스팔트 다짐장비 등이다.

(2) 기계화 시공의 목적

① 공기단축 ② 공비절감

③ 품실향상

2) 기계화 시공의 필요성 및 특징

(1) 기계화 시공의 필요성

① 건물의 대형화 ② 건물의 고층화

③ 노동력 절감의 필요성 ④ 시공 생산성 향상

63) 건축기술지침, 대한건축학회, 대우건설, 공간예술사, 2006.
64) KCS 21 20 10 건설지원장비(1.3), 국토교통부, 한국가설협회, 2019.

(2) 기계화 시공의 특징

장 점	단 점
① 공기단축 ② 공비절감 ③ 품질향상 ④ 인력으로 불가능한 공사 해소 ⑤ 노동력 절감	① 기계구입비 고가 ② 숙련된 운전자 필요 ③ 수리설비가 필요 ④ 소규모 공사에서는 인력시공보다 고가

2. 양중장비 65)

① 양중작업은 동일 작업장 내의 한 위치에서 다른 위치로 중량물을 이동시키기 위해 필요한 작업을 말하며, 양중장비는 양중작업에 필요한 장비이다.

② 대표적인 양중장비로는 타워크레인, 이동식 크레인 등이 있다.

③ 이동식 크레인은 스스로 이동할 수 있는 크레인으로 동력을 사용하여 중량물을 매달아 상하 및 좌우로 양중작업을 하는 크레인을 말한다.

④ 이동식 크레인의 종류로는 트럭크레인, 트럭탑재형크레인(카고크레인), 크롤러크레인 등이 있다.

⑤ 고정식 크레인은 스스로 이동할 수 없는 크레인으로 한 곳에 고정되어 설치한 크레인을 말한다. 고정식 크레인을 정치식 크레인이라고도 한다.

⑥ 고정식 크레인의 종류로는 타워크레인, 지브크레인, 호이스트크레인 등이 있다.

⑦ 양중작업은 2인 1조가 원칙이다.

3. 작업자 탑승장비 66)

1) 개요

① 고소작업대 또는 고소작업차와 같이 사람을 작업 위치로 이동시켜 주는 장비이다.

② 고소작업은 공사현장에서 높은 곳에서 하는 작업을 말한다.

2) 고소작업대

① 고소작업대(MEWP)는 작업대, 연장구조물, 차대로 구성되며, 건설 현장 등 여러 가지 작업 현장에서 높은 곳의 작업위치로 사람을 이동시켜주는 장비이다.

65) KCS 21 20 10 건설지원장비 (3.2), 국토교통부, 한국가설협회, 2019.
66) KCS 21 20 10 건설지원장비 (3.3), 국토교통부, 한국가설협회, 2019.

② 고소작업대와 고소작업차 작업자는 안전대, 안전모 등 보호구를 착용하여야 한다.

3) 건설용 리프트

건설용 리프트는 짐을 싣는 운반기, 운반기의 승강로탑, 운반기의 승강장치, 제어장치 등으로 구성된다.

4. 토공장비

1) 굴삭용 장비

(1) 개요

굴삭기는 토목, 건축 등의 건설현장에서 땅을 파는 굴삭작업, 토사를 운반하는 적재작업, 건물을 해체하는 파쇄작업, 지면을 정리하는 정지작업 등의 작업을 행하는 건설기계이다. 굴착기라고도 한다.

(2) 종류

종 류	특 징
파워쇼벨 (Power Shovel)	① 기계가 위치한 지반보다 높은 곳을 굴착한다. ② 굴착 깊이는 2 m 정도이다. ③ 경질지반 굴착에 적당하다.
드래그쇼벨 (Drag Shovel) = 백호(Back Hoe)	① 기계가 위치한 지반보다 낮은 곳을 굴착한다. ② 굴착 깊이는 5~8 m 정도이다. ③ 경질지반 굴착에 적당하다.
크램쉘 (Clam Shell)	① 좁은 곳을 수직 굴착한다. ② 낮은 곳의 흙을 좁고 깊게 판다. ③ 지하연속벽공사에 사용한다. ④ 굴착 깊이는 최대 18 m 정도이다. ⑤ 연약지반, 사질도지반 굴착에 적당하다.
드래그라인 (Dragline)	① 지반보다 낮은 연질의 흙을 긁어모으거나 판다. ② 넓은 범위의 수직굴착에 유리하다. ③ 굴착 깊이는 8 m이다. ④ 연약지반 굴착에 적당하다.
트렌처 (Trencher)	① 일정한 폭의 구멍이를 연속으로 판다. ② 좁고 깊은 도랑파기에 적당하다.

파워쇼벨

드래그쇼벨(백호)

크램쉘

크램쉘 버킷

드래그라인

트렌쳐

2) 상차용 장비

(1) 개요

상차기는 토목, 건축 등의 건설현장에서 자동차 등에 흙이나 돌 등의 짐을 싣거나 부리는데 쓰이는 건설기계이다.

(2) 종류

종 류	특 징
로더 (Loader)	로더는 굴착한 토사의 상차작업을 한다.
포크리프트 (Forklift)	포크리프트는 창고하역, 벽돌, 목재 등을 나르는 지게차이다.

로더

포크리프트

3) 배토 · 정지용 장비

(1) 개요

배토기는 토목, 건축 등의 건설현장에서 흙을 모아 북돋아 주는데 쓰이는 건설기계이고, 정지기는 토목, 건축 등의 건설현장에서 땅을 고르게 하는데 쓰이는 건설기계이다.

(2) 종류

종 류	특 징
불도저 (Bulldozer)	① 운반거리 50~60 m 이하의 배토작업을 한다. ② 최대 운반거리는 100 m이다.
그레이더 (Grader)	땅고르기(노면정리, 정지)를 한다.
스크레이퍼 (Scraper)	① 흙을 긁어모아 적재하여 토사운반을 한다. ② 운반거리는 100~150 m이다.

불도저

그레이더

스크레이퍼

4) 다짐용 장비

(1) 개요

다짐용 장비는 지반 밀도를 증대시키고 흡수성을 적게 하기 위한 다지기에 사용된다.

(2) 종류

① 롤러(Roller) ② 램머(Rammer)

③ 플레이트컴팩터(Plate Compactor)

롤러

램머

플레이트컴팩터

5) 운반용 장비

(1) 개요

운반기는 토목, 건축 등의 건설현장 또는 하역 작업 등에서 물건을 옮기는데 쓰이는 건설기계이다.

(2) 종류

① 비자주식

종 류	내 용
엘리베이터타워 (Elevator Tower)	엘리베이터타워는 엘리베이터를 이용하여 공사재료 등을 수직으로 운반한다.
컨베이어 (Conveyor)	컨베이어는 공사재료 등을 수직 또는 경사로 운반한다. 종류로는 벨트컨베이어와 스크루컨베이어가 있다.

② 자주식

종 류	내 용
덤프트럭 (Dump Truck)	덤프트럭은 적재함에 적재물을 기동성 있게 운반할 수 있는 운반장비이고, 짐을 자동으로 내릴 수 있다.
트레일러 (Trailer)	트레일러는 건설기계 등의 중량물을 적재하여 운반할 수 있는 운반장비이다.
트랙터 (Tractor)	트랙터는 비교적 소규모의 중량물을 운반할 수 있는 운반장비이다.

덤프트럭

트레일러

트랙터

6) 크레인 부착장비

① 파일드라이버

② 드래그라인

③ 크램쉘

④ 파워쇼벨

⑤ 드래그쇼벨(백호)

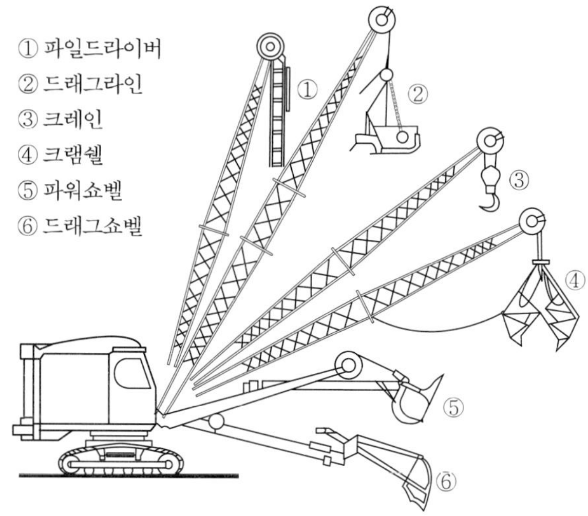

5 계측관리

1. 개요

흙막이벽의 불균일과 지반 및 지하수의 불확실성으로 인해 설계와 시공의 차이가 발생할 수 있으므로 공사장과 주위 구조물의 안전을 위해 지속적인 계측관리가 필요하다.

2. 계측관리 항목 및 기기

관리항목	관리내용	측정기기
지반	토질, 지반의 구성	육안
지하수	지하수위측정	Water Level Meter(지하수위계)
	간극수압측정	Piezometer(간극수압계)
	보일링, 파이핑	육안
주변	도로, 매설관, 주변 지반, 주변 건물의 침하	Surface Settlement(지표침하계)
	주변 건물의 경사	Tiltmeter(건물경사계)
	주변 건물의 균열	Crack Meter(균열측정계)
	주변 지중구조물의 침하	Extensometer(지중침하계)
	주변 지반의 수평이동	Transit(트랜싯)

관리항목	관리내용	측정기기
흙막이벽	측압, 수동토압	Earth(Soil) Pressure Gauge(토압계)
	두부변형, 침하	Transit(트랜싯), Surface Settlement(지표침하계)
	중간부 변형	Inclinometer(지중경사계)
	응력	Strain Gauge(변형률 측정계, 변형계)
지보공	버팀대 축력	Load Cell(축력계)
	버팀대 온도	온도계
	버팀대, 띠장의 변형, 지지말뚝의 침하, 올라옴	Surface Settlement(지표침하계)

주1 간극수압은 흙이나 암석 내의 공극을 채운 물에 작용하는 압력이다.

3. 건축공사 중의 계측

1) 건축공사 중 계측은 기울기, 변위, 하중, 침하 등을 계측한다.

2) 건축공사 중 기준에서 명시하는 계측의 종류는 다음과 같다. [67]

① 장경간 구조물에서 처짐 관리가 필요한 건물의 처짐 계측

② 초고층 건물에서 기둥의 축소량 계측

③ 구조물의 안전에 유해한 것으로 의심되는 균열발생 시 균열계측

④ 굴착공사, 진동 등의 영향으로 주변 건물에 손상 발생 또는 손상발생 우려 시 주변 건물에 대한 계측

⑤ 큰 응력이 발생하는 매우 중대한 구조부재의 응력 계측

⑥ 매우 중요한 건축물의 주요 구조부재에 대한 변형률 계측

67) KCS 11 10 15 시공 중 지반계측(9.1), 국토교통부, 한국지반공학회, 2016.

필수 연습문제

제9장 지하연속벽 흙막이, 탑다운공법, 토공장비 및 계측관리

1. 다음 공법 중 지하연속법공법이 아닌 것은?

㉮ 소일콘크리트공법
㉯ CIP공법
㉰ PIP공법
㉱ 어스앵커공법

2. 다음 공법 중 지하연속벽공법이 아닌 것은?

㉮ 슬러리월(Slurry Wall)공법
㉯ CIP(Cast In Place Pile)공법
㉰ PIP(Packed In Place Pile)공법
㉱ 어스앵커(Earth Anchor)공법

3. 다음 흙막이공법 중 흙막이 자체가 지하 본 구조물의 옹벽을 형성하는 것은?

㉮ H-Pile 및 토류판
㉯ 소일네일링공법(Soil Nailing)
㉰ 시멘트주열벽(Soil Cement Wall)
㉱ 지하연속벽(Slurry Wall)

4. 다음 중 지하연속벽공법의 특징으로 맞는 것은?

㉮ 인접 건물의 경계선까지 시공이 불가능하다.
㉯ 흙막이벽은 벽의 길이에 제한이 있다.
㉰ 시공 시의 소음·진동이 크다.
㉱ 흙막이벽은 깊은 지층까지 조성할 수 있다.

1. ㉱
어스앵커공법은 지하연속벽공법이 아닌 흙막이 오픈컷 공법 중의 하나이다.

2. ㉱
어스앵커공법은 지하연속벽공법이 아닌 흙막이 오픈컷 공법 중의 하나이다.

3. ㉱
① 슬러리월공법은 지하연속벽공법의 한 종류이다.
② 슬러리월공법은 진동, 소음이 낮고 주변 지반에 대한 영향도 적으므로 도심시 공사에 많이 적용하고 있으며, 최근에는 지수 및 흙막이벽의 이용에 그치지 않고 구조체 및 기초말뚝으로 이용되고 있다.

4. ㉱
① 지하연속벽공법은 도심 근접 시공에 유리하다.
② 흙막이벽의 자유로운 형상, 치수가 가능하다.
③ 저소음, 저진동이다.
④ 흙막이벽은 깊은 심도까지 가능하다.

5. 지하연속벽공법 중 슬러리월의 특징으로 옳은 것은?
   ㉮ 인접 건물의 경계선까지 시공이 불가능하다.
   ㉯ 주변 지반에 대한 영향이 크다.
   ㉰ 시공 시의 소음·진동이 크다.
   ㉱ 일반적으로 차수효과가 뛰어나다.

5. ㉱
지하연속벽공법은 일반적으로 차수효과가 뛰어나다.

6. 지하연속벽(Slurry Wall)에 관한 설명으로 옳지 않은 것은?
   ㉮ 차수성이 우수하다.
   ㉯ 비교적 지반조건에 좌우되지 않는다.
   ㉰ 소음·진동이 적고, 벽체의 강성이 높다.
   ㉱ 공사비가 다른 공법에 비하여 저렴하고 공기가 단축된다.

6. ㉱
지하연속벽공사의 공사비는 다른 공법에 비해 고가이다.

7. 지하연속벽공법(Slurry Wall Method)에 관한 내용으로 옳지 않은 것은?
   ㉮ 저진동, 저소음으로 공사가 가능하다.
   ㉯ 주변 지반에 대한 영향이 크고, 인접 건물에 피해를 줄 수 있다.
   ㉰ 통상적인 흙막이공사와 비교하면 대체로 공사비가 높다.
   ㉱ 지반굴착 시 안정액을 사용한다.

7. ㉯
지하연속벽공법은 주변 지반에 대한 영향이 적고, 인접 건물에 피해가 적다.

8. 지하연속벽공법 중 슬러리월(Slurry Wall)에 대한 특징으로 옳지 않은 것은?
   ㉮ 시공 시 소음·진동이 크다.
   ㉯ 인접 건물의 경계선까지 시공이 가능하다.
   ㉰ 주변 지반에 대한 영향이 적고 차수효과가 확실하다.
   ㉱ 지반 굴착 시 안정액을 사용한다.

8. ㉮
지하연속벽공법은 시공 시 소음·진동이 적다.

9. 지하연속벽(Slurry Wall)에 관한 설명으로 옳지 않은 것은?
   ㉮ 차수성이 우수하다.
   ㉯ 비교적 지반조건에 좌우되지 않는다.
   ㉰ 소음·진동이 적고, 벽체의 강성이 높다.
   ㉱ 공사비가 타공법에 비하여 저렴하고 공기가 단축된다.

9. ㉱
지하연속벽은 공사비가 타공법에 비하여 고가이다.

10. 지하연속벽공법의 일종인 슬러리월의 특징이 아닌 것은?
   ㉮ 인접 건물에 근접해서 시공이 가능하다.
   ㉯ 장비가 저가이다.
   ㉰ 고도의 기술과 경험이 필요하다.
   ㉱ 무소음·무진동공법이다.

10. ㉯
슬러리월공법은 장비가 고가이고 공사비가 고가이다.

11. 벤토나이트(Bentonite) 이수를 사용하여 일정폭의 도랑을 굴착하고 철근콘크리트로 연속적인 흙막이벽을 구축하는 공법은?

㉮ 지하연속벽공법
㉯ 앵커식 흙막이공법
㉰ 주열식 지하연속벽공법
㉱ 트렌치컷공법

12. 다음 중 지하연속법공법에 사용되지 않는 것은?

㉮ 벤토나이트(이수)　　㉯ 트레미관
㉰ 수중펌프　　㉱ 인터로킹파이프

13. 지하연속 흙막이공법인 슬러리월공범(Slurry Wall Method)과이 관련성이 가장 적은 것은?

㉮ 가이드월(Guide Wall)
㉯ 벤토나이트용액(Bentonite)
㉰ 파워쇼벨(Power Shovel)
㉱ 트레미관(Tremie Pipe)

14. 토공사에서 지하연속벽(Diaphragm Wall)에 대한 설명 중 옳지 않은 것은?

㉮ 지하연속벽의 최소 두께는 구조물의 응력 해석에 따라 0.6~1.5 m 또는 그 이상으로 결정한다.
㉯ 타설 콘크리트의 물시멘트비는 50 % 이하, 설계기준압축강도의 125 % 이상으로 한다.
㉰ 파내기 구멍은 수직으로 파며, 최대 허용오차는 1.0 % 이하로 한다.
㉱ 철근망과 트렌치 측면 사이는 최소 50 mm 정도의 콘크리트 피복이 유지되도록 시공한다.

15. 파이프 회전봉의 선단에 커터를 장치한 것으로 지중을 파고 다시 회전시켜 빼내면서 모르타르를 분출시켜 지중에 소일콘크리트 파일을 형성시킨 말뚝은?

㉮ TIP 파일　　㉯ CIP 파일
㉰ MIP 파일　　㉱ PIP 파일

11. ㉮
지하연속벽공법(슬러리월공법)은 벤토나이트용액을 이용하여 지반을 굴착하고 철근망을 삽입한 후 콘크리트를 타설하여 지중에 철근콘크리트 연속벽체를 구성하는 공법이다.

12. ㉰
지하연속벽공법(슬러리월공법)에는 벤토나이트용액, 가이드월, 엔드파이프(인터로킹파이프), 트레미관 등이 사용된다.

13. ㉰
지하연속벽공법(슬러리월공법)에는 벤토나이트용액, 가이드월, 엔드파이프(인터로킹파이프), 트레미관 등이 사용된다.

14. ㉱
철근망과 트렌치 측면 사이는 최소 80 mm 정도의 콘크리트 피복이 유지되도록 시공한다.

15. ㉰
MIP공법은 굴착한 구멍 및 주위의 자연토질과 시멘트 경화제를 오거 등으로 혼합하여 소일시멘트화 하고 그 속에 H형강 등을 삽입하여 현장에서 말뚝을 조성하는 공법이다.

16. 골재를 먼저 채워 넣고 모르타르를 주입하는 공법 중 땅속의 토사와 함께 비비면서 Soil concrete를 형성하는 말뚝은?

㉮ Cast-In-Place Pile
㉯ Packed-In-Place Pile
㉰ Compact-In-Place Pile
㉱ Mixed-In-Place Pile

16. ㉱

17. 지하구조물의 시공 순서를 지상에서부터 시작하여 점차로 깊은 지하로 진행하여 가면서 완성하는 공법은?

㉮ 역구축공법(Top Down Method)
㉯ 트렌치컷공법(Trench Cut Method)
㉰ 아일랜드공법(Island Method)
㉱ 오픈컷공법(Open Cut Method)

17. ㉮
역구축공법(탑다운공법)은 지하연속벽에 의해 1층 슬래브를 시공하고 완성된 1층 슬래브를 버팀대로 이용하여 지하구조물의 시공 순서를 지상에서부터 시작하여 점차 깊은 지하로 진행하여 완성하는 공법이다.

18. 역구축공법(Top Down Method)의 장점에 관한 내용으로 옳지 않은 것은?

㉮ 일체화 시공이 쉽다.
㉯ 흙막이로써 확실성이 보장된다.
㉰ 인접 지반의 변형을 최소화 할 수 있다.
㉱ 공기단축을 도모할 수 있다.

18. ㉮
역구축공법(탑다운공법)은 기둥, 벽 등 수직부재의 구조이음에 기술적 어려움이 있어 일체화 시공이 어렵다.

19. Top Down공법(역타설공법)에 대한 설명 중 옳지 않은 것은?

㉮ 지하와 지상 작업을 동시에 한다.
㉯ 주변 지반에 대한 영향이 적다.
㉰ 기둥 및 기초는 리버스(Reverse)공법이 많이 사용된다.
㉱ 수직부재 이음부 처리에 유리한 공법이다.

19. ㉱
역구축공법(탑다운공법)은 기둥, 벽 등 수직부재의 구조이음에 기술적 어려움이 있어 일체화 시공이 어렵다.

20. Top Down공법(역타설공법)의 장·단점에 대한 설명으로 옳지 않은 것은?

㉮ 소음, 진동이 적어 도심지 공사에 적합하다.
㉯ 상하 동시 공사 진행이 가능하므로 공기가 단축된다.
㉰ 기상 조건에 영향을 크게 받는다.
㉱ 기둥, 벽 등 수직부재 이음이 곤란하다.

20. ㉰
탑다운공법(역구축공법, 역타설공법)은 기상 조건에 영향을 받지 않아 전천후 시공이 가능하다.

21. 양중기계 중 이동식 크레인에 해당되는 것은?

㉮ 타워크레인　　㉯ 러핑크레인
㉰ 크롤러크레인　　㉱ 지브크레인

22. 다음 건설기계 중 정치식 크레인에 해당하지 않는 것은?

㉮ 타워크레인(Tower Crane)
㉯ 러핑크레인(Luffing Crane)
㉰ 지브크레인(Jib Crane)
㉱ 크롤러크레인(Crawler Crane)

23. 다음 중 수직 양중장비가 아닌 것은?

㉮ 포크리프트(Forklift)
㉯ 타워크레인(Tower Crane)
㉰ 호이스트카(Hoist Car)
㉱ 지브크레인(Jib Crane)

24. 다음 굴삭기계 중 지반면보다 위에 있는 흙의 굴착에 가장 좋은 것은?

㉮ 파워쇼벨(Power Shovel)
㉯ 드래그라인(Dragline)
㉰ 크램쉘(Clam Shell)
㉱ 백호(Back Hoe)

25. 토공사에 쓰이는 굴착용 기계 중 기계가 서있는 지반면보다 위에 있는 흙의 굴착에 적합한 장비는?

㉮ 파워쇼벨(Power Shovel)
㉯ 드래그라인(Dragline)
㉰ 드래그쇼벨(Drag Shovel)
㉱ 클램셸(Clam Shell)

26. 기계가 위치한 곳보다 높은 곳의 굴착에 적당한 것은 어느 것인가?

㉮ Power Shovel　　㉯ Dragline
㉰ Back Hoe　　㉱ Scraper

21. ㉮

① 이동식 크레인의 종류로는 트럭크레인, 트럭탑재형크레인(카고크레인), 크롤러크레인 등이 있다.
② 고정식 크레인의 종류로는 타워크레인, 지브크레인, 호이스트크레인 등이 있다.

22. ㉱

정치식(고정식) 크레인의 종류로는 타워크레인, 지브크레인, 호이스트크레인 등이 있다. 크롤러크레인은 이동식 크레인이다.

23. ㉮

포크리프트는 상차용 장비이며, 창고하역, 벽돌, 목재 등을 나르는 지게차이다.

24. ㉮

파워쇼벨은 기계가 서 있는 지반보다 높은 곳의 굴착에 적당하다.

25. ㉮

파워쇼벨은 기계가 서 있는 지반보다 높은 곳의 굴착에 적당하다.

26. ㉮

파워쇼벨은 기계가 서 있는 지반보다 높은 곳의 굴착에 적당하다.

27. 굴삭기계 중 지반보다 3 m 정도 높은 곳의 굴착과 5~6 m 정도의 낮은 곳 굴착에 사용되는 굴삭기계가 알맞게 조합된 것은?

㉮ 파워쇼벨(Power Shovel) – 드래그쇼벨(Drag Shovel)
㉯ 클램쉘(Clam Shell) – 드래그라인(Dragline)
㉰ 앵글도저(Angle Dozer) – 스크레이퍼(Scraper)
㉱ 그레이더(Grader) – 드래그쇼벨(Drag Shovel)

27. ㉮

① 파워쇼벨은 기계가 서 있는 지반보다 높은 곳의 굴착에 적당하다.
② 드래그쇼벨은 기계가 서 있는 지반보다 낮은 곳의 굴착에 적당한다.

28. 토공사용 기계에 관한 기술 중 옳지 않은 것은?

㉮ 파워쇼벨(Power Shovel)은 매우 깊게 팔 수 있는 기계로써 보통 약 3 m까지 팔 수 있다.
㉯ 드래그라인(Dragline)은 기계를 설치한 지반보다 낮은 장소 또는 수중을 굴착하는 데 사용된다.
㉰ 불도저(Bulldozer)는 일반적으로 흙의 표면을 밀면서 깍아 단거리 운반을 하거나 정지를 한다.
㉱ 크램쉘(Clam Shell)은 수직굴착 등 일반적으로 협소한 장소의 굴착에 적합한 것으로 자갈 등의 적재에도 사용된다.

28. ㉮

파워쇼벨은 기계가 서 있는 지반보다 높은 곳의 굴착에 적당하고, 굴착 깊이는 2 m 정도이다.

29. 지하연속벽과 같이 좁고 깊은 곳까지 굴착을 필요로 할 때 가장 적합한 굴착장비는?

㉮ 파워쇼벨(Power Shovel)
㉯ 드래그쇼벨(Drag Shovel)
㉰ 크램쉘(Clam Shell)
㉱ 스크레이퍼(Scraper)

29. ㉰

크램쉘은 좁은 곳의 수직 굴착에 적당한 토공사의 굴삭기계이다.

30. 토사를 파내는 형식으로 깊은 흙파기용, 흙막이의 버팀대가 있어 좁은 곳, 케이슨(Caisson) 내의 굴착 등에 적합한 기계는?

㉮ 드래그쇼벨(Drag Shovel)
㉯ 드래그라인(Dragline)
㉰ 앵글도저(Angle Dozer)
㉱ 크램쉘(Clam Shell)

30. ㉱

크램쉘은 좁은 곳의 수직 굴착에 적당한 토공사의 굴삭기계이다.

31. 수직굴착, 수중굴착 등에 사용되는 깊은 흙파기용이며, 연약지반에 적당한 흙파기용 기계는?

㉮ 백호　　　㉯ 크램쉘
㉰ 그레이드　　　㉱ 드래그라인

31. ㉯

크램쉘은 좁은 곳의 수직굴착에 유리하며 연약지반 및 사질토지반의 굴착에 적당하다.

32. 토사를 파내는 형식으로 좁은 곳의 수직굴착 등에 적합한 건설기계는?

㉮ 모터그레이더(Motor Grader)
㉯ 드래그라인(Dragline)
㉰ 앵글도저(Angle Dozer)
㉱ 클램쉘(Clam Shell)

32. ㉱

크램쉘은 좁은 곳의 수직굴착에 유리하며 연약지반 및 사질토지반의 굴착에 적당하다.

33. 다음에 기술한 건설기계와 작업의 종류가 가장 부적당하게 짝지어진 것은?

㉮ 불도저 – 굴착
㉯ 백호 – 정지
㉰ 파워쇼벨 – 굴착
㉱ 그레이더 – 고르기

33. ㉯

① 드래그쇼벨(백호)는 굴삭용이다.
② 배토 및 정지용으로는 불도저, 그레이더, 스크레이퍼 등이 있다.

34. 건설기계 중 다지기 기계가 아닌 것은?

㉮ 탠덤 롤러(Tandem Roller)
㉯ 소일 콤팩터(Soil Compactor)
㉰ 램머(Rammer)
㉱ 크램쉘(Clam Shell)

34. ㉱

크램쉘은 좁은 곳의 수직굴착에 적당한 토공사의 굴삭기계이다.

35. 토공사에서 활용되는 다짐용 기계장비가 아닌 것은?

㉮ 머캐덤 롤러
㉯ 캠핑 롤러
㉰ 램머
㉱ 파워쇼벨

35. ㉱

파워쇼벨은 기계가 서 있는 지반보다 높은 곳의 굴착에 적당한 굴착용 장비이다.

36. 앞뒤 바퀴의 중앙부에 흙을 깎고 미는 배토판을 장착한 것으로, 주로 노반정지작업에 쓰이는 기계는?

㉮ 모터그레이더(Motor Grader)
㉯ 드래그라인(Dragline)
㉰ 트랙터쇼벨(Tractor Shovel)
㉱ 백호(Back Hoe)

36. ㉮

모터그레이더는 배토·정지용 장비이다.

37. 다음 각종 건설기계에 관한 설명 중 옳지 않은 것은?

㉮ 타워크레인은 골조공사의 거푸집, 철근 양중에 주로 사용된다.
㉯ 파워쇼벨은 위치한 지면보다 높은 곳의 굴착에 적합하다.
㉰ 스크레이퍼는 굴착, 적재, 운반, 정지 등의 작업을 연속적으로 할 수 있는 중·장거리용 토공기계이다.
㉱ 바이브레이팅롤러(Vibrating Roller)는 콘크리트 다지기에 사용된다.

37. ㉱

바이브레이팅롤러는 사질토나 자갈 등의 토공사 다짐용 장비이다.

38. 시공기계에 관한 다음 기술 중 옳지 않은 것은?

㉮ 타워크레인은 고층 건물의 건설용으로 사용되고 있는 것이 많다.
㉯ 백호(Back Hoe)는 기계몸체의 설치위치보다 낮은 곳을 파는 데 적합하다.
㉰ 가이데릭은 강구조물 세우기공사에 사용된다.
㉱ 바이브레이션롤러(Vibration Roller)는 콘크리트치기 할 때 다지기에 사용한다.

38. ㉱
바이브레이션롤러는 지반의 밀도를 증대시키고 흡수성을 적게 하기 위한 토공사 다짐용 기계이다.

39. 다음 중장비 중에서 토공사용 장비가 아닌 것은?

㉮ 불도저(Bulldozer)
㉯ 트럭크레인(Truck Crane)
㉰ 그레이더(Grader)
㉱ 스크레이퍼(Scraper)

39. ㉯
트럭크레인은 양중장비이다.

40. 다음 건설공사용 기계 중 크레인(Crane)에 부착할 수 없는 것은?

㉮ 드래그라인
㉯ 크램쉘
㉰ 파일드라이버
㉱ 스크레이퍼

40. ㉱
• 크레인 부착장비
① 파일드라이버
② 드래그라인
③ 크램쉘
④ 파워쇼벨
⑤ 드래그쇼벨(백호)

41. 건축물의 터파기공사 시에 실시하는 계측의 항목과 계측기를 연결한 것이다. 틀린 것은?

㉮ 지하수의 수압 – 수위계
㉯ 흙막이벽의 측압, 수동토압 – 토압계
㉰ 흙막이벽의 중간부 변형 – 경사계
㉱ 흙막이벽의 응력 – 변형계

41. ㉮
① 지하수위측정은 Water Level Meter(지하수위계)로 계측한다.
② 간극수압측정은 Piezometer(간극수압계)로 계측한다.

42. 지하층 굴착공사 시 사용되는 계측장비의 계측내용을 연결한 것 중 옳지 않은 것은?

㉮ 간극수압 – Piezometer
㉯ 인접 건물의 균열 – Crack Gauge
㉰ 지반의 침하 – Inclinometer
㉱ 흙막이의 변형 – Strain Gauge

42. ㉰
① 지반의 침하는 Surface Settlement(지표침하계)로 계측한다.
② 지중 수평변위는 Inclinometer(지중경사계)로 계측한다.

43. 계측관리 항목 및 기기에 관한 설명으로 옳지 않은 것은?

㉮ 흙막이벽의 응력은 변형계(Strain Gauge)를 이용한다.

㉯ 주변 건물의 경사는 건물경사계(Tiltmeter)를 이용한다.

㉰ 지하수의 간극수압은 지하수위계(Water Level Meter)를 이용한다.

㉱ 버팀보, 앵커 등의 축하중 변화 상태의 측정은 하중계(Load Cell)를 이용한다.

43. ㉰

① 지하수의 간극수압 측정은 Piezometer(간극수압계)를 이용한다.

② 지하수위 측정은 Water Level Meter(지하수위계)를 이용한다.

44. 건축물의 터파기공사 시 실시하는 계측의 항목과 계측기를 연결한 것으로 옳지 않은 것은?

㉮ 지하수의 수압 – 트랜싯

㉯ 흙막이벽의 측압, 수동토압 – 토압계

㉰ 흙막이벽의 중간부 변형 – 경사계

㉱ 흙막이벽의 응력 – 변형계

44. ㉮

① 지하수의 간극수압 측정은 Piezometer(간극수압계)를 이용한다.

② Transit(트랜싯)은 주변 지반의 수평이동을 계측한다.

45. 계측관리 항목 및 기기가 잘못 짝지어진 것은?

㉮ Earth Pressure Cell – 가시설 벽체에 가해지는 로드의 추이를 측정

㉯ Water Level Meter – 지하수위 변화를 실측

㉰ Tiltmeter – 인접 건축물의 벽체나 슬래브 바닥에 설치하여 구조물의 변형 상태를 측정

㉱ Load Cell – 흙막이벽의 응력변화 측정

45. ㉱

Load Cell(축력계)은 버팀대 등의 축력 계측용이다.

46. 기성콘크리트말뚝 지지력 판단방법 중 동재하시험(Pile Dynamic Analysis, PDA)은 항타 시 말뚝 몸체에 발생하는 응력과 속도를 분석 측정하여 말뚝 지지력을 결정하는 방법이다. 다음 중 이 시험과 가장 거리가 먼 계측기기는?

㉮ 가속도계(Accelerometer)

㉯ 변형률계(Strain Transducer)

㉰ 항타분석기(Pile Drive Analyzer)

㉱ 지중수평변위계(Inclinometer)

46. ㉱

Inclinometer(지중경사계)는 흙막이벽 등의 중간부 변형을 계측하는데 사용된다.

PART IV

지정 및 기초공사

제10장

부동침하, 부력 및 기초와 지정

1 부동침하

1. 개요

1) 정의

부동침하(不同沈下)는 구조물의 기초지반이 침하함에 따라 구조물의 여러 부분에서 불균등하게 침하를 일으키는 현상이다. 부등침하(不等沈下)라고도 한다.

2) 원인

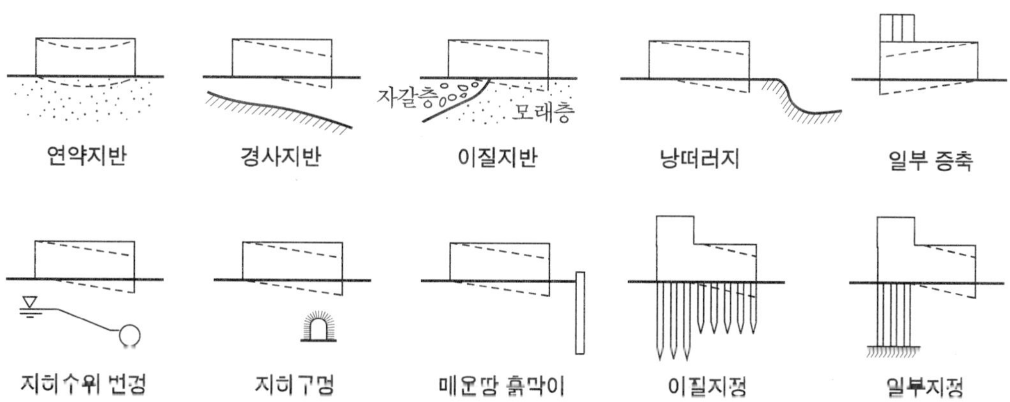

2. 방지대책

구 분	내 용
상부구조에 대한 대책	① 건물을 경량화 할 것 ② 이웃건물의 거리를 넓게 할 것 ③ 건물의 평면길이를 짧게 할 것 ④ 건물의 중량을 균등 배분할 것 ⑤ 건물의 강성을 높일 것
기초구조에 대한 대책	① 마찰말뚝을 사용할 것 ② 지하실을 설치할 것 ③ 경질지반에 지지할 것 ④ 복합기초를 사용할 것
지반에 대한 대책	치환법, 탈수법, 다짐법, 주입법, 동결법 및 선행재하법 등의 연약지반개량공법으로 지반의 성질을 개량한다.

3. 언더피닝공법

1) 개요

언더피닝공법(Underpinning Method)은 기존 건축물 가까이에서 신축공사를 하고자 할 때, 기존 건축물의 지반과 기초를 보강하거나 새로운 기초를 삽입하는 공법이다.

2) 종류

① 2중널말뚝공법
② 현장타설콘크리트말뚝공법
③ 강재말뚝공법
④ 모르타르 및 약액주입공법

현장타설콘크리트말뚝으로 보강

언더피닝을 위해 들어 올린 모습

철근콘크리트 기초보로 보강

강재말뚝으로 보강

2 부력

1. 개요

건축물의 하부에 존재하는 지하수위보다 건축물 밑면의 위치가 더 낮게 되면 건축물 밑면에 양압력(부력)이 작용하게 되고, 이 양압력보다 건축물의 기초바닥에 작용하는 상부하중이 적으면 건축물이 부상하게 된다.

2. 방지대책

1) 영구배수공법

영구배수공법은 구조물 하부로 침투 유입되는 지하수를 강제로 영구히 배수하는 방법이다.

2) 사하중공법

사하중공법은 기초 슬래브 상부의 하중을 증가시켜 구조물 자중이 부력보다 크도록 하는 방법이다.

3) 부력방지용 영구앵커공법

부력방지용 영구앵커공법은 건물의 순수자중과 마찰력이 부력보다 작은 경우, 그 차이의 부력만큼을 기초바닥 아래 암반층에 부상방지용 록앵커(Rock Anchor)를 설치하여 강제적으로 저항시키는 방법이다.

4) 인장파일공법

인장파일공법은 소형 시공장비를 사용할 수 있는 미니파일(마이크로파일)을 마찰말뚝처럼 사용하여 지반의 강성을 높여 지반보강을 통해 부력을 방지하는 방법이다.

3 기초공사

1. 정의

1) 기초공사

기초공사는 구조물의 하중을 지반으로 전달시키는 역할을 하는 기초구조물의 시공과 관련된 공사이다.

2) 지정 및 기초의 정의

구 분	내 용
기초슬래브(기초판)	기초슬래브는 상부구조의 응력을 지반 또는 지정에 전달하는 구조부분이다.
지 정	① 지정은 기초슬래브를 지지하기 위한 것으로 잡석, 말뚝 등이 있다. ② 기초판 하부에 보강한 구조부분이다.
기 초	① 기초는 기초슬래브와 지정을 총칭한 것으로 기초구조라고도 한다. ② 건축물의 최하부에서 상부하중을 받아 지반에 안전하게 전달하는 구조부분이다.

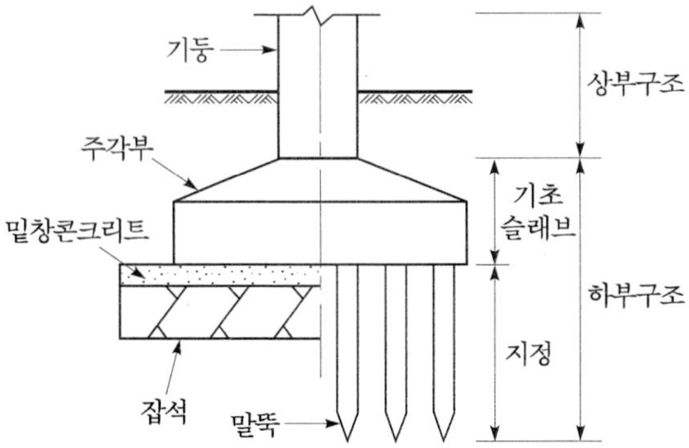

2. 기초의 분류

1) 기초판 형식에 따른 분류

구 분	내 용
독립기초	독립기초는 기둥 하나에 기초판이 하나인 기초이다.
복합기초	복합기초는 2개 이상의 기둥을 1개의 기초판에 받치게 한 기초이다.
연속기초 (줄기초, 벽기초)	① 연속기초는 벽 또는 일렬의 기둥을 연속된 기초판에 받치게 한 기초이다. ② 조적구조의 벽기초, 철근콘크리트 벽체의 연결기초 등이 있다.
온통기초	온통기초는 건물 하부 전체 또는 지하실 전체를 기초판으로 구성한 기초이다.

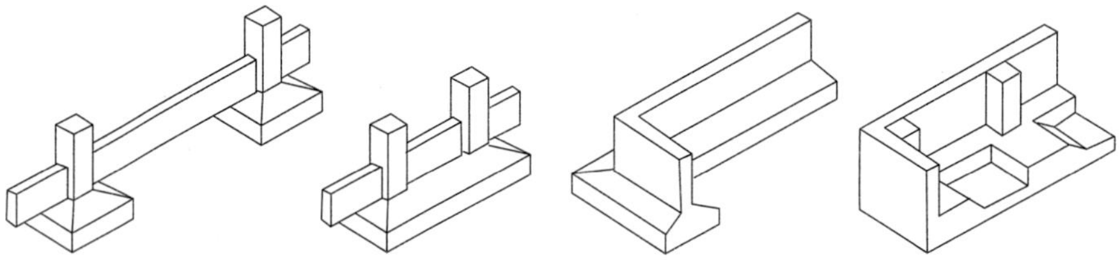

독립기초 복합기초 연속기초(줄기초) 온통기초

2) 지정 형식에 따른 분류

구 분	내 용
직접기초	직접기초는 기초 또는 경미한 잡석지정을 통해 말뚝을 사용하지 않고 슬래브를 통해 하중을 직접 지반에 전달하는 기초이다.
말뚝기초	말뚝기초는 연약지반으로 경질지반이 깊을 경우 말뚝을 사용하여 이 말뚝을 통해 하중을 지반에 전달하는 기초이다.
피어기초	피어기초는 피어로 지지하는 우물통기초이다.
잠함기초	잠함기초는 경질지반이 깊어 지상에서 원형통, 사각형통의 상자를 만들어 굴착하여 내리 앉히는 기초이다.

4 지정공사

1. 지정공사의 목적

① 기초 터파기면의 밑자리를 정리한다. ② 기초 콘크리트의 두께를 절감한다.
③ 지반의 지지력을 증대시킨다.

2. 보통지정

지정의 종류	내용 및 특징	
잡석지정	개요	① 잡석지정은 지름 100~250 mm 정도의 호박돌을 옆 세워 깔고 그 사이에 메꿈자갈을 30 % 정도 다져 넣은 것이다. ② 잡석지정의 메꿈자갈량(틈막이 자갈량, 사춤자갈량)은 잡석 정미량의 30 %이다.
	목적	① 이완된 지표면의 다지기 ② 기초 콘크리트 두께 절감 ③ 기초판 하부의 배수처리 ④ 기초 콘크리트 타설 시 흙이 섞이지 않게 하기 위한 것
모래지정	개요	모래지정은 지반이 연약하나 하부 2 m 이내에 굳은 층이 있어 말뚝을 박을 필요가 없을 때 그 부분을 파내고 모래를 넣어 300 mm 마다 물다짐 한 지정으로 총 1 m 정도 설치한다.
자갈지정	개요	① 자갈지정은 굳은 지반에 지름 45 mm 정도의 자갈을 두께 60 mm 정도로 깔고 잔자갈을 채운 것이다. ② 자갈을 깔고 질량 25 kg 내외의 달구로 충분히 다진다.
긴주춧돌 지정	개요	긴주춧돌지정은 비교적 지반이 깊고 말뚝을 사용할 수 없는 간단한 건물에서 잡석 다짐 위에 긴 주춧돌을 세운 것이다.
밑창 콘크리트 지정	개요	① 밑창콘크리트지정은 배합비 1 : 3 : 6 정도로 잡석 다짐 위에 두께 60 mm 정도의 무근콘크리트를 타설하여 양생한다. ② 밑창콘크리트(버림콘크리트)를 무근콘크리트로 시공 할 경우 설계기준압축강도는 18 MPa 이상이다.
	용도	① 먹줄치기용 ② 거푸집 설치가 용이 ③ 잡석유동방지용 ④ 철근 배치가 용이

주1 설계기준압축강도는 콘크리트의 강도로써 일반적으로 구조계산 시 필요한 표준양생을 실시한 콘크리트 공시체의 재령 28일 압축강도이다.

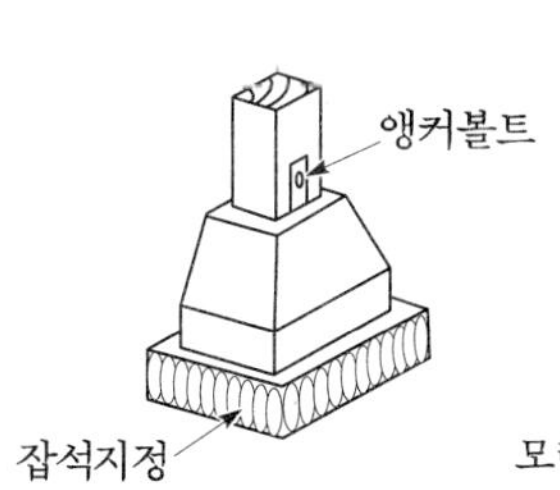

자갈 및 잡석지정

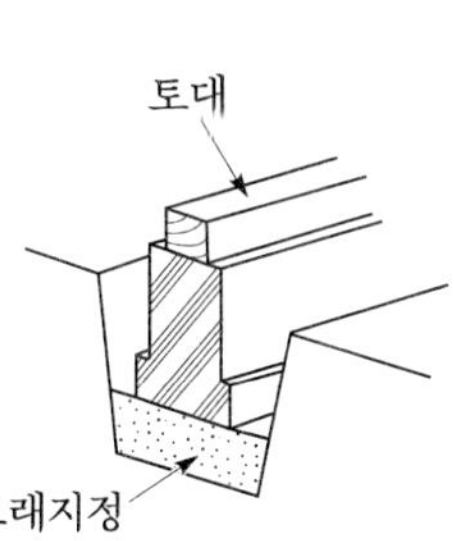

모래지정

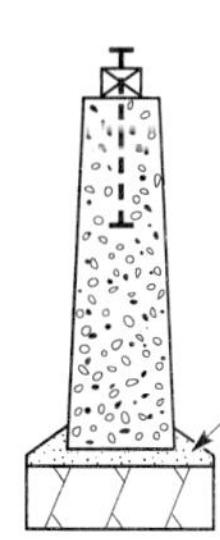
긴주춧돌지정

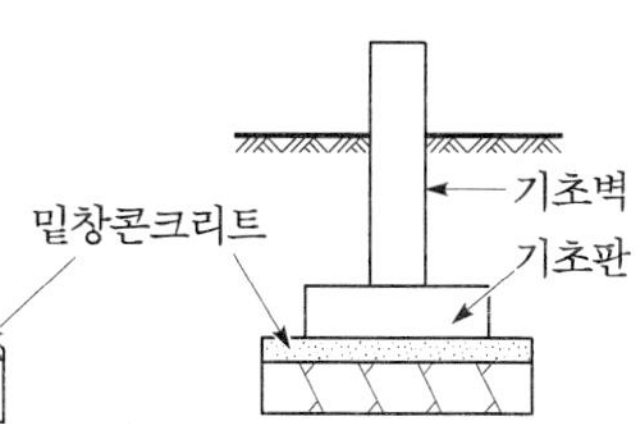

밑창콘크리트지정

3. 말뚝지정

1) 지지기능상 분류

(1) 지지말뚝

지지말뚝은 연약지반을 관통하여 굳은 지반에 도달시켜 말뚝의 선단의 지지력에 의하는 말뚝이다.

(2) 무리말뚝

무리말뚝은 연약층이 깊어 굳은 지반에 지지할 수 없을 때 말뚝과 지반의 마찰력에 의하는 말뚝으로 사질토지반에 적당하다. 무리말뚝은 가장자리에서 중앙으로 박는다. 마찰말뚝이라고도 한다.

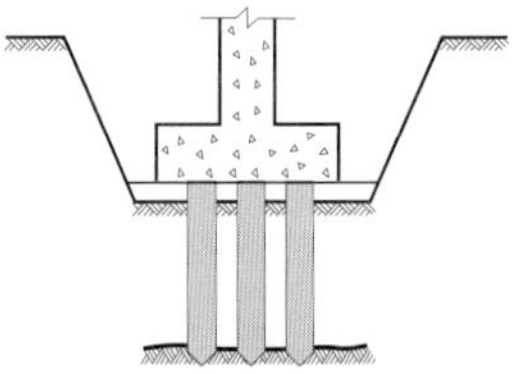

지지말뚝

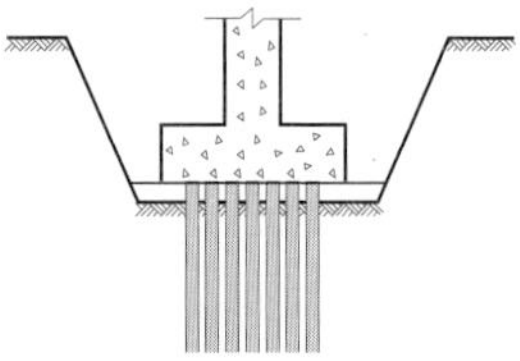

무리말뚝(마찰말뚝)

2) 재료상 분류 68)

(1) 정의

구분	정의
나무말뚝	나무말뚝은 소나무, 낙엽송 등의 나무를 껍질을 벗기고 끝을 뾰족하게 가공한 말뚝이다.
기성콘크리트말뚝	기성콘크리트말뚝은 공장 등에서 미리 제작한 콘크리트말뚝이다. PC말뚝, PHC말뚝 등이 있다.
강재말뚝(H형강말뚝)	강재말뚝은 강재를 이용하여 원형, 각형, H형 등의 형상으로 공장 등에서 미리 제작 된 말뚝이다. 강관말뚝과 H형강말뚝이 있으며, 주로 H형강말뚝이 사용된다.
현장타설콘크리트말뚝 (제자리콘크리트말뚝)	현장타설콘크리트말뚝은 구조물 하부 지반을 굴착한 후 철근 등의 보강재로 보강하여 시공 현장에서 콘크리트를 타설하여 만드는 말뚝이다.

주1 기성말뚝(Precast Pile)은 공장 등에서 제작 된 말뚝으로 기성콘크리트말뚝과 강재말뚝을 의미한다.

68) KDS 41 20 00 (4.4) 건축물 기초구조 설계설계기준, 국토교통부, 대한건축학회, 2019.

(2) 분류

말뚝의 종별	나무말뚝	기성콘크리트말뚝	강재말뚝 (H형강말뚝)	현장타설콘크리트말뚝 (제자리콘크리트말뚝)
재 료	소나무, 낙엽송, 오엽송(잣나무) 등 곧고 긴 생나무	철근콘크리트, 프리스트레스트콘크리트 등	H형강, 강관	보강재(철근), 콘크리트, 케이싱(강관)
말뚝머리의 위치	상수면 이하에 둔다. (∵공기를 배제하여 목재의 부패방지)	관계없다.	관계없으나 가능하면 상수면 이하에 둔다.	관계없다.
길 이	보통 4.5~5. 4m 최대 7 m	보통 6~10 m 최대 12 m	보통 30 m 최대 70 m	최대 30 m
허용 압축응력	5 MPa	콘크리트 설계기준 압축강도의 1/4	항복응력과 국부좌굴응력을 고려	$0.30f_{ck}$~$0.40f_{ck}$
지지력	보통 49kN (5tf) 내외 최대 98kN (10tf) 내외	보통 392kN (40tf) 내외 최대 784kN (80tf) 내외	보통 490kN (50tf) 내외 최대 980kN (100tf) 내외	보통 392kN (40tf) 내외 최대 490kN (50tf) 내외
가 격	저렴	비교적 고가	고가	고가
비 고	상수면이 얕은 비교적 경량 건물에 적당	상수면이 깊은 중량 건물에 적당	깊은 연약층의 지지말뚝으로 특히 중량 건물에 적당	깊은 연약층 또는 대규모 건물에 적당
말뚝간격	2.5d 이상 또한 600 mm 이상	2.5d 이상 또한 750 mm 이상	2.0d 이상 또한 750 mm 이상	2.0d 이상 또한 d+1,000 mm 이상
	여기서, d : 말뚝머리지름(mm) 주1 연단거리는 1.25d			
기 타	① 벌목시기 : 늦가을에서 초겨울(∵수액이 적음) ② 벌목 후 사용 시기 : 여름 15일, 겨울 30일 정도 수액을 제거한 후 사용 ③ 끝마구리의 지름 120 mm 이상의 것을 사용한다. ④ 휨정도 : 길이의 1/50 이하 또는 나무말뚝의 양단 중심점을 이은 직선은 말뚝 밖으로 나와서는 안 된다.	① 지름 : 200~600 mm ② 길이 : 45d 이하(보통 25d), 최대 15 m (운반관계상 12 m) ③ 주철근은 6개 이상 또한 그 단면적의 합은 말뚝의 실단면적의 0.8 % 이상 ④ 피복두께는 30 mm 이상 ⑥ 사용 콘크리트의 설계기준압축강도는 35 MPa 이상이다. ⑥ 기성말뚝을 세운 후 검측은 직교하는 2방향으로 한다.	① 15 m 정도의 제품을 이어 박아 70 m 정도까지 가능 ② 주철근은 4개 이상 또한 설계단면적의 0.25 % 이상 ③ 피복두께는 60 mm 이상	-

주1 나무말뚝을 상수면 이하에 두는 이유는 목재가 수분을 흡수하여 공기가 완전히 배제되면 목재의 부패를 방지할 수 있기 때문이다.

주2 기성말뚝의 연직도나 경사도는 1/50 이내로 하고, 말뚝박기 후 평면상의 위치가 설계도면의 위치로부터 d/4(d는 말뚝의 바깥지름)와 100 mm 중 큰 값 이상으로 벗어나지 않아야 한다. 기성말뚝의 종류로는 나무말뚝, 기성콘크리트말뚝 및 강재말뚝 등이 있다.

3) 말뚝의 선택기준

① 말뚝의 지름은 굵은 것을 사용한다.

② 동일 건물에서는 말뚝의 길이를 달리하거나 서로 다른 말뚝을 혼용하여 사용하지 않는다.

③ 말뚝 지지력 한계 내에서 사용하며 수량을 많이 하고 길이는 비교적 짧게 한다.

필수 연습문제

제10장 부동침하, 부력 및 기초와 지정

1. 기존 건축물의 기초지정을 보강하거나 또는 거기에 새로운 기초를 삽입하거나 지지면을 더 깊은 지반에 옮기는 공사의 총칭명은?

㉮ 언더피닝공법　　㉯ 소일콘크리트공법
㉰ 웰포인트공법　　㉱ 아일랜드공법

2. 기존 건축물의 기초의 침하나 균열, 붕괴 또는 파괴가 염려될 때 기초하부에 실시하는 공법은?

㉮ 샌드드레인공법　　㉯ 디프웰공법
㉰ 언더피닝공법　　㉱ 웰포인트공법

3. 건축공사에서 언더피닝(Under Pinning)공법의 설명으로 옳은 것은?

㉮ 용수량이 많은 깊은 기초 구축에 쓰이는 공법이다.
㉯ 기존 건물의 기초 또는 지정을 보강하는 공법이다.
㉰ 터파기공법의 일종이다.
㉱ 일명 역구축공법이라고도 한다.

4. 언더피닝(Under Pinning)공법의 종류가 아닌 것은?

㉮ 현장타설콘크리트말뚝공법(갱・피어공법)
㉯ 콘크리트 VH타설법
㉰ 그라우트주입공법
㉱ 잭파일(Jacked Pile)공법

5. 기초공사에서 기초의 형식에 의한 분류와 가장 거리가 먼 것은?

㉮ 온통기초　　㉯ 복합기초
㉰ 연속기초　　㉱ 잡합기초

1. ㉮
언더피닝공법은 기존 건축물 가까이에서 굴착공사 또는 신축공사를 하고자 할 때, 기존 건물의 지반과 기초를 보강하거나 새로운 기초를 삽입하는 공법이다.

2. ㉰
언더피닝공법은 기존 건축물 가까이에서 굴착공사 또는 신축공사를 하고자 할 때, 기존 건물의 지반과 기초를 보강하거나 새로운 기초를 삽입하는 공법이다.

3. ㉯

4. ㉯
콘크리트 VH분리타설공법은 기둥, 벽 등의 수직부재를 먼저 타설하고 보, 슬래브 등의 수평부재를 나중에 타설하는 공법이다.

5. ㉱
• 기초판 형식에 따른 분류
① 독립기초
② 복합기초
③ 연속기초(줄기초)
④ 온통기초

6. 잡석지정에 관한 설명으로 옳지 않은 것은?

㉮ 지름 100~250 mm 정도의 막생긴 돌을 나란히 옆 세워 깐다.
㉯ 사춤자갈은 약 30 %정도이다.
㉰ 콘크리트의 두께를 절약하고 흙이 섞이지 않게 위함이다.
㉱ 굳은 지층일 때는 자갈만 깔고 버림콘크리트를 친다.

6. ㉱

잡석지정은 이완된 지표면의 다지기를 위해 사용되며, 굳은 지층에서는 잡석지정을 할 필요가 없으며 잡석지정을 할 경우 오히려 지반을 약화시킬 수 있다.

7. 자갈지정에 관한 다음 기술 중 틀린 것은?

㉮ 연약한 점성토지반에서 사용해서는 안 된다.
㉯ 굳은 지반에서 사용되는 방법이다.
㉰ 지정은 두께 100~200 mm정도로 자갈 깔기를 한다.
㉱ 크기 45 mm 내외의 자갈이나 막자갈 또는 모래 반섞인 자갈을 깐다.

7. ㉰

자갈지정은 굳은 지반에 지름 45 mm 정도의 자갈을 두께 60 mm 정도로 깔고 잔자갈을 채운 것이다.

8. 나무말뚝박기 공사에 관한 기술 중 옳지 않은 것은?

㉮ 추의 질량은 말뚝 질량의 약 2배 정도로 한다.
㉯ 추의 낙하고는 3 m 정도가 좋다.
㉰ 말뚝간격은 끝마구리 지름의 약 2.5배 이상으로 한다.
㉱ 중앙부에서부터 박기 시작하여 밖으로 박아나간다.

8. ㉱

말뚝박기는 바깥쪽에서 중앙부로 박아나가는 것이 구조상 유리하다.

9. 나무말뚝을 상수면 이하까지 박아야 하는 이유는?

㉮ 방부(防腐)를 위하여
㉯ 강도를 증진시키기 위하여
㉰ 지내력을 늘이기 위하여
㉱ 부동침하를 막기 위하여

9. ㉮

나무말뚝을 상수면 이하에 두는 이유는 공기를 배제하여 목재의 부패를 방지하기 위함이다.

10. 나무말뚝의 휨정도는 다음 중 얼마가 적당한가?

㉮ 1/10 이하
㉯ 1/30 이하
㉰ 1/50 이하
㉱ 1/70 이하

10. ㉰

나무말뚝의 휨정도는 말뚝 길이의 1/50 이하이다.

11. 그림과 같은 나무말뚝의 b의 최댓값으로 맞는 것은?

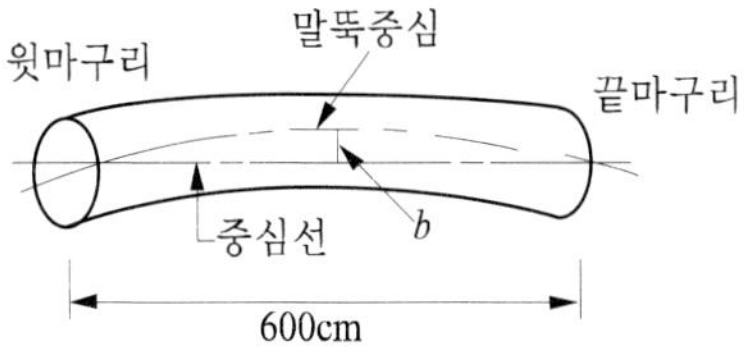

㉮ 6 cm ㉯ 8 cm
㉰ 10 cm ㉱ 12 cm

12. 기성말뚝 세우기공사 시 말뚝의 연직도나 경사도는 얼마 이내로 하여야 하는가?

㉮ 1/50 ㉯ 1/75
㉰ 1/80 ㉱ 1/100

13. 기성콘크리트말뚝에 관한 설명으로 옳지 않은 것은?

㉮ 선 굴착 후 경타공법으로 시공하기도 한다.
㉯ 항타장비 전반의 성능을 확인하기 위해 시험말뚝을 시공한다.
㉰ 말뚝을 세운 후 검측은 기계를 사용하여 1방향에서 한다.
㉱ 말뚝의 연직도나 경사도는 1/50 이내로 관리한다.

14. 기초 말뚝박기공사에서 기성콘크리트말뚝 간격의 최소한도로 다음 중 옳은 것은? (단, d는 말뚝머리지름이다.)

㉮ 4d ㉯ 3d
㉰ 2.5d ㉱ 2d

15. 다음은 기성콘크리트말뚝의 중심 간격에 관한 기준이다. A와 B에 각각 들어갈 내용으로 옳은 것은?

> 기성콘크리트말뚝을 타설할 때 그 중심 간격은 말뚝머리지름의 (A)배 이상 또한 (B) mm 이상으로 한다.

㉮ A : 1.5, B : 650
㉯ A : 1.5, B : 750
㉰ A : 2.5, B : 650
㉱ A : 2.5, B : 750

11. ㉱
① 말뚝의 휨정도는 말뚝길이의 1/50 이하이다.
② 휨정도 $= \frac{600}{50} = 12$ cm

12. ㉮
기성말뚝의 연직도나 경사도는 1/50 이내로 하고, 말뚝박기 후 평면상의 위치가 설계도면의 위치로부터 d/4(d는 말뚝의 바깥지름)와 100 mm 중 큰 값 이상으로 벗어나지 않아야 한다.

13. ㉰
① 기성말뚝을 세운 후 검측은 직교하는 2방향으로부터 하여야 한다.
② 기성말뚝의 연직도나 경사도는 1/50 이내로 하고, 말뚝박기 후 평면상의 위치가 설계도면의 위치로부터 d/4(d는 말뚝의 바깥지름)와 100 mm 중 큰 값 이상으로 벗어나지 않아야 한다.

14. ㉰
기성콘크리트말뚝의 최소 간격은 2.5d 이다.

15. ㉱
기성콘크리트말뚝을 타설할 때 그 중심 간격은 말뚝머리지름의 2.5배 이상 또한 750 mm 이상으로 한다.

16. 기성콘크리트말뚝을 타설할 때 말뚝머리지름이 360 mm라면 말뚝 상호 간의 중심 간격은?

㉮ 600 mm 이상
㉯ 700 mm 이상
㉰ 800 mm 이상
㉱ 900 mm 이상

17. 기성콘크리트말뚝에 관한 설명 중 틀리는 것은?

㉮ 지름은 일반적으로 최저 200 mm이다.
㉯ 주철근의 본수는 최저 8본이다.
㉰ 길이는 말뚝머리지름의 45배 이하로 한다.
㉱ 타입 중심 간격은 750 mm 이상으로 한다.

16. ㉱

기성콘크리트말뚝의 간격 ≥ max (2.5d, 750 mm)
= max (2.5×360mm, 750 mm)
= max (900 mm, 750 mm)
= 900 mm

17. ㉯

기성콘크리트말뚝의 주철근은 최소 6본 이상이다.

제11장 각종 말뚝지정 및 말뚝박기

1 기성콘크리트말뚝

1. 개요

기성콘크리트말뚝(PC Pile, Precast Concrete Pile)은 공장에서 미리 제작 된 콘크리트말뚝으로 그 단면은 원형 또는 중공원형이다. 나무말뚝, 기성콘크리트말뚝 및 강재말뚝 등을 기성말뚝이라고 한다.

2. 종류

종 류	내 용
원심력철근콘크리트말뚝 (RC말뚝)	원심력철근콘크리트말뚝은 특수형틀에 원심력을 이용하며 일반 강도의 콘크리트를 사용하여 제작 된 중공 철근콘크리트말뚝이다.
프리텐션방식 원심력PC말뚝 (원심력프리스트레스트콘크리트말뚝, PC말뚝)	프리텐션방식 원심력PC말뚝은 PS 강재(긴장재)에 프리스트레스트를 가한 후 특수형틀에 원심력을 이용하며 일반 강도의 콘크리트를 사용하여 제작 된 중공 철근콘크리트말뚝이다.
프리텐션방식 원심력고강도콘크리트말뚝 (원심력고강도프리스트레스트콘크리트말뚝, PHC말뚝)	프리텐션방식 원심력고강도콘크리트말뚝은 PS 강재(긴장재)에 프리스트레스트를 가한 후 특수형틀에 원심력을 이용하며 설계기준압축강도가 80 MPa 이상인 고강도콘크리트를 사용하여 제작 된 중공 철근콘크리트말뚝이다.

특수형틀

특수형틀에 원심력 작용

프리스트레스트를 가한 말뚝

3. 이음방식

종 류	내 용
충전식이음	충전식이음은 말뚝 이음부에 철근을 따내어 용접하고 콘크리트를 충전하여 이음 한 것이다.
장부식이음	장부식이음은 이음부에 장부를 채워서 이음 한 것이다.
볼트식이음	볼트식이음은 특수 커플러(Coupler)를 사용하여 볼트식으로 죄여서 이음 한 것이다.
용접식이음	용접식이음은 말뚝 상호 간의 철근을 용접하고 다시 외부에 보강철판을 용접하여 이음 한 것이다.

주1 말뚝의 현장이음은 수동용접기 또는 반자동 용접기를 사용한 아크용접이음을 원칙으로 한다.

4. 제품의 호칭방법

구 분		내 용
PHC-A · 450-12	PHC	프리텐션방식 원심력고강도콘크리트말뚝 (원심력고강도프리스트레스트콘크리트말뚝 또는 PHC말뚝)
	A · 450	A종, 말뚝바깥지름 450 mm
	12	말뚝길이 12 m

2 현장타설콘크리트말뚝

1. 개요

1) 정의

현장타설콘크리트말뚝은 지반에 구멍을 미리 뚫어 놓고 콘크리트를 현장에서 타설하여 조성하는 말뚝이다. 제자리콘크리트말뚝이라고도 한다.

2) 종류

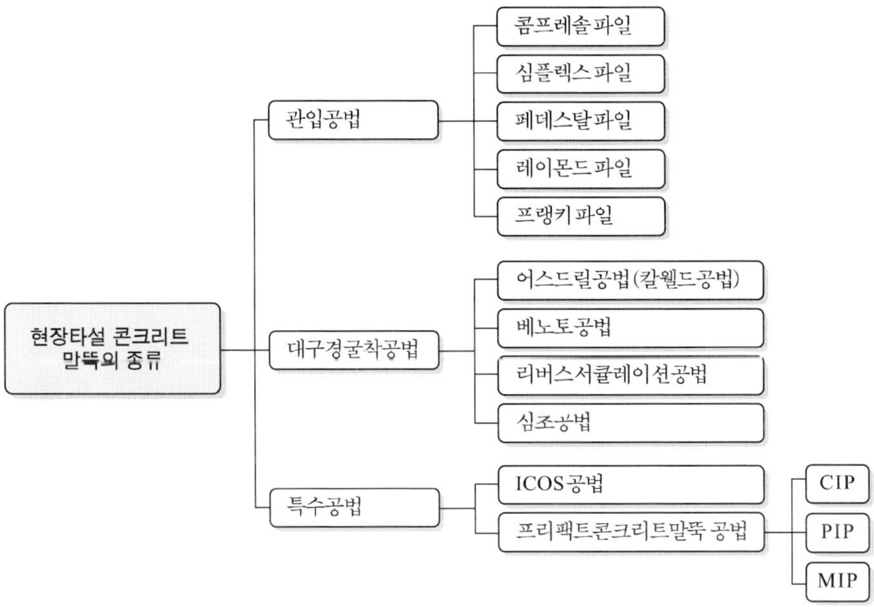

주1 특수공법은 말뚝의 역할 및 흙막이벽의 역할을 동시에 할 수 있다.

3) 구조강도상 주의사항 69)

① 현장타설콘크리트말뚝의 단면적은 전 길이에 걸쳐 각 부분의 설계단면적 이하여서는 안 된다.

② 현장타설콘크리트말뚝의 선단부는 지지층에 확실히 도달시켜야 한다.

③ 주철근은 4개 이상 또한 설계단면적의 0.25 % 이상으로 하고 띠철근 또는 나선철근으로 보강한다.

④ 철근의 피복두께는 60 mm 이상으로 한다.

⑤ 말뚝의 중심 간격은 말뚝머리지름의 2.0배 이상 또한 말뚝머리지름에 1,000 mm를 더한 값 이상으로 한다.

⑥ 현장타설콘크리트말뚝의 허용지지력은 허용압축응력에 최소 단면적을 곱한 값 이하, 재하시험 결과에 의한 항복하중의 1/2 및 극한하중의 1/3 중 가장 작은 값으로 한다.

---

69) KDS 41 20 00 (4.4) 건축물 기초구조 설계기준, 국토교통부, 대한건축학회, 2019.

2. 관입공법

1) 콤프레솔파일

콤프레솔파일(Compressol Pile)은 원뿔 추를 자유낙하시켜 구멍을 뚫고 콘크리트를 타설하며, 둥근 추로써 다지기 하고, 평면 추로 마무리하면서 말뚝을 완성하는 공법이다.

2) 심플렉스파일

심플렉스파일(Simplex Pile)은 굳은 지반에 강관(외관)을 박고 콘크리트를 타설한 후 무거운 추로 다지며 강관을 빼내면서 말뚝을 완성하는 공법이다.

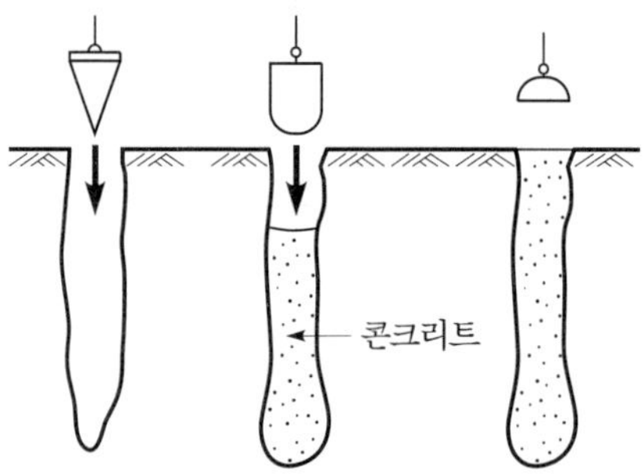

콤프레솔파일

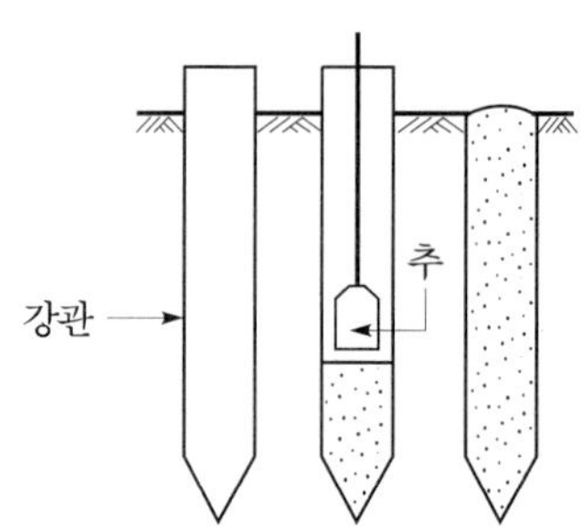

심플렉스파일

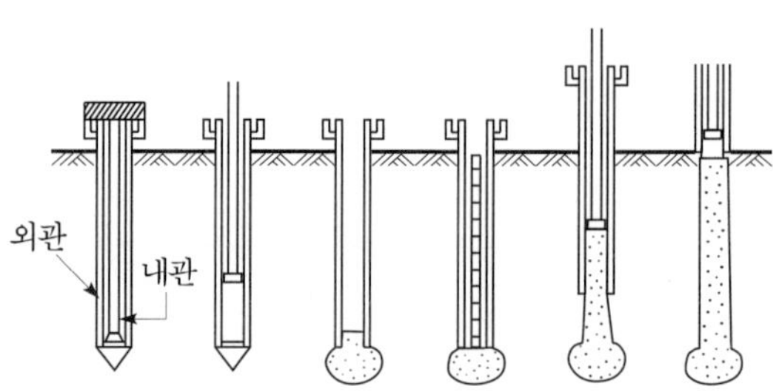

페데스탈파일

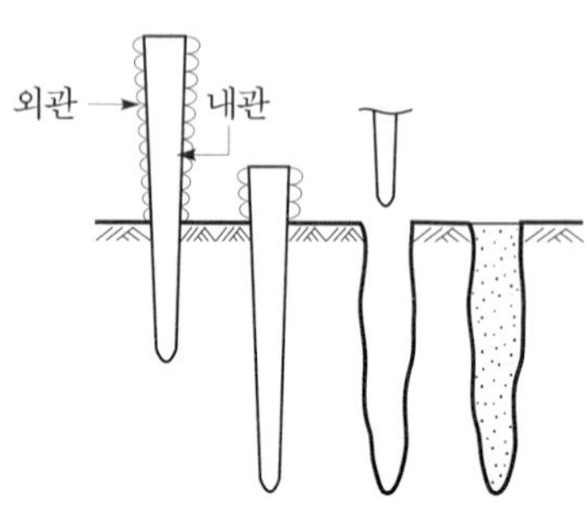

레이몬드파일

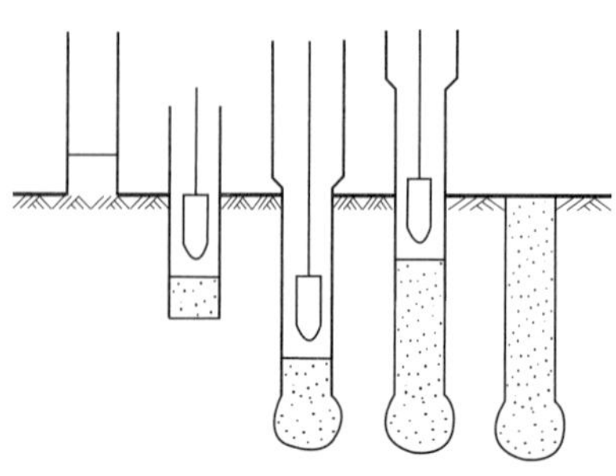
프랭키파일

3) 페데스탈파일

페데스탈파일(Pedestal Pile)은 내・외관을 박은 후 내관을 빼내고, 외관 내에 콘크리트를 타설한 후 내관으로 다지면서 점차 외관도 빼내어 선단에 구근(球根, 페데스탈)을 형성하여 말뚝을 완성하는 공법이다.

4) 레이몬드파일

레이몬드파일(Raymond Pile)은 내・외관을 박은 후 내관을 빼내고, 외관 내에 콘크리트를 타설한 후 내관으로 다지면서 외관을 땅속에 남긴 채로 말뚝을 완성하는 공법이다. 외관을 땅속에 남기므로 유각제자리콘크리트말뚝이라고도 한다.

5) 프랭키파일

프랭키파일(Franky Pile)은 강관(외관)을 박고 콘크리트를 타설한 후 추로써 콘크리트를 다지면서 강관을 빼내어 말뚝을 완성하는 공법이다. 합성말뚝(콘크리트말뚝+나무 말뚝)을 형성시킬 수 있는 유일한 말뚝이다.

3. 대구경굴착공법

1) 어스드릴공법

① 어스드릴공법(Earth Drill Method)은 회전식 드릴링버킷(Drilling Bucket)에 의해 지중에 필요 깊이까지 굴착하고, 그 굴착 구멍에 철근을 삽입한 후 콘크리트를 타설하여 말뚝을 조성하는 공법이다. 칼웰드공법(Calweld Method)이라고도 한다.

② 기계가 간단하고 기동성이 있어 시공설비가 간단하고 시공속도가 빠르다.

2) 베노토공법

① 베노토공법(Benoto Method)은 특수 고안된 케이싱튜브를 좌회전과 우회전 운동의 반복에 의해 요동시키면서 지반의 마찰저항을 감소시켜 유압잭으로 압입하면서 공벽 파괴를 방지하고 해머그래브(Hammer Grab)로 굴착 후 철근망 삽입 및 콘크리트를 충전하면서 케이싱튜브를 빼내어 말뚝을 조성하는 공법이다. 올케이싱공법(All Casing Method)이라고도 한다.

② 암반 이외의 경질지반에 굴착이 가능하고 깊은 말뚝에 적합하다.

3) 리버스서큘레이션공법

① 리버스서큘레이션공법(Reverse Circulation Drill Method, RCD공법)은 굴착 구멍 내에

지하수위보다 2 m 이상 높게 물을 채우고 20 kN/m^2의 압력에 의해 붕괴를 방지할 수 있으며 파낸 흙과 물을 배출하여 말뚝을 구축하는 공법이다.

② 특수 비트의 회전으로 굴착된 토사를 드릴로드(Drill Rod) 내의 물과 함께 공외로 배출하여 침전지에 토사를 침전시킨다. 그리고 물을 다시 굴착 구멍 안에 환류시키면서 굴착한 후 철근망을 삽입하고 트레미관에 의해 콘크리트를 타설하여 말뚝을 조성하는 공법이다.

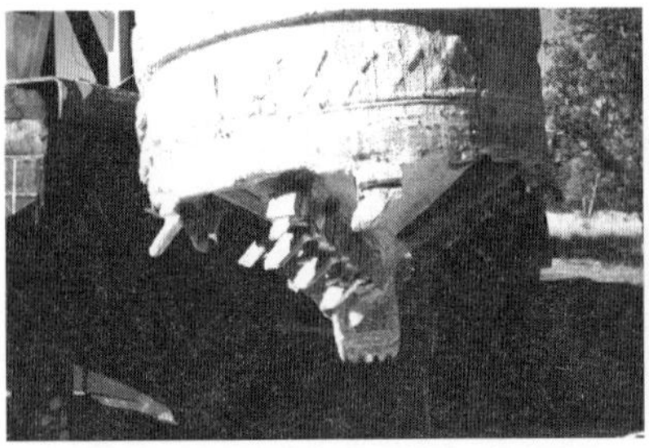
어스드릴버킷

해머그래브

리버스서큘레이션 비트

3 말뚝박기

1. 말뚝박기공법의 종류

1) 타입공법(소음, 진동공법)

타입공법(打入工法)은 주로 해머의 타격 에너지를 말뚝의 타입방향으로 타격하여 땅속에 관입시키는 공법이다. 타격공법이라고도 한다.

종 류		특 징
타격공법	드롭해머 (Drop Hammer)	드롭해머는 추를 로프에 달고 윈치로 감아 올린 후 낙하시켜 해머로 말뚝을 타격하여 지반 안에 관입시키는 공법이다.
	스팀해머 (Steam Hammer)	스팀해머는 단동식과 복동식이 있으며, 단동식은 추를 올릴 때에만 증기력을 이용하고, 복동식은 추를 올릴 때와 낙하시킬 때 모두 증기력을 이용하여 해머로 말뚝을 타격하고 지반 안에 관입시키는 공법이다.

종 류		특 징
	디젤해머 (Diesel Hammer)	디젤해머는 단위 시간당 타격횟수가 많고, 타격력이 크고, 능률적인 우수한 기계로 대규모 공사의 말뚝과 널말뚝타입에 주로 사용된다.
선 굴착 병용 타격공법 (프리보링 병용 타격공법)		선 굴착 병용 타격공법은 타입 위치에 미리 어스오거로 말뚝머리지름 정도의 크기로 소정의 심도까지 굴착하고, 이 굴착 구멍에 말뚝을 세워 넣고, 해머로 타격하여 지지층 안에 관입시키는 공법이다.

2) 매입공법(무소음, 무진동공법)

매입공법(埋入工法)은 일반적으로 무소음, 무진동공법으로 분류된다.

종 류		특 징
선 굴착공법 (프리보링공법)	선 굴착 후 최종 경타공법 (프리보링 최종 타격공법)	선 굴착 후 최종 경타공법은 지지층 부근까지 굴착액(선단고정액)을 주입하면서 어스오거로 굴착하고, 이 굴착한 구멍에 말뚝을 세워 넣고, 지지지반까지 해머로 타격하여 지지층 안에 관입시키는 공법이다.
	선 굴착 후 선단근고정공법 (프리보링 근고정공법, 시멘트밀크공법)	선 굴착 후 선단근고정공법은 일반적으로 시멘트 밀크공법이라고 불리며, 굴착액을 주입하면서 어스오거로 굴착한 후, 근고정액 및 말뚝 주변 고정액을 주입하면서 어스오거를 들어 올리고, 말뚝을 이 굴착 구멍에 넣고 말뚝을 압입 또는 경타하여 근고정액과 말뚝 주변 고정액의 경화에 의해 지지력을 확보하는 공법이다.
	선 굴착 후 확대근고정공법 (프리보링 확대근고정공법)	선 굴착 후 확대근고정공법은 말뚝지름 이상의 근고정 구근을 축조하여 말뚝을 회전 또는 자침(自沈)으로 설치하는 공법이다.
중굴공법	중굴 타격공법	중굴타격공법은 말뚝 중공부에 삽입한 어스오거에 의해 말뚝의 선단부의 지반을 굴착하고, 토사를 배출하면서 자침 또는 압입에 의해 말뚝을 지지층 부근까지 침설한 후, 해머로 말뚝 머리를 타격하여 말뚝을 지지층에 관입시키는 공법이다.
	중굴 근고정공법	중굴근고정공법은 말뚝 중공부에 삽입한 어스오거에 의해 말뚝의 선단부의 지반을 굴착하면서 말뚝을 지지층까지 침설(沈設)한 후 근고정 구근을 축조하는 공법이다.
	중굴 확대근고정공법	중굴확대근고정공법은 말뚝지름 이상의 근고정 구근을 축조하여 말뚝을 설치하는 공법이다.
회전근고정공법 (회전압입공법)		회전근고정공법은 말뚝의 선단에 철물을 부착하여 말뚝 중공부에 로드를 삽입하고, 선단 철물의 노즐에서 굴착수를 토출하면서 말뚝의 선단 철물에 회전을 주어 말뚝을 지지층까지 침설한 후 말뚝의 선단부를 근고정 구근을 축조하는 공법이다.
수사법 (Water Jet)		수사법은 말뚝의 선단에 제트파이프를 박아 고압수를 분출시켜 지반을 고르게 하면서 말뚝을 타격하여 삽입하는 공법이다.

주1 굴착액은 굴착 중의 구멍 벽 붕괴 방지를 목적으로 한 액이다.

필수 연습문제

제11장 각종 말뚝지정 및 말뚝박기

1. 건축물의 지정공사에 사용하는 기성콘크리트말뚝의 이음방법이 아닌 것은?

㉮ 충전식이음 ㉯ 볼트식이음
㉰ 용접식이음 ㉱ 맞댐이음

2. 강재말뚝의 부식에 대한 대책과 가장 거리가 먼 것은?

㉮ 부식을 고려하여 두께를 두껍게 한다.
㉯ 에폭시 등의 도막을 설치한다.
㉰ 부마찰력에 대한 대책을 수립한다.
㉱ 콘크리트로 피복한다.

3. 제자리콘크리트말뚝의 종류가 아닌 것은?

㉮ 프리보링 ㉯ 어스드릴
㉰ 베노토 ㉱ 리버스서큘레이션

4. 현장타설말뚝공법에 해당되지 않는 것은?

㉮ 숏크리트공법 ㉯ 리버스서큘레이션공법
㉰ 어스드릴공법 ㉱ 베노토공법

5. 제자리콘크리트말뚝 중에서 원뿔 추를 자유낙하시켜 구멍을 뚫고, 그 속에 콘크리트를 넣어 둥근 추로 다진 후, 밑이 평면인 추로 다져서 만드는 말뚝은?

㉮ 심플렉스파일 ㉯ 레이몬드파일
㉰ 콤프레솔파일 ㉱ 페데스탈파일

1. ㉱

• 기성콘크리트말뚝의 이음
① 충전식이음
② 장부식이음
③ 볼트식이음
④ 용접식이음

2. ㉰

강재말뚝의 부식과 부마찰력과는 관계가 없다.

3. ㉮

프리보링공법은 말뚝박기에서 타입공법 중의 하나이다.

4. ㉮

숏크리트공법은 흙막이벽 배면의 지반보강 그라우팅의 한 종류이며, 숏크리트는 컴프레셔 또는 펌프를 이용하여 노즐 위치까지 호스 속으로 운반한 콘크리트를 압축공기에 의해 시공면에 뿜어서 만든 콘크리트이다.

5. ㉰

콤프레솔파일은 원뿔 추를 자유낙하시켜 구멍을 뚫고 콘크리트를 타설하며, 둥근 추로써 다지기 하고, 평면 추로 마무리하면서 말뚝을 완성하는 공법이다.

6. 심대 끝에 주철제 원추형의 마개가 달린 외관을 2~2.6 tf 정도의 추로 내리쳐서 마개와 외관을 지중에 박아 소정의 길이에 도달하면 내부의 마개와 추를 빼내고 콘크리트를 넣고 추로 다져 구근을 만드는 말뚝은?

㉮ 페데스탈파일　　㉯ 콤프레솔파일
㉰ 레이몬드파일　　㉱ 프랭키파일

7. 다음 제자리말뚝지정의 공법과 특징을 연결한 것 중 틀린 것은?

㉮ 페데스탈파일 – 구근(球根)
㉯ 어스드릴파일 – 굴착속도가 늦다.
㉰ 리버스서큘레이션파일 – 굴삭용 비트
㉱ MIP말뚝 – 소일콘크리트

8. 다음과 같은 특징을 갖는 제자리콘크리트말뚝공법은?

> ㉠ 올케이싱공법이므로 주변 지반에 영향을 주지 않음
> ㉡ 긴 말뚝의 시공도 가능
> ㉢ 굴착은 해머그래브 사용

㉮ 베노토공법　　㉯ 이코스공법
㉰ 어스드릴공법　　㉱ 역순환공법

9. 24. 해머그래브를 케이싱 내에 낙하시켜 굴착을 완료한 후 철근망을 삽입하고 케이싱을 뽑아 올리면서 콘크리트를 타설하는 현장타설콘크리트말뚝공법은?

㉮ 베노토공법　　㉯ 이코스공법
㉰ 어스드릴공법　　㉱ 역순환공법

10. 제자리콘크리트말뚝공법 중 베노토공법에 대한 설명으로 옳지 않은 것은?

㉮ 주변에 영향을 주지 않고 안전히 시공이 가능하다.
㉯ 길이 50~60 m의 긴 말뚝의 시공도 가능하다.
㉰ 굴삭 후 배출되는 토사로써 토질을 알 수 있어 지지층에 도달됨을 판단할 수 있다.
㉱ 케이싱튜브를 뽑아내는 반력이 작아 연약한 지반이나 수상 시공에 적당하다.

6. ㉱
프랭키파일은 강관(외관)을 박고 콘크리트를 타설한 후 추로써 콘크리트를 다지면서 강관을 빼내어 말뚝을 완성하는 공법이다.

7. ㉯
어스드릴공법(칼웰드공법)은 시공설비가 간단하고 시공속도가 빠르다.

8. ㉮
베노토공법(올케이싱공법)은 특수 고안된 케이싱튜브를 좌회전과 우회전 운동의 반복에 의해 요동시키면서 지반의 마찰저항을 감소시켜 유압잭으로 압입하면서 공벽 파괴를 방지하고 해머그래브로 굴착 후 철근을 삽입하고 콘크리트를 충전하면서 케이싱튜브를 빼내어 말뚝을 조성하는 공법이다.

9. ㉮
베노토공법은 특수 고안된 케이싱튜브를 좌회전과 우회전 운동의 반복에 의해 요동시키면서 지반의 마찰저항을 감소시켜 유압잭으로 압입하면서 공벽 파괴를 방지하고 해머그래브로 굴착 후 철근망 삽입 및 콘크리트를 충전하면서 케이싱튜브를 빼내어 말뚝을 조성하는 공법이다. 올케이싱공법이라고도 한다.

10. ㉱
베노토공법은 암반 이외의 경질지반에 굴착이 가능하다.

11. 베노토공법(Benoto Method)의 특성을 기술한 것 중 틀린 것은?

㉮ 무소음, 무진동 상태에서 굴착가능
㉯ 시공의 확실성이 있음
㉰ 지반조사 및 지지층의 확인가능
㉱ 적용지층이 제한됨

12. 베노토공법(Benoto Method)의 특징이 아닌 것은?

㉮ All Casing공법이므로 주위지반에 영향을 주지 않고 안전하게 시공된다.
㉯ 긴 말뚝(50~60 m)의 시공에는 적합하지 않다.
㉰ 굴착 후 배출되는 토사로써 토질을 알 수 있어 지지층에 도달됨을 판명한다.
㉱ 기계는 대형의 중량이고 케이싱튜브를 뽑아내는 반력도 커서 심히 연약한 지반 또는 수상시공에는 적절치 않다.

13. 굴착 구멍 내 지하수위보다 2 m 이상 높게 물을 채워 굴착함으로써 굴착 벽면에 20 kN/m^2 이상의 정수압에 의해 벽면의 붕괴를 방지하면서 현장타설콘크리트말뚝을 형성하는 공법은?

㉮ 베노토 파일
㉯ 프랭키파일
㉰ 리버스서큘레이션 파일
㉱ 프리팩트 파일

14. 현장타설콘크리트말뚝공법 중 리버스서큘레이션(Reverse Circulation Drill)공법에 관한 설명으로 옳지 않은 것은?

㉮ 유연한 지반부터 암반까지 굴착 가능하다
㉯ 시공심도는 통상 70 m까지 가능하다
㉰ 굴착에 있어 안정액으로 벤토나이트용액을 사용한다.
㉱ 시공직경은 0.9~3 m 정도이다.

15. 건축공사에서 제자리콘크리트말뚝이나 수중콘크리트를 타설 할 경우 콘크리트 속에 2 m 이상 묻혀 있도록 하여 콘크리트치기를 용이하게 하는 것은?

㉮ 리바운드체크　　㉯ 웰포인트
㉰ 트레미관　　㉱ 드릴링 바스켓

11. ㉱
베노토공법은 암반 이외의 경질지반에 굴착이 가능하다.

12. ㉯
베노토공법은 대구경굴착공법의 하나이며 깊은 말뚝에 적합하다.

13. ㉰
리버스서큘레이션공법은 굴착 구멍 내에 지하수위보다 2 m 이상 높게 물을 채우고 20 kN/m^2의 압력에 의해 붕괴를 방지할 수 있으며 파낸 흙과 물을 배출하여 말뚝을 구축하는 공법이다.

14. ㉰
리버스서큘레이션공법은 굴착 구멍 내에 지하수위보다 2 m 이상 높게 물을 채우고 20 kN/m^2의 압력에 의해 붕괴를 방지할 수 있으며 파낸 흙과 물을 배출하여 말뚝을 구축하는 공법이다.

15. ㉰
리버스서큘레이션공법은 굴착 구멍 내에 지하수위보다 2 m 이상 높게 물을 채우고 20 kN/m^2의 압력에 의해 붕괴를 방지할 수 있으며 파낸 흙과 물을 배출하여 말뚝을 구축하는 공법이다.

16. 시공법에 따른 말뚝의 분류 중 기성말뚝공법에 속하지 않는 것은?

㉮ 어스드릴공법
㉯ 디젤해머
㉰ 프리보링공법
㉱ 유압해머

16. ㉮

어스드릴공법(칼웰드공법)은 제자리콘크리트말뚝의 한 종류이다.

17. 말뚝공법에서 소음이나 진동 공해를 고려한 파넣기에 의한 말뚝공법이 아닌 것은?

㉮ 프리보링공법
㉯ 집수통배수공법
㉰ 중굴공법
㉱ 수사공법

17. ㉯

① 집수정공법(집수통배수공법)은 공사에 지장이 없는 위치에 집수통을 설치하고 지하수가 모이면 수중펌프를 사용하여 외부로 배출하는 배수공법이다.
② 말뚝박기에서 매입공법은 무소음, 무진동공법이며, 종류로는 프리보링공법, 중굴공법, 회전근고정공법(회전압입공법), 수사법 등이 있다.

BUILDING CONSTRUCTION

PART V

철근콘크리트공사

제12장 일반사항

1 정의

① 철근콘크리트(Reinforced Concrete, RC)는 콘크리트에 봉강을 묻어 넣어 두 재료가 일체로 되게 하여 외력에 저항하도록 한 것이다.

② 봉강을 철근(Reinforcing 또는 Reinforcement)이라 한다.

2 기본 개념

1. 철근콘크리트 성립의 이유

① 철근과 콘크리트 사이의 부착강도가 크다.

② 콘크리트가 철근의 부식을 방지한다.

③ 두 재료의 선팽창계수가 거의 같다.

2. 내화성과 내구성

1) 내화성

(1) 정의

내화성은 고온의 열에도 타지 않고 견디는 성질이다.

(2) 특징

① 철근과 콘크리트는 고온에 의해 강도가 저하된다

② 철근의 항복강도는 약 600 ℃에서 상온에서의 항복강도의 1/2 정도가 된다.

③ 콘크리트는 약 350 ℃ 이상이면 강도가 급격히 저하된다.

④ 화재 시 철근의 항복강도가 상온에서의 항복강도의 1/2 이하가 되지 않도록 피복두께를 결정한다.

⑤ 일반적으로 기둥, 보 및 내력벽은 2시간의 내화가 필요하고, 벽 및 슬래브는 1시간의 내화가 필요하다.
⑥ 내화성에 미치는 영향은 골재의 암질이 가장 크다.
⑦ 화산암질 골재는 내화성이 좋고, 석영질 골재는 내화성이 떨어진다.
⑧ 화재를 당한 콘크리트의 중성화 속도는 빨라진다.

2) 내구성

(1) 정의

내구성은 구조물이 장기간에 걸친 외부의 물리적 또는 화학적 작용에 저항하여 변질되거나 변형되지 않고 소요의 공용기간 중 처음의 설계조건과 같이 오래 사용할 수 있는 구조물의 성능이다.

(2) 특징

① 철근콘크리트의 내구성은 콘크리트의 중성화에 의해 결정된다.
② 콘크리트의 피복두께가 두꺼울수록 내구성이 우수하다.
③ 물결합재비(물시멘트비)가 적을수록 내구성이 우수하다.
④ 내구성은 피복두께에 비례하고 물결합재비(물시멘트비)가 적을수록 콘크리트는 밀실해진다.

주1 물결합재비(W/B)는 모르타르 또는 콘크리트에 포함된 시멘트풀 중의 결합재(시멘트+혼화재)에 대한 물의 질량비이다.

3 크리프와 건조수축

1. 크리프

1) 정의

크리프(Creep)는 하중의 증가 없이 시간이 경과함에 따라 콘크리트에 발생되는 소성변형이다.

2) 크리프의 증가원인

① 물결합재비(물시멘트비)가 많을 경우
② 단위 시멘트량이 많을 경우
③ 진동기를 사용하지 않을 경우
④ 온도가 높을 경우

⑤ 습도가 낮을 경우
⑥ 단면의 치수가 작을 경우
⑦ 재령이 작을 경우
⑧ 재하시기가 빠를 경우

2. 건조수축

1) 정의

건조수축(Shrinkage)은 수화하고 남은 수분이 대기 중에서 증발하면 콘크리트의 체적이 수축하는 것이다.

2) 건조수축의 증가원인

① 물결합재비(물시멘트비)와 단위 시멘트량이 많을 경우 증가한다.
② 단위 수량이 많으면 증가한다.
③ 습도가 낮을 경우 증가한다.
④ 분말도가 높은 시멘트일 경우 증가한다.
⑤ 흡수량이 낮은 골재일 경우 증가한다.
⑥ 골재의 입도가 불량할 경우 증가한다.
⑦ 잔골재량이 적을수록 증가한다.
⑧ 부재의 단면치수가 작을 경우 증가한다.
⑨ 경화촉진제를 사용할 경우 증가한다.
⑩ 골재 중에 미립분이나 점토, 실트가 포함되어 있을 경우 증가한다.

3) 건조수축의 방지대책

① 적정한 물결합재비(물시멘트비)와 단위 시멘트량을 사용한다.
② 단위 수량을 적게 한다.
③ 증기양생 한다.
④ 분말도가 낮은 시멘트를 사용하거나 중용열포틀랜드시멘트를 사용한다.
⑤ 골재의 입도가 양호한 것을 사용한다.
⑥ 전체 골재량을 증가시킨다.
⑦ 부재의 단면치수를 크게 한다.
⑧ 건주수축 보상 콘크리트를 사용한다.
⑨ 온도철근 및 배력철근 등의 철근을 배치한다.

4 철근콘크리트공사 관련 용어정의

1. 철근공사 70)

용 어	정 의
강재 (Steel)	강재는 철을 주성분으로 하는 구조용 탄소강의 총칭으로써, 철근콘크리트용 봉강, 프리스트레스용 강재, 형강, 강판 등을 포함한다.
철근 (Reinforcement, Bar, Rebar)	철근은 콘크리트를 보강하기 위해 콘크리트 속에 배치되는 봉 형상의 강재이다.
이형철근 (Deformed Reinforcement)	이형철근은 표면에 리브와 마디 등의 돌기가 있는 봉강으로써 KS D 3504에 규정되어 있는 이형철근 또는 이와 동등한 품질과 형상을 가지는 철근이다.
조립용 철근 (Erection Bar)	조립용 철근은 철근을 조립할 때 철근의 위치를 확보하기 위하여 쓰는 보조적인 철근이다.
용접철망 (Welded Steel Wire Fabric)	용접철망은 콘크리트 보강용 용접망으로 철근이나 철선을 직각으로 교차시켜 각 교차점을 전기저항 용접한 철선망이다.
고임재 (Chair)	고임재는 수평으로 배치된 철근 또는 프리스트레스용 강재, 시스 등을 정확한 위치에 고정하기 위하여 쓰이는 콘크리트제, 모르타르제, 금속제, 플라스틱제 등의 부품이다.

주1 철근공사 및 콘크리트공사와 관련된 용어의 정의는 KCS 14 20 10 : 2021의 용어의 정의에서 중요성이 있는 용어를 선정하여 가급적 수정하지 않고 그대로 사용하였음을 밝힌다.

2. 콘크리트공사 71)

용 어	정 의
결합재 (Binder)	결합재는 시멘트와 같이 접착력이 있는 재료로써 골재 입자들 사이를 채워서 콘크리트 구성 재료들을 결합하거나 콘크리트의 강도 발현에 기여하는 물질을 생성하는 재료의 총칭이다. 고로슬래그 미분말, 플라이애시, 실리카흄, 팽창재 등 분말 형태의 재료이다.
계획배합	계획배합은 소요 품질의 콘크리트를 얻을 수 있도록 계획된 배합이다.
골재 (Aggregate)	골재는 모르타르 또는 콘크리트를 만들기 위하여 시멘트 및 물과 반죽 혼합하는 모래, 자갈, 부순돌, 기타 이와 유사한 입상의 재료이다.
잔골재 (Fine Aggregate)	잔골재는 10 mm 체를 전부 통과하고 5 mm 체를 거의 다 통과하며 0.08 mm 체에 모두 남는 골재이다.
굵은골재 (Coarse Aggregate)	굵은골재는 5 mm체에 다 남는 골재이다.
경량골재 (Lightweight Aggregate)	경량골재는 콘크리트의 질량을 경감시킬 목적으로 사용하는 보통의 암석보다 밀도가 낮은 골재이다.
순환골재 (Recycled Aggregate)	순환골재는 건설폐기물을 물리적 또는 화학적 처리과정 등을 통하여 순환골재 품질기준에 적합하게 만든 골재로 재생골재라고도 한다.

70) KCS 14 20 11 철근공사 (1.3), 국토교통부, 한국콘크리트학회, 2021.
71) KCS 14 20 10 일반콘크리트 (1.3), 국토교통부, 한국콘크리트학회, 2021.

용 어	정 의
공기량	공기량은 아직 굳지 않는 콘크리트 속에 포함된 공기용적의 콘크리트 용적에 대한 백분율이다. 다만, 골재 내부의 공기는 포함하지 않는다.
모래(Sand)	모래는 자연 작용에 의하여 암석으로부터 생긴 잔골재이다.
자갈(Gravel)	자갈은 자연 작용에 의하여 암석으로부터 만들어진 굵은골재이다.
시멘트풀 (Cement Paste)	시멘트풀은 시멘트 및 물을 혼합·반죽한 복합체이며, 필요에 따라 혼화재료를 첨가한다. 시멘트페이스트라고도 한다.
모르타르 (Mortar)	모르타르는 시멘트, 물 및 잔골재를 혼합·반죽한 복합체이며, 필요에 따라 혼화재료를 첨가한다.
콘크리트 (Concrete)	콘크리트는 시멘트, 물, 잔골재 및 굵은골재를 혼합·반죽한 복합체이며, 필요에 따라 혼화재료를 첨가한다.
철근(Reinforcing Bar)	철근은 콘크리트 보강용 봉강으로 원형철근 및 이형철근이 있다.
철근상세 (Bar Detail)	철근상세는 철근 배치시공도의 일부분으로써 철근의 가공형상·치수 및 부재별 기호 등을 표로 만든 것이다.
선조립철근	선조립철근은 미리 계획된 한 부재 또는 복수로 연결되는 부재용 철근으로, 소정의 부재위치와는 다른 장소에서 조립된 철근이다.
보통콘크리트 (Normal Concrete)	보통콘크리트는 보통골재를 사용한 콘크리트이다.
설계기준압축강도 (Specified Compressive Strength of Concrete, 設計基準壓縮強度, f_{ck})	설계기준압축강도는 콘크리트구조 설계에서 기준이 되는 콘크리트의 압축강도로써 표준적으로 사용하는 설계기준강도(Specified Concrete Strength)와 동일한 용어이다.
배합강도 (Required Average Concrete Strength, 配合強度, f_{cr})	배합강도는 구조물에 사용되는 콘크리트의 압축강도가 소요의 강도를 갖기 위해서는 콘크리트 배합설계 시 목표로 정하는 압축강도이다.
호칭강도 (Nominal Strength, 呼稱強度, f_{cn})	① 호칭강도는 레디믹스트콘크리트 주문 시 KS F 4009의 규정에 따라 사용되는 콘크리트의 강도로써, 구조물 설계에서 사용되는 설계기준압축강도나 배합설계 시 사용되는 배합강도와는 구분되며, 기온, 습도, 양생 등 시공적인 영향에 따른 보정값을 고려하여 주문한 강도이다. ② $f_{cn} = f_{cq} + T_n$ 여기서, T_n은 기온보정강도이다. ③ 따라서 내구성 기준압축강도(f_{cd})를 고려하지 않고 설계기준압축강도(f_{ck})만 고려하여 표현하면 다음과 같다. ④ $f_{cn} = f_{ck} + T_n$
품질기준강도 (品質基準強度, f_{cq})	① 품질기준강도는 구조계산에서 정해진 설계기준압축강도(f_{ck})와 내구성 설계를 반영한 내구성 기준압축강도(f_{cd}) 중에서 큰 값으로 결정된 강도이다. ② $f_{cq} = \max(f_{ck}, f_{cd})$
내구성 기준압축강도 (耐久性 基準壓縮強度, f_{cd})	내구성 기준압축강도는 콘크리트의 내구성 설계에 있어 기준이 되는 압축강도이다.
단위 수량	단위 수량은 아직 굳지 않는 콘크리트 1 m^3 중에 포함된 물의 양이다. 다만, 골재 중의 수량을 제외한다.
배합 (Mixing)	배합은 콘크리트 또는 모르타르를 만들 때 소요되는 각 재료의 비율이나 사용량이다.

필수 연습문제

제12장 일반사항

1. 철근콘크리트의 설명 중 옳은 것은?

㉮ 철근과 콘크리트는 선팽창계수가 거의 같다.
㉯ 형태의 변경이나 파괴, 철거가 용이하다.
㉰ 콘크리트는 산성으로 알칼리성인 철근의 부식을 방지한다.
㉱ 철근은 압축력을, 콘크리트는 인장력을 부담한다.

2. 철근콘크리트구조에서 철근의 부착력에 대한 다음 설명 중 옳지 않은 것은?

㉮ 부착력은 콘크리트의 압축강도에 비례한다.
㉯ 부착력은 철근의 표면 상태와 관계가 있다.
㉰ 부착력은 철근의 주장이 클수록 커진다.
㉱ 부착력은 철근의 단면 형상에 관계가 없다.

3. 콘크리트의 내화성에 가장 큰 영향을 미치는 것은 다음 중 어느 것인가?

㉮ 배합방법 ㉯ 압축강도
㉰ 물시멘트비 ㉱ 골재의 암질

4. 콘크리트의 내화성 · 내열성에 대한 기술 중 부적절한 것은 어느 것인가?

㉮ 250℃ 정도의 화열의 영향을 받으면 수산화석회가 열분해 하여 갑자기 약화된다.
㉯ 화재를 당한 콘크리트의 중성화속도는 화재를 당하지 않은 것에 비하여 크다.
㉰ 배합과 물시멘트비가 내화성에 미치는 영향은 사용 골재의 암질에 의한 영향보다 적다.
㉱ 화산암질 골재는 내화성이 좋고 석영질 골재는 내화성이 떨어진다.

1. ㉮

(1) 철근과 콘크리트의 선팽창계수가 거의 같다.
(2) 임의의 형상으로 시공이 가능하나 형태의 변경이나 파괴, 철거가 어렵다.
(3) 콘크리트는 강 알칼리성임으로 철근의 부식을 방지한다.
(4) 철근콘크리트구조에서 철근은 주로 인장력, 콘크리트는 주로 압축력에 부담한다.

2. ㉱

철근의 표면상태(단면형상)에 따른 부착력의 차이는 이형철근이 원형철근보다 부착강도가 크다.

3. ㉱

① 내화성에 미치는 영향은 배합과 물시멘트비보다 골재의 암질이 가장 크다.
② 화산암질 골재는 내화성이 좋고, 석영질 골재는 내화성이 떨어진다.

4. ㉮

콘크리트는 약 350℃ 이상이면 강도가 급격히 저하된다.

5. 콘크리트에 관한 다음 기술 중 틀린 것은 어느 것인가?

㉮ 콘크리트의 강도는 대체로 물시멘트비로 결정된다.

㉯ 일정한 물시멘트비의 콘크리트에 공기연행제를 넣으면 워커빌리티를 증진시키는 이점은 있으나 강도는 약간 저하한다.

㉰ 콘크리트는 알칼리성이므로 철근콘크리트로 할 때 철근을 방청하는 효과가 있다.

㉱ 콘크리트는 화재를 당해서도 결정수를 방출할 뿐이므로 강도에는 영향이 없다.

5. ㉱

① 철근은 약 600℃에서 항복점이 약 1/2 정도가 되고, 약 800℃에서 항복점이 약 10% 정도가 되며, 약 900℃ 이상에서는 완전 파괴된다.

② 콘크리트는 약 350℃ 이상이면 강도가 급격히 저하된다.

6. 콘크리트의 내화, 내열성에 대한 기술 중 옳지 않은 것은?

㉮ 콘크리트의 내화, 내열성은 사용한 골재의 품질에 크게 영향을 받는다.

㉯ 콘크리트는 내화성 우수해서 600℃ 정도의 화열을 받아도 압축강도는 거의 저하하지 않는다.

㉰ 철근콘크리트 부재의 내화성을 높이기 위해서는 철근의 피복두께를 충분히 하면 좋다.

㉱ 화재를 당한 콘크리트의 중성화 속도는 화재를 당하지 않은 것에 비하여 크다.

6. ㉯

• 내화성의 특징

① 철근은 약 600℃에서 항복점이 약 1/2 정도가 되고, 약 800℃에서 항복점이 약 10% 정도가 되며, 약 900℃ 이상에서는 완전 파괴된다.

② 콘크리트는 약 350℃ 이상이면 강도가 급격히 저하된다.

7. 콘크리트의 크리프(Creep)에 관한 기술 중 가장 부적당한 것은 어느 것인가?

㉮ 온도가 높을수록 크리프량이 작다.

㉯ 단위 시멘트량이 많을수록 크리프량이 크다.

㉰ 단위 수량이 많을수록 크리프량이 크다

㉱ 부재의 단면치수가 작을수록 크리프량이 크다.

7. ㉮

크리프량은 온도가 높을수록 증가한다.

8. 콘크리트 구조물의 크리프(Creep)의 증가원인으로 옳지 않은 것은?

㉮ 물시멘트비가 클수록 크리프는 증가한다.

㉯ 하중이 클수록 크리프는 증가한다.

㉰ 단면의 치수가 클 경우 크리프는 증가한다.

㉱ 습도가 낮을 경우 크리프는 증가한다.

8. ㉰

단면의 치수가 클 경우 크리프는 감소한다.

9. 콘크리트의 크리프에 관한 설명으로 옳지 않은 것은?

㉮ 습도가 높을수록 크리프는 크다.
㉯ 물시멘트비가 클수록 크리프는 크다.
㉰ 콘크리트의 배합과 골재의 종류는 크리프에 영향을 끼친다.
㉱ 하중이 제거되면 크리프 변형은 일부 회복된다.

9. ㉮
크리프량은 습도가 낮을수록 증가한다.

10. 콘크리트의 크리프 변형량이 크게 되는 경우에 해당되지 않는 것은?

㉮ 부재의 단면치수가 클수록
㉯ 하중이 클수록
㉰ 단위 수량이 많을수록
㉱ 재하 시 재령이 짧을수록

10. ㉮
크리프량은 부재의 단면치수가 작을 경우 증가한다.

11. 다음 중 콘크리트의 크리프변형이 크게 발생하는 경우에 해당하지 않는 것은?

㉮ 응력이 클수록
㉯ 물시멘트비가 클수록
㉰ 습도가 낮을수록
㉱ 부재의 치수가 클수록

11. ㉱
크리프량은 부재의 단면치수가 작을 경우 증가한다.

12. 콘크리트의 건조수축을 일으키는 요인 중 가장 부적당한 것은?

㉮ 분말도가 높은 시멘트일 경우
㉯ 흡수량이 높은 골재일 경우
㉰ 온도가 높고, 습도가 낮은 경우
㉱ 부재의 단면치수가 작을 경우

12. ㉯
건조수축은 흡수량이 낮은 골재일 경우 증가한다.

13. 콘크리트의 건조수축 영향인자에 대한 설명 중 옳지 않은 것은?

㉮ 시멘트의 화학성분이나 분말도에 따라 건조수축량이 변화한다.
㉯ 골재 중에 포함된 미립분이나 점토, 실트는 일반적으로 건조수축을 증대시킨다.
㉰ 바다모래에 포함된 염분은 그 양이 많으면 건조수축을 증대시킨다.
㉱ 단위 수량이 증가할수록 건조수축량은 작아진다.

13. ㉱
건조수축은 물결합재비(물시멘트비)와 단위 시멘트량이 많을 경우 증가한다. 따라서 단위 수량이 증가할수록 건조수축은 증가한다.

14. 다음 중 콘크리트의 건조수축에 대한 설명으로 옳은 것은?

㉮ 시멘트의 성분 중 C_3A는 건조수축을 증가시킨다.
㉯ 바다모래에 포함된 염분은 그 양이 많으면 건조수축을 감소시킨다.
㉰ AE제나 감수제는 단위 수량을 감소시켜 건조수축을 증가시킨다.
㉱ 골재 중에 포함된 미립분이나 점토, 실트는 일반적으로 건조수축을 감소시킨다.

15. 다음은 철근인장실험 결과 나타난 철근의 응력-변형률 곡선을 나타내고 있다. 철근의 인장강도에 해당하는 것은?

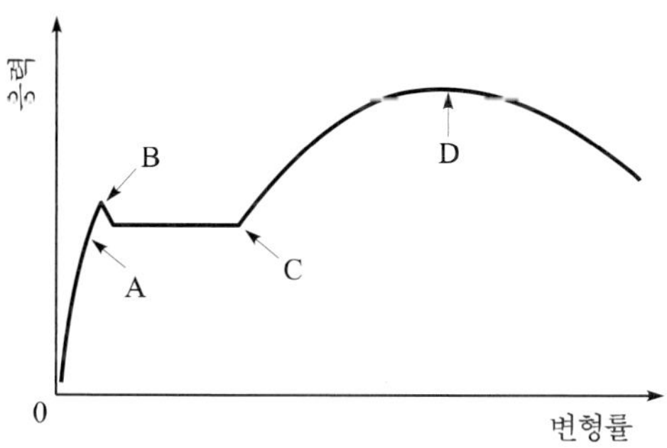

㉮ A ㉯ B ㉰ C ㉱ D

16. 탄성계수를 구할 때 변형측정에 이용하는 것으로 가장 정밀도가 높은 것은?

㉮ 다이얼게이지
㉯ 콤퍼레이터
㉰ 마이크로미터
㉱ 와이어 스트레인게이지

14. ㉮

① C_3A는 알루미네이트로 수화반응속도가 아주 빠르다. 따라서 수화열이 아주 높음으로 건조수축이 크다.
② 바다모래에 포함된 염분은 그 양이 많으면 건조수축을 증가시킨다.
③ AE제나 감수제는 단위 수량을 감소시켜 건조수축을 감소시킨다.
④ 골재 중에 포함된 미립분이나 점토, 실트는 건조수축을 증가시킨다.

15. ㉱

① 점 A : 비례한계점
② 점 B : 항복점(항복강도)
③ 점 D : 극한점(인장강도, 극한강도)

16. ㉱

Strain Gauge(변형률 측정계, 변형계)는 정밀한 변형 및 응력을 측정하는 기기이다.

제13장 철근공사

1 철근의 분류

1. 철근의 종류

종 류	내 용	
원형철근 (Round Steel Bar)	① 원형철근은 마디와 리브가 없는 철근이다. ② 지름은 ϕ로 표시한다. (ϕ9, ϕ12, ϕ16, ϕ19, ϕ22 등) ③ 종류 : SR240, SR300 등	원형철근과 이형철근의 역학적인 차이는 부착력의 차이이다.
이형철근 (Deformed Steel Bar)	① 이형철근은 마디와 리브가 있는 철근이다. ② 지름은 D로 표시한다. (D10, D13, D16, D19, D22, D25 등) ③ 종류 : SD300, SD400, SD500, SD600, SD700, SD400 W, SD500 W, SD400 S, SD500 S, SD600 S 등 ④ 부착력이 원형철근보다 40 % 이상 크다.	

주1 SR은 원형철근(Steel Round Bar) SD는 이형철근(Steel Deformed Bar)을 의미한다.

주2 표시방법은 SD와 최소 항복강도 또는 항복강도의 최소치로 표기하며, 용접용은 W(Weldable) 표기를, 특수내진용은 S(Seismic) 표기를 이어서 사용한다. 예들어 SD500 S는 이형철근으로 최소 항복강도가 400 MPa 이상이고 특수내진용 철근이다.

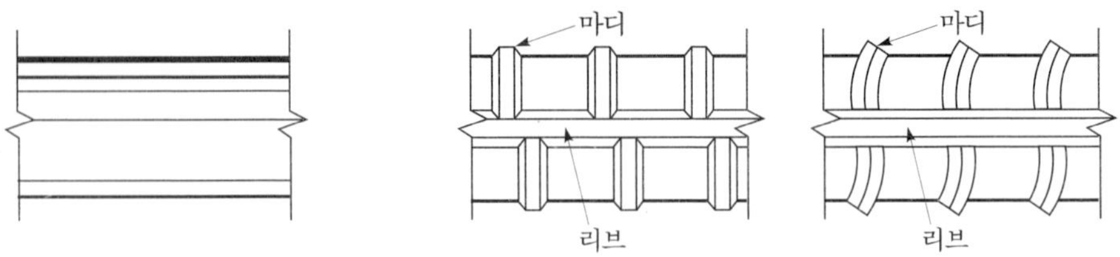

원형철근 이형철근

2) 이형철근의 종류 및 기호

종 류	기 호	항복점 또는 0.2 % 항복강도 (MPa)	인장강도 (MPa)	양단면 색깔	용 도
이형철근 (이형봉강)	SD300	300 이상	항복강도의 1.15배 이상	녹색	일반용
	SD400	400 이상	항복강도의 1.15배 이상	황색	
	SD500	500 이상	항복강도의 1.08배 이상	흑색	
	SD600	600 이상	항복강도의 1.08배 이상	회색	
	SD700	700 이상	항복강도의 1.08배 이상	하늘색	
	SD400 W	400 이상	항복강도의 1.15배 이상	백색	용접용
	SD500 W	500 이상	항복강도의 1.15배 이상	분홍색	
	SD400 S	400 이상	항복강도의 1.25배 이상	보라색	특수내진용
	SD500 S	500 이상	항복강도의 1.25배 이상	적색	
	SD600 S	600 이상	항복강도의 1.25배 이상	청색	

3) 제품 1개마다의 표시

이형철근 제품 1개마다의 표시는 KS D 3504에 따라 다음과 같다.

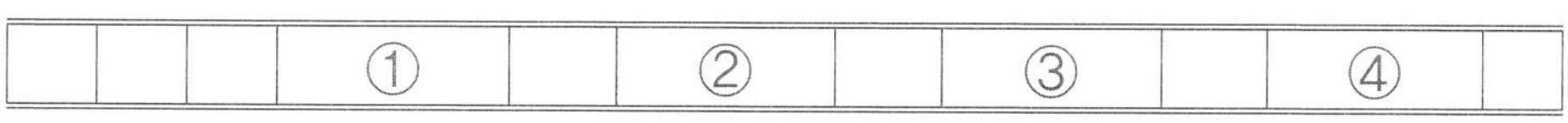

① 원산지 : 예, KR 또는 K (한국)

② 제조자명 : 예, PJ (표준제강)

③ 호칭명 : 예, 25 (D25)

④ 종류 및 기호 : 예, 표시 없음-SD300, 4-SD400, 5-SD500, 6-SD600, 4W SD400 W, 5W-SD500 W, 4S-SD400 S, 5S-SD500 S

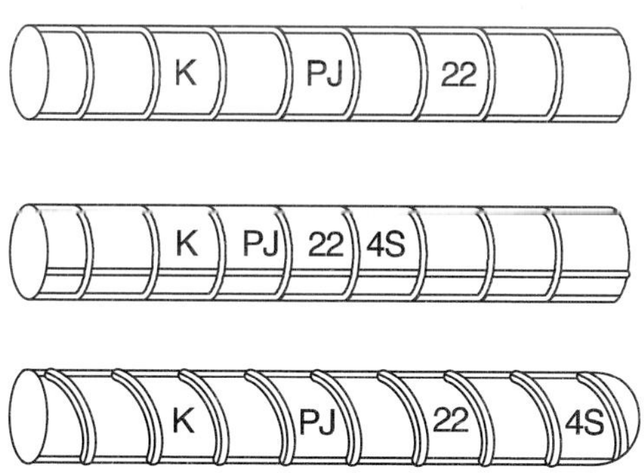

제품 1개마다의 표시방법 (KS D 3504)

2. 철근의 용도에 따른 분류

종 류	내 용
주철근	주철근은 설계하중에 의하여 그 단면적이 정해지는 철근이다. 주인장철근(주철근)이라고도 하며, 정철근과 부철근이 있다.
정철근	정철근은 슬래브 또는 보 부재에서 정(+)의 휨모멘트에 의해서 발생되는 인장응력을 받도록 배치한 주철근이다.
부철근	부철근은 슬래브 또는 보 부재에서 부(-)의 휨모멘트에 의해서 발생되는 인장응력을 받도록 배치한 주철근이다.
축방향철근	축방향철근은 주로 기둥 부재에서 축방향으로 배치한 철근이다.
온도철근 (온도조절철근, 수축 · 온도철근)	(1) 개요 온도철근은 바닥판과 같은 부재에서 수축과 온도변화에 의한 콘크리트의 균열을 줄이기 위해 배근되는 보강철근이다. (2) 목적(역할) ① 균열의 방지 ② 응력의 분산 ③ 주철근의 간격유지 ④ 콘크리트의 건조수축이나 온도변화에 의한 수축 감소
배력철근 (배력근)	배력철근은 하중을 분산시키거나 균열을 제어할 목적으로 주철근과 직각에 가까운 방향으로 배치한 보조 철근이다.
전단철근 (사인장철근)	(1) 개요 전단철근은 주로 보 부재에서 사인장 응력을 받는 철근으로 전단보강철근이라고도 한다. (2) 종류 ① 부재축에 직각인 스터럽(Stirrup, 늑근) ② 부재축에 직각으로 배치된 용접철망 ③ 나선철근, 원형 띠철근 또는 후프 철근 ④ 주인장철근에 45° 이상의 각도로 설치된 스터럽 ⑤ 주인장철근에 30° 이상의 각도로 구부린 굽힘철근(Bent Bar, 절곡철근) ⑥ 스터럽과 굽힐철근의 조합
늑근 (스터럽, Stirrup)	(1) 개요 늑근은 보 부재의 주철근을 둘러싸고 이에 직각되게 또는 경사지게 배치한 복부보강근으로 전단력 및 비틀림모멘트에 저항하도록 배치한 보강철근이다. (2) 목적(역할) ① 보의 전단보강 ② 주철근의 위치고정
띠철근, 대근 (Tie Bar, Hoop)	(1) 개요 띠철근은 기둥 부재에서 종방향 철근(주철근)의 위치를 확보하고 전단력에 저항하도록 정해진 간격으로 배치된 횡방향의 보강철근이다. (2) 목적(역할) ① 주철근의 좌굴방지(가장 중요) ② 주철근의 위치고정 ③ 기둥의 전단보강 ④ 피복두께 유지
나선철근	① 나선철근은 기둥에서 띠철근대신 철근을 이음 없이 나선상으로 감는 철근이다. ② 전단력에 대한 저항이 크다. ③ 좌굴방지에 효과적이다. ④ 재료비와 철근 가공비가 비싸다.
굽힘철근 (Bent Bar)	굽힘철근은 보 부재에서 정철근 또는 부철근을 구부려 올리거나 또는 구부려 내린 복부철근이다.

2 공작도의 작성과 철근의 반입, 저장 및 가공

1. 공작도의 작성

정의	철근구조도에 의거하여 현장에서 실제 공작을 하기 위한 모양, 치수, 지름, 길이, 수량 등을 명확히 기입한 도면이다.
목적	① 시공정밀도 유지 ② 시공관리 원할 ③ 시공량 및 재료량 절감 ④ 시공기준 설정

2. 철근의 반입, 저장 및 가공

1) 반입 및 저장 [72)]

① 철근은 가공 및 조립 순서에 따라 반입한다.

② 철근은 직접 지면에 닿지 않게 지면에서 100 mm 이상 띄워서 놓는다.

③ 철근의 변형이 발생하지 않도록 적당한 간격으로 지지하여 창고 내에 저장한다.

④ 철근을 옥외에 적치할 경우에는 방수기능이 있는 씌우개로 덮어서 저장한다.

⑤ 철근은 종류별, 지름별, 사용부위별로 구분하여 저장한다.

⑥ 연강과 고강의 철근은 반드시 구분하여 저장한다.

⑦ 철근이 장기간 우로에 맞지 않게 한다.

⑧ 에폭시 도막철근은 에폭시 도막이 손상되지 않도록 한다.

2) 검사 및 시험 [73)]

① 철근의 표면에는 부착을 저해하는 흙, 기름 또는 이물질이 없어야 한다.

② 경미한 황갈색의 녹이 발생한 철근은 일반적으로 콘크리트와의 부착을 해치지 않으므로 사용할 수 있다.

③ 심한 녹, 휨 등의 외관 검사와 치수, 중량에 관한 검사 및 강도시험을 한다.

3) 가공 및 조립

① 철근의 가공은 철근상세도에 표시된 형상과 치수가 일치하게 한다.

② 철근 구부리기는 기준의 최소 내면 반지름 이상으로 한다.

③ 철근의 가공은 가열가공은 금하고 상온에서 냉간가공을 원칙으로 한다. 일반적으로 D25 이하는 상온가공 하고, D29 이상은 가열가공 한다.

---

72) KCS 14 20 11 철근공사(2.3), 국토교통부, 한국콘크리트학회, 국가건설기술센터, 2021.
73) KCS 14 20 11 철근공사(3.1), 국토교통부, 한국콘크리트학회, 국가건설기술센터, 2021.

④ 철근의 피복두께를 정확하게 확보하기 위해 적절한 간격으로 고임재 및 간격재를 배치한다.

⑤ 고강도철근은 한 번 구부린 후 이를 다시 펴거나 구부려서는 안 된다.

⑥ 철근은 조립이 끝난 후 철근상세도에 맞게 조립되어 있는지를 검사한다.

4) 갈고리

(1) 목적

갈고리(Hook)는 부착강도를 증대시키기 위해서 설치하는 것이며, 또한 갈고리철근은 철근의 정착 또는 겹침이음을 위하여 철근 끝을 구부려 갈고리를 둔 철근이다.

(2) 설치위치

① 원형철근의 단부
② 스터럽의 단부
③ 띠철근의 단부
④ 기둥 및 보(지중보 제외)의 돌출부분 철근의 단부
⑤ 굴뚝 철근의 단부

5) 철근 가공

(1) 표준갈고리

① 주철근의 표준갈고리(Standard Hook)는 180° 표준갈고리 [그림 (a)]와 90° 표준갈고리 [그림 (b)]로 분류된다.

② 스터럽과 띠철근의 표준갈고리는 90° 표준갈고리 [그림 (c), (d)]와 135° 표준갈고리 [그림 (e)]로 분류된다.

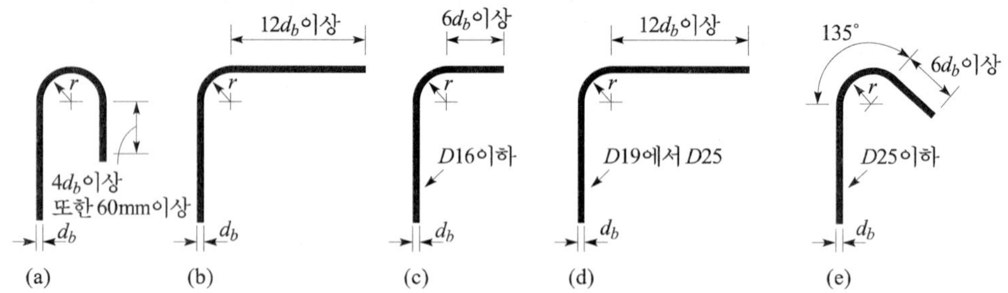

표준갈고리

(2) 주철근 및 스터럽과 띠철근의 연장길이

① 주철근의 표준갈고리 연장길이 (mm)

호칭	공칭지름 (d_b)	180° 표준갈고리 ($4d_b$ 이상 또한 60 mm 이상)	90° 표준갈고리 ($12d_b$ 이상)
D10	9.53	60	115
D13	12.7	60	155
D16	15.9	65	195
D19	19.1	80	230
D22	22.2	90	270
D25	25.4	105	305
D29	28.6	115	345
D32	31.8	130	385
D35	34.9	140	420

주1 표준갈고리와 관련되어 계산된 값은 모두 5 mm 단위로 잘라 올린 것이다.

주2 철근의 표준갈고리 길이는 철근의 항복강도와는 무관하다.

② 스터럽과 띠철근의 표준갈고리 연장길이 (mm)

호칭	공칭지름 (d_b)	90° 표준갈고리 (D16 이하: $6d_b$ 이상, D19, D22, D25: $12d_b$ 이상)	135° 표준갈고리 ($6d_b$ 이상)
D10	9.53	60	60
D13	12.7	80	80
D16	15.9	100	100
D19	19.1	230	115
D22	22.2	270	135
D25	25.4	305	155

주1 표준갈고리와 관련되어 계산된 값은 모두 5 mm 단위로 잘라 올린 것이다.

(3) 주철근 및 스터럽과 띠철근의 구부리는 내면 지름

주철근 및 스터럽과 띠철근에서 철근의 크기에 따라 최소 내면 반지름을 고려한 내면 지름 (mm)은 다음 표와 같다.

호칭	공칭지름 (d_b)	주철근 최소 내면 반지름 (r)	주철근 내면 지름 (D=$2r$)	스터럽과 띠철근 최소 내면 반지름 (r)	스터럽과 띠철근 내면 지름 (D=$2r$)
D10	9.53	$3d_b$ 이상	60	$2d_b$ 이상	60
D13	12.7		80		80
D16	15.9		100		100
D19	19.1		115	$3d_b$ 이상	115
D22	22.2		135		135
D25	25.4		155		155
D29	28.6	$4d_b$ 이상	230		
D32	31.8		255		
D35	34.9		280		

주1 내면 지름의 산정은 최소 내면 반지름과 철근의 공칭지름을 사용하였으며, 5 mm 단위로 잘라 올린 것이다.

(4) 주철근의 표준갈고리 치수의 상세

① 주철근의 표준갈고리 형상의 상세

㉠ 180° 표준갈고리는 180° 구부린 반원 끝에서 $4d_b$ 이상 또한 60 mm 이상 더 연장하여야 한다.

㉡ 90° 표준갈고리는 구부린 끝에서 $12d_b$ 이상 더 연장하여야 한다.

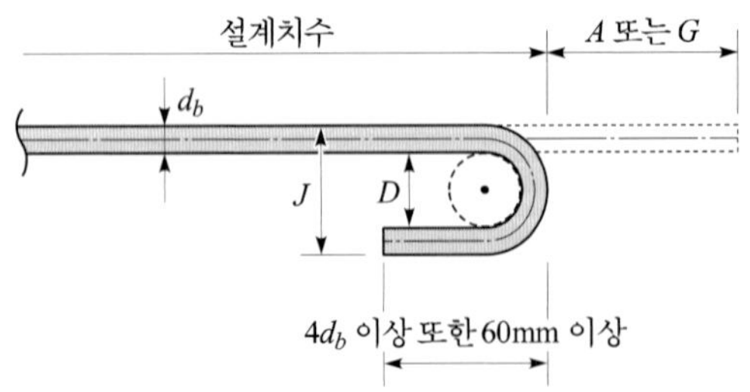

180° 표준갈고리 형상의 상세

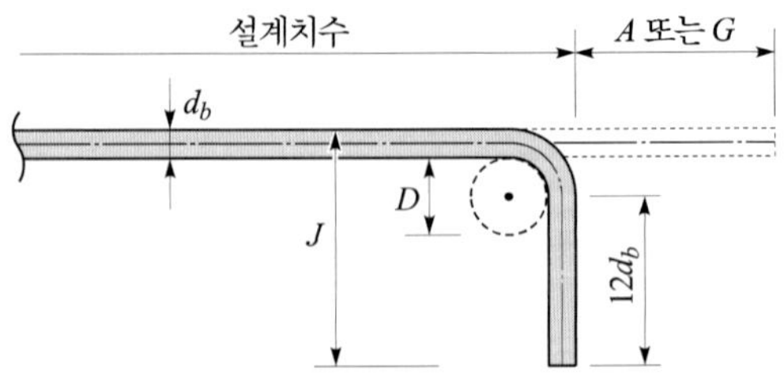

90° 표준갈고리 형상의 상세

② 주철근의 표준갈고리 상세에 따른 치수 (mm)

호칭	공칭지름 (d_b)	내면 지름 (D)	180° 표준갈고리		90° 표준갈고리	
			A 또는 G	J	A 또는 G	J
D10	9.53	60	130	80	130	155
D13	12.7	80	155	110	175	210
D16	15.9	100	180	135	220	260
D19	19.1	115	215	155	260	310
D22	22.2	135	250	180	305	360
D25	25.4	155	285	210	345	410
D29	28.6	230	380	290	405	490
D32	31.8	255	420	320	450	545
D35	34.9	280	460	350	495	595
D38	38.1	385	590	465	560	690
D41	41.3	415	635	500	605	745
D51	50.8	510	780	615	745	920

주1 표준갈고리와 관련되어 계산된 값은 모두 5 mm 단위로 잘라 올린 것이다.

주2 A 또는 G는 표준갈고리로 가공하기 위하여 더 필요한 철근의 길이로써 설계치수에서부터의 가공 길이이다.

주3 J는 표준갈고리가 가공되었을 경우, 부재에서 철근 배치에 필요한 깊이이다.

주4 철근의 표준갈고리 길이는 철근의 항복강도와는 무관하다.

(5) 스터럽과 띠철근의 표준갈고리 치수의 상세

① 스터럽과 띠철근의 표준갈고리 형상의 상세

㉠ 90° 표준갈고리

ⓐ D16 이하인 철근은 구부린 끝에서 $6d_b$ 이상 더 연장하여야 한다.

ⓑ D19, D22 및 D25 철근은 구부린 끝에서 $12d_b$ 이상 더 연장하여야 한다.

㉡ 135° 표준갈고리

D25 이하의 철근은 구부린 끝에서 $6d_b$ 이상 더 연장하여야 한다. 단, 내진갈고리는 $6d_b$ 이상 또한 75 mm 이상 더 연장하여야 한다.

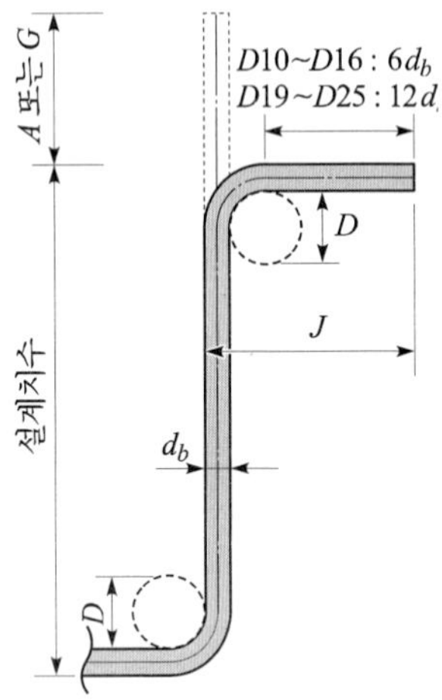

90° 표준갈고리 형상의 상세

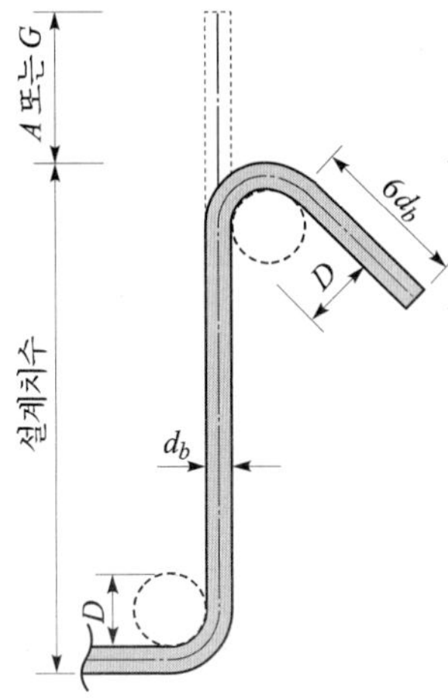

135° 표준갈고리 형상의 상세

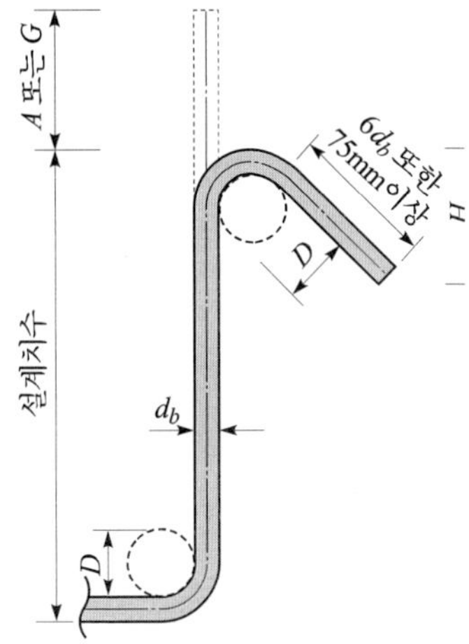

135° 내진갈고리 형상의 상세

② 스터럽과 띠철근의 표준갈고리 상세에 따른 치수 (mm)

호 칭	공칭지름 (d_b)	내면 지름 (D)	90° 표준갈고리		135° 표준갈고리	
			A 또는 G	J	A 또는 G	H
D10	9.53	40	70	90	90	60
D13	12.7	55	90	120	120	75
D16	15.9	65	115	145	145	95
D19	19.1	115	260	310	200	120
D22	22.2	135	305	360	230	140
D25	25.4	155	345	410	265	160

주1 표준갈고리와 관련되어 계산된 값은 모두 5 mm 단위로 잘라 올린 것이다.

(6) 철근 가공의 허용오차

가공치수의 허용오차

철근의 종류		허용오차 (mm)
스터럽, 띠철근, 나선철근		±5
그 밖의 철근	D25 이하의 이형철근	±15
	D29 이상 D32 이하의 이형철근	±20
가공 후의 전 길이		±20

3 철근의 정착 및 이음

1. 철근의 정착

1) 개요

철근의 정착(Anchoring)은 철근콘크리트구조의 부재 접합부에서 한쪽 부재의 철근을 다른 쪽 부재 안에 매립하는 것이다.

2) 철근의 종류에 따른 정착위치

철근의 종류	정착위치	철근의 종류	정착위치
기둥의 주철근	기초판에 정착	벽 철근	기둥, 보 또는 바닥판에 정착
큰보의 주철근	기둥에 정착	바닥판 철근	보 또는 벽체에 정착
작은보의 주철근	큰보에 정착	지중보의 주철근	기초 또는 기둥에 정착
직교하는 단부 보 밑의 기둥 없을 때	보 상호 간에 정착	계단철근	보에 정착

3) 철근의 정착방법

콘크리트 속에 있는 철근의 정착방법은 다음의 세 가지가 있다.

① 철근을 직선 그대로 콘크리트 속에 충분한 길이만큼 묻어 넣는 묻힘길이에 의한 정착

② 철근의 끝을 표준갈고리로 만들어 갈고리의 정착과 직선 부분의 부착의 복합작용으로 정착하는 갈고리에 의한 정착

③ 철근의 단부에 강판을 용접하여 부착하거나 특별한 정착기구를 사용하는 기계적 정착

④ 이들 세 가지 중 두 가지 이상의 조합에 의한 정착

4) 정착 및 이음길이 산정 시 주의사항

① 정착 및 이음길이는 철근의 갈고리 길이를 포함하지 않는다.

② 정착 및 이음길이에서 철근의 지름이 다를 경우 정착 및 이음길이는 지름이 큰 철근과 크기가 작은 철근의 정착 및 이음길이 중 큰 값 이상으로 한다.

③ 정착 및 이음길이의 허용오차는 소정길이의 10 % 이내로 한다.

④ 철근의 정착에 사용되는 $\sqrt{f_{ck}}$ 값은 8.4 MPa을 초과하지 않아야 한다. (f_{ck} 로는 70.56 MPa이다.)

5) 철근의 정착길이

① 묻힘길이에 의한 인장 이형철근의 정착길이

㉠ 개요

철근콘크리트 구조물에서 인장력을 받는 철근의 응력이 항복강도 f_y에 도달할 수 있도록 콘크리트 속에 묻혀 있는 최소한의 묻힘길이 l_d를 정착길이라 한다. 부착파괴가 발생하지 않고 정착되어 있는 길이는 최소 정착길이 l_d보다 커야 한다.

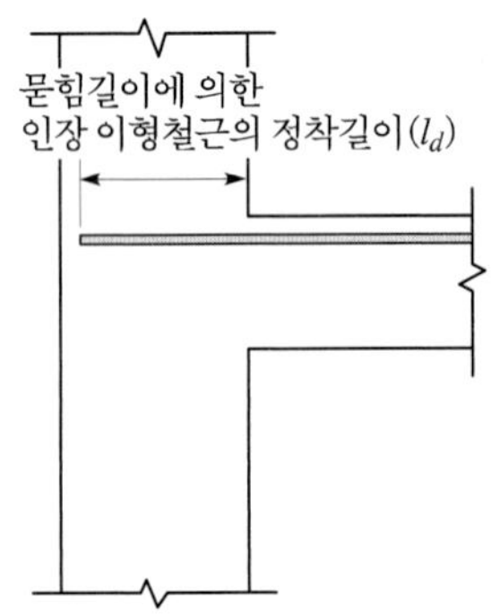

(a) 보의 인장철근을 단부 기둥에 정착하는 경우

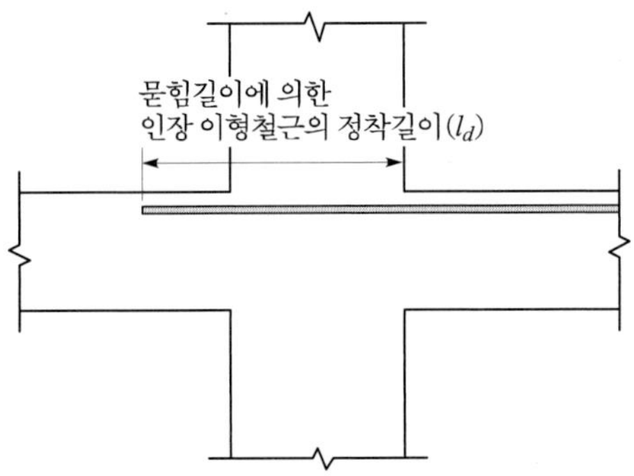

(b) 보의 인장철근을 인접 보에 정착하는 경우

묻힘길이에 의한 인장 이형철근의 정착길이

㉡ 인장 이형철근의 최소 정착길이(l_d)

$$l_d = \max(l_{db} \times \text{보정계수},\ 300\text{ mm})$$

㉢ 인장 이형철근의 기본정착길이(l_{db})

$$l_{db} = \frac{0.6\, d_b\, f_y}{\lambda \sqrt{f_{ck}}}$$

㉣ 보정계수

철근의 간격 및 피복두께 조건에 따른 인장 이형철근의 보정계수

철근의 순간격, 피복두께의 조건 \ 철근의 종류	D19 이하의 철근	D22 이상의 철근
조건 1 : 철근의 순간격 ≥ d_b이고, 피복두께 ≥ d_b이면서, l_d의 전 구간에 설계기준의 규정된 최소 철근량 이상의 스터럽 또는 띠철근이 배치된 경우 또는 조건 2 : 철근의 순간격 ≥ $2d_b$이고, 피복두께 ≥ d_b인 경우	$0.8\alpha\beta$	$\alpha\beta$
기 타	$1.2\alpha\beta$	$1.5\alpha\beta$

여기서, α : 철근 배치위치계수

β : 철근 도막계수

γ : 철근의 크기계수

λ : 경량콘크리트계수

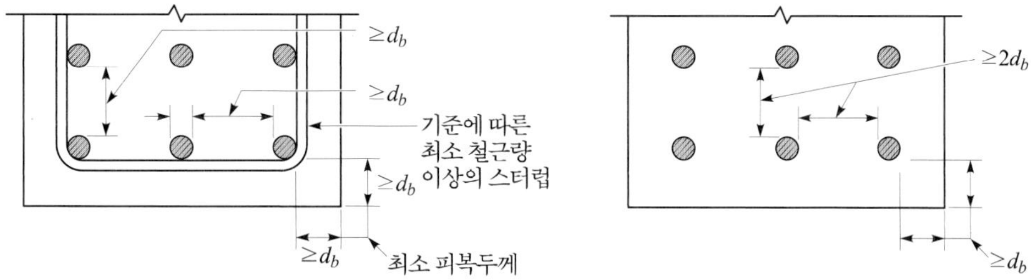

(a) 철근의 간격 및 피복두께의 조건 1 (b) 철근의 간격 및 피복두께의 조건 2

철근의 간격 및 피복두께의 조건 1과 2에 대한 해설그림

보정계수 α, β, λ가 모두 1.0일 경우, 콘크리트의 설계기준압축강도 f_{ck}와 철근의 항복강도 f_y에 따른 인장 이형철근의 최소 정착길이는 다음과 같다.

ⓐ D19 이하의 철근의 최소 정착길이 ($\alpha\beta = 1.0$, $\lambda = 1.0$이고 조건 1이라 가정)

f_y	f_{ck}					
	21 MPa	24 MPa	27 MPa	30 MPa	35 MPa	40 MPa
300 MPa	31.4 d_b	29.4 d_b	27.7 d_b	26.3 d_b	24.3 d_b	22.8 d_b
400 MPa	41.9 d_b	39.2 d_b	37.0 d_b	35.1 d_b	32.5 d_b	30.4 d_b
500 MPa	52.4 d_b	49.0 d_b	46.2 d_b	43.8 d_b	40.6 d_b	37.9 d_b
600 MPa	62.8 d_b	58.8 d_b	55.4 d_b	52.6 d_b	48.7 d_b	45.5 d_b

단, l_d는 300 mm 이상이다.

ⓑ D22 이상의 철근의 최소 정착길이 ($\alpha\beta = 1.0$, $\lambda = 1.0$이고 조건 1이라 가정)

f_y	f_{ck}					
	21 MPa	24 MPa	27 MPa	30 MPa	35 MPa	40 MPa
300 MPa	39.3 d_b	36.7 d_b	34.6 d_b	32.9 d_b	30.4 d_b	28.5 d_b
400 MPa	52.4 d_b	49.0 d_b	46.2 d_b	43.8 d_b	40.6 d_b	37.9 d_b
500 MPa	65.5 d_b	61.2 d_b	57.7 d_b	54.8 d_b	50.7 d_b	47.4 d_b
600 MPa	78.6 d_b	73.5 d_b	69.3 d_b	65.7 d_b	60.9 d_b	56.9 d_b

② 묻힘길이에 의한 압축 이형철근의 정착길이

㉠ 개요

압축력을 받는 철근도 정착길이가 확보되어야 하며, 압축 이형철근의 정착길이는 인장 이형철근의 정착길이보다 짧다. 묻힘길이에 의한 압축 이형철근의 정착길이는 다음과 같다.

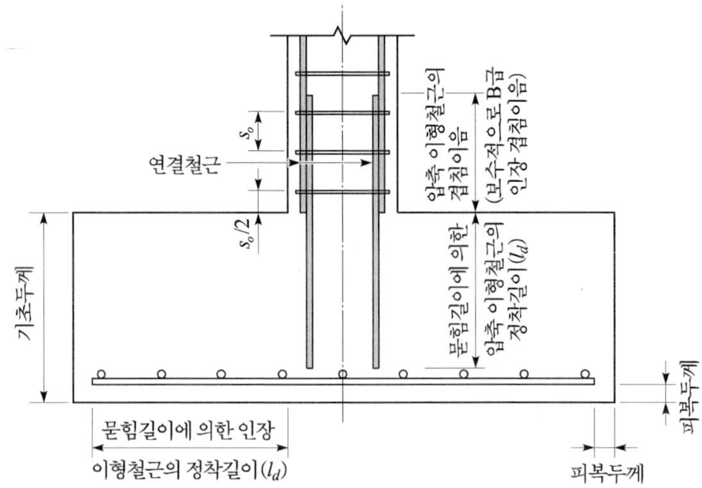

(a) 압축력만 받는 기초

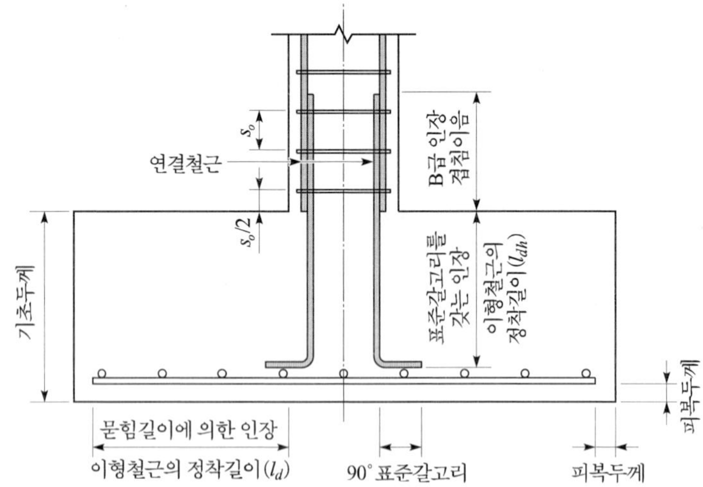

(b) 인장력과 압축력을 동시에 받는 기초

기초의 정착길이

주1 인장력과 압축력을 동시에 받는 기둥에서 기초두께가 묻힘길이에 의한 인장 이형철근의 정착길이(l_d) 이상인 경우, 표준갈고리를 사용하지 않아도 된다.

㉡ 압축 이형철근의 최소 정착길이 (l_d)

$$l_d = \max(l_{db} \times \text{보정계수},\ 200\ \text{mm})$$

㉢ 압축 이형철근의 기본정착길이 (l_{db})

$$l_{db} = \frac{0.25\, d_b\, f_y}{\lambda \sqrt{f_{ck}}} \geq 0.043\, d_b\, f_y$$

보정계수가 모두 1.0일 경우, 콘크리트의 설계기준압축강도 f_{ck}와 철근의 항복강도 f_y에 따른 압축 이형철근의 최소 정착길이는 다음과 같다.

f_y	f_{ck}					
	21 MPa	24 MPa	27 MPa	30 MPa	35 MPa	40 MPa
300 MPa	16.4 d_b	15.3 d_b	14.4 d_b	13.7 d_b	12.9 d_b	12.9 d_b
400 MPa	21.8 d_b	20.4 d_b	19.2 d_b	18.3 d_b	17.2 d_b	17.2 d_b
500 MPa	27.3 d_b	25.5 d_b	24.1 d_b	22.8 d_b	21.5 d_b	21.5 d_b
600 MPa	32.7 d_b	30.6 d_b	28.9 d_b	27.4 d_b	25.8 d_b	25.8 d_b

단, l_d는 200 mm 이상이다.

③ 다발철근의 정착길이

인장력 또는 압축력을 받는 다발철근을 사용할 경우, 정착길이는 단일철근에 비해 3개의 철근다발은 20 % 그리고 4개의 철근다발은 33 %를 증가시킨다.

④ 표준갈고리를 갖는 인장 이형철근의 정착길이

㉠ 갈고리(Hook)의 사용목적

부재의 크기가 철근의 묻힘길이에 의한 정착길이보다 작을 경우 정착부착응력을 증가시키기 위해 갈고리를 두어 좁은 공간에서도 철근이 항복할 때가지 인장응력을 지지할 수 있도록 한다. 단, 갈고리는 압축철근의 정착에 있어서는 유효하지 않은 것으로 한다.

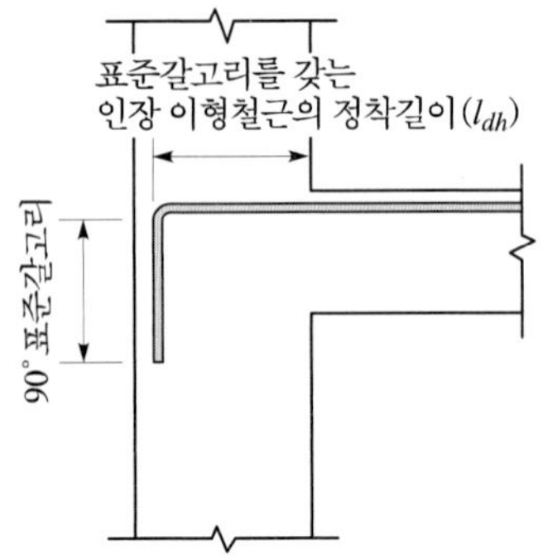

기둥 단부에서 표준갈고리를 갖는 인장 이형철근의 정착길이

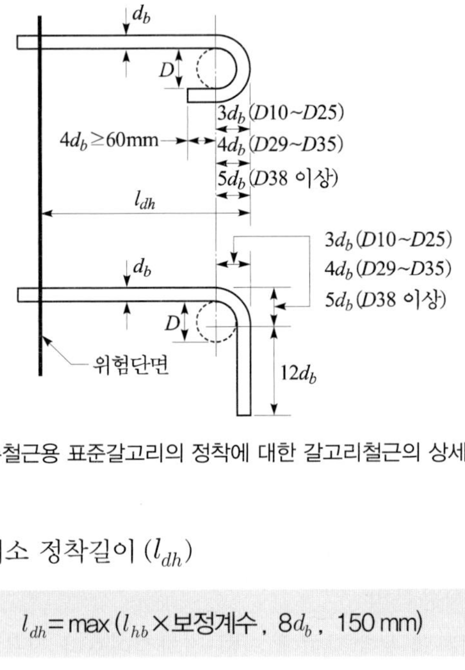

주철근용 표준갈고리의 정착에 대한 갈고리철근의 상세도

㉡ 인장 이형철근의 최소 정착길이 (l_{dh})

$$l_{dh} = \max(l_{hb} \times \text{보정계수},\ 8d_b,\ 150\,\text{mm})$$

표준갈고리를 갖는 인장 이형철근의 정착길이 l_{dh} 는 위험단면으로부터 갈고리의 외측 단까지의 길이이다.

㉢ 인장 이형철근의 기본정착길이 (l_{hb})

$$l_{hb} = \frac{0.24\,\beta\, d_b f_y}{\lambda\sqrt{f_{ck}}}$$

보정계수가 모두 1.0일 경우, 콘크리트의 설계기준압축강도 f_{ck}와 철근의 항복강도 f_y에 따른 표준갈고리를 갖는 인장 이형철근의 최소 정착길이는 다음과 같다.

f_y	f_{ck}					
	21 MPa	24 MPa	27 MPa	30 MPa	35 MPa	40 MPa
300 MPa	15.7 d_b	14.7 d_b	13.9 d_b	13.1 d_b	12.2 d_b	11.4 d_b
400 MPa	20.9 d_b	19.6 d_b	18.5 d_b	17.5 d_b	16.2 d_b	15.2 d_b
500 MPa	26.2 d_b	24.5 d_b	23.1 d_b	21.9 d_b	20.3 d_b	19.0 d_b
600 MPa	31.4 d_b	29.4 d_b	27.7 d_b	26.3 d_b	24.3 d_b	22.8 d_b

단, l_{dh}는 150 mm 이상이다.

2. 철근의 이음

1) 개요

철근의 이음은 철근콘크리트구조의 부재에서 서로 다른 철근을 이어서 사용하는 것이다.

2) 이음위치 선정 시 주의사항

① 응력이 큰 곳은 피한다.

② 이음은 엇갈리게 한다.

③ 한 곳에 반수(1/2) 이상의 철근을 잇지 않는다.

④ D35를 초과하는 철근은 겹침이음을 할 수 없다(용접이 원칙이다).

⑤ 기둥의 주철근은 하부 바닥판의 500 mm부터 층높이의 3/4 이하까지 잇는다.

⑥ 보의 주철근은 반드시 압축부에서 잇는다.

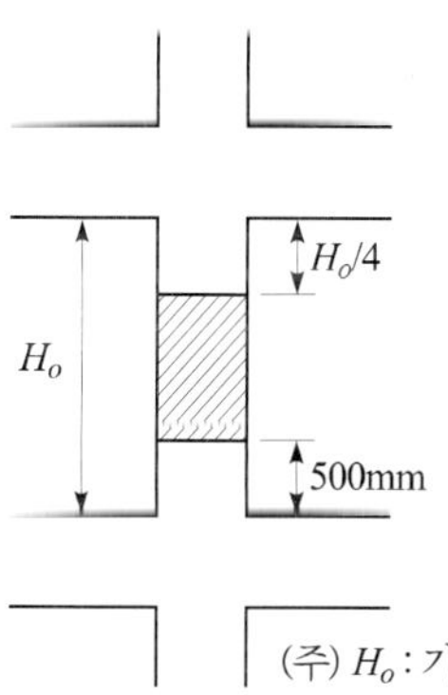

(주) H_o : 기둥의 안목높이

기둥 주철근의 이음위치

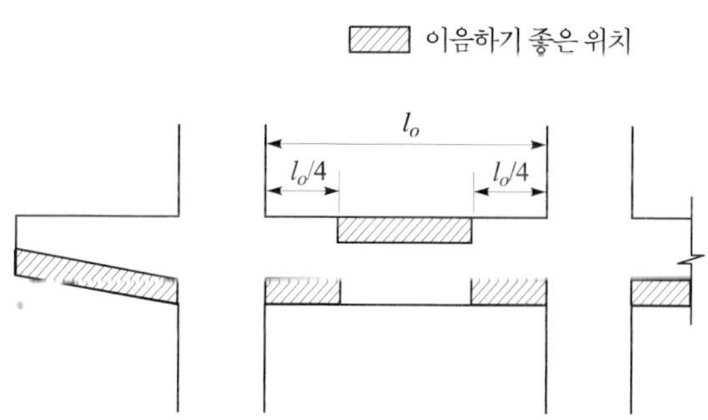

(주) l_o : 보의 안목길이

보 주철근의 이음위치

3) 철근이음의 종류

(1) 겹침이음

① 겹침이음은 철근을 나란히 겹쳐서 이어나가는 것으로 부착력에 의하는 것이다.
② 겹쳐진 부분의 끝은 갈고리를 내고 결속선으로 묶는다.
③ 결속선은 #18~#20의 철선을 사용한다.
④ 한 곳에서 반수 이상의 철근을 잇지 않는다.
⑤ D35를 초과하는 철근은 겹침이음을 할 수 없다.
⑥ 겹침이음에서 철근이음의 검사 항목은 이음위치와 이음길이이다.

(2) 용접이음

① 용접이음은 철근을 서로 맞대거나 겹친 후 아크 및 전류를 이용하여 용접하는 것이다.
② 이음방법으로는 겹침이음, 맞댐이음 및 덧댐이음 등이 있다.
③ 용접이음에서 철근이음의 검사 항목은 외관검사, 용접부의 결함, 인장시험 등이다.
④ 철근의 용접부에 순간 최대 풍속 2.7 m/s 이상의 바람이 불 때는 철근을 용접할 수 없다.
⑤ 대기의 온도가 영하 18 °C 이하일 때에는 철근을 용접할 수 없다.
⑥ 예열이 필요한 경우 용접구간 끝에서 150 mm 씩 연장된 부위를 예열하여야 한다.
⑦ 용접은 아래보기자세나 수평자세 또는 수직자세로 실시하여야 하며 위보기자세로 용접해서는 안 된다.

(3) 가스압접이음

① 개요

㉠ 가스압접이음은 철근 용접이음의 일종으로 철근의 단면을 산소아세틸렌 불꽃 등을 사용하여 가열하고 기계적 압력을 가하여 용접한 맞댐이음이다.
㉡ 가스압접의 경우 압접부위가 가려져 불량부분을 검사하기가 쉽지 않으며 초음파탐사법이나 인장시험법 등으로 하여야 정확한 불량을 확인할 수 있다.
㉢ 가스압접이음에서 철근이음의 검사 항목은 이음위치, 외관검사, 초음파탐사검사, 인장시험 등이다.

② 압접방법

㉠ 철근의 가공은 재축에 직각으로 정확하게 절단하여 가공한다.
㉡ 압접장치의 가압능력은 철근단면에 대해 30 MPa 이상 유지한다.
㉢ 압접 1개소당 접합 소요 시간은 3~4분 정도이다.
㉣ 접합온도는 1,200~1,300 ℃를 유지한다.

㉤ 압접하는 2개의 철근의 압접면 사이 간격은 1 mm 이하로 한다.

㉥ 압접 돌출부 지름은 철근 지름의 1.4 ($1.4d_b$)배 이상이다.

㉦ 압접 돌출부 길이는 철근 지름의 1.2 ($1.2d_b$)배 이상이다.

㉧ 철근 중심축의 편심량은 철근 지름의 1/5 ($1/5d_b$) 이하이다.

㉨ 압접 돌출부의 단부에서 압접면의 엇갈림은 철근 지름의 1/4 ($1/4d_b$) 이하이다.

㉩ 접합부에서 철근 지름의 1.3 ($1.3d_b$) 이상까지 가열한다.

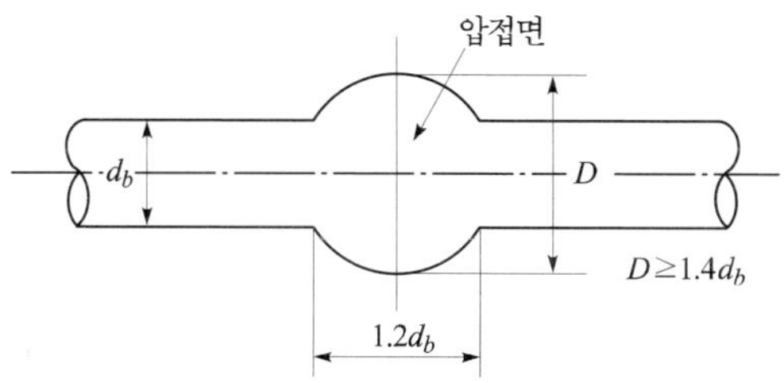

③ 압접금지 사항

㉠ 철근 지름차이가 6 mm 이상인 경우
㉡ 철근 재질이 서로 다른 경우
㉢ 철근 항복강도가 서로 다른 경우
㉣ 강풍, 강우, 강설 시
㉤ 철근 중심축 편심량이 철근 지름의 1/5 ($1/5d_b$) 이상인 경우

(4) 기계적이음

① 기계적이음은 지름이 큰 철근을 직접 연결하는 방법으로 철근의 이음부위에 슬리브압착, 슬리브충전, 나사커플러 등을 이용한 이음이다.

② 기계적이음에서 철근이음의 검사 항목은 이음위치, 외관검사, 인장시험, 잔류변형량 등이다.

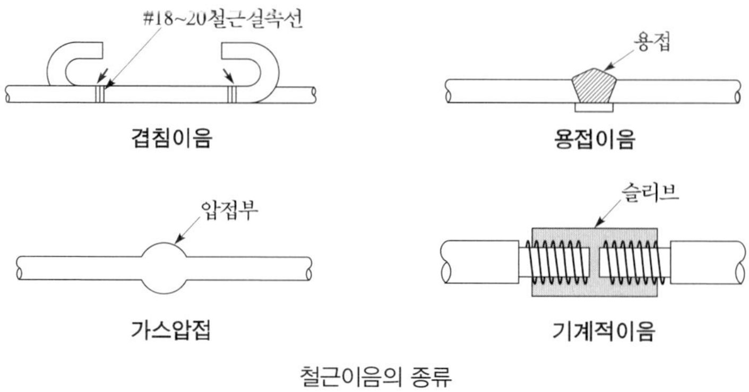

철근이음의 종류

4) 철근의 이음길이

(1) 인장 이형철근의 겹침이음

① 인장 이형철근의 최소 겹침이음길이

인장 이형철근의 최소 겹침이음길이 l_s는 A급과 B급으로 분류하며 다음 값 이상 또한 300 mm 이상으로 한다.

$$\text{A급 인장 겹침이음 } l_s = 1.0 l_d$$
$$\text{B급 인장 겹침이음 } l_s = 1.3 l_d$$

여기서, l_d 는 인장 이형철근의 묻힘길이에 의한 정착길이이다.

② 겹침이음에서 A급 이음과 B급 이음

$\dfrac{\text{배근 } A_s}{\text{소요 } A_s}$	소요 겹침이음길이 내에 겹침이음 된 철근량이 전체 철근량(%)	
	50% 이하	50% 초과
2 이상	A급 인장 겹침이음 ($1.0l_d$)	B급 인장 겹침이음 ($1.3l_d$)
2 미만	B급 인장 겹침이음 ($1.3l_d$)	B급 인장 겹침이음 ($1.3l_d$)

(2) 압축 이형철근의 겹침이음

압축 이형철근의 최소 겹침이음길이 l_s는 다음 값 이상 또한 300 mm 이상이어야 한다.

$$l_s = \max\left[\left(\frac{1.4 f_y}{\lambda\sqrt{f_{ck}}} - 52\right) d_b,\ 300\text{ mm}\right]$$

① 산정된 겹침이음길이 l_s는 f_y가 400 MPa 이하인 경우는 $0.072\ f_y\ d_b$보다 길 필요는 없다.

② 산정된 겹침이음길이 l_s는 f_y가 400 MPa을 초과하는 경우는 $(0.13 f_y - 24)\ d_b$보다 길 필요는 없다.

보정계수가 모두 1.0일 경우, 콘크리트의 설계기준압축강도 f_{ck}와 철근의 항복강도 f_y에 따른 압축 이형철근의 최소 겹침이음길이는 다음과 같다.

f_y	f_{ck}					
	21 MPa	24 MPa	27 MPa	30 MPa	35 MPa	40 MPa
300 MPa	21.6 d_b	21.6 d_b	21.6 d_b	21.6 d_b	19.0 d_b	14.4 d_b
400 MPa	28.8 d_b	28.8 d_b	28.8 d_b	28.8 d_b	28.8 d_b	28.8 d_b
500 MPa	41.0 d_b	41.0 d_b	41.0 d_b	41.0 d_b	41.0 d_b	41.0 d_b
600 MPa	54.0 d_b	54.0 d_b	54.0 d_b	54.0 d_b	54.0 d_b	54.0 d_b

단, l_s는 300 mm 이상이다.

4 철근의 피복두께와 철근의 순간격

1. 피복두께의 정의 및 목적

1) 피복두께의 정의

피복두께는 철근콘크리트 단면에서 최 외측의 철근(띠철근 또는 스터럽)과 콘크리트부재 표면까지의 최단거리이다.

2) 피복두께 확보 목적

① 내구성(철근의 부식방지) ② 내화성
③ 부착성 ④ 콘크리트 타설 시의 유동성

3) 피복두께의 결정 요인

① 흙과의 접촉 유・무 ② 구조 부재의 종별
③ 옥내・외(실내・외) 여부 ④ 콘크리트의 강도
⑤ 철근의 지름

4) 현장치기 콘크리트의 최소 피복두께 [74]

콘크리트의 최소 피복두께

환경조건과 부재의 종류			최소 피복두께 (mm)
옥외의 공기나 흙에 접하지 않는 콘크리트	보, 기둥 [$f_{ck} \geq 40$ MPa이면 10 mm를 저감시킬 수 있다.]		40
	슬래브, 벽체, 장선구조	D35 이하의 철근	20
		D35를 초과하는 철근	40
	셸, 절판부재		20
흙에 접하거나 옥외의 공기에 직접 노출되는 콘크리트		D19 이상의 철근	50
		D16 이하의 철근	40
흙에 접하여 콘크리트를 친 후 영구히 흙에 묻혀 있거나 수중에 있는 콘크리트			75
수중에 타설하는 콘크리트			100

주1 설계피복두께(표준피복두께)는 최소 피복두께에서 10 mm를 더한 값 이상으로 한다.

주2 설계피복두께(표준피복두께)와 최소 피복두께를 혼돈하지 않도록 한다.

주3 피복두께의 시공 허용오차는 10 mm 이내로 한다.

---

74) KDS 14 20 50 (4.3.1) 콘크리트구조 철근상세 설계기준, 국토교통부, 한국콘크리트학회, 2020.

2. 철근의 간격제한 [75] [76]

① KDS 14 20 50 : 2021 기준에서 정한 부재별 주철근의 간격제한은 다음과 같다.

부재에 따른 철근의 간격제한

구 분		간격제한
보	동일 평면에서 평행하는 철근 사이의 최소 수평 순간격 (보의 주철근의 최소 수평 순간격)	최소 수평 순간격 $=\max\left(25\text{ mm},\ d_b,\ \dfrac{4}{3}G\right)$
	상단과 하단에 2단 이상으로 배치된 경우 상하 철근의 배치	① 상하 철근을 동일 연직 면내에 배치시킨다. ② 상하 철근의 순간격 25 mm 이상이다.
기둥	나선철근과 띠철근 기둥에서 종방향 철근의 순간격	최소 순간격 $=\max\left(40\text{ mm},\ 1.5d_b,\ \dfrac{4}{3}G\right)$
벽체와 슬래브	벽체 또는 슬래브의 휨 주철근 간격	최대 간격 $=\min(3h,\ 450\text{ mm})$ 단, 콘크리트 장선구조의 경우 이 규정이 적용되지 않는다.
다발철근 (묶음철근)		① 이형철근을 사용한다. ② 이형철근의 개수는 4개 이하이다. ③ 다발철근은 스터럽이나 띠철근으로 둘러싸야 한다. ④ 휨부재의 경간 내에서 끝나는 한 다발철근 내의 개개 철근은 $40d_b$ 이상 서로 엇갈리게 끝나야 한다. ⑤ 보의 다발철근은 D35 이하를 사용한다.

여기서, G : 굵은골재의 최대 공칭치수(mm)

d_b : 주철근의 공칭지름(mm)

h : 부재의 전체 두께 또는 깊이(mm)

주1 주철근의 최소 중심 간격($s_{\min}$)은 '$s_{\min}$ = 최소 수평 순간격 + d_b'이다.

② 보 부재에서 부재축에 직각으로 배치된 전단철근(수직스터럽)의 중심 간격은 $d/2$ 이하, 또한 600 mm 이하로 한다. 여기서, d는 보의 유효깊이이다.

$$\text{수직스터럽의 중심 간격}(s) \le \min\left(\frac{d}{2},\ 600\text{ mm}\right)$$

③ 기둥 부재에서 띠철근의 중심 간격은 16×주철근의 공칭지름, 48×띠철근의 공칭지름, 기둥단면 치수 중에서 최솟값 이하이다.

$$\text{띠철근의 중심 간격}(s) \le \min(16d_b,\ 48d_t,\ D_{\min})$$

75) KDS 14 20 50 (4.2.2) 콘크리트구조 철근상세 설계기준, 국토교통부, 한국콘크리트학회, 2016.
76) KDS 14 20 22 (4.3.4) 콘크리트구조 전단 및 비틀림 설계기준, 국토교통부, 한국콘크리트학회, 2020.

여기서, d_t : 띠철근의 공칭지름 (mm)

$D_{\min}$: 기둥단면의 최소 치수 (mm)

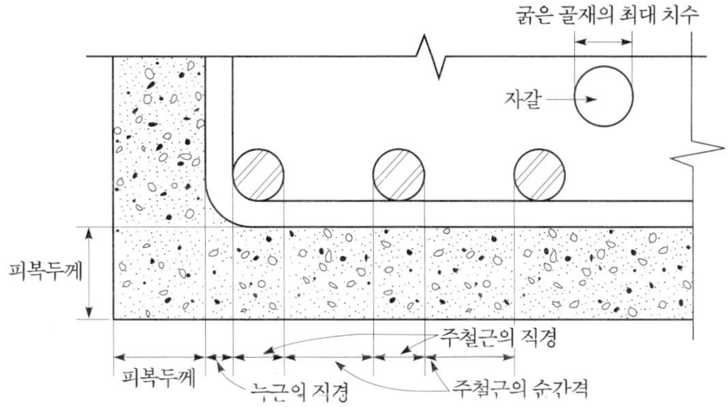

5 철근조립

1. 철근콘크리트구조(RC구조)의 철근조립

① 기초 철근

② 기둥 철근

③ 벽 철근

④ 보 철근

⑤ 바닥판 철근

⑥ 계단 철근

기초 철근

기둥 철근

벽 철근

보 철근

바닥판 철근

SRC구조의 기둥 철근

2. 기둥의 철근조립

① 기둥 철근은 위층 층높이의 1/3 지점 정도까지 뽑아 올린다.
② 기둥 주철근의 반수 이상의 이음자리를 일치시키지 않는다.
③ 기둥의 최소 단면은 200 mm 이상이고 최소 단면적은 60,000 mm^2 이상이다.
④ 기둥 주철근의 개수는 직사각형(띠철근) 기둥의 경우 4개 이상, 원형철근(나선철근) 기둥의 경우 6개 이상이다.
⑤ 철근의 간격은 40 mm, (4/3)×굵은골재의 최대 치수, 1.5×주철근의 공칭지름 중에서 최댓값 이상이다.
⑥ 기둥의 철근비는 최소철근비 1 % 이상, 최대철근비 8 % 이하이다.
⑦ 축방향 철근이 D32 이하일 경우 띠철근은 D10 이상이다.
⑧ 축방향 철근이 D35 이상일 경우 띠철근은 D13 이상이다.

3. 보의 철근조립

① 상단 주철근(상부근) 배치
② 늑근 배치
③ 늑근 하부에 스페이서 배치
④ 하단 주철근(하부근) 배치

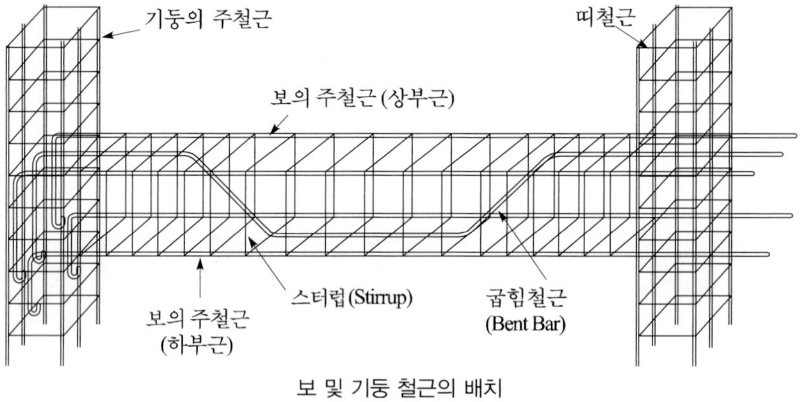

보 및 기둥 철근의 배치

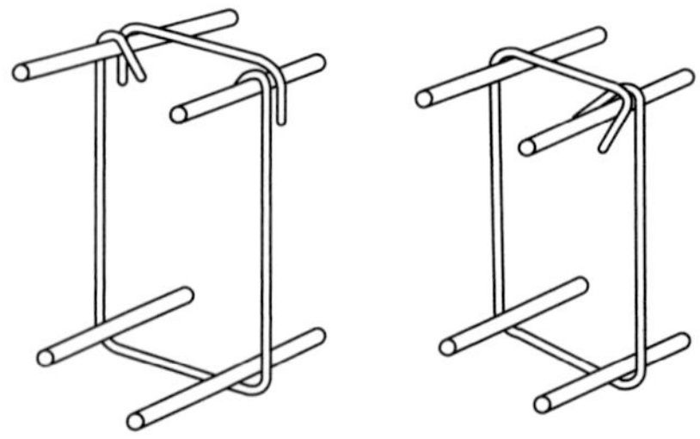

(a) U형 스터럽 (b) 폐쇄형 스터럽

스터럽 (늑근)의 종류

4. 바닥판의 철근조립

① 바닥판이 4변 고정일 때, 반곡점(순경간의 1/4 지점)에서 4방 굽힘한다.

② 단부가 자유단인 경우, 상부에 인장철근을 배치하고 단순지지단인 경우, 하부에 인장철근을 배치한다.

③ 단부바닥판의 상부철근은 보 상부철근 위로 배치하고, 단부바닥판의 하부철근은 보 상부철근 아래로 배치한다.

④ 4변 고정 바닥판의 철근 배치량은 '단변방향 주간대 단부 > 단변방향 주간대 중앙부 > 장변방향 주간대 단부 > 장변방향 주간대 중앙부' 순이다.

⑤ 바닥판 철근에서 주철근은 단변방향 철근이고 부철근보다 바깥에 배치하는 것이 원칙이다.

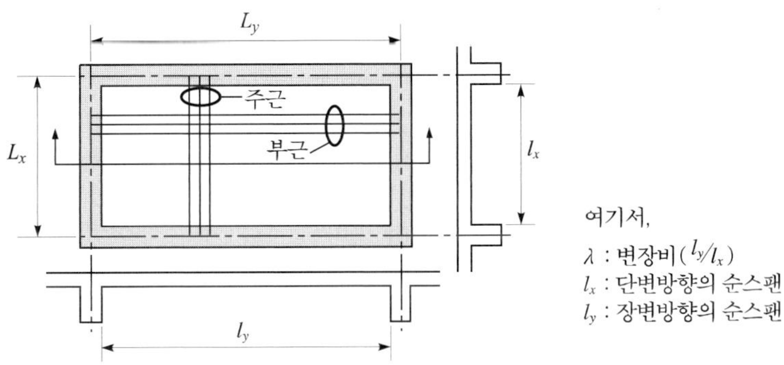

주근과 부근

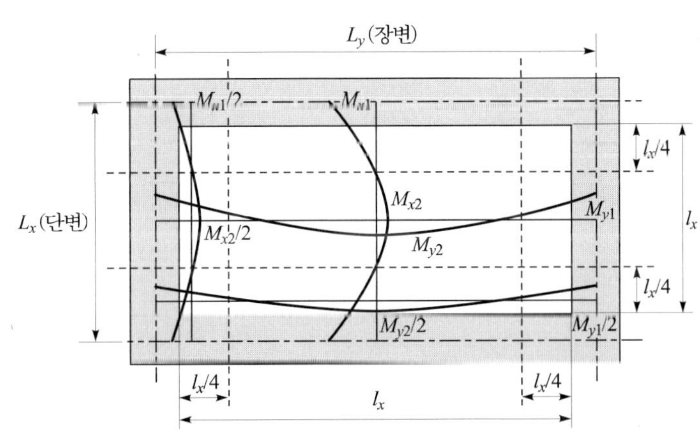

슬래브의 휨모멘트 분포도

필수 연습문제

〉〉〉 제13장 철근공사

1. 철근콘크리트구조에서 철근에 대한 다음 설명 중 옳지 않은 것은?

㉮ 원형철근은 마디와 리브가 없는 철근이다.
㉯ 이형철근은 마디와 리브가 있는 철근이다.
㉰ 이형철근의 종류는 SD로 구분하여 표기한다.
㉱ 원형철근과 이형철근이 같은 지름이면 부착력의 차이가 거의 없다.

2. 탄소강에 니켈, 망간, 규소 등을 소량 첨가하여 열간 및 냉간가공 과정을 거쳐 일반철근보다 강도를 향상시킨 강재는?

㉮ 원형철근　　㉯ 고강도철근
㉰ 이형철근　　㉱ 피아노선

3. 철근의 반입 및 저장에 관한 설명 중 잘못된 것은?

㉮ 철근의 반입은 철근 가공 순서에 따라 선후를 가려서 반입한다.
㉯ 철근의 반입은 철근의 가공조립이 시간적으로 순조롭게 되도록 한다.
㉰ 반입된 철근은 장기간 우로에 맞지 않도록 시트를 덮어 저장한다.
㉱ 약간 녹슨 철근은 사용이 가능하므로 단기간 저장은 땅바닥에 닿아도 된다.

4. 단부에 갈고리(Hook)를 만들지 않아도 되는 것은?

㉮ 원형철근　　㉯ 스터럽
㉰ 벽 철근　　㉱ 굴뚝의 철근

---

1. ㉱
이형철근의 부착력은 원형철근에 비해 40 % 이상 크다.

2. ㉯
고강도철근은 탄소강에 니켈, 망간, 규소 등을 소량 첨가하여 열간 및 냉간가공 과정을 거쳐 일반철근보다 강도를 향상시킨 강재이다. 일반적으로 철근의 최소 항복강도가 400 MPa 이상인 철근이다.

3. ㉱
철근은 가공 및 조립 순서에 따라 반입하며, 지름별, 길이별로 구분하여 놓고, 장기간 우로에 맞지 않게 하고, 직접 지면에 닿지 않게 지면에서 100 mm 이상 띄워서 놓는다.

4. ㉰
• 갈고리를 설치해야 하는 곳
① 원형철근의 단부
② 스터럽의 단부
③ 띠철근의 단부
④ 기둥 및 보(지중보 제외)의 돌출부분 철근의 단부
⑤ 굴뚝 철근의 단부

5. 이형철근이라도 단부에 반드시 갈고리(Hook)를 설치하여야 하는 경우가 있다. 다음 중 갈고리를 설치하지 않아도 되는 경우는?

㉮ 스터럽
㉯ 지중보의 돌출부분의 철근
㉰ 띠철근
㉱ 굴뚝의 철근

6. 철근콘크리트구조에서 철근(주철근-D25 이하)의 구부림 가공치수의 허용오차로써 옳은 것은?

㉮ ±10 mm
㉯ ±8 mm
㉰ ±6 mm
㉱ ±15 mm

7. 철근의 가공 및 조립에 관한 설명으로 옳지 않은 것은?

㉮ 철근의 가공은 철근상세도에 표시된 형상과 치수가 일치하고 재질을 해치지 않은 방법으로 이루어져야 한다.
㉯ 철근상세도에 철근의 구부리는 내면 반지름이 표시되어 있지 않은 때에는 KDS에 규정된 구부림의 최소 내면 반지름 이상으로 철근을 구부려야 한다.
㉰ 경미한 녹이 발생한 철근이라 하더라도 일반적으로 콘크리트와의 부착성능을 매우 저하시키므로 사용이 불가하다.
㉱ 철근은 상온에서 가공하는 것을 원칙으로 한다.

8. 철근의 가공 · 조립에 관한 설명으로 옳지 않은 것은?

㉮ 철근배근도에 철근이 구부리는 내면 반지름이 표시되어 있지 않은 때에는 건축구조기준에 규정된 구부림의 최소 내면 반지름 이하로 철근을 구부려야 한다.
㉯ 철근은 상온에서 가공하는 것을 원칙으로 한다.
㉰ 철근조립이 끝난 후 철근배근도에 맞게 조립되어 있는지 검사하여야 한다.
㉱ 철근의 조립은 녹, 기름 등을 제거한 후 실시한다.

5. ㉯

지중보의 돌출부분의 철근의 단부에 갈고리를 설치할 필요가 없다.

6. ㉱

• 가공치수의 허용오차

철근의 종류		허용오차 (mm)
스터럽, 띠철근, 나선철근		±5
그 밖의 철근	D25 이하의 이형철근	±15
	D29 이상 D32 이하의 이형철근	±20
가공 후의 전 길이		±20

7. ㉰

경미한 황갈색의 녹이 발생한 철근은 일반적으로 콘크리트와의 부착을 해치지 않으므로 사용할 수 있다.

8. ㉮

철근상세도에 철근의 구부리는 내면 반지름이 표시되어 있지 않은 때에는 KDS에 규정된 구부림의 최소 내면 반지름 이상으로 철근을 구부려야 한다.

9. 철근콘크리트공사에서 철근조립에 관한 설명으로 옳지 않은 것은?

㉮ 황갈색의 녹이 발생한 철근은 그 상태가 경미하다 하더라도 사용이 불가하다.
㉯ 철근의 피복두께를 정확하게 확보하기 위해 적절한 간격으로 고임재 및 간격재를 배치하여야 한다.
㉰ 거푸집에 접하는 고임재 및 간격재는 콘크리트 제품 또는 모르타르 제품을 사용하여야 한다.
㉱ 철근을 조립한 다음 장기간 경과한 경우에는 콘크리트를 타설 전에 다시 조립 검사를 하고 청소하여야 한다.

9. ㉮
경미한 황갈색의 녹이 발생한 철근은 일반적으로 콘크리트와의 부착을 해치지 않으므로 사용할 수 있다.

10. 철근공사에 관한 설명으로 옳지 않은 것은?

㉮ 한 번 구부린 철근은 다시 펴서 사용해서는 안 된다.
㉯ 철근은 상온에서 냉간가공 하는 것이 원칙이다.
㉰ 철근에 반드시 녹막이도장을 한다.
㉱ 스터럽 및 띠철근의 단부에는 표준갈고리를 만들어야 한다.

10. ㉰
콘크리트에 부착 또는 매립되는 철근은 녹막이도장을 하지 않는다.

11. 철근의 가공 및 조립에 관한 설명으로 적합하지 아니한 것은 다음 중 어느 것인가?

㉮ 주철근의 표준갈고리에서 내민길이(여장)는 구부림 각도가 작을수록 짧게 한다.
㉯ 원형철근의 말단부는 반드시 갈고리(Hook)를 만든다.
㉰ 보 부재에서 철근 간의 순간격은 25 mm 이상 또는 굵은골재 최대 치수의 4/3배 이상 또는 철근 공칭지름의 1.0배 이상으로 한다.
㉱ 나선철근의 끝단은 1.5배 이상 여분으로 감으며, $6d_b$ 이상의 내민길이를 갖는 구부림 각도 135°의 갈고리를 만든다.

11. ㉮
주철근의 표준갈고리에서 내민길이는 구부림 각도가 90°이면 $12d_b$ 이상, 180°이면 $4d_b$ 이상으로 구부림 각도가 작을수록 내민길이는 커진다.

12. 철근의 정착에 관한 설명으로 적당하지 아니한 것은 다음 중 어느 것인가?

㉮ 지중보의 주철근은 기초 또는 기둥에 정착
㉯ 작은보의 주철근은 큰보에 정착
㉰ 바닥판 철근은 보 및 벽체에 정착
㉱ 이형철근의 단부는 모든 경우에 갈고리를 만들지 않고 정착

12. ㉱
이형철근의 단부는 경우에 따라 갈고리(후크)를 설치할 수도 있다.

13. 표준시방서에서 겹침이음을 할 수 없는 철근의 크기는 다음 중 어느 것 이상인가?

㉮ D22 이상 ㉯ D25 이상
㉰ D25 초과 ㉱ D35 초과

13. ㉱
D35를 초과하는 철근은 겹침이음을 할 수 없다(용접이 원칙이다).

14. 철근콘크리트의 보를 배치할 때 그 주철근의 이음이 가장 적당한 곳은?

㉮ 보의 단부지점
㉯ 인장력이 가장 작은 곳
㉰ 보의 중간지점
㉱ 압축력이 가장 큰 곳

14. ㉯
보의 주철근은 반드시 압축부에서 잇는다. 즉 인장력이 가장 작은 곳에서 잇는다.

15. 철근의 정착위치에 관한 설명으로 가장 부적당한 것은 다음 중 어느 것인가?

㉮ 기둥의 주철근은 기초 또는 바닥판에 정착한다.
㉯ 큰보의 주철근은 기둥에, 작은보의 주철근은 벽체에 정착한다.
㉰ 지중보의 주철근은 기초 또는 기둥에 정착한다.
㉱ 바닥판 철근은 보 또는 벽체에 정착한다.

15. ㉯
큰보의 주철근은 기둥에 정착하고 작은보의 주철근은 큰보에 정착한다.

16. 철근의 이음과 정착에 관한 설명으로 가장 부적당한 것은 다음 중 어느 것인가?

㉮ 철근의 정착길이는 구조기준에 따라 계산하여야 하나, 인장철근의 경우 일반적으로 철근 지름의 40배 이상으로 한다.
㉯ 철근의 이음길이에는 철근의 말단 갈고리(Hook)의 길이는 포함되지 않는다.
㉰ 지름이 서로 다른 철근에서 겹침이음길이의 산정은 지름이 작은 철근에 따른다.
㉱ 철근의 이음은 철근개수의 1/2 이상을 한 곳에서 한다.

16. ㉱
이음위치 선정 시 주의사항 중에서 한 곳에 반수(1/2) 이상의 철근을 잇지 않는다.

17. 철근의 이음과 정착에 관한 다음 설명 중 부적당한 것은 어느 것인가?

㉮ 바닥판 철근은 보 또는 벽체에 정착한다.
㉯ 벽 철근은 보 또는 바닥판에 정착한다.
㉰ 지중보의 주철근은 벽체 또는 기둥에 정착한다.
㉱ 기둥의 주철근은 기초에 정착한다.

17. ㉰
지중보의 주철근은 기초 또는 기둥에 정착한다.

18. 철근의 정착위치에 관한 설명 중 옳지 않은 것은?

㉮ 지중보의 철근은 기초 또는 기둥에 정착한다.
㉯ 기둥 철근은 큰보 또는 작은보에 정착한다.
㉰ 벽 철근은 기둥, 보 또는 바닥판에 정착한다.
㉱ 바닥판 철근은 보 또는 벽체에 정착한다.

18. ㉯
① 기둥의 주철근은 기초판에 정착한다.
② 큰보의 주철근은 기둥에 정착하고 작은보의 주철근은 큰보에 정착한다.

19. 철근의 정착위치에 관한 설명으로 옳지 않은 것은?

㉮ 지중보의 주철근은 기초 또는 기둥에 정착한다.
㉯ 기둥 철근은 큰보 또는 작은보에 정착한다.
㉰ 큰보의 주철근은 기둥에 정착한다.
㉱ 작은보의 주철근은 큰보에 정착한다.

19. ㉯
기둥의 주철근은 기초판에 정착한다.

20. 철근의 정착위치에 대한 설명으로 옳지 않은 것은?

㉮ 기둥의 주철근은 기초에 정착한다.
㉯ 보의 주철근은 기둥에 정착한다.
㉰ 직교하는 단부 보 밑에 기둥이 없을 때에는 벽체에 정착한다.
㉱ 벽 철근은 기둥, 보, 기초 또는 바닥판에 정착한다.

20. ㉰
직교하는 단부 보 밑의 기둥 없을 때에는 보 상호 간에 정착한다.

21. 철근의 정착위치에 대한 설명 중 옳지 않은 것은?

㉮ 기둥의 주철근은 기초에 정착한다.
㉯ 보의 주철근은 기둥에 정착한다.
㉰ 작은보의 주철근은 큰보에 정착한다.
㉱ 지중보의 주철근은 바닥판에 정착한다.

21. ㉱
지중보의 주철근은 기초 또는 기둥에 정착한다.

22. 철근의 이음에 관한 설명으로 옳지 않은 것은?

㉮ 인장응력이 최대로 작용하는 곳에서는 이음을 하지 않는다.
㉯ 서로 다른 굵기의 철근을 겹침이음 하는 경우 굵기가 작은 철근기준으로 한다.
㉰ 동일한 개소에 철근 수의 반 이상을 이어서는 안 된다.
㉱ 주철근의 이음은 구조부재에 있어 인장력이 가장 적은 부분에 둔다.

22. ㉯
정착 및 이음길이에서 철근의 지름이 다를 경우 정착 및 이음길이는 지름이 큰 철근과 크기가 작은 철근의 정착 및 이음길이 중 큰 값 이상으로 한다.

23. 경량골재콘크리트의 골재에 관한 주의사항 중 부적당한 것은 어느 것인가?

㉮ 골재의 입도가 너무 큰 것은 피한다.
㉯ 세골재와 조골재의 배합비율에 주의한다.
㉰ 경량골재콘크리트는 가볍기 때문에 동일 강도의 보통콘크리트보다 철근의 갈고리(Hook) 길이를 짧게 해준다.
㉱ 화산모래, 화산자갈은 가급적 외형이 둥글고 큰 요철이 없는 것을 사용한다.

23. ㉰
경량골재콘크리트는 가볍기 때문에 동일 강도의 보통콘크리트보다 철근의 갈고리(Hook) 길이를 길게 해준다.

24. 철근의 정착에 관한 다음 기술 중 틀린 것은?

㉮ 정착길이는 콘크리트의 강도가 작으면 길게 된다.
㉯ 정착길이는 철근의 강도가 크면 짧게 된다.
㉰ 이형철근은 원형철근에 비해서 강도가 같으면 정착길이는 짧게 된다.
㉱ 이형철근의 말단부에 갈고리를 만들면 정착길이는 짧게 된다.

24. ㉯
인장 이형철근의 기본정착길이(l_{db})는 $0.6 d_b f_y / \sqrt{f_{ck}}$ 이므로 정착길이는 철근의 강도가 크면 길게 된다.

25. 철근의 이음에 대한 설명으로 옳지 않은 것은?

㉮ 철근의 이음은 균열을 방지하기 위해 한 곳에 집중하지 않도록 해야 한다.
㉯ 주철근의 이음은 구조부재에 있어 인장력이 가장 큰 부분에 둔다.
㉰ 철근이은의 종류에는 겹침이음, 용접이음, 기계적 이음 등이 있다.
㉱ 동일한 개수에 철근 수의 반 이상을 이어서는 안 된다.

25. ㉯
주철근의 이음은 구조부재에 있어 인장력이 가장 작은 부분에 둔다.

26. 철근콘크리트구조에서 철근이음에 대한 설명으로 옳지 않은 것은?

㉮ 철근의 이음위치는 되도록 응력이 큰 곳을 피한다.
㉯ 철근의 이음이 한 곳에 집중되지 않도록 엇갈리게 교대로 분산시켜서 이어야 한다.
㉰ 철근이음에는 일반적으로 서로 겹쳐 이어대는 겹침 이음과 용접이음, 커플러, 슬리브에 의한 기계적 이음이 있다.
㉱ 철근의 이음은 한 곳에서 철근 수의 최소 반 이상을 이어야 한다.

26. ㉱
철근의 이음은 한 곳에서 철근 수의 최소 반 이상을 잇지 않는다.

27. 철근이음의 각종 종류에 해당되지 않는 것은 어느 것인가?

㉮ 겹침이음 ㉯ 용접이음
㉰ 교착이음 ㉱ 기계적이음

28. 다음 중 철근의 이음방법이 아닌 것은?

㉮ 빗이음 ㉯ 겹침이음
㉰ 기계적이음 ㉱ 용접이음

29. 철근의 용접으로 강도가 약하여 구조용으로 사용하지 않는 용접법은?

㉮ 아크용접 ㉯ 가스용접
㉰ 플러시버트용접 ㉱ 가스압접

30. 철근의 이음방식 중 철근단면을 맞대고 산소아세틸렌염으로 가열하여 접합단면을 녹이지 않고 적열상태에서 부풀려 가압, 접합하는 형태로 전 이음공법중 접합강도가 큰 편에 속하는 것은?

㉮ 겹침이음 ㉯ 기계적이음
㉰ 아크용접이음 ㉱ 가스압접이음

31. 철근의 이음방법 중 철근을 가열하면서 압력을 가하는 방식으로 모재와 동등한 기계적 강도를 가지며 조직의 성분의 변화가 적고 접합강도가 큰 것은?

㉮ 겹침이음 ㉯ 가스압접
㉰ 나사식이음 ㉱ Gas Welding

32. 철근의 가스압접에 관한 기술 중 틀린 것은 다음 중 어느 것인가?

㉮ 철근조립부가 정리되어 콘크리트 타설이 용이하다.
㉯ 불량부분의 검사가 용이하다.
㉰ 압접위치는 가급적 인장력이 작은 곳에서 해야 한다.
㉱ 철근의 강도가 틀리는 경우에는 가급적 압접을 피해야 한다.

27. ㉰

철근이음의 종류는 겹침이음, 용접이음, 가스압접이음, 기계적이음(슬리브압착, 슬리브충전, 나사이음) 등이 있다.

28. ㉮

철근이음의 종류는 겹침이음, 용접이음, 가스압접이음, 기계적이음(슬리브압착, 슬리브충전, 나사이음) 등이 있다.

29. ㉯

용접방법으로는 가스압접, 가스용접, 플러시버트용접, 아크용접 등이 있으며, 가스용접은 구조용으로는 사용되지 않는다.

30. ㉱

가스압접이음은 철근 용접이음의 일종으로 철근의 단면을 산소아세틸렌 불꽃 등을 사용하여 가열하고 기계적 압력을 가하여 용접한 맞댐이음이다.

31. ㉯

가스압접이음은 철근 용접이음의 일종으로 철근의 단면을 산소아세틸렌 불꽃 등을 사용하여 가열하고 기계적 압력을 가하여 용접한 맞댐이음이다.

32. ㉯

가스압접의 경우 압접부위가 가려져 불량부분을 검사하기가 쉽지 않으며 초음파 탐사법이나 인장시험법 등으로 하여야 정확한 불량을 확인할 수 있다.

33. 철근의 현장가공에 있어서 가스압접공법으로 이음을 하는 경우로 적당하지 않은 것은?

㉮ 겹침이음에 비교하여 콘크리트 치기가 용이하다.
㉯ 가공이 퍽 간단하여 가공 상의 면적을 축소시킬 수 있다.
㉰ 일반적으로 비 또는 바람, 눈이 오는 경우에 바로 작업을 중지하지 않으면 안 된다.
㉱ 보 철근의 경우는 가스압접 공법에 따르고, 특히 작업의 공정상 유리하고 쉽다.

34. 철근의 현장가공 시 가스압접공법에 대한 설명으로 부적합한 것은 다음 중 어느 것인가?

㉮ 가스압접이음에 있어서 철근 중심축의 편심량은 철근 지름의 1/3 이하로 한다.
㉯ 보통 비, 바람이 있을 때에는 즉시 작업을 중지한다.
㉰ 가공이 상당히 단순화되어 가공장소의 면적을 감소시킨다.
㉱ 압접장치의 가압능력은 철근단면에 대해 30 MPa 이상 유지한다.

35. 철근의 가스압접에 관한 설명으로 옳지 않은 것은?

㉮ 이음공법 중 접합강도가 극히 크고 성분원소의 조직변화가 적다.
㉯ 압접공은 작업 대상과 압접장치에 관하여 충분한 경험과 지식을 가진 자로 책임기술자 승인을 받아야 한다.
㉰ 가스압접 할 부분은 직각으로 자르고 절단면을 깨끗하게 한다.
㉱ 접합되는 철근의 항복점 또는 강도가 다른 경우에 주로 사용한다.

36. 다음 중 철근의 이음위치를 결정하는 원칙으로 옳지 않은 것은?

㉮ 철근의 이음부는 구조상 취약한 부분이 되기 때문에 인장응력이 최대로 작용하는 곳에서는 이음을 하지 않는 것이 좋다.
㉯ 주철근의 이음은 구조부재에 있어 인장력이 가장 작은 부분에 둔다.
㉰ 지름이 다른 주철근을 잇는 경우에는 작은 주철근의 지름을 기준으로 한다.
㉱ 이음의 위치는 가능하면 응력이 큰 곳을 피하고, 동일한 개소에 철근 수의 반 이상을 잇는 것이 좋다.

33. ㉱

가스압접의 경우 압접할 수 있는 공간이 필요하므로 배치가 복잡한 보 철근의 경우 가스압접이 거의 불가능하다.

34. ㉮

가스압접이음에서 철근 중심축의 편심량은 철근 지름의 $1/5(1/5d_b)$ 이하이다.

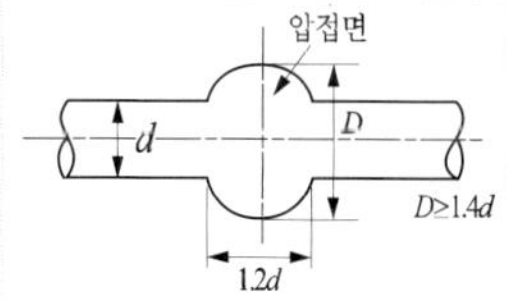

35. ㉱

접합되는 철근의 항복점 또는 강도가 다른 경우는 가스압접을 금지한다.

36. ㉱

37. 철근이음의 종류 중 원형강관 내에 이형철근을 삽입하고 이 강관을 상온에서 압착가공 함으로써 이형철근의 마디와 밀착하게 하는 이음방법은?

㉮ 용접이음
㉯ 슬리브충전이음
㉰ 슬리브압착이음
㉱ 가스압접이음

38. 철근 피복에 관한 설명으로 옳은 것은?

㉮ 철근을 피복하는 목적은 철근콘크리트구조의 내구성 및 내화성을 유지하기 위해서이다.
㉯ 보의 피복두께는 보의 주철근의 중심에서 콘크리트 표면까지의 거리를 말한다.
㉰ 기둥의 피복두께는 기둥의 주철근의 중심에서 콘크리트 표면까지의 거리를 말한다.
㉱ 과다한 피복두께는 부재의 구조적인 성능을 증가시켜 사용수명을 크게 늘릴 수 있다.

39. 철근콘크리트구조의 철근공사와 관련된 내용으로 옳지 않은 것은?

㉮ 기둥의 주철근은 기초에, 바닥판 철근은 보 또는 벽체에 정착시킨다.
㉯ 기둥에서의 철근 피복두께는 콘크리트 표면에서 기둥의 주철근 표면까지의 길이이다.
㉰ 철근의 이음에서 겹침이음은 용접이음에 비해 응력전달의 효과가 낮다.
㉱ 나선철근이란 기둥의 주철근을 연속으로 감싸는 철근으로써 주로 원형단면에 사용한다.

40. 철근공사에 관한 기술 중 가장 부적당한 것은 어느 것인가?

㉮ 표준시방서에 의하면 철근 피복두께 최솟값은 수평부재와 수직부재를 달리해야 한다.
㉯ 철근과 콘크리트의 부착력을 높이기 위해서는 가는 철근을 많이 넣는다.
㉰ 이형철근이라도 굴뚝의 말단부와 캔틸레버보에는 반드시 갈고리(Hook)를 두어야 한다.
㉱ 구조기준에 따라 계산하여야 하나, 일반적으로 압축근의 이음길이는 주철근의 공칭지름의 25배 이상으로 한다.

37. ㉰
슬리브압착이음은 철근의 양단부를 슬리브에 넣고 유압잭으로 압착가공 하여 이음 하는 것이다.

38. ㉮
① 피복두께는 철근콘크리트 단면에서 최 외측의 철근(띠철근 또는 스터럽)과 콘크리트부재 표면까지의 최단거리이다.
② 피복두께의 확보목적은 내구성, 내화성, 부착성, 콘크리트 타설 시의 유동성 확보 등이다.

39. ㉯
피복두께는 철근콘크리트 단면에서 최 외측의 철근(띠철근 또는 스터럽)과 콘크리트 부재 표면까지의 최단거리이다.

40. ㉮
피복두께는 콘크리트의 표면에서 최외측에 가까운 철근(띠철근 또는 스터럽)의 표면까지의 거리로 수평부재 및 수직부재에 따라 결정되는 것이 아니라 화재 등으로부터 철근의 성능이 변화하지 않는 것으로 결정된다.

41. 철근콘크리트의 피복두께를 유지하는 목적이 아닌 것은?

㉮ 내화성 유지
㉯ 철근의 방청
㉰ 적절한 응력전달
㉱ 콘크리트의 방수

42. 철근콘크리트공사에서 철근의 피복을 하는 목적과 가장 거리가 먼 것은?

㉮ 내화성 확보
㉯ 내구성 확보
㉰ 콘크리트 타설 시의 유동성 확보
㉱ 동해 방지

43. 표준시방서에서 철근에 관한 콘크리트 피복두께의 최솟값에 변화를 주는 요인으로 적합하지 않은 것은 다음 중 어느 것인가?

㉮ 흙과의 접촉유무
㉯ 구조부분의 종별
㉰ 실내·외 여부
㉱ 콘크리트의 종류

44. 옥외의 공기에 접하지 않는 콘크리트의 슬래브에 대한 D35 이하의 철근 최소 피복두께로 옳은 것은?

㉮ 20 mm　㉯ 30 mm
㉰ 40 mm　㉱ 50 mm

45. 철근콘크리트 구조물의 공사에 있어 철근에 대한 콘크리트의 피복두께의 최솟값으로 옳지 않은 것은 다음 중 어느 것인가?

㉮ 기둥, 보의 경우 40 mm로 한다.
㉯ 흙에 접하는 D19 이상의 철근을 사용한 경우 50 mm로 한다.
㉰ 흙에 접하여 콘크리트를 친 후 영구히 흙에 묻혀 있는 경우 70 mm로 한다.
㉱ 슬래브 및 벽체에서 D35 이하 철근을 사용한 경우 20 mm로 한다.

41. ㉱

• 피복두께 확보목적
① 내구성
② 내화성
③ 부착성
④ 콘크리트 타설 시의 유동성 확보

42. ㉱

43. ㉱

• 피복두께의 결정요인
① 흙과의 접촉 유·무
② 구조부분의 종별
③ 옥내·외(실내·외) 여부
④ 콘크리트의 강도
⑤ 철근의 지름

44. ㉮

옥외의 공기에 접하지 않는 콘크리트의 슬래브에 대한 D35 이하의 철근 최소 피복두께는 20 mm 이다.

45. ㉰

흙에 접하여 콘크리트를 친 후 영구히 흙에 묻혀 있는 경우 75 mm로 한다.

46. 철근공사에 관한 기술 중 가장 부적당한 것은?

㉮ 보의 주철근을 이어야 할 경우 압축측에서 잇는다.
㉯ 띠철근의 간격은 주철근의 공칭지름의 16배 이하, 띠철근의 공칭지름의 48배 이하로 한다.
㉰ 연결 띠철근은 일반 띠철근 2~3개마다 배치한다.
㉱ 스터럽의 간격은 보의 유효깊이의 3/4이하 또는 450 mm 이하로 한다.

47. 철근을 조립할 때 다음 부위의 철근 배치를 시공 순으로 번호를 붙인 것 중에서 옳은 것은 다음 중 어느 것인가?

(1) 바닥판 철근 배치	(2) 기둥 철근 배치
(3) 벽 철근 배치	(4) 보 철근 배치

㉮ (2)-(3)-(4)-(1)　　㉯ (3)-(4)-(1)-(2)
㉰ (4)-(1)-(2)-(3)　　㉱ (1)-(3)-(2)-(4)

48. 철근콘크리트구조 건물의 철근공사 시 일반적인 배치 순서로 옳은 것은?

㉮ 기둥 → 벽 → 보 → 슬래브
㉯ 벽 → 기둥 → 슬래브 → 보
㉰ 벽 → 기둥 → 보 → 슬래브
㉱ 기둥 → 벽 → 슬래브 → 보

49. 철근을 조립할 때 철근 배치의 시공 순서로 적당한 것은 어느 것인가?

㉮ 바닥판 철근 배치 → 보 철근 배치 → 벽 철근 배치 → 기둥 철근 배치
㉯ 기둥 철근 배치 → 벽 철근 배치 → 보 철근 배치근 → 바닥판 철근 배치
㉰ 벽 철근 배치 → 기둥 철근 배치 → 보 철근 배치 → 바닥판 철근 배치
㉱ 바닥판 철근 배치 → 벽 철근 배치 → 기둥 철근 배치 → 보 철근 배치

46. ㉱
보에서 수직스터럽을 사용할 경우 수직스터럽(s)의 간격은 $0.5d$ 이하, 또한 600 mm 이하로 한다. 여기서, d는 보의 유효깊이이다.

47. ㉮
- 철근콘크리트구조의 철근 조립 순서
  기둥 철근 배치 → 벽 철근 배치 → 보 철근 배치 → 바닥판 철근 배치

48. ㉮
- 철근콘크리트구조(RC구조)의 철근조립
① 기초 철근
② 기둥 철근
③ 벽 철근
④ 보 철근
⑤ 바닥판 철근
⑥ 계단 철근

49. ㉯
- 철근콘크리트구조(RC구조)의 철근조립
① 기초 철근
② 기둥 철근
③ 벽 철근
④ 보 철근
⑤ 바닥판 철근
⑥ 계단 철근

50. 철근콘크리트 구조물에서 철근조립 순서로 옳은 것은?

㉮ 기초 철근→기둥 철근→보 철근→슬래브 철근→계단 철근→벽 철근

㉯ 기초 철근→기둥 철근→벽 철근→보 철근→슬래브 철근→계단 철근

㉰ 기초 철근→벽 철근→기둥 철근→보 철근→슬래브 철근→계단 철근

㉱ 기초 철근→벽 철근→보 철근→기둥 철근→슬래브 철근→계단 철근

50. ㉯

- 철근콘크리트구조(RC구조)의 철근조립

① 기초 철근
② 기둥 철근
③ 벽 철근
④ 보 철근
⑤ 바닥판 철근
⑥ 계단 철근

51. 철근콘크리트구조의 철근 배치공사에 관한 다음 기술 중 가장 부적당한 것은 어느 것인가?

㉮ 보의 주철근은 보 중앙의 밑면에서 많이 오게 된다.

㉯ 보의 상부근은 보 중앙에 이음이 오게 한다.

㉰ 캔틸레버의 주철근은 보의 밑면에 많이 오게 한다.

㉱ 보의 스터럽은 보의 단부에 많이 오게 한다.

51. ㉰

캔틸레버의 주철근은 보의 윗면에 많이 오게 한다.

52. 철근의 배치방법에 대한 설명으로 옳지 않은 것은?

㉮ 기둥 주철근의 이음은 층높이의 2/3 하부에 둔다.

㉯ 띠철근은 주철근을 세우고 거푸집을 짜기 전에 배치 결속한다.

㉰ 벽은 먼저 한쪽 거푸집을 짜고 철근조립을 완료한 후 다른 편의 거푸집을 짠다.

㉱ 벽의 세로철근의 하부는 바닥판에, 상부는 기둥에 깊이 정착한다.

52. ㉱

벽의 세로철근의 하부와 상부는 바닥판에 깊이 정착한다.

53. 슬래브에서 4변 고정인 경우 철근 배치를 가장 많이 하여야 하는 부분은?

㉮ 단변방향의 주간대

㉯ 단변방향의 주열대

㉰ 장변방향의 주간대

㉱ 장변방향의 주열대

53. ㉮

슬래브(바닥) 철근의 배치량은 단변방향의 주간대가 가장 많다.

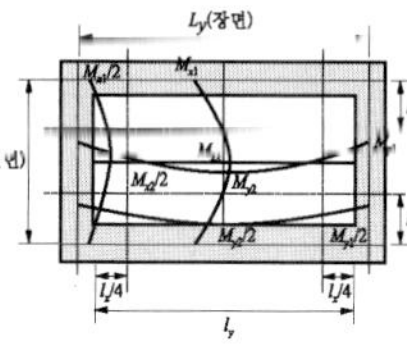

54. 철근콘크리트공사에서 벽 개구부 시공에 대한 설명 중 옳지 않은 것은?

㉮ 개구부가 기둥, 보에 접하는 부분은 보강을 생략할 수 있다.

㉯ 벽 두께가 250 mm일 때는 개구부 각 모서리에 45° 경사로 정착길이의 두 배 길이만큼 철근 보강한다.

㉰ 보강 시 보강철근은 개구부로부터 최소 피복두께를 유지해야 한다.

㉱ 거푸집의 개구부는 시멘트풀이 유출되지 않도록 하기 위해 설치하지 않는다.

54. ㉱

개구부가 필요한 경우에는 거푸집의 청소, 검사 및 콘크리트 타설에 편리하도록 적당한 위치에 일시적인 거푸집의 개구부를 만들어야 한다.

제14장 거푸집공사

1 개요

1. 정의

거푸집(Form)은 유동성 있는 굳지 않은 콘크리트(Fresh Concrete) 구조물이 필요한 강도를 발현하고 자립할 수 있을 때까지 구조물을 지지하여 구조물의 형상과 치수를 실계도서대로 유지시키기 위한 가설구조물의 총칭이다

2. 거푸집의 역할과 구비조건

1) 거푸집의 역할과 목적

① 콘크리트의 형상과 치수유지

② 경화에 필요한 수분누출 방지

③ 외기의 영향 차단

④ 콘크리트 표면의 품질확보

2) 거푸집의 구비조건과 요구 성능

① 정밀성

② 안전성

③ 수밀성

④ 해체성, 시공성

⑤ 전용성, 경제성

주1 수밀성은 콘크리트 내부로 물의 침입 또는 투과에 대한 저항성이다.

3) 거푸집 작업의 소요 기간 산정 시 고려사항

① 거푸집 조립면적

② 인부의 평균생산성(작업자의 숙련도)

③ 거푸집 작업에 투입예정인 인부의 수

④ 시공정밀도

⑤ 관리자의 관리 감독

⑥ 기후조건

⑦ 설계변경

3. 거푸집공사의 주의사항

① 형상 및 치수가 정확하고 변형이 안 되게 한다.
② 외력에 견딜 수 있는 구조로 한다.
③ 널은 시멘트풀이 새지 않는 구조로 한다.
④ 조립 및 해체가 용이하게 한다.
⑤ 반복사용이 가능하게 한다.
⑥ 바닥판 및 보의 중앙부는 처짐 변형을 감안하여 캠버(Camber, 솟음)를 이용 스팬의 1/300~1/500 정도 치켜 올린다.
⑦ 비계나 가설물에 연결하지 않는다.
⑧ 목재와 강재 지주의 근접사용을 금지한다.

2 거푸집의 구성요소

1. 거푸집널

거푸집널은 거푸집의 일부로써 콘크리트와 직접 접촉하여 구조물의 형태와 표면을 만드는 것으로 콘크리트의 측압 등의 하중을 최초로 전달받아 멍에로 전달한다. 널의 종류는 다음과 같다.

널의 종류	내 용
목 재	목재는 삼나무, 미송, 육송의 두께 16~20 mm의 판재를 가공하여 사용하며, 전용횟수는 1.5~2.0회이다.
합 판	합판은 내알칼리성인 합판을 사용하며, 전용횟수는 10~20회이다.
패 널	패널의 종류로는 목재패널, 합판패널, 금속패널이 있다.

주1 전용횟수는 다른 곳에 돌려서 쓰는 횟수이다. 일반적으로 그 층에 사용된 거푸집은 상부 2층에서 전용하는 것으로 한다.

2. 지지부재

1) 장선

① 장선(띠장)은 거푸집널을 지지한다.
② 장선은 변형을 방지하며 콘크리트의 측압을 거푸집널에서 멍에에 전달한다.
③ 50~75 mm 각재를 사용하고, 간격은 300~600 mm이며 보통 450 mm이다.

2) 멍에

① 멍에는 장선과 직각방향으로 설치하여 장선을 지지하는 부재이다.

② 멍에는 장선에 작용하는 측압을 거푸집 긴결재나 동바리로 하중을 전달한다.

② 90~100 mm 각재를 사용하고, 간격은 약 900 mm이다.

3) 동바리

① 동바리(Support)는 타설된 콘크리트가 소정의 강도를 얻기까지 고정하중 및 시공하중 등을 지지하기 위하여 설치하는 부재 또는 작업 장소가 높은 경우 발판, 재료 운반이나 위험물 낙하 방지를 위해 설치하는 임시 지지대이다. 받침기둥 또는 지주라고도 한다.

② 동바리는 멍에에 작용하는 거푸집 및 콘크리트의 무게와 시공하중을 받아 바닥판 또는 지반에 전달한다.

③ 종류로는 목재동바리, 강재동바리, 강관동바리(파이프서포트), 강관틀동바리, 보동바리, 시스템동바리, 윙서포트 및 잭서포트 등이 있다. 간격은 900~1,500 mm이다.

주1 잭서포트(Jack Support)는 강관, Screw 및 Base로 구성된 제품으로 상부의 하중을 분산하기 위한 동바리이다. 잭서포트는 공사 중 설계기준을 상회하는 과다한 하중 또는 장비사용 시 진동, 충격이 예상되는 부위에 사용된다.

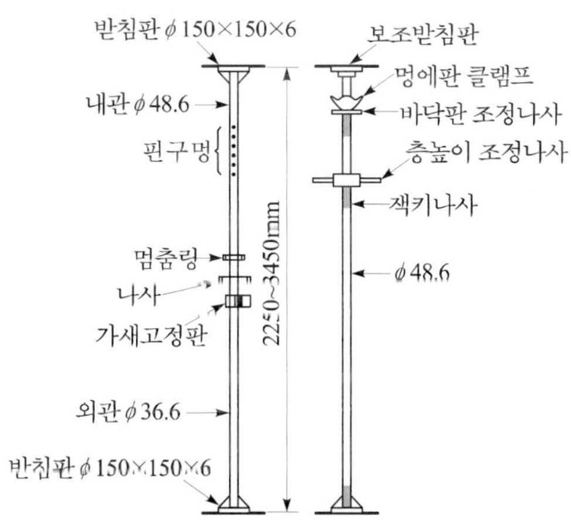

강관동바리(파이프서포트)

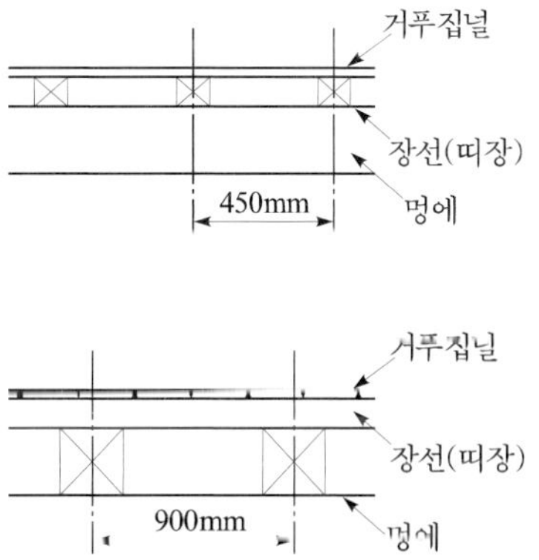

장선 및 멍에의 간격

3. 부속자재 및 기구

부속자재 및 기구	내 용
긴결재 (Form Tie, 긴장재)	① 긴결재는 기둥이나 벽체 거푸집과 같이 마주보는 거푸집에서 거푸집널을 일정한 간격으로 유지시켜 주는 동시에 측압을 최종적으로 지지하는 역할을 하는 인장부재이다. ② 거푸집의 간격을 유지하며 측압에 의해 벌어지는 것을 막는다.
격리재 (Separator)	격리재는 거푸집공사에서 거푸집이 오므라지는 것을 방지하고 거푸집 상호 간의 간격을 유지하기 위한 자재이다.
간격재 (Spacer)	(1) 개요 간격재는 철근공사에서 슬래브 등에 배치되는 철근이 거푸집에 밀착되는 것을 방지하기 위한 굄 재이다. (2) 목적 ① 거푸집과 철근의 간격유지 ② 철근과 철근의 간격유지 ③ 피복두께유지
박리제 (Form Oil)	(1) 개요 박리제는 콘크리트 표면에서 거푸집널을 떼어내기 쉽게 하기 위하여 미리 거푸집널에 도포하는 물질이다. (2) 종류 ① 동 · 식물유 ② 중유 ③ 석유 ④ 아마유 ⑤ 파라핀 ⑥ 합성수지 등
폼라이너 (Form Liner)	폼라이너는 콘크리트 표면에 문양을 넣기 위하여 거푸집널에 별도로 부착하는 부재이다.
칼럼밴드	칼럼밴드는 기둥 거푸집의 고정 및 측압 버팀용이다. 일종의 긴결재이다.
캠버(Camber, 솟음, 치올림, 치솟음)	캠버는 바닥판, 보의 중앙부에서 자중에 의한 처짐 변형을 감안하여 스팬의 1/300~1/500 정도 치켜 올려주는 부재이다.
밑창판(Base Plate)	밑창판은 넓은 각재 또는 판재를 지주 밑에 받쳐, 지주가 내려앉지 않게 하는 것이다.
인서트(Insert)	인서트는 콘크리트에 달대와 같은 설치물을 고정하기 위해 매립하는 철물로써 거푸집공사가 완료된 후 인서트를 설치한다.

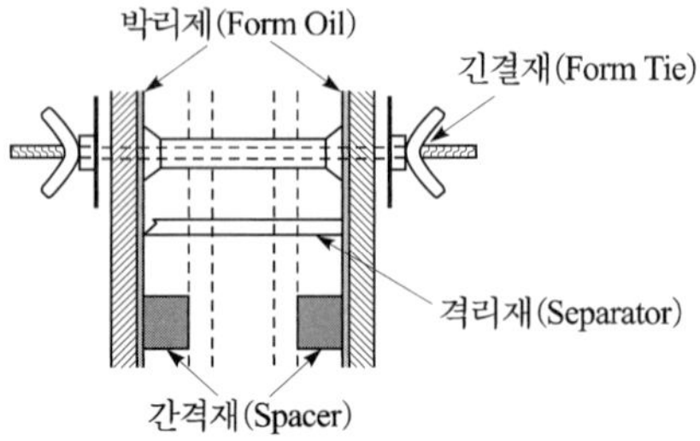

거푸집의 부속자재와 간격재의 설치

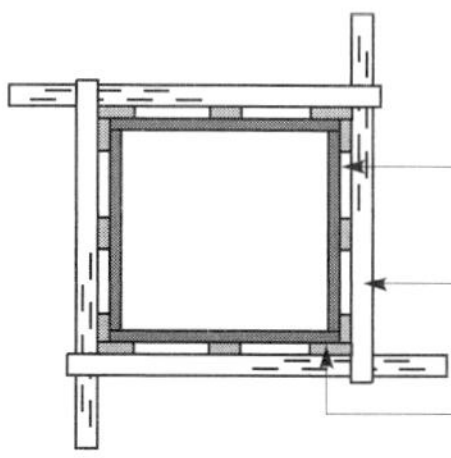

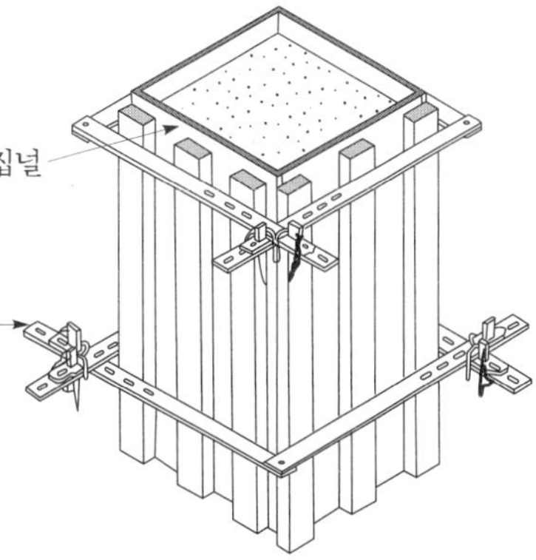

칼럼밴드(Column Band)

3 거푸집 및 동바리의 구조계산

1. 개요

작업발판 일체형 거푸집, 높이 5 m 이상인 거푸집 및 동바리는 관계전문가로부터 구조적 안전성을 확인받아야 한다.

2. 거푸집 및 동바리의 검토사항

① 콘크리트 시공 시의 연직하중(수직하중) ② 콘크리트 시공 시의 수평하중
③ 콘크리트의 측압 ④ 동바리의 변형

3. 콘크리트의 측압

1) 개요

콘크리트의 측압은 굳지 않은 콘크리트가 기둥이나 벽의 거푸집에 미치는 압력이다.

2) 계산용 하중

(1) 분류

① 생콘크리트 중량 ② 작업하중
③ 충격하중 ④ 생콘크리트의 측압

(2) 적용

구 분	고려하중
바닥판, 보의 밑면 거푸집 (수평거푸집)	생콘크리트 중량, 작업하중, 충격하중을 고려한다.
벽, 기둥, 보의 옆면 거푸집 (수직거푸집)	생콘크리트 중량, 생콘크리트의 측압을 고려한다.

주1 거푸집 자중은 무시한다.

3) 측압에 영향을 주는 요소

요소별 항목	콘크리트 측압에 미치는 영향
슬럼프	슬럼프가 클수록 측압은 크다.
배 합	부배합이 빈배합보다 측압은 크다.
벽두께(거푸집의 수평단면)	단면이 두꺼울수록 측압은 크다.
타설 속도	속도가 빠를수록 측압은 크다.
타설 방법	높은 곳에서 낙하시켜 충격을 주면 측압은 크다.
대기 중의 습도	습도가 높을수록 측압은 크다.
컨시스턴시	묽은 콘크리트일수록 측압은 크다.
콘크리트의 비중	비중이 클수록 측압이 크다.
콘크리트의 온도 및 기온	온도가 낮을수록 측압은 크다.
거푸집 표면의 평활도	표면이 평활하면 마찰계수가 적게 되어 측압은 크다.
거푸집의 투수성 및 누수성	투수성 및 누수성이 작을수록 측압은 크다.
바이브레이터의 사용	바이브레이터를 사용하여 다질수록 측압은 크다.
시멘트의 종류	조강시멘트 등 응결시간이 빠른 것을 사용할수록 측압은 작다.
거푸집의 강성	거푸집의 강성이 클수록 측압은 크다.
강구조물 또는 철근량	강구조물 또는 철근량이 작을수록 측압은 크다.

주1 부배합(富配合)은 시멘트를 지정된 양보다 더 섞은 콘크리트의 배합이다.

주2 빈배합(貧配合)은 시멘트를 지정된 양보다 덜 섞은 콘크리트의 배합이다.

4) 콘크리트헤드

(1) 개요

① 콘크리트헤드(Concrete Head)는 타설된 콘크리트 윗면으로부터 최대 측압면까지의 거리이다.

② 콘크리트를 연속하여 치면 타설 높이의 상승에 따라 측압도 증가하나 어느 일정한 높이에서는 측압이 증가하지 않고 최대 측압이 일정하게 된다.

(2) 크기

① 기둥은 콘크리트 타설 윗면으로부터 1 m에서 약 25 kN/m^{2}이다.

② 벽은 콘크리트 타설 윗면으로부터 0.5 m에서 약 10 kN/m^{2}이다.

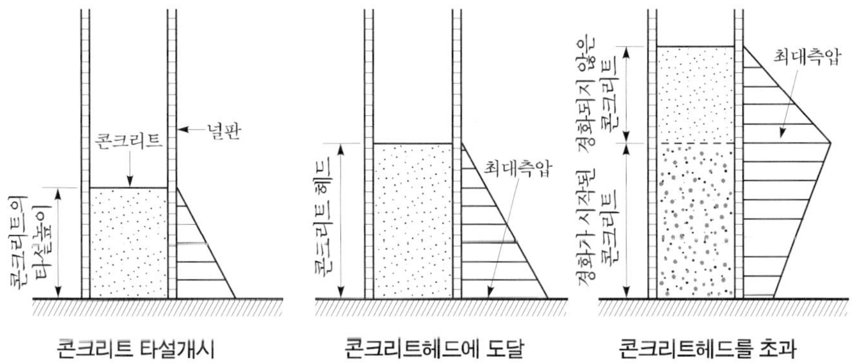

측압 상승의 과정

4 거푸집 시공 및 존치기간

1. 부재의 거푸집 조립

1) 부재에 따른 거푸집의 일반적인 조립 순서

① 기초 거푸집

② 기둥 거푸집

③ 내벽 거푸집

④ 큰보 거푸집

⑤ 작은보 거푸집

⑥ 바닥판 거푸집

⑦ 외벽 거푸집

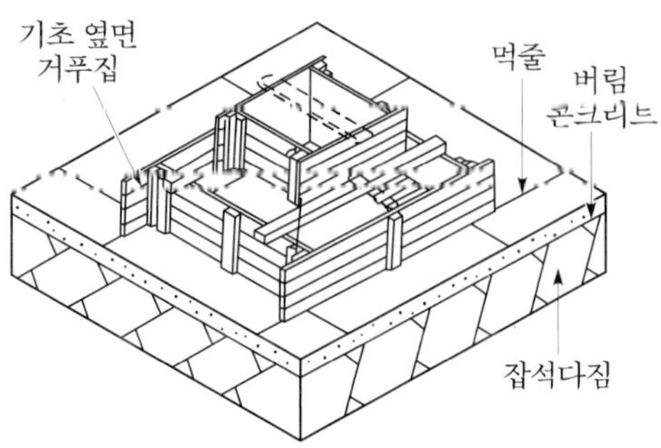

기초 거푸집

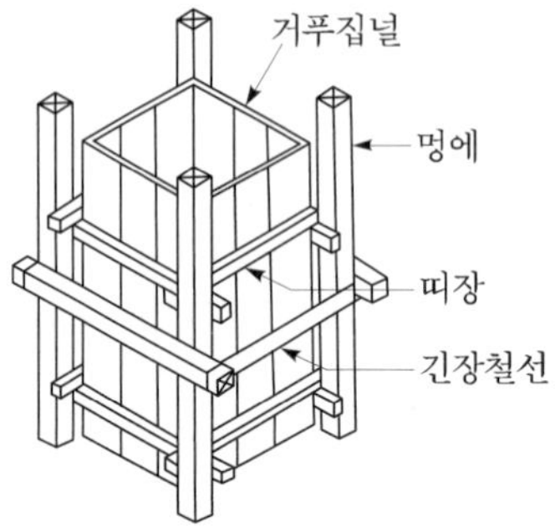

기둥 거푸집

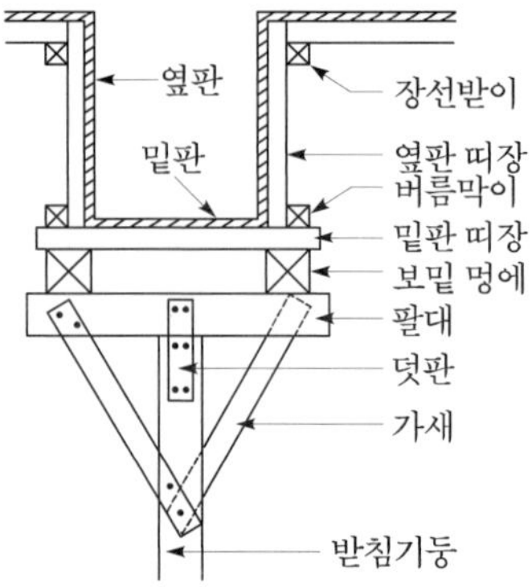

보 거푸집

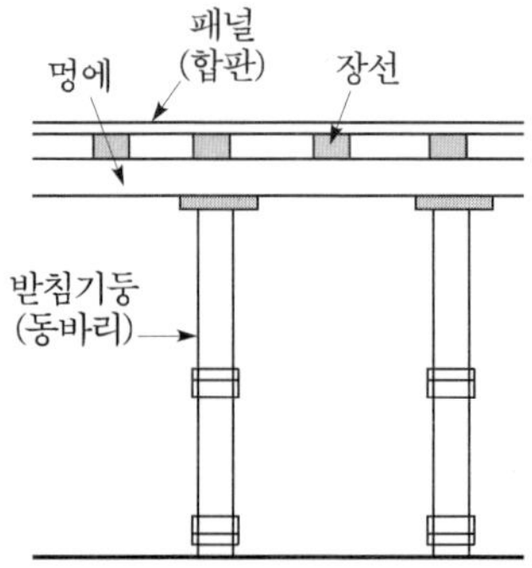

슬래브 거푸집

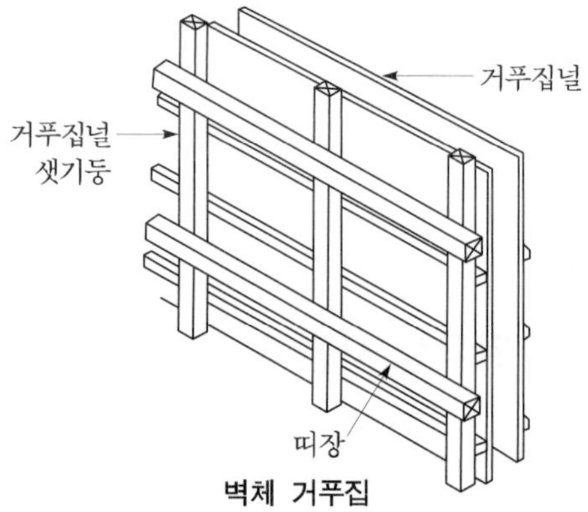

벽체 거푸집

2) 벽 거푸집의 시공일반

① 기둥에 벽이 붙을 때에는 기둥과 일체로 벽의 거푸집널을 짠다.

② 패널은 가로대기와 세로대기가 있다.

③ 수직 멍에의 간격은 900 mm로 대고 그 바깥에 전체의 줄 바로잡기 및 뒤틀림, 변형을 막기 위하여 가로멍에를 댄다.

④ 벽에 요철이 없고 넓은 벽에는 패널을 크게 짜대는 것이 유리하다.

⑤ 멍에 대기의 간격은 일반적으로 밑에서 750 mm 정도로 배치한다.

⑥ 멍에 대기의 간격은 일반적으로 위에서 0.9~1.1 m 정도로 배치한다.

⑦ 철선 조임 간격은 하부에는 750 mm 정도로 배치한다.

⑧ 철선 조임 간격은 상부에는 1.0~1.1 m 정도로 배치한다.

2. 거푸집의 존치기간 및 받침기둥 바꿔 세우기

1) 거푸집의 존치기간 77) 78)

① 거푸집 및 동바리는 콘크리트가 자중 및 시공 중에 가해지는 하중을 지지할 수 있는 강도를 가질 때까지 해체할 수 없다.

② 거푸집 및 동바리의 해체 시기 및 순서는 시멘트의 성질, 콘크리트의 배합, 구조물의 종류와 중요도, 부재의 종류 및 크기, 부재가 받는 하중, 콘크리트 내부의 온도와 표면 온도의 차이 등을 고려하여 결정한다.

③ 기초, 보의 측면, 기둥, 벽(수직재)의 거푸집널 해체는 시험에 의해 콘크리트의 압축강도가 〈표 1〉의 값을 만족할 때 시행하도록 한다. 특히, 내구성이 중요한 구조물에서는 콘크리트의 압축강도가 10 MPa 이상일 때, 거푸집널을 해체할 수 있다. 거푸집널 존치기간 중 평균기온이 10 ℃ 이상인 경우는 콘크리트 재령이 〈표 2〉의 재령 이상 경과하면 압축강도시험을 하지 않고도 해체할 수 있다.

④ 슬래브 및 보의 밑면, 아치 내면(수평재)의 거푸집은 콘크리트의 압축강도가 〈표 1〉을 만족할 때 해체할 수 있다. 그러나 이때의 콘크리트의 압축강도는 14 MPa 이상이어야 한다.

⑤ 보, 슬래브 및 아치 하부의 거푸집널은 원칙적으로 동바리를 해체한 후에 해체하도록 한다. 그러나 구조계산으로 안전성이 확보된 양의 동바리를 현 상태대로 유지하도록 설계·시공된 경우 콘크리트를 10 ℃ 이상 온도에서 4일 이상 양생한 후 사전에 책임기술자의 검토 확인 후 담당원의 승인을 받아 해체할 수 있다.

〈표 1〉 콘크리트의 압축강도를 시험할 경우 거푸집널의 해체 시기

부 재		콘크리트의 압축강도(f_{cu})
확대기초, 보, 기둥, 벽 등의 측벽 (콘크리트의 하중을 지탱하지 않는 부위)		5 MPa 이상
슬래브 및 보의 밑면, 아치 내면 (콘크리트의 하중을 지탱하는 부위)	단층구조인 경우	① 시험 콘크리트의 압축강도가 설계기준압축강도 (f_{ck})의 2/3 이상 ② 또한 최소 14 MPa 이상
	다층구조인 경우	① 시험 콘크리트의 압축강도가 설계기준압축강도 (f_{ck}) 이상 ② 또한 최소 14 MPa 이상

77) KCS 14 20 12 거푸집 및 동바리(3.3), 국토교통부, 한국콘크리트학회, 2021.
78) KCS 21 50 05 거푸집 및 동바리공사 일반사항(3.9), 국토교통부, 한국가설협회, 2018.

〈표 2〉 콘크리트의 압축강도를 시험하지 않을 경우 거푸집널의 해체 시기(기초, 보 옆, 기둥 및 벽의 측벽)

시멘트의 종류 / 평균기온	조강포틀랜드시멘트	보통포틀랜드시멘트 고로슬래그시멘트(1종) 포틀랜드포졸란시멘트(1종) 플라이애시시멘트(1종)	고로슬래그시멘트(2종) 포틀랜드포졸란시멘트(2종) 플라이애시시멘트(2종)
20 ℃ 이상	2일	4일(3일)	5일(4일)
10 ℃ 이상 20 ℃ 미만	3일	6일(4일)	8일(6일)

주1 표에서 괄호 밖은 KCS 14 20 12 : 2021 기준이고, 괄호 안은 KCS 21 50 05 : 2018 기준이다.

2) 받침기둥 바꿔 세우기

(1) 개요

① 받침기둥(동바리, 지주) 바꿔 세우기는 원칙적으로 하지 않는다. 부득이 바꿔 세우기를 할 경우 다음과 같이 한다.

② 받침기둥 바꿔 세우기는 콘크리트의 압축강도가 설계기준압축강도의 2/3 이상이 된 후에 한다.

③ 직상층에 큰 하중 작용 시 받침기둥 바꾸기를 하지 않는다.

④ 시공정도가 높은 고품질 콘크리트는 받침기둥 바꾸기를 하지 않는다.

(2) 순서

① 큰보 ② 작은보 ③ 바닥판

5 거푸집의 종류

1. 종류

1) 일반거푸집의 종류(재료에 따른 분류)

① 목재거푸집 ② 합판거푸집

③ 메탈폼(금속거푸집, 패널) ④ 유로폼

⑤ 섬유재거푸집

2) 시스템거푸집의 종류

구 분	종 류
벽체전용시스템거푸집	① 갱폼(Gang Form, 대형패널거푸집) ② 클라이밍폼(Climbing Form)
바닥전용시스템거푸집	플라잉폼(Flying Form, 테이블폼)
벽체+바닥전용시스템거푸집	터널폼(Tunnel Form)
연속공법 (활동공법)	(1) 수직이동 ① 슬라이딩폼(Sliding Form) ② 슬립폼(Slip Form) (2) 수평이동 트래블링폼(Traveling Form)
무지주공법	① 보우빔(Bow Beam) ② 페코빔(Pecco Beam)
바닥판공법	① 와플폼(Waffle Form) ② 데크플레이트(Deck Plate) ③ Half PC 슬래브 ④ W식 거푸집

2. 일반거푸집

1) 메탈폼

메탈폼(Metal Form)은 강재, 금속재의 콘크리트용 거푸집으로 표면이 매끄러워 제치장용에 사용된다.

2) 유로폼

유로폼(Euro Form)은 경량형강과 합판으로 대형벽판, 바닥판을 짜서 간단히 조립할 수 있게 된 거푸집이다. 가장 초보적인 시스템거푸집으로 건물의 평면이 규격화되어 표준형태의 거푸집을 변형시키지 않고 조립하여 사용한다.

3) 섬유재거푸집

섬유재거푸집은 콘크리트가 수화반응을 하는데 필요한 수량(경화 시 필요한 수량)은 시멘트량의 40 % 이하이나, 소요의 워커빌리티와 모빌리티를 얻기 위해 사용되는 수량(타설 시 필요한 수량)은 시멘트량의 45~60 % 정도이다. 콘크리트 타설 직후 불필요한 수량을 제거하면 콘크리트에 좋은 효과를 얻게 된다. 이와 같이 수량을 제거하기 위해 사용되는 표면재를 섬유재라 한다. 섬유재거푸집은 콘크리트 타설 직후 불필요한 물을 제거하기 위한 목적으로 거푸집 표면에 섬유를 붙인 거푸집이다.

3. 시스템거푸집

1) 개요

시스템거푸집은 시공현장에서 조립하여 콘크리트를 타설한 후 해체하는 공법이 아니라, 미리 제작 된 대형 유닛(Unit)의 거푸집널을 현장에서 사용한 후 다음 장소로 그대로 사용할 수 있도록 한 거푸집이다.

2) 갱폼

① 갱폼(Gang Form)은 평면상 상・하부 동일 단면 구조물에서 외부 벽체 거푸집과 작업 발판용 케이지(Cage)를 일체로 제작하여 사용하는 시스템거푸집이다.

② 갱폼은 사용할 때마다 작은 부재의 조립, 분해를 반복하지 않고 대형화, 단순화하여 한 번에 설치하고 해체한다.

③ 벽체전용거푸집으로 대형패널거푸집이라고도 한다.

3) 클라이밍폼

클라이밍폼(Climbing Form)은 이동식 거푸집의 일종으로써 거푸집과 벽체 마감공사를 위한 비계틀을 일체로 조립하여 한꺼번에 인양시켜 설치하는 시스템거푸집이다. 벽체전용거푸집으로 수직적으로 반복되거나 높은 건축물에 적용하고 고층구조물의 내부 코어시스템에 적당하다.

4) 플라잉폼

플라잉폼(Flying Form)은 바닥슬래브의 콘크리트를 타설하기 위한 거푸집으로 거푸집널, 장선, 멍에, 서포트 등을 일체로 제작하여 부재화한 시스템거푸집이다. 바닥전용거푸집으로 테이블폼(Table Form)이라고도 한다.

5) 터널폼

① 터널폼(Tunnel Form)은 한 구획 전체의 벽판과 바닥면을 ㄱ자형, ㄷ자형의 기성재 거푸집으로 아파트 공사에 주로 사용되는 시스템거푸집이다. 벽체+바닥전용거푸집이다.

② 대형 형틀로써 슬래브와 벽체의 콘크리트 타설을 일체화하기 위한 것으로 트윈셀폼(Twin Shell Form)과 모노셀폼(Mono Shell Form)으로 구성되는 형틀이다.

③ 트윈셀폼은 실내의 거푸집이 ㄱ자형의 2개의 거푸집으로 제작한 것이고, 모노셀폼은 건물의 유닛에 맞춰 1개의 거푸집으로 제작한 것이다.

갬폼

클라이밍폼

플라잉폼

터널폼

슬라이딩폼

슬립폼

6) 슬라이딩폼

① 슬라이딩폼(Sliding Form)은 수직적으로 반복된 구조물을 시공이음이 없이 균일한 형상으로 시공하기 위하여 거푸집을 연속적으로 이동시키면서 콘크리트를 타설하여 구조물을 시공하는 시스템거푸집이다.

② 사일로(Silo), 교각, 건물의 코어 부분 등 단면형상의 변화가 없이 수직으로 연속되는 콘크리트 구조물에 사용되는 거푸집이다.

③ 단면형상의 변화가 없는 콘크리트공사에서 콘크리트를 타설하면서 요크를 이용하여 거푸집을 수직방향으로 이동시켜 연속작업이 가능한 공법이다.

④ 수직방향으로 연속작업이 가능한 공법이며, 거푸집을 일정한 속도로 계속적으로 끌어올리는 장치를 요크(Yoke)라 한다.

주1 요크(Yoke)는 수직 슬라이딩폼 또는 슬립폼 등에 있어서 콘크리트의 측압을 지탱해 주며, 거푸집 히승, 시공하중 등을 잭(Jack)에 전달하는 부재이나.

7) 슬립폼

① 슬립폼(Slip Form)은 수직으로 연속되는 구조물을 시공조인트 없이 시공하기 위하여 일정한 크기로 만들어져 연속적으로 이동시키면서 콘크리트를 타설하는 시스템거푸집이다.

② 전망탑, 급수탑 등 단면형상에 변화가 있는 수직으로 연속된 콘크리트 구조물에 사용된다.

③ 돌출물이 있는 구조물에 사용하게 한 수직 활동 거푸집이다.

④ 수직방향으로 연속작업이 가능한 공법이다.

8) 트래블링폼

① 트래블링폼(Traveling Form)은 트래블러(Traveler)라고 하는 비계틀 또는 가동골조에 지지된 이동식 거푸집이다.

② 수평방향으로 연속작업이 가능한 거푸집이다.

③ 장선, 멍에, 동바리 등이 일체로 유닛화한 대형, 수평이동거푸집이다.

④ 이동식 거푸집, 수평이동거푸집이다.

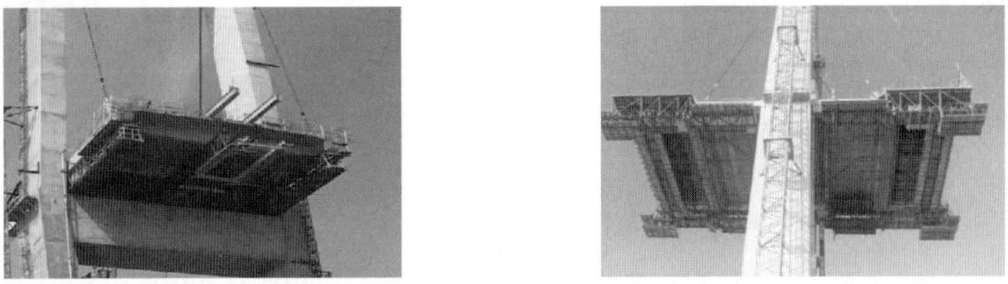

트래블링폼

9) 무지주공법

(1) 개요

무지주공법은 받침기둥(지주) 없이 보를 걸어서 거푸집널을 지지하는 공법이다. 일반적으로 층고가 높은 슬래브 거푸집의 하부에 적용한다. 동바리(받침기둥)가 필요 없는 강재 가설보를 수평지지보라고 한다.

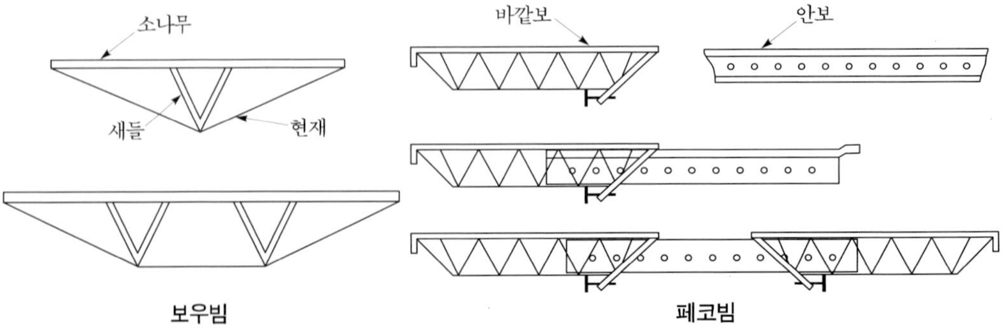

수평지지보

(2) 종류

① 보우빔(Bow Beam)은 신축이 불가능한 무지주공법의 수평지지보이다.

② 페코빔(Pecco Beam)은 신축이 가능한 무지주공법의 수평지지보이다.

10) 와플폼

① 와플폼(Waffle Form)은 바닥판을 격자천장형식으로 만들 때 사용되는 거푸집이다.

② 무량판구조 또는 평판구조에서 2방향 장선 바닥판 구조가 가능하도록 특수 상자모양으로 된 기성재 거푸집이다.

③ 무량판구조란 철근콘크리트구조 방식에서 보를 사용하지 않고 바닥슬래브를 직접 기둥에 지지시키는 구조방식이다.

11) 데크플레이트

데크플레이트(Deck Plate)는 강구조의 보에 걸어 지주 없이 사용하는 바닥판이며, 거푸집체로 사용될 수 있도록 제작 된 골형 플레이트로써 하면에 내화피복을 하여 구조체로 사용한다.

와플폼의 시공

무량판구조

데크플레이트의 시공

12) Half PC 슬래브

Half PC 슬래브는 콘크리트 구조물의 일부분을 미리 프리캐스트콘크리트(PC)로 제작하여 거푸집 대용으로 사용하고, 여기에 현장타설콘크리트를 합성하여 구조물을 만드는 방식이다. 반두께 슬래브라고도 한다.

필수 연습문제

〉〉〉 제14장 거푸집공사

1. 철근콘크리트구조에 사용하는 거푸집의 조립에 가장 중요한 사항은?

㉮ 콘크리트 접면을 평활하게 한다.
㉯ 사용할 판재를 맞댐쪽매로 한다.
㉰ 필요한 개소에 청소구멍을 설치한다.
㉱ 순서 있게 조립하고 거푸집 제거에 편리하게 한다.

2. 거푸집공사에 관한 기술 중 옳지 않은 것은?

㉮ 거푸집공사는 가설공사의 하나이다.
㉯ 콘크리트 타설 시 거푸집의 벌어짐은 긴결재로 방지한다.
㉰ 거푸집에 작용하는 측압은 슬럼프가 크고 빈배합일수록 크다.
㉱ 거푸집 조립 시 구석부나 모서리는 턱솔맞춤으로 한다.

3. 거푸집공사에 거푸집의 구비조건이 아닌 것은?

㉮ 정밀성
㉯ 유연성
㉰ 수밀성
㉱ 전용성

4. 콘크리트의 거푸집공법의 발전방향으로 옳지 않은 것은?

㉮ 거푸집의 대형화
㉯ 설치의 단순화를 위한 유닛(Unit)화
㉰ 부재의 경량화 및 단면설계의 효율화
㉱ 전용회수 감소

1. ㉮

거푸집 조립에서 가장 중요한 것은 콘크리트 표면의 품질확보가 가장 중요하다. 따라서 콘크리트 접면을 평활하게 하는 것이다.

2. ㉮

거푸집공사는 가설공사가 아니고, 철근콘크리트공사 중의 하나이다.

3. ㉯

• 거푸집의 구비조건
① 정밀성
② 안전성
③ 수밀성
④ 해체성, 시공성
⑤ 전용성, 경제성

4. ㉱

거푸집공법의 발전방향 중 전용회수는 증가되어야 한다.

5. 거푸집 작업의 소요 기간 산정 시 고려사항 중 가장 부적당한 것은?

㉮ 거푸집 단가
㉯ 거푸집 조립면적
㉰ 표준적인 인부의 평균생산성
㉱ 거푸집 작업에 투입예정인 인부의 수

6. 공사 중 설계기준을 상회하는 과다한 하중 또는 장비사용 시 진동, 충격이 예상되는 부위에 설치하는 서포트로 가장 적합한 것은?

㉮ System Support
㉯ Jack Support
㉰ Steel Pipe Support
㉱ B/T Support(강관틀동바리)

7. 철근콘크리트공사 중 거푸집이 벌어지지 않게 하는 긴장재는?

㉮ 세퍼레이터(Separator)
㉯ 스페이서(Spacer)
㉰ 폼타이(Form Tie)
㉱ 인서트(Insert)

8. 콘크리트 거푸집공사에서 세퍼레이터(Separator)를 사용하는 목적으로 옳은 것은?

㉮ 거푸집과 거푸집의 간격을 바르게 유지하고 변형을 막아준다.
㉯ 철근의 간격을 바르게 유지한다.
㉰ 거푸집널을 지지하여 그 하중을 멍에, 장선 및 띠장받이에 전달한다.
㉱ 거푸집 제거를 편리하게 하기 위해 사용한다.

9. 콘크리트공사 중 거푸집 상호 간의 간격을 일정하게 하는 것은?

㉮ 세퍼레이터(Separator)
㉯ 긴장재(Form Tie)
㉰ 캠버(Camber)
㉱ 스페이서(Spacer)

5. ㉮

• 거푸집 작업의 소요 기간 산정 시 고려사항은 거푸집 단가는 관계가 없고 다음과 같은 고려사항이 있다.

① 거푸집 조립면적
② 인부의 평균생산성(작업자의 숙련도)
③ 거푸집 작업에 투입예정인 인부의 수
④ 시공정밀도
⑤ 관리자의 관리 · 감독
⑥ 기후조건
⑦ 설계변경

6. ㉯

잭서포트는 강관, Screw 및 Base로 구성된 제품으로 상부의 하중을 분산하기 위한 동바리이다. 잭서포트는 공사 중 설계기준을 상회하는 과다한 하중 또는 장비사용 시 진동, 충격이 예상되는 부위에 사용된다.

7. ㉰

긴결재(Form Tie)는 거푸집의 간격을 유지하며 측압에 의해 벌어지는 것을 막는 지제이다.

8. ㉮

격리재(Separator)는 거푸집이 오므라지는 것을 방지하고 거푸집 상호 간의 간격을 유지하기 위한 자재이다.

9. ㉮

격리재(Separator)는 거푸집이 오므라지는 것을 방지하고 거푸집 상호 간의 간격을 유지하기 위한 거푸집의 부속자재이다.

10. 다음 거푸집공사에 관한 설명 중 옳지 않은 것은?

㉮ 거푸집 존치기간은 시멘트의 종류, 기온, 천후, 양생 등의 상태에 따라 다르다.
㉯ 거푸집 강도 계산 시 콘크리트 중량, 작업 및 충격하중을 적용한다.
㉰ 거푸집공사에 사용되는 격리재(Separator)는 거푸집 해체 시 콘크리트에서 잘 떨어지도록 하기 위한 것이다.
㉱ 벽체나 기둥 거푸집에 작용하는 콘크리트의 측압은 일정 높이 이상되면 상승하지 않는다.

11. 다음 사항 중 관계가 없는 것은?

㉮ 긴장재 – 거푸집이 변형되지 않게 연결고정
㉯ 간격재 – 거푸집의 변형방지
㉰ 격리재 – 거푸집의 상호 간의 간격유지
㉱ 박리제 – 거푸집의 제거용이

12. 다음 중, 거푸집공사와 관련이 가장 적은 것은 어느 것인가?

㉮ Separator　　㉯ Bow Beam
㉰ Siding Form　　㉱ Spacer

13. 보의 거푸집은 중앙에서 간사이(Span)의 얼마 정도로 치켜 올리는 것이 옳은가?

㉮ 1/300~1/500　　㉯ 1/150~1/200
㉰ 1/100~1/150　　㉱ 1/50~1/100

14. 거푸집의 지주 밑을 고이는 쐐기는?

㉮ 캠버(Camber)　　㉯ 스페이서(Spacer)
㉰ 세퍼레이터(Separator)　　㉱ 인서트(Insert)

15. 콘크리트를 부어넣은 후 거푸집의 탈형을 용이하게 하기 위해 미리 거푸집 면에 도포하는 약제를 무엇이라고 하는가?

㉮ 혼화제　　㉯ 경화제
㉰ 도포제　　㉱ 박리제

10. ㉰
격리재(Separator)는 거푸집이 오므라지는 것을 방지하고 거푸집 상호 간의 간격을 유지하기 위한 거푸집의 부속자재이다.

11. ㉯
간격재(Spacer)는 철근공사에서 슬래브 등에 배치되는 철근이 거푸집에 밀착되는 것을 방지하기 위한 굄 재이다.

12. ㉱
간격재(Spacer)는 철근공사에서 슬래브 등에 배치되는 철근이 거푸집에 밀착되는 것을 방지하기 위한 굄 재로 철근공사에 사용된다고 할 수 있다.

13. ㉮
바닥판 및 보의 중앙부는 처짐 변형을 감안하여 캠버를 이용 스팬의 1/300~1/500 정도 치켜 올린다.

14. ㉮

15. ㉱
박리제는 콘크리트 표면에서 거푸집널을 떼어내기 쉽게 하기 위하여 미리 거푸집널에 도포하는 물질이다.

16. 다음의 기술 중 옳지 않은 것은?

㉮ 긴결재는 거푸집의 정확한 위치, 치수를 유지하기 위한 것이다.
㉯ 박리제는 콘크리트의 수분흡수를 방지하기 위한 것이다.
㉰ 격리재는 거푸집의 측벽 간 간격을 유지하기 위한 것이다.
㉱ 간격재는 철근의 피복두께를 형성하기 위한 것이다.

16. ㉯

박리제는 콘크리트 표면에서 거푸집널을 떼어내기 쉽게 하기 위하여 미리 거푸집널에 도포하는 물질이다.

17. 콘크리트 거푸집용 박리제 사용 시 주의사항으로 옳지 않은 것은?

㉮ 거푸집 종류에 상응하는 박리제를 선택·사용한다.
㉯ 박리제 도포 전에 거푸집면의 청소를 철저히 한다.
㉰ 거푸집뿐만 아니라 철근에도 도포하도록 한다.
㉱ 콘크리트 색조에 영향이 없는지를 시험한다.

17. ㉰

박리제는 콘크리트 표면에서 거푸집널을 떼어내기 쉽게 하기 위하여 미리 거푸집널에 도포하는 물질이다.

18. 거푸집의 박리제로 쓰이지 않는 것은?

㉮ 동·식물유　　㉯ 석유
㉰ 크레오소트　　㉱ 파라핀

18. ㉰

• 박리제의 종류
① 동·식물유　② 중유
③ 석유　④ 아마유
⑤ 파라핀　⑥ 합성수지 등

19. 인서트(Insert)설치의 선행공사로 가장 적당한 것은 어느 것인가?

㉮ 천장공사　　㉯ 콘크리트공사
㉰ 철근공사　　㉱ 거푸집공사

19. ㉱

인서트는 콘크리트에 달대와 같은 설치물을 고정하기 위해 매립하는 철물로써 거푸집공사가 완료된 후 인서트를 설치한다.

20. 바닥판과 보의 밑면 거푸집 설계 시 고려해야 하는 하중은?

㉮ 생콘크리트 중량, 충격하중
㉯ 생콘크리트 중량, 측압
㉰ 작업하중, 측압
㉱ 충격하중, 거푸집 자중

20. ㉮

바닥판, 보의 밑면 거푸집(수평거푸집) 설계 시 생콘크리트 중량, 작업하중, 충격하중을 고려한다.

21. 바닥판 거푸집 설계 시 고려하여야 할 하중들로 짝지어진 것은?

① 생콘크리트의 중량	② 작업하중
③ 생콘크리트의 측압	④ 충격하중

㉮ ①-②-③　　㉯ ①-③-④
㉰ ①-②-④　　㉱ ②-③-④

21. ㉰

바닥판, 보의 밑면 거푸집(수평거푸집) 설계 시 생콘크리트 중량, 작업하중, 충격하중을 고려한다.

22. 바닥판, 보의 밑면 거푸집 설계에서 고려하는 하중에 속하지 않은 것은?

㉮ 굳지 않은 콘크리트의 중량
㉯ 작업하중
㉰ 충격하중
㉱ 굳지 않은 콘크리트의 측압

22. ㉱
측압은 벽, 기둥, 보의 옆면 거푸집(수직거푸집) 설계 시 고려한다.

23. 다음 중 거푸집에 대한 콘크리트의 측압에 가장 영향이 적은 것은?

㉮ 콘크리트의 비중
㉯ 콘크리트 치기속도
㉰ 컨시스턴시
㉱ 공기량

23. ㉱
공기량에 따라 콘크리트의 측압에 일부 영향을 미칠 수는 있으나 다른 것에 비해 그 영향이 적다.

24. 다음 중 거푸집 측압에 영향을 주는 요소로 가장 거리가 먼 것은?

㉮ 거푸집 표면의 평활도
㉯ 콘크리트 타설 속도
㉰ 시멘트의 종류
㉱ 철근의 종류

24. ㉱
철근의 종류는 거푸집의 측압에 영향을 주는 요소는 아니다.

25. 거푸집에 작용하는 콘크리트의 측압에 끼치는 영향요인과 가장 거리가 먼 것은?

㉮ 거푸집의 강성
㉯ 콘크리트 타설 속도
㉰ 기온
㉱ 콘크리트의 강도

25. ㉱
콘크리트의 강도는 거푸집의 측압에 영향을 주는 요소는 아니다.

26. 거푸집 측압에 영향을 주는 요인에 관한 설명 중 틀린 것은?

㉮ 콘크리트 타설 속도가 빠를수록 측압이 크다.
㉯ 묽은 콘크리트일수록 측압이 크다.
㉰ 철근량이 많을수록 측압이 크다.
㉱ 단면이 클수록 측압이 크다.

26. ㉰
측압은 강구조물 또는 철근량이 작을수록 크다.

27. 콘크리트 측압에 관한 기술 중 가장 부적당한 것은?

㉮ 묽은 콘크리트일수록 측압이 커진다.
㉯ 비중이 클수록 측압이 커진다.
㉰ 응결시간이 빠를수록 측압이 커진다.
㉱ 거푸집 강성이 클수록 측압이 커진다.

27. ㉰
측압은 응결시간(경화속도)이 빠를수록 작다.

28. 거푸집에 미치는 콘크리트의 측압에 관한 다음 기술 중 가장 부적당한 것은 어느 것인가?

㉮ 시공연도가 좋을수록 측압은 크다.
㉯ 붓기속도가 빠를수록 측압이 크다.
㉰ 경화속도가 빠를수록 측압이 크다.
㉱ 수평부재가 수직부재보다 측압이 작다.

28. ㉰
측압은 경화속도가 느릴수록 크다.

29. 거푸집에 가해지는 콘크리트의 측압에 관한 다음 기술 중 틀린 것은 어느 것인가?

㉮ 콘크리트의 타설 속도가 빠를수록 커지고, 콘크리트 비중이 클수록 측압도 크다.
㉯ 부재의 수평단면이 클수록 크고, 기온이 낮을수록 크다.
㉰ 콘크리트의 온도가 높으면 측압이 작게 된다.
㉱ 철근량이 많을수록 측압이 크고, 거푸집의 강성이 클수록 측압이 작다.

29. ㉱
측압은 철근량이 많을수록 측압은 작고, 거푸집의 강성이 클수록 크다.

30. 콘크리트의 측압에 대한 설명이 바르지 않은 것은?

㉮ 치어붓기 속도가 빠를수록 측압은 작아진다.
㉯ 비중이 클수록 측압이 크다.
㉰ 거푸집의 수평단면이 클수록 측압은 크다.
㉱ 온도가 높을수록 측압은 작다.

30. ㉮
측압은 콘크리트의 타설 속도가 빠를수록 크다.

31. 콘크리트공사에 있어 거푸집에 작용하는 콘크리트의 측압에 관한 다음 기술 중 가장 부적당한 것은 어느 것인가?

㉮ 콘크리트의 슬럼프가 클수록 측압은 작아진다.
㉯ 콘크리트를 타설 속도가 빠를수록 측압은 커진다.
㉰ 콘크리트를 타설할 때의 기온이 낮을수록 측압은 커진다.
㉱ 콘크리트의 다지기가 강할수록 측압은 커진다.

31. ㉮
측압은 콘크리트의 슬럼프가 클수록 크다.

32. 굳지 않은 콘크리트 측압에 영향을 주는 요소 중 옳은 것은?

㉮ 콘크리트의 온도가 높을수록 측압은 크다.
㉯ 타설 속도가 빠를수록 측압이 작다.
㉰ 부배합 일수록 측압은 작다.
㉱ 물결합재비(물시멘트비)가 작을수록 측압이 작다.

32. ㉱
측압은 물결합재비(물시멘트비)가 큰 묽은 콘크리트일수록 크다.

33. 콘크리트 측압에 대한 다음 설명 중 부적당한 것은 어느 것인가?

㉮ 콘크리트 타설 속도가 빠를수록 측압이 크다.
㉯ 콘크리트 슬럼프가 클수록 측압이 크다.
㉰ 콘크리트의 온도가 높을수록 측압이 크다.
㉱ 벽두께가 두꺼울수록 측압이 크다.

33. ㉰
측압은 콘크리트의 온도가 낮을수록 크다.

34. 콘크리트 측압에 대한 설명 중 옳지 않은 것은?

㉮ 거푸집에 가해지는 콘크리트의 수평방향의 압력을 의미한다.
㉯ 타설된 콘크리트 윗면으로부터 최대 측압면까지의 거리를 콘크리트헤드(Concrete Head)라 한다.
㉰ 온도가 높을수록 측압은 크다.
㉱ 부배합이 빈배합보다 측압이 크다.

34. ㉰
측압은 콘크리트의 온도가 낮을수록 크다.

35. 아직 굳지 않은 콘크리트의 측압에 영향을 주는 요소로 옳은 것은?

㉮ 온도가 높을수록 측압은 크다.
㉯ 타설 속도가 빠를수록 측압이 작다.
㉰ 비중이 클수록 측압이 작다.
㉱ 거푸집의 투수성이 클수록 측압이 작다.

35. ㉱
측압은 거푸집의 투수성 및 누수성이 작을수록 크다.

36. 굳지 않은 콘크리트의 측압에 관한 설명으로 옳은 것은?

㉮ 온도가 높을수록 측압은 크다.
㉯ 슬럼프가 클수록 측압은 작다.
㉰ 거푸집널의 수밀성이 높을수록 측압은 작다.
㉱ 콘크리트의 타설 속도가 빠를수록 측압은 크다.

36. ㉱
측압은 콘크리트의 타설 속도가 빠를수록 크다.

37. 거푸집의 안정성 검토 시 고려되어야 할 사항에 대한 설명 중 옳지 않은 것은?

㉮ 수직하중은 고정하중+충격하중+작업하중을 검토해야 한다.
㉯ 수평하중은 풍압, 콘크리트 타설방향에 따른 편심하중 등으로 그 값을 정확히 예상하기 어렵다.
㉰ 측압 관련 요인 중 콘크리트의 비중이 낮을수록 측압은 크게 된다.
㉱ 일반적으로 허용처짐량은 절대처짐량으로 하고 추가처짐을 고려할 수 있다.

38. 콘크리트헤드(Concrete Head)에 대해 옳게 설명한 것은?

㉮ 콘크리트 타설 윗면에서부터 최하부면까지의 거리
㉯ 콘크리트 타설 윗면에서부터 최대 측압이 생기는 지점까지의 거리
㉰ 콘크리트 타설 윗면에서부터 최소 측압이 생기는 지점까지의 거리
㉱ 콘크리트 타설 윗면에서부터 평균 측압이 생기는 지점까지의 거리

39. 거푸집 측압에 관한 설명으로 옳지 않은 것은?

㉮ 콘크리트의 슬럼프가 클수록 측압은 크다.
㉯ 기온이 높을수록 측압은 작다.
㉰ 콘크리트가 빈배합일수록 측압은 크다.
㉱ 콘크리트의 타설 높이가 높을수록 측압은 크다.

40. 생콘크리트 측압에 대한 기술로 옳은 것은?

㉮ 슬럼프값이 크고, 빈배합일수록 크다.
㉯ 벽두께가 두껍고, 타설 속도가 느릴수록 크다.
㉰ 시공연도가 좋고, 진동기를 사용하면 측압이 증가된다.
㉱ 타설 높이가 기둥에서 1.5 m, 벽에서 1 m의 경우 측압의 증가는 없다.

41. 거푸집의 조립 순서가 바른 것은?

㉮ 기초 → 기둥 → 내벽 → 큰보 → 작은보 → 바닥 → 외벽
㉯ 기초 → 기둥 → 큰보 → 작은보 → 내벽 → 바닥 → 외벽
㉰ 기초 → 기둥 → 큰보 → 작은보 → 외벽 → 바닥 → 내벽
㉱ 기초 → 기둥 → 내벽 → 바닥 → 큰보 → 작은보 → 외벽

37. ㉰

측압은 콘크리트의 비중이 클수록 크다.

38. ㉯

콘크리트헤드는 타설된 콘크리트 윗면으로부터 최대 측압면까지의 거리이다.

39. ㉱

콘크리트를 연속하여 치면 부어넣기 높이의 상승에 따라 측압도 증가하나 어느 일정한 높이에서는 측압이 증가하지 않고 최대 측압이 일정하게 된다.

40. ㉰

① 측압은 슬럼프가 클수록 크다.
② 측압은 부배합이 빈배합보다 크다.
③ 측압은 부재의 단면이 두꺼울수록 크다.
④ 측압은 콘크리트의 타설 속도가 빠를수록 크다.
⑤ 기둥은 콘크리트 부어넣은 윗면으로부터 1 m에서 벽은 0.5 m에서 측압이 최대가 된다.

41. ㉮

• 거푸집 조립 순서
기초 거푸집 → 기둥 거푸집 → 내벽 거푸집 → 큰보 거푸집 → 작은보 거푸집 → 바닥판 거푸집 → 외벽 거푸집

42. 다음 중 일반적인 거푸집 조립 순서로 맞는 것은?

㉮ 기둥 → 벽 → 보 → 슬래브
㉯ 슬래브 → 기둥 → 벽 → 보
㉰ 벽 → 기둥 → 슬래브 → 보
㉱ 벽 → 기둥 → 보 → 슬래브

42. ㉮

• 거푸집 조립 순서
기초 거푸집 → 기둥 거푸집 → 내벽 거푸집 → 큰보 거푸집 → 작은보 거푸집 → 바닥판 거푸집 → 외벽 거푸집

43. 거푸집 조립 순서 중 맞는 것은?

㉮ 외벽 → 내벽 → 기둥 → 큰보 → 작은보 → 바닥
㉯ 기둥 → 내벽 → 큰보 → 외벽 → 작은보 → 바닥
㉰ 외벽 → 기둥 → 내벽 → 큰보 → 작은보 → 바닥
㉱ 기둥 → 보받이 내력벽 → 큰보 → 작은보 → 바닥 → 외벽

43. ㉱

• 거푸집 조립 순서
기초 거푸집 → 기둥 거푸집 → 내벽 거푸집 → 큰보 거푸집 → 작은보 거푸집 → 바닥판 거푸집 → 외벽 거푸집

44. 벽 거푸집공사에서 멍에 대기 및 철선 조임 간격에 대한 내용으로 옳은 것은?

㉮ 멍에 대기의 간격은 일반적으로 밑에서 850 mm 정도로 배치한다.
㉯ 멍에 대기의 간격은 일반적으로 위에서 1.2~1.5 m 정도로 배치한다.
㉰ 철선 조임 간격은 하부에는 950 mm 정도로 배치한다.
㉱ 철선 조임 간격은 상부에는 1.0~1.1 m 정도로 배치한다.

44. ㉱

① 멍에 대기의 간격은 일반적으로 밑에서 750 mm 정도로 배치한다.
② 멍에 대기의 간격은 일반적으로 위에서 0.9~1.1 m 정도로 배치한다.
③ 철선 조임 간격은 하부에는 750 mm 정도로 배치한다.
④ 철선 조임 간격은 상부에는 1.0~1.1 m 정도로 배치한다.

45. 철근콘크리트공사에서 벽 거푸집에 관한 사항 중 틀린 것은?

㉮ 기둥에 벽이 붙을 때는 기둥과 일체로 벽의 거푸집널을 짠다.
㉯ 패널은 가로대기와 세로대기가 있다.
㉰ 수직 멍에는 간격 900 mm로 대고, 그 바깥에 전체의 줄 바로잡기 및 뒤틀림, 변형을 막기 위하여 가로 멍에를 댄다.
㉱ 벽에 요철이 있고 넓은 벽에는 패널을 크게 짜대는 것이 유리하다.

45. ㉱

벽에 요철이 없고 넓은 벽에는 패널을 크게 짜대는 것이 유리하다.

46. 철근콘크리트구조의 기초, 보, 기둥, 벽 등의 측벽의 거푸집 존치기간은 콘크리트의 압축강도가 얼마 이상에 도달한 것이 확인될 때까지로 하는가?

㉮ 4 MPa ㉯ 5 MPa
㉰ 6 MPa ㉱ 7 MPa

46. ㉯
철근콘크리트구조의 기초, 보, 기둥, 벽 등의 측벽의 거푸집 존치기간은 콘크리트의 압축강도가 5 MPa 이상에 도달한 것이 확인될 때까지로 한다.

47. 거푸집과 받침기둥의 존치기간에 관한 다음의 설명 중 옳지 않은 것은 어느 것인가?

㉮ 기초, 보, 기둥, 벽 등의 측벽의 거푸집 존치기간은 콘크리트의 압축강도가 5 MPa 이상에 도달한 것이 확인될 때까지로 한다.
㉯ 단층구조인 경우 슬래브 및 보의 밑면, 아치 내면의 거푸집 존치기간은 콘크리트의 압축강도가 설계기준압축강도의 1/3 이상이고, 또한 최소 14 MPa 이상에 도달한 것이 확인될 때까지로 한다.
㉰ 받침기둥 바꿔 세우기는 원칙적으로 하지 않는다.
㉱ 다층구조인 경우 슬래브 및 보의 밑면, 아치 내면의 거푸집 존치기간은 콘크리트의 압축강도가 설계기준압축강도 이상이고, 또한 최소 14 MPa 이상에 도달한 것이 확인될 때까지로 한다.

47. ㉯
단층구조인 경우 슬래브 및 보의 밑면, 아치 내면의 거푸집 존치기간은 콘크리트의 압축강도가 설계기준압축강도의 2/3 이상이고, 또한 최소 14 MPa 이상에 도달한 것이 확인될 때까지로 한다.

48. 거푸집 및 받침기둥의 존치기간에 대한 설명으로 가장 부적당한 것은?

㉮ 거푸집의 존치는 시방서에서 정한 기간을 지켜야 한다.
㉯ 기초, 보, 기둥, 벽 등의 측벽의 거푸집 존치기간은 콘크리트의 압축강도가 5 MPa 이상에 도달한 것이 확인될 때까지로 한다.
㉰ 다층구조인 경우 슬래브 및 보의 밑면, 아치 내면의 거푸집 존치기간은 콘크리트의 압축강도가 설계기준압축강도의 2/3 이상이고, 또한 최소 14 MPa 이상에 도달한 것이 확인될 때까지로 한다.
㉱ 받침기둥의 바꿔 세우기는 원칙적으로 하지 않는다.

48. ㉰
다층구조인 경우 슬래브 및 보의 밑면, 아치 내면의 거푸집 존치기간은 콘크리트의 압축강도가 설계기준압축강도 이상이고, 또한 최소 14 MPa 이상에 도달한 것이 확인될 때까지로 한다.

49. 콘크리트공사에서 콘크리트의 압축강도를 시험하지 않을 경우 거푸집널의 해체 시기로 옳은 것은? (단, 조강포틀랜드시멘트를 사용한 기둥으로써 평균기온이 20℃ 이상인 경우)

㉮ 1일 이상
㉯ 2일 이상
㉰ 3일 이상
㉱ 4일 이상

50. 철근콘크리트구조 건축물의 거푸집 중 존치기간이 가장 길어야 하는 곳은?

㉮ 보의 측벽
㉯ 기둥의 측벽
㉰ 보의 밑면
㉱ 기초의 측벽

51. 콘크리트공사 중 거푸집공사에 있어 거푸집의 존치기간에 대한 기술로써 틀린 것은?

㉮ 보, 슬래브 및 아치 하부의 거푸집널은 원칙적으로 동바리를 해체한 후 떼어낸다.
㉯ 기초, 보, 기둥, 벽 등의 측벽의 거푸집 존치기간은 콘크리트의 압축강도가 5 MPa 이상에 도달한 것이 확인될 때까지로 한다.
㉰ 콘크리트의 압축강도를 시험 하지 않고 평균기온과 재령이 일정 기준 이상이면, 받침기둥 바꿔 세우기를 할 수 있다.
㉱ 슬래브 및 보의 밑면, 아치 내면의 거푸집 존치기간에 필요한 콘크리트의 설계기준압축강도는 최소 14 MPa 이상이다.

49. ㉯

평균기온이 20℃ 이상인 조강포틀랜드시멘트의 경우 콘크리트의 압축강도를 시험하지 않을 경우 거푸집널의 해체 시기는 2일이다.

50. ㉰

① 기초, 보, 기둥, 벽 등의 측벽의 거푸집 존치기간은 콘크리트의 압축강도가 5 MPa 이상에 도달한 것이 확인될 때까지로 한다.
② 단층구조인 경우 슬래브 및 보의 밑면, 아치 내면의 거푸집 존치기간은 콘크리트의 압축강도가 설계기준압축강도의 2/3 이상이고, 또한 최소 14 MPa 이상에 도달한 것이 확인될 때까지로 한다.
③ 다층구조인 경우 슬래브 및 보의 밑면, 아치 내면의 거푸집 존치기간은 콘크리트의 압축강도가 설계기준압축강도 이상이고, 또한 최소 14 MPa 이상에 도달한 것이 확인될 때까지로 한다.

51. ㉰

① 받침기둥 바꿔 세우기는 원칙적으로 하지 않으나 부득이 바꿔 세우기를 할 경우, 받침기둥 바꿔 세우기는 콘크리트의 압축강도가 설계기준압축강도의 2/3 이상이 된 후에 한다.
② 따라서 보의 밑면 거푸집은 콘크리트의 압축강도를 시험한 후에 거푸집널을 해체한다.

52. 다음은 거푸집 존치기간에 관한 기술이다. 이중 부적당한 것은 어느 것인가? (단, 표준시방서에 의한 것임)

㉮ 콘크리트의 압축강도를 시험 하지 않고 평균기온이 10~20℃이고 보통포틀랜드시멘트를 사용한 경우 기초, 보 옆, 기둥 및 벽의 측벽의 거푸집널은 콘크리트의 재령이 4일이 경과된 후에 해체된다.

㉯ 거푸집은 담당원의 승인을 받아 깨끗하게 해체한다.

㉰ 콘크리트의 압축강도를 시험 하지 않고 평균기온이 20℃ 이상이고 조강포틀랜드시멘트를 사용한 경우 기초, 보 옆, 기둥 및 벽의 측벽의 거푸집널은 콘크리트의 재령이 2일이 경과된 후에 해체된다.

㉱ 콘크리트의 압축강도를 시험 하지 않고 평균기온이 20℃ 이상이고 보통포틀랜드시멘트를 사용한 경우 보의 밑면 거푸집은 콘크리트의 재령이 4일 이상 경과된 후에 받침기둥 바꿔 세우기를 할 수 있다.

52. ㉱

① 받침기둥 바꿔 세우기는 원칙적으로 하지 않으나 부득이 바꿔 세우기를 할 경우, 받침기둥 바꿔 세우기는 콘크리트의 압축강도가 설계기준압축강도의 2/3 이상이 된 후에 한다.

② 따라서 보의 밑면 거푸집은 콘크리트의 압축강도를 시험한 후에 거푸집널을 해체한다.

53. 철근콘크리트공사에서 거푸집의 존치기간과 거푸집 밑 받침기둥의 바꿔 세우기에 대한 설명으로 가장 부적합한 것은 다음 중 어느 것인가?

㉮ 다층구조인 경우 슬래브 및 보의 밑면, 아치 내면의 거푸집 존치기간은 콘크리트의 압축강도가 설계기준압축강도의 2/3 이상이고, 또한 최소 14 MPa 이상에 도달한 것이 확인될 때까지로 한다.

㉯ 기초, 보, 기둥, 벽 등의 측벽의 거푸집 존치기간은 콘크리트의 압축강도가 5 MPa 이상에 도달한 것이 확인될 때까지로 한다.

㉰ 보, 슬래브 및 아치 하부의 거푸집널은 원칙적으로 받침기둥(동바리)을 해체한 후에 떼어낸다.

㉱ 콘크리트의 압축강도를 시험 하지 않고 평균기온이 10~20℃이고 보통포틀랜드시멘트를 사용한 경우 기초, 보 옆, 기둥 및 벽의 측벽의 거푸집널은 콘크리트의 재령이 4일이 경과된 후에 해체된다.

53. ㉮

다층구조인 경우 슬래브 및 보의 밑면, 아치 내면의 거푸집 존치기간은 콘크리트의 압축강도가 설계기준압축강도 이상이고, 또한 최소 14 MPa 이상에 도달한 것이 확인될 때까지로 한다.

54. 거푸집의 존치기간에 대한 설명이 잘못된 것은?

㉮ 기초, 보, 기둥, 벽 등의 측벽의 거푸집 존치기간은 콘크리트의 압축강도가 5 MPa 이상에 도달한 것이 확인될 때까지로 한다.
㉯ 보, 슬래브 및 아치 하부의 거푸집널은 원칙적으로 받침기둥(동바리)을 해체한 후에 떼어낸다.
㉰ 받침기둥 바꿔 세우기는 원칙적으로 하지 않으나 부득이 바꿔 세우기를 할 경우, 받침기둥 바꿔 세우기는 콘크리트의 압축강도가 설계기준압축강도의 1/3 이상이 된 후에 한다.
㉱ 받침기둥 해체 후 해당 부재에 가해지는 하중이 구조계산서에 있는 그 부재의 설계하중을 상회하는 경우에는 계산에 의하여 충분히 안전한 것을 확인한 후에 해체한다.

54. ㉰
받침기둥 바꿔 세우기는 원칙적으로 하지 않으나 부득이 바꿔 세우기를 할 경우, 받침기둥 바꿔 세우기는 콘크리트의 압축강도가 설계기준압축강도의 2/3 이상이 된 후에 한다.

55. 철근콘크리트공사의 거푸집에 관한 사항 중 표준시방서에 규정한 내용과 다른 것은 다음 중 어느 것인가?

㉮ 시멘트의 종류 및 콘크리트의 양생조건이 동일하면 구조물의 측면 거푸집의 존치기간은 지붕 밑의 존치기간 보다 짧다.
㉯ 보통포틀랜드시멘트를 사용하고 20 ℃ 이상의 온도조건으로 양생한 콘크리트의 기둥 및 보 옆 거푸집의 존치기간은 4일이다.
㉰ 받침기둥 바꿔 세우기는 원칙적으로 하지 않는다.
㉱ 시멘트의 종류 및 평균기온이 동일하면 기초 옆 거푸집의 존치기간보다 보 옆 거푸집의 존치기간을 길게 해야 한다.

55. ㉱
① 슬래브 및 보의 밑면 거푸집은 기초, 보, 기둥, 벽 등의 측벽 거푸집보다 존치기간이 길다.
② 콘크리트의 압축강도를 시험하지 않고 시멘트의 종류 및 양생조건(평균기온)이 동일한 경우 기초, 보 옆, 기둥 및 벽의 측벽의 거푸집널의 거푸집널의 존치기간은 같다.

56. 거푸집공사에 관한 다음 기술 중 가장 부적당한 것은 어느 것인가?

㉮ 프리스트레스트콘크리트 부재 및 그것에 접속되는 부재에 사용하는 거푸집은 프리스트레스 도입 시에 콘크리트의 변형을 구속하지 않는 구조로 하여야 한다.
㉯ 프리팩트콘크리트용 모르타르는 유동성이 크고 펌프의 압송력에 의한 압력이 걸리므로 거푸집의 작은 틈새에서도 노출되기 쉽다.
㉰ 거푸집의 강도계산은 콘크리트 시공 시의 수직하중, 수평하중 및 콘크리트 측압에 대하여 계산한다.
㉱ 거푸집 지주의 바꿔 세우기는 콘크리트의 압축강도가 설계기준압축강도의 1/3 이상이 된 것이 확인되면 거푸집 존치기간 내라도 지주를 바꾸어 세울 수 있다.

56. ㉱
① 받침기둥 바꿔 세우기는 원칙적으로 하지 않는다. 부득이 바꿔 세우기를 할 경우 다음과 같다.
② 받침기둥 바꿔 세우기는 콘크리트의 압축강도가 설계기준압축강도의 2/3 이상이 된 후에 한다.
③ 직상층에 큰 하중 작용시 받침기둥 바꾸기를 하지 않는다.
④ 시공정도가 높은 고품질 콘크리트는 받침기둥 바꾸기를 하지 않는다.

57. 거푸집의 존치기간과 관련된 내용 중 옳지 않은 것은?

㉮ 받침기둥의 존치기간은 슬래브 밑, 보 밑 모두 설계기준압축강도 50% 이상 콘크리트의 압축강도가 얻어진 것이 확인될 때까지로 한다.

㉯ 바닥슬래브 밑, 지붕슬래브 밑, 보 밑의 거푸집널은 원칙적으로 받침기둥을 해체한 후에 떼어낸다.

㉰ 기초, 보 옆, 기둥 및 벽의 거푸집널 존치기간은 콘크리트의 압축강도가 5MPa 이상이 도달한 것이 확인될 때까지로 한다.

㉱ 평균기온이 20℃ 이상인 경우 조강포틀랜드시멘트의 경우 2일 이상 경과하면 압축강도시험을 하지 않고도 거푸집을 떼어낼 수 있다.

57. ㉮

받침기둥 바꿔 세우기는 콘크리트의 압축강도가 설계기준압축강도의 2/3 이상이 된 후에 한다.

58. 거푸집 철거 시 지주 바꿔 세우기 순서 중 제일 먼저 실시하여야 하는 것은?

㉮ 큰보

㉯ 작은보

㉰ 바닥판

㉱ 계단

58. ㉮

받침기둥(동바리, 지주) 바꿔 세우기는 '큰보 → 작은보 → 바닥판'의 순서이다.

59. 거푸집에 활용하는 부속재료에 관한 설명으로 옳지 않은 것은?

㉮ 폼타이는 거푸집 패널을 일정한 간격으로 양면을 유지시키고 콘크리트 측압을 지지하기 위한 것이다.

㉯ 웨지핀은 시스템거푸집에 주로 사용되며, 유로폼에는 사용되지 않는다.

㉰ 칼럼밴드는 기둥거푸집의 고정 및 측압 버팀용도로 사용된다.

㉱ 스페이서는 철근의 피복두께를 확보하기 위한 것이다.

59. ㉯

웨지핀은 시스템거푸집에 주로 사용되며, 유로폼에서 거푸집과 거푸집을 연결하는 핀(Pin)이다.

60. 시스템화 거푸집 중 강재 패널폼에 대한 설명으로 옳지 않은 것은?

㉮ 일반 합판거푸집에 비하여 시공의 정밀도가 높다.

㉯ 다 거푸집 시스템과 조합이 쉽다.

㉰ 거푸집 이음부위가 없어 시멘트페이스트의 누출이 생기지 않는다.

㉱ 곡면 시공이 어렵다.

60. ㉰

강재 패널폼은 내구성과 수밀성이 우수하기는 하나 거푸집 이음부위가 있어 시멘트풀의 누출 우려가 있다.

61. 다음 중 시스템화 거푸집의 종류가 아닌 것은?

㉮ 강재 패널폼
㉯ Gang Form
㉰ Flying Form
㉱ 합판거푸집

62. 거푸집공사에서 사용할 때마다 작은 부재의 조립, 분해를 반복하지 않고 대형화 · 단순화하여 한 번에 설치하고 해체하는 벽체용 거푸집의 명칭은?

㉮ 슬라이딩폼(Sliding Form)
㉯ 갱폼(Gang Form)
㉰ 플라잉폼(Flying Form)
㉱ 유로폼(Euro Form)

63. 사용할 때 마다 부재의 조립, 분해를 반복하지 않아 벽식구조인 아파트 건축물에 적용효과가 큰 대형 벽체전용거푸집은?

㉮ Gang Form
㉯ Sliding Form
㉰ Air tube Form
㉱ Traveling Form

64. 철근콘크리트공사에 사용되는 거푸집 중 갱폼(Gang Form)의 특징으로 틀린 것은?

㉮ 기능공의 기능도에 따라 시공정밀도가 크게 좌우된다.
㉯ 대형장비가 필요하다.
㉰ 초기 투자비가 과다하다.
㉱ 거푸집의 대형화로 이음부위가 감소한다.

65. 다음 중 갱폼(Gang Form)에 대한 설명으로 옳지 않은 것은?

㉮ 주로 타워크레인 등의 시공장비에 의해 한 번에 설치하고 탈형 한다.
㉯ 초기 세팅기간은 약 1일 정도로 타 거푸집에 비하여 소요일수가 적다.
㉰ 전용횟수는 30~40회 정도이다.
㉱ 제치장콘크리트인 경우 가설 비계공사를 하지 않아도 된다.

61. ㉱

합판거푸집은 일반거푸집의 한 종류이다.

62. ㉯

① 갱폼은 평면상 상 · 하부 동일 단면 구조물에서 외부 벽체 거푸집과 작업 발판용 케이지를 일체로 제작하여 사용하는 시스템거푸집이다.
② 갱폼은 사용할 때마다 작은 부재의 조립, 분해를 반복하지 않고 대형화, 단순화하여 한 번에 설치하고 해체한다.
③ 벽체전용거푸집으로 대형패널거푸집이라고도 한다.

63. ㉮

갱폼은 사용할 때마다 작은 부재의 조립, 분해를 반복하지 않고 대형화, 단순화하여 한 번에 설치하고 해체한다. 갱폼은 벽체전용거푸집으로 대형패널거푸집이라고도 한다.

64. ㉮

갱폼은 기능공의 기능도에 적은 영향을 받는다.

65. ㉯

갱폼의 초기 세팅기간은 약 10일 정도 소요된다.

66. 클라이밍폼의 특징에 대한 설명으로 옳지 않은 것은?

㉮ 고소 작업 시 안전성이 높다.
㉯ 거푸집 해체시 콘크리트에 미치는 충격이 적다.
㉰ 초기투자비가 적은 편이다.
㉱ 비계설치가 불필요하다.

66. ㉰
클라이밍폼은 시스템거푸집의 하나이며, 초기투자비는 많은 편이다.

67. 바닥에 콘크리트를 타설하기 위한 거푸집으로써 거푸집널, 장선, 멍에, 서포트 등을 일체로 제작하여 부재화한 거푸집을 무엇이라 하는가?

㉮ 클라이밍폼
㉯ 슬립폼
㉰ 플라잉폼
㉱ 갱폼

67. ㉰
플라잉폼은 바닥에 콘크리트를 타설하기 위한 거푸집으로써 거푸집널, 장선, 멍에, 서포트 등을 일체로 제작하여 부재화 한 거푸집공법이다.

68. 벽과 바닥의 콘크리트 타설을 한 번에 가능하도록 벽체와 바닥판 거푸집을 일체로 제작하여 한 번에 설치하고 해체할 수 있도록 한 것은?

㉮ 유로폼(Euro Form)
㉯ 클라이밍폼(Climbing Form)
㉰ 플라잉폼(Flying Form)
㉱ 터널폼(Tunnel Form)

68. ㉱
터널폼은 한 구획 전체의 벽판과 바닥면을 ㄱ자형, ㄷ자형의 기성재 거푸집으로 아파트 공사에 주로 사용되는 거푸집이다.

69. 한 구획 전체의 벽판과 바닥판을 ㄱ자 또는 ㄷ자형으로 짜서 이 동시 거푸집으로 이용되는 거푸집 명칭은?

㉮ 터널거푸집
㉯ 유로거푸집
㉰ 갱거푸집
㉱ 와플거푸집

69. ㉮
터널폼은 한 구획 전체의 벽판과 바닥면을 ㄱ자형, ㄷ자형의 기성재 거푸집으로 아파트 공사에 주로 사용되는 거푸집이다.

70. 터널폼(Tunnel Form)공법에 대한 설명으로 적합하지 않은 것은 다음 중 어느 것인가?

㉮ 전용회수를 많이 할 수 있다.
㉯ 크레인을 사용하여야 한다.
㉰ 벽식구조에 적합하다.
㉱ 복잡한 구조체에 유용하다.

70. ㉱
터널폼은 시스템거푸집의 일종으로 구조체가 복잡하지 않은 곳에 적당하다.

71. 시스템거푸집의 종류로 잘못 짝지어진 것은?

㉮ 무지주공법 - 페코빔(Pecco Beam)
㉯ 바닥판공법 - W식 거푸집
㉰ 벽체전용 시스템거푸집 - 갱폼(Gang Form)
㉱ 벽체+바닥전용 시스템거푸집 - 플라잉폼(Flying Form)

72. 다음 거푸집 중 사일로(Silo) 시공에 가장 적합한 것은?

㉮ 활동거푸집(Sliding Form)
㉯ 갱거푸집(Gang Form)
㉰ 유로거푸집(Euro Form)
㉱ 와플거푸집(Waffle Form)

73. 거푸집공사에서 슬라이딩폼(Sliding Form)의 특징에 대한 설명 중 가장 부적당한 것은?

㉮ 공기를 단축할 수 있다.
㉯ 거푸집 재료 및 설치비가 절약된다.
㉰ 구조물 형태에 따라 사용에 제약을 받는다.
㉱ 시공이음이 발생하므로 수밀성, 차폐성이 낮다.

74. 슬라이딩폼(Sliding Form)의 특징에 관한 설명으로 옳지 않은 것은?

㉮ 공기를 단축할 수 있다.
㉯ 내·외부 비계발판이 일체형이다.
㉰ 콘크리트의 일체성을 확보하기 어렵다.
㉱ 사일로(Silo)공사에 많이 이용된다.

75. 거푸집공사에서 슬라이딩폼(Sliding Form)에 관한 기술 중 틀린 것은?

㉮ 공사기한을 단축할 수 있다.
㉯ 연속적으로 콘크리트를 부어넣으므로 콘크리트의 일체성이 확보된다.
㉰ 사일로(Silo) 등의 공사에는 부적당하다.
㉱ 내외부의 비계가 불필요하다.

71. ㉱

터널폼은 한 구획 전체의 벽판과 바닥면을 ㄱ자형, ㄷ자형의 기성재 거푸집으로 아파트 공사에 주로 사용되는 시스템거푸집으로 벽체+바닥전용거푸집이다.

72. ㉮

슬라이딩폼은 콘크리트를 부어넣으면서 요크를 이용하여 거푸집을 수직방향으로 이동시켜 연속작업을 할 수 있게 된 거푸집으로 사일로, 굴뚝 등에 적합하다.

73. ㉱

슬라이딩폼은 수직적으로 반복된 구조물을 시공이음이 없이 균일한 형상으로 시공하기 위하여 거푸집을 연속적으로 이동시키면서 콘크리트를 타설하여 구조물을 시공하는 거푸집공법이다.

74. ㉰

슬라이딩폼은 콘크리트 구조물의 일체성을 확보할 수 있다.

75. ㉰

슬라이딩폼은 콘크리트를 부어넣으면서 요크를 이용하여 거푸집을 수직방향으로 이동시켜 연속작업을 할 수 있게 된 거푸집으로 사일로, 굴뚝 등에 적합하다.

76. 슬라이딩폼(Sliding Form)에 관한 다음 기술 중 부적당한 것은?

㉮ 이동식 거푸집(Travelling Form)이라고도 하며 돌출물이 있는 벽체 기둥 시공에는 이용할 수 없고 보통 사일로(Silo)축조에 이용된다.

㉯ 거푸집은 1단(높이 1.2 m 정도)만 가지고도 되므로 거푸집 재료와 거푸집조립, 제거에 소요되는 노력이 절약된다.

㉰ 내외의 비계발판을 따로 가설할 필요가 없다.

㉱ 거푸집의 끌어올리기와 콘크리트의 붓기 속도는 1일(주야작업 시) 약 3~5 m이다.

76. ㉮

① 슬라이딩폼은 콘크리트를 부어넣으면서 요크를 이용하여 거푸집을 수직방향으로 이동시켜 연속작업을 할 수 있게 된 거푸집으로 돌출물이 없는 사일로, 굴뚝 공사에 적당하다.

② 트래블링폼은 수평방향으로 연속작업이 가능한 거푸집이다.

77. 슬라이딩폼(Sliding Form)에서 거푸집을 일정한 속도로 계속 끌어올리는 장치 명칭은?

㉮ 요크(Yoke)

㉯ 메탈(Metal)

㉰ 유로(Euro)

㉱ 와플(Waffle)

77. ㉮

슬라이딩폼에서 거푸집을 일정한 속도로 끌어올리는 장비는 요크이다.

78. 철근콘크리트공사의 거푸집공법으로 수평부재를 만들기에 가장 부적당한 것은 다음 중 어느 것인가?

㉮ 와플폼(Waffle Form)

㉯ 터널폼(Tunnel Form)

㉰ 슬립폼(Slip Form)

㉱ 유로폼(Euro Form)

78. ㉰

슬립폼은 슬라이딩폼과 더불어 거푸집의 연속공법(활동공법)으로 수직이동하여 수직부재를 만들기 위한 거푸집이다.

79. 거푸집공사에서 사용되는 트래블링폼(Travcling Form)에 대한 설명으로 옳지 않은 것은?

㉮ 거푸집을 이동시키면서 콘크리트를 연속적으로 타설한다.

㉯ 공기단축이 가능하며 시공정밀도가 우수하다.

㉰ 수평적으로 연속된 구조물에 적용한다.

㉱ 초기 투자비가 적게 들어 경제적이다.

79. ㉱

터널폼은 시스템거푸집의 일종으로 초기 투자비가 많이 든다.

80. 무지보공 거푸집에 관한 설명으로 옳지 않은 것은?

㉮ 하부공간을 넓게 하여 작업 공간으로 활용할 수 있다.
㉯ 슬래브(Slab) 동바리의 감소 또는 생략이 가능하다.
㉰ 트러스 형태의 빔(Beam)을 보 거푸집 또는 벽체 거푸집에 걸쳐 놓고 바닥판 거푸집을 시공한다.
㉱ 층고가 높을 경우 적용이 불리하다.

80. ㉱

무지주공법(수평지지보)은 받침기둥(지주) 없이 보를 걸어서 거푸집널을 지지하는 공법이다. 일반적으로 층고가 높은 슬래브 거푸집의 하부에 적용한다.

81. 다음 거푸집공사의 용어에서 잘못 기술된 것은?

㉮ 파이프서포트(Pipe Support) : 높이 조절이 간단하다.
㉯ 슬라이딩폼(Sliding Form) : 사일로(Silo), 굴뚝 등의 콘크리트 공사에 적당하다.
㉰ 메탈폼(Metal Form) : 콘크리트 표면이 정확하고 평활하다.
㉱ 보우빔(Bow Beam) : 서포트가 필요하다.

81. ㉱

보우빔은 신축이 불가능한 무지주공법의 수평지지보이다.

82. 페코빔(Pecco Beam)에 관한 기술 중 틀린 것은?

㉮ 받침기둥을 사용하여 보를 걸어서 거푸집널을 지지한다.
㉯ 신축식 강재 지지보로써 길이 6.4 m까지 시공이 가능하다.
㉰ 수평 지지보의 일종이며 사용 횟수는 100회 이상이다.
㉱ 최대 허용모멘트는 1.5 t · m이다.

82. ㉮

① 페코빔은 무지주공법(수평지지보)의 하나이며 신축이 가능한 무지주공법의 수평지지보이다.
② 무지주공법(수평지지보)은 받침기둥(지주) 없이 보를 걸어서 거푸집널을 지지하는 공법이다.

83. 무량판구조 또는 평판구조에서 특수 상자모양의 기성재 거푸집을 무엇이라 하는가?

㉮ 클라이밍폼(Climbing Form)
㉯ 와플폼(Waffle Form)
㉰ 트래블링폼(Traveling Form)
㉱ 유로폼(Euro Form)

83. ㉯

와플폼은 무량판구조 또는 평판구조에서 2방향 장선 바닥판 구조가 가능하도록 특수 상자모양으로 된 기성재 거푸집이다.

84. 거푸집에 관한 설명으로 틀린 것은?

㉮ 터널거푸집(Tunnel Form)은 구획 전체의 벽판과 바닥면을 ㄱ자형, ㄷ자형으로 견고하게 짠 것으로 이동설치가 용이하다.
㉯ 와플거푸집(Waffle Form)은 옹벽, 피어 등의 특수 거푸집으로 고안된 것이다.
㉰ 메탈폼(Metal Form)은 철판, 앵글 등을 써서 제작 된 철제 거푸집이다.
㉱ 슬라이딩폼(Sliding Form)은 돌출부가 없는 사일로(Silo) 등에 사용되며, 공기는 약 1/3정도 단축 가능하다.

84. ㉯

85. 거푸집에 관한 설명으로 틀린 것은?

㉮ 터널거푸집(Tunnel Form)은 한 구획 전체의 벽과 바닥면을 ㄱ자형, ㄷ자형으로 견고하게 짜고 이동설치가 용이하다.

㉯ 와플거푸집(Waffle Form)은 바닥전용 거푸집으로 테이블폼이라고도 한다.

㉰ 클라이밍폼(Climbing Form)은 벽체 전용 거푸집으로써 거푸집과 벽체 마감공사를 위한 비계틀을 일체로 조립한 거푸집이다.

㉱ 슬라이딩폼(Sliding Form)은 돌출부가 없는 사일로 등에 사용되며 공기단축이 가능하다.

86. 무량판 슬래브 시스템공법에 관한 기술 중 부적당한 것은 어느 것인가?

㉮ 플랫 슬래브는 지판(Drop Panel)을 갖고 있는 구조이다.

㉯ 플랫 슬래브는 지판 및 주두를 갖고 있는 않는 구조이다.

㉰ 무량판 슬래브는 층고의 단축을 위하여 사용한다.

㉱ 무량판 슬래브는 펀칭 전단보다는 휨을 고려한 구조이다.

87. 거푸집공사에 관한 설명으로 적합하지 않은 것은 다음 중 어느 것인가?

㉮ 거푸집은 콘크리트의 시공하중, 측압 그리고 부어 넣을 때의 진동, 충격 등에 견디도록 설계한다.

㉯ 갱폼이나 터널폼(Tunnel Form) 등의 계획에는 작업의 연속성과 이동성이 고려되어야 한다.

㉰ 거푸집 설계용 콘크리트 측압은 타설 속도(m/h)와 부위에 따라 다르게 한다.

㉱ 반두께 슬래브(Half Slab)를 이용하는 경우에는 가급적 별도의 슬래브 거푸집을 사용하는 것이 바람직하다.

85. ㉯

① 와플폼은 무량판구조 또는 평판구조에서 2방향 장선 바닥판 구조가 가능하도록 특수 상자모양으로 된 기성재 거푸집이다.

② 플라잉폼은 바닥전용시스템거푸집이라고도 하며, 바닥에 콘크리트를 타설하기 위한 거푸집으로써 거푸집널, 장신, 멍에, 서포트 등을 일체로 제작하여 부재화 한 거푸집공법이다.

86. ㉯

플랫 슬래브의 구성은 슬래브, 지판, 주두, 기둥으로 이루어져 있다.

87. ㉱

Half PC 슬래브는 콘크리트 구조물의 일부분을 미리 프리캐스트콘크리트(PC)로 제작하여 거푸집 대용으로 사용하고, 여기에 현장타설콘크리트를 합성하여 구조물을 만드는 방식이다. 따라서 별도의 슬래브 거푸집을 사용하지 않는다.

제15장 콘크리트의 재료

1 시멘트

1. 개요

1) 정의 및 역할

① 시멘트(Cement)는 물과 혼합하면 시간이 지남에 따라 굳어지는 결합재(접착제)이다,

② 콘크리트에서 재료를 결합시켜 경화시키는 역할을 한다.

2) 제조 과정

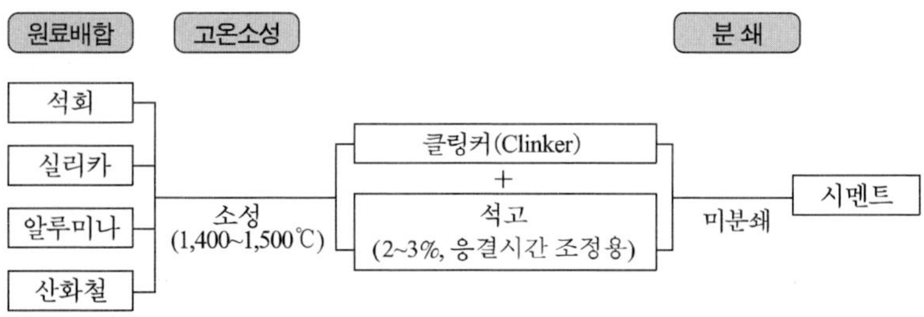

시멘트의 제조과정

주1 시멘트의 제조 과정에서 원료배합 후 고온소성 하여 만들어진 클링커에 석고를 2~3 % 넣어 응결 시간 조정용으로 사용한다.

3) 시멘트의 주요 화학성분과 구성

CaO (산화칼슘, 석회)	SiO_2 (이산화규소, 실리카)	Al_2O_3 (산화알루미늄, 알루미나)	Fe_2O_3 (산화제이철)	MgO (산화마그네슘)	SO_3 (삼산화황)
60~66 %	20~26 %	4~9 %	2~4 %	1~3 %	1~2.8 %

주1 시멘트의 3대 주성분은 석회(CaO), 실리카(SiO_2), 알루미나(Al_2O_3)이다.

4) 시멘트의 주요 화합물[79]

구 분		규산3석회	규산2석회	알루민산3석회	알루민산철4석회
분자식		$3CaO \cdot SiO_2$	$2CaO \cdot SiO_2$	$3CaO \cdot Al_2O_3$	$4CaO \cdot Al_2O_3 \cdot FeO_4$
화학식 약호		C_3S	C_2S	C_3A	C_4AF
특징	수화 반응속도	빠름	느림	아주 빠름	비교적 빠름
특징	강도	28일 이내의 단기강도 지배	28일 이후의 장기강도 지배	1일 이내의 단기강도 지배	강도에 거의 무관
	수화열	높음	낮음	아주 높음	낮음
	건조수축	중간	중간	크다	적다

주1 화학식 약호(기호)표시 : $C=CaO$, $S=SiO_2$, $A=Al_2O_3$, $F=Fe_2O_3$

주2 시멘트 광물질의 조성 중에서 반열량이 높고 응결시간이 가장 빠른 것은 알루민산3석회이다.

2. 시멘트의 종류

구 분	종 류		한국산업규격(KS)
포틀랜드시멘트	보통포틀랜드시멘트	1종	KS L 5201
	중용열포틀랜드시멘트	2종	
	조강포틀랜드시멘트	3종	
	저열포틀랜드시멘트	4종	
	내황산염포틀랜드시멘트	5종	
혼합시멘트	고로슬래그시멘트		KS L 5210
	플라이애시시멘트		KS L 5211
	포틀랜드포졸란시멘트(포졸란시멘트, 실리카시멘트)		KS L 5401
특수시멘트	백색포틀랜드시멘트		KS L 5204
	내화물용 알루미나시멘트		KS L 5205
	박리 팽창 질석을 사용한 단열시멘트		KS L 5216
	팽창성 수경시멘트		KS L 5217
	메이슨리시멘트		KS L 5219
기타 시멘트	초속경시멘트, 초조강시멘트, 유정시멘트, 컬러시멘트, 콜로이드시멘트 등		

79) 정상진 외 8인, 건축재료학, 기문당, 2004, p.40.

3. 포틀랜드시멘트 [80)]

1) 보통포틀랜드시멘트(1종)

① 보통포틀랜드시멘트(1종)는 석회석과 점토를 이용해 만든 것으로 조강포틀랜드시멘트와 중용열포틀랜드시멘트의 중간적 성질을 가지며, 시멘트 생산량의 약 80 % 이상을 차지하고 있다.

② 비중 : 3.05~3.15

③ 단위 용적질량 : 1,500 kg/m^3

④ 분말도 : 비표면적(Blaine) 2,800 cm^2/g

⑤ 안정도 : 오토클레이브 팽창도 0.8 % 이하

⑥ 응결시간 : 길모어 시험, 초결은 1시간 이상이며, 종결은 10시간 이하

⑦ 압축강도 : 28일 압축강도 42.5 MPa 이상

2) 중용열포틀랜드시멘트(2종)

① 중용열포틀랜드시멘트(2종)는 수화열을 적게 하기 위해 보통포틀랜드시멘트보다 규산3석회(C_3S)와 알루민산3석회(C_3A)의 양을 적게 하고 장기강도를 내기 위해 규산2석회(C_2S)의 양을 많게 하여 만든 시멘트이다.

② 건조수축이 작아 균열방지 기능이 있고, 장기강도를 증진시킨 시멘트이다.

③ 방사선차폐용콘크리트(중량콘크리트)와 매스콘크리트 등에 사용된다.

3) 조강포틀랜드시멘트(3종)

① 조강포틀랜드시멘트(3종)는 보통포틀랜드시멘트와 제법은 동일하나 원료의 정선과 조합을 엄밀히 하고 소성 및 분쇄 등을 관리하여 제조한 것으로 수화속도가 빨라 조기강도가 높은 시멘트이다.

② 화합물 중 규산2석회(C_2S)의 양을 적게 하여 만든 시멘트이다.

③ 조기강도가 발현된다(재령 7일에 보통포틀랜드시멘트의 28일 강도가 발현된다).

④ 긴급공사, 한중공사, 수중공사에 적합하다.

⑤ 보통포틀랜드시멘트 5개 중에서 시멘트분말의 비표면적(Blaine)이 3,300 cm^2/g 이상으로 가장 크다.

80) KS F 5201, 포틀랜드시멘트, 산업표준심의회, 2016.

4) 저열포틀랜드시멘트(4종)

① 저열포틀랜드시멘트(4종)는 수화열을 적게 하기 위해 보통포틀랜드시멘트보다 규산3석회(C_3S)와 알루민산3석회(C_3A)의 양을 아주 적게 한 시멘트이다.

② 수화열이 적고 온도균열의 제어가 탁월하며 건조수축이 적어 매스콘크리트 등에 적합하다.

5) 내황산염포틀랜드시멘트(5종)

내황산염포틀랜드시멘트(5종)는 황산염의 화학적 침식에 대한 저항성을 크게 하기 위해 알루민산3석회(C_3A)의 양을 적게 한 시멘트로 화학적으로 매우 안정된 시멘트이다.

4. 혼합시멘트

1) 고로슬래그시멘트

① 고로슬래그시멘트는 보통포틀랜드시멘트의 클링커와 고로슬래그+석고를 혼합, 분쇄하여 제조한다.

② 해수, 지하수 등에 대한 내수성이 좋은 시멘트이다.

③ 조기강도 감소하고 장기강도 증대하므로 겨울철에는 양생에 주의한다.

④ 고로슬래그는 일반적으로 건조수축이 크므로 충분히 양생한다.

주1 고로슬래그는 용광로에서 선철을 제조하면서 발생되는 용융슬래그를 물에 급랭시켜 미분말화한 시멘트 혼화재이다.

2) 플라이애시시멘트

① 플라이애시시멘트는 보통포틀랜드시멘트의 클링커와 플라이애시+석고를 혼합, 분쇄하여 제조한다.

② 플라이애시시멘트는 포졸란시멘트와 성질이 비슷하나 장기강도가 더 크다.

③ 댐 등의 대규모 건설공사에 사용된다.

주1 플라이애시는 미분탄을 사용하는 화력발전소의 연소배기 가스 중에 포함된 미세한 석탄재를 집진기로 포집한 시멘트 혼화재이다.

3) 포틀랜드포졸란시멘트

① 포틀랜드포졸란시멘트는 보통포틀랜드시멘트의 클링커와 플라이애시+포졸란+석고를 혼합, 분쇄하여 제조한다.

② 실리카시멘트(Silica Cement) 또는 포졸란시멘트라고도 한다.

③ 특징은 플라이애시시멘트와 유사하다.

5. 특수시멘트

1) 백색포틀랜드시멘트

① 백색포틀랜드시멘트는 순백색의 시멘트로 원료인 점토에서 산화철을 제거하거나 백색점토를 사용하여 만들며 성질은 보통포틀랜드시멘트와 비슷하다.

② 백색포틀랜드시멘트의 색깔을 나타내는 원인이 되는 알루민산철4석회(C_4AF)를 적게 한 것이다.

2) 내화물용 알루미나시멘트

① 알루미나시멘트는 석회석, 보크사이트(알루미나 원광)를 혼합한 시멘트이다. 간단히 알루미나시멘트라고도 한다.

② 비중이 보통포틀랜드시멘트보다 가벼우며, 석고를 가하지 않는다.

③ 초조강성(超早强性)이다. 재령 1일의 보통포틀랜드시멘트의 28일 강도를 발현한다. One Day Cement라고도 한다.

④ 화학적 저항성, 내화성이 우수하고 발열량이 크므로 한중콘크리트공사, 동절기 공사, 해안공사, 긴급공사에 적합하다.

6. 시멘트의 분말도와 응결

1) 분말도

① 분말도는 1 g의 시멘트가 가지는 비표면적(cm^2)의 브레인값으로 표시한다.

② 콘크리트의 워커빌리티, 공기량, 수밀성, 내구성에 영향을 준다.

2) 응결

(1) 개요

응결(Setting)은 표준묽기(표면주도)의 시멘트풀이 온도 20±1 ℃, 상대습도 90 % 이상으로 유지하면서 유동적인 상태에서 형체를 유지할 수 있도록 엉기는 것이다. [81)]

(2) 응결속도

① 분말도가 크면 빠르다.

② 석고량이 적을수록 빠르다.

③ 온도가 높을수록 빠르다.

81) KS L ISO 9597, 시멘트의 응결 및 안정성 시험방법, 산업표준심의회, 2019.

④ 습도가 낮을수록 빠르다.

⑤ 물결합재비(물시멘트비)가 낮을수록 빠르다.

⑥ 시멘트가 풍화되면 늦어진다.

⑦ 알루민산3석회($C_3A=3CaO \cdot Al_2O_3$) 성분이 많을수록 빠르다.

(3) 헛응결

헛응결은 가수 후 10~20분에 퍽 굳어지고 다시 묽어지며 이후 순조로운 경과로 굳어가는 현상으로 이중응결이라고도 한다.

7. 클링커의 품질 분석

1) 석회포화도

석회포화도의 실용 범위는 0.93~0.95이다.

2) 수경율

수경율은 포틀랜드시멘트의 원료 조합을 결정함에 있어서 그 주성분인 규산(SiO_2), 알루미나(Al_2O_3), 산화철(Fe_2O_3), 석회(CaO)의 양적 관계를 규제할 목적으로 사용한다.

$$HM = \frac{CaO - 0.7SO_3}{SiO_2 + Al_2O_3 + Fe_2O_3}$$

2 골재

1. 골재의 종류

1) 입자크기에 따른 분류 [82)]

(1) 잔골재

잔골재는 10 mm 체를 전부 통과하고 5 mm 체를 거의 다 통과하며 0.08 mm 체에 모두 남는 골재로써 세골재라고도 한다.

(2) 굵은골재

① 굵은골재는 5 mm체에 다 남는 골재로써 조골재라고도 한다.

82) KCS 14 20 10 일반콘크리트 (1.3), 국토교통부, 한국콘크리트학회, 2021.

② 굵은골재의 최대 치수는 질량으로 90 % 이상이 통과한 체 중 최소의 체 치수로 나타낸 굵은골재의 치수이다.

2) 발생원에 따른 분류 [83)]

(1) 천연골재

① 천연골재는 하천, 산림, 공유수면이나 그 밖의 지상, 지하 등에 부존하는 자연 상태의 모래 또는 자갈을 파쇄 없이 입도 선별 및 세척 등을 통해 생산하는 골재이다. 자연골재라고도 한다.

② 암석으로부터 자연작용에 의해 생긴 골재로 강모래, 강자갈, 산모래, 산자갈, 바닷모래, 바닷자갈 등이 있다.

② 종류로는 굵은골재와 잔골재가 있다.

(2) 부순골재

① 부순골재는 천연 상태의 암석 또는 공사현장 등에서 발생하는 암석, 모래, 자갈을 파쇄, 입도 선별 및 세척 등을 통해 생산하는 골재이다.

② 인공적으로 암석을 부수어 만든 골재로 깬모래, 깬자갈 등이 있다.

③ 종류로는 굵은골재와 잔골재가 있다.

(3) 순환골재

순환골재는 기존 콘크리트 구조물의 철거로 인해 발생되는 폐콘크리트 등과 같이 이미 경화된 콘크리트를 파쇄하여 가공한 골재이다.

(4) 구조용 경량골재

① 천연경량골재

천연경량골재는 경석, 화산암, 응회암과 같은 천연재료를 가공한 골재이다. 천연경량잔골재와 천연경량굵은골재로 구분한다.

② 인공경량골재

인공경량골재는 고로슬래그, 점토, 규조토암, 석탄회, 점판암과 같은 것을 팽창, 소성, 소괴하여 생산되는 골재이다. 인공경량잔골재와 인공경량굵은골재로 구분한다.

③ 바텀애시경량골재

바텀애시경량골재는 화력발선전소에서 발생되는 바텀애시를 가공한 골재이다. 잔골재의 형태이다.

---

83) KS F 2527, 콘크리트용 골재, 산업표준심의회, 2020.

(5) 혼합골재

혼합골재는 천연골재와 부순골재와 같이 발생원이 다른 종류의 골재를 혼합하여 제조한 골재 또는 발생원이 같고 품질이 다른 골재를 혼합하여 제조한 골재이다.

3) 비중에 따른 분류

(1) 경량골재

경량골재는 절건비중 2.0 이하의 골재로써 콘크리트의 중량 경감 및 단열을 목적으로 한 골재이다.

(2) 보통골재

보통골재는 절건비중 2.5~2.65 정도의 자연골재 또는 인공골재이다.

(3) 중량골재

중량골재는 절건비중 2.7 이상의 골재로써 방사선차폐를 목적으로 한 골재이다.

4) 기타 골재

(1) 강모래, 강자갈

강모래, 강자갈은 모양과 입도가 적당하고 강도가 커서 콘크리트용 골재로 가장 알맞다.

주1 골재의 입도는 골재 대·소립의 분포 상태이다.

(2) 바다모래, 바다자갈

① 바다모래, 바다자갈은 비중, 흡수율, 입형은 적당하나 조립률이 적어 입도가 문제될 수 있다.

② 염화물이 함유되어 철근을 부식시킬 수 있으므로 물 씻기를 충분히 하여 염분을 제거한 후 사용한다.

③ 바다모래, 바다자갈의 염분을 충분히 제거하지 않을 경우, 철근의 부식, 콘크리트의 강도 저하와 체적팽창에 의한 균열 그리고 건조수축의 증가 등의 내구성 저하의 원인이 된다.

(3) 깬자갈

① 깬자갈은 호박돌이나 암석을 파쇄기로 파쇄하여 체로 쳐서 분류한 골재이다. 부순자갈 또는 쇄석이라고도 한다.

② 강자갈에 비해 동일한 워커빌리티의 보통콘크리트보다 단위 수량이 10 % 정도 많이 요구된다.

③ 시멘트풀과의 부착이 좋기 때문에 자갈을 사용한 콘크리트와 동등한 강도 이상을 낸다.

④ 수밀성, 내구성 등은 강도와 달리 오히려 약간 저하한다.

⑤ 부순 굵은골재(굵은 쇄석)의 실적률은 최소 55 % 이상이다.

2. 보통골재의 품질기준 84)

골재구분	절대건조밀도 (g/cm³)	흡수율 (%)	안정성 (%)	점토 덩어리 (%)	0.08 mm 체 통과량 (%)	유기불순물	염화물 (NaCl) (%)
굵은골재	2.5 이상	3.0 이하	12 이하	0.25 이하	1.0 이하	-	-
잔골재	2.5 이상	3.0 이하	10 이하	1.00 이하	3.0 이하, 0.5 이하	표준색 이하	0.04 이하

주1 잔골재의 염화물(NaCl)을 염화물이온량(Cl^-)으로 환산하면 0.02 %가 된다.

3. 골재의 상태 및 수량

1) 골재의 상태

(1) 절대건조상태

절대건조상태는 골재를 건조기에서 100~110 ℃로 24시간 이상 일정한 질량이 될 때까지 건조 하여 골재 입자의 내부 공극에 포함되어 있는 자유수가 완전히 제거된 상태로써 절건상태, 노건조상태라고도 한다.

(2) 기건상태

기건상태는 골재 내부 공극에 약간의 수분이 있는 대기 중의 건조상태이다.

(3) 표면건조포화상태

표면건조포화상태는 골재 표면은 건조하고 내부의 공극에는 물로 가득 차 있는 골재의 상태로써 보통골재에서는 습윤상태의 표면수를 제거한 것이다.

(4) 습윤상태

습윤상태는 골재의 내부의 공극에 물로 가득 차 있고 표면에도 물이 부착되어 있는 골재의 상태이다.

84) KS F 2527, 콘크리트용 골재, 산업표준심의회, 2020.

2) 골재의 수량

수 량	내 용
함수량	① 함수량은 습윤상태의 골재가 함유하는 전 수량이다. ② 골재 입자 내부의 공극에 함유되어 있는 물과 표면수의 합이다. ③ 함수율은 함수량을 절대건조상태의 골재 질량으로 나눈 질량백분율이다.
흡수량	① 흡수량은 표면건조포화상태의 골재에 함유되어 있는 전체 수량이다. ② 흡수율은 흡수량을 절대건조상태의 골재 질량으로 나눈 질량백분율이다.
표면수량	① 표면수량은 함수량과 흡수량의 차이이다. ② 습윤상태의 수량과 표면건조포화상태의 수량의 차이이다.
유효흡수량	① 유효흡수량은 흡수량과 기건상태일 때 함유한 골재내의 수량과의 차이이다. ② 기건상태의 골재가 표면건조포화상태가 될 때까지 흡수하는 수량이다. ③ 유효흡수율은 유효흡수량을 절대건조상태의 골재 질량으로 나눈 질량백분율이다.

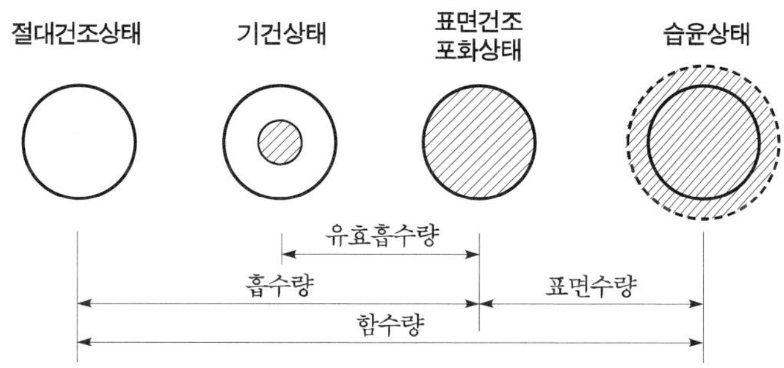

4. 유해불순물의 종류와 함유량 한도

구 분	영 향	한도값 (질량백분율)
염화물 (염분)	철근의 부식	① 염화물이온(Cl^-)량 : 0.02 % 이하 ② 염화나트륨(NaCl) : 0.04 % 이하
당분	응결지연	0.2 % 이하
유기불순물	강도저하	표준색보다 진하지 않는 것 (혼탁비색법으로 판단)
점토 (진흙)	균열발생	① 굵은골재 : 0.25 % 이하 ② 잔골재 : 1.0 % 이하
씻기시험(세조시험)에 의하여 손실되는 양(%)	–	① 굵은골재 : 1.0 % 이하 ② 잔골재 : 3.0 % 이하

5. 실적률과 공극률

1) 실적률

(1) 개요

① 실적률은 골재의 단위 용적 중 실적 부분의 비율을 백분율로 나타낸 것이다.

② 실적률 $= \dfrac{\text{단위 용적 질량}}{\text{골재의 절건밀도}} \times 100\ (\%)$

③ 실적률+공극률=1.0 (100 %)

④ 골재의 실적률은 입도, 입형이 좋고 나쁨을 알 수 있는 지표가 된다.

⑤ 실적률의 범위는 잔골재 55~70 %, 굵은골재 60~65 %, 쇄석 55~65 %이다.

(2) 실적률이 클 경우

① 골재의 모양이 좋다.

② 입도 분포가 적당하다.

③ 시멘트풀이 감소한다.

④ 단위 수량이 감소한다.

⑤ 건조수축이 감소한다.

⑥ 수화발열량이 감소한다.

⑦ 콘크리트의 밀도, 수밀성이 증대한다.

⑧ 콘크리트의 균열발생이 감소한다.

⑨ 콘크리트의 내마모성, 내구성이 증대한다.

⑩ 투수성, 흡수성이 감소한다.

⑪ 단위 수량 감소로 슬럼프값은 감소한다.

2) 공극률

① 공극률은 골재의 단위 용적 중 공극의 비율을 백분율로 나타낸 것이다.

② 입도 분포가 적당할 경우 실적률이 커지고 공극률이 감소한다.

6. 입도

1) 개요

① 입도는 골재의 크고 작은 입자의 혼입 정도이다.

② 골재의 입도시험은 체가름시험(KS F 2502)으로 한다.

2) 체가름시험

체가름시험은 골재의 입도, 조립률 및 최대 치수를 산정하여 골재가 콘크리트공사용으로 적당한가의 여부를 판단하기 위한 시험이다.

3) 조립률

① 골재의 조립률은 골재의 입도를 수량적으로 나타낸 것으로 체가름시험에 의해 구한다.
② 골재의 조립률은 75, 40, 20, 10, 5, 2.5, 1.2, 0.6, 0.3, 0.15 mm 등 10개의 체를 1조로 하여 체가름시험을 하였을 때, 각 체에 남는 누계량의 전체 시료에 대한 질량 백분율의 합을 100으로 나눈 값이다.

7. 골재의 기타 시험

1) 혼탁비색법

혼탁비색법은 콘크리트용 잔골재에 포함되어 있는 유기불순물 시험방법이다.

2) 로스앤젤레스시험

로스앤젤레스시험은 굵은골재의 마모저항시험이다.

3 혼합수

① 혼합수(비빔용수)는 기름, 산, 유기불순물, 혼탁물 등 콘크리트나 강재의 품질에 나쁜 영향을 미치는 유해량 이상 함유하지 않아야 한다.
② 무근콘크리트에서는 해수를 사용할 수 있으나, 철근콘크리트에서는 해수를 사용하지 않는다.
③ 시멘트가 안전히 수화하는데 필요한 물이 양은 시멘트 질량의 40 % 이하이고, 시멘트풀 속의 물이 유동성을 갖기 위해 사용되는 수량은 시멘트 질량이 45~60 % 정도이다.
④ 시멘트의 수화를 위하여 필요로 하는 최소의 물결합재비(물시멘트비)는 45~60 % 정도이다.

4 혼화재료

1. 사용목적

혼화재료는 아직 굳지 않은 콘크리트 및 경화 콘크리트에 소요 품질을 부여하고 콘크리트를 경제적으로 만들기 위한 목적으로 반죽 혼합 전 또는 반죽 혼합 중에 가해지는 시멘트, 물, 잔골재 및 굵은골재 이외의 재료이다. 혼화제와 혼화재로 분류된다.

2. 분류

1) 혼화제

(1) 개요

① 혼화제는 혼화재료 중 사용량이 약품적으로 소량 사용되어 그 자체의 부피가 콘크리트 등의 비비기 용적에 무시되는 재료이다.

② 시멘트 질량의 1 % 정도 이하로 배합계산에서 그 자체의 용적을 무시한다.

(2) 종류

① 공기연행제(AE제) ② 감수제, AE감수제 ③ 고성능 AE감수제
④ 유동화제 ⑤ 응결경화 조정제 ⑥ 기포제(발포제)
⑦ 방청제 ⑧ 방수제 ⑨ 방동제(내한제)

2) 혼화재

(1) 개요

① 혼화재는 혼화재료 중 사용량이 비교적 많이 사용되어 그 자체의 부피가 콘크리트 등의 비비기 용적에 계산되는 재료이다.

② 시멘트 질량의 5 % 정도 이상으로 배합계산에서 그 자체의 용적을 고려한다.

(2) 종류

① 포졸란 ② 플라이애시 ③ 고로슬래그
④ 규산백토 ⑤ 팽창혼화재 ⑥ 착색재
⑦ 실리카흄

3. 각종 혼화제

1) 공기연행제

(1) 정의

공기연행제는 표면활성작용에 의해 콘크리트 중의 미세한 기포를 발생시키거나 시멘트 입자를 분산시키는 혼화제이다. 표면활성제, AE제 또는 분산제라 한다. 최적 공기량은 4~6 %이고, 공기량이 6 %를 초과하면 콘크리트의 압축강도는 급격히 저하한다.

(2) AE제의 사용목적(AE콘크리트의 특징)

① 워커빌리티 개선
② 동결융해 저항성 증대
③ 내구성, 수밀성 증대
④ 알칼리골재반응 감소
⑤ 단위 수량 감소
⑥ 재료분리 감소(블리딩 현상 감소)
⑦ 발열량 감소
⑧ 건조수축 감소

(3) 종류

종 류	내 용
AE제	① AE제는 공기연행제로 콘크리트 속에 미세한 기포를 고르게 분포시킨다. ② 콘크리트 중에 많은 독립된 미세기포를 발생시켜 가는 잔골재 주위에서 볼베어링 역할을 하는 혼화제이다.
감수제 (분산제)	① 감수제는 콘크리트공사에서 단위 수량을 증가시키지 않고 워커빌리티를 좋게 하거나, 워커빌리티를 변화시키지 않고 단위 수량과 단위 시멘트량을 감소하기 위해 사용한다. ② 계면활성작용으로 시멘트 입자를 분산시켜 유동성을 증가시키는 역할을 한다.
AE감수제	AE감수제는 AE제와 감수제의 성질을 겸한 것이다.

주1 볼베어링(Ball Bearing)은 볼베어링은 모터 등에서 모터축 주면에 볼베어링이 들어있는 것으로 회전하고 있는 기계의 축(軸)을 일정한 위치에 고정시키고 축의 자중과 축에 걸리는 하중을 지지하면서 축을 회전시키는 역할 및 회전할 때 마찰을 줄여주는 역할을 한다. 굳지 않은 콘크리트에서 볼베어링 역할은 콘크리트 내의 공기포가 마찰을 줄여 내부 온도상승을 억제하고 콘크리트의 혼합이 잘 되게 하여 워커빌리티를 개선하게 된다.

2) 고성능 AE감수제

(1) 개요

① 고성능 AE감수제는 공기연행 성능을 가지며, AE감수제보다 더욱 높은 감수 성능 및 양호한 슬럼프 유지 성능을 가지는 혼화제이다.
② 콘크리트 및 모르타르의 작업개선과 고강도 실현을 위하여 사용한다.

③ 고성능 AE감수제는 감수제에 비해 현저한 감수성, 저공기연행성 및 저응결지연성 등의 특징이 있다.

④ 시멘트의 수화에 필요한 이론수량에 가까운 낮은 물결합재비(물시멘트비)에서도 워커빌리티가 양호한 고성능 콘크리트를 쉽게 만들 수 있다.

⑤ 감수제의 주성분으로는 나프탈렌계, 멜라민계, 폴리카르본산계, 리그닌계 등이 있다.

(2) 사용목적

목 적	내 용
강도 증진	물의 사용량을 20~30 % 이상 줄일 수 있어 고강도콘크리트를 쉽게 만들 수 있다.
작업성 개선	시멘트 질량의 0.3~2.0 % 첨가로 유동성이 증가되어 가수로 인한 부실 콘크리트를 방지할 수 있다.
생산성 향상	고품질의 콘크리트 생산으로 불량률 저감 및 생산량 증가로 생산성을 향상시킬 수 있다.
기 타	실리카흄, 플라이애시 등과 같은 다양한 혼합재와 함께 여러 가지 제품에 응용할 수 있다.

3) 유동화제

① 유동화제는 고성능 감수제의 일종으로 물결합재비 등의 배합이나 경화된 콘크리트 품질의 변경 없이 유동성을 개선시키는 혼화제이다.

② 높은 분산성능을 갖고 있으며 다량으로 혼입해도 콘크리트의 이상 응결 지연, 경화불량, 과잉공기 등이 발생하지 않는다.

4) 응결촉진제

(1) 개요

응결촉진제는 시멘트와 물의 수화반응을 촉진시킨다.

(2) 종류

① 염화칼슘 ② 염화알루미늄 ③ 탄산칼륨 ④ 규산칼슘

주1 염화칼슘은 콘크리트 내부의 철근을 부식시킨다.

5) 응결지연제

(1) 개요

응결지연제는 시멘트와 물의 수화반응을 지연시킨다.

(2) 종류

① 글루코산 ② 구연산 ③ 옥시카본산

6) 발포제

(1) 개요

① 발포제는 시멘트와의 화학반응에 의해 특수 가스를 발생시켜 기포를 도입하는 것이다.
② 발포제를 이용한 대표적인 제품으로는 ALC(Autoclaved Lightweight Concrete)가 있다.
③ 발포제의 종류로는 알루미늄분말, 아연분말 등이 있다.

(2) 목적

① 충전성 개선	② 중량조절(경량화)
③ 단열성 증대	④ 그라우팅용

7) 기포제

기포제는 AE제를 사용하여 표면활성작용에 의해 콘크리트 중에 공기 거품을 도입하는 것이다.

8) 방수제

방수제는 고무, 지방질, 수지, 파라핀, 밀랍 등의 약제로써 종이, 헝겊, 가죽 등에 발라서 물이 스며들지 못하게 하는 것이다.

9) 방동제

① 방동제는 콘크리트 타설 후의 초기 동해를 방지할 목적으로 사용되는 것이다. 방한제, 내한제라고도 한다.
② 종류로는 염화칼슘, 염화마그네슘, 규산소다, 식염 등이 있다.

4. 각종 혼화재

1) 포졸란

(1) 정의

① 포졸란(Pozzolan)은 콘크리트의 강도, 해수 등에 대한 화학적 저항성, 수밀성 등의 성질 개선용 시멘트 혼화재로 포졸란반응을 일으키는 재료를 총칭한다.
② 규산질 또는 규산알루미나질로 그 자체로는 수경성이 없으나, 콘크리트 중의 물에 용해되어 있는 수산화칼슘과 상온에서 천천히 화학반응 하여 그 자체가 경화하거나 또는 경화성 화합물을 형성하는데 도움을 주는 물질이다.

(2) 특징

① 워커빌리티 개선
② 단위 수량 감소
③ 수화열 감소
④ 수밀성 증대
⑤ 화학적 저항성 증대(내구성 증대)
⑥ 블리딩 및 재료분리 감소
⑦ 조기강도 감소, 장기강도 증대

주1 건조수축은 수화열이 감소하면 줄어드는 것이 일반적이나 고로슬래그를 첨가했을 경우 수화열은 감소하고 건조수축은 증가한다. 따라서 포졸란의 일반적인 특징은 건조수축에 대한 항목이 없다.

(3) 재료

① 천연산 : 화산재, 규산백토, 규조토
② 인공산 : 플라이애시, 고로슬래그, 실리카흄, 소성점토, 혈암

(4) 포졸란반응

① 실리카질은 그 자체로써는 수경성이 없는 물질이나 상온에서 물과 수산화칼슘이 화합하여 불용성의 염을 형성하여 경화하는 반응이다.
② 포졸란반응이 있는 혼화재로는 플라이애시, 고로슬래그, 규산백토 등이 있다.

2) 플라이애시

(1) 정의

① 플라이애시(Fly Ash)는 미분탄을 사용하는 화력발전소의 연소배기 가스 중에 포함된 미세한 석탄재를 집진기로 포집한 시멘트 혼화재이다.
② 석탄(분말 석탄 포함)의 연소에 의해 산출되는 미세한 분말상의 잔재물 및 보일러의 연소 가스로부터 나온 미세한 회분이다.

(2) 특징

① 워커빌리티 개선
② 단위 수량 감소
③ 수화열 감소
④ 수밀성 증대
⑤ 화학적 저항성 증대(내구성 증대)
⑥ 블리딩 및 재료분리 감소
⑦ 조기강도 감소, 장기강도 증대
⑧ 건조수축 감소
⑨ 알칼리성 감소(알칼리골재반응 감소)

3) 고로슬래그

(1) 정의

① 고로슬래그는 선철을 제조하는 과정에서 발생되는 용융슬래그를 물에 급랭시켜 미분말화 한 시멘트 혼화재이다.

② 고로슬래그를 고로슬래그 미분말이라고도 하며, 종류로는 실리카, 알루미나, 석회 등의 화합물 등이 있다.

(2) 특징

① 수화열 감소
② 수밀성 증대
③ 화학적 저항성 증대(내구성 증대)
④ 블리딩 및 재료분리 감소
⑤ 조기강도 감소, 장기강도 증대
⑥ 건조수축 증대
⑦ 알칼리성 감소(알칼리골재반응 감소)

4) 실리카흄

① 실리카흄(Silica Fume)은 실리콘이나 페로실리콘 등의 규소 합금을 전기로에서 제조할 때 배출 가스에 섞여 부유하여 발생하는 초미립자 부산물로써 매우 미세한 포졸란계 혼화재이다. (KS F 2567 : 2019, 콘크리트용 실리카퓸)

② 수화열을 감소시킬 목적으로 사용하며, 경화 속도가 늦고 단기강도는 낮으나 장기강도를 증진시킨다.

③ 강도 증진과 매우 낮은 투수성으로 수밀성이 우수한 고강도콘크리트를 만들 때 사용되며, 경화 콘크리트의 건조수축은 보통포틀랜드시멘트를 사용한 콘크리트보다 크다.

주1 페로실리콘(Ferrosilicon)은 철강 제조 작업에 있어 가장 값이 싸고 유효한 탈산제, 조재제로, 규소의 첨가제로도 널리 사용된다. 페로실리콘은 철과 실리콘의 합금이며, 규소철이라고도 한다.

5) 팽창재

팽창재는 시멘트 및 물과 혼합했을 경우 수화반응에 의해 모르타르 또는 콘크리트를 팽창시키는 혼화재이다.

6) 착색재

① 빨강 : 제2산화철
② 노랑 : 크롬산바륨
③ 파랑 : 군청
④ 초록 : 산화크롬
⑤ 갈색 : 이산화망간
⑥ 검정 : 카본블랙

필수 연습문제

》》제15장 콘크리트 재료

1. 다음 중 시멘트의 주성분이 아닌 것은?

㉮ 실리카
㉯ 염화칼슘
㉰ 산화철
㉱ 석회

2. 시멘트를 제조할 때 클링커를 분쇄한 것에 석고를 넣는 이유로써 가장 적당한 것은?

㉮ 풍화를 방지한다.
㉯ 응결시간을 조절한다.
㉰ 비중을 조절한다.
㉱ 산화 및 균열을 방지한다.

3. 시멘트 광물질의 조성 중에서 발열량이 높고 응결시간이 가장 빠른 것은?

㉮ 알루민산3석회
㉯ 규산3석회
㉰ 규산2석회
㉱ 알루민산철4석회

4. 포틀랜드시멘트 화학성분 중 1일 이내 수화를 지배하며 응결이 가장 빠른 것은?

㉮ 알루민산3석회
㉯ 알루민산철4석회
㉰ 규산3석회
㉱ 규산2석회

1. ㉯

시멘트의 주성분은 석회(CaO), 실리카(SiO_2), 알루미나(Al_2O_3), 산화제이철(Fe_2O_3) 등 이다.

2. ㉯

시멘트의 제조 과정에서 원료배합 후 고온소성 하여 만들어진 클링커에 석고를 2~3 %를 넣어 응결시간 조정용으로 사용한다.

3. ㉮

① 알루민산3석회($C_3A=3CaO \cdot Al_2O_3$) 성분이 많을수록 수화열(발열량)이 높고 응결이 빠르다.
② 수화반응속도 순서(수화열의 순서)
$C_3A > C_3S > C_4AF > C_2S$

4. ㉮

알루민산3석회($C_3A=3CaO \cdot Al_2O_3$) 성분이 많을수록 수화열(발열량)이 높고 응결이 빠르다.

5. 다음 시멘트의 화학적 구성물 중 재령 1일 이내의 조기강도발현에 가장 많은 영향을 미치는 것은?

㉮ $3CaO \cdot SiO_2(C_3S)$
㉯ $2CaO \cdot SiO_2(C_2S)$
㉰ $3CaO \cdot Al_2O_3(C_3A)$
㉱ $4CaO \cdot Al_2O_3 \cdot Fe_2O_3(C_4AF)$

6. 다음 중 특수시멘트가 아닌 것은?

㉮ 포틀랜드시멘트
㉯ 팽창시멘트
㉰ 폴리머시멘트
㉱ 알루미나시멘트

7. 포틀랜드시멘트를 구성하는 주원료는?

㉮ 석회암과 점토
㉯ 화강암과 점토
㉰ 응회암과 점토
㉱ 안산암과 점토

8. 다음 중 보통포틀랜드시멘트의 비중으로 적절한 것은 어느 것인가?

㉮ 1.55
㉯ 2.35
㉰ 2.75
㉱ 3.15

9. 시멘트의 품질시험에 관한 설명 중 틀린 것은?

㉮ 혼합시멘트에서 혼합재의 혼입량이 많아질수록 비중이 작아진다.
㉯ 비표면적이 큰 시멘트일수록 분말이 미세하며 일반적으로 강도발현이 빨라지고 수화열의 발생량도 많아진다.
㉰ 수화열은 시멘트의 화학조성과 비표면적에 좌우된다.
㉱ 풍화한 시멘트는 수화열이 커진다.

5. ㉰

알루민산3석회($C_3A = 3CaO \cdot Al_2O_3$) 성분이 많을수록 수화열이 높고 수화 반응속도가 매우 빨라 응결이 빠르며 조기강도발현에 가장 많은 영향을 미친다.

6. ㉮

(1) 포틀랜드시멘트의 종류
① 보통포틀랜드시멘트
② 중용열포틀랜드시멘트
③ 조강포틀랜드시멘트
④ 저열포틀랜드시멘트
⑤ 내황산염포틀랜드시멘트

(2) 특수시멘트의 종류
① 백색포틀랜드시멘트
② 내화물용 알루미나시멘트
③ 박리 팽창 질석을 사용한 단열시멘트
④ 팽창성 수경시멘트
⑤ 메이슨리시멘트

7. ㉮

보통포틀랜드시멘트는 석회석과 점토를 이용해 만든 것으로 조강포틀랜드시멘트와 중용열포틀랜드시멘트의 중간적 성질을 가진다.

8. ㉱

보통포틀랜드시멘트의 비중은 3.05~3.15이다.

9. ㉱

풍화한 시멘트는 수화반응이 적어지므로 수화열이 감소하고 응결이 지연된다.

10. 보통포틀랜드시멘트 경화체의 성질을 기술한 것 중 틀린 것은?

㉮ 경화체의 강도는 공극량 또는 고체부분 용적의 함수로 나타낸다.
㉯ 경화체의 모세관수가 소실되면 모세관 장력이 작용하여 건조수축을 일으킨다.
㉰ 모세관 공극은 물시멘트비가 커지면 감소한다.
㉱ 모세관 공극에 있는 수분은 응결하면 팽창되고 이에 의해 내부압이 발생하여 경화체의 파괴를 초래한다.

> 10. ㉰
> 모세관 공극은 콘크리트 입자 사이에 발생하는 모세관 모양의 불연속 공극이다. 물시멘트비가 커지면 모세관 공극도 증가한다.

11. 중용열포틀랜드시멘트의 특징으로 가장 부적당한 것은?

㉮ 수화속도를 지연시켜 수화열을 적게 한 시멘트이다.
㉯ 건조수축이 작고, 내황산염성이 크다.
㉰ 건축용 매스콘크리트에 사용된다.
㉱ 낮은 온도에서의 강도발생이 크다.

> 11. ㉱
> 중용열포틀랜드시멘트는 수화열을 적게 한 콘크리트이므로 낮은 온도에서 사용하면 경화지연 및 동결피해가 우려된다.

12. 콘크리트가 더운 기온에서 타설될 때 가능한 피하여야 될 시멘트의 종류?

㉮ 1종 시멘트
㉯ 2종 시멘트
㉰ 3종 시멘트
㉱ 4종 시멘트

> 12. ㉰
> • 포틀랜드시멘트의 종류
> 보통포틀랜드시멘트(1종), 중용열포틀랜드시멘트(2종), 조강포틀랜드시멘트(3종), 저열포틀랜드시멘트(4종), 내황산염포틀랜드시멘트(5종)이다.
> 따라서 3종 시멘트인 조강포틀랜드시멘트는 조기강도가 발현되고 수화열(발열량) 및 수축이 크므로 긴급공사, 한중공사, 수중공사에 적합하므로 더운 기온에서 콘크리트 타설은 피해야 한다.

13. 다음 시멘트 중 시멘트분말의 비표면적이 가장 큰 것은?

㉮ 보통포틀랜드시멘트
㉯ 중용열포틀랜드시멘트
㉰ 조강포틀랜드시멘트
㉱ 백색포틀랜드시멘트

> 13. ㉰
> 조강포틀랜드시멘트(3종)는 보통포틀랜드시멘트 5개 중에서 시멘트분말의 비표면적(Blaine)이 3,300 cm^2/g 이상으로 가장 크다.

14. 다음 시멘트 중 혼합시멘트에 해당하지 않는 것은?

㉮ 고로시멘트
㉯ 포틀랜드포졸란시멘트
㉰ 플라이애시시멘트
㉱ 조강포틀랜드시멘트

> 14. ㉱
> 조강포틀랜드시멘트는 보통포틀랜드시멘트의 한 종류이다.

15. 내(耐)해수성이 가장 좋은 시멘트는 어느 것인가?

㉮ 알루미나시멘트
㉯ 고로슬래그시멘트
㉰ 백색포틀랜드시멘트
㉱ 중용열포틀랜드시멘트

16. 고로슬래그시멘트를 사용할 경우의 주의사항으로 틀린 것은?

㉮ 겨울철에 사용을 적극 권장한다.
㉯ 사용수량을 감소한다.
㉰ 저장에 주의한다.
㉱ 장기간 습윤양생이 필요하다.

17. 콘크리트용 재료 중 시멘트에 관한 설명으로 옳지 않은 것은?

㉮ 중용열포틀랜드시멘트는 수화작용에 따르는 발열이 적기 때문에 매스콘크리트에 적당하다.
㉯ 조강포틀랜드시멘트는 조기강도가 크기 때문에 한중콘크리트 공사에 주로 쓰인다.
㉰ 알칼리골재반응을 억제하기 위한 방법으로써 내황산염포틀랜드시멘트를 사용한다.
㉱ 조강포틀랜드시멘트를 사용한 콘크리트의 7일 강도는 보통포틀랜드시멘트를 사용한 콘크리트의 28일 강도와 거의 비슷하다.

18. 고로시멘트의 특징으로 틀린 것은?

㉮ 건조수축이 현저하게 적다.
㉯ 화학저항성이 높아 해수 · 공장폐수 · 하수 등에 접하는 콘크리트에 적합하다.
㉰ 수화열이 적어 매스콘크리트에 유리하다.
㉱ 장기간 습윤양생이 필요하다.

19. 실리카시멘트(Silica Cement)의 특징으로 옳지 않은 것은?

㉮ 초기강도는 크나, 장기강도는 감소한다.
㉯ 화학적 저항성이 크고 내수성이 크다.
㉰ 알칼리골재반응에 의한 팽창의 억제에 유리하다.
㉱ 블리딩이 감소하고, 워커빌리티를 증가시킬 수 있다.

15. ㉯

고로슬래그시멘트는 보통포틀랜드시멘트의 클링커, 고로슬래그, 석고를 혼합한 것으로 해수, 지하수 등에 대한 내수성이 가장 좋은 시멘트이다.

16. ㉮

고로슬래그시멘트는 조기강도가 감소하므로 겨울철에 사용을 자제한다. 만약 겨울철에 사용할 경우, 양생에 주의한다.

17. ㉰

알칼리골재반응을 억제하기 위한 방법으로써 고로슬래그시멘트를 사용한다.

18. ㉮

고로슬래그시멘트는 건조수축이 증대한다.

19. ㉮

실리카시멘트는 포틀랜드포졸란시멘트를 말하며, 이 시멘트는 조기강도는 감소하고 장기강도는 증대한다.

20. 실리카흄시멘트(Silica Fume Cement)의 특징으로 옳지 않은 것은?

㉮ 초기강도는 크나, 장기강도는 감소한다.
㉯ 화학적 저항성 증진효과가 있다.
㉰ 시공연도 개선효과가 있다.
㉱ 재료분리 및 블리딩이 감소된다.

21. 백색포틀랜드시멘트의 설명 중 옳지 않은 것은?

㉮ 산화철 성분을 적게 한 백색포틀랜드시멘트이다.
㉯ 장식용, 미장용에 주로 사용된다.
㉰ 보통포틀랜드시멘트보다 낮은 강도를 발휘한다.
㉱ 습기에 약하다.

22. 시멘트의 종류 중 조기강도가 아주 크므로 긴급공사 등에 많이 쓰이며 해안공사, 동기공사에 적합한 것은?

㉮ 보통포틀랜드시멘트
㉯ 알루미나시멘트
㉰ 고로시멘트
㉱ 실리카시멘트

23. 다음 시멘트의 종류 중 내화성 및 급결성이 가장 강한 시멘트는?

㉮ 보통포틀랜드시멘트
㉯ 알루미나시멘트
㉰ 고로시멘트
㉱ 실리카시멘트

24. 시멘트의 분말도를 나타내는 것은?

㉮ 조립율(FM : Fineness Modulus)
㉯ 수경율(HM : Hydration Modulus)
㉰ 브레인값(Blaine Fineness)
㉱ 슬럼프값(Slump)

20. ㉮

① 실리카시멘트는 포틀랜드포졸란시멘트를 말하며, 이 시멘트는 조기강도는 감소하고 장기강도는 증대한다.
② 실리카흄은 실리콘이나 페로실리콘 등의 규소 합금을 전기로에서 제조할 때 배출 가스에 섞여 부유하여 발생하는 초미립자 부산물로써 매우 미세한 포졸란계 혼화재이다.

21. ㉰

백색포틀랜드시멘트는 순백색의 시멘트로 원료인 점토에서 산화철을 제거하거나 백색점토를 사용하여 만들며 성질은 보통포틀랜드시멘트와 비슷하다.

22. ㉯

알루미나시멘트는 초조강성이며 한중콘크리트, 동절기공사, 해안공사, 긴급공사에 적합하다.

23. ㉯

알루미나시멘트는 초조강성이다.

24. ㉰

시멘트 분말도시험은 브레인 공기투과장치를 이용하여 브레인값(비표면적)으로 표시한다. 단위는 cm^2/g이다.

25. 시멘트의 응결에 대한 설명으로 옳지 않은 것은?

㉮ 분말도가 큰 시멘트는 블리딩을 감소시킨다.
㉯ 물시멘트비가(W/C)가 낮을수록 응결속도가 느리다.
㉰ 시멘트가 풍화되면 응결속도가 늦어진다.
㉱ 분말도가 큰 시멘트는 비표면적이 증대된다.

26. 시멘트의 수화작용 중 응결과 경화에 영향을 주는 요인으로 가장 부적당한 것은?

㉮ 물시멘트비가 클수록 응결과 경화가 빠르다.
㉯ 알루민산3석회가 많을수록 응결과 경화가 빠르다.
㉰ 풍화가 적은 시멘트일수록 응결과 경화가 빠르다.
㉱ 분말도가 높을수록 응결과 경화가 빠르다.

27. 시멘트의 품질을 확인하기 위한 시험방법으로 가장 거리가 먼 것은?

㉮ 비중시험 ㉯ 분말도시험
㉰ 안정성시험 ㉱ 입도시험

28. 시멘트의 각종 시험방법과 기구가 서로 옳게 묶여진 것은?

㉮ 비중시험 – 길모아침장치
㉯ 분말도시험 – 비이카침장치
㉰ 응결시험 – 로스엔젤레스시험기
㉱ 안정성시험 – 오토클레이브양생기

29. 시멘트의 각종 시험방법과 기구가 서로 옳게 묶어진 것은?

㉮ 비중시험 – 길모아침장치
㉯ 강열감량시험 – 비이카침장치
㉰ 응결시험 – 로스엔젤레스시험기
㉱ 분말도 – 공기투과장치

30. 시멘트의 분말도시험 방법이 아닌 것은?

㉮ 플로시험법 ㉯ 체분석법
㉰ 브레인법 ㉱ 피크노메타법

25. ㉯

응결속도는 물시멘트비(W/C)가 낮을수록 빠르다.

26. ㉮

응결속도는 물시멘트비(W/C)가 낮을수록 빠르다.

27. ㉱

입도시험은 골재의 체가름시험으로 골재의 조립률을 산정한다.

28. ㉱

㉮ 비중시험 – 르샤틀리에 비중병
㉯ 분말도시험 – 브레인 공기투과장치
㉰ 응결시험 – 비이카침장치, 길모어침 장치

29. ㉱

㉮ 비중시험 – 르샤틀리에 비중병
㉯ 강열감량시험 – 백금도가니
㉰ 응결시험 – 비이카침장치, 길모아침장치

30. ㉮

플로시험은 아직 굳지 않은 콘크리트의 유동성 정도(반죽질기)를 알아보기 위한 시험이다. 대표적으로 슬럼프시험이 있다.

31. 시멘트의 수경율과 관계없는 것은 다음 중 어느 것인가?

㉮ MgO
㉯ Fe_2O_3
㉰ CaO
㉱ SiO_2

32. 다음 표와 같은 굵은골재의 입도시험 결과에서, 굵은골재의 최대 치수로 옳은 것은?

체의 규격	각 체에 남은 질량 누계(%)
40 mm	0
30 mm	3
25 mm	7
19 mm	9
16 mm	15
10 mm	50
5 mm	100

㉮ 40 mm　㉯ 30 mm
㉰ 25 mm　㉱ 19 mm

33. 콘크리트용 굵은골재의 최대 치수가 25 mm인 골재는 다음 중 어느 것인가?

㉮ 25 mm 체를 질량으로 99 % 통과하고 20 mm 체를 95 % 통과한 골재
㉯ 25 mm 체를 질량으로 95 % 통과하고 20 mm 체를 91 % 통과한 골재
㉰ 25 mm 체를 질량으로 91 % 통과하고 20 mm 체를 84 % 통과한 골재
㉱ 25 mm 체를 질량으로 85 % 통과하고 20 mm 체를 75 % 통과한 골재

34. 구조용 인공경량골재에 대한 다음 기술 중 가장 부적당한 것은 어느 것인가?

㉮ 팽창혈암
㉯ 팽창점토
㉰ 팽창점판암
㉱ 소성규조토

31. ㉮

• 시멘트의 수경률(HM)

$$HM = \frac{CaO - 0.7SO_3}{SiO_2 + Al_2O_3 + Fe_2O_3}$$

• 시멘트의 수경율과 관계있는 원료
① 석회(CaO)
② 규산(SiO_2)
③ 알루미나(Al_2O_3)
④ 산화철(Fe_2O_3)

32. ㉱

• 굵은골재의 최대 치수산정
① 굵은골재의 최대 치수는 질량으로 90 % 이상이 통과한 체 중 최소의 체 치수로 나타낸 굵은골재의 치수이다.
② 입도시험에서 19 mm체를 91 % 통과하고 16 mm 체를 85 % 통과하므로 굵은골재의 최대 치수는 19 mm가 된다.

33. ㉰

굵은골재의 최대 치수는 굵은골재가 25 mm체를 질량으로 91% 통과하고 20 mm 체를 84% 통과하므로 굵은골재의 최대 치수는 25 mm가 된다.

34. ㉱

인공경량골재는 팽창혈암, 팽창점토, 팽창점판암, 플라이애시 등을 소성해서 만든다.

35. 철근콘크리트의 골재로써 해사(海沙)를 사용할 경우 특히 취해야 할 조치는?

㉮ 잔골재의 혼합비를 많게 한다.
㉯ 충분히 물로 씻어 낸다.
㉰ 조강포틀랜드시멘트를 사용한다.
㉱ 충분히 건조시킨다.

35. ㉯
염화물이 함유되어 철근을 부식시킬 수 있으므로 바다모래는 물 씻기를 충분히 하여 염분을 제거한 후 사용한다.

36. 콘크리트용 골재에 대한 설명으로 가장 부적당한 것은?

㉮ 바다모래는 일반적으로 조립률이 크고, 염화물의 함유량이 많다.
㉯ 잔골재의 염분(NaCl)허용한도는 0.04 %로 한다.
㉰ 깬자갈을 사용한 콘크리트는 동일한 워커빌리티의 보통콘크리트보다 단위 수량이 일반적으로 10 % 정도 더 요구된다.
㉱ 부순모래는 모가 나있어 콘크리트에 사용할 경우에는 혼화제를 사용하여 단위 수량을 적게 한다.

36. ㉮
바다모래는 일반적으로 비중, 흡수율, 입형은 적당하나 조립률이 적어 입도가 문제될 수 있다.

37. 다음 중 보통콘크리트용 쇄석으로 가장 적합한 것은?

㉮ 안산암
㉯ 대리석
㉰ 석회암
㉱ 응회암

37. ㉮
① 안산암의 경우 내구성, 내화성 및 강도가 크므로 쇄석으로 적당하다.
② 대리석의 경우 산과 화열에 약하고 풍화, 마모, 내구성이 적으므로 내장재로 주로 사용된다.

38. 철근콘크리트에 사용할 쇄석의 실적률의 최저치는?

㉮ 55 %
㉯ 65 %
㉰ 75 %
㉱ 85 %

38. ㉮
부순 굵은골재(굵은 쇄석)의 실적률은 최소 55 % 이다.

39. KS F 2527에 따른 콘크리트용 부순 굵은골재(쇄석)의 실적률 기준으로 옳은 것은?

㉮ 25 % 이상
㉯ 35 % 이상
㉰ 45 % 이상
㉱ 55 % 이상

39. ㉱
부순 굵은골재(굵은 쇄석)의 실적률은 최소 55 % 이다.

40. 모르타르 또는 콘크리트의 시공에 있어서 상당량 포함되어도 유해(有害)하지 않은 물질은?

㉮ 당류
㉯ 유지류
㉰ 희염산
㉱ 규조토

41. 콘크리트용 골재의 품질에 관한 설명으로 옳지 않은 것은?

㉮ 골재는 청정, 견경하고 유해량의 먼지, 유기불순물이 포함되지 않아야 한다.
㉯ 골재의 입형은 콘크리트의 유동성을 갖도록 한다.
㉰ 골재는 예각으로 된 것을 사용하도록 한다.
㉱ 골재의 강도는 콘크리트 내 경화한 시멘트풀의 강도보다 커야 한다.

42. 표준시방서에서 정의하는 일반콘크리트 잔골재의 유해물 함유량 한도에서 염화물(NaCl 환산량)의 허용한도 값은?

㉮ 0.02 % 이하
㉯ 0.04 % 이하
㉰ 0.1 % 이하
㉱ 0.6 % 이하

43. 콘크리트용 골재에 대한 설명으로 옳은 것은?

㉮ 안산암은 골재로 사용하기에는 부적절하다.
㉯ 염분함유량이 골재의 절대건조 단위 질량의 0.01 % 이하면 사용할 수 있다.
㉰ 물 사용량은 굵은골재의 크기에는 영향이 없다.
㉱ 잔골재의 무게는 포수상태일 때 가장 가볍다.

44. 콘크리트 골재에 대한 설명으로 옳지 않은 것은?

㉮ 골재의 강도는 시멘트풀의 강도 이상이 되어야 한다.
㉯ 골재의 비중이 클수록 단위 용적질량이 크다.
㉰ 잔골재의 부피는 흡수율에 관계없이 일정하다.
㉱ 좋은 입형의 골재는 정육면체나 구형에 가까워 공극률이 작다.

40. ㉱
규조토는 포졸란의 일종이며 워커빌리티 개선, 단위 수량 감소, 수화열 감소 및 수밀성 증대 등을 위해 사용된다.

41. ㉰
골재는 표면이 거칠고 둥글며 입도가 적당할 것이 좋다.

42. ㉯
표준시방서에서 정의하는 일반콘크리트 잔골재의 유해물 함유량 한도에서 염화물(NaCl 환산량)의 허용한도는 0.04 % 이하이다.

43. ㉯
① 잔골재의 염화물(NaCl)은 0.04 % 이하이다.
② 잔골재의 염화물(NaCl)을 염화물이온량(Cl^-)으로 환산하면 0.02 %가 된다.
③ 안산암은 강도와 경도가 크고, 내구성과 내화성이 우수하여 골재로 사용하기에 적합하다.
④ 굵은골재의 크기가 클수록 물의 사용량은 줄어든다.
⑤ 잔골재의 무게는 절대건조상태일 때 가장 가볍다.

44. ㉰
잔골재의 입자 크기가 작아지면 흡수율이 증가한다.

45. 콘크리트의 시공성에 영향을 주는 요인에 관한 설명으로 옳지 않은 것은?

㉮ 단위 수량이 크면 슬럼프값이 커진다.
㉯ 콘크리트의 강도가 동일한 경우 골재의 입도가 작을수록 시멘트의 사용량은 감소한다.
㉰ 굵은골재로 쇄석을 사용 시 시공연도가 감소되는 경향이 있다.
㉱ 포졸란, 플라이애시 등 혼화재료를 사용하면 시공연도가 증진된다.

45. ㉯
콘크리트의 강도가 동일한 경우 골재의 입도가 적당할수록 시멘트의 사용량은 감소한다.

46. 골재의 함수상태에 따른 설명으로 옳지 않은 것은?

㉮ 절건상태 : 골재를 100 ℃~110 ℃의 온도 상태에서 질량 변화가 없어질 때까지 건조 하여 골재 속의 모세관 등에 흡수된 수분이 거의 없는 상태
㉯ 기건상태 : 골재를 공기 중에 24시간 이상 건조 하여 골재 속에 수분이 없는 상태
㉰ 표건상태 : 내부는 포화상태이나 표면은 수분이 없는 상태
㉱ 습윤상태 : 골재의 내부는 이미 포화상태이고, 표면에도 수분이 있는 상태

46. ㉯
기건상태는 골재 내부에 약간의 수분이 있는 대기 중의 건조상태이다.

47. 콘크리트공사에서 골재의 함수상태에서 유효흡수량이란?

㉮ 표면건조 내부포화상태와 절대건조상태의 수량의 차이
㉯ 공기 중에서의 건조상태와 표면건조포화상태의 수량의 차이
㉰ 습윤상태와 표면건조포화상태의 수량의 차이
㉱ 습윤상태와 절대건조상태와의 수량의 차이

47. ㉯
㉮는 흡수량이다.
㉰는 표면수량이다.
㉱는 함수량이다.

48. 다음 골재 수량(水量)에 관한 것 중 잘못된 것은?

㉮ 흡수량 : 표면건조포화상태 – 절대건조상태
㉯ 유효흡수량 : 표면건조포화상태 – 기건상태
㉰ 표면수량 : 습윤상태 – 기건상태
㉱ 함수량 : 습윤상태 – 절대건조상태

48. ㉰
표면수량은 습윤상태의 수량과 표면건조포화상태의 수량의 차이이다.

49. 경화하지 않은 콘크리트의 슬럼프 및 공기량에 골재의 입도 분포와 입형이 미치는 영향에 대한 설명으로 가장 부적당한 것은?

㉮ 부순잔골재를 사용하며 천연잔골재 보다 슬럼프는 작아진다.
㉯ 잔골재 중 0.3~0.6 mm의 입자가 많아지면 콘크리트의 공기량은 많아진다.
㉰ 잔골재의 조립률이 낮을수록 콘크리트의 슬럼프는 작아진다.
㉱ 골재의 입형 판정 실적률이 크면 콘크리트의 슬럼프는 커진다.

49. ㉱
실적률이 크게 되면 단위수량 감소로 슬럼프값은 감소한다.

50. 골재의 실적률이 클 경우 콘크리트에 주는 영향으로 옳지 않은 것은?

㉮ 콘크리트의 투수성이 커진다.
㉯ 콘크리트의 수화발열량을 감소시킨다.
㉰ 콘크리트의 마모저항성이 커진다.
㉱ 콘크리트의 건조수축을 감소시킨다.

50. ㉮
골재의 실적률이 클 경우 콘크리트의 투수성, 흡수성이 감소한다.

51. 철근콘크리트용 골재의 성질에 관한 다음 기술 중 틀린 것은?

㉮ 골재의 단위 용적질량은 입도가 클수록 크다.
㉯ 골재의 공극은 입도가 클수록 크다.
㉰ 계량방법과 함수율에 의한 중량의 변화는 입경이 작을수록 크다.
㉱ 완전침수 또는 완전 건조상태의 잔골재에 있어서는 계량방법에 의한 용적의 변화는 거의 없다.

51. ㉯
공극률은 골재의 단위 용적당 공극비율의 백분율이며, 입도 분포가 적당할 경우 실적률이 커지고 공극률이 감소한다.

52. 콘크리트 골재에 요구되는 특성으로 옳지 않은 것은?

㉮ 골재의 입형은 편평, 세장하거나 예각으로 된 것은 좋지 않다.
㉯ 충분한 수분의 흡수를 위하여 굵은골재의 공극률은 큰 것이 좋다.
㉰ 골재의 강도는 경화 시멘트풀의 강도 이상이어야 한다.
㉱ 입도는 조립에서 세립까지 균등히 혼합되게 한다.

52. ㉯
충분한 수분의 흡수를 위하여 굵은골재의 공극률은 적은 것이 좋다.

53. 골재시험과 관계가 없는 것은?

㉮ 압축시험
㉯ 유기불순물시험
㉰ 체분석시험
㉱ 비중시험

53. ㉮
압축시험은 콘크리트의 시험이다.

54. 콘크리트 비빔용수의 적합한 품질(상수돗물 이외의 물의 품질)기준으로 옳지 않은 것은?

㉮ 현탁 물질의 양이 1 g/L 이하
㉯ 염소이온량이 250 mg/L 이하
㉰ 시멘트 응결시간의 차가 초결은 30분 이내, 종결은 60분 이내
㉱ 모르타르의 압축강도비가 재령 7일 및 재령 28일에서 90 % 이상

55. 다음 중 콘크리트 배합설계 시 사용되는 양을 용적계산에 포함시켜야 하는 혼화재료는?

㉮ AE제
㉯ 지연제
㉰ 감수제
㉱ 포졸란

56. 워커빌리티나 내구성을 향상시키는 혼화제가 아닌 것은 다음 중 어느 것인가?

㉮ 발포제
㉯ AE제
㉰ 감수제
㉱ 유동화제

57. 콘크리트공사에서 시공연도를 증진시키는 혼화재료가 아닌 것은?

㉮ AE제
㉯ 플라이애시
㉰ 포졸란
㉱ 급경제

58. 콘크리트를 혼합할 때 염화마그네슘($MgCl_2$)을 혼합하는 이유는?

㉮ 콘크리트의 비빔 조건을 좋게 하기 위함이다.
㉯ 방수성을 증가하기 위함이다.
㉰ 강도를 증가하기 위함이다.
㉱ 얼지 않게 하기 위함이다.

54. ㉮

콘크리트 비빔용수의 적합한 품질(상수돗물 이외의 물의 품질)기준 중에서 현탁물질의 양은 2 g/L 이하이다.

55. ㉱

① 혼화제는 혼화재료 중 사용량이 약품적으로 소량 사용되어 그 자체의 부피가 콘크리트 등의 비비기 용석에 무시되는 재료이다.
② 혼화재는 혼화재료 중 사용량이 비교적 많이 사용되어 그 자체의 부피가 콘크리트 등의 비비기 용적에 계산되는 재료이다.
③ 포졸란은 혼화재의 일종이다.

56. ㉮

기포제, 발포제는 기포작용으로 인해 충전성 개선, 중량조절을 위해 사용되는 혼화제이다.

57. ㉱

급경제는 응결경화시간을 조절하기 위한 응결촉진제이다.

58. ㉱

방동제는 콘크리트 타설 후의 초기 동해를 방지할 목적으로 사용되는 것이다. 방한제, 내한제라고도 한다. 종류로는 염화칼슘, 염화마그네슘, 규산소다, 식염 등이 있다.

59. 콘크리트에 AE제를 사용하는 주요 목적에 해당되는 것은?

㉮ 시멘트의 절약 ㉯ 골재량 감소
㉰ 강도 증진 ㉱ 워커빌리티 향상

60. 다음 중 콘크리트공사에서 AE제를 사용하는 가장 중요한 이유는?

㉮ 워커빌리티를 증대시킨다.
㉯ 경량화를 목적으로 한다.
㉰ 레이턴스를 증대시킨다.
㉱ 강도를 증대시키고 내화성을 높인다.

61. 콘크리트에 AE제를 사용하는 주목적은?

㉮ 비중을 작게 한다.
㉯ 시공연도를 좋게 한다.
㉰ 강도를 증가시킨다.
㉱ 부착력을 증가시킨다.

62. 콘크리트공사 중 AE제를 사용하는 가장 중요한 이유는?

㉮ 내구력을 증대시킨다.
㉯ 경량화를 목적으로 한다.
㉰ 건조수축률을 감소시킨다.
㉱ 강도를 증대시키고 내화성을 높인다.

63. 콘크리트 동결융해 저항성을 증진시키기 위해 사용하는 혼화제로 가장 적합한 것은?

㉮ 팽창제 ㉯ AE제
㉰ 방청제 ㉱ 유동화제

64. 콘크리트의 혼화재료 중 AE감수제의 효과에 대한 설명 중 가장 부적당한 것은?

㉮ 단위 시멘트량이 감소한다.
㉯ 동결융해 저항성이 향상된다.
㉰ 수화발열량이 증가한다.
㉱ 응결시간의 조절이 가능하다.

59. ㉱

AE제(공기연행제)의 가장 중요한 사용목적은 워커빌리티(시공연도)의 개선이다.

60. ㉮

AE제(공기연행제)의 가장 중요한 사용목적은 워커빌리티의 개선이다.

61. ㉯

AE제(공기연행제)의 가장 중요한 사용목적은 워커빌리티(시공연도)의 개선이다.

62. ㉮

AE제(공기연행제)의 가장 중요한 사용목적은 워커빌리티의 개선이며, 이로 이해 내구성과 수밀성이 증대된다.

63. ㉯

AE제(공기연행제)는 표면활성작용에 의해 콘크리트 중의 미세한 기포를 발생시키거나 시멘트 입자를 분산시키는 혼화제로 동결융해 저항성을 증대시킨다.

64. ㉰

AE감수제를 사용하면 발열량 및 수화열이 감소한다.

65. AE콘크리트의 특징에 관한 다음 기술 중 가장 부적당한 것은 어느 것인가?

㉮ 동결융해에 대한 저항성을 향상시킨다.
㉯ 블리딩에 의한 재료분리 현상을 감소시킨다.
㉰ 점성을 향상시켜 철근과의 부착강도가 증대된다.
㉱ 동일한 강도를 얻기 위해서는 단위 수량을 감소시켜야 한다.

65. ㉰
AE제는 콘크리트의 점성 및 철근과의 부착강도와는 관계가 없다.

66. 콘크리트 혼화제 중 AE제를 첨가함으로써 나타나는 결과가 아닌 것은?

㉮ 철근과의 부착강도 증진
㉯ 내구성 증진
㉰ 동결융해 저항성 증대
㉱ 압축강도 감소

66. ㉮
AE제는 콘크리트의 점성 및 철근과의 부착강도와는 관계가 없다.

67. AE제 및 AE공기량에 관한 설명으로 옳지 않은 것은?

㉮ AE제를 사용하면 동결융해 저항성이 커진다.
㉯ AE제를 사용하면 골재분리가 억제되고, 블리딩이 감소한다.
㉰ 공기량이 많아질수록 슬럼프가 증대된다.
㉱ 콘크리트의 온도가 낮으면 공기량은 적어지고 콘크리트의 온도가 높으면 공기량은 증가한다.

67. ㉱
콘크리트의 온도가 낮으면 공기량은 증가하고 콘크리트의 온도가 높으면 공기량은 감소한다.

68. AE제, AE감수제 및 고성능 AE감수제를 사용하는 콘크리트의 적정 공기량은 콘크리트 용적 대비 얼마인가? (단, 굵은골재의 최대 치수가 20 mm이며 한겨울 간혹 수분과 접촉하여 결빙이 되면서 제빙화학제를 사용하지 않는 경우)

㉮ 1 %　　㉯ 3 %
㉰ 5 %　　㉱ 7 %

68. ㉰
최적 공기량은 4~6 %이고, 공기량이 6 %를 초과하면 콘크리트의 압축강도는 급격히 저하한다.

69. 콘크리트 혼화제 중 AE제에 관한 설명으로 옳지 않은 것은?

㉮ 연행공기의 볼베어링 역할을 한다.
㉯ 재료분리와 블리딩을 감소시킨다.
㉰ 많이 사용할수록 콘크리트의 강도가 증가한다.
㉱ 경화콘크리트의 동결융해 저항성을 증가시킨다.

69. ㉰
최적 공기량은 4~6 %이고, 공기량이 6 %를 초과하면 콘크리트의 압축강도는 급격히 저하한다.

70. 국내에서 사용되는 레디믹스트콘크리트에는 공기량 확보를 위해 AE제를 혼화제로 사용하도록 규정되어 있다. 다음 중 AE제의 사용목적이 아닌 것은?

㉮ 동결융해의 저항성 확보를 위해
㉯ 물시멘트비의 감소를 위해
㉰ 요구 워커빌리티 향상을 위해
㉱ 콘크리트의 내수성 향상을 위해

71. 다음 콘크리트에 사용되는 혼화재료 중 응결경화촉진 재료가 아닌 것은 어느 것인가?

㉮ 포졸란 ㉯ 염화칼슘
㉰ 염화알루미늄 ㉱ 탄산칼륨

72. 무근콘크리트의 동결을 방지하기 위하여 사용할 수 있는 것으로 가장 적당한 것은?

㉮ 제2산화철 ㉯ 산화크롬
㉰ 이산화망간 ㉱ 염화칼슘

73. 콘크리트를 혼합할 때 염화마그네슘($MgCl_2$)을 혼합하는 이유는?

㉮ 콘크리트의 비비기 조건을 좋게 하기 위함이다.
㉯ 방수성을 증가하기 위함이다.
㉰ 강도를 증가하기 위함이다.
㉱ 얼지 않게 하기 위함이다.

74. 콘크리트용 혼화재료에 관한 기술 중 옳지 않은 것은?

㉮ 포졸란은 시공연도를 좋게 하고 블리딩과 재료분리 현상을 저감시키는 혼화재이다.
㉯ 플라이애시와 실리카흄은 고강도콘크리트 제도용으로 많이 사용한다.
㉰ 응결과 경화를 촉진하는 혼화재료로는 염화칼슘과 규산소다 등이 사용된다.
㉱ 알루미늄분말과 아연분말은 방동제로 많이 사용하는 혼화재이다.

70. ㉱

AE제(공기연행제)를 사용함으로 내구성이 증대되고 수밀성이 증대되나 내수성은 증대는 되지 않는다. 내수성을 증대시키기 위해서는 방수제를 사용하여야 한다.

71. ㉮

포졸란은 콘크리트의 강도, 해수 등에 대한 화학적 저항성, 수밀성 등의 성질 개선용 시멘트 혼화재로 포졸란반응을 일으키는 재료를 총칭한다.

72. ㉱

① 방동제는 콘크리트의 초기 동해를 방지하기 위한 것이다.
② 방동제의 종류로는 염화칼슘, 염화마그네슘, 규산소다, 식염 등이 있다.

73. ㉱

방동제는 콘크리트의 초기 동해를 방지하기 위한 것이다.

74. ㉱

① 알루미늄분말과 아연분말은 발포제의 일종이다.
② 방동제의 종류로는 염화칼슘, 염화마그네슘, 규산소다, 식염 등이 있다.

75. 포졸란(Pozzolan)을 사용한 콘크리트의 효과 중 옳지 않은 기술은?

㉮ 수밀성이 커진다.
㉯ 경화작용이 늦어지므로 장기강도가 낮아진다.
㉰ 해수 등에 화학적 저항이 크다.
㉱ 워커빌리티가 좋아지고 블리딩 및 재료분리가 감소된다.

75. ㉯

포졸란을 사용하면 조기강도는 감소하나 장기강도는 증대한다.

76. 포졸란에 관한 특징으로 옳지 않은 것은?

㉮ 워커빌리티가 좋아지고, 블리딩 및 재료분리가 감소된다.
㉯ 강도 증진이 빠르나 장기강도는 작다.
㉰ 수밀성이 크다.
㉱ 해수 등에 화학적 저항이 크다.

76. ㉯

포졸란을 사용하면 조기강도는 감소하나 장기강도는 증대한다.

77. 혼화재의 일종인 포졸란(Pozzolan)에 대한 설명으로 옳지 않은 것은?

㉮ 시공연도가 좋아지고 재료분리가 적어진다.
㉯ 바닷물에 대한 화학적 저항성이 커진다.
㉰ 수화작용이 빨라지고 발열량이 증가한다.
㉱ 수밀성이 좋아지며 장기강도가 증가한다.

77. ㉰

포졸란을 사용하면 수화작용이 늦어지고 발열량이 감소한다.

78. 포졸란 활성으로 수화열 억제, 장기강도 증진의 용도에 쓰이는 혼화재의 종류로 거리가 가장 먼 것은?

㉮ 실리카흄　　㉯ 규산질 미분말
㉰ 플라이애시　　㉱ 규산백토

78. ㉯

(1) 포졸란의 재료
① 천연산 : 화산재, 규산백토, 규조토
② 인공산 : 플라이애시, 고로슬래그, 실리카흄, 소성점토, 혈암
(2) 규산질은 포틀랜드시멘트의 주성분 중의 하나이다.

79. 콘크리트에 사용되는 혼화재 중 플라이애시의 사용에 따른 이점으로 볼 수 없는 것은?

㉮ 유동성의 개선　　㉯ 초기강도의 증진
㉰ 수화열의 감소　　㉱ 수밀성의 향상

79. ㉯

플라이애시는 조기강도는 감소하고 장기강도는 증대한다.

80. 플라이애시를 콘크리트에 사용함으로써 얻을 수 있는 장점에 해당되지 않는 것은?

㉮ 워커빌리티가 개선된다.　　㉯ 건조수축이 적어진다.
㉰ 초기강도가 높아진다.　　㉱ 수화열이 낮아진다.

80. ㉰

플라이애시는 조기강도는 감소하고 장기강도는 증대한다.

81. 플라이애시에 관한 설명으로 가장 부적당한 것은?

㉮ 콘크리트 유동성을 증대시켜 단위 수량을 줄일 수 있다.
㉯ 수화초기 발열량을 감소시킬 수 있다.
㉰ 조기강도를 증대시킬 수 있다.
㉱ 워커빌리티와 펌핑성을 향상시킨다.

81. ㉰
플라이애시는 조기강도는 감소하고 장기강도는 증대한다.

82. 플라이애시에 대한 설명으로 부적합한 것은 다음 중 어느 것인가?

㉮ 저알칼리 시멘트의 효과를 나타낸다.
㉯ 수화초기의 발열량은 감소시킨다.
㉰ 장기강도를 증진시킨다.
㉱ 단위 수량을 증가시킨다.

82. ㉱
플라이애시는 단위 수량을 감소시킨다.

83. 콘크리트에 사용하는 혼화재 중 플라이애시(Fly Ash)에 관한 설명으로 옳지 않은 것은?

㉮ 화력발전소에서 발생하는 석탄회를 집진기로 포집한 것이다.
㉯ 시멘트와 골재 접촉면의 마찰저항을 증가시킨다.
㉰ 건조수축 및 알칼리골재반응 억제에 효과적이다.
㉱ 단위 수량과 수화열에 의한 발열량을 감소시킨다.

83. ㉯
플라이애시는 시멘트와 골재 접촉면의 마찰저항을 감소시켜 워커빌리티를 개선한다.

84. 고로슬래그 미분말을 콘크리트에 혼입시켰을 경우에 대한 효과로써 가장 부적당한 것은?

㉮ 수밀성 향상
㉯ 조기강도 증가
㉰ 철근의 부식 억제
㉱ 콘크리트의 온도 상승 억제

84. ㉯
고로슬래그는 조기강도는 감소하고 장기강도는 증대한다.

85. 고로슬래그 미분말을 혼화재로 사용한 콘크리트의 특징에 대한 설명으로 옳지 않은 것은?

㉮ 초기강도가 낮다.
㉯ 블리딩이 적고 유동성이 향상된다.
㉰ 알칼리골재반응이 촉진된다.
㉱ 콘크리트의 온도상승 억제 효과가 있다.

85. ㉰
고로슬래그 미분말을 혼화재로 사용하면 알칼리성이 감소하여 알칼리골재반응이 감소한다.

86. 페로실리콘 합금이나 실리콘 금속 등을 제조 시 발생하는 폐가스를 집진하여 만든 것으로 수화열 저감, 건조수축 저감 등의 목적으로 사용하며 매우 낮은 투수성을 가진 고강도콘크리트를 만들 때 사용되는 것은?

㉮ 포졸란(Pozzolan)
㉯ 플라이애시(Fly Ash)
㉰ 실리카흄(Silica Fume)
㉱ 고로슬래그

86. ㉰

실리카흄은 실리콘이나 페로실리콘 등의 규소 합금을 전기로에서 제조할 때 배출가스에 섞여 부유하여 발생하는 초미립자 부산물로써 매우 미세한 포졸란계 혼화재이다.

87. 콘크리트의 착색제로써 옳지 않은 것은?

㉮ 빨강 – 제2산화철
㉯ 파랑 – 군청
㉰ 초록 – 카본블랙(Carbon Black)
㉱ 갈색 – 이산화망간

87. ㉰

① 초록 – 산화크롬
② 검정 – 카본블랙

88. 다음 중 착색제로써 상호 관련이 잘못된 것은?

㉮ 초록 – 산화마그네슘
㉯ 노랑 – 크롬산바륨
㉰ 갈색 – 이산화망간
㉱ 빨강 – 제2산화철

88. ㉮

초록 – 산화크롬

제16장 콘크리트의 성질, 시험 및 내구성

1 콘크리트의 성질

1. 굳지 않은 콘크리트의 성질 [85)]

콘크리트의 성질	내 용
워커빌리티 (Workability, 시공연도)	① 워커빌리티는 컨시스턴시(반죽질기)에 의한 작업의 난이정도 및 균질한 콘크리트를 만들기 위하여 필요한 재료분리에 저항하는 정도이다. ② 복합적 의미에서의 시공의 난이정도이다.
컨시스턴시 (Consistency, 반죽질기)	① 컨시스턴시는 단위 수량의 다소에 따른 혼합물의 묽기 정도 또는 아직 굳지 않은 콘크리트(Fresh Concrete)의 변형 또는 유동성의 정도이다. ② 컨시스턴시는 수량에 의해 변화하는 콘크리트의 유동성의 정도이며, 작업성을 판단할 수 있는 요소이다. ③ 컨시스턴시에 영향을 미치는 요인은 단위 수량, 콘크리트의 온도, 잔골재율, 공기연행 등이다.
플라스티시티 (Plasticity, 성형성)	① 플라스티스티는 거푸집에 쉽게 다녀 넣을 수 있고, 거푸집을 제거하면 천천히 형상이 변하기는 하지만 허물어지거나 재료가 분리되지 않는 난이정도이다. ② 거푸집 등의 형상에 순응하여 채우기 쉽고, 분리가 일어나지 않는 성질이다.
피니셔빌리티 (Finishability, 마감성)	피니셔빌리티는 도로포장 등에서 골재의 최대 치수에 따르는 표면정리의 난이정도이다.
펌퍼빌리티 (Pumpability, 압송성)	펌프빌리티는 콘크리트펌프에 의해 굳지 않은 콘크리트 또는 모르타르를 압송할 때의 운반성이다.

주1 재료분리 저항성은 중력이나 외력 등에 의한 재료분리 작용에 대하여 콘크리트 구성 재료 분포의 균질성을 유지시키려는 굳지 않은 콘크리트의 성질이다.

85) KCS 14 20 10 일반콘크리트(1.3), 국토교통부, 한국콘크리트학회, 2021.

2. 워커빌리티에 영향을 주는 요인

요 인	내 용
단위 수량	재료분리가 생기지 않는 범위 내에서 단위 수량이 많을수록 증가한다.
단위 시멘트량	부배합이 빈배합보다 증가한다.
시멘트 성질	분말도가 낮을 경우 증가한다.
골재 입도, 입형	조세립이 적당하고 입형이 둥글 경우 증가한다.
공기량	공기포의 볼베어링(Ball Bearing) 작용에 의해 증가한다.
혼화재료	AE제, 감수제 등을 적당량 혼입할 경우 증가한다.
비비기 시간	비비기 시간을 충분히 하면 증가한다.
온도	온도가 낮을수록 증가한다.

3. 공기량

1) 개요

① 콘크리트에 적당한 양의 연행공기(인트레인드에어)를 분포시키면 콘크리트의 워커빌리티 및 동결융해 저항성을 향상시키고 내구성을 증대시킨다.

② 최적 공기량은 4~6 %이고, 공기량이 6 %를 초과하면 압축강도는 급격히 저하한다.

2) 특징

(1) 공기량이 1 % 증가할 경우

슬럼프값은 약 20 mm 증가하고, 잔골재율은 0.5~1.0 % 감소한다. 동일 슬럼프에 대해 단위 수량은 3 % 감소하고, 압축강도는 3~5 % 감소한다.

(2) 공기량의 성질

① AE제의 혼입량이 증가하면 공기량은 증가한다.

② 시멘트의 분말도 및 단위 시멘트량이 증가하면 공기량은 감소한다.

③ 잔골재 중에 미립분이 많으면 공기량은 증가하고, 잔골재율이 커지면 공기량은 증가한다.

④ 콘크리트의 온도가 낮아지면 공기량은 증가한다.

⑤ 컨시스턴시가 커지면, 즉 슬럼프값이 커지면(슬럼프값 180 mm까지) 공기량은 증가한다.

⑥ 기계비비기가 손비비기보다 공기량이 증가(비비기 시간 2~3분까지는 증가하나 그 이상은 감소)한다.

⑦ 진동기를 과다사용하면, AE콘크리트에서 공기량이 많이 감소된다.

⑧ 골재의 입도가 작을수록 공기량은 증가한다.

3) 갇힌공기와 연행공기

(1) 갇힌공기

① 갇힌공기는 자연적으로 본래 콘크리트 속에 자연적으로 상호 연속된 기포가 1~2 % 함유된 것이다.

② 인트랩트에어(Entrapped Air)라고도 한다.

(2) 연행공기

① 연행공기는 AE제 등에 의한 미세한 독립된 기포로 볼베어링 역할을 한다.

② 인트레인드에어(Entrained Air)라고도 한다.

4. 재료분리

1) 개요

재료분리는 비벼진 콘크리트의 시멘트, 물, 잔골재 및 굵은골재가 균질해야 하나, 골재가 국부적으로 집중되거나 수분이 상부로 떠올라 재료가 분리되는 것이다.

2) 문제점

① 콘크리트의 강도저하

② 수밀성 저하

③ 철근의 부착력 저하

④ 건조수축에 의한 균열발생

3) 원인 및 대책

원 인	대 책
① 단위 수량 및 물결합재비(물시멘트비)가 클 때 발생한다. ② 골재의 입도, 입형이 부적당할 때 발생한다. ③ 혼화재료의 부적절한 사용으로 발생한다. ④ 시공이 잘못되었을 때 발생한다. ⑤ 시멘트풀의 분리에 의해 발생한다. ⑥ 골재의 비중 차가 클 때 발생한다. ⑦ 콘크리트 타설 높이가 너무 높은 경우 발생한다.	① 적정한 물시멘트비를 유지한다. ② 골재의 입형이 둥글고 입도가 적당한 것을 사용한다. ③ 양질의 혼화제를 적정량 사용한다. ④ 운반 후 타설 시 다시 비벼 넣는다. ⑤ 거푸집의 틈새를 없앤다. ⑥ 잔골재율을 증가시킨다. ⑦ 잔골재 중의 0.15~0.3 mm 정도의 세립분을 증가시킨다. ⑧ 골재의 비중차를 적게한다.

5. 블리딩 및 레이턴스

1) 블리딩

블리딩(Bleeding)은 아직 굳지 않은 시멘트풀, 모르타르 및 콘크리트에 있어서 고체 재료의 침강 또는 분리에 의하여 물과 시멘트 또는 혼화재료의 일부가 윗면에 상승하는 현상이다.

2) 레이턴스

레이턴스(Laitance)는 콘크리트를 타설 후 블리딩수의 증발에 따라 그 표면에 나오는 백색의 미세한 물질로써 경화되지 않는 층이다. 레이턴스가 발생하였을 경우, 타설 전에 레이턴스를 제거하고 시멘트풀을 도포한다.

2 콘크리트의 시험

1. 콘크리트의 품질관리 시험

구 분	시험의 종류	
타설 전	① 시멘트의 강도시험 ③ 수질시험	② 골재의 체가름시험
타설 중	① 슬럼프시험(KS F 2404) ③ 단위 용적질량시험(KS F 2409) ⑤ 압축강도시험(KS F 2405)	② 공기량시험(KS F 2409) ④ 염화물이온량(KS F 4009)
타설 후 (경화 후)	① 콘크리트 비파괴시험[반발경도법(슈미트해머시험법), 초음파속도법(초음파법), 복합법, 공진법] ② 코어채취를 통한 압축강도시험 ③ 구조물의 재하시험 ④ 평탄성시험 ⑤ 수밀시험	

2. 굳지 않은 콘크리트의 시험

1) 슬럼프시험

(1) 개요

① 슬럼프(Slump)는 아직 굳지 않는 콘크리트의 반죽질기를 나타내는 지표이다.

② 슬럼프시험은 KS F 2402(콘크리트의 슬럼프시험 방법)에 규정된 방법에 따라 슬럼프

콘에 콘크리트를 3회에 걸쳐 채워놓고, 각 25회 다진 다음, 콘을 들어올렸을 때 상면에서 가라앉은 높이로부터 반죽질기를 측정한다.

(2) 슬럼프콘의 정의

슬럼프콘(Slump Cone)은 콘크리트의 슬럼프시험 시 사용되는 용기로써, 윗면의 안지름 100 mm, 밑면의 안지름 200 mm, 높이 300 mm 및 두께 1.5 mm 이상인 콘(Cone) 모양이다.

(3) 슬럼프손실

슬럼프손실(Slump Loss)은 가수 후(加水 後), 시간이 경과함에 따라 콘크리트 응결에 따른 자유수의 감소와 반죽질기의 감소로 슬럼프가 저하하는 것이다. 슬럼프저하라고도 한다. 슬럼프손실은 온도가 높을수록, 운반거리가 멀거나 또는 운반이 지연되었을 경우 크다.

(4) 슬럼프플로

① 슬럼프플로(Slump Flow)는 아직 굳지 않은 콘크리트의 유동성 정도를 나타내는 지표이다.

② 고유동콘크리트의 경우 슬럼프만으로 유동성의 정도를 정확히 표현할 수 없다. 따라서 슬럼프시험을 했을 때 콘크리트의 퍼짐인 슬럼프플로를 측정한다.

③ KS F 2402(콘크리트의 슬럼프시험 방법)에 규정된 방법에 따라 슬럼프시험 후에 원모양으로 퍼진 콘크리트의 지름(최대 지름과 이에 직교하는 지름의 평균)을 측정하여 나타낸다.

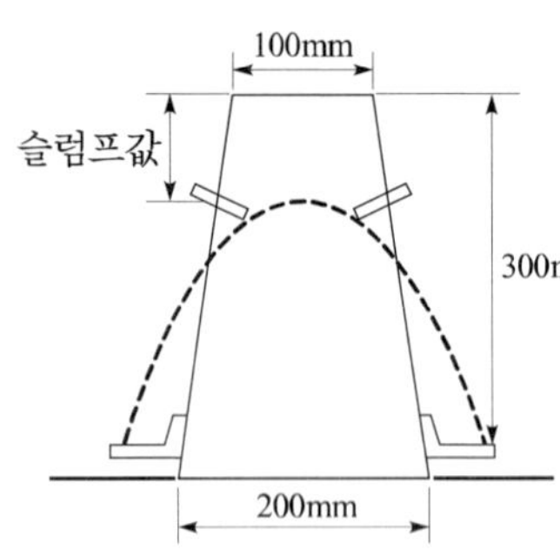

슬럼프값

슬럼프시험 기구

2) 기타 반죽질기의 측정시험

시험종류	방 법
흐름시험	흐름시험은 굳지 않은 콘크리트에 상하운동을 주어 콘크리트의 퍼지는 변형으로부터 반죽질기를 측정한다.
구관입시험	구관입시험은 구의 자중을 이용하여 굳지 않은 콘크리트 속에 가라앉은 관입깊이로 반죽질기를 측정한다.
리몰딩시험	리몰딩시험은 테이블 위의 원통형 용기에 콘크리트를 넣은 후 중앙부에서 누름판을 얹어 놓고 테이블에 상하진동을 주어 원통 내외에서 콘크리트의 높이가 같게 될 때의 진동횟수로 반죽질기를 측정한다.
비비시험	비비시험은 슬럼프값이 25 mm 이하의 된비빔 콘크리트의 반죽질기를 측정한다.

3. 경화한 콘크리트의 압축강도시험

1) 개요

① 압축강도시험은 일반적으로 원주형 공시체는 지름 150 mm, 높이 300 mm의 몰드에 콘크리트를 타설한 후 24시간 뒤에 탈형하고 20±2 ℃에서 수중 또는 상대습도 98 % 이상의 습윤상태에서 양생한다.

② 압축강도가 경화한 콘크리트의 성질 가운데 가장 중요하며, 압축강도시험을 위해서는 원주형 공시체 또는 코어 공시체를 사용한다.

원주형 공시체 몰드

③ 콘크리트의 압축강도는 물결합재비(물시멘트비)와 시멘트의 강도에 의해 지배된다.

주1 표준양생은 KS F 2403의 규정에 따라 제작 된 콘크리트의 강도시험용 공시체를 20±2 ℃의 온도로 유지하면서 수중 또는 상대습도 95 % 이상의 습윤상태에서 양생하는 것이다.[86)]

2) 압축강도시험을 위한 공시체의 종류

① 공사현장의 콘크리트에서 시료를 채취하여 현장에서 양생한 원주형 공시체

② 레미콘 공장에서 시료를 채취하여 실험실에서 양생한 원주형 공시체

③ 타설 완료된 구조체 콘크리트에서 채취한 코어 공시체

86) KCS 14 20 10 일반콘크리트(1.3), 국토교통부, 한국콘크리트학회, 2021.

3) 사용 콘크리트의 압축강도에 의한 콘크리트의 품질검사 87)

시험 및 검사방법	시기와 횟수	판정기준	
		$f_{ck} \le 35\,\mathrm{MPa}$	$f_{ck} > 35\,\mathrm{MPa}$
KS F 2405 다만, 재령 28일의 표준양생 공시체로 한다.	① 1회/일 ② 구조물의 중요도와 공사의 규모에 따라 120 m^3 마다 1회 ③ 배합이 변경될 때마다 1회	① 연속 3회 시험값의 평균이 호칭강도 품질기준 강도 이상 ② 1회 시험값이(호칭강도 품질기준강도-3.5 MPa) 이상	① 연속 3회 시험값의 평균이 호칭강도 품질기준 강도 이상 ② 1회 시험값이 호칭강도 품질기준강도의 90 % 이상

주1 1회의 시험값은 공시체 3개의 압축강도시험 값의 평균값이다.

주2 현장 배치플랜트를 구비하여 생산·시공하는 경우에는 설계기준압축강도와 내구성 설계에 따른 내구성 기준압축강도 중에서 큰 값으로 결정된 품질기준강도를 기준으로 검사한다.

주3 구조물의 콘크리트의 강도를 확인하기 위해 지정된 시험 재령 일에 실시한 현장에서 양생된 공시체 강도가 동일 조건의 시험실에서 양생된 공시체 강도의 85 %보다 작을 때는 콘크리트의 양생과 보호절차를 개선하여야 한다. 만일 현장에서 양생된 것의 강도가 설계기준압축강도보다 3.5 MPa를 초과하여 상회하면 85 %의 한계조항은 무시할 수 있다.

주4 위 표의 내용은 공사현장에서 시료를 채취하여 현장에서 양생한 또는 실험실에서 양생한 원주형 공시체에 대한 것이며, 현장에서 양생한 또는 실험실에서 양생한 공시체의 압축시험 결과가 규정을 만족하지 못할 경우에는 타설 완료된 구조체 콘크리트의 강도시험은 비파괴시험을 실시한다. 비파괴시험 결과에서도 불합격될 경우 문제된 부분에서 코어를 채취하여 KS F 2422에 따라 코어의 압축강도시험을 실시한다.

주5 코어 공시체 압축강도시험 결과의 3개 이상 평균값이 설계기준압축강도(f_{ck})의 85 %를 초과하고 각각의 설계기준압축강도 값이 75 %를 초과하면 적합한 것으로 판정한다.

4) 콘크리트의 압축강도

$$f_c = \frac{P_c}{A} = \frac{P_c}{\left(\frac{\pi D^2}{4}\right)}$$

여기서, P_c : 압축력(N)

A : 압축면적(mm^2)

D : 공시체 지름(mm)

87) KCS 14 20 10 일반콘크리트(3.5), 국토교통부, 한국콘크리트학회, 2021.

4. 경화한 콘크리트의 비파괴시험

종 류	내 용
반발경도법 (슈미트해머시험법, Schmidt Hammer)	반발경도법은 경화콘크리트의 표면을 슈미트해머로 타격할 때의 반발경도로 압축강도를 추정한다.
초음파속도법 (초음파법)	초음파속도법은 서로 다른 위치에서 초음파가 도달하는 속도로 강도를 추정한다.
복합법	복합법은 반발경도법과 초음파속도법을 병용하여 강도를 추정한다.
공진법	공진법은 구조물의 고유주기를 이용하여 강도를 추정한다.

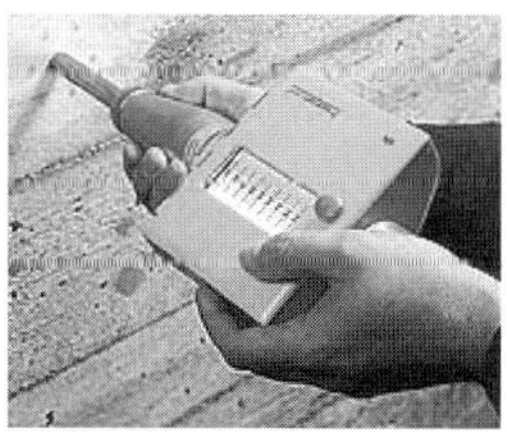

슈미트해머시험법

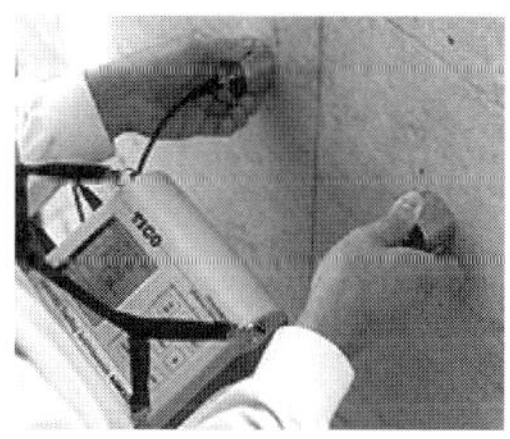

초음파속도법

3 콘크리트의 내구성

1. 내구성의 정의

① 콘크리트의 내구성은 구조물이 장기간에 걸친 외부의 물리적 또는 화학적 작용에 저항하여 변질되거나 변형되지 않고 소요의 공용기간 중 처음의 설계조건과 같이 오래 사용될 수 있는 구조물의 성능이다.

② 콘크리트의 내구성을 저하시키는 요인으로는 콘크리트의 중성화, 알칼리골재반응, 염해, 동해, 화학적 침식 등이 있다.

2. 콘크리트의 중성화

1) 정의

콘크리트의 중성화는 경화된 콘크리트는 강알칼리성이나 콘크리트 내의 수산화칼슘 [$Ca(OH)_2O$]이 공기 중의 탄산가스(CO_2)와 결합하여 탄산칼슘($CaCO_3$)으로 변하고 알칼리성을 상실하고 중성화되는 현상이다.

수화작용

$$CaO + H_2O \rightarrow Ca(OH)_2 + CO_2 \rightarrow CaCO_3 + H_2O \uparrow \text{ (pH 12~13} \rightarrow \text{pH 5~8)}$$

중성화(백화현상)

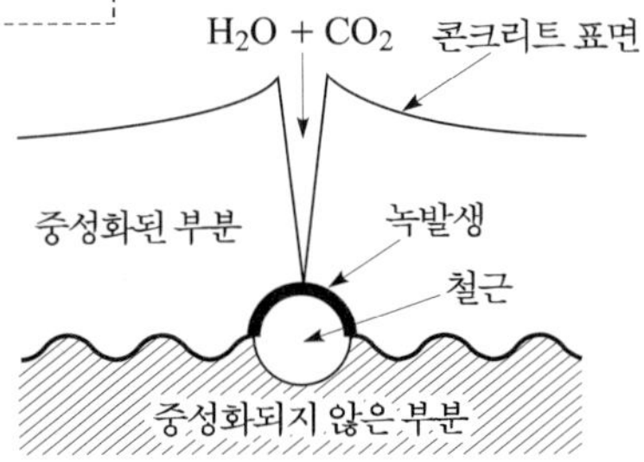

CaO : 석회석(시멘트 성분)
$Ca(OH)_2$: 수산화칼슘(강알칼리성. 콘크리트가 강알칼이성이면 철근은 부식이 안됨)
CO_2 : 탄산가스
$CaCO_3$: 탄산칼슘

주1 수화반응은 시멘트와 물을 섞었을 때, 시멘트와 물과의 화학반응이다. 시멘트와 물이 화합하는 것을 수화라 하고, 그 생성물을 수화물이라 한다. 수화작용은 수화반응으로 인해 나타나는 시멘트의 응결 및 경화작용이다. 시멘트와 물과의 수화작용으로 인해 발생하는 열을 수화열이라 한다.

주2 수화작용 식 : $CaO + H_2O \rightarrow Ca(OH)_2$

주3 중성화 식 : $Ca(OH)_2 + CO_2 \rightarrow CaCO_3 + H_2O$

2) 특징

중성화되면 콘크리트 속의 철근은 물(H_2O), 산소(O_2) 등에 의해 발생된 녹으로 인해 체적팽창을 일으키고, 콘크리트는 균열이 발생한다. 그 균열 속으로 다시 물과 산소가 침입하여 강재의 부식을 촉진시켜 콘크리트의 내구성이 저하된다.

3) 피해 및 대책

피해(영향)	대 책
① 철근의 방청력 상실 ② 콘크리트의 균열 ③ 내구성 저하 ④ 철근의 체적팽창	① 충분한 피복두께 확보 ② 밀실한 콘크리트 타설 ③ 콘크리트의 표면마감(타일, 돌붙임 등) 철저 ④ 혼화제(AE제, 감수제, 유동화제 등) 사용 ⑤ 물결합재비(물시멘트비)를 낮게 한다.

3. 알칼리골재반응

1) 정의

① 알칼리골재반응은 시멘트 중의 알칼리성분과 골재 중의 실리카성분이 화학반응을 일으켜 콘크리트가 팽창을 유발시키는 반응이다. 알칼리골재반응으로 인해 콘크리트가 팽창함으로써 균열이 발생하거나 붕괴하게 된다.

② 알칼리골재반응에 의해 새롭게 생성된 반응생성물은 수분을 흡수·팽창하여 콘크리트에 균열을 발생시킨다.

2) 피해 및 대책

피해 (영향)	대 책
① 균열부 수분침투 ② 중성화 촉진 ③ 철근의 부식 ④ 내구성 저하	① 반응성 골재의 사용금지 ② 저알칼리시멘트 사용(0.6 % 이하) ③ 콘크리트 1 m^3 당 총알칼리량 저감(3 kg/m^3 이하) ④ 방수성 마감 ⑤ 혼화제를 사용하여 수분의 이동감소(고로슬래그, 플라이애시, 실리카흄)

4. 염해

1) 정의

염해는 염분이 콘크리트에 침투 또는 첨가되어 콘크리트의 알칼리성이 소실되는 것이다.

2) 피해 및 대책

(1) 염해의 영향(피해) 또는 해사 사용 시 피해(영향)

① 철근의 부식　② 균열발생　③ 내구성 저하

(2) 대책

① 염분 제거
② 염분의 고정화
③ 에폭시 도막철근 사용
④ 아연도금 철근 사용
⑤ 내식성 철근 사용
⑥ 콘크리트에 방청제 혼합
⑦ 충분한 피복두께 확보 (30 mm 이상)
⑧ 콘크리트 표면에 피막제 도포
⑨ 수밀성 콘크리트 타설
⑩ 물결합재비를 적게(55 % 이하)
⑪ 슬럼프값을 적게
⑫ AE제, AE감수제 등 사용

주1 염분의 고정화는 염분과 결합하여 용해도가 매우 낮은 안정한 화합물로 생성시켜 염분을 제거하는 것이다.

3) 염분함유량 규정

(1) 잔골재

① 잔골재 절건질량 기준에 대해 염화물이온(Cl^-)량 : 0.02 % 이하

② 염화물($NaCl$)량 : 0.04 % 이하

③ 염화물로는 염화나트륨($NaCl$), 염화칼슘, 염화칼륨, 염화마그네슘 등이 있다.

(2) 콘크리트

① 굳지 않은 콘크리트 중의 전 염소이온(Cl^-)량 : 0.3 kg/m^3 이하

② 철근의 방청조치 시 콘크리트 중의 전 염소이온(Cl^-)량 : 0.6 kg/m^3 이하

5. 전식

전식(전기적 부식)은 콘크리트 속에 매립된 철근이 전기적 원인에 의해 부식되는 현상이다.

4 균열

1. 개요 88)

균열은 구조물에 작용하는 주응력이 콘크리트의 인장강도를 초과할 때 발생한다.

2. 균열의 원인

원 인	내 용
설계상 원인	전체 구조물의 구조적 거동의 이해부족으로 응력집중과 구조체의 일체성 결여로 인한 균열
하중상 원인	국부하중, 과대하중, 부동침하 및 지진하중과 작용하중에 대해 구조물의 단면 및 철근량이 부족할 경우 발행하는 균열
재료상 원인	① 시멘트의 이상 응결 ② 시멘트의 이상 팽창 ③ 콘크리트의 침하 및 블리딩 ④ 시멘트의 수화열 ⑤ 콘크리트의 건조수축 ⑥ 콘크리트의 중성화 ⑦ 알칼리골재반응 ⑧ 염화물
시공상 원인	① 장시간 비비기 ② 타설 시의 수량증대 ③ 철근의 피복두께 감소 ④ 급속한 타설 ⑤ 불균일한 타설 및 다지기 ⑥ 거푸집의 처짐 ⑦ 이어치기면의 처리 불량 ⑧ 경화 전 진동 및 충격 ⑨ 초기양생불량 ⑩ 받침기둥의 침하 주1 ①, ②는 레디믹스트콘크리트에 의해 생길 수 있는 균열의 원인이다. 주2 시공상 균열에 대한 대책 ① 레디믹스트콘크리트의 품질관리 철저 ② 현장의 품질관리 철저 ③ 양생철저 ④ 시공절차 엄수

88) 대한건축학회편, 건축시공, 대한건축학회, 기문당, 1997.

원 인	내 용	
경화 전 원인	① 소성침하(침강균열) ③ 거푸집의 변형 ⑤ 진동 및 충격	② 소성수축 ④ 수화열 ⑥ 재료분리
경화 후 원인	① 콘크리트의 중성화 ③ 염해 ⑤ 동결융해	② 알칼리골재반응 ④ 콘크리트의 건조수축 ⑥ 철근의 부식

3. 균열의 원인과 관련한 용어

1) 소성침하에 의한 균열

① 소성침하에 의한 균열은 콘크리트가 타설된 후 블리딩으로 인해 철근 하부에 블리딩수가 모이거나 공극이 발생하여 철근을 따라 콘크리트 표면에 발생하는 균열이다.

② 경화 전에 생기는 균열로 침강균열 또는 침하균열이라고도 한다.

③ 소성침하균열은 철근 지름이 클수록, 슬럼프가 커질수록 증대된다.

④ 방지대책으로는 콘크리트 침하가 완료될 때까지 시간간격을 조정하고 재다지기 하여 침강균열을 줄인다. 또한 수직부재의 경우에는 1회 콘크리트 타설 높이를 낮추고 충분히 다진다.

2) 소성수축에 의한 균열

① 소성수축에 의한 균열은 시멘트풀이 경화할 때 발생하는 소성수축에 따른 균열이다.

② 소성수축균열은 대기온도가 높을수록, 상대습도가 낮을수록, 콘크리트의 온도가 높을수록, 풍속이 강할수록 증대된다.

③ 방지대책으로는 타설 초기에 외부환경(바람, 직사광선)에 직접 노출되지 않도록 하고, 표면에 적절한 양생을 한다.

3) 수화열에 의한 온도균열

(1) 원인

① 수화열에 의한 온도균열은 수화반응[$CaO+H_2O \rightarrow Ca(OH)_2$]에 따른 콘크리트 내부와 외부의 온도차(약 25 ℃ 이상)에 의한 균열이다.

② 재료적 원인으로 단위 시멘트량이 많을 경우 발생된다.

③ 구조적 원인으로 부재단면이 큰 경우(최소 800 mm 이상) 발생된다.

주1 수화열에 의한 온도균열의 발생양상은 폭이 0.1~0.3 mm 정도이며, 분포는 규칙성 없이 발생되며, 단면관통형 균열이 아니다.

(2) 대책

① 단위 시멘트량을 줄인다.

② 타설 후 파이프 냉각을 통해 내부온도를 하강(파이프쿨링 방법)시킨다.

③ 사전 냉각방식을 통해 사용 재료를 냉각(프리쿨링 방법)시킨다.

④ 콘크리트 슬럼프값을 150 mm 이하로 한다.

⑤ 콘크리트의 타설 온도를 35 ℃ 이하로 한다.

⑥ 한 구획의 타설 길이는 30~40 m 정도로 한다.

주1 파이프쿨링(Pipe Cooling)은 매스콘크리트의 시공에서 콘크리트를 타설한 후 콘크리트의 내부 온도를 제어하기 위해 미리 묻어둔 파이프 내부에 냉수 또는 공기를 강제적으로 순환시켜 콘크리트를 냉각하는 방법이다. 관로식냉각이라고도 한다. 파이프쿨링은 매스콘크리트의 온도제어를 위해 유효한 대책 방법이다.

주2 프리쿨링(Pre Cooling)은 매스콘크리트의 시공에서 콘크리트를 타설하기 전에 콘크리트의 온도를 제어하기 위해 얼음이나 액체질소 등으로 콘크리트의 원재료를 냉각시키는 방법이다. 선행냉각이라고도 한다.

4) 거푸집의 변화에 의한 균열

거푸집의 변화에 의한 균열은 콘크리트가 점차 유동성을 잃고 굳어져 가는 시점에서 거푸집 긴결철물의 부족이나 동바리의 부적절한 설치에 의한 부등침하 및 콘크리트의 측압에 따른 거푸집의 변형 등에 의해 발생하는 균열이다.

5) 건조수축에 의한 균열

콘크리트가 수화반응을 하는데 필요한 수량은 시멘트량의 40 % 이하이나, 소요의 워커빌리티와 모빌리티를 얻기 위해 사용되는 수량은 시멘트량의 45~60 % 정도이다. 따라서 건조수축에 의한 균열은 콘크리트가 수화하는데 필요한 물 이외의 잉여수의 건조로 인해 콘크리트가 수축하여 발생되는 균열이다.

6) 동결융해에 의한 균열

콘크리트가 습기와 수분을 흡수하여 동결되면 팽창(약 9 %)하고 균열이 발생된다. 콘크리트에서 동결・융해가 반복되면 철근의 부식 및 중성화 촉진 등과 같은 내구성의 저하요인이 된다.

4. 균열의 방지 및 저감대책

① 물결합재비(물시멘트비)를 작게 한다.　② 단위 수량을 작게 한다.

③ 단위 시멘트량을 감소시킨다.
④ 시멘트의 분말도를 낮춘다.
⑤ 발열량이 적은 시멘트를 사용한다.
⑥ 시멘트 사용량을 줄인다.
⑦ 팽창재를 사용한다.
⑧ 적절한 공기연행제(AE제)를 사용한다.
⑨ 급격한 온도변화를 피한다.
⑩ 콘크리트의 온도상승을 감소시킨다.
⑪ 잔골재의 조립률(FM)을 크게 한다.
⑫ 잔골재율(S/a)을 낮게 한다.
⑬ 단위 용적당의 골재량을 많게 한다.
⑭ 굵은골재의 최대 치수를 크게 한다(실적율을 크게 한다).
⑮ 슬럼프값은 지장이 없는 한 작게 한다.

5 보수 및 보강

1. 정의

1) 보수

콘크리트의 균열, 곰보, 중성화, 화재, 동해, 화학적 침식 등의 결함이 발생할 경우 인해 보수가 필요하다.

2) 보강

설계오류, 시공불량, 과대하중 등에 의해 구조내력이 부족할 경우 보강이 필요하다.

2. 보수공법

1) 표면처리공법

표면처리공법은 미세한 균열(균열폭 0.2 mm 이하) 부위에 퍼터수지로 충전하고 균열표면에 보수재료를 씌우는 공법이다.

2) 주입공법

주입공법은 균열부위에 주입파이프를 설치하여 보수재(에폭시수지 등)를 저압저속으로 주입하는 공법이다.

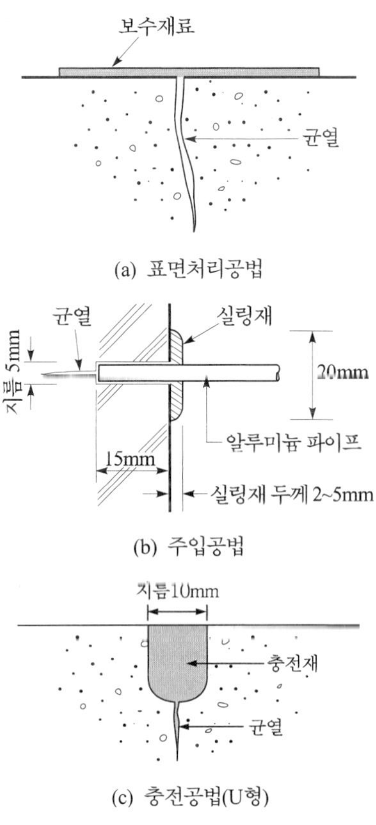

보수공법

3) 충전공법

충전공법은 균열폭이 비교적 큰 균열(0.5 mm 이상) 보수에 사용되며, 균열 선을 따라 콘크리트를 U형 및 V형으로 절단하고 보수재를 충전하는 공법이다.

3. 보강공법

1) 강판접착공법

강판접착공법은 콘크리트 인장측에 강판을 접착시켜 기존 콘크리트와 강판을 일체화하여 철근과 같은 보강효과(내력증가)를 갖게 하는 공법이다.

2) 앵커접합공법

앵커접합공법은 형강에 의한 보강을 할 경우, 기존 콘크리트에 설치된 앵커용 볼트에 강판을 끼워 너트조임으로 강판을 밀착시키는 공법이다.

3) 탄소섬유접착공법

탄소섬유접착공법은 탄소섬유판을 에폭시수지 등으로 콘크리트 표면에 부착시켜 탄소섬유판의 높은 인장저항성으로 콘크리트를 보강하는 공법이다.

4) 단면증가법

단면증가법은 가설부재에 콘크리트를 다져 넣어 단면을 증가시켜 내력증강을 도모하는 공법이다.

(a) 강판접착공법

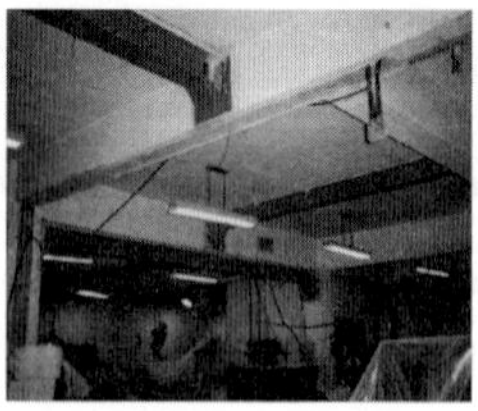

(b) 앵커접합공법(H빔 보강)

(c) 탄소섬유접착공법

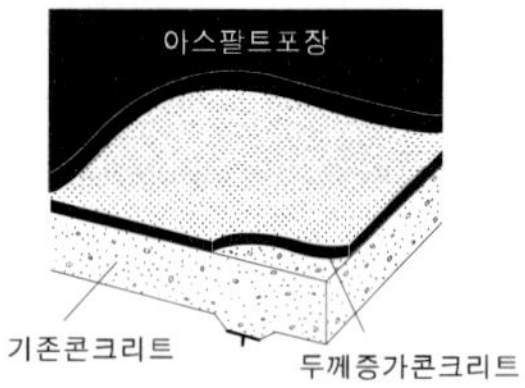

(d) 단면증가법

보강공법

필수 연습문제

제16장 콘크리트의 성질, 시험 및 내구성

1. 아직 굳지 않은 콘크리트의 성질에 관한 기술 중 옳은 것은?

㉮ 컨시스턴시가 작은 콘크리트는 워커빌리티가 나쁜 것을 의미한다.

㉯ 워커빌리티의 양부는 시공조건을 무시해서 판정할 수 없다.

㉰ 플라스티시티는 수량의 다소에 의한 연도의 정도로 표시되는 아직 굳지 않은 콘크리트의 성질을 말한다.

㉱ 피니셔빌리티는 굵은골재의 최대 치수, 잔골재율, 잔골재입도, 컨시스턴시 등에 의한 다지기의 용이 정도를 나타내는 아직 굳지 않은 콘크리트의 성질이다.

2. 굳지 않은 콘크리트의 성질을 나타내는 용어의 정의로 옳지 않은 것은?

㉮ 워커빌리티 : 반죽질기 여하에 따르는 작업의 난이도 및 재료의 분리에 저항하는 정도를 나타내는 성질

㉯ 컨시스턴시 : 주로 수량의 다소에 따르는 반죽의 되고 진 정도를 나타내는 성질

㉰ 피니셔빌리티 : 굵은골재의 최대 치수, 잔골재율, 잔골재의 입도, 반죽질기에 따르는 마무리하기 쉬운 정도를 나타내는 성질

㉱ 플라스티시티 : 굳지 않은 시멘트풀, 모르타르 또는 콘크리트의 유동성의 정도를 나타내는 성질

3. 다음 중 콘크리트의 워커빌리티에 직접적인 영향을 주는 인자와 가장 거리가 먼 것은?

㉮ 단위 수량

㉯ 단위 시멘트량

㉰ 혼화재료

㉱ 설계기준압축강도

1. ㉯

① 컨시스턴시는 수량에 의해 변화하는 콘크리트의 유동성의 정도이다. 컨시스턴시가 작다고 해서 워커빌리티가 무조건 나쁜 것은 아니다.
② 플라스티시티는 구조체에 타설된 콘크리트가 거푸집에 잘 채워질 수 있는지의 난이 정도이다.
③ 피니셔빌리티는 도로포장 등에서 골재의 최대 치수에 따르는 표면정리의 난이 정도이다.

2. ㉱

① 플라스티시티는 거푸집에 쉽게 다져 넣을 수 있고, 거푸집을 제거하면 천천히 형상이 변하기는 하지만 허물어지거나 재료가 분리되지 않는 난이 정도이다.
② 컨시스턴시는 굳지 않은 시멘트풀, 모르타르 또는 콘크리트의 유동성의 정도를 나타내는 성질이다.

3. ㉱

설계기준압축강도는 워커빌리티에 영향을 주지 못한다.

4. 콘크리트 배합 시 시공연도와 관계가 없는 것은?

㉮ 골재의 입도 ㉯ 혼화제
㉰ 혼합방법 ㉱ 시멘트의 강도

5. 콘크리트 배합 시 시공연도와 가장 거리가 먼 것은?

㉮ 시멘트의 강도 ㉯ 골재의 입도
㉰ 혼화제 ㉱ 혼합시간

6. 워커빌리티에 영향을 주는 인자가 아닌 것은?

㉮ 단위 수량 ㉯ 시멘트의 강도
㉰ 단위 시멘트량 ㉱ 공기량

7. 굳지 않은 콘크리트의 작업성(Workability)에 영향을 미치는 요인에 대한 설명으로 옳은 것은?

㉮ 단위 수량의 증가와 워커빌리티의 향상은 비례적이다.
㉯ 빈배합이 부배합보다 워커빌리티가 좋다.
㉰ 깬자갈의 사용은 워커빌리티를 개선하다.
㉱ AE제에 의해 연행된 공기포는 워커빌리티를 개선한다.

8. 콘크리트의 시공연도에 영향을 주는 요인에 대한 설명으로 틀린 것은?

㉮ 포졸란이나 플라이애시 등을 사용하면 시공연도가 증가한다.
㉯ 굵은골재 사용 시 쇄석을 사용하면 시공연도가 증가한다.
㉰ 풍화된 시멘트를 사용하면 시공연도가 감소한다.
㉱ 비빔시간이 과도하면 시공연도가 감소한다.

9. 콘크리트의 시공연도를 증가시키는 요소가 아닌 것은 다음 중 어느 것인가?

㉮ 시멘트의 분말도가 좋아야 한다.
㉯ 조골재의 최대 치수가 작을수록 좋다.
㉰ 골재의 모양이 구형에 가까울수록 좋다.
㉱ W/C를 높게 한다.

4. ㉱

워커빌리티(시공연도)와 단위 시멘트량은 관계있으나 시멘트의 강도는 관계가 없다.

5. ㉮

워커빌리티(시공연도)와 단위 시멘트량 또는 시멘트의 성질과는 관계있으나 시멘트의 강도는 관계가 없다.

6. ㉯

워커빌리티(시공연도)와 단위 시멘트량 또는 시멘트의 성질과는 관계있으나 시멘트의 강도는 관계가 없다.

7. ㉱

① 재료분리가 생기지 않는 범위 내에서 단위 수량이 많을수록 워커빌리티가 증가한다.
② 부배합이 빈배합보다 워커빌리티가 증가한다.
③ 깬자갈을 사용하면 워커빌리티가 감소한다.

8. ㉯

굵은골재 사용 시 쇄석을 사용하면 시공연도가 감소한다. 골재 입도, 입형은 조세립이 적당하고 입형이 둥글 경우 시공연도가 증가한다.

9. ㉱

재료분리가 생기지 않는 범위 내에서 단위 수량이 많을수록 증가한다. 따라서 조건없이 W/C만 높게 하면 재료분리가 될 수 있다.

10. 콘크리트의 강도는 변하지 않고 시공연도를 조절하려면 다음 어느 것이 타당한가?
㉮ 물의 증감
㉯ 시멘트의 증감
㉰ 물과 골재의 증감
㉱ 골재의 비율의 증감

10. ㉱
물과 시멘트는 콘크리트의 강도에 영향을 미치므로 골재의 비율을 증감하여 시공연도를 조절한다.

11. 다음 콘크리트의 성질에 관한 설명 중 옳지 않은 것은?
㉮ 피니셔빌리티란 굵은골재의 최대 치수, 잔골재율, 골재의 입도, 반죽질기 등에 따라 마무리하기 쉬운 정도를 말한다.
㉯ 단위 수량이 많으면 컨시스턴시가 좋아 작업이 용이하고 재료분리가 일어나지 않는다.
㉰ 블리딩이란 콘크리트 타설 후 표면에 물이 모이게 되는 현상으로써 레이턴스의 원인이 된다.
㉱ 워커빌리티란 작업의 난이도 및 재료의 분리에 저항하는 정도를 나타내며 골재의 입도와도 밀접한 관계가 있다.

11. ㉯
재료분리가 생기지 않는 범위 내에서 단위 수량이 많을수록 시공연도는 증가하나 조건 없이 W/C만 높게 하면 재료분리 현상이 일어난다.

12. 단위 수량의 다소에 의하여 부드러운 정도를 나타내는 아직 굳지 않은 콘크리트의 성질로써, 변형 또는 유동에 대한 저항성을 의미하는 것은?
㉮ 워커빌리티(Workability)
㉯ 컨시스턴시(Consistency)
㉰ 플라스티시티(Plasticity)
㉱ 피니셔빌리티(Finishability)

12. ㉯
컨시스턴시는 단위 수량의 다소에 따르는 혼합물의 묽기 정도 또는 수량에 의해 변화하는 콘크리트의 유동성의 정도이다.

13. 다음 중 굳지 않는 콘크리트의 성질에 관한 내용으로 옳지 않은 것은?
㉮ 시멘트는 분말도가 높아질수록 점성이 낮아지므로 컨시스턴시도 커진다.
㉯ 사용되는 단위 수량이 많을수록 콘크리트의 컨시스턴시는 커진다.
㉰ 입형이 둥글둥글한 강모래를 사용하는 것이 모가 진 부순모래의 경우보다 워커빌리티가 좋다.
㉱ 비빔시간이 너무 길면 수화작용을 촉진시켜 워커빌리티가 나빠진다.

13. ㉮
시멘트는 분말도가 낮아질수록 컨시스턴시가 커진다.

14. AE제에 대한 다음 설명 중 틀린 것은 어느 것인가?

㉮ AE콘크리트로써의 유효 공기량은 2 % 이하의 범위가 좋다.
㉯ 슬럼프값 180 mm 까지는 공기량은 증가한다.
㉰ 일반적으로 플레인콘크리트에 골재 최대 치수에 따라 적당한 양의 공기를 연행시키면 단위 수량은 6~8 % 정도 감소한다.
㉱ 통상적으로 공기량 1 %가 슬럼프에 미치는 효과는 콘크리트 단위 수량의 3 %에 상당하는 것으로 알려져 있다.

14. ㉮
최적 공기량은 4~6 %이고, 공기량이 6 %를 초과하면 압축강도가 급격히 저하한다.

15. 다음 배합설계에 있어서 유의해야 할 사항에 관한 기술 중, 가장 부적당한 것은 어느 것인가?

㉮ 콘크리트가 소정의 강도를 가질 것(물시멘트비)
㉯ 워커빌리티가 좋을 것(단위 시멘트량, 세골재율)
㉰ 소정의 슬럼프를 가질 것(단위 수량)
㉱ 소정의 공기량을 가질 것(0.3~0.5 % 정도의 값)

15. ㉱
AE제를 사용한 경우 최적공기량은 4~6 %이고, 사용하지 않았을 경우 자연적으로 상호 연속된 기포가 1~2 % 함유되어 있다.

16. AE(공기연행)제를 사용하는 콘크리트에 관한 기술 중 옳지 않은 것은?

㉮ AE제의 사용은 콘크리트의 강도를 증가시킨다.
㉯ AE제의 사용에 의해 콘크리트의 동결융해성이 크게 증가한다.
㉰ AE제의 사용량이 증가할수록 슬럼프는 증가한다.
㉱ 공기량은 진동을 주면 감소한다.

16. ㉮
AE제를 사용하여 공기량이 1 % 증가할 경우 동일 슬럼프에 대해 단위 수량은 3 % 감소하고, 압축강도는 3~5 % 감소한다.

17. AE제에 관한 일반적인 사항을 설명한 것 중 잘못된 것은?

㉮ AE제를 사용하는 목적은 워커빌리티를 향상시키는 데 있다.
㉯ 공기량이 많아질수록 슬럼프가 증대된다.
㉰ 온도가 낮으면 공기량은 적어지고, 온도가 높으면 공기량은 증가한다.
㉱ 시멘트 사용량이 적으면 공기량은 증가한다.

17. ㉰
공기량은 콘크리트의 온도가 낮아지면 증가한다.

18. 콘크리트 중의 공기량에 관한 기술 중 적당하지 않은 것은?

㉮ 시공 시 온도가 낮을수록 공기량은 증대된다.
㉯ 슬럼프가 약 180 mm까지는 묽은비빔일수록 공기량은 감소한다.
㉰ 골재의 세립분이 많을수록 증가한다.
㉱ 4~6 %가 적량이다.

18. ㉯
공기량은 컨시스턴시가 커지면 즉, 슬럼프가 커지면(슬럼프값 180 mm까지) 증가한다.

19. 연행공기량이 증가하는 경우가 아닌 것은?

㉮ 잔골재가 많을 경우
㉯ 잔골재율이 큰 경우
㉰ 콘크리트의 온도가 높을 경우
㉱ 굵은골재의 최대 치수가 작을 경우

19. ㉰

공기량은 콘크리트의 온도가 높아지면 감소한다.

20. 콘크리트 중의 공기량에 대한 설명으로 옳지 않은 것은?

㉮ AE제의 혼입량이 증가할수록 공기량은 증가한다.
㉯ 콘크리트의 온도가 높아질수록 공기량은 증가한다.
㉰ 시멘트의 분말도 및 단위 시멘트량이 증가하면 공기량은 감소한다.
㉱ 슬럼프가 커지면 공기량은 증가한다.

20. ㉯

공기량은 콘크리트의 온도가 높아질수록 감소한다.

21. 굳지 않은 콘크리트의 공기량 변화에 관한 설명으로 옳지 않은 것은?

㉮ AE제의 혼입량이 증가하면 공기량이 증가한다.
㉯ 시멘트의 분말도가 증가하면 공기량은 증가한다.
㉰ 단위 시멘트량이 증가하면 공기량이 감소한다.
㉱ 슬럼프가 커지면 공기량이 증가한다.

21. ㉯

공기량은 시멘트 분말도가 증가하면 감소한다.

22. AE제에 관한 기술 중 옳은 것은?

㉮ AE제를 넣을수록 공기량은 감소한다.
㉯ AE제에 의한 공기량은 손비비기이 기계비비기 보다 증가한다.
㉰ AE 공기량은 온도가 높아질수록 증가한다.
㉱ AE 공기량은 진동을 주면 감소한다.

22. ㉱

공기량은 진동기를 과다 사용하면 감소된다.

23. 콘크리트 중 공기량의 변화에 관한 설명으로 옳은 것은?

㉮ AE제의 혼입량이 증가하면 공기량도 증가한다.
㉯ 시멘트 분말도 및 단위 시멘트량이 증가하면 공기량은 증가한다.
㉰ 잔골재 중의 0.15~0.3 mm의 골재가 많으면 공기량은 감소한다.
㉱ 콘크리트의 온도가 높으면 공기량은 증가한다.

23. ㉮

① AE제의 혼입량이 증가하면 공기량도 증가한다.
② 공기량은 시멘트 분말도 및 단위 시멘트량이 증가하면 감소한다.
③ 공기량은 잔골재 중의 0.15~0.3 mm의 골재가 많으면 증가한다.
④ 공기량은 콘크리트의 온도가 낮으면 증가한다.

24. 콘크리트 중 공기량의 변화에 관한 설명으로 옳은 것은?

㉮ AE제의 혼입량이 증가하면 연행공기량도 증가한다.
㉯ 시멘트 분말도 및 단위 시멘트량이 증가하면 공기량은 증가한다.
㉰ 잔골재 중의 0.15~0.3 mm의 골재가 많으면 공기량은 감소한다.
㉱ 슬럼프가 커지면 공기량은 감소한다.

24. ㉮

① AE제의 혼입량이 증가하면 공기량도 증가한다.
② 공기량은 시멘트 분말도 및 단위 시멘트량이 증가하면 감소한다.
③ 공기량은 잔골재 중의 0.15~0.3 mm의 골재가 많으면 증가한다.
④ 공기량은 컨시스턴시가 커지면, 즉 슬럼프값이 커지면(슬럼프값 180 mm 까지) 증가한다.

25. 콘크리트의 품질특성관리에 있어서 콘크리트의 배합에 관한 다음 기술 중 부적당한 것은 어느 것인가?

㉮ 물시멘트비가 클수록 중성화 진행속도가 빠르고, 콘크리트가 중성화되면 매립된 철근은 녹슬기 시작한다.
㉯ 단위 시멘트량이 동일한 경우 물시멘트비가 큰 콘크리트가 건조수축량이 크다.
㉰ 한중콘크리트는 AE콘크리트로 하고 동해를 방지하기 위해 단위 수량을 될수록 적게 한다.
㉱ AE제의 사용량이 동일한 경우 AE콘크리트의 공기량은 잔골재율에 따라 변화하나 잔골재의 입도에 의해서는 변화하지 않는다.

25. ㉱

공기량은 골재의 입도가 작을수록 증가한다.

26. 콘크리트의 강도에 관한 기술 중 옳지 않은 것은?

㉮ 양생온도가 낮으면 강도는 저하된다.
㉯ 물시멘트비가 작을수록 강도는 크다.
㉰ AE제를 혼합하면 시공연도가 좋아지며 강도도 높아진다.
㉱ 골재의 종류에 따라서 달라진다.

26. ㉰

AE제를 혼합하면 콘크리트의 워커빌리티 및 동결융해 저항성을 향상시키고 내구성을 증대된다. 공기량이 1 % 증가할 경우 동일 슬럼프에 대해 단위 수량은 3 % 감소하고, 압축강도는 3~5 % 감소한다.

27. 콘크리트 AE제를 사용하지 않아도 1~2 %의 크고, 부정형 한 기포가 함유되는데 이의 명칭은?

㉮ 연행공기(Entrained Air)
㉯ 갇힌공기(Entrapped Air)
㉰ 겔공극
㉱ 모세관 공극

27. ㉯

갇힌공기(인트랩트에어, 잠재공기)는 본래 콘크리트에 속에 자연적으로 상호 연속된 기포가 1~2 % 함유된 것이다.

28. 콘크리트에 AE제를 사용하지 않아도 1~2 %의 크고 부정형한 기포가 함유되는데 이 기포의 명칭은?

㉮ 연행공기(Entrained Air)
㉯ 겔공극
㉰ 잠재공기(Entrapped Air)
㉱ 모세관공극

28. ㉰
갇힌공기(인트랩트에어, 잠재공기)는 본래 콘크리트에 속에 자연적으로 상호 연속된 기포가 1~2 % 함유된 것이다.

29. 콘크리트 재료분리의 원인으로 볼 수 없는 것은?

㉮ 물시멘트비가 크고 모르타르 부분의 점성이 작은 경우
㉯ 타설 높이가 너무 높은 경우
㉰ 굵은골재의 형상이 편평하고 세장하지 않은 경우
㉱ 시공연도가 지나치게 큰 경우

29. ㉰
재료분리는 골재의 입도, 입형이 부적당할 때 발생한다.

30. 굳지 않은 콘크리트 성질에 관한 설명 중 옳지 않은 것은?

㉮ 피니셔빌리티란 굵은골재의 최대 치수, 잔골재율, 골재의 입도, 반죽질기 등에 따라 마무리하기 쉬운 정도를 말한다.
㉯ W/C가 클수록 컨시스턴시가 좋아 작업이 용이하고 재료분리가 일어나지 않는다.
㉰ 블리딩이란 콘크리트 타설 후 표면에 물이 모이게 되는 현상으로 레이턴스의 원인이 된다.
㉱ 워커빌리티란 작업의 난이도 및 재료의 분리에 저항하는 정도를 나타내며, 골재의 입도와도 밀접한 관계가 있다.

30. ㉯
재료분리가 생기지 않는 범위 내에서 단위 수량이 많을수록 시공연도는 증가하나 조건 없이 W/C만 높게 하면 재료분리 현상이 일어난다.

31. 골재분리를 줄이기 위한 방법으로 옳지 않은 것은?

㉮ 중량골재와 경량골재 등 비중차가 큰 골재를 사용한다.
㉯ 플라이애시 등의 포졸란을 적당량 혼화한다.
㉰ 세장한 골재보다는 둥근 골재를 사용한다.
㉱ AE제나 AE감수제 등을 사용하여 사용수량을 감소한다.

31. ㉮
골재의 비중차가 적으면 재료분리 현상이 감소한다.

32. 콘크리트 재료분리 현상을 줄이기 위한 방법으로 틀린 것은?

㉮ 잔골재율을 작게 한다.
㉯ 물시멘트비를 작게 한다.
㉰ 잔골재 중의 0.15~0.3 mm의 정도의 세립분을 증가시킨다.
㉱ AE제, 플라이에시 등을 사용한다.

32. ㉮
잔골재율을 증가시키면 재료분리 현상이 감소한다.

33. 콘크리트의 블리딩에 관한 설명으로 옳지 않은 것은?

㉮ 콘크리트 타설 후 비교적 가벼운 물이나 미세한 물질 등이 상승하는 현상을 의미한다.
㉯ 콘크리트의 물시멘트비가 클수록 블리딩량은 증대한다.
㉰ 콘크리트의 컨시스턴시가 클수록 블리딩량은 증대한다.
㉱ 단위 시멘트량이 많을수록 블리딩량은 크다.

33. ㉱

블리딩은 단위 시멘트량이 많을수록 블리딩량은 감소한다.

34. 콘크리트를 부어 넣은 후 수분의 증발에 따라 그 표면에 나타나는 백색의 미세한 물질은?

㉮ 블리딩(Bleeding) ㉯ 레이턴스(Laitance)
㉰ 팽창점토 ㉱ 슬러리(Slurry)

34. ㉯

레이턴스는 콘크리트를 타설 후 블리딩수의 증발에 따라 그 표면에 나오는 백색의 미세한 물질로써 경화되지 않는 층이다.

35. 콘크리트의 품질, 특성 중 적당하지 않은 것은 다음 중 어느 것인가?

㉮ 다지기 정도 ㉯ 강도
㉰ 슬럼프 ㉱ 공기량

35. ㉮

콘크리트의 품질과 다지기 정도는 직접적인 관계는 없다.

36. 굳지 않은 콘크리트(Fresh Concrete)의 품질시험 항목으로 가장 부적당한 것은?

㉮ 공기량시험 ㉯ 수밀시험
㉰ 염화물함유량시험 ㉱ 슬럼프시험

36. ㉯

수밀시험은 물의 흡수 투과를 제어하는 성능을 시험하는 것으로 콘크리트가 경화 후 시험한다.

37. 콘크리트의 슬럼프테스트(Slump Test)는 콘크리트의 무엇을 판단하기 위한 수단인가?

㉮ 압축강도
㉯ 워커빌리티(Workability)
㉰ 블리딩(Bleeding)
㉱ 공기량

37. ㉯

슬럼프시험은 콘크리트의 워커빌리티(시공연도)를 측정하는 시험이다.

38. 콘크리트의 슬럼프테스트는 무엇을 측정하는 것인가?

㉮ 콘크리트의 강도
㉯ 콘크리트의 시공연도
㉰ 골재의 조립률
㉱ 시멘트와 잔골재의 비율

38. ㉯

슬럼프시험은 콘크리트의 시공연도를 측정하는 시험이다.

39. 슬럼프콘에 있어서 슬럼프시험의 결과가 다음 그림과 같이 되었다면 슬럼프값은?

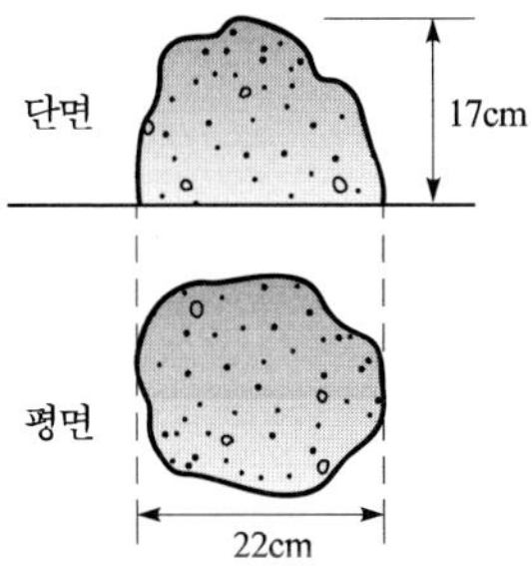

㉮ 8 cm ㉯ 13 cm
㉰ 17 cm ㉱ 22 cm

40. 콘크리트의 시공성에 영향을 주는 요인에 대한 설명으로 옳지 않은 것은?

㉮ 단위 수량이 커지면 컨시스턴시는 증가한다.
㉯ 슬럼프가 과도하게 커지면 굵은골재의 분리와 블리딩량이 증가한다.
㉰ 동일 슬럼프에서 공기량이 증가하면 단위 수량은 감소한다.
㉱ 기온이 올라가면 슬럼프는 증가한다.

41. 콘크리트의 반죽질기 시험방법이 아닌 것은?

㉮ 블리딩시험 ㉯ 슬럼프시험
㉰ 구관입시험 ㉱ 리몰딩시험

42. 콘크리트공사에서 워커빌리티의 측정법으로 가장 부적당한 것은 다음 중 어느 것인가?

㉮ 표준관입시험 ㉯ 구관입시험
㉰ 비비(Vee-Bee)시험 ㉱ 리몰딩(Remolding)시험

43. 철근콘크리트공사에서 워커빌리티의 측정방법이 아닌 것은?

㉮ 슬럼프시험 ㉯ 드롭테이블시험
㉰ 구관입시험 ㉱ 강도시험

39. ㉯
슬럼프값=30−17=13 cm

40. ㉱
슬럼프는 기온이 올라가면 감소한다.

41. ㉮
굳지 않은 콘크리트 시험에서 시공연도(반죽질기)의 측정시험은 슬럼프시험, 흐름시험, 구관입시험, 리몰딩시험, 비비시험 등이 있다.

42. ㉮
표준관입시험은 주로 사질토지반의 밀도(지내력)를 측정하는 토질시험이다.

43. ㉱
강도시험은 경화한 콘크리트의 시험이다.

44. 건설현장에서 굳지 않은 콘크리트에 대해 실시하는 시험으로 옳지 않은 것은?

㉮ 슬럼프(Slump)시험　　㉯ 코어(Core)시험
㉰ 염화물시험　　㉱ 공기량시험

45. 굳지 않은 콘크리트가 현장에 도착했을 때 실시하는 품질관리시험 항목이 아닌 것은?

㉮ 염화물　　㉯ 조립률
㉰ 슬럼프　　㉱ 공기량

46. 콘크리트의 강도에 관한 기술 중 옳은 것은 어느 것인가?

㉮ 슬럼프시험으로 강도를 정한다.
㉯ 콘크리트의 강도는 시멘트의 강도에 의해 영향을 받는다.
㉰ 같은 강도인 콘크리트를 제조할 때 슬럼프를 변화시키려면 물로 조절한다.
㉱ 물시멘트비를 변화시키려면 세골재로 조절한다.

47. 일반적으로 사용 콘크리트의 압축강도시험 1회의 검사로트 크기로 적당한 것은 어느 것인가? (단, 건축공사 표준시방서 기준)

㉮ 50 m^3　　㉯ 100 m^3
㉰ 120 m^3　　㉱ 200 m^3

48. 콘크리트의 압축강도 검사 중 타설량 기준에 따른 시험 횟수로 옳은 것은? (단, KCS기준)

㉮ 120 m^3 당 1회　　㉯ 180 m^3 당 1회
㉰ 120 m^3 당 2회　　㉱ 180 m^3 당 2회

49. 콘크리트의 압축강도가 증가할수록 감소되는 것은?

㉮ 전단능력　　㉯ 휨능력
㉰ 연성능력　　㉱ 부착능력

---

44. ㉯
코어시험은 경화한 콘크리트의 강도시험이다.

45. ㉯
조립률은 레미콘 공장 등에서 타설 전에 하는 시험이다.

46. ㉯
① 슬럼프시험은 시공연도를 측정하는데 이용된다.
② 콘크리트의 강도는 물시멘트비와 시멘트의 강도에 의해 좌우된다.
③ 같은 강도의 콘크리트를 제조하기 위해서는 잔골재율과 슬럼프를 변화시켜 동일한 물시멘트비가 되게 한다.
④ 물시멘트비는 물과 시멘트의 질량으로 조절한다.

47. ㉰
사용 콘크리트의 압축강도 품질검사는 조물의 중요도와 공사의 규모에 따라 120 m^3 마다 1회로 한다.

48. ㉮
사용 콘크리트의 압축강도 품질검사는 조물의 중요도와 공사의 규모에 따라 120 m^3 마다 1회로 한다.

49. ㉰
저강도 콘크리트는 최대 강도 이후 완만한 변형으로 변형률 0.004 정도에서 연성파괴를 하고, 고강도 콘크리트는 최대 강도 이후 급격한 변형으로 변형률 0.003 정도에서 취성파괴를 한다.

50. 지름 100 mm, 높이 200 mm인 원주형 공시체로 콘크리트의 압축강도를 시험하였더니 180 kN에서 파괴되었다면 이 콘크리트의 압축강도는?

㉮ 12.7 MPa　　㉯ 22.9 MPa
㉰ 25.5 MPa　　㉱ 45.3 MPa

51. 지름 100 mm, 높이 200 mm인 원주형 공시체로 콘크리트의 압축강도를 시험하였더니 200 kN에서 파괴되었다면 이 콘크리트의 압축강도는?

㉮ 12.7 MPa　　㉯ 17.0 MPa
㉰ 25.5 MPa　　㉱ 50.9 MPa

52. 지름 100 mm, 높이 200 mm인 원주형 공시체로 콘크리트의 압축강도를 시험하였더니 250 kN에서 파괴되었다면 이 콘크리트의 압축강도는?

㉮ 25.4 MPa　　㉯ 28.5 MPa
㉰ 31.8 MPa　　㉱ 34.2 MPa

53. 지름 150 mm, 높이 300 mm인 콘크리트의 압축강도시험용 공시체를 압축강도시험 하였더니 400 kN에서 파괴되었다. 압축강도는?

㉮ 5.6 MPa　　㉯ 8.8 MPa
㉰ 17.6 MPa　　㉱ 22.6 MPa

54. 지름 150 mm, 높이 300 mm인 원주형 공시체 콘크리트의 재령 28일의 압축강도를 시험하였더니 500 kN에서 파괴되었다. 이 콘크리트의 최대압축강도는? (단, π 는 3.14로 계산)

㉮ 7.00 MPa　　㉯ 11.1 MPa
㉰ 22.2 MPa　　㉱ 28.3 MPa

50. ㉯

• 콘크리트의 압축강도

$$f_c = \frac{P_c}{A} = \frac{P_c}{\left(\frac{\pi D^2}{4}\right)} = \frac{180 \times 10^3}{\left(\frac{\pi \times 100^2}{4}\right)}$$

$= 22.9\,\text{MPa}$

51. ㉰

• 콘크리트의 압축강도

$$f_c = \frac{P_c}{A} = \frac{P_c}{\left(\frac{\pi D^2}{4}\right)} = \frac{200 \times 10^3}{\left(\frac{\pi \times 100^2}{4}\right)}$$

$= 25.5\,\text{MPa}$

52. ㉰

• 콘크리트의 압축강도

$$f_c = \frac{P_c}{A} = \frac{P_c}{\left(\frac{\pi D^2}{4}\right)} = \frac{250 \times 10^3}{\left(\frac{\pi \times 100^2}{4}\right)}$$

$= 31.8\,\text{MPa}$

53. ㉱

• 콘크리트의 압축강도

$$f_c = \frac{P_c}{A} = \frac{P_c}{\left(\frac{\pi D^2}{4}\right)} = \frac{400 \times 10^3}{\left(\frac{\pi \times 150^2}{4}\right)}$$

$= 22.6\,\text{MPa}$

54. ㉱

• 콘크리트의 압축강도

$$f_c = \frac{P_c}{A} = \frac{P_c}{\left(\frac{\pi D^2}{4}\right)} = \frac{500 \times 10^3}{\left(\frac{\pi \times 150^2}{4}\right)}$$

$= 28.3\,\text{MPa}$

55. 콘크리트의 압축강도시험용 원주형 공시체(ø150×300 mm)를 할렬에 의한 간접 인장강도시험을 실시한 결과 160 kN에서 파괴되었다. 콘크리트 인장강도로 옳은 것은?

㉮ 1.5 MPa ㉯ 2.3 MPa
㉰ 2.9 MPa ㉱ 4.6 MPa

55. ㉯

• 콘크리트의 인장강도(할렬 인장강도)

$$f_{sp}=\frac{2P}{\pi l d}=\frac{2\times \text{최대하중}}{\text{공시체의 곡면부분의 면적}}=\frac{2\times(160\times10^3)}{\pi\times300\times150}=2.3\ \text{MPa}$$

56. 경화한 콘크리트의 비파괴시험 종류에 해당하지 않는 것은?

㉮ 반발경도법
㉯ 초음파속도법
㉰ 인장강도시험
㉱ 공진법

56. ㉰

경화한 콘크리트의 비파괴시험의 종류로는 반발경도법, 초음파속도법, 복합법, 공진법 등이 있다.

57. 다음 각종 시험에 사용하는 기구와 사용개소의 조합 중 옳지 않은 것은?

㉮ 다이얼게이지 – 지내력시험
㉯ 공기량 측정기 – 콘크리트시험
㉰ 슈미트해머테스트 – 강구조 볼트시험
㉱ 페니트로미터 – 토질시험

57. ㉰

슈미트해머시험은 경화콘크리트의 표면을 슈미트해머로 타격할 때의 반발경도로 압축강도를 추정하는 시험이다.

58. 콘크리트의 강도를 추정하기 위한 시험 방법 중 가장 간단한 것은 다음 중 어느 것인가?

㉮ 코어시험
㉯ 초음파시험
㉰ 슈미트해머시험
㉱ 인발시험

58. ㉰

슈미트해머시험은 경화콘크리트의 압축강도를 추정하는 가장 간단한 시험이다.

59. 다음 콘크리트의 내구성에 관한 설명 중 옳지 않은 것은?

㉮ 철근콘크리트 구조물의 내구성은 철근을 녹슬게 하는 콘크리트의 중성화에 의해서 결정된다.
㉯ 콘크리트 구조물의 내구성은 피복두께에 비례한다.
㉰ 물시멘트비가 적으면 적을수록 내구성이 적다.
㉱ 경량골재콘크리트는 보통콘크리트에 비하여 중성화가 빨리 진행되는 편이다.

59. ㉰

내구성은 물시멘트비가 적을수록 커진다.

60. 철근콘크리트에서 콘크리트는 원래 강알칼리성으로 철근의 방청 보호 역할을 하는데, 시일이 경과함에 따라 공기 중의 탄산가스 작용을 받아 수산화칼슘이 서서히 탄산칼슘이 되면서 알칼리성을 잃어가는 현상을 무엇이라고 하는가?

㉮ 알칼리골재반응
㉯ 중성화현상
㉰ 백화현상
㉱ 크리프(Creep)현상

61. 콘크리트가 시일이 경과함에 따라 공기 중의 탄산가스작용을 받아 수산화칼슘이 서서히 탄산칼슘이 되면서 알칼리성을 잃어가는 현상을 무엇이라고 하는가?

㉮ 탄산화
㉯ 알칼리골재반응
㉰ 백화현상
㉱ 크리프(Creep)현상

62. 콘크리트의 중성화와 가장 관계가 깊은 것은?

㉮ 산소　　㉯ 이산화탄소
㉰ 염분　　㉱ 질소

63. 콘크리트는 수산화칼슘이 중성인 탄산칼슘으로 변하여 알칼리성을 상실하고 중성화하게 된다. 이 화학적인 반응을 유발하는 원인은?

㉮ 질소산화물　　㉯ 염화나트륨
㉰ 이산화탄소　　㉱ 규산칼슘

64. 콘크리트는 강알칼리성인 수산화칼슘이 중성인 탄산칼슘으로 변하여 알칼리성을 상실하고 중성화하게 됨으로써 내구성이 저하하게 되는데 이 화학적인 반응을 유발하는 원인물질은?

㉮ 질소산화물　　㉯ 염화나트륨
㉰ 이산화탄소　　㉱ 규산칼슘

60. ㉯
중성화현상은 경화된 콘크리트는 강알칼리성이나 공기 중의 탄산가스와 결합하여 탄산칼슘으로 변하고 알칼리성을 상실하고 중성화되는 현상이다.

61. ㉮
중성화현상(탄산화)은 경화된 콘크리트는 강알칼리성이나 공기 중의 탄산가스와 결합하여 탄산칼슘으로 변하고 알칼리성을 상실하고 중성화되는 현상이다.

62. ㉯
① 중성화 관련 화학식
$CaO+H_2O \rightarrow Ca(OH)_2+CO_2 \rightarrow CaCO_3+H_2O \uparrow$
(pH12~13 → pH5~8)
② 따라서 이산화탄소(CO_2)가 중성화 반응을 일으키는 원인물질이다.

63. ㉰
이산화탄소(CO_2)가 중성화 반응을 일으키는 원인물질이다.

64. ㉰
① 중성화 관련 화학식
$CaO+H_2O \rightarrow Ca(OH)_2+CO_2 \rightarrow CaCO_3+H_2O \uparrow$
(pH12~13 → pH5~8)
② 따라서 이산화탄소(CO_2)가 중성화 반응을 일으키는 원인물질이다.

65. 콘크리트의 중성화와 거리가 먼 것은?

㉮ 수산화칼슘 ㉯ 이산화탄소
㉰ 탄산칼슘 ㉱ 질소

66. 콘크리트의 중성화현상에 대한 대책으로 틀린 것은?

㉮ 물시멘트비를 작게 한다.
㉯ 콘크리트를 충분히 다짐하고 습윤양생을 한다.
㉰ 투기성이 큰 마감재를 사용한다.
㉱ 철근의 피복두께를 확보한다.

67. 최근 국내에서 생산되는 쇄석을 사용한 콘크리트의 일부에서도 알칼리골재반응이 일어날 수 있다는 내용의 연구보고가 발표되기 시작하였다. 다음 중 알칼리골재반응의 대책이라 할 수 없는 것은?

㉮ 반응성 골재를 사용하지 않는다.
㉯ 콘크리트 중의 알칼리량을 감소시킨다.
㉰ 포졸란반응을 일으킬 수 있는 혼화재를 사용한다.
㉱ 반응 시 발생되는 균열을 방지하기 위해 균열방지 구조 철근을 사용한다.

68. 알칼리골재반응의 대책으로 적절하지 않은 것은?

㉮ 반응성 골재를 사용한다.
㉯ 콘크리트 중의 알칼리양을 감소시킨다.
㉰ 포졸란반응을 일으킬 수 있는 혼화재를 사용한다.
㉱ 단위 시멘트량을 최소화 한다.

69. 골재로써 염분을 포함한 바다모래는 철근을 부식시킬 위험이 있으므로 규정치를 초과하는 경우 방청조치를 하는데 그 방법으로 부적절한 것은?

㉮ 물시멘트비의 절감
㉯ 피복두께의 증가
㉰ 아연도금 철근의 사용
㉱ 수밀성이 낮은 표면마감

65. ㉱

중성화는 수산화칼슘($Ca(OH)_2$), 이산화탄소(CO_2) 및 탄산칼슘($CaCO_3$) 등이 관계있다.

66. ㉰

중성화현상에 대한 대책으로는 콘크리트의 표면마감(타일, 돌붙임 등)을 철저히 한다.

67. ㉱

• 알칼리골재반응의 대책
① 반응성 골재의 사용금지
② 저알칼리시멘트 사용
③ 콘크리트 $1m^3$당 총 알칼리량 저감($3\ kg/m^3$ 이하)
④ 방수성 마감
⑤ 혼화제를 사용하여 수분의 이동감소

68. ㉮

알칼리골재반응의 대책으로는 반응성 골재의 사용을 금지한다.

69. ㉱

• 염해(鹽害)에 대한 대책
① 염분의 제거
② 염분의 고정화
③ 에폭시 도막철근 사용
④ 아연도금 철근 사용
⑤ 내식성 철근 사용
⑥ 콘크리트에 방청제 혼합
⑦ 충분한 피복두께 확보
⑧ 콘크리트 표면에 피막제 도포
⑨ 수밀성 콘크리트 타설
⑩ 물결합재비(물시멘트비)를 작게
⑪ 슬럼프값을 작게
⑫ AE제, AE감수제 등 사용

70. 철근콘크리트의 염해를 억제하는 방법으로 옳은 것은?

㉮ 콘크리트의 피복두께를 적절히 확보한다.
㉯ 콘크리트 중의 염소이온을 크게 한다.
㉰ 물시멘트비가 높은 콘크리트를 사용한다.
㉱ 단위 수량을 크게 한다.

71. 보통콘크리트공사에서 콘크리트에 포함된 염화물량은 염화물이온량으로써 얼마 이하가 되어야 하는가?

㉮ 0.10 kg/m^3 ㉯ 0.20 kg/m^3
㉰ 0.30 kg/m^3 ㉱ 0.40 kg/m^3

72. 일반콘크리트에서 굳지 않은 콘크리트 중의 전 염소이온량은 얼마 이하로 하여야 하는가? (단, 표준시방서 기준)

㉮ 0.10 kg/m^3 ㉯ 0.20 kg/m^3
㉰ 0.30 kg/m^3 ㉱ 0.40 kg/m^3

73. 콘크리트에 함유된 염화물량(염소이온량)이 0.3 kg/m^3을 초과하고 0.6 kg/m^3 이하인 경우의 대책으로 가장 부적당한 것은?

㉮ 물시멘트비를 55 % 이하로 한다.
㉯ AE감수제를 사용하여 슬럼프를 100 mm 이하로 한다.
㉰ 방청제를 사용한다.
㉱ 슬래브 하단의 철근 피복두께를 30 mm 이상으로 한다.

74. 철근콘크리트의 골재로써 부득이 해사(海沙)를 사용할 때에 특히 처리할 점은?

㉮ 구조내력상 중요한 부분에 보강근을 넣는다.
㉯ 충분히 물로 씻어낸다.
㉰ 소상포틀랜드시멘트를 사용한다.
㉱ 충분히 건조한 후에 사용한다.

75. 해수의 작용을 받는 콘크리트 공사에서 해수작용의 구분에 따른 콘크리트 피복두께의 대소 관계를 옳게 나타낸 것은?

㉮ 해상 대기 중 < 물보라 지역 < 해중
㉯ 해상 대기 중 < 해중 < 물보라 지역
㉰ 물보라 지역 < 해상 대기 중 < 해중
㉱ 물보라 지역 < 해중 < 해상 대기 중

70. ㉮

• 염해(鹽害)에 대한 대책
① 콘크리트 중의 염소이온을 적게 한다.
② 물시멘트비가 낮은 콘크리트를 사용한다.
③ 단위 수량을 적게 한다.

71. ㉰

① 굳지 않은 콘크리트 중의 전 염화물이온(Cl^-)량 : 0.3 kg/m^3 이하
② 철근 방청조치시 콘크리트 중의 전 염화물이온(Cl^-)량 : 0.6 kg/m^3 이하

72. ㉰

굳지 않은 콘크리트 중의 전 염소이온(Cl^-)량은 0.3 kg/m^3 이하이다.

73. ㉯

AE감수제를 사용하고, 슬럼프는 180 mm 이하로 한다.

74. ㉯

해사(海沙)를 사용할 경우, 충분히 물에 씻어서 사용한다.

75. ㉯

• 해수의 작용을 받는 콘크리트 공사(건축공사 표준시방서, 2016년)
① 물보라 지역(조수간만의 영향 및 항시 해수의 파랑이나 해풍을 받는 부분) : 90 mm
② 해중(항시 바닷물 속에 잠겨있는 부분) : 80 mm
③ 해상 대기 중(가끔 해수의 파랑이나 해풍을 받는 부분) : 70 mm

76. 콘크리트의 동해 방지대책으로 옳지 않은 것은?

㉮ AE제를 사용하여 적정량의 공기를 연행시킨다.
㉯ 아연도금 철근을 사용한다.
㉰ 물시멘트비를 낮게 한다.
㉱ 흡수량이 적은 골재를 사용한다.

76. ㉯
콘크리트의 동해 방지대책과 아연도금 철근을 사용은 관계가 없다.

77. 다음은 콘크리트 구조물의 동해에 의한 피해 현상을 나타낸 것이다. 어느 현상을 설명한 것인가?

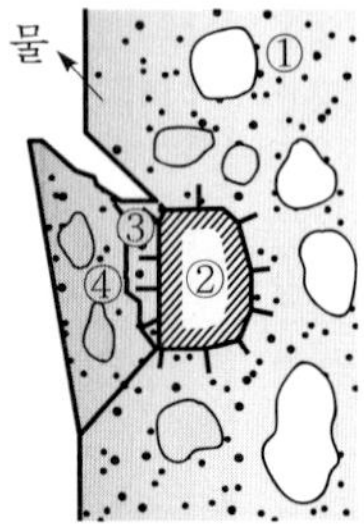

① 콘크리트가 흡수
② 흡수율이 큰 쇄석이 흡수, 포화상태가 됨
③ 빙결하여 체적 팽창압력
④ 표면부분 박리

㉮ 레이턴스　　㉯ Pop Out
㉰ 폭열현상　　㉱ 알칼리골재반응

77. ㉯
Pop Out 현상은 콘크리트 속의 수분의 동결융해작용이나 알칼리골재반응 등으로 인해 콘크리트 표면의 골재 및 모르타르가 팽창하면서 박리되어 떨어져 나가는 현상이다.

78. 철근콘크리트구조에 누전이 되면 어떠한 현상이 일어나는가?

㉮ 수축이 생긴다.
㉯ 열이 생긴다.
㉰ 콘크리트의 강도가 저하된다.
㉱ 균열이 생긴다.

78. ㉱
전식(전기적 부식)은 콘크리트 속에 매립된 철근이 전기적 원인에 의해 부식되는 현상으로 누전 등이 발생될 경우 균열이 발생된다.

79. 콘크리트의 균열을 방지하기 위한 방법으로써 가장 부적당한 것은?

㉮ 콘크리트의 급속 타설을 피하고 가급적 분할 타설을 한다.
㉯ 콘크리트 표면 수축을 막기 위하여 철근의 피복을 가급적 두껍게 한다.
㉰ 신축이음을 설치하거나 평면적으로 요철을 형성하여 구속을 완화한다.
㉱ 예상 균열부위에 철근을 보강하여 인장력을 분산시킨다.

79. ㉯
• 시공상 균열에 대한 대책
① 레디믹스트콘크리트의 품질관리 철저
② 현장의 품질관리 철저
③ 양생철저
④ 시공절차 엄수
주) 콘크리트의 피복두께를 필요 이상으로 두껍게 하면 건조수축 등에는 불리하다.

80. 다음은 콘크리트의 균열의 원인을 기록한 것이다. 이 중에서 균열의 시기에 따라 구분할 때 콘크리트의 경화 전 균열의 원인이 아닌 것은?

㉮ 거푸집 변형
㉯ 진동 또는 충격
㉰ 소성수축, 침하
㉱ 건조수축, 수화열

81. 콘크리트의 균열을 발생 시기에 따라 구분할 때 콘크리트의 경화 전 균열의 원인이 아닌 것은?

㉮ 건조수축
㉯ 거푸집 변형
㉰ 진동 또는 충격
㉱ 소성수축, 침하

82. 콘크리트의 균열을 발생 시기에 따라 구분할 때 콘크리트의 경화 전 균열의 원인이 아닌 것은?

㉮ 크리프수축
㉯ 거푸집의 변형
㉰ 침하
㉱ 소성수축

83. 콘크리트의 균열을 발생 시기에 따라 구분할 때 경화 후 균열의 원인에 해당되지 않는 것은?

㉮ 알칼리골재반응
㉯ 동결융해
㉰ 탄산화
㉱ 재료분리

84. 콘크리트의 균열에 대한 내용 중 방사형의 망상균열이 발생할 경우 가장 큰 균열의 원인은?

㉮ 시멘트의 이상 응결
㉯ 시멘트의 이상 팽창
㉰ 철근량 부족
㉱ 시멘트의 수화열

80. ㉱

콘크리트의 건조수축은 경화 후 원인이고 수화열은 경화 전 원인이다.

81. ㉮

콘크리트의 크리프수축 및 건조수축은 경화 후 원인이다.

82. ㉮

콘크리트의 크리프수축 및 건조수축은 경화 후 원인이다.

83. ㉱

콘크리트의 재료분리는 경화 전 원인이다.

84. ㉯

① 시멘트의 이상 팽창 시 방사형의 망상균열이 발생한다.
② 시멘트의 이상 응결 시 폭이 크고 짧은 균열이 비교적 빨리 불규칙하게 발생한다.
③ 철근량 부족 시 슬래브 상판과 채양 등에서 처진 방향으로 평행한 균열이 발생한다.
④ 시멘트의 수화열에 의해서는 직선상의 균열이 등간격으로 발생한다.

85. 콘크리트의 균열발생 방지법으로 가장 부적당한 것은?

㉮ 팽창재를 사용한다.
㉯ 급격한 온도변화를 피한다.
㉰ 콘크리트의 온도상승을 작게 한다.
㉱ 단위 시멘트량을 증가시킨다.

85. ㉱

균열발생을 방지하기 위해 단위 시멘트량을 감소시킨다.

86. 콘크리트를 타설하고 6시간 정도 경과한 후 콘크리트 표면을 관찰한 결과, 상부철근의 배치 모양으로 균열이 발생하였다. 이 균열의 원인은 어느 것인가?

㉮ 소성수축균열
㉯ 침하균열
㉰ 수화열에 의한 균열
㉱ 장기수축에 의한 균열

86. ㉯

침하균열은 경화 전 생기는 균열로 침강균열이라고도 한다.

87. 철근콘크리트 라멘구조 건축물의 슬래브를 시공하고, 양생이 완료되기 전에 보의 단부와 슬래브가 연결되는 위치의 상부면에서 일직선으로 보를 따라 한 바퀴 균열이 발생하였다. 이 때 균열의 가장 큰 원인은?

㉮ 양생 잘못에 의한 건조 수축 균열
㉯ 온도 급변에 의한 선팽창 균열
㉰ 긴결철선 풀림에 의한 균열
㉱ 상부철근 내려앉기에 의한 균열

87. ㉱

그림과 같이 보를 따라 한 바퀴 균열이 발생하는 것은 슬래브 및 상부철근의 처짐에 의한 균열이다.

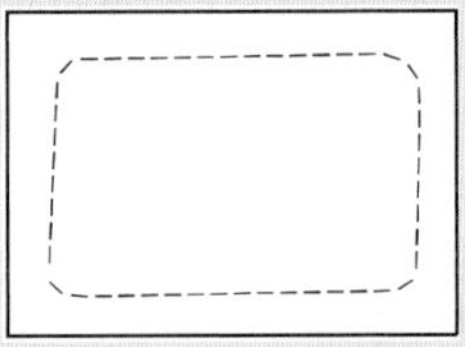

88. 콘크리트 보수 및 보강에 관한 설명으로 옳지 않은 것은?

㉮ 주입공법은 작업의 신속성을 위하여 균열부위에 주입파이프를 설치하여 보수재를 고압고속으로 주입하는 공법이다.
㉯ 표면처리공법은 균열 0.2 mm 이하 부위에 수지로 충전하고 균열표면에 보수재료를 씌우는 공법이다.
㉰ 충전공법 사용 재료는 실링재, 에폭시수지 및 폴리머시멘트모르타르 등이 있다.
㉱ 탄소섬유접착공법은 탄소섬유판을 에폭시수지 등으로 콘크리트면에 부착시켜 탄소섬유판의 높은 인장 저항성으로 콘크리트를 보강하는 공법이다.

88. ㉮

주입공법은 균열부위에 주입파이프를 설치하여 보수재(에폭시수지 등)를 저압저속으로 주입하는 공법이다.

제17장 콘크리트의 배합설계, 시공 및 이음

1 콘크리트의 배합설계

1. 개요

1) 일반사항

① 콘크리트의 배합설계는 콘크리트가 요구 성능을 얻기 위해 콘크리트의 제조에 필요한 각 재료의 사용량 또는 비율을 정하는 것이다. 89)

② 콘크리트의 사용 골재에 따른 종류는 보통콘크리트, 경량골재콘크리트 1종 및 경량골재콘크리트 2종 등이 있다.

2) 배합설계의 종류(배합의 표시법)

배합설계의 종류	내 용
절대용적배합	절대용적배합은 콘크리트 비벼내기 1 m^3에 소요되는 각 재료를 절대용적(m^3)으로 표시한 배합이다.
질량배합 (중량배합)	① 질량배합은 콘크리트 비벼내기 1 m^3에 소요되는 각 재료를 질량(kg)으로 표시한 배합으로, 골재는 절건질량을 기준으로 한다. ② 배합편차가 적고 재료의 수시변화에 신속히 대처 가능한 가장 이상적인 배합이다.
표준계량용적배합	표준계량용적배합은 콘크리트 비벼내기 1 m^3에 소요되는 표준계량용적(m^3)으로 표시한 배합이다.
현장계량용적배합	현장계량용적배합은 콘크리트 비벼내기 1 m^3에 소요되는 각 재료중 시멘트는 포대수, 골재는 용적(m^3)으로 표시한 배합이다.

주1 모든 배합은 굵은골재의 최대 치수(mm), 슬럼프값(mm), 공기량(%), 물결합재비(%) 또는 물시멘트비(%)를 기입해야 한다.

주2 절대용적(Absolute Volume)은 콘크리트 속에 공기를 제외한 각 재료가 순수하게 차지하고 있는 용적이다.

89) 건축구조용어사전, 대한건축학회, 2008.

3) 계획배합과 현장배합

(1) 계획배합

계획배합은 소정의 품질을 갖는 콘크리트가 얻어지도록 한 계획된 배합이다. 시방서 등에 의한 배합이며 콘크리트의 1 m^3에 대한 재료 사용량으로 나타낸다. 시방배합이라고도 한다.

(2) 현장배합

현장배합은 시방배합의 콘크리트가 얻어지도록 현장에서 재료의 상태 및 계량방법에 따라 정한 배합이다.

4) 배합의 결정요소(콘크리트의 품질에 영향을 주는 요소)

① 물결합재비(W/B) 또는 물시멘트비(W/C)
② 슬럼프값
③ 단위 시멘트량
④ 단위 수량
⑤ 잔골재율(S/a)
⑥ 공기량

5) 배합의 일반적인 경향

(1) 재료 사용량의 관점

① 동일 물결합재비(물시멘트비)와 동일 슬럼프에서
ⓐ 잔골재가 가늘수록 단위 시멘트의 사용량은 증가
ⓑ 굵은골재가 가늘수록 단위 시멘트의 사용량은 증가
ⓒ 잔골재가 가늘수록 굵은골재의 사용량은 증가
ⓓ 굵은골재가 가늘수록 잔골재의 사용량은 증가
ⓔ 잔골재가 굵을수록 잔골재의 사용량은 증가
ⓕ 굵은골재가 굵을수록 굵은골재의 사용량은 증가

② 동일 물결합재비(물시멘트비)의 경우 슬럼프가 클수록 단위 시멘트 사용량은 증가
③ 동일 슬럼프일 경우 물결합재비(물시멘트비)가 작을수록 단위 시멘트의 사용량은 증가
④ 물결합재비(물시멘트비)가 60 % 이하인 경우, 동일 슬럼프에서는 물결합재비(물시멘트비)에 관계없이 굵은골재의 사용량 동일
⑤ 슬럼프 150 mm 이상에서는 동일 물결합재비(물시멘트비)의 경우 슬럼프가 커질수록 잔골재의 사용량은 증가

(2) 재료 사용비율의 관점

일정한 물결합재비(물시멘트비)로 일정한 슬럼프의 콘크리트를 만들 경우,

① 굵은골재가 거칠수록 잔골재의 비율은 증가시키고 굵은골재의 비율은 감소시킨다.

② 잔골재가 거칠수록 굵은골재의 비율은 증가시키고 잔골재의 비율은 감소시킨다.

6) 배합설계의 순서

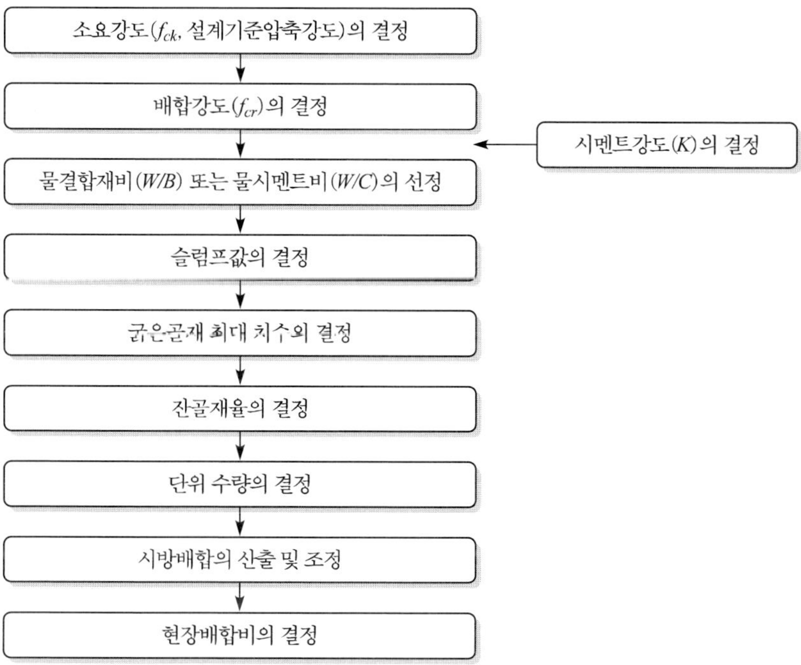

2. 배합설계의 내용

1) 설계기준압축강도(f_{ck})

① 설계기준압축강도는 콘크리트구조 설계에서 기준이 되는 콘크리트의 압축강도이다.
② 표준적으로 사용하는 설계기준강도와 동일한 용어이다.
③ 일반적으로 표준양생을 실시한 콘크리트 공시체의 재령 28일 압축강도이다.
④ 콘크리트의 허용응력도에 안전율을 고려하여 산정한다.
⑤ 설계기준압축강도(f_{ck})는 장기허용응력도의 3배, 단기허용응력도의 1.5배이다.
⑥ 보통콘크리트의 설계기준압축강도는 21, 24, 27, 30 MPa 등이 있다.

2) 품질기준강도(f_{cq})

품질기준강도는 구조계산에서 정해진 설계기준압축강도(f_{ck})와 내구성 설계를 반영한 내구성 기준압축강도(f_{cd})중에서 큰 값으로 결정된 강도이다. [$f_{cq} = \max(f_{ck}, f_{cd})$]

3) 배합강도(f_{cr}) [90]

(1) 개요

① 배합강도는 구조물에 사용되는 콘크리트의 압축강도가 소요의 강도를 갖기 위해서는 콘크리트 배합설계 시 목표로 정하는 압축강도이다.

② 일반적으로 표준양생 또는 현장수중양생에 의한 재령 28일 공시체의 압축강도이다.

③ 배합강도(f_{cr})가 호칭강도(f_{cn}) 또는 설계기준압축강도(f_{ck})보다 충분히 커야 한다.

④ 표준양생은 제작 된 콘크리트의 강도시험용 공시체를 20±2 ℃의 온도로 유지하면서 수중 또는 상대습도 95 % 이상의 습윤상태에서 양생하는 것이다.

주1 배합은 콘크리트 또는 모르타르를 만들 때 소요되는 각 재료의 비율이나 사용량이다.

주2 호칭강도는 레디믹스트콘크리트 주문 시 KS F 4009의 규정에 따라 사용되는 콘크리트의 강도이다.

(2) 배합강도식

① $f_{cq} \leq 35$ MPa인 경우

$$f_{cr} = \max\{f_{cq} + 1.34s,\ (f_{cq} - 3.5) + 2.33s\}\ \text{(MPa)}$$

② $f_{cq} > 35$ MPa인 경우

$$f_{cr} = \max[f_{cq} + 1.34s,\ 0.9 f_{cq} + 2.33s]\ \text{(MPa)}$$

여기서, f_{cq} : 품질기준강도(f_{cq})는 설계기준압축강도(f_{ck})와 내구성 기준압축강도(f_{cd}) 중 큰 값(MPa), $f_{cq} = \max(f_{ck}, f_{cd})$

s : 압축강도의 표준편차(MPa), $s = 1.00 \sim 1.16$

(3) 호칭강도식

① 배합강도(f_{cr})를 호칭강도(f_{cn})보다 크게 한다.

② 호칭강도(f_{cn})는 품질기준강도(f_{cq})에 기온보정강도(T_n)를 더하여 다음과 같이 산정한다.

$$f_{cn} = f_{cq} + T_n\ \text{(MPa)}$$

90) KCS 14 20 10 일반콘크리트 (1.3), 국토교통부, 한국콘크리트학회, 2021.

여기서, f_{cq} : 품질기준강도(f_{cq})는 설계기준압축강도(f_{ck})와 내구성 기준압축강도(f_{cd}) 중 큰 값(MPa). $f_{cq} = \max(f_{ck}, f_{cd})$

T_n : 기온보정강도(MPa). 재령 28일 보통포틀랜드시멘트의 경우, 콘크리트 타설일로부터 재령 28일간의 예상 평균기온이 18 ℃ 이상이면 $T_n = 0$, 예상 평균기온이 8이상 18 ℃ 미만이면 $T_n = 3$, 예상 평균기온이 4이상 13 ℃ 미만이면 $T_n = 6$이다.

예를 들어 설계기준압축강도 $f_{ck} = 24$ MPa, 내구성 기준압축강도 $f_{cd} = 27$ MPa이라면 품질기준강도 $f_{cq} = \max(f_{ck}, f_{cd}) = \max(24, 27) = 27$ MPa이다. 재령 28일의 구조물에서 콘크리트 타설일로부터 재령 28일간의 예상 평균기온이 15 ℃이면, 호칭강도 $f_{cn} - 30$ MPa이 된다.

(3) 시험횟수가 14회 이하이거나 기록이 없는 경우의 배합강도

호칭강도, f_{cn}(MPa)	배합강도, f_{cr}(MPa)
21미만	$f_{cn} + 7$
21이상 35이하	$f_{cn} + 8.5$
35초과	$1.1 f_{cn} + 5$

4) 시멘트의 강도(K)

28일 압축강도(K_{28})를 기준으로 하며, 3일 강도(K_3) 및 7일 강도(K_7)로 추정 가능하다.

5) 물결합재비와 물시멘트비

(1) 개요

① 물결합재비(W/B, Water Binder Ratio)는 모르타르 또는 콘크리트에 포함된 시멘트풀 속의 결합재(시멘트+혼화재)에 대한 물의 질량비이다.

② 물시멘트비(W/C, Water Cement Ratio)는 모르타르 또는 콘크리트에 포함된 시멘트 풀 중의 시멘트에 대한 물의 질량비이다.

③ 물결합재비 또는 물시멘트비는 콘크리트의 강도에 가장 큰 영향을 주는 요소이다.

④ 물결합재비 또는 물시멘트비가 커지면 콘크리트의 강도, 수밀성, 내구성이 저하된다.

⑤ 콘크리트의 물결합재비는 원칙적으로 60 % 이하이다.

(2) 물결합재비(W/B)와 물시멘트비(W/C)의 산정 공식

① 물결합재비는 압축강도를 기준으로 물결합재비를 정하는 경우 그 값은 다음과 같이 정하여야 한다.

㉠ 압축강도와 물결합재비와의 관계는 시험에 의하여 정하는 것을 원칙으로 한다. 이때 공시체는 재령 28일을 표준으로 한다.

㉡ 배합에 사용할 물결합재비(W/B)는 기준 재령의 결합재-물비(B/W)와 압축강도와의 관계식에서 배합강도에 해당하는 결합재-물비(B/W) 값의 역수로 한다.

$$f_{28} = A + B\left(\frac{B}{W}\right)$$

여기서, f_{28} : 재령 28일의 콘크리트의 압축강도(MPa)

A, B : 시험에 의하여 정하는 상수

B/W : 결합재-물비

② 소규모 공사에서 시험을 하지 않으며, 보통포틀랜드시멘트를 사용하고 혼화제를 쓰지 않는 보통콘크리트에 대한 물시멘트비(W/C)는 다음과 같이 산정한다.[91),92)]

$$W/C = \min\left(\frac{21.5}{f_{28}+21.0} \times 100,\ \frac{61}{f_{28}/K+0.34}\right)\ (\%)$$

여기서, f_{28} : 재령 28일의 콘크리트의 압축강도(MPa)

K : 시멘트의 강도(MPa)

(3) 사용 시멘트에 따른 최대 물결합재비[93)]

시멘트 종류		물결합재비의 최댓값 (%)
① 포틀랜드시멘트 ③ 포틀랜드포졸란시멘트(1종)	② 고로슬래그시멘트(특급) ④ 플라이애시시멘트(1종)	65
① 고로슬래그시멘트(1종) ③ 플라이애시시멘트(2종)	② 포틀랜드포졸란시멘트(2종)	60

91) 정상진 외 7인, 건축시공학, 기문당, 1998, p.333.

92) 장기인, 건축시공학, 보성각, 2000, p.198.

93) 건축공사 표준시방서(05010), 국토교통부, 대한건축학회, 2016.

(4) 콘크리트 종류에 따른 최대 물결합재비 (%)

콘크리트의 종류		물결합재비의 최댓값 (%)
① 보통콘크리트(일반콘크리트) ③ 경량골재콘크리트	② 한중콘크리트 ④ 고내구성콘크리트	60
① 차폐용콘크리트(중량콘크리트) ③ 수밀콘크리트 ⑤ 고유동콘크리트	② 고강도콘크리트 ④ 수중콘크리트	50

주1 콘크리트의 물결합재비는 원칙적으로 60 % 이하이다.

6) 단위 수량

① 단위 수량은 콘크리트 1 m^3 중의 물의 양이다.

② 단위 수량은 작업이 가능한 범위 내에서 될 수 있는 한 적게 되도록 한다. 일반적으로 단위 수량은 185 kg/m^3 이하로 한다.

7) 단위 결합재량

① 단위 결합재량은 콘크리트 1 m^3 중의 결합재(시멘트+혼화재)의 양이다.

② 단위 시멘트량은 콘크리트 1 m^3 중의 시멘트의 양이다.

③ 단위 결합재량은 단위 수량과 물결합재비(W/B)로부터 정한다.

④ 단위 결합재량은 소요의 강도, 내구성, 수밀성, 균열저항성, 강재를 보호하는 성능 등을 갖는 콘크리트가 얻어지도록 정한다.

⑤ 단위 결합재량의 증가 시 강도, 수밀성, 내구성이 증가되고 수화열이 증가하나 균열발생의 원인이 된다.

⑥ 일반적으로 단위 시멘트량은 270 kg/m^3 이상으로 한다.

8) 굵은골재의 최대 치수[94)]

(1) 굵은골재의 공칭 최대 치수

굵은골재의 공칭 최대 치수는 다음 값을 초과하지 않아야 한다.

① 거푸집 양 측면 사이의 최소 거리의 1/5

② 슬래브 두께의 1/3

③ 개별 철근, 다발철근, 긴장재 또는 덕트 사이 최소 순간격의 3/4

---

94) KCS 14 20 10 일반콘크리트(2.2), 국토교통부, 한국콘크리트학회, 2021.

(2) 굵은골재의 최대 치수 표준

① 굵은골재의 최대 치수는 다음 표의 값을 표준으로 한다.

구조물의 종류	굵은골재의 최대 치수 (mm)
일반적인 경우	20 또는 25
단면이 큰 경우	40
무근콘크리트	40 (부재 최소 치수의 1/4을 초과해서는 안 됨)

② 실제공사에서는 철근간격이 좁은 경우가 많으므로 원칙적으로 보통골재는 25 mm 이하를 사용하고, 단면이 얇거나 경량골재 등에서는 20 mm 이하가 바람직하다.

(3) 굵은골재의 최대 치수와 콘크리트의 성질

① 최대 치수가 클수록 단위 수량 및 단위 시멘트량은 감소한다.

② 최대 치수 20 mm가 가장 경제적이며 이상이면 나빠지는 경향이 있다.

③ 최대 치수가 작을수록 콘크리트의 수밀성이 증대된다.

9) 슬럼프값

(1) 개요

① 슬럼프값(Slump Value)은 워커빌리티(시공연도)의 양부를 판단하고 콘크리트의 컨시스턴시를 측정하는 정량적 수치이다.

② 일정 범위 내에서 슬럼프값이 클수록 워커빌리티가 향상되지만 운반, 타설 및 다지기 등의 작업에 알맞은 범위 내에서 될 수 있는 대로 작은 값을 한다.

(2) 슬럼프의 표준값 [95)]

① KCS 14 20 10 : 2021에서는 콘크리트 슬럼프의 표준값은 150 mm 이하로 한다.

② 콘크리트를 타설할 때의 슬럼프값은 다음 표를 표준으로 한다.

종류		슬럼프값(mm)
철근콘크리트	일반적인 경우	80~150
	단면이 큰 경우	60~120
무근콘크리트	일반적인 경우	50~150
	단면이 큰 경우	50~100

95) KCS 14 20 10 일반콘크리트 (2.2), 국토교통부, 한국콘크리트학회, 2021.

10) 잔골재율

(1) 잔골재율 산정식

잔골재율(S/a,)은 잔골재의 절대용적을 전체 골재의 절대용적으로 나눈 값의 백분율이다.

$$S/a \frac{\text{잔골재의 절대용적}}{\text{전체 골재의 절대용적}} \times 100 \ (\%)$$

(2) 일반사항

① 잔골재율은 소요 워커빌리티(시공연도)를 얻을 수 있는 범위 내에서 단위 수량이 최소가 되도록 정한다.

② 일반적으로 잔골재율이 작게 되면 소요 워커빌리티의 콘크리트에 대해 단위 수량이 감소되고 단위 시멘트량이 감소된다.

③ 잔골재율이 너무 작게 되면 재료분리가 생기고 콘크리트가 거칠어진다.

④ 잔골재율이 증가하면 간극이 많게 되고 단위 시멘트량, 단위 수량이 증가된다.

11) 공기량

① 공기량은 워커빌리티 개선과 동결 융해에 대한 저항을 증대시킨다.

② 공기량 증가 시 슬럼프값은 증가하고 단위 수량과 압축강도는 감소한다.

③ AE제, AE감수제 및 고성능 AE감수제를 사용하는 콘크리트의 공기량은 4.5~6.0 %의 값으로 한다.

12) 배합의 표시방법

배합의 표시방법은 일반적으로 다음 표를 따른다.

굵은골재의 최대 치수 (mm)	슬럼프 범위 (mm)	공기량 범위 (%)	물결합재비[1] W/B (%)	잔골재율 S/a (%)	단위 질량(kg/m^3)					
					물	시멘트	잔골재	굵은골재	혼화재료	
									혼화재	혼화제

주1) 혼화재를 사용하지 않는 경우에는 물시멘트비가 된다.

2 콘크리트의 시공

1. 콘크리트공사 관련 제출물 [96)]

1) 검사 및 시험계획서

콘크리트공사를 시작하기 전에 재료 및 현장 품질관리 기준에 따라 검사 및 시험계획서를 작성한다.

2) 시공계획서

(1) 공사를 시작하기 전에 환경에 대한 부하, 시공 안전성, 공사비용, 공사기간 등과 같은 공사요건을 만족하도록 구조물의 설계에 기초하여 시공계획을 수립한다.

(2) 시공계획서의 기술내용은 다음과 같다.

① 공사의 개요
② 공사의 요건
③ 구조물의 요구 성능
④ 콘크리트의 성능, 콘크리트 재료, 배합 등
⑤ 조직표, 노무계획
⑥ 재료사용계획
⑦ 시공기계, 시공설비
⑧ 가설준비
⑨ 콘크리트공사에 관한 시공계획
⑩ 품질관리계획
⑪ 시공 관리계획, 안전 및 보건계획
⑫ 검사 및 유지관리계획
⑬ 그 밖의 필요한 사항

3) 시공상세도면

(1) 콘크리트공사를 시작하기 전에 시공계획서에 따라 콘크리트의 타설 순서, 이음위치, 양생방법 등 콘크리트 시공에 관련된 상세한 사항 등이 명시된 시공상세도면을 작성한다.

(2) 시공상세도면의 포함사항은 다음과 같다.

① 콘크리트 타설계획 및 구간
② 끊어치기 부위의 상세단면
③ 지하구조의 지수판 설치 및 상세도
④ 이음(균열유발이음, 콜트조인트, 신축이음, 시공이음 등)
⑤ 철근 배치시공도(철근 배치도 포함)

96) KCS 14 20 10 일반콘크리트(1.5), 국토교통부, 한국콘크리트학회, 2021.

2. 재료의 계량

1) 개요

① 재료의 계량은 질량으로 한다. 다만, 물과 혼화제 용액은 용적으로 계량한다.

② 재료의 계량은 현장배합에 의해 실시한다.

2) 계량의 허용오차[97)]

허용오차는 부재의 치수, 강도 등 규정된 조건으로부터 허용된 부재의 제작 및 조립의 오차이며, 다음과 같다.

구 분	측정 단위	1회 계량분량의 허용오차(%)	구 분	측정 단위	1회 계량분량의 허용오차(%)
시멘트	질량	-1, +2	골재	질량	±3
물	질량 또는 부피	-2, +1	혼화제	질량 또는 부피	±3
혼화재	질량	±2	-	-	-

주1 고로슬래그 미분말의 계량오차의 최대치는 1%로 한다.

3) 계량장치

종 류	내 용
물의 계량장치	① 오버플로식(Overflow System) ② 사이폰식(Siphon System) ③ 플로트식(Float System)
이넌데이터(Inundator)	모래의 용적 계량장치
워세크리터(Wacecreter)	물결합재비(물시멘트비)를 일정하게 유지하면서 재료를 계량하는 장치
디스펜서(Dispenser)	AE제의 계량장치
워싱턴미터, 에어미터 (Washington Meter, Air Meter)	굳지 않은 콘크리트 중의 공기량 측정기

3. 비비기

1) 비비기

콘크리트 비비기(믹싱, 비빔)는 콘크리트를 배합하는 일이다. 기계비비기와 손비비기가 있으며, 기계비비기에는 믹서가 사용된다.

---

97) KCS 14 20 10 일반콘크리트(2.2), 국토교통부, 한국콘크리트학회, 2021.

2) 비비기 종류

(1) 기계비비기

① 믹서(Mixer, 혼합기)로 비비는 것이다.

② 재료 투입 순서는 동시 투입하는 것이 이상적이다.

③ 실제 재료 투입 순서는 '잔골재 → 시멘트 → 물 → 굵은골재'이다.

④ 비비기 시간의 최소 시간은 가경식 믹서일 때는 1분 30초 이상, 강제식 믹서일 때는 1분 이상을 표준으로 할 수 있다. 1시간의 비비기 횟수는 20회 정도이다.

(2) 손비비기

① 재료 투입 순서는 '잔골재 → 시멘트 → 굵은골재 → 물' 이다.

② 건비빔 3회, 물비빔 4회 이상이다.

3) 믹서의 종류

(1) 드럼 믹서

드럼 믹서는 동력에 의해 회전하는 혼합통 안에 1배치분씩의 재료를 넣어서 콘크리트를 혼합하는 믹서로 혼합통을 기울이지 않고 콘크리트를 배출할 수 있는 것이다. 믹서의 공칭용량은 0.6 m^3 이하이다.

주1 배치(Batch)는 1회에 비비는 콘크리트, 모르타르, 시멘트, 물, 혼화재 및 혼화제 등이 양이다.

주2 배치믹서(Batch Mixer)는 재료의 투입, 콘크리트의 혼합을 배치 단위로 되풀이해서 혼합하는 믹서로 1배치 단위로 재료를 넣어 반죽하는 믹서이다.

(2) 가경식 믹서

가경식 믹서는 동력에 의해 회전하는 혼합통 안에 1배치분씩의 재료를 넣어서 콘크리트를 혼합하는 믹서로 혼합통을 기울여 콘크리트를 배출하는 것이다. 믹서의 공칭용량은 0.8 m^3 이하이다.

(3) 강제식 믹서

강제식 믹서는 혼합통 안에 1배치분의 재료를 넣고 동력에 의해 회전되는 날개 등에 의해 콘크리트를 혼합하는 믹서이다. 강제혼합식 믹서라고도 한다. 믹서의 공칭용량은 3.0 m^3 이하이다.

4) 배처플랜트

(1) 배칭플랜트

배칭플랜트(Batching Plant)는 한회 비비기 분량(1회 분량)의 재료를 넣는 설비이다.

(2) 믹싱플랜트

믹싱플랜트(Mixing Plant)는 배칭플랜트에 비비기 설비를 한 것이다.

(3) 배처플랜트

배처플랜트(Batcher Plant)는 배칭플랜트와 믹싱플랜트 등과 같은 이들 각 설비를 기능적으로 구성한 것으로 물, 시멘트, 골재 등을 정확하고 능률적으로 자동 계량하여 혼합하여 주는 기계설비이다.

5) 다시비비기와 되비비기

(1) 다시비비기

다시비비기는 아직 엉기지 않은 콘크리트를 시간 경과 또는 재료가 분리된 경우에 다시 비비는 것이다.

(2) 되비비기

되비비기는 콘크리트가 응결하기 시작한 것을 다시 비비는 것이다.

4. 운반

1) 운반 장비

구 분	수평운반	수직운반
종 류	① 트럭믹서 ② 애지테이터트럭 ③ 벨트컨베이어 ④ 손수레 ⑤ 콘크리트펌프	① 콘크리트타워 ② 콘크리트펌프 ③ 슈트 ④ 버킷

주1 콘크리트를 현장까지 운반하는 자동차는 트럭믹서 또는 애지테이터트럭이 사용을 원칙으로 한다.

2) 트럭믹서

① 트럭믹서(Truck Mixer)는 믹서를 실은 트럭으로 플랜트에서 재료를 공급받아 주행 중 비비면서 콘크리트를 운반하는 것으로 레디믹스드콘크리트 중 쉬링크믹스트콘크리트 또는 트랜싯믹스드콘크리트에 사용되는 운반용 트럭이다.

② 운반거리는 10 km 이하 또는 1시간 이내에 운반 가능한 거리에 적당하다.

3) 애지테이터트럭

① 애지테이터트럭(Agitator Truck)은 배치 플랜트에서 적재한 콘크리트가 분리되지 않도

록 교반하면서 운반할 수 있도록 한 트럭으로 레디믹스트콘크리트 중 센트럴믹스트콘크리트에 사용되는 운반용 트럭이다.

② 트럭믹서와 용도 및 운반거리가 거의 동일하다.

4) 벨트컨베이어

벨트컨베이어(Belt Conveyer)는 콘크리트를 연속적으로 운반하는 장비이다.

5) 콘크리트펌프

(1) 개요

콘크리트펌프(Concrete Pump)는 콘크리트를 펌프의 피스톤을 이용하여 연속적으로 압송하는 것이다. 슈트크리트라고도 한다.

(2) 압송방식의 종류

① 공기압축식은 압축공기의 압력을 이용한 방식이다.

② 피스톤식은 피스톤의 왕복운동을 이용한 방식이다.

③ 스퀴즈식은 튜브 속의 콘크리트를 짜내는 방식이다.

(3) 굵은골재의 최대 치수에 대한 압송관의 호칭치수 98)

① 굵은골재의 최대 치수가 20 mm 또는 25 mm일 때 압송관의 호칭치수는 100 mm 이상이다.

② 굵은골재의 최대 치수가 40 mm일 때 압송관의 호칭치수는 125 mm 이상이다.

6) 콘크리트타워

(1) 콘크리트타워에서의 타설 순서

① 믹서

② 버킷

③ 타워호퍼

④ 경사 슈트

⑤ 플로어호퍼

⑥ 손수레

⑦ 타설

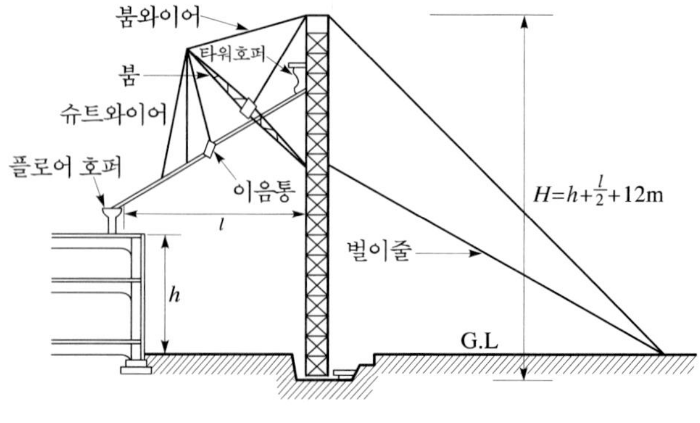

98) 건축공사 표준시방서(05010), 국토교통부, 대한건축학회, 2016.

(2) 요령

① 콘크리트타워높이는 최고 70 m 이내, 15 m마다 4개의 버팀줄로 지지한다.

② 컨시스턴시, 워커빌리티 등 성상 변화가 적은 방법으로 신속하고 경제적으로 운반한다.

7) 슈트

① 슈트(Chute)는 타설하는 콘크리트를 중력으로 이동시키는 U자형의 홈통이나 관이다.

② 슈트는 수직형 슈트로 하고 이것을 사용하지 못할 경우에만 경사 슈트를 사용한다.

③ 경사 슈트의 경사는 수평 2에 대하여 연직 1 정도가 적당하다.

④ 슈트의 길이는 10 m 이내로 한다.

8) 버킷

버킷(Bucket)은 믹서로부터 배출된 콘크리트를 받아 타설할 장소로 운반하는 용기이다.

9) 콘크리트 플레이서

콘크리트 플레이서(Concrete Placer)는 수송관 속의 콘크리트를 압축공기에 의하여 압송하는 장치이다.

5. 타설

1) 일반사항

① 타설은 건축물을 지을 때 구조물의 거푸집과 같은 빈 공간 속에 콘크리트 등을 정해진 위치에 비벼서 넣는 작업이다. 부어넣기라고도 한다.

② 콘크리트는 콘크리트가 위치하는 장소에서 가능한 가까운 곳에서 타설한다.

③ 콘크리트를 타설하기 전에 철근 배치, 배관, 거푸집 등을 점검하고 청소 및 물축이기를 한다.

④ 비비기 장소나 플로어호퍼로부터 먼 곳에서 가까운 곳으로 부어넣으며, 가까이에서 수직으로 타설한다.

⑤ 낮은 곳에서 높은 곳으로 타설한다.

⑥ 타설하기 전에 미리 계획된 구역 내에서는 콘크리트 타설이 완료될 때까지 연속해서 타설한다.

⑦ 콘크리트는 그 표면이 한 구획 내에서는 거의 수평이 되도록 타설한다.

⑧ 콘크리트 배출구와 타설 면까지의 높이(낙하거리)는 1.5 m 이하로 한다.

⑨ 콘크리트를 타설할 때에는 철근, 거푸집, 간격재 및 철근 고임재(Chair) 등을 이동시키지 않는다.
⑩ 타설한 콘크리트를 거푸집 안에서 횡방향으로 이동시키지 않는다.
⑪ 콘크리트를 2층 이상으로 나누어 타설할 경우 상층의 콘크리트는 하층의 콘크리트가 굳기 시작하기 전에 해야 한다.
⑫ 콜트조인트가 발생하지 않도록 하나의 시공구획의 면적, 콘크리트의 공급능력, 이어치기 허용시간간격 등을 정한다.
⑬ 벽 또는 기둥과 같은 수직부재의 콘크리트를 타설할 경우 타설 속도는 일반적으로 30분에 1~1.5 m 정도로 한다.
⑭ 벽은 수평으로 타설한다(1.5~1.8 m 내외 간격).
⑮ 보는 양단에서 중앙으로 타설한다.
⑯ 계단은 하단부터 상단으로 올라가며 콘크리트를 타설한다.
⑰ 골재의 부상분리에 주의하고 벽, 기둥을 충분히 안정시킨 후 보와 바닥판을 타설한다.

2) 타설 순서

① 기초 ② 기둥 ③ 벽
④ 계단 ⑤ 보 ⑥ 바닥판

3) 비비기 시작부터 타설 종료까지의 시간한도

외기온도	시간한도
25 ℃ 이상	1.5시간 (90분) 이내
25 ℃ 미만	2.0시간 (120분) 이내

6. 타설공법

1) VH분리타설공법

VH분리타설공법(VH, Vertical Horizontal)은 기둥, 벽 등의 수직부재를 먼저 타설하고 보, 슬래브 등의 수평부재를 나중에 타설하는 공법이다.

2) VH동시타설공법

VH동시타설공법은 수직부재와 수평부재를 일체의 타설 구획으로 동시에 타설하는 공법이다.

7. 이어치기

1) 개요

이어치기는 콘크리트를 부어넣다가 중단하고 시간간격을 두고 경화한 콘크리트에 접해서 새로운 콘크리트를 다시 부어넣는 것이다. 이어붓기라고도 한다. 그리고 이어치기에 의해 생기는 이음을 타설이음 또는 콜드조인트라 한다.

2) 이어치기 구획(주의사항)

① 구조물의 강도에 영향이 적은 곳에서 이어친다.
② 이음길이가 최소인 곳에서 이어친다.
③ 시공 순서에 무리가 없는 곳에서 이어친다.
④ 응력방향에 수직, 수평으로 이어친다.

3) 이어치기의 위치

구 분	이어치기의 위치 (타설이음의 위치)
보, 바닥판(슬래브)	보, 바닥판(슬래브)은 스팬 중앙부에서 주철근과 수직으로 이어친다.
스팬 중앙부에 작은보가 있는 바닥판	바닥판의 중앙부에 작은보가 있을 때는 작은보의 너비의 2배 거리만큼 떨어진 곳에서 수직으로 이어친다.
작은보가 접속되는 큰보	작은보가 접속되는 큰보는 작은보의 너비의 2배 거리만큼 떨어진 곳에서 수직으로 이어친다.
기 둥	기둥은 기초판, 연결보, 바닥판 위에서 수평으로 이어친다.
벽	벽은 개구부(문꼴) 등 끊기 좋고 이음자리 막기와 떼어내기 편리한 곳에 수직, 수평으로 이어친다.
아 치	아치는 아치 축에 직각으로 이어친다.
캔틸레버	캔틸레버는 이어치기를 하지 않는다.

4) 이어치기 처리방법

구 분	처리방법 (시공 조인트 처리방법)
이음면	① 콘크리트의 타설이음면은 레이턴스나 취약한 콘크리트 등을 제거한다. ② 밀실하게 막아 콘크리트가 흘러내리거나 새지 않게 한다.
수평부재	이음부 청소를 철저히 하고 타설 전 시멘트풀을 도포한다.
수직부재	콘크리트에 재진동다지기를 한다.
이음부 처리	타설이음부의 콘크리트는 살수 등에 의해 습윤 시킨다. 다만, 타설이음면의 물은 콘크리트 타설 전에 고압공기로 제거한다.

5) 계속타설 중의 이어치기 시간한도

외기온도	시간한도	외기온도	시간한도
25 ℃ 이상	2.0시간(120분) 이내	25 ℃ 미만	2.5시간(150분) 이내

주1 이어치기 시간한도는 하층 콘크리트 비비기 시작에서부터 콘크리트 타설 완료한 후, 상층 콘크리트가 타설되기까지의 시간이다.

8. 다지기

1) 개요

다지기는 콘크리트 타설 시에 틈이 작고 밀실하게 되도록 두드리거나 찌러는 작업이다.

2) 목적

① 콘크리트를 밀실하게 충전
② 밀실한 콘크리트 확보
③ 콘크리트의 소요의 강도와 내구성 확보
④ 재료분리 방지

3) 진동기 종류

(1) 꽂이식진동기

① 꽂이식진동기는 일반 건축공사용으로 주로 사용되며, 동력에 의해 구동하는 봉 모양의 진동체를 콘크리트에 꽂아서 다지는 콘크리트용 내부진동기이다. 막대형진동기 또는 봉형진동기라고도 한다.

② 콘크리트 다지기는 내부진동기의 사용을 원칙으로 하지만 얇은 벽 등과 같이 내부진동기의 사용이 곤란한 장소에서는 거푸집진동기를 사용해도 좋다.

③ 진동기의 효과는 '빈배합 된비빔→빈배합 묽은비빔→부배합 묽은비빔' 순으로 진동기의 효과가 떨어진다.

(2) 거푸집진동기

거푸집진동기는 PC공장 등에서 동력에 의해 구동하는 진동체를 외부에서 거푸집에 진동을 가하여 콘크리트를 다지는 진동기이다.

(3) 표면진동기

표면진동기는 도로공사 등에서 콘크리트의 상부에 직접 진동을 가하여 다지는 진동기이다.

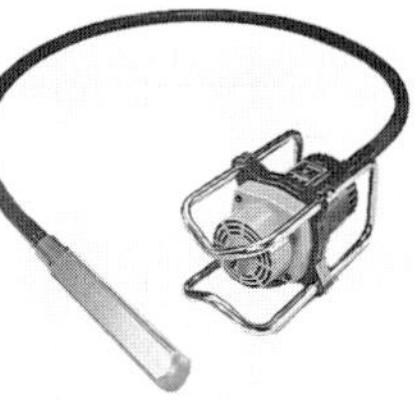

꽂이식진동기

거푸집진동기

3) 내부진동기의 사용방법 및 주의사항

① 꽂이식진동기의 경우 수직으로 사용한다.

② 철근에 직접 닿지 않게 한다.

③ 삽입 깊이는 하층의 콘크리트 속으로 100 mm 정도 찔러 넣는다.

④ 삽입 간격은 500 mm 이하로 중복되지 않게 한다.

⑤ 1개소당 진동시간은 다지기 할 때 시멘트풀이 표면 상부로 약간 부상하기까지 한다. 약 1개소 당 5~15초 정도이다.

⑥ 사용 후 서서히 제거하여 공극이 남지 않도록 한다.

⑦ 과도한 진동으로 재료분리가 일어나지 않도록 한다.

⑧ 굳기 시작한 콘크리트에는 진동을 주지 않는다.

⑨ 슬럼프 150 mm 이하의 된비빔 콘크리트에 사용함을 원칙으로 한다.

⑩ 진동기 수는 1일 콘크리트 작업량 20 m^3마다 1대를 사용하며, 대수 3대 또는 단수마다 예비 진동기 1대를 준비한다.

⑩ 진동기를 기준에 맞게 사용하면 재료분리현상을 감소시키나 과다 사용하면 오히려 재료분리현상을 일으킨다.

9. 양생

1) 개요

① 양생은 모르타르 또는 콘크리트를 타설한 후 소요 기간까지 경화에 필요한 온도, 습도조건을 유지하며, 수화작용을 충분히 발휘시키고 또한 건조수축 및 외력에 의한 균열발생을 억제하고 오손, 변형, 파괴 등으로부터 아직 굳지 않은 콘크리트를 보호양육(保護養育)하는 것이다. 보양이라고도 한다.

② 초기단계에 콘크리트가 경화하여 강도를 나오게 하기 위해 양생에 필요한 것은 다음과 같다.

㉠ 충분한 수분을 유지한다. ㉡ 적당한 온도를 유지한다.
㉢ 일사 및 바람 등으로부터 보호한다. ㉣ 진동 및 외력으로부터 보호한다.

2) 양생방법

(1) 습윤양생

① 습윤양생은 콘크리트나 모르타르 등에 습기 또는 수분을 가하여 습윤상태를 유지하면서 실시하는 양생이다.

② 양생용 매트, 모포 등을 적셔서 덮거나 살수로 하며 습윤상태로 보호한다.

(2) 피막양생

① 피막양생은 표면에 피막 양생제를 뿌려 수분 증발을 방지하면서 실시하는 양생이다.

② 피막 양생제의 살포는 방향을 바꾸어 2회 이상 실시하며 콘크리트 표면을 완전히 막으로 씌운다.

③ 포장콘크리트에 적합하고 피막양생은 습윤양생의 한 종류이다.

(3) 오토클레이브양생

① 오토클레이브양생(Autoclave Curing)은 고온, 고압의 증기솥(오토클레이브) 속에서 상압보다 높은 압력으로 고온의 수증기를 사용하여 실시하는 양생이다.

② 거푸집을 빨리 제거하고 단시일 내에 콘크리트의 압축강도가 소요의 강도를 내기 위해 고온고압의 증기로 양생하는 것이다.

③ 온도 150~200 ℃, 압력 0.5~1.8 MPa이 필요하며, 고온고압 증기양생이라고도 한다.

④ 기성콘크리트, 한중콘크리트에 적합하다.

(4) 증기양생

증기양생은 높은 온도(35 ℃ 이상)의 수증기 속에서 실시하는 촉진양생으로 한중콘크리트에 적합하다.

(5) 전기양생

전기양생은 저압교류를 통하여 전기저항에 의한 열을 이용한 것으로 한중콘크리트에 적합하다.

주1 급열양생은 양생 기간 중 각종 열원을 이용하여 콘크리트를 양생이다.

3) 촉진양생

① 촉진양생은 온도를 높게 하거나 압력을 가하거나 하여 콘크리트의 경화나 강도의 발현을 빠르게 하는 양생이다.

② 종류로는 오토클레이브양생, 증기양생, 온수양생, 전기양생, 적외선양생, 고주파양생 등이 있으나, 일반적으로 증기양생이 사용된다.

4) 주의사항

① 콘크리트는 양생 기간 중에 예상되는 진동, 충격, 하중 등의 유해한 작용으로부터 보호한다.

② 직사일광, 풍우, 서리, 눈 등에 노출면을 보호한다.

③ 재령 5일이 될 때까지는 물에 씻기지 않도록 보호한다.

④ 양생온도(5 ℃ 이상)를 유지하여 급격한 건조를 방지한다.

⑤ 수화작용이 충분히 되도록 습윤상태를 유지한다.

⑥ 양생기간을 준수한다.

⑦ 콘크리트를 타설 한 후 원칙적으로 1일간은 그 위를 보행하거나 중량물을 올려놓지 않는다.

⑧ 콘크리트를 타설한 후 초기 동해를 받을 염려가 있는 경우에는 한중콘크리트에 준하여 초기양생 한다.

⑨ 하절기(서중콘크리트)에는 5일 이상 물을 뿌려 습윤상태를 유지한다.

⑩ 평균기온이 연속적으로 2일 이상 5 ℃ 미만인 경우, 가열보온양생을 고려한다.

3 현장 품질관리

1. 콘크리트의 품질관리를 위한 시험검사 중 고려사항

① 콘크리트의 표면마무리 ② 피복두께

③ 구조체 콘크리트의 강도

2. 콘크리트의 품질관리 검사[99)]

완성된 구조물이 소요 성능을 가지고 있다는 것을 확인할 수 있도록 합리적이고 경제적인 점사계획을 정하여 다음 표와 같이 콘크리트공사 각 단계에서 필요한 검사를 실시한다.

99) KCS 14 20 10 일반콘크리트(3.5), 국토교통부, 한국콘크리트학회, 2021.

구 분	검사항목	
콘크리트 운반 검사	① 운반설비 ③ 운반방법 ⑤ 운반시간	② 인원배치 ④ 운반량
콘크리트의 받아들이기 품질 검사	① 굳지 않은 콘크리트의 상태 ③ 슬럼프플로 ⑤ 온도 ⑦ 염화물함유량 ⑨ 단위 결합재량 ⑪ 기타, 콘크리트 재료의 단위량	② 슬럼프 ④ 공기량 ⑥ 단위 용적질량 ⑧ 단위 수량 ⑩ 물결합재비 ⑫ 펌프빌리티
워커빌리티의 검사	① 굵은골재 최대 치수	② 슬럼프값
강도 검사	압축강도시험에 의한 검사	
내구성 검사	① 공기량	② 염화물함유량
압축강도에 의한 콘크리트의 품질 검사	압축강도(재령 28일의 표준양생 공시체)	

4 콘크리트의 이음

1. 개요

콘크리트의 이음은 이미 경화한 콘크리트에 이어서 콘크리트를 타설하거나 습기 및 온도변화에 대한 신축과 팽창을 흡수하기 위해 시공적으로 또는 기능적으로 설치하는 이음으로 줄눈이라도 한다.

2. 종류

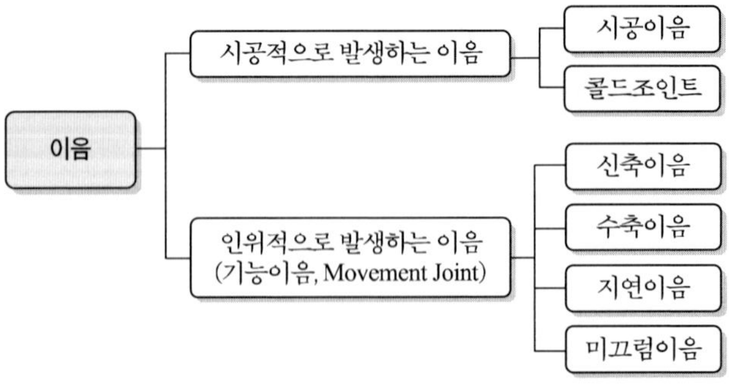

3. 시공이음

1) 개요

① 시공이음(Construction Joint)은 시공상 콘크리트를 한 번에 계속하여 부어 나가지 못할 때 생기는 이음이다. 시공줄눈이라고도 한다.[100)]

② 계획적으로 발생시킨 이음이며, 설계할 때는 연속된 구조체로 취급된다.

③ 시공이음은 될 수 있는 대로 전단력이 작은 위치에 설치하고, 부재의 압축력이 작용하는 방향과 직각이 되도록 한다.

④ 부득이 전단력이 큰 곳에 설치할 경우, 시공이음에 장부 또는 홈을 두거나 적절한 강재를 보강하여야 한다.

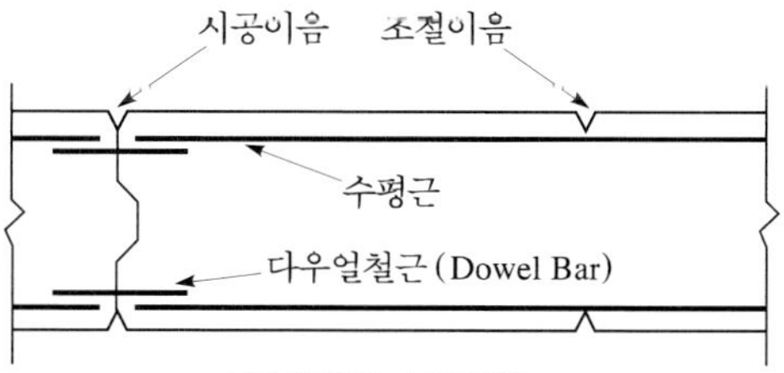

시공이음과 수축이음

2) 설치이유 및 설치위치

설치이유	설치위치
① 거푸집의 반복사용을 위해	① 구조물의 강도에 영향이 적은 곳
② 1일 콘크리트 작업의 한계	② 이음길이가 최소인 곳
③ 거푸집에 작용하는 생콘크리트의 하중 조정을 위해	③ 시공 순서에 무리가 없는 곳
④ 대형 부재의 온도균열방지를 위해	④ 응력방향에 수직, 수평으로

주1 시공이음의 설치위치는 이어치기 구획과 동일하다.

3) 수평 시공이음

① 수평 시공이음은 콘크리트를 타설할 때 작업성이나 온도균열의 제어를 고려하여 설계되는 수평의 시공이음이다.

② 수평 시공이음이 거푸집에 접하는 선은 수평한 직선이 되도록 한다.

③ 콘크리트를 이어 칠 경우에는 구 콘크리트 표면의 레이턴스, 품질이 나쁜 콘크리트, 꽉 달라붙지 않은 골재 등을 완전히 제거하고 살수로 충분히 흡수시켜야 한다.

100) KCS 14 20 10 일반콘크리트(3.6), 국토교통부, 한국콘크리트학회, 2021.

4) 연직 시공이음

① 연직 시공이음은 콘크리트를 타설할 때 작업성이나 온도균열의 제어를 고려하여 설계되는 연직의 시공이음이다.

② 연직 시공이음 시공에 있어서 시공이음면의 거푸집을 견고하게 지지하고 이음 부분의 콘크리트는 진동기를 써서 충분히 다져야 한다.

③ 구 콘크리트의 시공이음면을 거칠게 하며 충분히 습윤상태로 양생하여 이음부의 일체성을 확보할 수 있어야 한다.

5) 바닥판과 일체로 된 기둥, 벽의 시공이음

① 바닥판과 일체로 된 기둥 또는 벽의 시공이음은 바닥판과의 경계 부근에 설치한다.

② 헌치는 바닥판과 연속해서 콘크리트를 타설해야 한다.

③ 내민 부분을 가진 구조물의 경우에도 연속해서 콘크리트를 타설해야 한다.

6) 바닥판의 시공이음

바닥판의 시공이음은 슬래브 또는 보의 경간 중앙부 부근에 두어야 한다. 다만, 보가 그 경간 중에서 작은보와 교차할 경우에는 작은보의 폭의 약 2배 거리만큼 떨어진 곳에 보의 시공이음을 설치하고, 시공이음을 통하는 인장철근을 배치하여 전단력에 대하여 보강하여야 한다.

7) 아치의 시공이음

아치의 시공이음은 아치 축에 직각방향이 되도록 설치하여야 한다.

4. 콜드조인트

1) 개요

① 콜드조인트(Cold Joint)는 기계 고장, 휴식 시간 등의 여러 요인으로 인해 콘크리트 타설 작업이 중단됨으로써 다음 배치의 콘크리트를 이어치기할 때 먼저 친 콘크리트가 응결 또는 경화함에 따라 일체화되지 않음으로 생기는 이음이다.

② 콜드조인트는 콘크리트 작업관계로 경화된 콘크리트에 새로 콘크리트를 이어치기할 경우 발생하는 이음으로 비계획적으로 발생되는 이음이고 수밀성 및 내구성에 문제를 일으킬 수 있다.

2) 피해(영향)

① 경화 후 균열발생
② 누수에 의해 철근 부식
③ 구조물의 내구성 저하
④ 마감재 균열

5. 신축이음

1) 개요

① 신축이음(Expansion Joint)은 구조물의 신축에 대응하기 위해 설치하는 이음이다.
② 신축이음은 온도변화에 따른 팽창, 수축 또는 부동침하, 진동 등에 의해 균열이 예상되는 건물의 일정 위치나 부재 전체에 미리 실시한다.

2) 신축이음이 필요한 이유

① 온도변화에 대한 균열방지
② 콘크리트 건조수축 및 팽창 조절
③ 부동침하에 의한 균열방지
④ 적재하중 및 이동하중의 영향 방지

3) 일반사항

① 신축이음은 양쪽의 구조물 또는 부재가 구속되지 않는 구조이어야 한다.
② 신축이음에 흙이 들어갈 염려가 있을 때는 이음 채움재(Joint Filler)를 사용한다.
③ 수밀을 요하는 구조물의 신축이음에는 신축성을 가진 지수판을 사용한다.
④ 지수판의 재료로는 동판, 스테인리스판, 염화비닐수지, 고무제품 등이 있다.
⑤ 신축이음에 턱이 생길 위험이 있을 경우, 장부 또는 홈을 만들거나 전단연결재 또는 슬립바(Slip Bar)를 사용한다.

4) 신축이음의 설치위치 및 간격

설치위치	설치간격
① 기존 건물과 증축 건물의 접합부	① 얇은 벽 : 6~9 m
② 저층의 긴 건물과 고층 건물과의 접속부	② 두꺼운 벽 : 15~18 m
③ 50~60 m를 넘는 긴 건물	③ 무근콘크리트 벽 : 8 m
④ 두 고층 사이에 있는 긴 저층 건물	④ 철근콘크리트 벽 : 13 m
⑤ 건물의 한 끝에 달린 날개형 건물	⑤ 무근콘크리트 바닥판 : 3~4.5 m
⑥ 평면이 L · ㄷ · T형의 교차부분	

6. 수축이음

① 수축이음(Contraction Joint)은 온도균열 및 콘크리트의 수축에 의한 균열을 제어하기 위해서 구조물의 길이방향에 일정 간격으로 단면 감소 부분을 만들어 그 부분에 균열이 집중되도록 하고, 나머지 부분에서는 균열이 발생하지 않도록 하여 균열이 발생한 위치에 대한 사후 조치를 쉽게 하기 위한 이음이다.

② 부재 면에 인위적으로 홈 등을 주어 균열을 전체 부재면 중의 일정한 곳에만 일어나도록 유도하는 균열유발이음이다.

③ 지반 등 안정된 위치에 있는 바닥판이 수축에 의하여 표면에 균열이 생기는 것을 방지하기 위해 설치하는 이음이다.

④ 조절이음(Control Joint), 수축줄눈, 균열유발이음, 균열유발줄눈이라고도 한다.

⑤ 종류로는 이음재 끼움, 톱자르기 및 흠내기 등이 있다.

⑤ 수축이음의 설치위치는 신축이음의 설치위치와 유사하다.

필수 연습문제

제17장 콘크리트의 배합설계, 시공 및 이음

1. 다음 콘크리트의 배합비를 표현하는 형식 중 가장 배합편차가 적고, 재료의 수시 변화에 신속히 대처하는 등 배합을 관리하기에 가장 이상적인 것은?

㉮ 질량배합 ㉯ 표준계량용적배합
㉰ 현장계량용적배합 ㉱ 절대용적배합

1. ㉮
질량배합은 배합의 표시법 중에서 배합편차가 적고 재료의 수시변화에 신속히 대처 가능한 가장 이상적인 배합이다.

2. 콘크리트의 강도에 가장 중요한 영향을 주는 요소는?

㉮ 시멘트 품질 ㉯ 물과 시멘트의 비
㉰ 골재의 품질 ㉱ 시멘트와 골재의 비

2. ㉯
콘크리트의 강도에 가장 큰 영향을 미치는 것은 물시멘트비(W/C)이다.

3. 콘크리트의 강도에 관한 설명으로 옳지 않은 것은?

㉮ AE제를 혼합하면 워커빌리티가 향상된다.
㉯ 물시멘트비가 작을수록 콘크리트의 강도는 저하된다.
㉰ 한중콘크리트는 동해방지를 위한 양생을 하여야 한다.
㉱ 콘크리트 양생이 불량하면 콘크리트의 강도가 저하된다.

3. ㉯
물결합재비 또는 물시멘트비가 커지면 강도, 수밀성, 내구성이 저하된다.

4. 콘크리트의 배합설계에 있어 물시멘트비를 결정하는 것과 관계가 가장 적은 것은?

㉮ 소요강도 ㉯ 내구성
㉰ 수밀성 ㉱ 내마모성

4. ㉱
물시멘트비와 내마모성은 직접적인 관계가 없다.

5. 콘크리트의 배합에 직접적으로 영향을 주는 요소가 아닌 것은?

㉮ 단위 수량 ㉯ 물결합재비
㉰ 철근의 품질 ㉱ 골재의 입도

5. ㉰
철근의 품질은 콘크리트 배합에 직접적인 영향을 주지 않는다.

6. 콘크리트의 배합에 직접적인 영향을 주는 요소가 아닌 것은?

㉮ 시멘트의 강도 ㉯ 물시멘트비
㉰ 철근의 품질 ㉱ 골재의 입도

6. ㉰
철근의 품질은 콘크리트 배합에 직접적인 영향을 주지 않는다.

7. 콘크리트의 배합설계 시 유의할 점으로 거리가 먼 것은?

㉮ 콘크리트가 소정의 강도를 가질 것
㉯ 워커빌리티가 좋을 것
㉰ 소정의 슬럼프를 가질 것
㉱ 가능한 한 높은 강도를 확보하기 위하여 시멘트량을 증가시킬 것

8. 콘크리트의 배합설계에서 요구사항으로 옳지 않은 것은?

㉮ 소요의 강도를 얻을 수 있을 것.
㉯ 시공에 적당한 워커빌리티를 가질 것.
㉰ 시공상 재료분리를 일으키지 않고 균질성을 유지할 것.
㉱ 시멘트량을 최대로 늘려 가능한 한 높은 강도를 확보할 것.

9. 콘크리트의 배합에 관한 설명으로 옳지 않은 것은?

㉮ 일반적으로 굵은골재의 최대 치수가 클수록 잔골재율을 작게 할 수 있다.
㉯ 잔골재율은 소요의 워커빌리티가 얻어지는 범위 내에서 단위 수량이 가능한 한 작게 되도록 시험비빔에 의해 결정한다.
㉰ 단위 수량이 동일하면 골재량이나 시멘트량의 근소한 변화는 슬럼프에 그다지 영향을 주지 않는다.
㉱ 강도 및 슬럼프가 동일하면 실적률이 큰 굵은골재를 사용할수록 단위 수량이 많아진다.

10. 콘크리트공사에서 시멘트량에 관한 기술 중 옳지 않는 것은?

㉮ 잔골재의 최대 크기가 작을수록 시멘트 사용량이 적다.
㉯ 굵은골재가 클수록 시멘트 사용량이 적다.
㉰ 기온이 높을수록 시멘트 사용량이 적다.
㉱ 동일 슬럼프이면 물시멘트비가 클수록 시멘트 사용량이 적다.

11. 콘크리트의 표준배합에서 동일한 W/C 및 동일한 슬럼프일 때, 잔골재, 굵은골재의 입도와 시멘트량에 대한 설명 중 틀린 것은?

㉮ 굵은골재는 같고 잔골재가 굵어지면 시멘트량은 감소한다.
㉯ 잔골재는 같고 굵은골재가 굵어지면 시멘트량은 감소한다.
㉰ 굵은골재는 같고 잔골재가 굵어지면 시멘트량은 증대한다.
㉱ 잔골재와 굵은골재가 모두 굵어지면 시멘트량은 감소한다.

7. ㉱
단위 시멘트량이 많아지면 강도, 수밀성, 내구성이 증대되나 시멘트량을 너무 많이 증가시켜 콘크리트의 압축강도(f_{ck}, 설계기준압축강도)를 필요 이상으로 넘게 되면 품질관리가 잘못된 것이다.

8. ㉱
단위 시멘트량이 많아지면 강도, 수밀성, 내구성이 증대되나 시멘트량을 너무 많이 증가시켜 콘크리트의 압축강도(f_{ck}, 설계기준압축강도)를 필요 이상으로 넘게 되면 품질관리가 잘못된 것이다.

9. ㉱
실적률이 클 경우 단위 수량이 감소한다.

10. ㉮
동일 물시멘트비, 동일 슬럼프에서 잔골재가 가늘수록 단위 시멘트의 사용량은 증가한다.

11. ㉰
동일 물시멘트비, 동일 슬럼프에서 잔골재가 가늘수록 단위 시멘트의 사용량은 증가한다.

12. 콘크리트의 배합의 일반적인 경향으로써 가장 부적당한 것은 다음 중 어느 것인가?

㉮ 동일강도일 때는 슬럼프값이 커지면 시멘트사용량이 증가한다.
㉯ 잔골재의 입도가 작을수록 시멘트의 사용량이 증가한다.
㉰ 굵은골재의 입도가 커질수록 시멘트의 사용량이 많아진다.
㉱ 잔골재의 입도가 작아질수록 굵은골재의 사용량이 많아진다.

12. ㉰

굵은골재가 가늘수록 단위 시멘트의 사용량은 증가한다.

13. 철근콘크리트공사에 있어서 일정한 물시멘트비로 일정한 슬럼프의 콘크리트를 만들 경우의 잔골재와 굵은골재의 비율에 관한 기술로써 옳은 것은?

㉮ 잔골재가 거칠수록 잔골재의 비율은 증가시키고 굵은골재의 비율은 감소시킨다.
㉯ 굵은골재가 거칠수록 잔골재의 비율은 증가시키고 굵은골재의 비율은 감소시킨다.
㉰ 잔골재가 어느 정도 거칠 때에는 잔골재의 비율은 극대로 하고 굵은골재의 비율은 극소로 한다.
㉱ 잔골재가 어느 정도 거칠 때에는 잔골재의 비율은 극소로 하고 굵은골재의 비율은 극대로 한다.

13. ㉯

① 굵은골재가 거칠수록 잔골재의 비율은 증가시키고 굵은골재의 비율은 감소시킨다.
② 잔골재가 거칠수록 굵은골재의 비율은 증가시키고 잔골재의 비율은 감소시킨다.
③ 골재의 입도 및 입형은 적당한 것이 좋으며, 그 비율도 적절해야 한다.

14. 콘크리트의 배합을 결정할 때 그 순서에 맞는 것은?

㉮ 배합강도 → 시멘트의 강도 → 물시멘트비 → 슬럼프 → 표준배합
㉯ 물시멘트비 → 시멘트의 강도 → 슬럼프 → 표준배합 → 배합강도
㉰ 배합강도 → 슬럼프 → 물시멘트비 → 표준배합 → 배합강도
㉱ 슬럼프 → 시멘트의 강도 → 물시멘트비 → 표준강도 → 배합강도

14. ㉮

설계기준압축강도의 결정 → 배합강도의 결정 → 시멘트의 강도 결정 → 물시멘트비의 선정 → 슬럼프값의 결정 → 굵은골재 최대 치수의 결정 → 잔골재율의 결정 → 단위 수량의 결정 → 시방배합의 산출 및 조정 → 현장배합의 조정

15. 콘크리트의 배합설계 순서로 옳은 것은?

1. 설계기준압축강도의 산정	2. 배합강도의 결정
3. 시멘트의 강도 결정	4. 물시멘트비의 결정
5. 슬럼프의 결정	6. 배합의 결정

㉮ 1 → 2 → 3 → 4 → 5 → 6
㉯ 1 → 3 → 2 → 4 → 5 → 6
㉰ 1 → 2 → 3 → 5 → 4 → 6
㉱ 1 → 3 → 2 → 5 → 4 → 6

15. ㉮

설계기준압축강도의 결정 → 배합강도의 결정 → 시멘트의 강도 결정 → 물시멘트비의 선정 → 슬럼프값의 결정 → 굵은골재 최대 치수의 결정 → 잔골재율의 결정 → 단위 수량의 결정 → 시방배합의 산출 및 조정 → 현장배합의 조정

16. 콘크리트의 설계기준압축강도, 골재의 입도가 정해져 있을 때, 콘크리트의 배합을 결정하는 순서로써 옳은 것은 다음 중 어느 것인가?

(a) 시멘트의 강도	(b) 시멘트, 잔골재, 굵은골재의 비율
(c) 슬럼프	(d) 물시멘트비

㉮ (a) → (d) → (c) → (b)　　㉯ (a) → (c) → (b) → (d)
㉰ (a) → (b) → (d) → (c)　　㉱ (a) → (b) → (c) → (d)

16. ㉮
시멘트의 강도 → 물시멘트비 → 슬럼프 → 시멘트, 잔골재, 굵은골재의 비율

17. 콘크리트의 배합을 하는데 있어서 결정하는 순서로 옳은 것은?

㉮ 콘크리트의 강도 → 골재입도 → 슬럼프 → 물시멘트비 → 배합비
㉯ 물시멘트비 → 골재입도 → 콘크리트의 강도 → 슬럼프 → 배합비
㉰ 물시멘트비 → 슬럼프 → 콘크리트의 강도 → 골재입도 → 배합비
㉱ 콘크리트의 강도 → 물시멘트비 → 슬럼프 → 골재입도 → 배합비

17. ㉱
콘크리트의 강도 → 물시멘트비 → 슬럼프 → 골재입도 → 배합비

18. 콘크리트의 품질관리에 있어서 설계도서에 지정한 사항으로 가장 중요한 것은?

㉮ 콘크리트의 종류　　㉯ 설계기준압축강도
㉰ 굵은골재의 관리　　㉱ 물시멘트비의 관리

18. ㉯
① 콘크리트의 품질관리에 있어서 가장 중요한 것은 콘크리트의 설계기준압축강도이다.
③ 콘크리트의 설계기준압축강도(f_{ck})는 철근콘크리트 구조계산시 필요한 28일 압축강도이다.

19. 콘크리트의 배합설계 시 고려해야 할 요소와 이에 영향을 받는 항목이 잘못 연결된 것은?

㉮ 기온에 의한 온도 보정값 → 배합강도
㉯ 시멘트의 강도 → 물시멘트비
㉰ 소요 슬럼프값 → 표준배합표
㉱ 시공급별 표준편차 → 시멘트의 강도

19. ㉱
시공급별 표준편차는 배합강도와 관계있다.

20. 콘크리트 허용응력도가 단기 18 MPa, 장기 9 MPa일 때의 설계기압축강도는?

㉮ 21 MPa　　㉯ 24 MPa
㉰ 27 MPa　　㉱ 30 MPa

20. ㉰
설계기준압축강도(f_{ck})
= 장기허용응력도×3
= 단기허용응력도×1.5
= 9×3 = 27 MPa

21. 일반적인 콘크리트의 강도에 관한 다음 사항 중 틀린 것은?

㉮ 설계기준압축강도는 28일 강도로 한다.
㉯ 설계기준압축강도는 배합강도보다 크다.
㉰ 휨강도는 압축강도보다 작다.
㉱ 인장강도는 압축강도보다 작다.

22. 설계기준압축강도가 24 MPa인 콘크리트를 용적계량 현장배합을 할 때 배합강도로써 적당한 것은 어느 것인가? 다만, 콘크리트의 압축강도의 표준편차는 1.1 MPa이다.

㉮ 21.0 MPa ㉯ 25.5 MPa
㉰ 27.5 MPa ㉱ 28.5 MPa

23. 콘크리트의 배합설계에서 물시멘트비를 결정하는 경우에 있어서 관계가 가장 적은 것은?

㉮ 압축강도 ㉯ 내구성
㉰ 작업성 ㉱ 수밀성

24. 콘크리트의 강도에 관한 사항 중 틀린 것은?

㉮ 시멘트의 성질과 시험방법이 동일하면 강도는 사용수량에 따라 변화한다.
㉯ 콘크리트의 온도가 저하되면 경화가 늦어지므로 한랭기의 콘크리트는 양생을 충분히 해야 한다.
㉰ 콘크리트는 물시멘트비가 클수록 강도는 증대한다.
㉱ 진동기를 사용하면 강도를 높이는 데 유효하다.

25. 콘크리트의 물시멘트비의 설명으로 옳지 않은 것은?

㉮ 물시멘트비는 콘크리트의 강도를 결정하는 중요한 요인이다.
㉯ 물시멘트비를 크게 할수록 내구성이 좋아진다.
㉰ 골재 중의 수분도 물시멘트비에 영향을 미친다.
㉱ 물시멘트비는 시멘트풀 중의 시멘트에 대한 물의 질량비이다.

21. ㉯
배합강도가 설계기준압축강도보다 충분히 커야 한다.

22. ㉯
• $f_{ck} \le 35\text{MPa}$인 배합강도식
$f_{cr} = \max\{f_{ck}+1.34s,\ (f_{ck}-3.5)+2.33s\}$
$= \max\{24+1.34\times1.1,\ (24-3.5)+2.33\times1.1\}$
$= \max\{25.5,\ 23.1\}$
$= 25.5\text{ MPa}$

23. ㉰
• 물시멘트비 결정시 주요 고려사항
① 압축강도
② 내구성
③ 수밀성

24. ㉰
콘크리트의 강도는 물시멘트비가 클수록 감소한다.

25. ㉯
물시멘트비를 크게 할수록 내구성이 저하된다.

26. 물시멘트비는 콘크리트의 강도 및 내구성을 결정하는 중요한 요인 중의 하나이다. 다음 중 물시멘트비를 최소화하기 위한 대책으로 가장 부적당한 것은 어느 것인가?

㉮ 굵은골재의 최대 치수를 높인다.
㉯ 잔골재율을 크게 한다.
㉰ 단위 수량을 적게 한다.
㉱ 골재는 가능한 흡수율이 적은 것을 사용한다.

27. 일반콘크리트의 내구성에 관한 설명으로 옳지 않은 것은?

㉮ 콘크리트에 사용하는 재료는 콘크리트의 소요 내구성을 손상시키지 않는 것이어야 한다.
㉯ 굳지 않은 콘크리트 중의 전 염소이온량은 원칙적으로 0.3 kg/m^3 이하로 하여야 한다.
㉰ 콘크리트는 원칙적으로 공기연행콘크리트로 하여야 한다.
㉱ 콘크리트의 물결합재비는 원칙적으로 50 % 이하이여야 한다.

28. 재령 28일의 콘크리트의 압축강도 24 MPa, 시멘트의 28일 압축강도 35 MPa일 때 물시멘트비로 가장 옳은 것은? (단, 소규모 공사이며, 사용 시멘트는 보통포틀랜드시멘트 임)

㉮ 48 % ㉯ 60 %
㉰ 65 % ㉱ 67 %

29. 보통포틀랜드시멘트를 사용한 콘크리트의 물시멘트비로써 다음 중 가장 적당한 것은 어느 것인가? (단, 시멘트의 강도 : 37 MPa, 재령 28일의 콘크리트의 압축강도 : 24 MPa)

㉮ 48 % ㉯ 51 %
㉰ 60 % ㉱ 62 %

26. ㉯

잔골재율이 증가하면 간극이 많게 되고 단위 시멘트량, 단위 수량이 증가하게 된다. 따라서 물시멘트비는 단위 시멘트량과 단위 수량의 증가로 비슷하게 된다.

27. ㉱

일반콘크리트의 물결합재비는 원칙적으로 60 % 이하이여야 한다.

28. ㉮

$$W/C = \min\left(\frac{21.5}{f_{28}+21.0}\times 100, \frac{61}{f_{28}/K+0.34}\right)$$
$$= \min\left(\frac{21.5}{24+21.0}\times 100, \frac{61}{21/35+0.34}\right)$$
$$= \min(48, 65) = 48\ \%$$

29. ㉮

$$W/C = \min\left(\frac{21.5}{f_{28}+21.0}\times 100, \frac{61}{f_{28}/K+0.34}\right)$$
$$= \min\left(\frac{21.5}{24+21.0}\times 100, \frac{61}{24/37+0.34}\right)$$
$$= \min(48, 62) = 48\%$$

30. 포틀랜드포졸란시멘트 2종인 경우 물시멘트비의 최댓값은?

㉮ 55 %
㉯ 60 %
㉰ 65 %
㉱ 70 %

30. ㉰
① 보통포틀랜드시멘트 : 65 %
② 보통콘크리트 : 60 %
③ 포틀랜드포졸란시멘트 2종 : 65 %

31. 다음 각종 콘크리트의 물시멘트비 중 부적당한 것은 어느 것인가?

㉮ 수중콘크리트 : 50 %
㉯ 한중콘크리트 : 60 %
㉰ 경량골재콘크리트 : 60 %
㉱ 보통콘크리트 : 70 %

31. ㉱
보통콘크리트의 최대 물시멘트비는 60 %이다.

32. 다음에 열거하는 콘크리트 중 물시멘트비의 최대치가 가장 작은 것은?

㉮ 한중콘크리트
㉯ 수밀콘크리트
㉰ 서머콘(Thermo-Con)
㉱ 경량골재콘크리트로써 상시 흙과 물에 접한 부분

32. ㉰
① 한중콘크리트 : 60 %
② 수밀콘크리트 : 50 %
③ 서머콘 : 43 %
④ 경량골재콘크리트 : 60 %

33. 일반적으로 콘크리트의 내구성을 위한 단위 수량의 최댓값으로 가장 적당한 것은 다음 중 어느 것인가?

㉮ 155 kg/m^3
㉯ 165 kg/m^3
㉰ 175 kg/m^3
㉱ 185 kg/m^3

33. ㉱
단위 수량은 최대 185 kg/m^3 이하로 한다.

34. 보통콘크리트에 사용되는 단위 시멘트량의 최솟값은 어느 것인가?

㉮ 210 kg/m^3
㉯ 240 kg/m^3
㉰ 270 kg/m^3
㉱ 300 kg/m^3

34. ㉰
단위 시멘트량은 최소 270 kg/m^3 이상으로 한다.

35. 기둥, 보에 사용하는 부순돌 굵은골재의 최대 치수는 다음 중 어느 것인가?

㉮ 15 mm
㉯ 25 mm
㉰ 35 mm
㉱ 45 mm

35. ㉯
기둥, 보, 슬래브, 벽에 사용하는 부순돌 굵은골재의 최대 치수는 25 mm이다.

36. 콘크리트의 수밀성을 향상시키는 방법으로 가장 부적당한 것은?

㉮ 다지기를 충분히 한다.
㉯ 양질의 혼화재료를 적당히 사용한다.
㉰ 물시멘트비를 작게 한다.
㉱ 굵은골재의 최대 치수를 크게 한다.

36. ㉱

• 굵은골재 최대 치수와 콘크리트의 성질

① 최대 치수가 클수록 단위 수량 및 단위 시멘트량은 감소한다.
② 최대 치수 20 mm가 가장 경제적이며 이상이면 나빠지는 경향이 있다.
③ 최대 치수가 적을수록 콘크리트의 수밀성이 증대된다.

37. 기초 · 보 · 바닥슬래브에서 진동기를 사용하지 않는 경우 소요 슬럼프의 표준범위는 다음 중 어느 것인가?

㉮ 50~100 mm
㉯ 100~150 mm
㉰ 150~200 mm
㉱ 200~250 mm

37. ㉯

철근콘크리트의 일반적인 슬럼프값은 80~150 mm이다.

38. 콘크리트 배합에 있어서 슬럼프값을 증대시키는 방법으로 틀린 것은 어느 것인가?

㉮ 잔골재율을 크게 한다.
㉯ 잔골재를 굵은 것을 쓴다.
㉰ 굵은골재를 굵은 것을 쓰도록 한다.
㉱ 공기연행제를 첨가한다.

38. ㉯

잔골재를 가는 것을 사용하면 슬럼프값이 증대된다.

39. 콘크리트 1 m^3 배합 중 잔골재의 양이 500 kg/m^3이고 굵은골재의 양이 750 kg/m^3일 잔골재율(S/a)을 구하면? (단, 잔골재의 비중은 2.5이고, 굵은골재의 비중은 3.0이다.)

㉮ 40.0 %
㉯ 44.4 %
㉰ 66.7 %
㉱ 80.0 %

39. ㉯

① 잔골재의 체적(용적)

$= \dfrac{\text{잔골재량}}{\text{잔골재의 비중}} = \dfrac{500}{2.5} = 200\ m^3$

② 굵은골재의 체적(용적)

$= \dfrac{\text{굵은골재량}}{\text{굵은골재의 비중}} = \dfrac{750}{3.0} = 250\ m^3$

③ 잔골재율(S/a)

$= \dfrac{\text{잔골재의 절대용적}}{\text{전체 골재의 절대용적}} \times 100$

$= \dfrac{200}{200+250} \times 100 = 44.4\ \%$

40. 콘크리트의 배합에서 표와 같은 조건일 경우 물시멘트비(W/C)와 잔골재율(S/a)을 나타낸 것 중 가장 적당한 것은 다음 중 어느 것인가?

단위 수량 (kg/m^3)	절대용적(m^3)			단위 질량(kg/cm^3)		
	시멘트	모 래	자 갈	시멘트	모 래	자 갈
171	136	232	451	428	603	1,173

㉮ W/C : 36 %, S/a : 32 %
㉯ W/C : 40 %, S/a : 34 %
㉰ W/C : 45 %, S/a : 34 %
㉱ W/C : 42 %, S/a : 33 %

41. 콘크리트의 배합에 관한 일반적인 내용이다. 옳은 것은?

㉮ 슬럼프값이 동일한 경우 단위 수량은 굵은골재의 최대 치수가 클수록 커진다.
㉯ 소요 슬럼프를 얻기 위해 필요한 콘크리트의 단위 수량은 작업이 가능한 범위 내에서 가능한 작아질 수 있도록 한다.
㉰ 콘크리트의 수밀성을 기준으로 물시멘트비를 정할 경우 그 값은 60 % 이상이 되도록 하여야 한다.
㉱ 잔골재율을 가급적 높이는 게 경제적인 배합니다.

42. 콘크리트의 계획배합의 표시항목과 가장 거리가 먼 것은?

㉮ 배합강도
㉯ 공기량
㉰ 염화물량
㉱ 단위 수량

43. 콘크리트의 배합에 사용되는 계량장치에 관한 설명으로 가장 부적당한 것은 다음 중 어느 것인가?

㉮ Batcher Plant : 골재, 시멘트, 물을 자동 계량하는 장치
㉯ Dispenser : 시멘트량의 측정
㉰ Inundator : 모래의 용적계량장치
㉱ Wacecreter : 물시멘트비를 일정하게 유지시키면서 골재를 계량

40. ㉯

① 물시멘트비(W/C)

$$= \frac{\text{물의 질량}}{\text{시멘트의 질량}} \times 100 = \frac{171}{428} \times 100 = 40\ \%$$

② 잔골재율(S/a)

$$= \frac{\text{잔골재의 절대용적}}{\text{전체 골재의 절대용적}} \times 100 = \frac{232}{232+451} \times 100 = 34\ \%$$

41. ㉯

① 슬럼프값이 동일한 경우, 굵은골재의 최대 치수가 클수록 단위 수량 및 단위 시멘트량은 감소한다.
② 단위 수량은 작업이 가능한 범위 내에서 될 수 있는 한 적게 되도록 한다.
③ 수밀콘크리트의 최대 물시멘트비는 50 %이다.
④ 잔골재율이 증가하면 간극이 많게 되고 단위 시멘트량, 단위 수량이 증가된다.

42. ㉰

• 배합의 표시항목
① 배합강도
② 굵은골재의 최대 치수
③ 슬럼프 범위
④ 공기량 범위
⑤ 물결합재비(물시멘트비)
⑥ 잔골재율
⑦ 단위 수량
⑧ 단위 시멘트량
⑨ 단위 잔골재량
⑩ 단위 굵은골재량
⑪ 단위 혼화재료량

43. ㉯

Dispenser(디스펜서)는 AE제의 계량장치이다.

44. 콘크리트용 골재의 단위 용적질량 변화에 관계가 없는 것은?

㉮ 함수율 ㉯ 계량방법
㉰ 입도 ㉱ 비중

45. 콘크리트를 제조하는 자동설비로써 재료의 저장설비, 계량설비, 혼합설비 등으로 구성되어 있는 기계설비는?

㉮ 애지테이터트럭 ㉯ 플라이애시 사일로
㉰ 배처플랜트 ㉱ 슬럼프 모니터

46. 다음 콘크리트펌프의 종류를 분류한 것 중 틀린 것은?

㉮ 기계식 ㉯ 유압식
㉰ 스퀴즈식 ㉱ 벨트컨베이어식

47. 콘크리트펌프 사용에 관한 설명으로 옳지 않은 것은?

㉮ 콘크리트펌프를 사용하여 시공하는 콘크리트 소요의 워커빌리티를 가지며, 시공 시 및 경화 후에 소정의 품질을 갖는 것이어야 한다.
㉯ 압송관의 지름 및 배관의 경로는 콘크리트의 종류 및 품질, 굵은골재의 최대 치수, 콘크리트펌프의 기종, 압송조건, 압송작업의 용이성, 안전성 등을 고려하여 정하여야 한다.
㉰ 콘크리트펌프의 형식은 피스톤식이 적당하고 스퀴즈식은 적용이 불가하다.
㉱ 압송은 계획에 따라 연속적으로 실시하며, 되도록 중단되지 않도록 하여야 한다.

48. 다음 중 콘크리트펌프(Concrete Pump)에 관한 설명으로 옳지 않은 것은?

㉮ 압송관의 지름 및 배관의 경로는 굵은골재의 최대 치수, 콘크리트의 종류 등을 고려하여 정한다.
㉯ 콘크리트펌프의 기종은 압송능력이 펌프에 걸리는 최대 압송부하보다 작아지도록 선정한다.
㉰ 압송은 계획에 따라 연속적으로 실시하며, 가능한 한 중단되지 않도록 하여야 한다.
㉱ 압송방법에는 피스톤식과 스퀴즈식(Squeeze Out Type)이 있다.

44. ㉯

① 함수율은 함수량을 절대 건조상태의 골재 질량으로 나눈 질량백분율이다.
② 입도는 골재의 체가름시험과 관계가 있으며, 조립률식은 각 체에 남는 질량백분율 누계의 합을 100으로 나눈 값이다.
③ 비중은 질량에 대한 부피의 비이다.
④ 계량방법은 질량변화와는 관계가 없다.

45. ㉰

배처플랜트는 배칭플랜트와 믹싱플랜트 등과 같은 이들 각 설비를 기능적으로 구성한 것이다.

46. ㉱

벨트컨베이어는 콘크리트를 연속적으로 운반하는 장비이다.

47. ㉰

콘크리트펌프의 형식은 피스톤식이 적당하고 스퀴즈식도 적용이 가능하다.

48. ㉯

콘크리트펌프의 기종은 압송능력이 펌프에 걸리는 최대 압송부하보다 커지도록 선정한다.

49. 콘크리트펌프 사용 시 굵은골재의 최대 치수가 20 mm인 경우 압송관의 호칭치수 기준으로 옳은 것은?

㉮ 60 mm 이상　　㉯ 80 mm 이상
㉰ 100 mm 이상　　㉱ 125 mm 이상

49. ㉰
굵은골재의 최대 치수가 20 mm 또는 25 mm일 때 압송관의 호칭치수는 100 mm 이상이다.

50. 굵은골재의 최대 치수가 40 mm일 경우, 콘크리트펌프 압송관의 최소 호칭치수로 가장 적당한 것은?

㉮ 50 mm　　㉯ 75 mm
㉰ 10 mm　　㉱ 125 mm

50. ㉱
굵은골재의 최대 치수가 40 mm일 때 압송관의 호칭치수는 125 mm 이상이다.

51. 콘크리트의 운반 및 타설에 관한 슈트의 구배와 높이, 타설 속도, 타설 순서 등을 규정한 목적으로써 가장 타당한 것은?

㉮ 콜드조인트 예방　　㉯ 적정한 시공연도 유지
㉰ 재료분리의 방지　　㉱ 적정한 물시멘트비 유지

51. ㉰
콘크리트의 재료분리를 방지하기 위해 콘크리트의 운반거리, 슈트의 구배와 높이, 타설 속도와 타설 순서 등을 규정하고 있다.

52. 다음 중 콘크리트 타설과 가장 관계가 먼 것은?

㉮ Concrete Mixer　　㉯ Floor Hopper
㉰ Vibrator　　㉱ Bar Bender

52. ㉱
Bar Bender는 철근의 구부리기에 사용되는 기구이다.

53. 콘크리트공사에 대한 설명 중 가장 부적당한 것은 어느 것인가?

㉮ 해사(海沙)를 사용할 경우, 충분히 물에 씻어서 사용한다.
㉯ 콘크리트 배합시, 시공연도와 관계가 먼 것은 시멘트의 강도이다.
㉰ 콘크리트 배합결정 순서는 보통, 배합강도→시멘트의 강도→물시멘트비→슬럼프값→표준배합→현장배합 순으로 한다.
㉱ 콘크리트의 타설은 최초 타설층이 안정되기 전에 계속적으로 부어넣어야 균질한 콘크리트가 될 수 있다.

53. ㉱
콘크리트를 2층 이상으로 나누어 타설할 경우 상층의 콘크리트는 하층의 콘크리트를 안정시킨 후 굳기 시작하기 전에 해야 한다.

54. 콘크리트 타설 방법에 대한 설명으로 옳지 않은 것은?

㉮ 콘크리트의 워커빌리티, 타설 장소의 시공조건 등에 따라 타설 속도를 정한다.
㉯ 콘크리트를 2층 이상으로 나누어 타설할 경우 상층의 콘크리트는 하층의 콘크리트가 굳기 시작한 후에 타설한다.
㉰ 1개소에 타설하지 않고 표면을 수평으로 거의 같은 높이가 되도록 타설한다.
㉱ 타설은 모멘트가 큰 곳부터 시작한다.

54. ㉯
콘크리트를 2층 이상으로 나누어 타설할 경우 상층의 콘크리트는 하층의 콘크리트를 안정시킨 후 굳기 시작하기 전에 해야 한다.

55. 콘크리트의 시공에서 틀린 것은?

㉮ 소요 슬럼프는 타설 시점의 슬럼프이고, 지정 슬럼프는 현장에서 받아들일 때의 슬럼프로 전자보다 다소 크게 한다.
㉯ 현장에 도착한 콘크리트의 슬럼프가 저하하고 있을 때 고성능 감수제를 쓰면 좋다.
㉰ 타설은 믹서에서 먼 곳부터 시작한다.
㉱ 타설의 중단이 오래되면 콜드조인트를 형성하게 되므로 2시간 이내 정도로 하는 것이 좋다.

55. ㉮

소요 슬럼프는 타설 시점의 슬럼프이고 지정 슬럼프는 공장에서 받아들일 때의 슬럼프로 전자보다 다소 작게 한다.

56. 콘크리트 붓기에 관한 설명 중 부적당한 것은?

㉮ 비비는 장소에서 먼 곳부터 붓기 시작하는 것이 좋다.
㉯ 될 수 있는 한 낮은 위치에서 수직으로 부어 넣는 것이 좋다.
㉰ 붓기를 끝낸 후 양생 시 콘크리트는 진동을 받지 않아야 한다.
㉱ 높은 벽이나 기둥은 하부에 된비빔, 상부에 묽은비빔을 붓는 것이 좋다.

56. ㉱

블리딩 현상을 방지하기 위해 콘크리트 타설은 상부로 올라갈수록 된비빔으로 하고 하부는 묽은비빔으로 한다.

57. 콘크리트 타설에 관한 설명으로써 부적당한 것은?

㉮ 기둥에 붙은 벽의 콘크리트는 기둥을 가로질러 콘크리트를 횡류(橫流)시켜 부어 넣는 것은 좋지 않다.
㉯ 가급적 낮은 위치로부터 수직으로 부어넣는 것이 좋다.
㉰ 펴 부어넣는 위치에서 먼 곳부터 부어넣는다.
㉱ 바닥은 가까운 곳에서부터 먼 쪽으로 순서 있게 부어넣는다.

57. ㉱

콘크리트의 타설은 비비기 장소나 플로어호퍼로부터 먼 곳에서 가까운 곳으로 부어넣으며, 가까이에서 수직으로 붓는다.

58. 콘크리트 타설 시의 일반적인 주의사항으로 옳지 않은 것은?

㉮ 운반거리가 먼 곳으로부터 타설한다.
㉯ 자유낙하 높이를 작게 한다.
㉰ 콘크리트가 수평으로 흘러가도록 한다.
㉱ 각 층이 수평이 되도록 타설면을 고른다.

58. ㉰

콘크리트의 타설은 비비기 장소나 플로어호퍼로부터 먼 곳에서 가까운 곳으로 부어넣으며, 가까이에서 수직으로 붓는다. 콘크리트가 수평으로 흘러가도록 해서는 안 된다.

59. 콘크리트공사 시공관리에 대한 설명 중 가장 부적당한 것은?

㉮ 콘크리트를 1 m 이상 높은 곳에서 낙하시켜 부어넣어서는 안 된다.
㉯ 바닥은 가까운 곳으로부터 부어넣어 수평이 되도록 한다.
㉰ 기둥과 보가 접촉되는 곳은 기둥에 타설한 콘크리트가 충분히 안정된 다음에 보와 바닥을 함께 부어넣어 일체가 되도록 한다.
㉱ 레디믹스트콘크리트 공장 배합 후 현장에서 타설이 끝나는 시간의 한도는 외기온 25 ℃ 이상인 경우는 90분 이내이다.

59. ㉯

콘크리트의 타설은 비비기 장소나 플로어호퍼로부터 먼 곳에서 가까운 곳으로 부어넣으며, 가까이에서 수직으로 붓는다.

60. 다음 중 콘크리트 타설 시의 일반적인 주의사항과 가장 거리가 먼 것은?

㉮ 넓은 장소에서는 운반거리가 먼 곳으로부터 타설을 시작한다.
㉯ 타설할 위치와 가까운 곳에서 낙하시킨다.
㉰ 자유낙하 높이를 크게 한다.
㉱ 거푸집의 측압이 과대하게 되지 않는 속도로 타설한다.

60. ㉰

콘크리트 낙하거리(배출구와 타설면까지의 높이)는 1.5 m 이하로 한다.

61. 철근콘크리트공사에서 콘크리트 타설에 관한 설명으로 옳지 않은 것은?

㉮ 한 구획의 부어넣기가 시작되면 콘크리트가 일체가 되도록 연속적으로 부어넣어 콜드조인트가 생기지 않도록 한다.
㉯ 콘크리트의 자유낙하 높이는 콘크리트가 분리되지 않도록 가능한 한 높을수록 좋다.
㉰ 타설 순서는 기둥→보→슬래브 순으로 한다.
㉱ 콘크리트를 부어넣는 속도는 각층을 충분히 다지기 할 수 있는 범위의 속도로 한다.

61. ㉯

콘크리트 낙하거리(배출구와 타설면까지의 높이)는 1.5 m 이하로 한다.

62. 콘크리트 타설에 관한 사항 중 부적당한 것은?

㉮ 보는 높이 전체를 양쪽에서 중앙을 향해 동시에 부어 나간다.
㉯ 깊이가 깊은 보는 바닥과 함께 넣지 않고 보만을 먼저 부어넣는다.
㉰ 기둥에 콘크리트를 부어 넣을 때는 직접 기둥에 부어넣는다.
㉱ 거푸집 내부로 횡류(橫流)하는 것은 피한다.

62. ㉰

콘크리트의 타설에 있어 기둥과 같이 길이가 긴 부재는 콘크리트 낙하거리(배출구와 타설면까지의 높이)는 1.5 m 이하가 되도록 플렉시블 파이프 슈트 또는 고무호스 슈트를 사용한다.

63. 콘크리트 타설에 관한 설명으로 가장 부적당한 것은 다음 중 어느 것인가?

㉮ 플로어호퍼에서 먼 곳부터 타설한다.
㉯ 낮은 곳에서 높은 곳으로 타설해 나간다.
㉰ 자유낙하거리는 될 수 있는 대로 짧게 한다.
㉱ 기둥은 한 번에 빠른 시간 내에 타설한다.

63. ㉱

벽 또는 기둥과 같은 수직부재의 콘크리트를 타설 할 경우 타설 속도는 일반적으로 30분에 1~1.5 m 정도로 한다.

64. 콘크리트 타설에 대한 설명으로 틀린 것은?

㉮ 콘크리트의 자유낙하 높이는 콘크리트가 분리 되지 않는 범위로 한다.

㉯ 보는 밑바닥에서 윗면까지 동시에 부어넣도록 하고 진행방향을 양단에서 중앙으로 부어넣는다.

㉰ 기둥은 윗면까지 동시에 부어넣어 콜드조인트가 생기지 않도록 한다.

㉱ 벽은 콘크리트 주입구를 여러 곳에 설치하여 충분히 다지면서 수평으로 부어넣는다.

64. ㉰

벽 또는 기둥과 같은 수직 부재의 콘크리트를 타설 할 경우 타설 속도는 일반적으로 30분에 1~1.5 m 정도로 한다.

65. 콘크리트 타설의 주의사항으로 틀린 것은 어느 것인가?

㉮ 콘크리트를 비비는 장소 또는 플로어호퍼에서 먼 구획부터 부어넣는다.

㉯ 부어넣을 때는 철근, 나무벽돌 등이 이동되지 않도록 한다.

㉰ 기둥은 단면이 클 때에는 수개 층으로 나누어 부어넣고, 다지면서 서서히 부어넣는다.

㉱ 벽은 수직으로 부어넣는다. 부어 넣는 곳은 되도록 작은 간격으로 균등하게 조금씩 부어넣는다.

65. ㉱

벽은 수평으로 부어넣는다.

66. 콘크리트 시공에 관한 설명 중 가장 알맞은 것은?

㉮ 타설 순서는 가까운 곳에서 먼 곳으로 순서 있게 부어나간다.

㉯ 진동기를 철근에 대어 철근이 진동하게 하여 넓은 면적이 진동다지기가 되도록 하는 것이 좋다.

㉰ 콘크리트의 타설 속도는 콘크리트의 운반 속도를 기준하여 정한다.

㉱ 콘크리트 타설은 가급적 낮은 위치에서 연직으로 부어넣는 것이 좋다.

66. ㉱

① 비비기 장소나 플로어호퍼로부터 먼 곳에서 가까운 곳으로 부어 넣으며, 가까이에서 수직으로 붓는다.
② 진동기는 철근에 직접 닿지 않게 한다.
③ 콘크리트의 타설 속도가 너무 빠르면 거푸집에 큰 압력으로 작용하게 된다. 따라서 기둥과 같은 부재는 타설 속도가 한 시간에 2 m 이하가 되도록 한다.

67. 철근콘크리트공사에서 콘크리트 이어치기에 대한 설명으로 옳지 않은 것은?

㉮ 콘크리트의 이어치기는 원칙적으로 응력이 집중되는 곳에서 한다.

㉯ 보는 스팬의 중앙 또는 단부의 1/4 부분에서 이어친다.

㉰ 기둥 및 벽은 바닥슬래브 및 기초의 상단에서 이어친다.

㉱ 캔틸레버는 이어치기를 하지 않고 한 번에 타설한다.

67. ㉮

콘크리트의 이어치기는 원칙적으로 응력이 적은 곳에서 수직, 수평으로 이어친다.

68. 콘크리트 이어붓기에 대한 설명으로 옳지 않은 것은?

㉮ 보 및 슬래브의 이어붓기 위치는 전단력이 작은 스팬의 중앙부에 수직으로 한다.
㉯ 아치이음은 아치 축에 직각으로 설치한다.
㉰ 부득이 전단력이 큰 위치에 이음을 설치할 경우에는 시공이음에 촉 또는 홈을 두거나 적절한 철근을 내어 둔다.
㉱ 염분 피해의 우려가 있는 해양 및 항만 콘크리트 구조물에서는 시공이음부를 설치하는 것이 좋다.

68. ㉱
염분 피해의 우려가 있는 해양 및 항만 콘크리트 구조물에서는 시공이음부를 설치하지 않는 것이 좋다.

69. 콘크리트의 타설이음에 대한 설명으로 틀린 것은?

㉮ 기둥 및 벽의 수평 타설이음부는 바닥슬래브, 보의 하단에 설치하거나, 바닥슬래브, 보, 기초보의 상단에 설치한다.
㉯ 타설이음면은 레이턴스나 취약한 콘크리트 등을 제거하여 일체가 되도록 한다.
㉰ 보, 바닥슬래브의 수직 타설이음부는 스팬의 지점부근에 주철근과 평행한 방향으로 설치한다.
㉱ 타설이음부의 콘크리트는 살수 등에 의해 습윤시킨다.

69. ㉰
보, 바닥판(슬래브)은 스팬 중앙부에서 주철근과 수직으로 이어친다.

70. 콘크리트 이어치기에 관한 기술 중 옳지 않은 것은?

㉮ 보는 단부에서 이어치기 한다.
㉯ 기둥의 이어치기는 하단에서 한다.
㉰ 상판은 될 수 있는 한 중앙부근에서 수직으로 이어친다.
㉱ 캔틸레버는 이어치지 않는다.

70. ㉮
보, 바닥판(슬래브)은 스팬 중앙부에서 주철근과 수직으로 이어친다.

71. 콘크리트 타설이음의 위치 중 옳지 않은 것은?

㉮ 보, 바닥판의 이음은 간사이의 1/4 위치에 수직으로 한다.
㉯ 기둥은 기초판 연결보 바닥판 위에서 수평으로 한다.
㉰ 벽은 이음자리 막기가 편리한 곳에 수직 또는 수평으로 한다.
㉱ 아치의 이음은 아치 축에 수직으로 한다.

71. ㉮
보, 바닥판(슬래브)은 스팬 중앙부에서 주철근과 수직으로 이어친다.

72. 콘크리트 이어치기에 관한 기술 중 틀린 것은?

㉮ 슬래브(Slab)의 이어치기는 가장자리에서 한다.
㉯ 보의 이어치기는 전단력이 가장 적은 스팬의 중앙부에서 수직으로 한다.
㉰ 아치의 이어치기는 아치 축에 직각으로 한다.
㉱ 기둥의 이어치기는 바닥판 윗면에서 수평으로 한다.

72. ㉮
보, 바닥판(슬래브)은 스팬 중앙부에서 주철근과 수직으로 이어친다.

73. 콘크리트 이어붓기에 대한 설명 중 옳지 않은 것은?

㉮ 아치이음은 아치(Arch) 축에 직각으로 한다.
㉯ 이어붓는 위치는 응력이 작은 곳을 택한다.
㉰ 보의 이음은 보의 단부, 즉 기둥 옆에서 이음을 한다.
㉱ 수평이음은 그 면의 먼지나 레이턴스를 제거하고 이음콘크리트를 친다.

73. ㉰
보, 바닥판(슬래브)은 스팬 중앙부에서 주철근과 수직으로 이어친다.

74. 다음 철근콘크리트공사에 관한 기술 중 옳지 않은 것은?

㉮ 보 밑의 동바리(지보공)는 설계기준압축강도의 100 %까지 경화되었을 때 완전히 해체한다.
㉯ 보의 콘크리트 이어치기의 위치로써는 스팬의 1/4지점이 적당하다.
㉰ 염화칼슘을 혼입한 콘크리트는 장기강도가 저하된다.
㉱ AE제는 콘크리트의 워커빌리티 증진과 내구성 증진 등에 유효하다.

74. ㉯
보, 바닥판(슬래브)은 스팬 중앙부에서 주철근과 수직으로 이어친다.

75. T형보의 콘크리트 이어치기의 위치로써 가장 적당한 것은 어느 것인가? (단, L은 스팬의 길이이다.)

㉮ $\frac{1}{2}$L ㉯ $\frac{1}{4}$L
㉰ $\frac{3}{4}$L ㉱ $\frac{1}{5}$L

75. ㉮
보, 바닥판(슬래브)은 스팬 중앙부에서 주철근과 수직으로 이어친다.

76. 콘크리트 이어치기에 관한 사항 중 틀린 것은?

㉮ 보 · 바닥판의 이음은 그 간사이의 중앙부에 수직으로 한다.
㉯ 기둥은 기초판 · 연결보 또는 바닥판 위에서 수평으로 한다.
㉰ 바닥판은 그 간사이의 중앙부에 작은보가 있는 때에는 작은보 너비의 1.5배 정도 떨어진 곳에 둔다.
㉱ 아치의 이음은 아치 축에 직각으로 설치한다.

76. ㉰

바닥판의 스팬 중앙부에 작은보가 있는 바닥판은 작은보의 너비의 2배 거리만큼 떨어진 곳에서 수직으로 이어친다.

77. 콘크리트 이어치기에 대한 설명 중 적당한 것은?

㉮ 보는 중앙부에서 수평으로 이어 붓는다.
㉯ 기둥의 이음위치는 중앙에서 수평으로 한다.
㉰ 바닥판은 중앙부에 작은보가 있을 때는 작은보 너비의 3배 정도 떨어진 곳에 둔다.
㉱ 바닥판은 그 간 사이의 중앙부에서 수직으로 한다.

77. ㉱

① 보, 바닥판(슬래브)은 스팬 중앙부에서 주철근과 수직으로 이어친다.
② 기둥은 기초판, 연결보, 바닥판 위에서 수평으로 이어친다.
③ 바닥판의 스팬 중앙부에 작은보가 있는 바닥판은 작은보의 너비의 2배 거리만큼 떨어진 곳에서 수직으로 이어친다.

78. 바닥판의 중앙에 빔(Beam)이 있는 슬래브의 콘크리트 이음위치로써 가장 적당한 것은?

㉮ 빔의 중심부에 위치하는 곳
㉯ 빔의 중심에서 빔 폭의 2배 되는 곳
㉰ 빔의 중심에서 빔 폭의 3배 되는 곳
㉱ 빔의 중심에서 빔 폭의 4배 되는 곳

78. ㉯

바닥판의 스팬 중앙부에 작은보가 있는 바닥판은 작은보의 너비의 2배 거리만큼 떨어진 곳에서 수직으로 이어친다.

79. 일반적으로 콘크리트 이어치기하는 개소 및 방법으로써 적합하지 않은 것은?

㉮ 전단력이 적은 개소
㉯ 보 및 슬래브는 스팬의 중앙부근 접촉면
㉰ 기둥은 슬래브 및 기초의 상단
㉱ 주철근 방향

79. ㉱

주철근은 하중을 많이 받는 철근이므로 주철근 방향으로 이어쳐서는 안 된다.

80. 기둥의 콘크리트 이어치기 위치로써 가장 적당한 것은 어느 것인가?

㉮ 기둥의 1/2시점
㉯ 기둥의 1/3지점
㉰ 기둥의 1/4지점
㉱ 바닥판의 바로 위

80. ㉱

기둥은 기초판, 연결보, 바닥판 위에서 수평으로 이어친다.

81. 콘크리트 이어치기 위치에 관하 기술 중 옳은 것은?

㉮ 기둥은 기초판 및 바닥판 바로 위에서
㉯ 보는 그 스팬의 1/4 되는 곳에서
㉰ 바닥판은 작은보의 바로 밑에서
㉱ 벽은 층고의 중앙부에서

82. 콘크리트의 이어치기에 관한 기술에서 적당치 않은 것은?

㉮ 보의 슬래브는 동시에 치는 것이 좋다.
㉯ 보는 단부에서 이어처서는 안 된다.
㉰ 벽은 대각선 방향으로 이어치는 것이 편리하다.
㉱ 슬래브는 중앙부근에서 수직으로 이어친다.

83. 콘크리트의 이어치기에 관한 기술 중에서 부적당한 것은 다음 중 어느 것인가?

㉮ 캔틸레버(내민보)는 이어치기 하지 않는다.
㉯ 바닥판은 중앙부근에서 수직으로 이어친다.
㉰ 벽체는 슬래브 하단에서 이어친다.
㉱ 보의 이어치기는 보의 중간부분에서 수직으로 이어친다.

84. 콘크리트공사에서 이어치기 위치에 관한 설명 중 옳지 않은 것은?

㉮ 보, 바닥판 이음은 그 간사이의 중앙부에서 수직으로 한다.
㉯ 기둥은 기초판, 연결보 또는 바닥판 위에서 수평으로 한다.
㉰ 벽은 개구부(문꼴) 등 끊기 좋고 또한 이음자리 막기와 떼어내기에 편리한 곳에 수직 또는 수평으로 한다.
㉱ 아치는 이어붓지 않는다.

85. 콘크리트 이어치기 이음위치에 대한 설명 중 가장 부적당한 것은?

㉮ 캔틸레버로 내민보나 바닥판은 스팬의 중앙에서 이어치기 한다.
㉯ 기둥은 바닥판, 연결보 또는 기초상단에서 수평으로 한다.
㉰ 원칙적으로 응력이 적은 곳에서 이어치기 한다.
㉱ 슬래브·보는 스팬의 중앙 또는 단부의 1/4 부분에서 이어치기 한다.

81. ㉮
① 보, 바닥판(슬래브)은 스팬 중앙부에서 주철근과 수직으로 이어친다.
② 벽은 개구부(문꼴) 등 끊기 좋고 이음자리 막기와 떼어내기 편리한 곳에 수직, 수평으로 이어친다.

82. ㉰
벽은 개구부(문꼴) 등 끊기 좋고 이음자리 막기와 떼어내기 편리한 곳에 수직, 수평으로 이어친다.

83. ㉰
벽은 개구부(문꼴) 등 끊기 좋고 이음자리 막기와 떼어내기 편리한 곳에 수직, 수평으로 이어친다. 따라서 벽체를 슬래브 하단에서 이어치기 하면 벽체와 슬래브가 일체화되지 않는다.

84. ㉱
① 아치는 아치 축에 직각으로 이어친다.
② 캔틸레버는 이어치기를 하지 않는다.

85. ㉮
캔틸레버는 이어치기를 하지 않는다.

86. 철근콘크리트공사 중 이어치기에 관한 기술로 옳지 않은 것은?

㉮ 아치의 이음은 아치 축에 직각으로 한다.
㉯ 바닥판은 그 간사이의 중앙부에 작은보가 있을 경우 작은보 너비의 2배 정도 떨어진 곳에 둔다.
㉰ 보·바닥판의 이어치기는 그 간사이의 중앙부에 수직으로 한다.
㉱ 기둥은 바닥판 위에서 수평으로 하며, 캔틸레버로 내민보는 1/2L 지점에서 이어치기 한다.

86. ㉱
캔틸레버는 이어치기를 하지 않는다.

87. 콘크리트 이어붓기에 대한 설명 중 옳지 않은 것은?

㉮ 기둥 및 벽에서는 기초 및 바닥의 상단에서 수평으로 한다.
㉯ 캔틸레버보 및 바닥판은 중앙부에서 수직으로 한다.
㉰ 보나 슬래브는 전단력이 가장 작은 스팬의 중앙부에서 수직으로 한다.
㉱ 아치(Arch)의 이음은 아치 축에 직각으로 한다.

87. ㉯
캔틸레버는 이어치기를 하지 않는다.

88. 콘크리트의 이어치기에 관한 다음 기술 중 가장 부적당한 것은 어느 것인가?

㉮ 기둥은 슬래브 상단에서 수평으로 이어친다.
㉯ 수평 이어치기할 때는 이어치는 면의 레이턴스를 제거하고 물 축임을 한다.
㉰ 부득이하여 캔틸레버를 모체인 골조체와 일체로 콘크리트 타설을 할 수 없을 경우에는 캔틸레버 철근을 미리 꽂아 두었다가 후에 콘크리트를 타설한다.
㉱ 이어치기는 응력이 작은 곳에서 하는 것이 좋다

88. ㉰
캔틸레버는 이어치기를 하지 않는다.

89. 콘크리트의 이어치기에 대한 설명이 옳지 않은 것은?

㉮ 이어치기는 표면의 레이턴스를 제거하고 수분이 없는 상태에서 행한다.
㉯ 이어치기는 원칙적으로 응력이 적은 곳에서 한다.
㉰ 이어치기를 할 때에는 콜드조인트(Cold Joint)가 발생하지 않도록 노력하여야 한다.
㉱ 이어치기를 할 경우 진동기의 사용은 매우 적절하다.

89. ㉮
이어치기에서 이음부 처리는 레이턴스를 철저히 제거하고 타설 전 시멘트풀을 도포한다.

90. 콘크리트 타설에서 진동기를 사용하는 가장 큰 목적은?

㉮ 재료분리 방지
㉯ 작업능률 촉진
㉰ 경화작용 촉진
㉱ 콘크리트의 밀실화 유지

91. 다음 중 콘크리트 다지기를 위한 용도에 의한 진동기의 종류가 아닌 것은?

㉮ 봉형진동기　　㉯ 거푸집진동기
㉰ 표면진동기　　㉱ 엔진진동기

92. 콘크리트공사에서 진동기의 효과가 가장 잘 발휘될 수 있는 콘크리트는?

㉮ 부배합 저슬럼프　　㉯ 부배합 고슬럼프
㉰ 빈배합 저슬럼프　　㉱ 빈배합 고슬럼프

93. 꽂이식진동기의 운행 간격은 진동이 유효한 반지름 몇 mm 이하인가?

㉮ 300 mm　　㉯ 500 mm
㉰ 600 mm　　㉱ 800 mm

94. 콘크리트 꽂이식진동기(막대형진동기) 사용법에 대한 설명으로 옳지 않은 것은?

㉮ 수직방향으로 동일한 간격과 일정한 시간으로 운행한다.
㉯ 삽입 간격은 500 mm 이하로 중복되지 않게 한다.
㉰ 1개소당 진동시간은 다지기 할 때 시멘트풀이 표면 상부로 약간 부상하기까지 한다. 약 1개소당 5~15초 정도이다.
㉱ 철근 또는 거푸집에 진동을 주어 잘 다져지게 한다.

95. 콘크리트 진동다지기에 관한 설명 중 가장 부적당한 것은?

㉮ 진동다지기는 거푸집에 작용하는 측압을 크게 한다.
㉯ 삽입 간격은 500 mm 이하로 중복되지 않게 한다.
㉰ 진동효과를 증대시키기 위해 철근을 진동시킨다.
㉱ 응결을 시작한 콘크리트는 진동을 주어서는 안 된다.

90. ㉱
진동기의 사용 큰 목적은 콘크리트를 밀실하게 충전하는 것이다.

91. ㉱
• 진동기의 종류
① 꽂이식진동기
(막대형, 봉형진동기)
② 거푸집진동기
③ 표면진동기

92. ㉰
진동기의 효과는 빈배합 된비빔 → 빈배합 묽은비빔 → 부배합 묽은비빔 순으로 떨어진다. 빈배합 된비빔은 빈배합 저슬럼프와 같다.

93. ㉯
삽입 간격은 500 mm 이하로 중복되지 않게 한다.

94. ㉱
진동기는 철근에 직접 닿지 않게 한다.

95. ㉰
진동기가 철근에 직접 닿지 않게 한다.

96. 콘크리트 진동다지기에 대한 설명 중 옳지 않은 것은?

㉮ 봉형 바이브레이터는 콘크리트 내부에 넣어 진동을 통해 다지기를 한다.

㉯ 폼 바이브레이터는 거푸집면에 대고 진동을 주어 다지기를 한다.

㉰ 콘크리트에 삽입하는 바이브레이터의 경우 진동을 주는 시간은 1개소 당 10~15초가 적당하다.

㉱ 바이브레이터를 콘크리트에 삽입할 때 바이브레이터의 선단은 철근, 철물 등에 닿게 하여 진동을 골고루 주도록 한다.

96. ㉱

진동기가 철근에 직접 닿지 않게 한다.

97. 콘크리트 타설 시의 진동기 사용법에 관한 설명으로 가장 부적당한 것은 다음 중 어느 것인가?

㉮ 수직으로 삽입하여 사용한다.

㉯ 삽입 간격은 500 mm 이하로 중복되지 않게 한다.

㉰ 1개소당 진동시간은 다지기 할 때 시멘트풀이 표면 상부로 약간 부상하기까지 한다. 약 1개소당 5~15초 정도이다.

㉱ 굳기 시작한 콘크리트에는 사용시간을 50 % 증가시킨다.

97. ㉱

굳기 시작한 콘크리트에는 진동을 주지 않는다.

98. 콘크리트 시공 시 진동다지기에 관한 설명으로 옳지 않은 것은?

㉮ 진동의 효과는 봉의 직경, 진동수 등에 따라 다르다.

㉯ 안정되어 엉기거나 굳기 시작한 콘크리트라도 콘크리트의 표면에 페이스트가 엷게 떠오를 때까지 진동기를 사용하여야 한다.

㉰ 진동기를 인발할 때에는 진동을 주면서 천천히 뽑아 콘크리트에 구멍을 남기지 말아야 한다.

㉱ 고강도콘크리트에서는 고주파 내부진동기가 효과적이다.

98. ㉯

안정되어 엉기거나 굳기 시작한 콘크리트에는 진동을 주지 않는다.

99. 콘크리트의 내부진동기(Internal Vibrator) 사용법에 대한 기술 중 옳지 않은 것은?

㉮ 진동기는 가급적 수직방향으로 사용하는 것이 좋다.

㉯ 진동기는 1개소에 대하여 1분 이상 사용하는 것이 좋다.

㉰ 진동기의 삽입 간격은 500 mm 이하로 중복되지 않게 한다.

㉱ 진동기는 뽑을 때 서서히 뽑아내는 것이 좋다.

99. ㉯

진동시간 1개소당 5~15초 정도로 한다.

100. 콘크리트 시공 시 진동다지기에 관한 사항으로 부적당한 것은 어느 것인가?

㉮ 삽입 간격은 500 mm 이하로 중복되지 않게 한다.
㉯ 안정되어 엉기거나 굳기 시작한 콘크리트라도 콘크리트의 표면에 페이스트가 엷게 떠오를 때까지 진동기를 사용하여야 한다.
㉰ 진동다지기의 콘크리트 거푸집은 일반 거푸집 보다 20~30 % 정도 견고히 한다.
㉱ 진동다지기는 부배합의 콘크리트보다 빈배합의 콘크리트에 유효하다.

100. ㉯

① 굳기 시작한 콘크리트에는 진동을 주지 않는다.
② 삽입 간격은 500 mm 이하로 중복되지 않게 한다.
③ 삽입 깊이는 하층의 콘크리트 속으로 100 mm 정도 찔러 넣는다.

101. 콘크리트 봉형진동기 사용에 대한 설명으로 옳은 것은?

㉮ 진동시간은 콘크리트 표면에 페이스트가 얇게 떠오를 정도로 한다.
㉯ 진동기 삽입간격은 진동시간을 고려하여 약 100 cm 이상으로 한다.
㉰ 진동기의 선단은 철골, 철근에 닿도록 한다.
㉱ 진동기는 콘크리트를 부어넣는 층의 바닥까지 경사지게 삽입한다.

101. ㉮

① 진동기 삽입간격은 진동시간을 고려하여 약 500 mm 이하로 한다.
② 진동기의 선단은 철골, 철근에 닿지 않도록 한다.
③ 진동기는 콘크리트를 부어넣는 층의 바닥까지 수직으로 삽입한다.

102. 콘크리트의 내부진동기(Internal Vibrator) 사용법에 대한 기술 중 옳지 않은 것은?

㉮ 진동기는 콘크리트 1일 타설량 50 m^3마다 1대꼴로 한다.
㉯ 진동기의 진동 영향범위는 진동시간에 따라 틀리나 대략 30~40초 정도가 적당하다.
㉰ 진동기는 될 수 있는 대로 수직으로 세워서 사용해야한다.
㉱ 진동기의 삽입 간격은 500 mm 이하로 중복되지 않게 한다.

102. ㉮

진동기 수는 1일 콘크리트 작업량 20 m^3마다 1대를 사용하며, 대수 3대 또는 단수마다 예비 진동기 1대를 준비한다.

103. 콘크리트 내부진동기의 사용법에 관한 설명으로 옳지 않은 것은?

㉮ 콘크리트다지기에는 내부진동기의 사용을 원칙으로 하나, 얇은 벽 등 내부진동기의 사용이 곤란한 장소에서는 거푸집진동기를 사용해도 좋다.
㉯ 내부진동기는 연직으로 찔러 넣으며, 그 간격은 진동이 유효하다고 인정되는 범위의 지름 이하로써 일정한 간격으로 한다.
㉰ 1개소당 진동시간은 다지기할 때 시멘트풀이 표면 상부로 약간 부상하기까지가 적질하다.
㉱ 진동다지기를 할 때에는 내부진동기를 하층의 콘크리트 속으로 0.5 m 정도 찔러 넣는다.

103. ㉱
삽입 깊이는 하층의 콘크리트 속으로 100 mm 정도 찔러 넣는다.

104. 콘크리트 다지기에 사용되는 내부진동기에 관한 설명 중 옳지 않은 것은?

㉮ 콘크리트에 수직으로 세워 삽입한다.
㉯ 콘크리트에 진동을 가할 때에는 철근이나 철골, 거푸집 등에 직접 접촉시켜서는 안 된다.
㉰ 콘크리트로부터 천천히 빼내어 구멍이 남지 않도록 한다.
㉱ 콘크리트를 횡방향으로 이동시킬 목적으로도 사용된다.

104. ㉱
내부진동기는 콘크리트 타설 시에 틈이 작고 밀실하게 되도록 콘크리트에 꽂아서 다지는 기계이다.

105. 다음 중 서로 관계가 없는 것끼리 짝지어진 것은?

㉮ 바이브레이터(Vibrator) – 목공사
㉯ 가이데리(Guy Derrick) – 강구조공사
㉰ 그라인더(Grindor) – 미장공사
㉱ 토털 스테이션(Total Station) – 부지측량

105. ㉮
바이브레이터는 진동기로 콘크리트 다지기에 사용되는 장비이다.

106. 콘크리트를 양생하기 위해 양생분을 살포하는 목적으로 적당한 것은?

㉮ 혼합수의 증발을 방지하기 위해서
㉯ 표면의 유리수를 양생분으로 제거하기 위해서
㉰ 표명의 양생분을 경화시키기 위해서
㉱ 밖에서 빗물이 들어오지 못하게 하기 위해서

106. ㉮
양생분(양생제)은 피막양생에서 사용되는 것으로 피막양생은 표면에 피막 양생제(양생분)를 뿌려 수분 증발을 방지하면서 실시하는 양생이다.

107. 콘크리트 양생방법 중 초기강도가 크게 발휘되어 거푸집을 빨리 제거할 수 있는 방법은?

㉮ 살수양생 ㉯ 수중양생
㉰ 피막양생 ㉱ 증기양생

107. ㉱
증기양생은 높은 온도(35 ℃ 이상)의 수증기 속에서 실시하는 촉진양생으로 한중콘크리트에 적합하다.

108. 다음 중 콘크리트의 양생방법과 거리가 먼 것은?

㉮ 전기양생 ㉯ 증기양생
㉰ 습윤양생 ㉱ 방부양생

108. ㉱
콘크리트 양생의 종류로는 습윤양생, 피막양생, 오토클레이브양생, 증기양생 및 전기양생 등이 있다.

109. 콘크리트를 타설한 후 콘크리트를 양생하는 방법 중 거푸집을 빨리 제거하고 단시일 내에 콘크리트의 압축강도가 소요의 강도를 얻을 수 있는 것은?

㉮ 증기양생(Steam Curing)
㉯ 습윤양생(Moist Curing)
㉰ 전기양생(Electric Curing)
㉱ 피막양생(Membrane Curing)

109. ㉮
증기양생은 높은 온도(35 ℃ 이상)의 수증기 속에서 실시하는 촉진양생으로 한중콘크리트에 적합하다.

110. 콘크리트 거푸집을 조기에 제거하고 단시일에 소요강도를 내기 위한 양생 방법은?

㉮ 습윤양생 ㉯ 전기양생
㉰ 피막양생 ㉱ 증기양생

110. ㉱
증기양생은 높은 온도(35 ℃ 이상)의 수증기 속에서 실시하는 촉진양생으로 한중콘크리트에 적합하다.

111. 콘크리트 양생에 관한 설명으로 옳지 않은 것은?

㉮ 콘크리트의 경화에 충분한 물이 필요하다.
㉯ 양생은 특히 초기가 중요하며 강도에 영향이 적다.
㉰ 온도를 유지하는 방법으로 가열한다.
㉱ 수분유지를 위해 피복을 한다.

111. ㉯
양생은 특히 초기가 중요하며 강도에 영향이 크다.

112. 콘크리트 양생에 관한 기술 중 가장 부적당한 것은?

㉮ 콘크리트 양생에는 적당한 온도를 유지해야 한다.
㉯ 직사광선은 잉여수분을 적당하게 증발시켜주므로 양생에 유리하다.
㉰ 콘크리트가 경화될 때까지 충격 및 하중을 가하지 않는다.
㉱ 거푸집은 공사에 지장이 없는 한 오래 존치하는 것이 좋다.

112. ㉯
직사광선은 콘크리트 표면을 급격히 건조시켜 균열의 원인이 되므로 직사일광, 풍우, 서리, 눈 등에 노출면을 보호한다.

113. 콘크리트 타설 후 실시하는 양생에 관한 설명으로 옳지 않은 것은?

㉮ 경화초기에 시멘트의 수화반응에 필요한 수분을 공급한다.
㉯ 직사광선, 풍우, 눈에 대하여 노출하여 실시한다.
㉰ 진동, 충격 등의 외력으로부터 보호한다.
㉱ 강도확보에 따른 적당한 온도와 습도환경을 유지한다.

114. 보통포틀랜드시멘트를 사용한 콘크리트의 양생에 관한 설명 중 부적당한 것은?

㉮ 콘크리트 붓기 후 24시간 이후에는 직상층의 거푸집 조립 작업을 해도 상관없다.
㉯ 하절기에는 5일 이상 물을 뿌려 습윤상태를 유지한다.
㉰ 한중콘크리트의 초기양생은 콘크리트의 강도와 밀접한 관계를 가진다.
㉱ 타설 후 12시간 이내에는 그 상부에 보행을 하여서는 안 된다.

115. 콘크리트의 Joint의 종류에 대해 나열한 것 중 계획된 Joint가 아닌 것은?

㉮ Control Joint
㉯ Construction Joint
㉰ Cold Joint
㉱ Expansion Joint

116. 시공줄눈 설치이유 및 설치위치로 잘못된 것은?

㉮ 시공줄눈의 설치이유는 거푸집이 반복사용을 위해 설치한다.
㉯ 시공줄눈의 설치위치는 이음길이가 최대인 곳에 둔다.
㉰ 시공줄눈의 설치위치는 구조물 강도상 영향이 적은 곳에 설치한다.
㉱ 시공줄눈의 설치위치는 압축력과 직각방향으로 한다.

113. ㉯

콘크리트 양생에서 직사일광, 풍우, 서리, 눈 등에 노출면을 보호한다.

114. ㉮

콘크리트를 타설 한 후 원칙적으로 1일간은 그 위를 보행하거나 중량물을 올려놓지 않는다. 또한 경화 시까지 충격 및 하중을 가하지 않는다.

115. ㉰

① 계획줄눈은 인위적으로 발생시키는 줄눈으로 신축줄눈, 수축줄눈(조절줄눈), 지연줄눈 및 미끄럼줄눈 등이 있다.
② 콜드조인트는 콘크리트 작업관계로 경화된 콘크리트에 새로 콘크리트를 타설할 경우 발생하는 이음으로 비계획적으로 발생되는 이음이다

116. ㉯

시공줄눈의 설치위치는 이음길이가 최소인 곳에 둔다.

117. 콘크리트를 이어치기 할 때 발생하는 이음새(Joint)로써 수밀성 및 내구성에 문제를 일으키는 것은?

㉮ 콜드조인트(Cold Joint)
㉯ 익스팬션조인트(Expansion Joint)
㉰ 콘트롤조인트(Control Joint)
㉱ 컨스트럭션조인트(Construction Joint)

118. 시공과정 중 휴식시간 등으로 응결하기 시작한 콘크리트에 새로운 콘크리트를 이어칠 때 일체화가 저해되어 생기는 줄눈은?

㉮ 컨스트럭션조인트(Construction Joint)
㉯ 익스팬션조인트(Expansion Joint)
㉰ 콜드조인트(Cold Joint)
㉱ 컨트롤조인트(Control Joint)

119. 콘크리트의 신축이음 공사방법으로 옳지 않은 것은?

㉮ 이음부분에는 동판이나 염화비닐 등을 사이에 끼운다.
㉯ 철근콘크리트 구조물이 접하는 양쪽 부분에서 콘크리트 부분을 절단한다.
㉰ 온도변화, 건조수축, 기초의 부동침하 시에 생기는 균열을 방지할 수 있다.
㉱ 시공의 안전과 구조물의 외관을 고려하여 결정한다.

120. 익스팬션조인트(Expansion Joint)의 설치원인과 목적에 관한 기술 중 옳지 않은 것은?

㉮ 콘크리트를 이어치기할 때 신구(新舊) 콘크리트의 구조적 일체성 확보 강화를 위해 설치한다.
㉯ 콘크리트의 팽창, 수축에 대한 유해한 균열방지를 목적으로 한다.
㉰ 건축물을 평면적으로 증축하고자 할 때 설치한다.
㉱ 기초의 부동침하에 대비하여 이를 예방하고, 변위흡수를 목적으로 한다.

117. ㉮

콜드조인트는 비계획적으로 발생되는 이음이며 콘크리트를 이어치기 할 때 발생된다. 콜드조인트는 경화 후 균열발생으로 인해 수밀성 및 내구성에 문제를 일으킨다.

118. ㉰

콜드조인트는 비계획적으로 발생되는 이음이며 콘크리트를 이어치기 할 때 발생된다. 콜드조인트는 경화 후 균열발생으로 인해 수밀성 및 내구성에 문제를 일으킨다.

119. ㉱

① 신축이음의 공사방법은 완성된 콘크리트 이음면에 아스팔트를 두껍게 바르거나 방수지 또는 널을 대고 다른 편에 콘크리트를 부어넣는다.
② 이음의 위치 및 구조는 설계 시에 구조물의 안전도, 외관 및 시공의 편의를 고려하여 정한 것이므로 시공상 부득이한 때 외에는 변형해서는 안 된다.

120. ㉮

신축이음(Expansion Joint)은 구조물의 신축에 대응하기 위해 설치하는 이음이다.

121. 신축이음의 위치 중 적당하지 않은 것은 어느 것인가?

㉮ 기존 건물과 증축 건물의 접합부
㉯ 길이 50~60 m를 넘는 긴 건물
㉰ 호텔 객실부와 관리부의 경계
㉱ 건물의 평면이 꺾이는 부분

121. ㉰
신축이음의 설치위치와 실의 용도와는 관계가 없다.

122. 콘크리트의 균열이 발생할만한 구조물의 부재에 미리 줄눈을 설치하여 결함부위를 만들어 이 부분으로 균열이 집중적으로 발생하도록 하는 줄눈은?

㉮ 조절줄눈(Control Joint)
㉯ 시공줄눈(Construction Joint)
㉯ 신축줄눈(Expansion Joint)
㉱ 콜드조인트(Cold Joint)

122. ㉮
조절줄눈은 부재 면에 인위적으로 홈 등을 주어 균열을 전체 부재면 중의 일정한 곳에만 일어나도록 유도하는 균열유발이음이다. 수축이음이라고도 한다.

123. 콘크리트 타설 후 부재가 건조수축에 대하여 내 · 외부의 구속을 받지 않도록 일정폭을 두어 어느 정도 양생한 후 남겨둔 부분을 콘크리트로 채워 처리하는 조인트는?

㉮ Construction Joint
㉯ Delay Joint
㉰ Cold Joint
㉱ Expansion Joint

123. ㉯
지연이음(Delay Joint)은 장스팬의 구조물(100 m가 넘는)에 신축이음을 설치하지 않고, 건조수축을 감소시킬 목적으로 설치하는 이음(줄눈)이다.

124. 콘크리트의 건조수축에 의한 균열을 극소화시키기 위해 건물의 일정 부위를 남겨 놓고 콘크리트 타실을 하고, 조기 수축 후 나머지 부분을 콘크리트 타설할 때 발생하는 줄눈은?

㉮ 신축줄눈(Expansion Joint)
㉯ 조절줄눈(Control Joint)
㉰ 지연줄눈(Delay Joint)
㉱ 미끄림줄눈(Sliding Joint)

124. ㉰
지연이음(Delay Joint)은 장스팬의 구조물에 신축이음을 설치하지 않고, 건조수축을 감소시킬 목적으로 설치하는 이음(줄눈)이다.

125. 장 Span의 구조물 시공 시 수축대(폭 1m 정도 남겨놓음)만 설치하고, 콘크리트 타설 후 초기수축(보통 6주 후)을 기다렸다가 그 부분을 콘크리트 타설하여 일체화하는 조인트는?

㉮ Construction Joint
㉯ Delay Joint
㉰ Cold Joint
㉱ Expansion Joint

126. 땅에 접하는 바닥콘크리트의 경우 그림과 같이 벽의 인근 부분을 두껍게 하는 이유는?

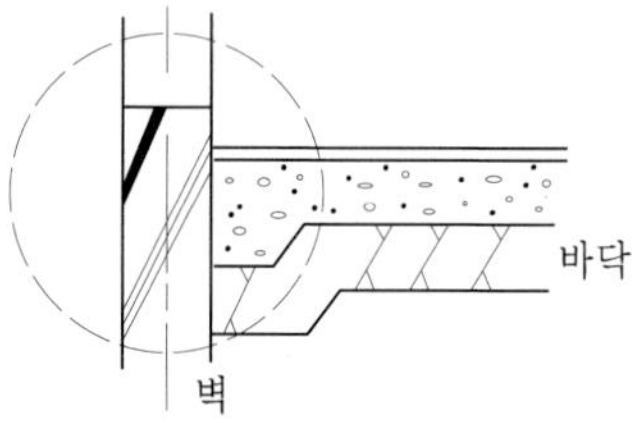

㉮ 부착력 증진
㉯ 휨에 대한 보강
㉰ 전단력에 대한 보강
㉱ 압축력에 대한 보강

127. 콘크리트면의 마무리 작업에 있어 마무리 두께 7 mm 이상 또는 바탕의 영향을 많이 받지 않는 마무리의 경우에 대한 평탄성의 기준으로 옳은 것은?

㉮ 3 m당 7 mm 이하
㉯ 3 m당 10 mm 이하
㉰ 1 m당 7 mm 이하
㉱ 1 m당 10 mm 이하

125. ㉯

지연이음(Delay Joint)은 장스팬의 구조물(100 m가 넘는)에 신축이음을 설치하지 않고, 건조수축을 감소시킬 목적으로 설치하는 이음(줄눈)이다.

126. ㉰

바닥판의 단부를 보강하는 것은 전단력에 대한 보강이다.

127. ㉱

• 콘크리트 마무리의 평탄성
① 마무리 두께 7 mm 이상 또는 바탕의 영향을 많이 받지 않는 마무리의 경우: 1 m당 10 mm 이하
② 마무리 두께 7 mm 이하 또는 양호한 평탄함이 필요한 경우: 3 m당 10 mm 이하
③ 제물치장 마무리 또는 마무리 두께가 얇은 경우: 3 m당 7 mm 이하

제18장 각종 콘크리트

1 레디믹스트콘크리트

1. 개요

레디믹스트콘크리트(Ready Mixed Concrete)는 콘크리트 제조 전문 공장에서 대규모 배치 플랜트에 의하여 각종 콘크리트를 주문자의 요구에 맞는 배합으로 계량, 혼합한 후 시공 현장에 운반차로 운반하여 사용하는 콘크리트이다. 레미콘(Remicon)이라고도 한다.

2. 종류

1) 생산방식에 따른 레디믹스트콘크리트의 종류

종 류	내 용
센트럴믹스트콘크리트 (Central Mixed Concrete)	센트럴믹스트콘크리트는 믹싱플랜트에서 고정 믹서로 완전히 비빈 것을 애지테이터트럭으로 운반하는 것이다.
쉬링크믹스트콘크리트 (Shrink Mixed Concrete)	쉬링크믹스트콘크리트는 믹싱플랜트에서 고정 믹서로 어느 정도 비빈 것을 애지테이터트럭으로 실어 운반도중 완전히 비비는 것이다.
트랜싯믹스트콘크리트 (Transit Mixed Concrete)	트랜싯믹스트콘크리트는 트럭믹서에 모든 재료를 공급받아 운반도중에 비비는 것이다.

2) 용도에 따른 레디믹스트콘크리트의 종류

① 보통콘크리트(일반콘크리트) ② 경량골재콘크리트
③ 포장콘크리트 ④ 고강도콘크리트

주1 구입자는 굵은골재의 최대 치수, 슬럼프 및 호칭강도를 조합한 다음 표에 표시한 ○표를 한 범위 내에서 레디믹스트콘크리트의 종류를 지정한다.

콘크리트 종류	굵은골재의 최대 치수 (mm)	슬럼프 또는 슬럼프플로 (mm)	호칭강도(MPa)										
			18	21	24	27	30	35	40	45	50	55	60
보통 콘크리트	20, 25	80, 120, 150, 180	○	○	○	○	○	○	-	-	-	-	-
		210	-	○	○	○	○	○	-	-	-	-	-
		500[1], 600[1]	-	-	-	○	○	○	-	-	-	-	-
	40	50, 80, 120, 150	○	○	○	○	○	○	-	-	-	-	-
경량 콘크리트	13, 20	80, 120, 150, 180, 210	○	○	○	○	○	○	○	-	-	-	-
고강도 콘크리트	13, 20, 25	120, 150, 180, 210	-	-	-	-	-	-	○	○	○	-	-
		500[1], 600[1], 700[1]	-	-	-	-	-	-	○	○	○	○	○

주1) 슬럼프플로값을 의미한다.

3. 특징

장 점	단 점
① 현장 내 재료 적치장 불필요하고 비비기 작업이 불필요 ② 공사 추진 정확하고 균일한 품질확보 ③ 타설 수량에 따라 조절가능하고 소요 양을 정확히 사용	① 운반시간에 제한을 받음. ② 운반도중 재료분리 우려 ③ 현장과 생산자의 긴밀한 협의가 필요

4. 공장의 선정

1) 레디믹스트콘크리트의 공장의 선정 시 고려사항[101)]

① 운반시간 ② 배출시간
③ 콘크리트의 제조능력 ④ 운반 차량의 수
⑤ 공장의 제조설비 ⑥ 품질관리 상태

2) 레디믹스트콘크리트의 규격

Remicon (20 - 24 - 150) ① ② ③	① 20 : 굵은골재 최대 치수(mm) ② 24 : 콘크리트의 호칭강도(MPa) ③ 150 : 슬럼프값(mm)

101) KCS 14 20 10 일반콘크리트(1.6), 국토교통부, 한국콘크리트학회, 2021.

5. 품질에 대한 지정 102)

1) 강도

① 1회의 시험 결과는 구입자가 지정한 호칭강도(공칭강도)값의 85 % 이상이어야 한다.

② 3회의 시험 결과의 평균치는 구입자가 지정한 호칭강도의 값 이상이어야 한다.

2) 슬럼프의 허용오차

슬럼프의 허용오차는 다음 표와 같다.

슬럼프 (mm)	슬럼프 허용오차 (mm)
25	±10
50~65	±15
80 이상	±25

3) 공기량의 한도와 허용오차

레디믹스트콘크리트의 공기량은 보통콘크리트의 경우 4.5 %, 경량골재콘크리트의 경우 5.5 %, 포장콘크리트 4.5 %, 고강도콘크리트 3.5 %로 하되, 공기량의 허용오차는 ±1.5 %로 한다.

4) 염화물함유량의 한도

레디믹스트콘크리트의 염화물함유량은 염화물이온(Cl^-)량에 대한 0.30 kg/m^3 이하로 하여야 한다. 다만 철근을 방청조치 할 경우에는 0.60 kg/m^3 이하로 할 수 있다.

5) 기타

① 한중콘크리트의 경우는 반입 시 최저 온도가 5 ℃ 이상이 되도록 유지하고, 서중콘크리트의 경우는 반입 시 최고 온도가 35 ℃ 이하를 유지하도록 콘크리트의 최고 온도 및 최저 온도를 지정한다.

② 강도시험 횟수는 450 m^3를 1로트로 하여 150 m^3당 1회의 비율로 한다. 1회의 시험 결과는 임의의 1개 운반차로부터 채취한 시료로 3개의 공시체를 제작하여 시험한 평균값으로 한다.

102) KS F 4009, 레디믹스트콘크리트, 산업표준심의회, 2021.

2 한중콘크리트

1. 개요

① 한중콘크리트는 콘크리트 타설 후의 양생기간 동안에 동결할 염려가 있는 경우(하루 평균기온이 4 ℃ 이하)에 시공하는 콘크리트이다.
② 하루의 평균기온이 4 ℃ 이하로 예상되는 조건일 때는 한중콘크리트로 시공하여야 한다.
③ 한랭기는 콘크리트 타설 후 월 평균기온이 2~10 ℃인 기간을 의미하며, 극한기는 콘크리트 타설 후 월 평균기온이 2 ℃ 이하인 기간을 의미한다.

2. 문제점 및 대책

1) 문제점

① 수화반응이 지연되어 콘크리트의 응결 및 강도발현이 늦어진다.
② 초기 동해시 장기강도가 저하(내구성, 수밀성 저하)된다.
③ 영하 3 ℃에서 완전 동결된다.

2) 대책

대 책	내 용
AE제 사용	AE제를 사용하여 동결융해 저항성을 높이는 것을 원칙으로 한다.
보온양생	보온양생을 실시하여 양생 중인 콘크리트의 온도는 5 ℃ 이상으로 유지한다.
물결합재비를 60 % 이하로 유지	초기 동해 방지를 위해 소요 워커빌리티의 범위 내에서 단위 수량을 적게 한다.

3. 비비기 및 시공

1) 재료의 가열 및 보온

작업 중 온도	가열재료 및 보온
0~4 ℃ 이하	간단한 주의와 보온을 한다.
-3~0 ℃ 이하	물 또는 물과 골재를 가열한다.
-3 ℃ 이하	물과 골재의 가열 및 타설한 콘크리트의 적정온도를 유지한다.

2) 일반사항

① 한중콘크리트의 배합은 소정의 설계기준압축강도가 소정의 재령에서 얻어지고, 초기 동해의 방지에 필요한 압축강도 5 MPa이 초기양생 기간 내에 얻어지도록 한다.
② 물결합재비(물시멘트비)는 60 % 이하로 한다.
③ 초기 동해 방지를 위해 단위 수량은 콘크리트의 소요 성능이 얻어지는 범위 내에서 될 수 있는 한 적게 한다.
④ AE제, AE감수제 및 고성능 AE감수제 중 어느 한 종류는 반드시 사용한다.
⑤ 시멘트는 기온이 0 ℃ 이하일 때는 보온시설이 된 창고에 저장한다.
⑥ 재료를 가열하는 경우, 물을 가열하는 것을 원칙으로 하며, 시멘트는 어떤 방법에 의해서도 가열해서는 안 된다. 골재는 직접 불꽃에 대어 가열해서는 안 된다.
⑦ 골재를 65 ℃ 이상 가열하면 다루기가 어려워지며, 시멘트를 급결시킬 우려가 있다.
⑧ 먼저 가열한 물과 굵은골재, 다음에 잔골재를 넣어서 믹서 내의 골재 및 물의 온도가 40 ℃ 이하가 된 후 최후에 시멘트를 넣는다.
⑨ 타설 시의 콘크리트의 온도는 5~20 ℃의 범위에서 정한다.
⑩ 기상조건이 가혹한 경우나 부재 단면이 작을 경우에는 타설할 때의 콘크리트의 최저 온도는 10 ℃ 정도를 확보한다.
⑪ 가열한 재료의 믹서 내 투입 순서는 '골재 → 물 → 시멘트' 순이다.

4. 한중콘크리트의 양생 103)

1) 초기양생

① 초기양생은 콘크리트 타설이 종료된 후 초기동해를 받지 않도록 초기에 실시하는 양생이다.
② 초기양생의 종류는 단열양생, 피복양생 등이 있다.
③ 초기 동해의 방지에 필요한 압축강도 5 MPa이 초기양생기간 내에 얻어지도록 하다
④ 콘크리트 타설 후 압축강도가 5 MPa이 될 동안에는 타설한 콘크리트는 어느 부분에서도 그 온도가 5 ℃ 이상으로 하여 초기양생을 실시한다.
⑤ 초기양생의 일수는 시멘트의 종류, 배합, 양생온도 등에 따라 다르나 5~10 ℃에서 양생할 경우, 보통포틀랜드시멘트는 3~9일 정도이다.

103) KCS 14 20 40 한중콘크리트 (1.3), 국토교통부, 한국콘크리트학회, 2021.

2) 보온양생

① 보온양생은 초기양생 이후 소정의 강도를 얻기 위해 실시하는 양생으로써, 단열성이 높은 재료 등으로 콘크리트 표면을 덮어 열의 방출을 적극 억제하여 시멘트의 수화열을 이용해서 필요한 온도를 유지하고 내부와 표면의 온도 차이를 저감하는 양생이다.

② 보온양생의 종류는 급열양생, 단열양생, 피복양생 및 이들을 복합한 방법 중 한 가지 방법을 선택해야 한다.

③ 보온양생은 초기양생기간 동안 비교적 최저기온이 높은 경우에는 시트 등의 간단한 피복양생만을 실시하고, 초기양생기간의 기온이 평균적인 기온보다 낮게 계속되는 경우에는 급열양생 및 단열양생을 계획한다.

3) 급열양생

① 급열양생은 양생기간 중 어떤 열원을 이용하여 콘크리트를 가열하는 양생이다. 가열보온양생이라고도 한다.

② 급열양생은 크게 공간가열방법, 표면가열방법 및 내부가열방법으로 구분된다.

③ 급열양생에서 사용되는 열원은 히터매트, 제트히터, 스토브 등이 사용된다.

4) 단열양생

단열양생은 단열성이 높은 재료로 콘크리트 주위를 감싸 시멘트의 수화열을 이용하여 보온하는 양생이다. 단열보온양생이라고도 한다.

5) 피복양생

① 피복양생은 시트 등을 이용하여 콘크리트의 표면 온도를 저하시키지 않는 양생이다.

② 초기양생기간 동안 최저기온이 -3 ℃보다 높은 경우 시트 등을 이용하여 간단히 피복하고 보온하는 방법이다.

3 서중콘크리트

1. 개요

① 서중콘크리트는 높은 외부기온으로 인하여 콘크리트의 슬럼프 또는 슬럼프플로 저하나 수분의 급격한 증발 등의 우려가 있을 경우에 시공되는 콘크리트이다.

② 서중콘크리트는 하루 평균기온이 25 ℃를 초과하는 경우에 시공하는 콘크리트이다.

③ 서중콘크리트를 서열기콘크리트, 하절기콘크리트라고도 한다.

2. 문제점 및 대책

1) 문제점(콘크리트의 온도상승 시 문제점)

① 고온으로 슬럼프가 저하(슬럼프손실)

② 동일 슬럼프를 얻기 위한 단위 수량 증가

③ 연행공기량의 감소

④ 공기량 조절이 어려움

⑤ 콜드조인트의 발생이 쉬움

⑥ 표면수분의 증발에 의한 균열과 온도균열이 발생

⑦ 초기강도 발현은 빠르나 장기강도의 증진은 저하

⑧ 콘크리트 표층부의 밀실성 저하

⑨ 워커빌리티의 불안정

2) 대책

① 고온의 시멘트는 사용하지 않는다.

② 물과 골재는 되도록 낮은 온도의 것을 사용한다.

③ 건조수축 균열발생에 대비하여 혼화제는 AE감수제 지연형, 감수제 지연형, 고성능 AE 감수제 지연형 등을 사용한다.

④ 골재는 사용 전에 충분한 습윤상태를 유지시킨다.

⑤ 과도한 혼합을 피한다.

⑥ 골재냉각, 차양막 설치 등을 통해 콘크리트의 타설 온도를 35 ℃ 이하로 낮춘다.

⑦ 콘크리트의 운반 및 타설 시간의 단축계획을 수립한다.

⑧ 온도가 증가하는 재료의 방지대책을 수립한다.

⑨ 급격한 건조 및 일사에 의한 온도 상승을 막기 위해 응결 종료 후의 콘크리트 표면에 살수하여 항상 습윤상태를 유지한다.

⑩ 중용열포틀랜드시멘트를 사용한다.

3. 일반사항 104)

구 분	내 용
배 합	① 콘크리트의 압축강도가 가져야 할 소요의 강도 및 워커빌리티의 범위 내에서 단위 수량 및 단위 시멘트량을 적게 한다. ② 콘크리트의 압축강도가 가져야 할 소요의 강도 및 워커빌리티를 확보하면서 단위 수량을 감소시키는 방법으로는 감수제, 고성능 감수제 또는 유동화제를 사용한다. ③ 기온이 10 ℃ 증가할 경우 단위 수량은 2~5% 증가한다. ④ 소요 슬럼프는 180 mm 이하로 한다.
운반 및 타설	① 비빈 콘크리트가 변화하지 않도록 빨리 운반하여 타설한다. ② 부어넣을 때의 콘크리트의 온도는 35 ℃ 이하여야 한다. ③ 타설 시 거푸집 등은 습윤상태로 유지한다. ④ 콘크리트는 감수제를 사용하더라도 비빈 후 1.5시간(90분) 이내에 타설한다. ⑤ 콘크리트를 운반한 후 타설 완료까지 소요 시간은 보통콘크리트의 경우 30분 이내, 유동화콘크리트의 경우 20분 이내로 한다.
양 생	① 타설 완료 후 콘크리트 표면이 건조하지 않도록 한다. ② 콘크리트 타설 후 24시간 이상 습윤상태를 유지하고 5일 이상 양생을 실시한다.

4 경량골재콘크리트

1. 개요

1) 정의

① 경량골재콘크리트는 골재의 전부 또는 일부에 경량골재를 사용하여 설계기준압축강도가 15 MPa 이상으로써 기건 단위 질량이 2,100 kg/m^3 이하의 범위인 콘크리트이다. 경량콘크리트라고도 한다.

② 중량 경감과 단열의 목적으로 사용된다.

③ 경량골재콘크리트는 공기연행(AE) 콘크리트로 하는 것을 원칙으로 한다.

104) KCS 14 20 41 서중콘크리트(3.2, 3.3, 3.4), 국토교통부, 한국콘크리트학회, 2021.

2) 일반사항 105)

제한사항	내 용	제한사항	내 용
기건비중	2.0 이하	단위 결합재량	최소 300 kg/m^3
기건 단위 용적질량	1,400~2,100 kg/m^3	물결합재비	최대 60 %
설계기준압축강도	15 MPa 이상	굵은골재의 최대 치수	20 mm
슬럼프값	80~210 mm	공기량	5.5 %

주1 공기량의 경우, 일반적으로 보통콘크리트의 경우 4.5 %이며, 경량골재콘크리트의 경우 5.5 %, 포장콘크리트 4.5 %, 고강도콘크리트 3.5 %로 하되, 그 허용오차는 ±1.5 %이다.

2. 종류

종 류	내 용
보통경량골재콘크리트	보통경량골재콘크리트는 보통포틀랜드시멘트에 경량골재를 사용하여 만든 콘크리트이다.
경량기포콘크리트 (ALC)	① 경량기포콘크리트는 콘크리트 중에 무수한 기포를 형성시킨 콘크리트이다. ② 공동주택에서 바닥 모르타르의 바탕은 기존의 자갈층을 대신하여 경량기포콘크리트로 사용한다.
톱밥콘크리트	톱밥콘크리트는 시멘트, 잔골재, 톱밥을 혼합(1 : 1 :1)하여 만든 콘크리트이다.
서모콘 (Thermo-Con)	서머콘은 콘크리트 제작 시 골재는 전혀 사용하지 않고 물, 시멘트, 발포제만으로 만든 경량골재콘크리트이다.
신더콘크리트 (Cinder Concrete)	신더콘크리트는 석탄재(Cinder)를 골재로 사용한 경량골재콘크리트이다.

3. 특징

장 점	단 점
① 건물 중량 경감(경량화) ② 운반, 타설 노력 절감(성력화) ③ 단열성, 내화성, 방음성 흡음성 우수 ④ 냉 · 난방의 열손실 방지 효과	① 시공이 번거롭다. ② 다공질이다. ③ 강도가 낮다. ④ 건조수축이 크다. ⑤ 흡수율이 크다. ⑥ 동해저항성이 약하다.

105) KCS 14 20 20 경량골재콘크리트 (2.1), 국토교통부, 한국콘크리트학회, 2021.

4. 주의사항

① 경량골재콘크리트의 슬럼프값은 80~210 mm로 하고, 단위 시멘트량의 최솟값은 300 kg/m^3 이고, 물결합재비는 60 % 이하로 한다.
② 경량골재콘크리트의 공기량은 일반 골재를 사용한 콘크리트보다 1 % 크게 하여야 한다.
③ 경량골재콘크리트의 피복두께는 보통콘크리트의 피복두께보다 10 mm를 더 증가시킨다.
④ 경량골재콘크리트의 표준 비비기 시간은 믹서에 재료를 전부 투입한 후 강제식 믹서는 1분 이상, 가경식 믹서는 2분 이상 비빈다.
⑤ 공기연행콘크리트(AE콘크리트)로 하는 것(AE제를 사용하는 것)을 원칙으로 한다.
⑥ 인공경량 굵은골재의 최대 치수는 원칙적으로 20 mm로 한다.
⑦ 경량골재의 취급 및 저장은 물 빠짐이 좋고, 햇볕을 덜 받는 장소를 택한다.
⑧ 골재의 짐부리기, 쌓아올리기 및 물 뿌리기를 할 때는 입자가 분리되지 않도록 한다.
⑨ 경량골재는 일반적으로 충분히 물을 흡수(프리웨팅, Pre-Wetting)시키고 표면건조 내부포수상태를 유지하여 사용한다.
⑩ 골재를 저장할 시 골재에 때때로 물을 뿌리고 표면에 포장 등을 하여 항상 같은 습윤상태를 유지한다.
⑪ 배합은 콘크리트의 압축강도가 가져야 할 소요의 강도와 워커빌리티 범위 내에서 단위수량을 적게 한다.
⑫ 골재의 부상분리에 주의하고 벽, 기둥을 충분히 안정시킨 후, 보와 바닥판을 타설한다.
⑬ 타설은 상부로 올라갈수록 된비빔으로 한다.
⑭ 직접 흙이나 물에 닿는 곳은 사용을 금지한다.

주1 프리웨팅(Pre-Wetting)은 골재를 사용하기 전에 골재에 물을 미리 흡수시키는 것이다.

5 ALC

1. 개요

ALC(Autoclaved Lightweight Concrete)는 콘크리트 속에 무수히 많은 기포를 발생시켜 고온고압(180 ℃, 1 MPa)으로 증기양생 한 다공질 경량기포콘크리트이다.

2. 특징

장 점		단 점	
구 분	내 용	구 분	내 용
경량성	기건비중이 보통콘크리트의 1/4이다.	흡수성	흡수성, 투수성이 크다.
단열성	열전도율이 보통콘크리트의 1/10이다.	모서리 파손	강도가 적어 내충격성이 낮다.
시공성 (가공성)	경량이므로 취급이 용이하고 절단, 가공이 용이하다.	낮은 동결융해 저항성	경량이고 다공질이므로 동결융해 저항성이 낮다.
불연성, 내화성	불연재이며 내화재료이다.	빠른 중성화	경량이므로 중성화가 빠르다.
흡음성, 차음성	흡음률이 10~20 % 정도이다.	-	-
내구성	건조수축이 적고 균열발생이 적다.		

3. ALC 제품의 품질 106) 107)

경량기포콘크리트블록(ALC블록)의 품질기준은 다음 표와 같다.

구 분	절건비중	압축강도 (MPa)
0.5품	0.45 이상 0.55 미만	2.9 이상
0.6품	0.55 이상 0.65 미만	4.9 이상
0.7품	0.65 이상 0.75 미만	6.9 이상

6 방사선차폐용콘크리트

방사선차폐용콘크리트는 주로 생물체의 방호하기 위하여 X선, γ선 및 중성자선 등의 방사선을 차폐할 목적으로 사용되는 콘크리트로써, 중량골재를 사용하여 기건비중 2.5~6.9, 단위 중량 25 kN/m^3 이상인 콘크리트이다. 중량콘크리트라고도 한다.

106) KS F 2701, 경량기포콘크리트블록(ALC블록), 산업표준심의회, 2017.
107) KCS 41 34 09 ALC블록공사 (2.1), 국토교통부, 대한건축학회, 2016.

7 매스콘크리트

1. 개요

① 매스콘크리트(Mass Concrete)는 부재 또는 구조물의 치수가 커서 시멘트의 수화열에 의한 온도 상승 및 강하를 고려하여 설계·시공해야 하는 콘크리트이다. 일반적으로 콘크리트의 내부와 외부온도 차이가 25 ℃ 이상으로 예상되는 콘크리트이다.

② 매스콘크리트로 다루어야 하는 구조물의 부재치수는 넓이가 넓은 평판구조에서 부재 단면의 두께 0.8 m 이상 또는 하단이 구속된 벽체에서 부재 단면의 두께 0.5 m 이상으로 한다.

③ 매스콘크리트 구조물은 수화열이 내부에 축적되어 유해한 온도균열발생 가능성이 높다.

④ 부어넣는 콘크리트의 온도는 온도균열제어를 위해 35 ℃ 이하로 한다.

⑤ 슬럼프값은 150 mm 이하로 한다.

2. 대책(주의사항)

① 수화열이 낮은 시멘트(저발열형 시멘트)를 사용한다.

② 단위 시멘트량을 적게 한다(단위 시멘트량 10 kg/m^3 증가에 온도가 1 ℃ 상승한다).

③ 단위 수량을 적게 한다.

④ AE감수제 지연형, 고성능 AE감수제 지연형, 감수제 지연형을 사용하여 수화반응을 억제한다.

⑤ 굵은골재의 최대 치수는 작업성이나 건조수축 등을 고려하여 되도록 큰 값을 사용한다.

⑥ 타설 온도는 온도균열을 제어하기 위한 관점에서 될 수 있는 대로 낮게 한다.

8 섬유보강콘크리트

1. 개요

섬유보강콘크리트(FRC, Fiber Reinforced Concrete)는 보통콘크리트의 인성, 균열 억제, 내충격성 및 내마모성 등을 개선하기 위해 보강용 섬유를 혼입하여 제조한 콘크리트이다.

2. 종류

종 류	내 용
강섬유보강콘크리트	강섬유보강콘크리트는 강섬유를 콘크리트 내에 혼입한 섬유보강콘크리트이다.
유리섬유보강콘크리트	유리섬유보강콘크리트는 고온의 용융유리에서 만들어진 무기계 유리섬유를 콘크리트 내에 혼입한 섬유보강콘크리트이다. 유리섬유는 콘크리트 중의 알칼리성분과 반응하여 알칼리골재반응을 일으킬 수 있어 선정 시 주의한다.
탄소섬유보강콘크리트	탄소섬유보강콘크리트는 알칼리섬유류를 소성하여 만드는 폴리아크릴로니트릴계 섬유 또는 석유나 석탄의 피치계 섬유를 콘크리트 내에 혼입한 섬유보강콘크리트이다.
비닐론섬유보강콘크리트	비닐론섬유보강콘크리트는 합성섬유 비닐론을 혼입한 섬유보강콘크리트이다.

9 AE콘크리트

1. 개요

① AE콘크리트는 콘크리트에 AE제(공기연행제)를 사용하여 0.025~0.25 mm의 미세한 독립기포의 발생으로 시공연도를 개선한 콘크리트로써 공기연행콘크리트라고도 한다.

② AE제, 감수제, AE감수제 및 고성능 AE감수제를 사용한 콘크리트의 공기량은 굵은골재의 최대 치수에 따라 4~6 % 범위의 값이다.

③ AE콘크리트의 공기량의 변화량은 표준값의 ±1.5 % 이내로 한다.

④ 공기량이 1 % 증가할 경우, 슬럼프값은 약 20 mm 증가하고, 잔골재율은 0.5~1.0% 감소한다. 동일 슬럼프에 대해 단위 수량은 3 % 감소하고, 압축강도는 3~5 % 감소한다.

⑤ 공기량이 6 %를 초과하면 압축강도가 급격히 저하한다.

⑥ AE제는 사용량이 극히 적으므로 맑은 물에 몇 배로 희석하여 균일하게 되도록 충분히 교반하여 사용한다.

2. 특징

① 워커빌리티 개선
② 동결융해 저항성 증대
③ 내구성, 수밀성 증대
④ 알칼리골재반응 감소
⑤ 단위 수량 감소
⑥ 재료분리 감소(블리딩 현상 감소)
⑦ 발열량 감소
⑧ 건조수축 감소

10 유동화콘크리트

① 유동화콘크리트는 미리 비빈 베이스콘크리트에 유동화제를 첨가하여 물결합재비 등의 배합이나 경화된 콘크리트의 품질은 유지한 채 일정시간동안 유동성을 증대시킨 콘크리트이다.

② 베이스콘크리트(Base Concrete)는 유동화콘크리트 제조 시 유동화제를 첨가하기 전의 기본 배합 콘크리트이다.

③ 유동화제는 고성능 감수제의 일종으로 배합이나 경화된 콘크리트 품질의 변경 없이 유동성을 개선시키는 혼화제이다.

11 고성능콘크리트

고성능콘크리트는 고유동성, 고내구성 및 고강도를 동시에 만족하는 콘크리트이다.

12 고유동콘크리트

고유동콘크리트는 굳지 않은 상태에서 재료분리 없이 높은 유동성을 가지면서 분리저항성이 뛰어나므로 철근이 배근된 부재에 콘크리트 타설 시 현장에서 다지기 작업 없이 자기충전성이 가능한 콘크리트이다.

주1 자기충전성은 콘크리트를 타설할 때 진동기에 의한 다짐 작업 없이 자중만으로 철근 등을 통과하여 거푸집의 구석구석까지 균질하게 채워지는 정도를 나타내는 굳지 않은 콘크리트의 성질이다.

13 고내구성콘크리트

고내구성콘크리트는 특히 높은 내구성을 필요로 하는 철근콘크리트구조 건축물에 사용하는 콘크리트이다.

14 고강도콘크리트

1. 개요

고강도콘크리트는 콘크리트의 설계기준압축강도가 보통콘크리트 또는 중량골재콘크리트에서 40 MPa 이상, 경량골재콘크리트에서 27 MPa 이상인 콘크리트이다.

2. 특징

① 내구성 향상(강도증가)
② 수밀성 향상
③ 부재단면 축소(자중감소)
④ 시공능률 향상(공기단축)
⑤ 장스팬화 가능
⑥ 크리프 현상 감소
⑦ 취성파괴 우려(연성감소)
⑧ 건조수축량 감소

3. 일반사항

구 분	내 용
설계기준압축강도	① 보통콘크리트 또는 중량골재콘크리트에서 40 MPa 이상 ② 경량골재콘크리트에서 27 MPa 이상
슬럼프값	150 mm 이하 (유동화콘크리트로 할 경우 슬럼프플로의 목표값은 설계기준압축강도 40 MPa 이상, 60 MPa 이하의 경우 구조물의 작업조건에 따라 500, 600 및 700 mm로 구분하여 정한다.)
단위 수량	180 kg/m^3 이하
잔골재율	잔골재율은 소요의 워커빌리티를 얻도록 시험에 의하여 결정하여야 하며, 가능한 작게 하도록 한다.
물결합재비	50 % 이하
굵은골재의 최대 치수	25 mm 이하, 철근 수평 순간격의 3/4 이내의 것을 사용
염소이온량	0.3 kg/m^3 이하
AE제	AE제는 사용하지 않는 것을 원칙이다.
콘크리트 타설 낙하고	1 m 이하
품질관리 및 검사의 시험횟수	타설 공구마다, 부어넣는 날마다, 100 m^3당 1회 이상

4. 폭렬현상

① 폭렬현상은 고강도콘크리트에서 화재 시 급격한 고온에 의해 내부 수증기압이 발생하고, 이 수증기압이 콘크리트의 인장강도보다 크게 되면 콘크리트 부재의 표면이 심한 폭음과 함께 박리 및 탈락되는 현상이다.

② 콘크리트의 설계기준압축강도가 50 MPa 이상인 고강도콘크리트의 폭렬방지 방안으로는 섬유혼입 등이 있다.

15 제치장콘크리트

1. 개요

① 제치장콘크리트는 콘크리트 표면에 미장을 하지 않고 직접 노출시켜 마무리한 콘크리트로써 외장용 노출콘크리트 또는 제물치장콘크리트라고도 한다.

② 제치장콘크리트의 시공 목적으로는 모양의 간소함, 고도의 강도추구, 재료절감, 건물자중의 경감 및 공사내용의 단일화 등 이다.

2. 일반사항 [108)]

구 분	내 용
노출면의 품질성능 항목	노출면의 품질성능은 색채 균일 성능, 균열발생 억제 성능, 충전 성능 및 재료분리 저항 성능, 내구성능 등이다.
자 갈	굵은골재의 최대 치수는 20 mm 이하로 한다.
모 래	지름 5 mm 이하, 보통 2.5 mm 정도로 한다.
시멘트	시멘트의 강도가 20 MPa 이상일 때 마무리가 좋다.
콘크리트배합	부배합, 된비빔 콘크리트로 진동다지기를 한다.
줄 눈	① 시공줄눈은 콘크리트의 강도와 외관이 손상되지 않도록 면과 선에 수직으로 설치한다. ② 균열유발줄눈은 불규칙한 균열의 발생을 최소화하기 위해 다음에 따라 설치한다.
타 설	벽, 기둥은 한 번에 끝까지 타설하고, 타설 높이는 1 m 이내로 하여 재료분리를 방지한다.
피복두께	미장을 하지 않으므로 10 mm 이상 증가시킨다.

주1 균열유발줄눈은 철근콘크리트구조에 발생하는 건조수축 균열을 계획적으로 발생되도록 콘크리트 구조체에 설치하는 줄눈이다.

108) KCS 14 20 60 외장용 노출콘크리트 (2.2, 3.5, 3.6), 국토교통부, 한국콘크리트학회, 2021.

16 프리팩트콘크리트

1. 개요

① 프리팩트콘크리트(Prepacked Concrete)는 굵은골재를 거푸집 안에 채워 넣고 유동성이 크고 재료분리가 적고 적당한 팽창성을 가진 특수한 주입 모르타르를 적당한 압력으로 주입하여 만든 콘크리트이다.

② 재료분리 및 수축이 보통콘크리트의 1/2 정도로 적다.

③ 수밀성이 크고, 염류에 대한 내구성이 크며 물과 친화력이 없으므로 수중 시공, 지수벽 시공에 좋다.

④ 물과 친화력이 없으므로 수중콘크리트, 폐색용콘크리트, 채움콘크리트 등으로 사용된다.

⑤ 강재, 철근, 구(舊) 콘크리트와 부착력이 크다.

⑥ 조기강도는 작으나, 장기강도는 보통콘크리트와 같다.

⑦ 최근 기준에서는 프리플레이스트콘크리트라고도 한다.

주1 프리플레이스트콘크리트(Preplaced Concrete)는 미리 거푸집 속에 특정한 입도를 가지는 굵은 골재를 채워놓고, 그 간극에 모르타르를 주입하여 제조한 콘크리트이다. [109]

2. 주입관 [110]

① 주입관은 안지름 25~65 mm의 강관을 사용한다.

② 주입관과 수송관의 안지름이 동일한 것이 좋다.

③ 연직주입관(주입관을 수직방향으로 설치할 때)의 수평간격은 2 m 정도를 표준으로 한다.

④ 수평주입관의 수평간격은 2 m 정도, 연직간격은 1.5 m 정도를 표준으로 한다

109) KCS 14 20 50 프리플레이스트콘크리트(1.3), 국토교통부, 한국콘크리트학회, 2021.
110) KCS 14 20 50 프리플레이스트콘크리트(3.8, 3.9), 국토교통부, 한국콘크리트학회, 2021.

17 폴리머시멘트콘크리트

① 폴리머시멘트콘크리트는 결합재로 시멘트와 시멘트 혼화용 폴리머(또는 폴리머 혼화재)를 사용한 콘크리트이다.

② 플라스틱콘크리트라고도 한다.

③ 보통콘크리트의 결점인 취성, 경화지연, 낮은 인장강도, 큰 건조수축, 약한 내약품성 등을 개선한 것이다.

주1 폴리머(Polymer)는 중합체의 넓은 의미로 유기 고분자 재료 전부를 의미한다.

18 프리캐스트콘크리트

1. 개요

① 프리캐스트콘크리트(Precast Concrete, PC)는 부재의 일부 또는 대부분을 공장에서 제작하고 양생한 후 기성 제품화하여 현장에서 조립하는 콘크리트이다.

② 프리캐스트콘크리트 부재를 사용하므로 PC(Precast Concrete)공사 또는 공업화공사라 한다.

2. 특징

장 점	단 점
① 프리패브공법이므로 공기단축이 가능하다.	① 다양성 부족하다.
② 천후, 기상에 영향이 적다.	② 초기투자비가 과다하다.
③ 현장노무가 감소된다.	③ 자재 운반거리에 제약이 있다.
④ 대규모 공사의 경우 원가절감이 가능하다.	④ 양중장비가 필요하다.
⑤ 품질의 균질성이 기대된다.	⑤ 접합부의 강도가 부족하다.
⑥ 작업의 시스템화로 작업능률이 좋다.	⑥ 기술개발 및 투자부족이 우려된다.

19 프리스트레스트콘크리트

1. 개요

① 프리스트레스트콘크리트(Prestressed Concrete, PSC)는 외력에 의하여 일어나는 응력

을 소정의 한도까지 상쇄할 수 있도록 PS 강재(고장력강)에 의해 미리 인공적으로 그 응력의 분포와 크기를 정하여 내력을 준 콘크리트이다. 111)

② 일반적으로 현장에서 설계기준압축강도 40~50 MPa의 고강도콘크리트가 사용된다.

③ 프리스트레스트콘크리트는 PC, PSC 또는 PS콘크리트 등의 약어로 사용된다. 특히 PC는 프리스트레스트콘크리트 또는 프리캐스트콘크리트 등의 약어로 함께 사용됨에 주의한다.

주1 프리스트레스(Prestress)는 상시하중 또는 지진하중 등의 하중에 의해 발생되는 응력을 상쇄할 수 있도록 콘크리트에 계획적으로 미리 도입된 콘크리트의 응력이다.

2. 특징

장 점	단 점
① 균열발생 억제	① 장비비 증대
② 우수한 내구성 및 복원성	② 보조재료 및 그라우팅 비용 소요
③ 장스팬의 구조물에 가능	③ 진동우려
④ 공기단축	④ 숙달된 제작 필요
⑤ 거푸집 및 가설재 등의 강재절약	⑤ 화재에 취약

3. PS 강재

1) 개요

PS 강재는 콘크리트에 프리스트레스를 가하기 위하여 사용되는 강재로써 긴장재(Tendon, 텐던)라고도 한다.

2) PS 강재의 종류

종 류	KS 관련 규정
PC 강선 (Wire, KS D 7002)	PC 강선은 피아노선으로부터 냉간 가공 등을 통해 잔류변형을 제거한 선이다.
PC 강연선 (Wire Strand, 꼬은선, KS D 7002)	PC 강연선은 피아노선으로부터 냉간 가공한 강선을 꼬아서 합친 후 잔류변형을 제거한 강연선이다.
PC 경강선 (Hard Steel Wire, KS D 7009)	PC 경강선은 경강제(고탄소강의 제품)의 강선(Steel Wire)으로, 시름 0.08~10.0 mm까지 43종이 있다
PC 강봉 (Steel Bar, KS D 3505)	PC 강봉은 프리스트레스트콘크리트에 사용되는 강재로 원형봉강과 이형봉강이 있다.

111) KCS 14 20 53 프리스트레스트콘크리트(1.3), 국토교통부, 한국콘크리트학회, 2021.

3) PS 강재의 정착공법

정착공법	종 류
쐐기식공법 (Wedge System)	쐐기식공법은 여러 개의 PS 강재를 하나의 정착장치에 긴장하여 1개의 쐐기로 정착하는 방식이다.
나사식공법 (Screw System, 너트식)	나사식공법은 PS 강재 끝의 나사에 너트를 끼워서 정착판에 정착하는 방식이다.
버튼헤드식공법 (Button Head System, 리벳머리식)	버튼헤드식공법은 PS 강재 끝에 리벳모양으로 머리를 만들고, 이 머리를 지압판으로 지지하여 PS 강재를 정착하는 방식이다.
루프식공법 (Loop System)	루프식공법은 PS 강재를 루프 모양으로 가공한 후 콘크리트 속에 묻어 넣어 콘크리트와의 부착에 의하여 정착하는 방식

4. 공법

1) 프리텐션법

구 분	내 용	
개 요	프리텐션법(Pre-Tension Method)은 PS 강재에 먼저 인장력을 가한 상태에서 콘크리트를 타설 및 경화한 후에 긴장을 풀어주어 프리스트레스를 주는 방법이다.	
시공 순서	① 강현재 긴장 ③ 콘크리트 경화	② 콘크리트 타설 ④ 강현재 양끝 절단

2) 포스트텐션법

구 분	내 용	
개 요	포스트텐션법(Post-Tension Method)은 콘크리트를 타설하고 경화한 후에 미리 묻어둔 시스관 내에 PS 강재를 삽입하여 긴장시킨 후 부재의 양단에서 정착시켜 프리스트레스를 주고 그라우팅하는 방법이다.	
시공 순서	① 거푸집 조립 ③ 콘크리트 타설 ⑤ 강현재 삽입 ⑦ 강현재 정착(고정)	② 시스관 설치 ④ 콘크리트 경화 ⑥ 강현재 긴장 ⑧ 그라우팅

주1 시스관(Sheath Tube)은 포스트텐션 방식에 있어서 PS 강재의 배치구멍을 만들기 위하여 콘크리트를 부어넣기 전에 미리 배치된 튜브이다.

5. 그라우트 112)

① 그라우트(Grout)는 PS 강재의 인장 후에 덕트 또는 시스관 내부를 충전시키기 위해 주입하는 재료이다.

② 그라우팅(Grouting)은 경화 후에 PS 강재와 덕트 또는 시스관 사이에 충분한 부착강도가 발휘되도록 시스관 내에 PS 강재를 삽입하고 긴장시킨 후 시멘트풀을 채워 넣는 일이다.

③ 주입 중에는 그라우트의 덕트 내 충전성이 유지되어야 하며, 충전성은 그라우트의 유동성, 블리딩률, 체적변화율로 판단한다.

④ 그라우트의 물결합재비는 45 % 이하이다.

⑤ 부재 콘크리트와 긴장재를 일체화시키는 부착강도는 재령 7일 또는 28일의 압축강도로 대신하여 설정할 수 있고, 7일 재령에서 27 MPa 이상 또는 28일 재령에서 30 MPa 이상이다.

⑥ PS 강재의 부식 저항성은 측정한 전 염화물함유량을 기준으로 사용되는 단위 시멘트량의 0.08 % 이하이다.

주1 덕트(Duct)는 프리스트레스트콘크리트를 시공 할 때 PS 강재(긴장재)를 배치하기 위해 미리 콘크리트 속에 설치하는 관이다.

20 숏크리트

① 숏크리트(Shotcrete)는 컴프레셔 또는 펌프를 이용하여 노즐 위치까지 호스 속으로 운반한 콘크리트를 압축공기에 의해 시공면에 뿜어서 만든 콘크리트이다.

② 뿜칠콘크리트 또는 건나이트(Gunite)라고도 한다.

③ 터널이나 큰 공동구조물(空洞構造物)의 라이닝, 비탈면, 법면 등의 박리, 박락의 방지와 터널, 댐 등의 보수·보강에 사용된다.

112) KCS 14 20 53 프리스트레스트콘크리트(2.1), 국토교통부, 한국콘크리트학회, 2021.

21 진공콘크리트

1. 개요

진공콘크리트는 콘크리트를 타설한 직후에 매트, 진공펌프 등을 이용하여 콘크리트 속에 잔류해 있는 잉여수 및 기포 등을 제거함을 목적으로 하는 콘크리트이다.

2. 특징

① 초기 및 장기강도 증진
② 내구성, 내마모성 향상
③ 건조수축 감소(균열감소)
④ 동해 저항성 향상
⑤ 표면경도의 증대

22 수밀콘크리트

① 수밀콘크리트는 콘크리트 자체의 밀도를 높여 수밀성이 크고 투수성이 적은 콘크리트이다.
② 수밀콘크리트는 내구성, 방수성을 높게 하여 물의 침투를 방지하도록 만든 콘크리트로써 저장시설, 지하구조물, 수리구조물, 저수조, 수영장 등의 압력수가 작용하는 구조물에 사용된다.
③ 배합은 콘크리트의 소요 품질이 얻어지는 범위 내에서 단위 수량 및 물결합재비는 가급적 적게 하고, 단위 굵은골재량은 가급적 많이 한다.
④ 슬럼프는 180 mm 이하이며, 타설이 용이할 때에는 120 mm 이하로 한다.
⑤ 공기량은 4 % 이하로 한다.
⑥ 물결합재비는 50 % 이하로 한다.
⑦ 수밀콘크리트에는 AE제를 사용하여 수밀성을 증대시킨다.
⑧ 소요 품질을 갖는 수밀콘크리트를 얻기 위해서는 적당한 간격으로 시공이음을 두며, 그 이음부의 수밀성에 대하여 특히 주의한다.

23 무근콘크리트

① 무근콘크리트는 철근 등의 보강재로 보강하지 않은 콘크리트로써 버림콘크리트 또는 바닥콘크리트에 사용된다.

② 설계기준압축강도는 18 MPa 이상이며 슬럼프값은 180 mm 이하로 한다.

24 깬자갈콘크리트

1. 개요

깬자갈콘크리트는 강자갈 대신 인공석으로 부순돌을 사용한 콘크리트이다. 쇄석콘크리트라고도 한다.

2. 특징

① 강자갈에 비하여 자갈 표면이 거칠어 보통콘크리트에 비해 시멘트풀의 부착력이 크다.

② 동일 물결합재비에 대해 보통콘크리트보다 강도가 크다.

③ 시공연도가 불량하고 보통콘크리트에 비해 블리딩이 많다.

3. 일반사항

구 분	내 용
강 도	보통콘크리트보다 10~20 % 증가한다.
혼화제	AE제를 반드시 사용한다.

4. 배합설계

구 분	내 용
시멘트량	보정하지 않는다.
잔골재량	가는 잔골재는 10 % 증가한다.
모르타르량	8 % 증가한다.
굵은골재의 량	10 % 감소한다.

25 순환골재콘크리트

1. 개요

순환골재콘크리트는 강자갈 대신 순환골재를 사용한 콘크리트이다. 순환골재를 재생골재라고도 한다.

2. 일반사항 113)

① 순환굵은골재의 최대 치수는 25 mm 이하로 하되, 가능하면 20 mm 이하의 것을 사용한다.
② 순환골재를 사용한 콘크리트의 설계기준압축강도는 27 MPa 이하로 한다.
③ 순환골재는 서중 및 한중콘크리트를 제외한 특수콘크리트에는 사용하지 않는다.
④ 순환골재의 사용비율은 순환굵은골재의 최대 치환량은 총 굵은골재 용적의 60 %, 순환잔골재의 최대 치환량은 총 잔골재 용적의 30 % 이하로 한다.
⑤ 순환골재의 최대 치환량은 총 골재 용적의 30 % 이하로 한다.
⑥ 순환골재 콘크리트의 공기량은 보통골재를 사용한 콘크리트보다 1 % 크게 하여야 한다.

사용 골재에 따른 순환골재 사용비율	
굵은골재	잔골재
굵은골재 용적의 60 % 이하	잔골재 용적의 30 % 이하
혼합사용 시 총 골재 용적의 30 % 이하	

113) KCS 14 20 21 순환골재콘크리트 (2.1), 국토교통부, 한국콘크리트학회, 2021.

필수 연습문제

〉〉〉 제18장 각종 콘크리트

1. 다음 중 옳지 않은 것은?

㉮ Shrink Mixed Concrete는 콘크리트 제조공장에서 콘크리트를 비벼 트럭으로 현장에 운반하여 부어넣는 것이다.

㉯ 숏크리트(Shotcrete)는 모르타르를 압축공기로 분사하여 바르는 것이다.

㉰ 실리카시멘트는 동절기 사용을 피한다.

㉱ 극한기의 재료의 가열온도는 작업 중 기온이 0℃ 이하일 때 물, 잔골재를 가열한다.

2. 트랜싯믹스트콘크리트(Transit Mixed Concrete)에 관한 기술 중 맞는 것은?

㉮ 완전히 비비기가 완료된 콘크리트를 트럭믹서로 비비며 현장까지 운반

㉯ 어느 정도 비빈 것을 트럭믹서에 실어 운반도중 비비며 현장까지 운반

㉰ 트럭믹서에 모든 재료가 공급되어 운반도중에 비벼 현장까지 운반

㉱ 반정도 비빈 것을 운반하며 현장에서 다시 비벼 사용

3. 레디믹스트콘크리트(Ready Mixed Concrete)에 관한 설명 중 틀린 것은?

㉮ 협소한 장소에서 대량의 콘크리트를 얻을 수 있고, 균등한 품질을 확보할 수 있다.

㉯ 현장 및 제조자와의 충분한 협의가 필요하다.

㉰ 운반시간이 1시간 이상이 되면 재료의 분리, 슬럼프의 변화, 균열 등이 발생한다.

㉱ 타설 작업은 운반과는 별도로 여유 있게 서서히 진행된다.

1. ㉮

① 쉬링크믹스트콘크리트는 믹싱플랜트에서 고정 믹서로 어느 정도 비빈 것을 애지테이터트럭으로 실어 운반도중 완진히 비비는 것이다.

② 센트럴믹스트콘크리트는 믹싱플랜트에서 고정 믹서로 완전히 비빈 것을 애지테이터트럭으로 운반하는 것이다.

2. ㉰

트랜싯믹스트콘크리트는 트럭믹서에 모든 재료를 공급받아 운반도중에 비비는 것이다.

3. ㉱

레디믹스트콘크리트는 콘크리트의 응결로 인해 운반시간에 제한을 받는다.

4. 레디믹스트콘크리트(Ready Mixed Concrete)를 사용하는 이유로 옳지 않은 것은?

㉮ 시가지에서는 콘크리트를 혼합한 장소가 좁다.
㉯ 현장에서는 균질한 품질의 콘크리트를 얻기 어렵다.
㉰ 콘크리트의 혼합이 충분하여 품질이 고르다.
㉱ 콘크리트의 운반거리 및 운반시간에 제한을 받지 않는다.

4. ㉱

레디믹스트콘크리트는 콘크리트의 응결로 인해 운반시간에 제한을 받는다.

5. 레디믹스트콘크리트(Ready Mixed Concrete)의 장점에 있어서 옳지 않은 것은?

㉮ 협소한 장소(현장)에서는 불필요하다.
㉯ 우수한 품질의 콘크리트를 확보할 수 있다.
㉰ 공사 추진이 정확하다.
㉱ 가격이 명백하고 비용이 저렴하다.

5. ㉮

레디믹스트콘크리트는 현장 내 재료 적치장 불필요하므로 협소한 장소에서 대량의 콘크리트를 얻을 수 있다.

6. 레디믹스트콘크리트 공장을 선정하는 경우 비교적 고려하지 않아도 좋은 것은?

㉮ 레디믹스트콘크리트의 금액
㉯ 건축물의 종류
㉰ 레디믹스트콘크리트 공장의 제조 설비
㉱ 레디믹스트콘크리트 공장의 품질 관리 상태

6. ㉯

• 레디믹스트콘크리트 공장 선정 시 고려사항
① 운반시간
② 배출시간
③ 콘크리트의 제조능력
④ 운반 차량의 수
⑤ 공장의 제조설비
⑥ 품질관리 상태

7. 현장에서 레디믹스트콘크리트를 주문할 때 규격으로써 기재되는 사항으로 가장 부적당한 것은?

㉮ 슬럼프값
㉯ 압축강도
㉰ 굵은골재 최대 치수
㉱ 응결시간

7. ㉱

레디믹스트콘크리트를 주문할 때 규격으로써 기재되는 사항으로 굵은골재의 최대치수, 콘크리트의 호칭강도 및 슬럼프값이다.

8. 건설공사현장에서 보통콘크리트를 KS규격품인 레미콘으로 주문할 때의 요구항목이 아닌 것은?

㉮ 잔골재의 조립율
㉯ 굵은골재의 최대 치수
㉰ 호칭강도
㉱ 슬럼프

8. ㉮

레디믹스트콘크리트를 주문할 때 규격으로써 기재되는 사항으로 굵은골재의 최대치수, 콘크리트의 호칭강도 및 슬럼프값이다.

9. 레디믹스트콘크리트 발주 시 호칭규격인 25-24-150 에서 알 수 없는 것은?

㉮ 염화물함유량
㉯ 슬럼프(Slump)
㉰ 호칭강도
㉱ 굵은골재의 최대 치수

9. ㉮

① 25 : 굵은골재 최대 치수 25 mm
② 24 : 콘크리트의 호칭강도 24 MPa
③ 150 : 슬럼프값 150 mm

10. 부리는 지점에서 레디믹스트콘크리트의 품질검사에 관한 사항 중 부적당한 것은 다음 중 무엇인가?

㉮ 지정 슬럼프와의 허용오차는 요구 슬럼프가 80 mm 이상인 경우가 가장 적다.
㉯ 지정 슬럼프와의 허용오차는 요구 슬럼프가 80 mm 이상이면 ±25 mm이다.
㉰ 압축강도시험 결과는 설계기준압축강도의 85 % 이상이어야 한다.
㉱ 공기량과 지정공기량과의 허용오차는 경량골재콘크리트의 경우 ±1.5 % 이다.

10. ㉮

• 슬럼프의 허용오차(mm)

슬럼프	슬럼프 허용오차
25	±10
50~65	±15
80 이상	±25

따라서 슬럼프 25 mm인 경우 허용오차는 ±10 mm이고 가장 적다.

11. 레디믹스트콘크리트 현장도착시 행하는 품질시험의 판정기준(KS F 4009)으로 부적합한 것은 다음 중 어느 것인가?

㉮ 콘크리트의 압축강도 : 1회(공시체 3개)의 평균값이 설계기준압축강도의 85 % 이상이며 3회(공시체 9개)의 평균값이 설계기준압축강도의 100 % 이상이면 합격
㉯ 콘크리트의 공기량 : 보통콘크리트는 3.5±1.5%이면 합격
㉰ 콘크리트중의 염분함유량은 염화물이온(Cl^-) : 0.30 kg/cm^3 이하이면 합격
㉱ 슬럼프의 허용오차는 80 mm 이상인 경우 ±25 mm 이내이면 합격

11. ㉯

레디믹스트콘크리트의 공기량은 보통콘크리트의 경우 4.5 %이며, 경량골재콘크리트의 경우 5.5 %, 포장콘크리트 4.5 %, 고강도콘크리트 3.5 %로 하되, 공기량의 허용오차는 ±1.5 %로 한다.

12. 일반적으로 현장에 도착한 공장배합 레미콘의 품질시험으로 가장 거리가 먼 것은?

㉮ 강도시험
㉯ 슈미트해머시험
㉰ 공기량시험
㉱ 슬럼프시험

12. ㉯

슈미트해머시험은 경화한 콘크리트의 비파괴시험이다.

13. 다음 ( ) 안에 알맞은 숫자는?

> 콘크리트의 강도시험 횟수는 ( ) m^3를 1로트로 하여 150 m^3당 1회의 비율로 한다. 다만 인수, 인도 당사자 간의 협정에 따라 검사 로트의 크기를 조정할 수 있다.

㉮ 150　　㉯ 300
㉰ 450　　㉱ 600

13. ㉰
콘크리트의 강도시험 횟수는 450 m^3를 1로트로 하여 150 m^3당 1회의 비율로 한다.

14. 한중콘크리트에 대한 다음 기술 중 부적당한 것은 어느 것인가?

㉮ 시멘트는 절대로 가열해서는 안 된다.
㉯ 물시멘트비는 60 % 이하로 한다.
㉰ AE제를 사용해서는 안 된다.
㉱ 가열한 재료를 사용할 경우 시멘트를 넣기 직전의 믹서내의 골재 및 물의 온도는 40 ℃ 이하로 한다.

14. ㉰
한중콘크리트는 초기동해방지를 위해 AE제 사용, 보온양생, 물시멘트비를 60 % 이하로 유지한다.

15. 한중콘크리트에 관한 다음 기술 중 틀린 것은 어느 것인가?

㉮ 물시멘트비는 60 % 이하로 한다.
㉯ AE제 또는 AE감수제를 사용한다.
㉰ 골재는 불에 직접 닿게 하여 가열하지 않는다.
㉱ 가열한 재료를 사용할 때 시멘트를 투입하기전의 믹서내의 온도는 10 ℃를 넘지 않게 하고 믹서 내에 재료의 투입 순서는 물, 시멘트, 잔골재, 굵은골재 순으로 한다.

15. ㉱
한중콘크리트에서 먼저 가열한 물과 굵은골재, 다음에 잔골재를 넣어서 믹서 안의 재료온도가 40 ℃ 이하가 된 후 최후에 시멘트를 넣는다.

16. 한중콘크리트 시공에 관한 다음 기술 중 가장 부적당한 것은 어느 것인가?

㉮ 양생초기에는 압축강도 5 MPa이 얻어지도록 한다.
㉯ 부어넣을 때의 콘크리트의 온도는 0 ℃ 이상 5 ℃ 미만으로 한다.
㉰ 물시멘트비는 60 % 이하로 한다.
㉱ 골재는 얼음, 눈의 혼입 및 동결을 방지할 수 있는 시설에서 저장한다.

16. ㉯
한중콘크리트에서 타설 시의 콘크리트의 온도는 5~20 ℃의 범위에서 정한다.

17. 한중콘크리트 양생에 관한 설명으로 틀린 것은?

㉮ 초기양생은 반드시 필요하지는 않다.
㉯ 초기양생에서는 콘크리트의 어느 부분도 양생온도가 5℃ 이하로 되지 않도록 한다.
㉰ 초기양생은 콘크리트의 강도가 5 MPa이 될 때까지 행한다.
㉱ 콘크리트의 노출면을 시트 등으로 틈이 없도록 덮고, 보온하는 것이 일반적 보온양생방법이다.

17. ㉮

한중콘크리트에서 초기양생은 콘크리드 타설 직후 초기동해 방지를 위해 실시하는 양생으로 반드시 필요하며, 종류로는 단열보온양생과 가열보온양생이 있다. 초기양생을 통해 콘크리트의 양생종료 시의 소요 압축강도가 최소 5 MPa 이상 되게 한다.

18. 한중콘크리트의 양생에 관한 기술 중 틀린 것은?

㉮ 초기양생은 반드시 필요하지 않다.
㉯ 초기양생에서 콘크리트의 어느 부분도 양생온도가 5℃ 이하로 되지 않도록 한다.
㉰ 보온 기록과 강도시험에 의해 콘크리트의 압축강도가 소요의 강도가 얻어질 때까지 양생을 계속한다.
㉱ 초기양생은 콘크리트의 강도가 5 MPa이 될 때까지 행한다.

18. ㉮

한중콘크리트에서 초기양생은 콘크리트 타설 직후 초기동해 방지를 위해 실시하는 양생으로 반드시 필요하다.

19. 한중콘크리트의 양생에 관한 기술 중 틀린 것은?

㉮ 초기양생은 반드시 필요하지 않으며 가열보온양생을 할 경우 가열 중 살수 등을 하여서는 안 된다.
㉯ 타설한 콘크리트는 어느 부분에서도 그 온도가 5℃ 이상으로 하여 초기양생을 실시한다.
㉰ 초기양생은 콘크리트의 압축강도가 5 MPa 이상이 얻어진 것을 확인하고 담당원의 승인을 받아 중지한다.
㉱ 타설 후의 콘크리트의 온도를 시트, 매트 및 단열 거푸집 등에 의하여 계획한 양생온도로 유지하는 것을 단열보온양생이라 한다.

19. ㉮

한중콘크리트에서 초기양생은 콘크리트 타설 직후 초기동해 방지를 위해 실시하는 양생으로 반드시 필요하다.

20. 표준시방서에서 한중콘크리트에 관한 사항으로 다른 것은?

㉮ 단위 수량을 소요 작업성이 떨어지지 않는 범위 내에서 가능한 적게 한다.
㉯ 초기 동해의 방지에 필요한 압축강도 5 MPa이 초기양생 기간 내에 얻어지도록 한다.
㉰ 초기양생은 보온양생하고, 부어넣는 콘크리트의 모든 부분의 온도가 0℃ 이하가 되지 않도록 한다.
㉱ AE제 또는 AE감수제는 반드시 사용한다.

20. ㉰

한중콘크리트는 지정된 소요 압축강도가 얻어질 때까지 어느 부분에서도 콘크리트의 온도를 5℃ 이상으로 유지한다.

21. 한중(寒中)콘크리트의 양생에 관한 설명으로 옳지 않은 것은?

㉮ 보온양생 또는 급열양생을 끝마친 후에는 콘크리트의 온도를 급격히 저하시켜 양생을 마무리 하여야 한다.
㉯ 초기양생에서 소요 압축강도가 얻어질 때까지 콘크리트의 온도를 5 ℃ 이상으로 유지하여야 한다.
㉰ 초기양생에서 구조물의 모서리나 가장자리의 부분은 보온하기 어려운 초기양생에 주의하여야 한다.
㉱ 한중콘크리트의 보온양생 방법은 급열양생, 단열양생, 피복양생 및 이들을 조합한 방법 중 한 가지 방법을 선택하여야 한다.

22. 다음 중 한중콘크리트 공사에 대한 설명으로 옳지 않은 것은?

㉮ 재료를 가열하는 경우 물을 가열하는 것을 원칙으로 하고 시멘트는 절대로 가열하지 않는다.
㉯ 부어넣을 때 콘크리트의 온도는 10 ℃ 이상, 20 ℃ 미만으로 한다.
㉰ 동결한 지반 위에 콘크리트를 부어 넣거나 거푸집의 동바리를 세우지 않는다.
㉱ 콘크리트가 타설된 후 압축강도가 2 MPa 이상이 될 때까지 초기양생을 실시한다.

23. 다음 한중콘크리트에 대한 기술 중 옳은 것은?

㉮ AE제, AE감수제 및 고성능 AE감수제 중 어느 한 종류는 반드시 사용한다.
㉯ 부어넣을 때의 콘크리트의 온도는 20 ℃ 이상으로 한다.
㉰ 물시멘트비는 60 % 이하로 하고, 단위 수량은 콘크리트의 소요 성능이 얻어지는 범위에서 가능한 한 크게 한다.
㉱ 초기양생은 콘크리트의 압축강도가 2.5 MPa 이상 되게 한다.

24. 한중콘크리트에 관한 설명으로 옳은 것은?

㉮ 한중콘크리트는 공기연행제를 사용하는 것을 원칙으로 한다.
㉯ 타설할 때의 콘크리트의 온도는 구조물의 단면 치수, 기상 조건 등을 고려하여 최소 25 ℃ 이상으로 한다.
㉰ 물결합재비는 50 % 이하로 하고, 단위 수량은 소요의 워커빌리티를 유지할 수 있는 범위 내에서 되도록 크게 정하여야 한다.
㉱ 콘크리트를 타설한 직후에 찬바람이 콘크리트 표면에 닿도록 하여 초기양생을 실시한다.

21. ㉮
한중콘크리트는 양생종료 후 따뜻해질 때까지 받는 동결융해작용에 대하여 충분한 저항성을 가질 수 있게 한다.

22. ㉱
한중콘크리트는 초기양생을 통해 콘크리트의 양생종료 시의 소요 압축강도가 최소 5 MPa 이상 되게 한다.

23. ㉮
① 타설할 때의 콘크리트의 온도는 5~20 ℃의 범위에서 정한다.
② 물시멘트비를 60 % 이하로 유지하고 초기 동해 방지를 위해 소요 워커빌리티의 범위 내에서 단위 수량을 작게 한다.
③ 초기양생을 통해 콘크리트의 양생종료 시의 소요 압축강도가 최소 5 MPa 이상 되게 한다.

24. ㉮
① 타설할 때의 콘크리트의 온도는 구조물의 단면 치수, 기상 조건 등을 고려하여 5~20 ℃의 범위로 한다.
② 물결합재비는 60 % 이하로 하고, 단위 수량은 소요의 워커빌리티를 유지할 수 있는 범위 내에서 되도록 크게 정하여야 한다.
③ 콘크리트를 타설한 직후에 찬바람이 콘크리트 표면에 닿지 않도록 하여 초기양생을 실시한다.

25. 한중콘크리트를 칠 때 재료가열에 관한 다음 기술 중 옳은 것은?

㉮ 시멘트는 어떠한 방법으로든 가열해서는 안 된다.
㉯ 시멘트풀로써 가열하는 것은 무방하다.
㉰ 골재는 될 수 있으면 불에 직접 닿게 하여 가열한다.
㉱ 물은 비열이 작아서 덥혀도 별 효과가 없다.

26. 한중(寒中)콘크리트의 양생에 관한 설명 중 옳지 않은 것은?

㉮ 가열보온양생을 실시할 경우 가열 중 살수를 금한다.
㉯ 타설한 콘크리트는 어느 부분에서도 그 온도를 5℃ 이상으로 하여 초기양생을 실시한다.
㉰ 초기양생은 콘크리트의 압축강도가 5 MPa 이상이 얻어진 것을 확인하고 담당원의 승인을 받아 중지한다.
㉱ 타설 후의 콘크리트의 온도를 시트, 매트 및 단열거푸집 등에 의하여 계획한 양생온도로 유지하는 것을 단열보온양생이라 한다.

27. 콘크리트 공사 중 적산온도와 가장 관계 깊은 것은?

㉮ 매스(Mass)콘크리트공사
㉯ 수밀(水密)콘크리트공사
㉰ 한중(寒中)콘크리트공사
㉱ AE콘크리트공사

28. 다음 중 적산온도와 관계 깊은 콘크리트는?

㉮ 고내구성콘크리트
㉯ 노출콘크리트
㉰ 경량콘크리트
㉱ 한중콘크리트

25. ㉮

① 시멘트는 어떠한 경우라도 직접 가열해서는 안 된다.
② 골재는 불에 직접 닿게 하여 가열하지 않는다.
③ 물과 골재를 가열한다.

26. ㉮

가열보온양생(급열양생)은 보온만으로 동결온도 이상 유지가 어려울 경우 실시하며, 반드시 가습 또는 살수하여 콘크리트가 건조되지 않게 한다.

27. ㉰

① 한중콘크리트는 배합강도 및 물결합재비는 적산온도방식에 의해 결정한다.
② 적산온도는 양생온도와 양생시간을 곱한 값이다. 일반적으로 양생온도가 달라져도 적산온도가 같으면 콘크리트의 강도는 비슷하다고 본다.

28. ㉱

① 한중콘크리트는 배합강도 및 물결합재비는 적산온도 방식에 의해 결정한다.
② 적산온도는 양생온도와 양생시간을 곱한 값이다. 일반적으로 양생온도가 달라져도 적산온도가 같으면 콘크리트의 강도는 비슷하다고 본다.

29. 서중콘크리트의 문제점에 대한 설명 중 가장 부적당한 것은?

㉮ 슬럼프저하 등 워커빌리티의 변화가 생기기 쉽다.
㉯ 동일 슬럼프를 얻기 위한 단위 수량이 적어진다.
㉰ 콜드조인트(Cold Joint)가 발생하기 쉽다.
㉱ 초기강도 발현은 빠르지만, 장기강도의 증진이 적다.

29. ㉯

서중콘크리트는 하루 평균기온이 25 ℃를 초과하는 경우에 시공되는 콘크리트이므로 동일 슬럼프를 얻기 위해서는 단위 수량이 증가한다.

30. 서중콘크리트의 일반적인 문제점에 관한 설명으로 옳지 않은 것은?

㉮ 슬럼프저하 등의 워커빌리티 변화가 생기기 쉽다.
㉯ 동일 슬럼프를 얻기 위한 단위 수량이 많다.
㉰ 콜드조인트가 발생하기 쉽다.
㉱ 초기강도의 발현이 낮다.

30. ㉱

서중콘크리트는 높은 외부기온으로 인하여 콘크리트의 슬럼프 또는 슬럼프플로 저하나 수분의 급격한 증발 등의 우려가 있을 경우에 시공되는 콘크리트로써 초기강도 발현이 빠르다.

31. 서중콘크리트에 관한 기술 중 옳지 않은 것은?

㉮ 콘크리트의 공기연행이 용이하여 공기량 조절이 쉽다.
㉯ 콘크리트 응결이 빠르므로 콜드조인트(Cold Joint)가 발생하기 쉽다.
㉰ 감수성이 큰 AE제를 충분히 활용한다.
㉱ 소요 컨시스턴시 확보를 위해 시멘트풀의 양을 증가한다.

31. ㉮

서중콘크리트에서는 고온으로 인해 연행공기량이 감소하고 공기량 조절이 쉽지 않다.

32. 서중콘크리트에 관한 설명으로 옳지 않은 것은?

㉮ 콘크리트의 공기연행이 용이하여 혼화제 사용이 불필요하다.
㉯ 콘크리트의 배합은 소요의 강도 및 워커빌리티를 얻을 수 있는 범위 내에서 단위 수량을 적게 한다.
㉰ 비빈 콘크리트는 가열되거나 건조로 인하여 슬럼프가 저하하지 않도록 적당한 장치를 사용하여 되도록 빨리 운송하여 타설하여야 한다.
㉱ 콘크리트 재료는 온도가 낮아질 수 있도록 하여야 한다.

32. ㉮

서중콘크리트에서는 고온으로 인해 연행공기량이 감소하고 공기량 조절이 쉽지 않다.

33. 서중콘크리트에 관한 기술 중 옳지 않은 것은?

㉮ 콘크리트의 공기연행이 용이하여 혼화제 사용이 불필요하다.
㉯ 콘크리트 응결이 빠르므로 콜드조인트(Cold Joint)가 발생하기 쉽다.
㉰ 콘크리트는 비빈 후 되도록 빨리 타설하는 것이 바람직하다.
㉱ 콘크리트 재료는 온도가 되도록 낮아지도록 하여 사용한다.

33. ㉮

서중콘크리트에서는 고온으로 인해 연행공기량이 감소하고 공기량 조절이 쉽지 않다.

34. 서중콘크리트에 관한 설명으로 옳은 것은?

㉮ 동일 슬럼프를 얻기 위한 단위 수량이 많아진다.
㉯ 장기강도의 증진이 크다.
㉰ 콜드조인트가 쉽게 발생하지 않는다.
㉱ 워커빌리티가 일정하게 유지된다.

35. 다음 콘크리트 중 보통경량골재콘크리트가 아닌 것은?

㉮ 신더콘크리트 ㉯ AE콘크리트
㉰ 다공콘크리트 ㉱ 톱밥콘크리트

36. 아파트 온돌바닥 미장용 콘크리트로써 고층적용 실적이 많고 배합을 조닝벌로 다르게 하며 타설 바탕면에 따라 배합비 조정이 필요한 것은?

㉮ 경량기포콘크리트 ㉯ 중량콘크리트
㉰ 수밀콘크리트 ㉱ 유동화콘크리트

37. 경량골재콘크리트에 관한 설명 중 가장 부적당한 것은?

㉮ 비중이 작아 건물의 자중을 줄일 수 있다.
㉯ 보통콘크리트에 비해 열전도율이 작다.
㉰ 흡수율이 높아 외기에 노출된 경우 동해를 입기 쉽다.
㉱ 보통콘크리트에 비해 건조수축이 아주 적다.

38. 경량콘크리트(Lightweight Concrete)의 장점에 해당되지 않는 것은?

㉮ 자중이 작아 건물 중량을 경감할 수 있다.
㉯ 열전도율이 작고, 내화성과 방음효과가 크며, 흡음률도 보통콘크리트보다 크다.
㉰ 콘크리트의 운반이나 부어넣기의 노력을 절감할 수 있다.
㉱ 동해에 대한 저항이 커 지하실 등에 적합하다.

39. 경량기포콘크리트(ALC)에 관한 설명으로 옳지 않은 것은?

㉮ 기건 비중은 보통콘크리트의 약 1/4 정도로 경량이다.
㉯ 열전도율은 보통콘크리트의 약 1/10정도로써 단열성이 우수하다.
㉰ 유기질 소재를 주원료로 사용하여 내화성능이 매우 낮다.
㉱ 흡음성과 차음성이 우수하다.

34. ㉮
① 초기강도 발현은 빠르나 장기강도의 증진은 저하한다.
② 콜드조인트의 발생이 쉽다.
③ 워커빌리티가 발안정하다.

35. ㉯
• 경량골재콘크리트의 종류
① 보통경량골재콘크리트
② 기포콘크리트
③ 톱밥콘크리트
④ 서모콘
⑤ 신더콘크리트

36. ㉮
경량기포콘크리트(ALC)는 공동주택 온돌바닥 미장용 콘크리트로써 고층적용 실적이 많고 배합을 조닝별로 다르게 하며 타설 바탕면에 따라 배합비 조정이 필요하다.

37. ㉱
경량골재콘크리트는 다공질로써 보통콘크리트에 비해 건조수축이 크다.

38. ㉱
경량콘크리트는 동해에 대한 저항이 적어 지하실 등에 부적합하다.

39. ㉰
경량기포콘크리트(ALC)는 단열성, 내화성, 방음성 및 흡음성 우수하다.

40. 경량골재콘크리트 시공에 관한 설명으로 적합하지 않는 것은 다음 중 어느 것인가?

㉮ 경량골재는 타설 전에 표면건조내부포수상태로 사용한다.
㉯ 골재는 수일 전부터 물을 뿌려둔다.
㉰ 골재가 충분히 포수되어 있지 않을 때에는 비비기 시간을 연장할 수 있다.
㉱ 타설은 하부로 내려 갈수록 된비빔으로 한다.

40. ㉱
경량골재콘크리트는 블리딩 현상을 방지하기 위해 콘크리트 타설은 상부로 올라갈수록 된비빔으로 한다.

41. 경량골재콘크리트 시공상 주의할 사항 중 옳지 않은 것은?

㉮ 공기연행제를 사용한다.
㉯ 경량골재는 건조시켜 사용한다.
㉰ 골재의 입형은 둥근 것이 좋다.
㉱ 화산재도 골재로 사용할 수 있다.

41. ㉯
경량골재콘크리트의 경량골재는 배합 전에 충분히 물을 흡수(프리웨팅)시키고 표면건조내부포수상태를 유지하여 사용한다.

42. 경량콘크리트공사에서 경량골재의 취급 및 저장에 관한 내용 중 옳지 않은 것은?

㉮ 골재의 짐부리기, 쌓아 올리기 및 물뿌리기를 할 때 입자가 분리되지 않도록 한다.
㉯ 골재를 쌓아둘 곳은 될 수 있는 대로 물빠짐이 좋게 한다.
㉰ 골재를 쌓아둘 곳은 직사광선을 많이 받아 골재가 쉽게 건조될 수 있는 장소를 택한다.
㉱ 골재에 때때로 물을 뿌리고 표면에 포장 등을 하여 항상 같은 습윤상태를 유지한다.

42. ㉰
경량골재콘크리트의 경량골재는 배합 전에 충분히 물을 흡수(프리웨팅)시키고 표면건조내부포수상태를 유지하여 사용한다.

43. 경량골재콘크리트 골재에 관한 주의사항으로 가장 부적당한 것은 다음 중 어느 것인가?

㉮ 석탄회를 골재로 사용한 경우는 미리 충분히 물 씻기를 할 것
㉯ 화산자갈은 외형이 둥글고 큰 굴곡이 없는 것을 사용할 것
㉰ 골재는 사용 전에 충분히 건조시킬 것
㉱ 골재의 입상은 너무 큰 것을 피할 것

43. ㉰
경량골재콘크리트의 경량골재는 배합 전에 충분히 물을 흡수(프리웨팅)시키고 표면건조내부포수상태를 유지하여 사용한다.

44. 경량골재콘크리트 시공상 주의하여야 할 사항으로 부적합한 것은 다음 중 어느 것인가?

㉮ 흡수율이 크므로 골재를 완전히 건조시켜서 사용한다.
㉯ 직접 흙에 접하는 부분에는 사용하지 않는다.
㉰ 시공연도를 좋게 하기 위하여 공기연행제를 사용한다.
㉱ 타설한 경량골재콘크리트는 안정화까지 침하량이 크므로 보의 콘크리트는 벽과 기둥의 콘크리트가 충분히 반영된 후에 부어 넣는다.

44. ㉮
경량골재콘크리트의 경량골재는 배합 전에 충분히 물을 흡수(프리웨팅)시키고 표면건조내부포수상태를 유지하여 사용한다.

45. 경량골재콘크리트의 골재에 관한 내용 중 옳지 않은 것은?

㉮ 골재의 짐부리기, 쌓아올리기 및 물뿌리기를 할 때에는 굵은 자갈과 잔자갈이 분리되도록 한다.
㉯ 코크스를 골재로 사용할 경우에는 충분히 물로 씻는다.
㉰ 잔골재와 굵은골재의 배합비에 유의한다.
㉱ 화산모래, 화산자갈의 사용에는 골재의 모양에 유의한다.

45. ㉮
경량골재콘크리트공사에서 골재의 짐부리기, 쌓아올리기 및 물뿌리기를 할 때는 입자가 분리되지 않도록 한다.

46. 경량골재콘크리트공사에서 경량골재의 취급 및 저장에 관한 내용 중 옳지 않은 것은?

㉮ 골재의 짐부리기, 쌓아 올리기 및 물뿌리기를 할 때 입자가 분리되도록 한다.
㉯ 골재를 쌓아둘 곳은 될 수 있는 대로 물빠짐이 좋게 한다.
㉰ 골재를 쌓아둘 곳은 햇볕을 덜 받는 장소를 택한다.
㉱ 골재에 때때로 물을 뿌리고 표면에 포장 등을 하여 항상 같은 습윤상태를 유지한다

46. ㉮
경량골재콘크리트공사에서 골재의 짐부리기, 쌓아올리기 및 물뿌리기를 할 때는 입자가 분리되지 않도록 한다.

47. 경량골재콘크리트와 관련된 기준으로 옳지 않은 것은?

㉮ 단위 시멘트량의 최솟값 : 400 kg/m^3
㉯ 물결합재비의 최댓값 : 60 %
㉰ 기건단위질량(경량골재콘크리트 1종) : 1,700~2,000 kg/m^3
㉱ 굵은골재의 최대 치수 : 20 mm

47. ㉮
경량골재콘크리트에서 단위 시멘트량의 최솟값은 300 kg/m^{3}이다.

48. ALC(Autoclave Lightweight Concrete)의 장점이 아닌 것은?

㉮ 가소성 ㉯ 단열성
㉰ 흡음성・차음성 ㉱ 내구성

48. ㉮
• ALC의 장점
① 경량성
② 단열성
③ 불연성, 내화성
④ 흡음성, 차음성
⑤ 내구성
⑥ 시공성(가공성)

49. ALC 제품에 대한 설명 중에서 틀린 것은?

㉮ 오토클레이브(Autoclave) 양생을 해서 만든 기포콘크리트 제품으로 절대건조상태에서의 비중이 최소 0.45 이상이다.
㉯ 흡수성과 투수성이 낮다.
㉰ 단열성이나 차음성이 우수하다.
㉱ 불연재이며 내화재료이다.

49. ㉯
ALC 제품은 흡수성과 투수성이 크다.

50. ALC의 물리적 성질 중 틀린 것은?

㉮ 기건비중은 보통콘크리트의 약 1/4 정도이다.
㉯ 열전도율은 보통콘크리트와 유사하나 단열성은 우수하다.
㉰ 불연재인 동시에 내화재료이다.
㉱ 경량이어서 인력에 의한 취급이 용이하다.

50. ㉯
ALC는 경량기포콘크리트로써 경량성과 단열성이 우수하고, 열전도율은 보통콘크리트의 약 1/10이다.

51. 다음 기술 중 경량기포콘크리트(ALC) 제품의 특성으로써 가장 부적당한 것은 어느 것인가?

㉮ ALC는 석회질, 규산질 원료와 기포제 및 혼화제를 주원료로 하여 고온고압의 증기양생 한 경량기포콘크리트이다.
㉯ ALC의 절건비중은 최소 0.45 이상이다.
㉰ ALC블록 및 패널의 압축강도는 2.9 MPa 이상이어야 한다.
㉱ ALC는 그 내부에 다수의 공극이 있어 동결융해 저항성이 우수하다.

51. ㉱
경량기포콘크리트 제품은 내부의 많은 공극으로 흡수성이 높아 중성화가 빠르며 동결융해 저항성이 낮다.

52. ALC 제품에 관한 설명으로 옳지 않은 것은?

㉮ 절건상태에서의 비중이 0.75~1 정도이다.
㉯ 압축강도는 3~7 MPa 정도이다.
㉰ 내화성능을 보유하고 있다.
㉱ 사용 후 변형이나 균열이 적다.

52. ㉮
절건상태에서의 비중이 0.4~0.75 정도이다.

53. 방사선차폐를 목적으로 금속물질이 포함된 중정적 등의 골재를 넣은 콘크리트는?

㉮ 중량콘크리트 ㉯ 매스콘크리트
㉰ 팽창콘크리트 ㉱ 수밀콘크리트

53. ㉮
방사선차폐를 목적으로 하는 골재로는 중정석, 자철광, 적철광 등이 사용된다.

54. 다음 ( )안에 들어갈 숫자의 조합으로 옳은 것은?

> 매스콘크리트로 다루어야 하는 구조룸의 부재치수는 일반적인 표준으로써 넓이가 넓은 평판구조의 경우 두께 (㉠) m 이상, 하단이 구속된 벽체에서 부재 단면의 두께 (㉡) m 이상으로 한다.

㉮ ㉠ - 0.6, ㉡ - 0.3　　㉯ ㉠ - 0.7, ㉡ - 0.4
㉰ ㉠ - 0.8, ㉡ - 0.5　　㉱ ㉠ - 0.9, ㉡ - 0.6

54. ㉰
매스콘크리트로 다루어야 하는 구조물의 부재치수는 넓이가 넓은 평판구조에서 부재 단면의 두께 0.8 m 이상 또는 하단이 구속된 벽체에서 부재 단면의 두께 0.5 m 이상으로 한다.

55. 특수콘크리트 공사에 관한 설명으로 옳지 않은 것은?

㉮ 하루의 평균기온이 4 °C 이하가 예상되는 조건일 때 한중콘크리트로 시공한다.
㉯ 하루의 평균기온이 25 °C를 초과하는 것이 예상되는 경우 서중콘크리트로 시공한다.
㉰ 매스콘크리트로 다루어야 할 하단이 구속된 벽조의 경우 두께 0.8 m 이상으로 한다.
㉱ 섬유보강콘크리트의 시공은 품질이 얻어지도록 재료, 배합, 비비기 설비 등에 대하여 충분히 고려한다.

55. ㉰
매스콘크리트로 다루어야 할 하단이 구속된 벽조의 경우 두께 0.5 m 이상으로 한다.

56. 매스콘크리트에 관한 설명 중 틀린 것은?

㉮ 시멘트는 수화열이 큰 것을 사용하여 초기강도를 높인다.
㉯ 화학 혼화제로 AE감수제 지연형 또는 감수제 지연형을 사용한다.
㉰ 단위 시멘트량을 적게 하기 위하여 슬럼프는 될 수 있는 한 적게 한다.
㉱ 부재의 단면형상이나 철근 배치상태가 허락된다면 골재치수를 크게 함으로써 시멘트량을 감소시킨다.

56. ㉮
매스콘크리트에서는 수화열이 낮은 시멘트를 사용한다.

57. 매스콘크리트(Mass Concrete)에서는 내부와 외부온도가 달라 균열이 발생한다. 다음은 이를 방지하기 위한 대책이다. 틀린 것은?

㉮ 재료를 저정온도 이하가 되도록 하여 사용한다.
㉯ 플라이애시 등 혼화제를 사용한다.
㉰ 단위 시멘트량을 많게 한다.
㉱ 중용열포틀랜드시멘트를 사용한다.

57. ㉰
매스콘크리트에서는 단위 시멘트량을 적게 한다.

58. 매스콘크리트에 관한 시방으로 옳지 않은 것은?

㉮ 단위 시멘트량에 따른 내부에서의 온도변화는 10 kg/m^3에 따라 약 1 ℃ 정도이다.
㉯ 매스콘크리트 치기 후의 온도 상승이 되도록 적도록 하여 균열이 생기지 않도록 한다.
㉰ 작업 지장을 주지 않는 범위에서 슬럼프를 작게 하고 굵은골재의 최대 치수를 크게 한다.
㉱ 단위 시멘트량은 소요 워커빌리티 및 강도가 얻어지는 범위 내에서 될수록 크게 들수록 좋다.

58. ㉱

매스콘크리트에서는 수화열을 낮추기 위해 소요 워커빌리티 및 강도가 얻어지는 범위 내에서 단위 시멘트량을 적게 한다.

59. 매스콘크리트(Mass Concrete)에 대한 설명으로 옳은 것은?

㉮ 단위 시멘트량을 늘려 콘크리트의 발열량을 줄이도록 하여야 한다.
㉯ 굵은골재의 최대 치수를 작게 하고, 입자의 크기가 균등한 골재를 사용하는 것이 좋다.
㉰ 매스콘크리트의 타설 온도는 온도균열을 제어하기 위한 관점에서 될 수 있는 대로 낮게 하여야 한다.
㉱ 매스콘크리트는 베이스콘크리트에 유동화제를 첨가하여 유동성을 증가시킨 콘크리트이다.

59. ㉰

① 단위 시멘트량을 적게 하여 콘크리트의 발열량을 줄이도록 한다.
② 굵은골재의 최대 치수를 크게 한다.
③ 부재의 넓이가 넓은 평판구조에서 두께 0.8 m 이상 또는 하단이 구속된 벽체에서 두께 0.5 m 이상이고, 콘크리트의 내부와 외부온도 차이가 25 ℃ 이상으로 예상되는 콘크리트이다.

60. 매스콘크리트공사 시 콘크리트 타설에 관한 설명으로 옳지 않은 것은?

㉮ 매스콘크리트의 타설 시간 간격은 균열제어의 관점으로부터 구조물의 형상과 구속조건에 따라 적절히 정하여야한다.
㉯ 온도 변화에 의한 응력은 신구(新舊) 콘크리트의 유효탄성계수 및 온도차이가 크면 클수록 커지므로 신구 콘크리트의 타설 시간 간격을 지나치게 길게 하는 일은 피하여야 한다.
㉰ 매스콘크리트의 타설 온도는 온도균열을 제어하기 위한 관점에서 평균 온도 이상으로 가져가야 한다.
㉱ 매스콘크리트의 균열방지 및 제어방법으로는 팽창콘크리트의 사용에 의한 균열방지방법, 또는 수축·온도철근의 배치에 의한 방법 등이 있다.

60. ㉰

매스콘크리트의 타설 온도는 온도균열을 제어하기 위한 관점에서 될 수 있는 대로 낮게 하여야 한다.

61. 매스콘크리트(Mass Concrete)의 타설 및 양생에 관한 설명으로 옳지 않은 것은?

㉮ 내부온도가 최고 온도에 달한 후에는 보온하여 중심부와 표면부의 온도차 및 중심부의 온도강하 속도가 크지 않도록 양생한다.

㉯ 신구(新舊) 콘크리트의 유효탄성계수 및 온도차이가 클수록 이어붓기 시간간격을 길게 하면 할수록 좋다.

㉰ 부어넣는 콘크리트의 온도는 온도균열을 제어하기 위해 가능한 한 저온(일반적으로 35 ℃ 이하)으로 해야 한다.

㉱ 거푸집널 및 보온을 위하여 사용한 재료는 콘크리트 표면부의 온도와 외기온도와의 차이가 작아지면 해제한다.

61. ㉯

신구(新舊) 콘크리트의 유효탄성계수 및 온도차이가 클수록 이어붓기 시간간격을 짧게 하면 할수록 좋다.

62. 섬유보강콘크리트에서 알칼리골재반응을 일으킬 수 있어 섬유의 선정 시 특별한 주의를 해야 하는 섬유는 어느 것인가?

㉮ 유리섬유　　㉯ 강섬유

㉰ 탄소섬유　　㉱ 폴리프로필렌섬유

62. ㉮

유리섬유는 콘크리트 중의 알칼리성분과 반응하여 알칼리골재반응을 일으킬 수 있는 섬유이므로 선정 시 주의한다.

63. 유리섬유(Glass Fiber)에 관한 설명으로 옳지 않은 것은?

㉮ 단위면적에 따른 인장강도는 다르고, 가는 섬유일수록 인장강도는 크다.

㉯ 탄성이 적고 전기절연성이 크다.

㉰ 내화성, 단열성, 내수성이 좋다.

㉱ 경량이면서 굴곡에 강하다.

63. ㉱

유리섬유는 유리섬유보강콘크리트에 사용되며, 치수 안정성이 좋고 인장강도와 인장 탄성율이 매우 좋아 굴곡에는 약하다.

64. AE콘크리트의 성질에 대한 다음 기술 중 가장 부적당한 것은 어느 것인가?

㉮ AE제는 콘크리트의 시공연도를 양호하게 한다.

㉯ AE제는 동결융해에 대한 내구성을 증대시킨다.

㉰ 동일한 물시멘트비의 경우 AE콘크리트의 강도가 보통콘크리트의 강도보다 크다.

㉱ AE콘크리트는 보통콘크리트보다 재료의 분리 특히 블리딩이 감소한다.

64. ㉰

AE콘크리트에서 공기량이 1 % 증가할 경우, 슬럼프값은 20 mm 정도 증가하고, 잔골재율은 0.5~1.0 % 감소한다. 동일 슬럼프에 대해 단위 수량은 3 % 감소하고, 압축강도는 3~5 % 감소한다.

65. AE콘크리트의 특징 중 옳지 않은 것은 어느 것인가?

㉮ 동결 및 융해에 대한 저항이 증가된다.
㉯ 수밀성이 크게 된다.
㉰ 철근과의 부착강도가 많이 증가한다.
㉱ 단위 수량이 감소된다.

65. ㉰
AE제를 사용할 경우 워커빌리티는 개선되나 철근과의 부착강도는 다소 감소한다.

66. AE제를 사용한 콘크리트에 관한 설명으로 옳지 않은 것은?

㉮ 동결융해저항성이 증가한다.
㉯ 내마모성이 증가한다.
㉰ 블리딩 및 재료분리가 감소한다.
㉱ 철근과 콘크리트의 부착강도가 증가한다.

66. ㉱
AE제를 사용할 경우 워커빌리티는 개선되나 철근과의 부착강도는 다소 감소한다.

67. AE(Air Entrained)콘크리트에 대한 설명 중 옳지 않은 것은?

㉮ 보통콘크리트에 비하여 철근의 부착강도가 우수하다.
㉯ 시공연도가 좋고 응집력이 있어 재료분리가 적다.
㉰ 동결융해 및 화학작용에 대한 저항성이 크다.
㉱ 공기량이 약 6% 이상 초과하면 강도는 급격히 저하한다.

67. ㉮
AE제를 사용할 경우 워커빌리티는 개선되나 철근과의 부착강도는 다소 감소한다.

68. 보통콘크리트와 동일강도를 내기 위한 AE콘크리트의 배합 수정에 대한 설명으로 옳지 않는 것은?

㉮ 시멘트량을 증가시킨다.
㉯ 물량을 감소시킨다.
㉰ 굵은골재량을 수정하지 않는다.
㉱ 잔골재량을 감소시킨다.

68. ㉮
• AE제에 의해 공기량이 1% 증가하면
① 슬럼프값은 약 20 mm 정도 증가하고, 잔골재율은 0.5~1.0% 감소한다.
② 동일 슬럼프에 대해 단위수량은 3% 감소하고, 압축강도는 3~5% 감소한다.
③ 따라서 잔골재량, 수량(물량) 등은 보정(감소)하고, 시멘트량과 굵은골재량은 보정하지 않는다.

69. 다음 중 AE콘크리트에 관한 기술로 옳지 않은 것은?

㉮ AE콘크리트는 무수한 기포를 발생시켜 볼베어링 역할을 하도록 하여 시공연도를 증진시키는 콘크리트이다.
㉯ 공기량이 많을수록 슬럼프는 증대하나 강도는 감소한다.
㉰ 단위 수량이 적게 들고, 수밀성이 향상되며, 경화에 따른 발열이 증대된다.
㉱ 철근과의 부착강도는 적어지지만 내구성 향상, 동결에의 저항성 증대 등의 효과가 있다.

69. ㉰
단위 수량이 감소되고 수밀성이 증대되며 발열량이 감소한다.

70. AE콘크리트에 관한 설명 중 옳지 않은 것은?

㉮ AE콘크리트는 무수한 기포를 발생시켜 볼베어링 역할을 하도록 하여 시공연도를 증진시키는 콘크리트이다.
㉯ 공기량이 6 % 이상 초과하면 강도는 급격히 저하한다.
㉰ 단위 수량이 적게 들고, 수밀성이 향상되며, 경화에 따른 발열량이 증대된다.
㉱ 철근과의 부착강도는 적어지지만 내구성 향상, 동결융해 저항성 향상 등의 효과가 있다.

70. ㉰

단위 수량이 적게 들고, 수밀성이 향상되며, 경화에 따른 발열량이 감소된다.

71. 다음 AE콘크리트에 관한 기술 중 틀린 것은?

㉮ 조골재의 최대 치수가 클수록 공기량이 증가된다.
㉯ 콘크리트 중에 연행되는 공기량은 4~6 % 정도이다.
㉰ 공기량 1 % 증가에 따른 압축강도 저하율은 5 %정도이다.
㉱ 시공온도가 낮을수록 공기량이 많아진다.

71. ㉮

AE콘크리트에서 골재의 입도가 작을수록 공기량은 증가한다.

72. AE콘크리트에 관한 설명 중 옳지 않은 것은?

㉮ 기상작용이 심한 경우 사용되는 경우가 많다.
㉯ AE 공기량은 온도가 높을수록 증대된다.
㉰ 블리딩, 재료분리 및 경화에 따른 발열이 감소한다.
㉱ 부착강도가 저하한다.

72. ㉯

AE콘크리트에서 온도가 높을수록 공기량은 감소한다.

73. AE제를 사용한 콘크리트에 대한 설명으로 옳지 않은 것은?

㉮ 공기량이 많을수록 슬럼프가 증대된다.
㉯ AE제 사용 시 0.025~0.25 mm 정도의 미세 기포가 발생하여 시공연도를 증진시킨다.
㉰ 물시멘트비가 일정할 경우 공기량이 1 % 증가할 때 압축강도는 약 3~5 % 감소한다.
㉱ AE제는 계량의 정확을 기하기 위해 희석하지 않고 그대로 사용한다.

73. ㉱

공기량이 6 %를 초과하면 압축강도가 급격히 저하한다. 따라서 AE제는 사용량이 극히 적으므로 맑은 물에 몇 배로 희석하여 균일하게 되도록 충분히 교반하여 사용한다.

74. 유동화콘크리트의 용어 중에서 베이스콘크리트에 대한 설명으로 옳은 것은?

㉮ 유동화콘크리트를 제조하기 위하여 혼합된 유동화제를 첨가하기 전의 콘크리트

㉯ 유동화콘크리트를 제조하기 위하여 혼합된 유동화제를 첨가한 후의 콘크리트

㉰ 기초 콘크리트에 타설하기 위해 현장에 반입된 레디믹스트콘크리트

㉱ 지하층에 콘크리트를 타설하기 위하여 현장에 반입된 레디믹스트콘크리트

74. ㉮

베이스콘크리트는 유동화콘크리트 제조 시 유동화제를 첨가하기 전의 기본 배합의 콘크리트이다.

75. 유동화콘크리트에 대한 설명으로 옳지 않은 것은?

㉮ 높은 유동성을 가지면서도 단위 수량은 통상의 콘크리트보다 적다.

㉯ 일반적으로 유동성을 높이기 위하여 화학혼화제를 사용한다.

㉰ 동일한 단위 시멘트량을 갖는 보통콘크리트에 비하여 압축강도가 매우 높다.

㉱ 건조수축은 통상 묽은비빔 콘크리트보다 작다.

75. ㉰

유동화콘크리트는 콘크리트에 유동화제를 첨가시켜 콘크리트의 품질은 유지한 채 일시적으로 유동성을 개선한 콘크리트이다. 따라서 콘크리트의 압축강도에는 큰 영향을 미치지 못한다.

76. 건축공사 표준시방서에 따른 유동화콘크리트 공기량의 표준값은? (단, 보통콘크리트의 경우)

㉮ 4 % ㉯ 4.5 %

㉰ 5 % ㉱ 5.5 %

76. ㉯

유동화콘크리트의 공기량은 보통콘크리트 4.5 %, 경량골재콘크리트 5 %이다.

77. 콘크리트의 고강도화를 위한 방안과 거리가 먼 것은?

㉮ 물시멘트비를 크게 한다.

㉯ 고성능 감수제를 사용한다.

㉰ 강도발현이 큰 시멘트를 사용한다.

㉱ 폴리머(Polymer)를 함침 한다.

77. ㉮

고강도 발현 메카니즘 중에서 물시멘트비(물결합재비)는 낮게 한다.

78. 건축공사 표준시방서에서 정의하고 있는 고강도콘크리트(High Strength Concrete)의 설계기준압축강도는?

㉮ 보통콘크리트 : 40 MPa 이상, 경량골재콘크리트 : 27 MPa 이상
㉯ 보통콘크리트 : 40 MPa 이상, 경량골재콘크리트 : 24 MPa 이상
㉰ 보통콘크리트 : 30 MPa 이상, 경량골재콘크리트 : 27 MPa 이상
㉱ 보통콘크리트 : 30 MPa 이상, 경량골재콘크리트 : 24 MPa 이상

79. 고강도콘크리트의 설계기준압축강도는 보통콘크리트에서 최소 얼마 이상인가?

㉮ 27 MPa ㉯ 30 MPa
㉰ 35 MPa ㉱ 40 MPa

80. 고강도콘크리트 사용상의 특성으로 틀리는 것은 다음 중 어느 것인가?

㉮ 부재단면의 축소
㉯ 시공능률의 향상
㉰ 공기의 단축
㉱ 구조부재 연성능력의 제고

81. 고강도콘크리트에 대한 설명으로 적합하지 않은 것은 다음 중 어느 것인가?

㉮ 보통콘크리트의 경우 설계기준압축강도가 27 MPa 이상이고 품질이 고급이어야 한다.
㉯ 소요 슬럼프는 150 mm 이하로 하되, 고성능 감수제를 사용하는 경우에는 이의 효과를 고려하여 조정할 수 있다.
㉰ 물결합재비는 50 % 이하로 한다.
㉱ 굵은골재의 최대 치수는 40 mm 이하이다.

82. 표준시방서에서 고강도콘크리트에 대한 기술 중 부적당한 것은?

㉮ 보통콘크리트의 경우 압축강도가 40 MPa 이상을 의미한다.
㉯ 경량골재콘크리트의 경우 압축강도가 27 MPa 이상을 의미한다.
㉰ 고강도콘크리트 제조 시 고성능 감수제를 사용할 경우에는 시험배합을 거쳐 확인한 후 사용할 필요가 있다.
㉱ 슬럼프값은 120 mm 이하로 한다.

78. ㉮
고강도콘크리트는 콘크리트의 설계기준압축강도가 보통콘크리트 또는 중량골재콘크리트에서 40 MPa 이상, 경량골재콘크리트에서 27 MPa 이상인 콘크리트이다.

79. ㉱
고강도콘크리트는 콘크리트의 설계기준압축강도가 보통콘크리트 또는 중량골재콘크리트에서 40 MPa 이상, 경량골재콘크리트에서 27 MPa 이상인 콘크리트이다.

80. ㉱
콘크리트의 강도가 증가하면 연성보다 취성의 성질이 증가한다.

81. ㉮
• 고강도콘크리트의 설계기준압축강도
① 보통콘크리트에서 40 MPa 이상
② 경량골재콘크리트에서 27 MPa 이상

82. ㉱
고강도콘크리트의 슬럼프값은 150 mm 이하로 한다.

83. 고강도콘크리트의 배합에 대한 기준으로 옳지 않은 것은?

㉮ 물시멘트비는 50 % 이하로 한다.
㉯ 유동화콘크리트로 할 경우에 슬럼프값은 180 mm 이하로 한다.
㉰ 단위 수량은 180 kg/m³ 이하로 하고 소요의 워커빌리티를 얻을 수 있는 범위 내에서 가능한 작게 한다.
㉱ 기상의 변화가 심하거나 동결융해에 대한 대책이 필요한 경우를 제외하고는 공기연행제를 사용하지 않는 것을 원칙으로 한다.

83. ㉯
고강도콘크리트의 슬럼프값은 150 mm 이하로 한다.

84. 고강도콘크리트에 관한 내용으로 옳지 않은 것은?

㉮ 설계기준압축강도가 보통콘크리트의 경우 40 MPa 이상인 것을 말한다.
㉯ 물시멘트비를 감소시키기 위해 고성능 감수제를 사용한다.
㉰ 단위 수량, 단위 시멘트량, 잔골재율은 소요워커빌리티 및 강도를 얻을 수 있는 범위 내에서 가능한 한 적게 한다.
㉱ 슬럼프값은 유동화콘크리트일 경우 250 mm 이하로 한다.

84. ㉱
고강도콘크리트의 슬럼프값은 150 mm 이하로 한다.

85. 고강도콘크리트에 대한 표준시방서의 설명 중 틀린 것은?

㉮ 고강도콘크리트의 설계기준압축강도는 보통콘크리트에서는 40 MPa 이상을 말한다.
㉯ 골재의 최대 크기는 40 mm 이하를 사용한다.
㉰ 단위 수량은 195 kg/m³ 이하로 한다.
㉱ 물결합재비는 50 % 이하로 한다.

85. ㉰
고강도콘크리트에서 단위 수량은 180 kg/m³ 이하로 한다.

86. 최근 고층 건물에 많이 사용되는 고강도콘크리트에 대한 설명 중 틀린 것은?

㉮ 콘크리트에 포함된 염화물량은 염소이온량으로써 0.3 kg/m³ 이하가 되어야 한다.
㉯ 물결합재비는 50 % 이하로 한다.
㉰ 단위 수량은 180 kg/m³ 이하로 한다.
㉱ 잔골재율은 시험에 의하여 결정하며, 가능한 한 크게 한다.

86. ㉱
잔골재율은 소요의 워커빌리티를 얻도록 시험에 의하여 결정하여야 하며, 가능한 작게 하도록 한다.

87. 고강도콘크리트 시공 시 배합에 관한 사항 중 옳지 않은 것은?

㉮ 물결합재비는 50 % 이하로 한다.

㉯ 단위 수량은 210 kg/m^3 이하로 하고 소요 워커빌리티를 얻을 수 있는 범위 내에서 가능한 한 작게 한다.

㉰ 슬럼프값은 150 mm 이하로 한다.

㉱ 잔골재율은 소요 워커빌리티를 얻도록 시험에 의하여 결정해야하며, 가능한 한 작게 하도록 한다.

87. ㉯

단위 수량은 180 kg/m^3 이하로 하고 소요의 워커빌리티를 얻을 수 있는 범위 내에서 가능한 작게 하여야 한다.

88. 고강도콘크리트 시공 시 배합에 관한 사항 중 옳지 않은 것은?

㉮ 물시멘트비는 50 % 이하로 한다.

㉯ 단위 수량은 210 kg/m^3 이하로 한다.

㉰ 슬럼프값은 150 mm 이하로 한다.

㉱ 단위 시멘트량은 소요 워커빌리티 및 강도를 얻을 수 있는 범위 내에서 가능한 한 적게 되도록 정한다.

88. ㉯

단위 수량은 180 kg/m^3 이하로 하고 소요의 워커빌리티를 얻을 수 있는 범위 내에서 가능한 작게 하여야 한다.

89. 고강도콘크리트 제조를 위한 방안으로 옳지 않은 것은?

㉮ 골재는 가능한 큰 골재를 사용한다.

㉯ 고성능 감수제를 사용한다.

㉰ 소요 슬럼프는 150 mm 이하로 가능한 낮춘다.

㉱ 물결합재비를 낮춘다.

89. ㉮

굵은골재의 최대 치수는 40 mm 이하로 가능한 25 mm 이하가 좋다.

90. 고강도콘크리트의 굵은골재에 대한 설명 중 틀린 것은 어느 것인가?

㉮ 굵은골재의 최대 치수는 40 mm 이하로써 가능한 25 mm 이하로 한다.

㉯ 굵은골재의 최대 치수는 철근 최소 수평 순간격의 3/4 이내의 것을 사용하도록 한다.

㉰ 굵은골재의 최대 치수는 부재 최소 치수의 1/5 이내의 것을 사용하도록 한다.

㉱ 콘크리트에 포함된 염화물량은 염소이온량으로써 0.8 kg/m^3 이하가 되어야 한다.

90. ㉱

고강도콘크리트에서 염소이온량은 0.3 kg/m^3 이하로 한다.

91. 고강도콘크리트의 배합에 대한 기준으로 옳지 않은 것은?

㉮ 단위 수량은 소요의 워커빌리티를 얻을 수 있는 범위 내에서 가능한 작게 하여야 한다.

㉯ 잔골재율은 소요의 워커빌리티를 얻도록 시험에 의하여 결정하여야 하며, 가능한 작게 하도록 한다.

㉰ 고성능 감수제의 단위량은 소요강도 및 작업에 적합한 워커빌리티를 얻도록 시험에 의해서 결정하여야 한다.

㉱ 기상의 변화 등에 관계없이 공기연행제를 사용하는 것을 원칙으로 한다.

91. ㉱

고강도콘크리트에서 AE제(공기연행제)는 사용하지 않는 것을 원칙으로 한다.

92. 고강도콘크리트의 배합설계에 대한 설명 중 틀린 것은?

㉮ 물결합재비는 50 % 이하로 한다.

㉯ 공기연행제를 전혀 사용하지 않는다.

㉰ 단위 수량은 180 kg/m^3 이하로 한다.

㉱ 슬럼프값은 150 mm 이하로 한다.

92. ㉯

고강도콘크리트에서 AE제(공기연행제)는 사용하지 않는 것을 원칙으로 하지만, 전혀 사용하지 않는 것은 아니다.

93. 고강도콘크리트공사에 사용되는 굵은골재에 대한 품질기준으로 옳지 않은 것은? (단, 건축공사 표준시방서 기준)

㉮ 절대건조밀도 : 2.5 g/cm^3 이상

㉯ 흡수율 : 3.0 % 이하

㉰ 점토량 : 0.25 % 이하

㉱ 씻기시험에 의한 손실량 : 1.0 % 이하

93. ㉯

고강도콘크리트공사에서 사용되는 굵은골재에 대한 품질기준은 일반콘크리트와 같으며, KS F 2527(콘크리트용 골재)에서는 굵은골재의 흡수율을 3.0 % 이하로 정하고 있고, 건축공사 표준시방서(2016년)에서는 굵은골재의 흡수율을 2.0 % 이하로 정하고 있다.

94. 고강도콘크리트에 관련된 내용으로 옳지 않은 것은?

㉮ 고강도콘크리트는 결합재량의 증가로 점성이 증가하고 낮은 물시멘트비로 인해 시간의 경과에 따른 슬럼프 감소가 큰 편이다.

㉯ 고강도콘크리트는 점성과 유동성이 커서 측압의 증가에 따른 거푸집 붕괴사례가 많다.

㉰ 고강도콘크리트는 블리딩이 많아 표면건조가 느리기 때문에 플라스틱균열발생 위험이 적다.

㉱ 초고강도콘크리트는 높은 점성 때문에 충분한 타설 시간이 필요하다.

94. ㉰

고강도콘크리트는 낮은 물결합재비로 인해 블리딩이 거의 없어 표면건조가 빠르고 플라스틱 균열발생 위험이 많다.

95. 제치장콘크리트에 대한 기술 중 옳지 않은 것은?

㉮ 제치장콘크리트는 공비를 절약할 목적으로 쓰인다.
㉯ 콘크리트는 된비빔으로 한다.
㉰ 비비기는 믹서로 하고, 진동기로 충분히 다진다.
㉱ 벽, 기둥은 한 번에 상부까지 부어넣는다.

96. 제치장콘크리트 시공에 관한 사항 중 옳지 않은 것은?

㉮ 피복두께는 보통 때보다 10 mm 이상 증가하는 것이 바람직하다.
㉯ 혼합을 충분히 하여 균등하고 플라스틱 한 콘크리트를 사용함이 좋다.
㉰ 배합은 될 수 있는 대로 빈배합으로 하여야 한다.
㉱ 콘크리트를 부어 넣을 때는 슈트에서 직접 기둥이나 보에 떨어뜨리지 않고 비비기 판에 받아서 삽으로 떠 넣는다.

97. 제치장콘크리트의 시공에 관한 설명으로 옳지 않은 것은?

㉮ 배합수로 사용하는 지하수질도 착색을 일으키는 원인이 될 수 있으므로 주의해야 한다.
㉯ 콘크리트를 한꺼번에 높이 타설하는 경우 기포가 쉽게 발생할 수 있다.
㉰ 콘크리트는 묽은 비빔으로 사용하므로 진동기를 사용하지 않는다.
㉱ 창문, 벽체줄눈, 폼타이 구멍 등의 위치가 맞지 않은 경우 재시공 및 보수가 어려운 편이다.

98. 제치장콘크리트에 관한 사항 중 가장 옳지 않은 것은?

㉮ 제치장콘크리트는 외장하지 않고 노출되는 콘크리트 표면 자체가 치장이 되게 마무리하는 콘크리트이다.
㉯ 콘크리트 타설은 벽·기둥에서는 한 번에 꼭대기까지 부어넣어야 한다.
㉰ 철근의 피복은 외장을 하지 않기 때문에 보통 때보다 10 mm 정도 두껍게 하는 것이 좋다.
㉱ 슬럼프는 기초에서 120~160 mm, 기타는 200 mm정도로 한다.

95. ㉮

제치장콘크리트의 경우 콘크리트 표면에 미장을 하지 않고 직접 노출시켜 마무리한 콘크리트이다. 재료는 다소 절감되나 거푸집의 규격과 조립 및 시공이 정확해야 하므로 경제적이지는 못하다.

96. ㉰

제치장콘크리트에서 콘크리트배합은 부배합, 된비빔 콘크리트로 진동다지기를 한다.

97. ㉰

제치장콘크리트의 배합은 부배합, 된비빔 콘크리트로 진동다지기를 한다.

98. ㉱

제치장콘크리트의 슬럼프값은 150~210 mm로 한다.

99. 다음 중 거푸집 내에 굵은골재를 먼저 채우고, 공극부에 유동성이 좋은 모르타르를 주입해서 일체의 콘크리트가 되도록 한 공법으로 주로 탱크(Tank)의 기초, 지수벽 등의 콘크리트, 차폐콘크리트, 수중콘크리트, 콘크리트 구조물의 보수 등에 사용하는 공법은?

㉮ 압입공법
㉯ 진공콘크리트 공법
㉰ 뿜도장콘크리트 공법
㉱ 프리팩트콘크리트 공법

99. ㉱
프리팩트콘크리트는 거푸집 안에 미리 굵은골재를 채워 넣은 후 그 공극 속으로 특수한 모르타르를 주입하여 만든 콘크리트이다.

100. 조골재를 먼저 투입한 후 골재와 골재사이의 빈틈에 시멘트모르타르를 주입하는 방식의 콘크리트에 대한 내용으로써 가장 적당한 것은 다음 중 어느 것인가?

㉮ 트랜싯믹스트콘크리트(Transit Mixed Concrete)
㉯ 프리팩트콘크리트(Prepacked Concrete)
㉰ 수밀콘크리트(Water Tight Concrete)
㉱ 바큠콘크리트(Vacuum Concrete)

100. ㉯
프리팩트콘크리트는 거푸집 안에 미리 굵은골재를 채워 넣은 후 그 공극 속으로 특수한 모르타르를 주입하여 만든 콘크리트이다.

101. 프리팩트콘크리트(Prepacked Concrete)에 관한 다음 설명 중 틀린 것은?

㉮ 수중 시공에는 부적합한 콘크리트이다.
㉯ 미리 제작한 거푸집 속에 굵은골재를 충전하고 특수 모르타르를 주입한 콘크리트이다.
㉰ 파이프(25 mm)를 1.5~2 m정도의 간격으로 배치하여 콘크리트를 주입한다.
㉱ 재료의 투입 순서는 물, 주입보조제, 플라이애시, 시멘트, 잔골재 순이다.

101. ㉮
프리팩트콘크리트는 물과 친화력이 없으므로 수중 시공, 지수벽 시공에 좋으므로 수중콘크리트 등으로 사용된다.

102. 다음 콘크리트에 관한 설명 중 옳지 않은 것은?

㉮ 프리팩트콘크리트(Prepacked Concrete)란 미리 만든 잔골재 안에 특수 모르타르를 주입하여 만든다.
㉯ 숏크리트(Shotcrete)는 모르타르를 압축공기로 뿜는공법이다.
㉰ 펌프크리트(Pumpcrete)는 콘크리트를 멀리 보내는 기계명이다.
㉱ 소일콘크리트(Soil Concrete)는 흙에 시멘트와 물로 혼합하여 만든다.

102. ㉮
프리팩트콘크리트는 거푸집 안에 미리 굵은골재를 채워 넣은 후 그 공극 속으로 특수한 모르타르를 주입하여 만든 콘크리트이다.

103. Prepacked Concrete 시공에 관한 기술 중 적합하지 않은 것은?

㉮ 시공기계는 Mortar Mixer, Agitator, Mortar Pump, 주입관(안지름 25~65 mm의 가스관)이 사용된다.
㉯ 주입은 대개의 경우 펌프에 의한 압입방법을 이용한다.
㉰ 주입관의 작업간격은 6 m 이하로 한다.
㉱ 주입은 하부로부터 순차적으로 하고 모르타르 윗면이 거의 수평면으로 유지되도록 천천히 행한다.

104. 프리팩트콘크리트 시공에서 주입관 배치와 압송에 관한 설명으로 옳지 않은 것은?

㉮ 주입관의 간격은 굵은골재의 치수, 주입 모르타르의 배합, 유동성 및 주입속도에 따라 정한다.
㉯ 연직주입관의 수평간격은 2 m 정도를 표준으로 한다.
㉰ 수평주입관의 수평간격은 4 m 정도, 연직간격은 2 m 정도를 표준으로 한다.
㉱ 주입은 하부로부터 상부로 순차적으로 한다.

105. 폴리머함침콘크리트에 관한 설명으로 옳지 않은 것은?

㉮ 시멘트계의 재료를 건조시켜 미세한 공극에 수용성 폴리머를 함침·중합시켜 일체화한 것이다.
㉯ 내화성이 뛰어나며 현장시공이 용이하다.
㉰ 내구성 및 내약품성이 뛰어나다.
㉱ 고속도로 포장이나 댐의 보수공사 등에 사용된다

106. 프리캐스트콘크리트의 생산과 관련된 설명으로 옳지 않은 것은?

㉮ 철근 교점의 중요한 곳은 풀림 철선 또는 적절한 클립 등을 사용하여 결속하거나 점용접하여 조립하여야 한다.
㉯ 생산에 사용되는 프리스트레스 긴장재는 스터럽이나 온도철근 등 다른 철근과 용접가능하다.
㉰ 거푸집은 콘크리트를 타설할 때 진동 및 가열 양생 등에 의해 변형이 발생하지 않는 견고한 구조로써 형상 및 치수가 정확하며 조립 및 탈형이 용이한 것이어야 한다.
㉱ 콘크리트의 다짐은 콘크리트가 균일하고 밀실하게 거푸집 내에 채워지도록 하며, 진동기를 사용하는 경우 미리 묻어둔 부품 등이 손상하지 않도록 주의하여야 한다.

103. ㉰
• 주입관의 설치간격
① 연직주입관(주입관을 수직방향으로 설치할 때)의 수평간격은 2 m 정도를 표준으로 한다.
② 수평주입관의 수평간격은 2 m 정도, 연직간격은 1.5 m 정도를 표준으로 한다.

104. ㉰
• 주입관의 설치간격
① 연직주입관(주입관을 수직방향으로 설치할 때)의 수평간격은 2 m 정도를 표준으로 한다.
② 수평주입관의 수평간격은 2 m 정도, 연직간격은 1.5 m 정도를 표준으로 한다.

105. ㉯
폴리머함침콘크리트는 내화성이 낮아 고속도로 포장 및 댐의 보수공사에 사용된다.

106. ㉯
프리스트레스 긴장재는 스터럽이나 온도철근 등 다른 철근과 용접하여서는 안 된다.

107. 프리캐스트콘크리트 부재에 사용하는 콘크리트의 배합과 관련한 기준으로 옳지 않은 것은?

㉮ 단위 시멘트량의 최솟값은 300 kg/m^{3}로 한다.
㉯ 물시멘트비는 55 % 이하로 한다.
㉰ 콘크리트에 함유된 염화물은 염화물이온량으로써 0.5 kg/m^3 이하로 한다.
㉱ 동결융해작용을 받는 콘크리트는 AE콘크리트로 한다.

107. ㉰
굳지 않은 콘크리트 중의 전 염화물이온(Cl^-)량은 0.3 kg/m^3 이하이다.

108. 프리스트레스트콘크리트 공사에서 강재의 부식저항성과 관련하여 비빌 때에 프리스트레스트 그라우트 중에 포함되는 염화물이온의 총량은 얼마 이하를 원칙으로 하는가?

㉮ 0.1 kg/m^3　　㉯ 0.2 kg/m^3
㉰ 0.3 kg/m^3　　㉱ 0.4 kg/m^3

108. ㉰
굳지 않은 콘크리트 중의 전 염화물이온(Cl^-)량은 0.3 kg/m^3 이하이다.

109. 다음 중 프리스트레스트콘크리트에 관한 기술로써 틀린 것은?

㉮ 프리스트레스에 의해 콘크리트의 인장응력도에 의한 균열을 방지할 수 있다.
㉯ 기둥과 같이 압축력을 받는 부재는 프리스트레스를 가하면 분리하게 되는 경우가 있다.
㉰ 고강도강을 철근콘크리트에 사용할 때에는 프리스트레스트콘크리트로 하면 강재의 내력을 충분히 활용할 수 있다.
㉱ 프리스트레스를 넣어 사용하면 저강도의 콘크리트에서도 압축강도가 커진다.

109. ㉱
프리스트레스트콘크리트는 일반적으로 현장에서 설계기준압축강도 40~50 MPa의 고강도콘크리트가 사용된다.

110. Prestressed Concrete에 대한 설명으로 옳은 것은?

㉮ 진공매트 또는 진공펌프 등을 이용하여 콘크리트로부터 수화에 필요한 수분과 공기를 제거한 것이다.
㉯ 고정시설을 갖춘 공장에서 부재를 강재거푸집에 의하여 제작한 기성제품 콘크리트이다.
㉰ 프리텐션공법은 미리 강선을 압축하여 콘크리트에 인장력으로 작용시키는 방법으로써 대규모의 건축부품 등을 만든다.
㉱ 큰 간 사이로 할 수 있으며, 단위 부재를 작게 할 수 있어 자중이 경감되는 특징이 있다.

110. ㉱
① 진공콘크리트는 콘크리트를 타설한 직후에 매트, 진공펌프 등을 이용하여 콘크리트 속에 잔류해 있는 잉여수 및 기포 등을 제거함을 목적으로 하는 콘크리트이다.
② PC공사는 부재의 일부 또는 대부분을 공장 생산하여 경화 후 현장조립하는 공법이다.
③ 프리텐션법은 PS 강재에 인장력을 가한 상태에서 콘크리트를 타설, 경화한 후에 긴장을 풀어주는 방법이다.

111. 프리스트레스트콘크리트(Prestressed Concrete)에 대한 설명 중 옳지 않은 것은?

㉮ 프리텐션(Pre-Tension)법은 강재에 인장력을 준 후에 콘크리트를 타설하는 방법이다.
㉯ 구조물의 자중을 경감할 수 있으며, 부재단면을 줄일 수 있다.
㉰ 화재에 강하며, 내화피복이 필요하지 않다.
㉱ 고강도이면서 수축 또는 크리프 등의 변형이 적은 균일한 품질의 콘크리트가 요구된다.

111. ㉰
프리스트레스트콘크리트는 화재에 약하다.

112. 프리스트레스트콘크리트공사 시 유의사항으로 옳지 않은 것은?

㉮ PS강재는 되도록 열의 영향을 많이 받은 강재를 사용하는 것이 좋다.
㉯ 콘크리트를 타설할 때 시드(Sheath)의 내부에 시멘트풀가 들어가 막히지 않도록 주의한다.
㉰ 정착장치의 지압면은 긴장재와 수직이 되도록 한다.
㉱ 덕트 내에 PS그라우트를 주입할 때 빈틈이 없이 잘 충전해야 한다.

112. ㉮
PS강재는 되도록 열의 영향을 적게 받은 강재를 사용하는 것이 좋다.

113. 프리스트레스트콘크리트 공법 중에서 PC 강선의 정착공법으로 가장 부적당한 것은 어느 것인가?

㉮ 듀벨식 ㉯ 쐐기식
㉰ 나사식 ㉱ 버튼헤드식

113. ㉮
PS 강재(긴장재)의 정착공법의 종류로는 쐐기식 공법, 나사식 공법, 버튼헤드식 공법, 루프식 공법 등이 있다.

114. 콘크리트에 프리스트레스를 가하는 방식 중 포스트텐션방식의 공법이 아닌 것은?

㉮ 롱라인방식 ㉯ 매그널방식
㉰ 프레시네방식 ㉱ 디위대그방식

114 ㉮
롱라인방식은 프리텐션방식의 공법이다.

115. 다음 중 프리텐션방식에 속하지 않는 공법은?

㉮ 롱라인방식 ㉯ 매그널방식
㉰ 단독형틀방식 ㉱ 정착프리텐션방식

115. ㉮
매그널방식은 포스트텐션방식의 공법이다.

116. 프리스트레스트콘크리트에 관한 설명으로 적합하지 않은 것은 다음 중 어느 것인가?

㉮ 콘크리트의 품질을 고급으로 한다.
㉯ 콘크리트의 28일 설계기준압축강도는 포스트텐션방식 시 20 MPa 이상이다.
㉰ PS 강재에 주는 긴장력은 소정의 긴장력과 1% 이상 차이가 있어서는 안 된다.
㉱ 그라우트의 물결합재비는 45% 이하로 한다.

116. ㉯

포스트텐션법에 의한 콘크리트의 설계기준압축강도는 30 MPa 이상이다.

117. 프리스트레스트콘크리트공사 중 그라우트의 품질 및 시공법에 관한 기술로 가장 부적당한 것은 다음 중 어느 것인가?

㉮ 그리우트 주입은 PC 강재의 긴장작업이 끝난 후 가급적 빨리 한다.
㉯ 그리우트의 배합은 충진에 필요한 유동성을 얻을 수 있도록 물결합재비는 50% 이상으로 한다.
㉰ 그라우트 펌프는 그라우트를 서서히 또한 공기가 혼입되지 않도록 압송 주입하는 것이라야 한다.
㉱ 그라우트 주입은 PC 강재 배치구멍에 공극이 생기지 않도록 충진한다.

117. ㉯

프리스트레스트콘크리트 그라우트(충전재)의 물결합재비는 45% 이하이다.

118. 다음 중 숏크리트(Shotcrete)와 가장 관계가 없는 것은?

㉮ 건나이트(Gunite)
㉯ 본덕터(Bonductor)
㉰ 제트크리트(Jetcrete)
㉱ 그라우팅(Grouting)

118. ㉱

그라우팅은 지하수처리공법 중 지수공법의 하나이다. 또는 어스앵커공법에서 사용된다.

119. 콘크리트의 설명에 관한 내용으로 틀린 것은?

㉮ 숏크리트는 콘크리트에 유동화제를 넣어 유동성을 향상시키는 공법이다.
㉯ 프리팩트콘크리트란 미리 넣은 굵은골재 안에 모르타르를 주입하여 만든다.
㉰ 펌프콘크리트는 콘크리트펌프로 콘크리트를 멀리 보내는 기계이다.
㉱ 소일콘크리트는 흙과 시멘트를 물로 혼합하여 만든 것이다.

119. ㉮

① 숏크리트는 뿜칠콘크리트 또는 건나이트라고도 하며 압축공기로 모르타르를 뿜도장하여 시공하는 공법이다.
② 유동화콘크리트는 콘크리트에 유동화제를 첨가시켜 콘크리트의 품질은 유지한 채 일정시간동안 유동성을 증대시킨 콘크리트이다.

120. 각종 콘크리트에 관한 설명으로 옳지 않은 것은?

㉮ 프리플레이스트콘크리트(Preplaced Concrete)란 미리 거푸집 속에 특정한 입도를 가지는 굵은골재를 채워놓고, 그 간극에 모르타르를 주입하여 제조한 콘크리트이다.

㉯ 숏크리트(Shotcrete)는 콘크리트 자체의 밀도를 높이고 내구성, 방수성을 높게 하여 물의 침투를 방지하도록 만든 콘크리트로써 수중구조물에 사용된다.

㉰ 고성능 콘크리트는 고강도, 고유동 및 고내구성을 통칭하는 콘크리트의 명칭이다.

㉱ 소일콘크리트(Soil Concrete)는 흙에 시멘트와 물을 혼합하여 만든다.

120. ㉯

① 숏크리트는 컴프레셔 또는 펌프를 이용하여 노즐 위치까지 호스 속으로 운반한 콘크리트를 압축공기에 의해 시공면에 뿜어서 만든 콘크리트이다.

② 수밀콘크리트는 콘크리트 자체의 밀도를 높이고 내구성, 방수성을 높게 하여 물의 침투를 방지하도록 만든 콘크리트로써 수중구조물에 사용된다.

121. 진공콘크리트(Vacuum Concrete)의 특징에 있어서 옳지 않은 것은?

㉮ 강도가 극도로 높아지고 내구성이 개선된다.

㉯ 특수믹서로 혼합한 것을 호스로 운반하여 부어진다.

㉰ 조기강도가 크다.

㉱ 콘크리트가 경화하기 전에 진공매트(Mat)로 콘크리트 중의 수분과 공기를 흡수하는 공법이다.

121. ㉯

㉯는 프리팩트콘크리트이다.

122. 진공콘크리트(Vacuum Concrete)의 특징으로 옳지 않은 것은?

㉮ 건조수축의 저감, 동결방지 등의 목적으로 사용된다.

㉯ 일반콘크리트에 비해 내구성이 개선된다.

㉰ 장기강도는 크나 초기강도는 매우 작은 편이다.

㉱ 콘크리트가 경화하기 전에 진공매트(Mat)로 콘크리트 중의 수분과 공기를 흡수하는 공법이다.

122. ㉰

진공콘크리트는 초기강도와 장기강도가 큰 편이다.

123. 다음 중 수밀콘크리트의 사용의 가장 큰 목적은?

㉮ 콘크리트를 수중(水中)에 타설하기 위해서

㉯ 비가 올 때 콘크리트를 타설하기 위해서

㉰ 콘크리트의 조기강도를 상승시키기 위해서

㉱ 물의 침투를 방지하기 위해서

123. ㉱

수밀콘크리트는 콘크리트 자체의 밀도가 높고, 내구적, 방수적으로 만들어 물의 침투를 방지하는데 사용되는 콘크리트이다.

124. 수밀콘크리트의 물결합재비 기준으로 옳은 것은? (단, 건축공사 표준시방서 기준)

㉮ 40 % 이하 ㉯ 45 % 이하
㉰ 50 % 이하 ㉱ 55 % 이하

125. 다음 특수 콘크리트에 대한 설명으로 옳지 않은 것은?

㉮ 좋은 암석을 원재로 쓴 쇄석콘크리트의 압축강도는 보통콘크리트보다 크다.
㉯ 프리팩트콘크리트는 불균일 입도 분포 골재를 이용하는 것이 좋다.
㉰ 수밀콘크리트에 AE제를 사용하는 것이 방수목적상 금지되고 있다.
㉱ 기포콘크리트에는 알루미늄 분말 등 알칼리토류금속 주로 이용되어진다.

126. 수밀콘크리트를 만드는 방법으로 옳은 것은?

㉮ 물결합재비를 크게 한다.
㉯ 응결재를 사용한다.
㉰ 묽은비빔 콘크리트를 사용한다.
㉱ 된비빔 콘크리트를 사용한다.

127. 수밀콘크리트의 배합에 관한 기술 중 틀린 것은?

㉮ 배합은 콘크리트의 소요 품질이 얻어지는 범위 내에서 단위 굵은골재량은 가급적 적게 한다.
㉯ 콘크리트는 된비빔으로 하여 슬럼프는 180 mm이하로 한다.
㉰ 수밀콘크리트에는 원칙적으로 공기연행제를 사용한다.
㉱ 물결합재비는 50 % 이하로 한다.

128. 수밀콘크리트의 재료 및 시공에 관한 설명 중 틀린 것은?

㉮ 수영장, 지하실 등 압력수가 작용하는 구조물에 시공하는 콘크리트이다.
㉯ 골재는 입도 분포가 고르고 흡수성이 작고 밀도가 큰 것을 사용한다.
㉰ 콘크리트내의 기포는 수밀성을 저하시키므로 AE제를 사용하지 않는다.
㉱ 콘크리트의 다짐을 충분히 하며 가급적 이어치기 하지 않는다.

124. ㉰
수밀콘크리트의 물결합재비는 50 % 이하로 한다.

125. ㉰
수밀콘크리트에서 AE제를 사용하면 워커빌리티가 개선되고 수밀성이 증대된다.

126. ㉱
① 물결합재비는 50 % 이하로 작게 한다.
② 일반 수중콘크리트의 슬럼프 표준값은 130~180 mm 이며, 타설이 용이할 때에는 된비빔으로 한다.

127. ㉮
① 배합은 콘크리트의 소요 품질이 얻어지는 범위 내에서 단위 굵은골재량을 가급적 많이 하고 공극을 적게 한다.
② 콘크리트의 슬럼프는 180 mm 이하이며, 타설이 용이할 때에는 120 mm 이하로 한다.
③ 물결합재비는 50 % 이하로 한다.

128. ㉰
수밀콘크리트에는 AE제를 사용하여 수밀성을 증대시킨다.

129. 방수성능을 가지는 수밀콘크리트를 만들기 위한 방법으로 옳지 않은 것은?

㉮ 불가피하게 이어치기 할 경우 이어치기 면의 레이턴스를 제거하고 빈배합 콘크리트를 타설한다.
㉯ 콘크리트 타설 전에 거푸집 내의 나무 조각 등을 제거한다.
㉰ 이어치기를 하지 않는 것을 원칙으로 한다.
㉱ 양생은 급격한 건조를 피해 보통콘크리트보다 2일 이상 장기 양생을 한다.

129. ㉮
방수성능을 가진 수밀콘크리트는 물결합재비가 50 % 이하인 부배합으로 한다.

130. 수밀콘크리트의 시공에 관한 설명으로 옳지 않은 것은?

㉮ 수밀콘크리트는 누수 원인이 되는 건조수축 균열의 발생이 없도록 시공하여야 하며, 0.1 mm 이상의 균열발생이 예상되는 경우 누수를 방지하기 위한 방수를 검토하여야 한다.
㉯ 거푸집의 긴결재로 사용한 볼트, 강봉, 세퍼레이터 등의 아래쪽에는 블리딩수가 고여서 콘크리트가 경화한 후 물의 통로를 만들어 누수를 일으킬 수 있으므로 누수에 대하여 나쁜 영향이 없는 재질의 것을 사용하여야 한다.
㉰ 소요 품질을 갖는 수밀콘크리트를 얻기 위해서는 전체 구조부가 시공이음 없이 설계되어야 한다.
㉱ 수밀성의 향상을 위한 방수제를 사용하고자 할 때에는 방수제의 사용 방법에 따라 배처플랜트에서 충분히 혼합하여 현장으로 반입시키는 것을 원칙으로 한다.

130. ㉰
소요 품질을 갖는 수밀콘크리트를 얻기 위해서는 적당한 간격으로 시공이음을 두어야 하며, 그 이음부의 수밀성에 대하여 특히 주의하여야 한다.

131. 수밀콘크리트에 관한 설명으로 옳지 않은 것은?

㉮ 콘크리트의 소요 슬럼프는 되도록 작게 하여 180 mm를 넘지 않도록 한다.
㉯ 콘크리트의 워커빌리티를 개선시키기 위해 공기연행제, 공기연행감수제 또는 고성능 공기연행감수제를 사용하는 경우라도 공기량은 2 % 이하가 되게 한다.
㉰ 물결합재비는 50 % 이하를 표준으로 한다.
㉱ 콘크리트 타설 시 다짐을 충분히 하며, 가급적 이어붓기를 하지 않아야 한다.

131. ㉯
콘크리트의 워커빌리티를 개선시키기 위해 공기연행제, 공기연행감수제 또는 고성능공기연행감수제를 사용하는 경우라도 공기량은 4 % 이하가 되게 한다.

132. 수밀콘크리트 시공에 대한 설명 중 옳지 않은 것은?

㉮ 불가피하게 이어치기 할 경우 이어치기 면의 레이턴스를 제거하고 빈배합 콘크리트를 사용한다.
㉯ 콘크리트의 표면마감은 진공처리방법을 사용하는 것이 좋다.
㉰ 타설이 완료된 콘크리트면은 충분한 습윤양생을 한다.
㉱ 연속타설 시간간격은 외기온도가 25 °C를 넘었을 경우는 1.5시간, 25 °C 이하일 경우는 2시간을 넘어서는 안 된다.

132. ㉮
불가피하게 이어치기 할 경우 이어치기 면의 레이턴스를 제거하고 부배합 콘크리트를 사용한다.

133. 수밀콘크리트 시공에 대한 설명 중 옳지 않은 것은?

㉮ 불가피하게 이어치기 할 경우 이어치기 면의 레이턴스를 제거하고 빈배합 콘크리트를 사용한다.
㉯ 콘크리트의 표면마감은 진공처리방법을 사용하는 것이 좋다.
㉰ 타설이 완료된 콘크리트면은 즉시 습윤상태로 유지하고, 2주 이상 장기간 물에 접하게 하여 건조하지 않게 한다.
㉱ 부어넣는 콘크리트의 온도는 30 ℃ 이하로 하고 진동기 사용을 원칙으로 한다.

133. ㉮
불가피하게 이어치기 할 경우 이어치기 면의 레이턴스를 제거하고 부배합 콘크리트를 사용한다.

134. 일반적으로 좋은 암석을 사용한 깬자갈(碎石)콘크리트의 이용에 있어 최대 결점은?

㉮ 압축강도 저하
㉯ 시공연도 불량
㉰ 골재입자 간 부착강도 저하
㉱ 흡수율 증대

134. ㉯
깬자갈콘크리트(쇄석콘크리트)는 시공연도가 불량하므로 AE제를 반드시 사용한다.

135. 콘크리트 타설 후 발생하는 블리딩(Bleeding) 현상에 대한 설명 중 부적당한 것은?

㉮ 물시멘트비가 클수록 블리딩이 크다.
㉯ 타설 높이가 클수록 블리딩이 크다.
㉰ 타설 속도가 빠를수록 블리딩이 크다.
㉱ 보통콘크리트는 쇄석콘크리트에 비해 블리딩이 크다.

135. ㉱
보통콘크리트는 쇄석콘크리트에 비해 블리딩이 적다.

136. 천연 굵은골재를 쇄석으로 이용할 때 동일 압축강도와 슬럼프 값을 나타내는 콘크리트의 배합보정으로 옳지 않은 것은?

㉮ 잔골재율을 증가시킨다.
㉯ 단위 수량을 증가시킨다.
㉰ 물시멘트비를 감소시킨다.
㉱ 굵은골재량을 감소시킨다.

137. 깬자갈콘크리트의 조합설계에 관한 기술로써 부적당한 것은?

㉮ 굵은골재의 크기는 강자갈보다 약간 작은 것이 좋다.
㉯ 잔골재는 특히 미립분이 부족하지 않도록 주의한다.
㉰ 잔골재는 강자갈 콘크리트의 경우보다 적게 사용한다.
㉱ 가능한 한 AE제를 사용한다.

138. 쇄석콘크리트의 배합설계에 관한 설명으로 틀린 것은 다음 중 어느 것인가?

㉮ 굵은골재의 크기는 강자갈의 경우보다 작은 것이 좋다.
㉯ 쇄석은 임의의 입경의 것이 용이하게 얻어질 수 있으므로 골재의 입도 분포를 적당히 조절할 수 있다.
㉰ 잔골재는 특히 미립분이 부족하지 않도록 주의한다.
㉱ 잔골재는 강자갈 콘크리트의 경우보다 적게 사용한다.

139. 쇄석콘크리트에 대한 설명 중 옳지 않은 것은?

㉮ 잔골재의 사용량을 보통콘크리트에 비해서 많아진다.
㉯ 쇄석은 각이 둔각인 것을 사용한다.
㉰ 보통콘크리트에 비해 시멘트풀이 부착력이 떨어진다.
㉱ 깬자갈콘크리트라고도 한다.

140. 다음 중 콘크리트용 깬자갈(Crushed Stone)에 관한 설명으로 옳지 않은 것은?

㉮ 시멘트풀과 부착성능이 낮다.
㉯ 깬자갈을 사용한 콘크리트는 동일한 워커빌리티의 보통콘크리트보다 단위 수량이 일반적으로 10% 정도 많이 요구된다.
㉰ 강자갈과 다른 점은 각진 모양과 거친 표면조직을 들 수 있다.
㉱ 깬자갈의 원석은 안산암, 화강암 등이 있다.

136. ㉰

• 쇄석콘크리트의 배합설계
① 시멘트량은 보정하지 않는다.
② 가는 잔골재량은 10% 증가한다.
③ 모르타르량은 8% 증가한다.
④ 굵은골재량은 10% 감소한다.
⑤ 시공연도를 확보하기 위해 단위 수량을 증가시켜 유동성을 확보한다. 즉 물시멘트비를 증가시킨다. 하지만 일반적으로 AE제를 사용하여 유동성을 확보한다.

137. ㉰

깬자갈콘크리트(쇄석콘크리트)는 배합설계에서 가는 잔골재를 10% 증가시킨다.

138. ㉱

쇄석콘크리트는 입도가 강자갈보다 고르지 못하여 잔골재량은 10% 증가시키고, 굵은골재의 양은 10% 감소시킨다.

139. ㉰

쇄석콘크리트는 강자갈에 비하여 자갈 표면이 거칠어 보통콘크리트에 비해 시멘트풀의 부작력이 크다.

140. ㉮

쇄석콘크리트는 강자갈에 비하여 자갈 표면이 거칠어 보통콘크리트에 비해 시멘트풀의 부착력이 크다.

BUILDING CONSTRUCTION

PART VI

강구조공사

제19장 개요 및 강구조의 공장가공

1 개요

1. 일반사항

강구주공사란 건물의 뼈대를 각종 형강과 강판 같은 강재를 고장력볼트접합, 용접접합 등으로 조립하는 공사이다. 철골공사라고도 한다. 강재(탄소강), 강판 및 철근 등을 철금속이라 한다.

주1 비철금속은 철 및 철을 주성분으로 한 합금 이외의 모든 금속을 가리키는 말이며, 대표적인 비철금속으로는 구리, 아연, 황동, 청동, 금, 은, 알루미늄 등이 있다.

2. 재료

1) 강재

(1) 개요

① 강재는 구조용 강판, 강관, 형강, 선재, 봉강, 볼트 및 연결재, 정착재, 주조품 등과 이들의 부속재료를 말한다.

② 형상이 바르고 곧으며 홈, 들뜬 녹, 뒤틀림, 휨, 갈라짐 등이 없는 것으로 일반구조용 압연강재(KS D 3503), 용접구조용 압연강재(KS D 3513)에 합격한 것을 사용한다

③ 강재의 품질관리를 위해 필요한 제출 자료는 재료의 밀시트 및 입고명세서 등이다.

주1 밀시트(Mill Sheet)는 강재 납입 시에 첨부하는 품질보증서로 제조번호, 강재번호, 화학성분, 기계적 성질 등이 기록되어 있으며, 정식 영문 명칭은 Mill Sheet Certificate이다.

(2) 형강의 종류

등변 L형강, 부등변 L형강, I형강, H형강, ㄷ형강, C형강, T형강, Z형강 등이다.

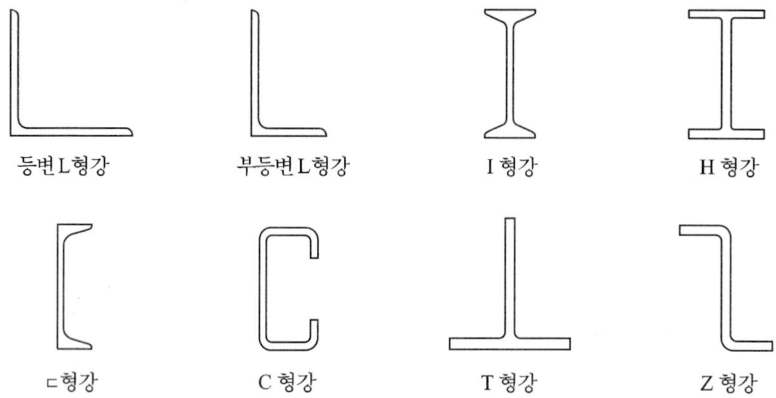

형강의 종류

(3) 강재 기호의 의미

① 첫 번째 S : 강재(Steel)를 의미한다.

② 두 번째 문자 : 제품의 형상이나 용도 및 강종이다.

③ 숫자 : 최소 항복강도(MPa)이다.

④ A, B, C : 강재의 품질로써 A, B, C 순으로 용접성이 양호한 고품질의 강이다.

(4) 구조용 강재의 KS 규격

① SS계열 : 일반구조용 압연강재이다.

② SM계열 : 용접구조용 압연강재이다.

③ SMA계열 : 용접구조용 내후성 열간압연강재이다.

④ SN계열 : 건축구조용 압연강재이다. 용접성, 냉간 가공성, 인장강도 등이 우수하다.

⑤ SHN계열 : 건축구조용 열간압연 H형강이다. (내진 안정성을 보장하며, 이를 위한 에너지 흡수능력, 변형능력, 용접성, 내충격성 등의 특성을 갖고 있다.)

⑥ TMCP계열 : 제어열처리강이다. 두께 40 mm 이상, 80 mm 이하의 후판에서도 항복강도가 저하하지 않는다.

⑦ HSA계열 : 건축용 고성능 압연강재이다. 초고강도 성능, 연쇄붕괴 안전성 및 내진성을 갖춘 고성능강재이다.

(5) 예제

보 기	내 용
SS275	강재(Steel), 일반구조용 압연강재, 최소 항복강도 275 MPa

2) 강재의 재료시험

① 인장시험 및 상온 휨시험을 한다.

② 단면이 다를 때마다, 질량 20 ton마다, 강재의 종류가 다를 때마다 1개씩 시험한다.

3. 강구조 보에서 플랜지와 웨브

1) 플랜지

플랜지(Flange)는 휨모멘트를 부담하며, 플랜지의 단면이 부족할 경우 커버플레이트(Cover Plate)로 보강한다.

2) 웨브

웨브(Web)는 전단력을 부담하며, 웨브의 단면이 부족할 경우 스티프너(Stiffener)로 보강한다.

주1 스티프너(Stiffener)는 웨브플레이트의 두께가 춤에 비해 작을 경우 보의 웨브나 판재에 부착된 ㄱ형강 또는 강판 등의 보강 부재이다.

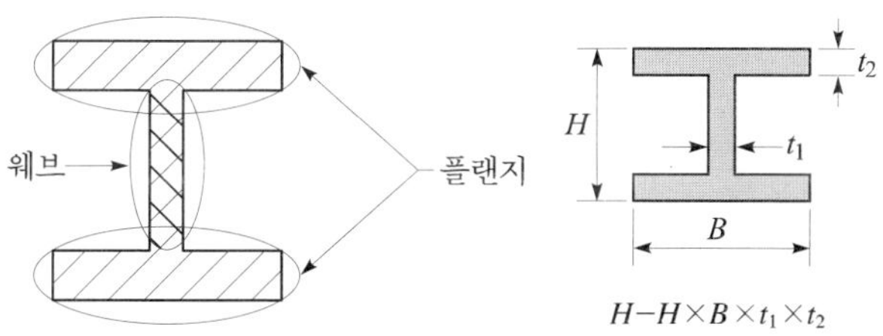

강구조 보의 단면

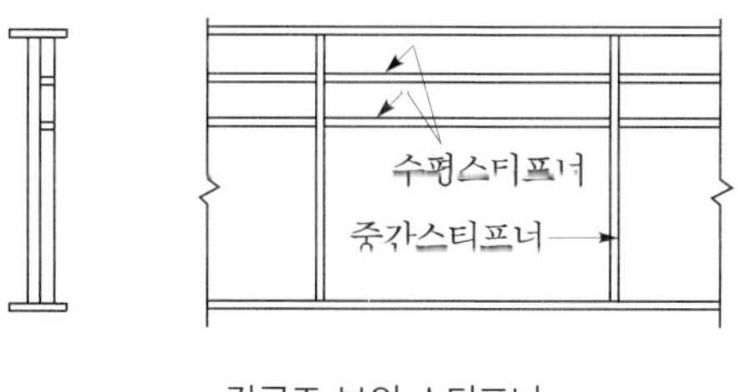

강구조 보의 스티프너

2 강구조의 공장가공 및 제작

1. 강구조공사의 공장가공 제작 순서

① 원척도 작성
② 본뜨기
③ 변형 바로잡기
④ 마킹(금매김, 금긋기)
⑤ 절단 및 개선가공
⑥ 구멍뚫기
⑦ 가조립
⑧ 본조립
⑨ 검사
⑩ 녹막이도장
⑪ 운반

2. 공장가공의 단계별 공정

1) 공작도

공작도는 설계도에 의거 작성된 각 부분의 상세도이며, 부품의 가공, 제작을 위해 그려지는 도면이다.

2) 원척도

(1) 개요

원척도는 각부 상세 및 부재의 길이 등을 원척으로 작성한 것이다.

(2) 원척도 작성내용

① 기둥 높이
② 보 길이
③ 기둥중심 간 거리
④ 볼트개수 및 피치
⑤ 강재 형상 및 치수
⑥ 물매, 구부림 정도
⑦ 게이지라인
⑧ 클리어런스

3) 본뜨기

본뜨기는 원척도에서 얇은 강판, 마분지 등으로 본뜨기 한 것이다. 치수뜨기라고도 한다.

4) 변형 바로잡기

변형 바로잡기는 금긋기 전에 실시하며 상온에서 또는 가열로 교정한다.

5) 마킹

마킹(Marking)은 본뜨기 형판으로 강판(鋼板)에 강필(鋼筆)로 구멍위치, 절단개소 등을 정확히 표시하는 것이다. 마킹은 금매김 또는 금긋기라고도 한다.

6) 절단

(1) 일반사항 114)

① 강판 절단은 주된 응력의 방향과 압연 방향을 일치시켜 절단한다.

② 강재 절단의 종류는 기계절단, 가스절단, 플라즈마절단 및 레이저절단 등이 있다.

강재 절단의 종류	내 용
기계절단	① 기계절단은 띠톱 등의 기계를 이용하여 강재를 절단하는 것이다. ② 열을 가하지 않은 절단으로 열 변형은 없으나 절단 꺾임 현상이 발생할 수 있다.
가스절단	① 가스절단은 산소아세틸렌 불꽃 등의 가스로 강재를 녹이고 여기에 고압 산소를 뿜어서 절단하는 것이다. ② 절단 부위를 가열하여 용융시켜 절단하므로 절단 부위에 열영향을 많이 받는 단점은 있으나 가성비가 우수하다.
플라즈마절단	① 플라즈마절단은 노즐을 통해 고속으로 분출되는 플라즈마 제트를 이용하여 강재를 고속으로 절단하는 것이다. ② 정밀부품이나 장비 및 얇은 철판의 절단에 사용된다.
레이저절단	① 레이저절단은 레이저 광선의 에너지를 이용하여 절단하는 것이다. ② 정밀절단에 적당하다.

③ 메탈터치이음이 지정되어 있는 부분은 페이싱머신 또는 로터리플래너 등의 절삭가공기를 사용하여 부재 상호 간 충분히 밀착하도록 가공한다.

주1 메탈터치이음(Metal Touch Joint)은 강구조 기둥의 이음부를 가공하여 빈틈없이 상하부 이음 기둥의 밀착을 좋게 하여 일정 이상의 축력을 하부 기둥 밀착면에 직접 전달시키는 이음방법이다. 밀피니시이음(Mill Finished Joint)이라고도 한다.

주2 페이싱머신(Facing Machine)은 강재 이음부의 면의 정밀도를 좋게 하기 위한 절삭공구의 일종이다.

주3 로터리플래너(Rotary Planer)는 강판의 가장자리나 이음 부분의 끝면의 연삭능력을 증대시키기 위한 절삭공구의 일종이다.

114) KCS 14 31 10 제작(3.3), 국토교통부, 한국강구조학회, 2019.

④ 메탈터치의 마무리면의 정밀도는 다음과 같다. 115)

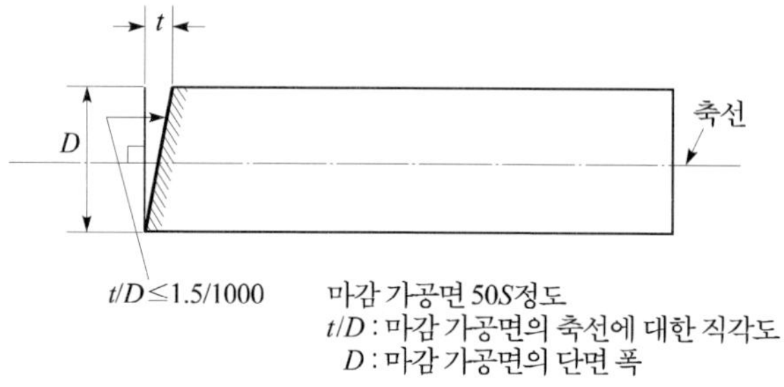

마감면의 정밀도

(2) 강재 절단

① 가스절단을 하는 경우, 원칙적으로 자동가스절단기를 이용한다.

② 판 두께 13 mm 이하의 연결판, 보강재 등은 전단절단 할 수 있다.

7) 절단면 검사 및 결함보수

① 절단면의 검사는 표면거칠기, 노치깊이, 슬래그 및 절단된 모서리의 상태 등을 검사하며, 품질관리 기준에 미흡한 경우 기계연마나 그라인더로 다듬질하여 제거한다.

② 절단면의 검사는 육안 검사를 하고, 절단면의 결함보수는 부재 조립작업 전에 완료한다.

8) 구멍뚫기

(1) 개요

① 구멍뚫기는 소정의 지름으로 정확하게 뚫어야 하며, 드릴 및 리머 다듬질하여 마무리한다.

② 판 두께 13 mm 이하 강재에 구멍을 뚫을 때에는 눌러 뚫기(Press Punching)에 의하여 소정의 지름으로 뚫을 수 있으나, 구멍 주변에 생긴 손상부는 깎아서 제거해야 한다.

(2) 종류

종 류	내 용
펀칭 (Punching)	(1) 특징 편칭은 송곳뚫기(드릴링)에 비해 속도가 빠르나, 구멍 주변에 변형이 생기기 쉬워 밀착이 곤란하다. (2) 적용범위 판 두께가 13 mm 이하인 강재(고장력볼트 마찰부에서는 사용금지)

115) KCS 14 31 10 제작(3.3), 국토교통부, 한국강구조학회, 2019.

<table>
<tr><th>종 류</th><th>내 용</th></tr>
<tr><td>송곳뚫기
(Drilling)</td><td>(1) 특징
송곳뚫기는 펀칭에 비해 속도가 느리나, 세밀가공을 요할 때 사용된다.
(2) 적용범위
① 판 두께가 13 mm 초과하는 강재
② 주철제
③ 수조, 유조
④ 부재의 두께가 일반볼트 등의 '공칭지름+3 mm' 이하라도 세밀가공을 요할 때
⑤ 고장력볼트용</td></tr>
</table>

펀칭기를 이용한 구멍뚫기

드릴을 이용한 구멍뚫기

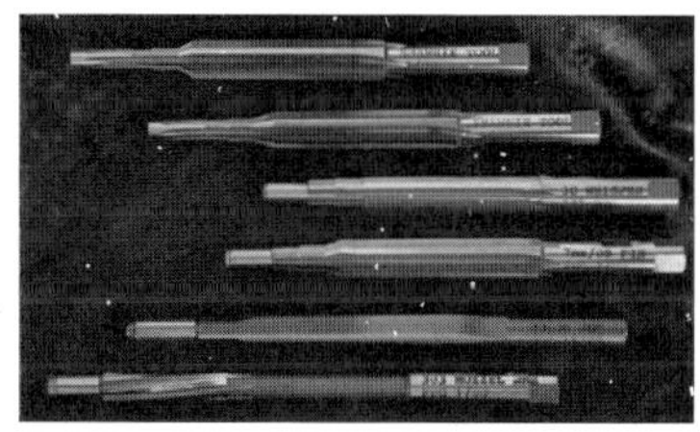
리머

(3) 구멍가심

① 구멍가심은 구멍을 깎아 수정(다듬질)하는 것이다. 리밍(Reaming)이라고도 한다.

② 드리프트핀(Drift Pin)으로 바로잡고 리머(Reamer)로 가심한다.

③ 조립 시 볼트 구멍의 최대 편심거리(어긋남)는 2 mm 이하이다.

(4) 드리프트핀

드리프트핀(Drift Pin)은 강재 접합부의 구멍 중심을 맞추는 공구이다.

(5) 리머

리머(Reamer)는 펀치 또는 드릴로 뚫은 구멍의 지름을 정확하고 보기 좋게 구멍수위를 가심질하는(가다듬는) 공구이다.

(6) 철근 관통구멍의 구멍지름 116)

① 원형철근 : 철근 지름+10 mm

② 이형철근은 다음 표와 같다.

이형철근	D10	D13	D16	D19	D22	D25	D29	D32
구멍지름(mm)	21	24	28	31	35	38	43	46

116) KCS 14 31 10 제작 (3.4), 국토교통부, 한국강구조학회, 2019.

(7) 공칭지름에 대한 구멍지름

볼트, 리벳 및 핀 등의 공칭지름(d)에 대한 구멍지름(D)은 다음 표와 같다.

종 류		공칭지름(d, mm)	구멍지름(D, mm)
볼트	고장력볼트	$d<24$ $d \geq 24$	$d+2.0$ $d+3.0$
	일반볼트	-	$d+0.5$
	앵커볼트	-	$d+5.0$
리벳		$d<20$ $d \geq 20$	$d+1.0$ $d+1.5$
핀		$d<130$mm $d \geq 130$mm	$d+0.5$ $d+1.0$

9) 가공

(1) 휨가공 117)

① 휨가공은 상온가공(냉간가공) 또는 열간가공으로 한다. 휨가공을 굽힘가공이라고도 한다.

② 열간가공은 적열상태(800~900 ℃)에서 하고, 청열취성역(200~400 ℃)에서는 가공을 해서는 안 된다.

주1 열간가공은 재결정이 일어나는 이상의 온도와 변형률 속도조건에서 변형을 주는 가공이다. 열간가공은 가공경화를 수반하지 않고 큰 변형을 얻을 수 있다.

주2 냉간가공은 재결정이 일어나는 이하의 온도와 변형률 속도조건에서 변형을 주지 않는 가공이다. 냉간가공은 가공경화를 수반하여 강도와 경도가 증가하고 변형이 적어 제품의 정밀도가 우수하다.

주3 청열취성현상은 탄소강의 표면에 생기는 산화피막이 푸른색을 띠고 취성적으로 변하는 현상이다.

(2) 지압면의 표면가공

지압면의 표면가공은 접지면적 2/3 이상에서 오차 0.5 mm 이하가 되어야 한다. 지압면의 표면가공을 완전밀착 지지면 가공이라고도 한다.

10) 가조립

(1) 개요 118)

① 부재의 공장 가조립에 대한 사항이다. 부재의 현장 가조립과는 구분된다.

② 용접이음에 의한 부재조립은 루트간격을 규정치에 맞추어 가급적 밀착시킨다.

117) KCS 14 31 10 제작 (3.5), 국토교통부, 한국강구조학회, 2019.
118) KCS 14 31 10 제작 (3.8), 국토교통부, 한국강구조학회, 2019.

③ 정렬된 부재는 임시용접과 가용접(조립가용접)에 의해 그 위치를 유지시킨다.

④ 옥외 작업에서 루트면 및 홈에 녹이 발생한 경우, 그라인더 및 와이어브러시(Wire Brush)로 녹을 제거한 후 조립한다.

주1 가용접은 본용접 전에 용접되는 부재를 정해진 위치에 잠정적으로 유지시키기 위해서 비교적 짧은 길이로 된 용접이다.

(2) 가조립의 일반사항

① 가조립대는 지상으로부터 500 mm 이상의 높이를 유지한다.

② 가조립 건축물 받침부에는 반드시 지지대를 설치한다.

③ 가조립 후에 필요한 용접은 천공 전에 한다.

④ 가조립의 해체는 가조립의 역순이다.

⑤ 가조립 시 주요부재의 연결에는 뒤틀림과 변형이 생기지 않게 볼트, 핀 등으로 가조립하고 드리프트핀으로 부재구멍을 맞춘다.

⑥ 각 부재에 사용하는 드리프트핀이나 볼트 수량은 조임 고장력볼트 수량의 25 % 이상(웨브판은 15 % 이상) 사용하는 것을 표준으로 한다.

⑦ 연결부에서 부재의 가장자리 어긋남은 2 mm 이내이다.

⑧ 볼트이음 하는 주요부재 단부의 틈은 5 mm 이내이다.

⑨ 연결판과 모재의 단차는 3 mm 이내이다. 단차는 가공 후 연결판과 모재를 밀착시켜야 하고 부득이 단차가 3 mm를 초과할 경우에는 채움판을 사용하여 연결판과 밀착시킨다.

필수 연습문제

제19장 개요 및 강구조의 공장가공

1. 강재의 종류에 대한 설명으로 옳지 않은 것은?
   ㉮ SS계열 : 일반구조용 압연강재
   ㉯ SM계열 : 용접구조용 압연강재
   ㉰ SN계열 : 건축구조용 내화강재
   ㉱ SMA계열 : 용접구조용 내후성 열간압연강재

2. 건축용 강재(철근, 강구조 등)의 재료시험 항목에서 일반적으로 제외되는(중요시 되지 않는) 항목은?
   ㉮ 압축강도시험
   ㉯ 인장강도시험
   ㉰ 굽힘시험
   ㉱ 연신율시험

3. 강구조에서 가새를 조일 때 사용하는 보강재는?
   ㉮ 거셋플레이트(Gusset Plate)
   ㉯ 슬리브너트(Sleeve Nut)
   ㉰ 턴버클(Turn Buckle)
   ㉱ 아이바(Eye Bar)

4. 강구조 보의 설계 시 플랜지(Flange)에 커버플레이트(Cover Plate)를 설치하는 주된 목적은?
   ㉮ 휨모멘트에 대한 보강
   ㉯ 전단력에 대한 보강
   ㉰ 과도한 충격 하중에 대한 플랜지 보호
   ㉱ 작용 하중의 분산

1. ㉰
SN계열은 건축구조용 압연강재이다. 용접성, 냉간 가공성, 인장강도 등이 우수하다.

2. ㉮
압축강도시험은 콘크리트의 주요 시험이다.

3. ㉰
턴버클은 강구조공사에서 와이어로프 등의 철선을 팽팽히 잡아당기는데 사용되는 나사가 있는 조임 기구이다.

4. ㉮
① 플랜지는 휨모멘트를 부담하며 플랜지의 단면이 부족할 경우 커버플레이트로 보강한다.
② 웨브는 전단력을 부담하며 웨브의 단면이 부족할 경우 스티프너로 보강한다.

5. 강구조의 판보에 수직스티프너를 사용하는 경우는 어떤 힘에 저항하기 위함인가?

㉮ 인장력 ㉯ 전단력
㉰ 휨모멘트 ㉱ 압축력

6. 강구조물에서 시어커넥터(Shear Connector)가 사용되는 부분은?

㉮ 기둥과 보 ㉯ 보와 보
㉰ 바닥판과 보 ㉱ 기둥과 기초

7. 강구조의 합성보에서 강구조 보와 슬래브를 일체화 시킬 때 그 접합부에 생기는 전단력에 저항시키기 위하여 사용되는 접합재는?

㉮ 시어커넥터(Shear Connecter)
㉯ 게이지라인(Gage Line)
㉰ 중도리(Purline)
㉱ 스페이스 프레임(Space Frame)

8. 강구조공사의 공장작업 순서를 바르게 나열한 것은?

㉮ 원척도 → 본뜨기 → 금매김 → 절단 및 가공 → 구멍뚫기 → 가조립 → 본조립 → 검사
㉯ 본뜨기 → 원척도 → 금매김 → 절단 및 가공 → 구멍뚫기 → 가조립 → 본조립 → 검사
㉰ 원척도 → 금매김 → 본뜨기 → 절단 및 가공 → 구멍뚫기 → 가조립 → 본조립 → 검사
㉱ 원척도 → 본뜨기 → 금매김 → 구멍뚫기 → 절단 및 가공 → 가조립 → 본조립 → 검사

9. 다음 강구조공사의 공장가공 작업 중 구멍뚫기 이전에 행하여야 할 작업은?

㉮ 절단 ㉯ 가조립
㉰ 본조립 ㉱ 검사

10. 강구조공사의 제작과정에서 가장 늦게 실시하는 공정은?

㉮ 녹막이도장 ㉯ 변형 바로잡기
㉰ 본뜨기 ㉱ 조립

5. ㉯

① 플랜지는 휨모멘트를 부담하며 플랜지의 단면이 부족할 경우 커버플레이트로 보강한다.
② 웨브는 전단력을 부담하며 웨브의 단면이 부족할 경우 스티프너로 보강한다.

6. ㉰

시어커넥터는 합성보에서 슬래브와 강구조 보를 일체화시켜 전단력에 저항하도록 한 부재이다. 전단연결재의 종류로는 스터드볼트, ㄷ형강, 나선철근 등이 있다.

7. ㉮

시어커넥터는 합성보에서 슬래브와 강구조 보를 일체화시켜 전단력에 저항하도록 한 부재이다. 전단연결재의 종류로는 스터드볼트, ㄷ형강, 나선철근 등이 있다.

8. ㉮

원척도 작성 → 본뜨기 → 변형 바로잡기 → 금매김 → 절단 및 개선가공 → 구멍뚫기 → 가조립 → 본조립 → 검사 → 녹막이도장 → 운반

9. ㉮

10. ㉮

11. 강구조공사 원척도의 도면표시 사항이 아닌 것은?

㉮ 높이, 총연장
㉯ 강재의 형상 및 강재치수
㉰ 띠장, 중도리의 배치
㉱ 형강의 절단

12. 강구조의 가공에 관한 다음 기술 중 부적당한 것은 어느 것인가?

㉮ 메탈터치(Metal Touch) 가공이란 수직 부재간의 이음면이 밀착되도록 가공하는 것을 말한다.
㉯ 스칼럽(Scallop) 가공이란 플랜지의 용접을 위해 모따기를 하는 것을 말한다.
㉰ 상온에서 휨가공을 하는 경우 구부림 내 반경은 판 두께의 2배 이상으로 한다.
㉱ 강재를 전단절단하는 경우 강재의 판 두께는 30 mm 이하로 한다.

13. 강구조공사에서의 가스절단에 대한 설명 중 옳지 않은 것은?

㉮ 가스절단은 설비가 복잡하여 작업공구를 가지고 다니기 불편하다.
㉯ 톱절단에 비하여 자유롭게 할 수 있다.
㉰ 절단모양을 자유롭게 할 수 있다.
㉱ 절단면이 거칠고 강재를 용융하여 절단하므로 절단선에서 3 mm 정도의 부분은 변질된다.

14. 강구조공사에서 전단 및 휨가공에 대해서 틀린 것은?

㉮ 반수동 가스절단은 가이드를 이용해서 정밀도를 높이면 채용해도 무방하다.
㉯ 수동 가스절단은 절단면이 부정확하게 되므로 어떠한 경우에도 해서는 안 된다.
㉰ 절삭에 의한 절단은 일반적으로 절단속도가 느린 것이 정밀도가 높다.
㉱ 열을 가해 휨가공을 할 때에는 900 ℃ 정도의 적열상태가 좋다.

---

11. ㉱

(1) 원척도 작성내용
① 기둥 높이
② 보 길이
③ 기둥중심 간 거리
④ 볼트개수 및 피치
⑤ 강재 형상 및 치수
⑥ 물매, 구부림 정도
⑦ 게이지라인
⑧ 클리어런스
(2) 형강의 절단 등은 공작도에서 표시한다.

12. ㉱

강재를 전단절단 하는 경우 강판 두께 13 mm 이하일 때 적용한다.

13. ㉮

가스절단은 설비비용이 작고 응용 범위가 넓으며 산간벽지 어디에서나 쉽게 설치할 수 있다.

14. ㉯

수동 가스절단은 단면이 부정확하게 절단이 되어서 될 수 있는 한 삼가는 것이 좋으며, 주로 이음부에 정밀도를 요하는 개소에는 수동가스절단을 사용하지 않는다. 하지만 어떠한 경우에도 해서는 안 되는 것은 아니다. 일반적으로 스칼럽 가공은 절삭가공기 또는 부속장치가 달린 수동 가스절단기를 사용한다.

15. 다음 조합 중 서로 관계가 없는 것은?

㉮ 토공사 : Sheet Pile
㉯ 말뚝공사 : Drop Hammer
㉰ 콘크리트공사 : Drift Pin
㉱ 도장공사 : Spray Gun

16. 시공용 기계기구와 용도가 서로 관계가 없는 것은?

㉮ 다이얼게이지 – 지내력시험
㉯ 디젤햄머(Diesel Hammer) – 말뚝박기공사
㉰ 핸드오거(Hand Auger) – 지반조사시험
㉱ 드리프트핀(Drift Pin) – 철근공사

17. 다음 중 볼트구멍의 가심을 할 때 쓰는 기구는?

㉮ 리머(Reamer) ㉯ 스냅(Snap)
㉰ 드리프트핀(Drift Pin) ㉱ 토크렌치(Torque Wrench)

18. 강구조공사용 기계 · 기구 중 그 사용용도가 나머지 셋과 다른 것은?

㉮ 리머(Reamer) ㉯ 펀칭해머(Punching Hammer)
㉰ 드릴(Drill) ㉱ 토크렌치(Torque Wrench)

19. 강구조공사에 사용되는 공구가 아닌 것은?

㉮ 턴버클(Turn Buckle)
㉯ 리머(Reamer)
㉯ 임팩트렌치(Impact Wrench)
㉱ 세퍼레이터(Separator)

20. 강구조 가공 및 조립에 관한 다음 기술 중 맞는 것은 어느 것인가?

㉮ 휨가공은 상온가공으로 하고 열간가공을 해서는 안 된다.
㉯ 강재의 절단은 모두 가스절단으로 하고 톱절단은 하지 않는다.
㉰ 두께 9 mm 이하의 강판용접에는 개선가공이 필요하지 않다.
㉱ 고장력볼트접합인 경우 현장 가볼트 조임은 볼트 1군에 대해 1/3 이상이며 2개 이상의 가볼트로 한다.

15. ㉰
드리프트핀은 끝이 가늘게 된 핀으로 강구조공사에서 강재 접합부의 구멍 중심을 맞추는 공구이다.

16. ㉱
드리프트핀은 끝이 가늘게 된 핀으로 강구조공사에서 강재 접합부의 구멍 중심을 맞추는 공구이다.

17. ㉮
리머는 펀치 또는 드릴로 뚫은 구멍의 지름을 정확하고 보기 좋게 구멍주위를 가심질하는(가다듬는) 공구이다.

18. ㉱
토크렌치는 고장력볼트의 조임 기구이다.

19. ㉱
격리재(Separator)는 거푸집이 오므라지는 것을 방지하고 거푸집 상호 간의 간격을 유지하기 위한 자재이다.

20. ㉱
① 휨가공은 상온가공법(냉간가공법)과 열간가공법이 있다.
② 톱절단은 강판 두께 13 mm 이상일 때 적용한다.
③ 두께 6 mm 이하의 강판용접에는 개선가공이 필요하지 않다.

21. 다음 강구조의 가공 및 조립에 대한 기술 중 맞는 것은?

㉮ 굽힘가공은 실온가공 하여야 하고 열간가공을 해서는 안 된다.
㉯ 가조립 볼트의 수는 현장 총볼트수의 1/3 정도가 적당하다.
㉰ 강재의 절단은 모두 가스절단으로 하고 톱으로 해서는 안 된다.
㉱ 용접부분에 언더컷 해도 특히 내력이 저하되지 않는다.

22. 강구조의 구멍뚫기에서 이형철근 D22의 관통구멍의 구멍지름으로 옳은 것은?

㉮ 24 mm ㉯ 28 mm
㉰ 31 mm ㉱ 35 mm

23. 강구조공사에 철판의 구멍뚫기에 대한 다음 기술 중 부적당한 것은 어느 것인가?

㉮ 고장력볼트용 구멍뚫기는 송곳뚫기(Drilling)로 한다.
㉯ 볼트, 앵커볼트, 철근 관통구멍은 송곳뚫기(Drilling)를 원칙으로 하여 판 두께가 13 mm 이하일 경우는 전단구멍뚫기가 가능하다.
㉰ 고장력볼트의 공칭지름이 24 mm 미만인 경우의 구멍 지름은 공칭지름에 2.0 mm를 더한 값으로 한다.
㉱ 철근 관통구멍의 구멍지름은 D22의 경우 25 mm를 표준으로 한다.

24. 금속재료의 종류와 특성에 관한 설명으로 옳지 않은 것은?

㉮ 구조용 특수강이란 강의 탄소량을 0.5 % 이하로 하고 니켈, 망간, 규소, 크롬, 몰리브덴 등의 금속원소 1~2 종을 약 5 % 이하로 첨가한 것을 말한다.
㉯ 스테인리스강은 공기 및 수중에서 잘 부식되지 않는 강을 말하며, 일반적으로 전기저항이 작고 열전도율이 높으며 경도에 비해 가공성이 우수하다.
㉰ 내후성강은 대기 중에서의 내식성을 보통강보다 2~6배 증대시키면서 보통강과 동등 이상의 재질, 가공성, 용접성 등을 갖게 한 강재이다.
㉱ TMCP강재는 탄소당량이 낮음에도 불구하고 용접성을 개선하여 용접성이 우수하며, 강재의 두께가 증가하더라도 항복강도의 저하가 없도록 한 것이다.

21. ㉯

① 강구조물의 가공은 일반적으로 휨가공(굽힘가공)을 의미하고 상온가공법(냉간가공법)과 열간가공법이 있다.
② 톱절단은 강판 두께 13 mm 이상일 때 적용한다.
③ 언더컷은 용접결함의 하나이며 언더컷이 될 경우 응력집중에 의해 내력이 저하된다.

22. ㉱

• 철근 관통구멍의 구멍지름
① 원형철근 : 철근 지름 +10 mm
② 이형철근은 다음 표와 같다. (단위 : mm)

D10	D13	D16	D19	D22	D25	D29	D32
21	24	28	31	35	38	43	46

23. ㉱

철근 관통구멍의 구멍지름은 D22의 경우 35 mm를 표준으로 한다.

24. ㉯

스테인리스강은 내식성이 우수한 강으로 전기저항은 크고 열전도율이 낮다.

25. 강재의 5원소 중 약 0.3~0.5 % 정도 첨가하면 강도는 증가하나 연신율, 수축률을 저하시키는 원소는?

㉮ C　　㉯ Mn
㉰ Si　　㉱ P

26. 다음 철금속재료의 탄소함유량이 0에서 0.8 %로 증가함에 따른 제반물성 변화에 대한 설명으로 옳지 않은 것은?

㉮ 인장강도는 증가한다.
㉯ 탄성계수는 증가한다.
㉰ 신율이 증가한다.
㉱ 경도는 증가한다.

25. ㉮

- 강재에 탄소(C)를 0.3~0.5 % 정도 첨가하면
① 강도 증가
② 탄성계수 증가
③ 경도 증가
④ 연신율 감소
⑤ 수축률 감소
⑥ 연성 감소
⑦ 용접성 감소

26. ㉰

강재에서 탄소량이 증가하면 강도는 증가하나, 신율과 용접성은 떨어진다.

제20장 강재의 접합

1 접합의 기본

① 일반볼트접합, 리벳접합, 핀접합 등은 접합시키는 양쪽 재료 사이에 매개체인 파스너를 두고, 이를 통하여 응력이 전달되도록 하는 기계적 접합 방법이다.

② 고장력볼트접합은 접합시키는 양쪽 재료에 압력을 주고, 양쪽 재료간의 마찰력에 의하여 응력이 전달되도록 하는 기계적 접합 방법이다.

③ 용접접합은 접합시키는 양쪽 재료를 야금적으로 용융 일체화시켜 응력이 전달되도록 하는 야금적 접합 방법이다.

주1 파스너 (Fastener)는 강구조 이음 및 접합에서 접합용 조임쇠를 총칭하며, 리벳, 일반볼트 및 고장력볼트에 의한 접합이 있다. 접합재 또는 긴결재라고도 한다.

2 일반볼트접합

1. 개요

① 일반볼트접합은 볼트 구멍지름과 볼트 공칭지름의 차이 때문에 밀착하지 않으며, 간단한 규모 이하의 건물에서만 적용한다.

② 일반볼트는 영구적인 구조물에는 사용하지 못하고 가조임용으로만 사용한다.

③ 일반볼트의 구성은 볼트, 너트, 와셔로 이루어진다.

④ 볼트와 너트의 조합 시 너트는 볼트 강도구분과 같거나 높은 것을 사용한다.

⑤ 볼트는 핸드렌치, 임팩트렌치 등으로 조인다.

볼트

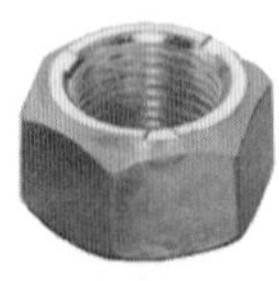

너트

스프링와셔

2. 적용범위

① 진동, 충격 또는 반복응력을 받는 접합부에는 사용을 금지한다.

② 처마높이 9 m를 초과하고, 스팬이 13 m를 초과하는 강구조의 구조 내력상 주요한 부분에는 볼트 사용을 금지한다.

③ 볼트 구멍지름을 볼트의 공칭지름에 0.2 mm 이하를 더했을 경우 위의 규정에도 불구하고 볼트를 사용할 수 있다.

3. 일반볼트접합의 시공일반

1) 일반볼트의 길이 119)

① 조임 종료 후 너트 밖에 3개 이상의 나사 산이 나오도록 한다.

② 일반볼트의 조임길이는 볼트접합 되는 판들의 두께 합이다.

③ 일반볼트의 조임길이에 더하는 길이는 너트 1개, 와셔 1개의 두께와 나사피치 3개의 합이다.

④ 일반볼트의 길이는 조임길이와 더하는 길이의 합이다.

2) 볼트 구멍의 어긋남 수정

조립 판 사이에 0.5 mm 이상의 볼트 구멍의 어긋남은 리머에 의해 수정 없이 이음판을 교체한다.

3) 와셔

볼트의 조이는 힘을 등분포하 시키고, 볼트 내부의 국부적 지압을 방지한다.

4) 볼트접합 관련 용어

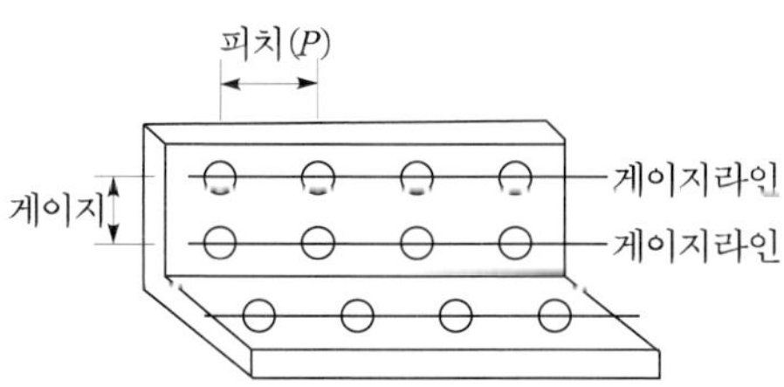

피치, 게이지라인과 게이지

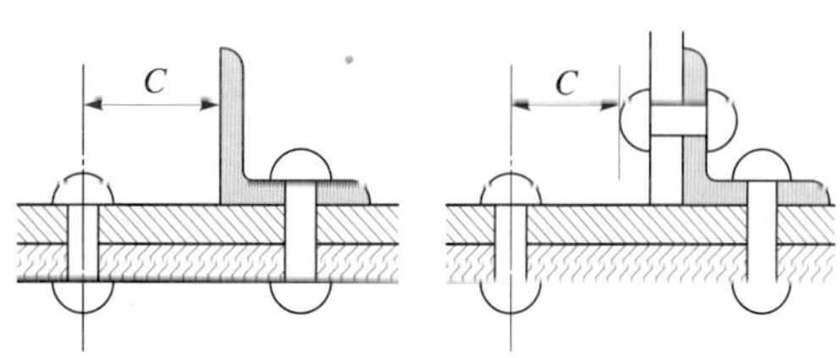

클리어런스(C)

119) KCS 14 31 25 볼트 접합 및 핀 연결(2.1), 국토교통부, 한국강구조학회, 2019.

관련 용어	내 용
피치(Pitch)	피치는 접합재의 중심 간 간격이다.
게이지라인(Gauge Line)	게이지라인은 접합재를 치는데 기준이 되는 중심선이다.
게이지(Gauge)	게이지는 게이지라인과 게이지라인과의 거리이다.
클리어런스(Clearance)	클리어런스는 접합재와 수직재면과의 여유거리이다.
그립(Grip)	그립은 접합재로 접합하는 판의 총 두께이다.
연단거리(Edge Distance)	연단거리는 접합재 구멍에서 부재끝단까지 거리이다.

5) 피치, 연단거리, 그립 등의 간격

(1) 피치

최소 피치	표준 피치	최대 피치	
		인장재	압축재
1.25d	4d	min(12d, 30t) 이하	min(8d, 15t) 이하

(2) 연단거리와 그립

연단거리		그립 (Grip)
최소	최대	
1.25d 이상	min(12t, 150 mm) 이하	5d 이하

(단, d는 볼트의 공칭지름, t는 얇은 판의 두께)

3 고장력볼트접합

1. 개요

① 고장력볼트접합은 고탄소강 또는 합금강을 열처리하여 만든 고장력볼트를 임팩트렌치나 토크렌치로 조여서 생기는 강한 압축력으로 접합재 상호 간에 생기는 마찰력을 통하여 전단력도 생기게 하는 접합방식이다.

② 고장력볼트는 토크관리법, 너트회전법, 토크-전단형(T/S) 고장력볼트의 조임, 직접인장측정법 등을 사용하여 기준의 설계볼트장력 이상으로 조인다.

③ 고장력볼트 세트의 구성은 고장력볼트 1개, 너트 1개 및 와셔 2개이다.

④ 조임 순서는 중앙에서 외측으로 하고 접합부 마찰면 처리를 철저히 한다.

⑤ 고장력볼트의 품질관리를 위해 필요한 제출 자료는 재료의 밀시트 및 고장력볼트의 제품검사성적서 등이다.

주1 설계볼트장력은 고력볼트의 설계 시 전단강도를 구하기 위해서 사용된 값이다.

주2 합금강은강의 성질을 개선 향상시키기 위하여, 또는 소정의 성질을 구비시키기 위하여 합금원소를 1종 또는 2종 이상 함유시킨 강철이다.

2. 특징

① 접합부 강성이 높아 접합부의 변형이 거의 없다.
② 접합부재 유효단면에서 하중이 적게 전달된다.
③ 일반적인 응력전달은 접합되는 강판 사이에 생기는 마찰저항(마찰접합)에 의한다.
④ 피로강도가 높다(반복응력에 대해 강하다).
⑤ 너트는 풀림이 생기지 않는다.
⑥ 응력방향이 바뀌더라도 혼란이 일어나지 않는다.

3. 접합방식의 종류

1) 마찰접합

① 마찰접합은 고장력볼트의 강력한 조임력에 의해 부재 간에 발생하는 마찰력에 의해 응력을 전달하는 접합방법이다.
② 마찰접합은 미끄럼이 허용되지 않는다.

2) 지압접합

① 지압접합은 부재 간에 발생하는 마찰력과 볼트축의 전단력 및 부재의 지압력을 동시에 발생시켜 응력을 부담하는 접합방법이다.
② 지압접합은 미끄럼이 허용된다.

3) 인장접합

인장접합은 마찰접합과 같이 고장력볼트를 조임 할 때 부재 간의 압축력을 이용하여 응력을 전달시키지만, 이러한 응력의 전달메커니즘에 있어 마찰이 전혀 관여하지 않는다.

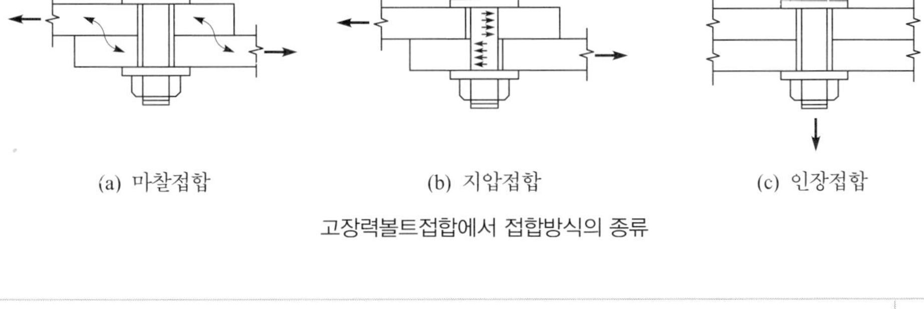

(a) 마찰접합　　(b) 지압접합　　(c) 인장접합

고장력볼트접합에서 접합방식의 종류

4. 마찰접합 시공

1) 마찰면의 준비 120)

① 마찰접합에서 마찰면을 도장하지 않은 블라스트 청소된 마찰면으로 할 경우, 마찰면의 미끄럼계수(마찰계수)가 0.5 이상이 되도록 표면처리 한다.

② 마찰접합에서 볼트접합이 이루어지기 전 현장에서의 노출로 인한 마찰면이 부식될 우려가 있어서 도장하는 것을 전제로 한 마찰면으로 할 경우, 마찰면의 미끄럼계수(마찰계수)가 0.4 이상이 되도록 무기질 아연말 프라이머 도장처리 한다.

③ 접합부 마찰면의 밀착성 유지에 주의한다.

④ 볼트 구멍 주변은 절삭 남김, 전단 남김 등을 제거한다.

⑤ 마찰면에는 도료, 기름, 오물 등이 없도록 충분히 청소하여 제거한다.

⑥ 마찰면은 구멍을 중심으로 지름의 2배 이상 범위의 녹, 흑피 등을 숏블라스트 또는 샌드블라스트로 제거한다.

주1 숏블라스트(Shot Blast)는 압축공기 등을 이용하여 날카로운 모가 없는 입자를 고속으로 금속 표면에 뿜어내어 스케일, 녹, 도막 등을 제거하여 표면을 깨끗하게 마무리 가공하는 방법이다.

주2 샌드블라스트(Sand Blast)는 압축공기 등을 이용하여 모래나 연마분을 고속으로 금속 표면에 뿜어내어 스케일, 녹, 도막 등을 제거하여 표면을 깨끗하게 마무리 가공하는 방법이다. 모래분사라고도 한다.

2) 접합부의 단차 수정

① 접합부 표면의 높이 차이가 1 mm 이하의 경우, 별도 처리가 불필요하고 1 mm 초과의 경우 끼움재를 사용한다.

② 끼움재의 재질은 모재의 재질과 관계없이 사용할 수 있고, 끼움재는 양면 모두 마찰면으로 처리한다.

3) 고장력볼트의 구멍 어긋남의 수정

① 접합부 조립판 사이에 생긴 2 mm 이하의 볼트 구멍의 어긋남은 리머로 수정한다.

② 구멍의 어긋남이 2 mm를 초과할 때의 처리는 공사감독자와 협의한다.

120) KCS 14 31 25 볼트 접합 및 핀 연결(3.1), 국토교통부, 한국강구조학회, 2019.

4) 볼트 조임

(1) 고장력볼트 조임 기기

① 임팩트렌치(Impact Wrench)　　　　② 토크렌치(Torque Wrench)

(2) 볼트의 조임 축력

고장력볼트의 조임은 설계볼트장력 T_0에 10 %를 증가시킨 표준볼트장력을 얻을 수 있도록 한다.

주1 표준볼트장력은 마찰접합을 위한 모든 볼트 시공 시 장력의 풀림을 고려하여 설계볼트장력에 최소한 10 %를 할증하여 조여야하는 표준값이다.

(3) 조임 순서[121)]

① 고장력볼트의 조임은 1차조임, 마킹(금매김), 본조임의 순으로 한다.

② 고장력볼트의 조임 순서는 볼트 군마다 이음의 중앙부에서 판의 단부 쪽으로 조인다.

③ 1차조임은 토크렌치 또는 임펙트렌치 등을 사용하여 정해진 토크로 너트를 회전시켜 조인다.

④ 1차조임 토크는 기준에 따르며 보통 목표의 70 % 정도로 조임하고, 본조임(2차조임)은 1차조임과 같은 순서로 최종 목표 표준볼트장력에 도달할 수 있는 토크로 조인다.

임팩트렌치

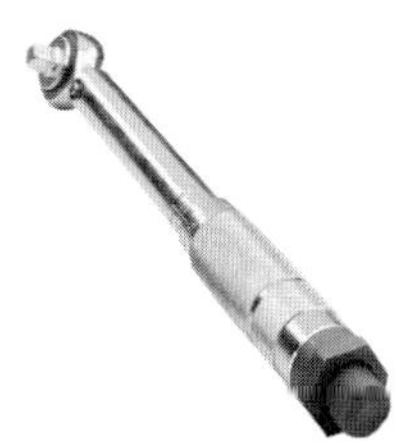

토크렌치

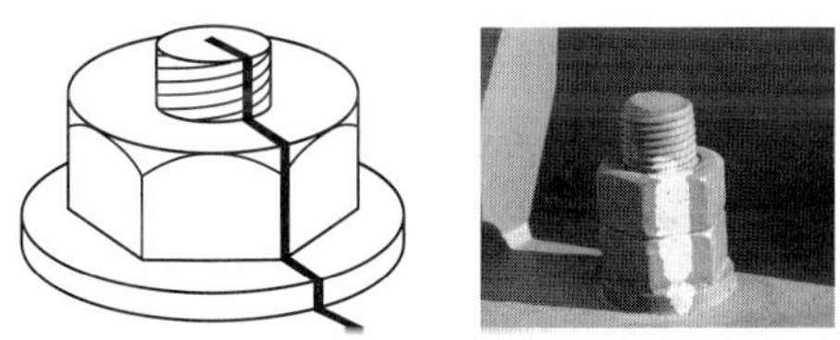

마킹(금매김)

(4) 고장력볼트의 길이[122)]

① 조임 종료 후 너트 밖에 3개 이상의 나사 산이 나오도록 한다.

② 고장력볼트의 조임길이는 볼트접합 되는 판들의 두께 합이다.

③ 고장력볼트의 조임길이에 더하는 길이는 너트 1개, 와셔 2개의 두께와 나사피치 3개의 합이다.

④ 고장력볼트의 길이는 조임길이와 더하는 길이의 합이다.

---

121) KCS 14 31 25 볼트 접합 및 핀 연결(3.1), 국토교통부, 한국강구조학회, 2019.

122) KCS 14 31 25 볼트 접합 및 핀 연결(2.1), 국토교통부, 한국강구조학회, 2019.

5) 조임 방법 [123)]

(1) 토크관리법

① 토크관리법은 요구되는 볼트장력이 볼트에 균일하게 도입되도록 볼트 조임 기기를 이용하여 사전에 조정된 토크로 볼트를 조이는 방법이다.

② 실제 시공된 볼트의 장력(조임력, 토크계수값)은 토크 미터에 의해 토크계수값(회전모멘트)으로 구한다.

(2) 너트회전법

① 너트회전법은 F8T와 F10T의 고장력볼트에 대해서만 적용한다.

② 실제 접합부에 상응하는 적절한 두께의 강판에 조임 작업에 사용될 볼트 5개 이상을 조이고 너트회전량을 육안으로 조사하여, 모든 볼트에서 거의 같은 회전량이 생기는지를 확인한다.

③ 1차조임은 접합부의 모든 볼트를 토크렌치를 사용하여 밀착조임상태로 조임 한 것이다.

④ 1차조임 후 모든 볼트에 대해 고장력볼트, 너트, 와셔 및 부재를 지나는 마킹(금매김)을 한다.

주1 밀착조임는 임팩트렌치로 수회 또는 일반렌치로 접합판이 완전히 밀착된 상태가 되도록 최대로 조이는 것이다.

(3) 조합법

① 조합법은 토크관리법과 너트회전법을 조합한 것이다.

② 토크관리법으로 볼트를 조입하고 너트관리법으로 조임 후 검사하는 방법이다.

③ 조합법은 F8T와 F10T의 고장력볼트에 대해서만 적용한다.

④ 토크렌치, 임펙트렌치 등을 사용하여 정해진 토크로 너트를 회전시켜 1차조임을 한다.

⑤ 1차조임 후 모든 볼트에 대해 고장력볼트, 너트, 와셔 및 부재를 지나는 마킹(금매김)을 한 후 토크관리법에 의해 표준볼트장력을 얻을 수 있도록 본조임 한다.

(4) 토크-전단형(T/S) 고장력볼트 조임

① 토크-전단형(T/S) 고장력볼트는 볼트의 장력관리를 쉽게 하기 위한 목적으로 개발된 특수 고장력볼트이다. 토크시어볼트라고도 한다.

② 토크-전단형 볼트는 너트와 볼트 핀꼬리(Pin Tail, 핀테일)에 서로 반대방향으로 회전하는 토크를 작용시켜 너트를 조임으로써 볼트축력을 도입한다.

---

123) KCS 14 31 25 볼트 접합 및 핀 연결(3.1), 국토교통부, 한국강구조학회, 2019.

③ 토크가 일정 크기에 도달하면 핀꼬리의 노치 부분이 파단 되면서 조임이 끝난다.

④ 와셔는 너트 측에만 1개를 사용한다.

⑤ 1차조임은 토크렌치, 임팩트렌치 등을 사용하여 정해진 토크로 너트를 회전시켜 조이고 마킹(금매김)을 한 후 본조임 한다.

6) 볼트 조임 후의 검사 124)

(1) 일반사항

볼트 조임 후 연결면의 처리, 연결이음부의 두께 차이, 볼트 구멍의 엇갈림, 볼트 조임 상태 등을 검사한다.

(2) 토크관리법에 의한 조임 검사

① 조임 완료 후 각 볼트군의 10 %의 볼트 개수를 표준으로 하여 토크렌치에 의하여 조임 검사를 실시한다.

② 조임 검사 결과 평균 토크의 ±10 % 이내이면 합격이다.

③ 볼트 여장은 너트 면에서 돌출된 나사 산이 1~6개의 범위이면 합격이다.

(3) 너트회전법에 의한 조임 검사

① 1차조임 후에 너트회전량이 120±30°의 범위에 있으면 합격이다.

② 볼트 여장은 너트 면에서 돌출된 나사 산이 1~6개의 범위이면 합격이다.

(4) 조합법에 의한 조임 검사

① 1차조임 후에 너트회전량이 120±30°의 범위에 있으면 합격이다.

② 볼트 여장은 너트 면에서 돌출된 나사 산이 1~6개의 범위이면 합격이다.

(5) 토크-전단형(T/S) 고장력볼트 조임 검사

① 너트나 와셔가 뒤집혀 끼여 있는지 확인한다.

② 핀꼬리의 파단 및 마킹(금매김)의 어긋남을 육안으로 확인한다.

124) KCS 14 31 25 볼트 접합 및 핀 연결(3.1), 국토교통부, 한국강구조학회, 2019.

4 용접접합

1. 개요

① 용접접합은 2개 이상의 강재를 국부적으로 가열하여 용융상태에서 일체화시키는 접합이다.
② 용접 순서는 용접 변형이 최소가 되도록 시공한다. 일반적으로 용접부재의 중앙에서 외주부로, 그리고 대칭으로 실시한다.
③ 용접 변형이 최소가 되도록 수축량이 큰 부분부터 먼저 용접하고 수축량이 작은 부분은 나중에 용접한다.
④ 용접 시 용접결함을 방지하고, 용접할 부위의 불순물을 제거하며, 치수에 여분을 두어 용접한다.

2. 특징

장 점	단 점
① 접합이 간편하며 강성확보가 용이하다. ② 모재 결손이 없고 강재의 절약이 가능하다. ③ 접합두께의 제한이 없다.	① 숙련된 용접공이 필요하다. ② 용접부의 취성파괴 우려가 있고 피로강도가 낮다. ③ 용접 검사방법이 난해하다.

3. 용접의 종류

1) 용접방법에 따른 분류

(1) 가스압접

가스압접은 접합하는 두 부재에 25~30 MPa의 압력을 가하면서 1,200~1,300 ℃의 열을 가하여 접합하는 것으로써 철근의 이음에 사용된다.

(2) 가스용접

가스용접은 가스 불꽃의 열을 이용하여 용접하는 것으로 구조용으로는 사용되지 않는다.

(3) 플러시버트용접

플러시버트용접은 전류를 통한 금속을 강압하여 맞대면 전기저항에 의해 접촉부가 용융상태로 되어 용접하는 것이다. 전기저항압접이라고도 한다.

(4) 아크용접

아크용접은 용접봉과 모재 사이에 전류를 통하게 하고 이때 전류가 발생하는 열을 이용하여 용접봉을 녹여서 모재에 융합되어 용접하는 것으로 강구조공사에 사용된다.

2) 용접기구에 따른 분류

(1) 피복아크용접

피복아크용접은 금속 심선에 플럭스(Flux)가 피복된 용접봉과 금속 모재 사이에 아크를 발생시키고, 발생한 아크열(약 600 ℃)을 이용하여 용접봉과 모재를 용융시켜 용접하는 것이다. 아크수동용접이라고도 한다.

(2) 서브머지드아크용접

서브머지드아크용접은 입상의 플럭스 속에 전극 와이어를 묻어서 모재와의 사이에서 생기는 아크열로 용접하는 것이다. 용접의 진행을 자동으로 한다.

(3) 가스메탈아크용접

가스메탈아크용접은 외부에서 용융금속을 대기의 영향으로부터 보호하기 위하여 보호가스를 공급하면서 연속으로 공급되는 용가재를 사용하는 아크용접이다.

주1 용가재(Filler Metal, 熔加材)는 용접접합을 구성하는데 첨가되는 금속 또는 합금재이다. 용입재라고도 한다.

(4) 플럭스코어드아크용접

플럭스코어드아크용접은 코어드와이어(Cored Wire)나 플럭스코어드와이어(Flux Cored Wire) 용접봉을 사용하는 아크용접이다.

(5) 일렉트로슬래그용접

일렉트로슬래그용접은 용융된 슬래그와 용융금속이 용접부에서 흘러나오지 않도록 에워싸고, 용융된 슬래그 풀에 용접 와이어를 연속적으로 공급하여, 주로 용융슬래그의 저항열에 의하여 용접 와이어와 모재를 용융하여 용착금속을 위로 채워 넣는 용접이다. 대단히 두꺼운 판을 용접하기에 적당하다.

(6) 일렉트로가스용접

일렉트로가스용접은 용접하는 모재의 틈을 수냉시킨 동판으로 용접 부위를 둘러싸서 용융 풀의 위로부터 탄산가스(CO_2)를 집어넣어 보호가스 분위기를 만든 후 와이어를 용융부에 연속적으로 송급하여 와이어 선단과 용융 사이에 아크를 발생시켜 그 열로 와이어와 모재를 용융시키면서 하는 용접이다.

(7) 반자동용접

반자동용접(CO_2용접)은 코일 상으로 되어 있는 와이어가 자동장치에 의해 아크를 발생시켜 모재와 와이어를 용접하여 접합한다.

3) 용접형식(이음형식)에 따른 분류

(1) 그루브용접

그루브용접(Groove Welding)은 접합하는 두 부재간의 사이를 트이게 하여(홈, Groove), 그 사이에 용착금속으로 채워 용접하는 것이다. 맞댐용접 또는 홈용접이라고도 한다.

(2) 필릿용접

필릿용접(Fillet Welding)은 목두께의 방향이 모재의 면과 45° 또는 거의 45°를 이루게 용접하는 것이다. 모살용접이라고도 한다.

(3) 플러그용접 및 슬롯용접

플러그용접(Plug Welding) 및 슬롯용접(Slot Welding)은 겹침이음에서 전단응력을 전달하게 하고 겹친 부분의 두 부재를 연결하기 위해 한쪽 판에 원형 또는 슬롯구멍을 뚫고 구멍을 필릿용접하는 것이다.

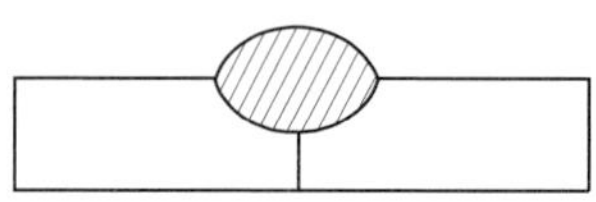

그루브용접

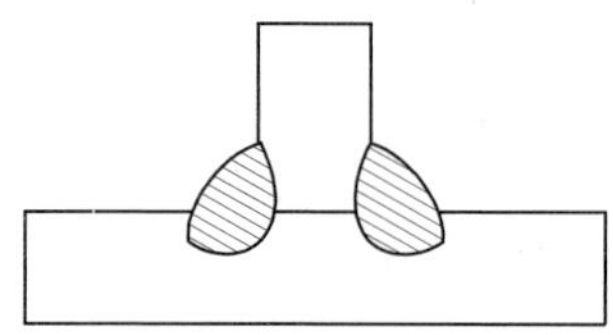

필릿용접

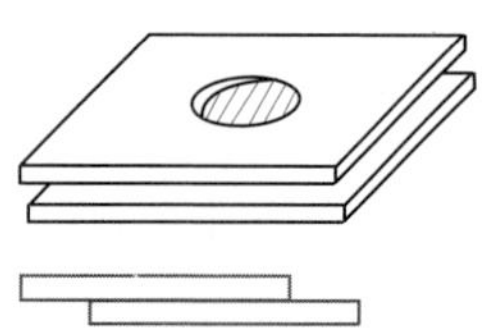

플러그용접

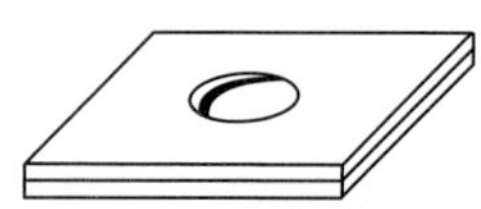

슬롯용접

4. 아크용접

1) 아크용접봉

(1) 심선

① 사용 용접봉은 신선과 피복제(플럭스)로 이루어져 있다.

② 심선은 피복아크용접봉의 속 부분으로 용가재(熔加材)로 사용하는 금속선이며, 용착금속을 만들기 위한 것이다.

③ 용접봉의 재질은 모재의 화학적 성분 및 기계적 성질(공칭강도 및 인성)과 동등 이상의 재료를 사용한다.

④ 강도 또는 인성이 다른 강재를 용접하는 경우에는 강도 또는 인성이 낮은 모재에 요구되는 값과 같거나 그 이상의 강도 또는 인성을 나타내는 용접재료를 사용한다.

(2) 플럭스

① 플럭스(Flux)는 용접봉의 피복제 역할을 하는 분말상의 재료이다.

② 피복아크용접봉 및 플럭스는 사용에 앞서 건조로에서 충분히 건조한 상태에서 사용한다.

(3) 피복제의 역할

① 아크 주변의 공기를 차단하여 슬러그의 산화, 질화를 방지한다.

② 함유원소를 이온화해 아크를 안정시킨다.

③ 용융금속을 탈산, 정련한다.

④ 용착금속에 합금원소를 첨가한다.

⑤ 고온의 금속표면의 산화를 방지한다.

⑥ 고온의 금속표면의 냉각 응고속도를 늦춘다.

주1 슬러그(Slug)는 용접할 때 열의 발생에 따라 용접봉의 선단에 형성되는 물방울 모양의 용접액으로 용적(容滴)이라 한다.

주2 슬래그(Slag)는 제강할 때에 생기는 비금속성 찌꺼기이다.

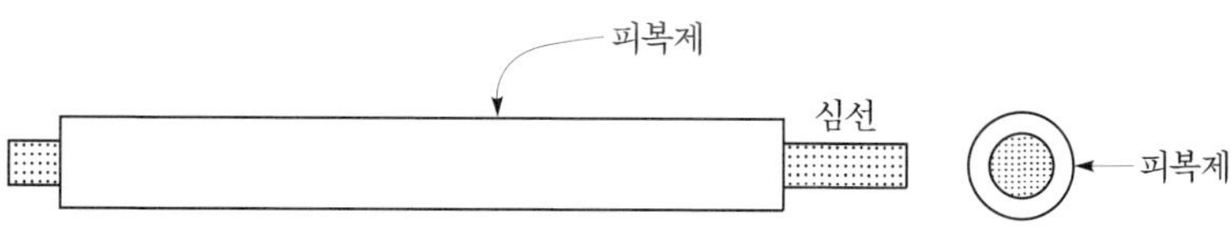

용접봉

2) 피복아크용접 125)

용접에 있어 수직자세의 모든 용접진행 방향은 상향으로 한다. 수직자세에서의 하향용접은 용접 승인시험에서 책임 용접기술자의 인증을 받지 못하면 적용해서는 안 된다.

125) KCS 14 31 20 용접(3.5), 국토교통부, 한국강구조학회, 2019.

5. 그루브용접

1) 개요

그루브용접(Groove Welding)은 접합 부재 면에 홈(Groove)을 만들어(개선하여) 그 사이에 용착금속으로 채워 용접으로 맞댐용접 또는 홈용접이라 한다.

2) 종류

종 류	내 용
완전용입 그루브용접	완전용입 그루브용접은 맞대는 부재의 두께 전체에 걸쳐 완전하게 용접되는 것이다.
부분용입 그루브용접	부분용입 그루브용접은 맞대는 부재의 두께의 일부에서 용접되는 것이다.

주1 용입은 용접 전의 모재면에서 잰 용접부의 깊이이다.

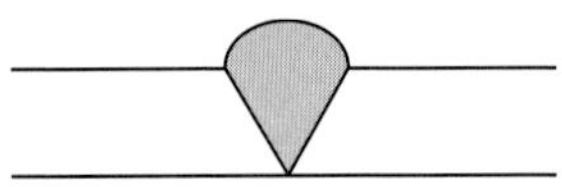

완전용입 그루브용접

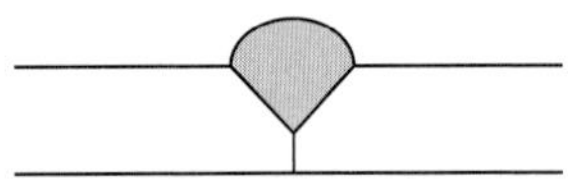

부분용입 그루브용접

3) 그루브용접의 모양에 대한 명칭

그루브용접의 모양에 대한 명칭과 각부치수 기호는 다음 표와 같다.

그루브용접의 모양에 대한 명칭	개선형상의 각부치수 기호	
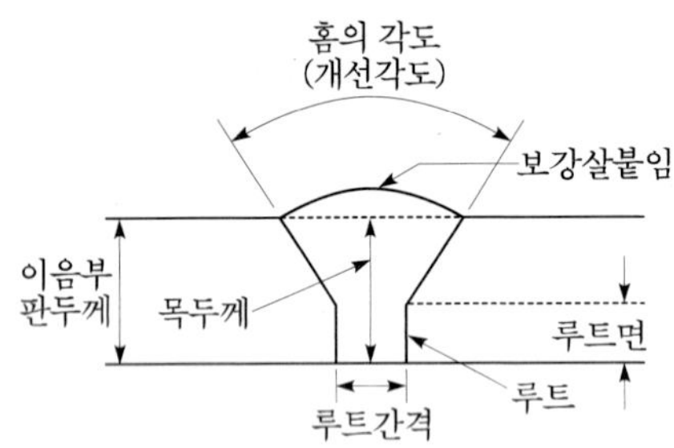	T	이음부 판 두께(mm)
	D	개선깊이(mm)
	R	루트면(mm)
	G	루트간격(mm)
	α	개선각도(°)

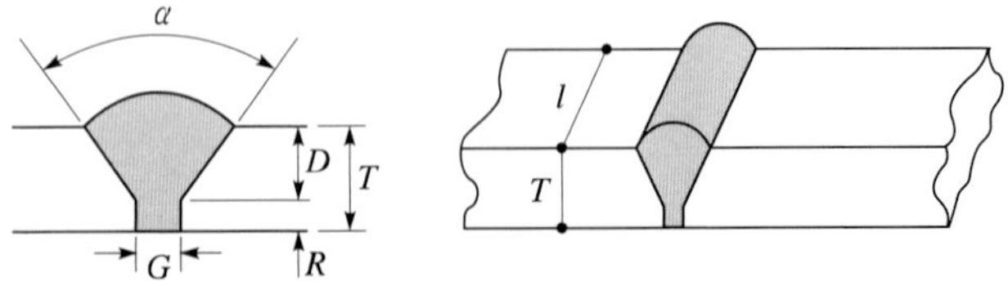

개선형상의 각부치수 및 기호 적용 예

4) 일반사항

구 분	내 용
유효단면적	유효단면적 = 유효길이 × 유효단면적
유효길이	그루브용접에서 유효길이는 재축에 직각으로 측정한 접합부의 폭으로 한다.
유효목두께	① 완전용입 그루브용접에서 유효목두께(t)는 모재의 두께(T)로 한다. ② 두께가 다를 경우, 유효목두께(t)는 얇은 쪽의 모재의 두께(T_1)이다. 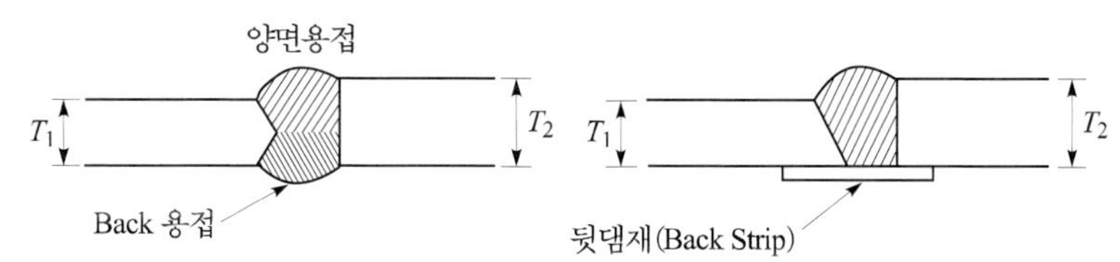
보강살붙임	판 두께의 10 % 이하의 보강살붙임을 한 후 끝마무리를 한다.
가우징 (Gouging)	가우징은 용착금속을 녹인 후 강한 공기로 불어내어 깨끗하게 홈을 파는 작업이다.
백가우징 (Back Gouging, 양면용접)	백가우징은 그루브용접에서 뒷댐재(Backing Strip)를 대지 않을 경우, 용접하는 면의 반대면에서 흘러내린 용착금속을 불어내어(가우징 하여) 원만한 모양으로 만든 뒤 용접을 하는 것이다.

6. 필릿용접

1) 개요

① 필릿용접(Fillet Welding)은 목두께의 방향이 모재의 면과 45° 또는 거의 45°를 이루는 용접으로 모살용접이라고도 한다.

② 필릿용접을 비연속해서 하는 단속 필릿용접과 연속하여 하는 연속 필릿용접이 있다.

2) 필릿용접의 모양에 대한 명칭

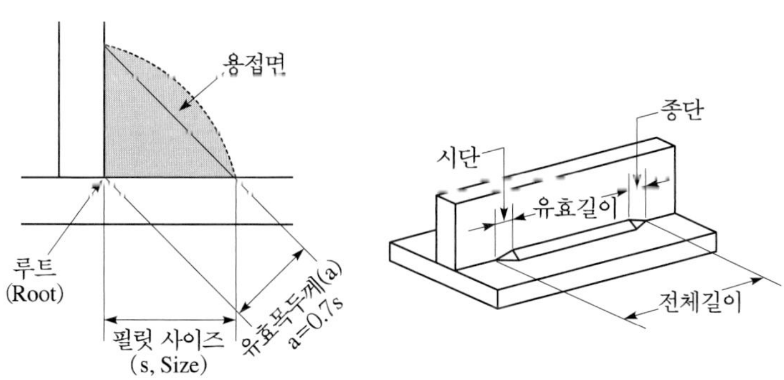

(a) (b)

필릿용접 관련 명칭

3) 일반사항

구 분	내 용
유효단면적	유효단면적 = 유효길이 × 유효단면적
유효길이	① 필릿용접에서 유효길이=용접전장(용접의 전체 길이) - 2 × s ② 시단부와 종단부의 길이인 $2s$에서는 결함이 존재할 수 있다.
유효목두께	필릿용접에서 두 부재의 경사각이 직각(90˚)인 경우, 유효목두께는 모살치수(s)의 0.7배(a=0.7s)이다.
경사각의 허용값	용접부분에서 두 부재에 대한 경사각의 허용값은 60°~120° 이하이다.
살덧붙임	살덧붙임은 0.1s + 1 mm 이하이다.

7. 검사 및 시험

1) 용접부 검사

구 분	종 류
용접착수 전	트임새의 모양, 모아대기법, 구속법, 자세의 옳고 그름
용접작업 중	운봉, 전류, 용접봉, 제1층 용접 완료상태
용접완료 후	외관 판단, X선 및 γ선 투과, 자기초음파, 침투수압, 절단검사

2) 용접부 비파괴시험 방법

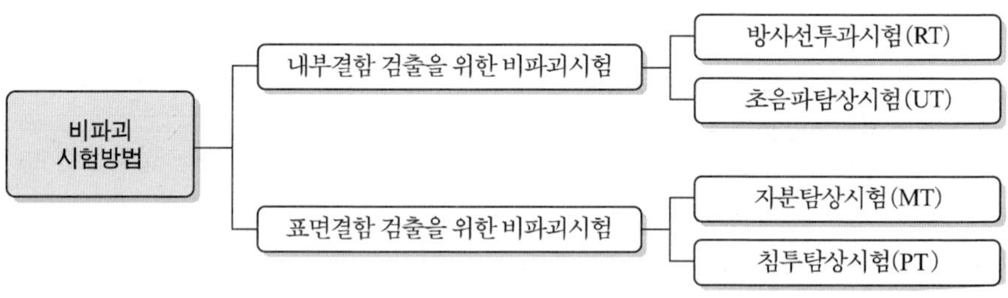

(1) 방사선투과시험

방사선투과시험(RT)은 방사선을 이용하여 시험체 표면 및 내부의 결함(불연속의 크기, 위치 및 형상)을 판별하는 방법이다.

(2) 초음파탐상시험

초음파탐상시험(UT)은 시험체 내부에 입사시킨 초음파 중의 결함에 의해 판별하는 방법이다.

(3) 자분탐상시험

자분탐상시험(MT)은 시험체에 자장을 걸어 시험체를 자화(磁化)시킨 후 자분을 도포하여 표면에 형성된 자분의 모양으로 결함을 판별하는 방법이다. 자기분말탐상시험이라고도 한다.

(4) 침투탐상시험

침투탐상시험(PT)은 표면의 결함을 탐지하는 방법으로 시험체 표면 개구부로 침투액이 모세관현상에 의하여 침투하도록 한 후 현상하여 판별하는 방법이다.

8. 용접결함과 예열

1) 용접결함의 종류

종 류	내 용
크랙 (Crack)	크랙은 공기구멍 또는 선상조직용접의 구속 또는 살 붙임의 불량 등으로 생기는 갈라짐이다.
공기구멍 (Blow Hole, 블로홀)	공기구멍은 모재불량, 오손, 불량용접 등으로 생기는 길쭉하게 된 구멍으로써, 용융금속이 응고할 때 방출되어야 할 가스가 남아서 생기는 용접부의 빈자리이다.
슬래그감싸들기 (Slag Inclusion, 슬래그섞임)	슬래그감싸들기는 피복제 심선과 모재가 변하여 생긴 회분이 용착금속 내에 혼입된 것이다.
언더컷 (Under Cut)	언더컷은 용접상부에 따라 모재가 녹아 용착금속이 채워지지 않고 홈으로 남게 된 부분이다.
오버랩 (Over Lap)	오버랩은 용접금속과 모재가 융합되지 않고 겹쳐지는 것이다.
크레이터 (Crater)	크레이터는 용접길이의 끝 부분에 우묵하게 파진 부분이다. 용접전류가 과대하여 발행한다.
용입부족	용입부족은 용착금속이 채워지지 않고 홈으로 남게 된 부분이다.
피시아이 (Fish Eye, 은점)	피시아이는 용접 작업 시 용착금속 단면에 생기는 작은 은색의 점이다.
피트 (Pit)	① 피트는 용접금속 내부에서 발생한 가스가 비드 표면에 방출되었을 때 구멍이 되어 굳어진 표면 결함이다. 비드 내부에 가스 구멍이 생긴 것은 공기구멍(블로홀)이다. ② 발생 원인으로는 모재 가운데 탄소와 망간 등의 합금원소가 많을 때, 습기가 많을 때, 기름, 녹, 도료 등이 묻었을 때 등이다.

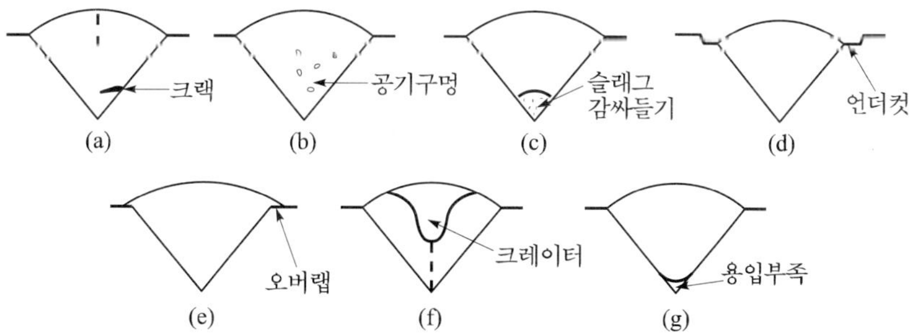

2) 예열 126)

구 분	내 용
예열을 해야 하는 경우	① 탄소당량(C_{eq})이 0.44 %를 초과 ② 경도시험에 의한 최고 경도(H_v)가 370을 초과 ③ 모재의 표면온도가 0 ℃ 이하
최대 예열온도	230 ℃ 이하
용접 금지 온도	용접부 부근의 대기온도가 -20 ℃ 미만의 경우 용접을 금지
예열 범위	용접선의 양측 100 mm 및 아크 전방 100 mm의 범위 내의 모재
표면온도 0 ℃ 이하의 예열	모재의 표면온도가 0 ℃ 이하인 경우 20 ℃ 이상 예열

9. 용접의 기호

1) 개요

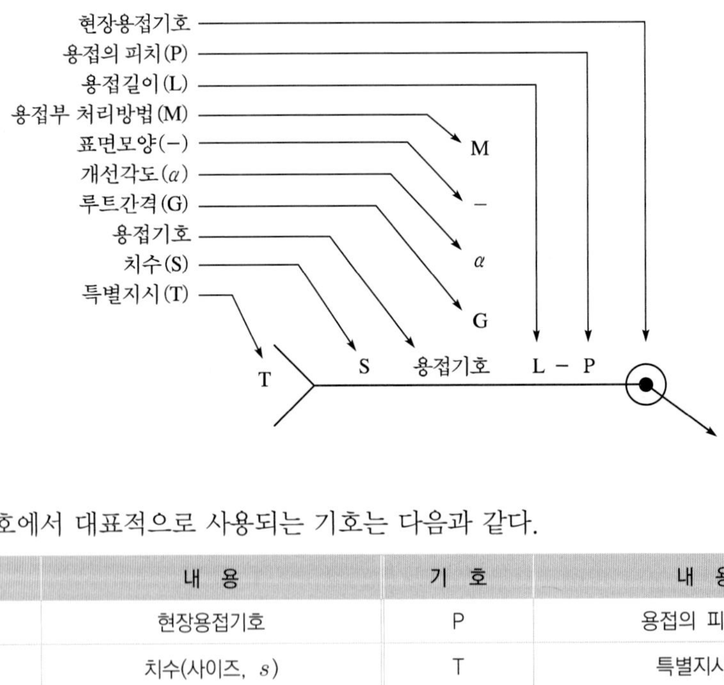

용접의 기호에서 대표적으로 사용되는 기호는 다음과 같다.

기 호	내 용	기 호	내 용
◉	현장용접기호	P	용접의 피치(P)
S	치수(사이즈, s)	T	특별지시(T)
L	용접길이(l)	-	-

126) KCS 14 31 20 용접(3.4), 국토교통부, 한국강구조학회, 2019.

2) 용접기호의 기재방법

① 기준선(수평선)의 위에 용접기호 기재 : 용접은 화살표가 달고 있는 반대쪽에 시행한다.

② 기준선(수평선)의 아래에 용접기호 기재 : 용접은 화살표가 달고 있는 쪽에 시행한다.

3) 그루브용접의 기호

종 류	기 호	적용 예	
V형	V	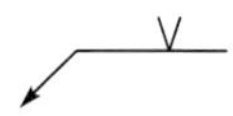	화살표 반대쪽에 V형 그루브용접접
X형	X	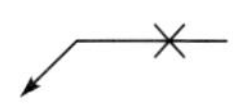	양쪽에 V형 그루브용접 (X형 그루브용접)
I형	||	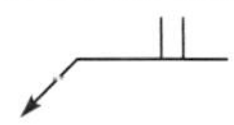	화살표 반대쪽에 I형 그루브용접

4) 필릿용접의 기호

종 류	기 호	적용 예	
편면용접			화살표 반대쪽에 편면 필릿용접
병렬용접		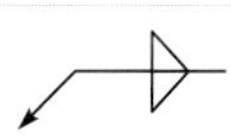	양쪽에 병렬 필릿용접
엇모용접		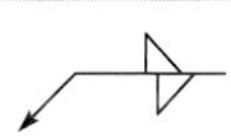	양쪽에 엇모 필릿용접

5) 보조기호

구 분		기 호	내 용
표면 모양	평딘	—	-
	볼록	⌒	기선의 바깥쪽을 향하여 볼록하다.
	오목	◡	기선의 바깥쪽을 향하여 오목하다.
용접부 처리방법	치핑(Chipping)	C	-
	연삭(Grind)	G	그라인더 다듬질일 경우
	절삭(Milling)	M	기계 다듬질일 경우

6) 용접기호의 예제

(1) 그루브용접의 예제

기호 표시	용접부	실형 (의미)
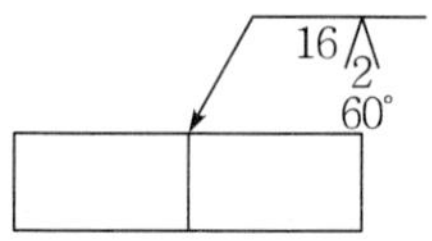 (단, 이음부 판 두께는 19 mm로 한다.)	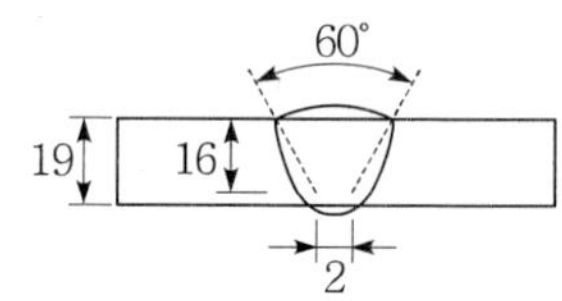	① 완전용입 그루브용접 ② 화살표 쪽에 V형 그루브용접 ③ 이음부 판 두께(T) : 19 mm ④ 개선깊이(D) : 16 mm ⑤ 루트간격(G) : 2 mm ⑥ 개선각도(α) : 60° ⑦ 루트면(R) : 3 mm
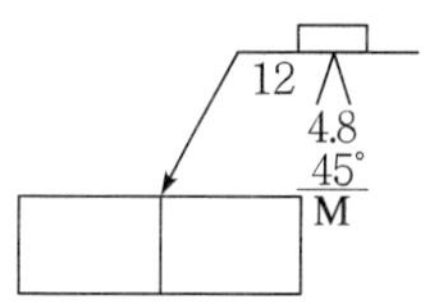 (단, 이음부 판 두께는 12 mm로 한다.)	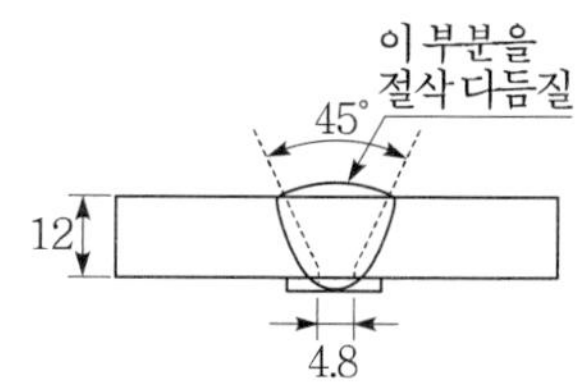	① 완전용입 그루브용접 ② 화살표 쪽에 V형 그루브용접 ③ 이음부 판 두께(T) : 12 mm ④ 개선깊이(D) : 12 mm ⑤ 루트간격(G) : 4.8 mm ⑥ 개선각도(α) : 45° ⑦ 뒷받침쇠 사용 ⑧ 표면모양 : 평탄 ⑨ 다듬질방법 : 절삭

(2) 필릿용접의 예제

기호표시	용접부	실형 (의미)
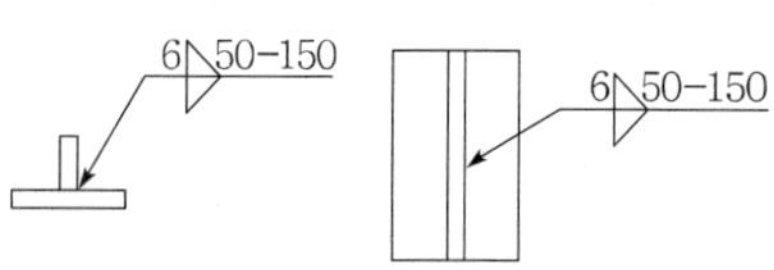	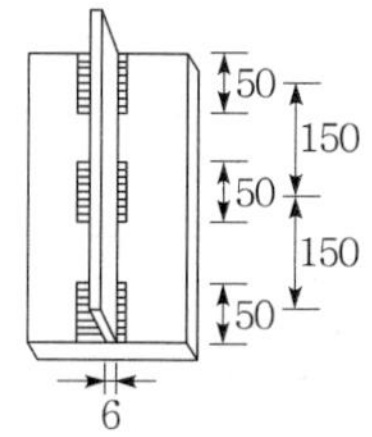	① 양쪽에 병렬 단속 필릿용접 ② 양쪽의 용접치수 : 6 mm ③ 양쪽의 용접길이 : 50 mm ④ 양쪽의 피치 : 150 mm
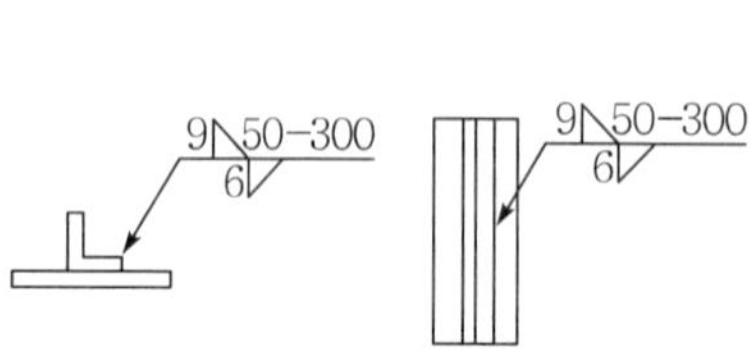	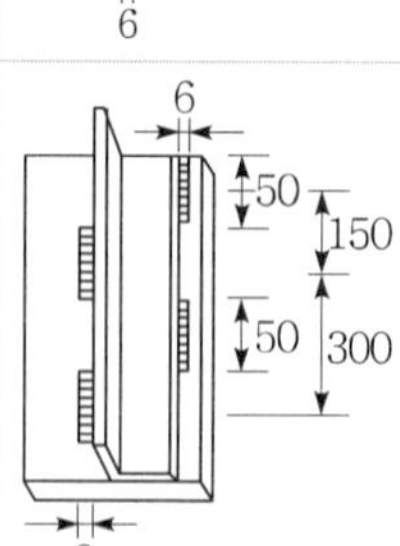	① 양쪽에 엇모 단속 필릿용접 ② 화살표 쪽의 용접치수 : 6 mm ③ 화살표 반대측의 용접치수 : 9 mm ④ 양쪽의 용접길이 : 50 mm ⑤ 양쪽의 피치 : 300 mm

10. 용접 관련 명칭 및 용접자세

1) 용접부 상세의 명칭

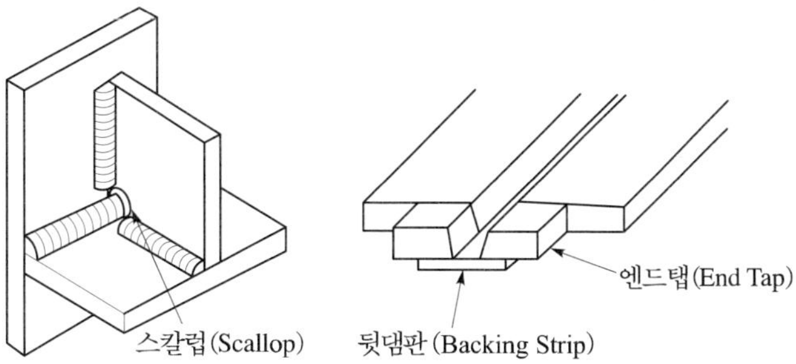

(1) 스칼럽

① 스칼럽(Scallop)은 강구조 부재의 용접 시 이음 및 접합부위의 용접선이 교차를 피하기 위해 한쪽의 부재에 설치한 홈이다.

② 용접선이 교차되면 재용접된 부위가 열영향을 받아 취약해지기 때문에 모재에 부채꼴 모양의 모따기를 한다.

③ 용접 끝 단부의 돌림 용접을 원활하게 하기 위해, 용접의 응력을 일부 해소하기 위해, 그리고 뒷댐재를 사용하기 위해 한다.

(2) 엔드탭

엔드탭(End Tap)은 개선이 있는 용접의 양끝의 전단면의 완전한 용접을 하기 위해, 그리고 공기구멍, 크레이터 등의 용접결함이 생기기 쉬운 용접 비드의 시작과 끝 지점에 용접을 하기 위해 용접 접합하는 모재의 양단에 부착하는 보조강판이다

주1 비드(Bead)는 용접에서 용접봉이 1회 통과할 때 모재표면에 용착된 금속층이다.

(3) 뒷댐재

뒷댐재(Backing Strip)는 맞댐용접을 한쪽 면으로만 실시하는 경우, 충분한 용입을 확보하고 용융금속의 용락을 방지할 목적으로 금속판 등을 루트 뒷면에 받치는 것을 말한다. 뒷받침쇠 또는 백킹(Backing)이라고 한다.

주1 엔드탭과 뒷댐재 등의 용접부는 방사선투과시험 또는 초음파탐상시험을 실시한다.

주2 용락은 용접금속이 홈의 뒷면에 녹아내리는 현상이다.

2) 용접이음의 형태에 따른 종류

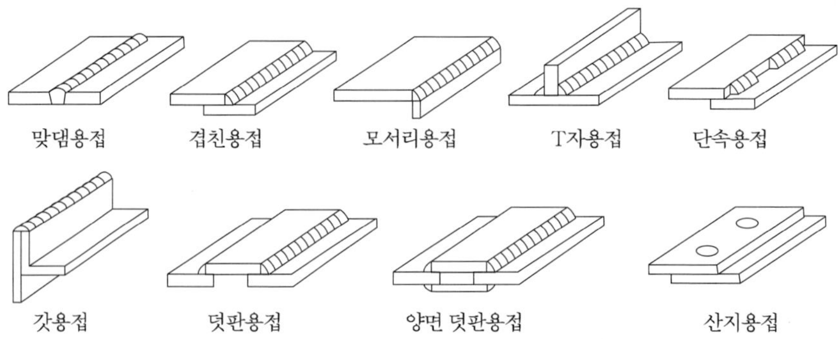

3) 용접자세의 표시기호

용접자세의 종류는 다음 표와 같고 일반적으로 아래보기자세 또는 수평자세로 용접한다.

구 분	기 호	내 용
아래보기자세 (Flat, 하향)	F	아래보기자세는 용접금속이 빠르고 쉽게 용착되어 용접이 용이하고 그 결과도 좋으며, 가장 좋고, 가장 경제적인 용접을 할 수 있다.
위보기자세 (Overhead, 상향)	OH 또는 O	위보기자세는 작업도 어렵고, 결과도 좋지 않을 수 있다.
수평자세 (Horizontal, 수평)	H	수평자세는 공장용접에서 하향과 함께 수평용접이 유리하다.
수직자세 (Vertical, 수직)	V	수직자세는 현장에서는 수직 또는 상향용접의 경우도 생긴다.

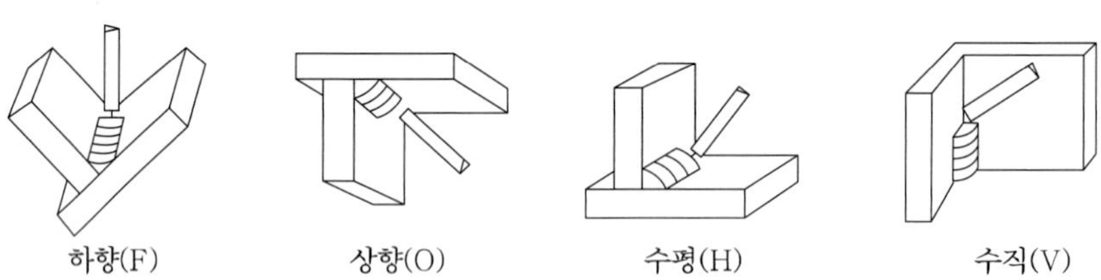

필릿용접의 용접자세

11. 기온 및 기후에 따른 용접 불가능

1) 기온

기 온	용접여부
기온이 -5 ℃ 이하인 경우	용접해서는 안 된다.
기온이 -5~5 ℃인 경우	접합부로부터 100 mm 범위의 모재 부분을 가열하여 용접한다.

2) 기후

① 바람이 강한 날은 바람막이를 하고, 습도가 높을 날은 수분제거를 한 후 용접한다.

② 가스실드 아크반자동용접에 있어서 풍속이 2 m/s 이상인 경우에는 용접을 해서는 안 된다.

③ 셀프실드 아크반자동용접에 있어서 풍속이 10 m/s 이상인 경우에는 용접을 해서는 안 된다.

12. 용접 관련 용어

용 어	내 용
슬러그(Slug)	슬러그는 용접할 때 열의 발생에 따라 용접봉의 선단에 형성되는 물방울 모양의 용접액으로 용적(容滴)이라 한다.
슬래그(Slag)	슬래그는 제강할 때에 생기는 비금속성 찌꺼기이다.
스패터(Spatter)	스패터는 용접 시에 비산하는 슬래그 및 금속입자가 경화된 것으로 와이어브러시 등으로 제거한다.
패스(Pass)	패스는 용접봉이 진행방향으로 1회 통과하는 용접조작이다.
비드(Bead)	비드는 용접에서 용접봉이 1회 통과할 때 용재표면에 용착된 금속층이다.
위빙(Weaving)	위빙은 용접봉을 용접방향에 대하여 직각으로 움직여가며 용접하는 운봉법이다.
위핑(Weeping)	위핑은 용접봉의 운봉을 가로로 왔다갔다 움직여 용착금속을 녹여 붙이는 것이다.

13. 접합혼용 시 응력분담

① 용접을 먼저하고 고장력볼트 조임 시 용접이 전체 응력을 부담한다.

② 고장력볼트를 먼저 조임하고 용접할 때 각각 응력을 부담한다.

③ 용접, 고장력볼트, 리벳, 볼트 등을 같이 사용할 때 용접이 전 응력을 부담한다.

④ 고장력볼트와 리벳을 같이 사용할 때 각각 응력을 부담한다.

⑤ 리벳과 볼트를 같이 사용할 때 리벳이 전 응력을 부담한다.

주1 부재이음에는 용접과 볼트를 원칙적으로 병용해서는 안 되지만 불가피하게 병용할 경우에는 용접 후에 볼트를 조이는 것을 원칙으로 한다.

용접 > 고장력볼트 – 리벳 > 볼트

5 리벳접합

1. 개요

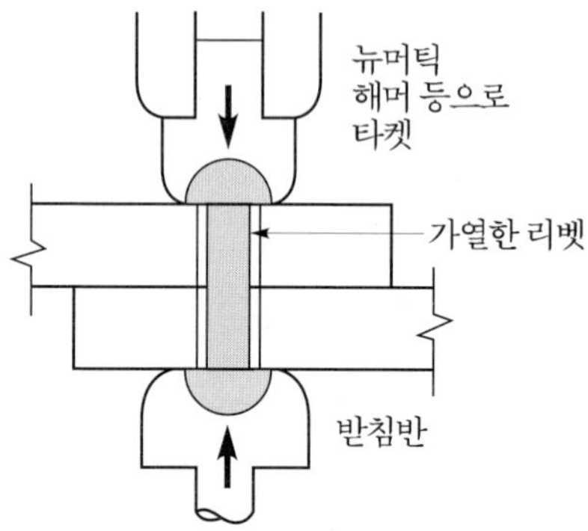

리벳접합

① 리벳접합은 가열한 리벳을 양판재의 구멍에 끼우고 압력을 이용하여 열간 타격으로 머리를 형성시켜 접합한다.

② 일반적으로 둥근머리 리벳이 주로 사용되고, 가열온도(900~1,000 ℃)를 준수하고, 600 ℃ 이하로 냉각된 것은 사용할 수 없다.

2. 리벳치기

1) 리벳치기 공구

공 구	내 용
조리벳(Joe Riveter)	조리벳은 공장 리벳치기 공구이다.
뉴매틱해머(Pneumatic Hammer)	뉴매틱해머는 현장 리벳치기 공구이다.
리벳홀더(Rivet Holder)	리벳홀더는 불에 달군 리벳을 판금의 구멍에 넣고 그 머리를 누르면서 받쳐주는 공구이다.
스냅툴(Snap Tool)	스냅툴은 리벳 해머 끝에 끼워 리벳 머리를 만드는데 사용한다.
드라이비트(Drivit)	드라이비트는 리벳접합이나 콘크리트 못을 박을 때 화약의 폭발력을 이용하여 박는 공구이다.

2) 리벳치기 작업 순서

① 접합부 ② 가새 ③ 귀잡이

3) 리벳치기 검사

① 외관관찰과 타격음으로 판정한다.

② 불량리벳 발견 시 즉시 머리를 따고 다시 친다.

3. 불량리벳

1) 리벳의 불량사항

① 건들거리는 것 ② 머리모양이 틀린 것

③ 머리가 갈라진 것
④ 머리의 축심이 일치하지 않는 것
⑤ 머리가 판에 밀착되지 않는 것
⑥ 강재 간에 틈이 있는 것

2) 불량리벳 제거기기

① 치핑해머(Chipping Hammer)
② 리벳커터(Rivet Cutter)
③ 드릴(Drill)

주1 치핑해머(Chipping Hammer)는 용접할 때 슬래그 및 스패터(Spatter)의 제거, 용착금속의 열간충격, 용접부의 뒷면 손질 등 다목적으로 사용되는 강재 해머이다.

6 핀접합

① 핀접합은 아치의 지점, 트러스의 단부 및 주각부 또는 인장재의 접합부에 사용하는 접합이다.

② 핀의 가공오차는 핀지름 130 mm 미만에 대해서는 0.5 mm, 핀지름 130 mm 이상에 대해서는 1.0 mm를 표준으로 한다.

③ 핀의 접합면의 시공 허용오차에 대한 핀구멍의 크기는 핀지름 +5 mm 이하로 한다.

④ 핀구멍이 있는 부분의 인장부재의 웨브판 두께는 인장부재 순폭의 1/8 이상이어야 한다.

필수 연습문제

제20장 강재의 접합

1. 강구조 용접작업 시 유의사항으로 옳지 않은 것은?

㉮ 용접 자세는 아래보기자세, 수직자세 등 여러 가지가 있으나 일반적으로 하향자세로 하는 것이 좋다.

㉯ 용접 전에 용접 모재 표면의 수분, 슬래그, 먼지 등 불순물을 제거한다.

㉰ 수축량이 작은 부분부터 용접하고 수축량이 가장 큰 부분은 최후에 용접한다.

㉱ 감전방지를 위해 안전홀더를 사용한다.

1. ㉰

용접 순서는 용접 변형이 최소가 되도록 수축량이 큰 부분부터 먼저 용접하고 수축량이 작은 부분은 나중에 용접한다.

2. 강구조공사의 용접 시공 시 주의사항으로 옳지 않은 것은?

㉮ 용접 전에 용접 모재 표면의 기름, 톡 등 용접에 지장을 주는 불순물을 제거하여야 한다.

㉯ 수축량이 가장 작은 부분부터 최초로 용접하고 수축량이 큰 부분일수록 나중에 용접한다.

㉰ 눈이나 비로 모재 표면이 젖었을 때는 용접 작업을 금한다.

㉱ 감전 방지를 위해 안전홀더를 사용하고, 전격방지장치가 부착된 용접기를 사용한다.

2. ㉯

용접 순서는 용접 변형이 최소가 되도록 수축량이 큰 부분부터 먼저 용접하고 수축량이 작은 부분은 나중에 용접한다.

3. 강구조의 부재에 관한 설명으로 옳지 않은 것은?

㉮ 스티프너(Stiffener)는 웨브(Web)의 보강을 위해서 사용한다.

㉯ 플랜지플레이트(Flange Plate)는 조립보(Plate Girder)의 플랜지 보강재이다.

㉰ 거셋플레이트(Gusset Plate)는 기둥 밑에 붙여서 기둥을 기초에 고정시키는 역할을 한다.

㉱ 트러스구조에서 상하에 배치된 부재를 현재라 한다.

3. ㉰

거셋플레이트는 강구조의 이음 또는 맞춤에서 부재를 접합하기 위해 사용되는 강판이다.

4. 일반볼트 시공사항 중 부적당한 것은 어느 것인가?

㉮ 볼트 피치의 표준은 볼트지름의 8배이고, 최소 2.5배로 한다.
㉯ 볼트 구멍의 지름은 볼트지름보다 0.5 mm 이상 크게 해서는 안 된다.
㉰ 구조 내력상 주요한 부분에는 볼트를 사용하지 않는다.
㉱ 일반볼트의 구성은 볼트, 너트, 와셔로 이루어진다.

5. 연속 볼트의 최대 피치가 볼트지름의 12배 이상 또는 가장 얇은 판 부재의 30배 이하인 것은 어느 재에 사용되는가?

㉮ 압축재 ㉯ 인장재
㉰ 휨재 ㉱ 전단재

6. 마찰력으로 접합시키는 것으로 가장 대표적인 것은 다음 중 어느 것인가?

㉮ 리벳 ㉯ 꺽쇠
㉰ 듀벨 ㉱ 고장력볼트

7. 고장력볼트에 대한 기술로 옳지 않은 것은?

㉮ 일반적인 응력전달은 접합되는 강판 사이에 생기는 마찰접합이다.
㉯ 접합부 강성이 높아 접합부의 변형이 거의 없다.
㉰ 피로강도가 높다.
㉱ 현장에서의 시공설비가 복잡하다.

8. 고장력볼트접합에 관한 설명으로 옳지 않은 것은?

㉮ 현대건축물의 고층화, 대형화 추세에 따라 소음이 심한 리벳은 현재 거의 사용하지 않고 볼트접합과 용접접합이 대부분을 차지하고 있다.
㉯ 토크시어형 고장력볼트는 조여서 소정의 축력이 얻어지면 자동적으로 핀꼬리(핀테일)가 파단 되는 구조로 되어 있다.
㉰ 고장력볼트의 조임 기구는 토크렌치와 임팩트렌치 등이 있다.
㉱ 고장력볼트의 접합형태는 모두 마찰접합이며, 마찰접합은 하중이나 응력을 볼트가 직접 부담하는 방식이다.

4. ㉮

• 최소, 표준 및 최대 피치

최소 피치	표준 피치	최대 피치	
		인장재	압축재
2.5d	4d	min(12d, 30t) 이하	min(8d, 15t) 이하

(단, d는 볼트지름, t는 얇은 판의 두께)

5. ㉯

6. ㉱

고장력볼트접합은 접합시키는 양쪽 재료를 볼트로 조여서 생기는 강한 압축력으로 접합재 상호 간에 생기는 마찰력을 통하여 전단력도 생기게 하는 접합방식이다.

7. ㉱

고장력볼트접합은 현장설비가 간단하고 용접접합은 현장설비가 복잡하다.

8. ㉱

고장력볼트의 접합형태는 모두 마찰접합, 지압접합 및 인장접합 등이 있다.

9. 고장력볼트접합에 관한 기술 중 옳은 것은?

㉮ 일군(一群)의 볼트를 조일 때는 주변부에서 중앙부로 향해서 조인다.

㉯ 볼트 두부를 조이는 경우는 너트를 조이는 경우보다도 토크(Torque)를 크게 해야만 한다.

㉰ 마찰접합으로 마찰력이 생기는 접면(接面)은 미리 기름 등을 발라 녹이 발생하지 않도록 한다.

㉱ 예비 조임은 표준볼트장력의 30%로 한다.

9. ㉯

① 고장력볼트의 조임 순서는 중앙을 먼저 조인 후 양쪽가장자리를 조인다.

② 고장력볼트 접합부의 마찰면은 녹막이도장 작업 제외부분이다.

③ 예비 조임은 1차 조임에서 목표의 70 % 정도로 조임하고 2차 조임에서는 목표 조임이 되도록 한다.

10. 시공용 기계기구와 용도가 서로 관계없는 것끼리 짝지어진 것은?

㉮ 다이얼게이지(Dial Gauge) – 지내력 시험

㉯ 디젤해머(Diesel Hammer) – 말뚝박기 공사

㉰ 핸드오거(Hand Auger) – 토질조사 시험

㉱ 토크렌치(Torque Wrench) – 철근공사

10. ㉱

토크렌치는 고장력볼트의 조임 기구이다.

11. 강구조 부재에 용접접합 시공을 할 경우 볼트접합과 비교할 때 특히 유리한 것은 다음 중 어느 것인가?

㉮ 숙련공을 필요로 하지 않는다.

㉯ 소음 발생이 많다.

㉰ 시공도가 복잡하다.

㉱ 철강재의 양을 절약할 수 있다.

11. ㉱

㉮ 숙련공을 필요로 한다.

㉯ 소음 및 진동 발생이 없다.

㉰ 시공도가 간단하다.

12. 강구조공사 접합 중 용접에 대한 주의사항으로 틀린 것은?

㉮ 현장용접을 하는 부재는 그 용접부위에 얇은 에나멜도료 이외의 도장을 해서는 안 된다.

㉯ 용접 시 용접에 지장을 주는 슬래그는 제거한다.

㉰ 용접할 소재는 용접에 의한 수축변형이 생기고 또 마무리작업도 고려해야 되므로 치수에 여분을 두어야 한다.

㉱ 용접이 완료되면 슬래그 및 스패터를 제거하고 청소한다.

12. ㉮

현장용접을 하는 부재는 그 용접선에서 50 mm 이내는 얇은 보일드유(건조제) 이외의 도장을 해서는 안 된다.

13. 철근용접으로 강도가 약하여 구조용으로 사용하지 않는 용접법은?

㉮ 아크용접　㉯ 가스용접

㉰ 플러시버트용접　㉱ 가스압접

13. ㉯

가스용접은 가스 불꽃의 열을 이용하여 접합하는 것으로 구조용으로는 사용되지 않는다.

14. 강구조공사에서 가장 많이 사용되는 용접 방법은?

㉮ 가스압접 ㉯ 아크용접
㉰ 전기저항용접 ㉱ 가스용접

15. 강구조공사에서 용접봉의 내밀기, 이동 등을 기계화한 것이고, 서브머지드아크용접법에 쓰이며, 용접봉은 코일상으로 돌려 감은 것을 쓰고, 피복제 대신에 분말상의 플럭스를 쓰는 용접기기 명칭으로 가장 적합한 것은?

㉮ 직류아크용접기 ㉯ 교류아크용접기
㉰ 자동용접기 ㉱ 반자동용접기

16. 강구조물의 가공 및 용접에 있어 자동용접의 경우 용접봉의 피복제 역할로 쓰이는 분말상의 재료를 무엇이라 하는가?

㉮ 플럭스(Flux) ㉯ 슬래그(Slag)
㉰ 시스(Sheath) ㉱ 샤모테(Chamotte)

17. 철판과 철판을 겹치든가 맞닿는 부분이 각을 이루도록 용접하는 것은?

㉮ 맞댐용접 ㉯ 모살용접
㉰ 용입용접 ㉱ 다층용접

18. 강구조 부재 용접 시 겹침이음, T자이음 등에 사용되는 용접으로 목두께의 방향이 모재의 면과 45° 또는 거의 45° 의 각을 이루는 것은?

㉮ 완전용입 맞댐용접 ㉯ 모살용접
㉰ 부분용입 맞댐용접 ㉱ 다층용접

14. ㉯

① 가스압접은 철근이음용이다.
② 아크용접은 강구조공사용으로 용접봉과 모재 사이에 전류를 통하면 이때 전류가 발생하는 열을 이용하여 용접봉을 녹여 모재에 융합되는 결합방식이다.
③ 가스용접은 구조용으로 사용되지 않는다.

15. ㉰

① 자동용접기는 전류의 조절, 아크의 발생, 아크길이, 용접봉의 공급 등을 자동적으로 하고 일정한 속도로 용접하는 용접기이다.
② 반자동용접기는 아크길이 제어만을 자동으로 한다.

16 ㉮

플럭스는 용접봉의 피복제 역할을 하는 분말상의 재료이다.

17. ㉯

① 모살용접(필릿용접)은 목두께의 방향이 모재의 면과 45° 또는 거의 45°를 이루는 용접이다.
② 맞댐용접(홈용접, 그루브용접)은 접합하는 두 부재간의 사이를 트이게 하여 그 사이에 용착금속으로 채워 용접하는 것이다.

18. ㉯

모살용접(필릿용접)은 목두께의 방향이 모재의 면과 45° 또는 거의 45°를 이루는 용접이다.

19. 강구조공사의 용접에 관한 다음 설명 중 틀린 것은?

㉮ 단속용접의 길이는 유효모살 치수의 2배로 한다.
㉯ 맞댐용접의 유효단면 목두께는 판 두께이다.
㉰ 완전용입 그루브용접에서 유효목두께는 모재의 두께로 하고 두께가 다를 경우, 두꺼운 쪽의 모재두께로 한다.
㉱ 용접봉의 운봉은 용접방향에 대하여 가로로 왔다갔다 움직여 용착금속을 녹여 붙인다.

19. ㉰
완전용입 그루브용접에서 유효목두께는 모재의 두께로 하고 두께가 다를 경우, 얇은 쪽의 모재두께로 한다.

20. 강구조공사의 시방으로 가장 부적당한 것은 다음 중 어느 것인가?

㉮ 보통 강재는 모두 인장 및 상온 휨시험을 한다.
㉯ 강재의 시험편수는 단면이 다를 때마다, 질량 20 ton마다, 강재의 종류가 다를 때마다 1개씩 시험한다.
㉰ 용접부의 모든 검사는 용접착수 전과 완료 후에 하면 충분하다.
㉱ 강판 절단은 주된 응력의 방향과 압연 방향을 일치시켜 절단한다.

20. ㉰
용접부의 검사는 용접착수 전, 용접착수 중, 용접착수 후로 나누어 검사한다.

21. 강구조공사의 용접에서 용접이 잘못된 부분을 수정하기 위해 사용되는 방법으로 아크의 고온열로 모재를 순간적으로 녹이고 동시에 압축공기의 강한 바람으로 용해된 금속을 불어내는 것을 무엇이라 하는가?

㉮ 스터드용접　　㉯ 가우징
㉰ 서브머지드아크용접　　㉱ 일렉트로슬래그용접

21. ㉯
가우징은 용착금속을 녹인 후 강한 공기로 불어내어 깨끗하게 홈을 파는 작업이다.

22. 다음 중 철근공사에서 불량 용접을 의미하지 않는 것은?

㉮ 언더컷(Under Cut)　　㉯ 가스가우징(Gas Gausing)
㉰ 오버랩(Over Lap)　　㉱ 블로홀(Blow Hole)

22. ㉯
가우징은 용착금속을 녹인 후 강한 공기로 불어내어 깨끗하게 홈을 파는 작업이다.

23. 다음 중 강구조 접합의 용접 종료 후에 실시하는 비파괴검사가 아닌 것은?

㉮ 외관검사　　㉯ 침투탐상검사
㉰ 초음파탐상검사　　㉱ 운봉검사

23. ㉱
용접부 비피괴시험 방법은 방사선투과시험, 초음파탐상시험, 자분탐상시험, 침투탐상시험 등이다.

24. 용접접합에서 용접의 결합이 아닌 것은 다음 중 어느 것인가?

㉮ 블로홀(Blow Hole) ㉯ 언더컷(Under Cut)
㉰ 오버랩(Over Lap) ㉱ 위빙(Weaving)

25. 철근공사의 용접공사 중 아래의 그림과 같은 용접의 결함을 무엇이라 하는가?

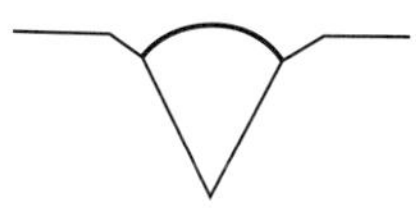

㉮ 크레이터(Crater) ㉯ 언더컷(Under Cut)
㉰ 블로홀(Blow Hole) ㉱ 슬래그 말림

26. 강구조공사의 용접결함 중 용융금속이 응고 할 때 방출되었어야 할 가스가 남아서 공극이 생기는 현상은?

㉮ 오버랩(Over Lap) ㉯ 언더컷(Under Cut)
㉰ 크레이터(Crater) ㉱ 블로홀(Blow Hole)

27. 강구조부재의 접합용접의 용어와 그 설명이 틀린 것은?

㉮ 슬래그감싸들기 : 용접봉의 피복제 심선과 모재가 변하여 생긴 회분이 용착금속 내에 혼입되는 것
㉯ 오버랩 : 용접금속과 모재가 융합되지 않고 겹쳐지는 것
㉰ 위핑 : 용접봉의 운봉을 용접방향에 대하여 가로로 왔다갔다 움직여 용착금속을 녹여 붙이는 것
㉱ 공기구멍 및 선상조직 : 용접상부에 따라 모재가 녹아 용착금속이 채워지지 않고 흠으로 남게 된 부분

24. ㉱

① 위빙은 용접봉을 용접방향에 대하여 직각으로 움직여가며 용접하는 운봉법이다.
② 위빙의 목적으로는 용착너비의 증가, 열영향의 방지, 공기구멍(Blow Hole) 방지 등이다.

25. ㉯

언더컷은 용접상부에 따라 모재가 녹아 용착금속이 채워지지 않고 홈으로 남게 된 부분이다.

26. ㉱

① 오버랩 : 용접금속과 모재가 융합되지 않고 겹쳐지는 것이다.
② 언더컷 : 용접상부에 따라 모재가 녹아 용착금속이 채워지지 않고 홈으로 남게 된 것이다.
③ 크레이터 : 용접길이의 끝 부분에 우묵하게 파진 것이다.

27. ㉱

① 언더컷은 용접상부에 따라 모재가 녹아 용착금속이 채워지지 않고 홈으로 남게 된 부분이다.
② 공기구멍(블로홀)은 용융금속이 응고할 때 방출되어야 할 가스가 남아서 생기는 용접부의 빈자리이다.

28. 강구조 용접에 관한 설명 중 옳지 않은 것은?

㉮ 금속아크용접이란 용접봉과 용접될 모체 금속에 전류를 보내서 전기아크를 일으켜 이 때 생기는 열로 용접봉과 모재를 동시에 녹이는 방식이다.

㉯ 위핑(Weeping)이란 용착금속과 모재가 융합하지 않고 겹쳐져 있는 상태를 말한다.

㉰ 루트(Root)란 맞댄 용접에 있어 트임새 끝의 최소 간격을 말한다.

㉱ 그루브(Groove)용접이란 두 부재간의 사이를 트이게 한 홈에 용착금속을 채워 용접하는 것이다.

28. ㉯

위핑은 용접봉의 운봉을 가로로 왔다갔다 움직여 용착금속을 녹여 붙이는 것이다.

29. 다음 용어에 대한 설명 중 옳지 않은 것은?

㉮ 펄라이트 콘크리트(Perlite Concrete)란 진주석을 구워서 만든 인공경량골재를 이용한 경량콘크리트이다.

㉯ 언더피닝(Under Pinning)공법이란 기존 구조물의 기초를 보강하는 것을 말한다.

㉰ 보우빔(Bow Beam)이란 철근의 인장력을 이용하여 만든 조립보로써 지주가 필요 없는 공법이다.

㉱ 언더컷(Under Cut)이란 철근공사에서 부재의 밑을 자르는 것을 말한다.

29. ㉱

언더컷은 용접상부에 따라 모재가 녹아 용착금속이 채워지지 않고 홈으로 남게 된 부분이다.

30. 용접결합에 관한 설명으로 옳지 않은 것은?

㉮ 슬래그 함입 – 용융금속이 급속하게 냉각되면 슬래그의 일부분이 달아나지 못하고 용착금속내에 혼입되는 것

㉯ 오버랩 – 용접금속과 모재가 융합되지 않고 겹쳐지는 것

㉰ 블로홀 – 용융금속이 응고할 때 방출되어야 할 가스가 잔류한 것

㉱ 크레이터 – 용접전류가 과소하여 발생

30. ㉱

크레이터는 용접길이의 끝부분에 우묵하게 파진 부분으로 용접전류가 과대하여 발행한다.

31. 용접 작업 시 용착금속 단면에 생기는 작은 은색의 점으로 수소의 영향에 의해서 발생하며 100 ℃로 가열하여 24시간 방치하면 수소가 방출되어 회복되는 불완전용접의 종류는?

㉮ 피시아이(Fish Eye)

㉯ 블로홀(Blow Hole)

㉰ 슬래그 섞임(Slag Inclusion)

㉱ 크레이터(Crater)

31. ㉮

피시아이(Fish Eye, 은점)는 용접 작업 시 용착금속 단면에 생기는 작은 은색의 점이다.

32. 강구조공사의 용접 결함의 종류 중 아래의 그림에 해당하는 것은?

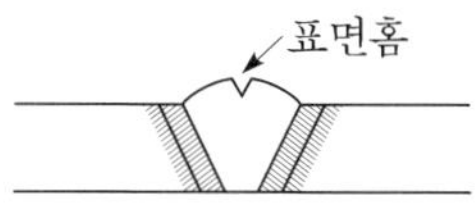

㉮ 언더컷(Under Cut) ㉯ 피트(Pit)
㉰ 오버랩(Over Lap) ㉱ 슬래그 섞임(Slag Inclusion)

32. ㉯
피트는 용접금속 내부에서 발생한 가스가 비드 표면에 방출되었을 때 구멍이 되어 굳어진 표면 결함이다.

33. 강구조공사의 용접작업 시 발생하는 각 용접결함에 대한 설명으로 옳지 않은 것은?

㉮ 언더컷(Under Cut)은 모재가 용착금속이 채워지지 않고 홈으로 남게 된 부분을 말한다.
㉯ 오버랩(Over Lap)은 용접금속과 모재가 융합되지 않고 겹쳐지는 것을 말한다.
㉰ 블로홀(Blow Hole)은 금속이 녹아들 때 생기는 기포를 말한다.
㉱ 피트(Pit)는 용접 후 냉각 시 용접부에 생기는 갈라짐을 말한다.

33. ㉱
① 피트는 용접금속 내부에서 발생한 가스가 비드 표면에 방출되었을 때 구멍이 되어 굳어진 표면 결함이다.
② 크랙은 공기구멍 또는 선상조직용접의 구속 또는 살 붙임의 불량 등으로 생기는 갈라짐이다.

34. 다음과 같은 원인으로 인하여 발생하는 용접 결함의 종류는?

원인 : 도료, 녹, 밀, 스케일, 모재의 수분

㉮ 피트 ㉯ 언더컷
㉰ 오버랩 ㉱ 엔드탭

34. ㉮
피트의 발생 원인으로는 모재 가운데 탄소와 망간 등의 합금원소가 많을 때, 습기가 많을 때, 기름, 녹, 도료 등이 묻었을 때 등이다.

35. 다음 중 강구조 용접과 관계없는 용어는?

㉮ 오버랩(Overlap) ㉯ 리머(Reamer)
㉰ 언더컷(Under Cut) ㉱ 블로홀(Blow Hole)

35. ㉯
리머는 펀치 또는 드릴로 뚫은 구멍의 지름을 정확하고 보기 좋게 구멍주위를 가심질하는(가다듬는) 공구이다.

36. 강구조물의 용접에 관한 설명 중 옳지 않은 것은?

㉮ 반자동용접기란 운봉은 수동용접과 같으나 봉의 내밀기를 자동화한 것이다.
㉯ 위핑(Weeping)이란 용착금속과 모재가 융합되지 않고 겹쳐져 있는 상태를 말한다.
㉰ 루트(Root)란 맞댐용접에 있어 트임새 끝의 최소 간격을 말한다.
㉱ 그루브용접이란 두 부재 간의 사이를 트이게 한 홈에 용착금속을 채워 용접하는 것이다.

36. ㉯
① 위핑은 용접봉의 운봉을 가로로 왔다갔다 움직여 용착금속을 녹여 붙이는 것이다.
② 오버랩은 용접금속과 모재가 융합되지 않고 겹쳐지는 것이다.

37. 강구조 용접작업 중 운봉을 용접방향에 대하여 가로로 왔다갔다 움직여 용착금속을 녹여 붙이는 것을 의미하는 용어는?

㉮ 밀스케일(Mill Scale) ㉯ 그루브(Groove)
㉰ 위핑(Weeping) ㉱ 블로홀(Blow Hole)

38. 강구조공사에 관한 설명 중 옳지 않은 것은?

㉮ 콘크리트에 매립되는 강구조 부재에는 녹막이도장을 하지 않는다.
㉯ 기온이 영하 5 ℃까지는 특별한 조치 없이 용접작업을 한다.
㉰ 고장력볼트의 조임은 토크렌치로 한다.
㉱ 고장력볼트 세트의 구성은 일반적으로 고장력볼트 1개, 너트 1개 및 와셔 2개이다.

39. 강구조공사에 있어서 용접에 의한 열변형과 잔류응력을 피하기 위한 주의사항 중에서 틀린 것은?

㉮ 용접 순서에 주의한다.
㉯ 열에 의한 변형을 예상하여 미리 열을 가하여 변형을 시켜둔다.
㉰ 열에 의한 휨을 방지하기 위하여 용접 켜수를 증가시킨다.
㉱ 필요 이상으로 두껍게 용접하지 않는다.

40. 다음의 용접기호로 알 수 있는 사항이 아닌 것은?

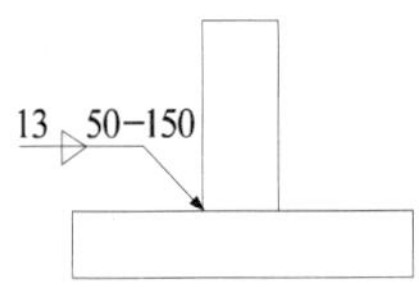

㉮ 맞댐용접 ㉯ 다리길이
㉰ 용접길이 ㉱ 피치

41. 강구조물의 공작 용어에서 스패터(Spatter)란 무엇인가?

㉮ 전단절단에서 생기는 뒤꺽임 현상
㉯ 수동 가스절단에서 절단선이 곧지 못하여 생기는 잘록한 자국의 거치렁이
㉰ 강구조물의 용접에서 용접 부위 상부를 덮는 용접 불순물
㉱ 강구조 용접 중 튀어나오는 슬래그 및 금속 입자

37. ㉰

위핑은 용접봉의 운봉을 가로로 왔다갔다 움직여 용착금속을 녹여 붙이는 것이다.

38. ㉯

모재의 표면온도가 0 ℃ 이하인 경우, 예열을 실시하며, 예열 범위는 용접선의 양측 100 mm의 범위 내이다. 예열온도는 20 ℃ 이상이다.

39. ㉰

잔류응력은 물체에 하중을 가하여 응력과 변형을 준 후, 하중을 제거해도 응력이 물체 내에 잔존하는 것을 잔류응력이라 한다. 따라서 용접이 두껍거나 용접의 켜수가 증가되면 응력이 남아 있게 되는 잔류응력도 많아지게 된다.

40. ㉮

• 용접기호
13- ▷ -50-150
(S-용접기호-L-P)
① 양쪽에 병렬 단속 필릿 용접
② 양쪽의 용접치수(S) : 13 mm
③ 양쪽의 용접길이(L) : 50 mm
④ 양쪽의 피치(P) : 150 mm

41. ㉱

스패터는 용접 시에 비산하는 슬래그 및 금속입자가 경화된 것이다.

42. 강구조물의 용접작업 중 운봉을 용접방향에 대하여 가로로 왔다갔다 움직여 용착금속을 녹여 붙이는 것의 용어로써 옳은 것은?

㉮ 밀스케일(Mill Scale)
㉯ 그루브(Groove)
㉰ 위핑(Weeping)
㉱ 블로홀(Blow Hole)

42. ㉰

① 밀스케일은 강재가 냉각될 때 표면에 생기는 산화철 표피이다.
② 그루브는 맞댐용접(홈용접)에서 홈을 말한다.
③ 공기구멍(블로홀)은 용융금속이 응고할 때 방출되어야 할 가스가 남아서 생기는 용접부의 빈자리이다.

43. 압연강재가 냉각될 때 표면에 생기는 산화철 표피를 무엇이라 하는가?

㉮ 스패터　　㉯ 밀스케일
㉰ 슬래그　　㉱ 비드

43. ㉯

밀스케일은 강재가 냉각 될 때 표면에 생기는 산화철 표피이다.

44. 강구조 부재의 용접 시 이음 및 접합부위의 용접선의 교차로 재 용접된 부위가 열 영향을 받아 취약해짐을 방지하기 위하여 모재에 부채꼴 모양으로 모따기를 한 것은?

㉮ Blow Hole　　㉯ Scallop
㉰ End Tap　　㉱ Crater

44. ㉯

스칼럽은 강구조 부재의 용접 시 이음 및 접합부위의 용접선이 교차를 피하기 위해 한쪽의 부재에 설치한 홈이다.

45. 개선(Beveling)이 있는 용접부위 양끝의 완전한 용접을 하기 위해 모재의 양단에 부착하는 보조강판은?

㉮ Scallop　　㉯ Back Strip
㉰ End Tap　　㉱ Crater

45. ㉰

엔드탭은 개선이 있는 용접이 양끝의 전단면의 완전한 용접을 하기 위해, 그리고 공기구멍(Blow Hole), 크레이터(Crater) 등의 용접결함이 생기기 쉬운 용접 비드의 시작과 끝 지점에 용접을 하기 위해 용접 접합하는 모재의 양단에 부착하는 보조강판이다.

46. 강구조공사 용접작업의 용접자세를 표현하는 각 기호의 의미하는 바가 옳은 것은?

㉮ F : 수평자세　　㉯ H : 수직자세
㉰ O : 상향자세　　㉱ V : 하향자세

46. ㉰

① F : 하향자세
(아래보기자세)
② H : 수평자세
③ V : 수직자세

47. 강구조물의 접합에 관한 내용 중에서 옳은 것은?

㉮ 리벳과 용접을 병용할 경우에는 응력을 1/2씩 각각 분담시킨다.
㉯ 용접부의 검사는 용접착수 전, 그리고 용접 후에 실시하여야 한다.
㉰ 리벳과 고장력볼트를 병용할 경우에는 각각의 허용응력을 분담시킨다.
㉱ 리벳과 용접을 병용할 경우에는 리벳의 내력을 무시한다.

48. 강구조물의 접합 공사에서 검사에 불합격된 리벳을 제거하기 위한 장비로써 옳지 않은 것은?

㉮ 치핑해머
㉯ 리벳커터
㉰ 드릴
㉱ 리벳홀더

49. 강구조공사에 사용되는 리벳의 가열 온도 중 가장 적당한 것은?

㉮ 600~1,000 ℃
㉯ 800~900 ℃
㉰ 700~1,000 ℃
㉱ 900~1,000 ℃

50. 다음 강구조물의 리벳치기 순서로써 옳은 것은?

㉮ 접합부 → 가새 → 귀잡이
㉯ 가새 → 귀잡이 → 접합부
㉰ 귀잡이 → 접합부 → 가새
㉱ 귀잡이 → 가새 → 접합부

47. ㉰

㉮ 리벳과 용접을 병용할 경우에는 용접이 전 응력을 부담한다.
㉯ 용접부의 검사는 용접착수 전, 용접작업 중, 그리고 용접완료 후에 실시한다.
㉰ 고장력볼트와 리벳을 같이 사용할 때 각각 응력을 부담한다.

48. ㉱

리벳홀더는 불에 달군 리벳을 판금의 구멍에 넣고 그 머리를 누르면서 받쳐주는 공구이다.

49. ㉱

리벳은 900~1,000 ℃로 가열한 것을 사용하고, 600 ℃ 이하로 냉각된 것은 사용할 수 없다.

50. ㉮

• 리벳치기 작업의 순서
접합부 → 가새 → 귀잡이

제21장 현장세우기, 내화피복 및 기타

1 현장세우기

1. 일반사항

① 현장세우기는 강구조 건축물의 제작에 따른 현장조립 및 설치공사이다.

② 지지대의 설치와 앵커링의 설치 후, 현장가조립, 가볼트 조임 및 볼트의 현장시공 및 현장용접을 통해 본조립(현장조립)을 완료한다.

2. 현장세우기 작업

1) 현장조립 작업준비 [127]

현장조립 작업 시 안전에 대한 기술적인 요구사항이 준수될 때까지 공사를 시작해서는 안 되며 다음과 같은 사항들이 반드시 고려되어야 한다.

① 크레인과 접근장비의 확고한 지지대책과 유지방법

② 현장으로의 접근로와 현장 내에서의 도로계획

③ 플랜트의 안전한 운용에 영향을 미칠 지반조건

④ 구조물 가설지지대의 예측 가능한 침하

⑤ 지하 시설물, 가공선이나 현장 장애물의 상세

⑥ 현장 반입 물품들의 치수 및 무게 제한

⑦ 현장 내와 주변의 특이한 환경문제와 기후조건

⑧ 작업에 영향을 주거나 또는 받는 인접 구조물의 정보

⑨ 다른 공정과의 협력 작업을 위한 사전에 조율된 작업절차

⑩ 구조물의 적재하중, 강풍, 지진, 적설하중에 대한 안전성

⑪ 부재 낙하 방지 및 작업원의 추락 방지 등 안전대책

⑫ 강재작업 시 허용 가능한 최대 가설 및 적재하중

⑬ 합성구조 가설 시 콘크리트 타설 관리

127) KCS 14 31 30 조립 및 설치(3.1), 국토교통부, 한국강구조학회, 2019.

2) 강구조 기둥 및 기초부 세우기 순서

(1) 강구조 기둥 공사의 작업 순서

① 현장 시공도 작성
② 중심 내기
③ 앵커볼트 매립
④ 기둥 밑바닥 레벨링(Leveling) 조정
⑤ 세우기 기계 준비
⑥ 부재반입
⑦ 세우기
⑧ 세우기 검사
⑨ 본접합
⑩ 접합부 검사
⑪ 도장
⑫ 완성

(2) 강구조 기초부 세우기 순서

① 기둥 중심선 먹매김
② 기초 볼트 위치 재점검
③ 베이스플레이트의 높이 조정용 라이너플레이트(Liner Plate) 고정
④ 기둥 세우기
⑤ 주각부 모르타르 채움

3) 주각

(1) 주각형식의 종류

강구조 기둥 부재와 철근콘크리트 기초와의 접합방법에 따라 다음과 같은 형식이 있다.

종 류	내 용
노출주각	노출주각은 주각을 앵커볼트만으로 고정한 것이다.
보강주각	보강주각은 주각을 기초로부터 연장하고 지상 위로 올라온 콘크리트 기둥에 매립한 것이다.
매립주각	매립주각은 주각을 기초에 매립한다.

(2) 강구조 주각부 명칭

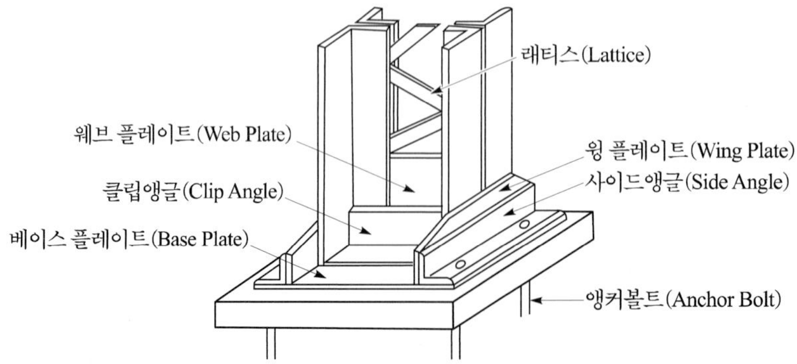

4) 앵커볼트

① 앵커볼트(Anchor Bolt)는 강구조에서 기초에 기둥 밑을 고정하기 위해 사용되는 철물로써 주로 주각부의 인장력과 전단력을 부담한다.

② 앵커볼트 설치 시 베이스플레이트 위치의 콘크리트는 설계도면 레벨보다 -30 mm~-50 mm 낮게 타설하고, 베이스플레이트 설치 후 그라우팅 처리한다.

5) 앵커볼트의 매립공법 (베이스플레이트의 지지공법)

(1) 고정매립공법

고정매립공법은 시공정밀도가 요구되는 곳에 사용되는 공법으로써 앵커볼트를 위치 정확하게 설치한 후 콘크리트를 타설하는 공법이다. 위치수정이 불가능하다.

(2) 가동매립공법

가동매립공법은 앵커볼트의 지름이 클 때 사용되는 공법으로써 앵커볼트의 위치가 콘크리트 타설 후 조정할 수 있도록 볼트 상부에 얇은 철판 통을 넣거나 스티로폼 등으로 보호하는 방법이다. 이동식매립공법이라고도 한다.

(3) 나중매립공법

나중매립공법은 경미한 공사에 사용되는 공법으로써 앵커볼트를 묻을 구멍을 내두었다가 나중에 고정하는 공법으로 앵커볼트 지름이 작을 때 사용한다.

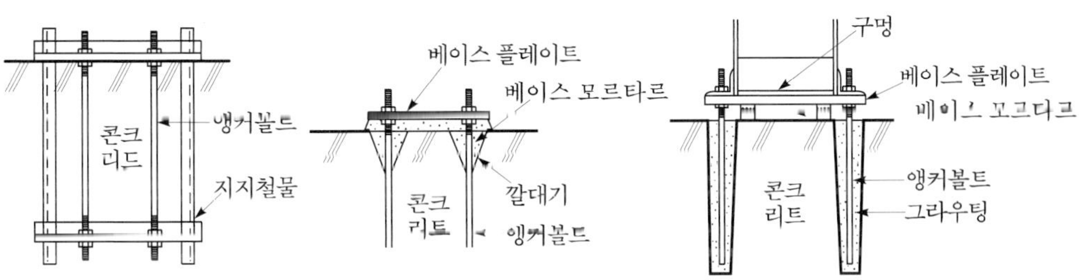

고정 매립공법　　가동 매립공법　　나중 매립공법

6) 기초상부 고름질(기둥 밑창고르기)

(1) 전면바름 마무리법

전면바름 마무리법은 기둥 밑면의 주위에 30 mm 이상 넓게 지정된 높이로 수평으로 베이스모르타르(Base Mortar)를 바르고 경화 후 세우기를 한다.

(2) 나중채워넣기 중심 바름법

나중채워넣기 중심 바름법은 기둥 밑면의 중심부만 지정높이만큼 수평으로 베이스모르타르를 바르고 기둥을 세운 후, 사방에서 모르타르를 다져 넣는 방법이다.

(3) 나중채워넣기 +자 바름법

나중채워넣기 +자 바름법은 기둥 밑면에서 대각선 방향 +자형으로 지정높이만큼 수평으로 베이스모르타르를 바르고 기둥을 세운 후, 그 주위에 모르타르를 다져 넣는 방법이다.

(4) 나중채워넣기법

나중채워넣기법은 베이스플레이트 중앙에 구멍을 낼 수 있을 때에 채용되는 방법으로 기초 위의 베이스플레이트 4귀에 와셔 등 철판 고임을 써서 높이 및 수평조절을 하고 기둥을 세운 후 베이스모르타르를 베이스플레이트의 중앙부 구멍에 다져 넣는 것이다.

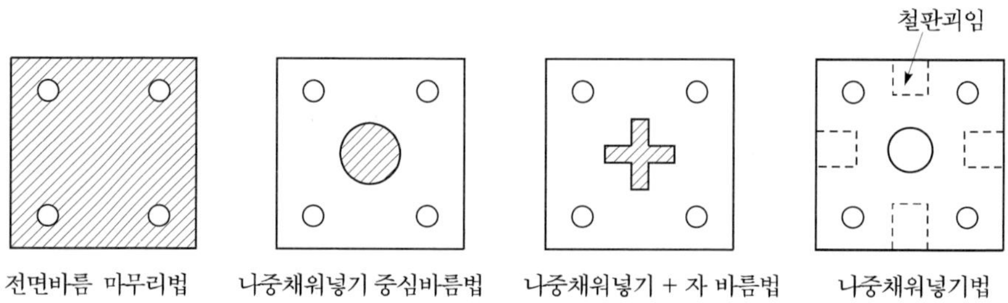

기초상부 고름질

7) 베이스모르타르

① 베이스모르타르(Base Mortar)는 강구조 기둥의 베이스플레이트(밑창판)와 기초 사이에 까는 높이 조정용 모르타르로써 무수축모르타르로 한다.
② 모르타르의 두께는 30 mm 이상, 50 mm 이내이다.
③ 모르타르의 크기는 200 mm 각 또는 지름 200 mm 이상이다.
④ 베이스모르타르는 강구조물 설치 전 3일 이상 양생한다.

8) 현장조립 [128)]

(1) 현장가조립 순서

① 현장가조립은 1절마다 기둥, 보의 세우기 순서를 결정하고 부재를 반입하도록 한다.

128) KCS 14 31 30 조립 및 설치(3.3), 국토교통부, 한국강구조학회, 2019.

② 본 볼트 조임은 1단계 조임에서 표준볼트장력의 80 % 정도로 조임 한 후, 2단계 조임에서 표준볼트장력으로 조임 한다.

(2) 가볼트 조임

가볼트 조임은 강구조 설치에 있어 본조임 및 현장용접 시까지 예상하중에 대해 설치가구의 변형 및 도괴를 방지하기 위하여 볼트를 이용해 조이는 것이다.

(3) 볼트의 현장반입검사

① 볼트의 현장 조임 전에 볼트의 현장반입검사를 실시한다.
② 반입검사를 위한 볼트의 조임은 1차조임, 마킹(금매김), 본조임의 순서에 따라 조임 한다.
③ 1차조임은 토크렌치를 이용한다.
④ 1차조임 후 볼트, 너트, 와셔 및 축력계의 판까지 마킹(금매김)한다.
⑤ 본조임은 고장력볼트용 전동렌치를 사용한다.

(4) 볼트의 현장시공

① 볼트 조임 작업 전에 마찰접합면의 흙, 먼지, 유해한 도료, 유류, 녹, 밀스케일 등의 불순물을 제거한다.
② 1군의 볼트 조임은 중앙부에서 가장자리 순으로 한다.
⑤ 현장 조임은 1차조임, 마킹(금매김), 2차조임(본조임), 육안 검사 순으로 한다.
⑥ 1차조임은 토크렌치 또는 임팩트렌치 등을 이용해 접합부재가 충분히 밀착되도록 한다.
⑦ 본조임은 고장력볼트 전용 전동렌치를 사용한다.
⑧ 각 볼트군에 대한 볼트 수의 10 % 이상 또한 최소 1개 이상에 대해 조임 검사를 실시한다.

(5) 현장용접

① 용접에 앞서 청소를 실시하여 불순물을 제거한다.
② 현장조건이 0 ℃ 이하 또는 습도가 높은 경우에는 반드시 예열을 실시한다.
③ 예열은 기둥과 기둥의 이음부 및 기둥과 보의 접합부에서 약 100 mm 너비로 중점적으로 실시한다.
④ 건설공사의 현장용접은 주로 피복아크용접, 가스실드아크용접 등을 이용한다.

3. 강구조물 세우기 기계

1) 세우기 기계의 선정 시 필요사항 및 양중계획 시 고려사항

세우기 기계의 선정 시 필요사항	양중계획 시 고려사항
① 강구조의 총중량 ② 기둥, 보의 크기와 중량 ③ 재료 보관소와 세우기 현장과의 거리 ④ 세우기 기계의 설치장소 ⑤ 기계의 반입방법 검토	① 주변 교통 사항 ② 적정 양중기 선택 ③ 수평 운반계획 ④ 자재 야적장 확보 ⑤ 안전관리를 병행한 양중 계획

2) 종류

종 류	내 용
가이데릭 (Guy Derrick)	① 가이데릭은 가장 많이 사용되는 기중기이다. ② 능력이 좋고, 세우기뿐만 아니라 공사전체 운영에도 유효하다. ③ 가이(Guy)의 수는 6~8개이다. ④ 붐(Boom)의 회전범위는 360°이다. ⑤ 당김줄은 지면과 45° 이하가 되도록 한다. ⑥ 붐의 길이는 마스터(Master)보다 3~5 m 짧게 한다.
스티프레그데릭 (Stiff Leg Derrick)	① 스티프레그데릭은 건물층수가 적은 긴 평면에 사용된다. ② 당김줄을 마음대로 맬 수 없을 때 유리하다. ③ 회전범위는 270°이다. ④ 붐의 길이는 마스터(Master)보다 길다.
타워크레인 (Tower Crane)	① 타워크레인은 높은 철탑에 경사 또는 수평지브가 있는 이동식 크레인으로 양중작업에 적합하다. ② 유압잭을 이용하여 Self Climbing으로 건물 높이에 따라 상층부로 올라가 작업한다. ③ 고양정과 광범위한 작업에 적합하다.
트럭크레인 (Truck Crane)	트럭크레인은 자주, 자립할 수 있으며, 기동력이 좋고 대규모 공장 건축에 적합하다.
진폴 (Gin Pole)	진폴은 소규모 또는 가이데릭으로 할 수 없는 옥탑 등의 돌출부에 쓰이고 중량재료를 달아 올리기에 적합하다.

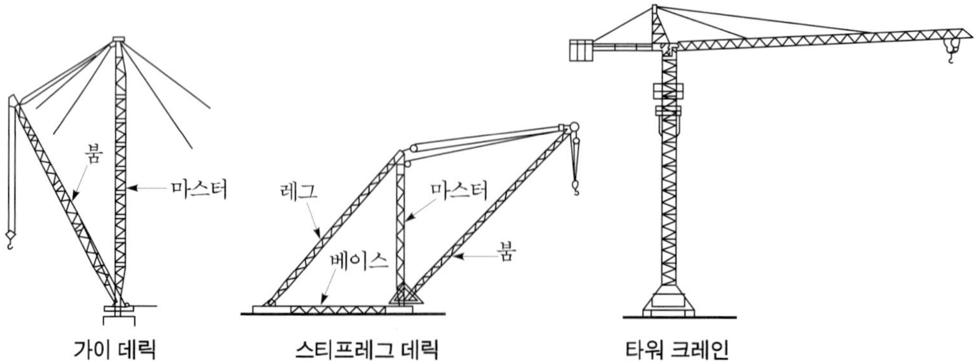

가이 데릭 스티프레그 데릭 타워 크레인

2 강구조의 도장 및 내화피복

1. 도장

1) 개요

① 강구조의 도장은 강구조에서 장기간 녹막이 효과를 유지할 목적으로 강구조물에 실시하는 방청도장이다.

② 건축물의 강재 부분은 방식 및 미관을 위하여 방청도료를 사용한다.

2) 방청도장(녹막이도장)

(1) 바탕만들기

방청도장 전에 반드시 바탕만들기(표면처리)를 한다.

(2) 방청도장 횟수

① 처음 1회째의 방청도장은 가공장에서 조립 전에 도장한다.

② 화학처리를 하지 않는 것은 표면처리 직후에 도장한다.

③ 부득이하게 조립 후에 도장 할 때에는 조립하면 밀착되는 면은 1회, 도장이 곤란하게 되는 면은 1~2회씩 조립 전에 도장한다.

(3) 방청도장 하기 전 금속표면의 오염물 처리

① 강재면의 도장공사 시 금속표면에 붙어 있는 유지나 녹, 흑피, 기계유 등의 오염물을 사전에 제거하여야 한다.

② 오염물 제거도구로는 와이어브러시, 샌드블라스트, 연마지 등이 사용된다.

주1 샌드블라스트(Sand Blast)는 강재의 표면에 모래 기타 연마제를 물이나 압축공기로 노즐을 통해 고속 분출하여 녹이나 밀스케일 등을 없앨 수 있는 것이다.

주2 밀스케일(Mill Scale)은 강재가 냉각될 때 표면에 생기는 산화철 표피이다.

3) 도장 방법 129)

① 도장 방법으로는 뿜도장(스프레이도장), 붓도장 또는 롤러도장 등이 있으며, 일반적으로 뿜도장을 실시한다.

② 뿜도장은 에어스프레이 또는 에어리스스프레이로 한다.

129) KCS 14 31 40 도장(3.8), 국토교통부, 한국강구조학회, 2019.

③ 뿜도장 거리는 뿜도장면에서 300 mm를 표준으로 한다.

④ 항상 평행이동하면서 운행의 한 줄마다 뿜도장 1/3정도를 겹쳐 뿜는다.

⑤ 각 회의 뿜도장 방향은 전회의 방향에 직각으로 한다.

⑥ 매 회의 에어스프레이는 붓도장과 동등한 정도의 두께로

⑦ 1회에 2회분의 도막 두께를 도장하지 않는다.

4) 도장작업 시의 기후조건

① 도장작업은 대기온도 5 ℃ 이상, 상대습도 85 % 이하인 조건에서 작업한다.

② 소지 표면온도는 이슬점 온도보다 3 ℃ 이상 높아야 한다.

주1 소지는 구조체의 주체를 이루는 부분이다.

5) 도장의 작업 중지 조건 130)

① 작업 장소의 온도가 5 ℃ 미만, 43 ℃ 이상인 경우

② 작업 장소의 상대습도가 85 % 초과인 경우

③ 소지 표면온도가 이슬점 온도보다 3 ℃ 미만인 경우

④ 옥외에서 시공 시 강풍, 비, 눈, 이슬이 내리는 환경의 경우

⑤ 도장작업 시 주위에서 용접작업 등 불꽃을 유발할 수 있는 작업의 경우

6) 녹막이도장 제외부분

① 콘크리트와 접하거나 매립되는 부분

② 고장력볼트 접합부의 마찰면

③ 현장용접부에서 양측 100 mm 이내

④ 밀폐된 폐쇄형 단면의 내면

⑤ 내화피복재의 접착면

⑥ 밀착 또는 회전하는 기계 깎기 마무리면

⑦ 강구조물의 조립에 의해 맞닿는 면

130) KCS 14 31 40 도장(3.10), 국토교통부, 한국강구조학회, 2019.

2. 내화피복

1) 개요

강구조의 구조용 강재는 화재로 인해 온도가 500~600 ℃ 정도 되면 강재의 강도와 탄성계수는 상온의 1/2이 되어 강구조는 변형되고 붕괴된다. 강구조에서 화재 등으로 인한 강재의 온도상승을 막고 고열로부터 보호하기 위해 내화피복을 한다.

2) 내화피복의 종류 131)

(1) 도장공법

종 류	내 용	사용 재료
내화도료공법	발포성 내화도료를 강재의 표면에 도장하여 내화피복을 한다.	팽창성 내화도료

(2) 습식공법

종 류	내 용	사용 재료
타설 공법	강재의 주위에 경량골재콘크리트나 기포모르타르 등 내화 및 단열성능이 우수한 재료로 타설하여 내화피복을 한다.	콘크리트, 경량골재콘크리트
조적 공법	콘크리트블록, 경량골재콘크리트블록, 돌, 벽돌 등을 쌓는다.	벽돌, 콘크리트블록, 경량골재콘크리트블록, 돌
미장 공법	강재의 주위에 메탈라스 등을 시공설치하고 경량골재콘크리트 또는 플라스터 등을 발라 내화피복을 한다.	철망 모르타르, 철망 펄라이트모르타르
뿜칠 공법	① 공장 생산된 내화재료를 현장에서 물과 혼합한 후 강구조 부재의 표면에 일정한 두께로 뿜칠 하여 내화피복을 한다. ② 내화재 뿜칠 시와 완료 후 건조될 때까지 주위온도가 4 ℃ 이상 되어야 한다.	뿜칠 암면, 뿜칠 모르타르, 뿜칠 플라스터

(3) 건식공법

종 류	내 용	사용 재료
성형판 붙임공법	내화 단열성능이 우수한 경량의 각종 성형판을 강구조 주위에 붙여 시공한다.	ALC판, 석면시멘트판, 프리캐스트콘크리트판, 석면규산 칼슘판, 경량석고판
휘감기공법	-	-
세라믹울 피복공법	세라믹울을 강구조 주위에 붙여 내화피복을 한다.	세라믹 섬유 블랭킷

131) KCS 14 31 50 내화피복(2.1), 국토교통부, 한국강구조학회, 2019.

(4) 합성공법

종 류	내 용	사용 재료
합성 공법	상기의 방법 중에서 두 종류 이상의 내화피복방법을 복합으로 시공하는 공법이다.	프리캐스트콘크리트판, ALC판

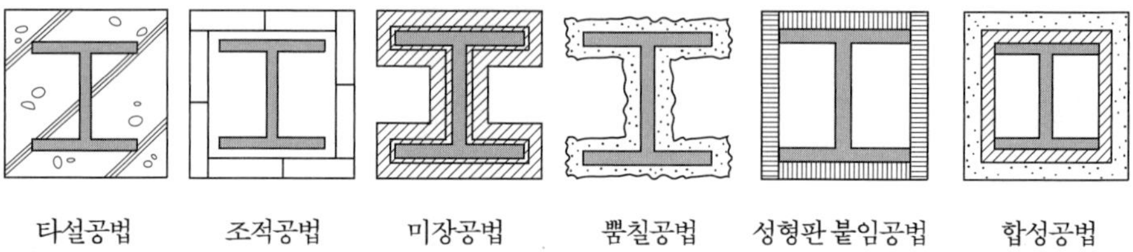

내화피복공법의 종류

3 데크플레이트구조

1. 데크플레이트

데크플레이트(Deck Plate)는 강구조의 보에 걸어 지주 없이 쓰이는 바닥판이며, 거푸집으로 사용될 수 있도록 제작 된 골형 플레이트이다.

2. 스터드볼트

스터드볼트(Stud Bolt)는 데크플레이트가 시공된 후 강구조 보 위에 일정한 간격으로 용접에 의해 설치되는 볼트로써 데크플레이트와 강구조 보가 일체가 되도록 한다.

4 기타

1. 경량형강구조

1) 개요

경량형강구조는 두께가 6 mm 이하로 얇고, 너비가 일정한 강판을 단면성능이 좋도록 접어 만든 경량형강재를 이용한 구조이다.

2) 특징

장 점	단 점
① 중량, 단면적에 비해 단면효율이 높다. ② 저렴하고, 경제적이다. ③ 경량으로 자중이 경감된다.	① 집중응력에 대해 열간성형강보다 약하다. ② 두께가 얇아 국부좌굴, 국부변형 및 부재의 비틀림이 생기기 쉽다. ③ 부식에 약하다(방청처리가 중요). ④ 부재로 사용할 때는 압축력에 약하므로 복합재를 설계해야한다.

2. 강관구조

1) 개요

강관구조는 강관 파이프를 사용한 구조로 경량이고 외관이 미려하며 부재의 형상이 단순하고 공사비가 적게 든다. 파이프구조라고도 한다.

2) 특징

장 점	단 점
① 폐쇄형 단면이므로 모든 방향의 강도가 균등하다. ② 국부좌굴에 강하다. ③ 살두께가 작으면서 휨 효과가 큰 단면을 선택할 수 있다. ④ 좌굴 후의 내력저하가 둔하다. ⑤ 용접된 조립부재는 강재 트러스가 되고 비틀림 강성이 크다.	① 파이프 상호 간의 맞춤과 절단가공이 정확 신속하지 않다. ② 볼트, 리벳접합이 곤란하다. ③ 설계와 용접에 고도의 기술이 필요하다. ④ 강관 자체가 형강에 비하여 값이 비싸다.

3. 콘크리트충전 강관구조

콘크리트충전 강관(CFT, Concrete Filled Tube)구조는 원형 또는 각형강관 내부에 고강도, 고유동화콘크리트를 충전하여 만든 구조(기둥)이다.[132)]

주1 강·콘크리트 샌드위치 부재는 두 장의 강판을 상재로 연결하여 그 사이를 콘크리트로 충전한 구조 부재이다.

주2 강·콘크리트 합성구조는 강재 단일 부재 또는 조립 부재를 철근콘크리트 속에 배치하거나 외부를 감싸게 하여 강재와 철근콘크리트가 합성으로 외력에 저항하는 구조이다.

132) KCS 14 20 70 합성구조콘크리트(1.3), 국토교통부, 한국콘크리트학회, 2021.

필수 연습문제

제21장 현장세우기, 내화피복 및 기타

1. 강구조 세우기공사에서 시공 순서로 가장 적당한 것은 다음 중 어느 것인가?

㉮ 앵커볼트 매립 → 세우기 → 변형 바로잡기 → 볼트 가조임 → 볼트 본조임 → 현장리벳치기 → 리벳검사
㉯ 리벳검사 → 앵커볼트 매립 → 변형 바로잡기 → 세우기 → 볼트 가조임 → 볼트 본조임 → 현장 리벳치기
㉰ 앵커볼트 매립 → 리벳검사 → 변형 바로잡기 → 현장 리벳치기 → 볼트 가조임 → 세우기 → 볼트 본조임
㉱ 앵커볼트 매립 → 세우기 → 볼트 가조임 → 변형 바로잡기 → 볼트 본조임 → 현장 리벳치기 → 리벳검사

1. ㉱
• 강구조 세우기 시공 순서
① 앵커볼트 매립
② 세우기
③ 볼트 가조임
④ 변형 바로잡기
⑤ 볼트 본조임
⑥ 현장 리벳치기
⑦ 리벳검사

2. 강구조부재 각부의 일반적인 접합방법으로 옳지 않은 것은?

㉮ 주각과 베이스플레이트 – 용접
㉯ 기둥과 기둥 – 고장력볼트
㉰ 기둥과 보 – 용접
㉱ 보와 보 – 고장력볼트

2. ㉮
주각과 베이스플레이트의 접합은 앵커볼트를 사용한다.

3. 다음은 강구조 기둥 세우기공사의 세목이다. 순서대로 나열한 것은?

① 베이스플레이트 레벨조정용 Liner Plate 고정
② 기초 볼트 위치 재점검
③ 기둥 중심선 먹매김
④ 기둥 세우기
⑤ 주각 모르타르 채움

㉮ ③→②→①→④→⑤ ㉯ ②→③→①→④→⑤
㉰ ②→③→①→⑤→④ ㉱ ③→①→②→⑤→④

3. ㉮
• 강구조 기초부 세우기 순서
① 기둥 중심선 먹매김
② 기초 볼트 위치 재점검
③ 베이스플레이트의 높이 조정용 Liner Plate 고정
④ 기둥 세우기
⑤ 주각부 모르타르 채움

4. 다음 중 강구조 기둥에서 주각부에 대한 설명으로 틀린 것은?

㉮ 주각부의 인장력은 주각의 연결 리벳이 부담한다.

㉯ 기둥의 직압력을 기초에 전달할 수 있도록 베이스플레이트를 기둥 하부에 단다.

㉰ 주각부의 베이스플레이트의 두께는 휨응력에 저항할 수 있는 두께를 설치한다.

㉱ 주각부에 사용한 앵커볼트는 ø9~32 mm가 많이 쓰인다.

5. 강구조 현장세우기 작업에서 주각형식의 종류가 아닌 것은 어느 것인가?

㉮ 노출주각 ㉯ 보강주각

㉰ 매립주각 ㉱ 고정주각

6. 강구조의 주각부의 구성요소에 해당되지 않는 것은?

㉮ 스티프너 ㉯ 베이스플레이트

㉰ 윙플레이트 ㉱ 클립앵글

7. 강구조공사에서 앵커볼트(Anchor Bolt)의 시공법 분류가 아닌 것은?

㉮ 고정매립공법 ㉯ 가동매립공법

㉰ 나중매립공법 ㉱ 데크플레이트공법

8. 다음 중 강구조공사 시 주각부의 앵커볼트 설치와 관련된 공법은?

㉮ 고름모르타르공법 ㉯ 부분그라우팅공법

㉰ 전면그라우팅공법 ㉱ 가동매립공법

9. 강구조의 주각을 기초에 고정시키는데 나중매립공법을 사용하는 경우는 다음 중 어떤 곳에 해당하는가?

㉮ 구조물이 고층 건물일 경우

㉯ 구조물의 이동조립을 가능하게 하기 위한 경우

㉰ 앵커볼트의 지름이 작은 경우

㉱ 앵커볼트의 지름이 큰 경우

4. ㉮

주각부의 인장력은 앵커볼트가 부담한다.

5. ㉱

주각형식의 종류는 노출주각, 보강주각, 매립주각 등이다.

6. ㉮

웨브(Web)는 전단력을 부담하며 웨브의 단면이 부족할 경우 스티프너(Stiffener)로 보강한다.

7. ㉱

(1) 앵커볼트의 매립공법의 종류
① 고정매립공법
② 가동매립공법
③ 나중매립공법

(2) 데크플레이트는 강구조의 보에 걸어 지주 없이 쓰이는 바닥판이다.

8. ㉱

• 앵커볼트의 매립공법의 종류
① 고정매립공법
② 가동매립공법
③ 나중매립공법

9. ㉰

나중매립공법은 경미한 공사에 사용하며 앵커볼트를 묻을 구멍을 내두었다가 나중에 고정하는 공법으로 앵커볼트 지름이 작을 때 사용한다.

10. 강구조공사의 기초상부 및 고름질 방법에 해당되지 않는 것은?

㉮ 전면바름 마무리법
㉯ 나중채워넣기 중심 바름법
㉰ 나중매립공법
㉱ 나중채워넣기법

11. 다음 중 양중방법과 세우기 순서를 결정하는 요인이 아닌 것은?

㉮ 교통의 조건 ㉯ 건물의 영향 및 규모
㉰ 부지 조건 ㉱ 부재의 형상, 품질

12. 강구조 세우기용 장비계획 시 유의점으로 가장 부적당한 것은?

㉮ 건물의 규모, 형상, 구조 및 강구조 총중량 등을 고려한다.
㉯ 양중 능력은 하루 최저 사용 강구조 부재의 평균값으로 결정한다.
㉰ 공기나 기계사용료 등을 고려한다.
㉱ 터파기 및 콘크리트 타설 공사와의 관계를 고려한다.

13. 다음 중 강구조 세우기에 사용되는 장비가 아닌 것은?

㉮ 배처플랜트 ㉯ 가이데릭
㉰ 트럭크레인 ㉱ 진폴

14. 가이데릭(Guy Derrick)에 대한 기술 중 옳지 않은 것은?

㉮ 주축은 6~8본의 와이어로프로 지지한다.
㉯ 회전 범위는 360°이다.
㉰ 당김줄은 지면과 30° 이하가 되도록 한다.
㉱ 5~7t의 데릭으로 1일 강구조 세우기의 능력은 15~20t 정도이다.

15. 가이데릭(Guy Derrick)에 대한 기술 중 틀린 것은?

㉮ 가이데릭은 1본의 마스트(Mast)의 꼭대기에 6~8개의 와이어 잡아당겨서 마스트를 수직으로 세운다.
㉯ 붐(Boom)의 길이는 마스트의 길이보다 길다.
㉰ 볼 휠(Ball Wheel)은 가이데릭에만 있다.
㉱ 붐(Boom)의 회전은 360°이다.

10. ㉰

(1) 기초상부 고름질(기둥 밑 창고르기)
  ① 전면바름 마무리법
  ② 나중채워넣기 중심 바름법
  ③ 나중채워넣기 +자 바름법
  ④ 나중채워넣기법
(2) 앵커볼트의 매립공법(베이스플레이트의 지지공법)
  ① 고정매립공법
  ② 가동매립공법
  ③ 나중매립공법

11. ㉮

교통의 조건 및 주변 교통사항 등은 양중계획 시 고려사항이다.

12. ㉯

양중 능력은 하루 최고 사용 강구조 부재의 평균값으로 결정한다.

13. ㉮

배처플랜트는 콘크리트공사에서 물, 시멘트, 골재 등을 정확하고 능률적으로 자동 계량하여 혼합하여 주는 기계설비이다.

14. ㉰

가이데릭의 당김줄은 지면과 45° 이하가 되도록 한다.

15. ㉯

가이데릭은 가장 많이 사용되는 기중기이며 능력이 좋고, 세우기뿐만 아니라 공사 전체 운영에도 유효하다. 붐의 길이는 마스터보다 3~5 m 짧게 한다.

16. 강구조 세우기용 기계설비에서 수평이동이 용이하고 또 건물의 층수가 적고 긴 평면일 때 또는 당김줄을 마음대로 맬 수 없을 때 유리한 것은?

㉮ 스티프레그데릭(Stiff Leg Derrick)
㉯ 가이데릭(Guy Derrick)
㉰ 타워크레인(Tower Crane)
㉱ 진폴(Gin Pole)

16. ㉮
스티프레그데릭은 건물층수가 적은 긴 평면에 사용된다.

17. 다음 건설기계 중 강구조 세우기 작업 시 강구조 부재 양중에 적합한 것은?

㉮ 타워크레인(Tower Crane)
㉯ 와이어클리퍼(Wire Clipper)
㉰ 드래그라인(Drag Line)
㉱ 콘베이어(Conveyer)

17. ㉮
타워크레인은 높은 철탑에 경사 또는 수평지브가 있는 이동식 크레인으로 양중작업에 적합하다.

18. 소규모 강구조공사에 많이 사용되며, 또한 중량재료를 달아 올리기에 편리하며, 폴데릭(Pole Derrick)이라고도 명명되는 것은?

㉮ 가이데릭 ㉯ 삼각데릭
㉰ 진폴 ㉱ 타워크레인

18. ㉰
진폴은 소규모 또는 가이데릭으로 할 수 없는 옥탑 등의 돌출부에 쓰이고 중량재료를 달아 올리기에 적합하다.

19. 강구조 세우기에 사용되는 장비가 아닌 것은?

㉮ 배처플랜트 ㉯ 가이데릭
㉰ 트럭크레인 ㉱ 진폴

19. ㉮
배처플랜트는 배칭플랜트와 믹싱플랜트 등과 같은 이들 각 설비를 기능적으로 구성한 것이다.

20. 다음 설명이 의미하는 공법으로 옳은 것은?

> 비리 공상 생산한 기둥이나 보, 바닥판, 외벽, 내벽 등을 한 층씩 쌓아 올라가는 조립식으로 구체를 구축하고 이어서 마감 및 설비공사까지 포함하여 차례로 한 층씩 완성해 가는 공법

㉮ 하프 PC합성바닥판공법 ㉯ 역타공법
㉰ 적층공법 ㉱ 지하연속벽공법

20. ㉰
적층공법은 각 층별로 전체 평면에 걸쳐 쌓아 올라가는 공법이다.

21. 공장에서 가공 또는 조립을 완료한 강구조 부재에 대하여 녹막이도장을 하여야 할 곳은?

㉮ 조립에 의하여 맞닿는 면
㉯ 콘크리트에 매립되지 않는 부분
㉰ 현장용접하는 부분
㉱ 고장력볼트 마찰 접합부의 마찰면

22. 강구조공사 접합 중 용접에 관한 주의사항으로 옳지 않은 것은?

㉮ 현장용접을 하는 부재는 그 용접부위에 얇은 에나멜도료를 도장하되, 이밖에 다른 도장을 해서는 안 된다.
㉯ 용접봉의 교환 또는 다층용접일 때에는 먼저 슬래그를 제거하고 청소한 후 용접한다.
㉰ 용접할 소재는 용접에 의한 수축변형이 생기고, 또 마무리 작업도 고려해야하므로 치수에 여분을 두어야 한다.
㉱ 용접이 완료되면 슬래그 및 스패터를 제거하고 청소한다.

23. 강구조공사의 녹막이도장을 하지 않는 부분에 해당되지 않는 것은?

㉮ 현장 용접을 하는 부위
㉯ 콘크리트에 매립되지 않는 부분
㉰ 고장력볼트 마찰접합부의 마찰면
㉱ 조립에 의하여 면 맞춤되는 부분

24. 강구조공사의 접합에 관한 설명으로 옳지 않은 것은?

㉮ 고장력볼트접합의 종류에는 마찰접합, 지압접합이 있다.
㉯ 녹막이도장은 작업 장소 주위의 기온이 5 ℃ 미만이거나 상대습도가 85 %를 초과할 때는 작업을 중지한다.
㉰ 강구조가 콘크리트에 묻히는 부분은 특히 녹막이도장을 잘해야 한다.
㉱ 용접접합에 대한 비파괴시험의 종류에는 자분탐상시험, 초음파탐상시험 등이 있다.

21. ㉯

• 녹막이도장 제외부분
① 콘크리트와 접하거나 매립되는 부분
② 고장력볼트 접합부의 마찰면
③ 현장용접부에서 양측 100 mm 이내
④ 밀폐된 폐쇄형 단면의 내면
⑤ 내화피복재의 접착면
⑥ 밀착 또는 회전하는 기계 깎기 마무리면
⑦ 강구조물의 조립에 의해 맞닿는 면

22. ㉮

현장용접부에서 양측 100 mm 이내 부분은 녹막이도장 제외부분이다. 따라서 용접부위에 에나멜도료를 도창하지 않는다.

23. ㉯

강구조물이 콘크리트와 접하거나 매립되는 부분은 녹막이도장 작업 제외부분이다.

35. ㉰

강구조물이 콘크리트와 접하거나 매립되는 부분은 녹막이도장 작업 제외부분이다.

25. 다음 강구조공사에 관한 설명 중 틀린 것은?

㉮ 리벳은 1,100 ℃를 넘지 않도록 가열하여 사용하고, 600℃이하로 식은 후에 치지 않도록 한다.

㉯ 용접공작시 기온이 0 ℃ 이하일 때는 작업을 중지한다.

㉰ 강구조물이 콘크리트에 밀착 또는 매립되는 부분은 특히 녹막이도장을 잘 해야 한다.

㉱ 파이프구조로 시공 할 경우는 형강에 비하여 경량이며 외관이 경쾌, 미려하고 도장 면적도 적어 공사비가 절감된다.

25. ㉰

강구조물이 콘크리트와 접하거나 매립되는 부분은 녹막이도장 작업 제외부분이다.

26. 다음 강구조공사에 관한 설명 중 틀린 것은 어느 것인가?

㉮ 리벳치기에서 리벳은 900~1,000 ℃로 가열한 것을 사용하고, 600 ℃ 이하로 냉각된 것은 사용할 수 없다.

㉯ 방청도장은 작업 장소의 온도가 5 ℃ 이하, 또는 상대습도가 80 % 이상일 때는 작업을 중지한다.

㉰ 강구조물이 콘크리트에 묻히는 부분은 특히 녹막이도장을 잘 해야 한다.

㉱ 볼트접합은 일반적으로 처마높이 9 m 이하이고 스팬이 13 m 이하의 건축물에서 사용한다.

26. ㉰

강구조물이 콘크리트와 접하거나 매립되는 부분은 녹막이도장 제외부분이다.

27. 강구조공사에 사용되는 강구조 부재의 녹막이도장으로써 가장 부적당한 것은?

㉮ 일부를 제외한 대부분 강구조 부재는 공장가공 또는 조립 후 즉시 녹막이도장을 실시하여야 한다.

㉯ 일반적으로 고장력볼트 마찰 접착부는 녹막이도장 2회를 실시한다.

㉰ 장기간 우로(雨露)에 노출되는 곳은 보일유를 도장한다.

㉱ 주위사항에 따라 특히 주의가 요구되는 부분은 공장도장을 2회로 지정할 수 있다.

27. ㉯

고장력볼트 접합부의 마찰면은 녹막이도장 작업 제외부분이다.

28. 강구조공사에 관한 설명으로 옳지 않은 것은?

㉮ 고장력볼트 접합부는 부식하기 쉬우므로 방청도장을 하여야 한다.

㉯ 볼트 조임에는 임팩트렌치, 토크렌치 등을 사용한다.

㉰ 강구조는 화재에 의한 강성저하가 심하므로 내화피복을 하여야 한다.

㉱ 용접부 비파괴검사에는 침투탐상법, 초음파탐상법 등이 있다.

28. ㉮

고장력볼트 접합부의 마찰면은 녹막이도장 작업 제외부분이다.

29. 강구조공사에 관한 사항 중 옳지 않은 것은?

㉮ 볼트 접합부는 부식하기 쉬우므로 방청도장을 하여야 한다.
㉯ 볼트 조임에는 임팩트렌치, 토크렌치 등을 사용한다.
㉰ 강구조물은 화재에 의한 강성저하가 심하므로 내화피복을 하여야 한다.
㉱ 용접 후 용접부의 안전성을 확인하기 위한 비파괴검사에는 침투탐상법, 초음파 탐상법 등이 있다.

29. ㉮
고장력볼트 접합부의 마찰면은 녹막이도장(방청도장) 작업 제외부분이다.

30. 공장에서 가공조립을 완료한 강구조 부재에 대하여 녹막이도장을 하지 않는 부분에 해당되지 않는 것은?

㉮ 콘크리트에 매립되는 부분
㉯ 리벳머리
㉰ 고장력 볼트 마찰 접합부의 마찰판
㉱ 현장용접을 하는 부분

30. ㉯
리벳머리는 녹막이도장 작업 제외부분이 아니다.

31. 강구조공사에서 녹막이도장을 하지 않는 부위와 거리가 먼 것은?

㉮ 콘크리트에 밀착 또는 매립되는 부분
㉯ 폐쇄형 단면을 한 부재의 외면
㉰ 조립에 의해 서로 밀착되는 면
㉱ 현장용접을 하는 부위 및 그곳에 인접하는 양측 100 mm 이내

31. ㉯
밀폐된 폐쇄형 단면의 내면은 녹막이도장 작업 제외부분이다.

32. 강구조 부재의 내화피복에 관한 설명으로 가장 부적당한 것은 다음 중 어느 것인가?

㉮ 뿜도장공법은 큰 면적을 단 기간에 시공 할 수 있다.
㉯ 성형판붙임공법은 주로 기둥과 보에 이용된다.
㉰ 복합 내화공법은 내화단열의 역할과 마감의 기능을 함께 하는 것으로 성형판용 ALC패널도 그 일종이다.
㉱ 구조용 강구조의 온도가 500~600 ℃로 되면 강재의 강도 및 탄성계수는 상온 시의 80 % 전후의 값이 된다.

32. ㉱
구조용 강구조의 온도가 500~600 ℃로 되면 상온 인장강도 및 항복강도의 1/2로 감소된다.

33. 강구조공사의 내화피복공법에 해당하지 않는 것은?

㉮ 타설공법 ㉯ 뿜도장공법
㉰ 미장공법 ㉱ 다지기공법

34. 강구조의 내화피복공법과 가장 거리가 먼 것은?

㉮ 성형판붙임공법 ㉯ 미장공법
㉰ 뿜도장공법 ㉱ 심초공법

35. 강구조 구조물에서 피난에 필요한 일정시간 동안 강구조재의 온도가 상승하지 않도록 하는 내화피복공법이 아닌 것은?

㉮ 락울뿜칠공법 ㉯ 방청처리공법
㉰ ALC판 붙이기공법 ㉱ 타설공법

36. 암면을 주재료로 하는 습식 뿜도장공법의 장점으로 부적합한 것은 다음 중 어느 것인가?

㉮ 뿜도장 층의 균일성을 확보할 수 있다.
㉯ 작업성이 좋다.
㉰ 복잡한 형상의 부재에도 적용 가능하다.
㉱ 다른 구법에 비해 경제성이 있다.

37. 내화피복공사를 뿜칠공법으로 시공 시 필수 확인 항목이 아닌 것은?

㉮ 두께의 확인 ㉯ 밀도의 확인
㉰ 부착강도의 확인 ㉱ 방청도장 제거 확인

33. ㉱

• 내화피복공법의 종류
(1) 도장공법
내화도료공법
(2) 습식공법
① 타설공법
② 조적공법
③ 미장공법
④ 뿜도장공법
(3) 건식공법
① 성형판붙임공법
② 휘감기공법
③ 세라믹울 피복공법
(3) 합성공법

34. ㉱

심초공법은 구체흙막이지보공공법에서 우물통공법 중 하나이다.

35. ㉯

방청처리공법은 강구조 및 경량형강구조 등에서 부식을 방지하기 위한 공법이다.

36. ㉮

뿜도장공법은 뿜도장 층의 균일성을 확보하기 곤란하여 피복두께의 관리가 곤란하다.

37. ㉱

내화피복공사의 뿜칠공법에서 방청도장 제거는 시공 시 필수 확인 항목이 아니다.

38. 강구조 내화피복공법에 관한 설명으로 가장 부적당한 것은?

㉮ 타설공법 : 강재의 주위에 경량골재콘크리트 등을 타설하는 공법이다.

㉯ 도장공법 : 강구조 부재의 주위에 메탈라스 등을 배치하여 경량모르타르 또는 플라스터 등을 바르는 공법이다.

㉰ 뿜도장공법 : 접착제를 도장한 강구조 부재의 표면에 내화피복제를 뿜어서 피복을 행하는 공법이다.

㉱ 성형판붙임공법 : 공장 생산된 내화피복판을 이용하는 공법으로 공기단축에는 효과가 없다.

38. ㉯

미장공법은 강재의 주위에 메탈라스 등을 시공설치하고 경량골재콘크리트 또는 플라스터 등을 발라 내화피복 한다.

39. 사무실 용도의 건물에서 강구조의 슬래브 바닥재로 일반적으로 사용되는 것은?

㉮ 데크플레이트 ㉯ 커버플레이트

㉰ 거셋플레이트 ㉱ 베이스플레이트

39. ㉮

데크플레이트는 강구조의 보에 걸어 지주 없이 쓰이는 바닥판이며, 거푸집으로 사용될 수 있도록 제작 된 골형 플레이트이다.

40. 철근콘크리트 슬래브와 강구조 보가 일체로 되는 합성구조에 관한 설명 중 옳지 않은 것은?

㉮ 시어커넥터가 필요하다.

㉯ 바닥판의 강성을 증가시키는 효과가 크다.

㉰ 자재를 절감하므로 경제적이다.

㉱ 경간이 작은 경우에 주로 적용한다.

40. ㉱

합성구조는 경간이 큰 경우에 주로 적용한다.

41. 경량형강의 특성이 아닌 것은 다음 중 어느 것인가?

㉮ 응력집중에 대하여 약하다.

㉯ 판에 국부좌굴이 생기기 쉽다.

㉰ 중량 및 단면적에 비하여 단면효율이 높다.

㉱ 비틀림에 대하여 강하다.

41. ㉱

경량형강은 두께가 얇아 국부좌굴, 국부변형 및 부재의 비틀림이 생기기 쉽다.

42. 다음 중 경량형강재의 특징에 관한 설명으로 옳지 않은 것은?

㉮ 경량형강재는 중량에 대한 단면 계수, 단면 2차 반경이 큰 것이 특징이다.

㉯ 경량형강재는 일반구조용 열간압연 한 일반형 강재에 비하여 단면형이 크다.

㉰ 경량형강재는 판 두께가 얇지만 판의 국부좌굴이나 국부변형이 생기지 않아 유리하다.

㉱ 일반구조용 열간압연 한 일반형 강재에 비하여 부재두께가 얇고 강재량이 적으면서 휨강도는 트고 좌굴 강도도 유리하다.

42. ㉰

경량형강재는 일반구조용 열간압연 한 일반형 강재에 비하여 단면형이 작다.

43. 파이프구조공사에 관한 기술 중 옳지 않은 것은?

㉮ 파이프는 형강에 비하여 강도가 크다.

㉯ 파이프의 부재형상은 복잡하여 공사비가 증대된다.

㉰ 파이프구조는 대규모의 공장, 창고, 체육관, 동·식물원 등에 이용된다.

㉱ 파이프구조는 경량이며 외관이 경쾌하나 접합부의 절단가공이 어렵다.

43. ㉯

강관구조(파이프구조)는 강관 파이프를 사용한 구조로 경량이고 외관이 미려하며 부재의 형상이 단순하다.

44. 파이프구조공사의 특징으로 옳지 않은 것은?

㉮ 경량이며 외관이 경쾌 미려하다.

㉯ 부재형상이 복잡하여 도장면적도 많다.

㉰ 접합부의 절단가공이 어렵다.

㉱ 접합부 부품이 복잡하여지는 난점이 있다.

44. ㉯

강관구조(파이프구조)는 강관파이프를 사용한 구조로 경량이고 외관이 미려하며 부재의 형상이 단순하여 도장면적이 적다.

45. 파이프구조에 관한 설명으로 옳지 않은 것은?

㉮ 파이프구조는 경량이며, 외관이 경쾌하다.

㉯ 파이프구조는 대규모의 공장, 창고, 체육관, 동·식물원 등에 이용된다.

㉰ 접합부의 절단가공이 어렵다.

㉱ 파이프의 부재형상이 복잡하여 공사비가 증대된다.

45. ㉱

파이프구조는 부재의 형상이 단순하고 공사비가 적게 든다.

46. 강구조 기둥에서 세장한 기둥의 단면계산에 있어 세장비에 따라 그 허용응력도가 달라지는 것은 다음 현상 중 어느 것에 해당되는가?

㉮ 처짐현상
㉯ 진동현상
㉰ 전단현상
㉱ 좌굴현상

47. 건축물이 초고층화, 대형화됨에 따라 발생되는 기둥축소량(Column Shortening)의 방지대책으로 적합하지 않은 것은?

㉮ 구조설계 시 변위 발생량에 대해 여유 있게 산정한다.
㉯ 전체 건물의 층을 몇 절(Tier)로 등분하여 변위차이를 최소화한다.
㉰ 가조립 시 위치별, 단면크기별 등 변위를 충분히 발생시킨 후 본조립 한다.
㉱ 시공 시 발생되는 변위를 최대한 보정한 후 실시한다.

46. ㉱

좌굴은 가늘고 긴, 즉 세장(細長)한 부재(일반적으로 기둥)의 양단에 압축하중이 가해졌을 경우, 하중이 어느 크기에 이르면 부재가 갑자기 휘는 현상이다.

47. ㉮

① 기둥축소량은 건축물이 초고층화, 대형화됨에 따라 강구조 기둥의 높이 증가와 하중의 증가로 인해 수직하중이 증대되어 발생되는 기둥의 수축량이다.
② 구조설계 시 변위 발생량에 대해 정확히 분석한다.

BUILDING CONSTRUCTION

PART VII

조적공사

제22장 벽돌공사

1 벽돌의 종류

1. 개요

① 벽돌은 점토와 모래를 차지게 반죽하여 틀에 박아서 600~1,100 ℃에서 구워 만들거나, 시멘트와 모래를 혼합 및 성형하여 건조한 표준 크기는 190×90×57 mm의 건축재료이다.

② 벽돌공사는 모르타르라는 결합재를 사용하여 벽돌을 한 장씩 붙여 쌓아가는 조적공사의 일종이다.

2. 벽돌 및 벽돌벽의 종류

1) 벽돌의 종류

구 분	종 류	사용처
보통벽돌	붉은벽돌(소성벽돌), 콘크리트벽돌(시멘트벽돌)	내 력 벽
특수벽돌	이형벽돌, 오지벽돌, 검정벽돌	치 장 용
경량벽돌	중공벽돌, 다공벽돌(공동벽돌)	비내력벽
내화벽돌	산성내화벽돌, 염기성내화벽돌, 중성내화벽돌 등	굴뚝쌓기

2) 벽돌벽의 종류

벽돌벽의 종류	내 용
내력벽 (Bearing Wall)	내력벽은 벽체, 바닥, 지붕 등의 하중을 받아 기초에 전달하는 벽이다.
장막벽 (Curtain Wall)	장막벽은 벽체 자체의 하중만을 받고 자립하면 되는 벽으로 비내력벽이라고도 한다.
중공벽 (Hollow Wall, Cavity Wall)	중공벽은 주로 바깥벽에 방습 또는 방열을 목적으로 중간에 공간을 두어 이중벽으로 쌓는 것이다.

2 재료

1. 벽돌의 품질

1) 벽돌의 양호정도(품질)를 판별하는 요소

① 흡수율 ② 압축강도 ③ 소성도

2) 점토벽돌(붉은벽돌) 133)

종 별	1종	2종	3종
흡수율 (%)	10 이하	13 이하	15 이하
압축강도 (MPa)	24.50 이상	20.59 이상	10.78 이상

주1 점토벽돌과 붉은벽돌 : '벽돌'의 정확한 명칭은 '점토벽돌(Clay Brick)'이다. KS L 4201에서 정의하고 있는 정의는 '점토, 고령토 등을 원료로 하여 혼련, 성형, 건조, 소성시켜 만든 벽돌'이라고 규정하고 있다. 이러한 점토벽돌은 과거에 벽돌의 대부분이 붉은 색을 띠어 붉은벽돌(적벽돌)로 명명되어 사용되었으나 현대에 들어 벽돌의 색상이 다양하게 생산되므로 정확하게는 구분되어야 할 것이다. 또한 콘크리트벽돌(시멘트벽돌), 내화벽돌, 유리벽돌, 내산벽돌 등은 소재나 기능을 붙여 명명한 것이다. 따라서 일반적으로 벽돌이라 함은 '점토벽돌'을 말한다.

3) 콘크리트벽돌(시멘트벽돌) 134)

구 분	기건비중[1]	압축강도 (MPa)	흡수율 (%)
1종 벽돌	-	13 이상	7 이하
2종 벽돌	-	8 이상	13 이상

1) 기건비중은 필요시 이해 당사자 간의 합의에 의하여 측정한다.

2. 벽돌의 규격

(단위 : mm)

구 분	길 이	너 비(폭)	두 께
표준형 (장려형)	190	90	57
기존형 (일반형)	210	100	60

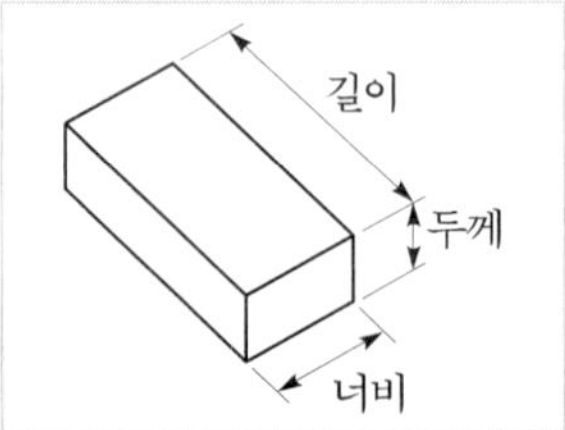

133) KS L 4201, 점토벽돌, 산업표준심의회, 2020.
134) KS F 4004, 콘크리트벽돌, 산업표준심의회, 2013.

3. 벽돌쌓기 규격별 두께

(단위 : mm)

구 분	0.5B	1.0B	1.5B	2.0B
표준형	90	190	290	390
기존형	100	210	320	430

주1 예를 들어 표준형 벽돌의 1.5B의 두께는 190(1.0B)+10(줄눈)+90(0.5B)=290 mm이다.

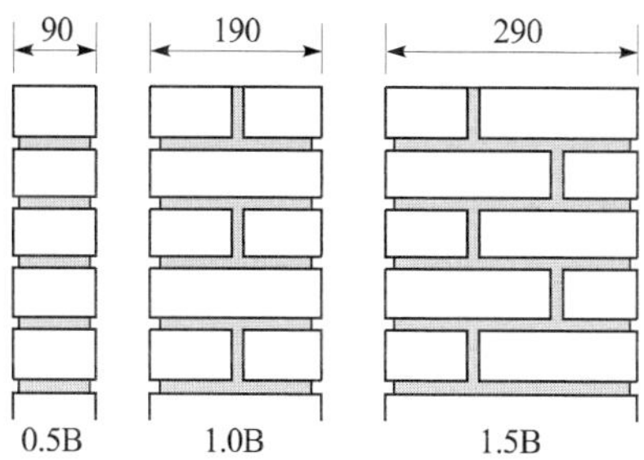

표준형 벽돌벽의 두께

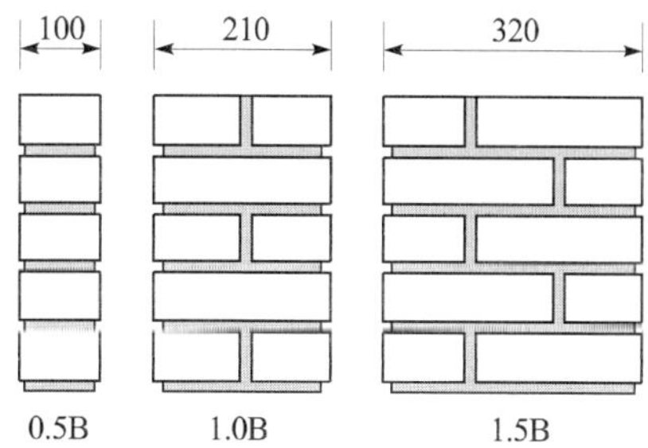

기존형 벽돌벽의 두께

4. 콘크리트벽돌 및 콘크리트블록의 제조 135), 136)

제조 과정	내 용
재료 혼합	믹서 등을 사용하여 원료를 혼합한다.
성 형	벽돌의 성형은 진동 및 압축을 병용하는 방법으로 한다.
양 생 (보 양)	성형 후 습도 약 100 %인 양생실에 넣어 500 ℃ · h(도시) 이상 보존한 후, 실외에 적상하여 통산 4,000 ℃ · h 이상 다습상태로 양생한다.
출 하	양생 후 7일 이상 보관한 뒤 출하하여 사용한다.

135) KS F 4004, 콘크리트벽돌, 산업표준심의회, 2018.
136) KS F 4002, 속빈 콘크리트블록, 산업표준심의회, 2021.

3 벽돌쌓기

1. 기본쌓기

종 류	내 용
길이쌓기	길이쌓기는 길이면이 보이도록 쌓는 것으로써 0.5B 두께의 칸막이벽에 쓰인다.
마구리쌓기	마구리쌓기는 마구리면이 보이도록 하여 1.0B 이상의 두께로 쌓는 것으로써 굴뚝, 사일로 등에 사용된다.
옆세워쌓기	옆세워쌓기는 마구리면이 보이도록 세워 쌓는 것이다.
길이세워쌓기	길이세워쌓기는 길이면이 보이도록 세워 쌓는 것이다.

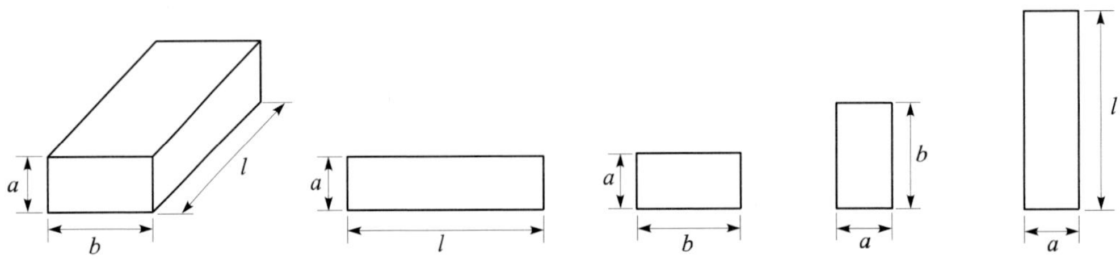

길이쌓기 마구리쌓기 옆세워쌓기 길이세워쌓기

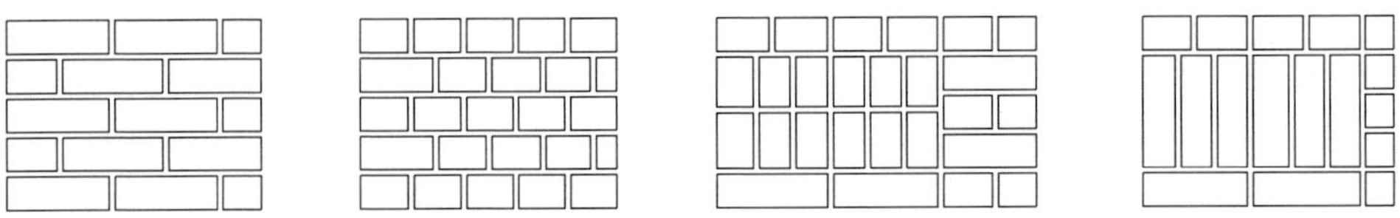

길이쌓기 마구리쌓기 옆세워쌓기 길이세워쌓기

2. 벽돌쌓기방식

1) 일반쌓기

양 식	쌓는 방법	사용 양식	특 징	역 할
영식쌓기	한 켜 길이쌓기, 한 켜 마구리쌓기	모서리 끝 벽 이오토막 또는 반절 사용	통줄눈이 생기지 않는다. 가장 튼튼한 쌓기법이다.	내력벽
화란식쌓기 (네덜란드식)	한 켜 길이쌓기 한 켜 마구리쌓기	모서리 끝 벽 칠오토막 사용	모서리가 다소 견고하다.	내력벽
불식쌓기 (프랑스식)	매 켜 길이쌓기와 마구리쌓기를 번갈아 쌓음	많은 토막벽돌 소요	통줄눈이 많이 생긴다.	장막벽, 의장효과 (비내력벽)
미식쌓기	다섯 켜 길이쌓기, 그 위 한 켜 마구리쌓기	치장벽돌 사용	통줄눈이 생기지 않는다.	내력벽

주1 켜는 포개어진 벽돌 등의 하나하나의 층이다.

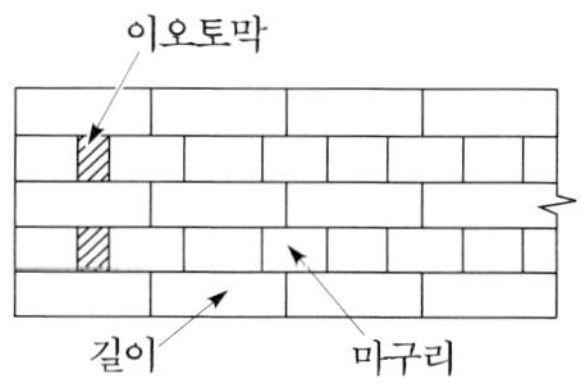

영식쌓기

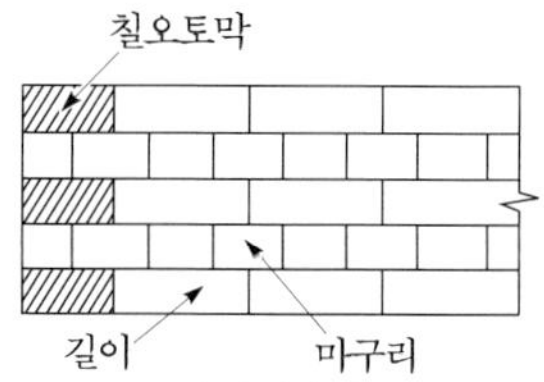

화란식쌓기

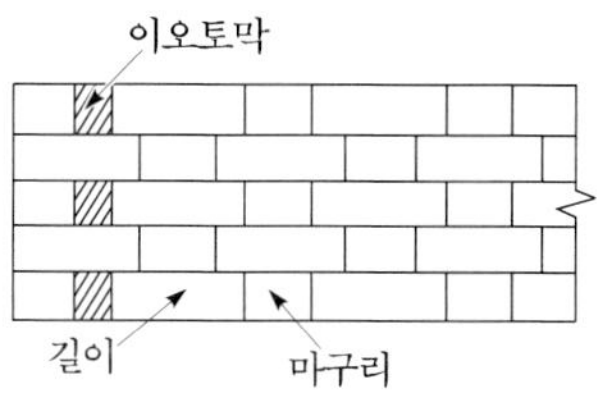

불식쌓기

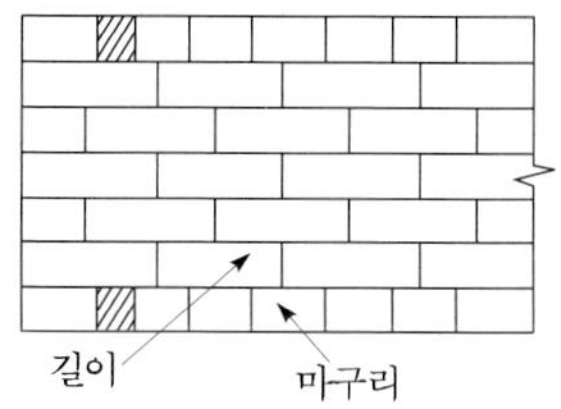

미식쌓기

2) 장식쌓기

엇모쌓기	엇모쌓기는 담 또는 처마부분에서 벽돌을 45°로 돌출되도록 쌓는 것이다.
영롱쌓기	영롱쌓기는 벽돌벽에 장식적으로 구멍을 내어 쌓는 것이다.

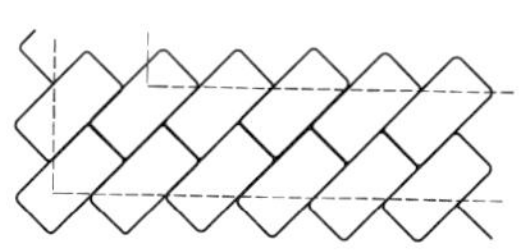
엇모쌓기

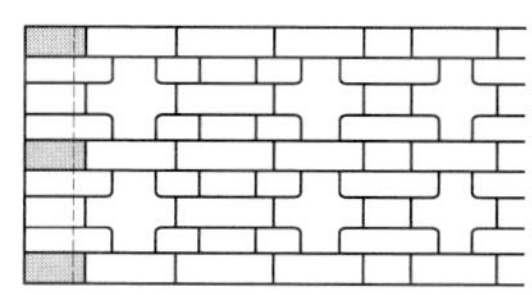
영롱쌓기

3. 각부 쌓기

1) 공간쌓기

(1) 개요

① 공간쌓기는 벽돌벽의 중간에 공간을 두어 쌓는 것이다.

② 바깥쪽을 주벽체로 하고 안쪽은 반장쌓기로 한다.

③ 공간은 50~70 mm 정도로 한다.

④ 기초 상부, 바닥판 상부에 2 m 간격으로 지름 10 mm 정도의 물빠짐 구멍을 설치한다.

⑤ 안쌓기는 연결재를 사용하여 주벽체에 튼튼히 연결한다.

⑥ 연결재의 배치 및 거리 간격의 최대 수직거리는 400 mm 이하이고, 최대 수평거리는 900 mm 이하이다.

(2) 목적

방습, 단열, 방음, 방한, 방서의 목적이고, 주된 목적은 방습이다.

(3) 두께

① 바깥벽 : 주벽체(1.0B 이상)

② 안벽 : 0.5B 두께

③ 공간 : 0.5B 이내(약 50~70 mm 정도)

(4) 안쌓기 연결재의 종류 [137]

① 벽돌을 걸쳐대고 끝에는 이오토막 또는 칠오토막을 사용한다.

② #8(4.0 mm) 철선을 구부려 사용한다.

③ #8(4.0 mm) 철선을 가스압접 또는 용접하여 #자형으로 된 철망형의 것을 사용한다.

④ 지름 6~9 mm의 철근을 꺾쇠형으로 구부려 사용한다.

⑤ 두께 2 mm, 너비 12 mm 이상의 띠쇠를 사용한다.

⑥ 지름 6 mm, 길이 210 mm 이상의 둥근 꺾쇠 또는 각형 꺾쇠를 사용한다.

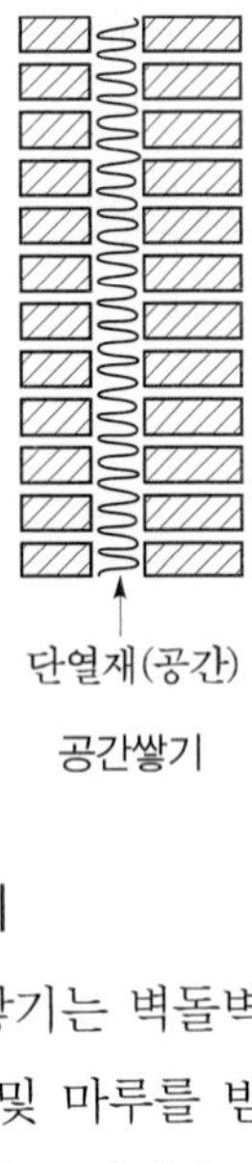

공간쌓기

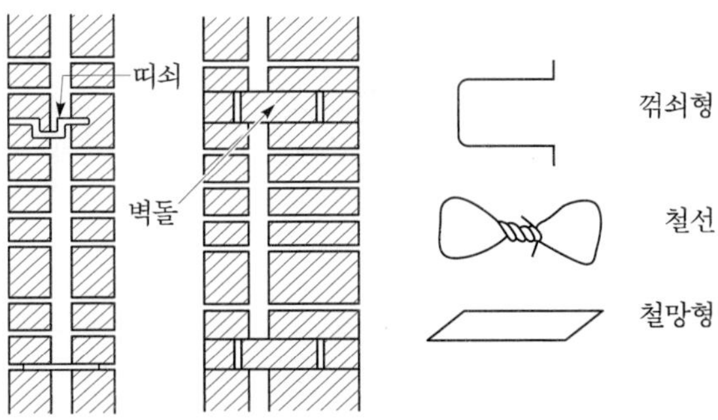

공간쌓기의 연결재

2) 내쌓기

① 내쌓기는 벽돌벽면 중간에 벽을 내밀어 쌓아 상부의 멍에, 장선 및 마루를 받치게 하거나 방화벽으로 처마를 가리기 위해 내쌓는 것이다.

② 벽돌 중간에서 내쌓기를 할 때, 2켜씩 1/4B 내쌓고, 또는 1켜씩 1/8B 내쌓기로 하고 맨 위는 2켜 내쌓기로 한다.

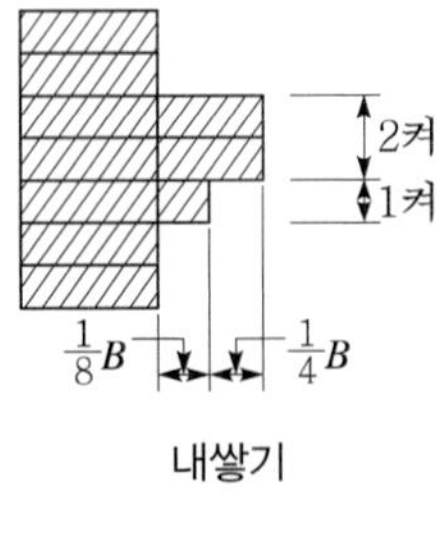

내쌓기

137) KCS 41 34 02 벽돌공사(3.10), 국토교통부, 대한건축학회, 2016.

③ 내쌓기 한도는 2.0B이다.

④ 내쌓기는 모두 마구리쌓기로 하는 것이 강도상, 시공상 유리하다.

3) 기초쌓기

① 줄기초 윗면은 청소하고 물축이기를 한다.

② 기초에 쓰이는 벽돌은 모양보다 강도가 큰 것이 좋다.

③ 벽돌구조 기초는 연속기초로 쌓는다.

④ 기초를 넓히는 경사는 60° 이상으로 한다.

⑤ 기초판 너비는 벽돌면보다 100~150 mm 정도 크게 한다.

⑥ 벽체에서 아래로 가면서 1/4B 1켜 또는 2켜씩 내어 쌓는다.

⑦ 기초벽돌의 밴 밑의 너비가 벽두께의 2배가 되도록 하고, 맨 밑은 2켜 쌓기로 한다.

⑧ 벽돌 기초 밑의 콘크리트 기초판 두께는 기초판 너비의 1/3 정도로 한다.

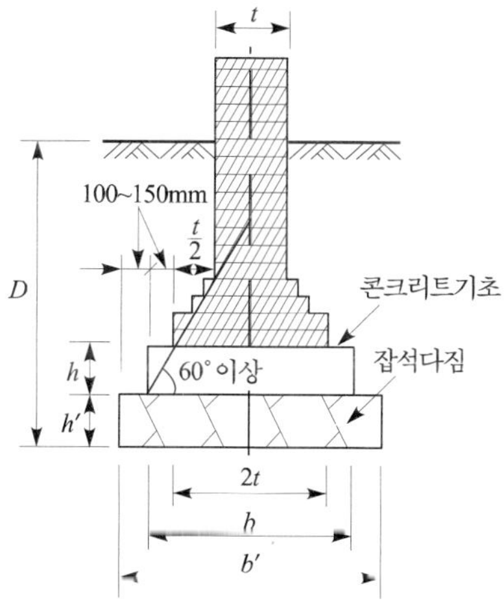

- b : $2t+200\sim300$ mm
- b' : $b+200\sim300$ mm
- h : $b/3$, h' : $b'/3$
- 기초의 경사도 : 60°

4) 개구부쌓기

(1) 창문틀 세우기

① 창문틀 세우기는 먼저세우기와 나중세우기가 있다.

② 창문틀은 원칙적으로 먼저세우기로 한다.

③ 먼저세우기는 벽돌벽을 쌓으면서 창문틀을 설치하는 것으로 창문틀 밑까지 벽돌을 쌓고 24시간 경과한 다음에 창문틀을 세우는 것이다.

④ 나중세우기는 가설 창문틀을 먼저 세우고, 이 창문틀을 나중 세우거나 벽돌벽을 먼저 쌓고 나무벽돌, 볼트, 기타 연결 고정철물을 묻어 두고 여기에 창문틀을 나중에 세우는 것이다.

주1 나무벽돌은 벽체에 각재 등을 못질하여 붙여대기 위해 벽체 속에 묻어 두는 것이다. 나무벽돌은 방수재 도장을 하고 벽돌과 동시에 쌓고 사춤을 철저히 한다.

주2 방수재는 아스팔트, 합성고분자계시트, 도막 등의 재료로써 건물에 물이 스며들지 못하게 하는 재료이다.

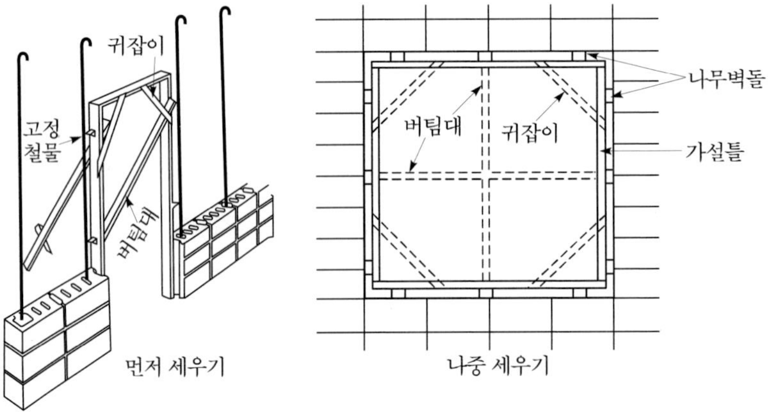

창문틀 세우기

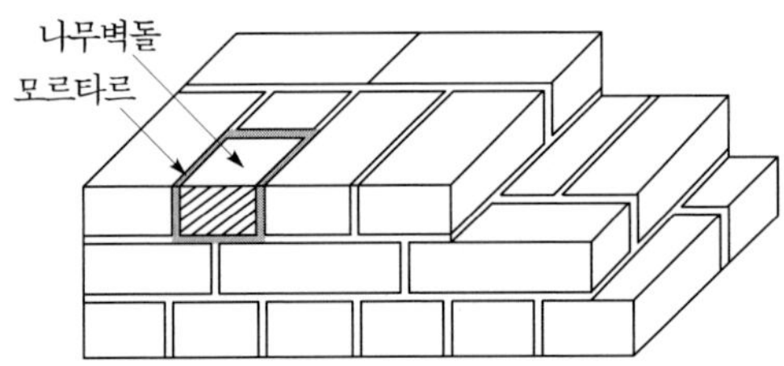

나무벽돌 상세

(2) 창대쌓기

① 창대쌓기는 창대벽돌의 그 윗면을 15° 정도의 경사로 옆세워 쌓고 그 앞 끝의 밑은 벽돌벽면에서 30~50 mm(1/8B~1/4B) 내밀어 쌓는다.

② 창대벽돌의 위 끝은 창대 밑에 15 mm 정도 들어가 물리게 하고 창대벽돌의 좌우 끝은 옆벽에 2장 정도 물리게 한다.

③ 창문틀 주위의 벽돌 줄눈에 사춤 모르타르를 철저히 하여 방수가 잘 되게 한다.

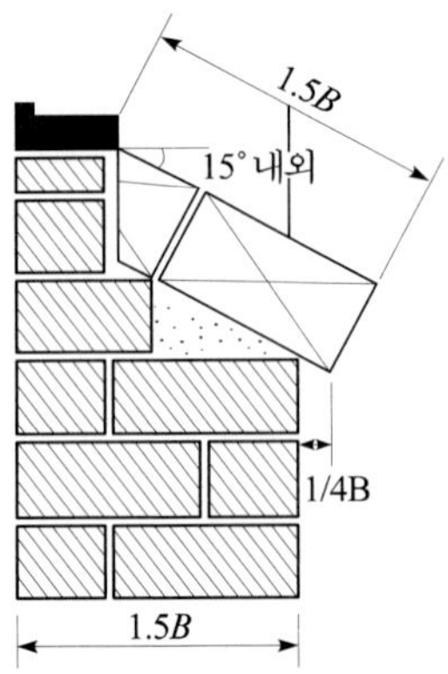

창대쌓기

5) 벽의 교차부, 모서리 및 중간부쌓기

(1) 교차부쌓기

교차부에서 직교하는 벽돌벽의 한편을 나중쌓기로 할 때에는 그 부분에 벽돌 물림자리를 벽돌 한 켜 걸음으로 1/4 B를 들여쌓는다. 켜거름들여쌓기라고도 한다.

(2) 모서리쌓기

모서리에서 벽돌벽의 끝 모서리쌓기를 할 때에는 통줄눈이 생기지 않도록 주의한다.

(3) 중간부쌓기

중간부에서 긴 벽돌벽의 한편을 나중쌓기로 할 때에는 그 부분에 벽돌 쌓는 길이를 점점 줄여오는 방법으로 쌓는다. 층단들여쌓기라고도 한다.

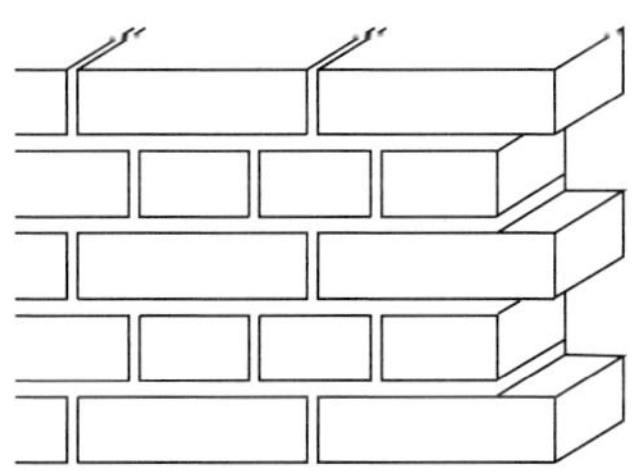

켜거름들여쌓기

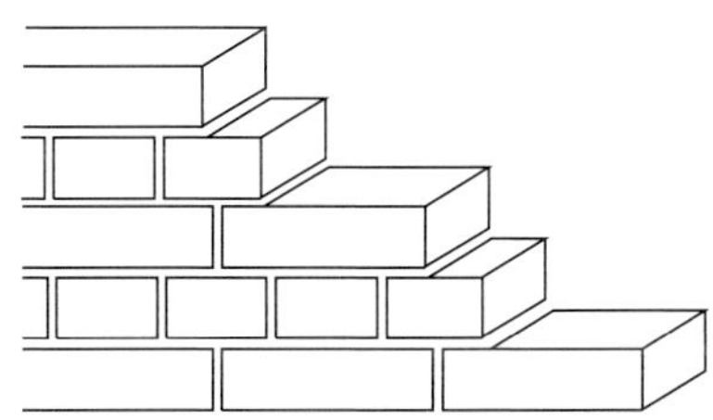

층단들여쌓기

6) 아치쌓기

① 아치(Arch)는 상부에서 오는 수직력이 아치의 축선에 따라 좌우로 나뉘어져 밑으로 압축력만으로 전달되게 한 것이고, 부재의 하부에 인장력이 생기지 않게 조적하며, 아치쌓기의 모든 줄눈은 아치의 중심에 모이게 한다.

② 조적구조에서 개구부 너비가 1.0 m 이하일 때는 평아치로 해도 좋다.

③ 개구부 너비가 1.8 m를 넘는 개구부의 상부에는 철근콘크리트구조의 웃인방을 설치한다.

7) 내화벽돌쌓기

(1) 개요

① 내화벽돌은 부뚜막, 굴뚝, 연도의 안쌓기 및 축로(築爐)하는데 사용되는 벽돌이다.

② 기본형 내화벽돌 보통형의 규격은 230×114×65 mm이다.

(2) 시공 및 벽돌쌓기

① 내화벽돌쌓기는 통줄눈이 생기지 않게 한다.

② 내화벽돌은 비 맞지 않도록 하고 물축이기를 하지 않고 사용한다.

③ 내화벽돌의 줄눈너비는 가로, 세로 6 mm를 표준으로 한다.
④ 모르타르 단열모르타르 또는 내화모르타르를 사용한다.
⑤ 굴뚝, 연도(煙道) 등의 안쌓기는 구조체 벽에서 0.5B 정도 떼어 공간을 두고 쌓는다.
⑥ 안쌓기에서 간격 600 mm 정도마다 엇갈림으로 구조벽체와 접촉하여 자립할 수 있게 쌓는다.

4. 주의사항 및 양생

1) 비비기 일반

① 현장에서 모르타르나 그라우트에 물을 넣고 비비는 경우에는 비비기 기계 안에서의 비비기 시간은 3분 미만이나 10분 이상이어서는 안 된다.
② 모르타르나 그라우트를 다시 비빌 수 있어나 경화되기 시작한 것을 사용해서는 안 된다.
③ 어떤 경우에도 처음 물을 넣고 비빈 후 2시간 이상인 모르타르나 1시간 이상인 그라우트를 사용해서는 안 된다.

2) 쌓기 일반

① 모르타르는 시멘트와 모래를 건비빔한 후 1시간 이내에 사용할 양만 물비빔 한다.
② 모르타르의 강도는 벽돌의 강도와 비슷하거나 이상이 되도록 한다.
③ 가로, 세로줄눈의 너비는 10 mm를 표준으로 한다.
④ 벽돌쌓기법은 일반적으로 영식쌓기 또는 화란식쌓기로 한다.
⑤ 수직, 수평을 유지한다.
⑥ 1일 쌓기 높이 표준 1.2 m(18켜 정도), 최고 1.5 m(22켜 정도) 이하로 균일하게 쌓는다.
⑦ 연속되는 벽면의 일부를 트이게 하여 나중쌓기로 할 때에는 그 부분을 층단들여쌓기(층단떼어쌓기)로 한다.
⑧ 직각으로 오는 벽체(교차되는 벽체)의 한편을 나중 쌓을 때에도 층단들여쌓기로 하는 것을 원칙으로 한다. 그러나 부득이할 때에는 켜거름들여쌓기로 할 수 있다.
⑨ 벽돌벽이 블록벽과 서로 직각으로 만날 때에는 연결철물을 만들어 블록 3켜마다 보강하여 쌓는다.
⑩ 사춤 모르타르는 원칙적으로는 매 켜마다 해야 하나 3~5켜마다 해도 무방하다.
⑪ 세로줄눈은 통줄눈이 되지 않도록 한다.
⑫ 모르타르용 모래는 5 mm 체에 100 % 통과하는 적당한 입도로 한다.
⑬ 충전콘크리트용 굵은골재의 최대 치수는 벽돌공동부 최소 지름의 1/4 이하로 한다.
⑭ 연결철선 또는 줄눈보강근에 대해서는 피복두께 최소 16 mm의 모르타르가 필요하다.

3) 작업 전 벽돌 물축임 정도

구 분	내 용
붉은벽돌 (소성벽돌)	붉은벽돌은 충분한 물축임을 한다.
콘크리트벽돌 (시멘트벽돌)	콘크리트벽돌은 쌓기 직전에 물을 축이지 않고 접착면을 적절히 물축임을 한다.
내화벽돌	내화벽돌은 절대 물축임 하지 않는다.
콘크리트블록 (시멘트블록)	콘크리트블록은 쌓기 직전에 물을 축이지 않고 접착면을 적절히 물축임을 한다.

주1 물축임은 깔모르타르, 줄눈모르타르 및 충전모르타르 중의 물을 벽돌구조체가 흡수하지 않도록 사전에 벽돌면 및 바탕면에 적절히 물을 뿌려주는 것이다.

4) 방습

① 조적구조에서 지반에 접촉되는 부분의 벽체에는 지반 위, 마루 밑의 적당한 위치에 방습층을 수평줄눈의 위치에 설치한다.

② 방습층은 시멘트액체방수를 혼합한 모르타르로 하고 바름두께는 10 mm로 한다.

5) 한중시공 138)

(1) 일반사항

한중 시기에 벽돌을 쌓을 때의 조적체는 반드시 건조상태이어야 한다.

(2) 기온에 따른 주의사항

기 온	주의사항
4 ℃ 이하	① 쌓아올림 개수 등을 협의한다. ② 기온이 4~40 ℃가 되도록 모래나 물을 데운다.
영하 7 ℃ 이하	① 모래나 물을 데워 모르타르의 온도가 4~40 ℃가 되도록 한다. ② 비비기 판 위의 모르타르 온도가 동결온도 이상이 되도록 한다. ③ 벽돌의 표면온도가 영하 7 ℃ 이하가 되지 않도록 한다.

138) KCS 41 34 02 벽돌공사(3.2), 국토교통부, 대한건축학회, 2016.

6) 양생 139) 140)

(1) 일반사항

① 벽돌을 쌓은 후 12시간 동안 하중을 받지 않도록 한다.

② 벽돌을 쌓은 후 3일 동안 집중하중을 받지 않도록 한다.

③ 모르타르가 완전히 경화될 때까지는 유해한 진동, 충격 및 횡력 등의 하중을 가하지 않아야 한다.

④ 평균기온이 -4~4 ℃까지는 최소 24시간 동안 보온막을 설치한다.

(2) 한중시공일 때의 양생

① 평균기온이 0~4 ℃인 경우에는 내후성 강한 덮개(방수시트)를 덮어서 조적구조를 눈, 비로부터 24시간 동안 보호한다.

② 평균기온이 -4~0 ℃인 경우에는 내후성 강한 덮개(방수시트)로 완전히 덮어서 조적구조를 24시간 동안 보호한다.

③ 평균기온이 -7~-4 ℃인 경우에는 보온덮개로 완전히 덮거나 다른 방한시설로 조적구조를 24시간 동안 보호한다.

④ 평균기온이 -7 ℃ 이하인 경우에는 울타리와 보조열원, 전기담요, 적외선 발열램프 등을 이용하여 조적구조를 동결온도 이상으로 24시간 동안 유지한다.

5. 벽돌 및 블록의 시공 순서

① 접착면 청소(벽돌면 청소)
② 물축이기
③ 재료 건비빔
④ 세로규준틀 설치
⑤ 벽돌나누기
⑥ 규준(기준)쌓기
⑦ 수평실치기
⑧ 중간부쌓기
⑨ 줄눈누름
⑩ 줄눈파기
⑪ 치장줄눈
⑫ 양생

6. 벽돌구조 청소

1) 시공일반

① 벽돌면의 청소방법은 물, 화학제, 기계적인 방법 중 표면에 피해가 가장 적은 방법을 선

139) KCS 41 34 02 벽돌공사(3.2), 국토교통부, 대한건축학회, 2016.
140) KCS 41 34 02 벽돌공사(3.19), 국토교통부, 대한건축학회, 2016.

택한다.

② 청소는 위에서부터 아래로 한다.

③ 솔질이 끝나면 냉수로 깨끗이 세척한다.

④ 청정용 화학약품을 사용한 경우 물로 충분히 세척한다.

2) 벽돌쌓기 후 벽돌 치장면 청소방법 141)

청소방법	내 용
물세척	벽돌 치장면의 오염을 물과 솔을 사용하여 제거한다.
세제세척	벽돌 치장면의 오염을 물 또는 온수에 중성세제를 사용하여 제거한다.
산체척	부식의 염려가 있어 일반적으로 사용하지 않으나, 부득이 산세척을 할 경우 매립철물 등의 금속부를 보호하고, 벽돌을 표면수가 안정하게 잔류하도록 물축임한 후에 3 % 이하의 묽은 염산을 사용한 후 충분히 물세척을 반복한다.

7. 세로규준틀

1) 개요

세로규준틀은 조적공사에서 고저 및 수직면의 기준으로 사용하기 위한 것이다.

세로규준틀

2) 설치위치

① 건물의 모서리

② 벽의 교차부(구석)

③ 긴 벽의 중앙부

④ 기타 중요부분

3) 기입사항

① 쌓기 단수(켜수)

② 줄눈의 위치

③ 창문틀의 위치 및 치수

④ 매립철물(볼트 등)의 위치

⑤ 테두리보 및 인방보의 설치위치

141) KCS 41 34 04 벽돌조 복원 및 청소공사(3.3), 국토교통부, 대한건축학회, 2016.

4 모르타르 및 줄눈

1. 모르타르

1) 개요

① 모르타르(Mortar)는 시멘트와 모래를 섞고 물로 반죽한 것으로 얼마 지나면 물기가 없어지고 단단하게 된다. 주로 벽돌이나 석재와 같은 조적구조를 쌓는 데 사용된다.
② 모르타르의 강도는 벽돌의 강도와 같은 정도 또는 이상의 것을 사용한다.
③ 모르타르의 응결 경화속도는 1~10시간이므로 1시간 이내에 사용하는 것을 원칙으로 한다.
④ 동절기공사에는 내한제를 섞어 쓰고 내화벽돌에는 내화용 모르타르를 사용한다.
⑤ 조적용 모르타르의 강도 중에서 접착강도가 가장 중요하다.

2) 종류

① 줄눈모르타르는 벽돌의 줄눈에 벽돌을 상호 접착하기 위해 사용되는 모르타르이다.
② 붙임모르타르는 얇은 벽돌을 붙이기 위해 바탕 모르타르 또는 벽돌 안쪽 면에 사용하는 접착용 모르타르이다.
③ 깔모르타르는 벽돌쌓기에서 쌓기면에 미리 깔아 놓은 모르타르 또는 벽돌을 바닥에 붙일 경우의 바탕에 까는 모르타르이다.
④ 충전모르타르(충전콘크리트)는 보강벽돌공사에서 공동벽돌쌓기에 의해 생기는 배근용 공동부 등에 충전하는 모르타르(콘크리트)이다.

2. 줄눈 및 치장줄눈

1) 개요

① 가로 및 세로줄눈의 너비는 10 mm(내화벽돌의 줄눈은 6 mm)를 표준으로 한다.
② 조적구조는 막힌줄눈쌓기가 원칙이고, 보강블록구조와 치장용은 통줄눈쌓기로 한다.
③ 줄눈 시공 순서는 위에서 아래로 하고, 세로에서 가로로 한다.
④ 벽돌쌓기 줄눈모르타르는 벽돌의 접합면 전부에 빈틈없이 가득 차도록 한다.
⑤ 쌓은 직후 줄눈모르타르가 굳기 전에 줄눈흙손으로 빈틈없이 줄눈 누르기를 한다.

주1 막힌줄눈쌓기는 세로줄눈이 막히도록 개체를 길이로 쌓는 방법이며, 막힌줄눈쌓기는 상부의 하중을 벽체 하부로 등분포시킨다.

주2 통줄눈쌓기는 세로줄눈이 일직선이 되도록 개체를 길이로 쌓는 방법이다. 통줄눈쌓기는 치장벽을

제외한 내력벽 또는 비내력벽에서 가로방향의 연직면상에 위치한 개체의 75 % 이하가 밑면에 위치한 조적구조의 높이 절반 이하 또는 조적구조 길이의 4분의 1 이하로 포개져 시공될 때, 이 벽체를 통줄눈쌓기로 간주한다.[142)]

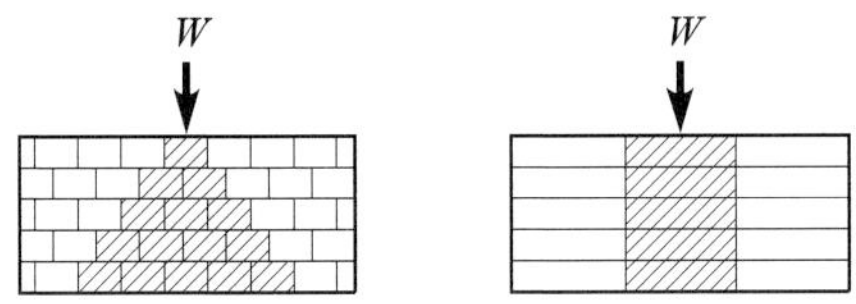

막힌줄눈쌓기 통줄눈쌓기

2) 치장줄눈

(1) 시공 순서 및 시공

① 치장줄눈을 바를 경우에는 줄눈모르타르가 굳기 전에 줄눈파기를 한다.

② 치장줄눈은 벽돌벽면을 청소·정리하고 빠른 시일 내에 빈틈없이 바른다.

③ 줄눈모르타르가 굳기 전에 치장줄눈의 깊이 6 mm (보통 10 mm)로 하여 줄눈파기를 한다.

④ 줄눈 모양은 특별한 지정이 없을 때에는 평줄눈으로 한다.

⑤ 조적면에서 2 mm 정도 들여 밀고 갓둘레는 반듯하게 조적면과 잘 접착이 되도록 한다.

⑥ 내민줄눈은 벽면이 고르지 못할 때 사용하며 줄눈 효과가 확실하게 나타난다.

(2) 치장줄눈의 종류

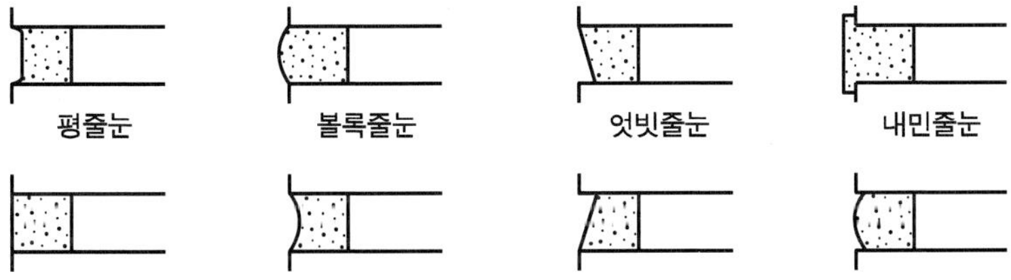

평줄눈 볼록줄눈 엇빗줄눈 내민줄눈

민줄눈 오목줄눈 빗줄눈 둥근줄눈

142) KCS 41 34 02 벽돌공사(3.3), 국토교통부, 대한건축학회, 2016.

5 조적구조 벽체의 균열 및 백화

1. 균열의 원인과 대책

1) 균열의 원인

(1) 벽돌구조 건물의 계획, 설계상 원인

① 기초의 부등침하(不等沈下)

② 건물의 평면, 입면의 불균형 및 벽의 불합리한 배치

③ 불균형 하중, 큰 집중하중, 횡력 및 충격

④ 벽돌벽의 길이, 높이, 두께에 대한 벽돌벽체의 강도 부족

⑤ 개구부 크기의 불합리 및 불균형 배치

(2) 시공상 원인

① 벽돌 및 모르타르의 강도 부족

② 온도 및 흡수에 의한 재료의 신축성

③ 이질재와의 접합부

④ 콘크리트 보 밑 모르타르 충전 부족

⑤ 모르타르 바름의 신축 및 들뜨기

⑥ 벽돌벽의 부분적 시공 결함

2) 방지대책

(1) 계획, 설계상 대책

① 지반조사를 통해 부등침하에 대해 고려한다.

② 건축물의 복잡한 평면구성을 피한다.

③ 건축물의 자중을 줄이고, 집중하중을 피하고, 건축물의 중량 배분을 균일하게 한다.

④ 벽량을 확보하고, 테두리보를 설치하며, 지초보를 설치하여 기초의 강성을 높인다.

⑤ 상·하층의 창문위치 및 너비를 일치시킨다.

주1 벽량은 건물 내력벽 길이의 합계를 바닥면적으로 나눈 값이다.

(2) 시공상 대책

① 양질의 벽돌 및 모르타르를 사용한다.

② 재료는 건조수축 및 함수량이 적은 것을 사용한다.

③ 재료의 압축강도가 큰 것을 사용한다.

④ 이질재와의 접합부, 벽의 상부 등은 신축이음을 설치한다.

(3) 기타 시공적인 대책

① 1일 쌓기 높이(표준 1.2 m, 최고 1.5 m 이하)를 준수한다.

② 모르타르를 정확히 배합하여 모르타르의 강도가 벽돌의 강도 이상이 되도록 하여 접착이 유리하게 한다.

③ 세로규준틀에 의한 정확한 벽돌 나누기를 한다.

④ 벽돌쌓기 방식은 영식쌓기 또는 화란식쌓기로 한다.

2. 백화

1) 개요

① 백화는 벽 표면에서 침투하는 빗물에 의해 모르타르의 석회분이 유출하여 수산화석회[$Ca(OH)_2$]로 되어 표면에 유출될 때 공기 중의 탄산가스(CO_2) 또는 벽돌의 유황성분과 결합하여 흰 가루(탄산칼슘 등)가 생기는 현상이다.

② 모르타르에 석회를 혼합하면 백화가 더욱 촉진된다.

③ 백화의 처치는 염산과 물을 1 : 5로 섞어 뿌리고 솔로 문지른 후 깨끗한 물로 벽면을 닦아 낸다.

2) 원인과 대책

(1) 원인

① 벽돌벽면의 빗물 침입

② 재료불량

③ 시공불량

④ 기온이 낮을 때

⑤ 습도가 높을 때

⑥ 물결합재비(물시멘트비)가 클 때

(2) 대책

① 양질의 벽돌을 사용한다.

② 줄눈모르타르에 방수제(防水劑)를 혼합한다.

③ 빗물이 침입하지 않도록 벽면에 비막이를 설치한다.

④ 벽돌 표면에 파라핀도료를 발라 염류의 유출을 방지한다.

⑤ 낮은 물결합재비(물시멘트비)로 시공한다.

⑥ 비나 눈이 오면 작업을 중지한다.

필수 연습문제

제22장 벽돌공사

1. 블록쌓기에서 벽량이란 단위면적(m^2)에 대한 그 면적 내에 있는 무엇의 비율인가?

㉮ 내력벽의 길이 ㉯ 내력벽의 두께
㉰ 내력벽의 총 면적 ㉱ 내력벽의 총 부피

1. ㉮
벽량은 조적구조 건물에서 내력벽 길이의 합(mm)을 그 층의 바닥면적(m^2)으로 나눈 값이다.

2. 벽돌구조 건물에서 벽량이란 해당 층의 바닥면적에 대한 무엇의 비를 말하는가?

㉮ 벽면적의 총합계
㉯ 내력벽 길이의 총 합계
㉰ 높이
㉱ 벽두께

2. ㉯
벽량은 조적구조 건물에서 내력벽 길이의 합(mm)을 그 층의 바닥면적(m^2)으로 나눈 값이다.

3. 조적구조에서의 대린벽을 가장 잘 설명한 것은?

㉮ 연직하중을 받는 벽
㉯ 수평하중을 받는 벽
㉰ 하중을 받지 않는 벽
㉱ 서로 직각으로 교차되는 내력벽

3. ㉱
대린벽은 조적구조에서 벽체의 길이를 규제하기 위해 설정한 것으로 서로 마주보는(직각으로 교차되는) 벽이다.

4. 조적식구조의 조적재가 벽돌인 경우 내력벽의 두께는 당해 벽 높이의 최소 얼마 이상으로 하여야 하는가?

㉮ 1/10 ㉯ 1/12
㉰ 1/16 ㉱ 1/20

4. ㉱
조적식구조의 조적재가 벽돌인 경우 내력벽의 두께는 당해 벽 높이의 최소 1/20 이상으로 한다.

5. 대린벽으로 구획된 조적구조의 벽에서 벽 길이가 9 m인 경우 이 벽체에 설치할 수 있는 개구부 폭의 합계는?

㉮ 1.5 m 이하 ㉯ 3.0 m 이하
㉰ 4.5 m 이하 ㉱ 6.0 m 이하

5. ㉰
벽돌구조에서 각 층의 대린벽으로 구획된 벽에서는 개구부 너비의 합계는 그 벽 길이의 1/2 이하이다.

6. 벽돌의 품질을 결정하는 가장 중요한 요소는 어느 것인가?

㉮ 흡수율 및 접착강도
㉯ 질량 및 압축강도
㉰ 흡수율 및 압축강도
㉱ 질량 및 접착강도

7. 벽돌구조 벽체의 강도에 영향을 미치는 사항으로 가장 거리가 먼 것은?

㉮ 벽돌의 결함
㉯ 모르타르의 접착강도
㉰ 벽돌의 인장강도
㉱ 시공정밀도

8. 한국공업규격(KS L 4201)에서 요구하는 점토벽돌 1종과 2종의 최소 압축강도는 어느 것인가? (단위 : MPa)

㉮ 24.50, 20.59
㉯ 20.59, 10.78
㉰ 10.78, 10.48
㉱ 24.59, 10.78

9. 블록혼용벽돌(표준형 벽돌)의 크기로 알맞은 것은?

㉮ 210×100×60 ㉯ 227×109×60
㉰ 220×190×90 ㉱ 190×90×57

10. 표준형 벽돌(190×90×57 mm)을 사용하여 줄눈 10 mm로 시공 할 때 1.5B 벽돌벽의 두께는?

㉮ 190 mm ㉯ 210 mm
㉰ 290 mm ㉱ 300 mm

11. 표준형 벽돌을 사용하여 줄눈 10 mm로 시공 할 때 2.0B 벽돌벽의 두께는? (단, 공간쌓기 아님)

㉮ 210 mm ㉯ 390 mm
㉰ 320 mm ㉱ 430 mm

6. ㉰

• 벽돌의 품질을 판별하는 가장 중요한 요소
① 흡수율
② 압축강도

7. ㉰

벽돌의 인장강도는 중요하지 않다.

8. ㉮

• 점토벽돌(붉은벽돌, KS L 4201)의 품질

종별	1종	2종	3종
흡수율 (%)	10 이하	13 이하	15 이하
압축강도 (MPa)	24.50 이상	20.59 이상	10.78 이상

9. ㉱

• 표준형 벽돌의 크기
190×90×57 mm

10. ㉰

1.5B=190(1.0B)
+10(줄눈)+90(0.5B)
=290 mm

11. ㉯

2.0B=190(1.0B)
+10(줄눈)+190(1.0B)
=390 mm

12. 벽돌쌓기 중 가장 튼튼한 쌓기법으로 한 켜는 마구리쌓기 다음 켜는 길이쌓기로 하고 모서리나 벽 끝에는 이오토막을 쓰는 쌓기 방법은?

㉮ 영식쌓기 ㉯ 화란식쌓기
㉰ 불식쌓기 ㉱ 미식쌓기

12. ㉮
영식쌓기는 한 켜 길이쌓기와 한 켜 마구리쌓기로 하고 모서리 끝 벽은 이오토막 또는 반절을 사용한다.

13. 현장에서 많이 이용되며 A켜, B켜가 교대로 쌓아지고 모서리나 끝에는 반절이나 이오토막이 사용되는 쌓기 방법은?

㉮ 영식쌓기 ㉯ 화란식쌓기
㉰ 불식쌓기 ㉱ 미식쌓기

13. ㉮
영식쌓기는 한 켜 길이쌓기와 한 켜 마구리쌓기로 하고 모서리 끝 벽은 이오토막 또는 반절을 사용한다.

14. 다음은 벽돌쌓기 방식에 대한 설명이다. 설명에 맞는 쌓기 방식은?

> 한 켜는 마구리쌓기, 다음 켜는 길이쌓기로 하고 길이켜의 모서리와 벽 끝에 칠오토막을 사용한다.

㉮ 영식쌓기 ㉯ 화란식쌓기
㉰ 불식쌓기 ㉱ 미식쌓기

14. ㉯
화란식쌓기(네델란드식)는 한 켜 길이쌓기와 한 켜 마구리쌓기로 하고 모서리 끝 벽은 칠오토막을 사용한다.

15. 조적구조 벽체에 관한 기술 중 옳지 않은 것은?

㉮ 화란식쌓기에서는 모서리부분에 반토막을 사용하게 된다.
㉯ 공간쌓기에서 안벽과 바깥벽의 어느 한쪽은 내력벽이라야 한다.
㉰ 통줄눈쌓기를 피하는 이유는 집중하중으로 인한 균열과 파기를 방지하기 위함이다.
㉱ 벽의 길이는 벽체의 두께를 결정하는 데 관계가 있다.

15. ㉮
화란식쌓기(네덜란드식)는 한 켜 길이쌓기와 한 켜 마구리쌓기로 하고 모서리 끝 벽은 칠오토막을 사용한다.

16. 한 켜 안에 길이쌓기와 마구리쌓기를 번갈아 쌓아 놓고, 다음 켜는 마구리가 길이의 중심부에 놓이게 쌓는 벽돌쌓기법은?

㉮ 영식쌓기
㉯ 불식쌓기
㉰ 화란식쌓기
㉱ 미식쌓기

16. ㉯
불식쌓기(프랑스식)는 매 켜 길이쌓기와 마구리쌓기를 번갈아 쌓는다.

17. 벽돌쌓기법 중 매 켜에 길이쌓기와 마구리쌓기가 번갈아 나오는 방식으로 통줄눈이 많으나 아름다운 외관이 장점인 벽돌쌓기 방식은?

㉮ 미식쌓기 ㉯ 영식쌓기
㉰ 불식쌓기 ㉱ 화란식쌓기

17. ㉰
불식쌓기(프랑스식)는 매 켜 길이쌓기와 마구리쌓기를 번갈아 쌓는다.

18. 벽돌쌓기 할 때의 주의사항 중 틀린 것은 다음 중 어느 것인가?

㉮ 붉은벽돌은 충분히 물에 축여 쌓지만 내화벽돌은 물축임을 하지 않는다.
㉯ 모르타르는 벽돌의 강도와 같은 정도의 것을 사용하고 굳기 시작한 것은 쓰지 않는다.
㉰ 벽돌은 균일한 높이로 쌓고 쌓은 후 굳기 전에 하중을 가하거나 충격을 주지 않는다.
㉱ 벽체의 강도를 높이고자 할 때는 미식쌓기로 하고 외관을 중요시하는 건물은 영식쌓기로 한다.

18. ㉱
벽돌쌓기에서 가장 튼튼한 쌓기법은 영식쌓기이고, 외관을 위해 의장적 효과를 고려할 때에는 불식쌓기 등으로 한다.

19. 벽돌쌓기 시공에 관한 설명으로 옳지 않은 것은?

㉮ 연속되는 벽면의 일부를 나중쌓기 할 때에는 그 부분을 층단 들여쌓기로 한다.
㉯ 내력벽 쌓기에서는 세워쌓기나 옆쌓기가 주로 쓰인다.
㉰ 벽돌쌓기 시 줄눈모르타르가 부족하면 하중분담이 일정하지 않아 벽면에 균열이 발생할 수 있다.
㉱ 창대쌓기는 물흘림을 위해 벽돌은 15° 정도 기울여 벽면에서 30~50 mm 정도 내밀어 쌓는다.

19. ㉯
내력벽 쌓기에서는 영식쌓기나 화란식쌓기가 주로 쓰인다.

20. 벽돌벽에 장식적으로 구멍을 내어쌓는 벽돌쌓기 방식은?

㉮ 엇모쌓기 ㉯ 영롱쌓기
㉰ 무늬쌓기 ㉱ 층단떼어쌓기

20. ㉯
영롱쌓기는 벽돌벽에 장식적으로 구멍을 내어 쌓는 것이다.

21. 다음 중 벽돌벽에 삼각형, 사각형, 십자형 등의 구멍을 벽면 중간에 규칙적으로 만들어 쌓는 방식에 해당하는 것은?

㉮ 엇모쌓기 ㉯ 영롱쌓기
㉰ 창대쌓기 ㉱ 허튼쌓기

21. ㉯
영롱쌓기는 벽돌벽에 장식적으로 구멍을 내어 쌓는 것이다.

22. 외부 조적벽의 방습, 방열, 방한, 방서 등을 위해서 설치하는 쌓기법은?

㉮ 내쌓기 ㉯ 기초쌓기
㉰ 공간쌓기 ㉱ 엇모쌓기

22. ㉰
공간쌓기는 벽돌벽의 중간에 공간을 두어 쌓는 것으로 방습, 단열, 방음, 방한, 방서의 목적이다.

23. ALC공사의 내력벽 및 비내력벽 시공에 대한 설명 중 옳지 않은 것은?

㉮ 공간쌓기는 안쪽벽을 주벽체로 한다.
㉯ 블록 보수작업은 설치 후 1일 이상경과 후 시행한다.
㉰ 외벽, 지붕, 바닥에 사용하는 패널의 현장절단은 하지 않는다.
㉱ 외벽 패널은 물에 접하는 부분에는 원칙적으로 사용을 금한다.

23. ㉮
• 공간쌓기의 두께
① 바깥벽 : 주벽체(1.0B 이상)
② 안벽 : 0.5B 두께
③ 공간 : 0.5B 이내
(약 50~70 mm 정도)

24. 콘크리트벽돌 공간쌓기에 관한 설명으로 옳지 않은 것은?

㉮ 공간쌓기는 도면 또는 공사시방서에서 정한 바가 없을 때에는 안쪽을 주벽체로 하고 바깥쪽은 반장쌓기로 한다.
㉯ 안쌓기는 연결재를 사용하여 주벽체에 튼튼히 연결한다.
㉰ 연결재로 벽돌을 사용할 경우 벽돌을 걸쳐대고 끝에는 이오토막 또는 칠오토막을 사용한다.
㉱ 연결재의 배치 및 거리 간격의 최대 수직거리는 400 mm를 초과해서는 안 된다.

24. ㉮
공간쌓기는 일반적으로 바깥쪽을 주벽체로 하고 안쪽은 반장쌓기로 한다.

25. ALC 내력벽용 블록쌓기에 관한 기술로써 부적합한 것은 다음 중 어느 것인가?

㉮ 하루쌓기는 1.8 m를 표준으로 하되 최대 2.4m로 한다.
㉯ 모서리에는 통줄눈이 생기지 않아야 한다.
㉰ 줄눈의 폭은 1~3 mm 정도로 한다.
㉱ 공간쌓기 경우 안쪽벽을 주벽체로 한다.

25. ㉱
공간쌓기는 일반적으로 바깥쪽을 주벽체로 하고 안쪽은 반장쌓기로 한다.

26. 벽돌벽 내쌓기에서 내쌓을 수 있는 총 길이의 한도는?

㉮ 2.0B ㉯ 1.0B
㉰ 1/2B ㉱ 1/4B

26. ㉮
내쌓기 한도는 2.0B이다.

27. 기초쌓기용 벽돌을 검사할 때 가장 중요한 것은?

㉮ 치수가 정확한 것
㉯ 모양이 바른 것
㉰ 색이 고른 것
㉱ 잘 구워진 것

28. 조적구조의 기초에 관한 설명으로 옳지 않은 것은?

㉮ 내력벽의 기초는 연속기초로 한다.
㉯ 기초판은 철근콘크리트구조로 할 수 있다.
㉰ 기초판은 무근콘크리트구조로 할 수 있다.
㉱ 기초벽돌의 맨 밑의 너비가 벽두께가 되도록 하고, 맨 밑은 2켜 쌓기로 한다.

29. 벽돌벽쌓기에서 나무벽돌 사용에 관한 내용 중 맞는 것은?

㉮ 이오토막 벽돌 대용으로 나무벽돌을 사용한다.
㉯ 나무벽돌은 벽돌과 같은 치수의 것을 사용한다.
㉰ 벽돌을 절약하기 위하여 사용량을 2% 이하로 한다.
㉱ 나무벽돌은 벽체가 완성된 뒤에 끼워 넣어서는 안 된다.

30. 각 실의 바닥 마감재료 선정에서 적절하지 않은 것은?

㉮ 무도실 – 파킷보드
㉯ 일반사무실 – 리놀륨
㉰ 창고 – 콘크리트
㉱ 기계공장(중량물 취급공장) – 나무벽돌

31. 블록구조에서 창문틀 세우기에 관한 기술 중 알맞은 것은?

㉮ 창문틀은 원칙적으로 나중세우기로 한다.
㉯ 창문틀 세우기는 그 밑까지 블록을 쌓고 12시간 경과 후에 설치한다.
㉰ 선틀의 상하 끝 및 중간 600 mm마다 꺾쇠나 큰 못을 2개씩 고정한다.
㉱ 창문틀 주위에 틈이 생길 때는 블록 2켜 쌓을 때마다 모르타르를 다진다.

27. ㉱

기초에 쓰이는 벽돌은 모양보다 잘 구워져 강도가 큰 것이 좋다.

28. ㉱

기초벽돌의 맨 밑의 너비가 벽두께의 2배가 되도록 하고, 맨 밑은 2켜 쌓기로 한다.

29. ㉱

나무벽돌은 창문틀 나중세우기에서 필요한 것으로 벽돌을 쌓을 때 창문틀 주위에 상하 끝 및 중간 600 mm의 간격으로 묻어두고 벽돌쌓기 완료 후 창문틀을 끼워댄다.

30. ㉱

나무벽돌은 벽돌공사에서 벽체에 각재 등을 못질하여 붙여대기 위해 벽체 속에 묻어 두는 것이다.

31. ㉰

① 창문틀 세우기는 먼저세우기와 나중세우기가 있으며 창문틀은 원칙적으로 먼저세우기로 한다.
② 먼저세우기는 벽돌벽을 쌓으면서 창문틀을 설치하는 것으로 문틀 밑까지 벽돌을 쌓고 24시간 경과 한 다음 창문틀을 세운다.
③ 사춤 모르타르는 원칙적으로는 매 켜마다 해야 하나 3~5켜마다 해도 무방하다.

32. 벽돌공사 중 창대쌓기에서 창대벽돌은 공사시방에 정한 바가 없을 때는 그 윗면을 몇 도의 경사로 옆세워 쌓는가?

㉮ 10° ㉯ 15°
㉰ 20° ㉱ 25°

33. 벽돌쌓기에서 방수 하자 발생과 관련하여 가장 주의를 요하는 부분은?

㉮ 창대쌓기
㉯ 모서리쌓기
㉰ 벽쌓기
㉱ 기초쌓기

34. 벽돌쌓기에 대한 설명으로 틀린 것은?

㉮ 내쌓기는 모두 마구리쌓기로 하는 것이 강도·시공상 유리하다.
㉯ 공간쌓기 할 때 안팎벽은 벽돌, 철물, 철선 등을 사용하여 상호 240 cm 간격으로 연결한다.
㉰ 창대벽돌은 윗면은 15° 내외로 기울여 옆세워 쌓는다.
㉱ 환기구멍 등의 작은 개구부라도 그 윗부분에는 아치를 트는 것이 원칙이다.

35. 벽돌 결원아치(Segmental Arch)쌓기의 줄눈에 대한 기술 중 옳은 것은?

㉮ 줄눈은 원호(圜弧)의 중심에 모이게 한다.
㉯ 줄눈은 양지점간(Spring Line)의 1/2점에 모이게 한다.
㉰ 줄눈은 반드시 양지점간의 2배 되는 대칭축상에 모이게 한다.
㉱ 줄눈 방향에 관계없이 호형(弧形)을 쌓는다.

36. 벽돌구조의 아치(Arch)에 대한 기술 중 옳지 않은 것은?

㉮ 부재의 하부에 인장력이 생기지 않는 구조이다.
㉯ 창문의 너비가 1 m 정도일 때는 평아치로도 할 수 있다.
㉰ 개구부 너비가 1.8 m 이상으로 집중하중이 올 때는 인방보 등을 써서 보강한다.
㉱ 아치벽돌을 특별히 주문 제작하여 만든 것을 거친아치라고 한다.

32. ㉯

창대쌓기는 창대돌의 벽돌 옆세워 쌓기 경사도는 15° 경사를 두고 그 앞 끝의 밑은 벽돌벽면에서 30~50 mm (1/8B~1/4B) 내밀어 쌓거나 벽면에 일치시켜 쌓는다.

33. ㉮

창대쌓기는 빗물이 침투되지 않도록 창문틀 주위의 벽돌 줄눈에 방수를 철저히 한다.

34. ㉯

공간쌓기 할 때 안팎벽은 벽돌, 철물, 철선 등을 사용하며, 연결재의 배치 및 거리 간격의 최대 수직거리는 400 mm를 초과해서는 안 되고, 최대 수평거리는 900 mm를 초과해서는 안 된다.

35. ㉮

아치쌓기의 모든 줄눈은 아치의 중심에 모이게 한다.

36. ㉱

① 본아치는 아치벽돌을 사다리꼴 모양으로 주문제작한 것을 이용한 아치이다.
② 거친아치는 보통벽돌을 쓰고, 줄눈을 쐐기 모양으로 만든 아치이다.

37. 내화벽돌쌓기에 대한 설명 중 가장 부적당한 것은?

㉮ 줄눈너비를 20 mm를 표준으로 한다.
㉯ 내화벽돌은 기건성이므로 물축이기를 하지 않고 쌓으며, 내화 모르타르 또는 단열모르타르를 사용한다.
㉰ 굴뚝 등의 안쌓기는 구조벽체에서 0.5B 정도 공간쌓기를 하되, 600 mm 정도마다 엇갈림으로 구조벽체와 접촉시킨다.
㉱ 내화벽돌쌓기는 끝나는 대로 줄눈을 흙손으로 눌러 두고 줄눈은 평활하게 바른다.

37. ㉮
내화벽돌의 줄눈너비는 가로, 세로 6 mm를 표준으로 한다.

38. 내화벽돌의 줄눈너비는 도면 또는 공사시방서에 따르고 그 지정이 없을 때에는 가로 세로 얼마를 표준으로 하는가?

㉮ 3 mm ㉯ 6 mm
㉰ 12 mm ㉱ 18 mm

38. ㉯
내화벽돌의 줄눈너비는 가로, 세로 6 mm를 표준으로 한다.

39. 점토 및 점토제품에 관한 기술 중 적당치 않은 것은 어느 것인가?

㉮ 내화모르타르로써 내화점토, 알루미나시멘트를 사용한다.
㉯ 소성온도의 측정은 제게르(Seger) 추로 측정한다.
㉰ 백화방지법에는 씻기시 염산수용액씻기, 파라핀피막 등의 방법이 사용된다.
㉱ 기본형 내화벽돌의 크기는 240×115×71 mm이다.

39. ㉱
기본형 내화벽돌의 크기는 230×114×65 mm 이다.

40. 표준형 벽돌로 벽돌벽을 쌓을 경우 1일 쌓을 수 있는 최대 높이의 켜 수는?

㉮ 12켜 ㉯ 15켜
㉰ 18켜 ㉱ 22켜

40. ㉱
벽돌의 1일 쌓기 높이는 표준 1.2 m (18켜), 최고 1.5 m (22켜) 이하로 균일하게 쌓는다.

41. 벽돌공사에 관한 기술 중 옳지 않은 것은?

㉮ 벽돌은 충분히 물을 축여 쌓는다.
㉯ 모르타르는 정확한 배합으로 하고 물로 비빈 후 1시간 이상 경과되면 다시 비벼 쓴다.
㉰ 사춤 모르타르는 매 켜마다 한다.
㉱ 통줄눈쌓기는 피하도록 한다.

41. ㉯
모르타르는 시멘트와 모래를 건비빔한 후 1시간 이내에 사용할 양만 물비빔 한다.

42. 벽돌공사에 관한 설명으로 가장 부적합한 것은 다음 중 어느 것인가?

㉮ 붉은벽돌과 콘크리트벽돌을 쌓기 전에 적절히 물축이기를 한다.

㉯ 벽돌벽이 블록벽과 서로 직각으로 만날 때에는 연결철물을 만들어 블록 3단마다 보강하여 쌓는다.

㉰ 연속되는 벽면의 일부를 트이게 하여 나중쌓기로 할 때에는 그 부분을 층단떼어쌓기로 한다.

㉱ 벽돌의 할증률은 붉은벽돌 3 %, 콘크리트벽돌 5 %로 한다.

42. ㉮

붉은벽돌은 사전에 충분히 물축임을 하고, 콘크리트벽돌(시멘트벽돌)은 쌓기 전 물을 축이지 않고 쌓으면서 접착면을 적절히 물축임을 한다.

43. 벽돌쌓기 시 벽돌의 물축임에 대한 설명으로 옳지 않은 것은?

㉮ 콘크리트벽돌은 전날 물을 축여 표면이 어느 정도 마른 상태에서 쌓는 것이 좋다.

㉯ 내화벽돌은 점토벽돌보다 물축임을 많이 하는 것이 좋다.

㉰ 벽돌 흡수율이 8 % 이하일 때는 물축임을 하지 않아도 된다.

㉱ 물축임을 하지 않으면 모르타르의 수분을 벽돌이 흡수하여 모르타르의 강도가 저하한다.

43. ㉯

내화벽돌은 절대 물축임 하지 않는다.

44. 다음은 벽돌의 재료 검수 및 저장에 관련된 사항이다. 틀린 것은?

㉮ 벽돌은 반입 트럭에서 수량을 확인하고 가급적 손부림 하는 것을 원칙으로 한다.

㉯ 벽돌은 긴급공사 시 담당원의 승인을 받아 덤프트럭에서 쏟아 내릴 수 있다.

㉰ 벽돌은 크기, 치수차, 기타를 조사하여 줄눈 치수에 알맞은가를 검토하고 불합격품은 공사장 외로 즉시 반출한다.

㉱ 벽돌은 12단 (약 1.2 m) 250장을 1단위로 보관한다.

44. ㉯

벽돌은 반입 트럭에서 수량을 확인하고 가급적 손부림 하는 것을 원칙으로 하고, 담당원이 승인하는 바름벽에 쓰이는 것 외에는 덤프트럭에서 쏟아 내리지 않는다.

45. 벽돌공사에 관한 설명으로 부적합한 것은?

㉮ 벽돌벽의 균열은 모르타르의 강도 부족과 신축성의 차이 등에 의해 발생한다.

㉯ 창대쌓기는 방수상 주의를 요한다.

㉰ 벽돌의 강도는 쌓기용 줄눈모르타르의 강도보다 큰 것을 사용한다.

㉱ 보통벽돌의 품질시험은 흡수율 및 압축시험이 중요하다.

45. ㉰

모르타르의 강도는 벽돌의 강도와 같은 정도 또는 이상의 것을 사용한다.

46. 벽돌쌓기 시 주의사항으로 옳지 않은 것은?

㉮ 모르타르의 강도는 벽돌의 강도보다 작아야 한다.
㉯ 도면 또는 공사시방서에서 정한 바가 없을 때에는 영식쌓기 또는 화란식쌓기로 한다.
㉰ 각부를 가급적 동일한 높이로 쌓아 올라가고 벽면의 일부 또는 국부적으로 높게 쌓지 않는다.
㉱ 가로 및 세로줄눈의 너비는 도면 또는 공사시방서에 정한 바가 없을 때에는 10 mm를 표준으로 한다.

46. ㉮
모르타르의 강도는 벽돌의 강도와 같은 정도 또는 이상의 것을 사용한다.

47. 벽돌 외벽공사 시 고려해야 할 사항 중 별로 중요하지 않은 것은 어느 것인가?

㉮ 모르타르의 접착강도 ㉯ 가로줄눈의 충전도
㉰ 세로줄눈의 충전도 ㉱ 벽체의 수직·수평도

47. ㉰
• 벽돌 외벽시공 시 고려사항
① 모르타르의 접착강도
② 가로줄눈의 충전도(세로줄눈의 충전도는 크게 중요하지 않음)
③ 벽체의 수직·수평도
④ 쌓기 방법과 종류

48. 세로규준틀을 필요로 하는 공사는 다음 중 어느 것인가?

㉮ 목공사 ㉯ 철근콘크리트공사
㉰ 강구조공사 ㉱ 벽돌공사

48. ㉱
세로규준틀은 조적공사에서 고저 및 수직면의 기준으로 사용하기 위한 것이다.

49. 세로규준틀을 가장 많이 사용하는 공사는?

㉮ 토공사 ㉯ 조적공사
㉰ 철근콘크리트공사 ㉱ 철골공사

49. ㉯
세로규준틀은 조적공사에서 고저 및 수직면의 기준으로 사용하기 위한 것이다.

50. 조적용 모르타르의 강도 중 가장 중요한 것은?

㉮ 압축강도 ㉯ 인장강도
㉰ 전단강도 ㉱ 접착강도

50. ㉱
모르타르의 접착강도는 벽체 전체의 강도를 좌우한다.

51. 조적용 모르타르에 관한 기술 중 부적당한 것은?

㉮ 모르타르의 입도 분포가 좋아야 한다.
㉯ 보수성이 좋아야 한다.
㉰ 접착강도보다 압축강도가 더 중요하다.
㉱ W/C에 입각해서 혼합하지 않는다.

51. ㉰
조적용 모르타르는 접착강도가 가장 중요하다.

52. 벽돌쌓기공사에 대한 설명 중 틀린 것은?

㉮ 가로 및 세로줄눈의 너비는 도면 또는 공사시방서에 정한 바가 없을 때에는 20 mm를 표준으로 한다.
㉯ 벽돌쌓기는 도면 또는 공사시방서에서 정한 바가 없을 때에는 영식쌓기 또는 화란식쌓기로 한다.
㉰ 세로줄눈의 모르타르는 벽돌 마구리면에 충분히 발라 쌓도록 한다.
㉱ 하루의 쌓기 높이는 1.2 m (18켜 정도)를 표준으로 하고, 최대 1.5 m (22켜 정도) 이하로 한다.

52. ㉮
가로줄눈 및 세로줄눈의 너비는 10 mm를 표준으로 한다.

53. 벽돌쌓기에서 통줄눈쌓기를 피하는 가장 큰 이유는?

㉮ 방수 ㉯ 방습
㉰ 방화 ㉱ 강도

53. ㉱
통줄눈쌓기일 경우 상부의 하중이 하부에서 균등하게 분포되지 못하여 구조적으로 취약하다.

54. 벽돌쌓기에서 막힌줄눈과 비교한 통줄눈에 관한 설명으로 옳지 않은 것은?

㉮ 하중의 균등한 분산이 어렵다.
㉯ 구조적으로 약하게 된다.
㉰ 습기가 스며들 우려가 있다.
㉱ 외관이 보기에 좋지 않다.

54. ㉱
막힌줄눈쌓기는 세로줄눈이 막히도록 개체를 길이로 쌓는 방법이며, 막힌줄눈쌓기는 상부의 하중을 벽체 하부로 등분포시킨다.

55. 시멘트벽돌공사에 관한 주의사항으로 옳지 않은 것은?

㉮ 벽돌은 품질, 등급별로 정리하여 사용하는 순서별로 쌓아둔다.
㉯ 수직하중을 벽면 전체로 분산시키기 위해 통줄눈으로 쌓는다.
㉰ 모르타르는 정확한 배합으로 시멘트와 모래만을 잘 섞고, 사용 시 물을 부어 반죽하여 쓴다.
㉱ 벽돌쌓기 시 잔토막 또는 부스러기 벽돌을 쓰지 않는다.

55. ㉯
막힌줄눈쌓기는 세로줄눈이 막히도록 개체를 길이로 쌓는 방법이며, 막힌줄눈쌓기는 상부의 하중을 벽체 하부로 등분포시킨다.

56. 다음 벽돌쌓기 공사의 설명 중 틀린 것은?

㉮ 불합격한 벽돌을 장외로 반출한다.
㉯ 세로줄눈은 통줄눈으로 해도 무방하다.
㉰ 모르타르의 강도는 벽돌의 강도와 비슷하거나 강해야 한다.
㉱ 내화벽돌은 물축임을 하지 않는다.

56. ㉯
벽돌쌓기에서 세로줄눈은 막힌줄눈쌓기가 원칙이다.

57. 일반적으로 가장 많이 사용되는 벽돌 중 조적구조 벽체의 줄눈 모양은?

㉮ 평줄눈 ㉯ 민줄눈
㉰ 오목줄눈 ㉱ 내민줄눈

57. ㉮

조적구조 벽체에서 줄눈 모양은 특별한 지정이 없을 때에는 평줄눈으로 한다.

58. 조적공사에서 벽면이 고르지 못할 때 사용하며, 줄눈 효과가 확실하게 나타나는 치장줄눈의 형태로 가장 타당한 것은?

㉮ 평줄눈 ㉯ 빗줄눈
㉰ 내민줄눈 ㉱ 오목줄눈

58. ㉰

내민줄눈은 벽면이 고르지 못할 때 사용하고 줄눈 효과가 확실하게 나타난다.

59. 다음 중 조적벽 치장줄눈의 종류로 옳지 않은 것은?

㉮ 오목줄눈 ㉯ 빗줄눈
㉰ 통줄눈 ㉱ 실줄눈

59. ㉰

통줄눈은 치장줄눈이 아니다.

60. 조적구조의 치장줄눈 표기로 옳지 않은 것은?

㉮ 민줄눈 :  ㉯ 오목줄눈 : 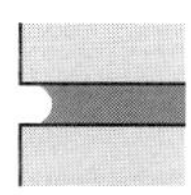

㉰ 내민줄눈 : 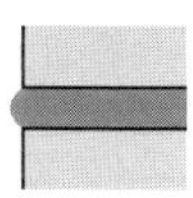 ㉱ 빗줄눈 : 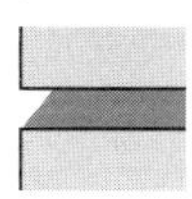

60. ㉰

㉰는 볼록줄눈이다.

61. 벽돌공사에 관한 설명으로 옳지 않은 것은?

㉮ 치장줄눈은 줄눈모르타르가 충분히 굳은 후에 줄눈파기를 한다.
㉯ 벽돌쌓기에서 하루 쌓기 높이는 1.2 m를 표준으로 한다.
㉰ 붉은벽돌은 벽돌쌓기 하루 전에 물로 충분히 젖게 하여 표면에 습도를 유지한 상태로 준비한다.
㉱ 세로줄눈의 모르타르는 벽돌 마구리면에 충분히 발라 쌓도록 한다.

61. ㉮

치장줄눈을 바를 경우에는 줄눈모르타르가 굳기 전에 줄눈파기를 한다.

62. 다음 중 벽돌공사에 대한 설명으로 옳지 않은 것은?

㉮ 치장줄눈의 줄눈파기 깊이는 15 mm 정도로 한다.
㉯ 쌓기용 모르타르의 강도는 벽돌의 강도와 동등하거나 그 이상으로 한다.
㉰ 하루에 쌓는 높이는 1.2~1.5 m를 표준으로 한다.
㉱ 모르타르에 사용되는 모래는 제염된 것을 사용한다.

62. ㉮

줄눈모르타르가 굳기 전에 치장줄눈의 깊이 6 mm (보통 10 mm)로 하여 줄눈파기를 한다.

63. 유리블록쌓기에 관한 설명 중 틀린 것은?

㉮ 유리블록은 방수제가 혼합된 시멘트모르타르로 쌓는다.
㉯ 쌓기에 사용되는 보강철물에는 철근과 얇은 강판이 사용된다.
㉰ 줄눈 마무리는 줄눈모르타르가 굳은 후에 줄눈파기 해야 안전하다.
㉱ 유리블록은 부착력을 위해 염화비닐계 합성수지 도장을 1회 한 후 모래를 뿌린다.

64. 화강암의 표면 모르타르 오점을 청소하기 위하여 사용하는 것은 어느 것인가?

㉮ 희황산수　　㉯ 희염산수
㉰ 가성소다수　　㉱ 희초산수

65. 조적벽체에 발생하는 균열을 대비하기 위한 신축줄눈의 설치위치로 옳지 않은 것은?

㉮ 벽 높이가 변하는 곳
㉯ 벽 두께가 변하는 곳
㉰ 응력이 분산되는 곳
㉱ 창 및 출입구 등 개구부의 양측

66. 벽돌의 벽면에 균열이 생기는 원인으로 옳지 않은 것은?

㉮ 기초의 부동침하
㉯ 이질재와 접합부
㉰ 콘크리트 보 밑의 모르타르 다져넣기 과잉
㉱ 벽돌 및 모르타르의 강도 부족

67. 벽돌벽이 균열 원인에 관한 다음 기술 중 틀린 것은 어느 것인가?

㉮ 건물 기초의 부동침하
㉯ 이질재와의 접합
㉰ 벽돌과 모르타르의 강도 부족과 신축성
㉱ 벽돌을 쌓을 때 모르타르 강도가 벽돌강도보다 강함

63. ㉰

줄눈 마무리는 줄눈모르타르가 굳기 전에 줄눈누름, 줄눈파기 및 치장줄눈을 한다.

64. ㉯

돌의 표면 청소에는 원칙적으로 염산류를 사용하지 아니한다. 부득이 염산을 사용할 때에는 물과 희석하여 사용하고 사용한 즉시 물 씻기를 충분히 하여 산분이 남아있지 않게 한다.

65. ㉰

• 수직 신축줄눈의 설치위치
① 벽 높이가 변하는 곳
② 벽 두께가 변하는 곳
③ L, T, U형 건물에 있어서 벽 교차부 근처(모서리에서 1.8~3.0 m 떨어진 곳)
④ 응력이 집중되는 곳
⑤ 개구부의 가장자리

66. ㉰

콘크리트 보 밑의 모르타르 다져넣기 부족일 때 균열이 발생된다.

67. ㉱

벽돌쌓기를 할 때 모르타르의 강도는 벽돌의 강도 이상이 되어야 한다. 이것은 벽돌벽의 균열방지 대책이다.

68. 벽돌벽의 균열의 원인에 관한 기술 중 틀린 것은?

㉮ 벽돌과 모르타르의 강도 부족과 신축성 때문이다.
㉯ 이질재와의 접합부에 생기기 쉽다.
㉰ 건물 기초의 부동 침하 때문이다.
㉱ 벽돌을 쌓을 때 모르타르의 강도가 벽돌의 강도보다 강하기 때문이다.

68. ㉱
벽돌을 쌓을 때 모르타르의 강도가 벽돌의 강도보다 강하면 접착이 유리하여 균열을 방지한다.

69. 다음 중 벽돌벽의 균열 원인이 아닌 것은?

㉮ 기초의 부동침하
㉯ 건물 벽면의 불합리한 배치
㉰ 벽돌의 강도보다 강한 모르타르 사용
㉱ 이질재와 접합

69. ㉰
벽돌을 쌓을 때 모르타르의 강도가 벽돌의 강도보다 강하면 접착이 유리하여 균열을 방지한다.

70. 벽돌벽의 균열 원인과 가장 관계가 먼 것은?

㉮ 기초의 부동침하
㉯ 내력벽의 불균형 배치
㉰ 상하 개구부의 수직선상 배치
㉱ 벽돌 및 모르타르의 강도 부족과 신축성

70. ㉰
상하 개구부의 수직선상 배치는 균열에 대한 방지대책이다.

71. 벽돌벽면에 균열이 생기는 이유가 아닌 것은?

㉮ 벽돌벽의 부분적인 시공 결함
㉯ 큰 집중하중과 횡력 및 충격
㉰ 개구부 크기의 불합리한 배치
㉱ 신축줄눈이나 조절줄눈 설치

71. ㉱
신축줄눈이나 조절줄눈의 설치는 균열에 대한 방지대책이다.

72. 벽돌벽 균열의 원인 중 계획 · 설계상의 미비와 가장 거리가 먼 것은?

㉮ 건물의 평면, 입면의 불균형
㉯ 온도 및 습기에 의한 재료의 신축성
㉰ 벽돌벽의 길이, 높이에 비해 부족한 두께
㉱ 개구부 크기의 불합리 및 불균형 배치

72. ㉯
온도 및 습기에 의한 재료의 신축성은 균열의 대책 중에서 시공상 대책이다.

73. 조적구조 건물의 벽체 균열에 대한 계획, 설계상 대책으로 틀린 것은?

㉮ 건축물의 복잡한 평면구성을 피한다.
㉯ 건축물의 자중을 크게 한다.
㉰ 테두리보를 설치한다.
㉱ 상 · 하층의 창문 위치 및 너비를 일치시킨다.

73. ㉯
조적구조 건물의 벽체 균열에 대한 계획, 설계상 대책으로는 건축물의 자중을 줄인다.

74. 조적벽체의 균열방지 대책에 대한 다음 기술 중 가장 부적당한 것은 어느 것인가?

㉮ 벽돌의 품질검수를 철저히 한다.
㉯ 줄눈 채우기를 철저히 한다.
㉰ 균질한 모르타르 배합을 한다.
㉱ 보강철물을 충분히 사용한다.

74. ㉮
벽돌의 품질검수를 철저히 하는 것과 균열방지대책과는 관계가 없다.

75. 조적벽에 발생되는 백화(Efflorescence)를 방지하기 위한 방법으로 효과가 없는 것은?

㉮ 줄눈모르타르에 방수제를 넣는다.
㉯ 줄눈모르타르에 석회를 사용한다.
㉰ 처마를 충분히 내고 벽에 직접 비가 맞지 않도록 한다.
㉱ 벽면에 실리콘방수를 한다.

75. ㉯
모르타르에 석회를 혼합하면 백화가 더욱 촉진된다.

76. 벽돌에 생기는 백화를 방지하기 위한 방법으로 옳지 않은 것은?

㉮ 10 % 이하의 흡수율을 가진 양질의 벽돌을 사용한다.
㉯ 벽돌면 상부에 빗물막이를 설치한다.
㉰ 파라핀도료를 발라 염류가 나오는 것을 방지한다.
㉱ 줄눈모르타르에 석회를 넣어 바른다.

76. ㉱
모르타르에 석회를 혼합하면 백화가 더욱 촉진된다.

77. 벽돌벽에 발생하는 백화를 방지하는 방법으로 옳지 않은 것은?

㉮ 줄눈모르타르에 석회를 넣어 사용한다.
㉯ 흡수율이 적고 소성이 잘 된 벽돌을 사용한다.
㉰ 구조적으로 차양, 돌림띠 등의 비막이를 설치한다.
㉱ 파라핀도료 등의 뿜칠로써 벽면에 방수처리를 한다.

77. ㉮
모르타르에 석회를 혼합하면 백화가 더욱 촉진된다.

78. 벽돌벽체에 생기는 백화현상을 방지하기 위한 조치로 적당하지 않은 것은?

㉮ 줄눈모르타르에 석회를 혼합하여 우수의 침입을 방지한다.
㉯ 차양 등의 돌출물에 빗물막이를 잘한다.
㉰ 잘 소성된 벽돌을 사용한다.
㉱ 줄눈을 충분히 사춤하고 줄눈모르타르에 방수제를 넣는다.

78. ㉮
모르타르에 석회를 혼합하면 백화가 더욱 촉진된다.

79. 조적구조에 발생하는 백화현상을 방지하기 위하여 취하는 조치로써 효과가 없는 것은?

㉮ 줄눈부분을 방수처리 하여 빗물을 막는다.
㉯ 잘 구워진 벽돌을 사용한다.
㉰ 줄눈모르타르에 방수제를 넣는다.
㉱ 석회를 혼합하여 줄눈모르타르를 바른다.

79. ㉱
모르타르에 석회를 혼합하면 백화가 더욱 촉진된다.

80. 백화현상에 관한 설명으로 옳지 않은 것은?

㉮ 시멘트는 수산화칼슘의 주성분인 생석회(CaO)의 다량 공급원으로써 백화의 주된 요인이다.
㉯ 백화현상은 미장 표면뿐만 아니라 벽돌벽체, 타일 및 착색 시멘트 제품 등의 표면에도 발생한다.
㉰ 겨울철보다 여름철의 높은 온도에서 백화 발생 빈도가 높다.
㉱ 배합수 중에 용해되는 가용 성분이 시멘트 경화체의 표면건조 후 나타나는 현상이다.

80. ㉰
여름철보다 겨울철의 낮은 온도에서 백화 발생 빈도가 높다.

81. 벽돌벽체에 발생되는 백화현상에 대한 설명으로 가장 부적당한 것은?

㉮ 벽돌의 황산나트륨과 시멘트의 탄산칼슘의 화학반응으로 발생한다.
㉯ 파라핀도료를 발라두어 염류의 발생을 방지한다.
㉰ 벽돌을 쌓기 전에 흙, 먼지 등을 청소하고 충분히 건조시켜 방지한다.
㉱ 모르타르 반죽 시 좋은 질의 용수를 사용하여 방지한다.

81. ㉰
벽돌의 백화현상은 주로 붉은벽돌에서 발생되며, 물축임의 경우 붉은벽돌은 사전(2-3일전)에 충분히 물축임을 하고 콘크리트벽돌(시멘트벽돌)의 경우 쌓기 전에 물을 축이지 않고 쌓으면서 접착면을 적절히 물축임을 하여 접착강도를 높인다.

82. 조적구조 벽체에 빗물이 스며드는 원인 중 옳지 않은 것은?

㉮ 사춤 모르타르의 불충분 또는 조적법의 불완전
㉯ 치장줄눈이 불완전 처리
㉰ 쌓기 후 벽체의 투수시험 결여
㉱ 물흘림, 물끊기 등의 처리 불충분

82. ㉰
벽체에 빗물이 스며드는 것은 시공상의 원인이다 쌓기 후 벽체의 투수시험을 할 수는 없다.

제23장 블록공사

1 일반사항

1. 개요 및 종류

① 블록은 시멘트와 골재를 혼합하여 가압 성형한 후 양생한 것으로 속빈 콘크리트블록, 시멘트블록 또는 콘크리트블록이라고도 한다.

② 종류로는 단순조적블록구조, 기성재조립식구조, 보강블록구조, 거푸집블록구조 등이 있다.

2. 시공

1) 블록의 제작방법

제조 과정	내 용
재료 혼합	믹서 등을 사용하여 원료를 혼합한다.
성 형	벽돌의 성형은 진동 및 압축을 병용하는 방법으로 한다.
양 생 (보 양)	성형 후 습도 약 100 %인 양생실에 넣어 500 ℃ · h(도시) 이상 보존한 후, 실외에 적상하여 통산 4,000 ℃ · h 이상 다습상태로 양생한다.
출 하	양생 후 7일 이상 보관한 뒤 출하하여 사용한다.

주1 도시(度時, ℃ · h)는 양생온도와 양생시간을 곱한 값이다. 즉, '20℃×25시간=500도시'가 된다.

2) 기본 블록의 치수 143) 144)

(단위 : mm)

길 이	높 이	두 께	허용오차
390	190	190, 150, 100	±2

143) KS F 4002, 속빈 콘크리트블록, 산업표준심의회, 2021.
144) KCS 41 34 05 블록공사(3.2), 국토교통부, 대한건축학회, 2016.

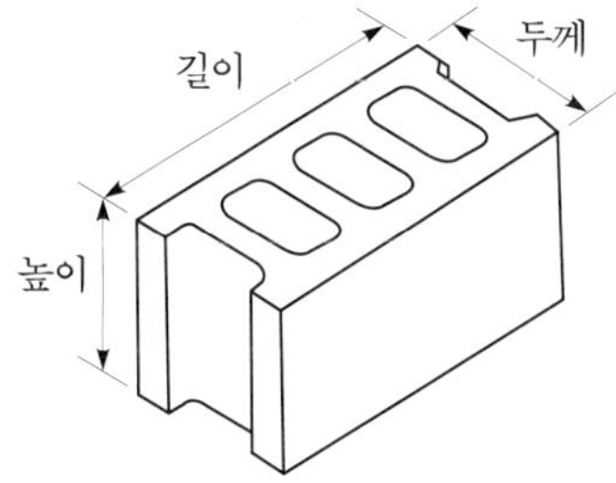

블록의 형상

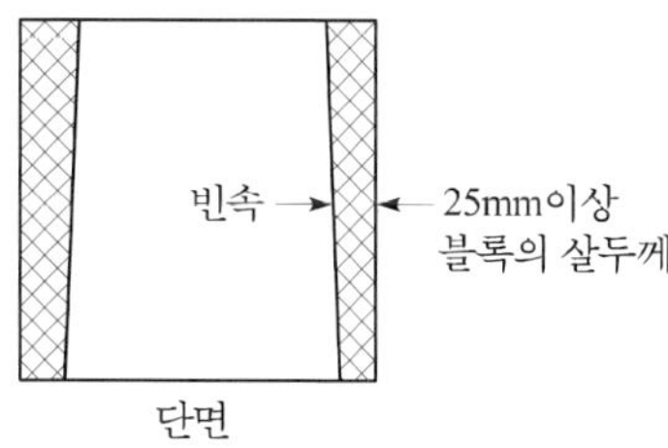

블록의 단면

3. 블록의 종류

1) 블록의 명칭

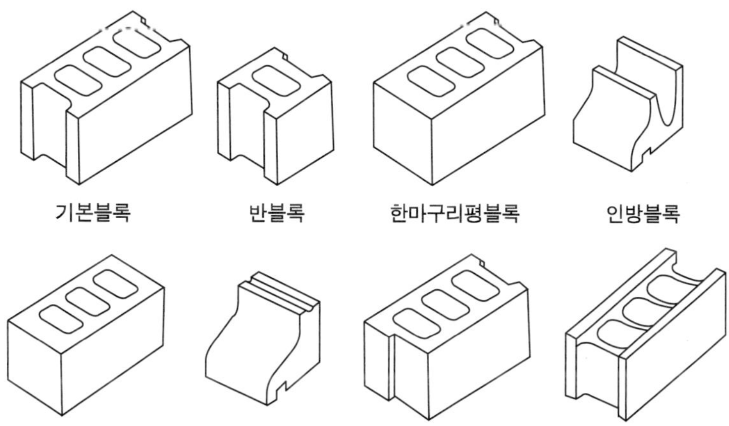

2) 이형블록

종 류	내 용
인방블록	인방블록은 창문틀 위에 쌓아 철근과 콘크리트를 다져 넣어 보강하는 U자형 블록이다.
창대블록	창대블록은 창문틀 밑에 쌓는 블록이다.
창쌤블록 (쌤블록)	창쌤블록은 창문틀 옆에 쌓는 블록으로 창문틀 옆에 창문이 살 끼워질 수 있는 형상으로 특별히 만들어진 블록이다.
가로근용블록 (가로근 삽입블록)	가로근용블록은 철근을 가로로 배치하고 콘크리트를 충전할 수 있는 형상을 갖춘 블록이다.

2 단순조적블록공사

1. 개요

단순조적블록은 기본 블록을 이용하여 벽돌쌓기와 동일한 방법으로 쌓는 구조이며 소규모 건물에 사용된다.

2. 블록쌓기

1) 시공도에 기입할 사항

① 블록 나누기

② 모르타르 및 그라우트의 충전개소

③ 철근의 종류와 배치 시 매립철물의 종류 및 위치

④ 철근의 가공 상세

⑤ 철근의 이음 및 정착위치와 방법

⑥ 용접의 경우 그 공법

⑦ 인방의 배치 및 상세

⑧ 창문틀 및 출입문틀의 고정과 접합부위 상세

2) 블록쌓기의 시공 순서

① 반입블록의 검사

② 접착면 청소

③ 물축이기

④ 모르타르 비비기

⑤ 세로규준틀 설치

⑥ 규준쌓기

⑦ 중간부쌓기

⑧ 줄눈누르기

⑨ 줄눈파기

⑩ 치장줄눈

⑪ 양생

3) 준비

① 물축이기는 블록은 물축임을 하지 않고 블록을 쌓는 밑바탕은 청소 후 물축임을 한다. (블록 전체에 물축여 쌓으면 벽체에 수축균열의 발생이 우려된다).

② 블록은 물축임을 하지 않는다.

③ 모르타르나 그라우트의 비비기 시간은 기계믹서의 경우 최소 5분 동안 비빈다.

④ 모르타르나 그라우트의 비비기는 기계비비기를 원칙으로 한다.

⑤ 최초 물을 가해 비빈 후 모르타르는 2시간, 그라우트는 1시간 이내의 것은 다시 비벼 쓸 수 있다.

4) 쌓기

① 일반 블록쌓기는 막힌줄눈쌓기이고 보강블록구조는 통줄눈쌓기이다.
② 블록의 살두께가 두꺼운 부분을 위로가게 쌓는다.
③ 1일 쌓기 높이는 1.5 m(블록 7켜 정도) 이내를 표준으로 한다.
④ 블록쌓기 직후 줄눈누름, 줄눈파기, 치장줄눈을 한다.
⑤ 줄눈너비는 가로, 세로 각각 10 mm를 표준으로 한다.
⑥ 블록 메시는 3단마다 배치하고, 이음을 한눈 이상 겹침한다.

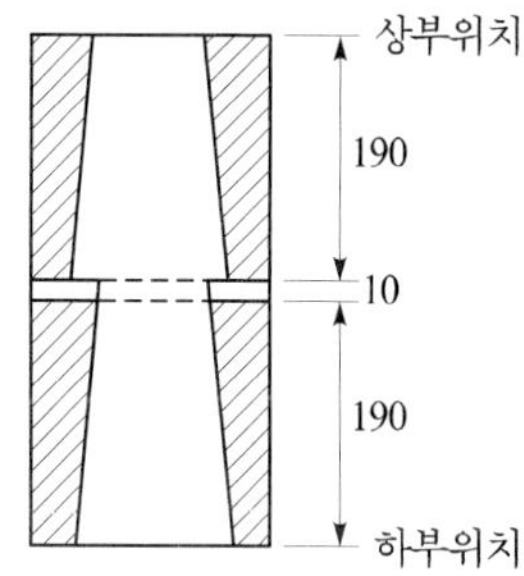

블록쌓기의 상하

5) 모르타르 및 그라우트 사춤

모르타르 또는 그라우트를 사춤하는 높이는 3켜 이내로 한다.

3. 인방보, 테두리보 및 기초보

1) 인방보

(1) 개요

① 인방보(Lintel)는 창문 등의 개구부 위에 인방블록(U자형 블록) 또는 철근콘크리트 보 등으로 개구부의 상부구조를 지지하며 상부에서 오는 하중을 좌우의 벽체로 전달시키기 위해 대는 보이다.
② 인방블록은 창문틀 위에 쌓아 철근과 콘크리트를 다져 넣어 보강하는 U자형 블록이다.

(2) 설치방법

① 인방블록은 창문틀의 좌우 옆 턱에 최소 200 mm 이상(보통 400 mm) 걸친다.
② 현장타설콘크리트 인방보의 주철근은 개구부의 양측 벽에 40d_b 이상 정착한다.
(d_b : 철근 공칭지름)
③ 기성콘크리트 인방보의 양 끝은 블록에 200 mm 이상 걸친다.
④ 철근을 사용할 경우 철근의 피복두께는 최소 30 mm 이상이다.

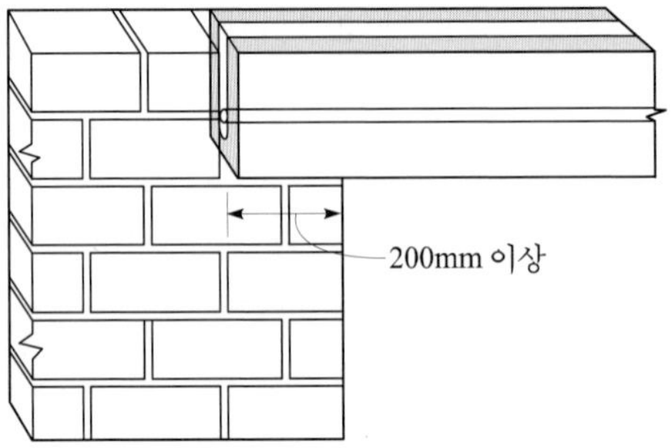

인방보(기성콘크리트 제품)

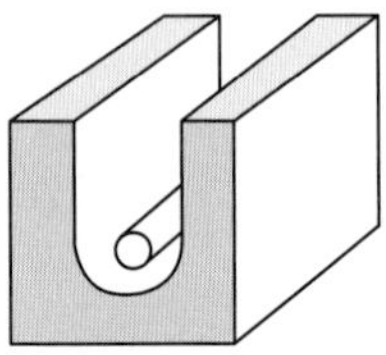

인방보 상세

2) 테두리보

(1) 개요

테두리보(Wall Girder)는 조적구조 벽체를 일체화하고 하중을 균등히 분포시키기 위해 조적벽의 상부에 설치하는 철근콘크리트 보이다.

(2) 설치목적

① 벽체의 일체성 확보(벽체의 강성 증대)

② 수직균열의 방지

③ 수직하중의 분산

④ 세로근의 정착 및 이음자리 제공

⑤ 지붕, 바닥틀 등에 의한 집중하중에 대한 보강

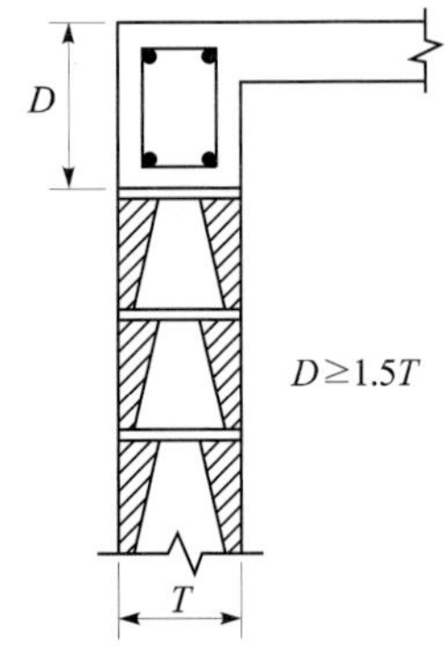

테두리보 상세

(3) 일반사항

① 거푸집은 블록 두께보다 커지지 않게 견고히 쌓는다.

② 보의 깊이(D)는 벽두께(T)의 1.5배 이상(D≥1.5T)으로 한다.

③ 철근의 정착은 $40d_b$ 이상하고 콘크리트로 사춤한다.

3) 기초보

기초보는 벽체하부나 기초상부를 연결하여 하중을 지반에 균등히 분포시키고 기초의 부동침하 및 이동을 방지하는 역할을 하는 철근콘크리트 보이다. 지중보라고도 한다.

3 보강블록공사

1. 개요

① 보강블록은 속빈 콘크리트블록 개체의 속빈 부분 또는 수직단면 간의 공동부에 철근을 매립하고 콘크리트를 그라우팅 하여 내력벽으로 할 수 있는 블록이다.

② 보강블록구조는 수평하중과 수직하중에 견딜 수 있다.

③ 보강블록구조를 보강콘크리트블록구조라고도 한다.

④ 통줄눈쌓기로 하며 세로근(수직근)과 가로근(수평근)을 보강한 블록공사이다.

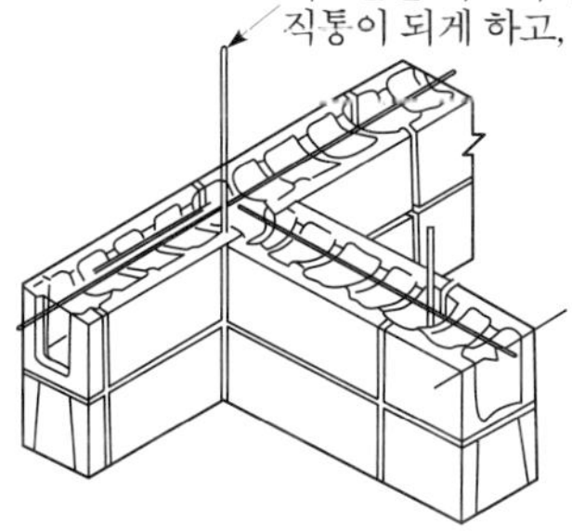

보강블록

2. 세로근 및 가로근

1) 세로근

(1) 개요

세로근은 블록의 속빈 부분에 연직방향으로 배치된 철근이며, 세로보강근이라고도 한다.

(2) 세로근의 설치위치(모르타르 사춤 부위)

① 벽끝　② 모서리　③ 교차부　④ 개구부 주위

참고 세로근의 설치위치와 보강블록구조의 시공에서 반드시 모르타르 또는 콘크리트로 사춤해야 하는 부위는 같다.

(3) 일반사항

① 세로근은 원칙적으로 기초 및 테두리보에서 위층의 테두리보까지 잇지 않고 철근을 배치하여 그 정착길이는 $40d_b$ 이상으로 하며, 상단의 테두리보 등에 직접 연결철물로 세로근을 연결한다.

② 그라우트 및 모르타르의 세로 피복두께는 20 mm 이상이다.

③ 테두리보 위에 쌓는 박공벽의 세로근은 테두리보에 $40d_b$ 이상 정착하고, 세로근 상단부는 180°갈고리를 내어 벽 상부의 보조근에 걸치고 결속선으로 결속한다.

④ 가로근, 세로근의 최대 간격은 800 mm 이하이다.

⑤ 철근 굵기는 D10 이상으로 하고, 내력벽 끝 부분이나 모서리는 D13 이상으로 한다.

⑥ 세로근이 벽돌나누기에 잘 맞지 않을 때에는 그 자리에서 꺾어 구부리지 말고 콘크리트를 파내고, 수직과 30° 이내로 경사를 두어 구부려 시공한다.

2) 가로근

① 가로근의 단부는 180° 갈고리로 구부려 세로근에 건다.

② 철근의 피복두께는 20 mm 이상이다.

③ 세로근과 교차부는 모두 결속선으로 결속한다.

④ 모서리에 가로근의 단부는 수평방향으로 구부려서 세로근의 바깥쪽으로 두르고 정착길이는 $40d_b$ 이상으로 한다.

⑤ 개구부 상하부의 가로근을 양측 벽에 묻을 때의 정착길이는 $40d_b$ 이상으로 한다.

⑥ 가로근의 이음길이는 $25d_b$ 이상이고, 위치는 서로 엇갈리게 한다.

⑦ 설치간격은 블록 3켜(0.6 m)~4켜(0.8 m)마다 한다.

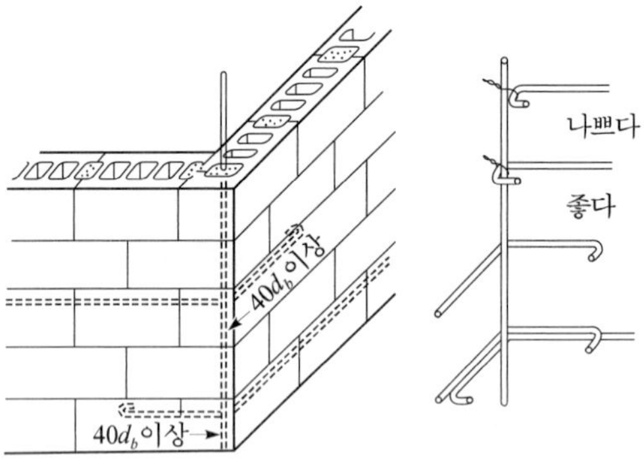

세로근과 가로근의 배치

3. 보강블록쌓기 시 와이어메시(Wire Mesh)의 역할

① 블록벽체 교차부의 균열방지

② 수직하중 및 수평하중에 대한 하중분산

③ 전단작용에 대한 보강

4. 보강블록쌓기

1) 일반사항

① 콘크리트블록은 물축임 하지 않는다.
② 원칙적으로 통줄눈쌓기를 한다.
③ 진동기 사용을 금지한다(이미 쌓은 블록 줄눈에 균열이 발생할 수 있다).
④ 보강블록구조의 벽량은 150 mm/m^2 이상이다.
⑤ 보강블록구조와 라멘구조가 접하는 부분은 보강블록구조를 먼저 쌓고 라멘구조를 나중에 시공한다.

2) 보강블록구조에서 통줄눈쌓기로 하는 이유

① 철근의 배치 및 조립이 용이하다.
② 블록쌓기가 간편하다.
③ 블록의 빈속에 철근과 콘크리트를 채워 넣으므로 강도상, 방수상 유리하여 막힌줄눈쌓기로 할 필요가 없다.

4 거푸집블록공사

① 거푸집블록은 L형, 역T자형, U자형 등으로 만들어 콘크리트구조의 거푸집을 겸하게 된 블록으로 내부에 철근배치 및 콘크리트를 채워 넣을 수 있는 블록이다.
② 거푸집블록구조는 거푸집 콘크리트블록을 사용하여 조합시켜 거푸집으로 하고 공동 부분에 철근을 배치하고 그라우팅 하여 내력벽과 기둥, 보 등의 구조체를 만드는 블록구조이다.
③ 거푸집블록의 최소 살두께는 25 mm 이상이다.

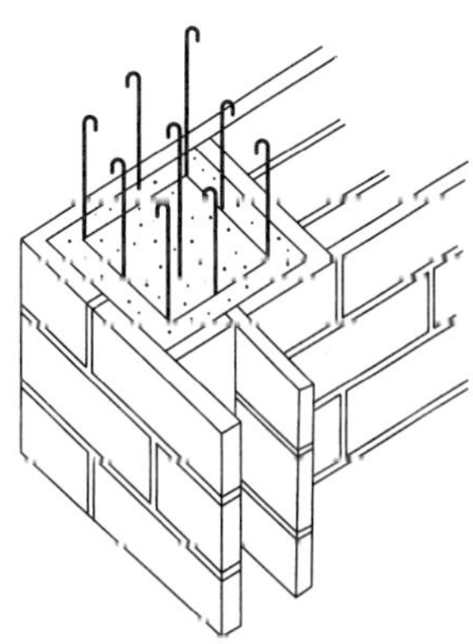
거푸집블록

5 ALC블록공사

1. 개요

① ALC블록은 건축물의 내·외벽에 사용되는 고온고압 증기양생 한 경량기포콘크리트블록 (Autoclaved Lightweight Aerated Concrete Block)이다.

② ALC블록구조는 건축물 또는 공작물 등의 외벽, 칸막이벽 등으로 사용된다.

2. 경량기포콘크리트블록(ALC블록)의 품질기준 145) 146)

구 분	절건비중 (g/cm^3)	압축강도 (MPa)
0.5품	0.45 이상 0.55 미만	2.9 이상
0.6품	0.55 이상 0.65 미만	4.9 이상
0.7품	0.65 이상 0.75 미만	6.9 이상

145) KS F 2701, 경량기포콘크리트블록(ALC블록), 산업표준심의회, 2017.

146) KCS 41 34 09 ALC블록공사(2.1), 국토교통부, 대한건축학회, 2016.

필수 연습문제

제23장 블록공사

1. KS F 4002에 규정된 콘크리트 기본 블록의 크기가 아닌 것은?(단, 단위는 mm임.)

㉮ 390×190×190
㉯ 390×190×150
㉰ 390×190×120
㉱ 390×190×100

2. 블록 제작에 있어 성형 후에도 500도시 이상, 습도는 100 %에 가까운 상태로 둔 다음 성형 후의 통산도시는 얼마 이상으로 다습상태에서 양생하여야 하는가?

㉮ 1,000도시
㉯ 2,000도시
㉰ 3,000도시
㉱ 4,000도시

3. 블록쌓기 시공도에 기입하지 않아도 되는 사항은?

㉮ 블록의 종류
㉯ 벽 중심 간의 치수
㉰ 배수관, 전기배관 등의 위치
㉱ 블록쌓기 방법

1. ㉰

• 블록의 치수

(단위 : mm)

길이	높이	두께
390	190	190, 150, 100

2. ㉱

성형 후 500도시(度時, ℃·h) 이상이고 습도 100 %에 가깝게 한 뒤, 통산 4,000도시 이상 다습상태에서 양생한다.

3. ㉱

• 블록쌓기 시공도에 기입할 사항
① 블록 나누기
② 모르타르 및 그라우트의 충전개소
③ 철근의 종류와 배치 시 매립철물의 종류
④ 철근의 매립위치
⑤ 철근의 가공 상세
⑥ 철근의 이음 및 정착위치와 방법
⑦ 인방의 배치 및 상세
⑧ 창문틀 및 출입문틀의 고정과 접합부위 상세

4. 속빈 콘크리트블록쌓기에서 잘못된 것은?

㉮ 블록은 살두께가 두꺼운 부분이 밑으로 하여 쌓는다.
㉯ 쌓기용 모르타르는 1 : 3 배합으로 한다.
㉰ 1일 쌓기 높이는 1.2~1.5 m 정도로 한다.
㉱ 철근 보강쌓기는 통줄눈쌓기로 할 수 있다.

4. ㉮

블록의 살두께가 두꺼운 부분을 위로가게 쌓는다.

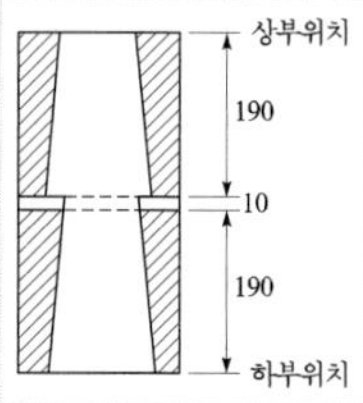

블록쌓기의 상하

5. 블록쌓기에 대한 설명으로 틀린 것은?

㉮ 살두께가 두꺼운 부분을 아래로 하여 쌓는다.
㉯ 특별한 지정이 없으면 줄눈은 10 mm가 되게 한다.
㉰ 하루의 쌓기 높이는 1.5 m 이내를 표준으로 한다.
㉱ 줄눈모르타르는 쌓은 후 줄눈누르기 및 줄눈파기를 한다.

5. ㉮

블록의 살두께가 두꺼운 부분을 위로가게 쌓는다.

6. 블록쌓기 시 주의사항으로 옳지 않은 것은?

㉮ 블록의 모르타르 접착면은 적당히 물 축이기를 한다.
㉯ 블록은 살두께가 두꺼운 편이 아래로 향하게 쌓는다.
㉰ 보강블록쌓기일 경우 철근위치를 정확히 유지시키고, 세로근은 이음을 하지 않는 것을 원칙으로 한다.
㉱ 기초 또는 바닥판 윗면은 깨끗이 청소하고 충분히 물을 축인다.

6. ㉯

블록의 살두께가 두꺼운 부분을 위로가게 쌓는다.

7. 단순조적블록쌓기에 관한 설명으로 옳지 않은 것은?

㉮ 블록의 살두께가 두꺼운 부분을 아래로 하여 쌓는다.
㉯ 특별한 지정이 없으면 줄눈은 10 mm가 되게 한다.
㉰ 하루의 쌓기 높이는 1.5 m 이내를 표준으로 한다.
㉱ 줄눈모르타르는 쌓은 후 줄눈누르기 및 줄눈파기를 한다.

7. ㉮

블록의 살두께가 두꺼운 부분을 위로가게 쌓는다.

8. 단순조적블록공사에 관한 설명으로 옳지 않은 것은?

㉮ 벽의 모서리, 중간요소, 기타 기준이 되는 부분을 먼저 정확하게 쌓는다.
㉯ 살두께가 큰 편을 아래로 하여 쌓는다.
㉰ 줄눈모르타르는 쌓은 후 줄눈누르기 및 줄눈파기를 한다.
㉱ 줄눈두께는 10 mm가 되게 한다.

8. ㉯

블록의 살두께가 두꺼운 부분을 위로가게 쌓는다.

9. 조적구조공사에 관한 시방으로 부적당한 것은?

㉮ 벽돌쌓기에서 가로, 세로줄눈의 너비는 특별히 정하지 않았을 때는 10 mm를 표준으로 한다.

㉯ 벽돌쌓기에서 화란식쌓기가 영식쌓기와 다른 점은 모서리 또는 벽끝에서 칠오토막을 쓰는 점이다.

㉰ 블록쌓기에서 블록은 빈속의 경사(Taper)에 의한 살두께가 두꺼운 편을 아래로 가게 쌓아야 한다.

㉱ 벽돌쌓기에서 내쌓기를 할 때에는 마구리쌓기로 하는 것이 강도상, 시공상 유리하다.

9. ㉰
블록의 살두께가 두꺼운 부분을 위로가게 쌓는다.

10. 블록쌓기에서 블록의 하루 쌓기 높이는 최대 얼마 이하로 하는가?

㉮ 1.0 m 이하
㉯ 1.5 m 이하
㉰ 1.7 m 이하
㉱ 2.0 m 이하

10. ㉯
블록의 1일 쌓기 높이는 1.5 m(블록 7켜 정도) 이내를 표준으로 한다.

11. 창문 위에 건너질러 상부에서 오는 하중을 좌우벽으로 전달시키기 위하여 설치하는 보는?

㉮ 기초보 ㉯ 인방보
㉰ 토대 ㉱ 테두리보

11. ㉯
인방보는 창문 등의 개구부 위에 인방블록(U자형 블록) 또는 철근콘크리트 보 등으로 개구부의 상부구조를 지지하며 상부에서 오는 하중을 좌우의 벽체로 전달시키기 위해 대는 보이다.

12. 블록구조에서 인방블록 설치 시 창문틀의 좌우 옆 턱에 최소 얼마 이상 물려야 하는가?

㉮ 50 mm ㉯ 100 mm
㉰ 150 mm ㉱ 200 mm

12. ㉱
인방블록은 창문틀의 좌우 옆 턱에 최소 200 mm 이상(보통 400 mm) 걸친다.

13. 조적구조 벽체에 철근콘크리트 테두리보(Wall Girder)를 설치하는 가장 큰 이유는?

㉮ 내력벽을 일체화하여 건축물의 강도를 상승시키기 위해서
㉯ 내력벽의 상부 마무리를 깨끗이 하기 위해서
㉰ 벽에 개구부를 설치하기 위해서
㉱ 목구조에서 트러스구조를 쓰기 위해서

13. ㉮
테두리보는 조적구조 벽체를 일체화하여 구조물의 강성을 높이기 위한 것이다.

14. 조적구조에서 내력벽 상부에 테두리보를 설치하는 가장 큰 이유는?

㉮ 내력벽의 상부 마무리를 깨끗이 하기 위해서
㉯ 벽에 개구부를 설치하기 위해서
㉰ 분산된 벽체를 일체화하기 위해서
㉱ 철근의 배근을 용이하게 하기 위해서

14. ㉰

테두리보는 조적구조 벽체를 일체화하여 구조물의 강성을 높이기 위한 것이다.

15. 조적공사 시 테두리보(Wall Girder)의 설치목적이 아닌 것은?

㉮ 분산된 벽체를 일체로 하여 하중을 균등히 분포시킨다.
㉯ 수평균열의 방지
㉰ 세로철근의 정착
㉱ 집중하중을 받는 부분을 보강

15. ㉯

테두리보는 수직균열을 방지한다.

16. 조적구조에서 테두리보를 설치하는 이유로 옳지 않은 것은?

㉮ 횡력에 대한 수직균열을 방지하기 위하여
㉯ 내력벽을 일체로 하여 하중을 균등히 분포시키기 위하여
㉰ 지붕, 바닥판 및 벽체의 하중을 내력벽에 전달하기 위하여
㉱ 가로철근의 끝을 정착시키기 위하여

16. ㉱

테두리보는 조적구조 벽체를 일체화하고 하중을 균등히 분포시키기 위해 조적벽의 상부에 설치하는 철근콘크리트 보로써 세로근의 정착 및 이음자리 제공을 위하여 설치한다.

17. 보강블록쌓기에서 와이어메시(Wire Mesh)를 줄눈에 묻어쌓는 효과로 틀린 것은 다음 중 어느 것인가?

㉮ 블록벽의 수직하중을 경감하는 효과가 있다.
㉯ 블록벽의 교차부의 균열을 보강하는 효과가 있다.
㉰ 블록벽에 균열을 방지하는 효과가 있다.
㉱ 블록에 가해지는 횡력에 효과가 있다.

17. ㉮

블록쌓기에서 와이어메시로 수직하중을 경감시킬 수는 없다.

18. 블록구조 벽체에 와이어메시를 가로줄눈에 묻어 쌓기도 하는데 이에 관한 설명으로 옳지 않은 것은?

㉮ 전단작용에 대한 보강이다.
㉯ 수직하중을 분산시키는데 유리하다.
㉰ 블록과 모르타르의 부착성능의 증진을 위한 것이다.
㉱ 교차부의 균열을 방지하는데 유리하다.

18. ㉰

- 보강블록쌓기 시 와이어메시의 역할

① 블록벽체 교차부의 균열 방지
② 수직하중 및 수평하중에 대한 하중분산
③ 전단작용에 대한 보강

19. 보강블록구조에 대한 설명 중 적당하지 않은 것은?

㉮ 콘크리트블록의 구멍은 전부 메운다.
㉯ 테두리보는 반드시 설치해야 한다.
㉰ 가로근은 철망으로 대치할 수도 있다.
㉱ 통줄눈쌓기로 하나 막힌줄눈쌓기로 해도 된다.

19. ㉮

• 세로근의 설치위치 (모르타르 사춤 부위)
① 벽끝 ② 모서리
③ 교차부 ④ 개구부 주위

20. 보강블록구조에 있어서 내력벽의 배치는 균등을 유지하는 것이 가장 중요한 이유로써 옳은 것은?

㉮ 수직하중을 평균적으로 배분하기 위해서
㉯ 기초의 부동침하를 방지하기 위해서
㉰ 외관상 균형을 잡기 위해서
㉱ 테두리보의 시공을 간단하게 하기 위해서

20. ㉮

내력벽의 배치를 균등하게 함으로써 수직하중을 평균적으로 배분할 수 있고 이로 인해 부동침하를 예방할 수 있다.

21. 보강블록구조에 관한 것이 아닌 것은?

㉮ 가로근은 와이어메시 또는 철근와이어를 블록 매 3단마다 설치하다.
㉯ 통줄눈이 생기면 벽체에 균열이 생기기 쉬우므로 막힌줄눈쌓기로 한다.
㉰ 세로근은 기초에서부터 테두리보까지 끊지 않고 철근을 배치한다.
㉱ 테두리보의 모서리 철근의 정착길이는 $40d_b$ 이상으로 한다.

21. ㉯

보강블록공사는 블록의 빈속에 철근과 콘크리트를 부어 넣어 보강한 콘크리트블록 구조로 통줄눈쌓기로 한다. 세로근(수직근)과 가로근(수평근)을 보강하여 다른 조적공사에 비해 균열발생이 적고 수평하중과 수직하중에 견딜 수 있다.

22. 블록공사에 관한 기술로써 가장 부적당한 것은 다음 중 어느 것인가?

㉮ 인방보에 주철근을 개구부의 양측 벽에 $40d_b$ 이상 정착시킨다.
㉯ 인방보에 양끝은 벽체의 블록에 200 mm 이상 걸쳐야 한다.
㉰ 물빼기 구멍은 지름 10 mm 이내로, 간격 1.2 m (3켜 정도)마다 1개소로 한다.
㉱ 철근콘크리트 보강블록구조에서 가로근 양단부 및 세로근 상단부는 90°의 갈고리를 구부려 철근을 배치하여야 한다.

22. ㉱

철근콘크리트 보강블록구조에서 가로근 양단부 및 세로근 상단부는 180°갈고리를 내어 철근을 배치한다.

23. 보강콘크리트블록구조의 시공에 대한 다음 기술 중 가장 부적당한 것은 어느 것인가?

㉮ 블록의 살두께가 두꺼운 쪽을 위로가게 쌓는다.
㉯ 보강용 철망은 #8~#10 철선을 용접한 것을 사용한다.
㉰ 막힌줄눈쌓기로 하여 내력을 증가시킨다.
㉱ 기초에서부터 세운 세로근은 테두리보에 철근 지름의 40배 이상을 정착시킨다.

23. ㉰

보강블록구조는 블록의 빈속에 철근과 콘크리트를 부어 넣어 보강하므로 통줄눈 쌓기가 되며 수평하중 및 수직하중에 견딜 수 있는 구조이다.

24. 보강블록공사에 관한 설명으로 옳지 않은 것은?

㉮ 벽의 세로근은 구부리지 않고 설치한다.

㉯ 벽의 세로근은 밑창 콘크리트 윗면에 철근을 배근하기 위한 먹매김을 하여 기초판 철근 위의 정확한 위치에 고정시켜 배근한다.

㉰ 벽 가로근 배근 시 창 및 출입구 등의 모서리 부분에 가로근의 단부를 수평방향으로 정착할 여유가 없을 때에는 갈고리로 하여 단부 세로근에 걸고 결속선으로 결속한다.

㉱ 보강블록구조와 라멘구조가 접하는 부분은 라멘구조를 먼저 시공하고 보강블록구조를 나중에 쌓는 것이 원칙이다.

24. ㉱

보강블록구조와 라멘구조가 접하는 부분은 보강블록구조를 먼저 쌓고 라멘구조를 나중에 시공한다.

25. 보강콘크리트블록구조에 대한 설명 중 옳지 않은 것은?

㉮ 내력벽으로 둘러싸인 부분의 바닥면적은 80 m^2을 넘지 않도록 한다.

㉯ 벽체의 줄눈은 통줄눈이 되지 않도록 한다.

㉰ 철근보강 시 철근은 굵은 것을 조금 넣는 것보다 가는 것을 많이 넣는 것이 좋다.

㉱ 벽은 집중적으로 배치하지 말아야 하며, 가능한 한 균등히 배치한다.

25. ㉯

보강콘크리트블록쌓기는 원칙적으로 통줄눈쌓기를 한다.

26. 보강콘크리트블록구조의 내력벽에 관한 설명으로 옳지 않은 것은?

㉮ 사춤은 3켜 이내마다 한다.

㉯ 통줄눈은 될 수 있는 한 피한다.

㉰ 사춤은 철근이 이동하지 않게 한다.

㉱ 벽량이 많아야 구조상 유리하다.

26. ㉯

보강콘크리트블록쌓기는 원칙적으로 통줄눈쌓기를 한다.

27. 보강블록공사에 대한 설명으로 옳지 않은 것은?

㉮ 사춤콘크리트를 다져 넣을 때에는 철근이 이동하지 않게 한다.

㉯ 콘크리트블록은 물축임 하지 않는다.

㉰ 가로근은 세로근과의 교차부에 모두 결속선으로 결속한다.

㉱ 세로근은 기초에서 위층 테두리보까지 철근을 이음하여 배근한다.

27. ㉱

세로근은 원칙적으로 기초 및 테두리보에서 위층의 테두리보까지 잇지 않고 배치하여 그 정착길이는 $40d_b$ 이상으로 하며, 상단의 테두리보 등에 직접 연결철물로 세로근을 연결한다.

28. 보강콘크리트블록구조에 관한 설명으로 옳지 않은 것은?

㉮ 내력벽은 통줄눈쌓기로 한다.
㉯ 내력벽의 두께는 그 길이, 높이에 의해 결정된다.
㉰ 테두리보는 수직방향뿐만 아니라 수평방향의 힘도 고려한다.
㉱ 벽량의 계산에서는 내력벽이 두꺼우면 벽량도 증가한다.

28. ㉱

벽량은 조적구조 건물에서 내력벽 길이의 합(mm)을 그 층의 바닥면적(m^2)으로 나눈 값이다. 따라서 내력벽의 두께는 관계없다.

29. 독립기초에서 주각을 고정으로 간주할 수 있는 방법으로 가장 타당한 것은?

㉮ 기초판을 크게 한다.
㉯ 기초 깊이를 깊게 한다.
㉰ 철근을 기초판에 많이 배근한다.
㉱ 지중보를 설치한다.

29. ㉱

지중보(기초보)는 벽체하부나 기초상부를 연결하여 하중을 지반에 균등히 분포시키고 기초의 부동침하 및 이동을 방지하는 역할을 하는 철근콘크리트 보이다. 지중보를 설치하면 기초의 주각을 고정으로 가정할 수 있다.

30. ALC공사의 블록쌓기에 대한 설명으로 옳지 않은 것은?

㉮ 공간쌓기는 안쪽벽을 주벽체로 한다.
㉯ 블록 보수작업은 설치 후 1일 이상 경과 후에 시행한다.
㉰ 연속되는 벽면에서 일부를 나중쌓기 할 경우는 층단떼어쌓기로 한다.
㉱ 줄눈부의 충전모르타르 작업 후 기온변화가 0℃ 이하가 되는 경우는 동결방지를 위해 시트 등으로 보양해야 한다.

30. ㉮

공간쌓기는 벽돌벽의 중간에 공간을 두어 쌓는 것으로 바깥쪽을 주벽체로 한다.

제24장 석공사

1 석재의 종류 및 특징

1. 개요

구조체로 사용하는 화강암의 압축강도는 100 MPa 이상, 흡수율 5 % 미만이고 대리석의 압축강도는 50 MPa 이상, 흡수율 10 % 미만으로 한다.

2. 특징

장 점	단 점
① 압축강도가 크다. ② 외관이 장중 미려(莊重 美麗)하다. ③ 내구성, 내마모성, 내수성, 내약품성이 있다. ④ 방한, 방서적이고 불연성 재료이다. ⑤ 매장량이 풍부하여 구입이 쉽다.	① 인장강도 및 전단강도가 낮다. ② 조직이 치밀하여 가공이 어렵고 고가이다. ③ 석재의 종류에 따라 내화성이 약하다. ④ 운반 및 시공이 불편하다. ⑤ 장대재(長大材)를 얻기 어렵다.

주1 석재의 내화성은 500 ℃ 정도까지는 내화적이나, 고온의 화열에 닿으면 화강암 등은 균열(500 ℃에서 균열발생, 700 ℃에서 붕괴)이 생기거나 파괴되고, 석회암 및 대리석(600 ℃에서 가루로 분해)은 분해되어 저항력을 상실한다.

3. 종류

1) 화성암

종 류	내 용
화강암 (Granite)	① 화강암은 강도와 경도가 커지만 흡수율은 낮다. ② 내구성이 우수하고 내산성이 양호하여 내벽, 바닥, 외벽 등의 건축 내외장재 등으로 다양하게 사용된다. ③ 불에 약해 내화도가 낮아 불이나 열이 직접 닿는 장소는 피한다. ④ 가열시 균열이 생기고 너무 단단하여 조각하기에는 부적당하다.
안산암	① 안산암은 강도, 경도가 크고 내구성, 내화성이 우수하다. ② 구조재로 다양하게 사용된다. ③ 장대재(長大材)를 얻기 어렵고 색조가 일정하지 않다.
현무암	현무암은 판석재로 용이하다.

2) 수성암

종 류	내 용
점판암	① 점판암은 흡수율이 아주 적고 변색, 변질되지 않고 석재가 치밀하다. ② 시붕잇기 재료로 사용된다.
석회암	① 석회암은 내산성, 내화성이 부족하고 내후성이 낮다. ② 시멘트의 주원료이고 용도가 광범위하다.
사암	① 사암은 내화도는 매우 높으나 흡수율이 높고 가공성이 좋다. ② 물을 접하지 않는 벽, 바닥, 외벽 등의 건축 내외장재 등으로 다양하게 사용된다.
응회암	① 응회암은 불에 강하고 다공질로 가벼워 내화재, 경량골재로 사용된다. ② 내수성이 크다. ③ 흡수율이 가장 크고 강도가 낮다.

3) 변성암

종 류	내 용
대리석 (Marble)	① 대리석은 색조가 아름다우며 화강암에 비해 강도가 낮고 연질(軟質)이다. ② 흡수율이 아주 낮고 내구성과 내산성이 매우 낮다. ③ 내화성이 낮고 풍화되기 쉬우며 산에 약하기 때문에 외장재로는 부적합하다. ④ 석재가 치밀하고 견고하며 연마하면 아름다운 광택이나 내부 장식용으로 사용되며, 불과 열이 직접 닿는 곳은 피한다. ⑤ 대리석 붙이기용 모르타르는 알칼리성의 시멘트모르타르 대신 중성의 석고모르타르를 사용한다. ⑥ 트래버틴(Travertine)은 다공질로 대리석의 일종이며 암갈색 무늬를 나타내며 특수 실내 장식재로 사용된다.
석 면	석면은 단열, 보온, 흡음 등이 우수하나, 폐암을 유발할 수 있다.

4. 석재의 성질

1) 석재의 강도

종 류	압축강도 (MPa)	인장강도 (MPa)	휨강도 (MPa)
화강암	147~190	3.6~4.9	10.2~12.9
대리석	98~176	3.6~4.9	3.3~8.8
안산암	101~165	3.5~8.0	7.6~17.3
사 암	26~66	2.5~2.8	5.3~9.2
응회암	8.4~36	0.8~3.4	2.3~5.9
사문암	73~118	2.7~7.3	–
점판암	138~160	–	–

주1 압축강도의 크기는 '화강암 〉 대리석 〉 안산암 〉 점판암 〉 사문암 〉 사암 〉 응회암' 순이다.

2) 석재의 비중 및 흡수율

종 류	비 중	흡수율 (%)	종 류	비 중	흡수율 (%)
화강암	2.62~2.69	0.33~0.50	응회암	2.00~2.40	13.5~18.2
대리석	2.70~2.72	0.09~0.12	사문암	2.76	0.37
안산암	2.53~2.59	1.83~3.2	점판암	2.75	0.24

주1 흡수율의 크기는 '응회암 〉 사암 〉 안산암 〉 화강암 〉 점판암 〉 사문암 〉 대리석' 순이다.

3) 마감재료

마감재료로는 화강암, 대리석, 점판암(천연슬레이트 재료) 등이 사용된다.

2 석재 가공마무리 및 주의사항

1. 석재 가공마무리

1) 가공마무리(표면마무리)의 종류

가공종류	내 용	사용공구
혹두기 (혹떼기)	① 혹두기는 거친면 마무리이다. ② 쇠망치로 쳐서 큰 요철이 없게 다듬는 정도이다. ③ 그 정도에 따른 종류로는 큰 혹과 작은 혹이 있다.	쇠망치 (쇠메)
정다듬	① 정다듬은 정으로 쪼아 평평하게 다듬는 것이다. ② 그 정도에 따른 종류로는 거친정, 중간정과 고운정이 있다.	정
도드락다듬	① 도드락다듬은 거친 도드락망치로부터 잔도드락망치의 순으로 여러 번 두들겨 마무리한다. ② 그 정도에 따른 종류로는 거친다듬, 중간다듬과 고운다듬이 있다. ③ 마무리 횟수는 1~3회이다.	도드락망치
잔다듬	① 잔다듬은 정다듬 또는 도드락다듬 한 면에 날망치로 일정한 방향으로 평행선 자국을 남기면서 평탄하게 다듬질 한 것이다. ② 그 정도에 따른 종류로는 거친다듬, 중간다듬과 고운다듬이 있다.	일자형 잔다듬망치 (날망치)
물갈기 및 광내기	① 물갈기 및 광내기는 잔다듬 또는 톱켜기 면을 숫돌 등으로 연마한다. ② 석재 물갈기 마감 종류는 거친갈기, 물갈기, 본갈기, 정갈기(광내기) 등이 있다. ③ 손갈기 마무리일 경우 마감 종류는 거친갈기, 물갈기, 본갈기 등이 있다.	금강사, 숫돌, 산화주석, 그라인드

주1 정다듬의 표현은 100×100정 자국으로 표시하는 숫자로 하며 거친정 15개, 중간정 25개, 고운정 70개 등이 있다.

주2 도드락다듬의 표현은 35×35면의 뿔 안의 숫자로 하며 거친다음 25눈, 중단다듬 64눈, 고운다듬 100눈 등이 있다.

주3 잔다듬의 표현은 잔다듬망치의 날 간격으로 하며 거친다음 5~6 mm, 중단다듬 3~4 mm, 고운다듬 1.5~2 mm 등이 있다.

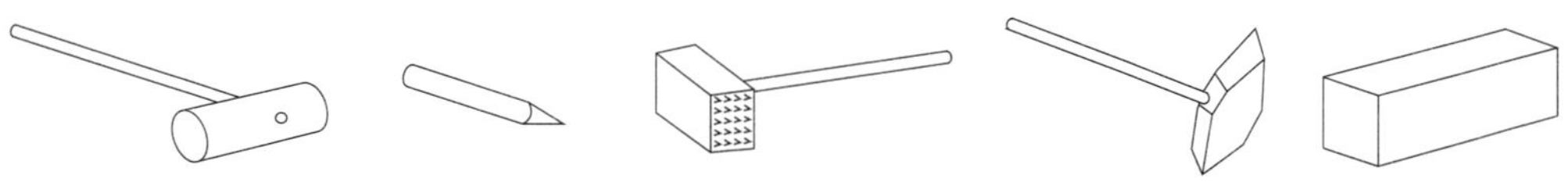

석공사 공구

2) 경질석재 갈기 마감(석재 물갈기 마감)

① 마감은 거친갈기, 물갈기, 본갈기, 정갈기의 공정 순서로 한다.

② 대리석의 물갈기에는 물과 금강사가 사용된다.

2. 모르타르의 배합 및 줄눈의 너비 147)

모르타르의 배합(용적비) 및 줄눈의 너비는 다음 표와 같다.

용도 \ 재료	시멘트	모래	줄눈 너비
통 돌	1	3	실내, 외벽, 벽 · 바닥은 3~10 mm
바닥 모르타르용	1	3	실내, 외부, 벽 · 바닥은 3~6 mm
사춤 모르타르용	1	3	가공석의 경우 실내외 3~10 mm
치장 모르타르용	1	0.5	거친 석재일 경우 3~25 mm
붙임용 페이스트	1	0	

3. 모접기

모접기는 다듬은 석재의 모서리를 접는 것이다. 종류로는 두모접기, 빗모접기, 세모접기, 둥근모접기 등이 있다.

147) KCS 41 35 01 석공사 일반 (2.3), 국토교통부, 대한건축학회, 2016.

3 석재쌓기, 석재붙이기 및 바닥깔기

1. 석재쌓기

1) 석재쌓기 종류

석재쌓기 종류	내 용
바른층쌓기	바른층쌓기는 석재쌓기 1켜의 높이가 모두 동일하여 줄눈이 일직선이 되게 쌓는 것이다.
허튼층쌓기	허튼층쌓기는 줄눈을 부분적으로 연속되게 쌓는 것이다.
층지어쌓기	층지어쌓기는 허튼층으로 쌓으면서 3켜 정도마다 수평줄눈이 직선이 되게 쌓는 것이다.
거친돌막쌓기	거친돌막쌓기는 거친돌을 불규칙하게 쌓는 것이다.

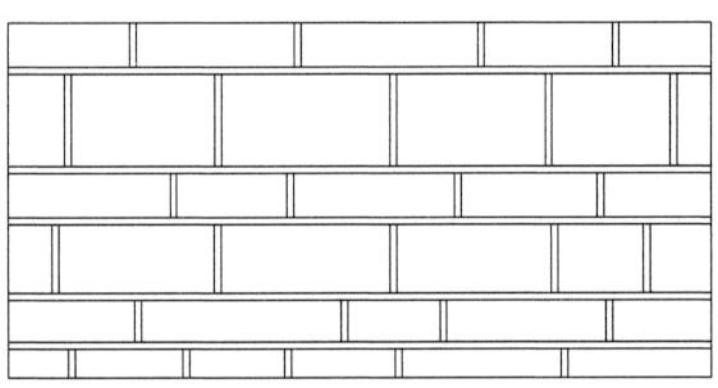
바른층쌓기

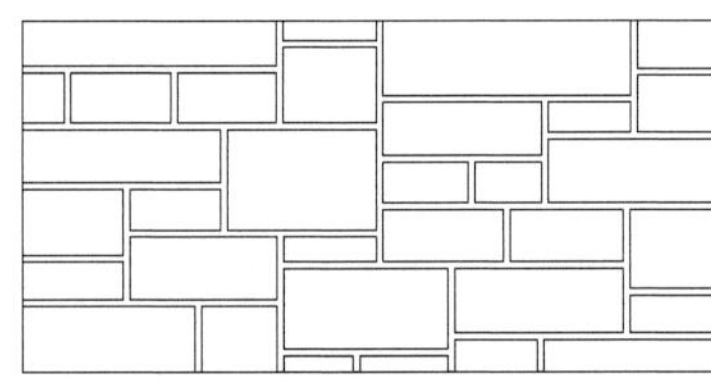
허튼층쌓기

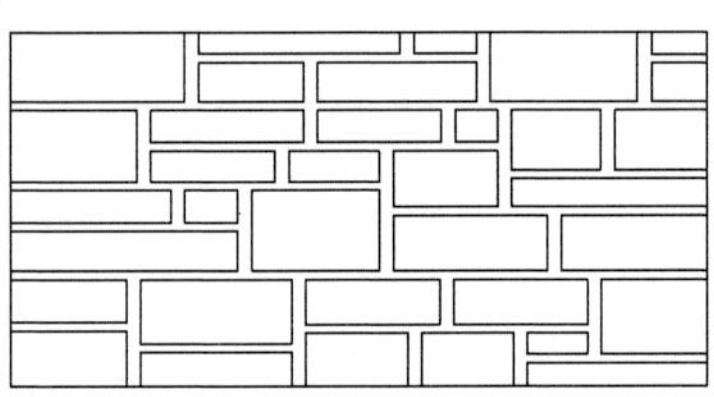
층지어쌓기

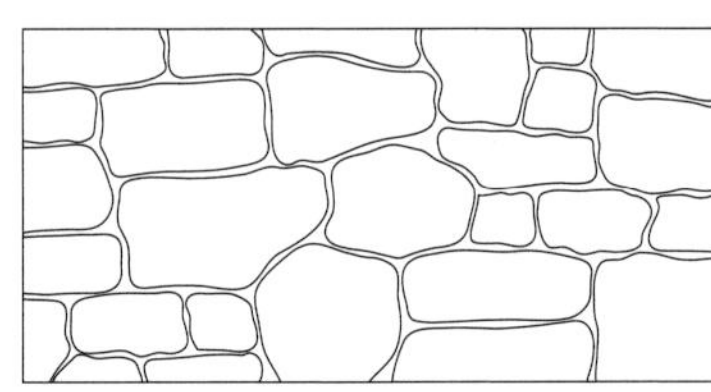
거친돌막쌓기

2) 석재의 연결철물

(1) 개요

① 연결 및 보강철물은 석재 1개에 대하여 최소 2개 이상 사용한다.

② 촉, 꺾쇠, 은장, 쐐기 등의 보강철물로 연결한다.

(2) 표준철물

① 촉은 지름 $\phi 9$ 또는 D10 이상, 길이 100 mm 이상으로 한다.

② 꺾쇠는 지름 $\phi 9$ 또는 D10 이상, 길이 150 mm 이상으로 한다.

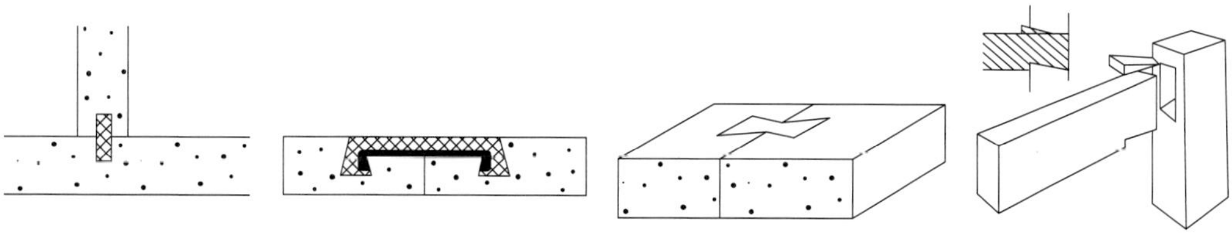

촉　　꺾쇠　　은장　　쐐기

3) 양생 148)

① 동절기 공사의 경우 모르타르 타설 후 24시간 동안의 기온이 4 ℃ 이상 유지되도록 보온 조치를 취한다.

② 오염을 방지할 필요가 있는 경우, 질긴 백지나 모조지 또는 하드보드지 두께 1.5 mm 이상으로 풀칠하여 석재면을 보호한다.

③ 파손의 우려가 있는 모서리 등의 부위에는 나무, 스테인리스판 및 하드보드지 두께 3 mm 이상으로 석재 표면에 흔적을 남기지 않는 양면테이프를 사용하여 밀봉・부착하여 양생한다.

4) 시공일반 149)

① 동절기의 습식시공은 5 ℃ 이상, 건식시공은 -10 ℃ 이상에서 실시하는 것을 원칙으로 한다.

② 바탕면은 청소한 후 맞댐면에 물축이기를 한다.

③ 규준틀에 따라 수평실을 치고 모서리 구석 등의 기준이 되는 위치에서부터 설치한다.

④ 맨 밑 켜의 석재를 설치할 때에는 먹매김에 맞추어 소정의 연결철물로 고정하고 수평・수직을 유지하면서 일매지게 설치한다.

⑤ 인접 석재 사이에는 줄눈두께의 쐐기를 끼워 고정하고 모르타르를 다져 넣는다. 쐐기는 1~2일 후 제거하는 것이 좋으며 나무쐐기를 사용할 경우 모르타르가 굳은 다음 반드시 빼내고 그 자리는 모르타르로 메운다.

⑥ 철물은 모르타르로 완전히 덮이도록 하고, 피복두께는 20 mm 이상으로 한다.

⑦ 1일의 쌓기 높이는 1 m 이내를 표준으로 한다.

⑧ 설치가 끝난 후 사춤 모르타르가 충분히 경화하기 전에 차례로 줄눈에 끼운 헝겊 등을 제거한다.

148) KCS 41 35 01 석공사 일반(3.3), 국토교통부, 대한건축학회, 2016.

149) KCS 41 35 07 석재쌓기공사(3.1), 국토교통부, 대한건축학회, 2016.

⑨ 석재쌓기의 뒤채움 석재의 최대 치수는 150 mm 이내이고, 바탕면과 석재 뒷면과의 사이는 25~30 mm를 표준으로 한다.

⑩ 줄눈모르타르 배합은 시멘트와 모래의 부피비 1 : 3으로 한다.

⑪ 찰쌓기의 표면은 구간별로 시공이 완료된 후 가마니 등을 덮고 충분히 살수하여 10시간 이상 습윤상태를 유지해야 한다.

⑫ 석재면에 맑은 물을 뿌리고 주걱, 브러시 등으로 부착되어 있는 모르타르, 호분, 기타의 양생재 등을 제거하고 청소한다.

⑬ 석재의 표면 청소에는 원칙적으로 염산류를 사용하지 아니한다. 부득이 염산을 사용할 때에는 물과 희석하여 사용하고 사용한 즉시 물 씻기를 충분히 하여 산분이 남아있지 않게 한다.

2. 석재붙이기 방법

1) 습식공법

(1) 개요

석공사에서 습식공법은 석재를 연결철물로 고정시킨 후 석재 뒷면과 구조체 사이(40 mm 정도)에 모르타르를 충전하고 석재와 연결출물 등으로 고정하여 일체화시키는 공법이다.

(2) 특징

장 점	단 점
① 공사비가 저렴하다. ② 소규모 건축물에 적합하다. ③ 고도의 기술이 필요하지 않다. ④ 얇은 부재의 시공이 가능하다. ⑤ 방수도 완벽하게 할 수 있다.	① 하중 분산이 안 되므로 대규모, 고층 건축물에 부적합하다. ② 장기공사에 부적합하다. ③ 백화현상의 우려가 있다. ④ 시공속도가 느리다.

(3) 종류

종 류	내 용
전체주입공법	전체주입공법은 석재의 상하좌우 맞댐 사이에 긴결철물로 안벽과 연결 고정시키고 석재 뒷면 전체에 모르타르를 채워 석재를 붙여 나가는 공법이다.
부분주입공법	부분주입공법은 석재와 안벽 사이의 연결방법 등은 전체주입공법과 같으나 석재 뒷면에 모르타르를 채울 때 석재의 줄눈부분에 띠 모양으로 100 mm 정도의 폭만큼 시공하여 중간에 중공부분을 남게 하는 공법이다.

2) 건식공법

(1) 개요 [150)]

① 석공사에서 건식공법은 구조체와 석재를 붙일 때 긴결철물 등을 사용하여 이들을 일체화시킨 것이다. 일반적으로 석재의 하부는 지지용으로, 석재의 상부는 고정용으로 설치한다.

② 상부 석재의 고정용 조정판에서 하부 석재와의 간격을 1 mm로 유지하며, 촉구멍 깊이는 기준보다 3 mm 이상 더 깊이 천공하여 상부 석재의 중량이 하부 석재로 전달되지 않도록 한다.

③ 건식 석재붙임공사에는 석재 두께 30 mm 이상을 사용한다.

(2) 특징

장 점	단 점
① 구조체의 변형에 영향이 적다. ② 시공속도가 빠르고 노동비가 절감된다. ③ 백화, 동해 및 결로 현상이 없다. ④ 동절기 공사가 가능하다. ⑤ 다양한 공법을 적용할 수 있다.	① 재료의 손실이 많다. ② 강풍으로 인해 석재 두께에 한계가 있다. ③ 줄눈 부위의 처리가 어렵다. ④ 석재의 특성에 따라서는 이 공법을 채용할 수 없다.

(3) 종류

종 류	내 용
앵커긴결공법	앵커긴결공법은 벽면과 판석재에 공간을 두고 연결철물(파스너, 촉, 앵커볼트)로 판석재마다 긴결고정 하는 공법이다.
강재트러스 지지공법	강재트러스 지지공법은 미리 조립된 강재트러스에 여러 장의 판석재를 지상에서 짜 맞춘 후 이를 조립식으로 설치해 나가는 공법이다.
G.P.C공법 (Granite Veneer Precast Concrete, 화강암 PC공법)	G.P.C공법은 외장 석재붙임을 더욱 확실히 시공하기 위하여 미리 공장에시 핀식을 신붙임 한 PC커튼월(Precast Concrete Curtain Wall)을 제작하여 이를 현장에 운반하여 구조체에 부착하는 공법이다.

3. 바닥깔기

1) 시공일반 [151)]

① 석재의 바닥깔기공사는 석재배면과 바탕면 사이에 된비빔 모르타르를 30 mm 이상 깔아 바탕처리 한다.

② 바탕처리한 면에 페이스트 반죽을 3 mm 이상 두께로 깔고, 페이스트 반죽이 된비빔 모

150) KCS 41 35 06 건식 석재공사(1.2), 국토교통부, 한국시설안전공단, 2016.
151) KCS 41 35 01 석공사 일반(3.1), 국토교통부, 대한건축학회, 2016.

르타르에 3~5 mm 이상 주입된 후 고무망치를 이용하여 타격하여 설치한다.

2) 바닥깔기 형식

원형깔기

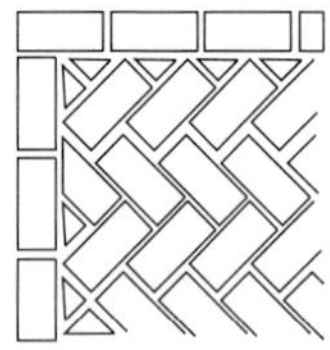
오늬무늬깔기

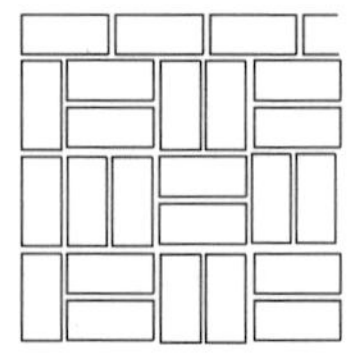
바자무늬깔기

자연석깔기

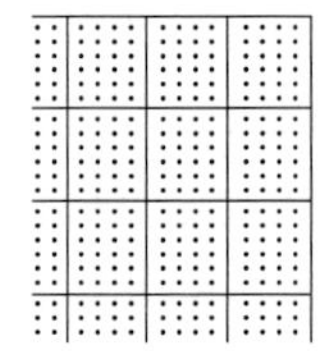
바둑판무늬깔기

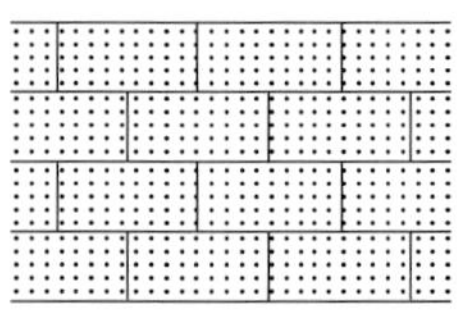
일자깔기

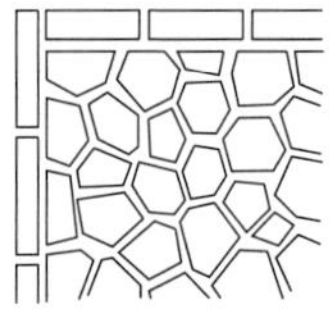
화문깔기

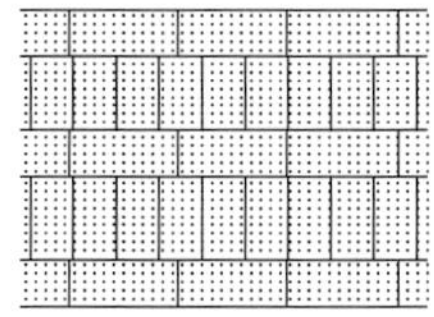
우물마루식깔기

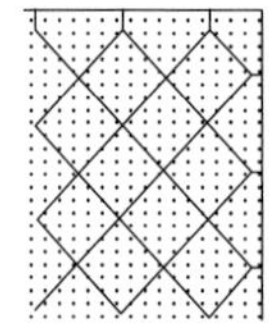
마름모깔기

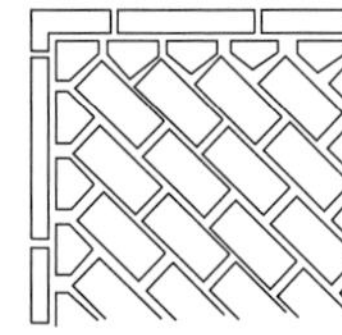
빗깔기

4 석축 및 돌담

1. 석축쌓기

1) 개요

① 석축은 석재를 이용하여 쌓아 만든 옹벽 등을 말한다.

② 석축 기초의 깊이는 시공지역의 동결심도보다 최소 700 mm 이상으로 한다.

2) 견칫돌과 깬돌

(1) 견칫돌

① 견칫돌은 사각뿔 모양으로 다음은 석재로 개의 송곳니 모양을 닮아서 지어진 이름이다.

② 면의 형상은 구형으로 평면 또는 완만한 철면(凸面)을 이루어야 하며, 뒷면은 앞면의 1/16 이상의 단면적을 갖고 뒷길이 1/10 이상의 접촉부를 지닌 것이어야 한다.[152]

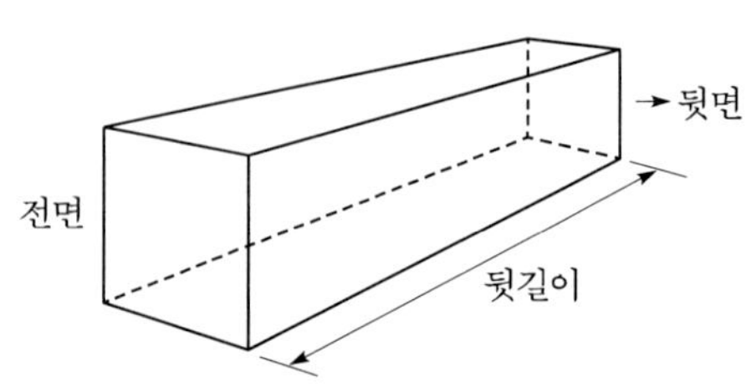

견칫돌 기본 형태

152) KCS 11 80 25 돌(블록)쌓기옹벽(2.1), 국토교통부, 한국시설안전공단, 2020.

(2) 깬돌

① 깬돌은 산비탈이나 개천에 산재하고 있는 모양이 일정하지 않은 작은 돌이다.

② 뒷길이는 견칫돌과 같으며 뒷면에 대한 제한은 없다.

3) 석축쌓기의 종류 153)

종 류	내 용
건쌓기 (메쌓기)	① 건쌓기는 돌과 돌 사이에 뒷고임돌만 다져 넣어 쌓는 것이다. ② 건쌓기는 석재의 접촉면의 마찰을 크게 하여 외력에 견디게 하는 것이다. ③ 전면 기울기는 높이 : 밑변이 1 : 0.3 이상을 표준으로 한다. ④ 메쌓기의 하루에 쌓는 높이는 1 m를 넘지 않아야 한다. ⑤ 건쌓기의 적용한계 높이는 3 m를 표준으로 한다.
모르타르 사춤쌓기	① 모르타르 사춤쌓기는 돌의 맞댄 자리에 모르타르 또는 콘크리트를 깔고, 뒤에 잡석 다지기 하여 쌓는 것이다. ② 모르타르의 용적배합비는 보통포틀랜드시멘트 : 모래의 비가 1 : 3이어야 하고 재령 28일 압축강도가 15 MPa 이상이어야 한다. ③ 콘크리트는 재령 28일 압축강도 18 MPa 이상, 공기량 4.5±1.5 %, 슬럼프 80±25 mm이며, 굵은골재 최대 치수 40 mm 이하로 하고 시멘트는 보통포틀랜드시멘트로 한다.
찰쌓기	① 찰쌓기는 돌과 돌 사이에 모르타르를 다져 넣고 뒷고임에도 콘크리트를 채워 넣어 쌓는 것이다. ② 전면 기울기는 높이 : 밑변이 1 : 0.2 이상을 표준으로 한다. ③ 찰쌓기의 하루에 쌓는 높이는 1.2 m를 넘지 않아야 한다. ④ 신축이음은 약 20 m 간격으로 둔다. ⑤ 찰쌓기의 물구멍은 3 m^2마다 1개씩 둔다. ⑥ 찰쌓기 및 채움콘크리트의 표면은 시공 직후 즉시 가마니 등으로 덮고, 충분히 살수하여 10시간 이상 습윤상태를 유지한다. ⑦ 찰쌓기의 적용한계 높이는 5 m를 표준으로 한다.

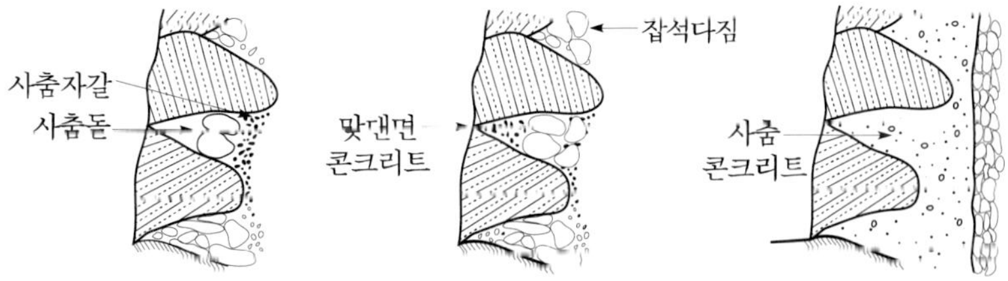

건쌓기 모르타르 사춤쌓기 찰쌓기

153) KCS 41 35 08 석축공사(1.2), 국토교통부, 대한건축학회, 2016.

2. 돌담쌓기

종 류	내 용
사고석담	사고석담은 석재 크기 200~300 mm 정도의 네모난 돌을 줄 바르게 쌓는 것이다.
막돌담	막돌담은 크기 200~300 mm 정도의 막돌이나 호박돌을 막쌓기하고 회사벽으로 치장줄눈한 것이다.
강 담	강담은 막돌을 그대로 쌓아 올리며 틈서리에 잔돌을 사춤돌로 끼워 쌓은 것이다.

5 인조석

1. 개요

① 인조석(Imitation Stone)은 천연석의 모조로써 색깔이 아름다운 대리석 등의 부순골재(쇄석) 또는 돌가루(석분)를 종석(種石)으로 하며, 크기 5 mm 미만의 종석과 안료를 백색시멘트와 물로 반죽한 모르타르와 섞고 바이브레이터로 다진 후 천연석과 유사하게 성형시킨 건축 재료이다.

② 일반적으로 공장에서 판 모양으로 성형되어 생산된다.

③ 다양한 색상과 문양의 제품을 광택이 나도록 마감한 것으로써 천연석재에 비해 경제적이며 곡면의 다듬질이 가능하다.

④ 인조석 바름 마감의 종류는 인조석 씻어내기, 인조석 갈아내기, 인조석 잔다듬 등이 있다.

⑤ 인조석의 종류로는 테라조, 인조대리석, 인조화강석, 수지계인조석 및 시멘트계인조석 등이 있다.

2. 테라조 [154)]

① 테라조(Terrazzo)는 인조석의 한 종류이나, 종석의 크기가 15 mm 미만이며, 경화한 후 표면을 연마하여 광택을 내어 마무리한 건축 재료이다.

② 테라조는 인조석 광내기의 고급 제품이다.

154) KCS 41 35 04 테라조(Terrazzo)공사 일반(3.1, 3.2), 국토교통부, 대한건축학회, 2016.

3. 인조대리석 [155)]

① 인조대리석은 대리석을 석분으로 분쇄하여 수지계 및 백색시멘트 및 기타 혼합물로 가공하여 다양한 색상과 문양의 제품을 광택이 나도록 마감한 것이다.

② 천연석재에서 볼 수 없는 색조와 모양을 얻을 수 있다.

③ 인조대리석의 작업환경 온도는 5～30 ℃, 바탕면의 수분은 3～5 % 정도가 적합하다.

4. 캐스트스톤

① 캐스트스톤은 백색포틀랜드시멘트와 종석, 안료를 혼합하여 천연석과 유사한 외관을 가진 인조석이다. 모조석이라고도 한다.

② 캐스트스톤을 잔다듬한 모조석이라고도 한다.

155) KCS 41 35 09 인조대리석공사(1.2), 국토교통부, 대한건축학회, 2016.

필수 연습문제

제24장 석공사

1. 석공사에 대한 다음 기술 중 부적당한 것은 어느 것인가?

㉮ 대리석은 내산성, 내화성이 낮다.
㉯ 석재는 인장력에 약하다.
㉰ 석재쌓기 공사에 사용되는 긴결재로는 강재를 사용한다.
㉱ 구조용 석재는 흡수율 30 % 이하의 것을 사용한다.

2. 다음 중 석재의 장점이 아닌 것은 어느 것인가?

㉮ 내화성이 뛰어나고 압축강도가 크다.
㉯ 천연물이기 때문에 재료가 균일하고 방향성이 없다.
㉰ 내수성 · 내구성 · 내화학성이 풍부하다.
㉱ 색조와 광택이 있어 외관이 장중미려하다.

3. 석재의 특성에 대한 설명으로 옳지 않은 것은?

㉮ 비중이 크고 가공성이 좋지 않은 편이다.
㉯ 석재는 인장강도 및 전단강도가 크므로 큰 인장력을 받는 장소에 사용한다.
㉰ 장대재를 얻기 어려우므로 가구재로는 적당하지 않다.
㉱ 내수성, 내구성, 내화학성이 풍부하다.

4. 마감재로써 많이 활용되고 있는 석재의 특성으로 가장 부적당한 것은?

㉮ 열에 의한 균열에 강하다.
㉯ 압축강도가 크며 내수성이 있다.
㉰ 내화학성 및 내구성이 좋다.
㉱ 내마모성이 양호하다.

1. ㉱

구조체로 사용하는 화강암의 압축강도는 100 MPa 이상, 흡수율 5 % 미만이고, 대리석의 압축강도는 50 MPa 이상, 흡수율 10 % 미만으로 한다.

2. ㉯

㉮ 석재는 500 ℃ 정도까지는 내화적이나, 고온의 화열에 닿으면 화강암 등은 균열(500 ℃에서 균열발생, 700 ℃에서 붕괴)이 생기거나 파괴되고, 석회암 및 대리석(600 ℃에서 가루로 분해)은 분해되어 저항력을 상실한다.
㉯ 석재는 절리, 층리, 편리, 석리, 석목 등의 방향성을 가지고 있다.

3. ㉯

석재는 인장강도 및 전단강도가 낮다.

4. ㉮

석재의 종류에 따라 내화성이 약하며 석재의 조성광물의 차이로 인해 열에 의한 균열이 발생할 우려가 있다.

5. 석재의 일반적 성질에 대한 설명으로 옳지 않은것은?

㉮ 석재의 비중은 조암광물의 성질·비율·공극의 정도 등에 따라 달라진다.
㉯ 석재의 강도에서 인장강도는 압축강도에 비해 매우 작다.
㉰ 석재의 공극률이 클수록 흡수율이 작아져 동결융해 저항성은 우수해진다.
㉱ 석재의 흡수율은 암석의 종류에 따라 다르다.

6. 석재에 관한 설명으로 옳은 것은?

㉮ 인장강도는 압축강도에 비하여 10배 정도 크다.
㉯ 석재는 불연성이긴 하나 화열에 닿으면 화강암과 같이 균열이 생기거나 파괴되는 경우도 있다.
㉰ 장대재를 얻기에 용이하다.
㉱ 조직이 치밀하여 가공성이 매우 뛰어나다.

7. 다음 중 화성암에 속하지 않는 것은?

㉮ 화강암
㉯ 섬록암
㉰ 안산암
㉱ 점판암

8. 다음 석재 중 화성암계가 아닌 것은?

㉮ 화강암
㉯ 석회암
㉰ 안산암
㉱ 석영조면암

9. 건축 석재에서 석영, 장석, 운모석으로 이루어졌으며 통상 강도가 크고, 내구성이 커서 내·외부 벽체, 기둥 등에 다양하게 사용되는 석재는?

㉮ 화강암
㉯ 석영암
㉰ 대리석
㉱ 점판암

5. ㉰

석재의 공극률이 클수록 흡수율이 크고 동결융해 저항성은 떨어진다.

6. ㉯

① 압축강도는 인장강도에 비하여 10배 정도 크다.
② 장대재(長大材)를 얻기 어렵다.
③ 조직이 치밀하여 가공이 어렵다.

7. ㉱

① 화성암의 종류로는 화강암, 안산함, 현무암 등이 있다.
② 점판암은 수성암의 한 종류이다.

8. ㉯

① 화성암의 종류로는 화강암, 안산함, 현무암 등이 있다
② 석회암은 수성암의 한 종류이다.
③ 석영조면암은 화강암과 성분이 같다.

9. ㉮

화강암은 강도와 경도가 커서 건축 내외장재 등으로 다양하게 사용된다. 불에 약해 내화도가 낮다.

10. 건축공사에 많이 사용되는 석재에 관한 설명으로 가장 부적당한 것은?

㉮ 화강암은 조직이 균일하고 강도 및 내화성이 크다.
㉯ 안산암은 내구성과 내화성이 크지만 색조가 일정하지 않다.
㉰ 응회암은 중량이 가볍고 내화성이 크지만 강도가 낮다.
㉱ 석회암은 가공하기 쉽고 내화성이 크다.

10. ㉮
화강암은 강도와 경도가 커서 건축 내외장재 등으로 다양하게 사용되나, 불에 약하여 내화성이 낮다.

11. 다음 석재 중, 불에 가장 약한 것은 어느 것인가?

㉮ 화강암　　㉯ 안산암
㉰ 응회암　　㉱ 사암

11. ㉮
화강암은 불에 약해 내화도가 낮다.

12. 석재에 관한 다음 기술 중 틀린 것은 어느 것인가?

㉮ 화강암은 화성암이고 대리석은 변성암이다.
㉯ 대리석은 공기 중 또는 우수에 포함된 탄산가스 등의 산화물에 침식된다.
㉰ 석재는 비중이 클수록 강도가 큰 것이 일반적이지만 석회암, 대리석 등은 화강암보다 비중은 크나 강도는 낮다.
㉱ 화강암은 화성암으로 온돌바닥판으로 가장 적합한 석재이다.

12. ㉱
화강암은 강도와 경도가 커서 건축 내외장재 등으로 다양하게 사용되나, 불에 약하므로 온돌바닥판으로는 적합하지 않다.

13. 석재에 관한 기술 중 틀린 것은?

㉮ 화강암은 강도도 크고 내마모성도 높다.
㉯ 대리석은 강도가 크지만 대기 중의 산소의 침입으로 광택을 소실하기 쉽다.
㉰ 화강암은 대리석에 비해 강도가 낮고 내화성도 떨어진다.
㉱ 화강암은 풍화, 동해는 적지만 열에 약하다.

13. ㉰
화강암은 대리석에 비해 강도가 높고 내구성은 우수하나 내화성은 낮다.

14. 석재의 성질에 관한 기술 중 틀린 것은?

㉮ 응회암은 일반적으로 연질이고 내화성이 크다.
㉯ 우리나라 대리석은 일반적으로 화강암보다 비중이 크고 흡수율이 적지만 내구성이 떨어져 외장용으로 사용하지 못한다.
㉰ 화강암은 치밀하고 견고하며 내구성이 커서 널리 사용되고 있으나 철분이 함유된 것도 있다.
㉱ 안산암은 화강암보다 훨씬 큰 각석을 생산할 수 있는 장점이 있다.

14. ㉱
안산암은 장대재를 얻기 어렵고 색조가 일정하지 않다.

15. 석재에 관한 설명으로 옳지 않은 것은?

㉮ 심성암에 속한 암석은 대부분 입상의 결정 광물로 되어 있어 압축강도가 크고 무겁다.
㉯ 화산암의 조암광물은 결정질이 작고 비결정질이어서 경석과 같이 공극이 많고 물에 뜨는 것도 있다.
㉰ 안산암은 강도가 작고 내화적이지 않으나, 색조가 균일하며 가공도 용이하다.
㉱ 수성암은 화성암의 풍화물, 유기물, 기타 광물질이 땅속에 퇴적되어 지열과 지압을 받아서 응고된 것이다.

15. ㉰

안산암은 강도, 경도가 크고 내구성, 내화성이 우수하며, 장대재를 얻기 어렵고 색조가 일정하지 않다.

16. 보통콘크리트용 부순골재의 원석으로 가장 적합하지 않은 것은?

㉮ 현무암　　㉯ 안산암
㉰ 화강암　　㉱ 응회암

16. ㉱

응회암은 불에 강하고 다공질로 가벼워 내화재, 경량골재로 사용된다. 흡수율이 가장 크고 강도가 낮다.

17. 석재의 성질에 관한 기술로써 잘못된 것은 어느 것인가?

㉮ 대리석은 흡수성이 크고 연질이다.
㉯ 안삼암은 판상절리가 있다.
㉰ 점판암은 석질이 조밀하고 견고하다.
㉱ 인조석은 경화가 급속하며, 방수성이 있다.

17. ㉮

대리석은 흡수율이 아주 낮고 풍화되기 쉽다.

18. 석재의 특성에 관한 설명으로 부적합한 것은 다음 중 어느 것인가?

㉮ 대리석은 외장용으로써 화강암에 비해서 내구성이 크다.
㉯ 석재의 열전도율은 보통 비중이 큰 것일수록 크다.
㉰ 석재의 화열에 의한 피해원인은 열전도율이 작기 때문이다.
㉱ 석재는 일반적으로 흡수율이 작은 것일수록 강도가 크다.

18. ㉮

대리석은 화강암보다 내구성 및 내화성이 낮고 풍화되기 쉬워 외장재로는 부적합하다.

19. 석공사에 관한 기술 중 틀린 것은?

㉮ 물끊기 홈의 크기는 깊이 및 너비를 9~15 mm로 한다.
㉯ 정다듬기에서 거친다듬, 중다듬, 고운다듬으로 구분한다
㉰ 잔다듬일 때 줄눈 너비는 3~6 mm로 한다.
㉱ 대리석 붙이기용 모르타르는 시멘트모르타르를 사용한다.

19. ㉱

대리석 붙이기용 모르타르는 알칼리성의 시멘트모르타르 대신 중성의 석고모르타르를 사용한다.

20. 실내 마감용 대리석 붙이기에 사용되는 재료로써 가장 적합한 것은?

㉮ 석고모르타르 ㉯ 방수모르타르
㉰ 회반죽 ㉱ 시멘트모르타르

21. 석공사 중 대리석 사용에 대한 기술로써 적당하지 아니한 것은 다음 중 어느 것인가?

㉮ 대리석은 내부에 많이 붙인다.
㉯ 대리석 붙이기에 사용되는 재료로 적당한 것은 석고모르타르이다.
㉰ 대리석면의 양생용 붙임종이는 염산으로 닦아낸다.
㉱ 대리석은 수성암계의 변성암이다.

22. 다음 석재의 주용도로 부적당하게 연결된 것은?

㉮ 화강암 – 구조용, 외부 장식용
㉯ 안산암 – 구조용
㉰ 응회암 – 경량골재
㉱ 트래버틴 – 외부 장식용

23. 일반적으로 압축강도가 가장 작은 석재는 다음 중 어느 것인가?

㉮ 화강암 ㉯ 대리석
㉰ 응회암 ㉱ 사문암

24. 다음 중 석재 흡수율이 큰 순서로 된 것은?

㉮ 응회암 – 사암 – 안산암 – 화강암 – 대리석
㉯ 화강암 – 안산암 – 응회암 – 사암 – 대리석
㉰ 사암 – 응회암 – 화강암 – 안산암 – 대리석
㉱ 대리석 – 화강암 – 사암 – 응회암 – 안산암

25. 석재 중 흡수율이 가장 적은 것은?

㉮ 석회암 ㉯ 안삼암
㉰ 응회암 ㉱ 점판암

20. ㉮

대리석 붙이기용 모르타르는 알칼리성의 시멘트모르타르 대신 중성의 석고모르타르를 사용한다.

21. ㉰

대리석은 내화성이 낮고 풍화되기 쉽고 산에 약하기 때문에 염산으로 닦아내지 않는다.

22. ㉱

트래버틴은 다공질로 대리석의 일종이며 암갈색 무늬를 나타내며 특수 실내 장식재로 사용된다.

23. ㉰

• 압축강도의 크기순서
화강암 〉 대리석 〉 안산암 〉 점판암 〉 사문암 〉 사암 〉 응회암

24. ㉮

• 흡수율의 크기순서
응회암 〉 사암 〉 안산암 〉 화강암 〉 점판암 〉 사문암 〉 대리석

25. ㉱

26. 석재에 대한 설명으로 가장 부적당한 것은?

㉮ 화강암은 석질이 견고하며 내화도가 높아 구조재로 쓰일 수 있다.
㉯ 대리석은 석질이 치밀하며 갈면 광택이 나므로 고급 장식재로 쓰인다.
㉰ 트래버틴(Travertine)은 대리석의 일종으로 다공질의 불균일성 석재이다.
㉱ 안산암은 갈아도 광택이 나지 않으며 흡수율이 화강암보다 작다.

26. ㉱
안산암의 흡수율이 화강암보다 크다.

27. 석공사의 석재 표면의 가공마감이 거친 순서부터 올바르게 연결된 것은?

㉮ 혹두기 - 정다듬 - 도드락다듬 - 잔다듬 - 물갈기
㉯ 혹두기 - 도드락다듬 - 정다듬 - 잔다듬 - 물갈기
㉰ 혹두기 - 정다듬 - 잔다듬 - 도드락다듬 - 물갈기
㉱ 정다듬 - 혹두기 - 잔다듬 - 도드락다듬 - 물갈기

27. ㉮
• 가공마무리 순서
혹두기(혹떼기) → 정다듬 → 도드락다듬 → 잔다듬 → 물갈기 및 광내기

28. 석재 다듬기 종류를 시공 순서와 같게 나열하여 놓은 것은?

A. 정다듬　　B. 혹두기
C. 도드락다듬　　D. 물갈기
E. 잔다듬

㉮ A-B-C-D-E　　㉯ B-A-C-E-D
㉰ B-C-A-E-D　　㉱ C-B-A-E-D

28. ㉯
• 가공마무리 순서
혹두기(혹떼기) → 정다듬 → 도드락다듬 → 잔다듬 → 물갈기 및 광내기

29. 석재를 인력에 의해 가공할 때 돌의 표면을 망치(쇠메)로 대강 다듬는 것을 무엇이라 하는가?

㉮ 혹두기　　㉯ 정다듬
㉰ 도드락다듬　　㉱ 날망치다듬

29 ㉮
혹두기는 석재를 인력에 의해 가공할 때 돌의 표면을 망치(쇠메)로 대강 다듬는 것이다.

30. 석재 다듬기에 관한 설명으로 적당하지 않은 것은?

㉮ 정다듬 : 혹떼기 등을 하고 2, 3회 정도를 정으로 쪼아 다듬어 마무리하는 것
㉯ 잔다듬 : 정다듬 한 위에 평평한 날메로 잘 다듬는 것
㉰ 도드락다듬 : 정다듬 한 위에 이가 있는 4각 주형 망치로 다듬는 것
㉱ 물갈기 : 잔다듬 한 것 또는 톱으로 켠 것을 숫돌로 가는 것

30. ㉯
잔다듬은 정다듬 또는 도드락다듬한 면에 날망치로 일정한 방향으로 평행선 자국을 남기면서 평탄하게 다듬질 한 것이다.

31. 석재의 가공 공정상 날망치를 사용한 표면마무리 정도는?

㉮ 도드락다듬 ㉯ 잔다듬
㉰ 정다듬 ㉱ 혹두기

32. 석재와 관련된 설명으로 가장 부적당한 것은?

㉮ 표면마감 가공은 혹두기 - 잔다듬 - 도드락다듬의 순서로 진행된다.
㉯ 인장, 휨 및 전단강도는 압축강도에 비해 낮다.
㉰ 흡수율이 큰 다공질일수록 동해를 받기 쉽고 내구성이 약하다.
㉱ 조암광물이 풍화되는 정도에 따라 내구성이 달라진다.

33. 석재의 표면가공 방법이 아닌 것은?

㉮ 손다듬기 ㉯ 할석
㉰ 갈기 및 광내기 ㉱ 화염처리

34. 석재의 표면마무리의 갈기 및 광내기에 사용하는 재료가 아닌 것은?

㉮ 금강사 ㉯ 황산
㉰ 숫돌 ㉱ 산화주석

35. 대리석 물갈기에 사용하는 재료로 옳은 것은?

㉮ 각철사 ㉯ 금강사
㉰ 가는 모래 ㉱ 톱밥

36. 면이 네모진 석재를 수평줄눈이 부분적으로 연속되고, 세로줄눈이 일부 통하도록 쌓는 석재쌓기 방식은?

㉮ 바른층쌓기 ㉯ 허튼층쌓기
㉰ 층지어쌓기 ㉱ 허튼쌓기

31. ㉯

• 가공마무리 및 사용공구
① 혹두기(혹떼기)-쇠망치
② 정다듬-정
③ 도드락다듬-도드락망치
④ 잔다듬-날망치
⑤ 물갈기 및 광내기-숫돌, 그라인드

32. ㉮

석재의 가공마무리(표면마무리) 순서 : 혹두기(혹떼기) → 정다듬 → 도드락다듬 → 잔다듬 → 물갈기 및 광내기

33. ㉯

할석은 석재를 쪼갠다는 뜻이다.

34. ㉯

황산은 부식성 물질이다.

35. ㉯

대리석 물갈기에는 물과 금강사가 사용된다.

36. ㉯

허튼층쌓기는 줄눈을 부분적으로 연속되게 쌓는 것이다.

37. 대리석이나 테라조(Terrazzo)판 붙이기 공사 후 양생으로써 적당하지 않은 것은?

㉮ 호분을 바른 다음 양생판을 얹어 둔다.
㉯ 종이를 바르고 그 위에 나무판자 등으로 보호한다.
㉰ 거적 등으로 덮어서 파손을 방지한다.
㉱ 방수지를 붙인 다음 판으로 덮어 둔다.

38. 석공사 시 첫 켜 쌓기에서 내민 쐐기는 며칠 후 제거하는 것이 좋은가?

㉮ 1~2일 후
㉯ 3~4일 후
㉰ 4~5일 후
㉱ 5~6일 후

39. 대리석 붙임 석공사에 관한 다음 기술 중 적절하지 않은 것은?

㉮ 양생을 위해 종이 붙임을 하고 그 청소는 묽은 염산으로 닦아내는 것이 깨끗하다.
㉯ 줄눈은 맞댐줄눈으로 하는 것이 일반적이다.
㉰ 바탕면과 석재 뒷면과의 사이는 25~30 mm를 표준으로 한다.
㉱ 대리석 붙임용 긴결철물은 황동선 2.8~4.2 mm의 것을 사용하는 것이 일반적이다.

40. 석재쌓기 공법에 관한 기술 중 부적당한 것은?

㉮ 쌓기 모르타르 배합은 1 : 3으로 한다.
㉯ 콘크리트 등이 닿는 석재 면은 물축이기를 한다.
㉰ 석재 크기 500 mm 정도의 것을 하루에 2켜 이내로 쌓는다.
㉱ 석재의 표면에 묻은 모르타르를 닦아내는 약품으로는 주로 황산을 사용한다.

41. 화강암 표면의 모르타르 페이스트에 의한 얼룩을 닦아 내는데 사용하는 것으로써 가장 적당한 것은?

㉮ 유산(硫酸)
㉯ 초산(硝酸)
㉰ 가성(苛性)소다
㉱ 염산(鹽酸)

37. ㉰
대리석 표면의 양생을 위해서는 하드롱지, 벽지, 호분 등을 사용한다. 거적은 빗물이 스며들므로 사용하지 않는 것이 좋다.

38. ㉮
쐐기의 제거는 모르타르를 다져 넣은 후 1~2일 후이다.

39. ㉮
석재 면 청소에는 원칙적으로 염산류를 사용하지 아니한다. 부득이 염산을 사용할 때에는 물과 희석하여 사용하고 사용한 즉시 물 씻기를 충분히 하여 산분이 남아있지 않게 한다.

40. ㉱
석재의 표면 청소에는 황산을 사용하지 않고 염산을 사용한다. 원칙적으로 염산류를 사용하지 않으며, 부득이 염산을 사용할 때에는 물과 희석하여 사용하고 사용한 즉시 물 씻기를 충분히 하여 산분이 남아있지 않게 한다.

41. ㉱
석재의 표면 청소에는 원칙적으로 염산류를 사용하지 아니한다. 부득이 염산을 사용할 때에는 물과 희석하여 사용하고 사용한 즉시 물 씻기를 충분히 하여 산분이 남아있지 않게 한다.

42. 석공사 중 건식공법의 설명으로 옳지 않은 것은?

㉮ 뒤 사춤을 하지 않고 긴결철물을 사용하여 고정하는 공법이다.
㉯ 앵커철물 또는 합성수지 접착제를 이용하여 정착 시킨다.
㉰ 구조체의 변형, 균열의 영향을 받지 않는 곳에 주로 사용된다.
㉱ 경화시간과는 관계없으나 시공정밀도가 요구되므로 작업능률은 저하한다.

42. ㉱

건식공법은 고층 건축물에 유리하고 시공속도가 빠르고 작업능률이 향상되며 노동비가 절감된다.

43. 석공사 건식공법에 대한 설명으로 옳지 않은 것은?

㉮ 고층 건물에 유리하다.
㉯ 얇은 부재의 시공이 용이하다.
㉰ 동절기 공사가 불가능하다.
㉱ 동결, 벽화 및 결로현상이 없다.

43. ㉯

석공사에서 건식공법은 구조체와 석재를 붙일 때 긴결철물 등을 사용하여 이들을 일체화시킨 것으로 동절기 공사가 가능하다.

44. 건축 석공사에 관한 설명으로 옳지 않은 것은?

㉮ 건식쌓기 공법의 경우 시공이 불량하면 백화현상 등의 원인이 된다.
㉯ 석재 물갈기 마감 공정의 종류는 거친갈기, 물갈기, 본갈기, 정갈기가 있다.
㉰ 시공 전에 설계도에 따라 돌나누기 상세도, 원척도를 만들고 석재의 치수, 형상, 마감방법 및 철물 등에 의한 고정방법을 정한다.
㉱ 마감면에 오염의 우려가 있는 경우에는 폴리에틸렌 시트 등으로 보양한다.

44. ㉮

석공사에서 건식공법은 동결, 백화 및 결로 현상이 없다.

45. 건식공법에 의한 석재붙이기에 필요한 연결철물로 석재의 상하 양단에 설치하여 1차 연결철물은 지지용으로, 2차 연결철물은 고정용으로 사용하는 것은?

㉮ 꽂음촉
㉯ Fastener
㉰ 앵커볼트
㉱ 꺾쇠

45. ㉯

긴결부품(Fastener, 파스너)는 커튼월 부재를 구조체에 부착하기 위해 사용되는 철물류의 총칭이며, 1차 파스너는 골조에 직접 설치하는 긴결부품이고 2차 파스너는 커튼월 본체와 1차 파스너 사이의 현장공사 오차를 조정하기 위해 설치하는 긴결부품이다.

46. 석재의 맞댐면에 모르타르를 또는 콘크리트를 깔고 뒤에는 잡석 다짐으로 하는 견칫돌 석축쌓기 방법은?

㉮ 귀갑쌓기
㉯ 건쌓기
㉰ 찰쌓기
㉱ 모르타르 사춤쌓기

46. ㉱

모르타르 사춤쌓기는 석재의 맞댄 자리에 모르타르 또는 콘크리트를 깔고, 뒤에 잡석 다지기 하여 쌓는 것이다.

47. 모든 석재와 콘크리트가 잘 부착되도록 쌓고, 콘크리트가 앞면 접촉부까지 채워지도록 다지는 돌쌓기 방법은?

㉮ 메쌓기
㉯ 찰쌓기
㉰ 막돌쌓기
㉱ 건쌓기

47. ㉯

찰쌓기는 돌과 돌 사이에 모르타르를 다져 넣고 뒷고임에도 콘크리트를 채워 넣어 쌓는 것이다.

48. 난간벽 위에 설치하는 돌을 무엇이라 하는가?

㉮ 쌤돌
㉯ 두겁돌
㉰ 인방돌
㉱ 창대돌

48. ㉯

두겁돌은 담, 박공벽, 옥상의 난간벽 등의 위를 덮어 씌우는 돌이다.

49. 다음 중 인조석 마감의 종류가 아닌 것은?

㉮ 인조석 갈아내기 마감
㉯ 인조석 잔다듬 마감
㉰ 인조석 혹두기 마감
㉱ 인조석 씻어내기 마감

49. ㉰

인조석 바름 마감의 종류는 인조석 씻어내기, 인조석 갈아내기, 인조석 잔다듬 등이 있다.

50. 다음 재료 중에서 점토제품이 아닌 것은?

㉮ 타일
㉯ 테라조
㉰ 벽돌
㉱ 테라코타

50. ㉯

테라조는 대리석 또는 화강암을 부수어 만든 종석을 혼입 가공하여 미려한 무늬와 광택이 나도록 마무리한 인조석이다.

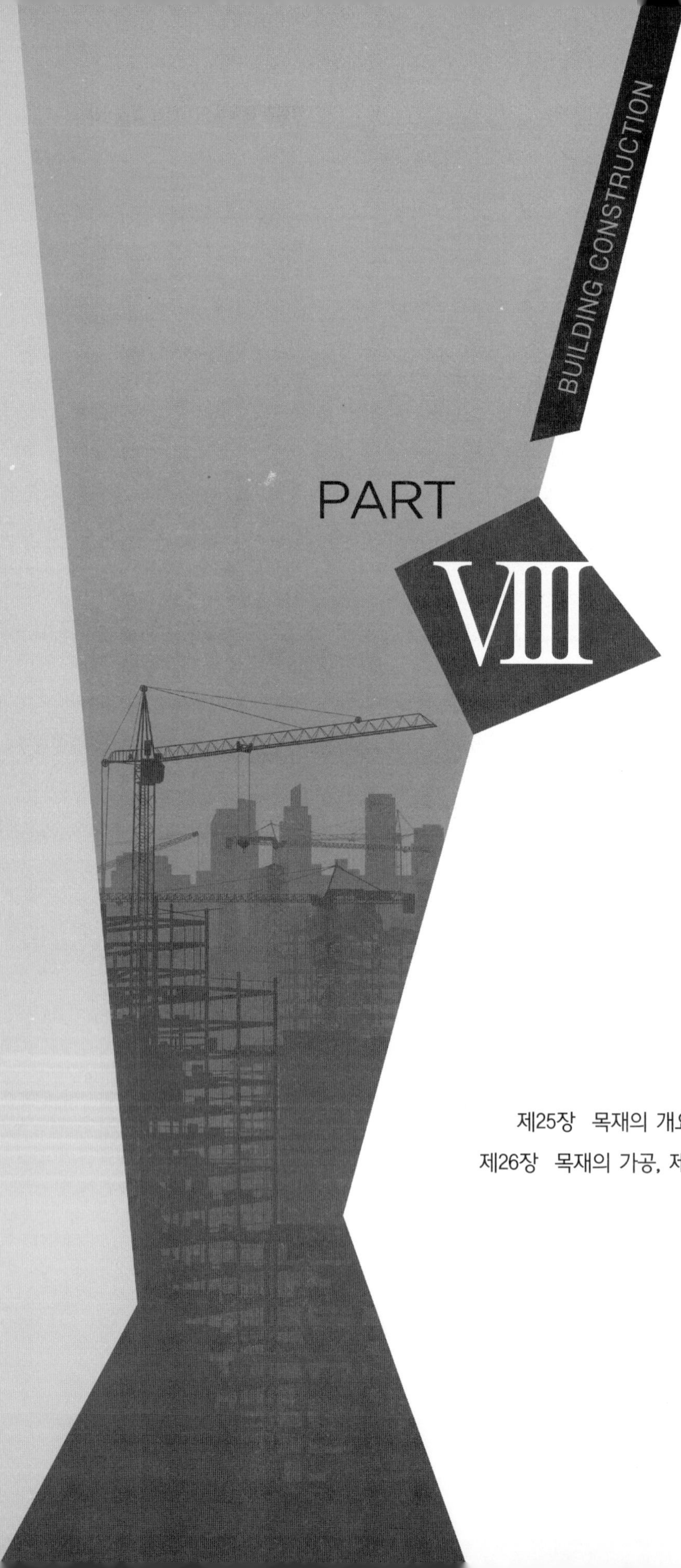

BUILDING CONSTRUCTION

PART VIII

목공사

제25장 목재의 개요, 성질, 방부법 및 철물

제26장 목재의 가공, 제품, 목구조공사 및 수장

제25장

목재의 개요, 성질, 방부법 및 철물

1 일반사항

1. 개요

목구조는 기둥, 보, 도리 등으로 짜고 지붕, 벽체, 마루 등을 덧붙이는 가구식구조이다.

주1 보는 기둥과 기둥 사이에 건너지르는 부재이다.

주2 도리는 보와 보 사이 보머리에 걸터앉도록 건너지르는 둥글거나 모난 부재이다.

2. 특징

장 점		단 점
구조재로써의 장점	마감재로써의 장점	
① 비강도(강도/비중)가 크다. ② 가공성이 우수하다. ③ 직선의 통재(通才)를 얻을 수 있다.	① 단열성이 우수하다. ② 차음성과 적당한 흡습성이 있다. ③ 마감면이 미려하다.	① 연소의 우려가 있다. ② 부식의 우려가 있다.

3. 침엽수와 활엽수

침엽수	활엽수
① 침엽수는 비교적 연하고 가벼워 연재(연목재, Soft Wood)라고도 한다. ② 나무 형태는 보통 수직이고, 나뭇잎은 침상이며 상록수가 많다. ③ 주로 건축, 목선, 한식가구 등에 사용된다. ④ 소나무, 삼나무, 송백나무, 전나무 등이 있다.	① 활엽수는 비교적 단단하고 무거워 경재(경목재, Hard Wood)라고도 한다. ② 나무 형태는 일반적으로 수직이 적고, 나뭇잎은 넓은 낙엽수가 많다. ③ 주로 차량, 선박, 양식가구 등에 사용된다. ④ 갈참나무, 떡갈나무, 자작나무, 뽕나무, 벗나무, 참오동나무, 티크, 마호가니, 라왕, 월넛 등이 있다.

4. 목재의 성상

1) 심재와 변재

(1) 심재

① 심재는 목재의 수심에 가까우며 변재보다 짙은 색깔을 가지며 중심부분이다.
② 생활기능이 줄어든 세포의 집합으로 수액과 수분이 적어 함수율이 낮다.
③ 목재 중 가장 질이 좋은 부분으로 목질이 단단하고 윤기가 나며 건조 하여도 변화가 적다.
④ 변재보다 습기에 강하고 단단하며 변형이 적고 내구성이 있어 이용가치가 크다.

(2) 변재

① 변재는 목재의 껍질에 가까우며 심재보다 옅은 색깔을 가지며 수피부분이다.
② 나무가 생장할 때에 물과 양분의 유통과 저장을 하며, 재질이 성기고 연하다.
③ 변형, 부패에 대한 저항이 적다.
④ 심재보다 습기에 약하고 흡수성이 크며 내구성이 부족하여 변형이 잘 되나 가소성이 풍부하므로 곡형용으로 적당하다.

2) 무늬의 종류

종 류	내 용
곧은결	곧은결은 나이테에 직각방향으로 켠 목재면이 나타내는 나뭇결이다.
널 결	널결은 나이테에 평행방향으로 켠 목재면이 나타내는 나뭇결이다.
엇 결	엇결은 휘거나 꼬이며 자란 나무를 직선으로 켜서 나타나는 것으로 나이테가 경사진 나뭇결이다.

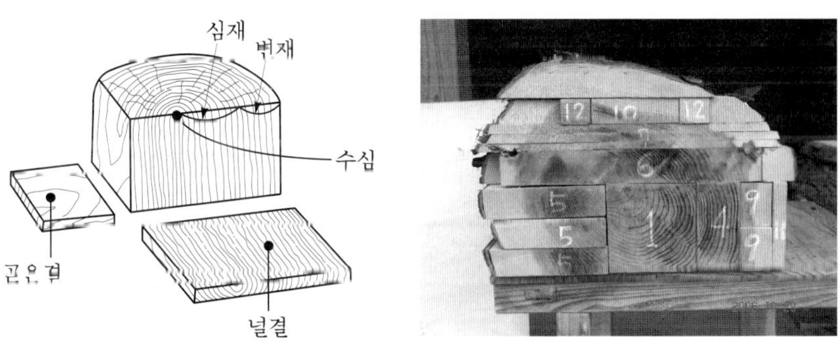

나무의 단면

5. 구조재와 수장재

1) 구조재

(1) 구조용 목재의 요구조건

① 강도가 클 것
② 곧고 긴 재료를 얻을 수 있을 것
③ 건조변형 및 수축성이 적을 것
④ 산출량이 많고, 구득이 용이 할 것
⑤ 잘 썩지 않고, 충해에 저항이 클 것
⑥ 질이 좋고, 공작이 용이할 것

(2) 구조재의 종류 [156)]

① 구조용 목재는 재종에 따라 육안등급 구조재와 기계등급 구조재로 구분된다.
② 육안등급 구조재의 재종은 1종 구조재(규격재), 2종 구조재(보재) 및 3종 구조재(기둥재)로 구분되고, 각 재종별로 침엽수 구조용재의 품질기준에 따라 1등급, 2등급 및 3등급으로 구분한다.
③ 또한 구조용 목재는 일반목재와 방부목재로 구분되고, 일반목재는 나무를 치수에 맞게 가공한 목재를 말하며 특별한 화학처리를 하지 않은 목재로 친환경 재료이다. 방부목재는 일반목재에 방부를 위해 화학처리를 한 목재이다.

2) 수장재

(1) 수장용 목재의 요구조건

① 결, 무늬, 빛깔이 아름다운 것
② 변형이 적고 질긴 것
③ 재질감이 우수한 것
④ 건조가 잘된 것

(2) 수장재의 종류

① 일반 건축용 수장재
② 창호재
③ 가구재

6. 제재치수와 마무리치수 [157)]

1) 제재치수

① 제재치수는 제재소에서 톱켜기 한 치수이다.
② 톱날 두께는 1~3 mm 정도이다.
③ 원목, 조각재 및 제재목의 치수에 사용된다.

---

156) KCS 41 33 01 목공사 일반(1.4), 국토교통부, 대한건축학회, 2016.
157) KCS 41 33 01 목공사 일반(3.1), 국토교통부, 대한건축학회, 2016.

주1 원목은 나무를 벌채하여 가지를 친 후 수피를 제거하고 제재를 하지 않은 상태의 원형 단면을 가진 통나무 및 조각재이다. 지름 150 mm 미만을 소경재, 지름 150~300 mm를 중경재, 지름 300 mm 이상을 대경재라 한다.

주2 제재목은 원목을 제재하여 정사각형 또는 직사각형의 단면을 갖도록 가공한 목재이다. 각재류와 판재류가 있다.

2) 마무리치수

① 마무리치수는 대패로 마무리한 치수이다.
② 한 면의 대패질 감소두께는 0.5~1.5 mm 정도이다.
③ 경골목구조건축용 구조재의 치수에 사용된다.
④ 창호재, 가구재, 수장재 등의 치수에 사용된다.

7. 치수감소

1) 건조에 따른 치수감소

목재의 생재함수율을 30 %로 가정할 경우, 함수율 5 % 감소에 대하여 1 %의 치수감소가 나타난다.

2) 대패마감에 따른 치수감소

대패마감이 실시된 1재면에 대하여 생재에서 작업이 이루어진 경우에는 3 mm, 건조재에서 작업이 이루어진 경우에는 4 mm의 치수감소가 나타나는 것으로 한다.

2 목재의 성질

1. 목재의 흠의 종류

흠의 종류	내 용
옹 이	옹이는 나무 가지의 밑둥이 남은 것이나.
썩 음	썩음은 국부적 또는 전체가 썩은 것이다.
갈라짐(갈램) 158)	① 갈라짐은 나무가 생장과정에서 응력을 받거나 건조과정에서 방향에 따른 수축률의 차이로 인하여 목재조직 사이가 벌어지는 것이다. ② 갈라짐의 종류는 분할, 윤할, 할렬 등이 있다. ㉠ 분할은 제재목의 끝 부분에서 상하가 관통하여 갈라진 결함이다. 횡단면 갈라짐이다.

흠의 종류	내 용
	㉡ 윤할은 나무가 생장과정에서 받는 내부응력으로 인하여 목재조직이 나이테에 평행한 방향으로 갈라지는 결함이다. ㉢ 할렬은 목재가 건조과정에서 방향에 따른 수축률의 차이로 나이테에 직각 방향으로 갈라지는 결함이다.
껍질박이	껍질박이는 목질 내부에 껍질이 남아 있는 것이다.
혹	혹은 섬유가 집중되어 불룩하게 된 부분이다.
죽	죽은 제재목의 일부에 피죽이 남아 수피가 붙은 것이다.

2. 목재의 수축변형

1) 일반사항

① 목재는 건조수축 하여 변형하고 연륜방향의 수축은 연륜의 수직방향에 약 2배가 된다.

② 수피부(변재)는 수심부(심재)보다 수축이 크다.

③ 수심부는 조직이 경화되고, 수피부는 조직이 여리고 함수율도 크고 재질도 무르기 때문이다.

2) 신축률

(1) 목재의 결에 따른 신축률

① 신축률 : 섬유방향 (0.1~0.3 %) < 곧은결방향 (3~4 %) < 널결방향 (6~8 %)

② 신축률의 비 : 섬유방향 : 곧은결방향 : 널결방향 = 1 : 10 : 20

주1 섬유방향은 나무의 세포가 전반적으로 배열되어 있는 길이방향이다.

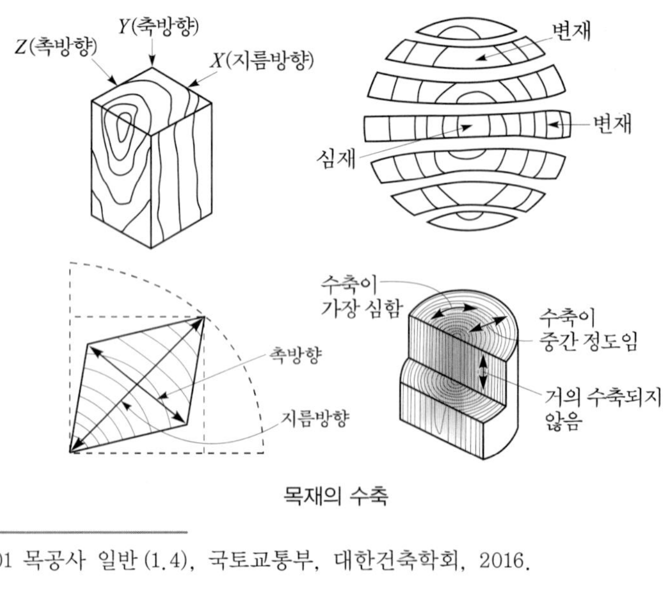

목재의 수축

158) KCS 41 33 01 목공사 일반 (1.4), 국토교통부, 대한건축학회, 2016.

(2) 목재의 방향에 따른 신축률

축방향 (0.35 %) < 지름방향 (8 %) < 촉방향 (14 %)

3. 목재의 함수율 159) 160)

건조재 12	건조재 15	건조재 19	생재	
			생재 24	생재 30
12 % 이하	15 % 이하	19 % 이하	19 % 초과 24 % 이하	24 % 초과

주1 내장 마감재로 사용되는 목재의 경우에는 함수율 15 % 이하로 한다.

주2 한옥, 대단면 및 통나무 목구조공사에 사용되는 구조용 목재 중에서 횡단면의 짧은 변이 900 mm 이상인 목재의 함수율은 24 % 이하로 한다.

주3 목재와 관련된 기타의 함수율로는 전건재는 0 %, 기건재는 15 %, 섬유포화점은 30 %이다.

4. 목재의 강도

1) 목재의 강도 특성

① 목재의 강도는 비중에 비례하므로, 목재의 비중이 클수록 강도, 탄성계수 및 수축률이 커진다.

② 섬유포화점 이하에서는 함수율이 낮을수록 강도는 증가하나, 섬유포화점 이상에서는 강도가 변하지 않는다.

③ 팽창과 수축은 섬유포화점 이하에서는 함수율에 비례하여 수축하나, 섬유포화점 이상에서는 변화가 없다.

④ 인장강도가 압축강도보다 크고, 섬유방향에 평행한 강도가 직각방향보다 크다.

2) 강도의 크기

목재의 일반적인 강도의 크기는 '인장강도> 휨강도> 압축강도> 전단강도'의 순이다. 섬유방향에 평행한 압축강도를 100으로 할 경우 각 강도의 상호관계는 다음과 같다.

강도의 종류	인장강도	휨강도	압축강도	전단강도
섬유방향에 평행	약 150	약 120	100	16~19
섬유방향에 직각	7~20	10~20	10~20	-

159) KS F 3020, 침엽수 구조용재, 산업표준심의회, 2018.

160) KCS 41 33 01 목공사 일반 (2.1), 국토교통부, 대한건축학회, 2016.

3) 섬유포화점

(1) 정의

섬유포화점은 목재의 세포 내에서 자유수는 모두 증발되고 세포벽은 결합수로 포화되어 있는 상태이며, 일반적으로 함수율 30 % 정도에 해당된다.

(2) 특징

함수율이 섬유포화점 이상인 경우, 함수율의 변화에 따라 팽창과 수축의 변화가 없고 강도도 일정하여 목재 성질의 변화가 없다. 그러나 함수율이 섬유포화점 이하인 경우, 함수율이 낮을수록 수축이 일어나고 강도가 증가한다.

5. 온도에 따른 목재의 성질변화

온 도	구 분	내 용
100 ℃	수분증발	수분이 소실된다.
160 ℃	탄화	탄화작용으로 흑갈색으로 변색된다.
240 ℃	인화점	목재가 가열되어 휘발성가스가 발생되고 불꽃에 의해 휘발성가스가 인화된다.
260 ℃	착화점	목재 자체가 착화하며, 화재위험 온도이다.
450 ℃	발화점	불꽃이 없이도 연소가 가능하다.

3 목재의 건조, 연소 및 부식

1. 목재의 건조

1) 건조의 목적

① 목재의 수축에 의한 손상방지
② 목재의 강도 증가
③ 못이나 나사와의 부착력 증가
④ 접착성의 개선
⑤ 도장성의 개선
⑥ 전기절연성의 증가
⑦ 열절연성의 개선
⑧ 약제주입의 용이
⑨ 충해방지
⑩ 변색 및 부패방지

2) 건조법의 종류

종 류	내 용
대기건조법 (자연건조법)	① 대기건조법은 대기 중에 노출시켜 통풍만으로 건조시킨다. ② 건조 시간이 오래 걸린다.
수액제거법 (수액건조법)	① 수액제거법은 목재의 수액을 제거해 건조를 빠르게 한다. ② 방법으로는 원목을 현지에서 1년 이상 방치한 후 원목을 뗏목으로 하여 강물에 6개월 또는 해수에 3개월 동안 방치하고 목재를 열탕으로 삶는다.
인공건조법	① 인공건조법은 인공적으로 단기간에 건조시킨다. ② 시설비 및 가공비가 많이 든다.

2. 연소와 부식

1) 목재의 최대 결점

① 연소 ② 부식

2) 부식균의 번식조건

① 적당한 온도 ② 습도
③ 공기 ④ 양분

3) 목재방부처리법(방충 · 난연처리법)

방 법	내 용
가압주입법	① 방부제 용액을 고기압(7~12기압)으로 가압주입 하여 방부처리 한다. ② 종류 : 크레오소트유, PCP
침지법	① 방부제 용액 중에 담가 공기를 차단하여 방부처리 한다. ② 종류 : 크레오소트유
방부제칠 (도포법)	① 목재를 충분히 건조시킨 후 솔 등으로 약제를 도포 및 뿜칠 하여 방부처리 한다. ② 종류 : 크레오소트유, 콜타르칠, 아스팔트방부칠
표면탄화법	균에게 양분을 제공하는 목재의 표면을 3~10 mm 정도 태워 방부처리 한다.

주1 크레오소트유(Creosote Oil)는 콜타르를 증류하여 얻어지는 흑갈색의 유상의 액제이다. 원액을 방부제로 사용한다. 방부성이 우수하지만 악취가 나고, 흑갈색으로 외관이 불미하므로 눈에 보이지 않는 토대, 기둥, 도리 등에 사용되는 방부제이다.

주2 PCP(Pentachlorophenol, 펜타클로로페놀)는 살균제 · 소독제 · 목재 방부제로 무색이며 방부력이 우수하나 국내에서는 사용하지 않고 있다.

주3 콜타르(Coal Tar)는 석탄을 고온건류 할 때 부산물로 생기는 검은 유상 액체이다. 방부력이 약하고 도포용으로만 쓰이며, 상온에서 침투가 잘 되지 않고 흑색이므로 사용 장소가 제한되는 유성 방부제이다.

4) 방화처리법

① 불연성 막이나 층에 의한 피복
② 방화도료 등의 도포
③ 난연처리
④ 대단면화

4 고정철물 및 교착제

1. 고정철물

1) 못

(1) 못 박기방법

① 못 지름은 널두께의 1/6 이하로 한다(널두께는 못 지름의 6배 이상).

② 못 길이는 측면 부재 두께의 2~4배, 부재 두께가 10 mm 이하일 때는 4배를 표준으로 하고, 재의 마구리에 박는 것은 3~3.5배 정도로 한다.

③ 못은 15° 정도 기울여 박으며, 경사 못 박기를 하는 경우에 못은 부재와 약 30°의 경사각을 갖도록 하며, 부재의 끝면에서 못 길이의 1/3되는 지점에서부터 못을 박기 시작한다.

④ 수장재의 못 박기는 바탕재와 교차될 때마다 박고, 바탕재에 평행한 것은 450~600 mm 거리마다 균등하게 나누어 박는다.

⑤ 널재와 같이 너비가 있는 것은 널의 양옆에 박고, 그 사이의 못 간격은 100 mm 정도를 표준으로 하여 같은 간격으로 박는다.

⑥ 철물의 구멍 위치는 정확하게, 그 구멍의 지름은 가시못일 때는 그 못 지름보다 1.5 mm, 보통못・나사못은 0.5 mm, 볼트는 2 mm를 넘지 않게 한다.

(2) 못 접합부의 최소 거리 및 간격 161) 162)

구 분	미리 구멍을 뚫지 않는 경우	미리 구멍을 뚫는 경우
끝면거리	20D	10D
연단거리	5D	5D
섬유에 평행한 방향으로 못의 간격	10D	10D
섬유에 직각방향으로 못의 간격	10D	5D

161) KCS 41 33 01 목공사 일반(1.4), 국토교통부, 대한건축학회, 2016.
162) 한국목재신문, 2004. 08. 19.

주1 D는 못의 지름(mm)이다.

주2 끝면거리는 목재 부재의 끝면으로부터 가장 가까운 볼트의 중심까지의 거리이다.

주3 연단거리는 목재 부재의 끝면으로부터 가장 가까운 볼트의 중심까지의 거리이다. 하중이 작용하는 방향으로는 부하연단거리, 작용하중의 반대방향으로는 비부하연단거리라고 한다.

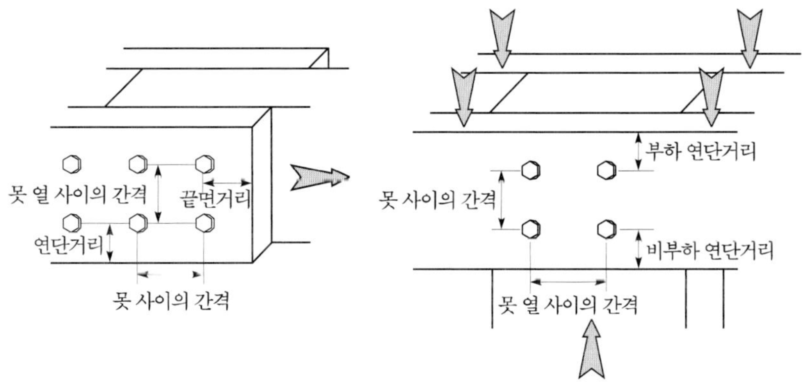

(a) 섬유에 평행하중 (b) 섬유에 수직하중

끝면거리, 연단거리 및 간격 163)

(3) 종류

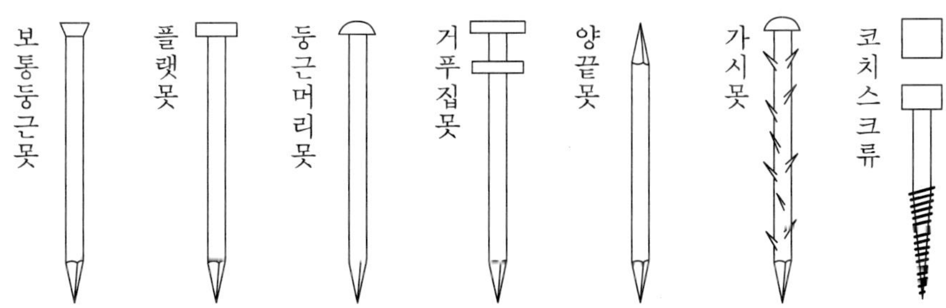

2) 꺾시

(1) 개요

① 꺾시는 두 재를 간단히 걸어 맬 수 있게 한 철물이다.

② 갈고리 끝 쪽에서 갈고리 길이의 1/3 이상의 부분을 네모뿔형으로 만든다.

163) 한국목재신문, 2004. 08. 19.

(2) 종류

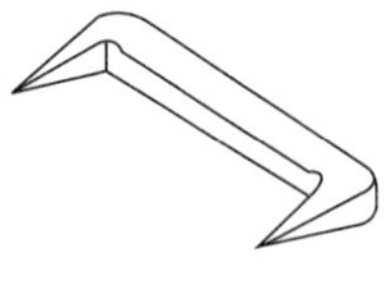
보통꺾쇠

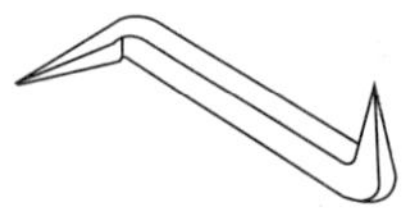
엇꺾쇠

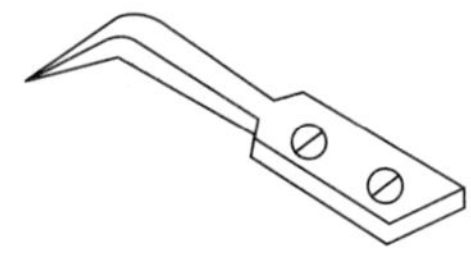
주걱꺾쇠

3) 띠쇠

(1) 개요

띠쇠는 띠형 철판에 못 구멍을 뚫은 보강철물이며, 띠쇠 등의 철판 두께는 3 mm 이상으로 한다.

(2) 종류

① 보통 띠쇠 ② ㄱ자쇠
③ 감잡이쇠 ④ 안장쇠

4) 볼트

(1) 개요

① 볼트는 목재를 고정시키는데 사용하는 철물이다.
② 목재의 볼트 구멍은 볼트지름보다 1.5 mm 이하만큼 더 크게 뚫는다.
③ 볼트는 조였을 때에 너트 위로 볼트의 끝부분이 나사 산 2개 정도 나오는 길이가 되어야 한다.
④ 구조상 중요한 곳에는 2중 너트로 조인다.
⑤ 구조용 볼트는 지름 12 mm 이상, 경미한 구조부에는 지름 9 mm를 사용한다.

(2) 종류

갈고리 볼트

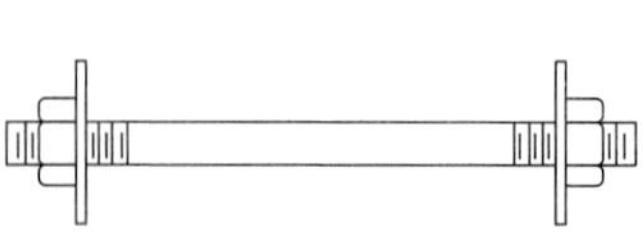
양나사 볼트

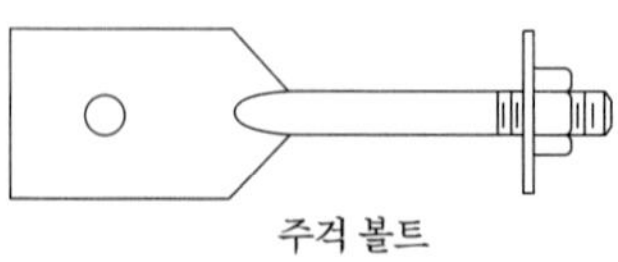
주걱 볼트

볼트의 종류

5) 듀벨

(1) 개요

① 듀벨은 목구조에서 두 부재의 접합부에 끼워 볼트와 같이 사용하는 것으로 전단력에 견디기 위하여 사용되는 보강철물이다.

② 듀벨은 전단력을 부담하고, 볼트는 인장력을 부담한다.

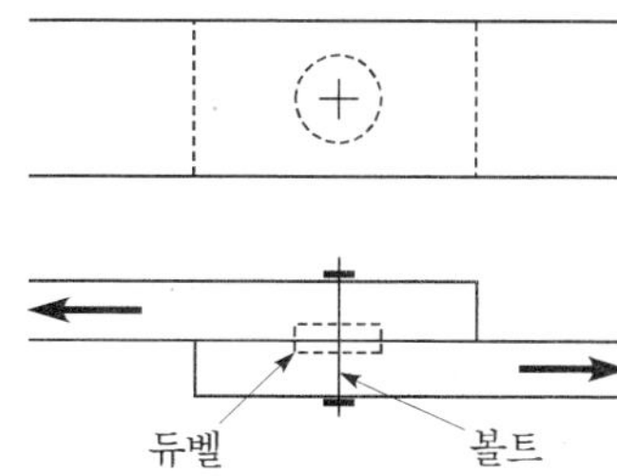

듀벨의 설치

(2) 종류

듀벨의 종류

2. 보강철물의 사용개소

구 분	사용 보강철물	구 분	사용 보강철물
처마도리와 깔도리	양나사 볼트	왕대공과 ㅅ자보	띠쇠
왕대공과 평보	감잡이쇠	달대공과 ㅅ자보	볼트, 엇꺾쇠
ㅅ자보와 평보	볼트	빗대공과 ㅅ자보	양면꺾쇠
보와 처마도리	주걱볼트	중도리와 ㅅ자보	엇꺾쇠
큰보와 작은보	안장쇠	모서리 기둥과 층도리	ㄱ자쇠
토대와 기둥	감잡이쇠, 꺾쇠, 띠쇠	평기둥과 층도리	띠쇠
기초와 토대	앵커볼트	-	-

3. 목재의 교착제

1) 개요

교착제는 두 물체를 서로 붙이는 데 쓰는 물질이며, 접착제라고도 한다.

2) 종류

종 류		내 용
단백질계	카세인	수성도료의 원료이며, 목재 및 리놀늄의 접착제이다.
	콩풀	값이 싸며, 카세인, 요소수지의 증량재로 사용한다.
	알부민(아교)	나무 및 종이의 접착제이며, 합성수지 재료 이후 사용이 급격히 줄었다.
합성 수지계	에폭시수지	① 내수성, 내습성, 전기절연성, 내약품성이 우수하고 접착력이 강하다. ② 피막이 단단하고 유연성 부족하다. ③ 플라스틱, 도기, 유리, 목재, 콘크리트 등의 접착제이다. ④ 특히 금속재료의 접착에 우수하다.
	페놀수지	① 접착력, 내열성, 내수성이 우수하다. ② 합판, 목재제품에 사용된다. ③ 유리, 금속의 접착에는 부적당하다.
	초산비닐수지	① 작업성이 좋고, 다양한 종류의 접착에 알맞다. ② 목재가구 및 창호, 종이, 천 도배, 논슬립 등의 접착제이다.
	요소수지	① 값이 싸고 접착력이 우수하다. ② 집성목재, 파티클보드, 목재접합, 합판제조 등에 많이 쓰인다.
	멜라민수지	① 내수성, 내열성이 좋고 목재와의 접착성이 우수하다. ② 목재, 합판의 접착제로 사용된다. ③ 유리, 금속, 고무접착에는 부적당하다.
	실리콘수지	① 특히 내수성이 우수하고, 내열성, 전기절연성이 우수하다. ② 유리섬유판, 텍스, 피혁류 등에 접착 가능하며, 방수제로 사용된다.
	프란수지	① 내산성, 내알칼리성, 접착력이 좋다. ② 화학공장의 벽돌, 타일의 접착제이다.

3) 특징

(1) 접착력의 크기

접착력의 크기는 '에폭시계 > 초산비닐계 > 요소계 > 멜라민계 > 페놀-포르말린계(석탄산)의 에테르수지' 순이다.

(2) 내수성의 크기

내수성의 크기는 '실리콘 > 에폭시 > 페놀수지 > 멜라민계 > 요소수지 > 아교' 순이다.

필수 연습문제

제25장 목재의 개요, 성질, 방부법 및 철물

1. 건축 재료의 목재 일반적인 특징을 기술한 내용으로써 적당하지 않은 것은?

㉮ 가공이 용이하다. ㉯ 열전도율이 적다.
㉰ 흡수 및 흡수성이 크다. ㉱ 내구성이 좋다.

2. 목재의 일반적인 특징에 관한 설명으로 옳지 않은 것은?

㉮ 장대재를 얻기 쉽고, 다른 구조재료에 비하여 가볍다.
㉯ 열전도율이 적으므로 방한·방서성이 뛰어나다.
㉰ 건습에 의한 신축변형이 심하다.
㉱ 부패 및 충해에 대한 저항성이 뛰어나다.

3. 건축구조물에 쓰이는 일반적인 목재의 성질에 대한 설명으로 옳지 않은 것은?

㉮ 색채 무늬가 있어 미장에 유리하다.
㉯ 비중이 작고 연질이어서 가공이 쉽다.
㉰ 방부제와 방화자재를 사용하면 내구성을 연장할 수 있다.
㉱ 무게에 비해 강도가 작아 구조용으로 부적합하다

4. 목구조 재료로 사용되는 침엽수의 특징에 해당하지 않는 것은?

㉮ 직선부재의 대량생산이 가능하다.
㉯ 비중이 커 무거우며 가공이 어렵다.
㉰ 병·충해에 약하여 방부 및 방충처리를 하여야 한다.
㉱ 수고(樹高)가 높으면 통직하다.

1. ㉱
목재는 연소와 부식의 우려가 있어 내구적이지 않다.

2. ㉱
목재는 부패 및 충해에 대한 저항성이 낮다.

3. ㉱
목재는 무게에 비해 강도(비강도)가 크므로 구조용으로 적합하다.

4. ㉯
침엽수는 연재라고도 하며, 비교적 연하고 가벼워 비중이 적고 가공이 쉽다.

5. 목구조 재료로 사용되는 침엽수의 특징에 해당하지 않는 것은?

㉮ 직선부재의 대량생산이 가능하다.
㉯ 단단하고 가공이 어려우나 미관이 좋다.
㉰ 병 · 충해가 약하여 방부 및 방충처리를 하여야 한다.
㉱ 수고(樹高)가 높으며 통직하다.

5. ㉯

침엽수는 연재라고도 하며, 비교적 연하고 가벼워 비중이 적고 가공이 쉽다.

6. 침엽수에 관한 설명으로 옳지 않은 것은?

㉮ 일반적으로 구조용재로 사용된다.
㉯ 직선부재를 얻기에 용이하다.
㉰ 종류로는 소나무, 잣나무 등이 있다.
㉱ 활엽수에 비해 비중과 경도가 크다.

6. ㉱

침엽수는 연재라고도 하며, 활엽수에 비해 비중과 경도가 낮다.

7. 목공사에서 목재의 일반적인 성질 중 틀린 것은?

㉮ 건축용 구조재로는 활엽수가 주로 쓰이고, 침엽수는 치장재, 가구재로 많이 쓰인다.
㉯ 기둥 등의 수직재는 수목의 밑둥을 밑으로, 위끝을 위로 세우는 것을 원칙으로 한다.
㉰ 나무거죽은 나무속에 비하여 수축이 심하고, 나무거죽편으로 우그러든다.
㉱ 대패질 할 때는 나무거죽은 끝에서 밑둥으로, 나무속은 밑둥에서 끝으로 밀어 나간다.

7. ㉮

① 침엽수는 주로 건축, 목선, 한식가구 등의 구조재에 사용된다.
② 활엽수는 차량, 선박, 양식가구 등의 치장재 또는 가구재에 사용된다.

8. 경목재(Hard Wood)에 대한 설명 중 틀린 것은?

㉮ 경목재는 침엽수재이다.
㉯ 경목재는 규격목재, 마감목재, 구조목재로 구분된다.
㉰ 경목재의 용도는 바닥, 벽, 내부수장, 난간두겁대, 디딤판, 가구, 선반, 널말뚝 등이다.
㉱ 품질, 성장 특성, 최종 용도 등이 근본적으로 연목재와 다르다.

8. ㉮

활엽수를 경재(硬材, 경목재, Hard Wood)라고도 한다.

9. 목재의 변재와 심재에 관한 설명으로 옳지 않은 것은?

㉮ 심재는 변재보다 비중이 크다.
㉯ 심재는 변재보다 신축변형이 작다.
㉰ 변재는 심재보다 내후성이 크다.
㉱ 변재는 심재보다 강도가 약하다.

9. ㉰

심재는 변재보다 단단하고 수축 및 변형이 적고 내후성이 있어 이용가치가 크다.

10. 목재에 관한 설명으로 틀린 것은 다음 중 어느 것인가?

㉮ 목재의 강도는 함수율 30 % 이상에서는 거의 변화하지 않는다.
㉯ 기건상태의 목재 함수율은 15 % 전후이다.
㉰ 심재는 변재보다 건조에 의한 수축이 크다.
㉱ 목재가 건조 하여 수축할 경우 섬유방향의 수축률은 직각 수축률 보다 작다.

10. ㉰

목재의 심재는 변재보다 건조에 의한 수축이 적다.

11. 목재 중 구조용 재료로써 조건이 적합하지 않은 것은?

㉮ 강도가 크며, 곧고 긴 재를 얻을 수 있을 것
㉯ 건조수축으로 인한 수축 및 변형이 작을 것
㉰ 잘 썩지 않고, 충해에 저항이 클 것
㉱ 질이 좋고, 공작이 어려울 것

11. ㉱

구조용 목재의 요구조건에서 모재는 질이 좋고, 공작이 용이하여야 한다.

12. 목재의 신축에 관한 기술 중 틀린 것은 어느 것인가?

㉮ 비중이 클수록 신축이 크다.
㉯ 섬유방향은 거의 수축하지 않는다.
㉰ 곧은결방향의 신축률이 널결방향의 신축보다 크다.
㉱ 변재는 심재보다 신축이 크다.

12. ㉰

목재의 신축은 곧은결방향의 신축률이 널결방향보다 작다.

13. 목재의 신축률에 관한 다음 기술 중 부적당한 것은 어느 것인가?

㉮ 곧은결방향의 신축률은 섬유방향의 약 5~10배이다.
㉯ 널결방향의 신축률은 곧은결방향의 약 10~12배이다.
㉰ 섬유방향의 신축률이 가장 작다.
㉱ 변재는 심재보다 신축률이 크다.

13. ㉯

• 목재의 신축률
① 섬유방향(0.1~0.3 %) : 곧은결 방향(3~4 %)=1 : 10
② 곧은결방향(3~4 %) : 널결방향(6~8 %)=1 : 2
③ 신축률의 크기는 섬유방향(0.1~0.3 %) < 곧은결방향(3~4 %) < 널결방향(6~8 %)이다.
④ 수피부(변재)는 수심부(심재)보다 수축이 크다.

14. 목재의 강도 중 가장 강도가 큰 것은?

㉮ 섬유방향 압축강도
㉯ 섬유방향 인장강도
㉰ 섬유에 직각방향 압축강도
㉱ 전단강도

14. ㉯

목재의 일반적인 강도의 크기는 '인장강도 > 휨강도 > 압축강도 > 전단강도'의 순이다.

15. 침엽수의 섬유방향 강도가 큰 순서대로 배열된 것은?

㉮ 휨강도 – 인장강도 – 압축강도
㉯ 압축 강도– 휨강도 – 인장강도
㉰ 인장강도 – 휨강도 – 압축강도
㉱ 휨강도 – 압축강도 – 인장강도

15. ㉰
목재의 일반적인 강도의 크기는 '인장강도>휨강도>압축강도>전단강도'의 순이다.

16. 목재에 관한 기술로 옳지 않은 것은?

㉮ 섬유포화점의 함수율은 30 %로 본다.
㉯ 판목 방향으로 건조수축률이 가장 크다.
㉰ 지름방향으로 압축강도가 가장 크다.
㉱ 심재가 변재보다 일반적으로 강도가 크다.

16. ㉰
목재의 강도는 섬유방향에 평행한 강도가 섬유방향에 직각인 강도보다 크다.

17. 목재 섬유포화점의 대략적인 함수율은?

㉮ 5 %　　㉯ 15 %
㉰ 30 %　　㉱ 45 %

17. ㉰
섬유포화점은 목재의 세포 내에서 자유수는 모두 증발되고 세포벽은 결합수로 포화되어 있는 상태이며, 일반적으로 함수율 30 % 정도에 해당된다.

18. 목재의 성질에 관한 다음 설명 중 옳지 않은 것은 어느 것인가?

㉮ 섬유포화점 이하에서는 함수율의 감소에 따라 강도가 증대하고 인성이 감소한다.
㉯ 함수율이 섬유포화점 이상에서는 목재의 수축·팽창은 거의 없다.
㉰ 목재의 비중이 증가함에 따라 강도가 증대한다.
㉱ 일반적으로 응력의 방향이 섬유방향과 직각일 경우 강도가 최대가 된다.

18. ㉱
목재의 강도는 섬유방향에 평행한 강도가 섬유방향에 직각인 강도보다 크다.

19. 건축 구조물에 쓰이는 목재의 성질에 관한 설명 중 부적당한 것은? (단, 일반적인 목재의 성질에 관한 것을 말함)

㉮ 목재는 건조한 것이 습한 것보다 힘을 덜 받는다.
㉯ 목재는 인장강도가 압축강도보다 일반적으로 크다.
㉰ 섬유와 평행방향이 직각방향보다 힘을 더 받는다.
㉱ 장기허용압축응력도는 70 MPa 내외이다.

19. ㉱
목재의 장기허용압축강도는 6~9 MPa 내외이다.

20. 건축용 목재의 일반적 성질에 대한 사항 중 가장 부적당한 것은 어느 것인가?

㉮ 목재의 함수율이 섬유포화점 이하에서는 함수율이 증가함에 따라 강도는 감소한다.
㉯ 목재의 함수율이 섬유포화점 이상에서는 함수율이 증가함에 따라 팽창한다.
㉰ 목재의 심재는 변재보다 건조에 의한 수축이 적다.
㉱ 기건상태의 목재의 함수율은 15 % 정도이다.

20. ㉯

① 함수율이 섬유포화점 이상인 경우, 함수율의 변화에 따라 팽창과 수축의 변화가 없고 강도도 일정하여 목재 성질의 변화가 없다.
② 함수율이 섬유포화점 이하인 경우, 함수율이 낮을수록 수축이 일어나고 강도가 증가한다.

21. 건축용 목재의 일반적인 성질에 관한 설명으로 옳지 않은 것은?

㉮ 섬유포화점 이하에서는 목재의 함수율이 증가함에 따라 강도는 감소한다.
㉯ 기건상태의 목재의 함수율은 15 % 정도이다.
㉰ 목재의 심재는 변재보다 건조에 의한 수축이 적다.
㉱ 섬유포화점 이상에서는 목재의 함수율이 증가함에 따라 강도는 증가한다.

21. ㉱

함수율이 섬유포화점 이하인 경우, 함수율이 낮을수록 수축이 일어나고 강도가 증가한다.

22. 목재의 성질에 관한 다음 기술 중 틀린 것은 어느 것인가?

㉮ 결합수(세포수)의 증감은 목재의 신축과 강도에 영향을 준다.
㉯ 섬유포화점의 함수율은 30 %이고 그 이상에서는 목재의 신축에 영향을 주게 된다.
㉰ 기건상태의 함수율은 15 %로 기준을 정하고 있다.
㉱ 자유수의 증감은 목재의 중량과 크게 관계된다.

22. ㉯

팽창과 수축은 섬유포화점 이하에서는 수축하기 시작하나, 섬유포화점 이상에서는 변화가 없다.

23. 다음의 목구조 보 단면 가운데 가장 강한 것은 어느 것인가? (단, 단면적 및 단면치수는 모두 같다.)

㉮

㉯

㉰

㉱

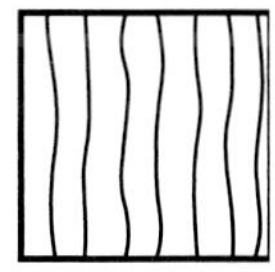

23. ㉰

목재의 강도는 섬유방향에 평행한 강도가 섬유 직각방향보다 크고, 심재가 변재보다 구조적으로 유리하다.

24. 목재의 성질에 관한 기술 중 옳지 않은 것은?

㉮ 목재 함수율은 보통 기건상태에서 15 % 내외이다.
㉯ 목재의 함수율이 섬유포화점 이하에서 수축하기 시작한다.
㉰ 함수율이 섬유포화점 이상이 되면 강도는 일정하고 섬유포화점 이하가 되면 함수율의 감소에 따라 강도가 커진다.
㉱ 섬유포화점의 함수율은 보통 50 %이다.

24. ㉱
섬유포화점의 함수율은 30 %이다.

25. 목재의 물리적 성질에 대한 설명 중 가장 부적당한 것은?

㉮ 섬유포화점 이하에서는 함수율 감소에 따라 강도가 감소한다.
㉯ 목재의 강도는 인장강도 > 압축강도 > 전단강도 순으로 크다.
㉰ 침엽수는 가볍고 가공이 용이하며, 곧고 긴 재료를 얻을 수 있다.
㉱ 비중이 작고 연질이다.

25. ㉮
함수율이 섬유포화점 이하인 경우, 함수율이 낮을수록 수축이 일어나고 강도가 증가한다.

26. 목재의 성질에 관한 설명으로 가장 부적당한 것은 다음 중 어느 것인가?

㉮ 표준 함수율은 평균 15 %이다.
㉯ 인화점은 440~470 ℃ 정도이다.
㉰ 진비중은 약 1.5 정도이다.
㉱ 섬유에 직각방향의 압축강도는 평행방향의 압축강도보다 낮다.

26. ㉯
목재의 인화점은 240 ℃ 정도이다.

27. 목공사에 관한 기술 중 옳지 않은 것은?

㉮ 토대는 될 수 있는 한 변재를 사용한다.
㉯ 홈대의 홈파기는 보통 나무껍질 쪽에다 한다.
㉰ 판자로 만든 채양은 나무속 쪽을 위로 가게 한다.
㉱ 목재는 압축재로 사용하는 것이 이상적이다.

27. ㉮
① 토대는 구조재이므로 될 수 있는 한 변형이 적은 심재를 사용한다.
② 목재는 일반적으로 인장강도가 가장 크지만 구조상 압축재로 많이 사용된다.

28. 목재를 천연건조시킬 때의 장점이 아닌 것은?

㉮ 비교적 균일한 건조가 가능하다.
㉯ 시설투자 비용 및 작업 비용이 적다.
㉰ 시간적 효율이 높다.
㉱ 옥외용으로 사용 시 예상되는 수축, 팽창의 발생을 감소시킬 수 있다.

28. ㉰
천연건조(대기건조법, 자연건조법) 시킬 경우, 건조 시간이 오래 걸리므로 시간적 효율이 낮다.

29. 목재를 천연건조 시킬 때의 장점에 해당되지 않는 것은?

㉮ 비교적 균일한 건조가 가능하다.
㉯ 시설투자 비용 및 작업 비용이 적다.
㉰ 건조 소요 시간이 짧은 편이다.
㉱ 타 건조방식에 비해 건조에 의한 결함이 비교적 적은 편이다.

29. **㉰**
천연건조(대기건조법, 자연건조법) 시킬 경우, 건조 시간이 오래 걸리므로 시간적 효율이 낮다.

30. 목재의 건조에 관한 설명 중 옳지 않은 것은?

㉮ 자연건조법에 의할 때는 일찍 주문하여 그늘에서 건조한다.
㉯ 대기건조법과 침수법은 오랜 시일이 필요 없다.
㉰ 직사광선을 받으면 뒤틀림, 갈라짐 등이 생긴다.
㉱ 인공건조법은 보통 증기실, 열기실에서 건조한다.

30. **㉯**
대기건조법(자연건조법)은 대기 중에 노출시켜 통풍만으로 건조시키는 것으로 건조 시간이 오래 걸린다.

31. 다음 사항 중 목재가 가장 부식하기 쉬운 상태는?

㉮ 풍우에 노출되는 상태
㉯ 언제나 물에 젖어있는 상태
㉰ 건조되어 있지만 밀폐되어 있는 경우
㉱ 따뜻한 장소로써 건조하다가 습한 경우

31. **㉱**
부식균의 번식조건은 적당한 온도, 습도, 공기, 양분 등이다.

32. 목재의 부패 조건에 대한 설명 중 옳지 않은 것은?

㉮ 습도 80 % 이상에서는 부패균의 발육이 정지된다.
㉯ 부패균은 4 ℃ 이하에서는 거의 사멸된다.
㉰ 대다수의 균은 CO_2량이 80 % 이상이 되면 발육이 정지된다.
㉱ 완전히 수중에 잠겨진 목재는 부패되지 않는다.

32. **㉮**
부패균은 습도 85 % 정도에서 발생한다.

33. 목재의 방화성능 향상을 목적으로 하는 조치 중 가장 부적당한 것은?

㉮ 목재의 단면을 되도록 작게 한다.
㉯ 산소를 차단하기 위해 방화도료를 도포한다.
㉰ 불연성 재료로 피복한다.
㉱ 인산암모늄 등으로 난연처리 한다.

33. **㉮**
목재의 단면은 두꺼울수록 방화성능은 향상된다.

34. 목구조 건물에서 토대의 방부제로써 적당한 것은?

㉮ 도료
㉯ 콜타르
㉰ 에나멜도료
㉱ 크레오소트

35. 목재의 방부법으로 가장 부적당한 것은?

㉮ 도포법
㉯ 침지법
㉰ 표면탄화법
㉱ 방청법

36. 목재에 사용하는 방부제에 해당되지 않는 것은?

㉮ 크레오소트(Creosote)
㉯ 콜타르(Coal Tar)
㉰ 카세인
㉱ PCP(Pentachlorophenol)

37. 방부성이 우수하지만 악취가 나고, 흑갈색으로 외관이 불미하므로 눈에 보이지 않는 토대, 기둥, 도리 등에 사용되는 방부제는?

㉮ PCP
㉯ 크레오소트유
㉰ 콜타르
㉱ 에나멜도료

34. ㉱

목구조의 대표적인 방부제로는 크레오소트유가 있으며 이것은 콜타르를 증류하여 얻어지는 흑갈색의 유상의 액체이다. 원액을 방부제로 사용한다.

35. ㉱

① 목재방부처리법(방충・난연처리법)으로 가압주입법, 침지법, 방부제칠(도포법), 표면탄화법 등이 있다.
② 방청법은 강구조의 녹방지 방법이다.

36. ㉰

(1) 목재방부제
  ① 크레오소트유
  ② PCP
  ③ 콜타르칠
  ④ 아스팔트방부칠
(2) 카세인은 우유에서 얻어지며 단백질 성분으로 수성도료의 원료이며, 목재 및 리놀늄의 접착제이다.

37. ㉯

크레오소트유는 콜타르를 증류하여 얻어지는 흑갈색의 유상의 액체이다. 원액을 방부제로 사용한다. 방부성이 우수하지만 악취가 나고, 흑갈색으로 외관이 불미하므로 눈에 보이지 않는 토대, 기둥, 도리 등에 사용되는 방부제이다.

38. 방부력이 약하고 도포용으로만 쓰이며, 상온에서 침투가 잘 되지 않고 흑색이므로 사용 장소가 제한되는 유성방부제는?

㉮ 캐로신 ㉯ PCP
㉰ 염화아연 4 % 용액 ㉱ 콜타르

39. 목공사에서 사용하는 보강철물에 대한 설명으로 틀린 것은 다음 중 어느 것인가?

㉮ 가시못의 지름은 6 mm 이상으로 하고, 가시는 못의 끝 쪽에 못 길이에 1/3 이상 돋쳐있어야 하며, 못 머리의 밑면은 못의 축선에 직각평면이어야 한다.
㉯ 못의 지름은 널두께의 1/6 이하로 하고, 길이는 나무두께의 2~4배로 하며, 부재 두께가 10 mm 이하일 때에는 4배를 표준으로 한다.
㉰ 볼트는 인장력에 대응하며 산지는 전단력에 대응한다.
㉱ 목재의 볼트 구멍은 볼트 지름보다 5 mm 이상 커서는 안 된다.

40. 목재 가공 시 주의할 사항에 관한 기술 중 틀린 것은?

㉮ 가공 위치는 결함이 없는 곳이나 적은 곳에 한다.
㉯ 볼트의 구멍은 볼트 지름보다 5 mm 이상 크게 뚫어서는 안 된다.
㉰ 압축재의 접착면은 밀착되도록 가공의 정밀도를 높인다.
㉱ 부재는 되도록 작게 깎아내어 약해지지 않도록 한다.

41. 공사의 철물제작 및 설치공법에서 못박기법에 대한 설명 중 옳지 않은 것은?

㉮ 못의 지름은 널두께의 1/6 이하로 하고 길이는 나무두께의 2~4배로 하되 부재 두께가 10 mm 이하일 때는 4배를 표준으로 한다.
㉯ 못은 15° 정도 기울여 박으며, 경사 못 박기를 하는 경우에 못은 부재와 약 30°의 경사각을 갖도록 한다.
㉰ 수장재의 못 박기는 바탕재와 교차될 때마다 박고, 바탕재에 평행한 것은 450~600 mm 거리마다 균등하게 나누어 박는다.
㉱ 미리 구멍을 뚫지 않는 경우, 섬유에 평행한 방향으로 못의 간격은 못의 지름(D)의 15배 이상이어야 한다.

38. ㉱

콜타르는 석탄을 고온건류할 때 부산물로 생기는 검은 유상 액체이다. 방부력이 약하고 도포용으로만 쓰이며, 상온에서 침투가 잘 되지 않고 흑색이므로 사용 장소가 제한되는 유성방부제이다.

39. ㉱

철물의 구멍 위치는 정확하게, 그 구멍의 지름은 가시못일 때는 그 못 지름보다 1.5 mm, 보통못 및 나사못은 0.5 mm, 볼트는 2 mm를 넘지 않게 한다.

40. ㉯

철물의 구멍 위치는 정확하게, 그 구멍의 지름은 가시못일 때는 그 못 지름보다 1.5 mm, 보통못·나사못은 0.5 mm, 볼트는 2 mm를 넘지 않게 한다.

41. ㉱

미리 구멍을 뚫지 않는 경우, 섬유에 평행한 방향으로 못의 간격은 못의 지름(D)의 10배 이상이어야 한다.

42. 두 목재의 접합부에 끼워 볼트(Bolt)와 같이 사용하여 전단에 견디도록 하는 일종의 산지를 무엇이라고 하나?

㉮ 주걱볼트 ㉯ 듀벨
㉰ 감잡이쇠 ㉱ 꺾쇠

42. ㉯
듀벨은 두 부재의 접합부에 끼워 볼트와 같이 사용하는 것으로써 전단력에 견디기 위하여 사용되는 보강철물이다.

43. 목재의 접합부에 사용되는 듀벨(Dubel)은 다음 중 어느 힘에 유효한 작용을 하는가?

㉮ 전단력 ㉯ 인장력
㉰ 휨모멘트 ㉱ 좌굴

43. ㉮
듀벨은 두 부재의 접합부에 끼워 볼트와 같이 사용하는 것으로써 전단력에 견디기 위하여 사용되는 보강철물이다.

44. 목공사에 관한 시방으로 틀린 것은?

㉮ 못박기에서 못의 지름은 널두께의 1/6 이하로 하고, 길이는 나무 두께의 2~4배로 하되 부재 두께가 10 mm 이하일 때는 4배를 표준으로 한다.
㉯ 목재 길이는 부재 두께의 2.5~3배로 하고 목재의 두 부재를 서로 경사 또는 직각방향으로 접하는 것을 맞춤이라고 한다.
㉰ 목재 부재의 접합부에 끼워 휨을 견디기 위하여 사용되는 보강철물을 듀벨이라고 한다.
㉱ 목재의 단면을 표시하는 치수는 제재치수로 하되, 창호재, 가구재의 경우는 도면치수를 마무리치수로 한다.

44. ㉰
듀벨은 두 부재의 접합부에 끼워 볼트와 같이 사용하는 것으로써 전단력에 견디기 위하여 사용되는 보강철물이다.

45. 목구조에서 듀벨의 사용목적으로 적당한 것은?

㉮ 방화 ㉯ 방부
㉰ 방충 ㉱ 접합

45. ㉱
듀벨은 두 부재의 접합부에 끼워 볼트와 같이 사용하는 것으로써 전단력에 견디기 위하여 사용되는 보강철물이다.

46. 목공사에 사용되는 철물에 대한 설명이다. 틀린 것은?

㉮ 못 길이는 측면 부재 두께의 2~4배, 부재 두께가 10 mm 이하일 때는 4배를 표준으로 하고, 재의 마구리에 박는 것은 3~3.5배 정도로 한다.
㉯ 감잡이쇠는 큰보에 걸쳐 작은보를 받게 하고, 안장쇠는 평보를 대공에 달아매는 경우 또는 평보와 ㅅ자보의 밑에 쓰인다.
㉰ 볼트 구멍은 볼트 지름보다 2 mm 이상 커서는 안 된다.
㉱ 듀벨은 볼트와 같이 사용하여 듀벨에는 전단력, 볼트에는 인장력을 분담시킨다.

46. ㉯
큰보에 걸쳐 작은보를 받게 하는 철물은 안장쇠이다.

47. 목구조 왕대공 지붕틀에 사용되는 보강철물 중 틀린 것은?

㉮ 왕대공과 ㅅ자보의 맞춤 – 가락지 듀벨
㉯ 빗대공과 ㅅ자보의 맞춤 – 꺾쇠
㉰ ㅅ자보와 평보의 맞춤 – 볼트
㉱ 왕대공과 평보의 맞춤 – 감잡이쇠

47. ㉮
왕대공과 ㅅ자보의 맞춤은 띠쇠이다.

48. 목구조의 보강철물에 관한 설명으로 옳지 않은 것은?

㉮ 왕대공과 평보의 접합부는 안장쇠로 보강한다.
㉯ 처마도리와 깔도리 및 평보의 접합부는 주걱볼트로 보강한다.
㉰ 평보와 ㅅ자보의 접합부는 볼트로 보강한다.
㉱ 토대와 기둥의 접합부는 띠쇠로 보강한다.

48. ㉮
왕대공과 평보의 접합부는 감잡이쇠로 보강한다.

49. 목구조 지붕틀의 각 부재와 보강철물이 서로 잘못 연결된 것은?

㉮ 평보와 깔도리 – 주걱볼트
㉯ 왕대공과 평보 – 안장쇠
㉰ 평보와 ㅅ자보 – 볼트
㉱ 왕대공과 ㅅ자보 – 띠쇠

49. ㉯
왕대공과 평보의 접합부는 감잡이쇠로 보강한다.

50. 목구조 지붕틀구조에 있어서 중도리와 ㅅ자보를 연결하는데 가장 적합한 철물은?

㉮ 띠쇠 ㉯ 감잡이쇠
㉰ 주걱볼트 ㉱ 엇꺾쇠

50. ㉱
중도리와 ㅅ자보의 접합부는 엇꺾쇠로 보강한다.

51. 목구조 지붕틀구조에 있어서 모서리 기둥과 층도리 맞춤에 사용되는 철물은?

㉮ 띠쇠 ㉯ 감잡이쇠
㉰ 주걱볼트 ㉱ ㄱ자쇠

51. ㉱
모서리 기둥과 층도리의 접합부는 ㄱ자쇠로 보강한다.

52. 목구조에 사용되는 보강철물과 사용개소의 조합으로 옳지 않은 것은?

㉮ 안장쇠 – 큰보와 작은보
㉯ ㄱ자쇠 – 평기둥과 층도리
㉰ 띠쇠 – 도대와 기둥
㉱ 감잡이쇠 – 왕대공과 평보

52. ㉯
평기둥과 층도리의 접합부는 띠쇠로 보강한다.

53. 목구조에 사용하는 보강철물이 아닌 것은?

㉮ 칼럼밴드 ㉯ 안장쇠
㉰ 주걱 꺽쇠 ㉱ 감잡이쇠

54. 왕대공 지붕틀의 ㅅ자보 계산에 고려해야 하는 힘의 조합으로 옳은 것은?

㉮ 인장력과 압축력 ㉯ 휨모멘트와 인장력
㉰ 휨모멘트와 압축력 ㉱ 인장력과 전단력

55. 목재의 접착제로 활용되는 수지로 가장 거리가 먼 것은?

㉮ 요소수지 ㉯ 멜라민수지
㉰ 폴리스티렌수지 ㉱ 페놀수지

56. 목재의 접착제로 활용되는 수지와 가장 거리가 먼 것은?

㉮ 요소수지 ㉯ 멜라민수지
㉰ 폴리스티렌수지 ㉱ 역청질도료

57. 목재 접착에 이용되는 접착제로써 내수성, 내구성적인 측면에서 품질이 가장 우수한 것은?

㉮ 요소계수지 ㉯ 페놀계수지
㉰ 비닐계수지 ㉱ 아교

58. 합판제작에 사용되는 접착제 중 가장 내수성이 강한 것은 다음 중 어느 것인가?

㉮ 요소수지 ㉯ 아교류
㉰ 멜라민수지 ㉱ 페놀수지

59. 접착제 중 내수합판의 접착제로 많이 사용되는 접착제는?

㉮ 페놀수지 접착제
㉯ 요소수지 접착제
㉰ 멜라민수지 접착제
㉱ 실리콘수지 접착제

53. ㉮

칼럼밴드는 콘크리트공사에서 기둥 거푸집의 고정 및 측압 버팀용이다.

54. ㉰

① ㅅ자보는 휨모멘트와 압축력을 동시에 받고 부재 중에서 가장 크다.
② 평보는 휨모멘트와 인장력을 동시에 받는다.

55. ㉰

폴리스티렌수지는 콘크리트의 도료, 조각용 거푸집, 피복재료 및 단열재로 사용된다.

56. ㉰

폴리스티렌수지는 콘크리트의 도료, 조각용 거푸집, 피복재료 및 단열재로 사용된다.

57. ㉯

페놀수지가 목재의 접착력, 내열성, 내수성 측면에서 품질이 가장 우수하다.

58. ㉱

① 페놀수지는 접착력, 내열성, 내수성이 우수하다.
② 내수성의 크기는 '실리콘 > 에폭시 > 페놀수지 > 멜라민계 > 요소수지 > 아교'의 순이다.

59. ㉰

멜라민수지는 내수성, 내열성이 좋고 목재와의 접착성이 우수하다. 목재, 합판의 접착제로 사용되나 유리, 금속, 고무접착에는 부적당하다.

제26장 목재의 가공, 제품, 목구조공사 및 수장

1 목재의 가공

1. 가공

1) 먹매김

(1) 개요

먹매김(Marking)은 마름질, 바심질을 하기 위하여 재의 축방향에 심먹(Center Line)을 넣고 가공형태를 그리는 것이다.

(2) 먹매김 기호

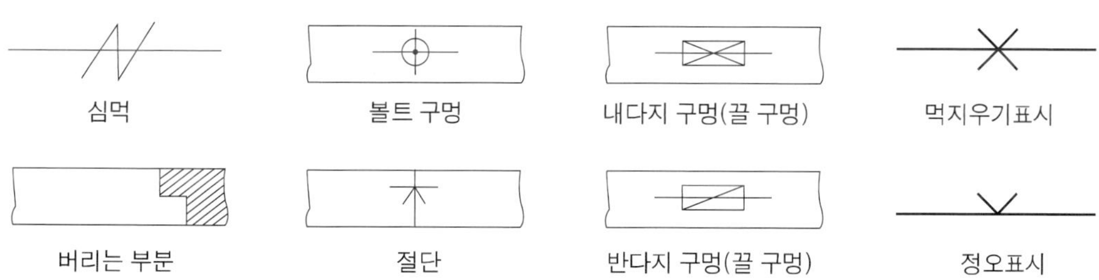

2) 마름질

마름질은 먹매김에 따라 재를 소요치수로 잘라내는 일이다.

3) 바심질

바심질은 먹매김에 따라 구멍뚫기, 홈파기, 자르기, 대패질 등의 다듬질하는 일이다.

2. 모접기

1) 개요

모접기(Moulding)는 나무나 석재의 모나 면을 깎아 밀어 두드러지게 또는 오목하게 하여 모양지게 하는 것이다.

2) 종류

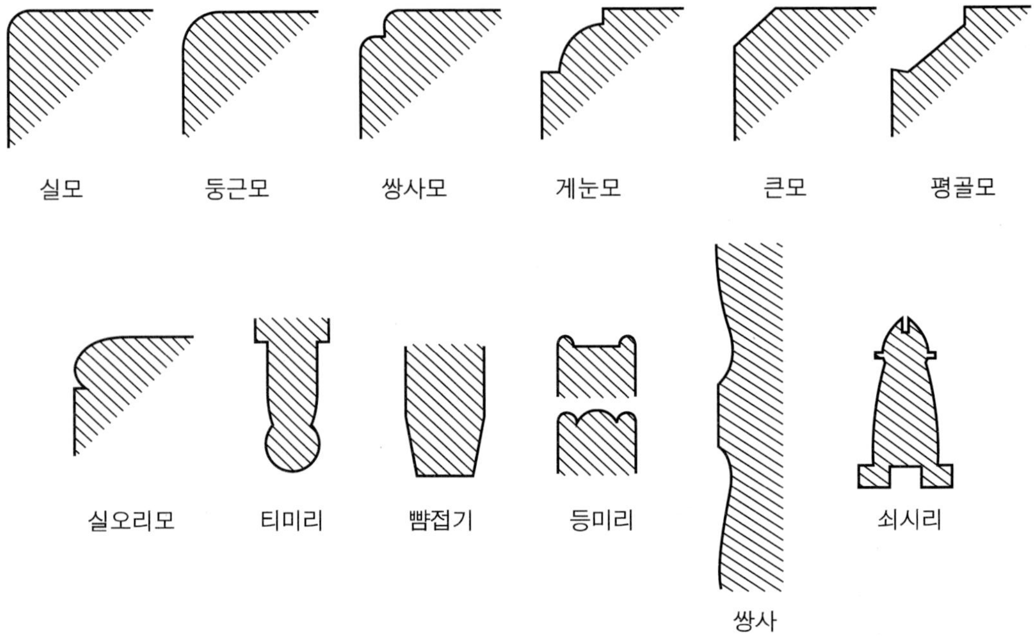

3. 이음, 맞춤 및 쪽매

1) 이음

(1) 개요

목재의 이음은 두 부재를 부재의 길이방향으로 길게 접합하는 것이다.

(2) 이음형상에 따른 종류

종 류	형 상	특징 및 용도
맞댐이음	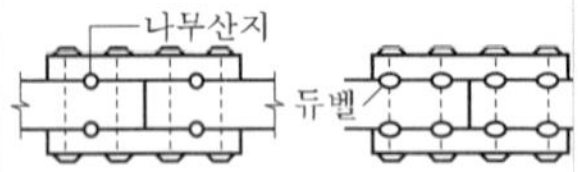	① 덧판을 대고 못이나 볼트 죔을 한다. ② 평보 등 압축력, 인장력을 받는 부재에 사용된다.
겹침이음	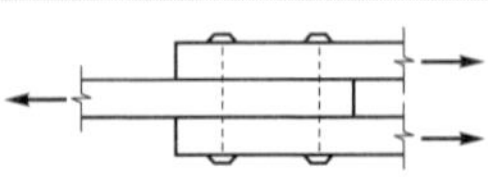	① 볼트, 듀벨을 사용하여 이음 한다. ② 트러스와 같은 큰 간 사이 구조에 사용된다.
반턱이음	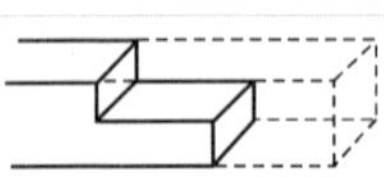	

종 류	형 상	특징 및 용도
주먹장이음	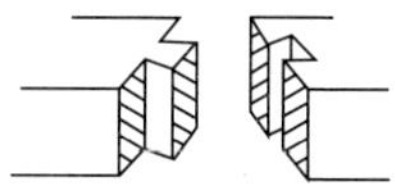	① 한 재의 끝이 다른 재에 파고 들어가 이어진 것이다. ② 간단한 이음으로 공작이 쉽고 튼튼하여 널리 사용된다.
메뚜기장이음	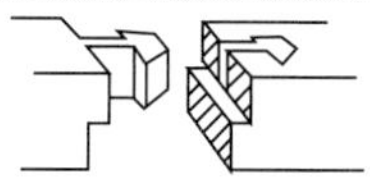	① 두 부재가 서로 맞물려지도록 따내고 맞추어 이은 것이다. ② 주먹장 보다 튼튼하다.
엇걸이이음	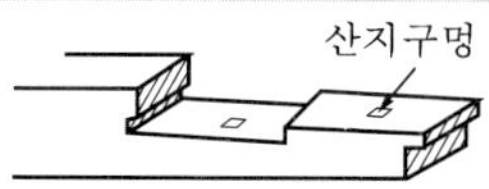	① 구부림에 가장 효과적이다. ② 이음길이는 부재 깊이의 3~3.5배이다.
빗걸이이음 (빗턱이음)	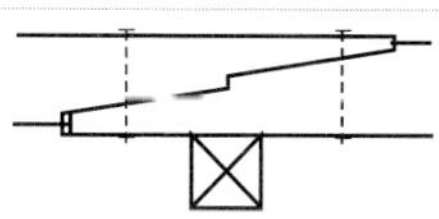	통나무 보에 사용된다.
은장이음	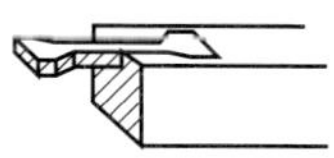	① 나비 은장을 사용하여 이은 것이다. ② 못이나 볼트보다 뒤틀림에 강하다.
턱솔이음		옆으로 물러나는 것을 방지할 수 있으며 수장재에서 주로 사용된다.
빗이음	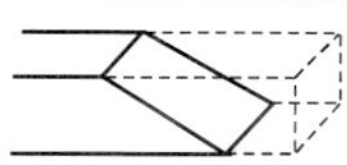	서까래, 띠장, 장선 등에 사용된다.
엇빗이음	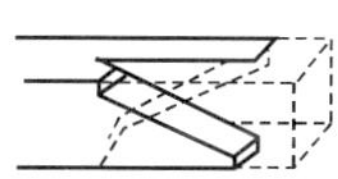	반자틀 이음에 사용된다.

(3) 이음위치에 따른 종류

종 류	내 용
심이음	심이음은 이음이 지지재의 중심에서 이어지는 이음이다.
낸이음	낸이음은 이음이 이음자리에 직교하는 부재의 맞춤자리를 피해서 잇는 이음이다.
보아지이음	보아지이음은 심이음에 보아지를 대고 잇는 이음이다.
베개이음	베개이음은 이음위치의 하부에 가로 받침재를 대고 그 위에서 잇는 이음이다.

주1 보아지는 기둥머리에 끼워 보의 짜임새를 보강하는 짧은 부재이다.

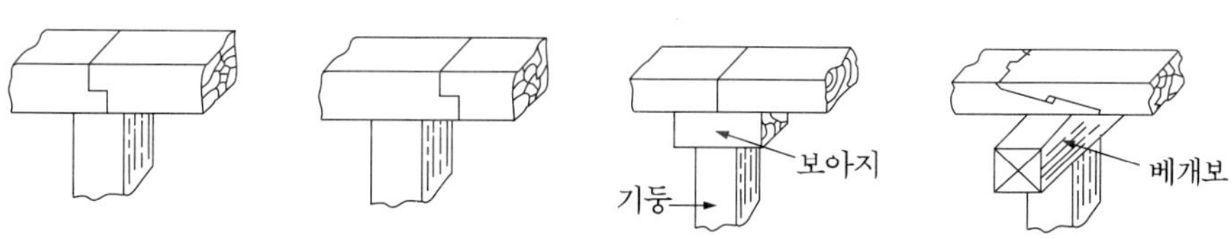

심이음　　낸이음　　보아지이음　　베개이음

2) 맞춤

(1) 개요

목재의 맞춤은 두 부재를 서로 경사 또는 직각방향으로 접합하는 것이다.

(2) 종류

① 반턱맞춤　　② 가름장맞춤
③ 주먹장맞춤　　④ 연귀맞춤

(3) 연귀맞춤

연귀맞춤

① 연귀맞춤은 모서리 구석 등에 표면 마구리가 보이지 않게 45° 각도로 빗 잘라대는 맞춤이다.
② 창문틀이나 창문의 모서리 등에서 맞춤재의 마구리를 감추면서 튼튼하게 맞춤을 하는 것이다.

3) 쪽매

(1) 개요

목재의 쪽매는 목재를 섬유방향과 평행으로 옆 대어 붙이는 것이다.

(2) 종류

종 류	형 상	용 도	종 류	형 상	용 도
맞댄쪽매	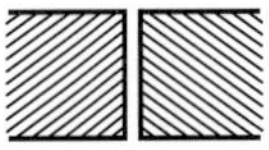	덧판 등을 대며, 경미한 구조에 사용된다.	제혀쪽매	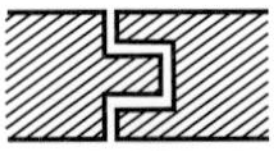	마룻널 깔기에 사용되며, 가장 많이 사용된다.
반턱쪽매	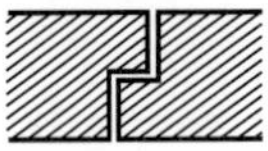	거푸집 등 두께 15 mm 미만의 널에 사용된다.	딴혀쪽매		마룻널 깔기에 사용된다.
빗쪽매	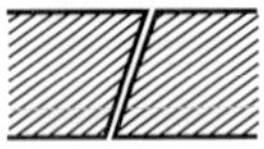	반자틀이나 지붕널에 사용된다.	틈막이쪽매	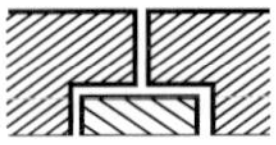	징두리판벽이나 천장에 사용된다.
오늬쪽매	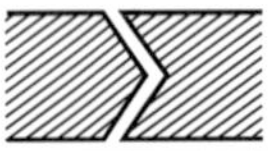	흙막이널말뚝에 사용된다.			

(3) 이음 및 맞춤 시 주의사항

① 응력이 적은 곳에서 응력이 균등하게 전달되게 하고 단면방향은 응력에 직각되게 한다.
② 모양에 치우치지 말고 공작이 간단한 것으로 한다.
③ 접합면을 필요이상으로 가공하지 않고, 접착면은 정확히 가공하여 서로 밀착되게 한다.

④ 이음의 위치는 엇갈림으로 배치함을 원칙으로 한다.

⑤ 토대, 도리, 중도리 등으로써 이어 쓸 때에 그 짧은 재의 길이는 1 m 이상으로 한다.

2 목재의 제품

1. 합판

1) 개요

합판은 한 매의 얇은 판인 단판을 3, 5, 7, 9 등의 홀수 겹으로 서로 직교 배열하여 접합한 판재이다.

2) 합판의 품질기준

접착성은 보통 합판의 경우, 내수 및 준내수 인장전단접착력이 0.7 MPa 이상, 함수율은 13 % 이하, 흡습성은 흡습량 0.4 g 이하이다.

2. 집성재

① 집성재는 얇게 켠 넓은 널(판재)을 섬유방향으로 서로 평행하게 여러 장 포개서 집성·접착하여 공학적으로 특정 응력을 견딜 수 있도록 만든 가공목재이다.

② 응력에 따라 필요한 단면이 가능하고, 길고 단면이 큰 부재의 간단한 제작이 가능하다.

3. 마루판

종 류	내 용
플로링보드 (Flooring Board)	플로링보드는 표면은 곱게 대패질하여 마감하고 양측 면은 제혀쪽매로 하여 접합이 편리하게 한 마루판이다.
플로링블록 (Flooring Block)	플로링블록은 플로링의 길이를 너비의 정수배로 하여 길이와 너비를 같게 하고 4면을 제혀쪽매로 만든 정사각형의 블록이다.
파키트리보드 (Parquetry Board)	파키트리보드는 경목재판을 두께 9~15 mm, 너비 60 mm, 길이는 너비의 3~5배 정도로 하고 양측 면은 제혀쪽매로 하여 접합한다.
파키트리패널 (Parquetry Panel)	파키트리패널은 파키트리보드를 길이가 너비의 정수배가 되도록 240 mm 각판으로 만들고 제혀쪽매로 하여 접합한다.

4. 기타 개량 인조목재

종 류	내 용
코펜하겐리브 (Copenhagen Rib)	코펜하겐리브는 면적이 넓은 강당, 극장 등의 내벽에 음향조절 및 장식효과로 사용된다.
코르크보드 (Cork Board)	코르크보드는 단열성, 흡수성이 있어 음악 감상실, 방송실의 천장 등에 사용된다.
파티클보드 (Particle Board)	파티클보드는 목재의 부스러기에 접착제를 뿜어 압축 · 가열한 것으로, 가치 없는 재료를 이용하여 제작되는 광폭재이며, 강도가 크므로 구조용, 선박 마룻널, 칸막이 가구에 사용된다.
적층재	적층재는 다수의 단판을 섬유방향을 일정하게 하여 접착한 것으로 균질의 장대재를 얻을 수 있다.
경화적층재	경화적층재는 합성수지에 담근 단판을 고압으로 접착시켜 균질성 · 내습성 강도를 증가시킨 것으로 강화목재라고도 한다.
섬유판	섬유판은 식물 섬유질인 볏집, 톱밥, 목재, 종이 등을 원료로 섬유화, 펄프화 하여 합성수지 접착제를 섞어 판상으로 만든 것이다.
MDF (Medium Density Fiberboard, 중밀도섬유판)	MDF는 목재의 섬유질을 접착제와 함께 압력을 가하여 성형한 것이다. 재질이 균일하고, 가공이 쉬우나, 강도에 약하다.

3 세우기

1. 목공사 시공 순서

① 수평규준틀 ② 기초 ③ 세우기 ④ 지붕
⑤ 수장 ⑥ 미장

2. 2층 주택 시공 순서

① 2층 바닥 ② 2층 천장(반자) ③ 1층 바닥 ④ 1층 천장(바닥)

3. 목구조 건물의 뼈대세우기 시공 순서

① 기둥 ② 인방보 ③ 층도리 ④ 큰보

4 토대, 기둥 및 수장

1. 토대

① 토대는 상부에서 오는 하중을 기초에 전달하고 기둥의 밑을 고정한다.

② 토대는 지반에서 될 수 있는 대로 높이고 방부제 도장을 한다.

2. 기둥

1) 본기둥

본기둥은 통재기둥과 평기둥으로 모서리나 칸막이벽과 교차되는 곳 또는 집중하중을 받는 위치에 두고, 보통 간격을 2 m로 하지만, 개구부 등의 관계상 일정하지 않다.

(1) 통재기둥

① 통재기둥은 밑층에서 위층까지 1개의 부재로 된 기둥으로 5~7 m 정도의 길이로 타 부재의 설치기준이 되는 기둥으로 건물의 모서리와 중간요소에 배치된다.

② 2층 이상인 목구조의 모서리 기둥은 통재기둥으로 하여야 한다.

(2) 평기둥

평기둥은 각 층별로 배치되는 기둥으로 설치간격은 2 m 정도이다.

2) 샛기둥

① 샛기둥은 본기둥 사이에 두어 벽체를 이루는 뼈대로 가새의 옆 휨도 막는다.

② 크기는 본기둥의 1/2~1/3이고, 간격은 대개 450 mm 정도이다.

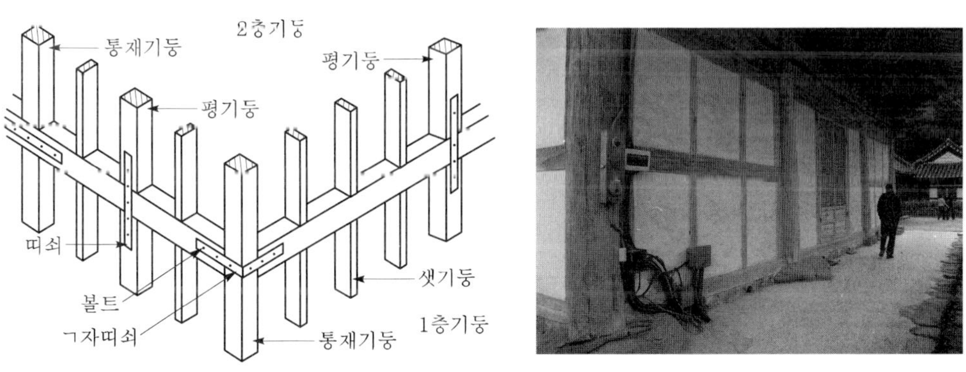

목재 기둥

3. 도리

1) 층도리

① 층도리는 2층 마룻바닥이 있는 부분에 수평으로 대는 가로재이다.

② 너비는 기둥과 같이 하고 깊이는 너비의 1~2배 정도이다.

2) 깔도리

① 깔도리는 기둥 맨 상단의 처마 부분에 수평으로 걸어 기둥 상단을 고정하면서 지붕틀을 받아 지붕의 하중을 기둥에 전달하는 부재이다.

② 깔도리의 크기는 기둥과 같거나 다소 큰 것을 사용한다.

3) 처마도리

① 처마도리는 지붕틀의 평보 위에 깔도리와 같은 방향으로 댄다.

② 처마도리의 크기는 깔도리, 중도리, 마루대, 기둥과 같은 정도로 하거나 다소 작게 한다.

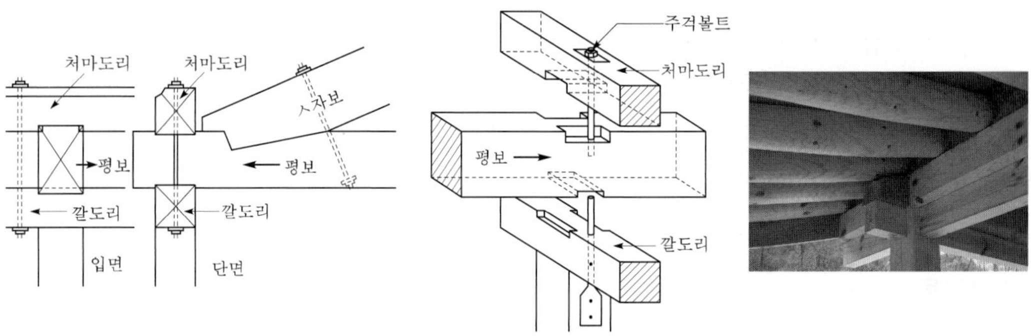

각종 도리

4. 가새, 버팀대, 귀잡이

구 분	내 용	공통의 역할
가 새	① 가새는 수평력에 저항하고 안정한 구조로 하기 위해 설치하는 대각선 부재이다. ② 압축력을 받는 가새(압축가새)는 두께 35 mm 이상이고, 골조기둥의 1/3쪽에 해당하는 두께인 목재를 사용한다.	수평력(횡력) 저항부재 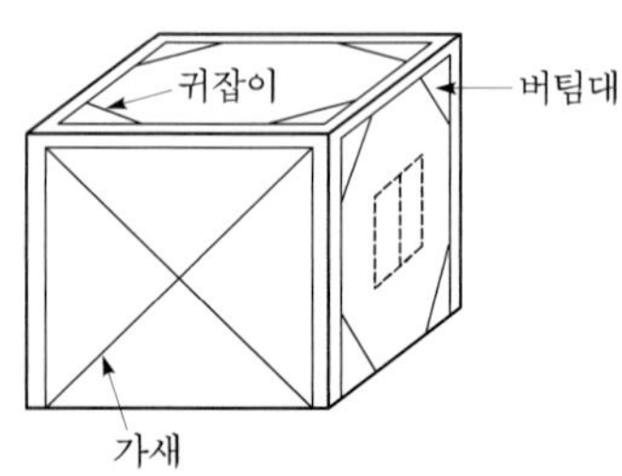
버팀대	버팀대는 가새를 댈 수 없는 곳에 설치하는 대각선 부재로 수평력에 저항하는 보강재이다.	
귀잡이	귀잡이는 수평재를 안정하게 하기 위해 댄 버팀대로 귀잡이 토대, 귀잡이보 등이 있다.	

5. 마루

1) 1층 마루(바닥마루)

종 류	시공 순서
동바리마루	동바리돌 → 동바리 → 멍에 → 장선 → 마룻널
납작마루	동바리돌 → 멍에 → 장선 → 마룻널

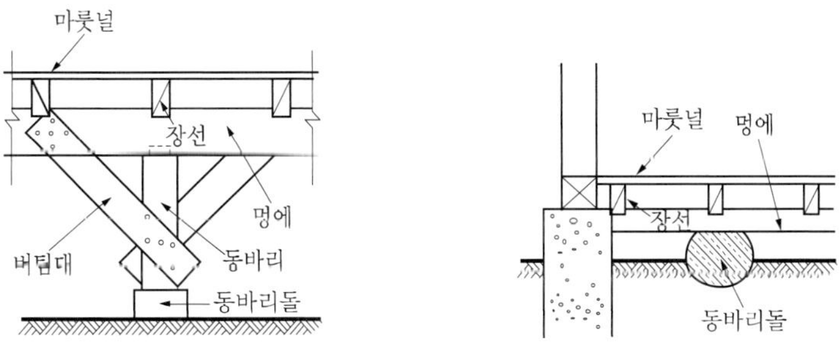

(a) 동바리마루 (b) 납작마루

1층 마루

2) 2층 마루(층마루)

종 류	시공 순서
홑마루	장선 → 마룻널
보마루	보 → 장선 → 마룻널
짠마루	큰보 → 작은보 → 장선 → 마룻널

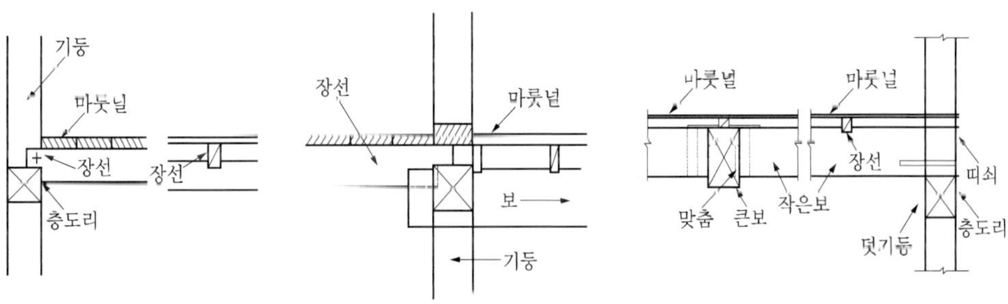

(a) 홑마루 (b) 보마루 (c) 짠마루

2층 마루

6. 계단

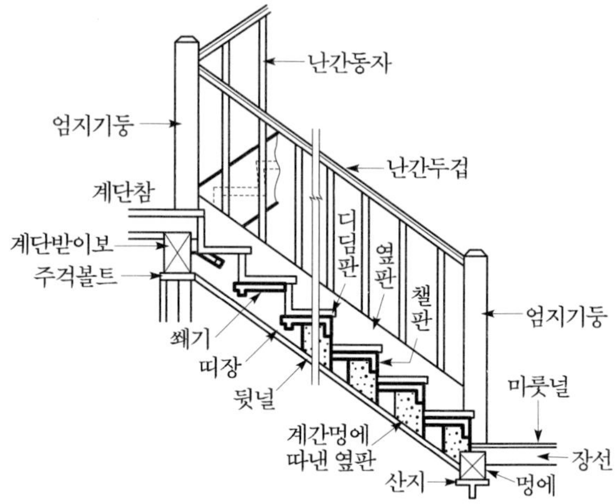

목재 계단의 설치 시공 순서

① 1층 멍에, 계단참, 2층 받이보
② 계단옆판 및 난간어미기둥
③ 디딤판, 챌판
④ 난간동자
⑤ 난간두겁

7. 반자

1) 개요

① 반자는 방 등의 천장을 평평하게 만들어 놓은 시설이다.
② 반자는 지붕 밑, 마루 밑을 감추어 보기 좋게 하고, 먼지 등을 방지하며 음, 열, 기류차단 효과를 갖는다.
③ 반자는 천장의 구성부이며, 천장을 이루고 있는 구조체이다. 일반적으로 반자와 천장은 같은 의미로 사용된다.

2) 구성반자와 우물반자

종 류	내 용
구성반자	구성반자는 천장 주위 또는 구석 일부의 반자를 한 단 낮게 하여 일반 반자와 대조가 되게 한 반자로서, 응접실, 거실 등의 장식겸 음향효과와 전기조명 시 간접조명을 하기 위한 반자이다.
우물반자	우물반자는 반자틀을 네모방틀 모양(격자, 井子形)으로 하며, 서로 +자로 만나는 곳은 연귀턱 맞춤으로 하고, 이음은 턱솔 또는 주먹장으로 한다.

3) 반자틀 시공 순서

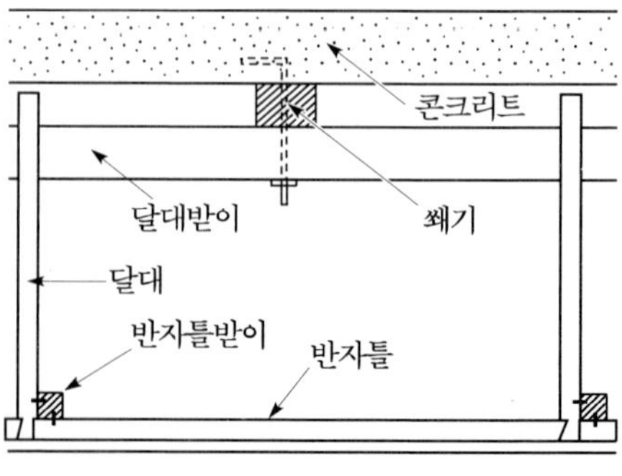

① 달대받이
② 반자돌림대
③ 반자틀받이
④ 반자틀
⑤ 달대
⑥ 천장재 붙이기

8. 판벽과 걸레받이

1) 판벽의 종류

종 류	내 용
외부판벽	① 영식비늘판벽은 널면이 경사지고 반턱쪽매로 한 판벽이다. ② 독일식비늘판벽은 널면이 수직이고 반턱쪽매로 한 판벽이다.
내부판벽	밑에 걸레받이를 가로 대고, 그 위에 징두리판벽 또는 전면 판벽으로 한다.
징두리판벽	실 내부의 벽 하부에 1~1.5 m 정도로 널을 댄 판벽이다.

2) 걸레받이

걸레받이는 수평바닥과 수직벽과의 접속부를 아물리고, 오손을 방지하며, 깨끗이 청소할 수 있게 할 목적으로 높이 200 mm 정도의 널을 벽 하부 바닥과 접하는 부분에 설치한 것이다.

필수 연습문제

제26장 목재의 가공, 제품, 목구조공사 및 수장

1. 다음은 목재의 모접기(Moulding) 마무리의 단면이다. 게눈모란 어느 것인가?

㉮ 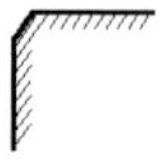 ㉯ 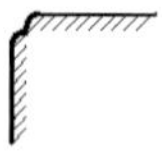

㉰ 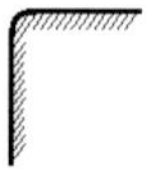 ㉱ 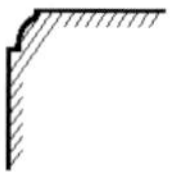

2. 목재의 이음 및 맞춤과 관계가 먼 것은?

㉮ 주먹장
㉯ 연귀
㉰ 모접기
㉱ 장부

3. 다음 중 목재의 접합방법과 가장 거리가 먼 것은?

㉮ 맞춤
㉯ 이음
㉰ 압밀
㉱ 쪽매

4. 목재의 접합방법에 대한 설명이 잘못된 것은?

㉮ 맞댐이음은 두 재가 덧판에 의하여 부재의 응력을 모두 전달할 수 있다.
㉯ 따낸이음은 단면의 감소가 발생하므로 부재응력을 전부 전달할 수 없다.
㉰ 맞춤은 수평재와 수직재를 각을 지어 맞추는 것이다.
㉱ 쪽매는 사용재를 길이방향으로 접합하는 방법이다.

1. ㉱

㉮는 큰모
㉯는 쌍사모
㉰는 실모

2. ㉰

모접기는 나무나 석재의 모나 면을 깎아 밀어 두드러지게 또는 오목하게 하여 모양지게 하는 것이다. 모접기는 이음이나 맞춤과는 관계가 없다.

3. ㉰

압밀은 점성토지반에서 재하(在荷, Loading)에 의해 간극수가 제거되어 침하되는 현상이다.

4. ㉱

① 쪽매는 재를 섬유방향과 평행으로 옆 대어 붙이는 것이다.
② 이음은 목재의 두 부재를 부재의 길이방향으로 길게 접합하는 것이다.

5. 목구조에서 이음과 맞춤에 관한 설명 중 옳은 것은?

㉮ 이음이란 재와 재가 서로 직각하는 것을 말한다.
㉯ 이음과 맞춤의 위치는 응력이 큰 곳에 설치한다.
㉰ 베개이음은 수직재 위에 가로 받침재를 대고 그 위에 잇는 것이다.
㉱ 도리, 층도리 등 휨을 받는 재의 이음은 은장이음으로 한다.

5. ㉰
① 이음이란 목재의 두 부재를 부재의 길이방향으로 길게 접합하는 것이다.
② 맞춤이란 목재의 두 부재를 서로 경사 또는 직각방향으로 접합하는 것이다.
③ 이음 및 맞춤의 위치는 응력이 큰 곳을 피한다.
④ 도리, 중도리 등의 휨을 받는 재의 이음은 엇걸이 이음이다.

6. 목재 이음의 종류가 아닌 것은?

㉮ 주먹장이음
㉯ 연귀이음
㉰ 반턱이음
㉱ 빗이음

6. ㉯
연귀이음은 존재하지 않고 연귀맞춤이 있으며, 연귀맞춤은 서리 구석 등에 표면 마구리가 보이지 않게 45° 각도로 빗 잘라대는 맞춤이다.

7. 은장이음은 주로 어디에 쓰이는가?

㉮ 기둥과 도리에 쓰인다.
㉯ 수장재 및 계단난간 이음에 쓰인다.
㉰ 구조의 인장용이다.
㉱ 반자틀, 반자살대 등에 쓰인다.

7. ㉯
은장이음은 수장재 및 계단난간 이음에 쓰인다.

8. 목재의 이음 중 휨을 받는 가로재의 내이음으로 구부림(휨)에 가장 효과적인 것은?

㉮ 엇걸이이음
㉯ 메뚜기장이음
㉰ 수벽상이음
㉱ 턱솔이음

8. ㉮
엇걸이이음은 구부림에 가장 효과적이다.

9. 목공사에서 모서리의 맞춤으로 창호, 수장재 등의 표면 마구리를 감추기 위하여 사용하는 맞춤은?

㉮ 연귀맞춤
㉯ 주먹장맞춤
㉰ 반턱맞춤
㉱ 장부맞춤

9. ㉮
① 연귀맞춤은 모서리 구석 등에 표면 마구리가 보이지 않게 45° 각도로 빗 잘라대는 맞춤이다.
② 창문틀이나 창문의 모서리 등에서 맞춤재의 마구리를 감추면서 튼튼하게 맞춤을 하는 것이다.

10. 목구조 계단에서 디딤판이나 챌판은 옆판(측판)에 어떤 맞춤으로 시공하는 것이 구조적으로 가장 우수한가?

㉮ 통맞춤
㉯ 턱솔맞춤
㉰ 반턱맞춤
㉱ 장부맞춤

11. 목구조에서 이음과 맞춤에 관한 설명 중 옳은 것은?

㉮ 이음이란 부재와 부재가 서로 직각으로 접합되는 것을 말한다.
㉯ 이음과 맞춤의 위치는 응력이 큰 곳에 설치한다.
㉰ 베개이음은 수직재 위에 칸막이도리를 걸고 그 위에서 잇는 것이다.
㉱ 도리, 중도리 등 휨을 받는 재의 이음은 은장이음으로 한다.

12. 목재를 나란히 옆으로 넓게 접합하는 것을 무엇이라고 하는가?

㉮ 이음
㉯ 맞춤
㉰ 장부
㉱ 쪽매

13. 다음 그림에서 제혀쪽매는 어느 것인가?

㉮
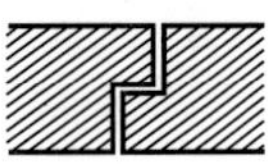

㉯
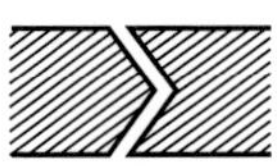

㉰

㉱

14. 마룻널의 쪽매 방법으로써 가장 좋은 것은?

㉮ 제혀쪽매
㉯ 반턱쪽매
㉰ 빗쪽매
㉱ 딴혀쪽매

10. ㉮

목구조에서 통맞춤은 부재에 장부를 만들지 않고 통으로 맞춰지는 맞춤이다. 주로 목구조 계단에서 디딤판이나 챌판은 옆판(측판)에 통맞춤 한다.

11. ㉰

① 이음이란 두 부재를 부재의 길이방향으로 길게 접합하는 것이다.
② 이음과 맞춤의 위치는 응력이 작은 곳에 설치한다.
③ 도리, 중도리 등 휨을 받는 재의 이음은 엇걸이 이음으로 한다.

12. ㉱

쪽매는 재를 섬유방향과 평행으로 옆 대어 붙이는 것이다.

13. ㉰

제혀쪽매는 마룻널 깔기에 사용되며, 가장 많이 사용된다.
㉮ 맞댄쪽매
㉯ 오늬쪽매
㉱ 딴혀쪽매

14. ㉮

제혀쪽매는 마룻널 깔기에 사용되며, 가장 많이 사용된다.

15. 목구조의 접합부에 대한 설명으로 옳은 것은?

㉮ 접합부의 강도는 부재의 강도보다 작아야 한다.
㉯ 부재의 접합은 응력이 작은 곳에 둔다.
㉰ 이음 및 맞춤의 단면은 응력방향에 수평이 되게 한다.
㉱ 볼트 접합이 못 접합보다는 접합부의 강성이 크다.

15. ㉯
① 접합부의 강도는 부재의 강도보다 커야 한다.
② 이음 및 맞춤에서 단면방향은 응력에 직각되게 한다.
③ 못 접합이 볼트 접합보다 접합부의 강성이 크다.

16. 나무공사에 관한 기술 중 옳지 않은 것은?

㉮ 이음과 맞춤의 단면은 응력의 방향과 일치시킨다.
㉯ 맞춤면은 정확히 가공하여 상호 밀착하고, 빈틈이 없도록 한다.
㉰ 못의 길이는 측면 부재 두께의 2~4배 정도로 한다.
㉱ 이음과 맞춤은 응력이 적은 곳에 만들어야 한다.

16. ㉮
이음 및 맞춤에서 단면방향은 응력에 직각되게 한다.

17. 목구조에서 부재의 이음과 맞춤을 할 때 주의사항으로 옳지 않은 것은?

㉮ 부재의 응력이 적은 곳에서 한다.
㉯ 이음과 맞춤의 단면은 응력의 방향과 관계없이 시공하기에 쉬워야 한다.
㉰ 맞춤면은 정확히 가공하여 서로 밀착되어 빈틈이 없게 한다.
㉱ 공작이 간단한 것을 쓰고 모양에 치중하지 않는다.

17. ㉯
이음 및 맞춤에서 단면방향은 응력에 직각되게 한다.

18. 목재의 이음과 맞춤에 대한 내용 중 틀린 것은?

㉮ 맞춤면은 상호 밀착시킨다.
㉯ 공작법이 간단해야 한다.
㉰ 이음과 맞춤은 응력이 적은 곳에서 한다.
㉱ 이음 및 맞춤의 면은 응력방향에 평행되게 한다.

18. ㉱
이음 및 맞춤에서 단면방향은 응력에 직각되게 한다.

19. 다음 목공사의 이음과 맞춤에 관한 기술 중 옳지 않은 것은?

㉮ 재의 길이방향으로 접합하는 것을 이음이라하고 재와 서로 직각으로 접합하는 것을 맞춤이라 한다.
㉯ 못의 길이는 측면 부재 두께의 2~4배 정도로 한다.
㉰ 이음과 맞춤은 응력이 적은 곳에 만들어야 한다.
㉱ 이음과 맞춤의 단면은 응력의 방향에 수평으로 해야 한다.

19. ㉱
이음 및 맞춤에서 단면방향은 응력에 직각되게 한다.

20. 목재의 이음 및 맞춤 시의 주의사항으로 옳지 않은 것은?

㉮ 이음 및 맞춤의 위치는 응력이 적은 곳을 피한다.
㉯ 각 부재는 약한 단면이 없게 한다.
㉰ 응력의 종류 및 크기에 따라 이음과 맞춤에 적절한 것을 선정한다.
㉱ 국부적으로 큰 응력이 작용하지 않도록 하고 철물로 보강한다.

20. ㉮

이음 및 맞춤의 위치는 응력이 적은 곳에서 한다.

21. 목공사의 이음 및 맞춤의 가공마무리에 대한 설명으로 틀린 것은?

㉮ 이음 및 맞춤의 접촉면은 필요 이상으로 골파기, 깍아내기 등을 하지 않도록 한다.
㉯ 특별히 정한 바가 없을 때는 산지구멍은 네모구멍으로 한다.
㉰ 토대, 도리, 중도리 등으로써 이어 쓸 때에 그 짧은 재의 길이는 50 cm 이상으로 한다.
㉱ 목재 이음의 위치는 엇갈림으로 배치함을 원칙으로 한다.

21. ㉰

• 목재의 이음
① 목재 이음의 위치는 엇갈림으로 배치함을 원칙으로 한다.
② 토대, 도리, 중도리 등으로써 이어 쓸 때에 그 짧은 재의 길이는 1 m 이상으로 한다.

22. 목재 가공품에 대한 설명으로 옳지 않은 것은?

㉮ 플로링보드의 표면은 상대패로 마감하고, 양 측면은 제혀쪽매로 한 것이다.
㉯ 코펜하겐리브는 강당, 집회장 등의 음향조절용으로 쓰인다.
㉰ 섬유판은 식물섬유질을 주원료로 하여 이를 섬유화, 펄프화하여 성형, 성판 한 것이다.
㉱ 합판은 2매 이상의 단판을 짝수로 섬유방향이 평형하도록 접착제로 붙여 만든 것이다.

22. ㉱

합판은 한 매의 얇은 판인 단판을 3, 5, 7, 9 등의 홀수 겹으로 서로 직교 배열하여 접합한 판재이다.

23. 마룻널에 이용되는 가장 적합한 쪽매는?

㉮ 오늬쪽매　　㉯ 제혀쪽매
㉰ 빗쪽매　　㉱ 맞댄쪽매

23. ㉯

마룻널에 이용되는 가장 적합한 쪽매는 제혀쪽매이다.

24. 다음의 건축공사 재료 중 마루판으로 적당하지 않은 것은?

㉮ 코펜하겐리브(Copenhagen Rib)
㉯ 플로링보드(Flooring Board)
㉰ 파키트리보드(Parquetry Board)
㉱ 파키트리 블록(Parquetry Block)

24. ㉮

(1) 마루판의 종류
① 플로링보드
② 플로링블록
③ 파키트리보드
④ 파키트리패널
(2) 코펜하겐리브는 면적이 넓은 강당, 극장 등의 내벽에 음향조절 및 장식효과로 사용된다.

25. 적층재료에 관한 기술 중 부적당한 것은 어느 것인가?

㉮ 강도는 개선되나 변형이 커진다.
㉯ 곡면재를 만들 수 있다.
㉰ 단열성이 큰 재를 만들 수 있다.
㉱ 대형재를 만들 수 있다.

25. ㉮

적층재료는 다수의 단판을 섬유방향을 일정하게 하여 접착한 것으로 균질의 장대재를 얻을 수 있고 강도가 개선되며 변형이 거의 없다.

26. 현장 가공에 있어서 가장 휨가공 하기가 쉬운 것은?

㉮ 석고보드
㉯ 합판
㉰ 하드보드
㉱ 염화비닐판

26. ㉱

염화비닐은 가소제에 의하여 유연한 고무형태가 가능한 것으로 현장 가공에 있어서 가장 휨가공하기 쉽다.

27. 목구조에서 기초 위에 가로놓아 상부에서 오는 하중을 기초로 전달하며, 기둥 밑을 고정하고 벽을 치는 뼈대가 되는 것은?

㉮ 층보　　㉯ 층도리
㉰ 깔도리　　㉱ 토대

27. ㉱

토대는 상부에서 오는 하중을 기초에 전달한다.

28. 목공사의 시공 순서로 옳은 것은?

㉮ 수평규준틀 → 기초 → 세우기 → 지붕 → 미장 → 수장
㉯ 기초 → 수평규준틀 → 세우기 → 지붕 → 수장 → 미장
㉰ 기초 → 세우기 → 수장 → 지붕 → 미장 → 수평규준틀
㉱ 수평규준틀 → 기초 → 세우기 → 지붕 → 수장 → 미장

28. ㉱

• 목공사시공 순서
수평규준틀 → 기초 → 세우기 → 지붕 → 수장 → 미장

29. 목구조 2층 주택의 마룻널과 반자널을 까는 경우 일반적 순서는?

㉮ 1층 마룻바닥 → 1층 반자 → 2층 마룻바닥 → 2층 반자
㉯ 2층 마룻바닥 → 2층 반자 → 1층 마룻바닥 → 1층 반자
㉰ 2층 반자 → 1층 반자 → 2층 마룻바닥 → 1층 마룻바닥
㉱ 1층 마룻바닥 → 2층 마룻바닥 → 1층 반자 → 2층 반자

29. ㉯

• 2층 주택 시공 순서
2층 바닥 → 2층 천장(반자) → 1층 바닥 → 1층 천장(반자)

30. 목구조 건물의 뼈대세우기 순서로 옳은 것은?

㉮ 기둥 → 층도리 → 인방보 → 큰보
㉯ 기둥 → 인방보 → 층도리 → 큰보
㉰ 기둥 → 큰보 → 인방보 → 층도리
㉱ 기둥 → 인방보 → 큰보 → 층도리

30. ㉯

목구조 건물의 뼈대세우기 순서
기둥 → 인방보 → 층도리 → 큰보

31. 가구식 구조물의 횡력에 대한 보강법으로 가장 적합한 것은?

㉮ 통재기둥을 설치한다.
㉯ 가새를 유효하게 많이 설치한다.
㉰ 샛기둥을 줄인다.
㉱ 부재의 단면을 작게 한다.

31. ㉯

가새는 수평력에 저항하고 안정한 구조로 하기 위해 설치하는 대각선 부재이다.

32. 목구조 뼈대의 변형을 방지하는 가장 유효한 방법은?

㉮ 버팀대를 쓴다.
㉯ 통재기둥을 넣는다.
㉰ 가새를 넣는다.
㉱ 붙임기둥을 넣는다.

32. ㉰

가새는 수평력에 저항하고 안정한 구조로 하기 위해 설치하는 대각선 부재이다.

33. 벽체구조에 관한 설명으로 옳지 않은 것은?

㉮ 목구조 벽체를 수평력에 견디게 하고 안정한 구조로 하기 위해 귀잡이를 설치한다.
㉯ 벽돌구조에서 각층의 대린벽으로 구획된 각 벽에 있어서 개구부의 폭의 합계는 그 벽의 길이의 2분의 1 이하로 하여야 한다.
㉰ 목구조 벽체에서 샛기둥은 본기둥 사이에 벽체를 이루는 것으로써 가새의 옆 휨을 막는데 유효하다.
㉱ 너비 180 cm가 넘는 개구부의 상부에는 철근콘크리트 인방보를 설치하고, 벽돌벽면에서 내미는 창 또는 툇마루 등은 철골 또는 철근콘크리트로 보강한다.

33. ㉮

목구조 벽체를 수평력에 견디게 하고 안정한 구조로 하기 위해 가새를 설치한다.

34. 그림과 같은 욕조벽체의 가새(Bracing)중 배치 형태가 가장 적절한 것은?

㉮
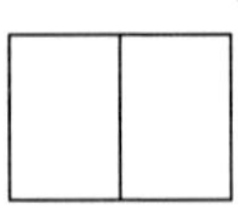
㉯
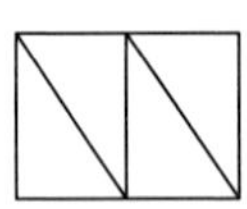
㉰
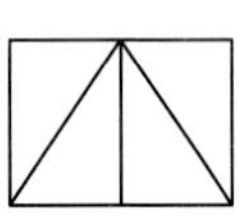
㉱
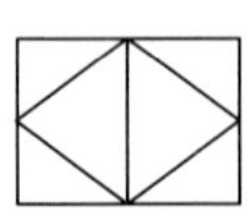

34. ㉰

35. 다음 ( ) 안에 가장 적합한 용어는?

> 목구조에서 기둥, 보의 섭합은 보통 (㉠)으로(로) 보기 때문에 접합부 강성을 높이기 위해 (㉡)을(를) 쓰는 것이 바람직하다.

㉮ ㉠ 강접합, ㉡ 가새　　㉯ ㉠ 강접합, ㉡ 샛기둥
㉰ ㉠ 핀접합, ㉡ 가새　　㉱ ㉠ 핀접합, ㉡ 샛기둥

36. 목구조 가새에 관한 설명 중 잘못된 것은?

㉮ 목구조 벽체를 수평력에 견디게 하기 위하여 수직부에 배치하는 부재를 가새라 한다.
㉯ 인장력을 부담하는 가새는 기둥단면적의 1/5 이상, 압축력을 받는 것은 1/3 이상으로 한다.
㉰ 가새는 수평재와 수직재가 만나는 점과 일치되도록 하고 대칭형으로 배치하는 것이 좋다.
㉱ 샛기둥과 가새를 맞출 시에는 가새를 따내어 빗턱통넣기 또는 큰못치기로 한다.

37. 목구조에 사용하는 부재에 과한 기술 중 틀린 것은?

㉮ 압축력을 부담하는 가새는 기둥 단면적은 1/5 이상으로 한다.
㉯ 버팀대의 경사는 45°로 한다.
㉰ 귀잡이는 가로재와 같은 치수로 하거나 작게 한다.
㉱ 가새, 버팀대, 귀잡이 등은 횡력에 대한 변형을 방지한다.

38. 목구조의 2층 마루 중 복도 또는 간사이가 작을 때 보를 쓰지 않고 층도리와 간막이 도리에 직접 장선을 걸쳐 대고 그 위에 마룻널을 깐 것은?

㉮ 동바리마루　　㉯ 홑마루
㉰ 보마루　　㉱ 짠마루

39. 왕대공 지붕틀에서 지붕틀 상호 간의 연결을 튼튼히 하고 평보의 옆 휨을 막기 위하여 평보와 평보 사이에 걸쳐대는 부재로 옆 휨막이 또는 대공밑둥잡이라고도 불리는 것은?

㉮ 대공가새　　㉯ 보잡이
㉰ 귀잡이보　　㉱ 버팀대

35. ㉰
목구조에서 기둥과 보의 접합은 보통 핀접합으로 가정하며, 접합부 강성을 높이기 위해 가새를 사용한다.

36. ㉱
샛기둥과 가새를 맞출 시에는 가새에 파내기 등의 손상을 주어 그 내력에 지장을 가져오게 하여서는 아니된다.

37. ㉮
압축력을 받는 가새(압축가새)는 두께 35 mm 이상이고, 골조기둥의 1/3쪽에 해당하는 두께인 목재를 사용한다.

38. ㉯
홑마루는 목구조의 2층 마루틀 중 복도 또는 간사이가 작을 때 보를 쓰지 않고 층도리와 간막이 도리에 직접 장선을 걸쳐 대고 그 위에 마룻널을 깐다.

39. ㉯
① 대공가새 : 대공 상호 간의 연결을 위하여 V자형 또는 X자형으로 가새를 댄다.
② 귀잡이보 : 가로재(수평재)를 수평방향으로 귀를 보강하여 안정하게 하는 부재이다.
③ 버팀대 : 가새를 댈 수 없는 곳에 설치하는 부재이다.

40. 층단으로 만들어서 장식 및 음향효과를 갖도록 하고 전기조명 장치도 간접조명으로 할 수 있는 반자는?

㉮ 살대반자　　㉯ 우물반자
㉰ 구성반자　　㉱ 건축판반자

41. 목구조 반자의 구조에서 반자틀의 구조가 아래에서부터 차례로 옳게 나열된 것은?

㉮ 반자틀 – 반자틀받이 – 달대 – 달대받이
㉯ 달대 – 달대받이 – 반자틀 – 반자틀받이
㉰ 반자틀 – 달대 – 반자틀받이 – 달대받이
㉱ 반자틀받이 – 반자틀 – 달대받이 – 달대

42. 그림은 반자틀의 단면을 표시한 것이다. 각 부재 명칭이 틀린 것은?

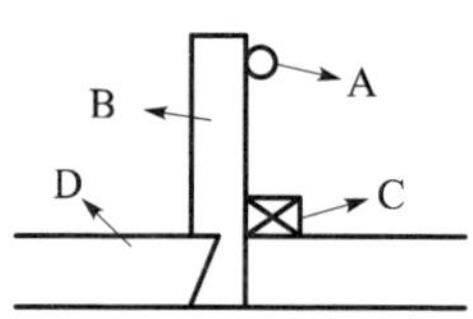

㉮ A : 달대받이　　㉯ B : 달대
㉰ C : 반자돌림대　　㉱ D : 반자틀

40. ㉰

구성반자는 천장 주위 또는 구석 일부의 반자를 한 단 낮게 하여 일반 반자와 대조가 되게 한 반자로서, 응접실, 거실 등의 장식겸 음향효과와 전기조명 시 간접조명을 하기 위한 반자이다.

41. ㉮

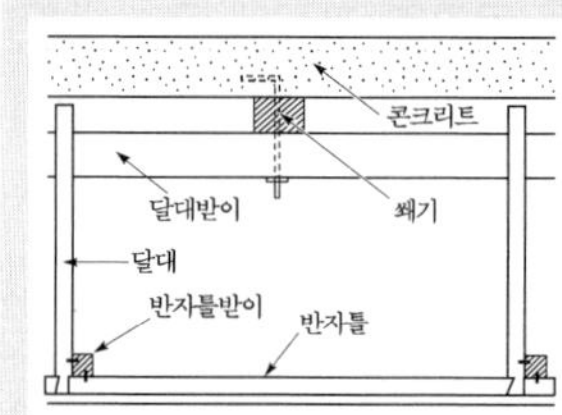

42. ㉰

C : 반자틀받이

BUILDING CONSTRUCTION

PART IX

지붕, 홈통 및 방수공사

제27장 지붕공사 및 홈통공사

제28장 방수공사

제27장 지붕공사 및 홈통공사

1 지붕공사

1. 지붕재료의 요구 성능과 물매

1) 지붕 이음재료의 요구 성능

① 수밀성	② 내풍압성	③ 열변위	④ 단열성
⑤ 내화성	⑥ 방화성	⑦ 차음성	⑧ 경제성

주1 기와의 품질시험에서 흡수율과 휨시험(굽힘시험)이 중요하며, 이 중 흡수율이 가장 중요하다.

2) 지붕의 경사

① 경사(Slope)는 지붕구조에서 수평 방향에 대한 높이의 비이다. 물매라고도 한다.

② 보통 수평 길이 10 cm에 대한 직각삼각형의 수직 높이(cm)로도 표시한다. 높이 5 cm 물매를 5/10 경사 또는 5 : 10 물매로도 표시한다.

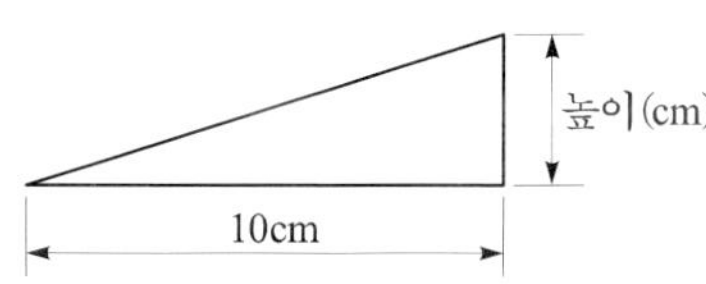

지붕의 물매

3) 경사(물매)의 결정 요인

① 지붕면의 크기
② 지붕재료의 성질, 크기 및 모양
③ 풍우량 및 적설량

4) 지붕의 종류에 따른 지붕의 경사(물매) 164)

종 류	내 용
평지붕	평지붕은 지붕의 경사가 1/6 이하인 지붕이다.
완경사지붕	완경사지붕은 지붕의 경사가 1/6~1/4 미만인 지붕이다.
일반 경사지붕	일반 경사지붕은 지붕의 경사가 1/4~3/4 미만인 지붕이다.
급경사지붕	급경사지붕은 지붕의 경사가 3/4 이상인 지붕이다.

164) KCS 41 56 01 지붕공사 일반(1.4), 국토교통부, 대한건축학회, 2016.

5) 지붕의 재료에 따른 지붕의 경사(물매) 165)

지붕의 재료	경사(물매)	지붕의 재료	경사(물매)
기와지붕, 아스팔트 싱글	1/3 이상	평잇기 금속 지붕	1/2 이상
금속 기와	1/4 이상	합성고분자시트 지붕	1/50 이상
금속판 지붕	1/4 이상	아스팔트 지붕	1/50 이상
금속 절판	1/4 이상	폼 스프레이 단열 지붕	1/50 이상

주1 지붕의 경사는 별도 지정이 없으면 1/50 이상으로 한다.

2. 기와잇기

1) 점토기와 및 시멘트기와

① 점토기와는 점착력이 있는 점토(찰흙)를 원료로 하여 소성한 기와이다.

② 시멘트기와는 시멘트와 모래 등을 혼합하여 만든 기와이다.

2) 한식기와

(1) 개요

① 한식기와는 구운 토기와로 하고 비틀림, 균열, 모서리 깨짐, 잔구멍 등의 흠이 없고, 겉모양이 균일하며, 유약을 고루 균일한 두께로 올린 것으로 한다.

② 한식기와는 소성온도를 1,000~1,100 ℃ 이상으로 하여 구운 것을 사용하고 휨강도는 2,800 N 이상, 그을림기와의 흡수율은 9 %, 나머지 기와의 흡수율은 12 % 이하로 한다.

(2) 기와의 종류 및 관련 명칭

구 분	내 용
알매흙	한식기와잇기에서 산자 위에 펴 까는 흙이다.
홍두깨흙	수키와 밑에 홍두깨 모양으로 둥글게 뭉쳐 까는 흙이다.
아귀토(와구토)	수키와 처마 끝에 막새 대신에 회진흙 반죽으로 둥글게 바른 흙이다.
너 새	박공 옆에 직각으로 대는 암키와이다.
단골막이	착고막이로 수키와 반토막을 간단히 댄 것이다.
내림새	비흘림판이 달린 처마 끝의 암키와이다.
막 새	비흘림판이 달린 처마 끝을 덮는 수키와이다.
머거블	용마루 끝의 마구리에 옆 세워 댄 수키와이다.
착 고	지붕마루에 특수 제작한 수키와 모양의 기와를 옆 세워 댄 것이다.

165) KCS 41 56 01 지붕공사 일반(1.4), 국토교통부, 대한건축학회, 2016.

구 분	내 용
부 고	착고 위에 수키와를 옆 세워 쌓은 것이다.
보습장	추녀마루 처마 끝에 암키와를 삼각형으로 다듬어 댄 것이다.
와 당	기와의 한쪽 마구리에 둥글게 모양을 낸 부분을 말하며 막새, 내림새의 끝에 달린 비흘림판이다.

암키와

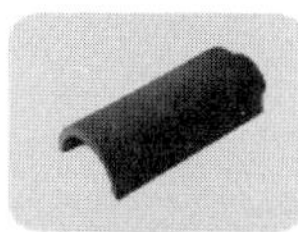
수키와

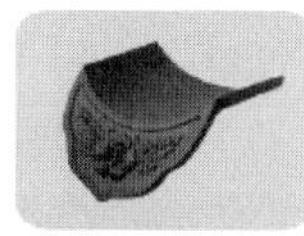
내림새(여막새)

막새(부막새)

착고막이

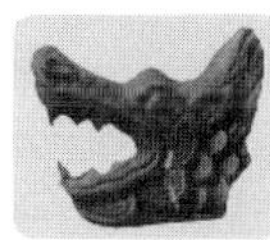
용머리

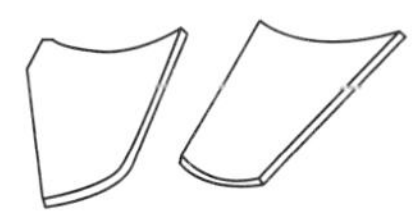
보습장

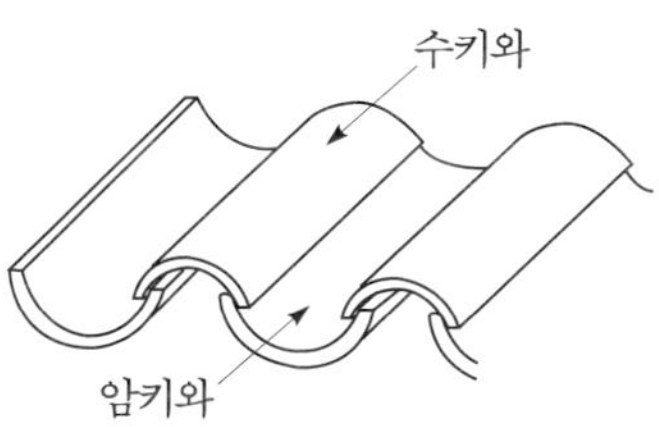

암키와와 수키와의 시공예

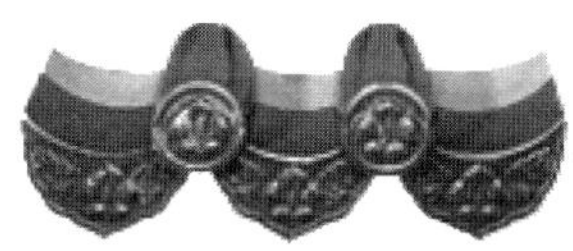
내림새와 막새의 시공예

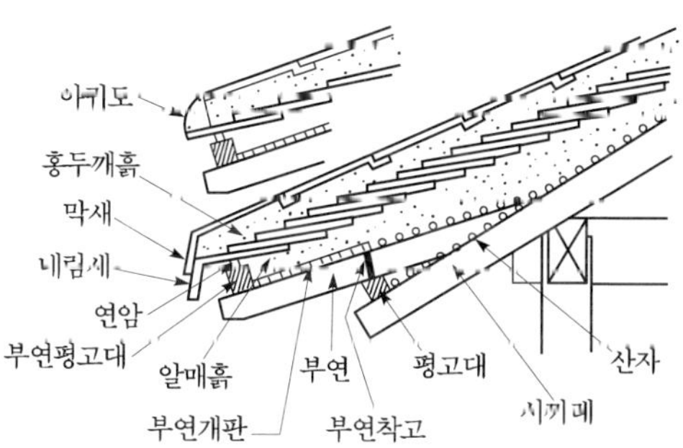

한식기와 처마잇기

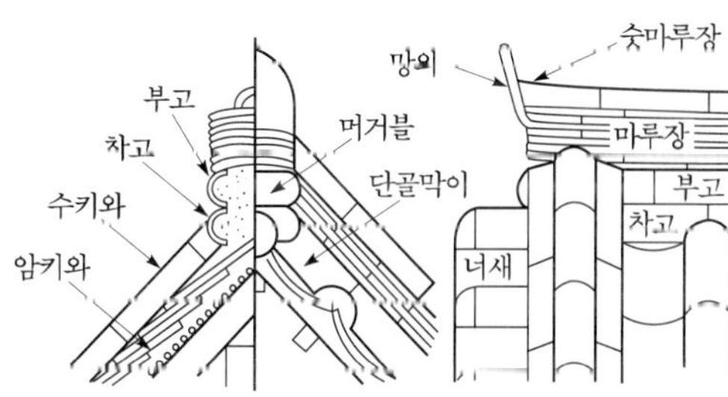

지붕마루잇기

3) 평기와 및 걸침기와

분 류	내 용
평기와	평기와는 산자 위에 진흙을 바르거나 펠트를 펴고, 진흙을 얇게 펴 바르고, 걸침턱 없이 잇는다.
걸침기와	걸침기와는 기와 뒷면에 걸침턱과 연결 못 구멍이 있어 서까래에 연결할 수 있게 한 기와로 구운 토기와와 시멘트기와가 있다.

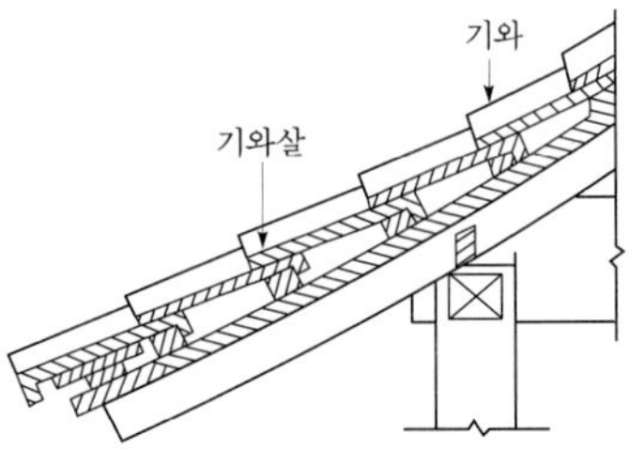

걸침기와잇기

3. 슬레이트잇기

분 류	내 용
천연 슬레이트잇기	① 점성토 수성암의 일종으로 흡수량이 적고, 얇은 두께의 판으로 잘 쪼개지는 성질이 있다. ② 슬레이트 고정 못은 아연도금못 또는 동재못을 쓰고, 슬레이트 1장에 2개씩 박는다.
석면 슬레이트잇기	① 시멘트와 석면 및 펄프를 원료로 가압성형한 판으로 잇는다. ② 지붕에 사용되는 것은 작은 골판, 큰 골판, 작은 평판 등이 쓰인다. ③ 세로겹침은 보통 150 mm로 하고, 가로겹침은 대골(큰 골판)은 0.5골 이상, 소골(작은 골판)은 1.5골 이상으로 한다.

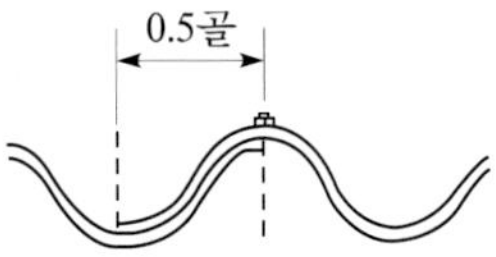

0.5골 이음

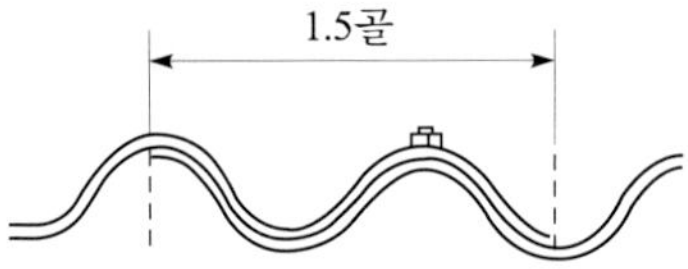

1.5골 이음

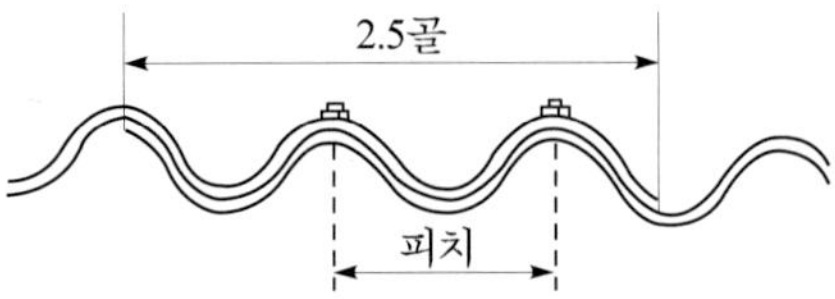

2.5골 이음

4. 금속판잇기

1) 재료에 따른 분류

분 류	내 용	분 류	내 용
함석판	무연탄가스에 약하다.	연판(납판)	목재나 회반죽(알칼리성)에 닿으면 썩기 쉽다.
동판(구리판)	암모니아가스에 약하다.		
알루미늄판	해풍에 약하다.	아연판	산, 알칼리, 매연에 약하다.

주1 지붕에는 함석판, 동판, 알루미늄판이 주로 사용된다.

2) 재료에 따른 분류

분 류	내 용
함석판	① 녹슬기 쉽고 무연탄가스에 약하다. ② 가공성이 우수하고 가볍다.
동판(구리판)	① 암모니아가스에 약하므로 화장실이나 화학공장 등에는 부적합하다. ② 산에 강하고 내구성이 크다.
알루미늄판	① 해풍(염)에 약하므로 해안지방에서는 사용이 부적합하다. ② 가볍고 내식성, 전기전도, 열반사율이 좋다.
연판(납판)	① 목재나 회반죽(알칼리성)에 닿으면 부식되기 쉽다. ② 온도에 대한 신축성과 산에 대한 내구력이 크다. ③ 내식성이 강하고 주조하기 쉽다.
아연판	① 산, 알칼리, 매연에 약하다. ② 동판과 같이 사용하면 쉽게 부식된다. ③ 내구력이 크고 가벼우며 가공이 쉽다. ④ 온도에 대한 신축이 크다.

주1 지붕에는 함석판, 동판, 알루미늄판이 주로 사용된다.

3) 금속판의 잇기 방법 및 종류

(1) 함석판의 이음새

① 거멀접기 ② 기와가락형이음 ③ 신축이음

주1 거멀접기는 지붕공사에서 금속판잇기를 할 경우 금속판의 온도변화에 대한 신축에 대한 결함을 없애기 위해 판의 이음을 꺾어 접는 것이다.

거멀접기 기와가락형이음 신축이음

(2) 잇기 방법

① 평판잇기 ② 기와가락잇기 ③ 골판잇기

(3) 평판잇기

① 함석판잇기의 일종으로, 일자이음과 마름모이음이 있다.

② 처마 끝은 너비 30 mm 정도의 거멀띠를 지붕널 옆에 못박아댄다.

③ 거멀띠, 밑창판은 약 300~600 mm 간격으로 2개의 고정 못으로 고정한다.

④ 평이음 부분은 소정크기의 판을 4방 거멀접기로 한다.

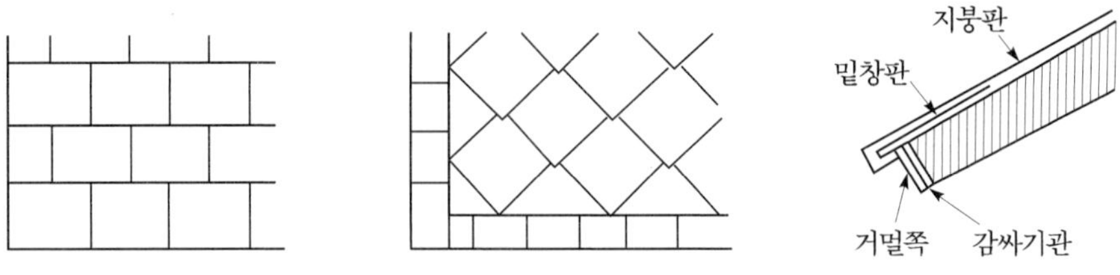

일자이음 마름모이음 처마끝이음

(4) 기와가락잇기

① 기와가락잇기는 너비 방향으로 일정한 간격마다 각재를 바닥에 고정한 후 규격에 맞춘 금속판으로 마감하여 각재 부위가 돌출되게 하는 잇기 방법이다.

② 함석판잇기의 일종이다.

③ 함석판의 크기는 너비 400~600 mm, 길이 1.5~2.0 m 정도이다.

④ 기와가락의 간격은 350~550 mm이고 각재의 크기는 38×38 mm 정도로 한다.

⑤ 지붕판은 기와가락 옆을 30 mm 이상 꺾어 올리고 주위를 거멀접기하여 거멀쪽 2개 이상을 사용하여 못박아댄다.

⑥ 기와가락을 대지 않고 중공기와가락으로 할 수 있다.

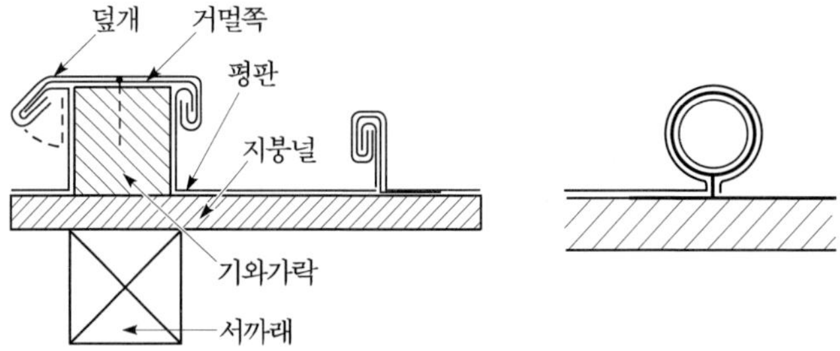

기와가락잇기 중공기와가락잇기

(5) 골판잇기

① 골판잇기는 골함석은 지붕 위에 펠트를 깔아 잇거나 중도리 위에 직접 덮어 대기도 한다. 골함석잇기라고도 한다.

② 고정철물로는 중도리가 목구조인 경우 아연도금못 또는 나사못으로 하고, 강구조물인 경우 갈고리볼트를 사용하며 사용개수는 한 장 너비에 3개씩 친다.

③ 세로겹침은 물매에 따라 100~200 mm 정도로 한다.

④ 가로겹침은 큰 골판(대골)은 1.5골 이상, 작은 골판(소골)은 2.5골 이상으로 한다.

2 홈통공사

1. 재료

① 홈통은 건축물의 지붕 빗물이 지상으로 흐르거나 타고 내리도록 만든 통이나 관이다. 처마홈통, 깔때기홈통, 장식홈통, 선홈통 등이 있다.

② 처마홈통의 재료는 아연도 강판, 동판(구리판), 알루미늄합금판, 스테인리스스틸 등이 있다.

③ 선홈통의 재료는 아연도 강판 선홈통, 구리 선홈통, 칼라 선홈통, PVC(염화비닐계) 선홈통, 스테인리스 선홈통 등이 있다.

2. 시공 [166)]

1) 처마홈통

① 처마홈통은 안홈통과 바깥홈통이 있다.

② 안홈통은 난간 벽의 안쪽에 위치하며, 일반적으로 감추어진 것이다.

③ 바깥홈통은 처마 끝에 보이게 된 것이고, 가장 안전하다.

④ 처마홈통의 형상은 주로 반원형으로 하고, 처마홈통의 폭은 최소 100 mm 이상으로 한다.

⑤ 처마홈통의 이음부는 겹침 부분이 최소 30 mm 이상 겹치도록 한다.

⑥ 경사(물매)는 1/200 이상으로 보통 1/200~1/50로 한다.

⑦ 처마홈통의 길이가 길 때는 처마홈통의 신축이음은 매 15 m 간격으로 설치한다.

⑧ 처마홈통의 양단 및 신축이음 간의 최장 길이는 15 m 이내로 한다.

⑨ 신축이음 사이에는 최소 1개 이상의 선홈통을 설치한다.

⑩ 홈걸이 간격은 0.9 m 내외로 서까래 옆, 마구리 및 처마돌림 등에 못박아댄다.

⑪ 홈통은 처마 내림새기와 끝에서 1/2~1/3 정도의 위치에 #18 철선으로 맨다.

⑫ 처마홈통의 양쪽 경계는 둥글게 감되, 안감기를 원칙으로 한다.

⑬ 처마홈통 제작 시의 단위 길이는 2.4~3.0 m 이내로 제작 설치한다.

2) 깔때기홈통

① 깔때기홈통은 처마홈통에서 선홈통까지 연결하는 것이다.

② 약 15° 정도 경사지게 하여 장식홈통을 댈 수 있게 한다.

③ 깔때기 하부는 선홈통 지름의 1/2 내외를 선홈통 속에 꽂아 넣는다.

166) KCS 41 56 14 지붕 부속 자재(3.2), 국토교통부, 대한건축학회, 2016.

3) 장식홈통

① 장식홈통은 선홈통 상부에 설치되어 우수방향을 돌리고, 집수 등에 따른 넘쳐흐름을 방지하며, 장식적인 역할을 한다. 장식통이라고도 한다.

② 선홈통에 60 mm 이상 꽂아 넣는다.

4) 선홈통

① 세로이음은 윗통을 밑통 안에 50 mm 이상 꽂아 넣는다.

② 납땜으로 이음 할 경우 30 mm 이상 겹쳐 납땜한다.

③ 선홈통과 벽면 사이에 이격거리는 최소 30 mm 이상의 간격을 유지한다.

④ 선홈통은 벽 길이 10 m마다 또는 처마홈통이 단절되는 구간마다 1개씩 설치한다.

⑤ 선홈통 걸이의 설치는 상단과 하단에서 거리 200 mm 정도 되는 위치에 설치하고, 그 중간에는 1.5 m 정도의 간격으로 설치한다.

⑥ 선홈통 하부에 높이 1.5 m 정도는 보호관을 설치한다.

⑦ 선홈통은 최장 길이 3.0 m 이하로 한다.

⑧ 선홈통의 하단부 배수구는 45° 경사로 건물 바깥쪽을 향하게 설치한다.

3. 빗물이 흘러가는 순서

① 처마홈통

② 깔때기홈통

③ 장식홈통

④ 선홈통

⑤ 보호관

⑥ 낙수받이돌

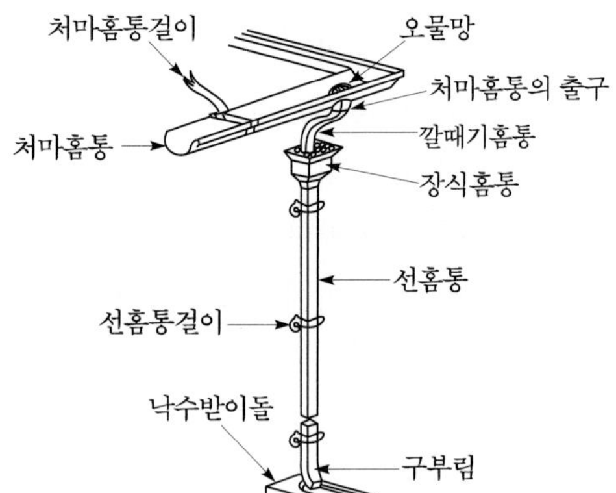

홈통의 구성

필수 연습문제

〉〉〉 제27장 지붕공사 및 홈통공사

43. 지붕재료로 요구되는 성능으로 적합하지 않은 것은?

㉮ 방화적이고 열전도가 잘 되는 것
㉯ 수밀, 내수적일 것
㉰ 가볍고 내구성이 클 것
㉱ 시공이 용이하고 내후성일 것

44. 지붕공사 중 지붕재료에 요구되는 사항으로 옳지 않은 것은?

㉮ 방화적이고 열전도율이 적어서 내한, 내열성이 클 것
㉯ 시공이 용이하고 보수가 편리하며, 공사비용이 저렴한 것
㉰ 수밀하고 내수적이며, 습도에 의한 신축성이 많을 것
㉱ 외관이 미려하고, 건물과 조화를 이룰 것

45. 지붕재료로 요구되는 성능으로 옳지 않은 것은?

㉮ 방화적이고 열전도가 잘 될 것
㉯ 수밀성이 높고 내수적일 것
㉰ 가볍고 내구성이 클 것
㉱ 시공이 용이하고 내후성일 것

46. 다음 중 지붕의 물매를 결정짓는 요소와 가장 관계가 먼 것은?

㉮ 지붕면의 크기
㉯ 지붕재료의 성질, 크기, 모양
㉯ 풍우량, 적설량
㉱ 지붕틀의 종류

47. 지붕재료로 적당하지 않은 것은?

㉮ 천연슬레이트　　㉯ 전도성 타일
㉰ 금속판　　㉱ 아스팔트싱글

1. ㉮
지붕재료는 열전도율이 낮고 불연재이어야 한다.

2. ㉰
지붕재료는 수밀하고 내수적이며, 습도에 의한 신축성이 적어야 한다.

3. ㉮
지붕재료는 방화적이고 열전도가 적어야 한다.

4. ㉱
경사(물매)의 결정 요인은 지붕면의 크기, 지붕재료의 성질, 크기 및 모양, 풍우량 및 적설량 등이다.

5. ㉯
전도성 타일은 타일에 전도성 물질이 균일하게 분포되어 있어 전자파에 민감한 기기들이 사용되는 곳에서 정전기 발생에 따른 문제점을 해결하여 쾌적한 공간을 목적으로 사용하는 타일이다.

48. 시멘트기와 시험 시 주로 어느 시험을 하는가?

㉮ 흡수율과 인장강도　　㉯ 압축강도와 인장강도
㉰ 압축강도와 휨시험　　㉱ 흡수율과 휨시험

49. 기와의 품질을 검사할 때 가장 중요한 항목은?

㉮ 흡수율　　㉯ 표면의 마모도
㉰ 기와의 무게　　㉱ 구운 정도

50. 지붕공사에서 기와의 설명 중 틀린 것은?

㉮ 한식기와는 암기와 수키와, 내림새, 막새 등의 기와 종류가 있다.
㉯ 빛깔은 보통 검정이고 시유한 오지기와 청기와 등이 있다.
㉰ 상등품은 흡수율이 크고, 두드리면 금속성 청음이 난다.
㉱ 기와의 치수는 고대의 것일수록 크다.

51. 한식기와 지붕에서 지붕 용마루의 끝 마구리에 숫키와를 옆 세워 댄 것을 무엇이라고 하는가?

㉮ 평고대　　㉯ 착고
㉰ 부고　　㉱ 머거블

52. 기와잇기공사에서 아귀토는 다음 중 어떤 것을 의미하는가?

㉮ 암키와 끝에서 60 mm 들여 진흙을 암키와 사이에 뭉쳐 놓은 흙
㉯ 제치장 반자 또는 지붕 속을 꾸미기 위해서 산자의 밑에서 위로 올려 바른 흙
㉰ 처마 끝에는 막새를 쓰거나 또는 회진흙 반죽으로 동그랗게 바른 흙
㉱ 좁은널 나뭇가지 산자를 가는 새끼로 엮고 여기에 이겨 바른 흙

53. 다음 중 지붕이음재료가 아닌 것은?

㉮ 가압시멘트기와　　㉯ 유약기와
㉰ 슬레이트　　㉱ 아스팔트펠트

6. ㉱
기와의 품질시험에서 흡수율과 휨시험(굽힘시험)이 중요하다. (흡수율이 가장 중요)

7. ㉮
기와의 품질시험에서 흡수율이 가장 중요하다.

8. ㉰
기와의 품질시험에서 흡수율이 가장 중요하며 상등품일수록 흡수율이 낮다.

9. ㉱
머거블은 용마루 끝의 마구리에 옆 세워 댄 수키와이다.

10. ㉰
아귀토(와구토)는 수키와 처마 끝에 막새 대신에 회진흙 반죽으로 둥글게 바른 흙이다.

11. ㉱
아스팔트펠트는 각종 구조물의 방수공사 및 방습공사, 지붕 덮기 바탕 및 벽 바탕 등에 사용할 목적으로 유기 천연섬유를 주원료로 한 원지에 아스팔트를 침투시켜 만든 것이다.

54. 지붕공사에 대는 철물과의 조합 중 관계가 없는 것은?

㉮ 석면 슬레이트 골판잇기 - 후크볼트
㉯ 장척 아연철판 기와가락잇기 - 주걱볼트
㉰ 아연철판 일문자잇기 - 거멀쪽
㉱ 강판재 철판잇기 - 타이트 프레임

55. 금속공사에 관한 다음 기술 중 틀린 것은 어느 것인가?

㉮ 동판은 암모니아에 약하므로 화장실에 사용하지 않는다.
㉯ 아연판은 아연못으로 박는다.
㉰ 연판은 알칼리에 강하므로 콘크리트 중에 직접 매설한다.
㉱ 연판을 사용하는 주방창은 알루미늄새시를 쓰지 않는다.

56. 구리(Copper)로 된 재료를 사용하기에 가장 부적합한 곳은?

㉮ 지붕잇기판
㉯ 냉난방용 설비자재
㉰ 화장실
㉱ 홈통

57. 아연판 지붕잇기에 동판으로 된 홈통 사용을 피하는 가장 큰 이유는?

㉮ 동판이 부식되기 때문이다.
㉯ 공법이 어렵기 때문이다.
㉰ 공사비가 많이 들기 때문이다.
㉱ 아연판이 침식되기 때문이다.

58. 비철금속에 관한 기술 중 적합하지 않은 것은?

㉮ 동(銅)은 해수 중에서는 부식이 빠르다.
㉯ 연(鉛) 및 그 합금은 철강과 비교해 볼 때 대기 중에서 내식성이 우수하다.
㉰ 알루미늄은 내화성이 적고 열팽창이 철의 2배 정도이며, 땜질이 안 된다.
㉱ 연판은 인장강도는 낮으나 방사선 차단효과가 보통콘크리트의 10배 정도 효과가 있다.

12. ㉯

① 기와가락잇기는 금속판(함석판)을 접어서 잇는 방법이며 납땜을 하는 경우도 있다.
② 주걱볼트는 지붕의 보와 처마도리를 연결할 때 사용되는 볼트이다.

13. ㉰

동(구리), 알루미늄, 아연, 납(연) 등은 알칼리에 약한 금속이다. 따라서 연판은 강알칼리인 콘크리트 중에 직접 매설하지 않는다.

14. ㉰

동판(구리판)은 암모니아가스에 약하므로 화장실이나 화학공장 등에는 부적합하다.

15. ㉱

아연판 재료는 동판과 같이 사용하면 쉽게 부식된다.

16. ㉱

연판의 방사선차단효과는 보통콘크리트의 약 100배 정도이다

59. 지붕잇기 중 금속판잇기에 대한 설명으로 틀린 것은?

㉮ 금속판 지붕은 다른 재료에 비해 무겁고, 시공이 어렵다.
㉯ 겹침의 두께가 작으며 물매를 완만하게 할 수 있다.
㉰ 열전도가 크고 온도변화에 의한 신축이 크기 때문에 바탕재와의 연결에 주의한다.
㉱ 대기 중에 장기간 노출되면 산화하며, 염류나 가스에 부식되기 쉽다.

17. ㉮

금속판 지붕은 다른 재료에 비해 가볍고, 시공이 간단하다.

60. 지붕공사 시 사용되는 금속판에 대한 설명으로 옳지 않은 것은?

㉮ 금속판 지붕은 다른 재료에 비해 가볍고, 시공이 쉬운 편이다.
㉯ 급경사의 지붕이나 뾰족탑 등에는 사용이 어렵다.
㉰ 열전도가 크고 온도변화에 의한 신축이 크다.
㉱ 금속판의 종류에는 아연판, 동판, 알루미늄판 등이 있다.

18. ㉯

금속판 지붕은 방수성이 있어 급경사의 지붕에도 사용 가능하다.

61. 함석잇기공사에서 직접 못으로 고정하지 않고 거멀접기를 하는 주된 이유는?

㉮ 못이 보이면 미관상 좋지 않기 때문이다.
㉯ 함석에 대한 온도의 영향을 방지하기 위함이다.
㉰ 녹이 날 염려가 있기 때문이다.
㉱ 경제적인 이유이다.

19. ㉯

거멀접기는 지붕공사에서 금속판잇기를 할 경우 금속판의 온도변화에 대한 신축에 대한 결함을 없애기 위해 판의 이음을 꺾어 접는 것이다.

62. 지붕공사 재료의 잇기공사 설명 중 적당하지 않은 것은?

㉮ 처마 끝 내림새는 처마 돌림대에서 50 mm정도 내민다.
㉯ 석면슬레이트의 가로겹침은 큰 골판일 때 0.5골 이상, 작은 골판일 때 1.5골 이상 겹친다.
㉰ 골함석의 가로겹침은 큰 골판 2.5골 이상, 작은 골판 3.5골 이상 겹친다.
㉱ 시멘트기와의 온장 크기는 300×345 mm이다.

20. ㉰

골함석잇기에서 가로겹침은 큰 골판(대골)은 1.5골 이상, 작은 골판(소골)은 2.5골 이상으로 한다.

63. 홈통공사에 관한 기술 중 옳지 않은 것은?

㉮ 선홈통은 미관상 콘크리트 속에 설치한다.
㉯ 처마홈통이 긴 경우 20~30 m마다 신축이음을 설치한다.
㉰ 선홈통의 홈걸이 간격은 0.9 m마다 설치한다.
㉱ 홈통공사에 사용되는 함석은 #25~#29를 사용한다.

21. ㉮

선홈통에 대한 보수 및 유지의 곤란으로 콘크리트 속에 설치하지는 않는다.

64. 홈통공사에 관한 설명으로 옳지 않은 것은?

㉮ 선홈통은 콘크리트 속에 매입 설치한다.
㉯ 처마홈통의 양 갓은 둥글게 감되, 안감기를 원칙으로 한다.
㉰ 선홈통의 맞붙임은 거멀접기로 하고, 수밀하게 눌러 붙인다.
㉱ 선홈통의 하단부 배수구는 45° 경사로 건물 바깥쪽을 향하게 설치한다.

22. ㉮
선홈통에 대한 보수 및 유지의 곤란으로 콘크리트 속에 설치하지는 않는다.

65. 홈통공사에 관한 설명 중 틀린 것은?

㉮ 선홈통이 지반에 접하는 하부에는 보호관을 설치한다.
㉯ 깔대기홈통은 15° 정도의 경사를 둔다.
㉰ 지붕과 벽 또는 지붕과 지붕이 만나는 부분의 홈통을 골홈통이라 한다.
㉱ 처마홈통의 경사는 1/20 이상으로 한다.

23. ㉱
처마홈통의 경사는 1/200 이상으로 보통 1/200~1/50로 한다.

66. 홈통공사에 대한 설명 중 옳지 않은 것은?

㉮ 보호관은 선홈통에 맞는 철관을 쓰고 높이는 1.5 m 정도로 한다.
㉯ 처마홈통의 경사는 보통 1/50 정도로 하는 것이 좋다.
㉰ 일반적으로 골홈통, 처마홈통 등은 선홈통보다 부식이 빠르다.
㉱ 선홈통은 보호관 안에 20 mm 정도 꽂아 넣는다.

24. ㉱
처마홈통의 이음부는 겹침부분이 최소 30 mm 이상 겹치도록 한다.

67. 선홈통 공사에 대한 설명 중 옳지 않은 것은?

㉮ 선홈통이 지반에 접하는 하부에는 보호관을 설치한다.
㉯ 선홈통 홈걸이의 간격은 보통 0.9 m 마다 줄 바르게 고정한다.
㉰ 접합 겹침은 30 mm 이상 꽂아 넣어 납땜한다.
㉱ 선홈통은 건물의 미관에 대한 고려와 동파를 방지하기 위하여 가능한 한 콘크리트 기둥 속이나 조적벽체 속에 매설한다.

25. ㉱
선홈통은 부재 속에 매설하지 않고 선홈통과 벽면 사이에 이격거리는 최소 30 mm 이상의 간격을 유지한다.

제28장 방수공사

1 방수공사의 개요

1. 개요

방수공사는 옥외에 면한 벽, 지붕 및 지하실 등의 외벽면의 빗물의 침수를 막거나, 욕실, 저수탱크 및 수영장 등의 누수를 막는 공사이다.

2. 방수층에 사용되는 영문기호 [167)]

1) 최초의 문자(방수층의 종류)

① A : 아스팔트방수층(Asphalt)
② M : 개량아스팔트방수층(Modified Asphalt)
③ S : 합성고분자계시트방수층(Sheet)
④ L : 도막방수층(Liquid)

2) -로 이어진 중간문자

(1) 아스팔트방수층 또는 개량아스팔트방수층

① Pr : 보행 등에 견딜 수 있는 보호층이 필요한 방수층(Protected)
② Mi : 최상층에 모래 붙은 루핑을 사용한 방수층(Mineral Surfaced)
③ Al : 바탕이 ALC패널용의 방수층(Alc)
④ Th : 방수층 사이에 단열재를 삽입한 방수층(Thermal Insulated)
⑤ In : 실내용 방수층(Indoor)

(2) 합성고분자계시트방수층

① Ru : 합성고무계의 방수층(Rubber)
② Pl : 합성수지계의 방수층(Plastic)

---

167) KCS 41 40 01 방수공사 일반(1.2), 국토교통부, 대한건축학회, 2016.

(3) 도막방수층

① Ur : 우레탄고무(Urethane Rubber)

② Ac : 아크릴고무(Acrylic Rubber)

③ Gu : 고무아스팔트(Gum)

3) 최후의 문자(바탕과의 고정상태, 단열재의 유 · 무 및 적용부위)

① F : 바탕에 전면 밀착시키는 공법(Fully Bonded)

② S : 바탕에 부분적으로 밀착시키는 공법(Spot Bonded)

③ T : 바탕과의 사이에 단열재를 삽입한 방수층(Thermal Insulated)

④ M : 바탕과 기계적으로 고정시키는 방수층(Mechanical Fastened)

⑤ U : 지하에 적용하는 방수층(Underground)

⑥ W : 외부에 적용하는 방수층(Wall)

4) 예제

예 제	내 용	예 제	내 용
A-PrF	아스팔트방수층의 보행용 전면접착	M-PrF	개량아스팔트방수층의 보행용 전면접착
A-PrS	아스팔트방수층의 보행용 부분접착	M-MiF	개량아스팔트방수층의 노출용 전면접착
A-ThF	아스팔트방수층의 단열재삽입 전면접착	S-RuF	합성고분자계시트방수층의 합성고무계 전면접착
A-InF	아스팔트방수층의 실내용 전면접착	S-PlF	합성고분자계시트방수층의 합성수지계 전면접착

3. 바탕의 경사

시붕 슬래브, 실내의 바닥 평편류, 아스펄드 곤크리트, 사갈 등으로 방수층을 보호할 경우, 바탕의 경사(물매)는 1/100~1/50로 하고, 방수층 마감을 보호도료(Top Coat) 도포로 하기나 또는 마감하지 않을 경우에는 바탕의 경사(물매)를 1/50~1/20로 한다.

4. 완성 시의 시험

방수공사의 완성 시에 담수시험을 2일간 실시하여 누수 여부를 확인한다.

2 멤브레인방수

① 멤브레인방수는 불투수성 피막을 형성하여 방수하는 공사를 총칭한다.
② 구조물의 내부와 외부에 여러 층의 피막을 부착시켜 균열이나 결함을 통해 침입하는 물이나 습기를 차단하는 방법이다.
③ 멤브레인방수의 종류로는 아스팔트방수, 개량아스팔트시트방수, 합성고분자계시트방수(시트방수), 도막방수 등이 있다.

3 아스팔트방수

1. 개요 및 특징

1) 개요

① 아스팔트방수는 아스팔트펠트 및 아스팔트루핑 등을 용융아스팔트로 여러 겹 붙여 방수성능을 얻는 공법이다.
② 시공 시 인건비가 많이 들며 방수효과는 보통이고 보호누름이 필요하고 결함부 발견이 매우 어렵다.

2) 특징

장 점	단 점
① 외기에 대한 내열화성이 우수하다. ② 방수성능이 우수하다. ③ 보호처리를 잘하면 내구적이다. ④ 방수층의 균열정도가 비교적 적다. ⑤ 모체의 신축에 대해 유리하다.	① 시공성이 나쁘다. ② 보호누름층이 절대 필요하다. ③ 결함부 발견이 어렵다. ④ 아스팔트의 연기와 악취가 심하다. ⑤ 화재의 위험이 있고 숙련공이 필요하다.

2. 아스팔트의 품질

1) 품질결정 요인

① 침입도
② 연화점
③ 증발질량 변화율
④ 인화점
⑤ 취화점
⑥ 흘러내린 길이
⑦ 가열 안정성
⑧ 비중

2) 아스팔트방수 관련 용어

구 분	내 용
침입도	① 침입도는 아스팔트의 경도를 나타내는 기준으로 아스팔트의 양부를 결정하는 데 있어 가장 중요하다. ② 표준조건 하에서 침의 1/10 mm 관입을 침입도 1로 한다. ③ 침입도와 연화점은 서로 반비례 관계이다. ④ 아스팔트의 침입도는 한랭지방에서는 20~30, 온난지방에서는 10~20이며, 보통 15 정도이다. ⑤ 한랭지방에서는 침입도가 큰 것을 사용하고, 온난지방에서는 연화점이 큰 것을 사용한다.
연화점	연화점은 시료를 규정조건에서 가열했을 경우, 시료가 연화되기 시작하여 규정된 거리(25.4 mm)로 처졌을 때의 온도를 말한다.
표준조건	표준조건은 온도 25 ℃에서 하중 100g의 추를 시간 5 초 동안 바늘로 누를 때를 말한다.
감온비	감온비는 0 ℃, 200 g, 60 초의 침입도에 대한 46 ℃, 50 g, 5 초의 침입도의 비이다.
신도	신도는 아스팔트가 장력에 의해 쉽게 파괴되지 않고 길게 늘어나 끊어지는 성질의 정도이다.

3. 재료

1) 아스팔트프라이머

① 아스팔트프라이머(Asphalt Primer)는 방수층과 바탕을 유연하게 밀착시키고 견고히 접착시킬 목적으로 바탕면에 최초로 도포하는 액상재료이다.

② 블로운아스팔트를 휘발성용제로 녹인 것으로 방수시공 시 밑바탕에 도포하여 모재와 방수층의 부착을 좋게 한다.

주1 프라이머(Primer)는 방수층과 바탕을 견고하게 접착시키는 에폭시계 또는 아스팔트계 재료(경질형 프라이머)와 구조체 거동에 방수층의 파손을 방지하고자 바탕층과 유연하게 밀착시킬 목적으로 바탕면에 도포하는 액상(液狀) 또는 점착(粘着) 유연형의 재료(연질형 점연형 프라이머)이다.[168]

2) 아스팔트

(1) 개요

① 아스팔트(Asphalt)는 석유를 정제할 때 잔류물로 얻어지는 고체나 반고체의 검은색이나 흑갈색의 탄화수소 화합물이다.

② 종류로는 석유 아스팔트와 천연 아스팔트가 있다.

168) KCS 41 40 01 방수공사 일반(1.4), 국토교통부, 대한건축학회, 2016.

(2) 종류

종 류	내 용
석유 아스팔트 (Petroleum Asphalt)	① 석유 아스팔트는 석유에서 인공적으로 생산되는 것이다. ② 종류로는 스트레이트아스팔트, 블로운아스팔트, 아스팔트컴파운드 등이 있다.
천연 아스팔트 (Natural Asphalt)	① 천연 아스팔트는 석유에서 자연적으로 산출되는 것이다. ② 종류로는 레이크아스팔트, 록아스팔트트, 아스팔타이트 등이 있다.

(3) 석유 아스팔트

<table>
<tr><th>종 류</th><th colspan="3">내 용</th></tr>
<tr><td>스트레이트아스팔트
(Straight Asphalt)</td><td colspan="3">① 스트레이트아스팔트는 원유로부터 아스팔트 성분을 가능한 한 변화시키지 않고 추출한 것이다.
② 특징은 저질이면서, 신축이 좋고, 접착력도 우수하지만, 연화점이 낮다.
③ 지하실 또는 도로포장용 등에 주로 사용한다.</td></tr>
<tr><td rowspan="6">블로운아스팔트
(Blown Asphalt)</td><td colspan="3">① 블로운아스팔트는 아스팔트 제조 중에 증기를 불어넣는 대신 압축공기를 불어넣어 부분적으로 산화시킨 것이다.
② 특징은 중질이면서, 비교적 연화점이 높고, 온도에 예민하지 않으며, 가장 많이 사용된다.
③ 지붕방수 또는 콘크리트 도로포장의 콜드조인트 채움재 등에 주로 사용한다.
④ 스트레이트아스팔트와 블로운아스팔트를 항목별로 비교하면 다음 표와 같다.</td></tr>
<tr><th>항 목</th><th>스트레이트아스팔트</th><th>블로운아스팔트</th></tr>
<tr><td>침입도</td><td>크다</td><td>작다</td></tr>
<tr><td>상온신장도</td><td>크다</td><td>작다</td></tr>
<tr><td>부착력</td><td>크다</td><td>작다</td></tr>
<tr><td>탄력성</td><td>작다</td><td>크다</td></tr>
<tr><td>아스팔트컴파운드
(Asphalt Compound)</td><td colspan="3">① 아스팔트컴파운드는 블로운아스팔트에 동·식물성 기름이나 광물성 분말을 혼합하여 성질을 개량한 최우량품의 아스팔트이다.
② 고가이나 양질이고 신축성과 유동성이 좋으며 내산, 내후, 내열, 점착성이 좋다.
③ 침입도는 약 15 이상이고 방수재, 내산재, 전기절연재 등에 주로 사용한다.</td></tr>
</table>

(4) 천연 아스팔트

종 류	내 용
레이크아스팔트 (Lake Asphalt)	레이크아스팔트는 지표면에 호수와 같은 모양으로 고여 있는 것이다.
록아스팔트트 (Rock Asphalt)	록아스팔트트는 아스팔트 성분이 모래, 사암, 석회석 등에 스며있는 것이다.
아스팔타이트 (Asphaltite)	아스팔타이트는 지층의 갈라진 틈 또는 암석의 균열 등에 석유가 침투하여 오랜 시간이 지나면서 아스팔트로 변한 것이다.

3) 아스팔트펠트와 아스팔트루핑

(1) 아스팔트 루핑류

① 아스팔트 루핑류는 아스팔트방수층을 형성하기 위해 사용하는 시트 형상의 재료이다.

② 아스팔트 루핑류는 아스팔트루핑, 아스팔트펠트, 직조망 아스팔트루핑, 스트레치 아스팔트루핑, 구멍 뚫린 아스팔트루핑, 개량아스팔트계 시트 등이 있다.

(2) 아스팔트펠트 169)

아스팔트펠트(Asphalt Felt)는 각종 구조물의 방수공사 및 방습공사, 지붕 덮기 바탕 및 벽 바탕 등에 사용할 목적으로 유기천연섬유를 주원료로 한 원지에 아스팔트를 침투시켜 만든 것이다.

(3) 아스팔트루핑 170)

① 아스팔트루핑(Asphalt Roofing)은 각종 구조물의 방수공사 및 방습공사, 지붕 덮기 바탕 및 벽 바탕 등에 사용할 목적으로 유기천연섬유를 주원료로 한 원지에 아스팔트(스트레이트아스팔트)를 침투시킨 다음, 피복하여 앞뒤 양면에 광물질 분말(블로운아스팔트)을 부착시켜 만든 것이다.

② 특징

㉠ 방수층, 방습층을 형성하기 위해 사용되므로 흡수성 및 투습성이 적다.

㉡ 온도가 상승하면 유연해져 유연성이 증가한다.

㉢ 내후성이 크며, 내산성 및 내염성이 있다.

㉣ 건물 평지붕의 방수층 및 금속판 등의 지붕깔기 바탕 등에 이용된다.

4. 시공상 유의시항

1) 바탕처리

① 규정 바탕 평활도와 물흘림 경사를 유지한다.

② 구석, 모서리, 치켜올림 부분은 루핑재가 꺾이지 않고 부착이 잘 되게 하기 위하여 30~100 mm 정도로 둥글게 면접어 올린다.

③ 바탕 모르타르는 모르타르 배합 1 : 3 정도, 두께 15 mm 이상 바르고 완전 건조한 후, 방수층을 시공한다.

---

169) KS F 4901, 아스팔트 펠트, 산업표준심의회, 2017.
170) KS F 4902, 아스팔트 루핑, 산업표준심의회, 2017.

④ 습하고, 흐린 날씨 및 서열, 한랭시기 등은 시공을 피하고, 기온이 0 ℃ 미만인 경우, 방수시공을 하지 않는다.

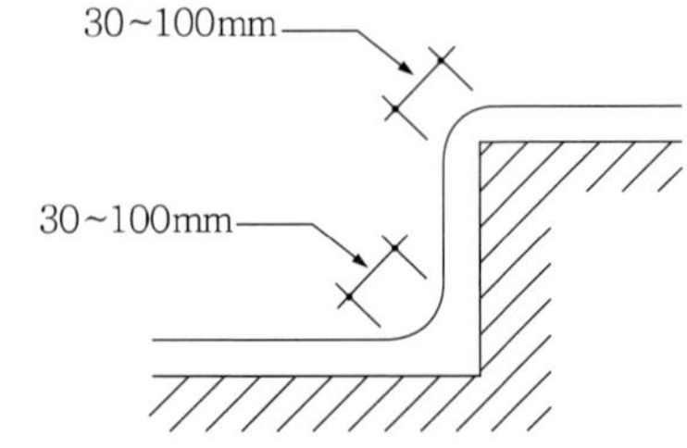

구석, 모서리 면접기

2) 프라이머 도포

바탕 완전 건조 후 도포하고, 도포 후 강우 시 재시공한다.

3) 펠트와 루핑의 시공상 주의사항

① 아스팔트펠트 또는 아스팔트루핑의 겹침길이는 길이방향(장변)으로는 200 mm, 너비방향(단변)으로는 100 mm 이상 겹치게 설치한다.
② 귀, 모서리 등에서는 폭 300 mm 이상 덧붙인다.
③ 구석, 모서리, 배수구 주위 및 파라펫 치켜올림 부분은 1~2겹 더 편다.
④ 파라펫, 난간벽의 방수층 치켜올림 높이는 300 mm 이상으로 하며, 200 mm 이하는 금지한다.
⑤ 공간, 기포, 구김살이 없게 밀착 시공한다.
⑥ 아스팔트루핑을 붙이는 시기는 아스팔트프라이머를 도포한 후 건조상태를 확인하고 붙이기 작업을 한다.
⑦ 루핑은 원칙적으로 물 흐름을 고려하여 물매의 아래쪽에서부터 위쪽을 향해 붙인다.
⑧ 치켜올림부의 루핑을 평면부와 별도로 하여 붙이는 경우에는 평면부 루핑을 붙인 후, 그 위에 150 mm 정도의 겹침 폭을 두고 붙인다.

4) 지붕의 신축이음 171)

① 신축이음은 누름 콘크리트를 타설할 때, 누름 콘크리트의 온도변화나 수분변화로 인한 팽창 및 수축, 진동 및 지진 등으로 인한 움직임에 의한 균열방지를 위해 설치한다.

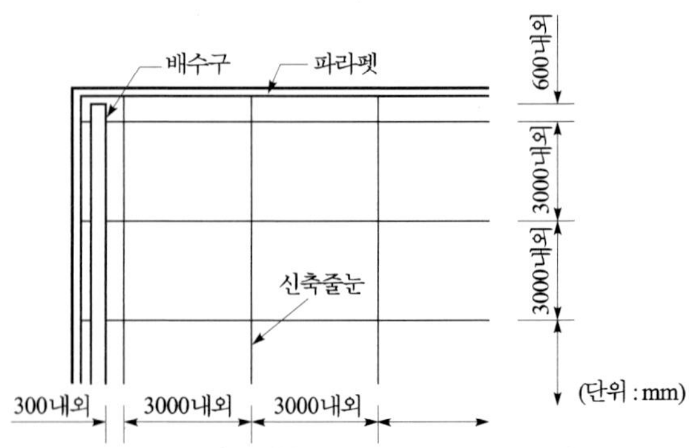

② 현장타설콘크리트의 경우 시공 순서는 방수층 완성, 단열재 깔기, 절

171) KCS 41 40 02 아스팔트 방수공사(3.7), 국토교통부, 대한건축학회, 2016.

연용시트 깔기, 접착테이프로 고정, 콘크리트 타설 순이다.

③ 평면부 콘크리트에는 가로, 세로 모두 3 m 내외로 신축이음을 설치한다.

④ 파라펫, 펜트하우스 주변 및 치켜올림면으로부터 평면부 쪽으로 0.6 m 내외의 적당한 위치에도 신축이음을 설치한다.

⑤ 신축이음은 폭 20 mm 정도, 깊이는 누름 콘크리트의 밑면까지 도달하도록 설치한다.

5. 시공 순서

1) 방수층을 세분하지 않은 경우의 옥상 아스팔트방수

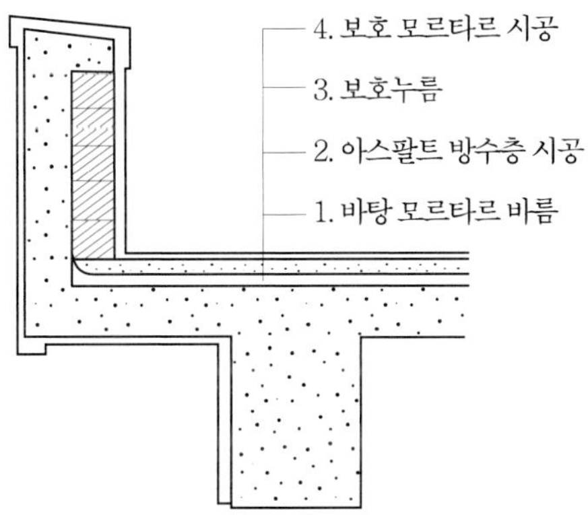

2) 보행용 전면접착 8층 아스팔트방수공사 표준시공 순서

1층	2층	3층	4층	5층	6층	7층	8층
AP	A	AF	A	AR	A	AR	A

AP : 아스팔트프라이머
A : 아스팔트
AF : 아스팔트펠트
AR : 아스팔트루핑

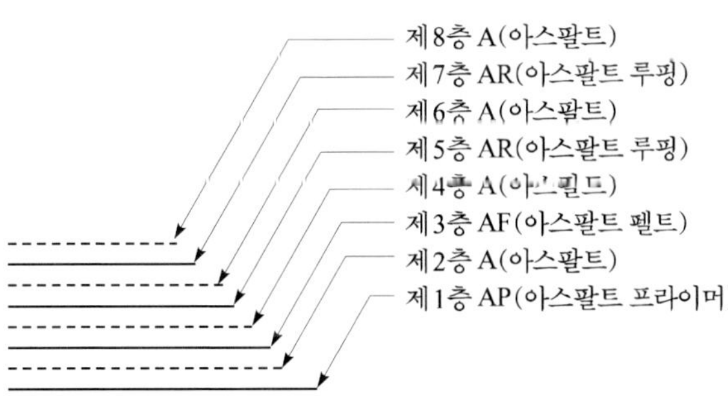

4 개량아스팔트시트방수

개량아스팔트시트방수는 기존 아스팔트방수의 장점에 방수기능공 부족해소와 무공해 방수를 위해 합성고무 또는 플라스틱을 첨가하여 성질을 개량한 아스팔트방수이다. 개량아팔트시트방수는 두꺼운 개량아스팔트루핑의 뒷면을 토치(버너)에 의해 그 피복층을 용융하고 루핑단면을 겹쳐 발라 연속된 방수층을 형성하는 방법이다.

5 합성고분자계시트방수

1. 개요 및 특징

① 합성고분자계시트방수는 구조체의 경미한 이동에 대처할 목적으로 신장률이 큰 합성고분자 재료로 제조된 시트상 루핑을 1겹 깔고 접착제로 붙여 방수하는 공법이다. 시트방수라고도 한다.

② 건축용 방수시트의 두께는 1.0~2.0 mm 정도의 것이 사용된다.

③ 신장성과 내후성이 우수하고 상온시공이 가능하고 복잡합 형상에 대해 시공이 용이하다.

④ 방수성능이 우수하고 시공이 간단하여 공기단축이 가능하다.

⑤ 접착 불완전 시 균열 및 박리가 발생할 수 있고 두께가 얇아 시공이 파손의 우려가 있고 보호누름이 필요하며 결함부의 발견이 매우 어렵다.

2. 시트재의 고려성능(평가기준 항목)

① 인장강도 ② 신장률 ③ 인열강도
④ 취화점 ⑤ 가열 신축 성상 ⑥ 신장 시의 열화 성상
⑦ 흡수성 ⑧ 열팽창성

3. 시트방수의 시공

1) 공법의 종류

종 류	내 용
노출공법	노출공법은 비보행용의 노출형 방수로 내후성이 좋은 도료를 방수시트 위에 도장한다.
보호누름공법 (피복공법)	보호누름공법은 보행용의 피복된 방수로 경량콘크리트, 보호모르타르 또는 보호 블록 등으로 보호누름 하여 시공한다.
단열공법	단열공법은 보호누름공법에서 시트를 단열재 내부에 시공하는 것으로 외부환경에 의한 시트의 열화방지를 한다.

2) 시트방수 재료를 붙이는 방법

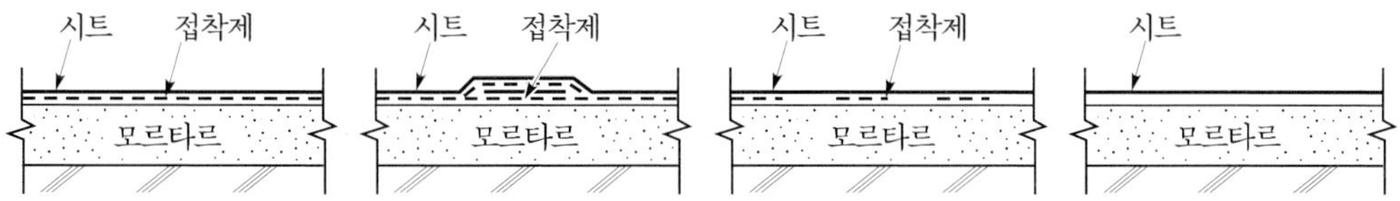

온통접착 / 줄접착 / 점접착 / 갓접착(들뜬접착)

3) 시트이음 방법

겹침이음	맞댐이음
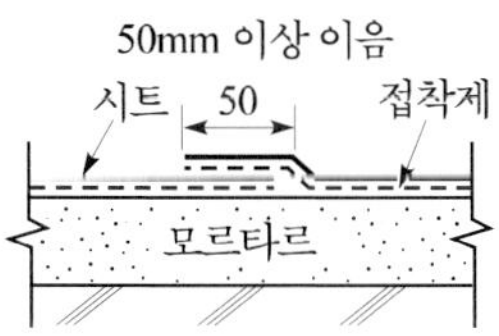 겹친이음	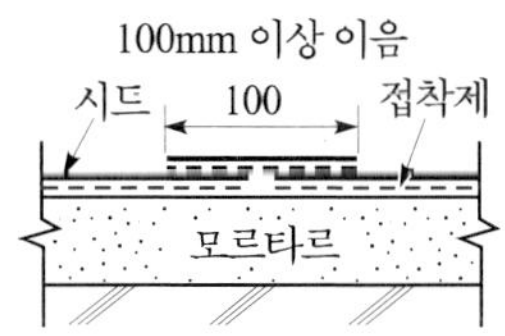 맞댄이음

4) 시공일반 [172)]

① 시트의 접합부는 물매 위쪽의 시트가 물매 아래쪽 시트의 위에 오도록 겹친다.

② 시트 상호 간의 접합폭은 종횡으로 가황고무계 방수시트는 100 mm, 비가황고무계 방수시트는 70 mm로 하며, 염화비닐수지계 방수시트는 40 mm로 한다.

③ 구석, 모서리, 치켜올림 부분은 루핑재가 꺾이지 않고 부착이 잘 되게 하기 위하여 30~100 mm 정도로 둥글게 면접어 올린다.

④ 방수층 치켜올림부의 구석과 모서리는 덧붙이기를 한다.

⑤ 치켜올림부와 평면부와의 접합폭은 가황고무계 방수시트 및 비가황고무계 방수시트의 경우에는 150 mm로 하고, 염화비닐수지계 방수시트는 40 mm로 한다.

⑥ 방수층의 치켜올림 끝부분은 누름철물로 고정한 다음 실링용 재료로 처리한다.

⑦ 현장에서 50 mm 높이로 24시간 동안 물채움으로 누수시험을 실시한다.

5) 주의사항

① 비나 눈이 내리거나 예상될 때 또는 건조상태가 불충분할 때는 시공하지 않는다.

② 비나 눈이 내린 후에는 바탕의 표면뿐만 아니라 내부까지 건조하도록 충분히 건조기간을 갖는다.

---

172) KCS 41 40 04 합성고분자계 시트 방수공사(3.3), 국토교통부, 대한건축학회, 2016.

③ 외기온도가 5 ℃ 이하로 저온일 때는 접착력이 떨어지므로 시공하지 않는다.

④ 풍속이 5 m/sec 이상일 때는 접착면에 오염의 우려가 있으므로 시공하지 않는다.

⑤ 하절기에 바탕의 온도가 올라가면 접착제의 용제가 빨리 증발하여 작업에 지장을 초래하므로 주의한다.

⑥ 실내에서 작업할 때는 환기, 채광에 주의한다.

6 도막방수

1. 개요 및 특징

1) 개요

① 도막방수는 도료상의 방수재를 여러 번 도장하여 방수막을 형성하는 공법이다.

② 도장하는 공법으로는 도포공법과 스프레이공법이 있다.

2) 특징

① 바탕균열 추종성 우수

② 부착성 우수

③ 온도적응성 우수

④ 냉공법(시공성 우수)

⑤ 복잡한 형상에 시공성 우수

⑥ 결함부 발견용이(국부보수 가능)

⑦ 균일시공 곤란

⑧ 충격에 약함

2. 재료에 따른 도막방수의 종류

1) 유제형 도막방수

① 합성수지 유제를 바탕면에 여러 번 도포하여 0.5~1.0 mm 정도의 도막을 형성한다.

② 시멘트를 혼합하여 시멘트풀로 바를 때도 있다.

③ 우천 시, 동절기 때는 사용을 금지하며 건조 시간이 늦고 인화성이 약하다.

2) 용제형 도막방수

① 합성고무를 휘발성 용제에 녹인 일종의 고무도료이다.

② 여러 번 도포하여 두께 0.5~0.8 mm 방수피막을 형성한다.

③ 시공이 간단하고 시트와 같은 피막을 형성하며 착색이 용이하다.

④ 충격에 약하므로 보호층이 필요하고 인화성이 강하므로 환기시키고 화기에 주의한다.

3) 에폭시계 도막방수

① 에폭시수지를 여러 번 도포하여 0.1~0.2 mm 정도의 도막을 형성한다.

② 접착성, 내열성, 내마모성, 내약품성 등이 우수하다.

3. 시공방법(도포방법)

시공방법	내 용
라이닝공법	라이닝공법은 유리섬유, 합성섬유 등의 망상포를 적층하여 도포한다.
코팅공법	코팅공법은 도막방수재를 단순히 도포한다.
셀프레벨링공법	셀프레벨링공법은 자체 유동성을 가지고 있어 바닥방수에서 도료상태의 도막재를 바닥에 부어 도포한다.

4. 셀프레벨링공법 [173) 174)]

① 셀프레벨링공법은 자체 유동성을 가지고 있기 때문에 평탄하게 되는 성질을 이용한 공법이다.

② 종류로는 석고계 셀프레벨링재와 및 시멘트계 셀프레벨링재 등이 있다.

③ 석고계 셀프레벨링재는 석고에 모래, 경화지연제, 유동화제 등을 혼합하여 자체 평탄성이 있는 것이다.

④ 시멘트계 셀프레벨링재는 시멘트에 모래, 분산제, 유동화제 등 각종 혼화제를 혼합하여 자체 평탄성이 있는 것이다.

⑤ 석고계 셀프레벨링재는 물이 닿지 않는 실내에서만 사용한다.

5. 보강포와 보호완충재

1) 보강포

① 보강포는 도막방수재와 병용하거나 시트방수재의 심재로 사용하여 방수층을 보강하는 직포 또는 부직포의 재료이다

② 보강포는 유리섬유 제품이나 합성섬유 제품 등을 사용한다.

③ 바탕에 균열이 생겼을 때 방수층의 동시 파단 또는 크리프 파단의 위험을 경감하고 균일한 도막두께의 확보 및 치켜올림부, 경사부에서 방수재의 흘러내림을 방지하기 위해 사용한다.

---

173) KCS 41 46 01 미장공사 일반(2.6), 국토교통부, 대한건축학회, 2016.

174) KCS 41 46 11 셀프레벨링재 바름(2.2), 국토교통부, 대한건축학회, 2016.

2) 보호완충재 [175)]

보호완충재는 이미 타설된 콘크리트 지하 외벽 바탕에 방수층을 시공하고, 이를 보호할 목적으로 사용되는 재료이며, 토사의 되메우기 충격 및 침하의 영향을 제어한 것이다.

7 시멘트액체방수

1. 개요 및 특징

1) 개요

① 시멘트액체방수는 건축물의 옥상, 실내 및 지하의 철근콘크리트(RC) 표면에 시멘트, 모르타르, 콘크리트에 방수제를 혼합한 시멘트액체방수층을 덧발라 방수하는 방법이다.

② 시멘트액체방수는 시멘트모르타르계 방수공사의 한 종류이며, 폴리머시멘트모르타르방수, 시멘트 혼입 폴리머계 방수 등도 있다.

2) 특징

장 점	단 점
① 시공이 간단하고 비교적 저렴하다. ② 결함부 발견이 용이하다.	① 신축성이 적어 균열에 대한 저항성이 부족하다. ② 시공방법이 복잡하고 품질확보가 용이하지 못하다.

2. 시공

1) 시공상 주의사항

① 방수제의 배합 및 비빔에서 방수시멘트풀의 경우에는 시멘트를 먼저 2분 이상 건비빔한 다음에 물로 희석시킨 방수제를 혼입하여 균질하게 될 때까지 5분 이상 비빈다.

② 방수모르타르의 경우에는 모래, 시멘트의 순으로 믹서에 투입하고 2분 이상 건비빔한 다음에 물로 희석시킨 방수제를 혼입하여 균질하게 될 때까지 5분 이상 비빈다.

③ 모체바탕은 밀실, 견고하고 평활도를 유지한다.

④ 물흘림 경사는 1/100~1/50의 물매로 한다.

⑤ 바탕은 완전 건조시켜 균열을 발생시킨 후, 고름 모르타르로 보수한다.

⑥ 반건조상태의 고름 모르타르를 시공하여 방수층의 부착력을 증진시킨다.

---

175) KCS 41 40 06 도막방수공사(2.10), 국토교통부, 대한건축학회, 2016.

⑦ 시멘트액체방수는 신축성이 없으므로 반드시 신축이음을 설치한다.

⑧ 신축줄눈의 깊이 6 mm, 너비 9 mm, 간격 1 m 정도로 한다.

2) 시공 순서

구 분	내 용
제1공정(액체방수1차)	방수액 침투 → 시멘트풀 → 방수액 침투 → 시멘트모르타르
제2공정(액체방수2차)	제1공정의 반복

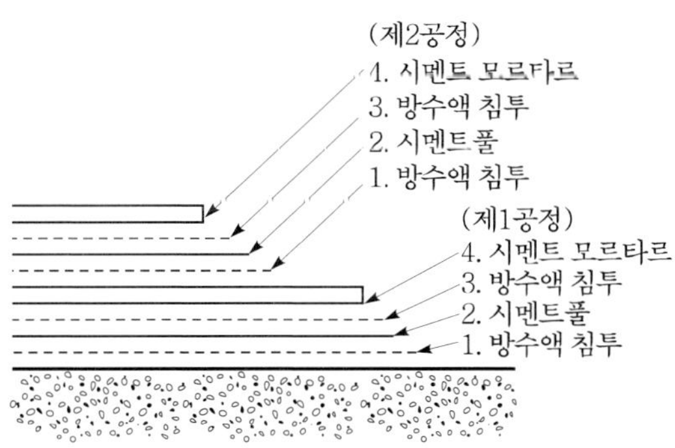

3. 방수모르타르 바름

① 벽, 바닥판 등의 구조체 표면에 방수제를 혼입한 모르타르를 발라 간단히 방수효과를 기대하는 방법이다.

② 방수모르타르 바름은 모르타르의 강도는 다소 떨어지더라도 방수능력이 큰 것이 필요하다.

③ 방수모르타르는 보통 모르타르에 비해 바탕과의 부착력이 떨어지므로 바탕면을 상당히 거칠게 한다.

④ 버림콘크리트(밑창콘크리트)의 균열에 의해 방수층이 파열되므로 버림콘크리트를 수밀하게 시공한다.

4. 아스팔트방수와 시멘트액체방수의 비교

구 분	아스팔트방수	시멘트액체방수
바탕처리	완전 건조, 모르타르 바름	보통 건조, 모르타르 바름 불필요
방수층 신축성	크다	적다
시공용이도	번잡	용이
방수 능력	신뢰도가 높다	신뢰도가 낮다
보수 범위	광범위	국부적

구 분	아스팔트방수	시멘트액체방수
외기 영향	적다	직감적이다
균열발생정도	안 생김	잘 생김
시공시일	길다	짧다
보호누름	필요	불필요(안 해도 무방)
공사비(경제성)	비싸다	싸다
결함부 발견	용이하지 않음	용이
방수층의 중량	무겁다	가볍다
재료취급, 성능판단	복잡하지만 명확하다	간단하지만 신빙성이 적다

주1 벽의 보호누름은 벽돌이나 철망 콘크리트로 하고, 바닥의 보호누름은 모르타르나 철망 콘크리트로 한다.

8 침투성방수

1. 개요

침투성방수는 콘크리트 표면을 강화하거나 수분의 침투를 방지할 목적으로 침투성방수 재료를 콘크리트 표면에 스며들게 하여 방수막을 형성하는 방수법이다. 침투성도포방수라고도 한다.

2. 특징

장 점	단 점
① 모체방수로 방수층의 분리가 없다. ② 시공이 간단하고 보수가 용이하다. ③ 보호모르타르가 필요 없다. ④ 방수 효과가 크고 오래 지속된다. ⑤ 공기단축이 가능하다. ⑥ 결함발견이 용이하다. ⑦ 높은 수압에 유리하다. ⑧ 내약품성과 내마모성이 우수하다.	① 완벽한 시공정밀도가 요구된다. ② 모체 결함 시 방수성능이 떨어진다. ③ 진동과 균열에 약하다.

9 실링방수

1. 개요

실링방수는 건축물의 부재와 부재 접합부 줄눈에 충전하면 경화 후 양 부재에 접착하여 수밀성, 기밀성을 확보하는 실링재를 이용하여 방수층을 형성하는 공법이다.

2. 시공

1) 시공을 중지해야 할 경우[176)]

① 강우 및 강설 시
② 강우 및 강설 후 피착제의 미건조
③ 5 ℃ 이하의 낮은 기온
④ 30 ℃ 이상의 높은 기온
⑤ 구성부재의 표면온도가 50℃ 이상
⑥ 85% 이상의 높은 습도

2) 시공 순서

① 재료 및 시공기기의 확인
② 피착면의 확인
③ 피착면의 청소
④ 백업재의 충전 또는 본드브레이커 바름
⑤ 마스킹테이프 바름
⑥ 프라이머 도포
⑦ 실링재의 조제, 건의 준비
⑧ 실링재의 충전
⑨ 주걱마감
⑩ 마스킹테이프 벗겨냄
⑪ 청소
⑫ 양생

3) 시공 관련 용어[177)]

구 분	내 용
마스킹테이프 (Masking Tape)	마스킹테이프는 시공 중 바탕재의 오염방지와 줄눈의 선을 깨끗하게 마감하기 위해 사용하는 보호 테이프이다
백업재 (Back Up)	백업재는 실링재의 줄눈 깊이를 소정의 위치로 유지하기 위하여 줄눈에 충전하는 성형재료이다.
본드브레이커 (Bond Breaker)	본드브레이커는 실링재를 접착시키지 않기 위해 줄눈 바닥에 붙이는 테이프형의 재료이다.

176) KCS 41 40 12 실링공사(1.2), 국토교통부, 대한건축학회, 2016.
177) KCS 41 40 01 방수공사 일반(1.4), 국토교통부, 대한건축학회, 2016.

3. 실링재

1) 개요

실링재는 건축물의 부재와 부재 접합부 줄눈에 충전하면 경화 후 양 부재에 접착하여 수밀성, 기밀성을 확보하는 재료이다. 실링재는 움직임을 조절하는 줄눈에 충전한다.

2) 실링재의 역할

① 온도변화에 의한 부재의 신축흡수
② 수평력에 의한 층간변위 흡수
③ 방수재의 성능
④ 단열 및 차음 성능

3) 종류

(1) 정형실재(성형실재)

구 분	내 용
비탄성형 (퍼티, Putty)	① 탄성 복원력이 적고, 새시(Sash) 접합부에 사용된다. ② 종류로는 폴리프로필렌계와 부틸고무계가 있다.
탄성형 (가스켓, Gasket)	(1) 지퍼 가스켓(Zipper Gasket) ① H형 : 금속용 ② Y형 : 콘크리트용 ③ HC형과 HF형 : 창문용 (2) 그레이징 가스켓(Glazing Gasket) 염화비닐, 클로로프렌 고무계 등이 일반적이며, 주로 유리 고정용으로 사용된다. (3) 줄눈 가스켓(성형줄눈재) PC판, 새시금속패널 등의 기성부재에서 줄눈 구성부재 간에 후 시공된 성형줄눈재로 사용된다

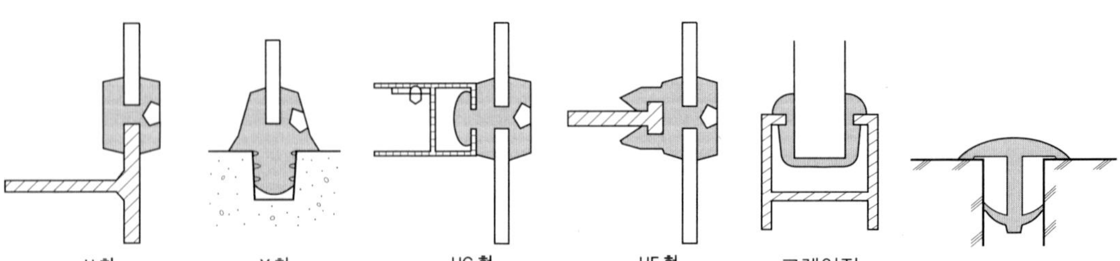

H 형 Y 형 HC 형 HF 형
지퍼 가스켓
그레이징 가스켓
줄눈 가스켓

(2) 부정형실재

구 분	내 용
비탄성형 (코킹, Caulking)	① 코킹재는 수축률이 작고, 접착성이 우수하며, 내수성, 내산성, 내후성, 내알칼리성이다. ② 종류로는 유성코킹재와 아스팔트코킹재가 있다.
탄성형 (실란트, Sealant)	① 고점성 페이스트가 시간경화 후 고무성능으로 형성된다. ② 시공이 용이하다. ③ 내후성, 내수성, 내약품성이 우수하다. ④ 고층 건물, 커튼월공법의 창호 방수재료로 사용된다. ⑤ 종류로는 1액형과 2액형이 있다. ⑥ 1액형은 현장에서 혼합할 필요 없이 그대로 사용할 수 있게 된 실링재로, 내후성, 내구성은 유성코킹재, 2액형 실링재보다 우수하다. ⑦ 2액형은 진색제와 가소제를 사용할 때 혼합하여 사용하는 것으로 온도변화에 내해 안성석이며, 탄력성, 내수성, 내약품성, 내유성, 밀착성 등이 우수하다. 고온다습에서는 경화가 촉진되고 저온저습에서는 경화가 지연된다.

주1 실란트(Sealant)는 프리캐스트콘크리트 부재 사이 또는 프리캐스트콘크리트 부재와 인접한 재료 사이의 접합부 방수를 위하여 채우는 재료의 총칭이다.

4) 유성코킹재의 성능 178)

수축률	보유성		슬럼프	경화율	부착성, 균열, 내알칼리성
	침투너비	침투매수			
7 % 이하	5 mm 이하	3매 이하	3 mm 이하	30 % 이하	합격

주1 수축률은 코킹재가 경화 과정 중 발생하는 제척감소 정도이고, 보유성은 코킹재에 혼합된 유지가 피착재의 접착면에 배는 성질이며, 슬럼프는 수직면의 줄눈으로부터 코킹재가 흘러내리는 것이다. 경화율은 코킹재가 액상 또는 페이스트상에서 고무 상태로 바뀌는 비(比)가역적인 변화 정도이며, 부착성은 피착재에 달라붙는 코킹재의 성질이다.

5) 실링재의 요구 성능

요구 성능	내 용
부착성(접착성)	부착성은 실링재의 채움 부분에 충분히 접착하는 것이다.
내구성	내구성은 외부의 영향(외력, 빛, 열 등)으로부터 변질되지 않는 것이다.
내오염성(비오염성)	내오염성은 주변 미관을 해치는 원인이 되지 않는 것이다.

178) KS F 3204, 건축용 유성코킹재, 산업표준심의회, 2021.

10 옥상방수

옥상방수는 아스팔트방수, 시트방수, 도막방수, 시멘트액체방수 등의 방법을 사용하여 건축물의 지붕을 방수한다. 지붕방수라고도 한다.

11 바깥벽방수

1. 개요

① 바깥벽방수는 바깥벽체에 대해 액체방수나 아스팔트방수로 하면 완전 방수할 수 있으나, 시공이 어렵고 공사비가 고가이므로 보통 방수모르타르로 한다. 외벽방수라고도 한다.

② 공법으로는 방수모르타르 바름, 시멘트액체방수, 도막방수, 아스팔트방수 등이 있다.

2. 블록 벽체(조적구조 벽체)의 누수

1) 원인 및 대책

(1) 원인

① 이질재와의 접합부 불량

② 사춤 모르타르의 충전 부족

③ 치장줄눈의 시공불량

④ 물흘림, 물끊기 불량

⑤ 조적구조 쌓기 완료 후 비계장선 등의 구멍 메우기 불충분

⑥ 채양 등 돌출부 위에 물이 괴는 부분에 접속되는 조적벽

(2) 대책

① 구멍막이를 철저히 감시하고 빈틈없이 모르타르를 채운다.

② 줄눈에서 사춤이 불충분할 수 있는 것은 그 시공을 더욱 면밀히 한다.

③ 채양 등의 돌출부 위에는 빗물이 급속히 빠지는 방법을 쓴다.

④ 물끊기는 깊이 파고, 물흘림 경사는 15° 이상으로 한다.

2) 외부 벽체에 대한 직접방수처리(외부방수) 방법[179)]

① 피막도료도장(합성수지도료, 도막방수)

② 방수모르타르 바름(시멘트액체방수)

③ 타일, 판돌붙임(수밀재 붙임)

3) 외부 벽체에 대한 간접방수처리 방법[180)]

① 이중벽(중공벽, 공간벽)

② 드라이에어리어(Dry Area)

③ 방습층

12 지하실방수

1. 개요

① 지하실방수는 지하실의 지하수 침입을 막기 위해 지하층의 바닥판 및 벽 등에방수 재료하는 것이며, 방수와 수압에 견딜 수 있도록 한다.

② 지하실방수의 종류로는 안방수와 밖깥방수 등이 있다.

2. 안방수

① 안방수는 건축물의 일반지하층, 지하주차장, 지하수조, 공동구 등의 지하구조체 내면(흙과 닿는 안쪽면)을 물의 침입으로부터 방지하는 방수이다.

② 구조체가 완성된 후 방수층의 실내에 설치하는 것으로 보호누름과 보호모르타르가 필요하다.

③ 수압이 적은 지하실에 사용할 수 있으며, 시공이 간단하다.

④ 구조체는 수밀콘크리드로 시공한다.

⑤ 적용공법으로는 시멘트액체방수, 시트방수, 아스팔트방수, 도막방수 등이 있다.

179) 장기인, 건축구조학, 보성각, 1999, p.126.
180) 장기인, 건축구조학, 보성각, 1999, p.430.

3. 바깥방수

① 바깥방수는 건축물의 일반지하층, 지하주차장, 지하수조, 공동구 등의 지하구조체 외면(흙과 닿는 바깥면)을 물의 침입으로부터 방지하는 방수이다.

② 버림콘크리트 완료 후 바닥방수층과 보호층 시공을 하며, 이후 구조체 콘크리트를 타설하고 벽돌쌓기 등의 보호누름 시공한 후 되메우기 하여 완료한다.

③ 수압에 상관없이 사용할 수 있으나, 고가이고 시공에 상당한 난점이 있다.

④ 적용공법으로는 시멘트액체방수, 시트방수, 아스팔트방수, 도막방수 등이 있다.

4. 안방수와 바깥방수의 비교

구 분	안방수	바깥방수
사용환경	수압이 적고 얕은 지하실	수압이 크고 깊은 지하실
공사시기	자유롭다	본 공사에 선행
내수압성	적 다	크 다
내수압 처리	수압에 견디게 하기 곤란하다.	내수압적으로 한다.
경제성(공사비)	저 가	고 가
보호누름	필 요	없어도 무방
공사 순서	간 단	상당한 절차가 필요
바탕만들기	따로 만들 필요가 없다.	따로 만들어야 한다.
공사 용이성	간 단	상당한 난점
본 공사 추진	방수공사에 관계없이 본 공사를 추진할 수 있다.	방수공사 완료 전에는 본 공사 추진이 잘 안 된다.

필수 연습문제

제28장 방수공사

1. 합성고분자계시트방수공사 중 합성수지계 시트를 이용하여 전면 밀착으로 하는 공법을 나타내는 기호는?

   ㉮ S-RuF
   ㉯ S-PlF
   ㉰ S-PlM
   ㉱ S-PrF

2. 개량아스팔트시트방수공사 중 최상층에 노출용의 개량아스팔트 시트를 사용하여 전면 밀착으로 하는 공법을 나타내는 기호는?

   ㉮ M-PrF
   ㉯ M-MiF
   ㉰ M-MiT
   ㉱ M-RuF

3. 건축 방수공사의 성능확인을 위한 가장 일반적이 시험 방법은?

   ㉮ 수밀시험
   ㉯ 기밀시험
   ㉰ 실물시험
   ㉱ 담수시험

4. 다음의 방수법에서 아스팔트방수공법은 어느 것에 속하는가?

   ㉮ 피막방수법
   ㉯ 모체방수법
   ㉰ 도포방수법
   ㉱ 시트방수법

---

1. ㉯

① S : 방수층의 종류 - 합성고분자계시트방수층(Sheet)
② Pl : 합성고분자계시트방수층 - 합성수지계의 방수층(Plastic)
③ F : 바탕과의 고정상태 - 바탕에 전면 밀착시키는 공법(Fully Bonded)

2. ㉯

① M : 방수층의 종류 - 개량아스팔트방수층(Modified Asphalt)
② Mi : 하이픈으로 이어진 중간문자 - 최상층에 모래붙은 루핑을 사용한 방수층(Mineral Surfaced)
③ F : 바탕과의 고정상태 - 바탕에 전면 밀착시키는 공법(Fully Bonded)

3. ㉱

건축 방수공사의 성능확인을 위한 가장 일반적인 시험방법은 담수시험이다.

4. ㉮

멤브레인방수는 불투수성 피막을 형성하여 방수하는 공사를 총칭하며, 아스팔트방수, 시트방수 및 도막방수가 여기에 해당된다.

5. 아스팔트방수층, 개량아스팔트시트방수층, 합성고분자계시트방수층 및 도막방수층 등 불투수성 피막을 형성하여 방수하는 공사를 총칭하는 용어로 옳은 것은?

㉮ 실링방수
㉯ 멤브레인방수
㉰ 구체침투방수
㉱ 벤토나이트방수

6. 멤브레인방수에 속하지 않는 방수공법은?

㉮ 시멘트액체방수
㉯ 합성고분자시트방수
㉰ 도막방수
㉱ 아스팔트방수

7. 멤브레인방수공법에 해당되지 않는 것은?

㉮ 아스팔트방수
㉯ 콘크리트구체방수
㉰ 도막방수
㉱ 합성고분자시트방수

8. 다음 중 멤브레인방수공사에 해당되지 않는 것은?

㉮ 아스팔트방수공사
㉯ 실링방수공사
㉰ 시트방수공사
㉱ 도막방수공사

9. 건축공사의 방수공법 중 신축성과 내수성이 우수하고 보호누름이 필요하며 결함부의 발견이 매우 어려운 것은?

㉮ 아스팔트방수
㉯ 시멘트액체방수
㉰ 시트방수
㉱ 도막방수

5. ㉯
① 멤브레인방수는 불투수성 피막을 형성하여 방수하는 공사를 총칭한다.
② 멤브레인방수의 종류로는 아스팔트방수, 개량아스팔트시트방수, 합성고분자계시트방수(시트방수), 도막방수 등이 있다.

6. ㉮
멤브레인방수의 종류로는 아스팔트방수, 개량아스팔트시트방수, 합성고분자계시트방수(시트방수), 도막방수 등이 있다.

7. ㉯
멤브레인방수의 종류로는 아스팔트방수, 개량아스팔트시트방수, 합성고분자계시트방수(시트방수), 도막방수 등이 있다.

8. ㉯
멤브레인방수의 종류로는 아스팔트방수, 개량아스팔트시트방수, 합성고분자계시트방수(시트방수), 도막방수 등이 있다.

9. ㉮
아스팔트방수는 외기에 대한 내열화성이 우수하고 방수성능이 우수하다. 그러나 보호누름층이 절대 필요하고 시공성이 나쁘며 결함부 발견이 어렵다.

10. 방수공사용 아스팔트의 종류 중 연화점이 가장 낮은 것은?

㉮ 1종 ㉯ 2종
㉰ 3종 ㉱ 4종

11. 아스팔트방수공사에 사용되는 아스팔트 양부(良否)를 판정하는데 필요 없는 사항은?

㉮ 침입도 ㉯ 연화점
㉰ 감온비 ㉱ 마모도

12. 방수공사에서 사용하는 아스팔트의 양부를 결정하는데 옳지 않은 것은?

㉮ 침입도(針入度) ㉯ 마모도(磨耗度)
㉰ 신도(伸度) ㉱ 연화점(軟化点)

13. 다음 중 아스팔트 품질시험의 용어가 아닌 것은?

㉮ 비표면적시험 ㉯ 침입도
㉰ 감온비 ㉱ 신도 및 연화점

14. 방수공사에 사용하는 아스팔트의 견고성 정도를 침(針)의 관입저항으로 평가하는 방법은?

㉮ 침입도 ㉯ 마모도
㉰ 연화점 ㉱ 신도

15. 아스팔트의 양부를 판정하는데 적당한 것은?

㉮ 시공연도 ㉯ 마모도
㉰ 침입도 ㉱ 상노

16. 다음 아스팔트 지붕방수공사 시방에 대한 설명 중 틀린 것은?

㉮ 바탕 콘크리트를 충분히 건조시킨다.
㉯ 먼저 콘크리트 바닥에 아스팔트프라이머를 바른다.
㉰ 브라운 아스팔트는 루핑이나 펠트를 부착하는 데 사용된다.
㉱ 아스팔트의 양부를 판정하는 가장 중요한 것은 마모도이다.

10. ㉮
방수공사용 아스팔트의 품질 중에서 연화점은 1종-85℃ 이상, 2종-90℃ 이상, 3종-100℃ 이상, 4종-95℃ 이상 등이다.

11. ㉱
아스팔트의 품질은 침입도, 연화점, 인화점, 감온비, 신도 등으로 결정한다.

12. ㉯
아스팔트의 품질은 침입도, 연화점, 인화점, 감온비, 신도 등으로 결정한다.

13. ㉮
아스팔트의 품질은 침입도, 연화점, 인화점, 감온비, 신도 등으로 결정한다.

14. ㉮
침입도는 아스팔트의 경도를 나타내는 기준으로 아스팔트의 양부를 결정하는 데 있어 가장 중요하다.

15. ㉰
침입도는 아스팔트의 경도를 나타내는 기준으로 아스팔트의 양부를 결정하는 데 있어 가장 중요하다.

16. ㉱
침입도는 아스팔트의 경도를 나타내는 기준으로 아스팔트의 양부를 결정하는 데 있어 가장 중요하다.

17. 방수 재료에 관한 기술 중 부적당한 것은?

㉮ 일정한 침입도의 아스팔트일지라도 연화점이 낮으면서 신도가 좋아야 한다.
㉯ 아스팔트는 어떠한 용도에라도 신장이 잘 되는 것이 좋다.
㉰ 콜타르는 목재, 강재 등의 방부제로 쓰이기도 한다.
㉱ 아스팔트의 양품은 다소의 기름 냄새나 유황 냄새가 있다.

17. ㉮

일정한 침입도의 아스팔트일지라도 연화점이 높으면서 신도가 낮아야 한다.

18. 아스팔트방수 재료의 침입도가 20이라면 재료시험 시 25℃ 온도로 하중 100 g에 시간 5초인 표준조건에서 표준봉이 몇 mm 침입한 것을 의미하는가?

㉮ 0.2 mm ㉯ 2 mm
㉰ 20 mm ㉱ 200 mm

18. ㉯

침입도는 표준조건 하에서 침의 1/10 mm 관입을 침입도 1로 한다. 침입도가 20이면 20/10=2 mm가 관입(침입)한 것이다.

19. 방수공사에 관한 다음 기술 중 가장 부적당한 것은 어느 것인가?

㉮ 수밀콘크리트 시공을 하면 방수효과가 있다.
㉯ 방수공사용 아스팔트의 침입도는 한랭지에서는 작은 것이 없다.
㉰ 수압이 큰 깊은 지하실의 방수는 외방수가 유리하다.
㉱ 바탕 콘크리트의 수분이 건조된 후에 방수모르타르를 바르는 것이 좋다.

19. ㉯

한랭지방에서는 침입도가 큰 것을 사용하고, 온난지방에서는 연화점이 큰 것을 사용한다.

20. 아스팔트방수공사에 관한 다음 설명 중 틀린 것은 어느 것인가?

㉮ 아스팔트는 200℃ 정도로 가열하여 사용하는 것이 좋고, 기온이 0℃ 이하이거나 비가 올 때는 시공하지 않아야 한다.
㉯ 지붕방수에는 침입도가 크고 연화점이 높은 것을 사용한다.
㉰ 아스팔트 루핑류를 도장 할 때는 빈틈, 기포 및 주름 등이 없도록 충분히 바닥에 밀착시킨다.
㉱ 한랭지에서 사용될 아스팔트는 침입도가 작은 것이 좋고, 바탕 모르타르가 건조된 후 아스팔트프라이머를 뿌리고 시공한다.

20. ㉱

① 한랭지방에서는 침입도가 큰 것을 사용하고, 온난지방에서는 연화점이 큰 것을 사용한다.
② 습하고, 흐린 날씨 및 서열, 한랭시기 등은 시공을 피하고, 기온이 0℃ 이하일 때는 작업을 중지한다.
③ 바탕 완전 건조 후 프라이머를 도포한다.

21. 아스팔트방수공사에 대한 기술 중 옳은 것은?

㉮ 지붕의 아스팔트방수공사에서 보호누름을 반드시 할 필요는 없다.
㉯ 지붕의 신축이음에서 평면부 콘크리트는 가로, 세로 모두 4 m 내외로 신축이음을 설치한다.
㉰ 방수공사용 아스팔트의 침입도는 한랭지에서 큰 것이 좋다.
㉱ 지하실 안방수에 대한 시공은 밀착이 잘되면 지하수압에 견디게 된다.

21. ㉰
① 아스팔트방수는 보호누름층이 절대 필요하다.
② 지붕의 신축이음에서 평면부 콘크리트는 가로, 세로 모두 3m 내외로 신축이음을 설치한다.
③ 지하실 안방수가 수압이 적고 얕은 지하실에 사용되고 내수압성이 적다.

22. 아스팔트방수공사에 관한 설명 중 옳지 않은 것은?

㉮ 아스팔트의 용융 중에는 최소한 30분에 1회 정도로 온도를 측정하며, 접착력 저하 방지를 위하여 200 ℃ 이하가 되지 않도록 한다.
㉯ 한랭지에서 사용되는 아스팔트는 침입도 지수가 적은 것이 좋다.
㉰ 지붕방수에는 침입도가 크고 연화점(軟化點)이 높은 것을 사용한다.
㉱ 아스팔트 용융 솥은 가능한 한 시공 장소와 근접한 곳에 설치한다.

22. ㉯
한랭시에서 사용되는 아스팔트는 침입도 지수가 큰 것이 좋다.

23. 아스팔트방수 재료에 관한 설명으로 옳지 않은 것은?

㉮ 아스팔트컴파운드는 블로운아스팔트에 동·식물성 유지나 광물질 분말을 혼합한 것이다.
㉯ 아스팔트프라이머는 스트레이트아스팔트를 용제로 녹인 것이다.
㉰ 아스팔트펠트는 섬유원지에 스트레이트아스팔트를 가열용해하여 흡수시킨 것이다.
㉱ 아스팔트루핑은 원지에 스트레이트아스팔트를 침투시키고 양면에 컴파운드를 피복한 후 광물질 분말을 살포시킨 것이다.

23. ㉯
아스팔트프라이머는 블로운아스팔트를 휘발성 용제로 녹인 것이다.

24. 아스팔트프라이머에 관한 기술 중 틀린 것은?

㉮ 아스팔트방수 시공 시 1층 방수재이다.
㉯ 아스팔트와 휘발성 용재를 반씩 혼합하여 묽게 한 것이다.
㉰ 아스팔트에서 휘발유, 석면, 기타를 혼합한 방수재이다.
㉱ 콘크리트와 아스팔트 부착이 잘 되게 하는 것이다.

24. ㉰
① 아스팔트프라이머는 블로운 아스팔트를 석유나 프타 등의 휘발성 용제로 용해한 것이다.
② 아스팔트 코팅은 블로운 아스팔트를 휘발성 용제에 녹여 석면, 석분 등을 혼합한 점성이 있는 아스팔트계의 도막방수용 재료이다.

25. 아스팔트방수에서 아스팔트프라이머를 사용하는 목적으로 옳은 것은?

㉮ 방수층의 습기를 제거하기 위하여
㉯ 아스팔트 보호누름을 시공하기 위하여
㉰ 보수 시 불량 및 하자 위치를 쉽게 발견하기 위하여
㉱ 콘크리트 바탕과 방수시트의 접착을 양호하게 하기 위하여

25. ㉱
아스팔트프라이머는 방수층과 바탕을 유연하게 밀착시키고 접착시킬 목적으로 바탕면에 최초로 도포하는 액상재료이다.

26. 아스팔트방수공사에서 아스팔트프라이머를 사용하는 가장 중요한 이유는?

㉮ 콘크리트면의 습기 제거
㉯ 방수층의 습기 침입 방지
㉰ 콘크리트면과 아스팔트방수층의 접착
㉱ 콘크리트 밑바닥의 균열방지

26. ㉰
아스팔트프라이머는 방수층과 바탕을 유연하게 밀착시키고 접착시킬 목적으로 바탕면에 최초로 도포하는 액상재료이다.

27. 블로운아스팔트(Blown Asphalt)를 휘발성 용제로 녹인 흑갈색 액체로 바탕에 도포하여 방수층의 부착이 잘 되게 하는 것은?

㉮ 아스팔트컴파운드(Asphalt Compound)
㉯ 스트레이트아스팔트(Straight Asphalt)
㉰ 아스팔트프라이머(Asphalt Primer)
㉱ 아스팔트펠트(Asphalt Felt)

27. ㉰
아스팔트프라이머는 방수층과 바탕을 유연하게 밀착시키고 접착시킬 목적으로 바탕면에 최초로 도포하는 액상재료이다.

28. 아스팔트프라이머(Asphalt Primer)에 대한 설명으로 옳지 않은 것은?

㉮ 아스팔트를 휘발성 용제로 녹인 흑갈색 액체이다.
㉯ 아스팔트방수공법에서 제일 먼저 시공되는 방수재이다.
㉰ 블로운아스팔트의 내열성, 내후성 등을 개량하기 위하여 식물섬유를 혼합하여 유동성을 부여한 것이다.
㉱ 콘크리트와 아스팔트의 부착이 잘 되게 하는 것이다.

28. ㉰
블로운아스팔트를 휘발성용제로 녹인 것으로 방수시공 시 밑바탕에 도포하여 모재와 방수층의 부착을 좋게 한다.

29. 아스팔트방수층에서 콘크리트 바탕에 제일 먼저 사용되는 것은?

㉮ Asphalt Compound
㉯ Asphalt Primer
㉰ Asphalt Roofing
㉱ Blown Asphalt

29. ㉯
아스팔트프라이머는 방수층과 바탕을 유연하게 밀착시키고 접착시킬 목적으로 바탕면에 최초로 도포하는 액상재료이다.

30. 아스팔트를 천연 아스팔트와 석유 아스팔트로 구분할 때 석유 아스팔트에 해당하는 것은?

㉮ 블로운아스팔트
㉯ 록아스팔트트
㉰ 레이크아스팔트
㉱ 아스팔타이트

31. 다음 아스팔트 중 석유 아스팔트에 해당되지 않은 것은?

㉮ 아스팔타이트
㉯ 블로운아스팔트
㉰ 아스팔트컴파운드
㉱ 스트레이트아스팔트

32. 지하(地下)방수나 아스팔트펠트 삼투(滲透)용으로 주로 사용되는 재료는?

㉮ 스트레이트아스팔트
㉯ 아스팔트컴파운드
㉰ 아스팔트프라이머
㉱ 블로운아스팔트

33. 평지붕 방수공사의 재료로 잘 사용되지 않는 것은?

㉮ 스트레이트아스팔트(Straight Asphalt)
㉯ 블로운아스팔트(Blown Asphalt)
㉰ 아스팔트컴파운드(Asphalt Compound)
㉱ 아스팔트펠트(Asphalt Felt)

34. 방수공사에 관한 기술 중 옳지 않은 것은?

㉮ 방수모르타르는 보통 모르타르에 비해 접착력이 부족한 편이다.
㉯ 시멘트액체방수는 면적이 넓은 경우 익스팬션조인트를 반드시 설치해야 한다.
㉰ 아스팔트방수층은 바닥, 벽 모든 부분의 방수층 보호누름을 해야 한다.
㉱ 스트레이트아스팔트의 경우 신축이 좋고, 내구력이 좋아 옥외 방수에도 사용 가능하다.

30. ㉮

① 석유 아스팔트의 종류로는 스트레이트아스팔트, 블로운아스팔트, 아스팔트컴파운드 등이 있다.
② 천연 아스팔트의 종류로는 레이크아스팔트, 록아스팔트트, 아스팔타이트 등이 있다.

31. ㉮

① 석유 아스팔트의 종류로는 스트레이트아스팔트, 블로운아스팔트, 아스팔트컴파운드 등이 있다.
② 천연 아스팔트의 종류로는 레이크아스팔트, 록아스팔트트, 아스팔타이트 등이 있다.

32. ㉮

스트레이트아스팔트는 저질이면서, 신축이 좋고, 접착력도 우수하지만, 연화점이 낮다. 지하실 등에 주로 사용한다.

33. ㉮

스트레이트아스팔트는 저질이면서, 신축이 좋고, 접착력도 우수하지만, 연화점이 낮다. 지하실 등에 주로 사용한다.

34. ㉱

스트레이트아스팔트는 연화점이 낮아 지하실 등에 주로 사용한다.

35. 잔류유(찌꺼기)를 저온으로 장시간 증류한 것으로 응집력이 크고 온도에 의한 변화가 적으며 연화점이 높고 안전하여 방수공사에 많이 사용되는 것은?

㉮ 아스팔트 아스팔트
㉯ 블로운아스팔트
㉰ 아스팔타이트
㉱ 레이크아스팔트

36. 지붕공사에 주로 사용되는 방수 재료로 옳은 것은?

㉮ 아스팔트컴파운드
㉯ 스트레이트아스팔트
㉰ 아스팔트피치
㉱ 블로운아스팔트

37. 지붕의 방수공사에 주로 이용되는 아스팔트는 다음 중 어느 것인가?

㉮ 스트레이트아스팔트
㉯ 피치(Pitch)
㉰ 블로운아스팔트
㉱ 천연 아스팔트

38. 블로운아스팔트에 동물성 기름 등을 첨가하여 교착성, 신축성, 내구성을 개선한 방수 재료는?

㉮ 유제 아스팔트(Asphalt Emulsion)
㉯ 아스팔트프라이머(Asphalt Primer)
㉰ 아스팔트컴파운드(Asphalt Compound)
㉱ 타르 펠트(Tar Felt)

39. 건축공사의 방수용 아스팔트컴파운드의 침입도는 다음 중 어떤 것을 사용하는가?

㉮ 5도
㉯ 15도
㉰ 30도
㉱ 35도

35. ㉯

① 블로운아스팔트는 아스팔트 제조 중에 증기를 불어넣는 대신 압축공기를 불어넣어 부분적으로 산화시킨 것이다.
② 특징은 중질이면서, 비교적 연화점이 높고, 온도에 예민하지 않으며, 가장 많이 사용된다.

36. ㉱

① 블로운아스팔트는 중질이면서, 비교적 연화점이 높고, 온도에 예민하지 않으며, 가장 많이 사용된다. 지붕방수에 주로 사용한다.
② 아스팔트피치는 원유에서 추출한 점탄성의 고형 중합체이다. 타르를 증류하여 얻어지는 흑색의 광택이 있는 끈적끈적한 고형물일이다.

37. ㉰

블로운아스팔트는 중질이면서, 비교적 연화점이 높고, 온도에 예민하지 않으며, 가장 많이 사용된다. 지붕방수에 주로 사용한다.

38. ㉰

아스팔트컴파운드는 양질이면서, 블로운아스팔트에 동·식물성 기름이나 광물성 분말을 혼합하여 성질을 개량한 최우량품의 아스팔트이다.

39. ㉯

아스팔트컴파운드의 침입도는 약 15 이상이다.

40. 아스팔트방수 재료에 관한 다음 기술 중 틀린 것은 어느 것인가?

㉮ 루핑은 아스팔트를 내후적으로 보존하여 유동연화, 노화를 방지한다.
㉯ 아스팔트루핑의 침투용 아스팔트는 블로운아스팔트이다.
㉰ 아스팔트프라이머는 방수 바탕처리제로 사용한다.
㉱ 특수 루핑은 신율, 강도 등이 우수하여 방수층의 파탄을 방지한다.

40. ㉯
아스팔트루핑의 침투용 아스팔트로 사용되는 것은 스트레이트아스팔트이다.

41. 방수 재료인 아스팔트루핑의 특징으로 가장 부적당한 것은?

㉮ 흡수성 및 투습성이 낮다.
㉯ 온도가 상승하면 유연성이 감소한다.
㉰ 내후성이 크며, 내산성 및 내염성이 있다.
㉱ 건물 평지붕의 방수층 및 금속판 등의 지붕깔기 바탕 등에 이용된다.

41. ㉯
① 아스팔트루핑은 방수층, 방습층을 형성하기 위해 사용되므로 흡수성 및 투습성이 낮다.
② 아스팔트루핑은 온도가 상승하면 유연해져 유연성이 증가한다.
③ 아스팔트루핑은 내후성이 크며, 내산성 및 내염성이 있다.

42. 콘크리트 지붕에서의 아스팔트방수공사에 관한 내용 중 옳지 않은 것은?

㉮ 절연공법이란 방수층을 바탕재에 대부분 밀착시키지 않은 공법이다.
㉯ 한랭지에서 사용하는 방수공사용 아스팔트는 침입도가 큰 것을 택한다.
㉰ 밀착공법일 때는 아스팔트루핑의 겹침을 길이방향 및 너비방향 다같이 100 mm 정도로 한다.
㉱ 아스팔트루핑을 붙이는 시기는 아스팔트프라이머를 도포한 후 즉시 붙이기 작업을 한다.

42. ㉱
아스팔트루핑을 붙이는 시기는 아스팔트프라이머를 도포한 후 건조상태를 확인하고 붙이기 작업을 한다.

43. 다음 중 아스팔트방수층에 사용되지 않는 재료는?

㉮ Blind
㉯ Felt
㉰ Roofing
㉱ Primer

43. ㉮
아스팔트방수공사에는 아스팔트프라이머, 아스팔트, 아스팔트펠트, 아스팔트루핑 등이 사용된다.

44. 아스팔트방수법에 관한 설명 중 옳지 않은 것은?

㉮ 콘크리트 등의 모체를 완전 건조시켜야 한다.
㉯ 보수 시에 결함부분을 발견하기가 쉽지 않다.
㉰ 보호층을 견실하게 해야 한다.
㉱ 모체의 신축에 대하여 불리하다.

44. ㉱
아스팔트방수는 모체의 신축에 대해 유리하다.

45. 아스팔트방수에 대한 설명으로 옳지 않은 것은?

㉮ 작업 시 악취가 적은 장점이 있다.
㉯ 옥상, 평지붕, 지하실 등에 많이 쓰인다.
㉰ 결함부의 발견이 쉽지 않다.
㉱ 방수가 확실하고 보호처리를 잘하면 내구적이다.

45. ㉮
아스팔트방수는 작업 시 아스팔트의 연기와 악취가 심하다.

46. 아스팔트방수공사 시 바탕처리로 가장 옳지 않은 것은?

㉮ 바탕면을 충분히 건조시킬 것
㉯ 바탕면은 물흘림 경사를 충분히 둘 것
㉰ 바탕면을 거칠게 할 것
㉱ 구석, 모서리 등을 둥글게 처리할 것

46. ㉰
바탕면을 거칠게 하면 방수지가 훼손될 우려가 있다.

47. 아스팔트방수 시공에 관한 다음 설명 중 부적당한 것은 어느 것인가?

㉮ 천후·기온 등의 영향을 받으므로, 습하거나 흐린 날씨를 피해서 시공한다.
㉯ 치켜올림 부분은 루핑을 직각으로 시공하여야 한다.
㉰ 루핑류의 겹치기는 10 mm 이상으로 한다.
㉱ 루핑 사이에 기포와 주름이 없도록 한다.

47. ㉯
구석, 모서리, 치켜올림 부분은 루핑재가 꺾이지 않고 부착이 잘 되게 하기 위하여 30~100 mm 정도로 둥글게 면접어 올린다.

48. 아스팔트방수공사에 관한 사항 중 틀린 것은?

㉮ 기온이 0 ℃ 이하 또는 강우 시에는 시공을 하지 않는다.
㉯ 아스팔트는 200 ℃ 정도로 가열하여 사용하는 것이 좋다.
㉰ 지붕방수에는 침입도가 크고, 연화점이 높은 것을 사용한다.
㉱ 바탕에 습기가 있을 경우 되도록 뜨거운 아스팔트를 사용한다.

48. ㉱
① 아스팔트방수는 아스팔트 프라이머를 도포한 후 건조상태를 확인하고 붙이기 작업을 한다.
② 바탕에 습기가 있을 경우 방수시공을 하지 않는다.

49. 방수공사에 관한 설명으로 가장 적합한 것은?

㉮ 지붕 아스팔트공사는 비가 온 후에라도 바탕면을 깨끗이 청소하면 시공 할 수 있다.

㉯ 아스팔트방수에서 구석, 모서리, 치켜올림 부분의 바탕은 둥글게 30~100 mm 면접어 둔다.

㉰ 아스팔트방수에 사용하는 아스팔트는 인화되지 않도록 장시간 가열하여 균일하게 용융시켜 사용한다.

㉱ 실링공사에 사용하는 본드브레이커는 시공 중에 발생 할 수 있는 오염물질의 침입을 방지하기 위하여 사용한다.

50. 아스팔트방수에 관한 설명 중 틀린 것은?

㉮ 시공바탕은 결함 부분을 보수하고 청소한 뒤 두께 15 mm 이상 모르타르로 고른다.

㉯ 구석, 모서리, 치켜올림 부분은 방수층의 부착이 잘 되기 위하여 둥글게 30~100 mm 면접어 둔다.

㉰ 펠트의 겹침은 상하, 좌우 모두 90 mm 이상으로 한다.

㉱ 파라펫의 방수층 치켜올림 높이는 200 mm 이하로 한다.

51. 다음 옥상방수에 관한 사항 중 적당하지 못한 것은?

㉮ 지하실방수층보다 옥상방수층에는 아스팔트 침입도가 크고 연화점이 높은 것을 사용하도록 한다.

㉯ 옥상 난간벽은 온도 변화에 대한 방수층의 신축성을 고려해야 한다.

㉰ 물흘림 경사는 약 1/100로 낙수구 또는 배수구로 향하여 정확히 한다.

㉱ 난간벽의 방수층 치켜올림 높이는 100 mm 정도로 한다.

52. 아스팔트방수층에 신축이음을 설치하는 이유 중 가장 적당한 것은?

㉮ 부재의 팽창, 수축 등에 의한 균열을 방지하기 위하여

㉯ 시공의 편의를 위하여

㉰ 미관상 아름답게 보이기 위하여

㉱ 다른 재료와 구분을 하기 위하여

49. ㉯

㉮ 아스팔트방수는 습하고, 흐린 날씨 및 서열, 한랭시기 등은 시공을 피하고, 기온이 0℃ 이하일 때는 작업을 중지한다.

㉯ 아스팔트방수에서 구석, 모서리, 치켜올림 부분은 루핑재가 꺾이지 않고 부착이 잘 되게 하기 위하여 30~100 mm 정도로 둥글게 면접어 올린다.

㉰ 아스팔트를 장시간 가열하지 않는다.

㉱ 본드브레이커(Bond Breaker)는 실링재를 접착시키지 않기 위하여 줄눈 바닥에 붙이는 테이프형의 재료이다.

50. ㉱

파라펫, 난간벽의 방수층 치켜올림 높이는 300 mm 이상으로 하며, 200 mm 이하는 금지한다.

51. ㉱

파라펫, 난간벽의 방수층 치켜올림 높이는 300 mm 이상으로 하며, 200 mm 이하는 금지한다.

52. ㉮

신축이음은 재료의 팽창과 신축에 의한 균열방지를 위해 설치한다.

53. 지붕 아스팔트방수층 누름 모르타르에 줄눈나누기를 하는 이유와 내용으로 옳은 것은?

㉮ 부분적 보수가 용기하게 하기 위함
㉯ 누름 모르타르의 수축, 팽창을 위함
㉰ 모체의 균열이 생기는 것을 조절하기 위함
㉱ 누름 모르타르의 줄눈나누기의 단위면적을 크게 할수록 유리함

53. ㉯
지붕의 신축이음은 재료의 팽창과 신축에 의한 균열방지를 위해 설치한다.

54. 아스팔트방수층에 신축이음을 설치하는 이유로써 가장 옳은 것은?

㉮ 부분적인 보수를 쉽게 하기 위해서
㉯ 방수층 보호누름을 떠올리지 못하게 하기 위해서
㉰ 보기 좋게 하기 위해서
㉱ 지붕 마무리면의 팽창, 수축 등에 의한 균열을 방지하기 위해서

54. ㉱
지붕의 신축이음은 재료의 팽창과 신축에 의한 균열방지를 위해 설치한다.

55. 아스팔트방수공사에 관한 설명으로 옳지 않은 것은?

㉮ 아스팔트프라이머는 건조하고 깨끗한 바탕면에 솔, 롤러, 뿜칠기계 등을 이용하여 규정량을 균일하게 도포한다.
㉯ 용융 아스팔트는 운반용 기구로 시공 장소까지 운반하여 방수바탕과 시트재 사이에 롤러, 주걱 등으로 뿌리면서 시트재를 깔아 나간다.
㉰ 옥상에서의 아스팔트방수 시공 시 평탄부에서의 방수시트 깔기 작업 후 특수 부위에 대한 보강붙이기를 시행한다.
㉱ 평탄부에서는 프라이머의 적절한 건조상태를 확인하여 시트를 깐다.

55. ㉰
옥상에서의 아스팔트방수 시공 시 특수 부위에 대한 보강붙이기를 시행한 후 평탄부에서의 방수시트 깔기 작업을 한다.

56. 합성고무와 열가소성수지를 사용하여 1겹으로 방수효과를 내는 공법은?

㉮ 도막방수 ㉯ 시트방수
㉰ 아스팔트방수 ㉱ 표면도포방수

56. ㉯
합성고분자계시트방수(시트방수)는 구조체의 경미한 이동에 대처할 목적으로 신장률이 큰 합성고분자 재료로 제조된 시트상 루핑을 1겹 깔고 접착제로 붙여 방수하는 공법이다.

57. 시트방수공법에 관한 기술 중 옳지 않은 것은?

㉮ 건축용 시트의 두께는 1.0~2.0 mm의 것이 사용된다.
㉯ 시트의 너비와 길이에는 제한이 없고 3겹 이상 적층하여 방수하는 것이 원칙이다.
㉰ 상온에서 용제형의 접착제를 도포한 후 약 20분이 경과되어야 합착이 가능하다.
㉱ 시트 상호 간의 이음은 겹침이음 50 mm 이상, 맞댐이음 100 mm 이상으로 한다.

57. ㉯
시트방수공법은 구조체의 경미한 이동에 대처할 목적으로 신장률이 큰 합성고분자 재료로 제조된 시트상 루핑을 1겹 깔고 접착제로 붙여 방수하는 공법이다.

58. 시트방수공법에 관한 설명 중 틀린 것은?

㉮ 접착제 도포에 앞서 먼저 도포한 프라이머의 적정한 건조를 확인한다.

㉯ 시트의 너비와 길이에는 제한이 없고, 3겹 이상 적층하여 방수하는 것이 원칙이다.

㉰ 수용성의 프라이머는 저온 시 동결피해 발생에 주의한다.

㉱ 접착공법은 모서리부, 드레인 주변 등 특수한 부위를 먼저 세심하게 작업한다.

58. ㉯

시트방수공법은 구조체의 경미한 이동에 대처할 목적으로 신장률이 큰 합성고분자 재료로 제조된 시트상 루핑을 1겹 깔고 접착제로 붙여 방수하는 공법이다.

59. 시트(Sheet)방수에 관한 설명으로 가장 부적당한 것는 다음 중 어느 것인가?

㉮ 방수능력은 우수하지만 아스팔트방수보다 공기가 길다.

㉯ 겹침이음은 50 mm 이상, 맞댐이음은 100 mm 이상 겹쳐서 시트를 상호 접착시킨다.

㉰ 방수층 치켜올림부의 구석과 모서리는 덧붙이기를 한다.

㉱ 50 mm 높이로 24시간 동안 물채움으로 누수시험을 실시한다.

59. ㉮

시트방수는 방수성능이 우수하고 시공이 간단하여 공기 단축이 가능하다.

60. 합성고분자 루핑을 사용한 지붕방수공사에 관한 기술 중 알맞지 않은 것은?

㉮ 루핑을 접착재로 붙일 때는 주름이 생기지 않도록 한다.

㉯ 루핑을 붙인 후 롤러 등으로 압착한다.

㉰ 루핑의 두께는 보통 지붕방수의 경우 10 mm 이상을 사용한다.

㉱ 루핑의 바탕붙이기는 줄접착을 원칙으로 한다.

60. ㉰

건축용 방수시트의 두께는 1.0~2.0 mm 정도의 것이 사용된다.

61. 시트(Sheet)방수 재료의 평가기준 항목으로써 가장 부적당한 것은 다음 중 어느 것인가?

㉮ 침입도

㉯ 신장률

㉰ 인열강도

㉱ 취화점

61. ㉮

침입도는 아스팔트의 품질을 결정하는 요소이다.

62. 다음 방수공사에 관한 설명 중 틀린 것은?

㉮ PC 커튼월에 사용하는 탄성실링재는 3면 접착을 방지하기 위하여 백업(Back Up)재를 삽입한다.

㉯ 옥상 슬래브의 시트방수공사에서는 결함부의 발견이 매우 어렵다.

㉰ 시트방수공사에서 50 mm 높이로 12시간 동안 물채움으로 누수시험을 실시한다.

㉱ 성형실링재의 일종인 가스켓(Gasket)은 피부착재 사이에서 항상 압축되는 상태로 끼워야 한다.

63. 방수공법에 관한 설명 중 옳지 않은 것은?

㉮ 도막방수는 상당한 두께를 가지며, 균일한 두께를 갖지 못한다.

㉯ 시트(Sheet)방수는 보호층이 필요 없다.

㉰ 프라이머는 건조가 빠른 제품을 선택한다.

㉱ 실링재는 커튼월공법의 대표적인 줄눈재료로 접착성, 내구성, 비오염성이 중요하다.

64. 합성고분자계 시트방수의 시공공법이 아닌 것은?

㉮ 떠붙이기공법

㉯ 접착공법

㉰ 금속고정공법

㉱ 열풍융착공법

65. 시트접착 시공법이 아닌 것은?

㉮ 온통접착

㉯ 줄접착

㉰ 점접착

㉱ 선접착

62. ㉰

시트방수공사에서 50 mm 높이로 24시간 동안 물채움으로 누수시험을 실시한다.

63. ㉯

- 시트방수의 보호누름(보호층)

① 노출공법(비보행용 방수) : 보호누름(보호층)이 없는 방수

② 보호누름공법(피복공법, 보행용 방수) : 보호누름(보호층)이 있는 방수

64. ㉮

- 합성고분자계 시트방수의 공사 분류

① 접착공법 : 접착제를 이용하여 바탕과 시트재가 일체화 되도록 하여 방수층을 형성하는 공법이다.

② 금속고정공법(기계적 고정공법) : 고정용 철물을 이용하여 시트재를 바탕에 고정시켜 방수층을 형성하는 공법이다.

③ 열풍용착공법 : 열풍용착기를 이용하여 시트 상호 간의 조인트 또는 특수부분을 열풍으로 녹여 시트를 연결시켜 방수층을 형성하는 공법이다.

65. ㉱

- 시트방수 재료를 붙이는 방법

① 온통접착 ② 줄접착

③ 점접착 ④ 갓접착

66. 시트방수에 관한 다음 사항 중 부적당한 것은 어느 것인가?

㉮ 매스틱(Mastic)형과 금속샌드위치 방수시트를 포함하고 네오프렌시트방수막, 부틸시트방수막, 비닐시트방수막 등이 있다.
㉯ 방수시공 직전의 바탕상태는 아스팔트방수 시공 시와는 달리 어느 정도의 습기가 있어도 시공이 가능한 것이 장점이다.
㉰ 보호대나 기타작업으로 수평면의 방수층이 완전히 덮혀지기 전에 50 mm 깊이로 24시간동안 침수시키는 누수시험을 한다.
㉱ 현장에서의 누수시험을 하여 하부구조에 누수가 발견되면 보수공사를 하고 누수가 없을 때까지 시험을 반복한다.

66. ㉯

방수시공 직전의 바탕에 어느 정도 습기가 있어도 시공이 가능한 것은 시멘트액체방수가 가능하며, 시트방수, 아스팔트방수, 도막방수 등의 바탕면은 평활도가 유지되어야 하고 완전 건조되어야 한다.

67. 도막방수 시공으로써 가장 부적당한 것은?

㉮ 아스팔트방수나 시트방수재와 비교하여 연결조인트 부분이 없이 방수층 전체를 일체화할 수 있고 작업이 용이하다.
㉯ 평탄부 및 수직부에 대한 도막방수재 바르기에 앞서 균열부분, 콘크리트 이어치기 부분, 모서리 부분 등의 취약부위에 대한 보강바름을 한다.
㉰ 도막방수재는 2회로 나누어 바르고 그 사이에 합성섬유나 유리섬유와 같은 보강재를 50 mm정도 겹치게 한다.
㉱ 바탕재에 고무아스팔트 에멀션형의 프라이머를 바른 후 건조하기 전에 도막재를 바른다.

67. ㉱

① 도막방수의 종류로는 유제형 도막방수, 용제형 도막방수, 에폭시계 도막방수 등이 있다.
② 도막방수는 프라이머를 바른 후 건조시킨 다음 도막재를 바른다.

68. 용제형(Solvent) 고무계 도막방수에 대한 공법 중 잘못된 것은?

㉮ 합성고무를 휘발성 용제에 녹인 일종의 고무도료를 도장하여 두께 0.5~0.8 mm의 방수피막을 형성하는 것이다.
㉯ 한 층의 시공이 완료되면 1.5~2시간 경과 후 다음 층의 작업을 시작하여야 한다.
㉰ 용제는 인화성이 강하므로 부근의 화기는 엄금한다.
㉱ 완성된 도막은 외상(外傷)에 강하다.

68. ㉱

용제형 도막방수는 충격에 약하므로 보호층이 필요하고 인화성이 강하므로 환기 및 화기에 주의한다.

69. 도막방수에 관한 기술 중 옳지 않은 것은?

㉮ 도막방수의 바탕 솔질은 시멘트액체방수에 준하여 실시한다.
㉯ 도막방수에는 노출공법과 비노출공법이 있다.
㉰ 유제형 도막방수는 인화성이 강하므로 시공 시 화기를 엄금한다.
㉱ 용제형 도막방수는 강풍이 불 경우 방수층 접착이 불량하다.

69. ㉰

① 유제형 도막방수는 인화성이 약하다.
② 용제형 도막방수는 충격에 약하므로 보호층이 필요하고 인화성이 강하므로 환기 및 화기에 주의한다.

70. 도막방수에 관한 설명으로 옳지 않은 것은?

㉮ 복잡한 형상에 대한 시공성이 우수하다.
㉯ 용제형 도막방수는 시공이 어려우나 충격에 매우 강하다.
㉰ 에폭시계 도막방수는 접착성, 내열성, 내마모성, 내약품성이 우수하다.
㉱ 셀프레벨링공법은 방수 바닥에서 도료상태의 도막재를 바닥에 부어 도포한다.

70. ㉯

용제형 도막방수는 시공이 간단하고 충격에 약하므로 보호층이 필요하고 인화성이 강하므로 환기 및 화기에 주의한다.

71. 도막방수에 관한 설명으로 옳지 않은 것은?

㉮ 도막방수의 바탕처리는 시멘트액체방수에 준하여 실시한다.
㉯ 도막방수에는 노출공법과 비노출공법이 있다.
㉰ 아크릴계 도막방수는 인화성이 강하므로 시공 시 화기를 엄금한다.
㉱ 용제형 도막방수는 강풍이 불 경우 방수층 접착이 불량하다.

71. ㉰

아크릴계 도막방수는 유제형 도막방수의 일종이며, 인화성이 약하다.

72. 도막방수 시공 시 유의사항으로 옳지 않은 것은?

㉮ 도막방수재는 혼합에 따라 재료 물성이 크게 달라지므로 반드시 혼합비를 준수한다.
㉯ 용제형의 프라이머를 사용할 경우에는 화기에 주의하고, 특히 실내 작업의 경우 환기장치를 사용하여 인화나 유기용제 중독을 미연에 예방하여야 한다.
㉰ 코너부위, 드레인 주변은 보강이 필요하다.
㉱ 도막방수공사는 바탕면 시공과 관통공사가 종결되지 않더라도 할 수 있다.

72. ㉱

도막방수공사는 바탕면 시공과 관통공사가 종결된 후 할 수 있다.

73. 에폭시(Epoxy)계 도막방수공사에 관한 기술 중 틀린 것은?

㉮ 다소 수분이 있더라도 모르타르를 바른 2일 후에 바른다.
㉯ 바름두께 0.1~0.2 mm의 얇은 막으로 한다.
㉰ 내약품성이나 마모성이 다른 재료에 비하여 약하다.
㉱ 접착성이 있어 바탕 콘크리트의 균열 보수나 시트(Sheet)방수의 접착제로 사용된다.

73. ㉰

에폭시계 도막방수는 접착성, 내열성, 내마모성, 내약품성 등이 우수하다.

74. 유리섬유, 합성섬유 등의 망상포를 적층하여 도포하는 도막방수 공법은?

㉮ 시멘트액체방수공법　　㉯ 라이닝공법
㉰ 멤브레인공법　　㉱ 루핑공법

74. ㉯

도막방수법의 시공방법(도포방법) 중 라이닝 공법은 유리섬유, 합성섬유 등의 망상포를 적층하여 도포한다.

75. 도막방수에 관한 설명으로 옳지 않은 것은?

㉮ 방수재의 도포 시 치켜올림 부위를 도포한 다음, 평면부위의 순서로 도포한다.
㉯ 방수재의 겹쳐 바르기 폭은 100 mm 내외로 한다.
㉰ 도막두께는 원칙적으로 사용량을 중심으로 관리한다.
㉱ 우레아수지계 도막방수재를 스프레이 시공 할 경우 바탕면과 200 mm 이하로 간격을 유지하도록 한다.

75. ㉱

우레탄-우레아고무계 또는 우레아수지계 도막방수재를 스프레이 시공 할 경우, 분사각도는 항상 바탕면과 수직이 되도록 하고, 바탕면과 300 mm 이상 간격을 유지하도록 한다.

76. 바닥 셀프레벨링재 바름공사에 관한 다음 설명 중 옳지 않은 것은 어느 것인가?

㉮ 먼저 바닥콘크리트의 레이턴스, 유지류 등은 완전하게 제거하고 깨끗하게 청소한다
㉯ 셀프레벨링재 붓기에 앞서 제조업자가 지정하는 합성수지 에멀션을 이용해서 1회 실러 바름을 하고 건조시킨다.
㉰ 셀프레벨링재를 시공한 후에는 창문 등을 개방하여 통풍과 기류로 건조시킨다.
㉱ 셀프레벨링재를 시공하는 도중이나 시공이 완료된 후에는 기온이 5 ℃ 이하가 되지 않도록 해야 한다.

76. ㉰

셀프레벨링재의 표면에 물결무늬가 생기지 않도록 창문 등을 밀폐하여 통풍과 기류를 차단한다.

77. 다음 방수공법 중 비교적 저렴하고 시공이 용이하며 지하실의 내방수나 소규모인 지붕방수 등과 같은 비교적 경미한 방수공법으로 채용되는 것은?

㉮ 시멘트액체방수공법
㉯ 아스팔트방수공법
㉰ 실링방수공법
㉱ 시트방수공법

77. ㉮

시멘트액체방수는 시멘트, 모르타르, 콘크리트에 방수제를 혼합하여 모체표면에 덧발라 방수하는 방법으로써 시공이 간단하며 비교적 저렴하게 시공 할 수 있고 결점부의 발견이 용이하다.

78. 시멘트액체방수공사와 관련된 설명 중 옳지 않은 것은?

㉮ 지하방수나 소규모의 지붕방수 등에 사용되는 경우가 많다.
㉯ 시멘트액체방수의 바탕은 깨끗하고 거칠게 하는 것이 모르타르와의 부착을 좋게 한다.
㉰ 비교적 저렴하고 시공이 용이한 방수공법이다.
㉱ 얇은 막상의 방수층을 형성시키는 멤브레인방수공법에 속한다.

78. ㉱

멤브레인방수의 종류로는 아스팔트방수, 개량아스팔트 시트방수, 합성고분자계시트 방수(시트방수), 도막방수 등이 있다.

79. 시멘트액체방수층의 시공 순서로 옳은 것은?

㉮ 시멘트풀 도포→방수액 침투→시멘트풀 도포→시멘트모르타르 도포

㉯ 방수액 침투→시멘트풀 도포→방수액 침투→시멘트모르타르 도포

㉰ 시멘트모르타르 도포→방수액 침투→시멘트풀 도포→방수액 침투

㉱ 방수액 침투→시멘트모르타르 도포→방수액 침투→시멘트풀 도포

79. ㉯

• 시멘트액체방수의 시공 순서 방수액 침투→시멘트풀→방수액 침투→시멘트모르타르

80. 표준시방서에 따른 시멘트액체방수층의 시공 순서로 옳은 것은? (단, 바닥용의 경우)

㉮ 방수시멘트풀 1차→바탕면 정리 및 물청소→방수액 침투→방수시멘트풀 2차→방수모르타르

㉯ 바탕면 정리 및 물청소→방수시멘트풀 1차→방수액 침투→방수시멘트풀 2차→방수모르타르

㉰ 바탕면 정리 및 물청소→방수액 침투→방수시멘트풀 1차→방수시멘트풀 2차→방수모르타르

㉱ 바탕면 정리 및 물청소→방수시멘트풀 1차→방수모르타르→방수시멘트풀 2차→방수액 침투

80. ㉯

• 시멘트액체방수층(바닥용)의 종류에 따른 시공 순서 바탕면 정리 및 물청소→방수시멘트풀 1차→방수액 침투→방수시멘트풀 2차→방수모르타르

81. 시멘트액체방수에 관한 설명으로 옳은 것은?

㉮ 모체 표면에 시멘트방수재를 도포하고 방수모르타르를 덧발라 방수층을 형성하는 공법이다.

㉯ 구조체 균열에 대한 저항성이 매우 우수하다.

㉰ 시공은 바탕처리→혼합→바르기→지수→마무리 순으로 진행된다.

㉱ 시공 시 방수층의 부착력을 위하여 방수할 콘크리트 바탕면은 충분히 건조시키는 것이 좋다.

81. ㉮

① 구조체 균열에 대한 저항성이 매우 우수하다.
② 시공은 바탕처리→지수→혼합→바르기→마무리 순으로 진행된다.
③ 시공 시 바탕이 건조할 경우에는 시멘트액체방수층 내부의 수분이 과도하게 흡수되지 않도록 바탕을 물로 적셔 반건조상태를 유지한다.

82. 방수공사에 관한 다음 기술 중 틀린 것은 어느 것인가?

㉮ 큰 면적의 모르타르방수에는 줄눈을 넣는 것이 좋다.

㉯ 방수모르타르에 사용하는 모래는 굵은 것이 좋고, 밑창 슬래브에 수분을 충분히 흡수시킨 후 방수모르타르를 바른다.

㉰ 모르타르방수가 아스팔트방수보다 보수하기 쉽고 방수모르타르를 바르면 버림콘크리트는 수밀하지 않아도 된다.

㉱ 통상 콘크리트의 균열은 방지하기 어려우므로 옥상방수를 행하는 것이 좋다.

82. ㉰

방수모르타르 바름은 버림콘크리트(모체)의 균열에 의해 방수층이 파열되므로 버림콘크리트를 수밀하게 시공한다.

83. 방수모르타르 바름 공법에 대한 설명으로 옳지 않은 것은?

㉮ 상당한 두께가 필요할 때에는 2~3회로 나누어 바른다.

㉯ 바름 면은 매회 거칠게 해야 한다.

㉰ 보통 모르타르보다 바탕과의 접착력이 매우 크다.

㉱ 총 두께는 12~25 mm 정도로 한다.

83. ㉰

방수모르타르 바름은 모르타르의 강도는 다소 떨어지더라도 방수능력이 큰 것이 필요하다.

84. 시멘트액체방수에 대한 기술 중 옳지 않은 것은?

㉮ 시멘트방수재를 모체에 침투시키거나 방수제를 혼합한 모르타르를 바르는 방수공법이다.

㉯ 방수모르타르 바름은 방수제를 혼합·반죽한 모르타르를 2~3회 발라 총 두께가 10~20 mm 정도로 바른다.

㉰ 방수층이 넓을 때에는 적당한 위치에 신축이음을 시공한다.

㉱ 하절기에는 낮 시간을 이용하여 작업을 실시하여 능률을 높인다.

84. ㉱

하절기의 낮 시간에는 고열에 의해 건조가 빨라 방수액이 모체에 충분히 침투할 수 없다.

85. 건축공사 표준시방서에 따른 시멘트액체방수공사 시 방수층 바름에 관한 설명으로 옳지 않은 것은?

㉮ 바탕의 상태는 평탄하고, 휨, 단차, 레이턴스 등의 결함이 없는 것을 표준으로 한다.

㉯ 방수층 시공 전에 곰보나 콜드조인트와 같은 부위는 실링제 또는 폴리머시멘트모르타르 등으로 바탕처리를 한다.

㉰ 방수층은 흙손 및 뿜칠기계 등을 사용하여 소정의 두께(부착강도 측정이 가능하도록 최소 4 mm 두께 이상)가 될 때까지 균일하게 바른다.

㉱ 각 공정의 이어 바르기의 겹침폭은 20 mm 이하로 하여 소정의 두께로 조정하고, 끝부분은 솔로 바탕과 잘 밀착시킨다.

85. ㉱

각 공정의 이어 바르기의 겹침폭은 100 mm 정도로 한다.

86. 시멘트액체방수에 대한 설명으로 옳지 않은 것은?

㉮ 값이 저렴하고 시공 및 보수가 용이한 편이다.
㉯ 바탕의 상태가 습하거나 수분이 함유되어 있더라도 시공 할 수 있다.
㉰ 바탕 콘크리트의 침하, 경화 후의 건조수축, 균열 등 구조적 변형이 심한 부분에도 사용할 수 있다.
㉱ 옥상 등 실외에서는 효력의 지속성을 기대할 수 없다.

86. ㉰

시멘트액체방수는 바탕 콘크리트의 침하, 경화 후의 건조수축, 균열 등 구조적 변형이 심한 부분에는 사용하기 어렵다.

87. 시멘트액체방수와 비교한 아스팔트방수의 특징에 관한 설명 중 옳지 않은 것은?

㉮ 시공시일이 길게 걸린다.
㉯ 결함부 발견이 용이하다.
㉰ 외기에 대한 영향이 적다.
㉱ 공사비가 비싸다.

87. ㉯

구분	아스팔트 방수	시멘트액체 방수
시공시일	길다.	짧다.
결함부 발견	용이하지 않다.	용이하다.
외기영향	적다.	직감적이다.
공사비 (경제성)	비싸다.	싸다.

88. 아스팔트방수가 시멘트액체방수보다 비교적 좋은 점은?

㉮ 경제성이 있다.
㉯ 방수층의 균열의 발생정도가 비교적 적다.
㉰ 보수 범위가 국부적이다.
㉱ 시공이 간단하다.

88. ㉯

구분	아스팔트 방수	시멘트액체 방수
공사비 (경제성)	비싸다.	싸다.
균열 발생정도	안 생긴다.	잘 생긴다.
보수범위	광범위하다.	국부적이다.
시공 용이도	번잡하다.	용이하다.

89. 아스팔트방수층과 시멘트액체방수층의 차이점에 관한 것 중 틀린 것은?

㉮ 시멘트액체방수층이 아스팔트방수층보다 경제적이다.
㉯ 아스팔트방수층의 결함부분의 발견이 시멘트액체방수층보다 용이하다.
㉰ 아스팔트방수층의 보수비는 시멘트액체방수층의 보수비보다 고가이다.
㉱ 아스팔트방수층의 시공이 시멘트액체방수층의 시공보다 복잡하며 소요 시간이 길다.

89. ㉯

구분	아스팔트 방수	시멘트액체 방수
공사비 (경제성)	비싸다.	싸다.
결함부 발견	용이하지 않다.	용이하다.
시공시일	길다.	짧다.

90. 무기질 또는 무기유기질계가 혼합된 방수재를 솔 · 롤러 또는 저 압력의 기구로 콘크리트 바탕에 분사 · 코팅하여 방수층을 형성 하는 공법은?

㉮ 실재방수
㉯ 침투방수
㉰ 발수성방수
㉱ 그라우팅방수

90. ㉯
침투성방수(침투성도포방수)는 콘크리트 표면을 강화하거나 수분의 침투를 방지할 목적으로 침투성방수 재료를 콘크리트 표면에 스며들게 하여 방수막을 형성하는 방수법이다.

91. 침투방수공법에 관한 기술 중 부적당한 것은?

㉮ 높은 수압에 유리하다.
㉯ 보호모르타르가 필요 없다.
㉰ 진동 및 균열에도 강하다.
㉱ 방수층의 분리가 없다.

91. ㉰
침투성방수는 진동과 균열에 약하다.

92. 커튼월공사에서 실링재의 시공 시에 줄눈깊이의 조정이나 줄눈 바탕에서의 부착방지 목적으로 사용되는 재료는 다음 중 어느 것인가?

㉮ 백업재
㉯ 비드
㉰ 가스켓
㉱ 스팬드럴

92. ㉮
① 비드 : 용접에서 용접봉이 1회 통과할 때 용재표면에 용착된 금속층이다.
② 가스켓 : 고무, 합성수지 제품을 이용하여 유리를 보호하고 지지하며 수밀성을 가지고 있는 것이다.
③ 스팬드럴 : 구조물에서 테두리보와 같이 수평적으로 강조되는 보이다

93. 다음 사항은 방수공사 중 실링(Sealing)재의 각 시공단계이다. 그 순서는 적합한 것은?

ⓐ 피복면의 청소	ⓑ 주걱누름
ⓒ 줄눈 수위 청소	ⓓ 마스킹테이프 붙임
ⓔ 프라이머 도포	ⓕ 실링재의 충전
ⓖ 백업재 또는 본드브레이커 부착	

㉮ ⓐ → ⓓ → ⓔ → ⓑ → ⓕ → ⓖ → ⓒ
㉯ ⓐ → ⓕ → ⓑ → ⓓ → ⓔ → ⓖ → ⓒ
㉰ ⓐ → ⓖ → ⓓ → ⓔ → ⓕ → ⓑ → ⓒ
㉱ ⓐ → ⓔ → ⓓ → ⓑ → ⓕ → ⓖ → ⓒ

93. ㉰
• 실링방수의 시공 순서
① 재료 및 시공기기의 확인
② 피착면의 확인
③ 피착면의 청소
④ 백업재의 충전 또는 본드브레이커 바름
⑤ 마스킹테이프 바름
⑥ 프라이머 도포
⑦ 실링재의 소제, 건(Gun)의 준비
⑧ 실링재의 충전
⑨ 주걱마감
⑩ 마스킹테이프 벗겨냄
⑪ 청소
⑬ 양생

94. 실링공사의 재료에 관한 기술 중 옳지 않은 것은?

㉮ 가스켓은 콘크리트의 균열부위를 충전하기 위하여 사용하는 부정형 재료이다.
㉯ 프라이머는 접착면과 실링재와의 접착성을 좋게 하기 위하여 도포하는 바탕처리 재료이다.
㉰ 백업재는 소정의 줄눈깊이를 확보하기 위하여 줄눈 속을 채우는 재료이다.
㉱ 마스킹테이프는 시공 중에 실링재 충전개소 이외의 오염방지와 줄눈선을 깨끗이 마무리하기 위한 보호테이프이다.

94. ㉮
가스켓은 정형실재이며 금속용, 콘크리트용, 창문용, 유리 고정용 등으로 사용된다.

95. 코킹재료와 관계가 없는 것은?

㉮ 공기 접합부 피막을 형성한다.
㉯ 내후성이 있어야 한다.
㉰ 접착성이 있어야 한다.
㉱ 흡수성이 있어야 한다.

95. ㉱
코킹재는 내수성, 내산성, 내후성, 내알칼리성 및 접착성 등이 있어야 한다.

96. 유성코킹(Caulking)재의 품질을 규정한 사항으로 부적합한 것은 다음 중 어느 것인가?

㉮ 수축률 7 % 이하
㉯ 슬럼프 3 mm 이하
㉰ 침투너비 5 mm 이하
㉱ 경화율 10 % 이상

96. ㉱
경화율은 30 % 이하이다.

97. 조적구조 벽체로 수분이 침투하여 벽지가 썩는 피해가 발생하는데, 이에 대한 방지대책으로 가장 부적당한 것은 어느 것인가?

㉮ 흡수율이 큰 다공질 벽돌을 사용한다.
㉯ 지면과 지상으로 연결되는 벽면에 방습층을 설치한다.
㉰ 외벽면에 방수재를 발라준다.
㉱ 벽체를 공간을 사이에 둔 겹벽으로 시공한다.

97. ㉮
조적구조 벽체의 수분 침투 방지대책으로는 흡수율이 적은 벽돌을 사용한다.

98. 조적식 벽체에 빗물이 스며드는 원인 중 옳지 않은 것은?

㉮ 사춤 모르타르의 불충분 또는 조적법의 불완전
㉯ 치장줄눈의 불완전 처리
㉰ 쌓기 후 벽체의 투수시험 결여
㉱ 물흘림, 물끊기 등의 처리 불충분

98. ㉰
벽체에 빗물이 스며드는 것은 시공상의 원인이다. 쌓기 후 벽체의 투수시험을 할 수는 없다.

99. 바깥방수와 비교한 안방수의 특징에 관한 설명으로 옳지 않은 것은?

㉮ 공사가 간단하다.
㉯ 공사비가 비교적 싸다.
㉰ 보호누름이 없어도 무방하다.
㉱ 수압이 작은 곳에 이용된다.

99. ㉰
바깥방수에 비해 안방수는 보호누름이 필요하다.

100. 바깥방수공법에 대한 설명 중 부적당한 것은?

㉮ 바닥방수는 버림콘크리트를 한 후 방수공사를 한다.
㉯ 벽체방수는 밑바탕의 벽체를 축조하고 외부에 방수공사를 한다.
㉰ 벽체방수 시 보호누름이 필요하다.
㉱ 안방수공법에 비해 공기 및 시공 측면에서 유리하다.

100. ㉱
바깥방수공법은 안방수공법에 비해 공기 및 시공면에서 불리하다.

101. 안방수에 대한 바깥방수의 특성이 아닌 것은?

㉮ 수압이 크고 깊은 지하실에는 유리하다.
㉯ 공사기일에 제약을 받는다.
㉰ 아스팔트방수층일 경우는 바닥방수층의 치켜올림을 고려하여 버림콘크리트를 200 mm 이상 넓게 한다.
㉱ 공사비가 증대된다.

101. ㉰
지하실이 바깥방수 아스팔트방수층일 경우, 바닥방수층 치켜올림을 고려하여 버림콘크리트는 600 mm 이상 넓게 하고 방수층도 접어 올릴 수 있게 한다.

102. 방수공사에서 안방수와 바깥방수의 비교 중 틀린 것은?

㉮ 바탕만들기에서 안방수는 따로 만들 필요가 없으나 바깥방수는 따로 만들어야 한다.
㉯ 경제성은 안방수는 비교적 싼 반면 바깥방수는 고가이다.
㉰ 공사시기에서 안방수는 본 공사에 선행되어야 하나 바깥방수는 자유로이 선택할 수 있다.
㉱ 공사 순서에서 안방수는 간단하며 바깥방수는 상당한 절차가 필요하다.

102. ㉰
공사시기는 안방수는 자유로우며, 바깥방수는 본 공사에 선행해야 한다.

103. 방수공사에서 안방수와 바깥방수를 비교한 설명으로 옳지 않은 것은?

㉮ 바탕만들기에서 안방수는 따로 만들 필요가 없으나 바깥방수는 따로 만들어야한다.

㉯ 경제성(공사비)에서는 안방수는 비교적 저렴한 편인 방면 바깥방수는 고가인 편이다.

㉰ 공사시기에서 안방수는 본 공사에 선행해야 하나 바깥방수는 자유로이 선택할 수 있다.

㉱ 안방수는 바깥방수에 비해 시공이 간편하다.

103. ㉰

공사시기는 안방수는 자유로우며, 바깥방수는 본 공사에 선행해야 한다.

104. 건축물의 지하실 방수공법에서 안방수와 비교한 바깥방수의 특징이 아닌 것은?

㉮ 수압이 크고 깊은 지하실에 유리하다.

㉯ 공사기일에 제약을 받는다.

㉰ 시공이 간편하고 결함의 발견 및 보수가 용이하다.

㉱ 일반적으로 보통 시트방수나 아스팔트방수가 많이 쓰인다.

104. ㉰

안방수에 비해 바깥방수는 시공이 복잡하고 결함의 발견 및 보수가 어렵다.

105. 방수공사에 관한 설명으로 옳은 것은?

㉮ 보통 수압이 적고 얕은 지하실에는 바깥방수법, 수압이 크고 깊은 지하실에는 안방수법이 유리하다.

㉯ 지하실에 안방수법을 채택하는 경우, 지하실 내부에 설치하는 칸막이벽, 창문틀 등은 방수층 시공 전 먼저 시공 하는 것이 유리하다.

㉰ 바깥방수법은 안방수법에 비하여 하자보수가 곤란하다.

㉱ 바깥방수법은 보호누름이 필요하지만, 안방수법은 없어도 무방하다.

105. ㉰

① 보통 수압이 적고 얕은 지하실에는 안방수법, 수압이 크고 깊은 지하실에는 바깥방수법이 유리하다.
② 지하실에 바깥방수법을 채택하는 경우, 지하실 내부에 설치하는 칸막이벽, 창문틀 등은 방수층 시공 전 먼저 시공 하는 것이 유리하다.
③ 안방수법은 보호누름이 필요하지만, 바깥방수법은 없어도 무방하다.

106. 지하방수에 대한 설명으로 옳지 않은 것은?

㉮ 바깥방수는 깊은 지하실에서 유리하다.

㉯ 바깥방수에는 보통 시트나 아스팔트방수 및 벤토나이트방수 공법이 많이 쓰인다.

㉰ 안방수는 시공이 어렵고 보수가 쉽지 않은 단점이 있다.

㉱ 안방수는 시트나 아스팔트방수보다 액체방수를 많이 활용한다.

106. ㉰

안방수는 시공이 쉽고 보수가 쉬운 장점이 있다.

107. 지하실 방수공사에 대한 설명 중 잘못된 것은?

㉮ 지하실 내방수는 수압이 적은 경우 적용한다.
㉯ 지하실 내방수는 시공 시기의 조정이 가능하다.
㉰ 지하실 외방수는 본 공사 진행에 영향을 미치지 않는다.
㉱ 지하실 외방수는 비교적 시공비가 높다.

108. 철근콘크리트구조 건축물의 지하실방수공사에 있어서 시공의 난이, 공비의 고저를 고려하지 않고 시공 할 경우 가장 양호한 방법은?

㉮ 콘크리트에 방수제를 넣는다.
㉯ 방수모르타르를 입힌다.
㉰ 아스팔트 바깥방수법으로 시공한다.
㉱ 아스팔트 안방수법으로 시공한다.

109. 철근콘크리트구조 건물의 지하실 방수공사에서 시공의 난이, 공사비의 고저를 생각하지 않고 시공하는 경우 가장 바람직한 방법은?

㉮ 아스팔트 바깥방수법으로 시공한다.
㉯ 콘크리트에 AE제를 넣는다.
㉰ 방수모르타르를 바른다.
㉱ 콘크리트에 방수제를 넣는다.

110. 철근콘크리트 건물의 지하실을 방수하는 여러 가지 방법 가운데서 시공의 난이 비용을 생각지 않았을 때 가장 좋은 방법은 다음 중 어느 것인가?

㉮ 아스팔트 안방수
㉯ 방수모르타르를 바른다.
㉰ 아스팔트와 바깥방수
㉱ 콘크리트에 AE제를 넣는다.

107. ㉰

지하실 외방수(바깥방수)는 본 공사 진행에 영향을 미치며 공사 순서에 상당한 절차가 필요하다.

108. ㉰

① 지하실방수에서 시공의 난이와 공비의 고저를 생각하지 않는다면 아스팔트 바깥방수법이 가장 우수하다.
② 아스팔트방수가 시멘드 액체방수보다 방수능력에 있어 신뢰도가 높다.
③ 바깥방수가 안방수보다 공사비는 고가이나 수압이 크고 깊은 지하실에 사용할 수 있다.

109. ㉮

지하실방수에서 시공의 난이와 공비의 고저를 생각하지 않는다면 아스팔트 바깥방수법이 가장 우수하다.

110. ㉰

바깥방수가 안방수에 비해 공사비가 고가이나 수압이 크고 깊은 지하실에 적당하며, 아스팔트방수가 모르타르방수에 비해 공사비가 고가이나 방수능력의 신뢰도가 높다. 따라서 철근콘크리트 건물의 지하실에는 아스팔트 바깥방수가 가장 좋은 방수법이 될 수 있다.

111. 다음 정의에 해당되는 용어로 옳은 것은?

> 바탕에 고정한 부분과 방수층에 고정한 부분 사이에 방수층의 온도신축에 추종할 수 있도록 고안된 철물

㉮ 슬라이드(Slide) 고정철물
㉯ 보강포
㉰ 탈기장치
㉱ 본드브레이커(Bond Breaker)

111. ㉮

① 금속판방수에서 고정철물은 방수층을 바탕에 고정하는 강제의 철물이며, 종류로는 고정과 슬라이드가 있다.
② 슬라이드 고정철물은 바탕에 고정한 부분과 방수층에 고정한 부분 사이에 방수층의 온도신축에 추종할 수 있도록 고안된 철물이다.

BUILDING CONSTRUCTION

PART

X

미장 및 타일공사

제29장 미장공사

1 미장재료

1. 개요

미장공사(Plaster Work)는 흙, 회반죽, 모르타르, 인조석 등을 건물의 내벽 및 외벽, 바닥, 천장 등에 바르는 것이다.

2. 미장공사 관련 용어 181)

구 분	내 용
바탕	바탕은 모르타르, 플라스터, 회반죽 등 미장재료를 바르기 위한 구조체 표면 또는 미장바름을 위하여 라스, 졸대, 기타의 것 등을 처리한 면이다.
바탕처리	바탕처리는 요철 또는 변형이 심한 개소를 고르게 손질바름하여 마감두께가 균등하게 되도록 조정하고 균열 등을 보수하는 것이다.
바탕누름	바탕누름은 바탕의 조정을 목적으로 실러를 뿌리거나, 바르기 좋도록 프라이머를 도장하는 것이다.
덧먹임	덧먹임은 바르기의 접합부 또는 균열의 틈새, 구멍 등에 반죽된 재료를 밀어 넣어 때워주는 것이다.
눈먹임	눈먹임은 인조석 갈기 또는 테라조 현장갈기의 갈아내기 공정에 있어서 작업면의 종석이 빠져나간 구멍부분 및 기포를 메우기 위해 그 배합에서 종석을 제외하고 반죽한 것을 작업면에 발라 밀어 넣어 채우는 것이다.
고름질	고름질은 바름두께 또는 마감두께가 두꺼울 때 또는 요철이 심할 때 초벌바름 위에 발라 붙여주는 것 또는 그 바름층이다.
건비빔	건비빔은 혼합한 미장재료에 반죽용 물을 섞지 않은 상태이다.
물비빔	물비빔은 건비빔된 미장재료에 물을 부어 바를 수 있도록 반죽된 상태이다.
결합재	결합재는 시멘트, 플라스터, 소석회 등이 잔골재, 섬유 등과 같이 혼합되어 혼합된 미장재료들을 경화시키는 재료이다.
라스먹임	라스먹임은 메탈라스, 와이어라스 등의 바탕에 모르타르 등을 최초로 발라 붙이는 것이다.
리그노이드스톤 (Lignoid Stone)	리그노이드스톤은 마그네시아시멘트모르타르에 탄성재인 코르크 분말, 안료 등을 혼합한 미장재료이며 벽면, 천장 등엔 부적당하고 바닥 포장재로 주로 사용된다.
스터코 (Stucco)	스터코는 흙손 바름 성형이 가능한 가소성 재료로써 굳으면 건물 외벽이나 외부 표면에 단단한 피복면이 되는 것으로 외벽의 미끄러운 각종 미장마감을 말한다.
혼화재료	혼화재료는 주재료 이외의 재료로써 반죽할 때 필요에 따라 미장재료의 성분으로써 첨가하는 재료이다.

181) KCS 41 46 01 미장공사 일반(1.4), 국토교통부, 대한건축학회, 2016.

3. 미장재료의 구분

1) 기경성 및 수경성

(1) 기경성(수축성)

구 분		내 용
진흙질	진흙질	진흙+모래+짚여물+물
	새벽	새벽흙+모래+여물+해초풀
석회질	회반죽	소석회+모래+여물+해초풀
	회사벽	강회(剛灰)를 피어 만든 소석회+모래+여물+해초풀
	돌로마이트플라스터	① 돌로마이트 석회+모래+여물 ② 마그네시아 석회라고도 한다.

주1 기경성은 진흙 및 석회와 같이 공기 중에서 탄산가스(CO_2)와 반응하여 굳어지는 성질이다.

주2 강회는 석회석, 조개 및 굴껍질 등을 구워서 만든 분말이다. 생석회라고도 한다. 강회에 물을 첨가하여 소석회로 만들어 미장재료로 사용한다.

(2) 수경성(팽창성)

구 분		내 용
석고질	순석고플라스터	순석고+모래+여물+물
	혼합석고플라스터	혼합석고+모래+여물+물
	무수석고플라스터	무수석고+모래+여물+물
시멘트질	모르타르	시멘트+모래+물

주1 수경성은 시멘트처럼 물과 혼합하여 수화반응에 의하여 굳어지는 성질이다.

2) 용매

종 류	내 용
물	물은 깨끗한 것을 사용하며, 가장 일반적으로 사용된다.
해초풀물	해초풀물은 회반죽 배합 시 사용된다.
용액성간수 ($MgCl_2$)	① 용액성간수는 착색이 용이하고 물을 가해도 경화되지 않는다. ② 종류로는 마그네시아시멘트가 있다. ③ 물대신 사용하며, 강재를 녹슬게 하고, 리그노이드의 원료가 된다.

3) 알칼리성 미장재료

① 시멘트모르타르 ② 회반죽

③ 돌로마이트플라스터 ④ 혼합석고플라스터

4. 미장 혼화재료 182)

1) 종류

① 광물질계 혼회재(소석회, 돌로마이트플라스터, 플라이애시, 고로슬래그 미분말 등)

② 합성수지계 혼화제[폴리머 분산제, 수용성수지(메틸셀룰로오스 등), 재유화형분말수지 등]

③ 화학혼화제(AE제, 감수제, AE감수제, 고성능 AE감수제, 유동화제 등)

④ 방수제

⑤ 회반죽용 풀[듬북(각우) 또는 은행초, 수용성수지(메틸셀룰로오스 등), 시멘트 혼입용 폴리미 등]

⑥ 외벽용 풀[듬북, 청각채(해초류의 일종), 곤약풀, 아교, 합성수지계 혼화제 등]

⑦ 안료

2) 해초풀

① 해초풀은 은행초, 미역 및 해초를 끓여 만든 풀이다.

② 점도(점착력) 증대, 바탕재의 흡수방지 및 건조 후 강도증대 등을 위해 사용된다.

5. 미장 보강재료 183)

1) 여물

① 여물은 미장재료로 사용되는 섬유질 재료이다.

② 잔금 방지(건조수축에 의한 균열방지), 재료의 끈기 유지, 탈락(떨어짐) 방지 및 강도보강을 위해 사용된다.

2) 수염

① 수염은 목조의 졸대 바탕에 붙여서 회반죽의 균열방지와 회반죽이 떨어지는 것일 방지하기 위해 대는 외(Lath, 椳)의 일종이다.

② 벽용은 길이 700 mm 내외, 천장용은 길이 550 mm 내외의 질긴 청마 또는 마닐라삼 등을 두 가닥으로 매어 졸대 위에 200~400 mm 간격의 마름모형으로 박아대고 한 가닥은 초벌먹임바름에 또 한 가닥은 재벌바름에 묻혀 붙인다.

③ 회반죽의 균열방지와 박리방지 및 탈락방지를 위해 사용된다.

---

182) KCS 41 46 01 미장공사 일반(2.2), 국토교통부, 대한건축학회, 2016.

183) KCS 41 46 01 미장공사 일반(2.5), 국토교통부, 대한건축학회, 2016.

5. 미장공사의 결함

1) 종류

① 균열 및 박락
② 들뜸
③ 오염
④ 백화

2) 미장재료의 균열 및 박락

(1) 원인

① 구조체의 수축 및 변형
② 재료불량 및 수축
③ 바탕면 처리 불량
④ 이음부 및 이질재와 접합부
⑤ 시공불량(바름두께의 초과 및 미달, 양생불량 등)

(2) 미장재료의 균열, 박락(剝落) 및 박리(剝離)의 방지대책

① 줄눈대나 혼화제를 사용한다.
② 바름 바탕면을 거칠게 한다.
③ 초벌방치 시간과 오픈타임을 준수한다.
④ 급속한 건조를 피한다.
⑤ 미장재료를 얇게 여러 번 바른다.
⑥ 양생 및 경화를 철저히 한다.

2 시멘트모르타르 바름

1. 개요

① 시멘트모르타르 바름은 시멘트와 모래를 배합하여 물로 갠 것인 시멘트모르타르를 벽, 바닥, 천장 등에 바르는 것이다.
② 시멘트모르타르의 주원료는 시멘트와 잔골재(모래) 등이다.
③ 수경성이면서 알칼리성 재료이다.

2. 모르타르의 종류

종 류		용 도
보통 모르타르	① 보통시멘트모르타르	일반용
	② 백색시멘트모르타르	치장용
방수 모르타르	① 액체방수모르타르	간이 방수용
	② 발수제모르타르	간이 방수용
	③ 규산질모르타르	충전용
특수 모르타르	① 바라이트모르타르	방사선차단용
	② 질석모르타르	경량, 단열용
	③ 활석면(석면)모르타르	보온, 불연용, 균열방지용
	④ 합성수지혼화모르타르	경도, 치밀성, 특수 치장용
아스팔트모르타르		내산용, 바닥용

3. 모르타르 바름

1) 시공 순서

구 분	내 용
위 치	위 → 아래
실 내 (내 벽)	① 일반 : 천장 → 바닥 ② 실내 3면 : 천장 → 벽 → 바닥
실 외 (외 벽)	① 일반 : 옥상난간 → 지층 ② 처마밑, 반자, 차양밑 : 밑 → 밑벽

주1 벽과 수평으로 교차되는 처마밑, 반자, 차양밑 등의 부위에서는 처마밑, 반자 차양밑을 먼저 바르고 그 밑 벽의 순서로 진행한다.

주2 천장돌림, 벽돌림 등의 규준이 되는 부분을 먼저 바르고, 천장, 벽면 등의 넓은 면을 바른다.

2) 모르타르 바름의 일반사항

(1) 바탕처리

바름바탕 청소, 불량 바탕(균열, 들뜸 등) 보수, 심하게 우묵한 곳은 덧발라 살붙임 및 지나치게 매끈한 곳은 쇠갈퀴 등으로 거친면 처리한다.

(2) 초벌바름 및 라스먹임

① 초벌바름 전 작업사항으로 살붙임 및 청소를 하고, 분무기 등으로 적당한 물축이기를 한 후, 초벌먹임(모르타르는 3 mm, 순시멘트풀 1 mm 정도)한다.

② 초벌바름두께는 4.5~6 mm 정도로 하고 바름면을 비, 작살 등으로 거친면 처리한다.

(3) 초벌바름 방치기간

① 초벌바름 및 라스먹임은 2주일 이상, 가능한 한 장기간 방치한다.

② 초벌바름면에 생기는 흠이나 균열을 충분히 발생시키고, 심한 틈새는 덧먹임을 한다.

(4) 고름질

① 초벌바름면의 두께 차가 심하거나 얼룩진 곳은 고름질한다.

② 방치기간은 2주일 이상이다.

(5) 재벌바름

재벌바름은 평활도 및 수직도를 유지하며 바른다.

(6) 정벌바름

재벌바름면에 물이 건힌 후 쇠흙손 또는 나무흙손으로 재벌바름과 같은 방법으로 정벌바름 실시한다.

(7) 양생

급속한 조기건조를 방지하고 완성 후 진동 및 충격을 방지한다.

4. 모르타르 표면마무리 방법

① 뿜칠 마무리(Cement Spray)

② 흙손 마무리

③ 솔질 마무리

④ 색모르타르 바름 마무리

⑤ 긁어 만든 거친면 마무리(Scratch)

5. 시공일반 184)

1) 배합 및 비비기

① 바탕에 가까운 바름층일수록 부배합으로 하고, 정벌바름에 가까울수록 빈배합으로 한다.

② 결합재와 골재 및 혼화재의 배합은 용적비로 표시하고, 혼화제, 안료, 해초풀 및 짚 등의 사용량은 결합재에 대한 질량비(중량비)로 표시하는 것을 원칙으로 한다.

③ 석고플라스터에 시멘트, 소석회, 돌로마이트플라스터 등을 혼합하여 사용하면 안 된다.

④ 모르타르의 배합(용적비)는 다음 표와 같다.

184) KCS 41 46 01 미장공사 일반(3.2, 3.3), 국토교통부, 대한건축학회, 2016.

바탕	바름 부분	초벌바름 및 라스먹임 (시멘트 : 모래)	고름질 및 재벌바름 (시멘트 : 모래)	정벌바름 (시멘트 : 모래 : 소석회)
콘크리트, 콘크리트블록 및 벽돌면	바닥	-	-	1 : 2 : 0
	내벽	1 : 3	1 : 3	1 : 3 : 0.3
	천장	1 : 3	1 : 3	1 : 3 : 0
	차양	1 : 3	1 : 3	1 : 3 : 0
	바깥벽	1 : 2	-	1 : 2 : 0.5
	기타	1 : 2	-	1 : 2 : 0.5
각종 라스바탕	내벽	1 : 3	1 : 3	1 : 3 : 0.3
	천장	1 : 3	1 : 3	1 : 3 : 0.5
	차양	1 : 3	1 : 3	1 : 3 : 0.5
	바깥벽	1 : 2	1 : 3	1 : 3 : 0
	기타	1 : 3	1 : 3	1 : 3 : 0

2) 바탕의 점검

콘크리트 바탕 등의 표면 경화 불량은 두께가 2 mm 이하의 경우 와이어브러시 등으로 불량부분을 제거한다.

3) 흙손 바름과 뿜칠

① 초벌바름은 바탕의 강성과 부착성을 고려하여 적합한 흙손을 선택한다.

② 바름면의 흙손작업은 바름층이 굳기 전에 끝낸다.

③ 바름표면의 흙손바름 및 흙손누름작업은 물기가 걷힌 상태를 보아가며 한다.

④ 압송뿜칠기계로 바름 하는 두께가 20 mm를 넘는 경우는 초벌, 재벌, 정벌 3회로 나누어 뿜칠바름을 한다

4) 양생

미장바름 주변의 온도가 5℃ 이하일 때는 공사를 중단하거나 난방하여 5 ℃ 이상으로 유지한다.

5) 바름구획

슬래브의 바탕바름으로 시멘트모르타르 및 돌로마이트플라스터 바름을 할 때는 탈락의 우려가 있으므로 1구획 면을 4 m×4 m 정도의 면적으로 바름면적을 제한한다.

6) 모르타르 바름두께

1회의 바름두께는 다음 표와 같다. 다만, 메탈라스 및 와이어라스의 라스먹임의 경우는 제외한다.

바 탕	바름부분	바름두께(mm)				
		초벌 및 라스먹임	고름질	재벌바름	정벌바름	합계
콘크리트 콘크리트블록 벽돌	바닥	-	-	-	24	24
	내벽	7	-	7	4	18
	천장 및 차양	6	-	6	3	15
	외벽 및 기타	9	-	9	6	24
각종 라스바탕	내벽	라스두께보다 2 mm 내외 두껍게 바른다.	7	7	4	18
	천장 및 차양		6	6	3	15
	외벽 및 기타		0~9	0~9	6	24

주1 천장 및 차양의 마무리 두께는 15 mm 이하이고, 기타의 마무리두께는 15 mm 이상으로 한다.

주2 모르타르 바름은 1회 바름두께를 가능한 얇게 그리고 각층 바름을 되도록 얇게 여러 번 바르는 것이 좋다.

7) 시공

① 시멘트와 잔골재(모래)를 혼합하고, 물을 부어서 잘 섞어 주며, 1회 비빔량은 2시간 이내 사용할 수 있는 양으로 한다.

② 초벌바름 또는 라스먹임은 2주일 이상 방치한다.

③ 초벌바름 또는 라스먹임 후, 균열이나 처짐 등 흠을 충분히 발생시키고 심한 틈새가 생기면 다음 층 바름 전에 덧먹임을 한다.

④ 바름두께가 너무 두껍거나 얼룩이 심할 때는 고름질을 한다.

⑤ 초벌바름에 이어서 고름질을 한 다음에는 초벌바름과 같은 방치기간을 둔다.

⑥ 고름질 후에는 쇠갈퀴 등으로 전면을 거칠게 긁어 놓는다.

⑦ 재벌바름을 한 다음에는 쇠갈퀴 등으로 전면을 거칠게 긁어 놓은 후 초벌바름과 같은 방치기간을 둔다.

⑧ 재벌바름의 경화 정도를 보아 정벌바름 한다.

⑨ 바탕에 심한 요철이 없고 마무리 두께가 15 mm 이하의 천장, 벽, 기타(바닥판 제외)는 초벌바름 후 재벌바름을 하지 않고 정벌바름을 하는 경우가 있다(2회 바름 공법).

⑩ 평탄한 바탕면으로 마무리 두께 10 mm 정도의 천장, 벽, 기타(바닥판 제외)는 1회로 마무리하는 경우가 있다(1회 바름 공법).

8) 모르타르 바름의 균열

(1) 원인

① 과다한 물시멘트비로 인한 수분 증발

② 시멘트량의 증가로 인한 시멘트의 수축

③ 과다한 물시멘트비로 인한 강도저하

④ 모르타르 1회 바름두께 과다

⑤ 부적합 잔골재(모래) 사용(바다모래, 토분 포함, 입자 굵기)

(2) 대책

① 적정 물시멘트비를 유지한다.

② 모르타르는 시멘트 사용량을 줄여 빈배합으로 한다.

③ 입도가 적당하고 되도록 굵은 모래를 사용한다.

④ 혼화제를 사용하여 수량을 줄인다.

⑤ 줄눈대나 혼화제를 사용한다.

⑥ 붙임모르타르의 접착강도를 확보하고 발름 바탕면을 거칠게 한다.

⑦ 초벌바름은 바름두께를 얇게 하며, 모르타르를 얇게 여러 번 바른다.

⑧ 초벌방치 시간과 오픈타임을 준수하며 급속한 건조를 피한다.

⑨ 마감 모르타르(2회)를 분리타설 한다.

⑩ 정벌 전 반드시 살수 후 시공한다.

⑪ 양생 및 경화를 철저히 한다.

⑫ 모르타르의 배합은 바탕에 가까운 바름층 일수록 부배합으로 하고, 정벌바름에 가까울수록 빈배합으로 한다.

3 플라스터 바름

1. 개요

① 플라스터 바름은 광물질의 분말과 물을 섞어 바르는 것이다.

② 플라스터에는 석고계와 돌로마이트계가 있다.

③ 보통 실내 벽과 천장을 마감할 때 사용된다.

2. 석고플라스터 바름

1) 개요

석고플라스터는 소석고를 주성분으로 하는 미장재료이며, 석고플라스터 바름은 석고플라스터와 골재 등을 주재료로 하여 내벽, 천장 등에 발라서 미장하는 바름이다.

2) 종류

(1) 순석고플라스터

① 순석고플라스터는 순석고, 모래, 여물, 물의 혼합물이다.

② 경화속도가 빠르고 수경성이면서 중성이다.

(2) 혼합석고플라스터

① 혼합석고플라스터는 혼합석고, 모래, 여물, 물의 혼합물이다.

② 경화속도가 보통이고 수경성이면서 알칼리성이다.

(3) 경석고플라스터

① 경석고플라스터는 무수석고, 모래, 여물, 물의 혼합물이다.

② 산성이며 강도가 크고 수축이 거의 없다.

③ 킨즈시멘트(Keen's Cement) 또는 무수석고플라스터라고도 한다.

④ 동절기 공사가 가능하고 목욕실, 주방 등에도 사용된다.

3) 시공일반 185)

① 초벌바름 및 재벌바름용 반죽은 계량된 모래를 믹서에 넣고 소정량의 플라스터를 가하여 잘 섞은 다음, 물을 가하여 고르게 섞일 때까지 충분히 반죽한다.

② 정벌바름용 반죽은 정벌바름용 석고플라스터에 물을 가하여 균일하게 될 때까지 충분히 비벼 섞는다.

③ 반죽의 가용시간은 수경성이고 경화가 빠르므로 물을 가한 후 초벌바름, 재벌바름은 2시간 이내, 정벌바름은 1시간 30분 이내에 사용한다.

④ 건비빔된 재료는 모래에 수분이 있으므로 섞은 후 2시간 이내에 사용한다.

⑤ 석고플라스터의 초벌바름 배합(용적비) 및 각종 바탕에 대한 바름두께는 벽의 경우 플라스터 : 모래의 배합비 1 : 1.5이며, 바름두께는 6~9 mm이다. 또한 천장의 경우 플라스터 : 모래의 배합비 1 : 1이며, 바름두께는 6 mm이다.

---

185) KCS 41 46 06 석고 플라스터 바름(3.2, 3.3), 국토교통부, 대한건축학회, 2016.

⑥ 초벌바름 및 라스먹임에 있어 콘크리트, 콘크리트블록 바탕의 경우 바탕의 건조 정도를 보아 필요에 따라서 물을 뿌린다.
⑦ 초벌바름 및 라스먹임은 흙손으로 눌러 충분히 바탕에 스며들게 하면서 바르고 표면에 거치름눈(작살긋기)을 넣는다.
⑧ 초벌바름이 시멘트모르타르 바름인 경우에는 2주 이상 양생한다.
⑨ 초벌바름의 수분이 빠지는 정도를 보아 고름질한다.
⑩ 재벌바름은 졸대바탕이면 완전 건조 후 시공하고, 콘크리트 바탕이면 초벌바름 후 1~2일 경과 후 반건조시켜 시공한다.
⑪ 재벌바름은 적당한 거친면이 되도록 해야 한다.
⑫ 석고플라스터의 재벌바름 배합(용적비) 및 바름두께는 천장의 경우 플라스터 : 모래의 배합비 1 : 2이며, 바름두께는 5~7 mm이다.
⑬ 정벌바름은 재벌바름 후 반건조된 후 쇠흙손으로 눌러서 충분하게 바른다.
⑭ 석고플라스터의 정벌바름 배합(용적비) 및 바름두께는 플라스터 1이며, 바름두께는 1.5 mm이다.

4) 주의사항

① 석고플라스터는 물에 의해 굳어지는 수경성이고 경화속도가 빠르다.
② 경화속도가 빠르므로 경화지연제를 넣어 경화시간을 너무 빠르지 않게 한다.
③ 바름작업 중에는 통풍을 방지한다.
④ 바름 후 석고가 굳어질 때까지는 심한 통풍을 피하고, 석고가 굳어지면 적당한 환기로 건조시킨다.
⑤ 실내 온도가 5 ℃ 이하일 때는 공사를 중단하거나 난방하여 5 ℃ 이상으로 유지한다.

3. 돌로마이트플라스터 바름

1) 개요

① 돌로마이트플라스터는 돌로마이트 석회, 모래, 여물의 혼합물이다.
② 마그네시아 석회라고도 한다.
③ 돌로마이트플라스터 바름은 벽면 또는 천장면에 흙손바름 마감하는 바름이다.
④ 해초풀을 사용하지 않으므로 변색, 냄새, 곰팡이가 없다.
⑤ 기경성이면서 알칼리성 재료이다.

2) 특징

① 점도가 높고, 시공이 용이하며, 가격이 싸다.
② 경화속도가 다소 느리나 건조수축이 커서 균열이 발생하기 쉽다.
③ 10~20 %의 석고를 가해서 균열을 감소시킨다.
④ 수증기와 물에 약하므로 지하실에는 부적합하다.

3) 시공일반 186)

① 작업 중 통풍을 방지해야 하며, 바름 후 적당한 환기로 서서히 건조시킨다.
② 밑바탕이 콘크리트인 경우에는 초벌, 재벌에 시멘트를 혼합하여 강도를 높인다.
③ 돌로마이트플라스터에서 수염 붙이기는 벽은 초벌바름 직후, 천장 및 차양은 초벌바름 전에 수염 간격을 300 mm 이하의 마름모로 배열하여 붙여댄다.
④ 초벌바름 및 라스먹임에 있어 콘크리트, 콘크리트블록 바탕의 경우 물을 뿌린다.
⑤ 초벌바름 및 라스먹임은 흙손으로 눌러 충분히 눌러 바탕 사이에 밀어 넣으면서 바르고 표면에 거치름눈(작살긋기)을 넣는다.
⑥ 초벌바름의 수분이 빠지는 정도를 보아 고름질한다.
⑦ 초벌바름에 균열이 없을 때에는 고름질한 후 7일 이상, 균열이 생겼을 때에는 고름질한 후 14일 이상 두어 균열이 발생하지 아니함을 확인하고 재벌바름을 한다.
⑧ 재벌바름은 졸대바탕이면 완전 건조 후 시공하고, 콘크리트 바탕이면 초벌바름 후 1~2일 경과 후 반건조시켜 시공한다.
⑨ 재벌바름은 적당한 거친면이 되도록 해야 한다.
⑩ 정벌바름은 재벌바름이 반건조 되었을 때 쇠흙손으로 눌러 바른다.
⑪ 정벌마름용 반죽은 물과 혼합하고 12시간 정도 지난 후 사용한다.
⑫ 시멘트와 혼합하여 2시간 이상 경과한 것은 사용하지 않는다.
⑬ 바름작업 중에는 통풍은 피하며, 초벌바름 후, 고름질 후, 정벌바름 후 적당히 환기하여 바름면이 서서히 건조되도록 한다.
⑭ 실내 온도가 5 ℃ 이하일 때는 공사를 중단하거나 난방하여 5 ℃ 이상으로 유지한다.

186) KCS 41 46 07 돌로마이트 플라스터 바름(3.2, 3.3), 국토교통부, 대한건축학회, 2016.

4 회반죽 바름

1. 개요

① 회반죽 바름은 소석회, 해초풀, 모래 및 여물 등을 섞어 반죽하여 바르는 것이다.
② 목구조 바탕, 콘크리트블록 바탕, 벽돌 바탕 등에 흙손으로 바른다.
③ 보통 벽과 천장을 마감할 때 사용된다.
④ 기경성이면서 알칼리성 재료이다.

2. 시공일반 187)

① 회반죽은 반죽한 후 1일 이내에 사용하는 것이 좋다.
② 표면에 석회를 뿌리더라도 2일 이상 경과되거나 또는 석회 반죽한 것이라도 3일 이상 경과된 것은 사용하지 않는다.
③ 마감두께는 벽에서는 15 mm, 천장과 차양에서는 12 mm로 한다.
④ 심하게 건조하거나 흡수성이 심한 경량콘크리트 면은 미리 물축이기를 하고 바른다.
⑤ 졸대바탕에는 수염 붙이기를 한다. 수염 간격은 벽에서 30 mm 이하, 천장 및 차양에서는 250 mm 이하로 한다.
⑥ 초벌바름은 바탕면에 충분히 부착되도록 바르고, 표면에 거친면을 만든다.
⑦ 고름질, 재벌바름은 초벌바름 후 10일 이상 두고 한다.
⑧ 초벌바름에 균열이 생긴 경우에는 고름질을 한 다음 다시 10일 이상 두고 덧먹임을 하여 재벌바름을 한다.
⑨ 재벌바름이 반건조 하여 물이 빠지는 정도를 보아서 정벌바름 한다.
⑩ 실내 온도가 5 ℃ 이하일 때는 공사를 중단하거나 난방하여 5 ℃ 이상으로 유지한다.
⑪ 회반죽에 얼룩이 생기는 가장 큰 원인은 초벌의 건조가 나쁠 때이다.
⑫ 미장바름 후 급격한 건조 및 동해가 없도록 한다.
⑬ 졸대는 두꺼운 것이 좋고 수염은 충분히 넣는다.

187) KCS 41 46 08 회반죽 바름(3.1, 3.2), 국토교통부, 대한건축학회, 2016.

3. 재료별 특성 [188]

구 분	석고플라스터	돌로마이트플라스터	회반죽
강 도	크 다	중 간	작 다
경화속도	빠르다	조금 느리다	느리다
건조수축	작 다	크 다	중 간

5 인조석 바름과 테라조 바름

1. 인조석 바름

1) 개요

① 인조석 바름은 색깔이 아름다운 대리석 등의 부순골재(쇄석) 또는 돌가루(석분)를 종석(種石)으로 하며, 크기 5 mm 미만의 종석과 안료를 백색시멘트와 물로 반죽한 모르타르와 섞어 바르는 것으로써 보통 벽과 바닥판 등을 마감할 때 사용된다.

② 인조석의 바름의 배합은 백색시멘트, 종석, 돌가루, 안료, 물의 혼합물이다.

③ 인조석 바름의 종석은 대리석, 화강암, 백회석, 기타 자연석이다.

④ 인조석 바름의 안료는 퇴색하지 않는 안정된 것으로 내알칼리성이다.

⑤ 인조석 바름의 돌가루(石粉)는 시멘트와 종석만으로는 밀실하게 다지기 곤란할 경우 사용되며, 부배합의 시멘트가 건조수축 시 발생하는 균열을 방지한다.

2) 시공 순서

① 거친숫돌로 초벌갈기

② 시멘트풀의 눈먹임(인조석 바름과 같은 색)

③ 눈먹임 및 경화

④ 재벌갈기

⑤ 눈먹임 및 경화

⑥ 정벌갈기

⑦ 눈먹임

⑧ 마무리 손질 및 물 씻기 청소

3) 배합 및 바름두께 [189]

① 인조석 바름 및 테라조 바름에서 배합(용적비) 및 바름두께 표준은 다음 표와 같다.

188) 현정기 외 2인, 건축기사실기, 성안당, 2004, pp.1-457.

189) KCS 41 46 05 인조석 바름 및 테라조 바름(3.1, 3.4), 국토교통부, 대한건축학회, 2016.

종별		바름층	배합비				
			시멘트	모래	시멘트, 백색시멘트 또는 착색시멘트	종석	바름두께
인조석 바름		정벌바름	–	–	1	1.5	
바닥 테라조 바름	접착공법	초벌바름	1	3	–	–	20
		정벌바름	–	–	1	3	15
	유리공법	초벌바름	1	4	–	–	45
		청벌바름	–	–	1	3	15

주1) 인조석 바름에서 잔다듬 마무리의 바름두께는 9 mm 내외로 한다.

② 인조석 바름벽일 때는 정벌바름은 재벌바름의 경화 정도를 살펴서 미리 시멘트풀 또는 배합비 1 : 1인 모르타르를 3 mm 정도 바르고 실시한다.

③ 인조석 바름바닥일 때는 시멘트풀을 문질러 바른 후 이어서 배합비 1 : 3 모르타르로 정벌바름 두께가 남도록 초벌바름을 하고 충분히 경화된 후 정벌바름을 실시한다.

4) 인조석 바름 마감의 종류

(1) 인조석 바름 씻어내기 마감

인조석 바름 씻어내기 마감은 정벌바름 후 솔로 2회 이상 씻어내고 돌의 배열을 조정하여 흙손으로 누른 후 맑은 물로 씻어내고 마감한다.

(2) 인조석 갈아내기 마감

인조석 갈아내기 마감은 정벌바름 후 초벌갈기 및 재벌갈기를 하고 눈먹임을 한 후 마감 갈기를 한다.

(3) 인조석 바름 잔다듬 마감

① 인조석 바름 잔다듬 마감은 도드락망치로 두들겨 마감한다.

② 인조석 바름 잔다듬을 모조석 또는 캐스트스톤(Cast Stone)이라 한다.

5) 치장줄눈 마감

치장줄눈 마감은 인조석 바름의 마감면이 긁히지 않도록 줄눈대를 살며시 빼내고, 줄눈은 시멘트와 모래 또는 석회 석분 1 : 1 (용적비)의 모르타르를 잘 밀어 넣어 마감한다.

6) 수지계 인조석

① 결합재로 시멘트를 사용하지 않고 폴리에스테르수지나 에폭시수지 등의 열경화성수지를

액상으로 사용한다.

② 열경화성수지를 사용하므로 경화가 빠르고 압축강도가 높다.

③ 균열이 적고 수밀성이 양호하며 방수성, 내마모성, 내산성이 우수하다.

④ 내열성과 내화성이 부족하고 유독가스를 발생할 우려가 있다.

⑤ 광택이 우수하고 색상이 다양하다.

2. 테라조 바름

1) 개요

테라조 바름은 인조석 바름과 비슷하지만, 크기가 15 mm 미만인 종석과 안료 그리고 백색 시멘트를 물로 반죽한 모르타르를 바르는 것이다.

2) 줄눈대

① 테라조 바름에서 바닥바름 구획, 균열방지 및 부분보수의 용이를 위해 줄눈대를 설치한다.

② 줄눈대의 크기는 황동줄눈대의 경우 높이 15 mm, 폭 4.5 mm, 머리두께 3 mm로 한다.

③ 줄눈나누기는 면적은 1.2 m^2 이내로 하며, 최대 줄눈 간격은 2.0 m 이하로 한다.

3) 시공일반[190)]

(1) 재료의 비빔

테라조 바름의 재료는 초벌바름이나 정벌바름 모두 된비빔으로 잘 혼합한다.

(2) 바르기

① 콘크리트 표면을 적당히 물축이고 시멘트풀을 솔 등으로 바른다.

② 바탕 모르타르(시멘트 : 모래의 배합비 1 : 3)를 두께 20 mm 정도로 펴 바른다.

(3) 줄눈대의 설치

바닥판 테라조의 줄눈마감을 달리 할 때의 경계 문양 등에는 황동제의 줄눈대를 사용한다.

(4) 초벌바름

초벌바름에는 접착공법과 절연공법이 있다.

(5) 정벌바름

초벌바름의 물 걷기를 보아 이어서 정벌바름을 한다.

---

190) KCS 41 46 05 인조석 바름 및 테라조 바름(3.4, 3.5), 국토교통부, 대한건축학회, 2016.

(6) 마감(갈기)

① 테라조 바름 후는 습기유지에 유의하고 급격한 건조를 피하고, 충분히 경화시킨 다음 갈기 시작한다.

② 테라조를 바른 후 손갈기일 때는 1일 이상, 기계갈기일 때는 5~7일 이상 경과한 후 경화 정도를 보아 갈아내기를 한다.

③ 벽면 이외의 갈기는 기계갈기로 한다.

③ 거친 카보런덤 숫돌로 초벌갈기를 한다.

④ 물 씻기 청소 후 시멘트풀로 눈먹임하고 시멘트풀 눈먹임이 경화된 다음 중갈기 한다.

⑤ 시멘트풀로 눈먹임하고 경화된 다음 정벌갈기를 한다.

⑥ 청소 후 광내기 왁스도장을 하며 왁스도장은 시간을 두고 얇게 여러 번 하는 것이 좋다.

⑦ 걸레반이 및 징두리벽을 현장갈기 할 때에는 순서상 바닥갈기보다 먼저 한다.

⑧ 최종마감은 마감 숫돌로 광택이 날 때까지 갈아낸다.

(7) 양생

① 정벌바름 직후 비닐시트 등으로 덮고 때때로 살수하여 양생한다.

② 양생은 마감이 끝날 때까지 계속한다.

6 셀프레벨링재 바름

1. 개요

① 셀프레벨링재 바름은 미장재료가 자체 유동성을 가지고 있어 바닥이 자연적으로 평탄하게 되는 바닥바름공사이다.

② 종류로는 석고계 셀프레벨링재 및 시멘트계 셀프레벨링재 등이 있다.

③ 석고계 셀프레벨링재는 석고에 모래, 경화지연제, 유동화제 등을 혼합하여 자체 평탄성이 있는 것이다.

④ 시멘트계 셀프레벨링재는 시멘트에 모래, 분산제, 유동화제 등 각종 혼화제를 혼합하여 자체 평탄성이 있는 것이다.

⑤ 석고계 셀프레벨링재는 물이 닿지 않는 실내에서만 사용한다.

2. 시공일반 [191)]

① 바닥콘크리트의 레이턴스, 유지류 등은 완전하게 제거하고 깨끗이 청소한다.

② 크게 튀어나와 있는 부분은 미리 제거하여 바탕을 조정한다.

③ 셀프레벨링재 붓기에 앞서 제조업자가 지정하는 합성수지 에멀션을 이용해서 1회의 실러바름을 하고 건조시킨다.

④ 재료의 혼합반죽에서 합성수지 에멀션 실러는 물로 묽게 반죽해서 사용한다.

⑤ 셀프레벨링 바름재는 소요의 표준연도가 되도록 기계를 사용하여 균일하게 반죽하여 사용한다.

⑥ 실러바름은 제조업자의 지정된 도포량으로 바르되 수밀하지 못한 부분은 2회 이상에 걸쳐 도포하고 셀프레벨링재를 바르기 2시간 전에 완료한다.

⑦ 바름두께 10 mm 이하인 경우는 모래를 혼합하지 않고, 바름두께 10~20 mm인 경우 제조업자가 지정하는 모래를 지정량 혼입한다. 혼입량의 표준은 일반적으로 30~100 %이다.

⑧ 셀프레벨링재의 표면에 물결무늬가 생기지 않도록 창문 등을 밀폐하여 통풍과 기류를 차단한다.

⑨ 셀프레벨링재가 시공 중이나 시공완료 후 기온이 5 ℃ 이하가 되지 않도록 한다.

---

191) KCS 41 46 11 셀프레벨링재 바름(3.1, 3.3), 국토교통부, 대한건축학회, 2016.

필수 연습문제

제29장 미장공사

1. 미장공사와 관련된 용어에 관한 설명으로 옳지 않은 것은?

㉮ 고름질 : 마감두께가 두꺼울 때 또는 요철이 심할 때 초벌바름 위에 발라 붙여주는 것

㉯ 바탕처리 : 요철 또는 변형이 심한 개소를 고르게 손질바름하여 마감두께가 균등하게 되도록 조정하는 것.

㉰ 덧먹임 : 균열의 틈새, 구멍 등에 반죽된 재료를 밀어 넣어 때워주는 것.

㉱ 결합제 : 화학약품으로 소량 사용하는 AE제, 감수제 등의 재료

2. 회반죽의 재료가 아닌 것은?

㉮ 명반　㉯ 해초풀
㉰ 여물　㉱ 소석회

3. 다음의 미장재료 중 기경성 재료가 아닌 것은?

㉮ 진흙　㉯ 순석고플라스터
㉯ 회반죽　㉱ 돌로마이트플라스터

4. 다음 중 기경성 미장재료인 것은?

㉮ 순석고플라스터　㉯ 시멘트모르타르
㉰ 돌로마이트플라스터　㉱ 무수석고플라스터

1. ㉱

① 결합재 : 결합재는 시멘트, 플라스터, 소석회, 백토, 합성수시 등으로써, 잔골재, 종석, 흙, 섬유 등 다른 미장재료를 결합하여 경화시키는 재료이다.
② 혼화제 : 화학약품으로 소량 사용하는 AE제, 감수제 등의 재료이다.

2. ㉮

회반죽은 소석회+모래+여물+해초풀의 혼합물이다.

3. ㉯

(1) 기경성 재료
① 진흙질
② 새벽
③ 회반죽
④ 회사벽
⑤ 돌로마이트플라스터

(2) 수경성 재료
① 순석고플라스터
② 혼합석고플라스터
③ 무수석고플라스터
④ 모르타르

4. ㉰

무수석고플라스터는 수경성 재료이다.

5. 다음 중 기경성 재료에 해당하는 것은?

㉮ 순석고플라스터　　㉯ 혼합석고플라스터
㉰ 돌로마이트플라스터　　㉱ 시멘트모르타르

6. 다음의 미장재료 중 기경성으로만 조합된 것은?

㉮ 회반죽, 석고플라스터, 돌로마이트플라스터
㉯ 시멘트모르타르, 석고플라스터, 진흙
㉰ 석고플라스터, 돌로마이트플라스터, 진흙
㉱ 진흙, 회반죽, 돌로마이트플라스터

7. 통풍이 잘 안 되는 지하실 또는 밀폐된 방의 미장공사로 부적당한 것은?

㉮ 순석고플라스터 바름　　㉯ 인조석 바름
㉰ 회반죽 바름　　㉱ 모르타르 바름

8. 다음 미장재료 중 수경성이 아닌 것은 어느 것인가?

㉮ 시멘트모르타르　　㉯ 경석고플라스터
㉰ 순석고플라스터　　㉱ 돌로마이트플라스터

9. 다음 미장재료 중 수경성이 아닌 것은?

㉮ 시멘트모르타르　　㉯ 경석고플라스터
㉰ 돌로마이트플라스터　　㉱ 혼합석고플라스터

10. 다음 미장재료 중 수경성 미장재료는?

㉮ 진흙　　㉯ 회반죽
㉰ 돌로마이트플라스터　　㉱ 순석고플라스터

11. 다음 미장재료 중 수경성 미장재료는?

㉮ 회반죽　　㉯ 회사벽
㉰ 돌로마이트플라스터　　㉱ 석고플라스터

12. 건축공사에서 사용하는 일반적인 석회를 무엇이 하는가?

㉮ 소석회　　㉯ 백색시멘트
㉰ 생석회　　㉱ 여물

5. ㉰
돌로마이트플라스터는 기경성 재료이다.

6. ㉱

7. ㉰
① 기경성 재료는 공기 중에서 굳어지는 성질을 가지고 있으므로 지하실 또는 밀폐된 방에서는 부적당하다.
② 회반죽 바름은 기경성 재료이다.

8. ㉱
돌로마이트플라스터는 기경성 재료이다.

9. ㉰

10. ㉱
순석고플라스터는 수경성 재료이다.

11. ㉱
석고플라스터는 수경성 재료이다.

12. ㉮
석회는 생석회(CaO, 산화칼슘)와 이것이 물과 화합한 소석회[$Ca(OH)_2$, 수산화칼슘]를 통틀어 이르는 말이다. 따라서 건축공사에서 사용하는 일반적인 석회는 소석회를 의미한다.

13. 미장재료의 경화에 대한 설명으로 틀린 것은?

㉮ 석회는 수중에서 경화하지 않는다.
㉯ 소석고는 물을 가하면 석고성분으로 환원하여 경화한다.
㉰ 무수석고플라스터는 응결시간이 길고 응결 경화에 의한 수축이 거의 없다.
㉱ 마그네시아시멘트는 수경성 물질이다.

14. 간수 용액에서 넣어 반죽하여 미장재료인 리그노이드의 주원료가 되는 재료는?

㉮ 마그네시아시멘트
㉯ 석고보드
㉰ 킨즈시멘트
㉱ 팽창시멘트

15. 미장공사에서 나타나는 결함의 유형과 가장 거리가 먼 것은?

㉮ 균열 ㉯ 부식
㉰ 탈락 ㉱ 백화

16. 다음에서 설명하는 미장재료는?

> 시멘트의 건조 모래 및 특성 개선제를 배합한 공장제품을 현장에서 물만 가하여 사용하는 모르타르로써, 현장배합 모르타르보다는 다소 고가지만 현장관리가 용이하다.

㉮ 바라이트모르타르 ㉯ 셀프레벨링재
㉰ 초속경모르타르 ㉱ 드라이모르타르

17. 미장공사 중 시멘트모르타르 미장에 관한 설명으로 옳지 않은 것은?

㉮ 미장 바름 순서는 보통 위에서부터 아래로 하는 것을 원칙으로 한다.
㉯ 초벌바름 후 2주일 이상 방치하여 바름면 또는 라스의 이음매 등에서 균열을 충분히 발생시킨다.
㉰ 초벌바름 후 표면을 매끈하게 하여 재벌바름 시 접착력이 좋아지도록 한다.
㉱ 정벌바름은 공사의 조건에 따라 색조, 촉감을 결정하여 순마감재료를 사용하거나 혼합물을 첨가하여 바른다.

13. ㉱
마그네시아시멘트는 물을 가해도 경화되지 않으므로 용액성간수($MgCl_2$)를 사용한다.

14. ㉮
마그네시아시멘트는 물을 가해도 경화되지 않으므로 물대신 용액성간수($MgCl_2$)를 사용하며 강재를 녹슬게 하고, 리그노이드의 원료가 된다.

15. ㉯
미장공사의 결함의 종류로는 박락 및 균열, 들뜸, 오염 및 백화 등이다.

16. ㉱
드라이모르타르는 시멘트, 건조모래 및 강화제 등을 배합한 공장제품을 현장에서 물만 가하여 사용 가능한 모르타르이다. 주로 벽면이나 바닥면의 마감재로 사용되며 경제적이고 인력절감 등의 효과가 있다.

17. ㉰
모르타르 바름에서 지나치게 매끈한 곳은 쇠갈퀴 등으로 거친면 처리하여 재벌바름 시 접착력이 좋아지도록 한다.

18. 시멘트모르타르 바름에 관한 기술 중 옳지 않은 것은?

㉮ 실내의 미장 바름 순서는 천장, 벽, 바닥판 순으로 한다.
㉯ 초벌바름에서 건조한 바탕에는 물축이기를 한다.
㉰ 고름질 후 약 2주일간 방치하여 균열이 충분히 진행된 후 재벌바름을 한다.
㉱ 정벌바름에서는 나무흙손을 사용하여 바를 경우 바른면이 거칠고 흙손 자국이 나기 쉬우므로 쇠흙손을 사용한다.

18. ㉱
모르타르 바름에서 지나치게 매끈한 곳은 쇠갈퀴 등으로 거친면 처리하여 재벌바름 시 접착력이 좋아지도록 한다.

19. 미장공사에서 모르타르 바름 순서 및 공법 중 틀린 것은?

㉮ 미장 바름 순서는 위에서 밑으로 한다.
㉯ 미장공의 한 번 바름 흙손질 높이는 0.9~1.5 m이다.
㉰ 실내는 천장, 벽, 바닥의 순이고, 외벽은 옥상 난간부터 지층의 순으로 한다.
㉱ 벽돌림, 처마밑, 반자, 채양 등은 천장, 벽면 등을 바른 다음 바른다.

19. ㉱
천장돌림, 벽돌림 등의 규준이 되는 부분을 먼저 바르고, 천장, 벽면 등의 넓은 면을 바른다.

20. 내산 바닥용 모르타르로 적합한 재료는?

㉮ 바라이트(Barite)모르타르
㉯ 질석(Vermiculite)모르타르
㉰ 아스팔트(Asphalt)모르타르
㉱ 석면(Asbestos)모르타르

20. ㉰
① 바라이트모르타르 : 방사선차단용
② 질석모르타르 : 경량, 단열용
③ 아스팔트모르타르 : 내산용, 바닥용
④ 활석면(석면)모르타르 : 보온, 불연용, 균열방지용

21. 시멘트모르타르 바름에 관한 기술 중 틀린 것은?

㉮ 실내의 미장 순서는 천장, 벽, 바닥판 순으로 한다.
㉯ 초벌바름에서 건조한 바탕에는 물축이기를 한다.
㉰ 고름질 후 약 1주일간 방치하여 균열이 충분히 진행된 후 재벌바름을 한다.
㉱ 정벌바름에서는 나무흙손으로 바르면 면이 거칠고 흙손 자국이 나기 쉬우므로 쇠흙손을 사용한다.

21. ㉰
고름질 후 약 2주일 이상 방치하여 균열이 충분히 진행된 후 재벌바름을 한다.

22. 미장공사 시 주의할 사항으로 맞지 않는 것은?

㉮ 바탕면은 필요에 따라 물축임을 한다.
㉯ 벽체 한공정의 바름두께는 6 mm 이하로 한다.
㉰ 초벌바름 후 물기가 없어지면 바로 재벌, 정벌을 한다.
㉱ 바탕면을 거칠게 하여 모르타르 부착을 좋게 한다.

22. ㉰
초벌바름 및 라스먹임은 2주일 이상 가능한 한 장기간 방치한다.

23. 다음은 미장공사에 관한 기술이다. 이중 부적당한 것은 어느 것인가?

㉮ 천장 콘크리트 슬래브의 바탕바름으로 시멘트모르타르 및 돌로마이트플라스터 바름을 할 때는 탈락의 우려가 있으므로 1구획 면을 6 m×6 m 정도의 면적으로 바름면적을 제한해야 한다.
㉯ 바탕바름을 한 후에 바름면의 조기건조를 방지하기 위해 통풍과 일조를 피할 수 있도록 창에 유리를 끼우거나 물뿌리기 및 거적덮기 등의 조치를 한다.
㉰ 초벌바름 또는 라스먹임을 한 후에 2주일 이상 가능한 한 장기간 방치하며 흠이나 균열을 충분히 발생시킨 후 심한 틈새에는 덧먹임을 한다.
㉱ 미장공사에서 모르타르의 바름두께는 특기 시방에 의하지만 천장 및 채양은 15 mm 이하로 하고 1회의 바름두께는 바닥을 제외하고는 6 mm를 표준으로 한다.

23. ㉮

(1) 슬래브의 바탕바름으로 시멘트모르타르 및 돌로마이트플라스터 바름을 할 때는 탈락의 우려가 있으므로 1구획 면을 4 m×4 m 정도의 면적으로 바름면적을 제한한다.
(2) 모르타르 바름두께
① 1회 바름두께 : 바닥을 제외하고 6 mm를 표준으로 한다.
② 바닥, 외벽 : 24 mm
③ 내벽 : 18 mm
④ 천장, 차양 : 15 mm

24. 모르타르 바름의 균열이나, 들뜸의 방지대책으로 옳은 것은?

㉮ 줄눈대나 혼화제를 쓴다.
㉯ 되도록 가는 모래를 쓴다.
㉰ 통풍을 좋게 해서 빨리 건조시킨다.
㉱ 부배합의 모르타르를 두껍게 바른다.

24. ㉮

① 입도가 적당하고 되도록 굵은 모래를 사용한다.
② 초벌방치 시간과 오픈타임을 준수하며 급속한 건조를 피한다.
③ 모르타르는 시멘트 사용량을 줄여 빈배합으로 한다.

25. 라스 바탕 외벽 모르타르 바름의 건조 균열을 가급적 없게 하는 방법으로 옳지 않은 것은 어느 것인가?

㉮ 졸대는 잘 건조한 것을 선택하여, 두꺼운 것이 좋다.
㉯ 졸대는 충분히 견고하게 못으로 박고, 개구부 지상에서는 이음을 피한다.
㉰ 모르타르용 모래는 가급적 잔 것을 사용하고, 건조면은 적당히 물축이기를 한 후 초벌먹임을 한다.
㉱ 모르타르를 배합비는 1 : 3 정도로 하며, 이질재의 바탕은 동일 평면으로 마무리되는 것을 피한다.

25. ㉰

모래의 입자가 너무 작으면 강도와 부착력이 저하된다.

26. 미장공사에 관한 설명으로 옳지 않은 것은?

㉮ 미장재료는 미화, 보호, 방습 등을 위하여 내・외벽, 바닥, 천장 등에 흙손 또는 뿜칠에 의해 일정한 두께로 발라 마감하는 재료를 말한다.
㉯ 일반적으로 미장재료는 한 번에 두껍게 발라서 흘러내림 등의 문제가 발생하지 않게 한다.
㉰ 미장재료의 배합은 원칙적으로 바탕에 두껍게 발라서 바름층일수록 부배합, 정벌바름에 가까울수록 빈배합으로 한다.
㉱ 미장공사 시 바탕면은 거칠게 하고 바름면은 평활하게 한다.

26. ㉯

미장재료를 얇게 여러 번 바르며, 모르타르의 배합은 바탕에 가까운 바름층 일수록 부배합으로 하고, 정벌바름에 가까울수록 빈배합으로 한다.

27. 미장공사 시 주의할 사항으로 옳지 않은 것은?

㉮ 바탕면은 필요에 따라 물축임을 한다.
㉯ 한 공정의 바름두께는 바닥을 제외하고 6 mm 이하로 한다.
㉰ 초벌바름 후 물기가 마르기 전에 곧바로 재벌바름, 정벌바름을 한다.
㉱ 바탕면에는 부착이 잘 되게 면을 거칠게 해둔다.

27. ㉰

초벌방치 시간과 오픈타임을 준수하며 급속한 건조를 피한다.

28. 미장공사의 일반적인 주의사항 중 옳지 않은 것은?

㉮ 양질의 재료를 사용하여 배합을 정확하게 한다.
㉯ 바탕면에는 물축임을 금한다.
㉰ 바탕면에는 부착이 잘 되게 면을 거칠게 해둔다.
㉱ 바름두께는 고르게 한다.

28. ㉯

초벌방치 시간과 오픈타임을 준수하며 필요에 따라 물축임을 하고 급속한 건조를 피한다.

29. 미장공사의 바름층 구성에 관한 설명으로 옳지 않은 것은?

㉮ 일반적으로 바탕조정과 초벌, 재벌, 정벌의 3개 층으로 이루어진다.
㉯ 바탕조정 작업에서는 바름에 앞서 바탕면의 흡수성을 조정하되, 접착력 유지를 위하여 바탕면의 물축임을 금한다.
㉰ 재벌바름은 미장의 실체가 되며 마감면의 평활도와 시공 정도를 좌우한다.
㉱ 정벌바름은 시멘트질 재료가 많아지고 세골재의 치수도 작기 때문에 균열 등의 결함 발생을 방지하기 위해 가능한 한 얇게 바르며 흙손 자국을 없애는 것이 중요하다.

29. ㉯

초벌방치 시간과 오픈타임을 준수하며 필요에 따라 물축임을 하고 급속한 건조를 피한다.

30. 모르타르 바름벽의 균열방지에 관한 다음 기술 중 가장 부적당한 것은 어느 것인가?

㉮ 모르타르의 배합에는 가급적 시멘트를 많이 사용하는 것이 좋다.
㉯ 굵은 모래를 많이 사용하는 것이 효과적이다.
㉰ 바름 바탕은 시공한 후 오래 방치된 것일수록 효과적이다.
㉱ 초벌바름의 바름두께는 얇을수록 효과적이다.

30. ㉮

모르타르 바름벽의 균열방지를 위해 적정 시멘트량을 투입하며, 가급적 시멘트량을 줄인다.

31. 미장공사에서 균열을 방지하기 위한 조치사항으로 틀린 것은?

㉮ 모르타르는 정벌바름 시 부배합으로 한다.
㉯ 1회의 바름두께는 가급적 얇게 한다.
㉰ 시공 중 또는 경화 중에 진동 등 외부의 충격을 방지한다.
㉱ 초벌바름은 완전히 건조하여 균열을 발생시킨 후 재벌 및 정벌바름 한다.

31. ㉮

모르타르는 시멘트 사용량을 줄여 빈배합으로 한다.

32. 미장공사에서 균열을 방지하기 위하여 고려해야 할 사항 중 옳지 않은 것은?

㉮ 바름면은 바람 또는 직사광선 등에 의한 급속한 건조를 피한다.
㉯ 1회의 바름두께는 가급적 얇게 한다.
㉰ 쇠흙손질을 충분히 한다.
㉱ 모르타르 바름의 정벌바름은 초벌바름보다 부배합으로 한다.

32. ㉱

모르타르의 배합은 바탕에 가까운 바름층 일수록 부배합으로 하고, 정벌바름에 가까울수록 빈배합으로 한다.

33. 미장공사의 균열을 방지하는 방법으로 옳지 않는 것은?

㉮ 각층 바름을 되도록 두껍게 한다.
㉯ 초벌, 재벌에는 굵은 잔골재를 사용함이 좋다.
㉰ 필요이상 시멘트 등의 미세 재료를 많이 쓰지 않는다.
㉱ 콘크리트 바탕에는 물축이기를 하고 미장공사를 한다.

33. ㉮

초벌바름은 바름두께를 얇게 하며, 모르타르를 얇게 여러 번 바른다.

34. 이질 바탕재간 접속 미장부위의 균열방지 방법으로 옳지 않은 것은?

㉮ 긴결철물 처리　　㉯ 지수판 설치
㉰ 메탈라스 보강붙임　　㉱ 크랙 컨트롤 비드 설치

34. ㉯

콘크리트와 벽돌, 블록, 기타 등의 이질 바탕재간 접속 미장부위는 긴결철물 처리, 메탈라스 보강붙임, 크랙 컨트롤 비드, 크랙 유도줄눈 등을 설치해야 한다.

35. 외벽 모르타르 바름에 대한 사항 중 옳지 않은 것은?

㉮ 모르타르는 초벌, 재벌 모두 1 : 3의 배합으로 한다.
㉯ 초벌바름 한 후 적어도 2주 이후에 재벌바름을 하는 것이 좋다.
㉰ 1회의 바름두께는 가능한 두껍게 하는 것이 좋다.
㉱ 라스는 메탈라스 또는 와이어라스가 좋다.

36. 미장공사에서 바닥 모르타르 바름에 관한 기술 중 옳은 것은?

㉮ 콘크리트 타설 후 2주 이내에 모르타르를 바른다.
㉯ 바닥콘크리트를 친 후 규준대 밀기를 하고 고르기를 한 후 곧 이어 모르타르 바름을 한다.
㉰ 모르타르는 여러 차례 바르는 것보다 1회에 두껍게 바른다.
㉱ 모르타르는 균열발생을 줄이기 위해 가급적 빈배합으로 한다.

37. 미장공사 중 시멘트모르타르에 혼합제를 사용하는 목적으로 옳지 않은 것은?

㉮ 작업성을 좋게 한다.
㉯ 부착력이 강해지고 균열이나 벗겨지는 것을 적게 한다.
㉰ 보수성을 좋게 한다.
㉱ 사용하는 물의 양을 증가한다.

38. 미장재료에 관한 기술로써 옳지 않은 것은?

㉮ 회반죽의 주성분은 수산화칼슘[$Ca(OH)_2$]이다.
㉯ 굵은 모래를 사용하면 바름면의 균열을 작게 할 수 있다.
㉰ 아스팔트모르타르는 내산성이 크다.
㉱ 석고플라스터는 공기 중의 탄산가스를 흡수하여 경화한다.

39. 석고플라스터에 대한 기술로 옳지 않은 것은?

㉮ 석고플라스터는 경화지연제를 넣어서 경화시간을 너무 빠르지 않게 한다.
㉯ 경화·건조 시 치수 안정성과 내화성이 뛰어나다.
㉰ 석고플라스터는 공기 중의 탄산가스를 흡수하여 표면에서 서서히 경화한다.
㉱ 시공 중에는 될 수 있는 한 통풍을 피하고 경화 후에는 적당한 통풍을 시켜야 한다.

35. ㉰

모르타르 바름은 1회 바름두께를 가능한 얇게 하는 것이 좋다.

36. ㉯

① 바닥 모르타르 바름은 콘크리트 타설 후 될 수 있는 대로 빨리 모르타르를 바른다.
② 모르타르는 된비빔으로 하여 물기가 위로 솟아오를 정도로 문질러서 바르고, 규준대 밀기를 하여 고르기를 한다.
③ 모르타르는 1회 두껍게 바르는 것보다 여러 차례 바른다.
④ 모르타르는 균열발생을 위해 가급적 거친 모래를 사용하고 부배합으로 한다.

37. ㉱

시멘트모르타르의 혼합제는 사용하는 물의 양을 감소시킨다.

38. ㉱

석고플라스터는 수경성이므로 물에 의하여 경화한다.

39. ㉰

석고플라스터는 수경성이므로 물에 의해 경화한다.

40. 경화시간이 가장 빠르며, 마무리한 후 즉시 유성도료를 도장 할 수 있는 미장재료로 가장 적당한 것은?

㉮ 석고플라스터 ㉯ 시멘트모르타르
㉰ 돌로마이트플라스터 ㉱ 회반죽

40. ㉮
석고플라스터는 경화가 빨라 유성도료를 가장 빠르게 도장 할 수 있다.

41. 벽면의 미장재료가 다음과 같을 때 유성도료도장을 가장 빨리 할 수 있는 재료는?

㉮ 콘크리트 ㉯ 시멘트모르타르
㉰ 회반죽 ㉱ 석고플라스터

41. ㉱
석고플라스터는 경화가 빨라 유성도료를 가장 빠르게 도장 할 수 있다.

42. 교실 벽을 다음 재료 중 어느 것으로 마무리하면 가장 빠르게 유성도료를 도장 할 수 있겠는가?

㉮ 석고플라스터 ㉯ 돌로마이트플라스터
㉰ 회반죽 ㉱ 시멘트모르타르

42. ㉮
석고플라스터는 경화가 빨라 유성도료를 가장 빠르게 도장 할 수 있다.

43. 부득이 동절기에 미장공사를 하려고 한다. 다음 미장재료 중 어느 것을 택하는 것이 좋은가?

㉮ 회반죽 ㉯ 시멘트모르타르
㉰ 돌로마이트플라스터 ㉱ 석고플라스터

43. ㉱
동절기 공사는 경화속도가 가장 빠른 석고플라스터가 적당하다.

44. 다음의 미장공법 중 균열이 가장 적게 생기는 것은 어느 것인가?

㉮ 회반죽 바름
㉯ 순석고플라스터 바름
㉰ 경석고플라스터 바름
㉱ 마그네시아시멘트 바름

44. ㉰
경석고플라스터(킨즈시멘트, 무수석고플라스터)는 수축이 거의 없으므로 균열이 가장 적다.

45. 다음 미장공법 중 균열이 가장 적게 생기는 것은?

㉮ 회반죽 바름
㉯ 돌로마이트플라스터 바름
㉰ 경석고플라스터 바름
㉱ 시멘트모르타르 바름

45. ㉰
경석고플라스터(킨즈시멘트, 무수석고플라스터)는 수축이 거의 없으므로 균열이 가장 적다.

46. 다음 중 공기의 유통이 좋지 않은 지하실과 같이 밀폐된 방에 사용하는 미장마무리 재료로 가장 적합하지 않은 것은?

㉮ 돌로마이트플라스터
㉯ 혼합석고플라스터
㉰ 시멘트모르타르
㉱ 경석고플라스터

46. ㉱
경석고플라스터는 수축이 거의 없어 지하실과 같이 밀폐된 방에 사용하면 경화가 늦어 미장마무리 재료로 부적합하다.

47. 다음 미장공법 중 균열이 가장 적게 생기는 것은?

㉮ 회반죽 바름
㉯ 돌로마이트플라스터 바름
㉰ 석고플라스터 바름
㉱ 시멘트모르타르 바름

47. ㉰
석고플라스터 바름은 수축이 거의 없어 균열이 적다.

48. 석고플라스터 바름에 대한 설명으로 옳지 않은 것은?

㉮ 보드용 플라스터는 초벌바름, 재벌바름의 경우 물을 가한 후 2시간 이상 경과한 것은 사용할 수 없다.
㉯ 실내 온도가 10 ℃ 이하일 때는 공사를 중단한다.
㉰ 바름작업 중에는 될 수 있는 한 통풍을 방지한다.
㉱ 바름작업이 끝난 후 실내를 밀폐하지 않고 가열과 동시에 환기하여 바름면이 서서히 건조되도록 한다.

48. ㉯
석고플라스터는 실내 온도가 5 ℃ 이하일 때는 공사를 중단하거나 난방하여 5 ℃ 이상으로 유지한다.

49. 미장재료의 결합재에 대한 설명을 옳지 않은 것은?

㉮ 석고계 플라스터는 소석고에 경화시간을 조절할 수 있는 소석회 등의 혼화재를 미리 혼합하거나 사용 시 혼합하여 사용하는 것을 말한다.
㉯ 보드용 플라스터는 사용 시 모래를 혼합하여 반죽하는 것으로 바탕이 보드를 대상으로 하기 때문에 부착력이 매우 크다.
㉰ 돌로마이트플라스터는 돌로마이트 석회, 모래, 여물의 혼합물을 사용하는 것이다.
㉱ 혼합석고플라스터 중 마감바름용은 사용 시 골재와 혼합하여 사용하고, 초벌바름용은 물만을 이용하여 비벼 사용한다.

49. ㉱
① 혼합석고플라스터의 초벌바름 및 재벌바름용 반죽은 계량된 모래를 믹서에 넣고 소정량의 플라스터를 가하여 잘 섞은 다음, 물을 가하여 고르게 섞일 때까지 충분히 반죽한다.
② 정벌바름용 반죽은 정벌바름용 석고플라스터에 물을 가하여 균일하게 될 때까지 충분히 비벼 섞는다.

50. 돌로마이트플라스터에 관한 기술 중 옳지 않는 것은?

㉮ 돌로마이트플라스터에 10~20 % 소석고를 가해서 균열을 감소시킨다.
㉯ 바름두께가 균일하지 못하면 균열이 발생하기 쉽다.
㉰ 돌로마이트플라스터는 수경성이므로 해초풀물을 적당한 비율로 배합해서 사용해야 한다.
㉱ 돌로마이트플라스터는 초벌 후 5일 경과하여 고르기를 한다.

50. ㉰

돌로마이트플라스터는 기경성이므로 공기 중에서 탄산가스(CO_2)와 반응하여 경화한다.

51. 미장재료의 경화작용에 관한 기술로써 틀린 것은?

㉮ 돌로마이트플라스터는 물과 작용하여 경화한다.
㉯ 시멘트는 물과 작용하여 경화한다.
㉰ 토벽은 수분이 증발하여 경화한다.
㉱ 석회는 공기 중의 탄산가스와 결합하여 경화한다.

51. ㉮

돌로마이트플라스터는 기경성이므로 공기 중에서 탄산가스(CO_2)와 반응하여 경화한다.

52. 돌로마이트플라스터 바름에 대한 설명 중 옳지 않은 것은?

㉮ 정벌바름은 반죽하여 12시간 정도 지난 후 사용한다.
㉯ 바름두께가 균일하지 못하면 균열이 발생하기 쉽다.
㉰ 돌로마이트플라스터는 수경성이므로 해초풀을 적당한 비율로 배합해서 사용해야 한다.
㉱ 시멘트와 혼합하여 2시간 이상 경과한 것은 사용할 수 없다.

52. ㉰

돌로마이트플라스터는 기경성이고 석회, 모래, 여물의 혼합물이다.

53. 돌로마이트플라스터 바름에 관한 다음 기술 중 틀린 것은 어느 것인가?

㉮ 밑바탕이 콘크리트인 경우에는 초벌, 재벌에 시멘트를 혼합하여 강도를 높인다.
㉯ 10~20 %의 석고를 가해서 균열을 감소시킨다.
㉰ 정벌바름은 재벌바름이 반건조 되었을 때 쇠흙손으로 눌러 바른다.
㉱ 돌로마이트플라스터는 해초풀, 여물, 모래를 배합하여 사용하는 기경성 재료이다.

53. ㉱

① 돌로마이트플라스터는 돌로마이트 석회, 모래, 여물을 배합하여 사용하는 기경성 재료이다.
② 해초풀은 회반죽 바름에 사용되는 재료이다.

54. 다음 미장재료로 동일 두께의 미장을 하였을 때 균열이 가장 크게 나타나는 것은?

㉮ 1 : 3 모르타르 ㉯ 킨즈시멘트(Keen's Cement)
㉰ 석고플라스터 ㉱ 돌로마이트플라스터

54. ㉱

돌로마이트플라스터는 경화속도가 조금 느리고 건조수축이 크다.

55. 돌로마이트플라스터(Dolomite Plaster)의 성질이 아닌 것은?

㉮ 경화가 느리고, 수축률이 적다.
㉯ 시공이 용이하고, 값이 싸다.
㉰ 공기 중의 탄산가스와 화합하여 굳어진다.
㉱ 알칼리성이며, 도장이 불가하다.

55. ㉮
돌로마이트플라스터는 경화속도가 다소 느리고 건조수축이 크다.

56. 돌로마이트플라스터(Dolomite Plaster)는 바름의 균열을 방지하기 위하여 석고플라스터를 몇 %정도 혼합해야 하는가?

㉮ 5~10 %
㉯ 10~15 %
㉰ 20~25 %
㉱ 25~30 %

56. ㉯
돌로마이트플라스터에 10~20 %의 석고를 가해서 균열을 감소시킨다.

57. 공기의 유통이 좋지 않은 지하실과 같이 밀폐된 방에 사용하는 미장마무리 재료 중 가장 적합하지 않은 것은?

㉮ 돌로마이트플라스터
㉯ 혼합석고플라스터
㉰ 시멘트모르타르
㉱ 경석고플라스터

57. ㉮
돌로마이트플라스터는 수증기와 물에 약하므로 지하실에는 부적합하다.

58. 돌로마이트플라스터에 대한 설명으로 옳지 않은 것은?

㉮ 경화가 늦고 수축성이 크다.
㉯ 반죽하는 물은 뜨거운 것이 좋다.
㉰ 반죽 후 2시간 이내에 사용해야 한다.
㉱ 초벌바름 후 10일 정도 경과하여 고름질을 한다.

58. ㉰
① 정벌바름용 반죽은 물과 혼합하고 나서 12시간 정도 지난 후 사용한다.
② 시멘트와 혼합하여 2시간 이상 경과한 것은 사용하지 않는다.

59. 돌로마이트플라스터 시공상 주의사항 중 틀린 것은?

㉮ 정벌바름은 반죽하여 24시간 이내로 사용한다.
㉯ 바름면은 급격히 건조시키지 않아야 한다.
㉰ 바탕 바름두께가 균일하지 않으면 균열이 생길 우려가 있다.
㉱ 바탕의 습기가 균일하지 않으면 균열이 생길 우려가 있다.

59. ㉮
정벌바름용 반죽은 물과 혼합하고 나서 12시간 정도 지난 후 사용한다.

60. 돌로마이트플라스터 바름에 관한 설명으로 옳지 않은 것은?

㉮ 실내 온도가 5℃ 이하일 때는 공사를 중단하거나 난방하여 5℃ 이상으로 유지한다.

㉯ 정벌바름용 반죽은 물과 혼합한 후 4시간 정도 지난 다음 사용하는 것이 바람직하다.

㉰ 초벌바름에 균열이 없을 때에는 고름질한 후 7일 이상 두어 고름질면의 건조를 기다린 후 균열이 발생하지 아니함을 확인한 다음 재벌바름을 실시한다.

㉱ 재벌바름이 지나치게 건조한 때는 적당히 물을 뿌리고 정벌바름 한다.

60. ㉯

정벌바름용 반죽은 물과 혼합하고 나서 12시간 정도 지난 후 사용한다.

61. 회반죽의 재료가 아닌 것은?

㉮ 명반　　㉯ 해초풀

㉰ 여물　　㉱ 소석회

61. ㉮

회반죽의 재료는 소석회, 해초풀, 모래, 여물 등이다.

62. 회반죽공사에 관해 틀리게 기술된 것은?

㉮ 나무, 졸대의 바탕은 물을 축이고 발라야 한다.

㉯ 수염은 초벌에 한끝을 묻고 또 한끝은 재벌에 묻는다.

㉰ 정벌바름층은 재벌바름층이 반 정도 건조할 때에 바른다.

㉱ 회반죽은 반죽한 후 3일 이내에 사용하는 것이 좋다.

62. ㉱

회반죽은 반죽한 후 1일 이내에 사용하는 것이 좋다. 표면에 석회를 뿌리더라도 2일 이상 경과되거나 또는 석회 반죽한 것이라도 3일 이상 경과된 것은 사용하지 않는다.

63. 회반죽에 얼룩이 생기는 가장 큰 원인은?

㉮ 회반죽이 얇을 때

㉯ 회반죽이 두꺼울 때

㉰ 초벌의 건조가 나쁠 때

㉱ 회반죽 면의 요철이 있을 때

63. ㉰

회반죽에 얼룩이 생기는 가장 큰 원인은 초벌의 건조가 나쁠 때이다.

64. 회반죽 바름공사에 관한 기술 중 옳지 않은 것은?

㉮ 연결재료는 여물을 사용한다.

㉯ 초벌바름이 건조한 후에 재벌바름을 한다

㉰ 회반죽을 바른 후 창문을 개방하여 통풍이 잘되게 한다.

㉱ 석회를 모래와 마른 비비기 한 것에 해초풀물과 여물을 넣어 잘 비빈다.

64. ㉰

회반죽은 미장바름 후 급격한 건조 및 동해가 없도록 한다.

65. 회반죽 바름에서 균열을 방지하기 위한 공법으로 옳지 않은 것은?

㉮ 정벌은 두껍게 바르는 것이 균열방지에 좋다.
㉯ 초벌, 재벌에는 거친 모래를 넣는다.
㉰ 초벌, 재벌, 정벌에는 적당량의 여물을 넣는다.
㉱ 졸대는 두꺼운 것이 좋고 수염은 충분히 넣는다.

65. ㉮
회반죽 바름에서 균열을 방지하기 위해서는 두께를 얇게 여러 번 바르는 것이 좋다.

66. 시멘트, 모래, 잔자갈, 안료 등을 섞어 이긴 것을 바탕마름이 마르기 전에 뿌려 붙이거나 또는 바르는 것으로 일종의 인조석 바름으로 볼 수 있는 것은?

㉮ 회반죽
㉯ 경석고플라스터
㉰ 혼합석고플라스터
㉱ 러프코트

66. ㉱
러프코트(Rough Coat)는 시멘트, 모래, 잔자갈, 안료 등을 섞어 이긴 것을 바탕마름이 마르기 전에 뿌려 붙이거나 또는 바르는 것으로 일종의 인조석 바름이다.

67. 수지계 인조석의 특징에 대한 다음 기술 중 가장 부적당한 것은 어느 것인가?

㉮ 결합재로 시멘트 대신에 폴리에스테르수지나 에폭시수지 등을 액상으로 하여 만든 테라조이다.
㉯ 열가소성수지를 사용하므로 경화가 빠르고 높은 압축강도가 단기에 얻어진다.
㉰ 균열이 적고 수밀성이 양호하며 방수성, 내마모성, 내산성이 뛰어나다.
㉱ 내열성과 내화성이 부족하고 유독가스를 발생할 우려가 있다.

67. ㉯
수지계 인조석은 열경화성 수지를 사용하므로 경화가 빠르고 압축강도가 높다.

68. 미장공사 중 인조석 바름과 테라조 바름에 대한 내용으로 옳지 않은 것은?

㉮ 두 가지 방법 모두 종석과 모르타르를 배합하여 석재와 같은 분위기의 미장면을 완성한다.
㉯ 테라조 갈기는 주로 백색시멘트에 종석을 반죽하여 바르고 숫돌로 갈아내는 방법으로 시공한다.
㉰ 테라조 바름은 인조석 바름보다 소형의 종석을 쓴다.
㉱ 인조석 갈기는 정벌바름 한 후 시멘트경화 정도를 판단하여 숫돌로 갈고 다시 시멘트페이스트를 바르고 갈아주기를 반복한다.

68. ㉰
인조석 바름은 5 mm 미만의 종석을 사용하고 테라조 바름은 15 mm 미만의 종석을 사용한다. 따라서 테라조 바름은 인조석 바름보다 대형의 종석을 쓴다.

69. 테라조 바름의 줄눈나누기의 크기는?

㉮ 면적 : 0.9 m^2 이내, 최대 줄눈 간격 : 1.2 m 이하
㉯ 면적 : 1.0 m^2 이내, 최대 줄눈 간격 : 1.2 m 이하
㉰ 면적 : 1.2 m^2 이내, 최대 줄눈 간격 : 2.0 m 이하
㉱ 면적 : 1.5 m^2 이내, 최대 줄눈 간격 : 2.0 m 이하

69. ㉰

테라조 바름에서 줄눈나누기는 1.2 m^2 이내로 하며, 최대 줄눈 간격은 2 m 이하로 한다.

70. 테라조 현장갈기 시공에 있어 줄눈대를 넣는 목적으로 옳지 않은 것은?

㉮ 바름의 구획목적
㉯ 균열방지 목적
㉰ 보수용이 목적
㉱ 마모감소 목적

70. ㉱

• 테라조 바름에서 줄눈대 설치이유
① 바닥바름 구획
② 균열방지
③ 부분보수용이

71. 테라조(Terrazzo) 현장갈기에 대한 시공 내용 중 옳지 않은 것은?

㉮ 여름철 갈기는 3일 이상 충분히 경화시킨 다음 갈기 시작한다.
㉯ 초벌갈기는 돌알이 균등하게 나타나도록 하고 바로 이어서 중갈기를 행한다.
㉰ 정벌갈기는 중갈기가 끝나고 시멘트풀 눈먹임을 2~3회 거듭한 후 행한다.
㉱ 광내기 왁스도장은 시간을 두고 얇게 여러 번 행하는 것이 좋다.

71. ㉯

초벌갈기 후 시멘트풀의 경화가 충분히 진행된 후 중갈기를 한다.

72. 바닥판 테라조 현장 바름작업에 관한 기술 중 알맞은 것은?

㉮ 바닥판 테라조의 줄눈나누기 간격은 최대 2.4 m 이하로 한다.
㉯ 초벌바름 시 유리공법에는 모르타르, 모래, 아스팔트, 펠트, 모르타르, 철망 등이 사용된다.
㉰ 바닥 정벌바름에는 묽은비빔으로 한다.
㉱ 정벌바름 후 손갈기일 때는 3일 이상, 기계갈기 일 때는 7~10일 경과 후 한다.

72. ㉱

① 바닥판 테라조의 줄눈나누기 간격은 최대 2.0 m 이하로 한다.
② 바닥판 테라조의 초벌바름 시 유리공법에는 시멘트와 모래가 사용된다.
③ 바닥 정벌바름에는 된비빔으로 한다.
④ 테라조를 바른 후 손갈기 일 때는 1일 이상, 기계갈기 일 때는 5~7일 이상 충분히 경화시킨 후 경화 정도를 보아 갈아내기를 한다.

73. 테라조 현장갈기에 관한 기술 중 옳지 않은 것은?

㉮ 바닥판 테라조의 밑바름은 모르타르로 하고 정벌바름에는 대리석의 종석을 반죽하여 사용한다.

㉯ 줄눈의 간격은 최대 2 m로 하는데, 일반적으로 0.6~1.2 m로 하는 것이 보통이다.

㉰ 백색시멘트와 종석과의 비율은 1 : 2.5 정도로 하고 두께는 9~12 mm 정도로 펴 바른다.

㉱ 바름이 끝난 후 보통 28일 경과한 다음 물갈기 한다.

73. ㉱

테라조를 바른 후 손갈기일 때는 1일 이상, 기계갈기일 때는 5~7일 이상 충분히 경화시킨 후 경화 정도를 보아 갈아내기를 한다.

74. 테라조(Terrazzo) 현장 바름 공사에 대한 내용으로 옳지 않은 것은?

㉮ 줄눈나누기는 최대 줄눈 간격을 2 m 이하로 한다.

㉯ 바닥 바름두께의 표준은 접착공법(초벌바름)일 때 20 mm 정도이다.

㉰ 갈기는 테라초를 바른 후 손갈기일 때 2일, 기계갈기일 때 3일 이상 경과한 후 경화 정도를 보아 실시한다.

㉱ 마감은 수산으로 중화처리 하여 때를 벗겨내고, 헝겊으로 문질러 손질한 후 왁스 등을 바른다.

74. ㉰

테라조를 바른 후 손갈기일 때는 1일 이상, 기계갈기일 때는 5~7일 이상 충분히 경화시킨 후 경화 정도를 보아 갈아내기를 한다.

75. 테라조 현장갈기 공사에 관한 기술 중 부적당한 것은?

㉮ 테라조란 모조석 갈기의 일종으로 대리석 부스러기(종석)를 써서 만든 판이다.

㉯ 종석은 일반적으로 9~12 mm 정도의 크기를 사용하며, 바닥판 줄눈은 보통 0.6~1.2 m 정도의 거리간격으로 사용한다.

㉰ 테라조 현장갈기는 충분히 경화시킨 후 갈기 시작하며 초벌갈기는 거친 카보런덤 숫돌로 돌알이 균등하게 나타나도록 갈고, 이어서 바로 중갈기를 한다.

㉱ 왁스도장은 시간을 두고 얇게 여러 번 행하면서 광내기를 하는 것이 좋다.

75. ㉰

테라조 현장갈기는 충분히 경화시킨 후 초벌갈기를 하고 물 씻기 청소 후 테라조와 같은 색의 시멘트풀을 눈먹임하고 경화시킨 후 중갈기를 한다.

76. 테라조 현장갈기에 관한 설명으로 틀린 것은?

㉮ 줄눈의 거리간격은 보통 0.6~1.2 m로 하지만 0.9 m각 정도가 적당하다.

㉯ 걸레받이, 징두리벽을 현장갈기할 때에는 바닥갈기보다 나중에 한다.

㉰ 테라조 바름 후에는 습기에 유의하며 급격한 건조를 피한다.

㉱ 좁은 간격으로 대는 줄눈대의 고정 모르타르는 교차점에 두지 않는 것이 좋다.

76. ㉯

걸레받이 및 징두리벽을 현장갈기할 때에는 순서상 바닥갈기보다 먼저 한다.

77. 미장바름에 쓰이는 착색제에 요구되는 성질 중 옳지 않은 것은?

㉮ 물에 녹지 않고 물에 잘 분산되어야 한다.
㉯ 내알칼리성이어야 한다.
㉰ 입자가 굵어야 한다.
㉱ 미장재료에 나쁜 영향을 주지 않는 것이어야 한다.

77. ㉰

착색제(안료)는 안정하고 미분말일수록 고급이다.

78. 셀프레벨링재 바름 또는 셀프레벨링(Self Leveling)재에 대한 설명 중 틀린 것은?

㉮ 재료는 대부분 기배합 상태로 이용되며, 석고계 재료는 물이 닿지 않는 실내에서만 사용한다.
㉯ 모든 재료의 보관은 밀봉상태로 건조시켜 보관해야 하며, 직사광선이 닿지 않도록 한다.
㉯ 경화 후 이어치기 부분의 놀출 및 기포 흔적이 남아 있는 주변의 튀어나온 부위는 연마기로 갈아서 평탄하게 하고, 오목하게 들어간 부분 등은 된비빔 셀프레벨링재를 이용하여 보수한다.
㉱ 셀프레벨링재의 표면에 물결무늬가 생기지 않도록 창문 등을 밀폐하여 통풍과 기류를 차단하고, 시공 중이나 시공완료 후 기온이 0℃ 이하가 되지 않도록 한다.

78. ㉱

셀프레벨링재의 표면에 물결무늬가 생기지 않도록 창문 등을 밀폐하여 통풍과 기류를 차단하고 셀프레벨링재가 시공 중이나 시공완료 후 기온이 5℃ 이하가 되지 않도록 한다.

79. 셀프레벨링(Self Leveling)재 시공에 대한 설명 중 옳지 않은 것은?

㉮ 실러 바름은 셀프레벨링재를 바르기 2시간 전에 완료한다.
㉯ 셀프레벨링재를 부을 때 필요에 따라 고름도구 등을 이용하여 마무리한다.
㉰ 셀프레벨링재의 표면에 물결무늬가 생기지 않도록 창문 등을 밀폐하여 통풍과 기류를 차단한다.
㉰ 셀프레벨링재 시공 중이나 시공 완료 후 기온이 10℃ 이상이 되지 않도록 한다.

79. ㉱

셀프레벨링재가 시공 중이나 시공완료 후 기온이 5℃ 이하가 되지 않도록 한다.

제30장 타일공사

1 제품 및 분류

1. 개요

타일공사는 도자기질타일을 사용하여 건축물의 내·외장의 벽이나 바닥을 마무리를 하는 타일붙임공사이다.

2. 제품의 종류

종류		토기(土器)	도기(陶器)	석기(石器)	자기(磁器)
소지	흡수성	크다	적다	있다	없다
	성질 및 두드림 소리	취약, 탁음	경견, 탁음	경견, 맑음	경견, 맑음
소성온도		SK0.15(790 ℃)~ SK0.5(1,000 ℃)	SK1(1,100 ℃)~ SK7(1,230 ℃)	SK4(1,160 ℃)~ SK12(1,350 ℃)	SK7(1,230 ℃)~ SK16(1,460 ℃)
시약		무유	시유	무유, 식염유	시유
주용도		벽돌, 기와, 토관, 오지그릇	타일, 테라코타, 위생도기, 기와	타일, 테라코타, 벽돌, 토기	타일, 위생도기

3. 분류

1) 호칭명에 따른 분류 192)

호칭명	내 용
내장타일	① 내장타일은 건물 내부에 사용하는 타일로 주로 옥내의 벽에 사용한다. ② 유약 처리로 타일 표면이 아름답고 청결하지만 흡수율이 높고 동해에 약하다. ③ 도기질, 석기질, 자기질 등이 적용된다.
외장타일	① 외장타일은 건물 외장에 사용하는 타일로 주로 옥외의 벽에 사용한다. ② 내장타일만큼의 아름다움이나 색조의 안정성을 필요로 하지 않으나 내장타일보다 강하고 흡수율이 낮다. ③ 자기질, 석기질(내동해성이 우수한 것으로 한다) 등이 적용된다.

192) KS L 1001, 도자기 타일, 산업표준심의회, 2020.

호칭명	내용
바닥타일	① 바닥타일은 옥내 및 옥외의 바닥에 사용하는 타일이다. ② 자기질, 석기질(무유로 한다) 등이 적용된다.
모자이크타일	① 모자이크타일은 모자이크를 위해 사용하는 타일로 주로 옥내의 벽과 바닥에 사용한다. ② 보통 자기질이나 유약을 입힌 도기질을 사용하며, 여러 가지 형태와 색이 있다. ③ 자기질 등이 적용된다.

주1 한랭지 및 이와 준하는 장소의 노출된 부위에는 자기질, 석기질로 한다.

주2 장애자용 타일은 자기질로 한다.

2) 소지의 질(재료의 질)에 따른 분류

소지의 질	내용
도기질타일	① 도기질타일은 도토를 원료로 하며 소성온도는 1,000~1,200 ℃이고 흡수율은 20 %에 가깝다. ② 굽는 온도가 낮아 강도가 낮고 흡수율이 높고 내구성 및 내마모성이 약하여 내장타일에 적합하다.
석기질타일	① 석기질타일은 석암점토를 원료로 하고, 일반적으로 유약을 발라 소성하며, 소성온도는 1,200~1,350 ℃이고 흡수율은 8 % 정도이다. ② 도기질타일과 자기질타일의 중간 정도의 타일이고 내장타일, 외장타일, 바닥타일, 클링커타일 등에 적합하다.
자기질타일	① 자기질타일은 자토를 주원료로 하며, 소성온도는 1,250 ℃ 이상으로 가장 높고 흡수율은 1 % 이내로 가장 낮고 특히 내구성이 우수하다. ② 굽는 온도가 높아 강도가 높고 흡수율이 낮아 내장타일, 외장타일, 바닥타일, 모자이크타일 등에 적합하다.
티타늄타일	① 티타늄타일은 500 ℃ 전후의 고온에서도 그 성질이 변하지 않으며 내식성도 우수하며 높은 강도를 지닌 타일이다. ② 일반 타일보다 가격이 높으며 동이나 니켈의 약 1/2, 철의 2/3 정도로 가벼우면서 알루미늄의 3배 정도의 강도를 가지고 있다.

주1 클링커타일은 비교적 두꺼운 외부 바닥용의 특수 타일로 시유 또는 무유의 석기질타일이다.

주2 모자이크타일은 40 mm각 이하의 소형으로 된 타일이다. 300 mm각 하트론지에 줄눈을 일정하게 나누어 모아 붙여 판매된다.

주3 도토는 도자기의 원료로 사용되는 진흙의 총칭이다.

주4 자토는 양질 도토이다.

주5 소지는 타일의 주체를 이루는 부분으로, 시유타일의 경우에는 표면의 유약을 제거한 부분이다.

주6 토기질은 타일의 소지의 질에 따른 분류에는 포함되지 않는다. 토기는 저급 점토를 사용하고 시유하지 않은 채로 소성하여 사용하는 것으로 벽돌, 기와 등에 적합하다.

3) 유약의 유무에 따른 구분

구 분	내 용
시유타일 (Ceramic Tile)	시유타일은 재로를 섞고 몰드를 찍은 후 한 번 구워 비스킷(Biscuit)을 만든 후 타일의 표면에 유약을 바르고 다시 한 번 구워낸 타일이다.
무유타일 (Porcelain Tile)	무유타일은 미리 원료를 배합한 후 몰드로 찍은 후 가마에 굽는 타일이며, 타일의 표면에 유약을 바르지 않는 타일이다.

4) 용도에 따른 분류

구 분	내 용
외부벽용 타일	외부벽용 타일은 흡수성이 적고, 외기에 저항력이 강한 단단한 것이 우수하다.
내부벽용 타일	내부벽용 타일은 흡수성이 다소 있으며, 외기에 저항력이 적은 것이 사용되지만, 미려하고 위생적이며 청소가 용이한 것이 주로 사용된다.
외부바닥용 타일	외부바닥용 타일은 지대, 디딤대 등에는 클링커타일이 사용된다.
내부바닥용 타일	내부바닥용 타일은 단단하고 마모에 강하며 흡수성이 적은 것이 우수하다.

4. 붙임재료

현장배합에 의한 붙임모르타르는 건비빔한 후 3시간 이내에 사용하며, 물을 부어 반죽한 후 1시간 이내에 사용한다.

2 타일시공

1. 일반사항 193)

1) 타일나누기

타일나누기는 타일을 붙이기 전에 타일을 시공부위에 배치하여 보는 것이다.

2) 줄눈너비의 표준

(단위 : mm)

타일 구분	대형벽돌형(외부)	대형(내부일반)	소 형	모자이크
줄눈너비	9	5~6	3	2

주1 창문선, 문선 등 개구부 둘레와 설비 기구류와의 마무리 줄눈너비는 10 mm 정도로 한다.

193) KCS 41 48 01 타일공사(3.1), 국토교통부, 대한건축학회, 2016.

3) 치장줄눈

① 타일을 붙이고 3시간이 경과한 후 줄눈파기를 하여 줄눈부분을 청소한다.

② 청소 후 24시간 경과한 뒤 치장줄눈을 하며, 작업 직전에 줄눈바탕에 물을 뿌려 습윤케 한다.

③ 치장줄눈의 폭이 5 mm 이상일 때는 고무흙손으로 충분히 눌러 빈틈이 생기지 않게 시공한다.

④ 세로줄눈을 먼저 시공하고, 가로줄눈은 위에서 아래로 마무리한다.

4) 신축줄눈

구 분	내 용
설치간격	신축줄눈은 3 m 간격으로 설치한다.
설치위치	① 도면에 명시된 부분 ② 이질바탕의 접합부분 ③ 콘크리트를 수평방향으로 이어치기한 부분

주1 신축줄눈은 온도변화나 수분변화 또는 외력 등에 의하여 건물이나 건물 부위에 발생되는 변형이 타일에 영향을 적게 미치게 하기 위한 바탕면 및 바름층에 설치하는 줄눈이다. 신축줄눈을 신축조정줄눈이라고도 한다.

5) 모르타르 바탕

① 바탕 고르기 모르타르를 바를 때에는 2회에 나누어서 바른다.

② 바름두께가 10 mm 이상일 경우는 1회에 10 mm 이하로 눌러 바른다.

③ 바탕 모르타르를 바른 후, 타일을 붙일 때까지는 여름철(외기온도 25 ℃ 이상)은 3~4일 이상, 봄, 가을(외기온도 10~20 ℃)은 1주일 이상의 기간을 둔다.

④ 타일붙임면에서 바탕면의 평활도는 바닥의 경우는 3 m당 ±3 mm, 벽의 경우는 2.4 m당 ±3 mm로 한다.

⑤ 바닥면은 물고임이 없도록 1/100 이하의 구배를 유지한다.

6) 바탕처리

① 바탕들뜸, 균열부를 보수한다.

② 바탕면을 평탄하게 처리한다.

③ 청소(레이턴스, 흙, 먼지 등 제거)한다.

④ 여름에 외장타일을 붙일 경우에는 하루 전에 바탕면에 물을 충분히 적셔둔다.

⑤ 타일붙임 바탕의 건조상태에 따라 뿜칠 또는 솔을 사용하여 물을 골고루 뿌린다.

⑥ 흡수성이 있는 타일의 경우 적당한 물축임을 한다.

⑦ 타일을 붙이는 모르타르에 시멘트 가루를 뿌리지 않아야 한다.

2. 벽타일붙임 194)

1) 벽타일붙임공법

(1) 벽타일붙임공법의 종류

구 분	내 용
떠붙임공법	① 떠붙임공법은 가장 오래된 타일붙임 방법으로 타일 뒷면에 붙임모르타르를 얹어 바탕 모르타르에 누르거나 하여 1매씩 붙이는 공법이다. ② 붙임모르타르의 두께는 12~24 mm를 표준으로 한다.
압착붙임공법	① 압착붙임공법은 평평하게 만든 바탕 모르타르 위에 붙임모르타르를 고르게 바르고, 그 위에 타일을 눌러 붙이는 공법이다. ② 붙임모르타르의 두께는 타일두께의 1/2 이상이고, 5~7 mm를 표준으로 한다. ③ 타일의 1회 붙임면적은 1.2 m^2 이하로 한다. ④ 붙임시간(Open Time, 오픈타임)은 모르타르 배합 후 15분 이내로 한다.
개량압착붙임공법	① 개량압착붙임공법은 먼저 시공된 모르타르 바탕면에 붙임모르타르를 바르고, 타일 뒷면에도 붙임모르타르를 얇게 바르고 타일을 두드려 눌러 붙이는 공법이다. ② 압착붙임의 단점인 붙임시간(Open Time) 문제를 해결하기 위해 개발된 공법이다. ③ 바탕면의 붙임모르타르의 두께는 4~6 mm를 표준으로 한다. ④ 타일 뒷면의 붙임모르타르의 두께는 3~4 mm를 표준으로 한다. ⑤ 바탕면 붙임모르타르의 1회 바름면적은 1.5 m^2 이하로 한다. ⑥ 붙임시간(Open Time)은 모르타르 배합 후 30분 이내로 한다.
접착제붙임공법	① 접착제붙임공법은 접착제를 이용하여 압착공법과 거의 동일한 방법으로 타일을 붙이는 공법이다. ② 내장공사로 제한한다. ③ 붙임 바탕면을 여름에는 1주 이상, 기타 계절에는 2주 이상 건조시킨다. ④ 접착제의 1회 바름면적은 2.0 m^2 이하로 한다.
동시줄눈붙임공법 (밀착붙임공법)	① 동시줄눈붙임공법은 바탕면에 붙임모르타르를 발라 타일을 붙인 다음 충격공구(손진동기)로 타일면에 충격을 가하는 공법이다. ② 붙임모르타르의 두께는 5~8 mm를 표준으로 한다. ③ 1회 붙임면적은 1.5 m^2 이하로 한다. ④ 붙임시간(Open Time)은 20분 이내로 한다.

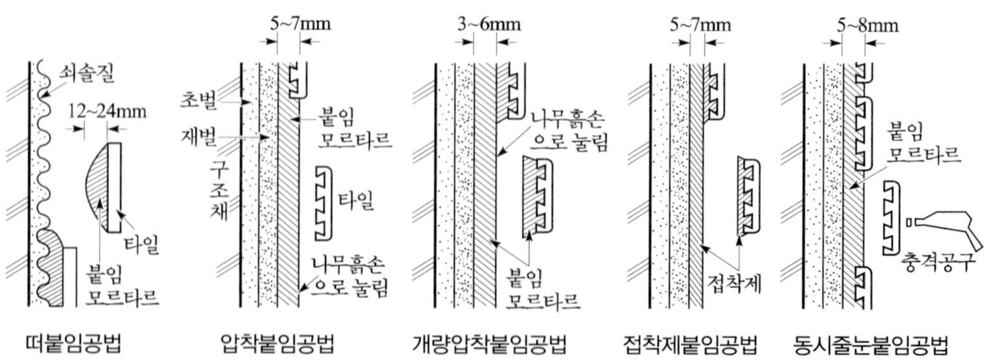

떠붙임공법 압착붙임공법 개량압착붙임공법 접착제붙임공법 동시줄눈붙임공법

194) KCS 41 48 01 타일공사(3.2), 국토교통부, 대한건축학회, 2016.

(2) 외장 및 내장의 공법구분

공법 구분	종 류	
외 장	① 떠붙임공법 ③ 개량압착붙임공법	② 압착붙임공법 ④ 동시줄눈붙임공법
내 장	① 떠붙임공법	② 접착제붙임공법

2) 주의사항 및 붙임 순서

(1) 벽타일 시공 시 주의사항

① 가로, 세로 기준선을 설치한다.

② 하부에서 상부로 시공한다.

③ 접착 모르타르의 붙임시간(Open Timc)을 준수한다.

④ 하루 붙임 높이는 대형은 0.7~0.9 m, 소형은 1.2~1.5 m 정도로 한다.

(2) 타일 등의 시공 순서

구 분	순 서
외벽타일, 외벽미장, 실외도장	위에서 아래
실내 타일	아래에서 위

3) 붙임시간

붙임시간은 바탕면에 붙임모르타르를 바른 후 타일붙임을 시작하면 시간경과에 따라 붙임모르타르의 응결이 진행되는데, 타일의 붙임모르타르의 기본 접착강도를 얻을 수 있는 최대 한계시간이다. 일반적으로 붙임시간은 모르타르나 접착제를 바르고 나서 어느 정도 시간경과 후, 최고의 접착강도를 얻을 수 있는 시간을 말한다. 오픈타임(Open Time)이라고도 한다.

3. 바닥타일붙임 195)

① 물흘림 경사를 고려하여 된반죽 모르타르를 바르고 규준대 밀기로 하여 평탄하게 하다

② 붙임모르타르의 1회 깔기면적은 1인당 6~8 m^2을 표준으로 한다.

③ 벽체타일이 시공되는 경우 바닥타일은 벽체타일을 먼저 붙인 후 시공한다.

195) KCS 41 48 01 타일공사(3.3), 국토교통부, 대한건축학회, 2016.

4. 기타

1) 타일의 동해방지 방법

① 붙임용 모르타르 배합비를 정확히 배합한다.
② 소성온도가 높은 타일을 사용한다.
③ 흡수성이 낮은 타일을 사용한다.
④ 접착 모르타르의 물시멘트비를 낮게 한다.
⑤ 압착공법으로 시공 할 경우, 타일을 충분히 두드려 밀착시킨다.
⑥ 줄눈누름은 충분히 하여 빗물의 침투를 방지한다.

2) 양생 및 청소[196)]

① 한중공사 시 외기의 기온이 2 ℃ 이하일 때, 타일 작업장 내의 온도를 10 ℃ 이상으로 유지한다.
② 타일을 붙인 후 3일간은 진동이나 보행을 금한다.
③ 타일 바닥은 줄눈넣기가 완료된 후 7일 동안은 바닥에 설치된 타일 위로 보행하거나 통행하지 않는다.
④ 줄눈을 넣은 후 경화 불량의 우려가 있거나 24시간 이내에 비가 올 우려가 있는 경우에는 폴리에틸렌필름 등으로 차단·양생한다.
⑤ 양생 후 타일 표면을 깨끗이 청소하고 보호막을 제거한다.
⑥ 청소는 손이나 헝겊 또는 스펀지 등으로 물을 축여 타일면을 깨끗이 씻어낸 다음 마른 헝겊으로 닦는다.
⑦ 청소 시 염산 사용을 지양하며, 부득이 사용할 경우 공업용 염산 30배 희석용액(5 % 정도의 묽은 염산)을 사용하고, 사용 후 물로 산성분을 완전히 씻는다.

3) 검사

검사방법	내 용
두들김 검사	두드림 검사는 붙임모르타르가 경화한 후 검사 봉으로 두들겨 검사한다.
접착력 검사	① 접착력 검사는 600 m^2당 한 장씩 시험한다. ② 타일의 접착력을 시공 4주 후에 시험을 통해 검사한다. ③ 판정은 타일 접착강도가 0.39 MPa 이상이어야 한다.

196) KCS 41 48 01 타일공사(3.5), 국토교통부, 대한건축학회, 2016.

3 테라코타공사

1. 일반사항

① 테라코타(Terracotta)는 점토(Terra)를 구운(Cotta) 것이라는 뜻으로, 일반적으로 건축에서는 벽돌, 기와 및 토관 등에 사용되는 속이 빈 대형의 점토제품을 말한다.

② 구조용과 장식용이 있다.

③ 구조용은 칸막이벽 등에 사용되는 공동(空洞)벽돌이다.

④ 테라코타의 속빈 부분의 살두께는 25~40 mm로 한다.

⑤ 장식용은 난간벽, 주두, 돌림띠, 창대 등으로 사용되며, 테라코타는 주로 장식용으로 사용된다.

2. 특징

① 석재보다 가볍고, 색상이 다양하다.

② 압축강도는 80~90 MPa로 화강암의 1/2 정도이다.

③ 화강암보다 내화력이 강하고 대리석보다 풍화에 강하여 외장재로 적당하다.

④ 발주기간이 30일 정도로 제작기간이 길어 주문 제작하여야 한다.

3. 시공 시 주의사항

① 바탕을 건조시키지 않고 습윤하게 한다.

② 모르타르의 모래는 굵은 것을 사용한다.

③ 줄눈 사춤 모르타르 및 쌓기 모르타르에 적정량의 방수제를 사용한다.

④ 동절기에는 외기에 직접 접하지 않도록 양생한다.

필수 연습문제

제30장 타일공사

1. 같은 타일의 품질을 감별할 때는 다음 중 어느 것에 의하면 간단히 알 수 있는가?

㉮ 색상　　㉯ 경도
㉰ 질량　　㉱ 두들겨본 소리

2. 타일을 자기질, 석기질, 도기질 등으로 구분할 경우 그 구분기준과 가장 거리가 먼 것은?

㉮ 밀도　　㉯ 소성온도
㉰ 흡수율　　㉱ 성형방법

3. 타일의 흡수율 크기의 대소 관계가 알맞은 것은?

㉮ 석기질 > 도기질 > 자기질　　㉯ 도기질 > 석기질 > 자기질
㉰ 자기질 > 석기질 > 도기질　　㉱ 석기질 > 자기질 > 도기질

4. 건축물에 이용하는 타일 중 흡수율이 적어 겨울철 동파의 우려가 가장 작은 것은?

㉮ 도기질타일　　㉯ 석기질타일
㉰ 토기질 타일　　㉱ 자기질타일

5. 타일에 관한 설명으로 옳지 않은 것은?

㉮ 자기질타일은 용도상 내·외장 및 바닥용으로 사용되며 소성온도는 1,300~1,400 ℃이다.
㉯ 석기질타일은 현대건축의 벽화 타일이나 이미지 타일로써 폭넓게 활용되고 있다.
㉰ 도기질타일은 내구성·내수성이 강하여 옥외나 물기가 있는 곳에 주로 사용된다.
㉱ 티타늄타일은 500 ℃ 전후의 고온에서도 그 성질이 변하지 않으며 내식성도 우수하다.

1. ㉱

타일의 품질감별 방법은 흡수성, 색조, 성질 및 두드림 소리, 성분 등으로 판단하며 두드림 소리가 간단하다. 맑은 금속음이 나면 좋은 품질이다.

2. ㉱

타일의 품질감별 방법은 흡수성, 색조, 투명정도, 강도, 원료, 소성온도, 시유여부 및 두드림 소리 및 밀도 등으로 판단한다.

3. ㉯

• 흡수율의 크기순서
토기질 > 도기질 > 석기질 > 자기질

4. ㉱

흡수율이 적을수록 동파의 우려가 없다. 자기질타일이 흡수율이 가장 낮다.

5. ㉰

도기질타일은 강도가 낮고 흡수율이 높아 내장타일에 적합하다.

6. 외벽타일공사에 관한 기술 중 틀린 것은?

㉮ 바탕 모르타르는 나무흙손으로 고르게 바른다.
㉯ 흡수성이 큰 도기질타일은 될 수 있는 대로 건조시켜 사용하는 것이 효과적이다.
㉰ 시공하기 전 바탕면에 적당한 물주기를 고르게 한다.
㉱ 외부용 타일은 흡수성이 적고, 강도가 큰 것을 사용하여야 한다.

6. ㉯
외부벽용 타일은 흡수성이 적고 외기에 저항력이 강하고 단단한 자기질이 우수하다.

7. 바탕재 재질에 따른 세라믹 제품의 특성으로 가장 부적당한 것은?

㉮ 토기질 : 저급 점토를 사용하고 시유하지 않은 채로 소성하며 벽돌, 기와 등을 만든다.
㉯ 도기질 : 도토를 원료로 하며 시유하여 소성하면 광택이 생기고 방수성이 생겨 내장타일에 사용된다.
㉰ 석기질 : 석암점토를 원료로 하고 일반적으로 유약을 발라 소성하며 클링커타일, 건축용 벽돌 등에 적합하다.
㉱ 자기질 : 자토를 주원료로 하며 소성온도가 가장 낮고 흡수율이 높아 부조, 도관 등에 사용한다.

7. ㉱
① 자기질은 자토를 주원료로 하며 소성온도가 가장 높고 흡수율이 가장 낮다.
② 자기질은 내장타일, 외장타일, 바닥타일, 모자이크타일 등에 적합하다.

8. 재료를 섞고 몰드를 찍은 후 한 번 구워 비스킷(Biscuit)을 만든 후 유약을 바르고 다시 한 번 구워낸 타일을 의미하는 것은?

㉮ 내장타일　　㉯ 시유타일
㉰ 무유타일　　㉱ 표면처리타일

8. ㉯
시유타일은 재료를 섞고 몰드를 찍은 후 한 번 구워 비스킷(Biscuit)을 만든 후 타일의 표면에 유약을 바르고 다시 한 번 구워낸 타일이다.

9. 다음 ( )에 들어갈 수치로 알맞게 짝지어진 것은?

> 타일을 붙일 때에 줄눈너비는 타일 종류에 따라 다른데 대형벽돌형(외부)는 (①), 대형(내부일반)은 (②), 소형은 (③), 모자이크는 (④)이다.

㉮ ① 9 mm, ② 5~6 mm, ③ 3 mm, ④ 2 mm
㉯ ① 15 mm, ② 10~12 mm, ③ 6 mm, ④ 3 mm
㉰ ① 12 mm, ② 5~9 mm, ③ 6 mm, ④ 3 mm
㉱ ① 6 mm, ② 4 mm, ③ 3 mm, ④ 2 mm

9. ㉮
• 줄눈너비의 표준

타일 구분	대형벽돌형(외부)	대형(내부일반)
줄눈 너비	9 mm	5~6 mm
타일 구분	소형	모자이크
줄눈 너비	3 mm	2 mm

주) 창문선, 문선 등 개구부 둘레와 설비기구류와의 마무리 줄눈너비는 10 mm 정도로 한다.

10. 내부에 대형타일을 붙일 경우 줄눈너비의 표준으로 다음 중 맞는 것은?

㉮ 9 mm ㉯ 6 mm
㉰ 3 mm ㉱ 4 mm

11. 타일시공에 관한 다음 기술 중 틀린 것은?

㉮ 타일 나누기로 먼저 기준선을 정확히 정하고 될 수 있는 대로 온장을 사용하도록 한다.
㉯ 타일을 붙이기 전에 바탕의 불순물을 제거하고 청소를 하여야 한다.
㉰ 타일붙임바탕의 건조상태에 따라 뿜도장 또는 솔질로 물을 고루 축인다.
㉱ 외부 대형타일 시공 시 줄눈의 표준너비는 5 mm 정도가 적당하다.

12. 타일붙이기에 앞서 타일나누기 계획으로 맞지 않는 것은?

㉮ 타일치수와 줄눈치수를 합하여 타일 한 장의 기준치수로 정한다.
㉯ 시공면의 높이를 타일의 정수배로 하고 줄눈을 조절한다.
㉰ 중간 개구부나 그 상하부도 정수배로 나눈다.
㉱ 타일의 시공도면보다 설계도면에 의거하여 타일나누기를 한다.

13. 타일붙임에 관한 설명으로 가장 부적당한 것은 다음 중 어느 것인가?

㉮ 치장줄눈은 타일을 붙이고 2시간이 경과한 후 해야 한다.
㉯ 압착붙임은 붙임시간을 15분 이내로 한다.
㉰ 흡수성이 있는 타일은 사전에 물축이기를 한다.
㉱ 타일붙임바탕은 와이어브러시 등으로 거칠게 한다.

14. 치장줄눈을 하기 위한 줄눈파기는 타일(Tile)붙임이 끝나고 몇 시간이 경과했을 때 하는 것이 가장 적당한가?

㉮ 타일을 붙인 후 1시간이 경과한 때
㉯ 타일을 붙인 후 3시간이 경과한 때
㉰ 타일을 붙인 후 24시간이 경과한 때
㉱ 타일을 붙인 후 48시간이 경과한 때

10. ㉯

11. ㉱
외부 대형타일 시공 시 줄눈의 표준너비는 9 mm 정도가 적당하다.

12. ㉱
타일나누기는 타일을 붙이기 전에 타일을 시공부위에 배치하여 보는 것으로 설계도면보다 시공도면에 의거하여 하여야 오차가 적다.

13. ㉮
① 타일을 붙이고 3시간이 경과한 후 줄눈파기를 하여 줄눈부분을 청소한다.
② 청소 후 24시간 경과한 뒤 치장줄눈을 하며, 작업 직전에 줄눈바탕에 물을 뿌려 습윤케 한다.
③ 압착공법에서 타일의 1회 붙임면적은 1.2 m^2 이하로 하고, 붙임시간(Open Time)은 모르타르 배합 후 15분 이내로 한다.

14. ㉯
① 타일을 붙이고 3시간이 경과한 후 줄눈파기를 하여 줄눈부분을 청소한다.
② 청소 후 24시간 경과한 뒤 치장줄눈을 하며, 작업 직전에 줄눈바탕에 물을 뿌려 습윤케 한다.

15. 치장줄눈 시공에서 타일붙임이 끝난 후 줄눈파기는 최소 몇 시간이 경과한 때부터 하는 것이 좋은가?

㉮ 1시간 ㉯ 3시간
㉰ 24시간 ㉱ 48시간

16. 타일공사의 유의사항에 대한 다음 기술 중 가장 부적당한 것은 어느 것인가?

㉮ 줄눈파기는 30분경과 후 실시하고 치장줄눈은 24시간 경과 후 시공한다.
㉯ 바닥타일은 물고임이 없도록 구배를 유지해야 한다.
㉰ 바닥타일은 붙인 후 3일간은 진동 및 보행을 금지한다.
㉱ 기온이 2℃ 이하에서 난방·보온하고 작업은 중단한다.

17. 타일공사에 관한 설명 중 옳은 것은?

㉮ 모자이크타일의 줄눈너비의 표준은 5 mm이다.
㉯ 벽체타일이 시공되는 경우 바닥타일은 벽체타일을 붙이기 전에 시공한다.
㉰ 타일을 붙이는 모르타르에 시멘트 가루를 뿌리면 백화가 방지된다.
㉱ 치장줄눈은 24시간이 경과한 뒤 붙임모르타르의 경화정도를 보아 시공한다.

18. 타일붙임에 대한 설명으로 옳지 않은 것은?

㉮ 도면에 명기된 치수에 상관없이 징두리벽은 온장타일이 되도록 나누어야 한다.
㉯ 벽체타일이 시공되는 경우 바닥타일을 먼저 시공 후 작업한다.
㉰ 대형 벽돌형(외부) 타일시공 시 줄눈너비의 표준은 9 mm이다.
㉱ 벽타일붙임에서 타일 측면이 노출되는 모서리 부위는 코너타일을 사용하거나 모서리를 가공하여 측면이 직접 보이지 않도록 한다.

15. ㉯
타일을 붙이고 3시간이 경과한 후 줄눈파기를 하여 줄눈부분을 청소한다.

16. ㉮
타일을 붙이고 3시간이 경과한 후 줄눈파기를 하여 줄눈부분을 청소한다.

17. ㉱
① 모자이크타일의 줄눈너비의 표준은 2 mm이다.
② 벽체타일이 시공되는 경우 바닥타일은 벽체타일을 먼저 붙인 후 시공한다.
③ 시멘트 가루를 뿌리면 모르타르 중의 수분을 흡수하여 바탕에 부착할 수분이 부족하게 되어 시공성과 접착력이 저하될 수 있다.

18. ㉯
벽체타일이 시공되는 경우 바닥타일은 벽체타일을 먼저 붙인 후 시공한다.

19. 타일시공 시 유의사항으로 옳지 않은 것은?

㉮ 여름에 외장타일을 붙일 경우에는 하루 전에 바탕면에 물을 충분히 적셔둔다.
㉯ 타일을 붙이기 전에 바탕의 들뜸, 균열 등을 검사하여 불량부분은 보수한다.
㉰ 타일면은 일정한 간격의 신축줄눈을 두어 탈락, 동결융해 등을 방지할 수 있도록 한다.
㉱ 타일을 붙이는 모르타르에 백화방지를 위하여 시멘트 가루를 뿌리는 것이 좋다.

19. ㉱
타일을 붙이는 모르타르에 시멘트 가루를 뿌리지 않아야 한다.

20. 타일공사에 대한 기술 중 틀린 것은?

㉮ 타일은 파손되기 쉬우므로 취급시 주의를 요한다.
㉯ 실제 소요 양보다 여분을 두어서 선별할 필요가 있다.
㉰ 내부용 타일은 약간 흡수성이 있어도 좋다.
㉱ 바탕 모르타르 또는 콘크리트의 표면을 충분히 건조시켜 바를 필요가 있다.

20. ㉱
타일공사에서 바탕처리는 바탕면을 평탄하게 처리하고, 바탕은 거칠게 하며 청소(레이턴스, 흙, 먼지 등 제거)한다. 여름에 외장타일을 붙일 경우에는 하루 전에 바탕면에 물을 충분히 적셔둔다.

21. 타일공사 시 바탕처리에 대한 설명으로 틀린 것은?

㉮ 타일을 붙이기 전에 바탕의 들뜸, 균열 등을 검사하여 불량부분은 보수한다.
㉯ 여름에 외장타일을 붙일 경우에는 바탕면에 물을 축이는 행위를 금한다.
㉰ 흡수성이 있는 타일에는 제조업자의 시방에 따라 물을 축여 사용한다.
㉱ 타일을 붙이기 전에 불순물을 제거하고, 청소한다.

21. ㉯
여름에 외장타일을 붙일 경우에는 하루 전에 바탕면에 물을 충분히 적셔둔다.

22. 타일공사에 대한 설명 중 틀린 것은?

㉮ 타일을 붙이는 모르타르에 시멘트 가루를 뿌려 접착력을 향상시킨다.
㉯ 모르타르 바탕의 바름두께가 10 mm 이상일 경우에는 1회에 10 mm 이하로 하여 나무흙손으로 눌러 바른다.
㉰ 치장줄눈의 폭이 5 mm 이상일 때는 고무흙손으로 충분히 눌러 빈틈이 생기지 않게 시공한다.
㉱ 벽체타일이 시공되는 경우 바닥타일은 벽체타일을 먼저 붙인 후 시공한다.

22. ㉮
시멘트 가루를 뿌리면 모르타르 중의 수분을 흡수하여 바탕에 부착할 수분이 부족하게 되어 시공성과 접착력이 저하될 수 있다.

23. 타일붙임공법과 가장 거리가 먼 것은?

㉮ 압착공법
㉯ 떠붙임공법
㉰ 접착제붙임공법
㉱ 앵커긴결공법

24. 붙임모르타르의 두께가 가장 두꺼운 타일공법은 다음 중 어느 것인가?

㉮ 떠붙임공법
㉯ 압착붙임공법
㉰ 판형붙임공법
㉱ 동시줄눈붙임공법

25. 벽타일공사에서 압착붙임공법의 붙임모르타르의 바름두께의 표준으로 옳은 것은?

㉮ 5~7 mm 정도
㉯ 10~15 mm 정도
㉰ 18~20 mm 정도
㉱ 20~25 mm 정도

26. 타일붙임에 관한 기술 중에서 부적당한 것은 다음 중 어느 것인가?

㉮ 압착붙임은 밑에서 위로 향해서 붙인다.
㉯ 흡수성인 타일은 사전에 물축임 한다.
㉰ 타일붙임 바탕은 거칠게 한다.
㉱ 기온이 2 ℃ 이하가 되면 작업을 중지한다.

27. 다음 중 경질타일의 붙임모르타르 배합으로써 적당한 것은?

㉮ 1 : 2
㉯ 1 : 3
㉰ 1 : 4
㉱ 1 : 5

23. ㉱

앵커긴결공법은 석재붙이기 중 건식공법 중 하나이다.

24. ㉮

① 떠붙임공법 : 붙임모르타르의 두께는 12~24 mm를 표준으로 한다.
② 압착붙임공법 : 붙임모르타르의 두께는 타일두께의 1/2 이상이고, 5~7 mm를 표준으로 한다.
③ 동시줄눈붙임공법 : 붙임모르타르의 두께는 5~8 mm 정도를 바른다.

25. ㉮

압착공법에서 붙임모르타르의 두께는 타일두께의 1/2 이상이고, 5~7 mm를 표준으로 한다.

26 ㉮

일반적으로 압착붙임공법의 시공 순서는 위에서 아래로 붙인다.

27. ㉮

• 모르타르의 표준배합

종류	배합비 (시멘트 : 모래)
치장줄눈	1 : 1
경질타일 붙임	1 : 2
연질타일 붙임	1 : 3

28. 타일의 동해방지방법에 대한 기술 중 옳지 않은 것은?

㉮ 줄눈마감을 충분히 하고 빗물의 침투를 방지한다.
㉯ 소성온도가 높은 타일을 사용한다.
㉰ 붙임모르타르의 배합비를 좋게 한다.
㉱ 바탕 모르타르와의 밀착을 좋게 하기 위하여 흡수성이 큰 타일을 사용한다.

28. ㉱
흡수성이 큰 타일을 사용하면 동해의 원인이 된다.

29. 타일의 동해(凍害)를 방지하기 위한 기술 중 틀린 것은?

㉮ 타일은 소성온도가 높은 것을 사용한다.
㉯ 타일은 흡수성이 높은 것일수록 모르타르가 잘 밀착이 되므로 동해방지에 효과가 크다.
㉰ 붙임모르타르의 배합비를 좋게 한다.
㉱ 줄눈누름을 충분히 하여 빗물의 침투를 방지하고 타일바름 밑바탕의 시공을 잘 한다

29. ㉯
흡수성이 큰 타일을 사용하면 동해의 원인이 된다.

30. 타일의 동해를 방지하기 위한 설명 중 가장 타당한 것은?

㉮ 소성온도가 낮은 타일을 사용한다.
㉯ 접착 모르타르의 물시멘트비를 높게 한다.
㉰ 흡수율이 높은 타일을 사용한다.
㉱ 압착공법으로 시공 할 경우, 타일을 충분히 두드려 밀착시킨다.

30. ㉱
① 소성온도가 높은 타일을 사용한다.
② 접착 모르타르의 물시멘트비를 낮게 한다.
③ 흡수성이 낮은 타일을 사용한다.

31. 아스팔트 타일의 시공 시 주의하여야 할 사항을 기술한 내용 중 옳지 않은 것은?

㉮ 바탕표면은 평탄하고 미끈하게 하며, 충분히 건조시킨다.
㉯ 타일은 20~30 ℃ 정도로 가온하여 누그려 붙인다.
㉰ 타일붙이기가 완료되면 2~3일간 통행금지, 보온 등의 양생을 한다.
㉱ 타일표면에 붙은 고착제는 휘발유를 사용하여 닦아낸다.

31. ㉱
타일의 표면은 휘발유 등의 기름에 약하므로 사용을 금지한다. 또한 청소시 염산 사용을 지양하며, 부득이 사용할 경우 5 % 정도의 묽은 염산을 사용하고, 사용 후 물로 깨끗이 씻는다.

32. 타일을 붙인 표면의 모르타르 자국을 청소하기 위하여 사용하는 약품은?

㉮ 염산 ㉯ 유산
㉰ 가성 소다 ㉱ 초산

32. ㉮
타일의 청소시 염산 사용을 지양하며, 부득이 사용할 경우 5 % 정도의 묽은 염산을 사용하고, 사용 후 물로 깨끗이 씻는다.

33. 공사완성부분의 파손이나 오염 등을 방지하기 위한 시설비용을 계상한 양생 방법에 관한 사항으로 가장 부적합한 것은 어느 것인가?

㉮ 창문틀 – 널, 합판
㉯ 수분증발방지, 통풍직사관선 방지 – 포장, 거적
㉰ 타일바닥 – 모래
㉱ 석재면 물 씻기가 가능한 곳 – 종이, 호분

33. ㉰
타일바닥은 시트 등을 펴서 5~7일 정도 양생한다.

34. 타일공사에서 시공 후 타일 접착력시험에 대한 설명 중 틀린 것은?

㉮ 타일의 접착력시험은 600 m^2 당 한 장씩 시험한다.
㉯ 시험할 타일은 먼저 줄눈부분을 콘크리트 표면까지 절단하여 주위의 타일과 분리시킨다.
㉰ 시험은 타일시공 후 4주 이상일 때 행한다.
㉱ 시험 결과의 판정은 접착강도가 10 MPa 이상이어야 한다.

34. ㉱
타일의 접착력 검사에서 판정은 타일 접착강도가 0.39 MPa 이상이어야 한다.

35. 타일의 탈락의 원인 중 별로 관계가 없는 것은 어느 것인가?

㉮ 바탕 모르타르의 인장강도
㉯ 붙임모르타르의 접착강도
㉰ 바탕과 타일의 수축·팽창차
㉱ 타일공의 기능도

35. ㉮
타일의 원인 중에서 강도와 관련된 것은 압축강도와 접착강도이다.

36. 테라코타에 대한 설명 중 적당하지 않은 것은 어느 것인가?

㉮ 화강암보다 내화력이 크다.
㉯ 대리석보다 풍화에 강하다.
㉰ 강도는 화강암 정도로 강하다.
㉱ 일반 석재보다 강하다.

36. ㉰
테라코타의 압축강도는 80~90 MPa로 화강암의 1/2 정도이다.

BUILDING CONSTRUCTION

PART XI

창호 및 유리공사

제31장 창호 및 유리공사

1 창호공사

1. 개요

1) 정의

창호는 건물 내부를 외부와 차단시키기 위해 개구부에 설치되는 창(Window, 窓이)나 문(Door, 門)이다.

2) 창호의 요구 성능 항목

① 강도	② 내풍압성	③ 내충격성
④ 기밀성	⑤ 수밀성	⑥ 차음성
⑦ 단열성	⑧ 방로성	⑨ 방화성
⑩ 내진성	⑪ 내후성	⑫ 모양 안정성
⑬ 개폐력	⑭ 개폐 반복	⑮ 부품 부착성

3) 창호 관련 용어

용 어	내 용
박 배	박배는 창문을 창문틀에 다는 일이다.
여밈대	여밈대는 미서기 또는 오르내리창이 서로 여며지는 선대를 말한다.
마중대	마중대는 미닫이 또는 여닫이 문짝이 서로 맞닿는 선대를 말한다.
풍소란	풍소란은 창호가 닫아졌을 때 각종 선대 등 접하는 부분에 틈새가 나지 않도록 대어주는 것이다.

주1 선대는 창이나 문짝의 뼈대를 말한다.

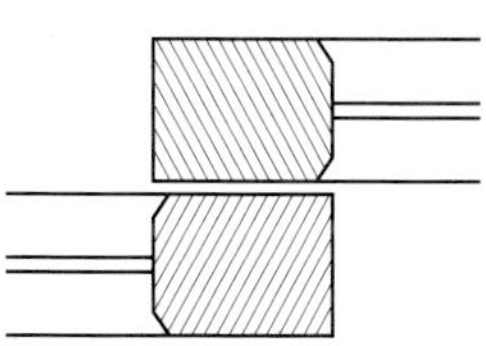

여밈대

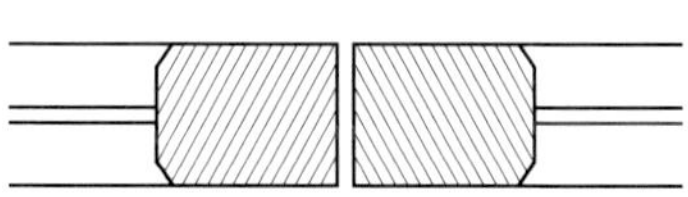

마중대

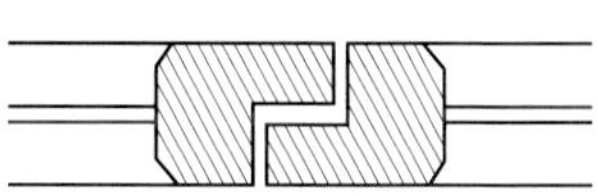

풍소란

2. 창호의 분류와 종류

1) 기능에 의한 분류

창문에 기능을 부여한 창으로 다음과 같은 종류가 있다.

① 출입구용 창호는 주로 사람의 출입을 이해 사용되는 개구부의 창호이다.

② 창용 창호는 채광 및 통풍 등을 위해 설치된 창호이다. 일반적으로 사람의 출입에는 사용되지 않는다.

③ 구획용 창호는 성능이나 기능상 구획을 구성할 수 있는 창호이다.

2) 울거미 재료에 따른 분류

① 목제 창호 ② 강제 창호

③ 알루미늄합금제 창호 ④ 합성수지제 창호

⑤ 스테인리스스틸제 창호 ⑥ 청동제 창호

주1 창호의 울거미는 문짝 등의 가장자리 뼈대가 되는 틀이다.

3) 문의 종류

(1) 개폐방식에 의한 분류

분 류	내 용
여닫이문	여닫이문은 문지도리(정첩, 돌쩌귀)를 문선틀에 달고 여닫는 문이다.
미서기문	미서기문은 미닫이문과 비슷한 구조이며, 문 한 짝을 다른 한 짝에 밀어붙이는 문이다.
미닫이문	미닫이문은 문짝을 상하 문틀에 홈을 파서 끼우고 옆벽에 붙이는 문이다.
회전문	① 회전문은 문짝을 회전시켜 출입하는 문이다. ② 은행, 호텔 등의 출입구에 통풍, 기류를 방지하고 출입인원을 조절하기 위해 사용된다.
접이문(접문)	접이문은 칸막이용으로 실을 구분하기 위해 사용하는 문이다.
주름문	주름문은 문을 닫았을 때 창살처럼 되는 문으로 방범용으로 사용된다.
자재문	자재문은 자유정첩을 달고 안팎 자유로이 열리며 저절로 닫혀지는 문이며, 자유문이라고도 한다.

(2) 구성에 의한 분류

분 류	내 용
널문 (Boarding Door)	① 널문은 구조가 간단한 문으로 간이창고, 자동차차고 등의 문으로 사용된다. ② 종류는 널빈지문, 띠장문 등이 있다.
널빈지문(빈지문)	널은 반턱쪽매 또는 제혀쪽매로 하고 울거미 맞춤은 장부맞춤으로 한다.
양판문 (Panel Door, Framed Door)	양판문은 울거미 중심에 넓은 널을 댄 문이다.
징두리양판문	징두리양판문은 상부에 유리를 대고, 높이 1 m 정도 하부에만 양판을 댄 문이다.

분 류	내 용
플러시문 (Flush Door)	① 플러시문은 울거미를 짜고 중간 살간격 250 mm 정도 배치하여 양면에 합판을 교착한 문이다. ② 변형이 작고 경쾌하다.
합판문	합판문은 울거미를 짜고 그 중간에 두께 9 mm 정도의 합판을 끼운 문이다.
비늘살문 (Louvered Door)	비늘살문은 울거미를 짜고 얇고 넓은 살을 30 mm 간격, 45° 방향으로 빗댄 것으로 차양, 통풍이 되게 한 문이다.

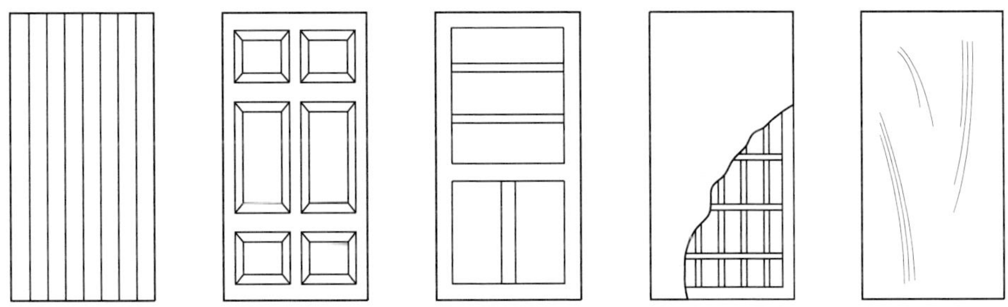

널문 양판문 징두리 양판문 플러시문 합판문

4) 창의 종류

분 류	내 용
여닫이창	여닫이창은 외여닫이와 쌍여닫이가 있다.
미닫이창	미닫이창은 한 줄 홈대에 끼워 벽 옆에 밀어 넣게 된 창이다.
미서기창	미서기창은 두 줄 홈에 두 창짝을 각각 끼워 서로 다른 쪽 창의 밑에 붙여 열게 된 창이다.
오르내리창	① 오르내리창의 개폐장치는 추, 도르래, 와이어로프로 구성되며, 환기에 매우 유효하다. ② 오르내리창 구조에서 창 추 1개의 무게는 위 창문의 것이나 아래 창문의 것이나 모두 그 창문 무게의 반으로 한다.
회전창	회전창의 돌쩌귀(회전지도리, Pivot) 중심은 창문의 수평 중심선보다 약 25 mm 가량 높게 달아 창문 스스로 닫힐 수 있게 한다. 고창에 많이 사용된다

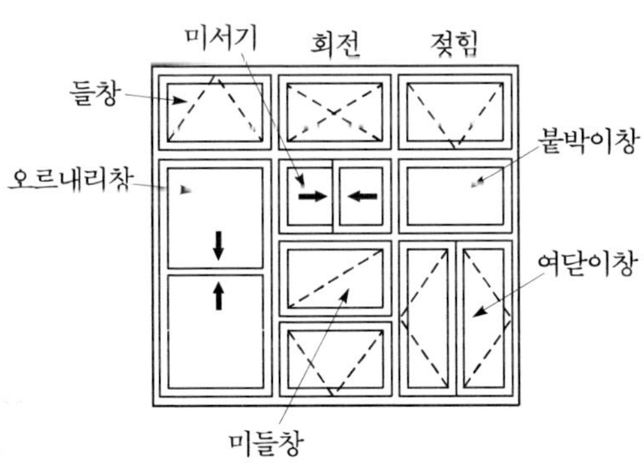

각종 창호와 개폐기호

3. 창호 관련 기호 197)

1) 울거미 재료별 기호 198)

기 호	재료의 종류	기 호	재료의 종류
A	알루미늄합금(Aluminium)	S	강철(Steel)
G	유리(Glass)	SS	스테인리스스틸(Stainless Steel)
P	합성수지(Plastic, 플라스틱)	W	목재(Wood)

2) 용도별 기호

기 호	창문 구별	기 호	창문 구별
D	문(Door)	S	셔터(Shutter)
W	창(Window)	FS	방화셔터(Fire Shutter)
FD	방화문(Fire Door)	G	그릴(Grill)

3) 창호기호의 표시방법

보 기	구 분		설 명
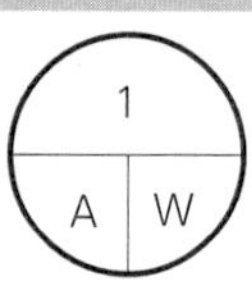	창호번호 1		창호번호 1번의 알루미늄합금 창
	재료기호 A	창호기호 W	
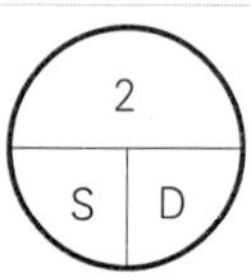	창호번호 2		창호번호 2번의 강철 문
	재료기호 S	창호기호 D	

4. 강제 창호의 설치 순서

① 현장반입
② 변형 바로잡기
③ 녹막이도장
④ 먹매김
⑤ 구멍파기, 따내기
⑥ 가설치 및 검사
⑦ 묻음발 고정
⑧ 창문틀 주위 모르타르 사춤
⑨ 양생

주1 강제 창호의 설치는 변형과 부식의 우려가 있어 보통의 경우 나중세우기로 한다.

197) KS F 1502, 창호기호, 산업표준심의회, 2019.
198) KS F 1502, 창호기호, 산업표준심의회, 2019.

5. 알루미늄합금제 창호

1) 특징

장 점	단 점
① 비중은 철의 1/3 정도로 가볍다. ② 내식성 및 내구성이 뛰어나다. (녹슬지 않고 사용연한이 길다.) ③ 가공과 공작이 자유롭다. ④ 열전도율이 좋고 리사이클(재활용)이 쉽다. ⑤ 여닫음이 경쾌하고 빗물막이, 기밀성에 유리하다.	① 강재 및 스테인리스에 비해 강도가 약하다. ② 전위가 낮기 때문에 금속과 접촉하면 부식의 우려가 있다. ③ 모르타르, 콘크리트, 회반죽 등의 산과 알칼리에 약하다. ④ 강재에 비해 내화성이 부족하다.

2) 알루미늄의 녹막이처리

① 알루미늄재가 알칼리에 약하므로 모르타르 등에 접하는 곳에는 내알칼리성 도장을 한다.

② 알루미늄의 초벌 녹막이도료는 징크로메이트이다.

주1 징크로메이트(Zincromate)는 크롬산아연을 안료로 하고, 알키드수지를 전색료로 한 것이다.

3) 창호설치 [199)]

① 철근콘크리트구조의 각 부재는 수평, 수직을 정확히 하여 가설치한다.

② 앵커는 미리 콘크리트에 매립된 철물에 용접하고, 창호설치를 실시한다.

③ 앵커간격 위치는 각 모서리에서 150 mm 이내의 위치에 설치하고 한 변의 길이가 1.2 m 이상인 경우는 0.5 m 간격으로 등분하여 설치한다.

④ 창틀 주위의 고정에 사용된 쐐기를 제거하고, 틀의 내・외면에 형틀을 대고 모르타르로 충전한다.

⑤ 알루미늄 표면에 부식을 일으키는 다른 금속과 직접 접촉하는 것은 피한다.

⑥ 알루미늄재가 모르타르 등 알칼리성 재료와 접하는 곳에는 내알칼리성 도장을 한다.

⑦ 알루미늄의 초벌 녹막이도료는 징크로메이트이다.

⑧ 강재의 골조, 보강재, 앵커 등은 아연도금처리한 것을 사용한다.

4) 주의사항

① 알칼리에 약하므로 콘크리트나 모르타르에 직접 접촉시키지 않는다.

② 이질재료와의 접촉은 금하며, 사용되는 금속재는 모두 알루미늄 재료로 한다.

③ 강도가 약하므로 단면을 보강하거나 벽선, 멀리온 등으로 보강한다.

---

199) KCS 41 55 02 알루미늄합금제 창호공사 일반(3.1), 국토교통부, 대한건축학회, 2016.

④ 강재는 아연도금처리하여 보강한다.

⑤ 알루미늄은 연한 재료이므로 스틸새시와 같이 취급할 경우 손상에 주의한다.

주1 멀리온(Mullion)은 창의 면적이 클 때, 스틸바(Steel Bar)만으로는 약하며, 또한 여닫을 때의 진동으로 유리가 파손될 우려가 있으므로 이것을 보강하고 외관을 꾸미기 위하여 강판을 중공형으로 접어 가로 또는 세로로 대는 것이다.

6. 창호철물

1) 여닫이창호의 사용 철물

구 분	내 용
보통정첩	보통정첩은 주철, 철판, 황동재 등이 사용된다.
자유정첩	자유정접은 안팎으로 개폐할 수 있게 된 정첩(丁牒)이다.
래버토리힌지 (Lavatory Hinge)	① 래버토리힌지는 공중전화출입문, 화장실문, 경량칸막이문 등에 사용된다. ② 저절로 닫히지만 150 mm 정도는 열려지는 문에 사용된다.
플로어힌지 (Floor Hinge)	① 플로어힌지는 정첩으로 지탱할 수 없는 중량이 큰 자재여닫이 문에 사용된다. ② 현관문에 사용된다.
피벗힌지 (Pivot Hinge)	① 피벗힌지는 문지도리(문장부 돌쩌귀)로 용수철을 쓰지 않고 문장부식으로 된 것이다. ② 일반 방화문, 중량문에 사용된다.
도어클로저 (Door Closer, 도어체크)	도어클로저는 문 윗틀과 문짝에 설치하여 자동으로 문을 닫는 장치이다.
도어스톱 (Door Stop)	도어스톱은 문의 하부에 달아 열려진 문을 제자리에 머물게 한다.
실린더록 (Cylinder Lock, 함자물쇠)	① 실린더록은 자물통, 손잡이, 밑판 등이 한 조로 되어 있다. ② 손잡이의 높이는 바닥에서 보통 0.9 m 정도이다.
나이트래치 (Night Latch)	나이트래치는 외부에서는 열쇠로 열 수 있고 내부에서는 손잡이를 틀어 열 수 있는 실린더 장치의 자물쇠이다.
개폐 순위조절기	개폐 순위조절기는 방화문의 폐쇄순위를 조절하는 것이다.

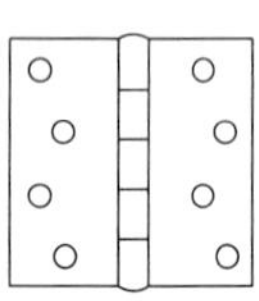
보통경첩

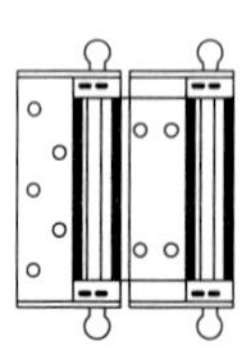
자유경첩

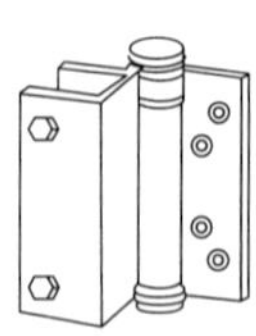
레버토리힌지

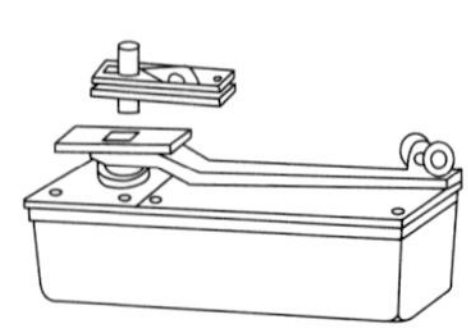
플로어힌지

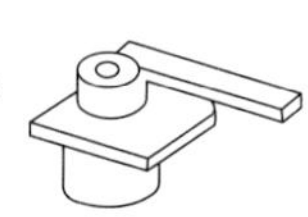
피봇힌지

2) 미서기창 및 미닫이창의 사용 철물

① 레일(Rail) ② 호차(바퀴) ③ 오목손걸이
④ 꽂이쇠 ⑤ 도어행거

주1 꽂이쇠(Lock Bolt)는 미서기창문을 방안에서 꿰뚫어 꽂아서 밖에서는 열 수 없게 하는 장치이다.

3) 오르내리창의 사용 철물

① 도르래 ② 달끈 ③ 추
④ 손걸이 ⑤ 크레센트

주1 그레센드(Crecent)는 오르내리창이나 미서기창의 잠금장치이다.

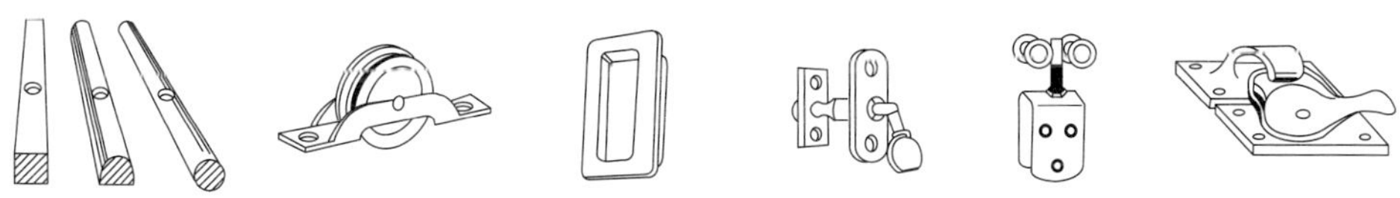

레일 호차 오목 손걸이 꽂이쇠 도어행거 크레센트

2 유리공사

1. 개요

유리는 모래, 탄산소다, 석회암 등을 적절한 비율로 섞은 후 높은 온도에서 녹인 다음 급냉하여 만든 물질로써 투명하고 단단하며 잘 깨진다. 유리의 주성분은 SiO_2(실리카)이다.

2. 유리의 종류

1) 일반적인 판유리

(1) 보통판유리

보통판유리의 종류로는 맑은 판유리와 서리 판유리가 있고, 보통판유리는 자외선을 잘 투과시키지 못한다.

주1 판유리의 용도상 가장 중요시 되는 것은 휨강도이다.

주2 보통판유리는 주로 소다석회유리이다. 소다석회유리(소다유리, 보통유리, 크라운유리)의 용도는 일반건축용 유리(판유리), 창유리, 유리블록, 병유리 등에 사용된다. 보통판유리는 산에는 강하나 알칼리에 약하다.

(2) 플로트판유리 및 마판유리

플로트판유리 및 마판유리는 주로 건축물, 차량의 창, 거울 등에 사용하는 유리이다.

(3) 열선흡수판유리

① 열선흡수판유리는 주목적이 태양열의 흡수인 단열유리이며 철, 니켈, 크롬 등이 들어 있는 유리이다.

② 담청색을 띠고 서향일광을 받는 면의 창에 주로 사용된다.

(4) 열선반사유리

열선반사유리(Solar Reflective Glass)는 주목적이 태양열의 차단이며 유리 표면에 얇은 막을 형성시킨 반사성 유리이다.

2) 안전유리(Safety Glass)

(1) 접합유리

① 접합유리는 2장 이상의 판 사이에 합성수지를 겹붙여 댄 유리이다. 합판유리라고도 한다.

② 접합유리는 외력에 의해 파손되어도 중간막(합성수지)에 의해 파편이 대부분 떨어지지 않도록 한 것이다.

③ 방탄용 등에 사용된다.

(2) 강화유리

① 강화유리는 판유리를 열처리하여 유리 표면에 강한 압축응력층을 만들어 파괴강도를 증가시키고, 또 깨어질 때에는 작은 조각이 되도록 처리한 유리이다. 열처리유리라고도 한다.

② 약 650～700 ℃로 가열시켜 상온공기로 급냉시킨다.

③ 강도가 보통판유리보다 3~5배 크고 현장 절단이 불가능하며 깨지더라도 파편이 둥근 입상이 된다.

④ 고층 건축물의 창, 테두리 없는 유리문, 에스컬레이트의 옆판, 자동차용, 철도 차량용 등에 사용된다.

(3) 망입유리

① 망입유리는 방도용 또는 화재, 기타 파손 시에 산란을 방지하기 위하여 철망을 삽입한 유리이다. 망유리라고도 한다.

② 압축 롤에 의한 성형 시에 금속재의 망을 유리내부에 삽입한다.

③ 유리파편에 의한 상해방지, 연소방지, 유리의 파손방지, 파편비산방지, 도난 및 화재 방지를 한다.

④ 방화용, 방도용, 유리지붕, 위험한 천장, 엘리베이터 문 등에 사용된다.

3) 특수유리 및 2차 제품

(1) 복층유리

① 복층유리는 6 또는 12 mm 정도의 건조 공기층을 사이에 두고 판유리를 이중으로 접합하여 테두리를 둘러서 밀봉한 유리이다. 겹유리라고도 한다.

② 단열과 결로 방지 및 방음용으로써 천장, 빌딩의 창 등에 사용된다.

(2) 기포유리

① 기포유리는 가는 입자의 유리분말을 카본 등의 발포제를 사용하여 가열, 발포시킨 후 서랭 시켜 만든 유리이다. 발포유리라고도 한다.

② 단열, 보온, 방음재료로 벽이나 반자 등에 사용된다.

(3) 자외선투과유리

① 자외선투과유리는 위생상 좋은 자외선의 투과율을 높인 유리로써 자외선을 50~90 % 투과한다.

② 일광욕실, 병원, 요양소 등에 사용한다.

(4) 자외선차단유리

① 자외선차단유리는 자외선의 화학작용을 피해 물질의 노화와 변색을 방지한다.

② 의류 진열장, 식품 및 약품창고 등에서 노화와 퇴색방지에 사용한다.

(5) 배강도유리 200)

배강도유리는 판유리를 열처리하여 유리 표면에 적절한 크기의 압축응력층을 만들어 파괴강도를 증대시킨 유리이다.

(6) 로이유리 201)

① 로이유리(Low-E Glass)는 열적외선을 반사하는 은소재도막으로 코팅하여 방사율과 열관류율을 낮추고 가시광선 투과율을 높인 유리로써 일반적으로 복층유리로 제조하여 사용한다.

② 단열성이 높고 겨울철에 건물 내에 발생하는 실내의 온기를 재반사하여 실내보온성이 뛰어나며 결로현상을 방지한다.

③ 자외선 차단 효과가 있어 가구 및 옷 등의 변색을 막아준다.

④ 가시광선 투과율이 맑은유리와 비슷하게 높아 자연채광을 극대화하고 밝은 실내분위

200) KCS 41 55 09 유리공사(1.3), 국토교통부, 대한건축학회, 2016.
201) KCS 41 55 09 유리공사(1.3), 국토교통부, 대한건축학회, 2016.

기를 유지한다.

⑤ 로이코팅면의 위치에 따른 로이코팅 복층유리의 표현은 다음 그림과 같다.

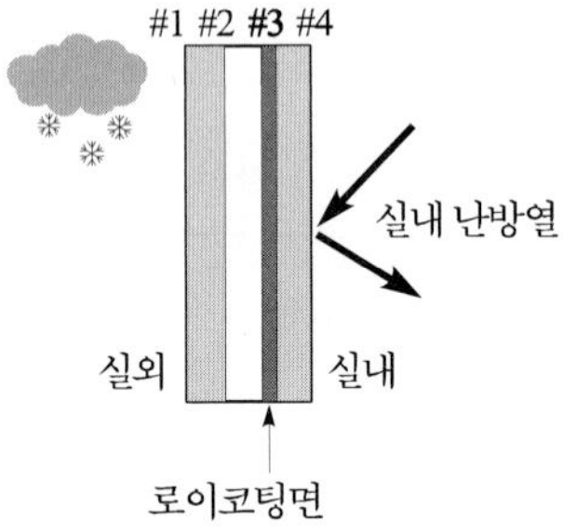

로이코팅 #3면 복층유리

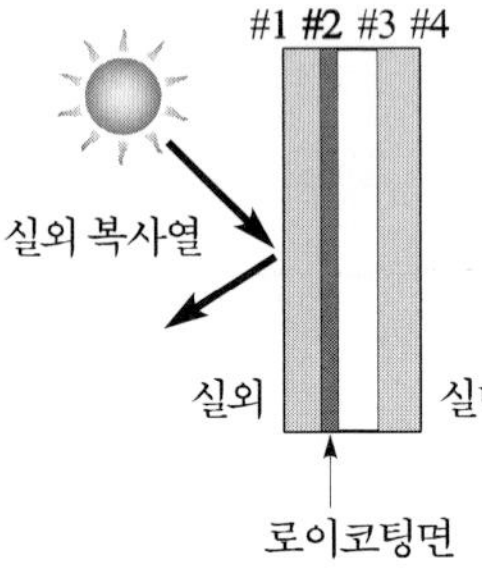

로이코팅 #2면 복층유리

(7) 스테인드글라스

① 스테인드글라스(Stained Glass)는 금속산화물을 녹여 붙이거나 표면에 안료를 구워서 붙인 색판 유리조각을 접합시키는 방법으로 채색한 유리판이다.

② 착색유리로써 성당 등의 장식창으로 사용한다.

(8) 유리블록

① 유리블록은 투명유리를 시멘트 블록형으로 만든 유리이다.

② 채광용, 구조용, 장식재, 방음용, 단열용, 냉・난방효과가 있다.

(9) 프리즘유리

프리즘유리(Prism Glass)는 지하실, 천장, 벽 등에 사용되며 굴절채광용이다.

스테인드글라스

유리블록

프리즘유리

4) 구조용 유리

구조용 유리는 전면의 유리와 구조 부재로 사용되는 유리에서 구조적 기능을 발휘할 수 있도록 한 것이다. 사용되는 유리의 종류는 강화유리, 접합유리 및 복층유리 등이 있다.

3. 유리 제작

1) 절단방법

구 분	절단방법
두꺼운 유리	두꺼운 유리는 유리칼로 금을 긋고, 고무망치로 뒷면을 두드려 절단한다.
접합유리	접합유리는 양면을 유리칼로 자르고, 면도날로 중간에 끼운 필름을 절단한다.
망입유리	망입유리는 유리칼로 자르고, 철망 꺾기로 반복하여 절단한다.

2) 가공

(1) 표면가공

표면가공방법	내 용
샌드블라스트 가공	샌드블라스트 가공은 압축공기로 규사 등의 모래를 뿜어 유리 표면을 가공하는 것이다.
태피스트리 가공	태피스트리 가공은 샌드블라스트 가공 후 산으로 에칭처리 한 것이다.

(2) 현장가공(절단) 불가능 유리

① 강화유리　② 복층유리

③ 스테인드글라스　④ 유리블록

3) 시공 재료

구 분	내 용
세팅블록 (Setting Block)	세팅블록은 유리의 양단부에서 유리의 자중을 지지하는 것으로 유리 폭의 1/4 지점에 각각 1개씩 설치한다.
실런트 (Sealant)	① 실런트는 각종 부재 사이의 접합부나 이음매를 채우는 재료의 총칭이다. ② 줄눈 폭에 맞는 노즐을 선정하여 실런트가 심층부까지 충진되도록 한다.
가스켓 (Gasket)	가스켓은 고무, 합성수지 제품을 이용하여 유리를 보호하고 지지하며 수밀성을 가지고 있는 것이다.
측면블록 (Side Block)	측면블록은 유리의 측면에 설치하여 유리가 일정한 클리어런스를 유지하도록 한다.
백업재 (Back Up)	① 백업재는 실링재의 줄눈 깊이를 소정의 위치로 유지하기 위하여 부재의 측면과 유리면 사이의 줄눈에 충전하는 성형재료이다. ② 실링재와 셋팅블록 사이에 위치한다.
코킹컴파운드 (Caulking Compound)	코킹컴파운드는 프리즘유리의 설치 등에 사용된다.
유리 고정철물	① 목제 창호용은 아연도금 강판재의 유리 고정못(삼각못)을 사용한다. ② 강제 창호용은 유리 고정용 클립(철사클립) 또는 피아노선을 사용한다.

4. 시공

1) 일반사항

① 기온이 4 ℃ 이상일 때 시공한다.

② 상대습도가 90 % 이상이면 실란트 작업은 중지한다.

③ 배수구멍은 5 mm 이상의 지름으로 2개 설치한다.

④ 창호의 유리 끼우기는 내부마감공사 전에 한다.

⑤ 복층유리, 접합유리 및 망입유리 등의 단부가 습기 및 침수구에 노출되지 않도록 한다.

⑥ 세팅블록은 유리폭의 1/4 지점에 각각 1개씩 설치하여 유리의 하단부가 프레임(새시틀)에 닿지 않도록 한다.

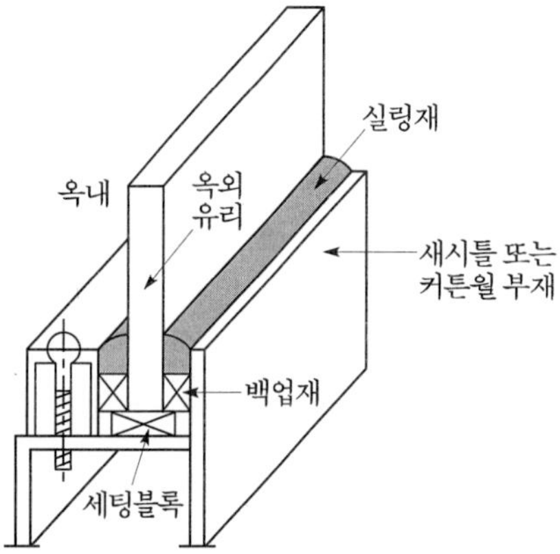

시공 재료(부정형 실링재고정법)

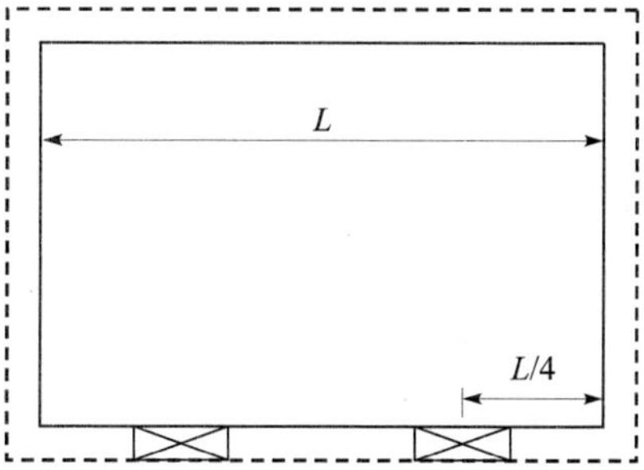

세팅블록의 위치

2) 유리의 설치공법

(1) 유리 고정용 퍼티

퍼티는 탄성 복원력이 적고, 목재 및 금속재에서 유리를 고정하고 끼울 때 사용되는 비탄성형 정형실재이다.

(2) 장부고정법

① 나사고정법 ② 철물고정법

③ 접착고정법 ④ 철물 및 접착 병용고정법

필수 연습문제

〉〉〉 제31장 창호 및 유리공사

1\. 다음 중 창호의 기능검사와 가장 관계가 먼 것은?

㉮ 내열성　　㉯ 내풍압성
㉰ 기밀성　　㉱ 수밀성

2\. 일반적으로 행하는 창호의 성능시험 항목이 아닌 것은 어느 것인가?

㉮ 소재의 압축강도시험
㉯ 기밀성시험
㉰ 차음성시험
㉱ 수밀성시험

3\. 창호의 기능검사 항목과 가장 거리가 먼 것은?

㉮ 내동해성　　㉯ 내풍압성
㉰ 기밀성　　㉱ 수밀성

4\. 장호공사에 관한 기술 중 틀린 것은?

㉮ 창문의 크기에 따라 각 부재의 소요 길이로 자르는 일을 마름질이라 한다.
㉯ 자른 부재의 면에 대패질하고, 홈파기 등 가공을 하는 것을 바심질이라 한다.
㉯ 창문을 문틀에 다는 것을 문선이라고 한다.
㉱ 문짝이 서로 접히는 부분에 틈막이 하는 것을 풍소란이라 한다.

1\. ㉮

• 창호의 요구 성능 항목
① 강도　　② 내풍압성
③ 내충격성　　④ 기밀성
⑤ 수밀성　　⑥ 차음성
⑦ 단열성　　⑧ 방로성
⑨ 방화성　　⑩ 내진성
⑪ 내후성
⑫ 모양 안정성
⑬ 개폐력
⑭ 개폐 반복성
⑮ 부품 부착성

2\. ㉮

3\. ㉮

4\. ㉰

① 박배는 창문을 창문틀에 다는 일이다.
② 문선은 문짝을 말한다.

5. 창호공사에 관한 기술 중 옳지 못한 것은?

㉮ 플러시문(Flush Door) 널막이 가로살의 거리 간격을 250~450 mm 정도로 한다.

㉯ 널 양면 붙임문의 널을 제혀쪽매로 한 것을 쓸 때의 두께의 15 mm 정도로 한다.

㉰ 빈지문의 널은 같은 너비의 것을 2장으로 나누어 대고 맞댄쪽매로 하는 것이 원칙이다.

㉱ 비늘살문의 비늘살 길이가 600 mm 이상일 때는 세로살을 넣는다.

5. ㉰

빈지문(널빈지문)의 널은 반턱쪽매 또는 제혀쪽매로 하고 울거미 맞춤은 장부맞춤으로 한다.

6. 창호공사에 관한 기술 중 옳지 않은 것은?

㉮ 널 양면 붙임문의 널을 제혀쪽매로 한 것을 쓸 때 쪽매 두께는 15 mm 정도로 한다.

㉯ 빈지문의 널은 같은 너비의 것을 2장으로 나누어 대고 맞댄쪽매로 하는 것이 원칙이다.

㉰ 비늘살문의 비늘살 길이가 600 mm 이상일 때는 세로살을 넣는다.

㉱ 플러시 널막이 가로살의 거리간격은 250~450 mm 정도로 한다.

6. ㉯

빈지문(널빈지문)의 널은 반턱쪽매 또는 제혀쪽매로 하고 울거미 맞춤은 장부맞춤으로 한다.

7. 창호기호의 표시방법으로 옳은 것은?

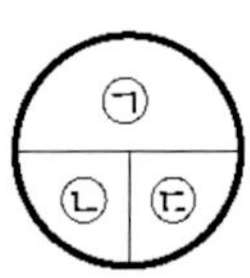

㉮ ㉠ 창호번호, ㉡ 재료기호, ㉢ 창호기호

㉯ ㉠ 창호기호, ㉡ 재료기호, ㉢ 창호번호

㉰ ㉠ 창호번호, ㉡ 창호기호, ㉢ 재료기호

㉱ ㉠ 창호기호, ㉡ 창호번호, ㉢ 재료기호

7. ㉮

㉠ 창호번호(1, 2, 3 등)
㉡ 재료기호(A, W, S 등)
㉢ 창호기호(D, W, S 등)

주1) 재료기호에서 A는 알루미늄합금, W는 목재, S는 강철을 의미한다.

2) 창호기호에서 D는 문, W는 창, S는 셔터를 의미한다.

8. 창호공사의 시공방법으로 옳지 않은 것은?

㉮ 나무 퍼티못으로 양끝을 누르고 중간 150 mm마다 박는다.

㉯ 강제 창호의 설치는 먼저세우기와 나중세우기가 있으나 보통 먼저세우기로 한다.

㉰ 알루미늄새시는 알칼리에 약하므로 모르타르 등에 직접 접촉하지 않는다.

㉱ 알루미늄새시는 녹이 나지 않으므로 도장이 필요 없다.

8. ㉯

강제 창호의 설치는 변형과 부식의 우려가 있어 보통 나중세우기로 한다.

9. 알루미늄합금제 창호의 장점으로 옳지 않은 것은?

㉮ 비중이 철의 약 1/3 정도이다.
㉯ 녹슬지 않고 사용연한이 길다.
㉰ 공작이 자유롭고 빗물막이 기밀성이 유리하다.
㉱ 산 및 알칼리에 내식성이 크다.

9. ㉱
알루미늄은 알칼리에 약하므로 콘크리트나 모르타르에 직접 접촉시키지 않는다. 즉, 내식성이 적다.

10. 건축 재료 중 알루미늄에 관한 설명으로 옳지 않은 것은?

㉮ 산이나 알칼리 및 해수에 침식되지 않는다.
㉯ 알루미늄박(箔)을 이용하여 단열재, 흡음판을 만들기도 한다.
㉰ 구리, 망간 등의 금속과 합금하여 이용이 가능하다.
㉱ 알루미늄의 표면처리에는 양극산화 피막법 및 화학적 산화피막법이 있다.

10. ㉮
알루미늄은 알칼리에 약하므로 콘크리트나 모르타르에 직접 접촉시키지 않는다.

11. 알루미늄새시에 관한 기술 중 옳지 않은 것은?

㉮ 스틸새시에 비해 내화성이 약하다.
㉯ 알칼리에 강하므로 설치 시 오염의 염려가 없다.
㉰ 비중이 철의 약 1/3로 여닫음이 경쾌하다.
㉱ 일반적으로 녹슬지 않고 사용연한이 길다.

11. ㉯
알루미늄은 알칼리에 약하므로 콘크리트나 모르타르에 직접 접촉시키지 않는다.

12. 알루미늄 및 그 합금에 관한 설명 중 틀린 것은?

㉮ 녹슬기 쉽고 사용연한이 짧으며 콘크리트 등 알칼리에 매우 약하다.
㉯ 용해 주조도는 좋으나 내화성이 약하다.
㉰ 봉재, 판, 선 및 새시, 창문, 문 등을 제작하는데 사용된다.
㉱ 비중은 철의 약 1/3이고 고온에서 강도가 저하된다.

12. ㉮
알루미늄은 녹슬지 않고 사용연한이 길고 여닫음이 경쾌하며, 콘크리트 등 알칼리에 매우 약하다.

13. 알루미늄에 관한 설명 중 옳지 않은 것은?

㉮ 알루미늄은 독특한 흰 광택을 지닌 경금속으로써 광선 및 열의 반사율이 크다.
㉯ 알루미늄은 용접이 될 수 있다.
㉰ 알루미늄은 내식성이 크므로 직접 콘크리트 중에 매입해도 지장이 없다.
㉱ 알루미늄판과 강판을 접속하여 사용하면 알루미늄 판이 부식한다.

13. ㉰
알루미늄은 알칼리에 약하므로 콘크리트나 모르타르에 직접 접촉시키지 않는다.

14. 알루미늄새시의 특징 중 가장 부적당한 것은?

㉮ 내약품성(산, 알칼리)에 강하다.
㉯ 녹슬지 않고 사용연한이 길다.
㉰ 공작이 자유롭고 기밀성이 유리하다.
㉱ 여닫음이 경쾌하다.

15. 알루미늄 창호에 관한 설명으로 옳지 않은 것은?

㉮ 녹슬지 않아 사용연한이 길다.
㉯ 가공이 용이하다.
㉰ 모르타르에 직접 접촉시켜도 무방하다.
㉱ 철에 비해 가볍다.

16. 알루미늄합금제 창호설치 시 주의사항이 아닌 것은?

㉮ 알칼리에 의해 모르타르와 접촉을 피한다.
㉯ 강도는 철보다 약해 설치부품은 철을 사용한다.
㉰ 녹막이에는 연(鉛)을 함유하지 않은 도료를 사용한다.
㉱ 표면이 연하여 운반, 설치작업 시 손상되기 쉽다.

17. 알루미늄 창호공사에 관한 설명으로 옳지 않은 것은?

㉮ 알칼리에 약하므로 모르타르와의 접촉을 피한다.
㉯ 알루미늄은 부식방지 조치가 불필요하다.
㉰ 녹막이에는 연(鉛)을 함유하지 않은 도료를 사용한다.
㉱ 표면이 연하여 운반, 설치작업 시 손상되기 쉽다.

18. 강구조공사에서 크롬산아연을 안료로 하고, 알키드수지를 전색료로 한 것으로써 알루미늄 녹막이 초벌도장에 적당한 도료는?

㉮ 그래파이트도료　　㉯ 징크로메이트도료
㉰ 광명단　　㉱ 알루미늄도료

19. 서로 다른 종류의 금속재가 접촉하는 경우 부식이 일어나는 경우가 있는데 부식성이 큰 금속 순으로 나열된 것은?

㉮ 알루미늄 > 철 > 구리　　㉯ 철 > 알루미늄 > 구리
㉰ 철 > 구리 > 알루미늄　　㉱ 구리 > 철 > 알루미늄

---

14. ㉮

알루미늄은 알칼리에 약하므로 콘크리트나 모르타르에 직접 접촉시키지 않는다.

15. ㉰

알루미늄은 모르타르, 콘크리트, 회반죽 등의 알칼리에 약하므로 직접 접촉시키지 않는다.

16. ㉯

알루미늄은 이질재료와의 접촉은 금하며, 사용되는 금속재는 모두 알루미늄 재료로 한다.

17. ㉯

① 알루미늄재가 모르타르 등 알칼리성 재료와 접하는 곳에는 내알칼리성 도장을 한다.
② 알루미늄의 초벌 녹막이 도료는 징크로메이트이다.

18. ㉯

알루미늄의 초벌 녹막이도료는 징크로메이트이다.

19. ㉮

• 부식이 잘되는 순서
알루미늄〉아연〉철〉구리

20. 건축용으로 사용되는 다음 금속재 중 상호 접촉 시 가장 부식되기 쉬운 것은?

㉮ 구리　　　　　㉯ 알루미늄
㉰ 철　　　　　　㉱ 아연

21. 창의 면적이 클 때에는 스틸바(Steel Bar)만으로는 부족하고, 또한 여닫을 때의 진동으로 유리가 파손될 우려가 있으므로 이것을 보강하고 외관을 꾸미기 위하여 강판을 중공형으로 접어 가로 또는 세로로 대는 것을 무엇이라 하는가?

㉮ Mullion　　　　㉯ Ventilator
㉰ Gallery　　　　㉱ Pivot

22. 강제 창호에 대한 기술 중 옳지 않은 것은?

㉮ 창호의 수명은 방청처리의 가부에 좌우된다.
㉯ 멀리온(Mullion)은 한 창문틀의 면적이 적을수록 유효하다.
㉰ 창호의 현장설치는 보통 나중세우기 방법을 많이 취한다.
㉱ 창문틀 주위에는 된반죽 모르타르로 채운 후 코킹제를 채우기도 한다.

23. 실의 크기 조절이 필요한 경우 칸막이 기능을 하기 위해 만든 병풍 모양의 문은?

㉮ 여닫이문　　　㉯ 자재문
㉰ 미서기문　　　㉱ 홀딩도어

24. 다음 중 회전문(Revolving Door)에 관한 설명으로 옳지 않은 것은?

㉮ 큰 개구부나 칸막이를 가변성이 있게 한 장치의 문이다.
㉯ 비상사태 발생 시 압력이 가해지면 문짝은 책을 접는 것과 같은 형태로 접혀져야 한다.
㉰ 원통형의 중심축에 돌개 철물을 대어 자유롭게 회전시키는 문이다.
㉱ 사람의 출입을 조절하고 외기의 유입과 실내공기의 유출을 막을 수 있다.

20. ㉯
• 부식이 잘되는 순서
알루미늄〉아연〉철〉구리

21. ㉮
멀리온은 창의 면적이 클 때, 스틸바만으로는 약하며, 또한 여닫을 때의 진동으로 유리가 파손될 우려가 있으므로 이것을 보강하고 외관을 꾸미기 위하여 강판을 중공형으로 접어 가로 또는 세로로 대는 것이다.

22. ㉯
멀리온은 창의 면적이 클 때, 스틸바만으로는 약하며, 또한 여닫을 때의 진동으로 유리가 파손될 우려가 있으므로 이것을 보강하고 외관을 꾸미기 위하여 강판을 중공형으로 접어 가로 또는 세로로 대는 것이다.

23. ㉱
접이문(Folding Door)은 큰 개구부 칸막이용으로 상부에 한 개의 달바퀴를 가이드레일에 달아 개폐한다.

24. ㉮
접이문(Folding Door)은 큰 개구부 칸막이용으로 상부에 한 개의 달바퀴를 가이드레일(Guide Rail)에 달아 개폐한다.

25. 창호철물의 종류와 용도의 연결이 맞지 않는 것은?

㉮ 자유정첩 – 안팎개폐
㉯ 래버토리힌지 – 중량문짝
㉰ 크레센트 – 오르내리창
㉱ 도어클로저 – 자동닫이 장치

26. 다음 창호공사에 이용되는 철물 중 공중화장실, 공중전화부스의 출입문에 이용되는 것은?

㉮ 자유청첩　　㉯ 래버토리힌지
㉰ 플로어힌지　　㉱ 피벗힌지

27. 공중전화박스나 공중화장실 등에 사용되고 문이 저절로 닫혀지지만 150 mm 정도 항상 열려있는 개폐용 철물은?

㉮ 보통정첩(Hinge)
㉯ 도어체크(Door Check)
㉰ 도어스톱(Door Stop)
㉱ 래버토리힌지(Lavatory Hinge)

28. 창호의 철물 중 정첩으로 유지할 수 없는 무거운 자재여닫이문에 쓰이는 철물은?

㉮ 도어스톱(Door Stop)
㉯ 도어행거(Door Hanger)
㉰ 도어체크(Door Check)
㉱ 플로어힌지(Floor Hinge)

29. 창호철물 중에서 가장 무거운 문에 사용되는 철물은?

㉮ 정첩　　㉯ 플로어힌지
㉰ 피벗힌지　　㉱ 래버토리힌지

30. 창호에 관계가 있는 철물의 설명 중 옳지 않은 것은?

㉮ Crescent는 오르내리창을 걸어 잠그는데 쓰는 철물
㉯ Door Check는 열어진 여닫이문이 저절로 닫아 지게 하는 철물
㉰ Floor Hinge는 정첩으로 유지할 수 없는 무거운 자재미닫이문에 쓰이는 철물
㉱ Sash Adjuster는 여닫이창을 바람에 휘날리지 않게 하는 철물

25. ㉯
① 래버토리힌지는 공중전화출입문, 화장실문, 경량칸막이문 등에 사용되는 것으로 저절로 닫히지만 150 mm 정도는 열려지는 문에 사용된다.
② 플로어힌지는 정첩으로 지탱할 수 없는 중량이 큰 자재여닫이 문에 사용된다.

26. ㉯
래버토리힌지는 공중전화출입문, 화장실문, 경량칸막이문 등에 사용되는 것으로 저절로 닫히지만 150 mm 정도는 열려지는 문에 사용된다.

27. ㉱

28. ㉱
플로어힌지는 정첩으로 지탱할 수 없는 중량이 큰 자재여닫이 문에 사용된다.

29. ㉯
플로어힌지는 정첩으로 지탱할 수 없는 중량이 큰 자재여닫이 문에 사용된다.

30. ㉰
플로어힌지는 정첩으로 지탱할 수 없는 중량이 큰 자재여닫이 문에 사용된다.

31. 문 윗틀과 문짝에 설치하여 문이 자동적으로 닫혀지게 하는 장치로써 도어클로저(Door Closer)라고 불리는 것은?

㉮ 피벗힌지(Pivot Hinge)
㉯ 함자물쇠
㉰ 체인록
㉱ 도어체크(Door Check)

32. 문 윗틀과 문짝에 설치하여 문이 자동적으로 닫혀지게 하며, 기계장치가 있어 개폐 속도를 조정할 수 있는 장치는?

㉮ 도어체크(Door Check)
㉯ 도어홀더(Door Holer)
㉰ 피벗힌지(Pivot Hinge)
㉱ 체인록(Chain Lock)

33. 열어진 여닫이문이 저절로 닫혀지게 한 창호철물은 다음 중 어느 것인가?

㉮ 도어스테인(Door Stain)
㉯ 도어스톱(Door Stop)
㉰ 도어체크(Door Check)
㉱ 도어행거(Door Hanger)

34. 문을 열어 제자리에 머물러 있게 하거나 벽 하부에 대어 문짝이 벽에 부딪히지 않게 하며 갈고리로 걸어 제자리에 머무르게 하는 철물의 명칭은 다음 중 어느 것인가?

㉮ 도어체크(Door Check)
㉯ 꽂이쇠(Lock Bolt)
㉰ 나이트래치(Night Latch)
㉱ 도어스톱(Door Stop)

35. 함자물쇠 손잡이의 높이는 보통 바닥에서 어느 정도의 높이로 하여야 하는가?

㉮ 700 mm　　㉯ 900 mm
㉰ 1,100 mm　　㉱ 1,300 mm

31. ㉱
도어클로저(도어체크)는 문 윗틀과 문짝에 설치하여 자동으로 문을 닫는 장치이다.

32. ㉮
도어클로저(도어체크)는 문 윗틀과 문짝에 설치하여 자동으로 문을 닫는 장치이다.

33. ㉰
도어클로저(도어체크)는 문 윗틀과 문짝에 설치하여 자동으로 문을 닫는 장치이다.

34. ㉱
도어스톱은 문의 하부에 달아 열려진 문을 제자리에 머물게 한다.

35. ㉯
함자물쇠(실린더록) 손잡이의 높이는 바닥에서 보통 900 mm 정도이다.

36. 창호철물의 용도에 관한 설명으로 옳지 않은 것은?

㉮ 나이트래치(Night Latch) – 여닫이문의 상하에 달려서 문의 회전축이 된다.
㉯ 플로어힌지(Floor Hinge) – 자동적으로 여닫이 속도를 조절한다.
㉰ 도어체크(Door Check) – 열려진 여닫이문이 저절로 닫혀지게 한다.
㉱ 크레센트(Crescent) – 오르내리창을 잠그는데 쓰인다.

36. ㉮
나이트래치는 외부에서는 열쇠로 열 수 있고 내부에서는 손잡이를 틀어 열 수 있는 실린더 장치의 자물쇠이다.

37. 창호철물과 창호의 연결로 옳지 않은 것은?

㉮ 도어체크(Door Check) – 미닫이문
㉯ 플로어힌지(Floor Hinge) – 자재여닫이문
㉰ 크레센트(Crescent) – 오르내리창
㉱ 레일(Rail) – 미서기창

37. ㉮
도어체크는 여닫이문에서 사용되는 철물이다.

38. 여닫이창에 사용되는 철물이 아닌 것은?

㉮ 크레센트(Crecent)
㉯ 보통정첩(Butt Hinge)
㉰ 플로어힌지(Floor Hinge)
㉱ 피벗(Pivot)

38. ㉮
크레센트는 오르내리창이나 미서기창의 잠금장치이다.

39. 여닫이문에 사용되는 철물이 아닌 것은?

㉮ 플로어힌지(Floor Hinge)
㉯ 보통정첩(Butt Hinge)
㉰ 꽂이쇠(Bolt)
㉱ 피벗힌지(Pivot Hinge)

39. ㉰
꽂이쇠는 미닫이문을 방안에서 꿰뚫어 꽂아서 밖에서는 열 수 없게 하는 장치이다.

40. 여닫이문, 여닫이창에 사용하지 않는 창호철물은?

㉮ 정첩 ㉯ 행거레일
㉰ 피벗힌지 ㉱ 자유정첩

40. ㉯
미서기창과 미닫이창에서 행거도어는 행거레일과 바퀴를 사용한다.

41. 창호철물 중에 일반적으로 여닫이문에 사용하지 않는 것은?

㉮ 정첩 ㉯ 플로어힌지
㉰ 레일 ㉱ 도어체크

41. ㉰
레일은 미서기창 및 미닫이문에 사용된다.

42. 다음의 창호에 사용되는 창호철물의 연결이 적당치 않은 것은?

㉮ 미닫이문 – 호차와 레일
㉯ 오르내리창 – 크레센트와 창도르래
㉰ 양여닫이문 – 도어행거와 갈고리걸쇠
㉱ 외여닫이문 – 도어클로저와 자유정첩

43. 창호철물 중 여닫이문에 사용하지 않는 것은?

㉮ 도어행거(Door Hanger)
㉯ 도어체크(Door Check)
㉰ 실린더록(Cylinder Lock)
㉱ 플로어힌지(Floor Hinge)

44. 창호와 철물의 조합 중 맞지 않은 것은?

㉮ 외여닫이문 – 도어체크와 정첩
㉯ 오르내리창 – 크레센트와 추
㉰ 미서기문 – 레일과 바퀴
㉱ 쌍미서기문 – 도어 힌지와 정첩

45. 창호와 창호철물이 상호 관련성이 없는 것은?

㉮ 자재문 – 자유경첩
㉯ 아코디언문 – 실린더록
㉰ 오르내리창 – 크레센트
㉱ 여닫이문 – 도어클로저

46. 다음 중 창호와 창호철물과의 조합을 나타낸 것으로 옳지 않은 것은?

㉮ 미서기창 – 꽂이쇠
㉯ 외여닫이창 – 정첩
㉰ 쌍여닫이창 – 오르내리 꽂이쇠
㉱ 회전창 – 레일, 바퀴

42. ㉰

도어행거와 갈고리걸쇠는 미서기창 및 미닫이문에 사용된다.

43. ㉮

도어행거는 여닫이문에 사용하는 창호철물이 아니다. 도어행거는 도어에 부착되어 행거 역할을 하는 것이다.

44. ㉱

① 쌍미서기문 – 레일, 바퀴, 오목손걸이, 꽂이쇠
② 여닫이문 – 도어힌지와 정첩

45. ㉯

① 아코디언도어 – 행거롤러, 가이드레일 등
② 여닫이문 – 실린더록

46. ㉱

① 회전창 – 회전지도리
② 미서기창 – 레일, 바퀴

47. 다음 창호와 창호철물과의 조합을 나타낸 것 중 옳지 않은 것은?

㉮ 쌍여닫이문 – Door Hinge
㉯ 여닫이문 – Pin Tumbler Lock
㉰ 쌍여닫이창문 – 오르내리 꽂이쇠
㉱ 회전창 – 레일과 바퀴

47. ㉱
① 회전창 – 회전지도리
② 미서기창 – 레일, 바퀴

48. 다음 중 창호공사에 쓰이는 철물이 아닌 것은?

㉮ 플로어힌지(Floor Hinge)
㉯ 피벗힌지(Pivot Hinge)
㉰ 개폐 순위조절기
㉱ M–Bar

48. ㉱
① M–Bar는 경량철골의 천장설치에 사용된다.
② 개폐 순위조절기는 방화문의 폐쇄순위를 조절하는 것이다.

49. 다음 중 창호공사에 쓰이는 철물이 아닌 것은?

㉮ 플로어힌지(Floor Hinge)
㉯ 피벗힌지(Pivot Hinge)
㉰ 개폐 순위조절기
㉱ 메탈라스(Metal Lath)

49. ㉱
① 메탈라스는 얇은 철판에 자름금을 내어 당겨 늘린 것으로 금속공사용 철물이다.
② 개폐 순위조절기는 방화문의 폐쇄순위를 조절하는 것이다.

50. 다음 중 유리의 주성분으로 옳은 것은?

㉮ Na_2O　　㉯ CaO
㉰ SiO_2　　㉱ K_2O

50. ㉰
유리의 주성분은 SiO_2(실리카)이다.

51. 판유리의 용도상 가장 중요시 되는 것은?

㉮ 휨강도　　㉯ 압축강도
㉰ 인장강도　　㉱ 전단강도

51. ㉮
판유리는 바람 등에 파괴되지 않아야 하므로 용도상 가장 중요시 되는 것은 휨강도이다.

52. 보통 창유리에 관한 설명 중 옳지 않은 것은?

㉮ 투명유리로써 흠이 없는 것은 90 % 광선을 투과시킨다.
㉯ 자외선을 잘 투과시킨다.
㉰ 불연재이지만 방화용은 아니다.
㉱ 유리의 판매 단위는 한 상자로 약 9.2 m^2이다.

52. ㉯
보통판유리는 자외선을 잘 투과시키지 못한다.

53. 보통 창유리의 특성 중 투과에 관한 설명으로 옳지 않은 것은?

㉮ 투사각 0도일 때 투명하고 청결한 창유리는 약 90 %의 광선을 투과한다.

㉯ 보통의 창유리는 많은 양의 자외선을 투과시키는 편이다.

㉰ 보통 창유리도 먼지가 부착되거나 오염되면 투과율이 현저하게 감소한다.

㉱ 광선의 파장이 길고 짧음에 따라 투과율이 다르게 된다.

53. ㉯

보통판유리는 자외선을 잘 투과시키지 못한다.

54. 유리에 관한 다음 기술 중 가장 부적당한 것은 어느 것인가?

㉮ 프리즘유리는 지붕이나 바닥에 사용되는 경우가 많다.

㉯ 복층유리는 단열 및 차음성이 높다.

㉰ 열선흡수판유리는 보통판유리보다 자외선이 흡수가 적다.

㉱ 망입유리는 화재 시에 파편이 떨어지지 않게 한 것이다.

54. ㉰

열선흡수판유리는 태양열(자외선)의 흡수를 주목적으로 한다.

55. 단열유리의 일종으로 철, 니켈, 크롬 등이 들어 있는 유리로써, 담청색을 띠고 서향일광을 받는 면의 창에 주로 사용되는 것은?

㉮ 강화유리 ㉯ 망입유리

㉰ 열선흡수판유리 ㉱ 무늬유리

55. ㉰

열선흡수판유리는 태양열(자외선)의 흡수를 주목적으로 한다.

56. 다음 중 안전성능이 요구되는 부위에 사용하기가 가장 적절치 못한 유리는 어느 것인가?

㉮ 강화유리 ㉯ 겹친유리(접합유리)

㉰ 보통판유리 ㉱ 망입유리

56. ㉰

안전유리는 접합유리, 망입유리, 강화유리 등이 있다.

57. 다음 중 안전유리가 아닌 것은?

㉮ 겹친유리 ㉯ 강화유리

㉰ 망입유리 ㉱ 형판유리

57. ㉱

안전유리는 접합유리, 망입유리, 강화유리 등이 있다.

58. 다음 중 두 장의 유리를 탄성율이 높은 유기접착필름으로 붙이고 가압 · 가열하여 하나의 판유리로 만든 것은?

㉮ 망입유리 ㉯ 접합유리

㉰ 복층유리 ㉱ 로이유리

58. ㉯

접합유리는 2장 이상의 판 사이에 합성수지를 겹붙여 댄 것으로 일명 합판유리라 한다.

59. 유리를 연화점(약 650 ℃)에 가깝게 가열하고 양면에 냉기를 불어 넣고 급랭시켜 표면에 압축, 내부에 인장력을 도입한 유리는?

㉮ 망입유리
㉯ 강화유리
㉰ 형판유리
㉱ 물유리

60. 판유리를 연화점에 가깝게(약 650 ℃) 가열해 두고 양면에 냉기를 불어 넣어 급랭시켜 강도를 높인 안전유리의 일종은?

㉮ 망입유리
㉯ 강화유리
㉰ 형판유리
㉱ 복층유리

61. 강화유리(Tempered Glass)에 대한 설명 중 가장 부적당한 것은?

㉮ 내충격 강도가 보통판유리보다 3~5배 정도 크다.
㉯ 출입문, 계단 난간 옆판 등 유리가 깨지면 위험한 곳에 사용된다.
㉰ 현장에서 가공 및 절단이 가능하다.
㉱ 후판유리를 가열한 후 급랭시킨 것이다.

62. 강화유리에 관한 설명으로 옳지 않은 것은?

㉮ 내충격강도가 보통판유리보다 약 3~5배 정도 높다.
㉯ 휨강도는 보통판유리보다 약 6배 정도 크다.
㉰ 현장가공과 절단이 되지 않는다.
㉱ 파손된 경우 파편이 날카로워 안전상 출입구문이나 창유리 등에는 사용하지 않는다.

59. ㉯

강화유리(열처리유리)는 판유리를 열처리하여 유리 표면에 강한 압축응력층을 만들어 파괴강도를 증가시키고, 또 깨어질 때에는 작은 조각이 되도록 처리한 유리이다. 약 650~750 ℃로 가열시켜 상온공기로 급냉시킨다.

60. ㉯

강화유리는 판유리를 열처리하여 유리 표면에 강한 압축응력층을 만들어 파괴강도를 증가시키고, 또 깨어질 때에는 작은 조각이 되도록 처리한 유리이다. 약 650~750 ℃로 가열시켜 상온공기로 급냉시킨다.

61. ㉰

• 강화유리(열처리유리)
① 판유리를 열처리하여 유리 표면에 강한 압축응력층을 만들어 파괴강도를 증가시키고, 또 깨어질 때에는 작은 조각이 되도록 처리한 것이다.
② 약 650~750 ℃로 가열시켜 상온공기로 급랭시킨다.
③ 강도가 보통판유리보다 3~5배 크고 현장 절단이 불가능하며 깨지더라도 파편이 둥근 입상이 된다.
④ 자동차용, 철도 차량용

62. ㉱

강화유리는 판유리를 열처리하여 유리 표면에 강한 압축응력층을 만들어 파괴강도를 증가시키고, 또 깨어질 때에는 작은 조각이 되도록 처리한 유리이다.

63. 유리에 관한 기술 중 틀리는 것은 어느 것인가?

㉮ 판유리의 비중은 약 2.5이다.
㉯ 복층유리는 2개 이상의 판유리를 공간 층을 두고 접착한 것으로써 단열성이 크고 차음효과도 좋다.
㉰ 강화판유리의 내충격 강도는 일반적으로 보통판유리의 10배 정도이다.
㉱ 망입유리는 방화나 도난예방에 역할을 한다.

64. 강화유리에 관한 설명 중 적당치 않은 것은?

㉮ 보통판유리에 비하여 3~5배 강도가 있다.
㉯ 내열성이 있어 200℃ 정도에서도 파손되지 않는다.
㉰ 충격을 받아 파손된 조각은 잘게 파손된다.
㉱ 가공이 용이하며 구멍 등을 자유로이 뚫을 수 있다.

65. 유리내부 중심에 철, 황동, 알루미늄 등의 금속망을 삽입하고 압착성형한 판유리로 파손방지, 내열효과가 있으며 도난방지, 방화목적으로 사용하는 유리는?

㉮ 강화유리 ㉯ 무늬유리
㉰ 망입유리 ㉱ 복층유리

66. 다음 유리의 종류 중 주로 방화 및 방재용으로 사용되는 유리는?

㉮ 망입유리 ㉯ 보통판유리
㉰ 강화유리 ㉱ 복층유리

67. 다음 재료에 관한 설명 중 옳지 않은 것은?

㉮ 화강암과 내장재료로 사용된 대리석은 내화적으로 불리하다.
㉯ 2중 응결성 시멘트는 불안정 석고를 과잉 함유함에 그 원인이 있다.
㉰ 청동은 구리와 주석의 합금이다.
㉱ 복층유리(Pair Glass)란 두 장이나 그 이상의 판유리에 비닐, 합성수지를 중간막으로 하여 접착한 것이다.

63. ㉰
강화유리는 보통판유리보다 강도가 3~5배 크고 현장 절단이 불가능하며 깨지더라도 파편이 둥근 입상이 된다.

64. ㉱
강화유리(열처리유리)는 강도가 보통판유리보다 3~5배 크고 현장 절단(가공)이 불가능하며 깨지더라도 파편이 둥근 입상이 된다.

65. ㉰
망입유리는 방도용 또는 화재, 기타 파손 시에 산란을 방지하기 위하여 철망을 삽입한 유리이다. 유리파편에 의한 상해방지, 연소방지, 유리의 파손방지, 파편비산방지, 도난 및 화재방지를 한다.

66. ㉮
망입유리는 방화용, 방도용, 유리지붕, 위험한 천상, 엘리베이터 문 등에 사용된다.

67. ㉱
복층유리는 건조 공기층을 사이에 두고 판유리를 이중으로 접합하여 테두리를 눌러서 밀봉한 유리이다.

68. 다음 각 유리의 관한 설명으로 옳지 않은 것은?

㉮ 망입유리는 파손되더라도 파편이 튀지 않으므로 진동에 의해 파손되기 쉬운 곳에 사용된다.
㉯ 복층유리는 단열 및 차음성이 좋지 않아 주로 선박의 창 등에 이용된다.
㉰ 강화유리는 압축강도를 한층 강화한 유리로 현장가공 및 절단이 되지 않는다.
㉱ 자외선투과유리는 병원이나 온실 등에 이용된다.

68. ㉯
복층유리는 건조 공기층을 사이에 두고 판유리를 이중으로 접합하여 테두리를 둘러서 밀봉한 유리로써 결로 방지 및 방음용으로써 천장, 빌딩의 창 등에 사용된다.

69. 다음 각 유리의 특징에 관한 설명으로 옳지 않은 것은?

㉮ 망입유리는 판유리 가운데에 금속망을 넣어 압착 성형한 유리로 방화 및 방재용으로 사용된다.
㉯ 강화유리는 일반유리의 3~5배 정도의 강도를 가지며, 출입구, 에스컬레이터 난간, 수족관 등 안전이 중시되는 곳에 사용된다.
㉰ 접합유리는 2장 또는 그 이상의 판유리에 특수필름을 삽입하여 접착시킨 안전유리로써 파손되어도 파편이 발생하지 않는다.
㉱ 복층유리는 2~3장의 판유리를 간격 없이 밀착하여 만든 유리로써 단열・방서・방음용으로 사용된다.

69. ㉱
복층유리는 건조 공기층을 사이에 두고 판유리를 이중으로 접합하여 테두리를 둘러서 밀봉한 유리로써 결로 방지 및 방음용으로써 천장, 빌딩의 창 등에 사용된다.

70. 가는 입자의 유리분말을 카본(Carbon) 발포제를 사용하여 가열, 발포시킨 후 서랭시켜 만든 유리로써 가장 타당한 것은?

㉮ 기포유리(Foam Glass)
㉯ 복층유리(Pair Glass)
㉰ 강화유리(Tempered Glass)
㉱ 접합유리(Laminated Safe Glass)

70. ㉮
기포유리(발포유리)는 가는 입자의 유리분말을 카본 등의 발포제를 사용하여 가열, 발포시킨 후 서랭시켜 만든 유리로써 단열, 보온, 방음재료로 벽이나 반자 등에 사용된다.

71. 유리공사에 관한 설명으로 옳지 않은 것은?

㉮ 망입유리는 방화, 방도용으로 사용된다.
㉯ 복층유리는 단열 목적의 유리이다.
㉰ 열선흡수판유리는 실내의 냉방효과를 좋게 하기 위해 사용된다.
㉱ 보통판유리는 요양소에서 사용된다.

71. ㉱
자외선투과유리는 위생상 좋은 자외선의 투과율을 높인 유리로 자외선을 50~90% 투과하므로 일광욕실, 병원, 요양소 등에 사용한다.

72. 각종 유리에 관한 설명으로 옳지 않은 것은?

㉮ 망입유리는 방화, 방재용으로 사용된다.
㉯ 복층유리는 단열 목적의 유리이다.
㉰ 열선흡수판유리는 실내의 냉방효과를 좋게 하기 위해 사용된다.
㉱ 자외선투과유리는 의류품의 진열장, 식품이나 약품의 창고 등에 사용된다.

73. 열적외선을 반사하는 은소재도막으로 코팅하여 방사율과 열관류율을 낮추고 가시광선 투과율을 높인 유리는?

㉮ 스팬드럴 유리　　㉯ 접합유리
㉰ 배강도유리　　㉱ 로이유리

74. 로이유리(Low Emissivity Glass)에 관한 설명으로 옳지 않은 것은?

㉮ 판유리를 사용하여 한쪽 면에 얇은 은막을 코팅한 유리이다.
㉯ 가시광선을 76% 넘게 투과시켜 자연채광을 극대화하여 밝은 실내분위기를 유지할 수 있다.
㉰ 파괴 시 파편이 없는 등 안전성이 뛰어나 고층 건물의 창, 테두리 없는 유리문에 많이 쓰인다.
㉱ 겨울철에 건물 내에 발생하는 장파장의 열선을 실내로 재반사시켜 실내보온성이 뛰어나다.

75. Low-E 유리의 특징으로 틀린 것은?

㉮ 가시광선 투과율은 맑은유리와 비교할 때 큰 차이가 난다.
㉯ 근적외선 영역의 열선투과율은 현저히 낮다.
㉰ 색유리를 사용했을 때보다 실내는 훨씬 밝아진다.
㉱ 실외의 물체들이 자연색 그대로 실내로 전달된다.

76. Low-E 유리의 특징으로 옳지 않은 것은?

㉮ 가시광선(0.4~0.78 μm) 투과율은 맑은유리와 비교할 때 큰 차이가 없다.
㉯ 근적외선(0.78~2.5 μm) 영역의 열선 투과율은 현저히 낮다.
㉰ 색유리를 사용했을 때보다 실내는 훨씬 밝아진다.
㉱ 실외의 물체들이 자연색 그대로 실내로 전달되지 않는다.

72. ㉱

① 자외선투과유리는 일광욕실, 병원, 요양소 등에 사용한다.
② 자외선차단유리는 의류 진열장, 식품 및 약품창고 등에서 노화와 퇴색방지에 사용한다.

73. ㉱

로이유리는 열적외선을 반사하는 은소재도막으로 코팅하여 방사율과 열관류율을 낮추고 가시광선 투과율을 높인 유리로써 일반적으로 복층유리로 제조하여 사용한다.

74. ㉰

강화유리는 파괴 시 파편이 없는 등 안전성이 뛰어나 고층 건물의 창, 테두리 없는 유리문에 많이 쓰인다.

75. ㉮

가시광선 투과율은 맑은유리와 비교할 때 큰 차이가 없다.

76. ㉱

실외의 물체들이 자연색 그대로 실내로 전달된다.

77. 유리공사에서 특수유리의 사용 장소를 조합한 것 중 틀린 것은?

㉮ 프리즘유리 – 지하실 채광
㉯ 복층유리 – 방화창
㉰ 자외선투과유리 – 병원
㉱ 골판유리 – 지붕, 천장

77. ㉯
① 망입유리 – 방도용 및 방화용
② 복층유리 – 결로 방지 및 방음용, 천장과 빌딩의 창
③ 접합유리 – 방탄용

78. 유리공사에서 특수유리와 사용 장소를 조합한 것 중 틀린 것은?

㉮ 프리즘유리 – 지하실 채광
㉯ 페어유리 – 방화창
㉰ 열선흡수판유리 – 병실
㉱ 망입유리 – 유리지붕

78. ㉯
① 복층유리 – 결로 방지 및 방음용, 천장과 빌딩의 창
② 망입유리 – 방도용 및 방화용

79. 유리공사에서 특수유리와 사용 장소를 짝지은 것 중 틀린 것은?

㉮ 겹유리 – 방화창
㉯ 프리즘유리 – 지하실 채광
㉰ 자외선투과유리 – 병원
㉱ 골판유리 – 지붕, 천장

79. ㉮
① 겹유리(복층유리) – 결로 방지 및 방음용, 천장과 빌딩의 창
② 망입유리 – 방도용 및 방화용

80. 프리즘유리는 어느 곳에 주로 사용하는가?

㉮ 흡음용
㉯ 방화용
㉰ 지하실 채광용
㉱ 장식용

80. ㉰
프리즘유리는 지하실, 천장, 벽 등에 사용되며 굴절채광용이다.

81. 유리제품 중 사용성의 주목적이 단열성과 가장 거리가 먼 것은?

㉮ 기포유리(Foam Glass)
㉯ 유리섬유(Glass Fiber)
㉰ 프리즘유리(Prism Glass)
㉱ 복층유리(Pair Glass)

81. ㉰
프리즘유리는 지하실, 천장, 벽 등에 사용되며 굴절채광용이다.

82. 창유리로 가장 많이 사용되는 판유리의 종류는?

㉮ 프린트유리
㉯ 고규산유리
㉰ 보헤미아유리
㉱ 크라운유리

82. ㉱
소다석회유리(소다유리, 보통유리, 크라운유리)의 용도는 일반건축용 유리(판유리), 창유리, 유리블록, 병유리 등에 사용된다.

83. 일반 창유리로 사용되는 것은 다음 중 어느 것인가?

㉮ 크라운유리
㉯ 보헤미아유리
㉰ 크리스탈유리
㉱ 붕규산유리

84. 일반 창유리에 사용하는 판유리는 어느 것인가?

㉮ 석영유리
㉯ 소다석회유리
㉯ 프린트유리
㉱ 붕사유리

85. 각종 유리의 성질에 대한 설명 중 가장 부적당한 것은 어느 것인가?

㉮ 보통판유리는 주로 소다석회유리이며 산과 알칼리에 모두 강하고 내풍화적이다.
㉯ 산화납유리는 X-Ray 차단성이 우수하다.
㉰ 칼륨석회유리는 투명도가 높고 내약품성이 좋다.
㉱ 강화유리는 판유리를 가열한 후 급랭한 것으로 절단 등 재가공이 어려운 단점을 가지고 있다.

86. 유리공사에 관한 설명 중 옳지 않은 것은?

㉮ 자외선이 투과되는 보통판유리는 요양소에서 사용된다.
㉯ 망입유리는 방화문, 방도용 문으로 사용된다.
㉰ 열선흡수판유리는 실내의 냉방효과를 좋게 하기 위해 사용된다.
㉱ 복층유리는 단열 목적의 유리이다.

87. 다음 유리종류 중 공사현장에서 유리칼로 절단하여 가공이 가능한 것은?

㉮ 망입유리
㉯ 강화유리
㉰ 복층유리
㉱ 유리블록

83. ㉮

소다석회유리(소다유리, 보통유리, 크라운유리)의 용도는 일반건축용 유리(판유리), 창유리, 유리블록, 병유리 등에 사용된다.

84. ㉯

㉮ 석영유리는 고규산유리이다.
㉯ 일반창의 판유리를 소다석회유리, 소다유리, 보통유리, 크라운유리라 한다.
㉰ 프린트유리는 납유리, 크리스탈유리이다.
㉱ 붕사유리는 붕규산유리이다.

85. ㉮

보통판유리는 주로 소다석회유리이며 산에는 강하나 알칼리에 약하다.

86. ㉮

보통판유리는 자외선이 잘 투과되지 않는다. 자외선투과유리는 위생상 좋은 자외선의 투과율을 높인 유리로 일광욕실, 병원, 요양소 등에 사용한다.

87. ㉮

• 현장가공(절단) 불가능 유리
① 강화유리
② 복층유리
③ 스테인드글라스
④ 유리블록

88. 다음 설명 중 옳지 않은 것은?

㉮ 흐린유리는 흐린 갈기면을 실외로 하여 끼운다.
㉯ 여닫이문은 좁고 높게, 미서기문은 넓고 낮게 하는 것이 여닫기 좋고 고장도 덜 난다.
㉰ 도장공사의 손질은 위에서부터 밑으로 왼쪽에서 오른쪽의 순으로 한다.
㉱ 도배공사 시 정배지에 겹친 습기는 광선 입사방향의 종이를 밑에 둔다.

88. ㉮
흐린유리는 오염방지를 위해 흐린 갈기면을 실내로 하여 끼운다.

89. 실링공사의 재료에 대한 다음 기술 중 가장 부적당한 것은 어느 것인가?

㉮ 가스켓은 콘크리트의 균열부위를 충전하기 위하여 사용하는 부정형재료이다.
㉯ 백업재는 소정의 줄눈깊이를 확보하기 위하여 줄눈 속을 채우는 재료이다.
㉰ 마스킹테이프는 시공 중에 실링재 충전개소 이외의 오염방지와 줄눈선을 깨끗이 마무리하기 위한 보호테이프이다.
㉱ 본드브레이커는 실링재가 접착되지 않도록 줄눈 속에 붙이는 테이프 재료이다.

89. ㉮
가스켓은 고무, 합성수지 제품을 이용하여 유리를 보호하고 지지하며 수밀성을 가지고 있는 것이다.

90. 각 부분의 시공방법에 관한 기술 중 옳지 않은 것은?

㉮ 창호의 틀 먼저세우기 공법은 새시 주위의 누수의 우려가 거의 없다.
㉯ 지붕에 금속 골판을 바탕에 고정하는 것은 골의 두둑(높은 곳)에서 하는 것이 원칙이다.
㉰ 알루미늄합금제 창호의 세우기는 강제 창호에 준하나 먼저세우기를 하는 것은 강도상 무리이므로 나중세우기를 한다.
㉱ 외부에 면한 창호의 유리 끼우기는 내부마감공사 후에 하는 것이 좋다.

90. ㉱
창호의 유리 끼우기는 내부마감공사 전에 한다.

91. 유리공사에 관한 기술중 부적당한 것은?

㉮ 유리 보관 시 알칼리 및 암모니아가 있는 곳에서 멀리 두도록 한다.
㉯ 무늬유리 끼우기 할 때의 평활한 면은 실외에 접하도록 한다.
㉰ 외부에 접하는 부분의 유리는 미장공사 후에 끼우도록 한다.
㉱ 방화문에 유리를 끼울 때는 반드시 망입유리를 사용한다.

91. ㉰
창호의 유리 끼우기는 내부마감공사 전에 한다.

92. 다음 중 목제 창호에 유리를 고정시킬 때 주로 사용되는 재료는?

㉮ 철사클립 ㉯ 납땜
㉰ 퍼티 ㉱ 나사못

93. 강제 창호에 유리를 끼울 때 다음 중 어느 것으로 고정시키고 퍼티를 바르는가?

㉮ 철사클립 ㉯ 납땜
㉰ 삼각못 ㉱ 나사못

94. 대형 판유리를 사용하여 유리만으로 벽면을 구성하는 공법은?

㉮ 퍼티고정공법 ㉯ 실링공법
㉰ 가스켓고정공법 ㉱ 서스펜션공법

92. ㉰

(1) 유리 고정용 퍼티
퍼티는 탄성 복원력이 적고, 목재 및 금속재에서 유리를 고정하고 끼울 때 사용되는 비탄성형 정형 실재이다.

(2) 유리 고정철물
① 목제 창호용은 아연도금 강판재의 유리 고정못(삼각못)을 사용한다.
② 강제 창호용은 유리 고정용 클립(철사클립) 또는 피아노선을 사용한다.

93. ㉮

• 창호 고정철물
① 강제 창호용은 유리 고정용 클립(철사클립) 또는 피아노선을 사용한다.
② 목제 창호용은 아연도금 강판재의 유리 고정못(삼각못)을 사용한다.

94. ㉱

서스펜션공법은 대형 판유리를 수직 멀리언 없이 유리만으로 세우는 공법이다.

BUILDING CONSTRUCTION

PART XII

PC공사 및 커튼월공사

제32장 PC공사 및 커튼월공사

제32장

PC공사 및 커튼월공사

1 PC공사

1. 일반사항

1) 개요

① PC공사(Precast Concrete Work)는 부재의 일부 또는 대부분을 공장에서 제작하고 양생한 후 기성 제품화 하여 현장에서 조립하는 공법이다.

② 프리캐스트콘크리트 부재를 사용하므로 공업화공사라 한다.

③ PC공법은 프리패브(Prefab, 조립식)의 일종이나, 일반적으로 혼용하여 사용한다.

④ 일반적으로 외부비계 없이 벽면을 구성할 수 있다.

2) 특징

장 점	단 점
① 프리패브공법이므로 공기단축이 가능하다.	① 다양성 부족하다.
② 천후, 기상에 영향이 적다.	② 초기투자비가 과다하다.
③ 현장노무가 감소된다.	③ 자재 운반거리에 제약이 있다.
④ 대규모 공사의 경우 원가절감이 가능하다.	④ 양중장비가 필요하다.
⑤ 품질의 균질성이 기대된다,	⑤ 접합부의 강도가 부족하다
⑥ 작업의 시스템화로 작업능률이 좋다.	⑥ 기술개발 및 투자부족이 우려된다.

2. 분류

1) 생산방식에 따른 분류

(1) Open System

Open System은 일반 건축물의 부품을 표준화(Module)에 의해 대량생산하는 방식이다.

(2) Closed System

Closed System은 특정 건축물의 부품을 사전에 계획하여 생산하는 방식이다.

2) 시공방법의 공법에 따른 분류

종 류	내 용
적층공법	적층공법은 공장제작 된 기둥, 보, 바닥판, 벽체 등과 마감공사, 설비공사 등을 한 층씩 조립하여 완성하는 공법이다.
내력벽식공법 (대형패널공법)	내력벽식공법은 창호 등이 설치된 건축물의 대형 콘크리트 벽체를 아파트 등의 구조체로 이용하는 공법이다.
박스식공법	박스식공법은 1실 또는 2실로 된 벽과 슬래브가 붙어 있는 박스형의 건축물을 지상에서 제작한 후 이를 인양 및 조립하고 쌓아올려 건축하는 공법이다.
Tilt Up 공법	Tilt Up 공법은 지상에서 수평으로 제작한 큰 벽체나 뼈대를 수직으로 일으켜 세워서 건축하는 공법이다.
Lift Up 공법	Lift Up 공법은 지상에서 슬래브, 벽 등을 PC판으로 제작하고 소정위치까지 끌어올려 접합 고정하는 공법이다.
Half Slab 공법	Half Slab 공법은 슬래브의 절반 두께는 PC화된 부재이고, 상부 절반을 현장타설콘크리트로 슬래브를 완성하는 공법으로 얇은 PC판, 반(半) PC판이라고도 한다.
커튼월공법	커튼월공법은 창이 붙은 외벽 기성벽판을 구조체에 붙여서 건축하는 공법이다.

3. 접합부의 성능 및 품질 202)

구 분	내 용
충전콘크리트	① 충전콘크리트에 사용되는 골재의 종류는 보통콘크리트를 표준으로 한다. ② 충전콘크리트의 설계기준압축강도는 부재 콘크리트의 설계기준압축강도 이상으로 한다. ③ 충전콘크리트의 슬럼프는 210 mm 이하로 한다. ④ 충전콘크리트의 물결합재비는 55 % 이하로 한다. ⑤ 단위 수량은 185 kg/m^3 이하로 한다. ⑥ 단위 시멘트량은 330 kg/m^3 이상으로 한다.
충전모르타르	① 충전모르타르는 무수축성으로 한다. ② 철근에 녹 등과 같은 유해한 영향을 미치지 않는 것으로 한다.
접합부 현장타설 콘크리트의 물결합재비	접합부 현장타설콘크리트의 물결합재비는 55 % 이하로 한다.
접합부 피복두께	접합부에서 설계피복두께는 최소 피복두께에 5 mm를 더한 값 이상으로 한다.

4. 부재에 사용하는 콘크리트의 배합

① 배합강도는 표준양생 한 공시체의 재령 28일에 대한 콘크리트의 압축강도로 표시한다.

② 물결합재비는 55 % 이하로 한다.

202) 건축공사 표준시방서(05065), 국토교통부, 대한건축학회, 2016.

③ 슬럼프는 120 mm 이하로 한다.
④ 공기량은 3 % 이하로 한다. 다만 동결융해작용을 받는 경우 4~6 %로 한다.
⑤ 단위 수량은 시공연도 및 슬럼프가 얻어지는 범위 내에서 가능한 적은 값으로 한다.
⑥ 단위 시멘트량은 300 kg/m^3 이상으로 한다.
⑦ 잔골재율은 시공연도 및 슬럼프가 얻어지는 범위 내에서 가능한 적은 값으로 한다.

5. 접합

1) 접합방법

종 류	내 용
건식접합 (Dry Joint)	① 건식접합은 콘크리트 또는 모르타르를 사용하지 않는 용접접합 또는 기계적 접합 등에 의해 프리캐스트 부재 상호 간을 접합하는 방식이다. 건식접합을 커튼월공법이라고도 한다. ② 주로 장막벽으로써 빌딩의 외벽에 많이 사용된다.
습식접합 (Wet Joint)	① 습식접합은 현장에서 콘크리트 또는 모르타르로 프리캐스트 부재 상호 간을 접합하는 방식이다. ② 주로 내력벽으로써 벽식아파트 건설에 많이 사용된다.

2) 접합부의 요구 성능

① 응력전달
② 방수성
③ 내구성
④ 기밀성

2 커튼월공사

1. 일반사항 203)

① 원래 커튼월(Curtain Wall)은 적재하중이나 다른 부재의 하중을 부담하지 않는 건물 외부 마감용 벽체를 의미한다. 커튼월은 커튼과 같이 외부 벽면에 직접 설치되는 얇은 벽이라는 뜻으로 불리게 되었다.
② 현재는 좁은 의미로 공장 생산된 부재로써 외벽을 구성하는 비내력 구조이다.
③ 외벽공사는 금속커튼월, PC커튼월, 조립식 패널 및 고온고압증기 양생한 경량기포콘크리트패널(ALC패널) 등을 건축물의 외벽에 사용하는 공사이다.

203) 신현식 외 6인, 건축시공학, 문운당, 1998, pp.391-400.

2. 분류

1) 주프레임 재료(패널의 재료)에 따른 분류[204), 205)]

종 류	내 용
금속커튼월	① 금속커튼월은 규격화된 금속제 판이나 여러 가지 구성부재를 금속프레임으로 짠 커튼월이다. ② 알루미늄, 강, 스테인리스스틸, 동합금 등 기타 금속합금 등을 사용한다.
프리캐스트콘크리트커튼월 (PC커튼월)	① 프리캐스트콘크리트커튼월(PC커튼월)은 주로 공장제작품이다. ② 철근콘크리트, 경량골재콘크리트, 특수 콘크리트판 등을 사용한다.
복합커튼월	복합커튼월은 금속커튼월과 PC커튼월 등의 병용이다.
기 타	① 프리패브패널벽시스템(Prefab Panel Wall System) 경량형강 프레임에 집성보드, 아연도금판을 붙여 마감처리 한다. ② 성형판공법 합성수지 또는 FRP 성형판을 사용한다. ③ 석재패널벽시스템(Granite Panel Wall System) 강재 프레임에 판석재를 붙여 앵커철물로 부착하여 마감처리 한다.

2) 외관 형태별 분류

종 류	내 용
스팬드럴방식 (Spandrel Type)	① 스팬드럴방식은 수평선을 강조하는 창과 스팬드럴의 조합으로 이루어진 방식이다. ② 커튼월에서의 스팬드럴은 상층과 하층의 창 사이에 있는 벽을 의미한다.
샛기둥방식 (Mullion Type)	샛기둥방식은 수직 기둥을 노출시키고, 그 사이에 유리창이나 스팬드럴 패널을 끼우는 방식이다.
격자방식 (Grid Type)	격자방식은 수직과 수평의 격자형 외관을 보여주는 방식이다.
피복방식 (Sheathed Type)	피복방식은 구조체를 외부에 노출시키지 않고, 패널로 은폐시키며 새시는 패널 안에서 끼워지는 방식이다.

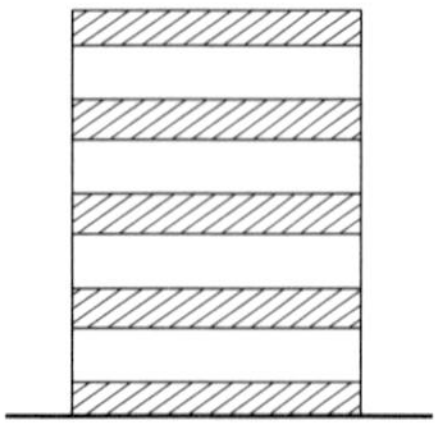
스팬드럴방식

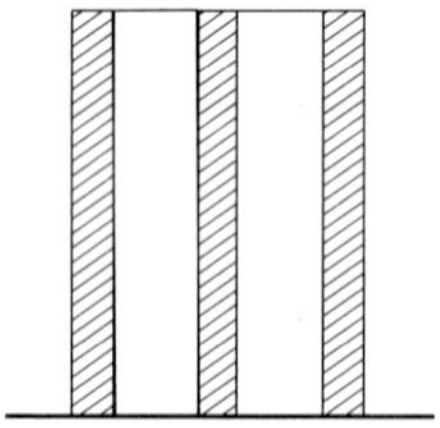
샛기둥방식

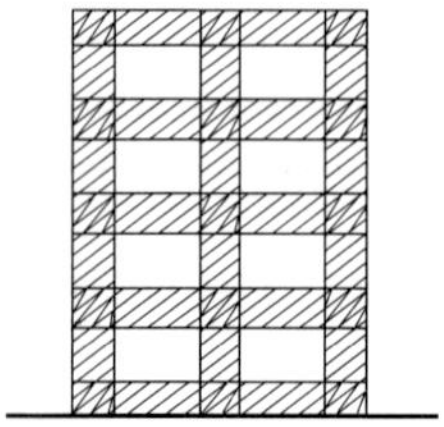
격자방식

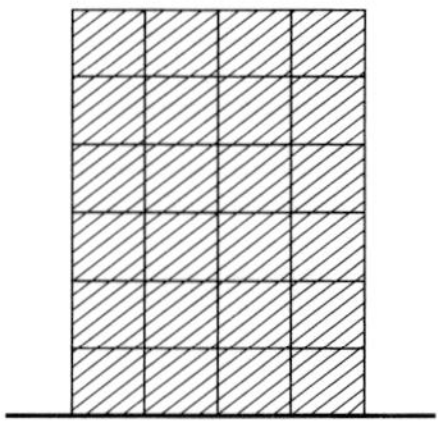
피복방식

204) 정상진 외 6인, 건축시공학, 기문당, 1998, pp.521-522.
205) 대한건축학회, 건축공사 표준시방서, 기문당, 1994, p.1017.

3. 긴결부품 및 긴결방식

1) 개요

긴결부품은 커튼월 부재를 구조체에 부착하기 위해 사용되는 철물류의 총칭이다. 파스너(Fastener)라고도 한다.

2) 파스너의 요구조건

요구조건	내 용
내력 (충분한 강도)	각종 하중에 대응할 수 있는 충분한 강도가 필요하다.
변위 추종성	층간변위 등에 대응할 수 있는 변위 추종성이 필요하다.
시공성	시공 시의 오차조정이 가능한 성능이 필요하다.
내구성	내화성 및 시공성이 좋고 성능의 변화가 없는 내구성이 필요하다.

3) 파스너의 긴결방식

긴결방식	내 용
슬라이드방식 (Slide Type)	슬라이드방식은 패널의 하부는 고정시키고, 상부는 슬라이드가 되게 한 방식이다.
회전방식 (Locking Type)	회전방식은 패널의 하부는 핀지점으로 하고, 상부는 슬라이드가 되게 한 방식이다.
고정방식 (Fixed Type)	고정방식은 패널의 상하부가 고정된 방식이다.

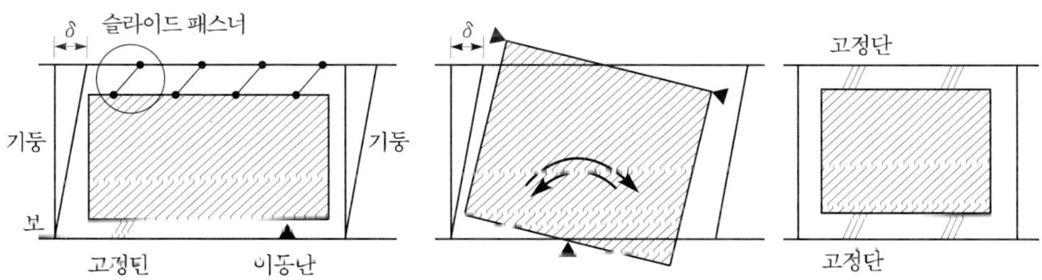

슬라이드방식 회전방식 고정방식

4. 커튼월의 성능시험

1) 커튼월의 성능시험

① 풍동시험

② 실물모형시험

2) 풍동시험

풍동시험(Wind Tunnel Test)은 건물 준공 후 발생될 수 있는 바람에 의한 문제점을 파악하고, 설계에 반영하기 위해 건물 주변 600 m 반경의 지형 및 건물배치를 축소형 모델로 만들어 풍동에 설치한 후, 과거 일정한 기간 내에 발생된 최대 풍속을 가하여 실시하는 시험으로써 장래에 발생 가능한 건물풍을 방지한다.

3) 실물대모형시험

(1) 개요

실물대모형시험(Mock-Up Test)은 외기의 영향으로 인한 외장재(외벽)의 성능(사용성, 안전성 등)을 사전에 검토하기 위해 풍동시험을 근거로 설계한 실물모형 3개를 만든 뒤, 건축 예정지에서 최악의 기후조건으로 외장재 설치 후 일어날 수 있는 모든 문제점을 검증해 보는 시험이다. 실물대시험 또는 외벽성능시험이라고도 한다.

(2) 성능시험 항목

성능시험 항목	내 용
예비시험	설계풍압력의 +50 %를 최소 10초간 가압하여 시험장치에 설치된 시료의 상태를 일차적으로 점검한 후, 시험실시 가능 여부를 판단한다.
기밀시험	정압 하에서 내외의 압력차를 75 MPa부터 최대 299 MPa로 하여 유속을 측정한 뒤, 시험체에서 발생하는 공기유출량을 측정한다.
정압수밀시험	설계풍압력 중 정압의 20 % 또는 299 MPa 중 큰 값의 압력으로 수행하며 최대 720 MPa을 넘지 않도록 한다. 살수는 3.4 $\ell/m^2 \cdot min$의 유량으로 15분 동안 시행한다.
동압수밀시험	소용돌이치는 폭풍우 하에서의 누수 여부를 확인하기 위한 시험으로 정압수밀시험과 유사하다.
구조시험	설계풍압력의 100 %를 단계별로 증감하여 설계풍압의 ±100 % 아래에서 구조재의 변위와 측정 유리의 파손여부를 확인한다.

3 ALC패널공사

1. 개요

ALC패널공사는 철근으로 보강된 고온고압으로 증기양생 한 경량기포콘크리트패널(ALC패널)을 건축물의 지붕, 바닥, 외벽 및 칸막이벽 또는 내력 부재로 사용한 것을 말한다.

2. ALC패널의 장점

① 공기단축　　② 실내 유효면적의 증가
③ 우수한 통기성　　④ 열손실 방지로 인한 난방비 절감(단열성능)
⑤ 구조물의 자중감소　　⑥ 우수한 내화성(완전 불연재)

3. ALC패널의 외벽패널공법 206)

종 류	내 용
수직철근공법 (보강근삽입공법, 철근매립공법)	수직철근공법은 패널간의 접합부에 접합철물을 통해 수직보강 철근을 배치하고 틈새는 모르타르를 충전함으로써 패널의 상하부를 고정시키는 수직벽 패널 설치 공법이다.
슬라이드공법	슬라이드공법은 패널간의 수직줄눈 공동부 중 패널의 하부는 보강철근을 배치한 후 모르타르를 충전하여 고정시키고 상부는 벽체의 변형을 받아 슬라이드 될 수 있도록 한 수직벽 패널 설치 공법이다.
볼트조임공법	볼트조임공법은 패널 장변방향의 양단에 구멍을 뚫고, 이를 관통하는 볼트로 고정시키는 수직 또는 수평벽 패널 및 지붕패널 설치 공법이다.
커버플레이트공법	커버플레이트공법은 패널의 양단부를 커버플레이트와 볼트를 이용하여 설치하는 수평벽 패널 설치 공법이다.
타이플레이트공법	타이플레이트공법은 패널의 양단부를 타이플레이트와 못을 이용하여 구조체에 고정시키는 수직 또는 수평벽 패널의 설치 공법이다.
오볼트(O-bolt)공법	오볼트공법은 패널의 장변방향 또는 단변방향으로 강봉을 삽입하여 이를 관통하는 오볼트(O-Bolt)를 제트플레이트(Z-Plate)에 긴결하여 구조체에 고정시키는 수직 또는 수평벽 패널 설치 공법이다.

206) KCS 41 54 01 외벽공사 일반(1.2), 국토교통부, 대한건축학회, 2016.

필수 연습문제

〉〉〉 제32장 PC공사 및 커튼월공사

1. 건축생산의 공업화 추진과 관계없는 것은?

㉮ 현장작업을 가능한 한 감소시킨다.
㉯ 작업의 반복을 가능한 한 많게 한다.
㉰ 작업을 표준화 한다.
㉱ 작업량을 최대화 한다.

2. 프리패브콘크리트(Prefab Concrete)에 관한 설명 중 잘못된 것은?

㉮ 제품의 품질을 균일화 및 고품질화 할 수 있다.
㉯ 작업의 기계화로 노무절약을 기대할 수 있다.
㉰ 공장생산으로 기계화하여 부재의 규격을 쉽게 변형할 수 있다.
㉱ 자재를 규격화 하여 표준화 및 대량생산을 할 수 있다.

3. 다음은 공법에 관한 내용이다. 맞는 내용은?

> "미리 공장 생산한 기둥이나 보, 바닥판, 외벽, 내벽 등을 한 층씩 쌓아 올라가는 조립식으로 구체를 구축하고 이어서 마감 및 설비공사까지 포함하여 차례로 한 층씩 완성해 가는 공법"

㉮ 하프 PC합성 바닥판 공법 ㉯ 역타설공법
㉰ 적층공법 ㉱ 지하연속벽공법

1. ㉱
건축생산의 공업화 추진에 있어서는 작업량을 최소화 한다.

2. ㉰
공장생산으로 기계화하여 부재의 규격을 쉽게 변경할 수 없다.

3. ㉰
적층공법은 공장 제작 된 기둥, 보, 바닥판, 벽체 등과 마감공사, 설비공사 등을 한 층씩 조립하여 완성하는 공법이다.

4. 프리캐스트콘크리트의 설명이 아닌 것은?

㉮ 판재의 철근 배치는 그 두께가 100 mm 미만일 때는 단근으로 할 수 있다.
㉯ 제품의 철근 피복두께는 부재의 두께가 75 mm 이상인 경우에, 외부에 노출될 때는 18 mm 이상, 그리고 노출되지 않을 때는 15 mm 이상이어야 한다.
㉰ 캠버는 고정하중에 의한 보의 처짐을 고려하여 미리 보를 위로 휘게 하는 것이다.
㉱ 틸트업 공법은 부재의 콘크리트 치기를 수평 위치에서 부어넣고 탈형하는 방법이다.

4. ㉱
Tilt Up 공법은 지상의 평면에서 벽판 및 구조체를 제작한 후 이를 수직으로 일으켜 세워서 건축물을 구축하는 공법이다.

5. 본 기둥 또는 가설기둥을 먼저 시공하고 이것을 반력 기둥으로 하여 지상에서 미리 조립한 대지붕 등 구조체를 소정의 위치까지 유압잭 등으로 양중, 설치하는 공법은?

㉮ Top Down 공법　　㉯ Slurry Wall 공법
㉰ Lift Up 공법　　㉱ Benoto 공법

5. ㉰
Lift Up 공법은 지상에서 슬래브, 벽 등을 PC판으로 제작하고 소정위치까지 끌어올려 접합 고정하는 공법이다.

6. 프리캐스트콘크리트공사의 내구성 확보를 위한 기준으로 옳지 않은 것은?

㉮ 단위 시멘트량의 최솟값은 300 kg/m^3로 한다.
㉯ 접합부 현장타설콘크리트의 물결합재비(물시멘트비)는 55 % 이하로 한다.
㉰ 콘크리트에 함유되는 염화물량은 NaCl로써 0.3 kg/m^3 이하로 한다.
㉱ 동결융해를 받을 가능성이 있는 콘크리트는 AE콘크리트로 한다.

6. ㉰
① 콘크리트에 포함된 염화물은 염화물이온량(Cl^-)으로 0.3 kg/m^3 이하
② 잔골재의 염화물량(NaCl)으로는 0.04 % 이하

7. 고층 건물 외벽공사 시 적용되는 커튼월공법의 특징이 아닌 것은?

㉮ 내력벽으로써의 역할　　㉯ 외벽의 경량화
㉰ 가설공사의 절감　　④ 품질의 안정화

7. ㉮
커튼월이란 외벽을 구성하는 비내력벽 구조이다.

8. 커튼월(Curtain Wall)에 대한 설명으로 틀린 것은?

㉮ 내력벽에 사용된다.
㉯ 공장생산이 가능하다.
㉰ 고층 건축에 특히 사용된다.
④ 패스너(Fastener)를 이용한 볼트 조임으로 구조물에 고정시킨다.

8. ㉮
커튼월이란 외벽을 구성하는 비내력벽 구조이다.

9. 커튼월(Curtain Wall)에 대한 설명으로 옳지 않은 것은?

㉮ 내력벽에 사용된다.
㉯ 공장생산이 가능하다.
㉰ 고층 건물에 많이 사용된다.
㉱ 용접이나 볼트 조임으로 구조물에 고정시킨다.

10. 건축물 외벽공사 중 커튼월공사의 특징으로 옳지 않은 것은?

㉮ 외벽의 경량화　　㉯ 공업화 제품에 따른 품질 제고
㉰ 가설비계의 증가　　㉱ 공기단축

11. 건축물 외부에 설치하는 커튼월에 관한 설명으로 옳지 않은 것은?

㉮ 커튼월이란 외벽을 구성하는 비내력벽 구조이다.
㉯ 커튼월의 조립은 대부분 외부에 대형발판이 필요하므로 비계공사가 필수적이다.
㉰ 공장에서 생산하여 반입하는 프리패브 제품이다.
㉱ 일반적으로 콘크리트나 벽돌 등의 외장재에 비하여 경량이어서 건물의 전체 무게를 줄이는 역할을 한다.

12. 건축물 외부에 설치하는 커튼월에 대한 설명으로 틀린 것은?

㉮ 커튼월이란 외벽을 구성하는 비내력벽 구조이다.
㉯ 공장에서 생산하여 반입하는 프리패브 제품이다.
㉰ 콘크리트나 벽돌 등의 외장재에 비하여 경량이어서 건물의 전체 무게를 줄이는 역할을 한다.
㉱ 커튼월의 조립은 대부분 외부에 대형발판이 필요하므로 비계공사를 반드시 해야 한다.

13. 건축공사 중 커튼월공사에 관한 다음 내용 중 옳지 않은 것은?

㉮ 커튼월을 구조체에 설치할 때는 비계작업을 원칙으로 한다.
㉯ 공사의 상당부분을 공장 제작하므로 현장공정을 크게 단축시키는 것이 가능하다.
㉰ 제조공정의 경우 전체 공정계획을 고려하여 출하계획을 작성함으로써 작업 중단이 생기지 않고 적시생산이 되도록 유도한다.
㉱ 커튼월 부재의 긴결방식은 슬라이드방식, 회전방식, 고정방식 등이 있다.

9. ㉮
커튼월이란 외벽을 구성하는 비내력벽 구조이다.

10. ㉰
커튼월공사에서 구조체를 설치할 때 외부비계 없이 벽면을 구성할 수 있다.

11. ㉯
커튼월공사에서 구조체를 설치할 때 외부비계 없이 벽면을 구성할 수 있다.

12. ㉱
커튼월공사에서 구조체를 설치할 때 외부비계 없이 벽면을 구성할 수 있다.

13. ㉮
커튼월공사에서 구조체를 설치할 때 외부비계 없이 벽면을 구성할 수 있다.

14. 커튼월을 외관 형태로 분류할 때 그 종류에 해당하지 않는 것은?

㉮ 샛기둥방식(Mullion Type)
㉯ 스팬드럴방식(Spandrel Type)
㉰ 격자방식(Gird Type)
㉱ 내력벽방식(Wall Type)

14. ㉱
• 커튼월의 외관 형태별 분류방식
① 스팬드럴방식
② 샛기둥방식(멀리언방식)
③ 격자방식(그리드방식)
④ 피복방식

15. 커튼월(Curtain Wall)의 외관 형태별 분류에 해당하지 않는 방식은?

㉮ Unit Wall 방식　㉯ Mullion 방식
㉰ Spandrel 방식　④ Sheath 방식

15. ㉮
유닛월시스템(Unit Wall System)은 커튼월의 조립공법별 분류이다.

16. 커튼월(Curtain Wall)의 외관 형태별 분류에 해당 하지 않는 방식은?

㉮ Mullion 방식　㉯ Stick Wall 방식
㉰ Spandrel 방식　④ Sheath 방식

16. ㉯
스틱월시스템(Stick Wall System)은 커튼월의 조립공법별 분류이다.

17. 커튼월을 외관 형태로 분류할 때 그 종류에 해당되지 않는 것은?

㉮ 슬라이드방식(Slide Type)
㉯ 샛기둥방식(Mullion Type)
㉰ 스팬드럴방식(Spandrel Type)
④ 격자방식(Grid Type)

17. ㉮
슬라이드방식은 커튼월의 파스너의 긴결방식이다.

18. 다음 중, 커튼월의 분류방식으로 적합하지 않는 것은 어느 것인가?

㉮ 멀리언방식　㉯ 스팬드럴방식
㉰ 그리드방식　㉱ 매립방식

18. ㉱
• 커튼월의 외관 형태별 분류방식
① 스팬드럴방식
② 샛기둥방식(멀리언방식)
③ 격자방식(그리드방식)
④ 피복방식

19. 커튼월공사에서 긴결을 위한 파스너(Fastener)가 가져야 할 기능이 아닌 것은?

㉮ 구조체에 긴결되어 하중, 풍력, 지진, 팽창에 대응할 수 있는 강도
㉯ 시공오차의 흡수를 위한 상하, 좌우, 전후의 위치 조정기능
㉰ 고층 구조물의 자중을 줄이기 위한 경량성
㉱ 내화성능, 열팽창 흡수 등을 통한 내구성

19. ㉰
파스너의 요구조건(기능)은 내력, 변위 추종성, 시공성, 내구성 등이다.

20. 다음 중 커튼월의 패널부착 방식에 따른 분류에 속하지 않는 것은?

㉮ 멀리온방식　　㉯ 슬라이딩방식
㉰ 로킹방식　　④ 고정방식

21. 커튼월의 빗물침입의 원인이 아닌 것은?

㉮ 표면장력　　㉯ 모세관현상
㉰ 기압차　　㉱ 삼투압

22. 커튼월에 대한 일반적인 검사항목이 아닌 것은?

㉮ 내풍압강도　　㉯ 층간변위에 대한 추종성
㉰ 기밀성　　㉱ 인장강도

23. 고층 건축공사에서 커튼월의 성능시험과 가장 거리가 먼 것은?

㉮ 수밀시험　　㉯ 내화시험
㉰ 풍압시험　　㉱ 인장시험

24. 커튼월의 성능시험 항목에 속하지 않는 것은 다음 중 어느 것인가?

㉮ 풍동시험
㉯ 정압수밀시험
㉰ 실물대모형시험(Mock-Up Test)
㉱ 패널시험

25. 다음 중 커튼월공사의 실물대모형시험(Mock-Up Test)에서 행하는 시험으로 보기 어려운 것은 어느 것인가?

㉮ 풍동시험
㉯ 설계풍압력에 의한 변위 측정
㉰ 온도변화에 따른 변형 측정
㉱ 누수검사와 창문의 열손실 측정

20. ㉮

커튼월에서 파스너의 긴결방식은 슬라이드방식, 회전방식, 고정방식 등이다.

21. ㉱

커튼월에서 빗물침입의 원인은 중력, 표면장력, 모세관현상, 운동에너지, 기압차 등이다.

22. ㉱

• 커튼월의 성능시험
① 커튼월의 성능시험은 통상 크게 풍동시험과 실물대모형시험(실물대시험, 외벽성능시험)으로 나누어 실시한다.
② 실물대모형시험의 종류는 예비시험, 기밀시험, 정압수밀시험, 동압수밀시험, 구조시험 등을 실시한다.

23. ㉱

24. ㉱

25. ㉮

① 커튼월의 성능시험은 크게 풍동시험과 실물대모형시험으로 나누어 실시한다.
② 주요 실물대모형시험의 종류는 예비시험, 기밀시험, 정압수밀시험, 동압수밀시험, 구조시험 등을 실시한다.
③ 기타 실물대모형시험의 종류는 층간변위시험, 열순환시험, 열전달 및 결로저항시험 등을 실시한다.

26. 외기의 영향으로 인한 외장재의 성능을 사전에 검토하기 위해 실시하는 실물모형시험(Mock-Up Test)의 성능시험 항목에 해당하지 않는 것은?

㉮ 풍동시험 ㉯ 기밀시험
㉰ 정압수밀시험 ㉱ 동압수밀시험

27. 금속커튼월의 Mock-Up Test에 있어 기본성능 시험의 항목에 해당되지 않는 것은?

㉮ 정압수밀시험 ㉯ 방재시험
㉰ 구조시험 ㉱ 기밀시험

28. 금속커튼월의 성능시험 관련 실물모형시험(Mock-Up Test)의 시험 종목에 해당하지 않는 것은?

㉮ 비비시험 ㉯ 기밀시험
㉰ 정압수밀시험 ㉱ 구조시험

29. 프리캐스트콘크리트커튼월의 실물모형실험(Mock-Up Test)에서 성능 확인을 위한 시험 종목에 해당되지 않는 것은?

㉮ 기밀시험 ㉯ 정압수밀시험
㉰ 구조시험 ㉱ 인장시험

30. 금속커튼월 시공 시 구체 부착철물 설치위치의 연직방향 및 수평방향의 치수 허용차의 표준치로 옳은 것은?

㉮ 연직방향 ±5 mm, 수평방향 ±15 mm
㉯ 연직방향 ±10 mm, 수평방향 ±25 mm
㉰ 연직방향 ±15 mm, 수평방향 ±25 mm
㉱ 연직방향 ±25 mm, 수평방향 ±25 mm

31. 프리캐스트콘크리트커튼월의 줄눈 폭의 허용차는?

㉮ ±1 mm ㉯ ±3 mm
㉰ ±5 mm ㉱ ±7 mm

26. ㉮

주요 실물대모형시험의 종류는 예비시험, 기밀시험, 정압수밀시험, 동압수밀시험, 구조시험 등을 실시한다.

27. ㉯

주요 실물대모형시험의 종류는 예비시험, 기밀시험, 정압수밀시험, 동압수밀시험, 구조시험 등을 실시한다.

28. ㉮

주요 실물대모형시험의 종류는 예비시험, 기밀시험, 정압수밀시험, 동압수밀시험, 구조시험 등을 실시한다.

29. ㉱

주요 실물대모형시험의 종류는 예비시험, 기밀시험, 정압수밀시험, 동압수밀시험, 구조시험 등을 실시한다.

30. ㉯

금속커튼월 설치에서 구체 부착철물의 설치위치의 치수 허용차의 표준치는 연직방향 ±10 mm, 수평방향 ±25 mm이다.

31. ㉰

• 프리캐스트콘크리트커튼월 부재의 설치위치의 치수 허용차

① 줄눈 폭의 허용차 : ±5 mm
② 줄눈 중심 사이 허용차 : 3 mm
③ 줄눈 양측의 단차의 허용차 : 4 mm
④ 각층의 기준먹줄에서 각 부재까지의 거리의 허용차 : ±5 mm

32. 프리패브 건축, 커튼월공법에 따른 건축물에서 각 부분의 접합부 특히 스틸새시의 부위틈새 및 균열부 보수 등에 많이 이용되는 방수공법은?

㉮ 아스팔트방수　　㉯ 시트방수
㉰ 도막방수　　㉱ 실링재방수

33. 건축물 커튼월의 연결부 줄눈에서 수밀성능, 기밀성능, 차음성능을 확보하기 위하여 사용하는 재료는?

㉮ 실리콘 실러　　㉯ 실링재
㉰ 벤토나이트 시트　　④ 발수제

34. ALC(Autoclave Lightweight Concrete)의 시공 전에 확인 및 준비사항으로 옳지 않은 것은?

㉮ 화학적으로 유해한 영향을 받을 수 있는 장소에 사용할 경우에는 필요한 방호처리를 한다.
㉯ 쌓기 직전의 블록이나 설치 직전의 패널은 습윤상태를 유지해야 한다.
㉰ 블록 및 패널나누기를 하여 먹메김 하고 개구부 및 설비용 배관 등이 위치한 곳에는 작업 전에 필요한 준비를 한다.
㉱ 작업 부위는 작업 전에 청소를 하고 바닥이 균일하지 않은 곳은 시멘트모르타르로 수평을 맞춘다.

35. 다음 중 ALC(Autoclave Lightweight Concrete)의 패널의 설치공법이 아닌 것은?

㉮ 수직철근공법　　㉯ 슬라이드공법
㉰ 커버플레이트공법　　㉱ 피치공법

32. ㉱

실링재는 프리패브 건축, 커튼월공법에 따른 건축물에서 각 부분의 연결부 줄눈에서 수밀성능, 기밀성능, 차음성능을 확보하기 위하여 사용하는 재료이고 침수방지를 위해 패널과 패널 및 다른 마감재료의 연결부위에 충전하는 재료이다.

33. ㉯

실링재는 프리패브 건축, 커튼월공법에 따른 건축물에서 각 부분의 연결부 줄눈에서 수밀성능, 기밀성능, 차음성능을 확보하기 위하여 사용하는 재료이고 침수방지를 위해 패널과 패널 및 다른 마감재료의 연결부위에 충전하는 재료이다.

34. ㉯

ALC는 흡수성이 높으므로 쌓기 직전의 블록이나 설치 직전의 패널은 기건상태를 유지한다.

35. ㉱

• ALC패널의 설치공법
① 수직철근공법
② 슬라이드공법
③ 볼트조임공법
④ 커버플레이트공법
⑤ 타이플레이트공법
⑥ 오볼트공법

PART XIII

마감 및 기타공사

제33장 마감 및 기타공사

1 도장공사

1. 개요

1) 정의

① 도장(Painting)은 도료를 사용하여 칠하거나 바르는 것이다.

② 도장공사를 칠공사라고도 한다.

주1 도료(Coating Material)는 도장에 사용되는 페인트(Paint)이다.

2) 도장의 목적 및 기본공정

(1) 도장의 목적

① 건물보호(염해, 배기가스, 자연환경으로부터 보호)

② 미적효과(공간연출, 밝은 거리 등의 표현)

③ 성능부여(내약품성, 내수성, 절연성, 방음성, 항균성, 미끄럼방지 등)

(2) 도장의 기본공정

순 서	내 용
하도(초벌도장)	하도는 물체의 바탕에 직접 도장하는 것이다
중도(재벌도장)	중도는 하도와 상도의 중간층에 도장하는 것이다.
상도(정벌도장)	상도는 마무리로써 도장하는 작업이다.

주1 바탕은 목재, 콘크리트, 강재 등 도장 할 재료의 표면이다.

주2 불투명한 도장일 때에는 하도, 중도, 상도공정의 각 도막 층별로 색깔을 될 수 있는 한 달리하여 도장도막을 판별할 수 있도록 한다.

3) 도료의 원료

도료를 구성하는 원료는 안료, 수지, 첨가제 및 용제 등이며, 각각의 역할은 아래 표와 같다.

원 료	특 징
안료 (Pigment)	① 안료는 물, 기름 등에 용해되지 않는 불투명 및 유색의 고체분말이다. ② 도료에 색깔을 입히거나 도막에 충전효과를 준다. ③ 불투명하게 은폐성을 가진 두께를 형성하거나 물체보호, 부식방지, 내구력 증진 등의 특별한 성질을 갖게 한다.
수지 (Resin)	① 안료와 안료를 연결하여 도막을 형성하는 주체가 된다. ② 도막의 특징을 내고 광택과 견고함 등의 성질을 부여한다. ③ 종류로는 열가소성수지와 열경화성수지가 있다.
첨가제 (Addition Agent)	① 첨가제는 도료 내 안료의 침전방지, 색분해방지 및 도막의 유연성 등의 성질을 개량할 목적으로 첨가하는 것이다. ② 종류로는 건조제, 경화제, 가소제, 증점제 등이 있다.
건조제 (Dryer)	① 건조제는 보일드유의 산화건조를 촉진하기 위한 첨가제이다. ② 유성도료와 같이 건조가 느린 도료의 건조를 촉진시킨다. ③ 겨울철에 건조가 느리므로 많이 사용한다. ④ 건조제로는 코발트건조제, 망간건조제, 납건조제, 칼슘건조제, 아연건조제 등이 있다
용제 (Solvent)	① 용제는 수지, 유류 등을 용해하고 유동성을 주어 안료와 수지를 잘 섞이게 한다. ② 종류로는 진용제, 조용제, 희석제 및 물 등이 있다. ③ 용제는 도막은 되지 않는다.
희석제 (Diluent, Thinner)	① 희석제는 도료의 유동성을 증가시키기 위해서 사용하는 휘발성의 액체이며, 시너 또는 휘발성 용제라 한다. ② 도료 등에 유동성을 주고 적당한 점조도로 만드는 용제이다. ③ 도장 완료 후 건조하면 소실된다. ④ 희석제의 종류로는 테레빈유, 시너, 벤젠, 나프타, 미네랄스피릿, 송근유 등이 있다.
유류 (Oil)	① 유류는 상온에서 액체이고, 물에 녹지 않는다. ② 도료에 사용되고, 건조가 잘 되는 것을 건성유라 한다. ③ 도료용 기름으로 식물성 기름을 가열하여 정제한 것을 보일드유라 한다.

2) 주의사항 [207)]

(1) 일반사항

① 도막은 얇게 여러 번 도장한다.

② 도막의 건조는 매회 충분히 행한다.

③ 저온다습하거나 통풍이 심한 때는 피한다.

④ 직사일광을 가능한 한 피한다.

⑤ 다음 도장을 하였는지 안하였는지 구별하기 위하여 바탕도장부터 마감도장까지 매회 색깔을 바꾸어 도장하는 것이 좋다.

⑦ 야간에는 색을 구분하기 어려우므로 가급적 시공하지 않는다.

⑧ 도장재료는 화기로부터 보호받을 수 있는 안전한 공간에 보관하여야 한다.

⑨ 도료의 도장은 반드시 열이 없는 표면에서만 실시한다.

207) KCS 41 47 00 도장공사 일반(1.2, 2.1), 국토교통부, 대한건축학회, 2016.

(2) 도장을 하여서는 안 되는 경우

① 주위의 기온이 5 ℃ 미만인 경우

② 상대습도가 85 %를 초과한 경우

③ 눈, 비가 올 경우

④ 안개가 끼었을 경우

⑤ 환기가 불충분하여 도장 건조가 부적당할 경우

⑥ 도막에 물방울, 들뜨기, 흙먼지 등이 부착되기 쉬운 경우

(3) 도료 창고

① 독립된 단층건물이다.

② 주위 건물에서 1.5 m 이상 거리를 둔다.

③ 건물 내의 일부를 도료의 저장장소로 이용할 경우, 내화구조 또는 방화구조로 한다.

④ 지붕은 불연재로 하고, 천장을 설치하지 않는다.

⑤ 바닥에는 침투성이 없는 재료를 깐다.

⑥ 희석제를 보관할 때에는 위험물 취급에 관한 법규를 준수한다.

2. 시공 순서 208)

각 도장의 공정에 대한 공통되는 공법의 시공공정 순서를 정리하면 다음과 같다.

시공공정 순서		내 용
바탕면 만들기	방청도장 (녹막이도장)	방청도장은 강재의 내구연한을 증대시키기 위한 도장이다.
	퍼티먹임	퍼티먹임은 바탕면의 우묵한 구멍, 빈틈, 틈서리, 갈라진 곳 등에 구멍땜용 퍼티를 나무주걱, 쇠주걱 등으로 얇게 눌러 채우고 건조 후에 연마지로 마무리 한다.
	흡수방지제	흡수성이 고르지 못한 목재의 바탕재에 색올림을 할 때에 흡수방지 도장을 한다.
	착색 (색올림)	착색제의 도장방법은 붓도장으로 한다.
	눈먹임 (눈메꿈)	눈먹임은 눈먹임제를 빳빳한 털붓, 나무주걱 또는 쇠주걱 등으로 잘 문질러 나뭇결의 잔 구멍에 압입시키고 여분의 눈먹임제를 닦아낸다.
	갈기 (연마)	① 갈기는 마른 연마와 물 연마가 있으며 일반적으로 마른 연마를 사용한다. ② 연마지를 가볍게 나뭇결에 따라서 또는 일직선, 타원형으로 바탕면 갈기 작업을 한다.
바탕만들기 및 바탕면 처리		녹, 유해한 부착물(먼지, 기름, 다르분, 회반죽, 플라스터, 시멘트모르타르) 및 노화가 심한 낡은 구 도막을 완전히 제거한다.

208) KCS 41 47 00 도장공사 일반(3.3), 국토교통부, 대한건축학회, 2016.

도장공법	붓 및 롤러	붓 또는 롤러로 도장하는 것이다.
	주걱 (헤라) 및 레기	① 주걱도장은 높은 퍼티나 충전제를 이용하여 표면의 요철이나 홈, 빈틈을 없애기 위하여 사용한다. ② 레기도장은 자체 평활형 도료 시공에 사용한다. 도장에 필요한 도료를 바닥에 부어 레기로 긁어 시공한다. 주로 바닥재도장에 사용한다.
	뿜도장	뿜도장은 스프레이를 이용하여 도장면에서 300 mm 거리를 두고 도장한다.

주1 퍼티(Putty)는 바탕의 파임, 균열, 구멍 등의 결함을 메워 바탕의 평편함을 향상시키기 위해 사용하는 살붙임용의 도료이다.

주2 눈먹임은 목부 바탕재의 도관(導管, 목재의 수분 및 양분의 통로) 등을 메우는 작업이다.

3. 바탕만들기(바탕처리)

1) 강재면(철재면)

① 강재면의 바탕은 녹, 먼지, 기계유 등 오염물을 제거하고, 표면에 도막의 부착력을 높이기 위해 기계적 방법 또는 화학적 방법으로 표면의 조도(면의 거칠기 정도)를 형성시킨다.

② 공구를 사용하여 닦아 내거나 용제를 사용하여 씻어낸다.

2) 경금속재면

① 경금속재나 비철금속의 표면에도 도막의 부착력을 높이기 위해 기계적 방법 또는 화학적 방법으로 바탕만들기를 한다.

② 먼지, 기름 등은 용제침지, 닦아내기 또는 가루와 용제를 써서 닦아낸다.

③ 부식된 부분은 와이어브러시, 블라스트, 인산처리, 워시프라이머 등으로 바탕처리를 한다.

3) 아연도금면

3개월 이상 풍화시켜 도장하거나 황산아연, 염화동, 초산동 등의 5 % 수용액을 도장하고, 물 씻기를 하여 건조 후 도장한다.

4) 목재면

① 목재는 충분히 건조(함수율 13~18 %)시켜, 표면 대패질의 평활도가 유지되어야 한다.

② 외부는 불투명도료를 사용하고, 내부는 투명도료를 사용한다.

③ 오염물과 수지를 제거하고 마디 등에 의한 영향을 개선한다.

5) 플라스터면, 모르타르면, 콘크리트면

① 바탕재는 온도 20 ℃ 기준으로 약 28일 이상 충분히 건조(수분 함유율 10 % 미만)시킨다.

② 알칼리도는 pH 9 이하로 한다.

③ 더러움, 부착물, 돌기면을 제거하고 곰보, 크랙보수, 들뜸보수를 한다.

4. 도장 방법

1) 솔도장

① 솔도장은 솔에 도료를 충분히 묻혀서 손이 갈 수 있는 범위 내에서 평활하게 도장하는 것이다. 붓도장 또는 브러시도장이라고도 한다.

② 초벌도장하기, 흠 바로잡기, 마무리 등의 3 공정으로 한다.

③ 솔도장은 돼지털이 좋으며 순서는 위에서 아래로, 왼쪽에서 오른쪽으로 한다.

④ 가장 일반적인 공법이나, 건조가 빠른 래커 등에는 부적당하다.

2) 롤러도장

① 롤러도장은 스펀지 또는 털이 깊은 롤러를 써서 일정한 누름으로 도장하고 균일하게 되도록 넓혀 도장한다.

② 천장이나 벽면처럼 평활하고 넓은 면을 도장 할 때 유리하다.

③ 솔도장보다 속도는 빠르나, 일정한 도막두께를 유지하기 어렵고, 표면이 거칠거나 불규칙적이다.

3) 문지름도장

① 문지름도장은 헝겊에 솜을 싸서 도료를 듬뿍 품게 하여 세게 문질러 바르는 것이다.

② 면이 고르고 광택을 낼 때 사용된다.

4) 뿜도장

(1) 개요

① 뿜도장은 압축공기로 뿜어 도장하며, 초기건조가 빠른 래커 등에 유리하다. 스프레이도장이라고도 한다.

② 작업능률이 좋고 균등한 도장면을 얻을 수 있다.

(2) 주의사항

① 스프레이건과 뿜도장면 사이의 거리는 300 mm를 표준으로 한다.

② 스프레이건은 뿜도장면에 직각이 되도록 하여 평행이동시켜 운행한다.
③ 스프레이도장 할 때, 운행의 한 줄마다 스프레이 너비의 1/3 정도를 겹쳐 뿜는다.
④ 각 회의 뿜도장 방향은 전 회의 방향에 직각으로 한다.
⑤ 2회분의 도막두께를 한 번에 도장하지 않는다.

5. 도장하기(칠하기)

1) 유성도료도장

(1) 개요

유성도료(Oil Paint)는 건성유의 피막이 건조 경화하는 성질을 이용한 도료이다.

(2) 성분(구성요소)

① 안료
② 건성유(Dried Oil)
③ 희석제(시너 10~20 %)
④ 건조제(Dryer)

주1 건성유는 건조성을 개량한 기름으로 유성도료의 정벌도장에서 피막의 강도를 크게 하여 광택과 내구력을 증가시킨다.

주2 보일드유(Boiled Oil)는 건성유에 건조제를 첨가하고 가열하여 건조성을 개량한 기름이다.

(3) 특징

① 내후성, 내마모성이 우수하다.
② 내화학성이 나쁘다(알칼리에 약해 콘크리트용 도료로 부적합).
③ 건물의 내부와 외부에 널리 사용된다.
④ 경도가 적고 건조가 느리다.
⑤ 목재, 강재 및 아연도금 등의 면에 사용된다.
⑥ 플라스터, 회반죽, 모르타르 및 콘크리트 등의 면에 직접 사용하지 않는다.

2) 수성도료도장

(1) 개요

수성도료(Water Paint)는 물을 희석제로 사용하는 도료이다.

(2) 성분

① 안료
② 교착제
③ 물

(3) 교착제의 종류

① 아교 ② 전분 ③ 카세인

(4) 특징

① 내알칼리성이다.

② 중성이므로 알칼리성인 회반죽, 플라스터, 모르타르, 콘크리트 등의 표면에 바르면 적합하다.

③ 내수성과 내구성이 약하다.

④ 온도 5 ℃ 이하에서는 도장공사를 중지한다.

⑤ 부착성을 고려하여 과다한 희석은 피한다.

⑥ 실내의 플라스터, 모르타르, 콘크리트, 콘크리트벽돌 및 콘크리트블록 등의 면에 바른다.

⑦ 건물 외부 등과 같이 물에 접하는 곳에는 부적당하다.

⑧ 유성도료에 비해 건조가 느린 편이다.

⑨ 합성수지 에멀션도료는 수성도료에 합성수지와 유화제를 섞은 것으로 목재나 종이에 부착력이 좋다.

⑩ 합성수지 에멀션도료는 수성도료와 유성도료의 특징을 겸비한 것으로 수성도료의 일종으로 분류한다.

⑪ 0 ℃ 이하일 때는 저장이나 수송 중 얼지 않도록 하여야 한다.

⑫ 콘크리트면의 양생기간은 하절기 3주 이상, 동절기 4주 이상이며, 시멘트모르타르면의 피 양생기간은 하절기 2주 이상, 동절기 3주 이상이다.

(5) 시공 순서

① 바탕처리 ② 하도(1회)

③ 퍼티먹임 ④ 연마

⑤ 상도(1회) ⑤ 상도(2회)

3) 바니시도장

(1) 개요

① 바니시(Varnish)는 수지를 건성유 또는 휘발성용제에 용해시킨 도료이다. 니스라고도 한다.

② 건조가 빠르고 광택이나 투명한 도막을 만드는 도료이므로 목재의 나뭇결을 아름답게 마무리 할 수 있다.

③ 용도는 주로 목부 내장용으로 사용된다.

(2) 주의사항

① 바니시를 도장 할 때는 바니시 솔을 써서 나뭇결을 따라 평행이동 한다.

② 바니시도장은 될 수 있는 대로 한 붓으로 도장한다.

③ 붓도장은 같은 자리를 되풀이하거나 되돌려서는 안 된다.

④ 습기에 주의하고 습도가 85 % 이상이면 도장을 중지한다.

⑤ 눈먹임과 색올림이 필요한 경우 바탕처리 후에 작업을 한다.

(3) 색올림과 눈먹임

용 어	정 의
색올림 (Staining, 착색)	① 색올림은 바탕면을 각종 착색제로 착색하는 작업이다. ② 수성, 유성, 알코올성 착색제를 사용하거나 화학약품, 안료 등의 방법으로 한다.
눈먹임 (Wood Filling, 눈메꿈)	① 눈먹임은 도장공사에서 목부 바탕재의 도관 등을 메우는 작업이다. ② 나뭇결과 도관을 메꾸고 도장면을 평활하게 하여 흡수를 방지할 목적이다.

(4) 용제에 따른 분류

구 분	내 용
기름바니시 (유성바니시)	① 성분은 수지, 건성유, 건조제 등으로 이루어져 있다. ② 건조가 느리며 비내후성이다. ③ 용도는 목부 및 내부용으로 사용된다.
휘발성바니시	① 성분은 수지, 휘발성 용제 등으로 이루어져 있다. ② 종류로는 레이크와 래커가 있다. ③ 레이크(Lake)는 천연수지가 주체이며 목재, 내부용, 가구용으로 사용한다. ④ 래커(Lacquer)는 합성수지가 주체이며 목재, 금속면 등의 외부용으로 사용한다.

4) 알루미늄도료도장

① 알루미늄도료는 알루미늄의 미세한 분말을 안료로 사용한 도료이다.

② 도장면에 얇은 알루미늄막이 형성되어 광선 및 열선의 반사, 내부 오일의 풍화방지 등의 역할을 한다.

③ 철재면 알루미늄도료도장의 공정은 바탕처리, 하도(1회), 상도(1회), 상도(2회) 등이다.

④ 알루미늄도료는 사용할 때마다 잘 저어 쓴다.

5) 래커도장

(1) 개요

① 래커(Lacquer, Lacker)는 섬유소(나이트로셀룰로스) 또는 합성수지 용액에 수지, 가소제, 안료 등을 섞은 도료이다.

② 내수성, 내유성, 내마모성이 우수하다.
③ 건조가 빠르다.
④ 솔도장은 곤란하고, 뿜도장으로 시공한다.
⑤ 습기에 주의하고, 습도 85 % 이상에서는 공사를 중지한다.
⑥ 도막두께가 얇고 부착력이 적다.

(2) 종류

구 분	내 용
클리어래커 (두명래커)	클리어래커는 내수성이 적어 목재면에 사용한다
래커에나멜	래커에나멜은 연마성이 우수하며, 자동차 외장용으로 사용한다.

6) 방청도장

(1) 개요

① 방청도장은 강재의 내구연한을 증대시키기 위해 행하는 도장이다. 녹막이도장이라고도 한다.
② 처음 1회째의 방청도장은 가공장에서 조립 전에 도장하는 것을 원칙으로 한다.

(2) 방청도료(녹막이도료)의 종류

종 류	내 용
광명단 (연단, 鉛丹)	① 광명단은 강재 녹막이도료이다. ② 알칼리성이고 피막을 형성하여 수분을 막는다. ③ 비중이 커서 거리없으므로 저장이 곤란하다.
산화철 녹막이도료	① 산화철 녹막이도료는 마무리용 도료이다. ② 내수성이 우수하다.
징크로메이트도료	① 징크로메이트도료는 알루미늄판, 아연판의 녹막이도료이다. ② 징크로메이트는 크롬산아연을 안료로 하고, 알키드수지를 전색료로 한 것이다.
아연분말도료	아연분말도료는 알루미늄 초벌도장용으로 사용된다.
연분도료	연분도료는 방청효과가 있다.
알루미늄도료	알루미늄도료는 열반사효과, 방청효과, 풍화방지효과가 있다.
그라파이트도료	그라파이트도료는 주로 정벌용으로 사용된다.
역청질도료	역청질도료는 일시적 방청효과가 있다.

2 합성수지공사

1. 개요 및 특징

1) 개요

① 합성수지는 일정온도에서 가소성(Plasticity)을 유지하는 물질이다.

② 합성수지는 석탄, 섬유, 천연가스 등의 원료를 인공적으로 합성시킨 고분자 물질이다.

③ 합성수지와 플라스틱(Plastic)은 같은 의미이며, 플라스틱공사라고도 한다.

2) 합성수지의 성질

구 분		성 질
물리적 성질	비 중	비중은 1~1.5 정도이며, 특히 열가소성수지가 가볍다.
	경 도	열가소성이 열경화성보다 작다.
	열팽창계수	강재의 10배 정도이고, 열전도율은 낮다.
	흡수율	흡수율은 1 % 이하로 낮다.
	투과율	투과율이 좋다. 특히 아크릴수지는 투과율이 91~93 % 이다.
화학적 성질	연소성	열가소성은 50~100 ℃, 열경화성은 100~150 ℃에서 사용한다.
	내후성	직사일광 등의 기후에 약하다.
	내약품성	내산성, 내알칼리성, 내염류성을 갖는다.
기계적 성질	수 지 자체강도	압축강도는 70~200 MPa, 휨강도는 50~90 MPa, 인장강도는 30~80 MPa이다.
	내충격성	열가소성수지가 크다.
	내열성	열에 약하다.

3) 특징

장 점		단 점
① 비강도가 크다.	② 경량성	① 내열성 및 내후성 불량
③ 우수한 가공성	④ 전기절연성	② 큰 열변형(큰 열팽창계수)
⑤ 내수성, 내투습성	⑥ 내약품성, 내유성	③ 큰 크리프
⑦ 자유로운 착색과 높은 투명성	⑧ 우수한 접착성	④ 낮은 강도 및 탄성계수
		⑤ 낮은 내마모성과 표면경도

주1 비강도=강도/비중

2. 합성수지의 분류

1) 열가소성수지

(1) 개요

① 열가소성수지는 열에 의해 연화하고 냉각하면 원래의 모양으로 굳어지며, 2차 성형이 가능하다.

② 열팽창계수가 크므로 아크릴, 폴리에틸렌 평판은 10 ℃의 온도차에 대해 1 m마다 1~1.5 mm, 비닐 평판은 0.7~0.8 mm의 신축의 여유를 둔다.

③ 열에 따른 경도의 변화가 있으므로 50 ℃ 이상 넘지 않도록 한다.

④ 경도 및 비중은 열경화성보다 적으나 내충격성은 크다.

(2) 종류 및 특징

종 류	성질 및 용도
염화비닐수지 (PVC)	① 염화비닐수지는 내산성, 내알칼리성, 불연성, 착색성, 전기절연성이 우수하다. ② 고온 및 저온에 약하여 내열성이 적다. ③ 가소제에 의하여 유연한 고무형태가 가능하다. ④ 파이프, 접착제, 시트, 바닥용타일, 도료, 벽, 칸막이, 천장재 등으로 사용한다. ⑤ 염화비닐수지는 시멘트 등을 가하여 수지시멘트로 사용하기도 한다.
초산비닐수지	① 초산비닐수지는 접착성 및 내수성이 우수하고 무색투명하다. ② 내열성이 적다. ③ 도료, 접착제, 비닐론 원료 등으로 사용한다.
아크릴수지 (메타크릴산수지)	① 아크릴수지는 내알칼리성, 투광성, 내후성, 착색성, 내충격성이 우수하다. ② 내충격도가 유리의 10배이다. ③ 채광판, 유리대용품, 조명기구, 칸막이, 지붕, 벽, 천장재 등으로 사용한다.
폴리스틸렌수지 (스티롤수지)	① 폴리스틸렌수지는 무색투명, 내수성, 내약품성, 전기절연성이 우수하다. ② 창유리, 발포보온판, 벽타일, 포장재 등으로 사용한다.
폴리에틸렌수지	① 폴리에틸렌수지는 내수성, 내약품성, 전기절연성이 우수하다. ② 벽체 등의 발포보온판, 건축용 성형품, 방수필름 및 방습시트 등으로 사용한다.
폴리아미드 (나일론)	① 폴리아미드는 인장력이 우수하여 강인하고 내마모성이 크다. ② 건축 장식용품 등으로 사용한다.

2) 열경화성수지

(1) 개요

열경화성수지는 용제에 녹지 않고 열을 가해도 연화하지 않으며, 2차 성형이 불가능하다.

(2) 종류 및 특징

종 류	성질 및 용도
페놀수지	① 페놀수지는 접착력 및 강도가 우수하고, 전기절연성, 내열성, 내약품성, 내수성이 크다. ② 내알칼리성이 약하다. ③ 가장 우수한 목재 접착제이다. ④ 전기절연재, 접착제, 전기통신 자재 등으로 사용한다.
멜라민수지	① 멜라민수지는 외관이 미려하며, 표면경도가 크다. ② 내산성, 내알칼리성, 불연성, 착색성, 내열성이 우수하나, 내수성은 약하다. ③ 화장판, 조리재 등의 치장재, 마감재 및 벽, 칸막이, 가구 설비품 등으로 사용한다.
에폭시수지	① 에폭시수지는 금속과의 접착성이 우수하다. ② 내약품성(내산성, 내알칼리성), 내열성이 우수하다. ③ 여러 가지 충진재와 혼합하여 사용할 수 있다. ④ 금속용 도료, 보온 · 보냉재 등으로 사용한다. ⑤ 에폭시수지 접착제는 접착강도가 가장 우수하고 내약품성, 내열성, 내수성이 뛰어난 접착제이고 콘크리트의 균열 보수나 금속의 접착에 사용된다.
요소수지	① 요소수지는 무색으로 착색이 가능하며, 내열성, 내용제성이 우수하다. ② 내수성은 약하고 산과 알칼리에 약하다. ③ 완구, 식기, 도료, 접착제 등으로 사용한다.
실리콘수지	① 실리콘수지는 내수성, 내열성, 내후성, 내약품성, 전기절연성이 우수하다. ② 방수피막, 접착제, 발포보온재, 도료 등으로 사용한다.
우레탄수지	① 우레탄수지는 열차단성, 내약품성, 내열성이 우수하다. ② 접착제, 보온 · 보냉재, 바닥재, 단열재 등으로 사용한다.
폴리에스테르수지	① 폴리에스테르수지는 전기절연성, 내열성, 내약품성이 우수하다. ② 유리섬유보강플라스틱(FRP)의 원료이다. ③ 커튼월, 창틀, 덕트 파이프, 욕조 등으로 사용한다.
프란수지	① 프란수지는 내약품성 및 접착성이 우수하다. ② 금속도료, 금속접착제 등으로 사용한다.

주1 폴리우레탄은 플라스틱 바름바닥재 중 공기 중의 수분과 화학반응 하는 경우 저온과 저습에서 경화가 늦으므로 5 ℃ 이하에서 촉진제를 사용한다.

3) 열가소성수지와 열경화성수지의 일반적인 특징

구 분	열가소성수지	열경화성수지
반 응	첨가중합반응 (열을 가하면 변형할 수 있음. PVC 등)	축합중합반응 (열을 가하면 변형이 안 됨. 페놀수지, 요소수지 등)
2차 성형(재 성형)	가 능	불가능
강도 및 비중	낮 음	높 음
내충격성	높 음	낮 음
용 도	수장재, 마감재	보강한 후 구조재

3 금속공사

1. 공작물 보호용

1) 논슬립

① 논슬립(Non-Slip)은 계단의 디딤판 끝에 금속재 판을 대어 계단을 오르내릴 때 미끄러지는 것을 저감시키는 철물이다. 미끄럼막이라고도 한다.
② 금속 계단 논슬립의 재질은 황동제(폭 50 mm, 질량 1.28 kg/m)로 한다.
③ 조임에 쓰이는 나사와 나사못 등은 논슬립과 동질의 것으로 한다.

2) 코너비드

① 코너비드(Corner Bead)는 기둥과 벽 등의 모서리에 설치하여 미장면을 보호하기 위해 설치하는 보호철물이다.
② 코너비드는 황동제 및 아연도금 철제, 스테인리스스틸로 한다.
③ 코너비드는 일반적으로 아연도금 철제로 하고 길이는 1,800 mm로 한다.

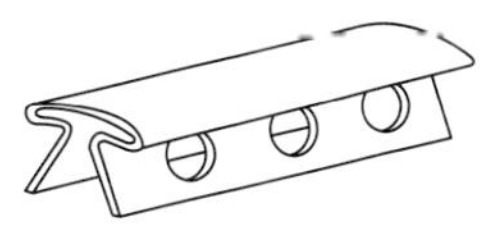
코너비드

2. 바탕철물

1) 와이어메시

① 와이어메시(Wire Mesh)는 연강철선을 서로 직교시켜 전기용접한 정방형 또는 장방형의 철선망이다.
② 용도는 콘크리트 다짐바닥용, 바닥콘크리트 포장용 등으로 사용한다.

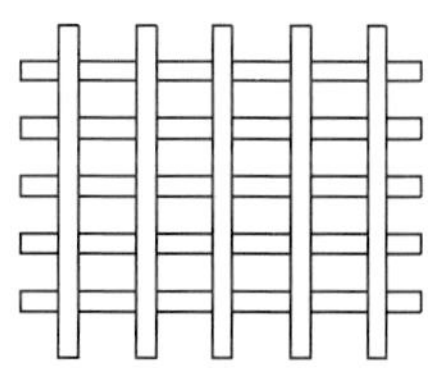
와이어 메쉬

2) 메탈라스

① 메탈라스(Metal Lath)는 얇은 철판에 자름금을 내어 당겨 늘린 것이다.
② 용도는 벽, 천장의 미장공사 바탕용 등으로 사용한다.

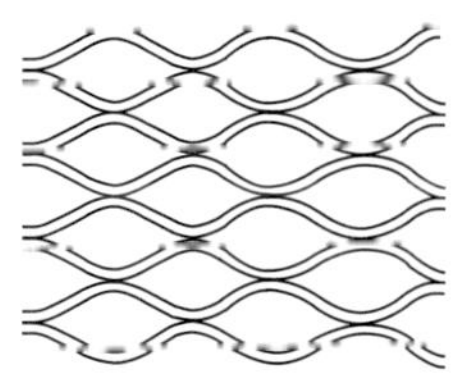
메탈 라스

3) 와이어라스

① 와이어라스(Wire Lath)는 철선을 꼬아 만든 철물이다. 일종의 철망이다.
② 종류는 원형, 마름모형, 귀갑형의 3종 등이 있다.

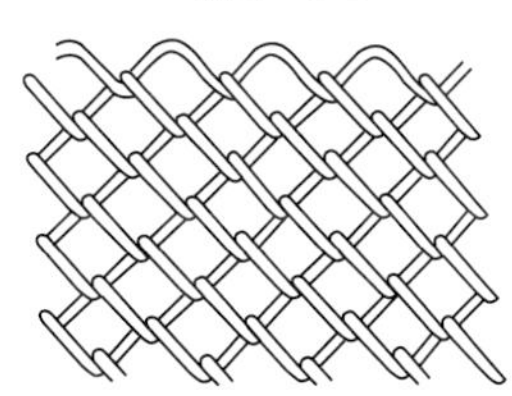
와이어 라스

3. 장식철물

1) 펀칭메탈

펀칭메탈(Punching Metal)은 얇은 금속판에 다양한 모양으로 도려낸 장식철물이다.

2) 줄눈대

① 줄눈대(Metallic Joiner)는 테라조 등의 현장갈기에 사용하거나, 바닥용, 천장 및 벽에 사용하는 철물이다.

② 바닥판 금속 줄눈대는 I자형 제물다리로 된 것으로 사용치수는 두께 4.5 mm, 높이 12 mm, 길이 900 mm를 표준으로 한다.

3) 조이너

① 조이너(Joiner)는 팽창 줄눈 보호물 공사에 사용하는 기성제 철물이다.

② 천장과 벽 등에 보드 또는 합판 등을 붙이고 그 이음새를 감추어 누르는데 사용하는 철물이다.

4. 고정용 철물 209)

1) 인서트

인서트(Insert)는 주로 철근콘크리트구조 바닥판 밑의 반자틀에 연결된 달대를 매달기 위한 부재로 거푸집 바닥에 고정 시공한다.

2) 익스팬션볼트

익스팬션볼트(Expansion Bolt)는 콘크리트 표면에 구멍을 내고 볼트를 박으면 끝이 팽창하여 고정되는 볼트이다.

3) 앵커스크루

앵커스크루(Anchor Screw)는 익스팬션볼트와 같은 원리이며 콘크리트에 드릴로 구멍을 뚫고 거기에 꽂아서 앵커로 사용하는 철물이나 인발력이 약하다.

4) 앵커볼트

앵커볼트(Anchor Bolt)는 닻과 같이 생긴 것으로, 기계류를 콘크리트 바닥이나 그 밖의 기초에 고정시키기 위해 사용하는 볼트로써 기초 볼트의 일종이다.

209) KCS 41 49 01 금속공사 일반(1.3), 국토교통부, 대한건축학회, 2016.

5) 드라이비트건

드라이비트건(Drivit Gun)은 콘크리트 못을 박을 때 화약의 폭발력을 이용하여 박는 공구이다.

6) 드라이브핀

드라이브핀(Drive Pin)은 드라이비트건을 이용해 타정 방식으로 고정시키는 핀이다.

4 단열공사

1. 개요 및 요구 성능

1) 개요

단열공사는 건축물의 바닥, 벽, 천장 및 지붕 등의 열손실 방지를 목적으로 하는 공사이다.

2) 단열재의 요구 성능

① 열전도율, 비중, 흡수율, 통기성, 부식성, 인체 유해성, 유독가스 발생 및 비용 등이 작고 낮아야 한다.

② 내구연한, 물리적 강도, 내화성 등이 크고 높아야 한다.

③ 비중이 작고 상온 가공성이 우수해야 한다.

④ 균질한 품질에 가격이 저렴해야 한다.

주1 단열재에서는 열전도율이 특히 중요하며, 일반적으로 두께가 얇을 경우 밀도 또는 비중이 작을수록 열전도율이 낮아진다.

3) 단열재료의 종류 210)

구 분	종 류
무기질 단열재	① 열에 강하지만 흡수성이 크다. ② 접합부 시공이 우수하나 기계적인 성질이 우수하지 못해 벽체에는 시공하기 어렵다. ③ 무기질 단열재의 종류는 다음과 같다. ㉠ 유리면(글라스울, 유리섬유)(KS L 9102) ㉡ 암면(KS L 9106 및 KS F 6306) ㉢ 석면 ㉣ 세라믹섬유 ㉤ ALC패널 ㉥ 펄라이트 ㉦ 미네랄울

210) KCS 41 42 00 단열공사(1.1), 국토교통부, 대한건축학회, 2016.

구 분	종 류
유기질 단열재	① 화학적으로 합성한 물질을 이용하여 만든 것이다. ② 열에 약하지만 흡수성이 낮다. ③ 독자적으로 사용하지 않고 다른 재료와 복합적으로 사용해야 한다. ④ 유기질 단열재의 종류는 다음과 같다. ㉠ 발포 폴리스티렌(스티로폼, Styrofoam)(KS M 3809) ㉡ 셀룰로오스폼(KS M 3880) ㉢ 아이소핑크 ㉣ 폴리우레탄폼 ㉤ 우레아폼 ㉥ 연질섬유판 ㉦ 폴리에스터 흡음단열재

주1 단열모르타르(KS F 4040)는 사용 골재에 따라 펄라이트, 석회석 또는 화성암 등을 고온에서 발포시킨 무질 또는 유기질의 경량 인공골재가 된다.

2. 분류

1) 단열재료에 따른 분류

(1) 성형판 단열재공법

① 성형판 단열재공법은 스티로폼, 발포수지 등 성형 단열재를 사용하는 공법이다.

② 구조체와 동시에 시공가능하다.

(2) 현장 발포재공법

① 현장 발포재공법은 발포성 콘크리트, 우레아폼 등을 구조체에 발포하여 시공하는 공법이다.

② 복잡합 형상도 시공가능하며 단열성능이 향상된다.

(3) 뿜도장 단열재공법

① 뿜도장 단열재공법은 석면, 암면, 펠트 등을 뿜도장하여 시공하는 공법이다.

② 복잡한 형상도 시공가능하며 내화성능이 우수하여 강구조물의 내화피복에도 사용된다.

2) 벽체 단열공법의 분류 [211]

(1) 내단열공법

① 내단열공법(내벽단열공법)은 단열층을 구조체의 실내 측에 설치하는 공법이다.

② 단열효과가 떨어지고 결로가 생길 우려가 있으나 시공이 간편하다.

③ 바탕벽에 방습층을 두는 경우는 내단열공법을 원칙으로 한다.

211) KCS 41 42 01 단열공사 일반(3.3), 국토교통부, 대한건축학회, 2021.

(2) 중단열공법

① 중단열공법(중공벽단열공법)은 단열층을 구조체의 중간에 설치하는 공법이다.

② 공사비는 고가이나 단열효과가 우수하다.

③ 조적벽 공간, PC판의 단열공사용이다.

④ 단열재는 내측 벽체에 밀착시켜 설치한다.

(3) 외단열공법

① 외단열공법(외벽단열공법)은 단열층을 구조체의 실외측에 설치하는 공법이다.

② 단열효과는 우수하나 시공이 번잡하다.

③ 접착 모르타르 및 단열재 시공 시 시공 바탕면은 주위온도가 5 ℃ 이상인 경우에 한하여 시공한다.

5 바닥공사

1. 바름바닥

바닥공사는 모르타르 바닥마감, 합성수지 바름마감, 현장 테라조 바름마감 등으로 바름바닥 시공을 하는 것이다.

2. 붙임바닥

1) 쪽매마루

쪽매마루는 작은 나무널을 제혀쪽매로 연속하여 붙여댄 마루이다.

2) 타일붙임

타일붙임은 바닥용 클링커타일, 모자이크타일을 사용하여 바닥에 붙여 댄 것이다.

3) 테라조판 블록붙임

테라조판 블록붙임은 테라조판 블록 등을 바닥에 붙여 댄 것이다.

4) 아스팔트 타일

아스팔트에 석면, 안료 등을 가하여 시트 모양으로 압연한 뒤 타일 모양으로 뽑은 것이다.

5) 리놀늄

① 리놀늄(Linoleum)은 쾌적한 탄성감과 내구성, 내마모성, 방음성, 내화성 및 색감이 양호하다.

② 신축에 방향성이 있는 재료이므로 신축이 끝날 때까지 임시로 충분히 깔아둔다.

3. 이중바닥

(1) 개요

이중바닥(Free Access Floor)은 정방형의 바닥패널을 지주대로 지지시켜 전산실, 강의실, 회의실 등에 공조설비, 배관설비 등의 설치를 위해 사용되는 바닥구조이다. 이중바닥을 Access바닥이라고도 한다.

(2) 특징

① 쾌적한 사무환경

② 전기설로 등의 차단효과

③ 보수 및 유지관리 용이

④ 제품의 표준화, 규격화

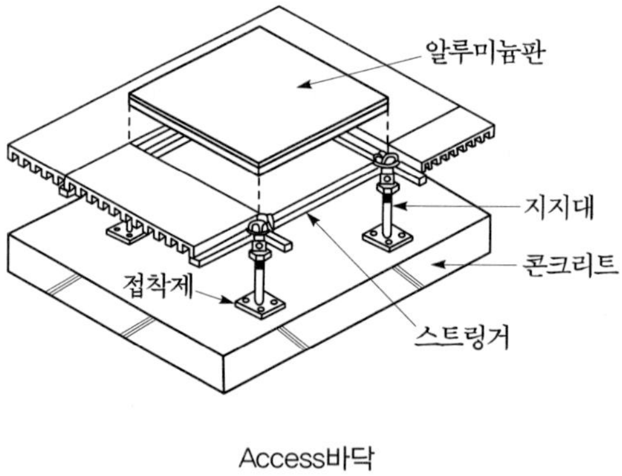

Access바닥

(3) 패널의 구성 재료 212)

① 패널용 강판

② 알루미늄

③ 섬유강화시멘트판

④ FRC판(섬유보강콘크리트판)

⑤ 베니어 코어합판

⑥ 목모보드

212) KCS 41 51 03 바닥공사(2.3), 국토교통부, 대한건축학회, 2016.

필수 연습문제

〉〉〉 제33장 마감 및 기타공사

1. 다음 도장공사 중 건조제(Dryer)를 사용해야 되는 것은 어느 것인가?

㉮ 유성도료도장
㉯ 수성도료도장
㉰ 래커도장
㉱ 방수모르타르 바름

2. 도장공사 시 건조제를 많이 넣었을 때 나타나는 현상으로 옳은 것은?

㉮ 도막에 균열이 생긴다.
㉯ 광택이 생긴다.
㉰ 내구력이 증대한다.
㉱ 접착력이 증가한다.

3. 도장공사에 관한 기술 중 적절하지 않은 것은?

㉮ 테레빈유는 건조제로 사용한다.
㉯ 바탕도장부터 마감도장까지 매회 색깔을 바꾸어 도장하는 것이 좋다.
㉰ 여름철에는 겨울철보다 건조제를 소량으로 한다.
㉱ 오일도료를 도장 할 때 바탕에의 퍼티먹임은 20시간 이상 경과시킨 후 초벌도장을 하는 것이 좋다.

4. 도장공사 시 희석제 및 용제로 활용되지 않은 것은?

㉮ 테레빈유
㉯ 벤젠
㉰ 티탄백
㉱ 나프타

1. ㉮

① 건조제는 보일드유의 산화건조를 촉진하기 위한 첨가제이다.
② 유성도료도장의 성분으로는 안료, 건성유, 희석제, 건조제 등이 사용된다.
③ 유성도료는 건조가 느리므로 건조제를 사용한다.

2. ㉮

도장공사 시 건조제를 많이 넣게 되면 건조가 촉진되어 도막에 균열이 생긴다.

3. ㉮

테레빈유는 희석제이며, 건조제로는 코발트건조제, 망간건조제, 납건조제, 칼슘건조제, 아연건조제 등이 있다.

4. ㉰

① 희석제의 종류로는 물, 테레빈유, 시너, 벤젠, 나프타 등이 있다.
② 티탄백은 산화타이타늄을 주성분으로 하는 백색 안료이다.

5. 도장공사에 사용되는 희석제이 분류가 잘못 연결된 것은?

㉮ 송진건류품 – 테레빈유
㉯ 석유건류품 – 휘발유, 석유
㉰ 콜타르 증류품 – 미네랄스피릿
㉱ 송근건류품 – 송근유

5. ㉰

미네랄스피릿(Mineral Spirit)은 공업 가솔린의 일종으로 도료, 바니시 등의 희석제로 사용된다. 따라서 미네랄스피릿은 석유건류품이다.

6. 다음 중 도장작업 시 주의사항으로 틀린 것은?

㉮ 도료의 적부를 검토하여 양질의 도료를 선택한다.
㉯ 도료량을 표준량보다 조금 두껍게 바르는 것이 좋다.
㉰ 저온 다습 시에는 작업을 피한다.
㉱ 피막은 각 층마다 충분히 건조, 정화한 다음 층을 바른다.

6. ㉯

도막은 얇게 여러 번 도장한다.

7. 도장공사에 관한 주의사항으로 옳지 않은 것은?

㉮ 바탕의 건조가 불충분하거나 공기의 습도가 높을 때에는 시공하지 않는다.
㉯ 초벌부터 정벌까지 같은 색으로 시공해야 한다.
㉰ 야간은 색을 잘못 도장 할 염려가 있으므로 시공하지 않는다.
㉱ 직사광선은 가급적 피하고 도막이 손상될 우려가 있을 때에는 도장하지 않는다.

7. ㉯

다음 도장을 하였는지 안하였는지 구별하기 위하여 바탕도장부터 마감도장까지 매회 색깔을 바꾸어 도장하는 것이 좋다.

8. 도장공사에 관한 설명 중 옳지 않은 것은?

㉮ 한랭 시나 습기를 가진 면은 작업을 하지 않는다.
㉯ 초벌부터 정벌까지 같은 색으로 도장해야 한다.
㉰ 강한 바람이 불 때는 먼지가 묻게 되므로 외부 공사를 하지 않는다.
㉱ 야간은 색을 잘못 칠할 염려가 있으므로 칠하지 않는 것인 좋다.

8. ㉯

다음 도장을 하였는지 안하였는지 구별하기 위하여 바탕도장부터 마감도장까지 매회 색깔을 바꾸어 도장하는 것이 좋다.

9. 도료도장의 경우 초벌과 재벌 등을 도장 할 때마다 색을 약간씩 다르게 하는 주된 이유는?

㉮ 희망하는 색을 얻기 위하여
㉯ 색이 진하게 되는 것을 방지하기 위해서
㉰ 착색안료를 낭비하지 않고 경제적으로 하기 위하여
㉱ 초벌, 재벌 등 도료도장 횟수를 구별하기 위해서

9. ㉱

다음 도장을 하였는지 안하였는지 구별하기 위하여 바탕도장부터 마감도장까지 매회 색깔을 바꾸어 도장하는 것이 좋다.

10. 도료도장의 경우 초벌과 재벌 등을 바를 때마다 그 색을 약간씩 다르게 하는 이유는?

㉮ 희망하는 색을 얻기 위해서
㉯ 색이 진하게 되는 것을 방지하기 위해서
㉰ 착색안료를 낭비하지 않고 경제적으로 하기 위해서
㉱ 공정에 따라 칠을 하였는지 안하였는지를 구별하기 위해서

10. ㉱
다음 도장을 하였는지 안하였는지 구별하기 위하여 바탕도장부터 마감도장까지 매회 색깔을 바꾸어 도장하는 것이 좋다.

11. 도장공사 시 유의사항을 옳지 않은 것은?

㉮ 도장마감은 도막이 너무 두껍지 않도록 얇게 몇 회로 나누어 실시한다.
㉯ 도장을 수회 반복할 때에는 칠의 색을 동일하게 하여 혼동을 방지해야 한다.
㉰ 칠하는 장소에서 저온, 다습하고 환기가 충분하지 못할 때에는 도장작업을 금지해야 한다.
㉱ 도장 후 기름, 산, 수지, 알칼리 등의 유해물이 배어 나오거나 녹아 나올 때에는 재시공한다.

11. ㉯
다음 도장을 하였는지 안하였는지 구별하기 위하여 바탕도장부터 마감도장까지 매회 색깔을 바꾸어 도장하는 것이 좋다.

12. 도장공사 시 주의사항으로 옳지 않은 것은?

㉮ 바탕의 건조가 불충분하거나 공기의 습도가 높을 때에는 시공하지 않는다.
㉯ 불투명한 도장일 때에는 초벌부터 정벌까지 같은 색으로 시공해야 한다.
㉰ 야간에는 색을 잘못 도장 할 염려가 있으므로 시공하지 않는다.
㉱ 직사광선은 가급적 피하고 도막이 손상될 우려가 있을 때에는 도장하지 않는다.

12. ㉯
다음 도장을 하였는지 안하였는지 구별하기 위하여 바탕도장부터 마감도장까지 매회 색깔을 바꾸어 도장하는 것이 좋다.

13. 도장공사에 관한 주의사항으로써 옳지 않은 것은?

㉮ 바탕의 건조가 불충분한 경우 또는 공기 중의 습도가 큰 경우 도장을 하지 않을 것
㉯ 건조를 빨리 하기 위해 가능한 바람이 강한 날을 선택하여 도장 할 것
㉰ 야간은 색조를 분간하기 어려우므로 분별하기 어려운 색의 도장을 하지 않을 것
㉱ 바름 횟수를 확실히 하기 위해 밑 도장의 색을 층마다 조금씩 변화시킬 것

13. ㉯
도장공사에서 통풍이 심한 때는 피한다. 바람이 강한 날의 경우 건조가 빨라 균열의 원인이 된다.

14. 도장의 끝 마감도장은 기온이 몇 ℃ 미만일 때 도장작업을 중지하여야 하는가?

㉮ 2 ℃　　㉯ 5 ℃
㉰ 7 ℃　　㉱ 10 ℃

15. 도장시공 전 및 도료 사용 시 주의사항으로 옳지 않은 것은?

㉮ 도료는 사용 전 잘 교반하여 균일하게 한 후 사용하고, 과도한 희석은 피한다.
㉯ 기온이 5 ℃ 이하이거나 상대습도 85 % 이상인 환경이 도장하기에 가장 적합하다.
㉰ 하도용 도료와 적합한 상도용 도료를 선택하고 층간밀착성이 양호해야 한다.
㉱ 소지조정, 표면처리의 방법에 따라 녹이나 기름기제거, 표면의 거칠기 정도를 관리한다.

16. 도장공사에 관한 주의사항으로 가장 부적당한 것은 다음 중 어느 것인가?

㉮ 도막은 얇게 여러 번 도장 할 것
㉯ 도막의 건조는 매회 충분히 행할 것
㉰ 통풍이 심한 때를 피할 것
㉱ 도장장소의 습도를 높게 유지시킬 것

17. 도장공사의 일반사항으로 틀린 것은?

㉮ 도장은 일반적으로 재벌, 정벌칠의 2공정으로 한다.
㉯ 나중에 칠할수록 색을 진하게 하여 칠을 안 한 부분을 구별한다.
㉰ 주위의 기온이 5 ℃ 미만, 상대습도가 85 % 초과 시는 작업을 중지한다.
㉱ 1회 바름두께는 얇게 여러 번 칠하고, 급격한 건조는 피해야 한다.

14. ㉯

• 도장을 하여서는 안 되는 경우
① 주위의 기온이 5 ℃ 미만으로 낮을 경우
② 상대습도가 85 %를 초과하여 높을 경우
③ 눈, 비가 올 경우
④ 안개가 끼었을 경우
⑤ 환기 불충분으로 도장 건조가 부적당할 경우
⑥ 도막에 물방울, 들뜨기, 흙먼지 등이 부착되기 쉬운 경우

15. ㉯

기온이 5 ℃ 미만이거나 상대습도 85 % 초과하는 경우 도장을 하여서는 안 되는 환경 및 기상이다.

16. ㉱

도장장소의 상대습도를 85 % 이하로 낮게 유지시킨다.

17. ㉮

도장은 일반적으로 하도(초벌도장), 중도(재벌도장), 상도(정벌도장) 등의 3공정으로 한다.

18. 도장공사에 필요한 가연성 도료를 보관하는 창고에 관한 설명으로 옳지 않은 것은?

㉮ 독립한 단층건물로써 주위 건물에서 1.5 m 이상 떨어져 있게 한다.

㉯ 건물 내의 일부를 도료의 저장장소로 이용할 때는 내화구조 또는 방화구조로 구획된 장소를 선택한다.

㉰ 바닥에는 침투성이 없는 재료를 깐다.

㉱ 지붕은 불연재로로 하고, 적정한 높이의 천장을 설치한다.

19. 도장공사 중 금속재 바탕처리를 위해 인산을 활성제로 하여 비닐 부티랄수지, 알코올, 물, 징크로메이트 등을 배합하여 금속면에 칠하면 인산피막을 형성함과 동시에 비닐 부티랄수지의 피막이 형성됨으로써 녹막이와 표면을 거칠게 처리하는 방법은?

㉮ 인산피막법

㉯ 워시프라이머법

㉰ 퍼커라이징법

㉱ 본더라이징법

20. 다음 중 도장공사를 위한 목부 바탕만들기 공정으로 옳지 않은 것은?

㉮ 오염, 부착물의 제거

㉯ 송진의 처리

㉰ 옹이땜

㉱ 바니시도징

21. 도상의 표면처리에 대한 설명으로 가장 부적당한 것은?

㉮ 콘크리트의 표면이 충분히 경화 건조 된 후에 도료를 도장하도록 한다.

㉯ 콘크리트의 깨진 곳은 레진모르타르나 퍼티로 메워 주고 도장한다.

㉰ 금속의 표면에서는 도막의 부착력을 높이기 위해 기계적, 화학적으로 표면의 조도를 형성시킨다.

㉱ 비철금속은 부식이 방지되므로 기계적, 화학적 처리를 피한다.

18. ㉱

지붕은 불연재로 하고, 천장을 설치하지 않는다.

19. ㉯

워시프라이머법은 인산을 활성제로 하여 비닐 혼합물들과 배합하여 금속면에 도장하면 인산피막을 형성하고 동시에 비닐 부티랄수지의 피막이 형성되는 것이다.

20. ㉱

① 도장에서 바탕만들기는 녹, 유해한 부착물(먼지, 기름, 다르분, 회반죽, 플라스터, 시멘트모르타르) 및 노화가 심한 낡은 구 도막을 완전히 제거한다.
② 면의 결점(홈, 구멍, 갈라짐, 변형, 옹이, 흡수성이 불균등한 곳 등)을 보수한다.

21. ㉱

① 철강재의 바탕만들기(바탕처리, 표면처리)는 녹, 먼지, 기계유 등 오염물을 제거하고, 표면에 도막의 부착력을 높이기 위해 기계적 방법 또는 화학적 방법으로 표면의 조도(면의 거칠기 정도)를 형성시킨다.
② 경금속재나 비철금속의 표면에도 도막의 부착력을 높이기 위해 기계적 방법 또는 화학적 방법으로 바탕만들기를 한다.

22. 도장공사에서 표면의 요철이나 홈, 빈틈을 없애기 위하여 주로 점도가 높은 퍼티나 충전제를 메우고 여분의 도료는 긁어 평활하게 하는 도장 방법은?

㉮ 붓도장 ㉯ 주걱도장
㉰ 정전분체도장 ㉱ 롤러도장

22. ㉯
주걱도장은 높은 퍼티나 충전제를 이용하여 표면의 요철이나 홈, 빈틈을 없애기 위하여 사용한다.

23. 도배공사에서 풀칠에 사용하는 솔의 재료로 가장 좋은 것은 어느 것인가?

㉮ 부드러운 토끼털 ㉯ 빳빳한 돼지털
㉰ 긴 말털 ㉱ 포근한 양털

23. ㉯
솔도장(붓도장, 브러시도장)은 빳빳한 돼지털이 좋으며 순서는 위에서 아래로, 왼쪽에서 오른쪽으로 한다.

24. 도장공사에 관한 사항 중 옳지 않은 것은?

㉮ 유성도료보다 합성수지계의 도료의 편이 공정능률이 좋다.
㉯ 뿜도장은 보통 300 mm 거리로 도장면에 직각으로 일정 속도로 이행(移行)한다.
㉰ 뿜도장은 겹쳐지면 두께가 틀려지므로 절대 겹쳐서는 안 된다.
㉱ 여름은 겨울보다 건조제를 적게 넣는다.

24. ㉰
뿜도장 할 때, 운행의 한 줄마다 뿜도장 너비의 1/3 정도를 겹쳐 뿜는다.

25. 건축공사 시 타일 도장공사에서 스프레이건의 사용에 관한 기술 중 틀린 것은?

㉮ GUN은 벽면에서 300 mm 정도 떼어서 바른면에 직각으로 유지하면서 평행이동 하여 뿜도장 한다.
㉯ GUN은 될 수 있는 한 연속적으로 사용한다.
㉰ GUN의 연행방향은 제1회 때와 제2회 때를 서로 평행하게 진행시켜서 뿜도장을 해야 한다.
㉱ GUN의 1회 뿜도장 범위는 300 mm 정도 겹치게 하여 사용한다.

25. ㉰
스프레이건을 이용한 뿜도장에서 각 회의 뿜도장 방향은 전 회의 방향에 직각으로 한다.

26. 건축공사 뿜도장 공법에 대한 설명으로 틀린 것은?

㉮ 뿜도장 거리는 뿜도장면에서 300 mm를 표준으로 하고 압력에 따라 가감한다.
㉯ 매 회의 에어스프레이는 붓도장과 동등한 정도의 두께로 하고, 2회분의 도막 두께를 한 번에 도장하지 않는다.
㉰ 각 회의 뿜도장 방향은 제1회 때와 제2회 때를 서로 평행하게 진행시켜서 뿜도장을 해야 한다.
㉱ 뿜도장 때에는 항상 평행이동하면서 운행의 한 줄마다 뿜도장 너비의 1/3 정도를 겹쳐 뿜는다.

26. ㉰
스프레이건을 이용한 뿜도장에서 각 회의 뿜도장 방향은 전 회의 방향에 직각으로 한다.

27. 건축공사 스프레이도장 방법에 관한 설명으로 옳지 않은 것은?

㉮ 도장거리는 스프레이도장면에서 300 mm를 표준으로 한다.
㉯ 매 회에 에어스프레이는 붓도장과 동등한 정도의 두께로 하고, 2회분의 도막 두께를 한 번에 도장하지 않는다.
㉰ 각 회의 스프레이 방향은 전회의 방향에 평행으로 진행한다.
㉱ 스프레이 할 때는 항상 평행이동하면서 운행의 한 줄마다 스프레이 너비의 1/3정도를 겹쳐 뿜는다.

27. ㉰
스프레이건을 이용한 뿜도장에서 각 회의 뿜도장 방향은 전 회의 방향에 직각으로 한다.

28. 스프레이도장 방법에 관한 설명으로 옳지 않은 것은?

㉮ 도장거리는 스프레이도장면에서 150 mm를 표준으로 하고 압력에 따라 가감한다.
㉯ 스프레이 할 때에는 매끈한 평면을 얻을 수 있도록 하고, 항상 평행이동하면서 운행의 한 줄마다 스프레이 너비의 1/3 정도를 겹쳐 뿜는다.
㉰ 각 회의 스프레이 방향은 전회의 방향에 직각으로 한다.
㉱ 에어리스 스프레이도장은 1회 도장에 두꺼운 도막을 얻을 수 있고 짧은 시간에 넓은 면적을 도장 할 수 있다.

28. ㉮
스프레이건과 뿜도장면 사이의 거리는 300 mm를 표준으로 한다.

29. 도장공사에서 뿜도장에 관한 설명으로 옳지 않은 것은?

㉮ 큰 면적을 균등하게 도장 할 수 있다.
㉯ 스프레이건과 뿜도장면 사이의 거리는 300 mm를 표준으로 한다.
㉰ 뿜도장은 도막두께를 일정하게 유지하기 위해 겹치지 않게 순차적으로 이행한다.
㉱ 뿜도장 공기압은 2~4 kg/cm^{2}를 표준으로 한다.

29. ㉰
스프레이도장 할 때, 운행의 한 줄마다 스프레이 너비의 1/3 정도를 겹쳐 뿜는다.

30. 도장공사에서 뿜도장에 대한 설명으로 옳지 않은 것은?

㉮ 큰 면적을 균등하게 도장 할 수 있다.
㉯ 뿜도장은 보통 300 mm 거리로 칠면에 직각으로 일정속도로 이행한다
㉰ 뿜도장은 도막두께를 일정하게 유지하기 위해 겹치지 않게 순차적으로 이행한다.
㉱ 뿜도장 압력이 낮으면 거칠고, 높으면 칠의 유실이 많다.

30. ㉰
스프레이도장 할 때, 운행의 한 줄마다 스프레이 너비의 1/3 정도를 겹쳐 뿜는다.

31. 목재부분에 유성도료도장을 할 때 불필요한 재료는?

㉮ 보일드유(Boiled Oil) ㉯ 건조제(Dryer)
㉰ 희석제(Thinner) ㉱ 수지

32. 다음 중 유성도료의 구성 성분으로 옳지 않은 것은?

㉮ 안료 ㉯ 건성유
㉰ 광명단 ㉱ 건조제

33. 유성도료의 구성 성분으로 옳지 않은 것은?

㉮ 안료 ㉯ 건성유
㉰ 광명단 ㉱ 희석제

34. 유성도료와 직접 관계가 없는 것은 다음 중 어느 것인가?

㉮ Casein(카세인) ㉯ Boiled Oil(보일드유)
㉰ Thinner(시너) ㉱ 안료

35. 도장공사에서 목부에 유성도료를 도장 할 경우 불필요한 재료는?

㉮ 보일드유 ㉯ 테레빈유
㉰ 실리콘유 ㉱ 드라이어

36. 유성도료도장에서 광택과 피막의 강도를 증대시키려면 어느 것을 혼합해야 하는가?

㉮ Benzin(Gasoline) ㉯ Cashew
㉰ Thinner ㉱ Boiled Oil

37. 유성도료의 정벌도장에서 광택과 내구력을 증가시키는데 좋은 효과를 나타내는 재료는?

㉮ 스티로폼 ㉯ 건성유(보일드유)
㉰ 드라이어 ㉱ 캐슈(Cashew)

31. ㉱

① 유성도료도장의 성분(구성요소)은 안료, 건성유, 희석제(시너), 건조제 등이다.
② 보일드유는 건성유에 건조제를 첨가하고 가열하여 건조성을 개량한 기름이다.

32. ㉰

광명단은 강재 녹막이도료이다.

33. ㉰

광명단은 강재 녹막이도료이다.

34. ㉮

① 카세인은 수성도료의 원료이며, 목재 및 리놀늄의 교착제(접착제)이다.
② 보일드유는 건성유에 건조제를 첨가하고 가열하여 건조성을 개량한 기름이다.

35. ㉰

36. ㉱

건성유(보일드유)는 건조성을 개량한 기름으로 유성도료의 정벌도장에서 피막의 강도를 크게 하여 광택과 내구력을 증가시킨다.

37. ㉯

건성유(보일드유)는 건조성을 개량한 기름으로 유성도료의 정벌도장에서 피막의 강도를 크게 하여 광택과 내구력을 증가시킨다.

38. 유성도료의 원료로써 정벌도장에서 광택과 내구력을 증가시키는 데 좋은 효과를 나타내는 재료는?

㉮ 크레오소트유 ㉯ 보일유
㉰ 드라이어 ㉱ 캐슈(Cashew)

38. ㉯
건성유(보일드유)는 건조성을 개량한 기름으로 유성도료의 정벌도장에서 피막의 강도를 크게 하여 광택과 내구력을 증가시킨다.

39. 건축 재료와 그 용도에 관한 조합으로 가장 부적당한 것은 다음 중 어느 것인가?

㉮ 크레오소트 오일 – 방부제
㉯ 광명단 – 방청도료
㉰ 에폭시수지 – 접착제
㉱ 유성도료 – 콘크리트용 도료

39. ㉱
유성도료는 플라스터, 회반죽, 모르타르 및 콘크리트의 면에 직접 사용하지 않는다.

40. 도장재료에 관한 기술 중 가장 부적당한 것은 다음 중 어느 것인가?

㉮ 오일도료는 래커보다 건조가 빠르다.
㉯ 래커는 뿜도장 기계를 사용할 수도 있다.
㉰ 보일유는 피막의 강도를 크게 한다.
㉱ 광명단은 방청도료로 사용한다.

40. ㉮
① 유성도료(오일도료)는 경도가 적고 건조가 느리다.
② 래커는 건조가 빨라 솔도장은 곤란하고, 뿜도장으로 시공한다.

41. 다음 도료 중 주택의 도장공사에서 회반죽, 석고보드의 벽체에 가장 좋은 재료는?

㉮ 수성도료도장
㉯ 유성도료도장
㉰ 바니시도장
㉱ 크레오소트도장

41. ㉮
수성도료는 중성이므로 알칼리성인 실내의 회반죽, 플라스터, 모르타르, 콘크리트벽돌 및 콘크리트블록 면에 바르면 적합하다.

42. 주택의 도장공사에서 회반죽천장에 가장 좋은 도장은?

㉮ 수성도료도장
㉯ 유성도료도장
㉰ 바니시도장
㉱ 크레오소트도장

42. ㉮
수성도료는 중성이므로 알칼리성인 실내의 회반죽, 플라스터, 모르타르, 콘크리트벽돌 및 콘크리트블록 면에 바르면 적합하다.

43. 도장공사에 사용되는 도료에 대한 설명으로 옳지 않은 것은?

㉮ 수성도료는 내구성과 내수성이 우수하나 내알칼리성과 작업성은 떨어지는 단점이 있다.
㉯ 유성도료는 내알칼리성이 약하기 때문에 콘크리트면 보다 목부와 철부도장에 주로 사용된다.
㉰ 클리어래커는 내부 목재면의 투명 도장에 쓰이며 우아한 광택이 난다.
㉱ 바니시는 건조가 빠르고 주로 옥내 목부의 투명 마무리에 쓰인다.

44. 수성도료에 관한 설명으로 옳지 않은 것은?

㉮ 취급이 간단하고 건조가 빠른 편이다.
㉯ 콘크리트나 시멘트 벽 등에 주로 사용한다.
㉰ 에멀션도료는 수성도료의 한 종류이다.
㉱ 안료를 적은 양의 보일유로 용해하여 사용한다.

45. 수성도료에 합성수지와 유화제를 섞은 것으로 목재나 종이에 부착력이 좋은 도료는?

㉮ 유성도료 ㉯ 바니시
㉰ 에멀션도료 ㉱ 래커

46. 다음 도료 중 안료가 포함되어 있지 않은 것은?

㉮ 유성도료 ㉯ 수성도료
㉰ 바니시 ㉱ 에나멜도료

47. 고분자수지와 건성유를 가열융합하고 건조제를 넣어 용제로 녹인 것으로 붓도장 시공이 가능하며 건조가 빠르고 광택이나 투명한 도막을 만드는 도료는?

㉮ 에나멜도료 ㉯ 바니시
㉰ 래커 ㉱ 합성수지 에멀션도료

48. 다음 중 목재의 무늬를 아름답게 나타낼 수 있는 재료는?

㉮ 유성도료 ㉯ 바니시
㉰ 수성도료 ㉱ 에나멜도료

43. ㉮
수성도료는 내구성과 내수성이 약하며 내알칼리성이다.

44. ㉱
수성도료는 물을 희석제로 사용하는 도료이다.

45. ㉰
합성수지 에멀션도료는 수성도료에 합성수지와 유화제를 섞은 것으로 목재나 종이에 부착력이 좋다.

46. ㉰
① 안료는 물, 기름 등에 용해되지 않는 불투명 및 유색의 고체분말이다.
② 바니시는 수지를 건성유 또는 휘발성용제에 용해시킨 도료로써 목재의 나뭇결을 아름답게 마무리 할 수 있다.

47. ㉯
바니시(니스)는 목재의 나뭇결을 아름답게 마무리 할 수 있는 도료이다.

48. ㉯
바니시(니스)는 목재의 나뭇결을 아름답게 마무리 할 수 있는 도료이다.

49. 도료에 관한 설명으로 가장 부적당한 것은?

㉮ 래커에나멜은 도막이 얇으나 견고하다.
㉯ 유성도료는 목재 내·외부의 바탕에 도장 할 수 있다.
㉰ 기름바니시는 옥외에 사용할 수 있다.
㉱ 수성도료는 건물 외부 등과 같이 물에 접하는 곳에는 부적당하다.

49. ㉰
기름바니시(유성바니시)의 용도는 목부 또는 내부용이다.

50. 도장 목적과 이에 사용하는 재료와의 조합에서 다른 것은?

㉮ 목재의 눈메꿈용 – 필러
㉯ 정금속면의 바탕용 – 유성바니시
㉰ 모르타르면의 갈래메꿈용 – 석고
㉱ 철판의 방청용 – 유성 아연도료

50. ㉯
기름바니시(유성바니시)는 목부의 내부용으로 사용되나, 금속면에는 사용되지 않는다.

51. 다음 도장들의 관계 중 틀린 것은?

㉮ 바니시 : 셀락
㉯ 유성도료 : 보일유
㉰ 수성도료 : 중합제
㉱ 합성수지도료 : 아크릴

51. ㉰
중합반응은 합성수지도료와 관계가 있다.

52. 다음 중 건조가 가장 빠른 것은?

㉮ 오일도료 ㉯ 래커
㉰ 바니시 ㉱ 에나멜

52. ㉯
래커도장은 건조가 빠르므로 솔도장은 곤란하고, 스프레이건을 이용하여 뿜도장으로 시공한다.

53. 스프레이건을 사용한 뿜도장 마무리를 할 경우 가장 적당한 도료는 다음 중 어느 것인가?

㉮ Oil Paint ㉯ Lacquer
㉰ Vanish ㉱ Enamel

53. ㉯
래커도장은 건조가 빠르므로 솔도장은 곤란하고, 스프레이건을 이용하여 뿜도장으로 시공한다.

54. 도장공사에서 뿜도장으로 해야만 그 효과가 가장 좋은 도장 재료는?

㉮ 유성도료(Oil Paint)
㉯ 래커(Lacquer)
㉰ 수성도료(Water Paint)
㉱ 바니시(Varnish)

54. ㉯
래커도장은 건조가 빠르므로 솔도장은 곤란하고, 스프레이건을 이용하여 뿜도장으로 시공한다.

55. 스프레이건(Spray Gun)을 쓰는 것이 가장 적합한 도료는 다음 중 어느 것인가?

㉮ 수성도료　　㉯ 유성도료
㉰ 래커　　㉱ 에나멜

56. 목재의 무늬나 바탕의 특징을 잘 나타내는 마무리 도장은?

㉮ 에나멜도장　　㉯ 클리어래커도장
㉰ 오일스테인도장　　㉱ 유성도료도장

57. 목재의 무늬나 바탕의 재질을 잘 보이게 하는 도장 방법은?

㉮ 유성도료도장　　㉯ 에나멜도료도장
㉰ 합성수지도료도장　　㉱ 클리어래커도장

58. 에나멜도료에 대한 설명으로 틀린 것은?

㉮ 도막은 건조가 빠르고 흡습으로 접착성이 생기지 않는다.
㉯ 도막은 내후성이 좋고 균열발생이 적다.
㉰ 도막의 변색이 잘 안 된다.
㉱ 도막의 광택이 없고 견고하지 못함

59. 도장공사에 관한 다음 기술 중 가장 부적당한 것은 어느 것인가?

㉮ 바름두께를 얇게 하고 도장의 수를 많게 할수록 일반적으로 양호한 도막(塗膜)을 얻을 수 있다.
㉯ 비교적 고온일 때라도 습도가 80%가 넘을 때에는 도막에 나쁜 영향을 끼치게 되므로 작업을 중지한다.
㉰ 뿜기 기계를 사용하여 도장 할 때는 도장의 흐름현상이 생기기 쉬우므로 도장 두께에 주의한다.
㉱ 연단(鉛丹) 녹막이도료는 강구조물 등에 도장하는 도장 재료이고 비중이 작으며 작업성이 좋은 것이 장점이다.

60. 녹막이도료 중 알루미늄 초벌도장에 가장 적합한 도료는?

㉮ 광명단　　㉯ 징크로메이트도료
㉰ 아연분말도료　　㉱ 역청질도료

55. ㉰
래커도장은 건조가 빠르므로 솔도장은 곤란하고, 스프레이건을 이용하여 뿜도장으로 시공한다.

56. ㉯
클리어래커(투명래커)는 내수성이 적어 목재면에 사용한다.

57. ㉱
클리어래커(투명래커)는 내수성이 적어 목재면에 사용한다.

58. ㉱
에나멜도료는 도막의 광택이 잘 나고 견고하여 주로 금속면에 이용된다.

59. ㉱
연단은 광명단도료라고 하며 비중이 커서 가라앉으므로 저장이 곤란하다.

60. ㉯
알루미늄의 초벌 녹막이도료는 징크로메이트이다.

61. 크롬산아연을 안료로 하고, 알키드수지를 전색료로 한 것으로써 알루미늄 녹막이 초벌칠에 적당한 도료는?

㉮ 광명단
㉯ 징크로메이트(Zincromate)
㉰ 그라파이트(Graphite)
㉱ 파커라이징(Parkerizing)

61. ㉯

징크로메이트는 크롬산아연을 안료로 하고, 알키드수지를 전색료로 한 것이다.

62. 도장공사에서 녹막이도료의 종류가 아닌 것은?

㉮ 아연분말도료
㉯ 역청질도료
㉰ 징크로메이트도료
㉱ 규산소다도료

62. ㉱

규산소다도료와 붕산카세인도료는 방화용 도료이다.

63. 녹막이도장에 사용하는 도료와 가장 거리가 먼 것은?

㉮ 광명단
㉯ 크레오소트유
㉰ 아연분말도료
㉱ 역청질도료

63. ㉯

크레오소트유는 콜타르를 증류하여 얻어지는 흑갈색의 유상의 액체이다. 원액을 방부제로 사용한다.

64. 도료 사용 시 주목적이 방청에 해당되지 않는 것은?

㉮ 광명단도료
㉯ 징크로메이트도료
㉰ 바니시
㉱ 알루미늄도료

64. ㉰

바니시는 수지를 건성유 또는 휘발성용제에 용해시킨 도료이며, 목재의 나뭇결을 아름답게 마무리 할 수 있다.

65. 다음에서 설명하고 있는 도장결함은?

> 도료를 겹칠 하였을 때 하도의 색이 상도막 표면에 떠올라 상도의 색이 변하는 현상

㉮ 번짐 ㉯ 색분리
㉰ 주름 ㉱ 핀홀

65. ㉮

번심은 상도 도색 면에 하도의 색상이나 소재의 성분이 떠올라 나오는 현상이다.

66. 합성수지의 성질로 가장 부적당한 것은 다음 중 어느 것인가?

㉮ 내열성 ㉯ 접착성
㉰ 전기절연성 ㉱ 가소성

66. ㉮

합성수지는 내열성 및 내후성이 불량하다.

67. 건축 재료 중 합성수지에 대한 특징으로 옳지 않은 것은?

㉮ 콘크리트보다 흡수율이 적다.
㉯ 표면이 매끈하며 착색이 자유롭고 광택이 좋다.
㉰ 내열성(耐熱性)이 콘크리트보다 낮다.
㉱ 강도에서 인장강도 및 압축강도는 낮으나, 탄성(彈性)이 금속재보다 우수하다.

67. ㉱
합성수지는 금속재보다 낮은 강도 및 탄성계수를 갖는다.

68. 합성수지의 일반적인 성질에 대한 설명으로 옳지 않은 것은?

㉮ 전성, 연성이 크고 피막이 강하고 광택이 있다.
㉯ 접착성이 크고 기밀성, 안정성이 큰 것이 많다.
㉰ 내열성, 내화성이 작고 비교적 저온에서 연화, 연질된다.
㉱ 강재와 비교하여 강성은 작으나 탄성계수가 커 다방면에 활용도가 높다.

68. ㉱
합성수지는 금속재보다 낮은 강도 및 탄성계수를 갖는다.

69. 고분자 재료의 특징으로써 기술한 내용 중 부적당한 것은 어느 것인가?

㉮ 가소성이 풍부하다.
㉯ 연소할 때 유독가스를 방출한다.
㉰ 자외선에 강하다.
㉱ 가열하면 연화하는 수지가 있다.

69. ㉰
고분자 재료인 합성수지는 내화성, 내열성, 내후성 등이 불량하며, 자외선에 대한 저항성이 약하고, 변색이 쉽다.

70. 플라스틱 제품을 사용하는 공사에서 주의할 사항 중 옳지 않은 것은?

㉮ 열가소성의 경질판 플라스틱재의 정착에 있어서는 열에 의한 신축의 여유를 두어서는 안 된다.
㉯ 아크릴재에는 초산에스텔, 아세톤류 등의 도료용 용재가 묻어서는 안 된다.
㉰ 청소는 양생 후 부드러운 헝겊에 비눗물 또는 휘발유를 적셔서 한다.
㉱ 열가소성 평판의 곡면가공은 반지름을 판 두께의 30배 이내로 한다.

70. ㉮
열가소성수지는 열팽창계수가 크므로 아크릴, 폴리에틸렌 평판은 10℃의 온도차에 대해 1 m마다 1~1.5 mm, 비닐평판은 0.7~0.8 mm의 신축의 여유를 둔다.

71. 다음 중 열가소성수지는?

㉮ 페놀수지
㉯ 멜라민수지
㉰ 실리콘수지
㉱ 아크릴수지

72. 다음 중 열가소성수지는?

㉮ 페놀수지
㉯ 요소수지
㉰ 멜라민수지
㉱ 염화비닐수지

73. 열가소성수지가 아닌 것은 다음 중 어느 것인가?

㉮ 염화비닐수지
㉯ 초산비닐수지
㉰ 폴리에틸렌수지
㉱ 멜라민수지

74. 건축물의 천장재, 블라인드 등을 만드는 합성수지 중 열가소성수지는?

㉮ 알키드수지
㉯ 요수수지
㉰ 폴리스틸렌수지
㉱ 실리콘수지

75. 다음 중 열가소성수지인 것은?

㉮ 폴리에스테르수지
㉯ 폴리프로필렌수시
㉰ 에폭시수지
㉱ 멜라민수지

76. 다음 재료 중 열가소성수지에 속하지 않는 것은?

㉮ 요소수지
㉯ 염화비닐수지
㉰ 폴리에틸렌수지
㉱ 아크릴수지

71. ㉱

• 합성수지의 분류

(1) 열가소성수지
① 염화비닐수지(PVC)
② 초산비닐수지
③ 아크릴수지(메타크릴산수지)
④ 폴리스틸렌수지(스티롤수지)
⑤ 폴리에틸렌수지
⑥ 폴리아미드(나일론)
⑦ 폴리프로필렌수시

(2) 열경화성수지
① 페놀수지
② 멜라민수지
③ 에폭시수지
④ 요소수지
⑤ 실리콘수지
⑥ 우레탄수지
⑦ 폴리에스테르수지
⑧ 프란수지

72. ㉱

73. ㉱

74. ㉰

폴리스틸렌수지(스티롤수지)는 열가소성수지로 무색투명, 내수성, 내약품성, 전기절연성이 우수하여 창유리, 발포보온판, 벽타일, 포장재 등으로 사용한다.

75. ㉯

폴리프로필렌수시는 열가소성수지이다.

76. ㉮

요소수지는 열경화성수지이다.

77. 일반적으로 접착제에 사용되지 않는 수지는 다음 중 어느 것인가?

㉮ 폴리스틸렌수지
㉯ 페놀수지
㉰ 멜라민수지
㉱ 요소수지

78. 다음 열가소성수지 중 수지시멘트로 사용되는 합성수지는?

㉮ 염화비닐수지(PVC)
㉯ 폴리스틸렌(PS)
㉰ 폴리프로필렌(PP)
㉱ ABS 수지

79. 다음 중 아크릴수지 에나멜의 특성이 아닌 것은?

㉮ 내후성과 내알칼리성이 있다.
㉯ 건조가 빠르다.
㉰ 자외선을 받으면 일반 도료보다 광택이 없어진다.
㉱ 밀착성이 좋다.

80. 벽체 발포보온판 및 건축용 성형폼으로 이용되는 열가소성수지는?

㉮ 폴리에틸렌수지
㉯ 아크릴수지
㉰ 멜라민수지
㉱ 페놀수지

81. 열경화성수지에 속하지 않는 재료는 다음 중 어느 것인가?

㉮ 페놀수지 ㉯ 폴리에스테르수지
㉰ 염화비닐수지 ㉱ 멜라민수지

82. 수지의 종류 중 열경화성수지에 속하지 않는 것은?

㉮ 페놀수지 ㉯ 요소수지
㉰ 멜라민수지 ㉱ 폴리에틸렌수지

77. ㉮

① 폴리스틸렌수지(스티롤수지)는 무색투명, 내수성, 내약품성, 전기절연성이 우수하여, 창유리, 발포 보온판, 벽타일, 포장재 등으로 사용된다.
② 목재의 접착제로는 단백질계의 카세인, 콩풀, 알부민과 합성수지계의 에폭시수지, 페놀수지, 초산비닐수지, 요소수지, 멜라민수지, 실리콘수지, 프란수지가 있다.

78. ㉮

염화비닐수지(PVC)는 시멘트 등을 가하여 수지시멘트로 사용하기도 한다.

79. ㉰

아크릴수지(메타크릴산수지)는 내알칼리성, 투광성, 내후성, 착색성, 내충격성이 우수하여 채광판, 유리대용품, 조명기구, 칸막이, 지붕, 벽, 천장재 등으로 사용한다.

80. ㉮

폴리에틸렌수지는 열가소성수지로 내수성, 내약품성, 전기절연성이 우수하여 벽체 등의 발포보온판, 건축용 성형폼, 방수필름 및 방습시트 등으로 사용한다.

81. ㉰

염화비닐수지(PVC)는 열가소성수지이다.

82. ㉱

폴리에틸렌수지는 열가소성수지이다.

83. 건축 재료에 관한 설명 중 옳지 않은 것은?

㉮ 합성수지 에멀션도료는 일반적으로 실내의 모르타르 마감면의 도장에 사용한다.
㉯ 알루미늄은 가공성이 풍부하고 연성이 크다.
㉰ 아크릴계 수지의 도막은 무색, 투명하고 내약품성이 크다.
㉱ 페놀수지는 전기절연재료로써는 부적당하다.

83. ㉱

페놀수지는 접착력 및 강도가 우수하고, 전기절연성, 내열성, 내약품성, 내수성이 크다. 전기절연재, 접착제, 전기통신 자재 등으로 사용한다.

84. 피막이 탄탄하고 광택이 양호하나 단독으로는 도료로 부적당하여 알키드로 변성하여 사용하는 합성수지도료는?

㉮ 석탄산수지도료
㉯ 프탈산수지도료
㉰ 요소수지도료
㉱ 멜라민수지도료

84. ㉱

① 멜라민수지도료는 탄성이 적고 단독으로는 도료로 부적당하여 알키드로 변성하여 사용한다.
② 멜라민수지도료는 피막이 단단하고 광택이 양호하다.

85. 에폭시수지도료에 관한 일반사항 중 틀린 것은?

㉮ 여러 가지 충진재와는 혼합 사용할 수 없다.
㉯ 열에 강하다.
㉰ 금속, 고무 등에도 접착이 잘된다.
㉱ 내수성과 내약품성이 좋다.

85. ㉮

• 에폭시수지의 특징
① 열경화성수지로 용제에 녹지 않고 열을 가해도 연화하지 않는다.
② 금속과의 접착성 우수하다.
③ 내약품성(내산성, 내알칼리성), 내열성이 우수하다.
④ 여러 가지 충진재와 혼합하여 사용할 수 있다.
⑤ 금속용 도료, 보온·보냉제 등으로 사용한다.

86. 최근에는 바닥 마감재의 시공성 확보 및 일체성을 위해 플라스틱 바름바닥재의 사용이 많아지고 있다. 플라스틱 바름바닥재의 설명으로 옳지 않은 것은?

㉮ 폴리우레탄 바름바닥재 – 공기 중의 수분과 화학반응 하는 경우 저온과 저습에서 경화가 늦으므로 5℃ 이하에서는 촉진제를 사용한다.
㉯ 에폭시수지 바름바닥재 – 수지 페이스트와 수지모르타르용 결합재에 경화제를 혼합하면 생기는 기포의 혼입을 막도록 소포제를 첨가한다.
㉰ 불포화 폴리에스테르 바름바닥재 – 표면경도(탄력성), 신축성 등이 폴리우레탄에 가까운 연질이고 페이스트, 모르타르, 골재 등을 섞어서 사용한다.
㉱ 프란수지 바름바닥재 – 탄력성과 미끄럼 방지에 유리하여 체육관에 많이 사용한다.

86. ㉱

① 프란수지 바닥바름재 : 내약품성 및 내열성이 우수하지만 고가이므로 전지의 제조나 도금 등의 강산(强酸)을 취급하는 공장에만 사용한다.
② 클로로프렌고무 바닥바름재 : 탄력성과 미끄럼 방지에 유리하여 체육관에 많이 쓴다.

87. 공기 중의 수분과 화학반응 하는 경우 저온과 저습에서 경화가 늦어져 5℃ 이하에서 촉진제를 사용하는 플라스틱 바름바닥재는?

㉮ 에폭시수지　　㉯ 아크릴수지
㉰ 폴리우레탄　　㉱ 클로로프렌고무

88. 플라스틱 바름바닥재 중 공기 중의 수분과 화학반응 하는 경우 저온과 저습에서 경화가 늦으므로 5℃ 이하에서 촉진제를 사용하는 것은?

㉮ 에폭시수지　　㉯ 아크릴수지
㉰ 폴리우레탄　　㉱ 클로로프렌고무

89. 플라스틱 재료에 관한 다음 기술 중 틀린 것은 어느 것인가?

㉮ 에폭시수지는 내산, 내알칼리성이 아니므로 실험실 등의 도장재료로써는 사용하지 않는다.
㉯ 요소수지는 내수성(耐水性)이 좋으므로 합판의 접착제로 사용된다.
㉰ 아크릴수지는 경질이고 강인 한 성질이 있으므로 유기(有機)유리로 사용된다.
㉱ 염화비닐수지는 내수성, 내약품성, 내유성(耐油性)이 크다.

90. 접착제 중 가장 우수한 것으로 경화제의 첨가에 따라 불용불융(不溶不融)인 수지가 되며 특히 금속접착에 적당하며 항공기재의 접착에도 쓰이는 것은?

㉮ 에폭시수지　　㉯ 페놀수지
㉰ 멜라민수지　　㉱ 요소수지

91. 합성수지에 관한 내용이 아닌 것은?

㉮ 에폭시수지는 열경화성수지로써 접착성이 좋으나 자연경화 또는 저온의 경우 경화 시간이 길고 최고의 강도를 낼 때까지 1주일 이상 걸리는 결점이 있다.
㉯ 아크릴수지는 열가소성수지로써 화열에 의해 경화된 것이 재연화 되고 상온에서는 다시 원래와 같은 경도로 굳어진다.
㉰ 요소수지는 내열성이 좋으며, 산과 알칼리에도 강하다.
㉱ 합성수지의 일반적인 단점으로 열팽창계수가 크다는 점이다.

87. ㉰
폴리우레탄은 플라스틱 바름바닥재 중 공기 중의 수분과 화학반응 하는 경우 저온과 저습에서 경화가 늦으므로 5℃ 이하에서 촉진제를 사용한다.

88. ㉰
폴리우레탄은 플라스틱 바름바닥재 중 공기 중의 수분과 화학반응 하는 경우 저온과 저습에서 경화가 늦으므로 5℃ 이하에서 촉진제를 사용한다.

89. ㉮
에폭시수지는 내약품성(내산성, 내알칼리성), 내열성이 우수하다.

90. ㉮
에폭시수지 접착제는 접착강도가 가장 우수하고 내약품, 내열, 내수 성능이 뛰어난 접착제이고 콘크리트의 균열 보수나 금속의 접착에 사용된다.

91. ㉰
요소수지는 산과 알칼리가 약한 경우는 견디나 강산과 강알칼리에는 약하다.

92. 합성수지에 관한 설명으로 옳지 않은 것은?

㉮ 에폭시수지는 접착제, 프린트 배선판 등에 사용된다.
㉯ 염화비닐수지는 내후성이 있고, 수도관 등에 사용된다.
㉰ 아크릴수지는 내약품성이 있고, 조명기구커버 등에 사용된다.
㉱ 페놀수지는 알칼리에 매우 강하고, 천장 채광판 등에 주로 사용된다.

92. ㉱

페놀수지는 내알칼리성이 약하고 접착력 및 가오가 우수하며 전기절연성, 내열성, 내약품성, 내수성이 크므로 전기절연재, 접착제, 전기통신 자재 등으로 사용한다.

93. 다음 합성수지에 관한 설명으로 틀린 것은?

㉮ 페놀수지는 접착성, 전기절연성이 크다.
㉯ 요소수지는 무색으로 착색이 자유롭다.
㉰ 에폭시수지는 산 및 알칼리에 약하나 내수성이 뛰어나다.
㉱ 실리콘수지는 내열성이 우수하고 발포보온재에 사용된다.

93. ㉰

에폭시수지는 내약품성(내산성, 내알칼리성), 내열성이 우수하다.

94. 다음 설명 중 옳지 않은 것은?

㉮ 모노머(Monomer)의 부가중합반응으로 얻어지는 수지를 열경화성수지라 한다.
㉯ 도료도장용 솔은 각종 털이 쓰이지만 돼지털로써 길이가 고르게 된 것이 가장 좋다.
㉰ 방화도료로는 규산소다 도료, 붕산카세인도료 등이 많이 쓰인다.
㉱ 도배공사 시 풀칠하는 솔을 풀귀얄이라 하는데 뻣뻣한 돼지털로 잘 빠지지 않는 것이 좋다.

94. ㉮

부가중합반응은 첨가중합반응을 의미하며 이 반응으로 얻어지는 수지를 열가소성수지라 한다.

95. 도료의 원료로 사용되는 천연수지에 해당되지 않는 것은?

㉮ 로진(Rosin)
㉯ 셸락(Shellac)
㉰ 코펄(Copal)
㉱ 알키드수지(Alkyd Resin)

95. ㉱

① 천연수지는 송진이나 셀룰로오스처럼 자연으로부터 얻어낸 수지이다. 종류로는 송진을 증류하여 얻은 로진, 동물성 수지인 셸락, 수목에서 분비된 수지액이 땅 속에 묻혀 세월이 흘러 화석화 된 코펄 등이 있다.
② 알키드수지는 폴리에스테르수지에 속한다.

96. 계단에서 미끄럼막이(Non Slip) 철물은 어느 부위에 설치하는가?

㉮ 계단의 디딤판
㉯ 계단의 참
㉰ 계단의 옆판
㉱ 계단의 난간

96. ㉮

논슬립(미끄럼막이)은 계단의 디딤판 끝에 금속재 판을 대어 계단을 오르내릴 때 미끄러지는 것을 저감시키는 철물이다.

97. 다음 기술 중 미장공사에 사용되는 것은?

㉮ Sliding Form
㉯ Bar Bender
㉰ Corner Bead
㉱ Non Slip

97. ㉰
코너비드는 벽, 기둥 등의 모서리에 대어 미장바름을 보호하는 철물이다.

98. 기둥, 벽 등의 모서리에 대어 미장바름을 보호하는 철물명칭이 맞는 것은?

㉮ 코너비드(Corner Bead)
㉯ 미끄럼막이(Non Slip)
㉰ 인서트(Insert)
㉱ 줄눈대(Joiner)

98. ㉮
코너비드는 벽, 기둥 등의 모서리에 대어 미장바름을 보호하는 철물이다.

99. 다음 용어 중 미장공사에 사용되는 것은?

㉮ 오일 스테인(Oil Stain)
㉯ 코너비드(Corner Bead)
㉰ 진폴
㉱ 슬라이딩폼(Sliding Form)

99. ㉯
코너비드는 벽, 기둥 등의 모서리에 대어 미장바름을 보호하는 철물이다.

100. 다음 각 철물들이 사용되는 곳으로 옳지 않은 것은?

㉮ 논슬립(Non Slip) – 계단
㉯ 코너비드(Corner Bead) – 바닥
㉰ 피벗(Pivot) – 창호
㉱ 메탈라스(Metal lath) – 벽

100. ㉯
코너비드는 벽, 기둥 등의 모서리에 대어 미장바름을 보호하는 철물이다.

101. 금속제 천장틀의 사용자재가 아닌 것은?

㉮ 코너비드 ㉯ 달대볼트
㉰ 클립 ㉱ ㄷ자형 반자틀

101. ㉮
코너비드는 벽, 기둥 등의 모서리에 대어 미장바름을 보호하는 철물이다.

102. 얇은 강판에 동일한 간격으로 펀칭하고 잡아 늘려 그물처럼 만든 것으로 천장, 벽, 처마둘레 등의 미장바탕에 사용하는 재료로 옳은 것은?

㉮ 와이어라스(Wire Lath)
㉯ 메탈라스(Metal Lath)
㉰ 와이어메시(Wire Mesh)
㉱ 펀칭메탈(Punching Metal)

102. ㉯
메탈라스는 얇은 철판에 자름금을 내어 당겨 늘린 것이다.

103. 마감공사 시 사용되는 철물에 관한 설명으로 옳지 않은 것은?

㉮ 코너비드는 기둥과 벽 등의 모서리에 설치하여 미장면을 보호하는 철물이다.
㉯ 메탈라스는 철선을 종횡 격자로 배치하고 그 교점을 전기저항 용접으로 한 것이다.
㉰ 인서트는 콘크리트 구조 바닥판 밑에 반자틀, 기타 구조물을 달아맬 때 사용된다.
㉱ 펀칭메탈은 얇은 판에 각종모양을 도려낸 것을 말한다.

104. 서로 직접적인 종속관계가 없는 것은 다음 중 어느 것인가?

㉮ 인서트 설치 – 콘크리트 타설
㉯ 스페이서 설치 – 철근 배치
㉰ 동바리 철거 – 거푸집 해체
㉱ 전기배관 – 인서트 설치

105. 철물과 그 사용부위가 잘못 연결된 것은?

㉮ Non Slip : 계단　　㉯ Corner Bead : 기둥
㉰ Metal Lath : 벽　　㉱ Expansion Bolt : 기초

106. 건축물에 사용되는 금속제품과 그 용도가 바르게 연결되지 않은 것은?

㉮ 피벗(지도리) : 문의 하부 발이 닿는 부분에 대하여 문짝이 손상되는 것을 방지하는 철물
㉯ 코너비드 : 벽, 기둥 등에 사용하는 모서리쇠
㉰ 논슬립 : 계단에 사용하는 미끄럼방지 철물
㉱ 조이너 : 천장, 벽 등의 이음새 삽입용 철물

107. 철근콘크리트 바닥판 아래에 반자틀이 계획되어 있음에도 불구하고 실수로 인하여 인서트를 설치하지 않았다고 할 때 인서트의 효과를 낼 수 있는 가능한 철물 설치방법으로 옳지 않은 것은?

㉮ 익스팬션볼트(Expansion Bolt)
㉯ 앵커스크루(Anchor Screw)
㉰ 드라이브핀(Drive Pin)
㉱ 가스켓(Gasket)

103. ㉯

① 메탈라스는 얇은 철판에 자름금을 내어 당겨 늘린 것이다.
② 와이어메시는 연강철선을 서로 직교시켜 전기용접한 정방형 또는 장방형의 철선망이다.

104. ㉱

• 인서트
① 주로 철근콘크리트구조 바닥판 밑에 달대의 걸침이 되는 것으로 거푸집 바닥에 고정 시공한다.
② 바닥판 밑의 반자틀에 연결된 달대를 매달기 위한 부재이다.

105. ㉱

익스팬션볼트(Expansion Bolt)는 콘크리트 표면에 구멍을 내고 볼트를 박으면 끝이 팽창하여 고정되는 볼트이다.

106. ㉮

① 여닫이장문에서 지도리는 장부가 구멍에 끼워져 돌게 된 철물이다.
② 챌판은 문의 하부 발이 닿는 부분에 대하여 문짝이 손상되는 것을 방지하기 위한 철물이다.

107. ㉱

가스켓은 정형실재이며 금속용, 콘크리트용, 창문용, 유리 고정용 등으로 사용된다.

108. 단열재에 요구되는 물성으로 가장 부적당한 것은?

㉮ 열전도율이 낮을 것
㉯ 상온에서 가공성이 좋을 것
㉰ 투습성이 낮을 것
㉱ 투기성이 클 것

109. 단열재의 일반적인 성질로써 다른 것은?

㉮ 장기간 사용해도 변질되지 않는 것일수록 열전도율이 낮다.
㉯ 온도가 낮은 것일수록 열전도율이 적어진다.
㉰ 함수량이 클수록 열전도율이 커진다.
㉱ 비중이 적은 것일수록 열전도율이 커진다.

110. 주어진 건축 재료 중에서 열전도율이 작은 것을 택하고자 할 때 다음 중 어떠한 견해에 따르는 것이 좋은가? (단, 두께는 모두 같은 것으로 한다.)

㉮ 비중이 큰 것
㉯ 비중이 작은 것
㉰ 표면이 평활한 것
㉱ 표면이 거친 것

111. 다음 중 건축용 단열재와 가장 거리가 먼 것은?

㉮ 테라코타　　㉯ 펄라이트판
㉰ 세라믹섬유　　㉱ 연질섬유판

112. 다음 중 무기질 단열재료가 아닌 것은?

㉮ 셀룰로오스섬유판　　㉯ 세라믹섬유
㉰ 펄라이트판　　㉱ ALC패널

113. 다음 중 유리섬유판의 특성이 아닌 것은?

㉮ 독특한 결의 섬세한 아름다움이 있다.
㉯ 단열 및 불연성이 있으나 표면경도가 적다.
㉰ 흡음효과가 없다.
㉱ 가공성이 좋다.

108. ㉱

• 단열재의 요구 성능
① 열전도율, 비중, 흡수율, 통기성(투기성), 부식성, 인체 유해성, 유독가스 발생 및 비용 등이 작고 낮아야 한다.
② 내구연한, 물리적 강도, 내화성 등이 크고 높아야 한다.
③ 비중이 작고 상온 가공성이 우수해야 한다.
④ 균질한 품질에 가격이 저렴해야 한다.

109. ㉱

비중이 적을수록 열전도율이 낮다.

110. ㉯

열전도율은 단열재료에서 특히 중요하며, 일반적으로 두께가 같을 경우 밀도 또는 비중이 적을수록 열전도율이 낮아진다.

111. ㉮

테라코타(Terracotta)는 일반적으로 건축에서는 벽돌, 기와 및 토관 등에 사용되는 속이 빈 대형의 점토제품을 말한다.

112. ㉮

셀룰로오스섬유판은 유기질 단열재이다.

113. ㉰

유리섬유판은 단열효과와 흡음효과가 우수하다.

114. 건축마감공사로써 단열공사에 관한 설명으로 옳지 않은 것은?

㉮ 단열시공 바탕은 단열재 또는 방습재 설치에 못, 철선, 모르타르 등의 돌출물이 도움이 되므로 제거하지 않아도 된다.
㉯ 설치위치에 따른 단열공법 중 내단열공법은 단열성능이 적고 내부 결로가 발생할 우려가 있다.
㉰ 단열재를 접착제로 바탕에 붙이고자 할 때에는 바탕면을 평탄하게 한 후 밀착하여 시공하되 초기박리를 방지하기 위해 압착상태를 유지시킨다.
㉱ 단열재료에 따른 공법은 성형판단열재공법, 현장발포재공법, 뿜칠단열재공법 등으로 분류할 수 있다.

114. ㉮

단열시공 바탕은 단열재 또는 방습층 설치에 지장이 없도록 못, 철선, 모르타르 등의 돌출물을 제거하여 평탄하게 정리 및 청소한다.

115. 다음 기술 내용 중 열교(Thermal Bridge)와 관련 없는 것은?

㉮ 외벽, 바닥판 및 지붕에서 단열이 연속되지 않는 부분이 있을 때 발생한다.
㉯ 벽체와 지붕 또는 바닥과의 접합부위에서 발생한다.
㉰ 열교 발생으로 인한 피해는 표면 결로 발생이 있다.
㉱ 열교 방지를 위해서는 외단열 시공을 하여서는 안 된다.

115. ㉱

열교 방지를 위해서는 외단열 시공(실내의 더운 공기가 실외의 찬 공기로 흐르는 현상을 방지)을 한다.

116. 다음 재료 중 건물의 바닥 마무리재료서 부적당한 것은?

㉮ 리그노이드　　㉯ 리노륨
㉰ 리신바름　　㉱ 아스팔트 타일

116. ㉰

리신바름은 규산석회를 주성분으로 한 모르타르로 백색시멘트, 돌가루, 안료 등을 혼합한 거친 마무리용 재료를 이용하여 미장바름 하는 것이다.

117. 다음 재료중 바닥 재료로 부적당한 것은?

㉮ 에폭시(Epoxy)
㉯ 리놀륨(Linoleum)
㉰ 플라스틱시트(Plastic Sheet)
㉱ 샌드위치패널(Sandwich Panel)

117. ㉱

샌드위치패널은 심재를 내부에 두고 양면을 금속재로 싸서 만든 패널이며 기튼월 또는 조립식주택과 같은 벽체에 주로 사용된다.

118. 표준시방서에 따른 바닥공사에서의 이중바닥 지지방식이 아닌 것은?

㉮ 달대고정방식
㉯ 장선방식
㉰ 공통독립 다리방식
㉱ 지지부 부착 패널방식

118. ㉮

• 이중바닥 지지방식
① 장선방식
② 공통독립 다리방식
③ 지지부 부착 패널방식

찾아보기

ㄱ

ㄴ

ㄷ

ㄹ

ㅁ

ㅅ

ㅇ

ㅊ

ㅍ

ㅎ

숫자

영문

저자 소개

강병두 공학박사
경남도립거창대학 교수

저 서

핵심과 문제로 이해하는 건축시공/구미서관
건축일반구조학/구미서관
건축적산/구미서관
건축 공정관리와 품질관리/구미서관
철근콘크리트구조 설계/구미서관
핵심과 문제로 이해하는 철근콘크리트구조/구미서관
강구조설계/구미서관
구조역학입문/구미서관
철근콘크리트구조 건축물의 수평저항내력과 성능설계/구미서관
건축기사실기/건기원
건축기사실기 과년도/건기원

(제3판) **핵심과 문제로 이해하는 건축시공** **정가 30,000원**

편저 : 강병두

발행인 : 임해진
발행처 : 도서출판 구미서관

발행 : 2018년 3월 5일 제1판
2019년 3월 4일 제2판
2022년 1월 5일 제3판

등록 : 1979년 6월 29일 No.9-6호
주소 : 서울시 마포구 신촌로 2길 5-15 구미빌딩
전화 : 02-333-1101
팩스 : 02-335-2201
http://www.goomibook.com

ISBN 979-11-6257-195-8 (93540)

파본이나 잘못된 책은 교환하여 드립니다.